이론, 실습, 시뮬레이션

디지털 논리회로

4판

지은이 **임석구** sklim@bu.ac.kr

한국항공대학교 전자공학과를 졸업했습니다. 서울대학교에서 전자공학 석사학위를 취득했으며, LG 중앙연구소, 한국전자통신연구원에서 근무했습니다. 한국항공대학교에서 전자공학 박사학위를 취득한 후 2023년까지 백석대학교 컴퓨터공학부 교수로 재직했습니다. 저서로는 『처음 만나는 디지털 논리회로(4판)』(한빛아카데미, 2024), 『디지털 논리회로(4판)』(한빛아카데미, 2022), 『디지털 논리회로 실험(2판)』(한빛아카데미, 2022), 『손에 잡히는 데이터 통신』(한빛아카데미, 2021), 『언어로 배우는 8051 마이크로프로세서』(한빛아카데미, 2014), 『순서도 for C』(정익사, 2013), 『공업수학』(대영사, 2006) 등이 있습니다. 관심 연구 분야는 정보 통신 네트워크, 이동 통신 시스템, 임베디드 시스템 등입니다. 주요 강의 과목은 논리회로, 마이크로프로세서, 데이터 통신, 센서 공학, 자동제어, IoT 응용제어 등입니다.

지은이 **홍경호** khhong@bu.ac.kr

영남대학교 전자공학과를 졸업했습니다. 동 대학교 컴퓨터공학과에서 석사, 박사학위를 취득했고, 협성대학교에서 교수를 역임했으며, 1998년부터 백석대학교 컴퓨터공학부 교수로 재직 중입니다. 저서 및 역서로는 『처음 만나는 디지털 논리회로(4판)』(한빛아카데미, 2024), 『디지털 논리회로(4판)』(한빛아카데미, 2022), 『디지털 논리회로 실험(2판)』(한빛아카데미, 2022), 『문제로 풀어 보는 C 언어 정석』(생능출판사, 2014), 『순서도 for C』(정익사, 2013)』, 『컴퓨터 구조론』(한티미디어, 2009) 등이 있습니다. 관심 연구 분야는 컴퓨터 구조, 인공지능, 신경망 등입니다. 주요 강의 과목은 C 언어, 컴퓨터 구조론, 디지털 시스템 설계, 파이썬 응용, 인공지능 등입니다.

디지털 논리회로 4판 : 이론, 실습, 시뮬레이션

초판발행 2022년 1월 10일
4쇄발행 2025년 1월 20일

지은이 임석구, 홍경호 / **펴낸이** 전태호
펴낸곳 한빛아카데미(주) / **주소** 서울시 서대문구 연희로2길 62 한빛아카데미(주) 2층
전화 02-336-7112 / **팩스** 02-336-7199
등록 2013년 1월 14일 제2017-000063호 / **ISBN** 979-11-5664-568-9 93000

총괄 박현진 / **책임편집** 김평화 / **기획 · 편집** 강은희 / **교정** 박서연 / **진행** 심진성
디자인 표지 조현덕, 내지 박정화 / **전산편집** 김정하 / **제작** 박성우, 김정우
영업 김태진, 김성삼, 이정훈, 임현기, 이성훈, 김주성 / **마케팅** 길호철, 심지연

이 책에 대한 의견이나 오탈자 및 잘못된 내용에 대한 수정 정보는 아래 이메일로 알려주십시오.
파본은 구매처에서 교환하실 수 있습니다.. 책값은 뒤표지에 표시되어 있습니다.
홈페이지 www.hanbit.co.kr / 이메일 question@hanbit.co.kr

이론, 실습, 시뮬레이션

디지털 논리회로

4판

임석구, 홍경호 지음

한빛아카데미
Hanbit Academy, Inc.

머리말

이론과 실험, 시뮬레이션으로 마스터하는 디지털 논리회로

디지털 시스템 설계에 관한 연구는 반도체 산업과 컴퓨터 기술의 발달로 인해 비약적인 발전을 해왔습니다. 디지털 시스템 설계 분야 중 하나인 마이크로프로세서는 공장 자동화, 각종 산업용 기기의 제어 장치, 각종 통신 회로 설계 등과 같은 분야에서 널리 사용되고 있습니다. 이러한 디지털 시스템을 설계하기 위해서는 디지털 논리회로의 설계가 우선되어야 하며, 이러한 관점에서 볼 때 디지털 논리회로는 전자공학, 통신공학, 정보통신공학, 컴퓨터공학 전반에 걸쳐 꼭 갖추어야 하는 필수 요소라고 할 수 있습니다.

전자공학과와 컴퓨터 관련 학과에는 컴퓨터와 하드웨어의 이해를 돕기 위한 과목이 많이 개설되어 있습니다. 그중에서 논리회로는 컴퓨터 하드웨어의 기본을 이루고 있는 디지털 회로의 기초 부분으로, 컴퓨터 하드웨어 원리 이해 및 디지털 시스템의 이해와 분석, 설계에 필요한 개념들을 배우는 기초 과목입니다. 이 과목을 배워야만 이후에 컴퓨터 구조, 마이크로프로세서, 임베디드 시스템 등 하드웨어 관련 과목을 학습할 수 있는 것입니다. 학교에서도 역시 하드웨어 분야로 나가려고 한다면 꼭 갖춰야 하는 필수 요소 중 하나입니다.

4판에서는 3판의 내용은 그대로 유지하면서 풍부하게 예제를 추가하여 이해를 쉽게 하도록 수정하였으며, 최신 이론을 반영한 내용도 추가하였습니다. 9장은 이론의 전개를 좀 더 매끄럽게 전달하기 위해 구성을 바꾸고 설명을 추가·수정하였습니다. 12장에서는 일부 내용을 수정하였고, 특히 최신 내용인 플래시 메모리를 일부 수정하였으며, 프로그래머블 논리 장치를 수정·보완하였습니다. 13장은 다양한 실험을 위해 일부 내용을 추가·보완하였고, 논리회로 실험 장치의 설명도 추가하였습니다. 또한, 중요 실험에서는 논리회로 실험 장치를 고려한 부품 배선도도 삽입하였습니다. 전체적으로 각 장의 연습문제를 풍부하게 구성하였고, 아울러 최근 10년 동안 출제된 각종 기사 및 산업기사, 공무원 자격시험 문제들을 선별, 수록하여 자격시험의 출제 경향을 분석하면서 정리할 수 있도록 하였습니다.

가능하면 한 학기에 모든 과정을 마칠 수 있도록 구성하였으며, 많은 그림과 다양한 연습문제, 실험 등을 통해 학습자가 쉽게 공부할 수 있도록 노력했습니다. 특히 실험은 학문적 이론을 실제 경험으로 체득할 수 있게 한다는 취지에 맞도록 이론의 증명 외에도 실험 기법을 익힐 수 있도록 관련 내용을 정리했습니다.

저자 **임석구**

모든 것을 가르쳐 주는 절대적인 스승은 없다!

컴퓨터 기초 과목인 디지털 논리회로는 컴퓨터 기술과 다양한 디지털 기기 개발에 반드시 필요한 기본 학문입니다. 그렇기 때문에 거의 모든 학교의 전기, 전자, 컴퓨터, 정보통신 관련학과에서 기초 과목으로 선정되어 있습니다.

디지털 논리회로에 후속되는 과목으로는 마이크로프로세서, 컴퓨터 구조, 디지털 시스템 설계VHSIC Hardware Description Language, VHDL 등이 있습니다. 마이크로프로세서의 주변 제어회로의 설계, 컴퓨터 구조의 이해와 설계, 각종 인터페이스 설계, VHDL을 이용한 FPGA 회로 설계 등을 위해서 디지털 논리회로를 반드시 이해하고 있어야 합니다.

이 책은 이론과 실험을 겸비하여 학습할 수 있도록 저술되었으며, 한 학기 동안 공부하기에 충분합니다. 특히 실험 부분에서는 직접 기판에 IC를 배치하고 전선을 연결하여 납땜을 하는 등의 수고를 하지 않아도 시뮬레이션 툴인 로직웍스Logic Works를 이용하면 쉽게 실험해 볼 수 있습니다. 로직웍스는 교육용으로 제작된 툴로, 논리회로를 실험하는 데 가장 적절하며 사용 방법도 쉽기 때문에 유용합니다. 이외에도 Intel, Xilinx 등에서 제공하는 학생용 툴이 있으며, 또 아주 단순한 logisim이란 논리회로 시뮬레이션 툴도 있습니다. 그 외에도 다양한 툴들이 많이 있는 것으로 알고 있습니다.

각 장의 진도에 맞게 해당되는 실험을 13장에 수록하였고, 간단한 작품을 만들어 볼 수 있는 Term Project를 14장에 수록하였습니다. 이론 중심에서 벗어나 학생들이 현장에서 응용할 수 있도록 하기 위해 다양한 연습문제와 실험문제도 수록하였습니다.

이 책의 전반부는 디지털 논리회로의 기초 부분으로, 1장부터 7장까지 디지털과 아날로그의 개념, 정보 표현을 위한 수의 체계, 다양한 디지털 코드, 기본 게이트, 불 대수, 카르노 맵, 조합논리회로 등을 자세히 설명하였습니다. 후반부는 8장부터 12장까지 순서논리회로에 해당하는 플립플롭, 순서논리회로의 설계, 카운터, 레지스터와 메모리를 소개하였습니다.

강의를 통하여 교재의 내용을 검증하고 수정·보완하였으나 아직도 집필상의 미숙함과 오류 등으로 부족한 것이 많을 것으로 예상됩니다. 이러한 문제점들은 지속적으로 수정·보완하여 디지털 논리회로 분야의 학문 연구에 좋은 지침서가 되도록 최선의 노력을 다할 것입니다.

저자 **홍경호**

이 책의 사용 설명서

| 강의 보조 자료 | 한빛아카데미 홈페이지에서 '교수회원'으로 가입하신 분은 인증 후 교수용 강의 보조 자료를 제공받을 수 있습니다. 한빛아카데미 홈페이지 상단의 〈교수전용공간〉 메뉴를 클릭하세요.
http://www.hanbit.co.kr/academy

| 예제 소스 | 다음 웹사이트에서 이 책의 실험에 필요한 예제 파일과 로직웍스 사용 방법을 정리한 PDF 파일을 제공합니다.
http://www.hanbit.co.kr/src/4568

| 각종 기사 및 산업기사 기출문제 수록 |

최근 10년 동안 출제된 각종 기사 및 산업기사 문제를 다수 수록해 출제 경향을 분석하면서 정리할 수 있게 했습니다. 참고한 자격증 시험은 정보처리, 전자계산기, 전자계산기조직응용, 정보통신, 무선설비, 방송통신, 전자 기사 및 산업기사입니다. 문제은행식으로 출제된 문제이므로 동일하거나 유사한 문제들을 통합해 정리했습니다.

| 주요 내용 | 수의 체계, 디지털 코드에서 시작해 논리 게이트, 불 대수 및 논리식을 간소화하는 방법을 알아본 후 다양한 조합논리회로를 살펴봅니다. 또한 플립플롭의 이해를 통해 동기 순서논리회로를 설계하는 방법을 익히고, 이의 응용인 카운터 및 레지스터의 설계 방법 등을 알아봅니다. 마지막으로 메모리와 프로그래머블 논리 장치(PLD)를 살펴봅니다.

❶ **들어가기, 수의 체계, 디지털 코드(1~3장)** 디지털과 아날로그의 개념 및 전반적인 내용을 살펴보고, 논리회로에서 가장 기초가 되는 2진수, 8진수, 16진수 등의 다양한 수와 진법 변환, 보수 표현 등을 자세히 살펴봅니다. 더불어 BCD 코드, 3초과 코드, 그레이 코드 등 다양한 디지털 코드를 살펴봄으로써 디지털 논리회로를 공부하기 위한 기반을 다집니다.

❷ **논리 게이트, 불 대수, 논리식의 간소화(4~6장)** NOT, AND, OR 게이트 등 기본적인 논리 게이트를 그림과 함께 알아보고, 기본 논리식을 표현하는 방법이나 불 대수 법칙, 논리식을 논리회로로 구성하는 방법 등을 살펴봅니다. 또한 카르노 맵, QM 알고리즘 등을 이용해 복잡한 논리식을 간단히 하는 방법을 알아봅니다.

❸ **조합논리회로, 플립플롭, 동기 순서논리회로, 카운터, 레지스터, 메모리와 프로그래머블 논리 장치(7~12장)** 가산기, 디코더, 인코더 등의 조합논리회로와 다양한 플립플롭 등을 그림과 함께 알아봅니다. 동기 순서논리회로의 개요와 해석, 설계 과정 등을 순서대로 알아보며, 다양한 카운터와 레지스터도 꼼꼼히 살펴봅니다. 마지막으로 ROM, RAM, 플래시메모리, PLD 등을 살펴봅니다.

❹ **디지털 논리회로 실험, Term Project(13~14장)** 각 장에서 배운 내용을 토대로 한 다양한 실습을 수록했습니다. 이론과 함께 내용을 직접 실습해 보면서 내용을 좀 더 확실히 익힐 수 있습니다. 실습 장비가 없을 경우 부록에서 소개하는 로직웍스 툴을 사용하면 시뮬레이션으로 가상 실습도 가능합니다. Term Project에는 8비트 병렬 가감산기, 교통신호등 제어, 디지털 시계를 제작하기 위한 전 과정을 상세하게 설명하였습니다.

| 구성 요소 |

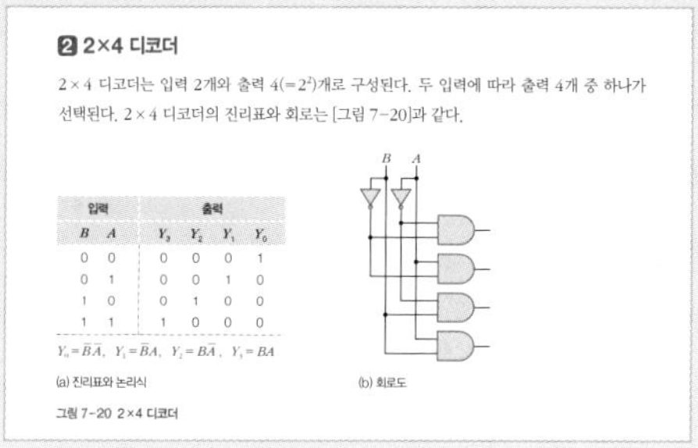
❷ 2×4 디코더

2×4 디코더는 입력 2개와 출력 4(=2^2)개로 구성된다. 두 입력에 따라 출력 4개 중 하나가 선택된다. 2×4 디코더의 진리표와 회로는 [그림 7-20]과 같다.

입력		출력			
B	A	Y_3	Y_2	Y_1	Y_0
0	0	0	0	0	1
0	1	0	0	1	0
1	0	0	1	0	0
1	1	1	0	0	0

$Y_0=\bar{B}\bar{A}$, $Y_1=\bar{B}A$, $Y_2=B\bar{A}$, $Y_3=BA$

(a) 진리표와 논리식 (b) 회로도

그림 7-20 2×4 디코더

그림과 표

개념 간의 관계와 동작 원리를 명확히 보여 주고, 핵심 개념을 일목요연하게 정리합니다.

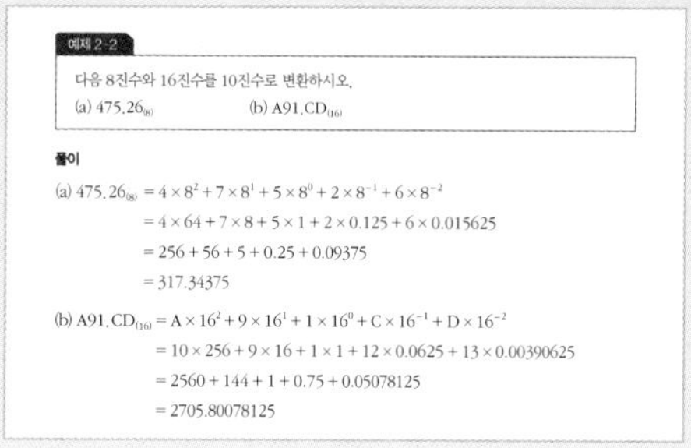
예제 2-2

다음 8진수와 16진수를 10진수로 변환하시오.
(a) $475.26_{(8)}$ (b) $A91.CD_{(16)}$

풀이

(a) $475.26_{(8)} = 4\times8^2+7\times8^1+5\times8^0+2\times8^{-1}+6\times8^{-2}$
$= 4\times64+7\times8+5\times1+2\times0.125+6\times0.015625$
$= 256+56+5+0.25+0.09375$
$= 317.34375$

(b) $A91.CD_{(16)} = A\times16^2+9\times16^1+1\times16^0+C\times16^{-1}+D\times16^{-2}$
$= 10\times256+9\times16+1\times1+12\times0.0625+13\times0.00390625$
$= 2560+144+1+0.75+0.05078125$
$= 2705.80078125$

예제

개념의 이해도를 중간 점검할 수 있는 문제와 풀이입니다.

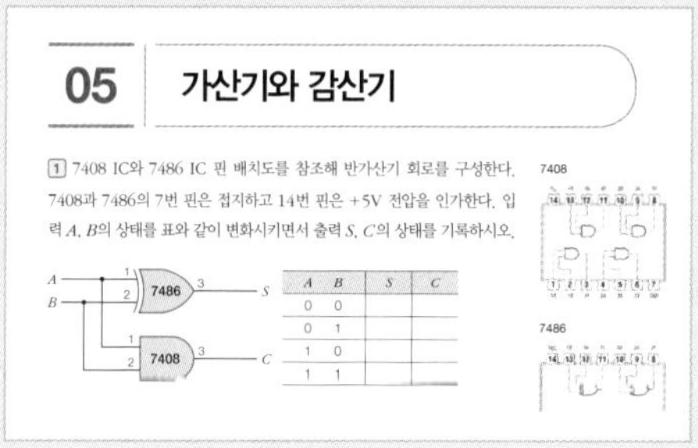
05 가산기와 감산기

1 7408 IC와 7486 IC 핀 배치도를 참조해 반가산기 회로를 구성한다. 7408과 7486의 7번 핀은 접지하고 14번 핀은 +5V 전압을 인가한다. 입력 A, B의 상태를 표와 같이 변화시키면서 출력 S, C의 상태를 기록하시오.

A	B	S	C
0	0		
0	1		
1	0		
1	1		

실험

각 장에서 배운 내용들을 직접 실험할 수 있으며, 시뮬레이션도 가능합니다.

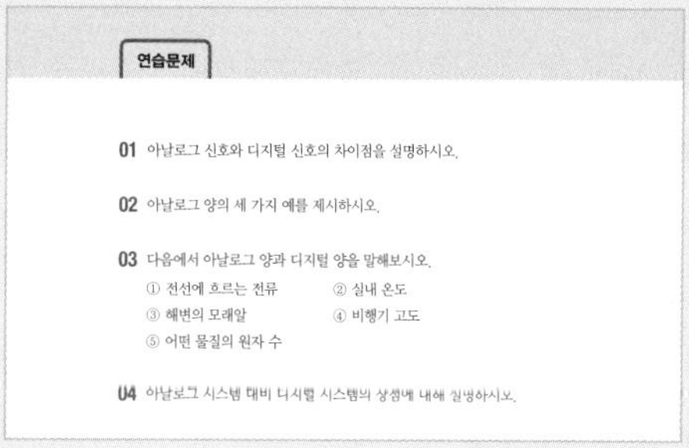
연습문제

01 아날로그 신호와 디지털 신호의 차이점을 설명하시오.

02 아날로그 양의 세 가지 예를 제시하시오.

03 다음에서 아날로그 양과 디지털 양을 말해보시오.
① 전선에 흐르는 전류 ② 실내 온도
③ 해변의 모래알 ④ 비행기 고도
⑤ 어떤 물질의 원자 수

04 아날로그 시스템 대비 디지털 시스템의 장점에 대해 설명하시오.

연습문제

장이 끝날 때마다 본문에서 익힌 핵심적인 내용을 문제 형식으로 정리합니다. 이 문제들을 풀면서 본문에서 배운 내용을 확인해보고 응용력을 배가시킬 수 있습니다.

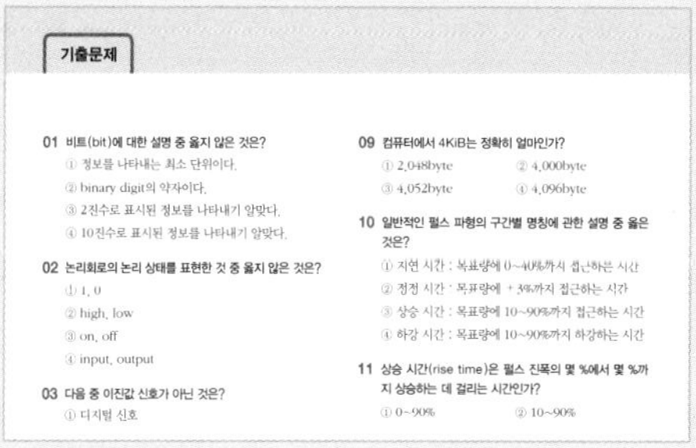
기출문제

01 비트(bit)에 대한 설명 중 옳지 않은 것은?
① 정보를 나타내는 최소 단위이다.
② binary digit의 약자이다.
③ 2진수로 표시된 정보를 나타내기 알맞다.
④ 10진수로 표시된 정보를 나타내기 알맞다.

02 논리회로의 논리 상태를 표현한 것 중 옳지 않은 것은?
① 1, 0
② high, low
③ on, off
④ input, output

03 다음 중 이진값 신호가 아닌 것은?
① 디지털 신호

09 컴퓨터에서 4KiB는 정확히 얼마인가?
① 2,048byte ② 4,000byte
③ 4,052byte ④ 4,096byte

10 일반적인 펄스 파형의 구간별 명칭에 관한 설명 중 옳은 것은?
① 지연 시간 : 목표량에 0~40%까지 접근하는 시간
② 정정 시간 : 목표량에 ±3%까지 접근하는 시간
③ 상승 시간 : 목표량에 10~90%까지 접근하는 시간
④ 하강 시간 : 목표량에 10~90%까지 하강하는 시간

11 상승 시간(rise time)은 펄스 진폭의 몇 %에서 몇 %까지 상승하는 데 걸리는 시간인가?
① 0~90% ② 10~90%

기출문제

최근 10년 동안 출제된 각종 기사 및 산업기사 시험문제입니다. 유사한 문제들을 통합 정리하여 출제 경향을 분석하면서 정리할 수 있습니다.

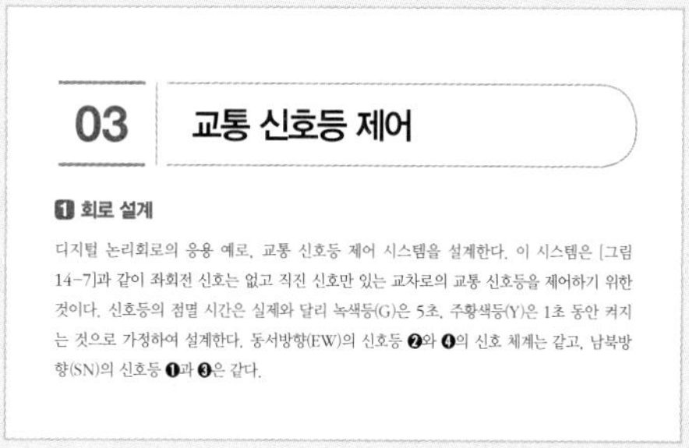
03 교통 신호등 제어

❶ 회로 설계

디지털 논리회로의 응용 예로, 교통 신호등 제어 시스템을 설계한다. 이 시스템은 [그림 14-7]과 같이 좌회전 신호는 없고 직진 신호만 있는 교차로의 교통 신호등을 제어하기 위한 것이다. 신호등의 점멸 시간은 실제와 달리 녹색등(G)은 5초, 주황색등(Y)은 1초 동안 켜지는 것으로 가정하여 설계한다. 동서방향(EW)의 신호등 ❷와 ❹의 신호 체계는 같고, 남북방향(SN)의 신호등 ❶과 ❸은 같다.

Term Project

기본 실험을 기초로 3가지 응용 회로를 제작해 볼 수 있습니다.

| 참고 문헌 |

1. A. P. Malvino and D. P. Leach, "Digital Principles and Applications", McGraw Hill, 4th edition, 1986.
2. M. M. Mano, "Computer Engineering : Hardware Design", Prentice Hall, 1988.
3. W. Kleitz, "Digital Electronics", Prentice Hall, 6th edition, 2001.
4. R. J. Tocci and N. S. Widmer, "Digital Systems : Principles and Applications", Prentice Hall, 9th edition, 2003.
5. Alan B. Marcovitz, "Introduction to Logic Design", McGraw Hill, 2002.
6. Charles H. Roth Jr., "Fundamentals of Logic Design", Thomson, 5th edition 2003.
7. Thomas L. Floyd, "Digital Fundamentals", Prentice Hall, 8th edition, 2002.
8. D. Ercefovac, T. Lang, "Digital Arithmetic", Morgan Kaufmann, 2004.
9. 박송배, "디지털 회로의 원리와 응용", 광문각, 1998.
10. 김자룡, 김에녹, "논리회로 설계", 이한출판사, 2001.
11. 김성락, 남시병, 임혜진, "디지털 시스템", 정익사, 2002.
12. 유황빈, "디지탈 논리와 설계", 정익사, 1999.
13. 이두성, 김선형, 임혜진, 허기중, 이홍석, "디지틀실험 및 응용", 청문각, 2001.
14. 정차근, 조경록, "디지털 논리 설계", 도서출판 미래컴, 2001.
15. 김선화, 여태경, "교실밖 수학여행", ㈜사계절출판사, 2001.
16. 앙드레 주에트 저, 김보현 역, "수의 비밀(Le Secret Des Nombres)", 이지북, 2001.
17. Texas Instrument, "TTL Data Book", 2003.

| 연습문제 해답 안내 | 이 책은 대학 강의용 교재로 개발되었으므로 연습문제 해답을 제공하지 않습니다.

| 참고 사이트 |

- Logicworks 5.0 또는 Designworks(상용)
  https://www.designworkssolutions.com/
- ISE Design Suite(상용, 시험버전)
  http://www.xilinx.com
- MyCAD(상용)
  http://www.seloco.com
- WinCUPL(상용, 시험버전)
  https://www.microchip.com
- Intel FPGA Academic Program
  http://intel.com
- Pspice, OrCad(상용)
  http://www.cadence.com
- TEXASInstruments
  http://www.ti.com
- Logisim 사이트
  https://github.com/logisim-evolution/logisim-evolution

| 소모 부품 판매 웹사이트 |

- 디바이스마트
  http://www.devicemart.co.kr
- IC114
  http://www.ic114.com
- 엘레파츠
  http://www.eleparts.co.kr
- 아이씨뱅큐
  http://www.icbanq.com

차례

Chapter 01 들어가기

01 디지털과 아날로그 ········ 18
02 디지털 정보의 표현 ········ 22
03 논리 레벨과 펄스 파형 ········ 27
04 디지털 집적 회로 ········ 30
05 ADC와 DAC ········ 34
연습문제 ········ 37
기출문제 ········ 40

Chapter 02 수(數)의 체계

01 진수 ········ 44
02 진법 변환 ········ 50
03 2진수 정수 연산과 보수 ········ 59
04 2진 부동소수점 수의 표현 ········ 69
연습문제 ········ 73
기출문제 ········ 77

Chapter 03 디지털 코드

01 BCD 코드와 3초과 코드 ········ 84
02 다양한 2진 코드들 ········ 87
03 그레이 코드 ········ 89
04 에러 검출 코드 ········ 92
05 영숫자 코드 ········ 99

연습문제 106
기출문제 108

Chapter 04 논리 게이트

01 논리 레벨 116
02 NOT 게이트와 버퍼 게이트 118
03 AND 게이트 122
04 OR 게이트 125
05 NAND 게이트 128
06 NOR 게이트 130
07 XOR 게이트 132
08 XNOR 게이트 135
09 정논리와 부논리 138
10 게이트의 전기적 특성 140
연습문제 151
기출문제 155

Chapter 05 불 대수

01 기본 논리식의 표현 166
02 불 대수 법칙 168
03 논리회로의 논리식 변환 172
04 논리식의 회로 구성 174
05 불 대수식의 표현 형태 176
06 불 대수 법칙을 이용한 논리식의 간소화 187

연습문제 192
기출문제 198

Chapter 06 논리식의 간소화

01 2변수 카르노 맵 210
02 3변수 카르노 맵 213
03 4변수 카르노 맵 217
04 선택적 카르노 맵 221
05 논리식의 카르노 맵 작성 223
06 5변수, 6변수 카르노 맵 226
07 퀸-맥클러스키 간소화 알고리즘 229
08 여러 개의 출력 함수 236
09 NAND와 NOR 게이트로의 변환 242
10 XOR와 XNOR 게이트 253
연습문제 257
기출문제 264

Chapter 07 조합논리회로

01 가산기 276
02 비교기 287
03 디코더 292
04 인코더 310
05 멀티플렉서 319
06 디멀티플렉서 328
07 코드 변환기 330

08 패리티 발생기/검출기 334
연습문제 337
기출문제 343

Chapter 08 플립플롭

01 기본적인 플립플롭 362
02 *SR* 플립플롭 371
03 *D* 플립플롭 380
04 *JK* 플립플롭 386
05 *T* 플립플롭 395
06 비동기 입력 400
07 플립플롭의 동작 특성 402
08 멀티바이브레이터 407
연습문제 418
기출문제 426

Chapter 09 동기 순서논리회로

01 동기 순서논리회로 개요 440
02 동기 순서논리회로의 해석 과정 442
03 플립플롭의 여기표 448
04 동기 순서논리회로의 설계 과정 451
05 동기 순서논리회로의 설계 예 459
06 미사용 상태의 설계 467
07 카운터의 설계 472
08 상태 방정식을 이용한 설계 478

09 디코더와 플립플롭을 사용한 설계 486
연습문제 491
기출문제 501

Chapter 10 카운터

01 비동기식 카운터 506
02 동기식 카운터 519
03 기타 카운터 540
04 IC 카운터 546
05 카운터의 응용 554
연습문제 562
기출문제 565

Chapter 11 레지스터

01 레지스터의 분류 574
02 직렬 입력-직렬 출력 레지스터 577
03 직렬 입력-병렬 출력 레지스터 580
04 병렬 입력-직렬 출력 레지스터 583
05 병렬 입력-병렬 출력 레지스터 586
06 양방향 시프트 레지스터 588
07 범용 시프트 레지스터 592
08 시프트 레지스터의 응용 596
연습문제 600
기출문제 603

Chapter 12 메모리와 프로그래머블 논리 장치

01 메모리 개요 ····· 608
02 ROM ····· 615
03 RAM ····· 622
04 플래시 메모리 ····· 631
05 프로그래머블 논리 장치(PLD) ····· 645
연습문제 ····· 660
기출문제 ····· 664

Chapter 13 논리회로 실험

01 실험 개요 ····· 674
02 기본 논리 게이트 ····· 683
03 불 대수와 드모르간의 정리 ····· 690
04 XOR 게이트 ····· 699
05 가산기와 감산기 ····· 706
06 디코더와 인코더 ····· 713
07 멀티플렉서와 디멀티플렉서 ····· 721
08 코드 변환기 ····· 728
09 플립플롭 ····· 733
10 비동기식 카운터 ····· 740
11 동기식 카운터 ····· 749
12 레지스터 ····· 763
13 멀티바이브레이터 ····· 772

차례

Chapter 14 Term Project

01 하드웨어 제작 도구 사용법 778
02 8비트 병렬 가감산기 781
03 교통 신호등 제어 788
04 디지털 시계 799

찾아보기 808

PDF 제공

Appendix A 윈도우에서 계산기를 활용한 진법 변환과 연산
Appendix B 로직웍스Logic Works 5 사용법
Appendix C 74 시리즈 핀 배치도
Appendix D 40 시리즈, 45 시리즈 핀 배치도

• 다운로드 주소: http://www.hanbit.co.kr/src/4568

Chapter

01

들어가기

01 디지털과 아날로그

02 디지털 정보의 표현

03 논리 레벨과 펄스 파형

04 디지털 집적 회로

05 ADC와 DAC

연습문제

기출문제

학습목표

- 아날로그 신호와 디지털 신호의 개념을 이해할 수 있다.
- 디지털 정보의 표현 방법을 이해하고 이를 활용할 수 있다.
- 주기적인 파형에서 주파수와 주기의 개념을 이해하고 계산할 수 있다.
- 디지털 회로의 장점과 단점에 대해 설명할 수 있다.
- ADC와 DAC의 개념을 이해할 수 있다.

01 디지털과 아날로그

1 디지털 신호와 아날로그 신호

전자 및 통신 산업의 핵심인 디지털 시스템은 반도체 집적 회로 기술과 시스템 기술이 눈부시게 발전하면서 방송, 통신, 컴퓨터가 융합되는 정보화 사회로 진전하는 데 커다란 역할을 하고 있다. 디지털 시스템이 아날로그 시스템과 대조되는 점은 이산적인 단위량의 정수배로 표시하고, 이산량을 이용하여 정보를 처리한다는 점이다.

현실 세계의 물리적인 양은 시간에 따라 연속적으로 변화하는 것이 많다. 예를 들어 온도, 습도, 소리, 빛 등은 시간에 따라 연속적인 값을 갖는다. 이러한 물리적인 양을 전기 · 전자적으로 측정하기 위해 트랜스듀서transducer를 이용하여 전기 · 전자적 신호로 변환하면 원래의 물리적인 양과 유사한analog 연속적인 값을 갖는다. 이러한 전기 · 전자 신호를 아날로그 신호라고 한다. 이에 반해 디지털 신호는 분명히 구별되는 두 레벨의 신호값만을 갖는다.

아날로그 신호와 디지털 신호를 그림으로 표현하면 [그림 1-1]과 같다.

트랜스듀서
빛이나 소리의 에너지 신호를 전기 에너지 신호로 변환하여 출력하는 기기

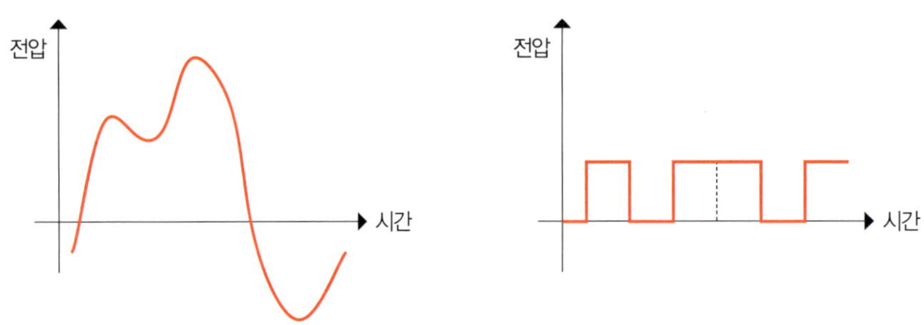

(a) 아날로그 신호　　(b) 디지털 신호

그림 1-1 아날로그 신호와 디지털 신호

일상생활에서 사용하는 전자기기는 아날로그 신호를 디지털 신호로 변환하여 사용한다. 시계를 예로 들면, 초침과 분침이 회전하는 형태의 눈금 시계는 아날로그 시계이고 시간이 숫자로 표시되는 형태의 시계는 디지털 시계다. 또 다른 예로 아날로그 테스터기와 디지털 테스터기를 [그림 1-2]에서 확인할 수 있다. 이렇듯 우리 생활 주변의 온도계, 습도계, 시계, 회로시험기 등에서 아날로그 형태와 디지털 형태의 기기를 쉽게 발견할 수 있다.

(a) 아날로그 테스터기 (b) 디지털 테스터기

그림 1-2 아날로그 테스터기와 디지털 테스터기

2 디지털 시스템과 아날로그 시스템

전기 · 전자 회로는 취급하는 신호의 성격에 따라 아날로그 시스템과 디지털 시스템으로 구분되며, 각각 아날로그 신호와 디지털 신호를 통해 동작한다. [그림 1-3](a)에 나타난 것처럼 이산적인 정보를 가공 · 처리하여 최종적으로 이산적인 정보를 출력하는 모든 형태의 장치를 **디지털 시스템**이라고 한다.

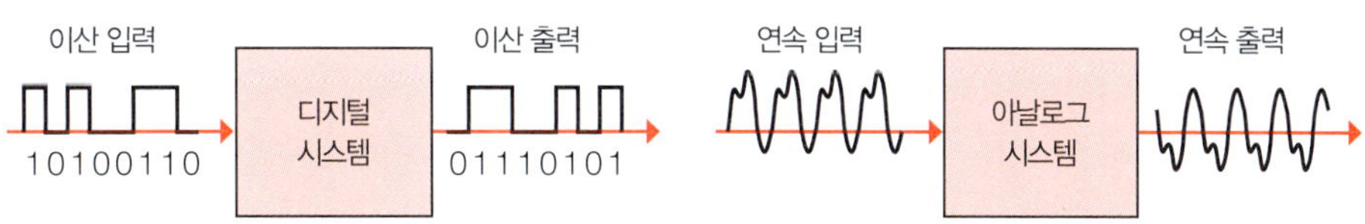

(a) 디지털 시스템 (b) 아날로그 시스템

그림 1-3 디지털 시스템과 아날로그 시스템

시스템이란 임의의 종합된 형태의 작업이나 기능을 수행하는 일정한 체계를 갖춘 기기의 집합체로 정의된다. 디지털 시스템은 간단한 산술연산을 수행하는 장치에서부터 컴퓨터나 방송, 통신 시스템처럼 매우 복잡한 시스템에 이르기까지 다양하게 정의될 수 있다.

이에 비해 **아날로그 시스템**은 디지털 시스템에 대응하는 것으로 [그림 1-3](b)와 같이 연속적인 정보를 입력받아 처리하여 연속적인 형태의 정보를 출력하는 시스템으로 정의된다. 오늘날에는 대부분의 전자 시스템이 디지털화되었지만, 그 전에는 아날로그 시스템이었다.

연속적으로 변하는 다양한 정보를 이산적인 정보로 변환하기 위해서는 **아날로그-디지털 변환기**ADC, analog-to-digital converter를 사용하는데, 아날로그 시스템에 비해 디지털 시스템은 다음과 같은 장점이 있다.

❶ 디지털 시스템은 내부와 외부 잡음에 강하다. 일반적으로 아날로그 시스템은 외부 잡음이나 온도 변화, 부품의 사용 기간 등에 민감하게 반응하지만, 디지털 시스템에서의 전기·전자 신호는 이산적인 정보를 사용하기 때문에 내·외부 잡음의 영향을 줄일 수 있다.

❷ 디지털 시스템은 설계가 용이하다. 디지털 시스템에서 사용되는 회로는 off 또는 on 상태만이 중요한 스위칭switching 회로다. 따라서 회로의 전압이나 전류의 정확한 값보다 전압이나 전류가 일정한 범위 내에 있으면 off 또는 on 상태를 쉽게 인식할 수 있다. 또 디지털 시스템은 좀 더 규모가 작은 서브시스템으로 분해하는 것이 가능하고, 높은 레벨에서 낮은 레벨에 이르기까지 다양한 시스템 모델로 나타낼 수 있으며 계층 구조를 갖춘 시스템 설계도 가능하다.

❸ 디지털 시스템은 프로그래밍으로 전체 시스템을 제어할 수 있어서 규격이나 사양 변경에 쉽게 대응할 수 있다. 또 기능 구현의 유연성을 높일 수 있고, 개발 기간을 단축할 수 있다.

❹ 디지털 시스템에서는 디지털 정보의 이산적인 특징 때문에 정보를 저장하거나 가공하기 쉽다.

❺ 디지털 시스템에서는 정보 처리의 정확성과 정밀도를 높일 수 있으며, 아날로그 시스템으로는 다루기 어려운 비선형 처리나 병렬 처리 등도 가능하다.

❻ 디지털 시스템은 전체 시스템 구성을 소형화하고 저렴한 가격에 구성할 수 있다. 여러 가지 디지털 회로나 기능을 하나의 칩에 집적하면 인쇄회로기판PCB, printed circuit board의 크기나 사용하는 부품의 수를 줄일 수 있기 때문이다.

이러한 디지털 시스템의 장점들 때문에 기존 아날로그 시스템이나 새로운 시스템을 대부분 디지털 시스템으로 구성한다. 하지만 시스템에서 관측하고 동작, 제어되는 정보의 물리적인 양은 대부분 원래 아날로그 양이다. 사람들이 아날로그 정보인 물리적인 양에 좀 더 익숙하기 때문에 디지털 시스템으로 처리한 정보라고 해도 궁극적으로는 아날로그 형태의 정보로 다시 변환해야 한다. 이를 위한 장치가 **디지털-아날로그 변환기**DAC, digital-to-analog converter다.

이와 같이 디지털 시스템은 아날로그와의 인터페이스를 필요로 하기 때문에 전체 시스템을 효율적으로 구축하기 위해서는 아날로그 신호의 본질이나 특성을 좀 더 철저하게 이해해야 한다.

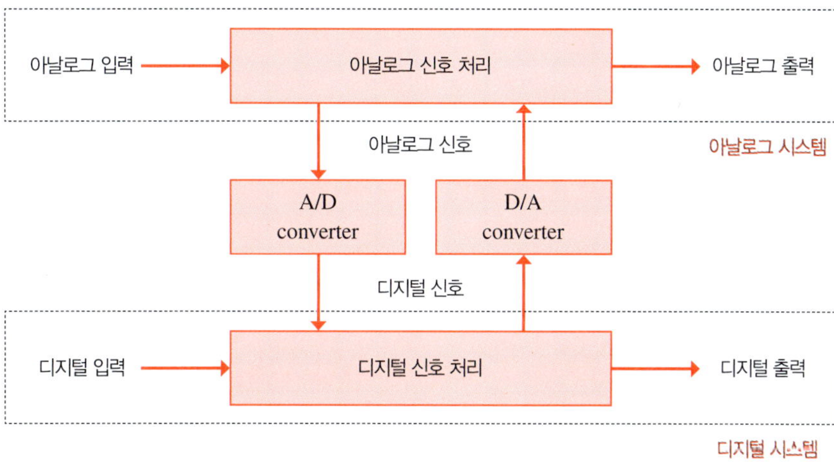

그림 1-4 아날로그 회로와 디지털 회로의 상호 연결

02 디지털 정보의 표현

1 디지털 정보의 전압 레벨

시스템에서 사용하는 정보를 **신호**라고 하며, 이러한 전기 신호는 일반적으로 전압이나 전류로 나타낸다. 디지털 정보를 표현하는 데 사용하는 **2진수 체계**binary system는 0과 1 두 디지트digit를 사용하기 때문에 정보를 가장 간단한 형태로 나타낼 수 있다.

[그림 1-5]는 디지털 시스템의 입출력에서 전압 레벨에 따라 2진 디지털 정보를 나타내는 예다. 출력 신호의 전압이 2.7~5V 범위에 있으면 High 레벨 즉, 2진수의 1을 나타내고, 0~0.4V의 범위에 있으면 Low 레벨 즉, 2진수의 0을 나타낸다.

이와 마찬가지로 입력 신호도 그림에 나타난 것처럼 전압 레벨의 변화에 따라 Low, High 또는 2진수 0, 1로 표현한다. 이때 입력 신호 전압의 변동 범위가 출력 신호 전압의 변동 범위보다 큰 이유는 신호 전송 과정 중에 발생하는 잡음에 대해 좀 더 강하도록 하기 위해서다.

디지트

손가락 또는 수를 센다는 의미로, 손가락을 이용하여 수를 세는 것에서 유래했다. 디지트는 숫자 자체를 의미하기도 한다.

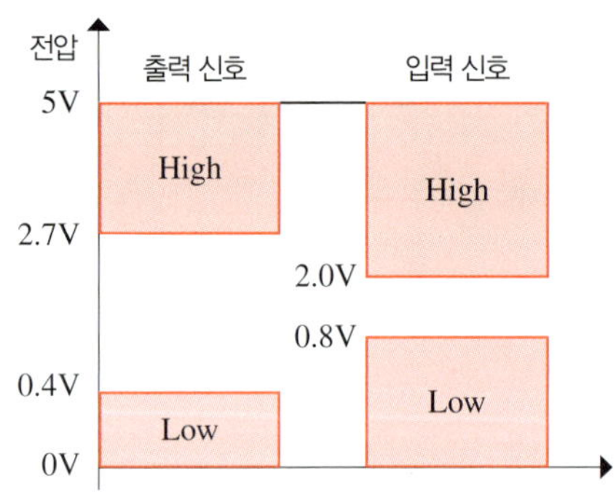

그림 1-5 디지털 시스템의 전압 레벨

2 디지털 정보의 표현 단위

디지털 정보의 단위로는 비트bit, 바이트byte 등이 있는데, 비트는 컴퓨터의 정보를 나타내는 가장 기본적인 단위다. 컴퓨터는 일종의 전자 장치로, 전압이 높고 낮음의 두 가지 상태만을 감지할 수 있으며, 이를 간단히 2진수로 표현한다(예 : 0V → 0, 5V → 1). 2진수 한 자리(0과 1)는 두 가지 상태의 정보를 표현할 수 있다.

비트 1개는 단순히 2가지 상태만 저장할 수 있기 때문에 매우 단순한 정보만 표현할 수 있다.

예를 들어, 2비트는 4가지 상태의 정보를 표현할 수 있다. 그런데 컴퓨터에서는 보통 비트 8개를 모은 8비트를 사용하며 이를 **1바이트**byte라고 한다. 한편 1바이트의 반, 즉, 4비트 단위는 **니블**nibble이라고 한다.

1byte = 8bit	2byte = 16bit
4byte = 32bit	8byte = 64bit

1바이트를 **1캐릭터**character라고도 한다. 이는 1바이트로 영어 한 문자를 표현할 수 있기 때문이다. 반면에 한글과 같은 동양권의 문자를 표기하려면 한 문자당 2바이트가 필요하다. 한글 코드를 2바이트 조합형 혹은 완성형이라고 하는 말은 이러한 이유 때문이다.

사실 정확하게 말하면 영어권의 문자는 8비트(1바이트)가 아닌 7비트만으로도 표현이 가능하다. 7비트는 0~127까지 128개의 정보 표현이 가능하며, 알파벳과 특수문자를 표현하고도 남는다.

비트 n개로는 2^n가지 정보를 표현할 수 있다. 예를 들어, $n=4$이면 $2^4=16$가지 정보를 표현할 수 있다. n가지 정보를 코드로 부호화하려면 비트 $\lceil \log_2 n \rceil$개가 필요하다. 예를 들어, $n=10$이면 $\log_2 10 \approx 3.219$이므로 $\lceil \log_2 10 \rceil = 4$비트가 필요하다.

1워드word는 특정 CPU에서 취급하는 명령어나 데이터의 길이에 해당하는 비트 수다. 즉, 컴퓨터 하드웨어에서 한 단위로 취급하는 비트 벡터다. 워드의 길이는 보통 8의 정수 배로 나타내는데, 일반적으로 사용하는 워드 길이는 기종에 따라 8, 16, 32, 64비트 등이 될 수 있다. [그림 1-6]은 비트, 니블 및 바이트의 관계를 나타낸 것이다.

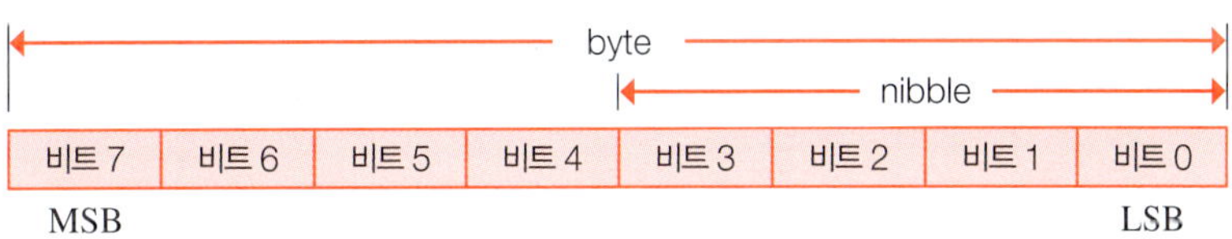

그림 1-6 비트, 니블 및 바이트의 관계

MSB(Most Significant Bit): 최상위 비트
LSB(Least Significant Bit): 최하위 비트

대용량인 경우 **IEC 단위**인 Ki, Mi, Gi, Ti 등을 사용하여 나타내며, bit는 소문자 b, byte는 대문자 B를 용량 단위 뒤에 붙여서 사용한다. 4Mib는 4Mebibit, 4MiB는 4Mebibyte다. 초기에는 컴퓨터 용량의 단위로 SI 단위인 K, M 등을 사용하였지만, 컴퓨터 산업이 발달하고 용량 단위가 커짐에 따라 SI 단위를 그대로 사용하면 큰 오차가 발생할 수밖에 없다. 예를 들어, RAM 용량이 512MB라면 실제로는 536,870,912B이므로, 정확하게 512MiB 또는 536MB로 표시해야 한다. 또 다른 예로 Mbit/s를 나타낼 때 네트워크 설계자는 일반적으로 1,048,576bit/s로, 통신공학자는 SI 단위인 1,000,000bit/s로 사용했다. 또한, PCI 버스의

대역폭인 133.3MB/s는 4바이트 데이터를 33.3MHz의 빠르기로 전송한다는 의미다. 여기서 MHz의 M은 1,000,000을, MB의 M은 1,048,576을 의미하므로 부정확한 표시다. 데이터 용량과 전송률이 계속 증가하고 있는 현재 SI 단위를 혼용하거나 부정확하게 사용하면 심각한 문제가 될 것이다. 따라서 IT 산업에서는 IEC 60027-2에 정의된 정확한 단위를 사용해야 한다. [표 1-1]에 SI 단위와 IEC 단위를 비교하여 나타냈다.

표 1-1 SI 단위와 IEC 단위 비교

SI(10진 단위)			IEC(2진 단위)			
값	기호	이름	값	기호	이름	10진 변환 크기
$(10^3)^1 = 10^3$	k, K	kilo–	$(2^{10})^1 = 2^{10} \cong 10^{3.01}$	Ki	kibi–	1,024
$(10^3)^2 = 10^6$	M	mega–	$(2^{10})^2 = 2^{20} \cong 10^{6.02}$	Mi	mebi–	1,048,576
$(10^3)^3 = 10^9$	G	giga–	$(2^{10})^3 = 2^{30} \cong 10^{9.03}$	Gi	gibi–	1,073,741,824
$(10^3)^4 = 10^{12}$	T	tera–	$(2^{10})^4 = 2^{40} \cong 10^{12.04}$	Ti	tebi–	1,099,511,627,776
$(10^3)^5 = 10^{15}$	P	peta–	$(2^{10})^5 = 2^{50} \cong 10^{15.05}$	Pi	pebi–	1,125,899,906,842,624
$(10^3)^6 = 10^{18}$	E	exa–	$(2^{10})^6 = 2^{60} \cong 10^{18.06}$	Ei	exbi–	1,152,921,504,606,846,976
$(10^3)^7 = 10^{21}$	Z	zetta–	$(2^{10})^7 = 2^{70} \cong 10^{21.07}$	Zi	zebi–	1,180,591,620,717,411,303,424
$(10^3)^8 = 10^{24}$	Y	yotta–	$(2^{10})^8 = 2^{80} \cong 10^{24.08}$	Yi	yobi–	1,208,925,819,614,629,174,706,176

IEC : International Electrotechnical Commission **SI** : International System of Units

IEC 60027-2 규정은 2000년 11월에 발표 (http://www.iec.ch/zone/si/si_bytes.htm)

kibi – kilobinary **mebi** – megabinary **gibi** – gigabinary **tebi** – terabinary

pebi – petabinary **exbi** – exabinary **zebi** – zettabinary **yobi** – yottabinary

예제 1-1

일반 DVD-ROM은 9.6GiB의 디지털 데이터를 저장한다. DVD-ROM에는 얼마나 많은 데이터 비트가 저장되는가? 단, $1\text{Gi} = 2^{30}$이다.

풀이

1바이트는 8비트이므로 9.6GiB는 $9.6 \times 2^{30} \times 8 = 82,463,372,083$비트가 된다.

예제 1-2

어떤 USB 메모리에 32GB가 표시되어 있다. 이러한 32GB USB 메모리에는 얼마나 많은 데이터가 저장되는지를 IEC 단위인 GiB로 표시하시오. 단, 1Gi = 2^{30}이다.

풀이

32GB는 관례적으로 사용하는 SI 단위(10진 단위)이므로 이를 2진 단위인 IEC 단위로 변환한다. 32G는 32,000,000,000을 의미하므로 2^{30}으로 나누면 $\frac{32,000,000,000}{2^{30}} = 29.802$이다. 따라서 32GB는 29.8GiB가 된다.

3 전자소자를 이용한 논리 표현

디지털 정보를 0, 1 또는 Low, High로 표현하는 방법 외에도 다이오드diode나 트랜지스터transistor의 off/on, 전기 스위치의 open/close, 논리학의 false/true 등 여러 가지 표현이 같은 의미로 사용되고 있다.

디지털 시스템에서 0과 1의 2진 상태를 전자회로로 구현할 때 바이폴라bipolar 트랜지스터나 MOSmetal oxide semiconductor 트랜지스터를 주로 이용한다. [그림 1-7](a)는 바이폴라 트랜지스터를 이용해 2진 상태를 표현한 예로, 입력 전압 V_i의 값에 따라 출력 전압 V_o의 레벨이 결정된다. $V_i = V_{CC}$면 트랜지스터 스위치가 on 상태가 되어 $V_o = 0$V가 된다. 반면 $V_i = 0$V면 트랜지스터 스위치가 off 상태가 되어 $V_o = V_{CC}$가 되는 과정으로 2진 상태를 표현할 수 있다. [그림 1-7](b)는 NMOS에 의한 2진 상태의 스위칭 논리를 나타낸 예로, 바이폴라 트랜지스터와 마찬가지로 입력 V_G에 따라 2진 상태를 표현할 수 있다.

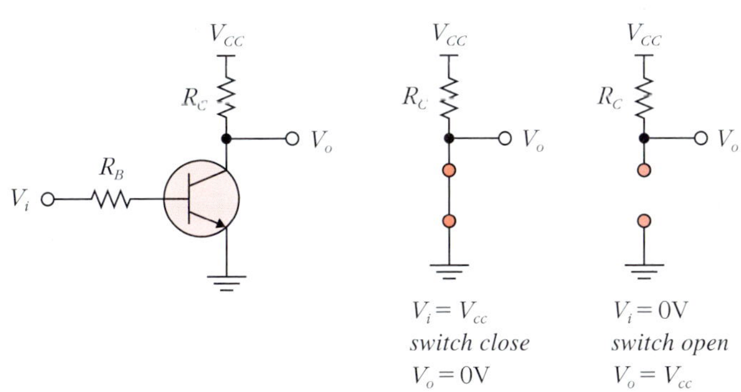

(a) 바이폴라 트랜지스터를 이용한 스위칭

트랜지스터(transistor)
디지털 회로에서 전자 스위치로 사용되는 반도체 소자. 베이스에 적절한 전압을 인가하여 컬렉터-에미터 접합이 개방 또는 단락된 스위치처럼 동작한다.

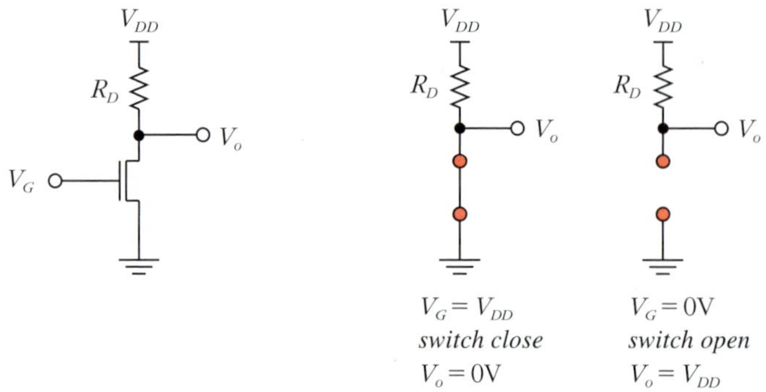

(b) NMOS 트랜지스터를 이용한 스위칭

그림 1-7 스위칭 소자를 이용한 2진 상태 표현

NMOS
N-채널 MOSFET로 만들어진 IC의 계열

예제 1-3

다음과 같은 트랜지스터 회로에 입력 신호 V_i가 인가되었을 때, 출력 파형 V_o를 그려 보시오.

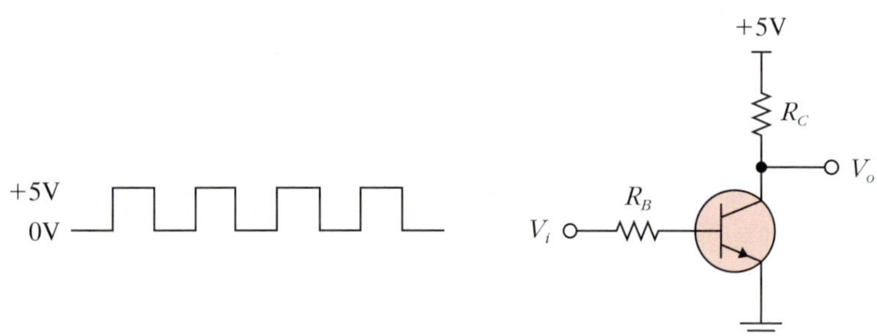

풀이

[그림 1-7](a)의 트랜지스터 회로에서 $V_i = 0V$이면 $V_o = +5V$이고, $V_i = +5V$이면 $V_o = 0V$이다. 따라서 출력 V_o는 입력 V_i의 반전된 형태가 된다. 이 회로는 NOT 게이트로 동작한다(4장 참조).

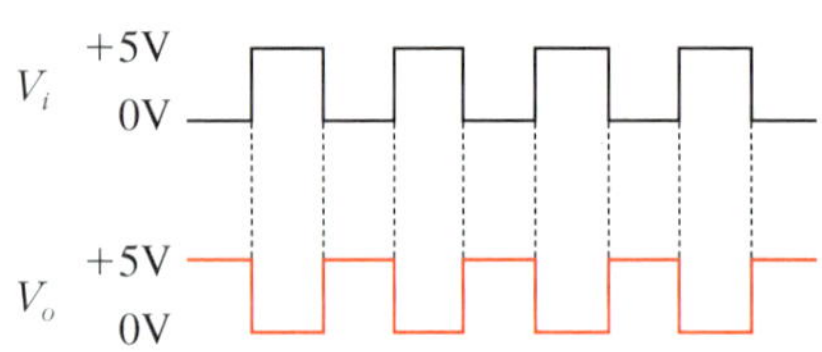

03 논리 레벨과 펄스 파형

1 정논리와 부논리

디지털 시스템에서 두 전압 레벨은 두 2진 숫자binary digit인 0과 1을 나타낸다. 예를 들어, 논리 레벨 전압으로 0V와 +5V가 있다고 가정하자. 두 전압 레벨에서, 0V인 Low 레벨을 0으로 나타내고 +5V인 High 레벨을 1로 나타내는 것을 양논리 또는 **정논리**positive logic라고 한다.

반대로 Low 레벨인 0V를 1로 나타내고, High 레벨인 +5V를 0으로 나타내는 것을 음논리 또는 **부논리**negative logic라고 한다. 정논리와 부논리는 모두 디지털 논리 시스템에서 이용되고 있으며, 일반적으로 정논리를 많이 사용한다. 정논리와 부논리를 정리하면 [표 1-2]와 같다.

표 1-2 정논리와 부논리

전압 레벨	정논리	부논리
+5V	High = 1	High = 0
0V	Low = 0	Low = 1

2 펄스 파형

펄스pulse는 전압 레벨이 일반적으로 Low 상태와 High 상태를 반복하기 때문에 디지털 시스템에서 매우 중요하다. 디지털 시스템에서 사용하는 대부분의 파형은 일련의 펄스로 구성되고, 주기 펄스periodic pulse와 비주기 펄스non-periodic pulse로 나뉜다. 주기 펄스는 일정한 구간마다 파형이 반복되며, 비주기 펄스는 주기가 없는 파형이다.

[그림 1-8]은 이상적인 주기 펄스의 모양을 나타낸 것이다. 그림에서 펄스는 두 개의 에지edge, 즉 **상승 에지**rising edge와 **하강 에지**falling edge로 구성되어 있다. 상승 에지는 리딩 에지leading edge라고 부르며, 하강 에지는 트레일링 에지trailing edge라고도 한다.

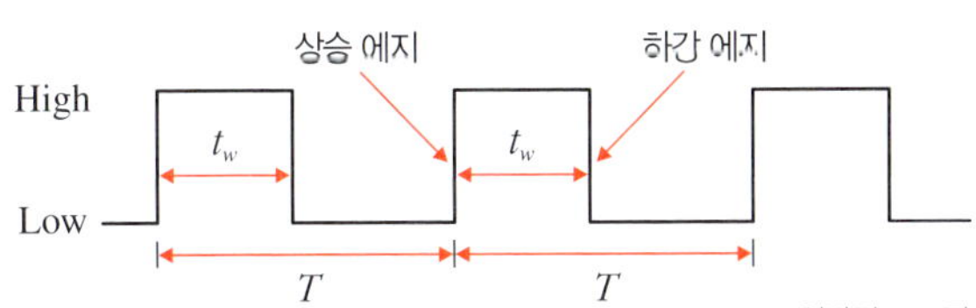

그림 1-8 이상적인 펄스 파형

일반적으로 펄스 파형은 Low 상태와 High 상태를 반복하는 전압 레벨로 구성된다. 즉, 펄스는 상승 에지와 하강 에지로 구성된다.

실제적인 펄스의 모양은 [그림 1-8]에서 보는 것처럼 Low에서 High로, 또는 High에서 Low로 순간적으로 변하지 않으며 [그림 1-9]와 같은 형태를 띤다. 여기서 t_r과 t_f는 각각 상승 시간과 하강 시간을 나타낸다. **상승 시간**t_r, rising time은 Low 레벨에서 High 레벨로 증가하는 데 걸리는 시간, **하강 시간**t_f, falling time은 High 레벨에서 Low 레벨로 감소하는 데 걸리는 시간을 의미한다.

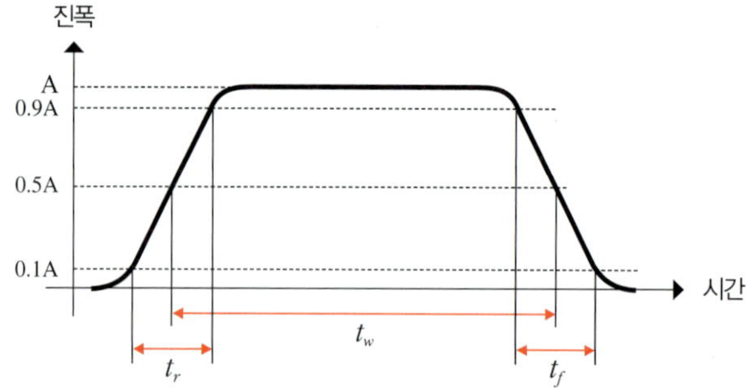

그림 1-9 실제 펄스 파형

실제로는 펄스 진폭(A)이 10%에서 90%까지 증가하는 시간을 상승 시간으로 정의하고, 펄스 진폭이 90%에서 10%까지 떨어지는 시간을 하강 시간으로 정의한다. **펄스 폭**t_w, pulse width은 펄스가 존속하는 시간으로, 상승 구간과 하강 구간의 50%인 두 지점 사이의 시간 간격으로 정의한다.

3 주기, 주파수 및 듀티 사이클

주파수frequency란 주기적인 파형이 1초 동안에 진동한 횟수를 의미하는데, 1초 동안에 주기가 몇 번 반복되는지에 따라 결정된다. 주파수 단위는 전파를 처음 발견한 독일의 헤르츠의 이름을 따서 헤르츠Hz를 쓴다. 또 **주기**period는 주기적인 파형이 1회 반복되는 데 걸리는 시간을 의미한다. 예를 들어, [그림 1-10]에 나타난 것처럼 1초 동안 주기적인 파형이 1회 반복하면 1Hz가 되고, 주기는 1초가 된다. 1초 동안 2회 반복하면 주파수는 2Hz가 되고, 주기는 0.5초가 된다. 1000회 반복하면 주파수는 1000Hz(= 1KHz)가 되며, 주기는 1ms가 된다. 따라서 펄스 파형의 주파수 f와 주기 T는 서로 역수 관계로, 다음과 같이 표현할 수 있다.

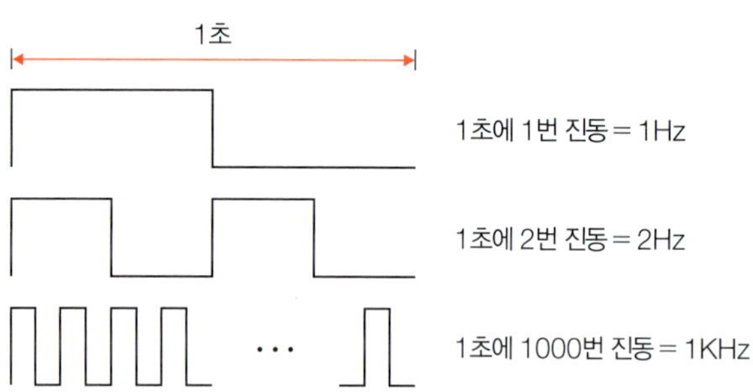

그림 1-10 주파수와 주기

$$T = \frac{1}{f} \qquad f = \frac{1}{T}$$

주기적인 펄스 파형의 주요한 특성은 **듀티 사이클**duty cycle이다. [그림 1-8]을 참조로 듀티 사이클은 아래와 같이 정의되며, 주기 T에 대한 펄스 폭(t_w)의 비를 백분율로 정의한다.

$$\text{duty cycle} = \frac{t_w}{T} \times 100\%$$

듀티 사이클을 충격 계수라고도 한다.

예제 1-4

펄스 폭이 50μs이고 주기가 250μs인 주기 파형이 있다. 주파수와 듀티 사이클을 구하시오.

풀이

주파수 : $f = \frac{1}{T} = \frac{1}{250\mu s} = \frac{1}{250 \times 10^{-6}} \text{Hz} = 4\text{KHz}$

듀티 사이클 : $\text{duty cycle} = \frac{t_w}{T} \times 100\% = \frac{50\mu s}{250\mu s} \times 100\% = 20\%$

예제 1-5

전압 레벨이 0V, +5V이고, 주파수가 250Hz이며, 듀티 사이클이 다른 펄스 파형이 있다. 펄스 파형의 듀티 사이클이 각각 0%, 25%, 50%, 75%, 100%라면 각 펄스 파형의 차이점을 간략하게 설명하시오.

풀이

주파수가 250Hz인 펄스 파형의 주기는 4ms(=1/250)이다. 듀티 사이클이 0%인 펄스 파형은 1주기 4ms 동안 High인 구간이 없고 Low로만 구성되는 파형이며, 듀티 사이클이 100%인 파형은 1주기 동안 Low 구간이 없고 High로만 구성되는 파형이다. 또한 25%, 50%, 75%의 펄스 파형은 1주기 4ms 동안 High인 구간이 1ms, 2ms, 3ms인 펄스 파형을 의미한다. 이를 그림으로 나타내면 다음과 같다.

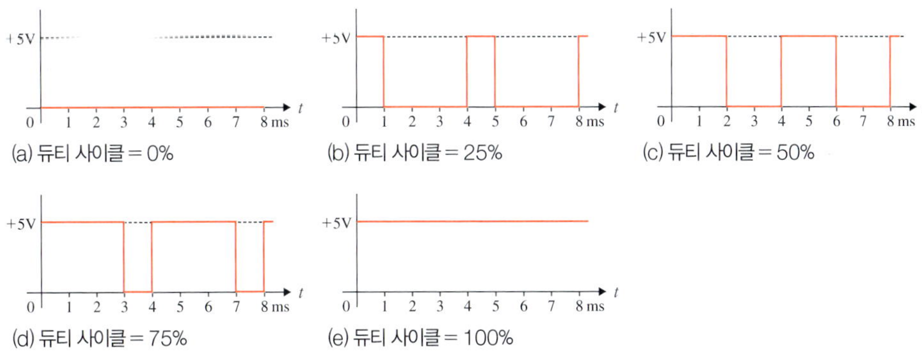

(a) 듀티 사이클 = 0%
(b) 듀티 사이클 = 25%
(c) 듀티 사이클 = 50%
(d) 듀티 사이클 = 75%
(e) 듀티 사이클 = 100%

04 디지털 집적 회로

디지털 정보를 처리하는 디지털 시스템의 하드웨어hardware를 **디지털 회로**라고 한다. 즉, 디지털 회로는 2진 상태와 회로를 구성하는 논리에 따라 반응하여 2진 상태의 출력 신호를 발생시키는 것이다. 이와 같이 디지털 회로가 입력 신호에 반응하는 형태는 내부 회로 구성의 논리에 의존하기 때문에 디지털 회로를 **논리회로**라고도 한다. 이에 따라 디지털 하드웨어, 디지털 회로, 논리회로 등을 특별히 구별하지 않고 사용할 것이다.

논리회로는 입력, 출력 정보를 일시적으로 기억하여 입력 신호의 일부분으로 사용하는 메모리의 사용 유무에 따라 조합논리회로combinational logic circuit와 순서논리회로sequential logic circuit로 분류한다.

먼저, 조합논리회로는 기본 게이트gate의 조합으로 구성되는 논리회로다. 이때 게이트는 저항resister, 다이오드diode, 트랜지스터transistor 등의 소자로 구성되어 기본적인 연산을 수행하는 논리소자다.

순서논리회로는 조합논리회로에 입력과 출력의 신호를 기억하는 플립플롭flip-flop 또는 메모리memory를 부가한 논리회로로, 논리 신호가 순차적으로 발생한다. 예컨대 TV 리모콘으로 채널을 선택할 때 사용할 수 있는 버튼으로 CHANNEL 선택 버튼과 UP/DOWN 버튼이 있다. CHANNEL 선택 버튼은 원하는 채널 번호를 누르면 해당 채널이 선택되므로 조합논리회로에 해당한다. 반면에 UP/DOWN 버튼은 채널 선택이 이전에 누른 버튼과 관계되기 때문에 순서논리회로에 해당한다.

플립플롭(flip-flop)

0 또는 1과 같이 하나의 입력에 대하여 항상 그에 대응하는 출력을 발생하게 하고, 다음에 새로운 입력이 주어질 때까지 그 상태를 안정적으로 유지하는 회로. 컴퓨터의 집적 회로 속에서 기억 소자로 쓴다.

칩(chip)

집적 회로를 일컫는 말. 각 집적 회로는 실리콘 단결정의 한 개의 칩으로 이루어져 있음을 나타낸다.

1960년대의 논리회로는 저항, 다이오드, 트랜지스터 등과 같은 부피가 큰 개별 부품으로 구성되었으나 **집적 회로**IC, integrated circuit 기술의 발전으로 여러 트랜지스터를 한 **칩**chip에 통합할 수 있게 되었다. 집적 회로는 작은 실리콘silicon 칩 위에 저항, 커패시터, 다이오드, 트랜지스터 등의 전자부품을 여러 단계의 공정을 거쳐서 내부적으로 상호 연결한 것을 의미하고, 칩은 실리콘 반도체를 의미한다. 이 칩을 세라믹 또는 플라스틱 기판에 부착하여 필요한 외부 핀pin에 연결한다. 핀의 수는 내부 회로에 따라 적게는 14, 많게는 100개 이상이 되기도 한다.

1 IC 패키지

IC 패키지는 [그림 1-11]과 같이 PCBprinted circuit board에 장착하는 방법에 따라 **삽입 장착**through-hole mounted**형**과 **표면 실장**SMD, surface-mounted device**형**으로 구분한다. 삽입 장착형 IC는 PCB 보드의 구멍에 끼우는 핀을 가지고 있어 뒷면의 도체에 납땜으로 연결할 수 있다. 대부분의 삽입 장착형 IC는 [그림 1-11](a)와 같은 DIPdual-in-line package 형태다. 또한 표면 실장형 IC로는 SOICsmall outline integrated circuit, QFPquad flat package, PLCCplastic leaded chip carrier 등이 있다.

DIP는 1965년에 개발되어 IC 실장에 적용한 후부터 1980년대까지 IC 패키지의 주류였다. 그 후, 표면 실장형 패키지로 PLCC 및 SOIC가 개발되어 자리를 양보하게 되었지만 지금도 범용 로직, EEPROM 등 많은 IC에 사용되고 있다. 세라믹 DIP는 CerDIP서딥이라고 하고, 플라스틱 DIP는 PDIP피딥이라고도 표시한다.

PCB

PCB는 그 위에 칩이나 기타 다른 전자부품들이 설치되어 있는 얇은 판이다. 이 보드는 강화 섬유유리나 플라스틱으로 만들어지며, 구리로 된 회로를 통해 부품들이 서로 연결된다. 시스템 내에 주요 PCB를 시스템보드 또는 마더보드(mother board)라고 부르며, 메인보드의 슬롯에 꽂히는 작은 것들은 보드 또는 카드라고 부른다. 1960년대의 PCB는 분리된 부품들을 함께 연결하였지만 요즘의 PCB는 여러 개의 칩들을 서로 연결하며, 각 칩들은 수십, 수백만 개의 기본 전자소자를 담고 있다.

SMD

기판에 직접 납땜하는 새로운 형태의 집적 회로. 동등한 논리의 DIP보다 훨씬 작고 가볍다.

DIP

집적 회로에 가장 널리 사용되는 핀 배열. 집적 회로 양쪽 면에 두 개의 직선으로 정렬되어 있다.

SOPsmall outline package는 DIP의 리드 간격을 절반으로 하고 리드는 표면 실장을 위해 다리가 바깥쪽으로 구부러져 있다. 미국에서는 SOP를 SOIC라고 부른다. 그리고 패키지의 4방향에서 리드 핀을 낸 것을 QFP라고 한다. PLCC는 QFP와 같이 패키지 4변의 측면에 리드가 나와 있으며, 리드의 끝 부분은 J자형으로 안쪽으로 구부러져 있다.

(a) DIP (b) SOIC (c) QFP (d) PLCC

그림 1-11 제작 형태에 따른 IC 패키지의 종류

현대 전자공학의 미래는 더 작고 조밀한 부품과 시스템을 제조하는 능력에 달려 있다. SMD는 이러한 요구를 충족한다. SMD는 DIP 형태의 논리회로 크기를 70%, 무게를 90% 가량 줄였다. 또한 PCB의 제조 가격을 크게 떨어뜨렸다. SMD는 PCB 기판 표면의 금속 처리된 곳에 직접 납땜 처리를 하기 때문에 비용을 절감할 수 있다. DIP는 각 핀에 해당하는 구멍을 뚫어야 하지만, SMD는 크기가 작아 특별한 도구와 기술이 필요하기 때문에 제거하는 데 어려움이 있다.

집적 회로 기술이 개발된 이래 IC 제조 기술은 눈부시게 발전했다. 칩 소요 면적의 소형화뿐만 아니라 1990년대에는 트랜지스터가 수백만 개 집적된 마이크로프로세서microprocessor가 등장했으며, 현재는 수천만 개의 트랜지스터를 집적할 수 있게 되었다. 집적 회로 기술의 발전으로 다음과 같은 장점을 갖는 다양한 디지털 시스템을 구축할 수 있게 되었다.

마이크로프로세서
디지털 컴퓨터의 기본적인 요소가 되는 초대규모 집적 회로(VLSI). 소프트웨어 프로그램에 의해 제어되고, 모든 디지털 연산, 논리, I/O 동작을 수행할 수 있다.

- 디지털 시스템의 소형화 및 경량화
- 생산 가격의 저렴화
- 소비 전력의 감소
- 동작 속도의 고속화
- 디지털 시스템의 신뢰도 향상

2 집적 회로의 분류

집적 회로는 집적되는 트랜지스터의 수에 따라 [표 1-3]과 같이 5가지로 분류한다.

표 1-3 소자 수에 따른 집적 회로의 분류

종류	소자 수
소규모 집적 회로SSI, Small Scale IC	100개 이하
중규모 집적 회로MSI, Medium Scale IC	100~1,000개
대규모 집적 회로LSI, Large Scale IC	1,000~10,000개
초대규모 집적 회로VLSI, Very Large Scale IC	10,000~1,000,000개
극초대규모 집적 회로ULSI, Ultra Large Scale IC	1,000,000개 이상

SSI는 복잡하지 않은 디지털 IC 부류로, 기본적인 게이트 기능과 플립플롭이 이 부류에 해당한다. MSI는 좀 더 복잡한 기능을 수행하는 디코더decoder, 인코더encoder, 멀티플렉서multiplexer, 디멀티플렉서demultiplexer, 카운터counter, 레지스터register, 소형 기억 장치 등의 기능을 포함하는 부류다. LSI는 반도체 기억 장치 칩, 휴대용 계산기 등과 같이 한 개의 칩에 1,000개~10,000개에 이르는 등가 게이트를 갖는 부류다. 한 칩에 10,000개~1,000,000개에 이르는 등가 게이트를 포함하는 복잡한 집적 회로는 일반적으로 VLSI 부류에 속한다. 이 부류에는 대용량 반도체 메모리, 1만 게이트 이상의 논리회로, 단일 칩 마이크로프로세서single-chip microprocessor 등이 있다. ULSI는 대개 한 칩에 회로소자들이 약 1,000,000개 이상 들어 있는 집적 회로를 가리킨다. 예를 들면, 인텔의 486이나 펜티엄 등이 ULSI 정도의 집적도를 가진 프로세서들이다. 그러나 VLSI와 ULSI 사이의 정확한 구분은 사실 모호하다.

모든 집적 회로는 2가지 형태의 트랜지스터, 즉 바이폴라 접합 트랜지스터bipolar junction transistor와 MOSFETmetal-oxide semiconductor field-effect transistor에 의해 구현된다. 바이폴라 트랜지스터를 사용하는 디지털 회로 기술로는 TTLtransistor-transistor logic과 ECLemitter-coupled logic이 있으나 이 중에서 TTL이 더 많이 사용된다. MOSFET를 사용하는 기술로는 CMOScomplementary MOS와 NMOSN-channel MOS가 있으며, 마이크로프로세서에는 MOS 기술이 사용된다.

SSI와 MSI 회로에는 일반적으로 TTL과 CMOS가 모두 사용되며, LSI, VLSI, ULSI는 작은 공간을 차지하고 전력 소모가 적은 CMOS나 NMOS를 사용하여 구현한다.

05 ADC와 DAC

디지털 회로를 이용한 신호 처리는 아날로그 회로에 비하여 잡음의 영향을 덜 받고 더 정확하다. 또 정보를 저장할 수 있고 대규모 IC화가 용이하다. 그러므로 아날로그 신호를 디지털 신호로 변환하여 처리하는 것이 유리하다. 아날로그 신호를 디지털 신호로 변환하는 장치를 아날로그-디지털 변환기ADC, analog-to-digital converter라고 하고, 변환은 [그림 1-12]와 같이 3가지 과정으로 이루어진다.

그림 1-12 아날로그-디지털 변환 과정의 블록도

1 표본화

사람의 음성과 같은 아날로그 신호를 디지털화하려면 일정한 간격으로 **표본화**sampling해야 한다. 샤논Shannon의 **표본화 정리**sampling theorem에 따르면 신호의 최고 주파수의 2배 이상의 빈도로 샘플링하면 샘플링된 데이터로부터 본래의 데이터를 재현할 수 있다고 한다. 예를 들어, 우리가 흔히 음성 전송에 이용하는 주파수 대역은 30~3,400Hz로, 음성 대역폭은 3KHz가 된다.

음성 대역은 이웃하는 채널끼리의 간섭을 피하기 위한 보호 밴드guard band까지 포함하여 4KHz가 되는 것이 보통이다. 따라서 음성 신호를 재현할 수 있게 하려면 4KHz의 2배인 8KHz, 즉, 1초 동안 8,000번 표본화해야 한다. 이 결과 표본화 순간 아날로그 신호의 진폭과 같은 크기의 진폭을 가지는 펄스PAM, Pulse Amplitude Modulation를 얻는다. [그림 1-13](a)는 아날로그 신호를 표본화하여 얻은 펄스를 표시한 것이다.

2 양자화

[그림 1-13](b)에 표시되어 있는 것처럼 펄스의 진폭 크기를 디지털 양으로 변환하는 것을 **양자화**quantization라 한다. 즉, 최대 아날로그 신호의 진폭을 양자화 레벨의 숫자로 나누어 각 간격에서 뽑아낸 표본값을 미리 정해진 값에서 가장 가까운 값으로 변환하는 것이다. 이 과정에서 불가피하게 **양자화 잡음**quantization noise이 발생한다. 예를 들어, [그림 1-13](b)에서 첫 번째 표본점의 원 신호 2.8과 양자화 파형 3.0 사이에는 0.2 차이가 존재하게 되고 이것을 양자화 잡음이라 한다. 신호 레벨의 수(**분해능**resolution)를 늘리면 양자화 잡음을 줄일 수 있으나, 데이터의 양이 많아지는 단점이 있다.

분해능
전체 진폭을 얼마나 잘게 쪼개었는가를 나타낸다. [그림 1-13]과 같은 4비트 변환기인 경우 $1/(2^4-1) = 0.067$의 분해능을 갖는다.

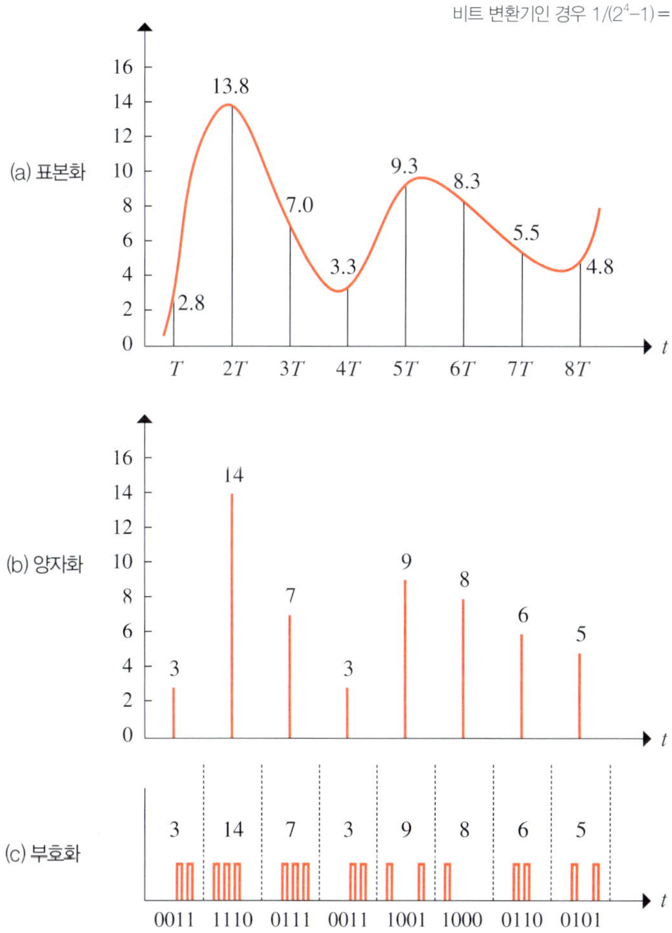

10진수	2진수
0	0000
1	0001
2	0010
3	0011
4	0100
5	0101
6	0110
7	0111
8	1000
9	1001
10	1010
11	1011
12	1100
13	1101
14	1110
15	1111

그림 1-13 아날로그-디지털 변환 과정

3 부호화

부호화encoding는 양자화한 값을 2진 디지털 부호로 변환하는 과정이다. [그림 1-13](c)에서는 4비트로 부호화하는 경우를 나타냈는데 일반적으로 전화 음성에서는 8비트로 부호화한다.

예제 1-6

그림과 같은 8bit DAC에서 디지털 입력 $00110010_{(2)}$이 인가된 경우 아날로그 출력이 1.0V로 출력되었다면 8bit DAC로부터 출력되는 가장 큰 값을 구하시오.

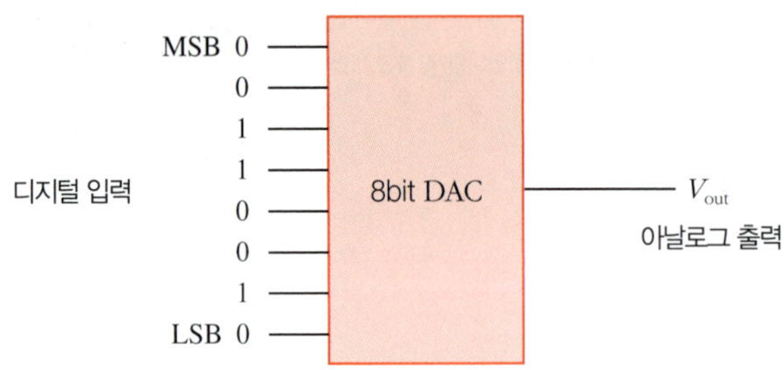

풀이

8bit DAC는 $0(=0000\ 0000_{(2)})$에서 $255(=1111\ 1111_{(2)})$까지 입력되므로 $50(=0011\ 0010_{(2)})$이 1.0V로 출력되었다면 출력되는 가장 큰 값인 255인 경우에는 5.1V가 출력된다.

$$50 : 1\text{V} = 255 : x \leftrightarrow x = \frac{1\text{V} \times 255}{50} = 5.1\text{V}$$

4 ADC와 DAC 과정의 예

ADC와는 반대 기능을 수행하는 장치, 즉 디지털 신호를 아날로그 신호로 변환하는 장치를 디지털-아날로그 변환기DAC, digital-to-analog converter라고 한다. [그림 1-14]는 ADC와 DAC 변환 과정의 예로, CDcompact disk 오디오 시스템의 신호 처리 과정을 표시한 것이다.

그림 1-14 CD 오디오 시스템의 신호 처리 과정

연습문제

01 아날로그 신호와 디지털 신호의 차이점을 설명하시오.

02 아날로그 양의 세 가지 예를 제시하시오.

03 다음에서 아날로그 양과 디지털 양을 말해보시오.

① 전선에 흐르는 전류 ② 실내 온도
③ 해변의 모래알 ④ 비행기 고도
⑤ 어떤 물질의 원자 수

04 아날로그 시스템 대비 디지털 시스템의 장점에 대해 설명하시오.

05 디지털 컴퓨터에서 아날로그 양 대신에 디지털 양을 다루는 이유는 무엇인가?

06 디지털 정보의 단위에 대한 다음 물음에 답하시오.

① 64비트는 몇 바이트와 같은가?
② 1,024비트는 몇 바이트와 같은가?
③ 8바이트는 몇 비트와 같은가?
④ 1KiB는 몇 비트와 같은가?
⑤ 32KiB는 몇 바이트와 같은가?
⑥ 64MiB는 몇 바이트와 같은가?
⑦ 6.4GiB는 몇 바이트와 같은가?

07 컴퓨터 메모리에서 한 워드word의 길이가 4바이트일 때 다음 물음에 답하시오.

① 64워드에는 몇 비트가 있는가?
② 1,024워드에는 몇 비트가 있는가?

08 흑백 디지털 카메라는 이미지상에 대해 세밀한 격자grid를 놓고 격자의 각 셀에서 보이는 명암 정도를 2진수로 나타내어 측정하고 기록한다. 예를 들어, 4비트를 사용하면 검은색을 0000, 흰색을 1111로 주어지고 명암에 따라 값은 0000과 1111 사이의 값을 갖는다. 격자의 각 셀에서 254가지의 명암 정도를 구분하기 위해서는 몇 비트가 필요한가?

09 3백만 화소(픽셀pixel)의 디지털 카메라는 각 화소마다 빛의 3원색인 R, G, B 각각의 명암을 8비트로 저장한다. 모든 비트가 압축 없이 저장된다면 128MiB 메모리 카드에 몇 장의 화면이 저장될 수 있을까? 단, $1\text{Mi} = 2^{20}$이다.

10 아래 그림에 나타낸 펄스에 대해 다음을 결정하시오.

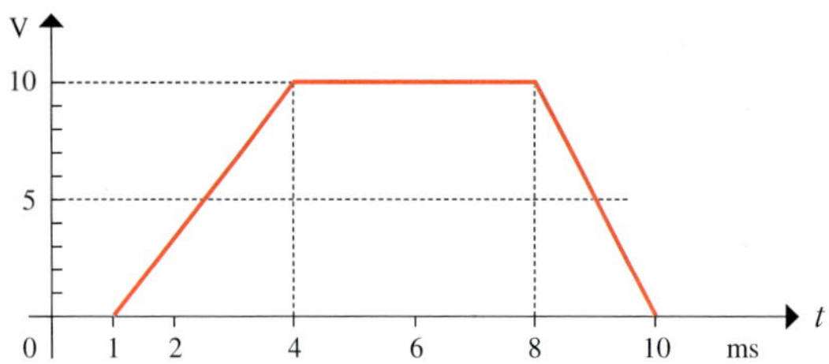

① 상승 시간(t_r) ② 하강 시간(t_f)
③ 펄스 폭(t_w) ④ 진폭

11 아래 그림과 같은 펄스 파형에서 주기, 주파수, 듀티 사이클을 결정하시오.

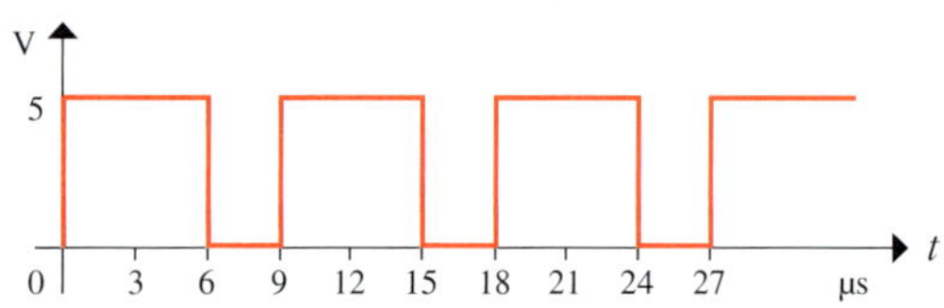

12 주파수가 4MHz, 전압 레벨이 0.2V, 4.0V인 펄스 파형을 그려 보시오.

13 펄스 폭이 25μs이고 주기가 250μs인 주기 파형이 있다. 주파수와 듀티 사이클을 구하시오.

14 다음과 같은 일을 하는 회로는 조합논리회로와 순서논리회로 중에서 어느 회로에 속하는가?

① 50원, 100원, 500원짜리 동전을 입력으로 하고, 150원짜리 커피와 거스름돈을 내어주는 커피 자판기

② 2비트 수 2개를 곱하는 회로

③ 세 입력 중에서 적어도 두 입력이 1이면 출력이 1이 되는 회로

④ 설정된 시간이 되면 알람alarm을 울리는 디지털 시계

⑤ 건물에 출입할 때 자성 카드를 검사 기계에 넣었을 때, 기억된 코드가 맞으면 문이 열리고 맞지 않으면 열리지 않는 시스템

15 양자화 잡음에 대해 설명하시오.

16 0~100°C 온도값을 0~10V로 표현하는 온도 센서가 있다. 이 온도 센서의 값을 1초에 100번, 10비트 디지털 신호로 변환하는 경우 다음 값들을 구하시오.

① 입력 범위temperature input range

② 샘플링 레이트sampling rate

③ 양자화 레벨quantization level

④ 전압 분해능voltage resolution

⑤ 온도 분해능temperature resolution

⑥ 최대 양자화 잡음max. quantization noise

17 변환하려는 입력 전압이 0V에서 15V일 때, 몇 bit의 A/D 변환기를 사용하는 것이 가장 좋은가? 단, 분해능은 3.66mV이다.

18 8비트 D/A 변환기가 입력 $00011110_{(2)}$에 대해 6mA의 출력 전류를 갖는다면 이 변환기의 최대 출력 전류는 얼마인가?

01 비트(bit)에 대한 설명 중 옳지 않은 것은?

① 정보를 나타내는 최소 단위이다.

② binary digit의 약자이다.

③ 2진수로 표시된 정보를 나타내기 알맞다.

④ 10진수로 표시된 정보를 나타내기 알맞다.

02 논리회로의 논리 상태를 표현한 것 중 옳지 않은 것은?

① 1, 0

② high, low

③ on, off

④ input, output

03 다음 중 이진값 신호가 아닌 것은?

① 디지털 신호

② 아날로그 신호

③ 스위치의 On-Off 신호

④ 반도체 소자의 동작, 부동작 상태

04 정보의 단위로 가장 작은 것은?

① byte ② word

③ bit ④ record

05 컴퓨터의 메모리 크기 단위 중에서 가장 큰 것은?

① KB ② MB

③ GB ④ TB

06 4비트로 나타낼 수 있는 정보 단위는?

① nibble ② character

③ full-word ④ double-word

07 데이터의 길이가 2byte이면 몇 니블(nibble)에 해당되는가?

① 2니블 ② 4니블

③ 6니블 ④ 8니블

08 정보의 표현 단위 중 문자를 표현하기 위한 것은 무엇인가?

① 비트(bit) ② 바이트(byte)

③ 워드(word) ④ 레코드(record)

09 컴퓨터에서 4KiB는 정확히 얼마인가?

① 2,048byte ② 4,000byte

③ 4,052byte ④ 4,096byte

10 일반적인 펄스 파형의 구간별 명칭에 관한 설명 중 옳은 것은?

① 지연 시간 : 목표량에 0~40%까지 접근하는 시간

② 정정 시간 : 목표량에 ±3%까지 접근하는 시간

③ 상승 시간 : 목표량에 10~90%까지 접근하는 시간

④ 하강 시간 : 목표량에 10~90%까지 하강하는 시간

11 상승 시간(rise time)은 펄스 진폭의 몇 %에서 몇 %까지 상승하는 데 걸리는 시간인가?

① 0~90% ② 10~90%

③ 10~100% ④ 0~100%

12 하강 시간(fall time)은 펄스 진폭의 몇 %부터 몇 %까지 떨어지는 데 걸리는 시간인가?

① 90~0% ② 90~10%

③ 100~10% ④ 100~0%

13 이상적인 구형파 입력 파형에 대한 출력 파형의 응답 시에 진폭과 시간 관계가 그림과 같을 때 하강 시간(fall time)은 몇 μs인가? 단, 수치의 모든 단위는 μs이다.

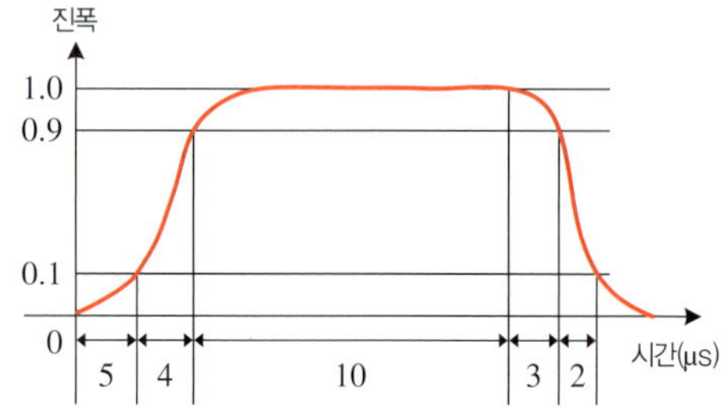

① 2μs ② 4μs ③ 5μs ④ 13μs

14 다음 중 펄스 신호에 대한 설명으로 틀린 것은?

① 상승 시간이란 펄스의 진폭이 10%에서 90%까지 상승하는 데 걸리는 시간을 말한다.

② 하강 시간이란 펄스의 진폭이 90%에서 10%까지 하강하는 데 걸리는 시간을 말한다.

③ 펄스 폭이란 펄스 파형이 상승 및 하강의 진폭이 66.7%가 되는 구간의 시간을 말한다.

④ 오버슈트(overshoot)란 상승 파형에서 이상적 펄스파의 진폭보다 높은 부분을 말한다.

15 10MHz 클럭의 클럭 사이클 타임은?

① 10μs ② 1μs
③ 0.1μs ④ 0.01μs

16 그림은 이상적인 펄스다. 이 펄스의 점유율 D는?

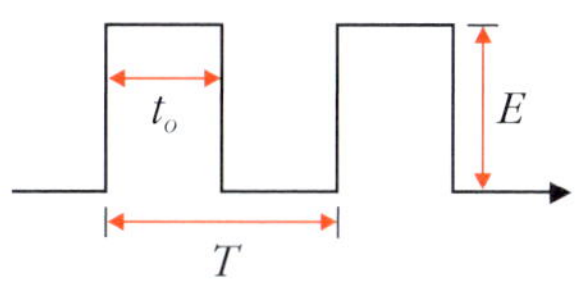

① $D=\frac{t_0}{T}$ ② $D=\frac{T}{t_0}$
③ $D=\frac{E}{T}$ ④ $D=\frac{E}{t_0}$

17 듀티 사이클(duty cycle)이 0.1이고, 주기가 40μs인 펄스의 폭은?

① 10μs ② 0.2μs ③ 2μs ④ 4μs

18 다음 펄스 파형에서 펄스의 duty cycle은 몇 %인가? 단, τ = 0.5μs, T = 10μs이다.

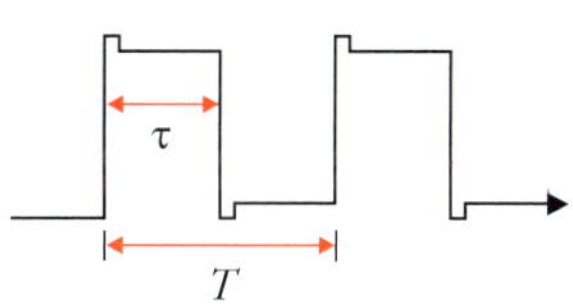

① 5% ② 10% ③ 20% ④ 25%

19 펄스 반복 주파수 600Hz, 펄스 폭 1.5μs인 펄스의 충격 계수 D는?

① 1×10^{-4} ② 3×10^{-4}
③ 6×10^{-4} ④ 9×10^{-4}

20 펄스 폭이 10μs, 펄스 점유율이 50%인 펄스의 주파수는?

① 50KHz ② 20KHz
③ 10KHz ④ 5KHz

21 그림과 같은 출력 파형에서 주파수는 몇 Hz인가?

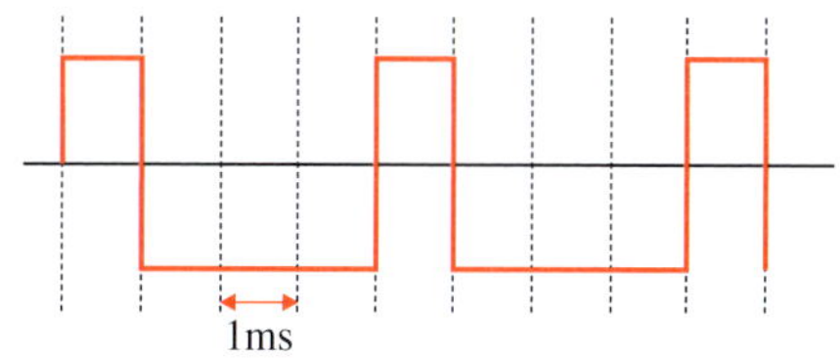

① 200Hz ② 250Hz
③ 300Hz ④ 350Hz

22 다음 중 집적 회로와 가장 관계가 깊은 것은?

① 외부와의 연결 회로가 복잡하고 비경제적이다.
② 제작한 시스템의 크기가 작아진다.
③ 수명이 짧고, 고장률이 높아 신뢰성이 낮다.
④ 동작 속도는 빠르지만 전력 소비가 많다.

23 다음 입출력 기능 중 아날로그 입력 데이터를 디지털 신호로 바꾸어 주는 기능은?

① 전송 기능
② 변환 기능
③ A/D 변환 기능
④ D/A 변환 기능

24 아날로그 데이터를 디지털 신호로 변환하는 과정에서 처리되는 순서로 맞는 것은?

① 양자화 → 부호화 → 표본화
② 부호화 → 표본화 → 양자화
③ 부호화 → 양자화 → 표본화
④ 표본화 → 양자화 → 부호화

25 아날로그 신호를 디지털 신호로 변환하는 과정에서 샘플링된 값을 대푯값으로 변환하는 단계는?

① 표본화 ② 양자화
③ 부호화 ④ 복호화

26 아날로그 신호를 표본화하여 얻어지는 신호와 관계 깊은 것은?

① PAM ② PWM
③ PPM ④ PDM

27 표본화 정리(sampling theorem)에 의하면 주파수 대역이 300~3400Hz인 전화의 경우 다음 어느 시간마다 표본화하면 완전히 정보를 전송할 수 있는가?

① $\frac{1}{300}$초 ② $\frac{1}{3400}$초

③ $\frac{1}{6800}$초 ④ $\frac{1}{2000}$초

28 신호의 최고 주파수를 f_m, 표본화 주파수를 f_s라 할 때, 표본화 정리에서 원 신호를 정확히 복원할 수 있는 조건으로 옳은 것은?

① $f_s = f_m$ ② $f_s \geq 2f_m$

③ $f_s \leq f_m$ ④ $2f_s = f_m$

29 12비트 2진 입력 D/A 변환기의 분해능은?

① $\frac{1}{2^{12}}$ ② $\frac{1}{2^6}$

③ $\frac{1}{2^3}$ ④ $\frac{1}{2}$

30 6비트 D/A 변환기의 % 분해능은?

① 약 0.15% ② 약 1.59%

③ 약 15.9% ④ 약 159%

31 다음 중 n개의 비트로 표시할 수 있는 데이터의 수는?

① n개 ② n^2개

③ 2^n개 ④ 2^{n-1}개

32 8개의 bit로 표현 가능한 정보의 최대 가짓수는?

① 8가지 ② 64가지

③ 255가지 ④ 256가지

33 N가지의 정보를 2진수 코드로 부호화하는 데 필요한 비트 수는?

① $\frac{n}{\lceil \log_2 N \rceil}$ ② $\frac{n}{\lceil \log_{10} N \rceil}$

③ $\frac{\lceil \log_{10} N \rceil}{2}$ ④ $\lceil \log_2 N \rceil$

34 서로 다른 17개의 정보가 있다. 이 중에서 하나를 선택하려면 최소 몇 개의 비트가 필요한가?

① 3비트 ② 4비트 ③ 5비트 ④ 17비트

35 64가지의 각기 다른 자료를 나타내려고 하면 최소한 몇 개의 비트(bit)가 필요한가?

① 1개 ② 3개 ③ 5개 ④ 6개

36 500가지의 색상을 나타낼 정보를 저장하고자 한다. 몇 비트가 필요한가?

① 6비트 ② 7비트 ③ 8비트 ④ 9비트

37 2바이트로 나타낼 수 있는 수의 표현 범위는?

① $2^8 - 1$ ② 64K ③ 128K ④ 1M

38 화소(pixel)의 색상을 나타내기 위하여 RGB(Red, Green, Blue)로 표현하고 있다. 한 화소의 각 색상(R, G, B)마다 256가지로 분류를 한다면 한 화소에 대한 저장 장소는 얼마가 필요하며, 나타낼 수 있는 색상은 몇 가지인가?

① 저장 장소 : 8비트, 색상 수 : 2^8가지

② 저장 장소 : 16비트, 색상 수 : 2^{16}가지

③ 저장 장소 : 24비트, 색상 수 : 2^{24}가지

④ 저장 장소 : 32비트, 색상 수 : 2^{32}가지

1 ④	2 ④	3 ②	4 ③	5 ④	6 ①	7 ②	8 ②	9 ④	10 ③	11 ②	12 ②
13 ①	14 ③	15 ③	16 ①	17 ④	18 ①	19 ④	20 ①	21 ②	22 ②	23 ③	24 ④
25 ②	26 ①	27 ③	28 ②	29 ①	30 ②	31 ③	32 ④	33 ④	34 ③	35 ④	36 ④
37 ②	38 ③										

Chapter

02

수(數)의 체계

01 진수

02 진법 변환

03 2진수 정수 연산과 보수

04 2진 부동소수점 수의 표현

연습문제

기출문제

학습목표

- 10진수, 2진수, 8진수, 16진수 등의 표현 방법을 이해할 수 있다.
- 10진수, 2진수, 8진수, 16진수 등을 상호 변환할 수 있다.
- 2진수의 연산과 2진수 음수의 표현 방법을 이해하고 이를 활용할 수 있다.
- 부동소수점 2진수를 IEEE 754 표준 방식으로 표현할 수 있다.

01 진수

1 10진수

우리가 일상적으로 수를 셀 때는 0부터 9까지 10개의 기호로 표현하는 10진수十進數, decimal number를 사용한다.

2진법(binary)
기수가 2인 진법

8진법(octal)
기수가 8인 진법

10진법(decimal)
기수가 10인 진법

16진법(hexadecimal)
기수가 16인 진법

10진수는 각 자릿수를 0~9 사이의 수로 나타낸다. 소수점을 기준으로 자릿수가 왼쪽으로 한 자리씩 이동하면서 0부터 1씩 증가하는 10의 양의 거듭제곱을 곱한 형태로 나타내고, 오른쪽으로 가면서 −1부터 1씩 감소하는 10의 음의 거듭제곱을 곱한 형태로 나타낸다.

$$
\begin{aligned}
9345.35 &= 9\times1000+3\times100+4\times10+5\times1+3\times0.1+5\times0.01\\
&= 9\times10^3+3\times10^2+4\times10^1+5\times10^0+3\times\frac{1}{10^1}+5\times\frac{1}{10^2}\\
&= 9\times10^3+3\times10^2+4\times10^1+5\times10^0+3\times10^{-1}+5\times10^{-2}
\end{aligned}
$$

사람이 10진수를 사용하지 않았다면 다른 진법의 수를 사용하였을지도 모른다. 문자를 최초로 발명하여 사용한 기원전 4,000~3,000년에 메소포타미아 지방의 사람들(바빌로니아인)은 60진법을 사용하였다. 고대 이집트에서는 10진법에 기초한 숫자를 사용하였고, 고대 로마의 기수법에서는 5진법을 사용한 흔적을 확인할 수 있다. 로마 숫자(I:1, V:5, X:10, L:50, C:100, D:500, M:1000)가 바로 5진법으로, 이를 숫자로 사용할 때 상당한 어려움을 겪었다고 한다.

현재 우리가 사용하는 10진법 기호인 1에서 9까지의 아라비아 숫자는 기원전 2세기 인도에서 발명되었다. 기원전 2세기에서 8세기에 걸쳐 오늘날과 같은 모습이 되었고, 그러던 중 빈자리를 나타내는 0이 고안되어 사용되었다. 인도에서 사용한 이러한 기법이 아라비아로 전해지고, 다시 유럽으로 전해졌다.

참고
『교실밖 수학여행』 ㈜사계절출판사, 김선화, 여태경 지음, 2007년

0이 실제로 사용되었을 가능성은 기원전으로 본다. 그러나 실제로 문헌에 나타난 것은 인도의 수학자 아리아바타Aryabhata가 499년에 쓴 『아리아바티야Aryabhatiya』란 책이고, 825년에 아라비아의 수학자인 알콰리즈미al-Khwārizmī가 인도의 수에 대한 책에서 영(0)을 소개했다. 아라비아의 기수법을 의미하는 알고리즘algorism은 그의 이름에서 왔다.

현재에도 다른 진법의 흔적은 많이 보인다. 12진법의 예로 볼 수 있는 12간지나 60진법의 예로 60갑자나 분, 초, 각도를 나타내는 경우를 들 수 있다. 시간에는 24진법도 사용한다. 그리고 손과 발을 모두 합쳐서 사용하는 20진법도 고안되어 사용되었지만 성공하지 못했다. 프랑스어에 80을 나타내는 quatre-vingts는 20이 4개, 90을 나타내는 quatre-vingts dix는 4개의 20과 10이라는 뜻이다. 영어에도 eleven, twelve에서 20진법의 흔적을 찾을 수 있다.

참고
『수의 비밀(Le Secret Des Nombres)』, 이지북, 앙드레 주에트 지음, 김보현 옮김, 2001년

진법을 나타내는 기본수를 **기수**基數, radix, base라 한다. 10이 기수인 수를 10진법, 2가 기수인 수를 2진법, 12가 기수인 수를 12진법이라 한다. 정수와 소수를 분리하는 소수점은 1617년 로그logarithm의 발명자인 네이피어Napier의 책 『경이적인 로그 법칙의 구조』에서 처음으로 나타났다.

2 2진수

2진수binary number 역시 매우 오래 전에 만들어졌다. 프랑스의 계몽 사상가이며 철학자인 디드로Diderot가 중국의 『예김』Ye-Kim(기원전 25세기 무렵)이란 책을 소개하며 2진법을 다루었다. 17세기 독일의 철학자이며 수학자인 라이프니츠Leibniz(1646~1716)가 2진법을 제안했지만 실패했다.

현재 2진수는 전자공학(컴퓨터공학)에서 주로 사용하고 있다. 실제로 초기의 컴퓨터에서 사용한 펀치 카드([그림 2-1])나 종이 테이프 같은 데이터 입력기에서는 구멍의 유무에 따라서 0과 1을 표현하였고, 메모리로 사용된 자기 코어magnetic core에 전선을 통과하여 자화하는 방향에 따라 0과 1을 표현하였다([그림 2-2]).

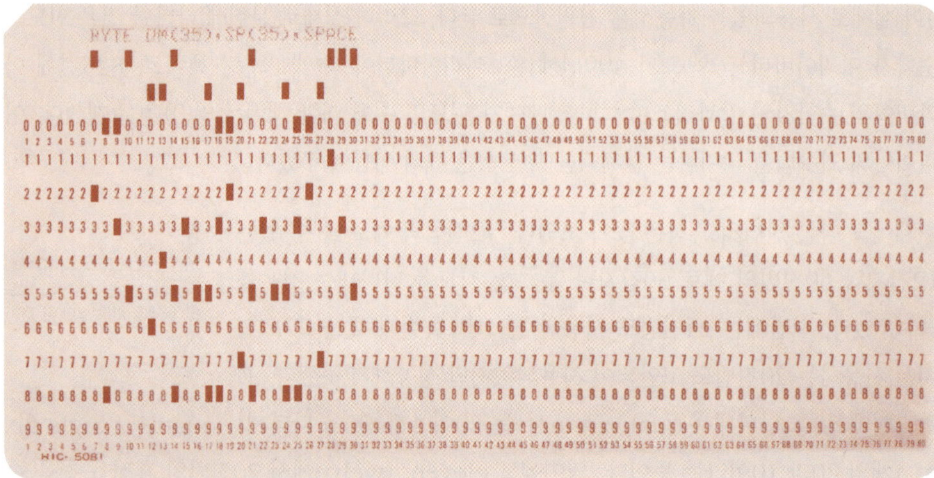

그림 2-1 편치 카드(punch card)

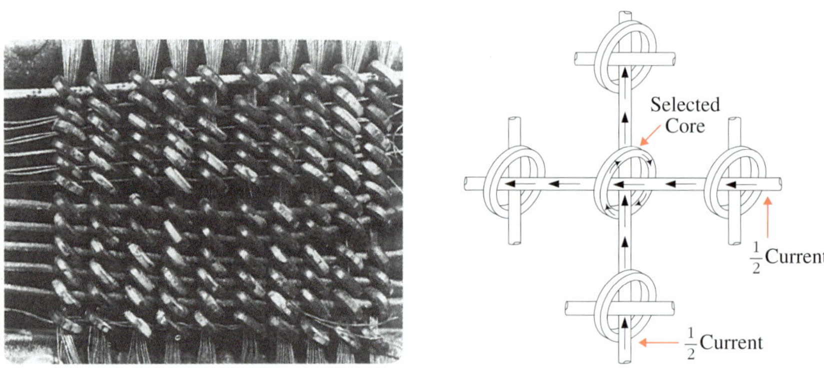

(a) 코어 메모리의 모양 (b) 코어 메모리의 원리

그림 2-2 코어 메모리

다이오드diode와 트랜지스터transistor 같은 반도체가 발명되면서 전류의 유무에 따라 0과 1을 표현하게 되었다. 현재의 디지털 반도체가 2진법을 사용하지 않았다면 매우 복잡한 컴퓨터가 되었을 것이다. 예를 들어, 전압의 세기에 따라 수를 표현한다면 상당히 복잡해지고, 표현이 아예 불가능했을지도 모른다.

앞에서도 설명했듯이 2진수는 0과 1, 두 개의 기호를 사용한다. 데이터나 신호의 유무를 판단하는 데 적합하기 때문이다.

$$
\begin{aligned}
1010.1011_{(2)} &= 1 \times 1000_{(2)} + 0 \times 100_{(2)} + 1 \times 10_{(2)} + 0 \times 1_{(2)} \\
&+ 1 \times 0.1_{(2)} + 0 \times 0.01_{(2)} + 1 \times 0.001_{(2)} + 1 \times 0.0001_{(2)} \\
&= 1 \times 2^3 + 0 \times 2^2 + 1 \times 2^1 + 0 \times 2^0 + 1 \times \frac{1}{2^1} + 0 \times \frac{1}{2^2} + 1 \times \frac{1}{2^3} + 1 \times \frac{1}{2^4} \\
&= 1 \times 2^3 + 0 \times 2^2 + 1 \times 2^1 + 0 \times 2^0 + 1 \times 2^{-1} + 0 \times 2^{-2} + 1 \times 2^{-3} + 1 \times 2^{-4}
\end{aligned}
$$

2진수는 2를 기수로 하기 때문에 위의 식과 같이 나타낼 수 있다. 보통 2진법을 표현할 때 기수 2를 표시하여 $\times\times\times_{(2)}$나 $\times\times\times_2$로 나타내며, 각 자릿수를 2의 거듭제곱으로 표현한다. 그러나 실제로 2진수를 사용하는 데는 여러 가지 불편한 점이 있다. 예를 들면, 수를 표현하는 데 많은 자릿수가 필요할 뿐만 아니라 사람이 보고 정확한 크기를 가늠하기도 상당히 어렵다. 그래서 컴퓨터 내부에서는 2진수를 사용하지만 사람들에게 보여주기 위해서 대부분은 2진수를 8진수, 16진수 또는 10진수로 바꾸어서 표현한다.

예제 2-1

2진수 $110010.011_{(2)}$을 10진수 값으로 나타내시오.

풀이

$$
\begin{aligned}
110010.011_{(2)} &= 1 \times 2^5 + 1 \times 2^4 + 1 \times 2^1 + 1 \times 2^{-2} + 1 \times 2^{-3} \\
&= 32 + 16 + 2 + 0.25 + 0.125 \\
&= 50.375_{(10)}
\end{aligned}
$$

3 8진수와 16진수

2진수를 3자리씩 끊으면 8진수octal number로 표현할 수 있으며, 4자리씩 끊으면 16진수hexadecimal number로 표현할 수 있다. $8 = 2^3$이므로 2진수 3자리를 8진수 1자리로 표현할 수 있고, $16 = 2^4$이므로 2진수 4자리는 16진수 1자리로 표현한다. 8진수보다는 16진수를 사용하는 경우가 더 많은데 실제로 논리회로, 컴퓨터 구조나 어셈블리어assembly language에서도 16진수를 많이 쓴다. 8진수나 16진수로 나타내는 이유는 좀 더 간결하게 표현할 수 있기

어셈블리 언어 (assembly language)
컴퓨터 프로그래밍 언어 중 하나로, 저급언어이며 기계어를 사람이 일상생활에서 사용하는 자연어에 가깝게 1~6개의 문자로 기호화해서 나타낸 것이다. 어셈블리 언어로 작성한 프로그램들은 한 종류의 CPU에서만 동작하고 다른 종류에서는 실행되지 않는다.

때문이다. 다음 절에서 2진수를 8진수와 16진수로 나타내는 방법을 다시 자세하게 다룰 것이다. 여기서는 2진수를 간단하게 8진수와 16진수로 변환하는 방법을 살펴본다.

다음과 같이 2진수가 있다면 소수점을 기준으로 좌우로 3자리씩 끊어서 8진수로 바꾸면 된다. 나머지 빈자리는 0으로 채워서 변환한다.

$$\begin{aligned} 10101110100010.0111111_{(2)} &= \ \ 10\ \ 101\ \ 110\ \ 100\ \ 010.\ \ 011\ \ 111\ \ 1_{(2)} \\ &= 010\ \ 101\ \ 110\ \ 100\ \ 010.\ \ 011\ \ 111\ \ 100_{(2)} \\ &= \ \ 2\ \ \ 5\ \ \ 6\ \ \ 4\ \ \ 2.\ \ \ 3\ \ \ 7\ \ \ 4_{(8)} \end{aligned}$$

16진수도 마찬가지로 다음과 같이 소수점을 기준으로 좌우로 4자리로 끊은 다음 변환한다.

$$\begin{aligned} 10101110100010.0111111_{(2)} &= \ \ 10\ \ 1011\ \ 1010\ \ 0010.\ \ 0111\ \ 111_{(2)} \\ &= 0010\ \ 1011\ \ 1010\ \ 0010.\ \ 0111\ \ 1110_{(2)} \\ &= \ \ 2\ \ \ B\ \ \ A\ \ \ 2.\ \ \ 7\ \ \ E_{(16)} \end{aligned}$$

8진수는 0부터 7까지 기호 8개로 표현하며, 다음과 같은 의미를 나타낸다.

$$\begin{aligned} 607.36_{(8)} &= 6 \times 100_{(8)} + 0 \times 10_{(8)} + 7 \times 1_{(8)} + 3 \times 0.1_{(8)} + 6 \times 0.01_{(8)} \\ &= 6 \times 8^2 + 0 \times 8^1 + 7 \times 8^0 + 3 \times \frac{1}{8^1} + 6 \times \frac{1}{8^2} \\ &= 6 \times 8^2 + 0 \times 8^1 + 7 \times 8^0 + 3 \times 8^{-1} + 6 \times 8^{-2} \end{aligned}$$

16진수는 0부터 9까지의 숫자와 영어 알파벳 대문자(또는 소문자) A(a)부터 F(f)까지 16개의 기호로 나타내며, 그 의미는 다음과 같다.

$$\begin{aligned} 6C7.3A &= 6 \times 100_{(16)} + C \times 10_{(16)} + 7 \times 1_{(16)} + 3 \times 0.1_{(16)} + A \times 0.01_{(16)} \\ &= 6 \times 16^2 + C \times 16^1 + 7 \times 16^0 + 3 \times \frac{1}{16^1} + A \times \frac{1}{16^2} \\ &= 6 \times 16^2 + C \times 16^1 + 7 \times 16^0 + 3 \times 16^{-1} + A \times 16^{-2} \end{aligned}$$

2진수에 해당하는 8진수 및 16진수 기호는 [표 2-1]과 같다.

표 2-1 2진수에 해당하는 8진수, 16진수, 10진수 기호

2진수	8진수	10진수
000	0	0
001	1	1
010	2	2
011	3	3
100	4	4
101	5	5
110	6	6
111	7	7

2진수	16진수	10진수
0000	0	0
0001	1	1
0010	2	2
0011	3	3
0100	4	4
0101	5	5
0110	6	6
0111	7	7
1000	8	8
1001	9	9
1010	A	10
1011	B	11
1100	C	12
1101	D	13
1110	E	14
1111	F	15

예제 2-2

다음 8진수와 16진수를 10진수로 변환하시오.

(a) $475.26_{(8)}$ (b) $A91.CD_{(16)}$

풀이

(a) $$\begin{aligned}475.26_{(8)} &= 4\times8^2+7\times8^1+5\times8^0+2\times8^{-1}+6\times8^{-2}\\ &= 4\times64+7\times8+5\times1+2\times0.125+6\times0.015625\\ &= 256+56+5+0.25+0.09375\\ &= 317.34375_{(10)}\end{aligned}$$

(b) $$\begin{aligned}A91.CD_{(16)} &= A\times16^2+9\times16^1+1\times16^0+C\times16^{-1}+D\times16^{-2}\\ &= 10\times256+9\times16+1\times1+12\times0.0625+13\times0.00390625\\ &= 2560+144+1+0.75+0.05078125\\ &= 2705.80078125_{(10)}\end{aligned}$$

02 진법 변환

컴퓨터에서 다루는 2진수는 크게 두 가지, **고정소수점 수**(固定小數點數 : fixed point number, 정수 : 整數)와 **부동소수점 수**(浮動小數點數 : floating point number, 실수 : 實數)로 나눌 수 있다. 고정소수점 수는 소수점이 맨 마지막 자리 뒤에 고정되어 있는 수, 즉 소수점을 표현하지 않는 수로 양의 정수, 0, 음의 정수로 표현한다. 부동소수점 수는 소수점이 떠다니면서 움직인다는 의미로 점의 위치가 수의 크기에 따라 이동한다.

여기서는 각 진법 간의 변환에 대해서 알아본다. 진법 변환의 원리는 간단하다. 10진법을 다른 진법으로 바꿀 때는 바꾸려는 진법의 기수radix를 나누거나 곱해서 계산한다. 정수 부분은 바꾸려는 진법의 기수로 나누어 그 나머지를 적고, 소수 부분은 기수를 곱하여 정수가 되는 부분을 적는다.

1 10진수-2진수 변환

10진법을 2진법으로 변환하는 과정은 크게 두 부분으로 나뉜다. 하나는 소수점 왼쪽의 정수 부분이고, 다른 하나는 소수점 오른쪽의 소수 부분이다. 이 두 부분을 2진법으로 바꾸는 방법은 다르다.

10진수 정수 부분을 2진수로 변환할 때는 2로 나누고 그 나머지를 나열하면 2진수가 된다. 소수 부분을 변환할 때는 2를 곱해서 정수가 되는 수를 순서대로 나열한다. 예를 들어, 10진수 75.6875를 2진수로 바꿀 때 정수(75)와 소수(.6875) 두 부분으로 나누어서 계산한다.

먼저 정수 부분부터 살펴보자. 정수 부분인 75를 2로 나누고 몫과 나머지를 계산한다. 나머지를 순서대로 적어두고 몫을 다시 2로 나눈다. 최종적으로 몫이 0이 될 때까지 반복한다.

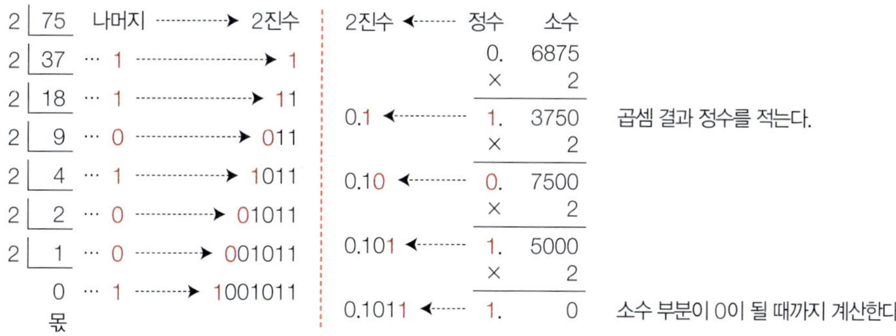

위 과정과 같이 정수 부분은 나머지를 오른쪽에서부터 하나씩 적으면서 왼쪽으로 이동한다. 10진수 75는 2진수로 $1001011_{(2)}$이다. 소수 부분 0.6875에 2를 곱하면 1.375가 된다. 결과에서 정수 부분인 1을 2진수 소수점 오른쪽에 적는다. 다시 정수 부분을 뺀 0.375에 2를 곱하면 0.75가 되며 정수 부분 0을 앞의 수 오른쪽에 적는다. 이 과정을 10진수의 소수점 이하의 수가 0이 될 때까지 반복한다.

위의 두 결과를 조합해보면 2진수로 바뀐 정수 부분은 1001011이고 소수 부분은 0.1011이므로 둘을 더하면 $1001011.1011_{(2)}$이 된다. 즉, 10진수 $75.6875 = 1001011.1011_{(2)}$이다.

또 다른 예로 75.6을 보자. 정수 부분은 75이므로 위에서 계산한 결과를 그대로 사용하고 달라진 부분인 소수 부분만 계산해 보자.

위의 계산 결과를 써 보면 $75.6 = 1001011.100110011001100_{(2)}$이 된다. 즉, 소수 부분에 1001이 무한히 반복하여 나타난다. 이와 같이 대부분의 10진 소수 부분은 2진수로 정확하게 표현할 수 없다. 이렇게 무한히 반복되는 2진수를 컴퓨터에서 모두 표현할 수 없을 뿐만 아니

라 소수 이하 부분의 표현 가능한 자릿수가 많아지면 10진수를 2진수로 바꾸는 데 많은 시간이 소요된다. 물론 많은 소수 자릿수를 나타내면 그만큼 원래의 10진수와 가까운 수를 표현할 수 있다. 따라서 컴퓨터에서 2진 실수를 나타낼 때 소수 이하 자릿수에 따라 정밀도가 달라진다. 이런 미미한 오차를 여러 번 반복하여 계산하다 보면 점점 커지게 된다. 실제로 컴퓨터 프로그램으로 계산해보면 오차가 생기는 것을 발견할 수 있다.

10진수 0.0002를 10,000번 더하면 2가 되어야 함에도 불구하고 2가 되지 않는다. 수치해석이라는 학문에서는 컴퓨터 프로그램에서 발생할 수 있는 이러한 오차를 줄여준다.

2 10진수–8진수 변환

진법 변환 방법은 모든 진법에서 동일하게 적용된다. 2진법에서 사용한 10진수 75.6875를 8진수로 바꾸어 보자. 먼저 정수 부분인 75를 8로 나누어 8진수로 바꾸고, 소수 0.6875는 8을 곱하여 8진수로 바꾼다.

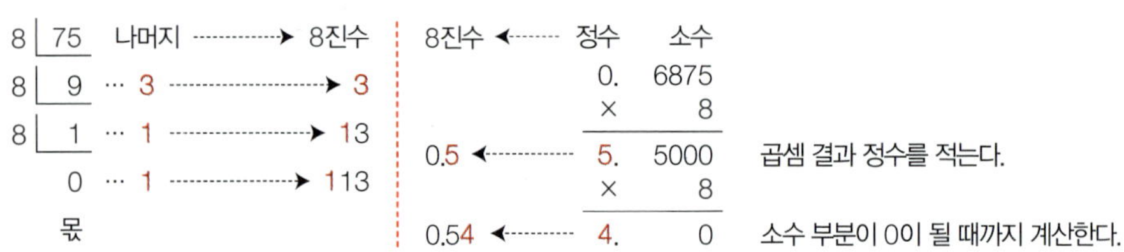

따라서 10진수 75.6875를 8진수로 바꾸면 $113.54_{(8)}$가 된다. 또 다른 예로 75.6을 8진수로 바꾸어 보자. 75는 $113_{(8)}$이므로 0.6에 대해서만 8진수로 바꾸어 보자.

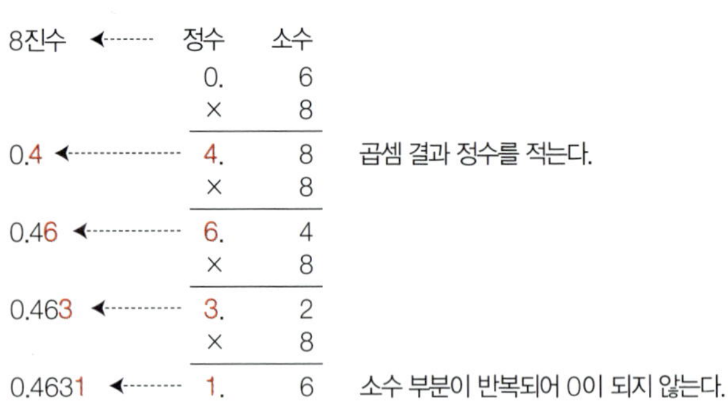

그러므로 $75.6_{(10)} = 113.46314631\cdots_{(8)}$이 된다. 여기서도 4631이 무한히 반복된다.

3 10진수–16진수 변환

10진수를 16진수로 바꿀 때도 같은 방법을 사용한다. 앞의 예에서 사용한 10진수 75.6875를 16진수로 바꾸어 보자. 16으로 나눈 결과 또는 16을 곱한 결과에서 10부터 15에 해당하는 16진수 기호는 A(a)부터 F(f)까지를 사용한다.

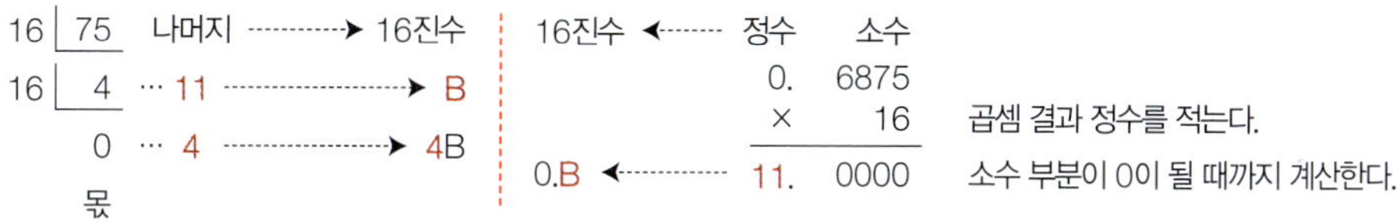

10진 정수 75는 16으로 나누어 나머지를 적으면 16진수 $4B_{(16)}$가 되고, 소수 0.6875에 16을 곱하여 16진수로 바꾸면 $0.B_{(16)}$이다. 그러므로 10진수 75.6875를 16진수로 바꾸면 $4B.B_{(16)}$가 된다. 다른 예로 75.6을 16진수로 바꿔보자. 75는 $4B_{(16)}$이므로 0.6에 대해서만 16진수로 바꿔보자.

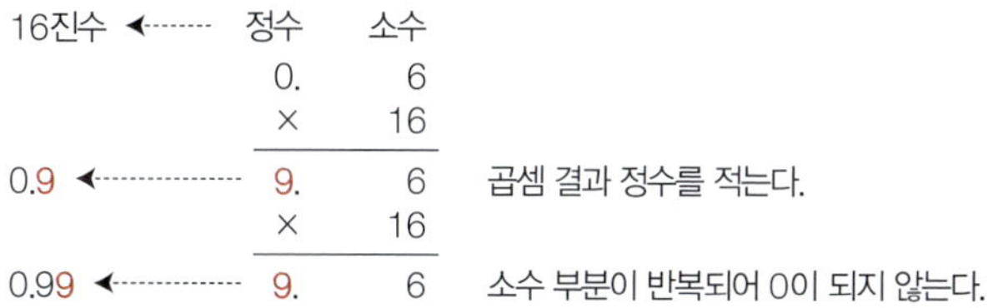

그러므로 $75.6 = 4B.999\cdots_{(16)}$가 된다. 여기서도 소수 아랫부분이 무한히 반복되는 것을 볼 수 있다.

지금까지 10진법을 2, 8, 16진법으로 바꾸는 방법을 살펴보았는데, 모두 같은 방법을 사용한 것을 알 수 있다. 2, 8, 16진법은 컴퓨터에서 많이 사용하기 때문에 조금 자세히 살펴보았다. 다른 진법의 변환도 같은 방법을 이용하여 계산할 수 있다. 예를 들어, 5진법으로 바꾸는 방법 하나만 살펴보자.

10진 정수 75.6875를 5진수로 바꾸어 보자. 75는 5로 나누어 나머지를 적으면 5진수 $300_{(5)}$이고, 소수 부분 0.6875에 5를 곱하여 5진수로 바꾸면 $0.32043204\cdots_{(5)}$이다.

그러므로 10진수 75.6875를 5진수로 바꾸면 $300.32043204\cdots_{(5)}$가 되어 소수 부분이 반복되는 것을 볼 수 있다. 진법에 따라 소수 부분이 반복될 수도 있고 정확하게 계산될 수도 있다. 이것은 10진법과 다른 진법이 정확하게 맞지 않기 때문이다. 다른 진법에 대해서도 적용해보기 바란다.

4 2진수-8진수-16진수-10진수 상호 변환

앞에서도 언급했지만 2진수를 8진수 또는 16진수로 또는 그 반대로 상호 변환하는 것은 쉽게 계산할 수 있다. 2진수 3자리는 8진수 1자리가 되고, 2진수 4자리는 16진수 1자리가 된다. 각 진법 간의 변환 개념도를 [그림 2-3]에 나타냈다.

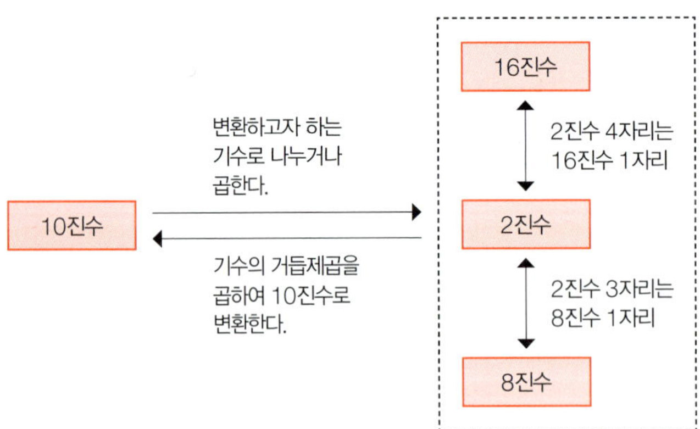

그림 2-3 10, 2, 8, 16진법 변환 개념도

앞의 예에서 10진수 75.6875는 2진수 $1001011.1011_{(2)}$이었다. 이렇게 변환한 2진수를 8진수나 16진수로 바로 변환할 수 있다. 소수점을 기준으로 좌우로 3개씩 나누어 [표 2-1]에 해당하는 8진수로 바꾸면 된다. 모자라는 빈칸은 0으로 채워서 변환한다.

$$\begin{aligned} 75.6875 &= 1001011.1011_{(2)} \\ &= 001\ \ 001\ 011.101\ 100_{(2)} \\ &= \ \ 1 \quad\ 1 \quad 3.\ \ 5 \quad 4_{(8)} \end{aligned}$$

75.6은 다음과 같다.

$$\begin{aligned} 75.6 &= 1001011.1001100110011001\ldots_{(2)} \\ &= 001\ \ 001\ 011.100\ 110\ 011\ 001\ 100\ 110\ 011\ldots_{(2)} \\ &= \ \ 1 \quad\ 1 \quad 3.\ \ 4 \quad 6 \quad 3 \quad 1 \quad 4 \quad 6 \quad 3\ldots_{(8)} \end{aligned}$$

10진수-8진수 변환에서의 결과와 일치하는 것을 볼 수 있다. 각 진법 간의 변환표는 [표 2-2]와 같다.

16진수는 소수점을 기준으로 좌우로 4자리씩 끊어서 [표 2-2]를 참고하여 변환한다.

$$\begin{aligned} 75.6875 &= 1001011.1011_{(2)} \\ &= 0100\ 1011.1011_{(2)} \\ &= \quad 4 \qquad B. \quad\ B_{(16)} \end{aligned}$$

표 2-2 10진수에 대한 2, 8, 16진수 표현

10진수	2진수	8진수	16진수	10진수	2진수	8진수	16진수
0	0000	00	0	8	1000	10	8
1	0001	01	1	9	1001	11	9
2	0010	02	2	10	1010	12	A
3	0011	03	3	11	1011	13	B
4	0100	04	4	12	1100	14	C
5	0101	05	5	13	1101	15	D
6	0110	06	6	14	1110	16	E
7	0111	07	7	15	1111	17	F

$$
\begin{aligned}
75.6 &= 1001011.1001100110011001\ldots_{(2)} \\
&= 0100\ 1011.1001\ 1001\ 1001\ 1001\ldots_{(2)} \\
&= \quad 4 \quad B. \quad 9 \quad 9 \quad 9 \quad 9\ldots_{(16)}
\end{aligned}
$$

10진수－16진수에서 변환한 결과와 일치하는 것을 볼 수 있다.

8진수와 16진수는 2진수와 쉽게 상호 변환이 가능하고 2진수보다 짧게 나타낼 수 있기 때문에 보기도 좋고 간결하다. 실제로 컴퓨터에서는 2진법과 더불어 8진법, 16진법을 많이 사용하며, 특히 16진법을 더 많이 사용한다.

반대로 8진수와 16진수를 2진수로 바꾸는 방법도 [표 2-2]를 참조하면 쉽게 변환이 가능하다.

$$
\begin{aligned}
&367.75_{(8)} = 011\ 110\ 111.\ 111\ 101_{(2)} \\
&9A3.50F3_{(16)} = 1001\ 1010\ 0011.\ 0101\ 0000\ 1111\ 0011_{(2)}
\end{aligned}
$$

2진수, 8진수, 16진수를 10진수로 변환할 수도 있어야 한다. 2진수를 10진수로 변환할 때는 각 자릿수의 2진수 값에 자릿수에 해당하는 2의 거듭제곱을 곱하면 된다. 변환하는 데는 소수점이 있든 없든 상관없이 규칙에 따라 계산하면 된다.

$$
\begin{aligned}
101101.101_{(2)} &= 1\times2^5 + 0\times2^4 + 1\times2^3 + 1\times2^2 + 0\times2^1 + 1\times2^0 + 1\times2^{-1} \\
&\quad + 0\times2^{-2} + 1\times2^{-3} \\
&= 32 + 0 + 8 + 4 + 0 + 1 + 0.5 + 0 + 0.125 = 45.625_{(10)}
\end{aligned}
$$

8진수, 16진수도 마찬가지로 8의 거듭제곱과 16의 거듭제곱을 곱하여 계산한다.

$$
\begin{aligned}
364.35_{(8)} &= 3\times8^2 + 6\times8^1 + 4\times8^0 + 3\times8^{-1} + 5\times8^{-2} \\
&= 3\times64 + 6\times8 + 4\times1 + 3\times0.125 + 5\times0.015625 \\
&= 192 + 48 + 4 + 0.375 + 0.078125 \\
&= 244.453125_{(10)}
\end{aligned}
$$

$$
\begin{aligned}
A3.D2_{(16)} &= 10\times16^1 + 3\times16^0 + 13\times16^{-1} + 2\times16^{-2} \\
&= 10\times16 + 3\times1 + 13\times0.0625 + 2\times0.00390625 \\
&= 160 + 3 + 0.8125 + 0.0078125 \\
&= 163.8203125_{(10)}
\end{aligned}
$$

8진수, 16진수는 2진수로 변환한 후 10진수로 변환해도 된다. 위의 예를 2진수로 변환한 후 다시 계산해도 결과는 동일하다.

$$
\begin{aligned}
364.35_{(8)} &= 011\ 110\ 100.\ 011\ 101_{(2)} \\
&= 0\times2^{8}+1\times2^{7}+1\times2^{6}+1\times2^{5}+1\times2^{4}+0\times2^{3}+1\times2^{2}+0\times2^{1} \\
&\quad +0\times2^{0}+0\times2^{-1}+1\times2^{-2}+1\times2^{-3}+1\times2^{-4}+0\times2^{-5}+1\times2^{-6} \\
&= 0+128+64+32+16+0+4+0+0 \\
&\quad +0+0.25+0.125+0.0625+0+0.015625 \\
&= 244.453125_{(10)}
\end{aligned}
$$

$$
\begin{aligned}
A3.D2_{(16)} &= 1010\ 0011.\ 1101\ 0010_{(2)} \\
&= 1\times2^{7}+0\times2^{6}+1\times2^{5}+0\times2^{4}+0\times2^{3}+0\times2^{2}+1\times2^{1}+1\times2^{0} \\
&\quad +1\times2^{-1}+1\times2^{-2}+0\times2^{-3}+1\times2^{-4}+0\times2^{-5}+0\times2^{-6}+1\times2^{-7}+0\times2^{-8} \\
&= 128+0+32+0+0+0+2+1+0.5+0.25+0+0.0625+0+0 \\
&\quad +0.0078125+0 \\
&= 163.8203125_{(10)}
\end{aligned}
$$

예제 2-3

10진수 48.8125를 2진수, 8진수, 16진수로 변환하시오.

풀이

먼저 10진수 48.8125를 2진수로 변환하기 위해 정수 부분과 소수 부분으로 나누어 변환하면 $110000.1101_{(2)}$이 된다.

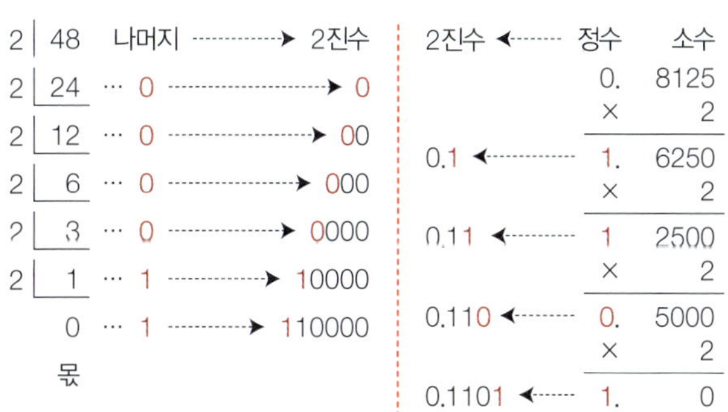

2진수 $110000.1101_{(2)}$을 8진수로 변환하기 위해 소수점을 좌우로 3개씩 나누어 변환하면 $60.64_{(8)}$가 된다.

$$110000.1101_{(2)} = 110\ 000.\ 110\ 100_{(2)} = 60.64_{(8)}$$

다음에는 2진수 $110000.1101_{(2)}$을 16진수로 변환하기 위해 소수점을 좌우로 4개씩 나누어 변환하면 $30.D_{(16)}$가 된다.

$$110000.1101_{(2)} = 0011\ 0000.1101_{(2)} = 30.D_{(16)}$$

표 2-3 2진수 양수 및 음수 거듭제곱에 대한 10진수

2^n	n	2^{-n}
1	0	1.0
2	1	0.5
4	2	0.25
8	3	0.125
16	4	0.062 5
32	5	0.031 25
64	6	0.015 625
128	7	0.007 812 5
256	8	0.003 906 25
512	9	0.001 953 125
1,024	10	0.000 976 562 5
2,048	11	0.000 488 281 25
4,096	12	0.000 244 140 625
…	…	…
524,288	19	0.000 001 907 348 632 812 5
1,048,576	20	0.000 000 953 674 316 406 25
2,097,152	21	0.000 000 476 837 158 203 125
4,194,304	22	0.000 000 238 418 579 101 562 5
…	…	…
536,870,912	29	0.000 000 001 862 645 149 230 957 031 25
1,073,741,824	30	0.000 000 000 931 322 574 615 478 515 625
2,147,483,648	31	0.000 000 000 465 661 287 307 739 257 812 5
4,294,967,296	32	0.000 000 000 232 830 643 653 869 628 906 25

03 2진수 정수 연산과 보수

컴퓨터에서 사용하는 기본적인 연산에 대해 살펴보자. 컴퓨터의 연산을 이해하기 전에 2진수의 3가지 표현 방법과 10진수 연산을 간단히 살펴보고, 2의 보수를 이용한 계산 방법을 알아본다. 문자, 숫자, 기호 등 컴퓨터에서 사용하는 모든 데이터는 2진수로 저장되고 계산된다.

1 2진수 양의 정수 덧셈

10진수와 마찬가지로 두 수를 더하면 된다. 10진수에서는 해당하는 자릿수의 두 수를 더하여 결과가 10 이상인 수가 발생하면 윗자리로 자리올림carry하여 더한다. 2진수도 마찬가지로 해당하는 두 수를 더하여 2 이상이 되는 결과가 발생하면 윗자리에 더한다.

정수(定數)
고정(固定)소수점 수
(fixed point number)

기본적인 한 자리 2진수 2개를 더해보자.

```
    0        0        1        1
+   0    +   1    +   0    +   1
-----    -----    -----    -----
   00       01       01       10
```

위의 결과에서 $1_{(2)} + 1_{(2)} = 10_{(2)}$이 된다. 즉, 캐리carry가 발생한다. 현재는 한 비트 연산이기 때문에 그 결과를 그대로 수용하면 된다. 그러나 여러 비트 연산일 경우에는 캐리까지 같이 연산해 주어야 한다. 다음 예를 보자.

캐리(carry)
현재 자리에서 바로 윗자리로의 올림수

	10진수		2진수		8진수		16진수
carry →	**11**		**0110000**		**10**		**0**
	49	=	00110001	=	61	=	31
	+ 58	=	+ 00111010	=	+ 72	=	+ 3A
	107	=	01101011	=	153	=	6B

이와 같이 어느 진법이든지 계산 원리는 동일하다. 2진수의 경우에는 특히 0과 1로만 나타내므로 덧셈 계산을 쉽게 할 수 있다. 단지 길이가 길어질 뿐이다.

2 2진수 음의 정수 표현과 보수

디지털 컴퓨터는 모든 데이터를 기호 0과 1로 표현하므로 +, − 부호도 0 또는 1로 나타낸다. **부호비트**sign bit를 이용하여 양수(+)를 0으로, 음수(−)를 1로 표시한다. 모든 경우에 부호비트는 가장 왼쪽 비트인 최상위 비트MSB, most significant bit에 나타낸다.

2진수로 데이터를 표시할 때는 항상 자릿수(비트 크기)를 동일하게 표시해야 한다는 점에 주의해야 한다. 즉, 부호는 항상 동일한 위치에 있어야 한다. 부호비트의 위치가 달라지면 어느 비트가 부호비트인지 알 수 없기 때문이다. 보통 2진수 데이터를 나타낼 때는 8, 16, 32, 64비트 길이 중 하나의 크기로 고정하여 나타낸다. 비트 크기가 늘어날 때는 **부호 확장**sign extension 방법을 사용하여 비트 크기를 조절한다. 비트 크기가 줄어들 때 작은 값은 제대로 표현될 수 있지만 큰 값은 제대로 표현할 수 없는 경우가 발생한다. 따라서 비트의 크기를 줄이는 경우는 거의 없다.

2진 음수를 표시하는 방법에는 세 가지가 있는데, 부호와 절대치sign-magnitude, 1의 보수1's complement, 2의 보수2's complement이다. ANSI 표준은 32, 64 또는 128비트 2의 보수이다. 이 표준에 따라 모든 컴퓨터에서는 2의 보수 표현 방법을 사용한다.

❶ **부호와 절대치** : 부호와 절대치 표현은 부호만 음(−), 양(+)으로 나타내고 뒷자리는 절댓값 크기를 사용한다. 즉, 10진수를 2진수로 바꾼 그대로이다. 예를 들어, [표 2-4]에서 +3과 −3의 부호만 다르고 뒷자리 7개는 모두 같다. 표현 방법은 쉽지만 컴퓨터 연산에 사용하기에는 적합하지 않다.

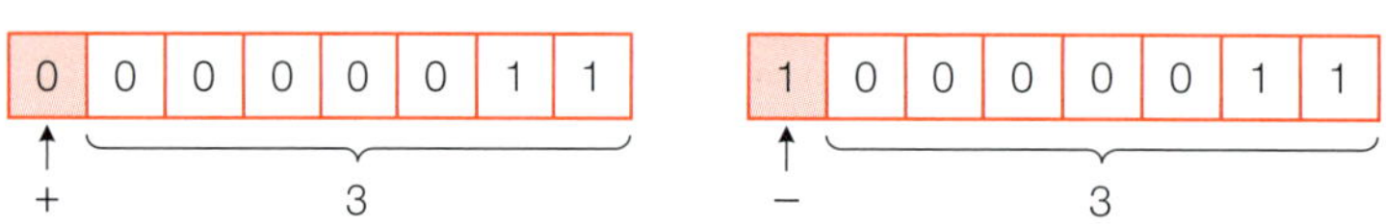

❷ **1의 보수** : 1의 보수는 각 자릿수의 값을 0을 1로, 1을 0으로 바꾸면 된다. 예를 들어, +3을 −3으로 나타내면 00000011이 11111100으로 변환된다. 즉 해당하는 비트의 2진수를 반대의 상태(2진수에는 0과 1밖에 없으므로)로 바꾼 것이다. 1의 보수도 연산하는 데 조금은 불편하다.

```
0 0 0 0 0 0 1 1
↓ ↓ ↓ ↓ ↓ ↓ ↓ ↓
1 1 1 1 1 1 0 0  ← 1의 보수
```

❸ **2의 보수** : 2의 보수는 1의 보수에 1을 더하면 된다. 예를 들어 8비트로 +3인 00000011의 1의 보수 11111100에 1을 더한 11111101이 2의 보수다. 반대로 11111101의 2의 보수는 00000010 + 1인 00000011이다.

```
 0 0 0 0 0 0 1 1                    1 1 1 1 1 1 0 1
 ↓ ↓ ↓ ↓ ↓ ↓ ↓ ↓                    ↓ ↓ ↓ ↓ ↓ ↓ ↓ ↓
 1 1 1 1 1 1 0 0  ← 1의 보수         0 0 0 0 0 0 1 0  ← 1의 보수
+              1                   +              1
────────────────                   ────────────────
 1 1 1 1 1 1 0 1  ← 2의 보수         0 0 0 0 0 0 1 1  ← 2의 보수
```

[표 2-4]는 2진 데이터를 표현 방식에 따라 어떻게 해석할 수 있는지를 8비트를 기준하여 나타냈다. 부호와 절대치, 1의 보수, 2의 보수 방식 모두에서 최상위 비트가 0이면 양수이며, 1이면 음수임을 알 수 있다.

표 2-4 부호와 절대치, 1의 보수, 2의 보수의 8비트 표현 범위

2진수	8비트 크기이며, MSB가 부호비트임		
	부호와 절대치	1의 보수	2의 보수
00000000	+0	+0	+0
00000001	+1	+1	+1
00000010	+2	+2	+2
00000011	+3	+3	+3
...	...	...	...
01111100	+124	+124	+124
01111101	+125	+125	+125
01111110	+126	+126	+126
01111111	+127	+127	+127
10000000	−0	−127	−128
10000001	−1	−126	−127
10000010	−2	−125	−126
10000011	−3	−124	−125
...	...	...	...
11111100	−124	−3	−4
11111101	−125	−2	−3
11111110	−126	−1	−2
11111111	−127	−0	−1

먼저 보수의 원리를 알아보자. 모든 진법에는 2가지의 보수가 있는데 만약 r 진법이라면 r의 보수와 $r-1$의 보수가 있다. 예를 들어, 10진법에는 10의 보수와 9의 보수가 있고, 8진법에는 8의 보수와 7의 보수가 있으며, 2진법에는 2의 보수와 1의 보수가 있다. 어떤 수 x를 n자리 r 진법으로 표시했을 때 보수를 나타내는 방법은 다음과 같다.

- r진법 n 자릿수 x의 r의 보수 : $r^n - x$
- r진법 n 자릿수 x의 $r-1$의 보수 : $r^n - 1 - x$

예를 들어, 3자리 10진수 567의 9의 보수는 $10^3 - 1 - 567 = 999 - 567 = 432$이다. 또 10의 보수는 $10^3 - 567 = 1000 - 567 = 433$이다. 쉽게 말해 567의 각 자리를 9로 만드는 수를 구하면 된다. 5에는 4, 6에는 3, 7에는 2를 더하면 9가 되므로 567의 9의 보수는 432다. 10의 보수는 9의 보수에 +1을 한 결과다.

2진법도 마찬가지다. 위의 예에서 8(n)비트 2(r)진수 00000011(x)의 1의 보수는 다음과 같다.

$$r^n - 1 - x = 2^8 - 1 - 0000\ 0011 = 1111\ 1111 - 0000\ 0011 = 1111\ 1100$$

2의 보수는 다음과 같으므로, 1의 보수에 1을 더한 결과와 같다.

$$r^n - x = 2^8 - 0000\ 0011 = 1\ 0000\ 0000 - 0000\ 0011 = 1111\ 1101$$

즉, 모든 진법에서 r의 보수는 $r-1$의 보수를 구한 다음 1을 더하면 된다. 10진수의 9의 보수와 마찬가지로 2진수의 1의 보수란 "각 자릿수를 1로 만드는 수"이다. 즉, 0에 1을 더하면 1이 되고, 1에 0을 더하면 1이 되기 때문에 0과 1을 바꾼 상태와 같아진다.

예제 2-4

8비트로 표현된 어떤 수 A를 2의 보수로 변환하였다. 이때 변환한 결과를 B라고 할 때 A와 B의 합을 구하시오.

풀이

2진수 8비트 A의 2의 보수는 $B = 2^8 - A$이므로 $A + B$는 256이다.

$$A + B = A + (2^8 - A) = 2^8 = 256$$

모든 컴퓨터에서는 2의 보수를 사용하므로 2의 보수에 대해서는 반드시 알고 있어야 한다. 보수를 사용하는 이유는 음수를 표현하기 위해서다. 음수를 달리 표현할 방법이 없기 때문이기도 하고 연산을 쉽게 하기 위해서 보수를 사용하는 것이다. 양수의 보수는 음수가 되고 음수의 보수는 양수가 된다. 보수를 취하면 그 절댓값은 같지만 부호는 반대다. 실제로 컴퓨터 하드웨어에는 뺄셈 회로가 없고 보수를 취하는 회로만 있다. 보수를 취하여 더하면 뺄셈이 되기 때문에 굳이 뺄셈 연산을 하는 하드웨어를 따로 두지 않아도 된다.

양수 $\xrightarrow{\text{보수}}$ 음수

음수 $\xrightarrow{\text{보수}}$ 양수

10진수 83을 8비트 2진수로 나타내고 2의 보수를 만들어 보자. 83을 8비트 2진수로 바꾸면 $01010011_{(2)}$이며, 이를 1의 보수로 바꾸면 $10101100_{(2)}$이다. 1의 보수에 1을 더하면 2의 보수가 되므로 $10101100_{(2)} + 1_{(2)} = 10101101_{(2)}$이 된다. 즉, 2진수 $10101101_{(2)}$은 83의 음수인 −83이다. 반대로 $-83 = 10101101_{(2)}$을 2의 보수로 바꾸면 $01010010_{(2)} + 1_{(2)} = 01010011_{(2)} = 83$, 즉, 10진수 83이 된다. 여기서 보는 것처럼 양수를 2의 보수로 변환하면 음수가 되고, 음수를 2의 보수로 변환하면 양수가 된다. 한 가지 주의할 점은 보수를 취할 때 정해진 크기의 비트 수로 맞추어야 한다는 것이다. 보통 8, 16, 32, 64비트로 맞추면 된다. 자릿수를 맞추지 않으면 정확한 변환이 이루어지지 않는다. 자릿수를 맞추는 이유는 최상위 비트MSB가 부호비트이며, 2의 보수로 나타냈을 때 같은 종류의 데이터는 항상 같은 위치에 부호를 위치시키려는 목적뿐만 아니라, 컴퓨터 내부에 저장되는 동일한 종류의 데이터의 비트 수는 항상 같기 때문이다. 비트 수가 달라지면 데이터의 호환성이 없어지고, 연산 시에 상당히 불편하게 된다.

MSB(most significant bit)
최상위 비트, 가장 왼쪽 비트

LSB(least significant bit)
최하위 비트, 가장 오른쪽 비트

1의 보수로 바꾸지 않고 2의 보수로 바로 변경하는 방법

최하위 비트(LSB)에서부터 최초의 1을 만날 때까지 그냥 쓰고, 나머지는 반대(0→1, 1→0)로 바꾼다.

$00110000_{(2)}$(48)의 2의 보수를 만들어 보자. 여기서는 오른쪽 비트에서부터 최초의 1이 있는 5번째 비트($10000_{(2)}$)까지는 그대로 쓰고, 나머지는 반대(0→1, 1→0)로 즉, 상위의 $001_{(2)}$을 $110_{(2)}$으로 바꾸면 $11010000_{(2)}$(−48)이 된다. $11001101_{(2)}$(−51)의 2의 보수는 맨 오른쪽 비트가 $1_{(2)}$이므로 이 비트만 그대로 두고 나머지는 반대로 해준다. 즉, $00110011_{(2)}$(51)이다.

```
001 |10000
↓↓↓ |
110 |10000

1100110 |1
↓↓↓↓↓↓↓ |
0011001 |1
```

10진수 보수 연산의 예를 들어보자. 10진수 4자리 뺄셈 7928 − 879를 계산해 보자.

$$\begin{aligned}7928 - 879 &= 7928 + (-879) = 7928 + (-0879)\\ &\Rightarrow 7928 + (10^4 - 0879) = 7928 + 9121 = 17049\\ &\Rightarrow 17049 - 10^4 = 7049\end{aligned}$$

실제로 복잡한 것 같지만 원리는 간단하다. 뺄셈이 있으면 그것을 음수로 바꾸고 보수를 취하여 더하면 된다. 즉 −879의 4자리에 대한 10의 보수는 9121이다. 이 값을 7928과 더하면 17049가 되는데 여기서 자릿수를 벗어나는 맨 앞의 1을 버리면 7049가 결과가 된다. 1을 버리는 이유는 보수를 계산하는 과정($10^4 - 0879$)에서 10^4을 더했기 때문에 4자리를 벗어나는 앞자리를 제거하는 것은 당연하다. 이 계산 과정에서 뺄셈을 하지 않고 10의 보수를 취하여 더함으로써 뺄셈을 덧셈으로 바꾸어 계산하였다.

이 예에서는 큰 수에서 작은 수를 빼는 것을 살펴보았다. 그러나 작은 수에서 큰 수를 빼는 것은 10진수에는 표현하기 힘들다. 그 이유는 계산 결과에 부호를 표현할 수 있는 방법이 적당하지 않기 때문이다.

2진수 연산도 이와 같은 보수의 원리를 사용한다. 2진수를 표시하는 방법이 3가지(부호와 절대치, 1의 보수, 2의 보수)가 있지만 컴퓨터 시스템에서는 2의 보수를 사용한다. [표 2-5]는 n비트를 사용하여 2의 보수를 나타낼 때 표현 가능한 10진수의 표현 범위다.

표 2-5 n비트 2의 보수에 대한 10진수의 표현 범위

비트 수	2의 보수를 사용한 2진 정수의 표현 범위
n비트	$-2^{n-1} \sim +2^{n-1}-1$
4비트	$-2^{4-1}(-8) \sim +2^{4-1}-1(+7)$
8비트	$-2^{8-1}(-128) \sim +2^{8-1}-1(+127)$
16비트	$-2^{16-1}(-32{,}768) \sim +2^{16-1}-1(+32{,}767)$
32비트	$-2^{32-1}(-2{,}147{,}483{,}648) \sim +2^{32-1}-1(+2{,}147{,}483{,}647)$
64비트	$-2^{64-1}(-9,\ 223{,}372{,}036{,}854{,}775{,}808) \sim +2^{64-1}-1(+9,\ 223{,}372{,}036{,}854{,}775{,}807)$

※ 부호와 절대치 : $-(2^{n-1}-1) \sim +(2^{n-1}-1)$
※ 1의 보수 : $-(2^{n-1}-1) \sim +(2^{n-1}-1)$

3 부호 확장

부호 확장이란 늘어난 비트 수만큼 부호를 늘려주는 방법이다. [표 2-6]과 같이 부호와 절대치 방법에서 부호는 MSB로 그대로 자리를 옮기고 나머지 부분은 0으로 채워서 부호를 확장한다. 그러나 1의 보수와 2의 보수에서는 늘어난 길이만큼 부호비트와 같은 수로 채운다. 이렇게 부호를 확장하여도 값에는 변화가 없다. 그러므로 컴퓨터 내부에서 길이가 다른 두 개의 피연산자를 연산할 때는 길이가 긴 피연산자의 크기에 맞게 확장하여 연산한다. [표 2-6]의 예에서 8비트 2의 보수로 표현한 음수 $10010111_{(2)}$과 16비트 2의 보수로 표현한 음수 $1111111110010111_{(2)}$을 비교해 보자. 두 음수의 2의 보수를 취하면 양수 $01101001_{(2)}$과 $0000000001101001_{(2)}$이 되어 같으므로 부호를 확장해도 값은 변하지 않는다.

표 2-6 2진수 표현 방법에 따른 부호 확장

2진수 표현 방식	부호 확장 방법	구분	8비트	16비트 확장
부호와 절대치	부호만 MSB에 복사하고, 나머지는 0으로 채움	양수	00101010	00000000 00101010
		음수	10010111	10000000 00010111
1의 보수	늘어난 길이만큼 부호와 같은 값으로 모두 채움	양수	00101010	00000000 00101010
		음수	10010111	11111111 10010111
2의 보수	늘어난 길이만큼 부호와 같은 값으로 모두 채움	양수	00101010	00000000 00101010
		음수	10010111	11111111 10010111

4 2의 보수로 표현된 음수를 10진수로 변환

2의 보수로 표현된 음수를 10진수로 바꾸는 방법을 살펴보자. 2의 보수로 표현한 음수인 $10101100_{(2)}$이 10진수로 얼마인지 계산해 보자.

첫 번째 방법

MSB가 1이므로 음수이다. 이 위치의 크기는 $128(=2^7)$이며 부호가 1(음수)이므로 실제 값은 -128이다. 여기에 나머지 수를 더한다. 즉, 뒷부분 $0101100_{(2)}$은 양수로 계산하여 더한다.

$$10101100_{(2)} = -1\times2^7+0\times2^6+1\times2^5+0\times2^4+1\times2^3+1\times2^2+0\times2^1+0\times2^0$$
$$= -128+0+32+0+8+4+0+0 = -84$$

두 번째 방법

음수를 양수로 바꾸기 위하여 2의 보수를 취한 다음 10진수로 바꾸어 −부호를 붙인다.

$$10101100_{(2)} \Rightarrow 2\text{의 보수} = 01010100_{(2)}$$
$$= 0\times2^7 + 1\times2^6 + 0\times2^5 + 1\times2^4 + 0\times2^3 + 1\times2^2 + 0\times2^1 + 0\times2^0$$
$$= 0 + 64 + 0 + 16 + 0 + 4 + 0 + 0 = 84 \Rightarrow -\text{ 부호를 붙이면 } -84$$

예제 2-5

> 8비트 메모리 워드에서 비트 패턴 $11101101_{(2)}$은 "(a) 부호와 절대치, (b) 부호와 1의 보수, (c) 부호와 2의 보수"로 해석될 수 있다. 각각에 대응되는 10진수를 구하시오.

풀이

11101101은 최상위 비트가 1이므로 음수임을 알 수 있다.

(a) 부호와 절대치인 경우 부호비트를 제외한 나머지 1101101을 10진수로 변환하면 109가 되므로 −109가 된다.

$$1101101_{(2)} = 2^6 + 2^5 + 2^3 + 2^2 + 2^0 = 64 + 32 + 8 + 4 + 1 = 109$$

(b) 부호와 1의 보수인 경우 음수를 양수로 바꾸기 위해 1의 보수를 취한 다음 10진수로 바꾸어 −부호를 붙인다. 11101101의 1의 보수는 00010010이므로 10진수로 변환하면 18이 되어 −18이다.

$$00010010_{(2)} = 2^4 + 2^1 = 16 + 2 = 18$$

(c) 부호와 2의 보수인 경우 음수를 양수로 바꾸기 위해 2의 보수를 취한 다음 10진수로 바꾸어 −부호를 붙인다. 11101101의 2의 보수는 00010011이므로 10진수로 변환하면 19가 되어 −19다.

$$00010011_{(2)} = 2^4 + 2^1 + 2^0 = 16 + 2 + 1 = 19$$

5 2의 보수 연산

앞에서 살펴본 10진수의 연산과 방법은 같다. 단, 2의 보수에서는 10의 보수와 달리 작은 수에서 큰 수를 뺄 수 있다. 즉, 보수로 바꾸어 더해도 표현 가능한 범위 내에서는 다양하고 정확한 연산이 가능하다. 여기서는 8비트 연산을 해보자.

①	10진수		2진수
		carry	0 0110000
양수	49	=	00110001
+ 양수	+58	=	+ 00111010
양수	107	=	01101011

②	10진수		2진수
		carry	1 1111110
큰 수	58	=	00111010
− 작은 수	−49	=	− 00110001
			00111010
			+ 11001111
양수	9	=	00001001

③	10진수		2진수
		carry	0 0000000
작은 수	49	=	00110001
− 큰 수	−58	=	− 00111010
			00110001
			+ 11000110
음수	−9	=	11110111

④	10진수		2진수
		carry	1 1001110
음수	−49	=	− 00110001
+ 음수	−58	=	− 00111010
			11001111
			+ 11000110
음수	−107	=	10010101

⑤	10진수		2진수
		carry	0 1000010
큰 양수	98	=	01100010
+ 큰 양수	+74	=	+ 01001010
음수	−84	=	10101100

⑥	10진수		2진수
		carry	1 0111110
큰 음수	−98	=	− 01100010
+ 큰 음수	−74	=	− 01001010
			10011110
			+ 10110110
양수	+84	=	01010100

계산 결과를 보면 ①~④는 정상적으로 계산되었고, ⑤, ⑥은 계산 결과가 잘못되었음을 보여준다. 계산 결과가 잘못되었다는 것은 데이터의 표현 범위를 벗어났다는 의미다overflow. 8비트 2진 정수는 −128 ~+127 범위밖에 표현하지 못하기 때문이다. 그러므로 98 + 74 = 172, −98 − 74 = −172이므로 데이터의 표현 범위를 벗어난 것이다.

정수 연산에서 **오버플로**overflow가 발생했는지 여부는 쉽게 판단할 수 있다. MSB에서 계산이 이루어질 때 바로 직전 캐리와 최종 캐리(위 계산 과정에서 밑줄로 나타낸 부분)가 같은 값이면 정상적으로 계산된 것이고, 다른 값이면 오버플로가 발생한 것이다. ⑤, ⑥은 마지막 두 개의 캐리가 다르므로 오버플로다.

이런 현상은 컴퓨터 프로그래밍에서 연산하다 보면 종종 접하는데, 다음 그림을 보면 이해할 수 있을 것이다. [그림 2-4](a)는 4비트 2진수에 대한 개념도다. 예를 들어 5 + 5를 연산하면

5에서 +방향으로 5칸을 이동하면 −6이 된다. 이는 C 언어에서 계산하는 결과와 같다. 4비트 연산 $5+5=0101_{(2)}+0101_{(2)}=1010_{(2)}$이 되는데 MSB가 1이기 때문에 음수다. $1010_{(2)}$의 값은 2의 보수로 바꾸어 보면 $0110_{(2)}$이 된다. 즉, 부호는 −이며 값은 6이므로 결과는 −6이다. 다른 비트 크기의 계산도 범위만 달라질 뿐 방법은 같다. [그림 2-4](b)는 8비트 수의 경우에 대한 예이다. 98+74는 98(01100010)에서 +방향으로 74($01001010_{(2)}$)칸을 이동하면 −84(10101100)가 된다. 2진 정수는 극과 극이 연결되어 있다고 생각하면 쉽게 이해할 수 있다.

//C 프로그램 확인 예
//char은 8비트 데이터 형

```
#include <stdio.h>
int main()
{
    char x=98, y=74, z;
    z=x+y;
    printf("%d\n", z);
    x=-98;
    y=-74;
    z=x+y;
    printf("%d\n", z);
}
```

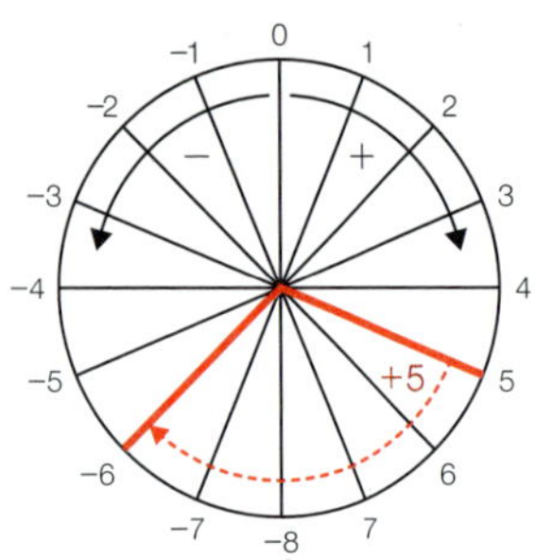

(a) 4비트 2진 정수의 2의 보수

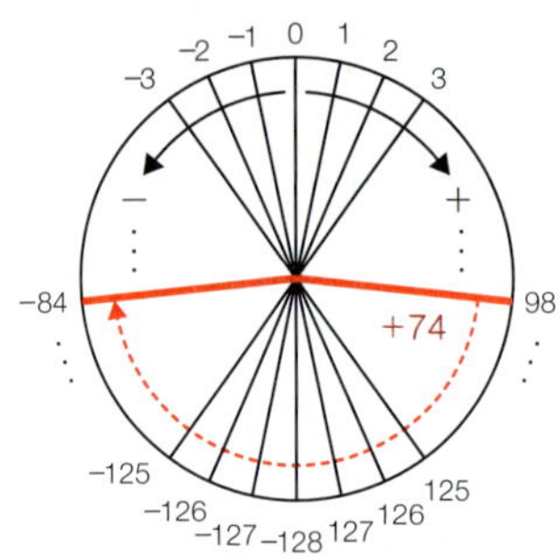

(b) 8비트 2진 정수의 2의 보수

그림 2-4 2진 정수의 2의 보수 개념도

예제 2-6

8비트 연산 98+74는 오버플로가 발생하여 잘못 계산된 결과를 얻었다. 부호 확장을 통해서 올바른 결과를 얻을 수 있음을 설명하시오.

풀이

16비트로 부호를 확장하여 연산하는 과정은 다음과 같다.

	carry	0	00000000	1000010
98	=		00000000	01100010
+74	=	+	00000000	01001010
172	=		00000000	10101100

직전 캐리와 최종 캐리(밑줄 친 부분)가 같으므로 정상적으로 계산된 것임을 알 수 있고, 그 결과는 $10101100_{(2)}=128+32+8+4=172_{(10)}$이다.

04 2진 부동소수점 수의 표현

컴퓨터에서는 과학적인 표기 방식을 사용해 매우 작은 값이나 큰 2진 부동소수점 수floating point number를 표현한다. 예를 들어, 10진수 123.456은 1.23456×10^2으로, 16진수 123.ABC는 $1.23ABC \times 16^2$으로 표현한다. 현대 컴퓨터에서는 부동소수점 수에 **IEEE 754 표준** 표기 방식을 사용한다. 부동소수점 수는 **부호**sign, **지수**exponent, **가수**mantissa 영역으로 나뉜다. 부호는 전체 수가 양수인지 음수인지 표시하고, 지수는 2의 지수, 가수는 소수 이하 부분을 표시한다. 부동소수점 수는 표현 범위에 따라서 [그림 2-5]와 같이 **단정도**single precision **부동소수점 수**와 **배정도**double precision **부동소수점 수**가 있다.

부호(S)가 0일 때는 양수, 1일 때는 음수이다. 지수도 양수와 음수를 구별하기 위해 **바이어스**bias를 사용한다. [그림 2-5]와 같이 바이어스는 단정도일 때 127이며, 배정도일 때는 1,023이다. 계산된 지수값에 바이어스를 더해 실제 컴퓨터 내부에 저장한다. 예를 들어, 2^{10}이면 지수 $10(1010_{(2)})$에 바이어스 $127(01111111_{(2)})$을 더한 $137(10001001_{(2)})$을 지수에 저장하고, 2^{-10}이면 바이어스

실수(實數)
부동(浮動)소수점 수 (floating point number)

IEEE(아이트리플이)
전기전자공학 전문가들의 국제조직이다. 160개국 40만 명의 회원으로 구성된 전기전자공학에 관한 최대 기술 조직으로 주요 표준 및 연구 정책을 발전시키고 있다.

단정도 단일 정밀도(32bit)

배정도 2배 정밀도(64bit)

4배정도 4배 정밀도(128bit)

주의
부동소수점 수에서는 2의 보수를 사용하지 않는다.

구분	IEEE 754 표준 부동소수점 수의 비트 할당	바이어스
단정도 부동소수점 수	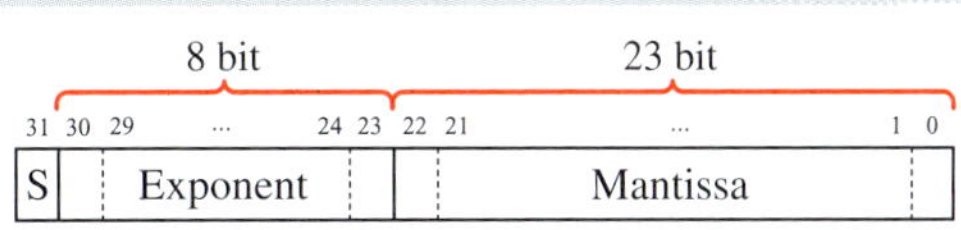	127
배정도 부동소수점 수	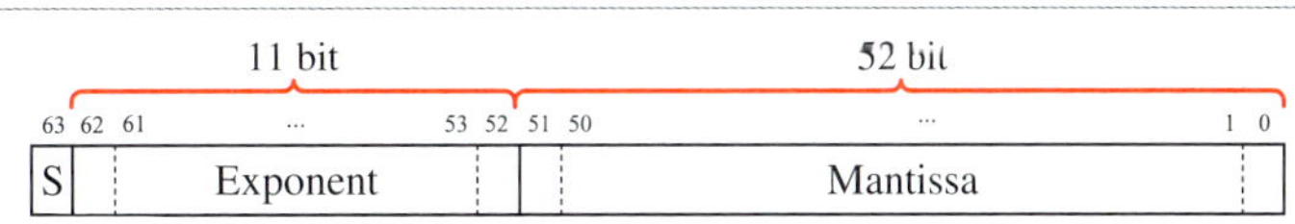	1,023

그림 2-5 단정도 및 배정도 부동소수점 수에 할당된 비트 수

127에 지수 $-10(-1010_{(2)})$을 더한 $117(1110101_{(2)})$을 지수에 저장한다. 배정도 부동소수점 수일 때는 1,023을 더한다. 바이어스 128 또는 바이어스 1,024도 있을 수 있지만 IEEE 표준에서는 바이어스 127과 1,023을 사용한다.

가수 부분은 단정도일 때 23비트, 배정도일 때 52비트로 나타낸다. 가수에 저장될 데이터는 2진수를 **정규화**normalization하여 나타낸다. 다음은 10진수 5를 여러 형태로 나타낸 것이다.

$$5.0 \times 10^0 = 0.05 \times 10^2 = 5000 \times 10^{-3}$$

10진수 5의 정규화된 표현 방법은 5.0×10^0이다. 2진수도 이와 같이 정규화된 표현 방식으로 나타낸다. $75.6875 = 1001011.1011_{(2)}$을 정규화된 2진 부동소수점 수로 나타내보자.

$$75.6875 = 1001011.1011_{(2)} = 1.0010111011_{(2)} \times 2^6 = 1.0010111011_{(2)} \times 2^{110_{(2)}}$$

여기에서 1.0010111011이 가수에 해당된다. 0.0을 제외한 모든 2진수를 정규화하면 가수는 항상 $1.\times\times\times_{(2)}$로 표현된다. 그러므로 '1.'을 컴퓨터에 저장할 필요가 없으며, 실제로 저장하지 않는다. 이로 인해 컴퓨터 내부에는 23비트 가수가 저장되지만, 생략되는 한 비트를 포함하여 실제로는 24비트를 표현하는 것이다. 즉, 컴퓨터에 저장되는 부동소수점 수의 가수 앞에는 '1.'이 항상 생략되어 표현된다. 한 비트라도 더 표현함으로써 오차를 좀 더 줄일 수 있다. 그러므로 단정도 부동소수점 수 $1.0010111011_{(2)} \times 2^{110_{(2)}}$의 컴퓨터 내부 표현은 다음과 같다.

hidden bit
표시하지 않고 숨겨진 1을 의미한다.

부호	지수(바이어스 127)	가수$(1.\times\times\times_{(2)})$
양수	01111111(127) + 110(6)	1.을 생략한 가수
0	10000101	00101110110000000000000

10진수 −0.2를 단정도 부동소수점 수로 나타내 보자. 먼저 2진수로 바꾸고 정규화한다. 음수이므로 부호는 1, 지수는 $01111111_{(2)}(127) - 11_{(2)}(3) = 01111100_{(2)}$이고, 가수는 '1.'이 생략된 $10011001100110011001100_{(2)}$이다.

$$\begin{aligned}-0.2 = -0.001100110011\ldots_{(2)} &= -1.100110011\ldots_{(2)} \times 2^{-3} \\ &= -1.100110011\ldots_{(2)} \times 2^{-11_{(2)}}\end{aligned}$$

부호	지수(바이어스 127)	가수($1.\times\times\times_{(2)}$)
음수	01111111(127) − 11(3)	1.을 생략한 가수
1	01111100	10011001100110011001100

단정도와 배정도 부동소수점 수의 표현 범위는 [표 2-7]과 같다.

표 2-7 단정도 및 배정도 부동소수점 수의 표현 범위

부호	단정도 부동소수점 수	배정도 부동소수점 수
비정규화된 2진수	$\sim\pm2^{-149}$ to $\pm(1-2^{-23})\times2^{126}$	$\sim\pm2^{-1074}$ to $\pm(1-2^{-52})\times2^{1022}$
정규화된 2진수	$\sim\pm2^{-126}$ to $\pm(2-2^{-23})\times2^{127}$	$\sim\pm2^{-1022}$ to $\pm(2-2^{-52})\times2^{1023}$
10진수	$\sim\pm1.40\times10^{-45}$ to $\sim\pm3.40\times10^{38}$	$\sim\pm4.94\times10^{-324}$ to $\sim\pm1.798\times10^{308}$

예제 2-7

$\frac{1}{256}$을 단정도 부동소수점 표현 방식으로 표현하시오.

풀이

$\frac{1}{256}$을 정규화된 방법으로 표현하면 $\frac{1}{256}=\frac{1}{2^8}=2^{-8}=1.0\times2^{-8}$이다. 그러므로 $1.0_{(2)}\times 2^{-1000_{(2)}}$를 단정도 부동소수점 수로 표현하면 다음과 같이 된다.

부호	지수(바이어스 127)	가수($1.\times\times\times_{(2)}$)
양수	01111111(127) − 1000(8)	1.을 생략한 가수
0	01110111	00000000000000000000000

[그림 2-6]은 2진 부동소수점 수의 표현 범위를 그림으로 나타낸 것이다.

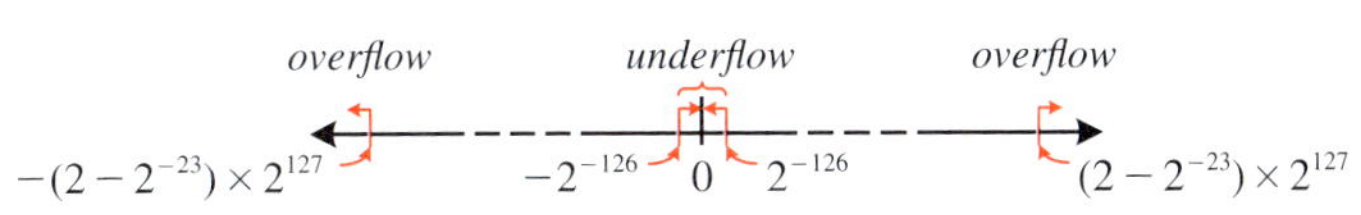

그림 2-6 단정도 부동소수점 수의 표현 범위(정규화된 2진수)

0에 아주 가까이 접근할 때는 0으로 표현한다. 실제로 이 표준 형식으로 직접적인 0은 표현이 불가능하므로 특별히 0은 지수와 가수를 모두 0으로 표시하며, +0과 −0으로 구별되지만 실제로 비교 연산에서는 같은 것으로 한다. 또 ±∞는 지수 비트 모두 1이고, 가수 비트 모두 0일 경우이며, 부호비트로 이들을 구분한다. 따라서 +∞와 −∞로 구별한다. NaN(Not a Number)은 실제로 표현하지 못하는 수로 지수 비트들이 모두 1이며, 가수 비트들이 모두 0이 아닌 경우다.

underflow
0에 무한히 가까운 수

overflow
표현 범위를 벗어난 수 ±∞

부동소수점 수에서 특수한 경우의 계산 결과

연산	결과
$n/\pm\infty$	0
$\pm\infty \times \pm\infty$	$\pm\infty$
(±0이 아닌 수)/0	$\pm\infty$
$\infty + \infty$	∞
$\pm 0 / \pm 0$	NaN
$\infty - \infty$	NaN
$\pm\infty / \pm\infty$	NaN
$\pm\infty \times 0$	NaN

01 다음 물음에 답하시오.

① 컴퓨터 내부에서 10진수를 사용하지 않는 이유는 무엇인가?

② 컴퓨터의 디지털 회로는 단지 2진수로만 동작하는데, 8진수와 16진수가 필요한 이유는 무엇인가?

02 다음 10진수를 2진수, 8진수, 16진수로 바꾸어 보시오.

① 892 ② 783.8125 ③ 48.3515625

④ 0.0078125 ⑤ 52.7578125 ⑥ 47.9

03 다음 10진수를 괄호 안의 진수로 바꾸어 보시오.

① 398.3(3진수) ② 89.328125(4진수) ③ 32.2416(5진수)

④ 98.22(9진수) ⑤ 12.33(12진수) ⑥ 74.234(15진수)

04 다음 8진수는 16진수와 2진수로, 16진수는 8진수와 2진수로 바꾸어 보시오.

① $2136_{(8)}$ ② $1556.034_{(8)}$ ③ $6743_{(8)}$

④ $0.02136_{(8)}$ ⑤ $1023_{(8)}$ ⑥ $761302_{(8)}$

⑦ $163417_{(8)}$ ⑧ $552273_{(8)}$ ⑨ $5436.15_{(8)}$

⑩ $A201.CD_{(16)}$ ⑪ $330F.FC_{(16)}$ ⑫ $F420_{(16)}$

⑬ $0.0E34_{(16)}$ ⑭ $13705.207_{(8)}$ ⑮ $1023_{(16)}$

⑯ $7E6A_{(16)}$ ⑰ $6BCF_{(16)}$ ⑱ $C350_{(16)}$

05 다음 표의 빈칸을 채워라.

10진수	2진수	8진수	16진수
225.225			
	11010111.11		
		623.77	
			2AC5.D

06 다음 등식이 성립하도록 기수 r을 구하시오.

① $B1_{(r)} = 144_{(10)}$ ② $211_{(r)} = 152_{(8)}$

③ $436_{(r)} = 357_{(10)}$ ④ $4B7_{(r)} = 2CB_{(16)}$

07 다음 각 연산이 성립하도록 기수를 결정하시오.

① $14/2 = 5$ ② $54/4 = 13$ ③ $24 + 17 = 40$

08 2차 방정식 $x^2 - 11x + 22 = 0$의 해가 $x = 3$과 $x = 6$이다. 이때 기수가 얼마인지 계산하시오.

09 다음 8진수를 계산하시오.

① $1372 + 4631$ ② $47135 + 5125$

③ $175214 + 152405$ ④ $110321 + 56573$

10 8진수 곱셈표를 10진수의 구구단처럼 다음 표에 표시하시오.

	2단	3단	4단	5단	6단	7단
1						
2						
3						
4						
5						
6						
7						

11 위의 표를 이용하여 다음 8진수 곱셈을 10진수로 변환하지 않고 계산하는 과정을 적어보시오.

① $263_{(8)} \times 312_{(8)}$ ② $532_{(8)} \times 435_{(8)}$ ③ $366_{(8)} \times 426_{(8)}$

12 어떤 CD player는 12비트의 신호를 동등한 값의 아날로그 신호로 변환할 수 있는 기능을 가지고 있다.

① 이 CD player에서 사용될 수 있는 최솟값과 최댓값을 16진수로 나타내시오.

② 이 시스템이 나타낼 수 있는 서로 다른 아날로그 신호의 값은 몇 개인가?

13 2진수 1바이트로 표현되는 정보를 3진수로 전송한다면 최소 몇 개의 디지트가 필요한가?

14 다음 8비트 2진수에 대한 2의 보수를 구하시오.

① 00101011 ② 11010101 ③ 00011110
④ 11011110 ⑤ 10000001 ⑥ 00101010

15 어떤 컴퓨터에서 정수로 15비트 2의 보수를 사용한다면 정수의 표현 범위를 계산하시오.

16 다음 10진수를 8비트 1의 보수와 2의 보수로 나타내시오.

① +18 ② +115 ③ +79
④ −49 ⑤ −3 ⑥ −100

17 다음 10진수의 9의 보수와 10의 보수를 구하시오.

① 25,478,036 ② 63,325,600
③ 25,000,000 ④ 00,000,000

18 10의 보수를 이용하여 계산하시오.

① 5255 − 2363 ② 1756 − 5632 ③ 200 − 600
④ 1300 − 260 ⑤ 632 − 563 ⑥ 856 − 965

19 음수를 표현할 때, 2의 보수가 부호와 절대치 또는 1의 보수보다 선호되는 이유를 설명하시오.

20 다음 각 진수로 표현된 수를 10진수로 바꾸어 보시오. 단, 2진 정수는 8비트 2의 보수다.

① $10101010_{(2)}$ ② $11110001_{(2)}$ ③ $01010101_{(2)}$
④ $00101011_{(2)}$ ⑤ $0.10101_{(2)}$ ⑥ $3526_{(8)}$
⑦ $7736_{(8)}$ ⑧ $34.531_{(8)}$ ⑨ $3203_{(4)}$
⑩ $6432_{(7)}$ ⑪ $A289B_{(12)}$ ⑫ $A501_{(16)}$
⑬ $839C_{(16)}$ ⑭ $ABCD_{(16)}$

21 다음 10진수를 2진수로 바꾼 후 8비트 2의 보수 방법으로 계산하시오. 계산이 정상적으로 되었는지도 검사하시오.

① 78 − 34　　② 98 − 100　　③ −56 − 34

④ 59 − 11　　⑤ 98 + 59　　⑥ −88 − 105

22 다음 물음에 답하시오.

① 16진수 C3DF의 16의 보수를 구하시오.

② C3DF를 2진수로 변환하시오.

③ ②의 결과를 2의 보수로 바꾸어 보시오.

④ ③의 결과를 16진수로 바꾸고 ①의 결과와 비교하시오.

23 다음 중 10진수는 2진수 IEEE 754 부동소수점 수로, IEEE 754 부동소수점 수는 10진수로 변환하시오.

① 236.6　　② 0.035

③ −0.05　　④ −10245.0

⑤ 0　10011010　01001000000000000000000

⑥ 1　01111001　11010000000000000000000

⑦ 0　00011111　10001111100000101100000

⑧ 1　01111011　10101000000000000000000

⑨ 1　00000000　00000000000000000000000

⑩ $\frac{1}{32}$　　⑪ $-\frac{1}{128}$

⑫ $\frac{45}{256}$　　⑬ $\frac{339}{64}$

⑭ $-\frac{189}{1024}$　　⑮ $-\frac{315}{16}$

01 10진수 $38_{(10)}$을 2진수로 변환한 것은?
① $100100_{(2)}$ ② $100101_{(2)}$
③ $100110_{(2)}$ ④ $100111_{(2)}$

02 10진수 $0.4375_{(10)}$를 2진수로 변환한 것은?
① $0.1110_{(2)}$ ② $0.1101_{(2)}$
③ $0.1011_{(2)}$ ④ $0.0111_{(2)}$

03 10진수 $14.25_{(10)}$를 2진수로 변환한 것은?
① $1110.01_{(2)}$ ② $1111.01_{(2)}$
③ $1101.10_{(2)}$ ④ $1010.01_{(2)}$

04 10진법으로 한 자릿수를 나타내려면 2진법으로 최소한 몇 개의 비트가 필요하겠는가?
① 2비트 ② 4비트 ③ 8비트 ④ 10비트

05 2진수 $101101_{(2)}$을 10진수로 올바르게 표시한 것은?
① $40_{(10)}$ ② $45_{(10)}$ ③ $50_{(10)}$ ④ $55_{(10)}$

06 2진수 $0.101_{(2)}$을 10진수로 변환한 것은?
① $0.2_{(10)}$ ② $0.35_{(10)}$ ③ $0.5_{(10)}$ ④ $0.625_{(10)}$

07 2진수 $1110.110_{(2)}$을 10진수로 변환한 것은?
① $14.05_{(10)}$ ② $14.25_{(10)}$
③ $14.55_{(10)}$ ④ $14.75_{(10)}$

08 2진수 $1100101_{(2)}$을 8진수로 변환한 것은?
① $102_{(8)}$ ② $107_{(8)}$
③ $141_{(8)}$ ④ $145_{(8)}$

09 2진수 $10101101.0101_{(2)}$을 8진수로 변환한 것은?
① $255.22_{(8)}$ ② $255.23_{(8)}$
③ $255.24_{(8)}$ ④ $3E.A1_{(8)}$

10 8진수 $224_{(8)}$를 2진수로 변환한 것은?
① $010010100_{(2)}$ ② $010010101_{(2)}$
③ $010010110_{(2)}$ ④ $010010111_{(2)}$

11 10진수 $0.1875_{(10)}$를 8진수로 변환한 것은?
① $0.10_{(8)}$ ② $0.14_{(8)}$
③ $0.18_{(8)}$ ④ $0.21_{(8)}$

12 8진수 $326_{(8)}$을 10진수로 변환한 것은?
① $124_{(10)}$ ② $148_{(10)}$
③ $168_{(10)}$ ④ $214_{(10)}$

13 8진수 $375.24_{(8)}$를 10진수 표현으로 옳은 것은?
① $254.3126_{(10)}$ ② $253.3125_{(10)}$
③ $252.3124_{(10)}$ ④ $251.3123_{(10)}$

14 2진수 $110010101001_{(2)}$을 16진수로 표시하면?
① $CA9_{(16)}$ ② $BA9_{(16)}$
③ $DA9_{(16)}$ ④ $EA9_{(16)}$

15 16진수 $3CB8_{(16)}$을 2진수로 변환한 것은?
① $0101\ 1100\ 1011\ 0011_{(2)}$
② $1001\ 1110\ 1100\ 1100_{(2)}$
③ $0011\ 1100\ 1011\ 1000_{(2)}$
④ $0010\ 1101\ 1101\ 1001_{(2)}$

16 8진수 $735.56_{(8)}$을 16진수로 변환한 것은?
① $1DD.B8_{(16)}$ ② $1DD.B1_{(16)}$
③ $EE1.B1_{(16)}$ ④ $EE1.B8_{(16)}$

17 16진수 $AF63_{(16)}$을 8진수로 변환한 것은?
① $135713_{(8)}$ ② $152734_{(8)}$
③ $147325_{(8)}$ ④ $127543_{(8)}$

18 16진수 $A6.F_{(16)}$를 8진수로 변환한 것은?
① $514.74_{(8)}$ ② $246.74_{(8)}$
③ $246.17_{(8)}$ ④ $514.17_{(8)}$

19 10진수 $141_{(10)}$을 16진수로 변환한 것은?
① $6C_{(16)}$ ② $7C_{(16)}$ ③ $8D_{(16)}$ ④ $9E_{(16)}$

20 16진수 $FF_{(16)}$를 10진수로 변환한 것은?
① $254_{(10)}$ ② $255_{(10)}$
③ $244_{(10)}$ ④ $245_{(10)}$

21 16진수 $73C.4E_{(16)}$를 10진수로 변환하면 다음 중 어느 값이 근사치인가?
① $185.23_{(10)}$ ② $1852.305_{(10)}$
③ $18523.05_{(10)}$ ④ $123.25_{(10)}$

22 16진수 BEAD에서 숫자 E자리의 가중치는 얼마인가?

① 10 ② 16 ③ 32 ④ 256

23 다음 중 가장 큰 수는?

① 10진수 245 ② 8진수 455
③ 16진수 FC ④ 2진수 11101011

24 다음 진수 표현 중에 제일 작은 수에 해당하는 것은?

① $FF_{(16)}$ ② $11111111_{(2)}$
③ $254_{(10)}$ ④ $377_{(8)}$

25 10진수 $20_{(10)}$을 2진수, 8진수 및 16진수로 각각 옳게 표현한 것은?

① $01000_{(2)}$, $24_{(8)}$, $A4_{(16)}$
② $01000_{(2)}$, $20_{(8)}$, $20_{(16)}$
③ $010100_{(2)}$, $24_{(8)}$, $20_{(16)}$
④ $010100_{(2)}$, $24_{(8)}$, $14_{(16)}$

26 다음 중 10진수 $13_{(10)}$과 같지 않은 것은?

① 2진수 1101 ② 5진수 23
③ 8진수 15 ④ 16진수 C

27 다른 세 가지와 그 값이 같지 않은 것은?

① 2진수 101111 ② 8진수 57
③ 10진수 48 ④ 16진수 2F

28 4진수 $231.3_{(4)}$을 7진수로 변환하면?

① $45.5151_{(7)}$ ② $45.5252_{(7)}$
③ $63.5151_{(7)}$ ④ $63.5252_{(7)}$

29 수식 $011100_{(2)} + 100011_{(2)}$을 계산한 후, 8진수로 올바르게 변환한 것은?

① $77_{(8)}$ ② $66_{(8)}$ ③ $14_{(8)}$ ④ $49_{(8)}$

30 2진수 $11001_{(2)} - 10001_{(2)}$을 2의 보수를 이용하여 연산할 경우 (가)와 (나)의 표현으로 옳은 것은?

```
   11001
+   (가)
--------
    (나)
```

① 01110, 00111 ② 01111, 01000
③ 01110, 01000 ④ 10000, 01001

31 16진수인 다음 식의 연산 값은?

$$3D21_{(16)} - B44_{(16)} = (\quad)_{(16)}$$

① 31DD ② 3B12
③ 21DD ④ 2D13

32 사용자 프로그램에 할당된 영역이 $EC00_{(16)}$~$FFFF_{(16)}$일 경우 사용 가능한 크기는 모두 몇 Kbyte인가?

① 3KByte ② 4KByte
③ 5KByte ④ 6KByte

33 다음 연산을 수행한 결과와 일치하는 것은?

$$1011_{(2)} + 34_{(8)}$$

① $37_{(10)}$ ② $38_{(10)}$ ③ $27_{(16)}$ ④ $28_{(16)}$

34 수식 $6375_{(8)} + BAF_{(16)} = X_{(2)}$에서 X는?

① 1100110100110 ② 1100010101100
③ 1010010101100 ④ 1010110101100

35 10진수 $543_{(10)}$은 다음의 어느 수와 같은가?

① $1000011101_{(2)}$ ② $20132_{(4)}$
③ $1027_{(8)}$ ④ $21F_{(16)}$

36 $01001101_{(2)}$의 1의 보수는?

① $10110010_{(2)}$ ② $01001110_{(2)}$
③ $11001101_{(2)}$ ④ $10110011_{(2)}$

37 다음 중에서 8비트로 1의 보수 표현 방법에 의하여 +10과 −10을 올바르게 표현한 것은?

① +10 : $00001010_{(2)}$, −10 : $11110101_{(2)}$
② +10 : $00001010_{(2)}$, −10 : $11111010_{(2)}$
③ +10 : $10001010_{(2)}$, −10 : $11110101_{(2)}$
④ +10 : $10001010_{(2)}$, −10 : $11111010_{(2)}$

38 3의 1의 보수 표현과 값이 같은 것은?

① 1의 2의 보수 ② 2의 2의 보수
③ 4의 2의 보수 ④ 8의 2의 보수

39 2진수 $00010010_{(2)}$의 2의 보수는?

① 11101100 ② 11101101
③ 11101110 ④ 11101111

40 10비트로 표현된 어떤 수 A를 2의 보수로 변환하였다. 이때 변환한 결과를 B라고 할 때 A와 B의 합은?

① 0　② 512
③ 1024　④ 2048

41 10진수 −11을 부호와 1의 보수 표현에 대한 16진 표현으로 옳은 것은? 단, 8비트 데이터 형식이다.

① $F4_{(16)}$　② $B4_{(16)}$
③ $8F_{(16)}$　④ $C4_{(16)}$

42 $11110001_{(2)}$을 2의 보수로 나타내고 이것을 10진수로 표시하면?

① $00001111_{(2)}$ 및 +15　② $00001111_{(2)}$ 및 −15
③ $00001110_{(2)}$ 및 −13　④ $00001110_{(2)}$ 및 +13

43 2의 보수 체계에서 다음 수들을 작은 수부터 큰 순으로 차례로 나열한 것은? 단, 워드 크기는 4비트다.

㉮ 0111,　㉯ 1000,　㉰ 1111,　㉱ 1100

① ㉮ < ㉯ < ㉰ < ㉱　② ㉰ < ㉱ < ㉯ < ㉮
③ ㉱ < ㉯ < ㉰ < ㉮　④ ㉯ < ㉱ < ㉰ < ㉮

44 부호가 붙어 있는 10진수 −1의 2의 보수 표현은?

① $00000001_{(2)}$　② $10000001_{(2)}$
③ $10000010_{(2)}$　④ $11111111_{(2)}$

45 $19_{(10)}$를 8bit의 2의 보수로 나타내면?

① $11101100_{(2)}$　② $11101101_{(2)}$
③ $00010011_{(2)}$　④ $10010011_{(2)}$

46 $-14_{(10)}$의 부호화된 2의 보수 표현은? 단, 8bit로 표현

① $10001110_{(2)}$　② $11100011_{(2)}$
③ $11110010_{(2)}$　④ $11111001_{(2)}$

47 2의 보수 표현 방법에 의해 10진수 36과 −72를 8비트로 올바르게 표현한 것은?

① $00100100_{(2)}$, $00111000_{(2)}$
② $00100100_{(2)}$, $10111000_{(2)}$
③ $00100100_{(2)}$, $10110111_{(2)}$
④ $10100100_{(2)}$, $01000111_{(2)}$

48 2의 보수로 나타낸 수에서 (−17)+(−4)의 계산 결과는?

① $10010101_{(2)}$　② $11101011_{(2)}$
③ $11101010_{(2)}$　④ $10011011_{(2)}$

49 $0101000_{(2)} - 1101101_{(2)}$의 2진수 뺄셈 연산을 2의 보수를 이용하여 계산하면 10진수로 얼마인가?

① −49　② −59
③ −69　④ −79

50 2의 보수로 표현된 값들이 A, B 레지스터에 저장되어 있다. 산술적 비교를 하였을 경우 옳은 것은? 단, 16진수이다.

A 레지스터	B 레지스터
FFFFFFA3	000000A3

① A가 크다.　② B가 크다.
③ A와 B가 같다.　④ 비교 불능

51 다음 10진수 → 2진수 → 1의 보수 → 2의 보수의 관계를 나타낸 것 중 옳은 것은?

① 8 → 1000 → 1001 → 0110
② 7 → 0111 → 1000 → 0111
③ 9 → 1001 → 0110 → 0111
④ 8 → 1000 → 0111 → 1110

52 2진수 11110을 1의 보수 및 2의 보수를 취하면?

① 1의 보수 = 00001, 2의 보수 = 00010
② 1의 보수 = 01101, 2의 보수 = 00010
③ 1의 보수 = 11001, 2의 보수 = 00110
④ 1의 보수 = 00010, 2의 보수 = 00001

53 10진수 298의 9의 보수는?

① 701　② 801
③ 901　④ 902

54 8진수 $563_{(8)}$의 7의 보수를 구하면?

① $214_{(8)}$　② $215_{(8)}$
③ $324_{(8)}$　④ $325_{(8)}$

55 16진수 $FF0_{(16)}$의 16의 보수는?

① FFF　② 00F　③ 010　④ 000

56 2의 보수 표현 방식으로 8비트의 기억 공간에 정수를 표현할 때 표현 가능한 범위는?

① $-2^7 \sim +2^7$ ② $-2^8 \sim +2^8$

③ $-2^7 \sim +(2^7-1)$ ④ $-2^8 \sim +(2^8-1)$

57 16비트로 2의 보수법을 사용하여 표현할 때 최대로 표현할 수 있는 정수(N)의 범위는?

① $-2^{16} \le N \le 2^{16}-1$ ② $-2^{15} \le N \le 2^{15}-1$

③ $0 \le N \le 2^{32}$ ④ $0 \le N \le 2^{32}-1$

58 32비트로 2의 보수법을 사용하여 표현할 때 최대로 표현할 수 있는 양의 정수는 얼마인가?

① 2^{32} ② $2^{32}-1$ ③ 2^{31} ④ $2^{31}-1$

59 n개의 비트(bit)로 정수를 표시할 때 2의 보수 표현법에 의한 범위를 적절히 나타낸 것은?

① $-2^n \sim 2^{n-1}$

② $-2^{n-1} \sim 2^{n-1}$

③ $-2^{n-1} \sim (2^{n-1}-1)$

④ $-(2^{n-1}-1) \sim (2^{n-1}-1)$

60 부호와 절대치를 이용한 표현법으로 +26과 −26을 8비트로 올바르게 표현한 것은?

① 00011001, 10011001 ② 00011010, 10011010

③ 00100110, 10100110 ④ 00011011, 10011011

61 컴퓨터에서 음수를 표현하는 방법으로 옳지 않은 것은?

① 부호와 절댓값 표시

② 부호화된 1의 보수 표시

③ 부호화된 2의 보수 표시

④ 부호화된 16의 보수 표시

62 −9의 고정소수점 형식으로 표현한 것 중 틀린 것은?

① 10001001 ② 11110110

③ 11100110 ④ 11110111

63 고정소수점 2진수 표현 중 0의 표현이 유일한 것은?

① signed − magnitude 방식

② signed − 1's complement 방식

③ signed − 2's complement 방식

④ 모두 유일하지 않다.

64 2의 보수 표현이 1의 보수 표현보다 더 널리 사용되고 있는 주요 이유는?

① 음수 표현이 가능하다.

② 10진수 변환이 더 용이하다.

③ 보수 변환이 더 편리하다.

④ 표현할 수 있는 수의 개수가 하나 더 많다.

65 다음 중 오버플로(overflow)가 생기는 경우는? 단, 최상위 비트는 부호비트이다.

① 010010 + 000111 ② 010010 + 001111

③ 010010 + 111001 ④ 010010 + 001011

66 다음 중 연산에서 overflow가 발생되지 않는 것은? 단, 음수는 2의 보수로 표현된 것이다.

① 0100 0000 + 1100 0000

② 1000 0000 + 1100 0000

③ 0100 0000 + 0100 0000

④ 1000 0000 + 1100 0001

67 2진수 덧셈 연산에서 오버플로가 되는 조건은?

① 두 수에서 부호 자리의 값이 서로 같을 때다.

② 두 수에서 부호 자리의 값이 서로 다를 때다.

③ 부호 자리에서 캐리(carry)가 있고, 부호 다음 자리(MSB)가 캐리(carry)가 있을 때다.

④ 부호 자리에서 캐리(carry)가 있고, 부호 다음 자리(MSB)가 캐리(carry)가 없을 때다.

68 8비트에 저장된 값 10010111을 16비트로 확장한 결과값은? 단, 가장 왼쪽의 비트는 부호(sign)를 나타내며, 2의 보수를 사용한다.

① 00000000 10010111 ② 10000000 10010111

③ 10010111 00000000 ④ 11111111 10010111

69 부호를 포함하여 6비트로 수를 표현할 때 오버플로가 발생하는 경우는?

① 14+18 ② 30 − 14

③ −20 − 4 ④ 24 + 6

70 가산 기능과 보수 기능만 있는 산술 논리 연산 장치(ALU)를 이용하여 $A-B$를 하고자 할 때 옳은 방법은?

① $F=A-B$ ② $F=A-B+1$
③ $F=A+\bar{B}+1$ ④ $F=\bar{A}+B+1$

71 2의 보수를 이용하여 2진수 $A_1A_2A_3A_4-B_1B_2B_3B_4$를 계산하고자 할 때 틀린 것은?

① 피감수 $A_1A_2A_3A_4$는 그대로 둔다.
② 감수 $B_1B_2B_3B_4$의 2의 보수를 피감수와 더한다.
③ 피감수와 감수를 더한 결과 캐리가 발생하면 버린다.
④ 피감수와 감수를 더한 결과 캐리가 발생하면 LSB에 더한다.

72 컴퓨터에서 보수를 사용하는 이유는?

① 제산에서의 불필요한 과정을 제거시키기 위해
② 가산의 결과를 체크하기 위해
③ 감산에서 보수를 가산법으로 처리하기 위해
④ 승산에서 연산 과정을 간단히 하기 위해

73 정수 표현에서 음수를 나타내는데 부호화된 2의 보수법이 1의 보수법에 비해 장점은?

① 산술연산 속도가 빠른 점과 양수 표현이 좋다.
② 2의 보수에서는 캐리(carry)가 발생하면 무시한다.
③ 양수 표현이 유리하다.
④ 보수를 취하기가 쉽다.

74 1의 보수로 음수를 표현하는 방식에 비하여 2의 보수로 음수를 표현하는 방식의 특징으로 옳은 것은?

① 디지털 장치에서 음수화 구현이 쉽지 않다.
② 연산 과정이 간단하다.
③ 0이 두 개다.
④ 4비트로 수를 표현하면 $-7\sim+7$ 범위의 수를 표현할 수 있다.

75 고정소수점 방식에 관한 설명 중 옳은 것은?

① 2의 보수 표현 방식이 1의 보수 표현 방식보다 하드웨어로 구현하기 쉽다.
② 크게 지수 부분과 가수 부분으로 나눈다.
③ 부호는 양수(+)일 때 0으로, 음수(−)일 때는 1로 부호비트를 표현한다.
④ 2의 보수 표현 방법에서 0은 +0, −0 두 가지가 있다.

76 부동소수점 표현에 대한 가장 적절한 설명은?

① 부동소수점 표현 방법에는 부호부, 가수부로 구분할 수 있다.
② 정밀도가 요구되는 과학 및 공학 또는 수학적인 응용에 주로 사용된다.
③ 수를 표현하는 자릿수는 고정소수점에 비하여 적게 든다.
④ 수 표현 방법이 고정소수점에 비하여 간단하다.

77 수치 자료의 부동소수점 표현의 특징이 아닌 것은?

① 고정소수점 표현보다 표현의 정밀도를 높일 수 있다.
② 아주 작은 수와 아주 큰 수의 표현에는 부적합하다.
③ 수 표현에 필요한 자릿수에 있어서 효율적이다.
④ 과학이나 공학 또는 수학적인 응용에 주로 사용되는 수 표현이다.

78 부동소수점 데이터의 정규화란?

① 지수(exponent)의 가장 오른쪽 숫자(digit)가 0이 아니도록 하는 과정
② 지수(exponent)를 최대한 크게 하는 과정
③ 지수를 최대한 작게 하는 과정
④ 가수(mantissa)의 가장 왼쪽 숫자(digit)가 0이 아닌 숫자가 오도록 하는 과정

79 부동소수점 연산에서 정규화시키는 이유는?

① 숫자 표시를 간결하게 하기 위하여
② 연산 속도를 증가시키기 위하여
③ 유효 숫자를 늘리기 위하여
④ 수치 계산을 편리하게 하기 위하여

80 부동소수점 수가 기억 장치 내에 있을 때 비트를 필요로 하지 않는 것은?

① 부호(sign) ② 지수(exponent)
③ 가수(mantissa) ④ 소수점(point)

81 부동소수점 수의 표현 구조로 적합한 것은?

① 부호 + 지수 + 소수점
② 부호 + 가수 + 소수점
③ 부호 + 지수 + 가수
④ 부호 + 지수 + 소수점 + 가수

82 10진수 +14925를 단정도 부동소수점 표현 방식으로 올바른 것은? 단, IEEE 754 표준을 따르며, 바이어스는 127임을 가정한다.

① 지수부 = 16진수 8D, 가수부 = D268(부호 0)
② 지수부 = 16진수 8C, 가수부 = D268(부호 0)
③ 지수부 = 16진수 8D, 가수부 = E934(부호 0)
④ 지수부 = 16진수 8C, 가수부 = E934(부호 0)

83 실수 $0.01101_{(2)}$을 32비트 부동소수점으로 표현하려고 한다. 지수부에 들어갈 알맞은 표현은? 단, 바이어스된 지수(biased exponent)는 $01111111_{(2)}$로 나타내며 IEEE 754 표준을 따른다.

① $01111100_{(2)}$ ② $01111101_{(2)}$
③ $01111110_{(2)}$ ④ $10000000_{(2)}$

84 10진수 −13.625를 IEEE 754 형태로 옳게 나타낸 것은? 단, 부호 : 1비트, 지수 : 8비트, 가수 : 23비트다.

① 0 0000 1101 1011 0100 0000 0000 0000 000
② 0 1000 0100 1011 0100 0000 0000 0000 000
③ 1 0000 1101 1011 0100 0000 0000 0000 000
④ 1 1000 0010 1011 0100 0000 0000 0000 000

85 어떤 수를 32비트 단정도 부동소수점 표현 방법으로 표현할 때 지수 부분에서 underflow가 발생되는 것은? 단, 지수 부분의 bias는 64이다.

① 2^{-65} ② 2^{-64} ③ 2^{64} ④ 2^{65}

86 부동소수점 수(floating point number)에서 음수를 나타내는 방법을 가장 잘 설명한 것은?

① 가수의 부호가 (+)이면 1, (−)이면 0으로 나타낸다.
② 지수는 부호에 관계없이 bias 값에 더한다.
③ 지수는 부호가 (−)이면 2의 보수로 나타낸다.
④ 지수는 부호가 (−)이면 1의 보수로 나타낸다.

87 부동소수점 수의 국제표준으로 제정된 표준안은?

① IEEE 754 ② IEEE 755
③ IEEE 756 ④ IEEE 757

88 IEEE 754에서 정의한 단일 정밀도 형식을 잘못 설명한 것은?

① 지수를 나타내는 필드 수는 8비트다.
② 바이어스 값은 127이다.
③ 표현 영역의 범위는 $10^{-308} \sim 10^{308}$이다.
④ 가수를 나타내는 필드 수는 23비트다.

89 다음 중 IEEE 754에 대한 설명으로 옳은 것은?

① 고정소수점 표현에 대한 국제표준이다.
② 가수는 부호비트와 함께 부호화–크기로 표현된다.
③ $0.M \times 2^E$의 형태를 취한다(단, M : 가수, E : 지수).
④ 64비트 복수–정밀도 형식의 경우 지수는 10비트다.

90 실수 13.625를 2진수 형태의 IEEE 754 표준 부동소수점 형식으로 표현했을 때 가수(mantissa)의 처음 다섯 비트는? 단, 소수점 바로 다음이 가수의 1번째 비트다.

① 10110 ② 01100
③ 00110 ④ 01011

1 ③	2 ④	3 ①	4 ②	5 ②	6 ④	7 ④	8 ④	9 ③	10 ①	11 ②	12 ④
13 ②	14 ①	15 ③	16 ①	17 ④	18 ②	19 ③	20 ②	21 ②	22 ④	23 ②	24 ③
25 ④	26 ④	27 ③	28 ③	29 ①	30 ②	31 ①	32 ③	33 ③	34 ②	35 ④	36 ①
37 ①	38 ③	39 ③	40 ③	41 ①	42 ①	43 ④	44 ④	45 ③	46 ③	47 ②	48 ②
49 ③	50 ②	51 ③	52 ①	53 ①	54 ①	55 ③	56 ③	57 ②	58 ④	59 ③	60 ②
61 ④	62 ③	63 ③	64 ④	65 ②	66 ①	67 ④	68 ④	69 ①	70 ③	71 ④	72 ③
73 ②	74 ②	75 ③	76 ②	77 ②	78 ④	79 ③	80 ④	81 ③	82 ②	83 ②	84 ④
85 ①	86 ②	87 ①	88 ③	89 ②	90 ①						

Chapter

03

디지털 코드

01 BCD 코드와 3초과 코드
02 다양한 2진 코드들
03 그레이 코드
04 에러 검출 코드
05 영숫자 코드

연습문제
기출문제

학습목표

- 다양한 디지털 코드를 구분하여 이해할 수 있다.
- 문자와 숫자를 나타내는 코드를 이해할 수 있다.
- 가중치 코드와 비가중치 코드를 이해하고 이를 활용할 수 있다.
- 에러 검출 코드를 이해하고 이를 활용할 수 있다.

01 BCD 코드와 3초과 코드

BCD 코드 Binary Coded Decimal code(2진화 10진 코드, 8421 코드)는 10진수 0부터 9까지를 2진화한 코드로 실제 표기는 2진수지만 10진수처럼 사용한다. 즉 1010부터 1111까지 6개는 사용하지 않는다. [표 3-1]은 10진수 각 자리에 해당하는 10진수를 그대로 2진화한 값이다.

표 3-1 BCD(8421) 코드

10진수	BCD 코드	10진수	BCD 코드	10진수	BCD 코드
0	0000	10	0001 0000	20	0010 0000
1	0001	11	0001 0001	31	0011 0001
2	0010	12	0001 0010	42	0100 0010
3	0011	13	0001 0011	53	0101 0011
4	0100	14	0001 0100	64	0110 0100
5	0101	15	0001 0101	75	0111 0101
6	0110	16	0001 0110	86	1000 0110
7	0111	17	0001 0111	97	1001 0111
8	1000	18	0001 1000	196	0001 1001 0110
9	1001	19	0001 1001	237	0010 0011 0111

BCD 코드의 연산은 10진수처럼 연산한다.

10진 덧셈	BCD 덧셈	10진 덧셈	BCD 덧셈
6	$0110_{(BCD)}$	42	$0100\ 0010_{(BCD)}$
+3	$0011_{(BCD)}$	+37	$0011\ 0111_{(BCD)}$
9	$1001_{(BCD)}$	79	$0111\ 1001_{(BCD)}$

그러나 계산 결과가 9를 초과해 BCD 코드를 벗어나는 경우에는 계산 결과에 6($0110_{(BCD)}$)을 더해준다.

```
10진 덧셈        BCD 덧셈
    8              1000
   +7            + 0111
  ----          --------
                   1111
                 + 0110
                --------
   15          0001 0101
```

예제 3-1

69 + 85를 BCD로 바꾸어 연산한 결과는?

풀이

69와 85를 BCD로 바꾸어 계산하면 1110 1110이 되어 10의 자리와 1의 자리 모두가 9를 초과하므로 계산 결과에 0110 0110($=66_{(10)}$)을 더해주면 올바른 결과를 얻는다.

```
10진 덧셈            BCD 덧셈
   69              0110 1001
  +85            + 1000 0101
  ----          ------------
                   1110 1110
                 + 0110 0110
                ------------
  154         0001 0101 0100
```

3초과 코드 excess-3 code는 BCD 코드(8421 코드)에 3($=0011_{(2)}$)을 더하여 나타낸 코드다. 즉, 3초과 코드는 10개의 코드만 있는 10진 코드이며, 0000, 0001, 0010, 1101, 1110, 1111은 3초과 코드에 없는 코드다. 3초과 코드는 **자기 보수**의 성질을 가지며 현재값에서 1의 보수를 취하면 10진수에서 9의 보수에 해당하는 값이 된다. 10진수 6에 대한 9의 보수는 3이다. [표 3-2]에서 보면 6의 3초과 코드는 1001이고, 6의 9의 보수인 3의 3초과 코드는 0110이다. 그러므로 3초과 코드는 2진 비트 위치에 따라서 보면 자기 보수의 관계에 있다는 것을 알 수 있다.

표 3-2 3초과 코드

10진수	BCD 코드	3초과 코드
0	0000	0011
1	0001	0100
2	0010	0101
3	0011	0110
4	0100	0111
5	0101	1000
6	0110	1001
7	0111	1010
8	1000	1011
9	1001	1100

자기 보수의 관계

예제 3-2

10진수 13을 3초과 코드로 변환하시오.

풀이

$13_{(10)}$에서 십의 자리 $0001_{(2)}$과 일의 자리 $0011_{(2)}$ 각각을 3초과 코드로 변환하면 0100 0110이 된다.

02 다양한 2진 코드들

그 외의 코드는 가중치 코드weighted code와 비가중치 코드non-weighted code로 나눌 수 있다. 가중치 코드는 [표 3-3]의 예와 같이 비트 위치에 따라 값이 정해진다. 이 외에 7421, 753-6, 6421, 6311, 5211, 4211 코드 등도 있으며, 원하는 코드를 만들어 쓸 수도 있다.

표 3-3 가중치 코드

10진수	8421코드 (BCD)	2421 코드	5421 코드	84-2-1 ($84\bar{2}\bar{1}$) 코드	51111 코드	바이퀴너리 코드 (biquinary code) 5043210	링 카운터 (ring counter) 9876543210
0	0000	0000	0000	0000	00000	0100001	0000000001
1	0001	0001	0001	0111	00001	0100010	0000000010
2	0010	0010	0010	0110	00011	0100100	0000000100
3	0011	0011	0011	0101	00111	0101000	0000001000
4	0100	0100	0100	0100	01111	0110000	0000010000
5	0101	1011	1000	1011	10000	1000001	0000100000
6	0110	1100	1001	1010	11000	1000010	0001000000
7	0111	1101	1010	1001	11100	1000100	0010000000
8	1000	1110	1011	1000	11110	1001000	0100000000
9	1001	1111	1100	1111	11111	1010000	1000000000

비가중치 코드는 [표 3-4]의 예와 같이 각 위치에 해당하는 값이 없으며, 데이터 변환과 같은 특수한 용도로 사용한다. 3초과 코드는 BCD 코드에 3을 더해 만들어지고 10진수에 대한 9의 보수의 성질을 가진다. 5중 2코드2-out-of-5는 5비트 중 2비트만 1이고 에러가 발생했을 때 쉽게 알아볼 수 있다. 미국의 우편 바코드U.S. Post Office POSTNET barcode에서 5중 2코드를 사용 중이나 [표 3-4]와 배치가 조금 다르다. 시프트 카운터 코드는 LSB부터 1이 하나씩 MSB 쪽으로 이동하며 1이 5개 모두 채워지면 하나씩 제거하여 만들어진다. 그레이 코드는 다음 절에서 용도를 자세히 설명한다. 이외의 코드는 실제로 많이 사용되지 않는다.

표 3-4 비가중치 코드

10진수	3초과 코드 (excess-3)	5중 2코드 (2-out-of-5)	시프트 카운터 (shift counter)	그레이 코드 (gray code)
0	0011	11000	00000	0000
1	0100	00011	00001	0001
2	0101	00101	00011	0011
3	0110	00110	00111	0010
4	0111	01001	01111	0110
5	1000	01010	11111	0111
6	1001	01100	11110	0101
7	1010	10001	11100	0100
8	1011	10010	11000	1100
9	1100	10100	10000	1101

예제 3-3

10진수 3864를 2421코드로 변환하시오.

풀이

3	8	6	4
0011 or 1001	1110	1100 or 0110	0100 or 1010

예제 3-4

74-2-1코드로 표현한 아래의 수를 10진수로 나타내시오.

(a) 0110 (b) 1100 (c) 1001 (d) 1011

풀이

(a) $0110 = 7 \times 0 + 4 \times 1 + (-2) \times 1 + (-1) \times 0 = 4 - 2 = 2$

(b) $1100 = 7 \times 1 + 4 \times 1 + (-2) \times 0 + (-1) \times 0 = 7 + 4 = 11$

(c) $1001 = 7 \times 1 + 4 \times 0 + (-2) \times 0 + (-1) \times 1 = 7 - 1 = 6$

(d) $1011 = 7 \times 1 + 4 \times 0 + (-2) \times 1 + (-1) \times 1 = 7 - 2 - 1 = 4$

03 그레이 코드

그레이 코드gray code는 가중치가 없기 때문에 연산에는 부적합하다. 대신에 아날로그-디지털 변환기나 입출력 장치 코드로 주로 사용한다. 그레이 코드의 특징은 연속되는 코드들 간에 한 비트만 변하여 새로운 코드가 되며, 입력 코드로 사용하면 오차가 작아지는 특징이 있다.

[표 3-5]는 4비트 2진 코드를 그레이 코드로 나타낸 것이다. 그레이 코드 0111을 기준으로 변화를 살펴보면 직전 코드 0110과는 최하위 비트LSB, least significant bit 한 비트만 다르고, 바로 다음 코드 0101과는 뒤에서 두 번째 비트만 다른 것을 알 수 있다.

표 3-5 4비트 그레이 코드

10진 코드	2진 코드	그레이 코드	10진 코드	2진 코드	그레이 코드
0	0000	0000	8	1000	1100
1	0001	0001	9	1001	1101
2	0010	0011	10	1010	1111
3	0011	0010	11	1011	1110
4	0100	0110	12	1100	1010
5	0101	0111	13	1101	1011
6	0110	0101	14	1110	1001
7	0111	0100	15	1111	1000

2진 코드를 그레이 코드로 바꾸는 방법을 살펴보자. [그림 3-1]처럼 최상위 비트MSB는 그대로 내려쓰고, 그 다음 그레이 비트부터는 앞의 2진 비트와 그 다음 2진 비트를 비교하여 같으면 0, 다르면 1을 내려쓴다. 여기서 ⊕는 XOR를 나타내며, 두 개의 2진 비트를 비교하여 같으면 0, 다르면 1을 나타내는 논리연산자이다. XOR에 대해서는 4장에서 상세히 알아본다. 다음에는 그레이 코드를 2진 코드로 바꾸는 방법을 알아보자. [그림 3-2]처럼 그레이 코드의 MSB는 마찬가지로 그대로 내려쓴다. 그 다음부터는 생성된 2진 비트와 그레이 코드의 다음 비트를 비교하여 같으면 0, 다르면 1을 내려쓴다.

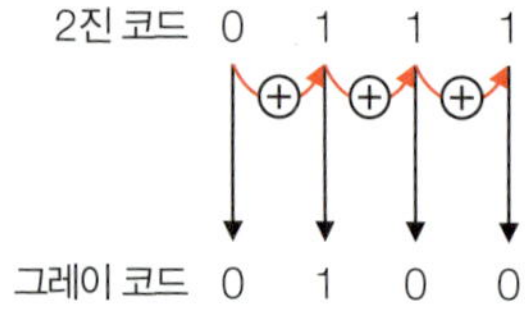

그림 3-1 2진 코드를 그레이 코드로 변환하는 방법

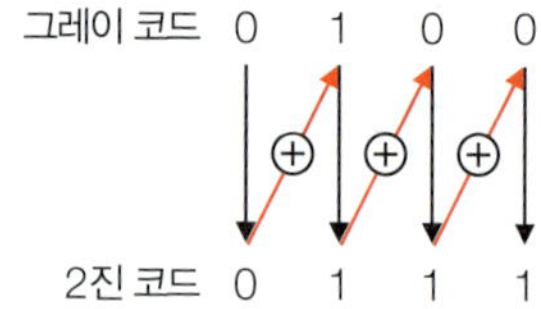

그림 3-2 그레이 코드를 2진 코드로 변환하는 방법

그레이 코드는 이 절의 도입부에서 언급했듯이 입력 장치에 사용하면 오차를 줄일 수 있다. [그림 3-3]을 참고하여 살펴보자. (a), (b)처럼 센서가 정상적으로 배치되어 있을 경우는 별 문제가 없다. 그러나 (c), (d)와 같이 약간의 오차가 발생한 경우는 2진 코드의 경우 0011(=3)로 인식되어야 하는데 0111(=7)로 인식되어 4만큼 차이가 나서 심각한 오차가 발생한다. 그러나 그레이 코드의 경우 0010(=3)이 0110(=4)으로 인식되어 오직 1만큼 오차가 발생한다. 즉, 그레이 코드 표에서 나타난 것처럼 바로 다음 숫자로 인식된다. 이렇게 연속적인 코드가 단 한 비트만 달라짐으로써 오차의 비율을 줄일 수 있고, 2진 코드와 그레이 코드 간의 변환도 비교적 간단하게 처리할 수 있으므로 좋은 입력 시스템이 될 수 있다.

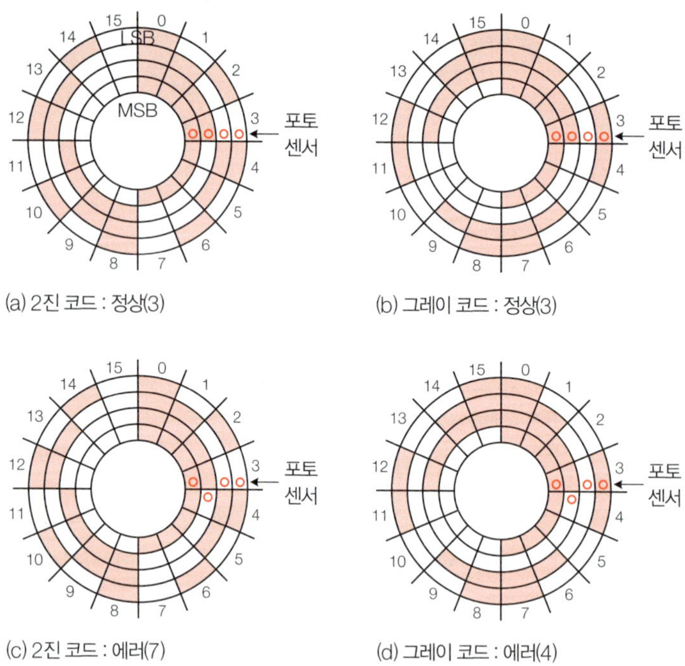

(a) 2진 코드 : 정상(3)
(b) 그레이 코드 : 정상(3)
(c) 2진 코드 : 에러(7)
(d) 그레이 코드 : 에러(4)

XOR(⊕)의 진리표

A	*B*	*F*
0	0	0
0	1	1
1	0	1
1	1	0

그림 3-3 그레이 코드 입력 장치 적용 예(흰색 : 1, 주황색 : 0)

예제 3-5

다음 2진 코드는 그레이 코드로, 그레이 코드는 2진 코드로 변환하시오.

(a) $1001010_{(2)}$ (b) $1100011_{(2)}$ (c) $1001010_{(G)}$ (d) $1011101_{(G)}$

풀이

(a) $1001010_{(2)}$

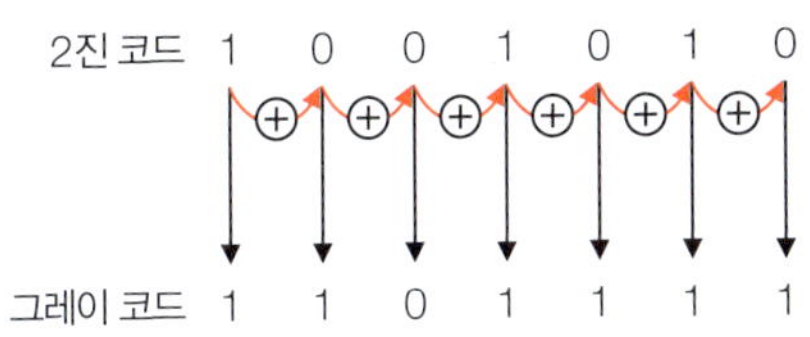

(b) $1100011_{(2)}$

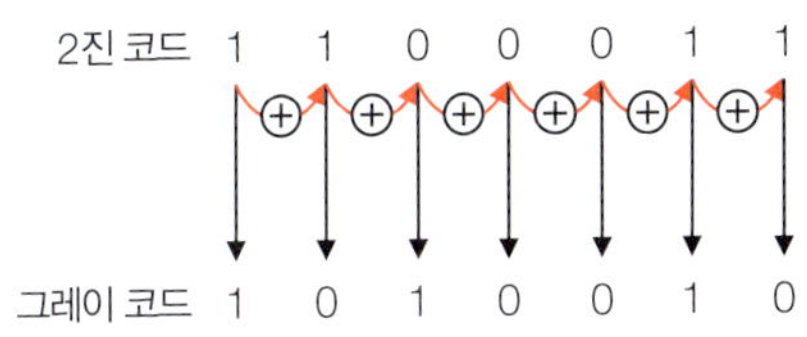

(c) $1001010_{(G)}$

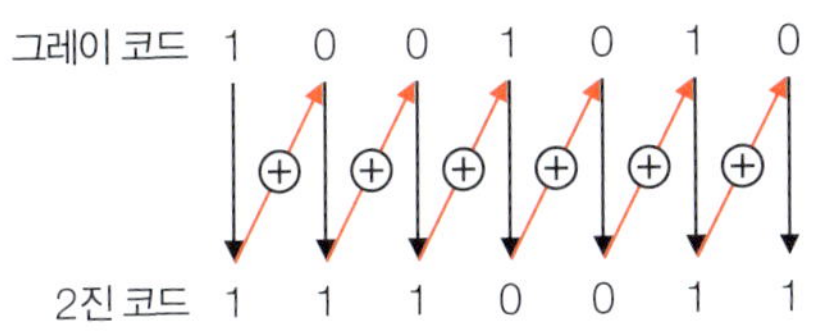

(d) $1011101_{(G)}$

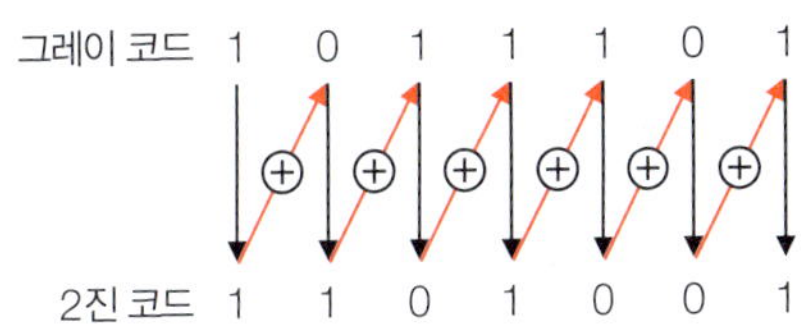

04 에러 검출 코드

1 패리티 비트

에러 검출 코드로 가장 간단하게 사용되는 것이 **패리티 비트**parity bit를 사용한 코드이며, 주로 컴퓨터 내부의 주기억 장치에서 사용한다. 서버급 컴퓨터의 주기억 장치 중에서 패리티를 사용하는 메모리 모듈ECC을 찾아볼 수 있으며, 메모리에 저장하거나 전달할 데이터에 패리티를 붙여서 전송한다.

ECC(error check correction)
메모리의 에러 체크 기능

패리티에는 데이터에서 1의 개수를 짝수로 맞추어 주는 **짝수 패리티**even parity와 홀수로 맞추어 주는 **홀수 패리티**odd parity가 있다. [표 3-6]에서 진하게 표시한 부분이 패리티다. 짝수 패리티는 1의 개수가 짝수 개, 홀수 패리티는 1의 개수가 홀수 개로 맞추어져 있다. 그러므로 짝수 패리티의 경우 데이터가 전달된 후 1의 개수가 짝수 개이면 정확하게 전달된 것이고, 홀수 개이면 전송 과정에서 에러가 발생한 것이다. 홀수 패리티는 그 반대이다.

패리티 비트는 이와 같이 데이터 전송 과정에 에러가 있는지 검사하기 위해 추가한 비트다. 그러나 패리티는 단지 에러가 있는지 검출할 뿐이며, 에러가 홀수 개 발생하면 검출이 가능하지만, 짝수 개 발생하면 검출이 불가능하다. 실제로 데이터 전송 과정에서 1비트 에러가 발생할

표 3-6 7비트 ASCII 코드에 패리티 비트를 추가한 코드

데이터	짝수 패리티	홀수 패리티
⋮	⋮	⋮
A	**0** 1000001	**1** 1000001
B	**0** 1000010	**1** 1000010
C	**1** 1000011	**0** 1000011
D	**0** 1000100	**1** 1000100
⋮	⋮	⋮

확률은 백만분의 1 이하이기 때문에 큰 문제는 되지 않는다. 그러나 인터넷과 같은 네트워크를 통하여 컴퓨터 외부로 전송할 경우에는 발생 확률이 높아지므로 전송 시 에러가 발생하면 다시 전송해 주어야 한다.

예제 3-6

짝수 패리티 시스템에서 코드 그룹 10110, 11010, 110011, 10101110100, 1100010101011을 수신하였다. 에러가 발생한 그룹을 찾아보시오.

풀이

짝수 패리티가 필요하므로 1이 홀수 개인 그룹에는 에러가 발생하였다. 따라서 10110, 11010, 1100010101011에 비트 에러가 발생하였음을 알 수 있다.

패리티 비트 하나를 사용할 경우 에러 검출만 할 수 있고 정정할 수는 없다. 이 문제를 해결하기 위해 패리티를 블록 데이터에 적용시키는 방법을 사용한다. 가로와 세로 데이터들에 패리티를 적용하면 에러를 검출하여 그 위치를 찾아 정정할 수 있다. 이를 **병렬 패리티**parallel parity라 한다.

병렬 패리티는 [표 3-7]과 같이 가로 1바이트에 대해서 패리티를 만들고 세로 1바이트에 대해서 패리티를 만들어서 블록 단위로 전송하면 가로와 세로에 대해서 패리티를 검사하여 에

표 3-7 병렬 패리티에서 원본 데이터 블록

									패리티 비트
	1	0	1	0	1	1	1	1	0
	1	0	0	0	0	0	1	1	1
	0	1	0	0	0	0	0	0	1
	1	1	1	1	0	0	0	0	0
	1	0	1	1	1	0	0	1	1
	0	0	0	0	0	1	1	1	1
	1	1	1	1	1	1	1	1	0
	0	1	1	1	1	0	0	0	0
패리티 워드	1	0	1	0	0	1	0	1	0

표 3-8 병렬 패리티에서 에러가 발생한 블록

									패리티 비트
	1	0	1	0	1	1	1	1	0
	1	0	0	0	0	0	1	1	1
	0	1	0	0	0	0	0	0	1
	1	1	1	1	0	0	0	0	0
	1	0	1	1	**0**	0	0	1	**1**
	0	0	0	0	0	1	1	1	1
	1	1	1	1	1	1	1	1	0
	0	1	1	1	1	0	0	0	0
패리티 워드	1	0	1	0	**0**	1	0	1	0

러를 찾아내고 정정할 수 있다. 만약 한 비트 에러가 발생하면 가로와 세로 패리티의 특정 부분에 패리티가 맞지 않게 되며, [표 3-8]과 같이 두 부분이 마주치는 곳에서 에러가 발생한 것이므로 이 부분을 정정하면 된다.

[그림 3-4]에는 7비트 데이터를 전송하는 경우 패리티 비트를 사용하여 에러를 검출하는 시스템을 나타냈다. 에러를 검출하기 위하여 송신 측에 패리티 발생기를 구성하고 수신 측에는 패리티 검출기를 구성하여 그 출력을 보고 에러 발생 여부를 판단한다.

예를 들어, 송신 측에 7비트 입력의 짝수 패리티 발생기를 달아서 8비트 부호를 만들어 전송하고, 수신 측에 이 8비트 부호에 대한 짝수 패리티 검출기를 달았을 때 검출기의 출력이

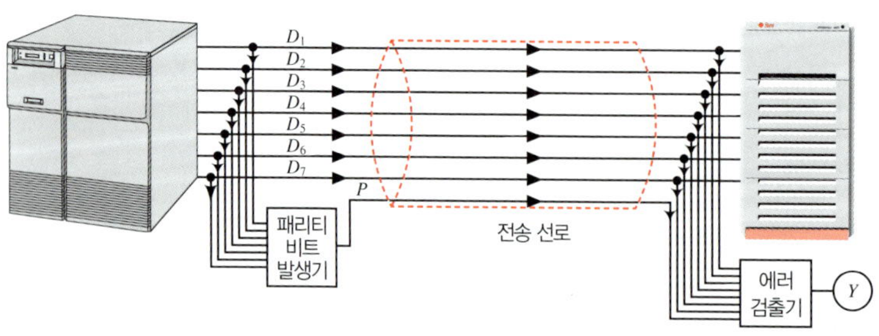

그림 3-4 데이터 전송 시스템에서 패리티 비트를 사용한 에러 검출

$Y=0$이면 에러가 발생하지 않았다고 판단하고 $Y=1$이면 에러가 발생했다고 판단한다. 마찬가지로 홀수 패리티 발생기와 검출기를 사용하는 경우에는 $Y=1$이면 에러가 발생하지 않았다고 판단하고 $Y=0$이면 에러가 발생했다고 판단한다.

예제 3-7

N개의 ASCII 문자를 병렬 패리티(수평, 수직 패리티) 문자로 검사할 때 코드의 효율을 구하시오.

풀이

ASCII 문자 N개와 패리티 비트를 포함하여 전송하는 총 비트 수는 $8\times(N+1)$이다. 또한 패리티 비트를 제외하고 전송되는 순수 데이터 비트 수는 $7N$이다. 따라서 전송 효율은 순수한 데이터 비트 수와 전송되는 총 비트 수와의 비율이므로 다음과 같다.

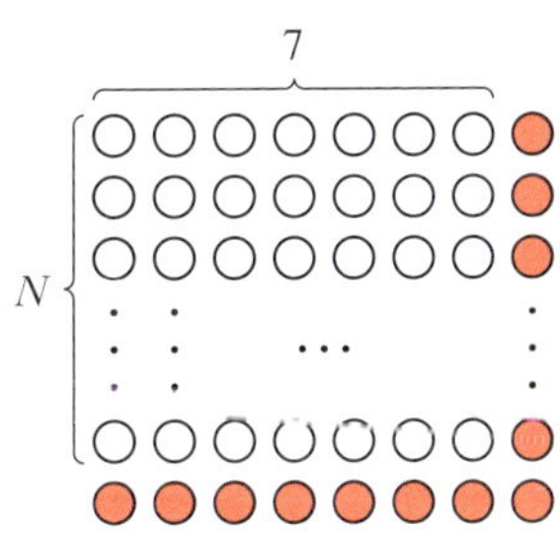

$$\text{효율} = \frac{\text{전송 비트 수}}{\text{총 비트 수}} = \frac{7N}{8(N+1)}$$

단순한 직렬 패리티 전송인 경우 효율은 87.5%이다.

$\frac{7N}{8N} = 0.875$

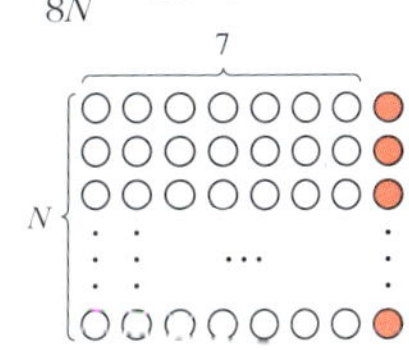

2 에러 정정 코드 : 해밍 코드

패리티 코드를 응용하여 에러를 정정할 수 있도록 고안한 코드가 **해밍 코드**Hamming code이다. 해밍 코드는 벨Bell 연구소의 R. 해밍R. Hamming이 개발한 것으로, 한 비트에 에러가 발생하였을 때 그 위치를 찾아서 정정할 수 있는 코드다. 패리티 코드는 추가 비트가 한 개 필요하지만, 해밍 코드는 원본 데이터 외에 추가적으로 많은 비트가 필요하므로 많은 양의 데이터 전달이 필요하다. 해밍 코드 또한 2개 이상의 비트에 에러가 발생하면 정정이 불가능하다.

패리티 비트 수를 p, 데이터 비트 수를 d라 할 때 $2^{p-1}-p+1\leq d\leq 2^{p}-p-1$이다. 예를 들어, $p=4$이면 $2^{4-1}-4+1\leq d\leq 2^{4}-4-1$이므로 $5\leq d\leq 11$ 즉, 데이터 비트 수가 5개 이상 11개 이하일 때 패리티는 4비트다. 여기서 $p\geq 2$이다. 패리티 비트의 위치는 [표 3-9]

와 같이 앞에서부터 1, 2, 4, 8, 16, 32 ⋯ 의 위치에 들어가며, 기호 P_1, P_2, P_4, P_8 ⋯ 과 같이 나타낸다.

표 3-9 해밍 코드에서 패리티 비트의 위치와 패리티 생성 영역

비트 위치	1	2	3	4	5	6	7	8	9	10	11	12
기호	P_1	P_2	D_3	P_4	D_5	D_6	D_7	P_8	D_9	D_{10}	D_{11}	D_{12}
P_1 영역	✓		✓		✓		✓		✓		✓	
P_2 영역		✓	✓			✓	✓			✓	✓	
P_4 영역				✓	✓	✓	✓					✓
P_8 영역								✓	✓	✓	✓	✓

데이터는 나머지 위치에 순서대로 들어가며, D_3, D_5, D_6 ⋯ 과 같이 나타낸다. 전체적인 순서는 P_1, P_2, D_3, P_4, D_5, D_6, D_7, P_8, D_9, D_{10} ⋯ 과 같다. 해밍 코드에서는 짝수 패리티를 사용하며, 1의 개수를 짝수 개로 맞춘다.

P_1은 P_1을 포함하여 하나 건너 하나씩 데이터를 취하여 짝수 패리티를 만든다. P_2는 P_2를 포함하여 2개의 데이터를 취하고 2개 건너 2개씩 취한다. P_4는 P_4를 포함하여 4개의 데이터를 취하고 4개 건너 4개씩 데이터를 취한다. P_8은 P_8을 포함하여 8개의 데이터를 취하고 8개 건너 8개씩 데이터를 취한다. 더 이상의 데이터가 없으면 있는 데까지만 취한다. 더 많은 데이터가 있더라도 이와 같은 방법으로 계속해서 정해진 위치에 패리티와 데이터를 추가할 수 있다. 데이터를 취하여 짝수 패리티가 되도록 기호 P_1, P_2, P_4, P_8을 만든다. 그러므로 다음 식과 같은 결론을 얻게 된다. 여기서 ⊕는 XOR를 나타내며, 1의 개수가 홀수 개일 때 1을 생성하여 1의 개수를 짝수 개로 만들어준다.

$$P_1 = D_3 \oplus D_5 \oplus D_7 \oplus D_9 \oplus D_{11}$$
$$P_2 = D_3 \oplus D_6 \oplus D_7 \oplus D_{10} \oplus D_{11}$$
$$P_4 = D_5 \oplus D_6 \oplus D_7 \oplus D_{12}$$
$$P_8 = D_9 \oplus D_{10} \oplus D_{11} \oplus D_{12}$$

[표 3-10]은 원본 데이터가 00101110일 때 해밍 코드를 생성하는 과정을 보여준다. 앞에서 설명한 방법대로 계산하면 다음과 같은 결과를 얻을 수 있다.

$$P_1 = D_3 \oplus D_5 \oplus D_7 \oplus D_9 \oplus D_{11} = 0 \oplus 0 \oplus 0 \oplus 1 \oplus 1 = 0$$
$$P_2 = D_3 \oplus D_6 \oplus D_7 \oplus D_{10} \oplus D_{11} = 0 \oplus 1 \oplus 0 \oplus 1 \oplus 1 = 1$$
$$P_4 = D_5 \oplus D_6 \oplus D_7 \oplus D_{12} = 0 \oplus 1 \oplus 0 \oplus 0 = 1$$
$$P_8 = D_9 \oplus D_{10} \oplus D_{11} \oplus D_{12} = 1 \oplus 1 \oplus 1 \oplus 0 = 1$$

생성된 패리티를 정해진 위치에 넣으면 해밍 코드 010101011110이 만들어진다.

표 3-10 원본 데이터가 00101110일 경우 해밍 코드 생성 예

비트 위치	1	2	3	4	5	6	7	8	9	10	11	12
기호	P_1	P_2	D_3	P_4	D_5	D_6	D_7	P_8	D_9	D_{10}	D_{11}	D_{12}
원본 데이터			0		0	1	0		1	1	1	0
생성된 코드	0	1	0	1	0	1	0	1	1	1	1	0

[표 3-11]은 앞에서 생성한 해밍 코드가 송신 과정에서 에러가 발생했을 때 에러를 검출하여 정정하는 과정을 보여준다. 에러를 정정하는 과정은 해밍 코드를 생성할 때와 같은 방법으로 한다. 단, 생성 시에는 기호 P_1, P_2, P_4, P_8을 만들어내는 과정이지만 이번에는 이 패리티 비트들을 포함하여 짝수 패리티 검사를 한다.

$$P_1 = P_1 \oplus D_3 \oplus D_5 \oplus D_7 \oplus D_9 \oplus D_{11} = 0 \oplus 0 \oplus 1 \oplus 0 \oplus 1 \oplus 1 = 1$$
$$P_2 = P_2 \oplus D_3 \oplus D_6 \oplus D_7 \oplus D_{10} \oplus D_{11} = 1 \oplus 0 \oplus 1 \oplus 0 \oplus 1 \oplus 1 = 0$$
$$P_4 = P_4 \oplus D_5 \oplus D_6 \oplus D_7 \oplus D_{12} = 1 \oplus 1 \oplus 1 \oplus 0 \oplus 0 = 1$$
$$P_8 = P_8 \oplus D_9 \oplus D_{10} \oplus D_{11} \oplus D_{12} = 1 \oplus 1 \oplus 1 \oplus 1 \oplus 0 = 0$$

검사한 패리티를 $P_8P_4P_2P_1$ 순서로 정렬한다. 모든 패리티가 0이면 에러가 없는 것이고, 그렇지 않으면 에러가 발생한 것이다. 위의 결과가 0101이므로 에러가 있으며, 이를 10진수로 바꾸면 5이다. 즉, 수신된 데이터 010111011110에서 앞에서 5번째 비트 1이 에러가 발생한 것이므로 0으로 바꾸어 주면 에러가 정정된다. 해밍 코드는 데이터 비트뿐만 아니라 패리티 비트에 에러가 발생하여도 찾아낼 수 있으며, 정정할 수도 있다.

표 3-11 해밍 코드에서 에러가 발생한 경우 정정

비트 위치	1	2	3	4	5	6	7	8	9	10	11	12
기호	P_1	P_2	D_3	P_4	D_5	D_6	D_7	P_8	D_9	D_{10}	D_{11}	D_{12}
해밍 코드	0	1	0	1	1	1	0	1	1	1	1	0
패리티 검사	1	0		1				0				
$P_8P_4P_2P_1$	= 0101 = 5 : 5번 비트에 에러가 발생. 1 → 0으로 교정											
해밍 코드 수정	0	1	0	1	0	1	0	1	1	1	1	0

예제 3-8

다음 해밍 코드 중 에러가 있는지 검사하시오.

1 1 1 1 0 1 0 0 1 0 1 0

풀이

비트 위치		1	2	3	4	5	6	7	8	9	10	11	12
기호		P_1	P_2	D_3	P_4	D_5	D_6	D_7	P_8	D_9	D_{10}	D_{11}	D_{12}
해밍 코드		1	1	1	1	0	1	0	0	1	0	1	0
P_1 계산	0	1		1		0		0		1		1	
P_2 계산	0		1	1			1	0			0	1	
P_4 계산	0				1	0	1	0					0
P_8 계산	0								0	1	0	1	0

따라서 $P_8P_4P_2P_1 = 0000$이므로 에러가 없다.

05 영숫자 코드

앞에서 설명한 코드들은 연산용 숫자 코드들이며, 여기서는 그밖에 컴퓨터에서 사용하는 각종 제어 코드, 문자, 숫자, 특수문자를 표시하기 위한 코드들을 살펴보자.

영숫자 코드(alphanumeric code)
의사를 전달하기 위해서는 숫자만 필요한 것이 아니라 문자와 그 밖의 몇 개의 기호도 필요하다. 이러한 숫자와 알파벳 문자들을 표현한 코드를 일컫는다.

1 ASCII 코드

ASCII^American Standard Code for Information Interchange^ 코드는 미국 국립 표준 연구소^ANSI, American National Standard Institute^가 제정한 정보 교환용 미국 표준 코드다. 3비트 존^zone^과 4비트 디지트^digit^에 1비트의 패리티 비트를 추가하여 만든 8비트 코드이며, 0~127까지 128가지 문자를 표현한다. ASCII 코드의 구성은 영대문자와 영소문자, 숫자, 특수문자, 입출력 장치에 사용하는 제어문자 및 각종 통신용 제어문자들로 구성되어 있다.

ASCII 텍스트 형식의 특징은 전문을 대상으로 한 비통제 탐색이 가능하고, ASCII 코드를 사용하는 모든 시스템 및 응용 프로그램 간의 호환이 가능하다는 것이다. 그러나 대부분의 문헌이 순수한 텍스트로만 구성되지 않기 때문에 다양한 비텍스트적 요소를 표현할 수 없고 미국과 일부 유럽의 문자만을 지원한다는 단점이 있다.

확장 ASCII 코드는 패리티를 사용하지 않고 128~255까지 추가 128가지 문자를 사용하는 코드로, PC와 같은 컴퓨터에서 여러 가지 특수문자, 선 문자, 영어 외의 외국 문자를 추가하여 나타낸 것이다. 그러나 우리나라와 같이 영어를 사용하지 않는 곳에서는 문자 코드를 16비트나 그 이상으로 확장하여 나타내므로 확장 ASCII 코드를 사용하는 데 불편함이 있으며, 한글 코드의 확장 부분에 추가로 이러한 코드(여러 가지 특수문자, 선 문자, 영어 외의 외국 문자)를 나타낸다. 또 운영체제나 사용환경에 따라 조금씩 다를 수 있다.

표 3-12 ASCII 코드

패리티	존 비트			디지트 비트			
7	6	5	4	3	2	1	0
C	1	0	0	영문자 A～O(0001～1111)			
	1	0	1	영문자 P～Z(0000～1010)			
	0	1	1	숫자 0～9(0000～1001)			

(a) 코드의 구성

*	0	1	2	3	4	5	6	7	8	9	A	B	C	D	E	F
0	NUL	SOH	STX	ETX	EOT	ENQ	ACK	BEL	BS	TAB	LF	VT	FF	CR	SO	SI
1	DLE	DC1	DC2	DC3	DC4	NAK	SYN	ETB	CAN	EM	SUB	ESC	FS	GS	RS	US
2		!	"	#	$	%	&	'	(	)	*	+	,	-	.	/
3	0	1	2	3	4	5	6	7	8	9	:	;	〈	=	〉	?
4	@	A	B	C	D	E	F	G	H	I	J	K	L	M	N	O
5	P	Q	R	S	T	U	V	W	X	Y	Z	[	₩	]	^	_
6	`	a	b	c	d	e	f	g	h	i	j	k	l	m	n	o
7	p	q	r	s	t	u	v	w	x	y	z	{			}	~	DEL

(b) 표준 ASCII 코드표

*	0	1	2	3	4	5	6	7	8	9	A	B	C	D	E	F
8	Ç	ü	é	â	ä	à	å	ç	ê	ë	è	ï	î	ì	Ä	Å
9	É	æ	Æ	ô	ö	ò	û	ù	ÿ	Ö	Ü	¢	£	¥	Pt	f
A	á	í	ó	ú	ñ	Ñ	ª	º	¿	⌐	¬	½	¼	¡	«	»
B	░	▒	▓	│	┤	╡	╢	╖	╕	╣	║	╗	╝	╜	╛	┐
C	└	┴	┬	├	─	┼	╞	╟	╚	╔	╩	╦	╠	═	╬	╧
D	╨	╤	╥	╙	╘	╒	╓	╫	╪	┘	┌	█	▄	▌	▐	▀
E	α	β	Γ	π	Σ	σ	μ	τ	Φ	Θ	Ω	δ	∞	∅	ε	∩
F	≡	±	≥	≤	⌠	⌡	÷	≈	°	•	·	√	^{n}	^{2}	■	

(c) 확장 ASCII 코드표

예제 3-9

"Digital Logic"의 문자 데이터를 전송하기 위한 1바이트 ASCII 코드를 구하시오. 단, MSB는 짝수 패리티 비트다.

풀이

[표 3-12]의 ASCII 코드표를 참조하여 각 문자에 대한 ASCII 코드를 구하고, MSB에 짝수 패리티 비트를 부여하면 다음과 같다.

D	i	g	i	t	a	l
01000100	01101001	11100111	01101001	01110100	11100001	01101100
(빈칸)	L	o	g	i	c	
10100000	11001100	01101111	11100111	01101001	01100011	

2 표준 BCD 코드

표준 BCD^Natural Binary Coded Decimal 코드는 6비트로 한 문자를 표현한다. 상위 2비트는 존 비트^zone bit로, 하위 4비트는 디지트 비트^digit bit로 사용한다. 또 에러를 검사하기 위하여 왼쪽에 검사 비트^check bit 한 개를 추가한다. 표준 BCD 코드는 최대 64문자까지 표현 가능하다.

3 EBCDIC 코드

EBCDIC^Extended Binary Coded Decimal Interchange Code 코드는 IBM의 System/360에 처음으로 사용했으며(1964년 4월 7일), 표준 BCD 코드를 확장하여 만들어졌다. 주로 대형 컴퓨터와 IBM 계열 컴퓨터에서 많이 사용하는 8비트 코드로 존 비트 4개와 디지트 비트 4개로 구성되어 있다. 여기에 패리티 체크용 1비트를 추가해서 총 9비트로 구성된다. 256가지 문자 코드를 표현할 수 있는 영숫자 코드다.

표 3-13 표준 BCD 코드

패리티	존 비트		디지트 비트			
6	5	4	3	2	1	0
C	1	1	영문자 A~I(0001~1001)			
	1	0	영문자 J~R(0001~1001)			
	0	1	영문자 S~Z(0010~1001)			
	0	0	숫자 0~9(0001~1010)			
	혼용		특수문자 및 기타 문자			

(a) 코드의 구성

문자	C ZZ8421	문자	C ZZ8421	문자	C ZZ8421	문자	C ZZ8421	문자	C ZZ8421
A	0 110001	J	1 100001	S	1 010010	1	0 000001	=	0 001011
B	0 110010	K	1 100010	T	0 010011	2	0 000010	〉	1 001100
C	1 110011	L	0 100011	U	1 010100	3	1 000011	+	0 010000
D	0 110100	M	1 100100	V	0 010101	4	0 000100	,	1 011011
E	1 110101	N	0 100101	W	0 010110	5	1 000101	)	0 011100
F	1 110110	O	0 100110	X	1 010111	6	1 000110	%	1 011101
G	0 110111	P	1 100111	Y	1 011000	7	0 000111	?	0 011111
H	0 111000	Q	1 101000	Z	0 011001	8	0 001000	−	1 100001
I	1 111001	R	0 101001			9	1 001001	@	1 111010
						0	1 001010	$	1 111111

(b) 코드표

표 3-14 EBCDIC 코드

b_9	$b_8\ b_7\ b_6\ b_5$	$b_4\ b_3\ b_2\ b_1$
패리티	존 비트	디지트 비트
1	4	4

$b_8\ b_7$		$b_6\ b_5$	
0 0	통신제어문자		
0 1	특수문자		
1 0	소문자	0 0	a~i
		0 1	j~r
		1 0	s~z
		1 1	
1 1	대문자/숫자	0 0	A~I
		0 1	J~R
		1 0	S~Z
		1 1	0~9

(a) 코드의 구성

16진		0	1	2	3	4	5	6	7	8	9	A	B	C	D	E	F
	2진	0000	0001	0010	0011	0100	0101	0110	0111	1000	1001	1010	1011	1100	1101	1110	1111
0	0000	NUL	SOH	STX	ETX	SEL	HT	RNL	DEL	GE	SPS	RPT	VT	FF	CR	SO	SI
1	0001	DLE	DC1	DC2	DC3	RES	NL	BS	POC	CAN	EM	UBS	CU1	IFS	IGS	IRS	IUS
2	0010	DS	SOS	FS	WUS	BYP	LF	ETB	ESC	SA	SFE	SM	CSP	MFA	ENQ	ACK	BEL
3	0011			3YN	IR	PP	TRN	NB3	EOT	3B3	IT	RFF	CU3	DC4	NAK		SUB
4	0100	space	RSP										.	⟨	(	+	|
5	0101	&										!	$	*	)	;	¬
6	0110	–	/									|	,	%	_	⟩	?
7	0111										`	:	#	@	'	=	"
8	1000		a	b	c	d	e	f	g	h	i						±
9	1001		j	k	l	m	n	o	p	q	r						
A	1010		~	s	t	u	v	w	x	y	z						
B	1011	^										[	]				
C	1100	{	A	B	C	D	E	F	G	H	I	SHY					
D	1101	}	J	K	L	M	N	O	P	Q	R						
E	1110	\		S	T	U	V	W	X	Y	Z						
F	1111	0	1	2	3	4	5	6	7	8	9						EO

(b) 코드표

4 유니코드

컴퓨터는 기본적으로 숫자만 처리한다. 글자나 다른 문자에도 숫자를 지정하여 저장한다. 유니코드unicode가 개발되기 전에는 이러한 문자를 지정하기 위해 수백 가지의 다른 기호화 시스템을 사용하였다. 한 가지 기호화 방법으로 모든 문자를 포함할 수 없었다. 예를 들어, 유럽 연합에서 각 나라별 언어를 처리하려면 여러 개의 다른 기호화 방법이 필요하다. 영어와 같은 단일 언어의 경우도 공통적으로 사용되는 모든 글자, 문장 부호 및 전문적인 기호에 맞는 단일 기호화 방법을 가지고 있지 못했다.

유니코드(Unicode) 컨소시엄
Apple, HP, IBM, JustSystem, Microsoft, Oracle, SAP, Sun, Sybase, Unisys 등이 설립하였다.

유니코드는 플랫폼, 프로그램, 언어에 상관없이 모든 문자에 대해 고유번호를 제공한다. 기존의 ASCII 코드의 한계성을 극복하기 위하여 개발된 인터넷 시대의 표준 코드로, 유니코드 컨소시엄은 32bit(UTF−32), 16bit(UTF−16), 8bit(UTF−8)의 세 가지 기본 코드를 제안하였고 1991년 10월에 버전 1.0.0이 발표된 후 많은 수정을 거듭하고 있다.

유니코드는 XML, Java, ECMAScript(JavaScript), LDAP, CORBA 3.0, WML 등과 같이 현재 널리 사용되는 표준에 필요하며, ISO/IEC 10646을 구현하는 공식적인 방법이다. 다양한 운영체제와 최신의 모든 웹 브라우저 및 기타 많은 제품에서 유니코드를 지원한다. 유니코드 표준의 출현과 이를 지원하는 도구가 사용 가능하게 됨에 따라 유니코드는 컴퓨터 산업 분야에서 중요한 부분을 차지하고 있다.

클라이언트/서버 또는 다중 계층 응용 프로그램과 웹 사이트에 유니코드를 도입하면 기존 문자셋을 사용할 때보다 상당한 비용 절감 효과가 있다. 유니코드를 이용하면 단일 소프트웨어 또는 웹 사이트에서 리엔지니어링 없이 여러 플랫폼, 언어 및 국가를 지원할 수 있다. 또한 서로 다른 여러 시스템을 통해 데이터를 손상 없이 전송할 수 있다.

유니코드는 유럽, 중동, 아시아 등 거의 대부분의 문자를 포함하고 있으며, 10만 개 이상의 문자로 구성되어 있다. 특히 동남아 및 극동아시아에서 사용하는 한자 70,207자뿐만 아니라 한글로 표현 가능한 11,172개 문자를 모두 포함한다. 또, 구두표시, 수학기호, 전문기호, 기하학적 모양, 딩벳기호 등을 포함하고 있다. 2020년 3월 현재 버전 13.0까지 개발되었으며, 모든 문자 인코딩을 유니코드로 통합하는 것이 목적이다. 2021 현재 버전 14 베타 버전이 공개되었으며, 2007년도에 이모지Emoji가 도입되기 시작하여, 11.0 버전에 2,784개의 이모지가 사용중이다.

5 한글 코드

한글은 ASCII 코드를 기반으로 16비트를 사용하여 하나의 문자를 표현하며, 조합형과 완성형으로 나뉜다. 일반적으로 컴퓨터에서는 완성형을 사용하지만 한글의 특성을 완전히 살리지 못한다는 한계를 보완하기 위해서 워드프로세서에서는 조합형을 사용하기도 한다.

조합형

한글의 초성과 중성, 종성을 각각 5비트로 나타내고 MSB를 1로 하여 한글임을 표시하는 방식이다. 그러나 조합형으로 표현된 한글은 경우에 따라 다른 응용프로그램에서는 사용할 수 없는 문자들이 많다. 조합형은 자음과 모음으로 조합 가능한 모든 한글(11,172 글자)을 사용할 수 있으며, 우리나라 고어古語까지 취급할 수 있다는 장점이 있지만 출력할 때 다시 모아 써야 하는 단점이 있다. 많은 논란 끝에 완성형 한글과 함께 한국 표준으로 제정되었다.

표 3-15 조합형 한글의 구조

<table>
<tr><th colspan="8">상위 바이트</th><th colspan="8">하위 바이트</th></tr>
<tr><td>1</td><td></td><td></td><td></td><td></td><td></td><td></td><td></td><td></td><td></td><td></td><td></td><td></td><td></td><td></td><td></td></tr>
<tr><td></td><td colspan="5">초성</td><td colspan="5">중성</td><td colspan="5">종성</td></tr>
</table>

완성형

완성형 한글 코드는 1987년 정부가 한국 표준으로 정한 것으로 가장 많이 사용하는 한글 음절을 2바이트의 2진수와 일대일로 대응하여 표현하는 방법이다. 즉, "가"라는 글자는 10110000 10100001, "각"이라는 글자는 10110000 10100010과 같은 식으로 미리 코드를 글자별로 정해놓았다. 이 코드에서는 한글을 초성, 중성, 종성으로 나누지 않고 글자 단위로 처리하기 때문에 사용 불가능한 글자도 있으며, 현재 한글 2,350자, 한자 4,888자, 각종 학술기호, 외국 문자 등을 영역별로 나누어 사용한다. 이 코드는 한글을 나타내는 코드의 첫 번째와 두 번째 바이트의 MSB가 모두 1이다. ASCII 코드의 영문자는 7비트 코드이기 때문에 MSB를 0으로 만들면, 한글과 영문 ASCII 코드가 중복되지 않아 처리하기 편리하다는 장점이 있다.

01 다음 10진수를 BCD로 변환하시오.

① 104 ② 275 ③ 369 ④ 547 ⑤ 1052 ⑥ 2639

02 다음 BCD 코드를 10진수로 변환하시오.

① 10000000 ② 001000110111 ③ 001101000110
④ 011101010100 ⑤ 0001011010000011 ⑥ 0110011001100111

03 각 10진수를 BCD로 변환하여 더하시오.

① 4 + 3 ② 6 + 1 ③ 28 + 23
④ 65 + 58 ⑤ 143 + 276 ⑥ 295 + 157

04 자기 보수적인 성질을 가진 코드들을 나열해 보시오.

05 4비트로 10진 코드를 만들 때 가중치가 다음과 같은 경우 10진 코드를 만들어 보고, 이 코드가 자기 보수 코드인지를 판별하시오.

① 4 3 1 1 ② 6 3 1 1 ③ 6 4 2 1

06 2진 코드는 그레이 코드로, 그레이 코드는 2진 코드로 변환하시오.

① $1011_{(2)}$ ② $0111_{(2)}$
③ $1001_{(2)}$ ④ $1000_{(2)}$
⑤ $10010101010_{(2)}$ ⑥ $00100001010101_{(2)}$
⑦ $101010101010101010_{(2)}$ ⑧ $10110101_{(2)}$
⑨ $00101100_{(2)}$ ⑩ $1011001101011010_{(2)}$
⑪ $0011111000010010_{(2)}$ ⑫ $1110_{(g)}$
⑬ $1101_{(g)}$ ⑭ $1001_{(g)}$
⑮ $0011_{(g)}$ ⑯ $01011101011_{(g)}$
⑰ $11100101011100_{(g)}$ ⑱ $101010101010101010_{(g)}$

07 3초과 코드를 그레이 코드로 변환하시오.

08 한 비트를 전송할 때 오류 없이 전송될 확률이 p, 오류가 발생할 확률이 q라고 한다($p \gg q$). 이 시스템에서 n비트의 데이터를 전송할 때 패리티 검출기에서 오류를 검출할 확률을 구하시오.

09 병렬 패리티를 이용하여 블록 단위로 데이터를 전송하는 시스템에서 그림과 같은 데이터 블록을 수신하였다. 전송된 데이터의 에러 유무를 검사하시오.

								패리티 비트
	1	0	1	1	0	0	0	0
	1	1	0	0	1	1	1	0
	0	1	1	0	1	0	0	1
	0	1	0	0	1	0	1	0
	1	0	1	0	1	0	0	0
	0	1	1	1	1	1	0	0
	1	1	1	1	0	0	0	1
패리티 워드 →	1	0	0	1	0	1	1	1

10 다음 해밍 코드 중 에러가 있는지 검사하시오.

① 1 0 1 1 0 1 1 1 1 1 1 0 ② 0 1 1 0 1 1 0 0 1 1 1 0

③ 0 1 1 0 0 0 0 0 1 0 1 0 1 1 0 ④ 1 0 1 0 1 1 0 0 1 1 1 0 1 1 0

11 다음 2진 코드를 ASCII 코드로 표현하시오.

① 1001010 ② 1101111

③ 1101000 ④ 1101110 0100000

⑤ 1000100 1101111 1100101

12 다음은 ASCII 코드를 16진수로 나타낸 것이다. 무슨 문자인가?

① 47 ② 4E ③ 36 ④ 52

13 10진수 295를 다음에 정해진 코드로 각각 나타내시오.

① 2진수 ② BCD 코드 ③ ASCII 코드

14 다음 문자들을 표준 BCD 코드로 표현하시오.

① E ② S ③ M ④ 7

15 다음은 EBCDIC 코드를 16진수로 나타낸 것이다. 무슨 문자인가?

① C7 ② E5 ③ D6 ④ F9

16 카드 52장에 규칙을 정하여 2진 코드를 할당하시오. 단, 최소 비트 수를 사용한다.

기출문제

01 BCD 코드(code)란?

① 1byte code ② bit
③ 2진화 5진 code ④ 2진화 10진수

02 숫자 0에서 9까지를 나타내기 위해 BCD 코드는 몇 비트가 필요한가?

① 4비트 ② 3비트
③ 2비트 ④ 1비트

03 4개의 비트(bit)에서 MSB로부터 차례로 8, 4, 2, 1 웨이트(weight)를 갖는 코드는?

① BCD 코드 ② excess-3 코드
③ ASCII 코드 ④ Hamming 코드

04 BCD 코드의 가중치(weight)는?

① 7421 ② 6311 ③ 5421 ④ 8421

05 BCD 코드(8421 code)에서 사용하지 않는 조합은?

① 0000 ② 1001 ③ 1011 ④ 0110

06 4비트로 자료를 표시할 때 2진화 16진수는 2진화 10진수(BCD)에 비해 몇 개를 더 표시할 수 있는가?

① 0개 ② 2개 ③ 4개 ④ 6개

07 10진수 24를 BCD 코드로 나타내면?

① 01010111 ② 00011000
③ 01100100 ④ 00100100

08 10진수 956에 대한 BCD 코드는?

① 1001 0101 0110 ② 1101 0110 0101
③ 1000 0101 0110 ④ 1010 0110 0101

09 BCD 코드 0110 1001 1000을 10진수로 변환하면?

① 698 ② 696
③ 968 ④ 618

10 2진수 $10101.11_{(2)}$을 BCD 코드로 변환하면?

① 11001.0001001 ② 11001.01110101
③ 100001.0001001 ④ 100001.01110101

11 8진수 $1234_{(8)}$를 10진수로 변환한 후, 다시 8421 코드로 변환하면?

① 0110 0111 1001 ② 0110 0111 1000
③ 0110 0110 0010 ④ 0110 0110 1000

12 7bit 코드로 정보 전송 시에 발생하는 오류의 검색이 용이하도록 한 코드 방식은?

① 8421 코드 ② excess-3 코드
③ BCD 코드 ④ biquinary 코드

13 3초과 코드(excess-3 code)는 어떻게 구성하는가?

① 8421 코드에 6을 더한 코드
② 8421 코드에 3을 더한 코드
③ 착오 검출 코드
④ 착오 교정 해밍 코드

14 3초과 코드의 설명으로 옳지 않은 것은?

① 가중치 코드이다.
② BCD 코드에 3을 더한 것과 같다.
③ 10진수를 표현하기 위한 코드이다.
④ 코드를 구성하는 어떤 비트 값도 0이 아니다.

15 다음 중 3초과 코드(excess-3 code)에 대한 설명으로 옳지 않은 것은?

① 자기 보수형 코드이다.
② 언웨이티드 코드의 대표적이기도 하다.
③ 8421 code에 $3_{(10)}$을 더하여 만든 것이다.
④ BCD 코드보다 연산이 어렵다.

16 10진수 9를 excess-3 코드로 변환하면?

① 1001 ② 1110 ③ 1101 ④ 1100

17 10진수 268을 3초과(excess-3) 코드로 변환한 것으로 옳은 것은?

① 0101 1001 1011 ② 0010 0110 1000
③ 0110 1010 1100 ④ 0011 1001 1000

18 3초과 코드에서 사용하지 않는 코드는?

① 1100 ② 0101 ③ 0001 ④ 1011

19 다음 2진수 $0101_{(2)}$의 3초과 코드값은?

① 0111 ② 0110 ③ 1001 ④ 1000

20 3초과 코드 1100 0110을 10진수로 나타내면?

① 306 ② 201 ③ 198 ④ 93

21 (3 + 4)의 덧셈을 3초과 코드법에 의해 계산한 결과값은?

① 1010 ② 1101 ③ 0111 ④ 1000

22 10진수 42 + 29를 3초과 코드로 계산한 것은?

① 1010 1010 ② 1010 0100
③ 1101 1110 ④ 0111 1000

23 다음 10진수 중 2421 코드로 표시된 1011과 같은 값은?

① 4 ② 5 ③ 6 ④ 7

24 2-out-of-5 code에 해당되지 않는 것은?

① 10010 ② 11000
③ 10001 ④ 11001

25 shift counter code(Johnson code)는 몇 개의 비트를 사용하는가?

① 4비트 ② 5비트 ③ 6비트 ④ 8비트

26 ring counter code는 몇 개의 bit를 사용하는가?

① 10비트 ② 9비트 ③ 8비트 ④ 4비트

27 4bit code가 아닌 것은?

① BCD code ② 2421 code
③ 3초과 code ④ 2-out-of-5 code

28 현 상태에서 다음 상태로 코드의 그룹이 변화할 때 단지 하나의 비트만이 변화되는 최소 변화 코드의 일종이며, 또한 비트의 위치가 특별한 가중치를 갖지 않는 비가중치 코드로 산술연산에는 부적합하고 입출력 장치와 A/D 변환기와 같은 응용 장치에 많이 사용하는 코드는?

① 3초과 코드 ② 8421코드
③ 그레이 코드 ④ 해밍 코드

29 이웃하는 코드가 한 비트만 다르기 때문에 코드 변환이 용이해서 A/D 변환에 주로 사용되는 코드는?

① gray code ② Hamming code
③ excess-3 code ④ alphanumeric code

30 A/D 변환기(analog-digital converter)나 입출력 장치 코드로 주로 사용하는 코드는?

① BCD 코드 ② 그레이 코드
③ 존슨 코드 ④ 2421 코드

31 다음 코드 중 어느 것이 hardware error를 최소로 하는 데 적합한가?

① excess-3 코드 ② gray 코드
③ ASCII 코드 ④ 8421 코드

32 그레이 코드에 대한 설명으로 옳지 않은 것은?

① 자기 보수의 특성을 가지고 있다.
② 가중치를 갖지 않는 코드이다.
③ 코드 변환을 위해 XOR 게이트를 사용한다.
④ 아날로그/디지털 변환기를 제어하는 코드에 사용된다.

33 그레이 코드(gray code)를 바르게 설명한 것은?

① 연산하는 데 용이
② 인접 부호와 2비트가 동일
③ 인접 부호와 1비트가 상이
④ 가중치 코드

34 그레이 코드(gray code)의 특성과 거리가 먼 것은?

① 데이터 전송 ② 입출력 장치
③ 사칙 연산 ④ A/D converter

35 2진수를 그레이 코드로 변환하는 회로에 들어가는 논리 게이트 명칭은?

① NOR 게이트 ② OR 게이트
③ NAND 게이트 ④ XOR 게이트

36 다음 회로는 무엇인가?

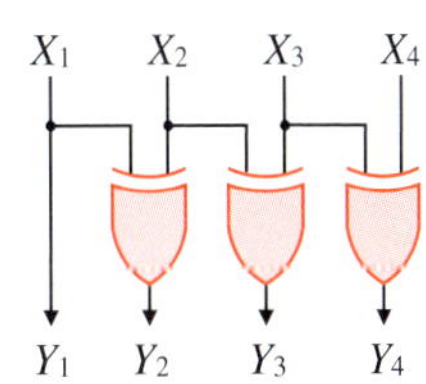

① 2진수를 그레이 코드로 변환하는 회로
② 2진수를 3초과 코드로 변환하는 회로

③ 그레이 코드를 2진수로 변환하는 회로

④ 3초과 코드를 2진수로 변환하는 회로

37 다음 회로의 기능은?

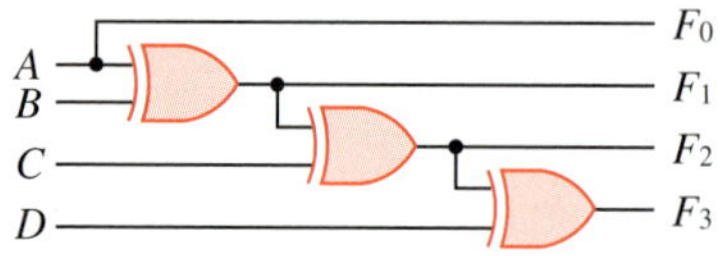

① BCD –그레이 코드 변환기

② 그레이 코드 – BCD 코드 변환기

③ BCD – 2421 변환 회로

④ 2421 – BCD 변환 회로

38 2진수 $1011_{(2)}$을 gray code로 변환하면?

① $1001_{(G)}$ ② $1100_{(G)}$

③ $1111_{(G)}$ ④ $1110_{(G)}$

39 2진수 $11001011_{(2)}$을 그레이 코드로 변환하면?

① $01010001_{(G)}$ ② $11101111_{(G)}$

③ $10101110_{(G)}$ ④ $00010000_{(G)}$

40 10진수 19를 그레이 코드(gray code)로 변환하면?

① 10010 ② 11000

③ 11010 ④ 11110

41 그레이 코드 1111을 2진수로 변환한 값은?

① $1010_{(2)}$ ② $1011_{(2)}$

③ $0111_{(2)}$ ④ $1001_{(2)}$

42 그레이 코드 1100101을 2진수로 변환한 것은?

① $1010111_{(2)}$ ② $1000110_{(2)}$

③ $0111001_{(2)}$ ④ $1110111_{(2)}$

43 10진수 12의 gray code는 어느 것인가?

① 1111 ② 1010

③ 1101 ④ 1000

44 3초과 코드 0111의 10진수 값과 그레이 코드(gray code) 0111의 10진수 값을 각각 나열한 것은?

① 4, 5 ② 5, 6 ③ 6, 7 ④ 7, 8

45 excess–3 코드로 표현된 4비트 수 1000을 gray 코드로 표현하면?

① 0101 ② 0110 ③ 0111 ④ 1001

46 10진수 6을 4bit excess–3 gray 코드로 표현한 것은?

① 0110 ② 1101 ③ 1100 ④ 1001

47 다음 2진 부호는 어떤 종류의 부호인가?

10진수	( )
0	0000
1	0001
2	0011
3	0010
4	0110
5	0111
6	0101
7	0100
8	1100
9	1101

① Hamming code ② gray code

③ BCD code ④ excess–3 code

48 2진수 10111011에 대해 BCD 코드로 변환하고, 이를 3초과 코드와 그레이 코드로 표현한 것으로 옳은 것은?

	BCD 코드	3초과 코드	그레이 코드
①	0001 1000 0111	0100 1011 1010	0001 1010 0100
②	0001 1000 0111	0100 1011 1100	0001 1010 0100
③	0001 1000 0111	0100 1011 1010	0001 1100 0100
④	0001 1000 0111	0100 1011 1100	0001 1100 1001

49 10진수로 변환한 값이 다른 것은?

① 0110(2421 코드)

② 0110(8421 코드)

③ 1001(3초과 코드)

④ 1000100(biquinary 코드)

50 비가중치(non–weighted) 코드인 것은?

① 8421 코드 ② biquinary 코드

③ 2–out–of–5 코드 ④ 2421 코드

51 다음 중 비가중치 코드(non-weighted code)는?

① 51111 코드　② 2421 코드
③ 8421 코드　④ 3초과 코드

52 가중치 코드(weighted code)가 아닌 것은?

① 8421 code　② gray code
③ 51111 code　④ biquinary code

53 자기 보수성(self-complement) 특징이 있는 코드는?

① 8421 code　② excess-3 code
③ gray code　④ 5421 code

54 다음 중 자기 보수 코드의 종류가 아닌 것은?

① 그레이 코드　② 3초과 코드
③ 2421 코드　④ $842\bar{1}$ 코드

55 자기 보수성을 갖지 않는 코드는?

① 3초과 코드　② 51111 코드
③ 2421 코드　④ 8421(BCD) 코드

56 자기 보수성 코드(self-complementary code)이면서 가중 코드(weighted code)인 것은?

① BCD 코드　② excess-3 코드
③ 2421 코드　④ gray 코드

57 다음 코드의 분류 중 그 연결이 옳은 것은?

① 자기 보수 코드 : 8421 코드
② 자기 보수 코드 : 2421 코드
③ 가중치(weighted) 코드 : 3초과 코드
④ 가중치(weighted) 코드 : 그레이 코드

58 다음 중 10진수로 변환한 값이 다른 것은?

① 2421 코드 : 0110
② 8421 코드 : 0110
③ excess-3 코드 : 1001
④ biquinary 코드 : 1000100

59 다음 수치 코드에 대한 설명 중 옳지 않은 것은?

① 수치 코드는 자릿값을 가지고 있는 가중 코드(weighted code)와 자릿값이 없는 비가중 코드(non-weighted code)로 구분할 수 있다.
② 10진 자기 보수화 코드로는 2421 코드, 3초과 코드 등이 대표적이다.
③ 3초과 코드는 8421 코드에 10진수 3을 더한 코드로 코드 내에 하나 이상의 1이 반드시 포함되어 있어 0과 무신호를 구분하기 위한 코드이다.
④ 그레이 코드(gray code)는 대표적인 가중(weighted) 코드로 인접한 코드의 비트가 1비트만 변하여 산술연산에 적합하다.

60 정보를 나타내는 부호에 여분으로 한 자리를 추가하여 사용하는 검출용 비트는?

① 패리티 비트(parity bit)
② 워드 패리티(word parity)
③ 체크 비트(check bit)
④ 에러 비트(error bit)

61 parity bit의 기능으로 옳은 것은?

① error 검출용 비트다.
② bit 위치에 따라 weight 값을 갖는다.
③ BCD 코드에서만 사용한다.
④ error bit이다.

62 ASCII 코드를 사용하여 통신을 할 때 몇 개의 패리티 비트를 추가하여 통신하는가?

① 1비트　② 2비트　③ 3비트　④ 0비트

63 패리티 비트의 오류 검출은 몇 개 비트까지 기능한가?

① 1개　② 2개　③ 3개　④ 검출 불가

64 4비트의 데이터 비트와 1비트의 패리티 비트가 사용되는 경우 몇 개 비트까지 에러를 검출할 수 있는가?

① 1개　② 2개　③ 3개　④ 4개

65 어떤 데이터를 8비트로 표시하고 짝수 패리티(even parity) 비트를 첨가할 때 옳지 않은 것은?

① 001101100　② 110100110
③ 110110101　④ 011111111

66 패리티 비트에 대한 설명으로 옳지 않은 것은?

① 한 개의 비트만으로 간단하게 구현할 수 있다.

② 2비트 이상의 오류를 검출할 수 있다.

③ 오류를 교정할 수 없다.

④ 데이터에 패리티 비트를 추가해서 사용한다.

67 패리티 비트에 관한 설명 중 옳지 않은 것은?

① 기수(odd) 체크에 사용될 경우도 있다.

② 우수(even) 체크에 사용될 경우도 있다.

③ 정보 표현의 단위에 여유를 두기 위한 방법이다.

④ 정보가 맞고, 틀림을 판별하기 위해 사용된다.

68 다음 중 패리티 비트 코드의 설명 중 가장 옳지 않은 것은?

① 잡음이 들어가면 에러의 가능성이 있어 이를 검출할 수 있다.

② odd 패리티와 even 패리티가 있다.

③ 두 비트가 동시에 에러가 발생해도 검출 가능하다.

④ 송신측에 패리티 발생기가 있고 수신측에 검사기가 있다.

69 패리티 검사에 대한 설명 중 옳지 않은 것은?

① 수신측에서는 패리티 생성기(parity generator)를 사용한다.

② 홀수(odd) 또는 짝수(even) 검사로 사용된다.

③ 자료의 정확한 송신 여부를 판단하기 위해 사용된다.

④ 홀수 패리티(odd parity)는 exclusive-NOR function을 포함하여 구현한다.

70 다음 자료는 기수 패리티 비트(odd parity bit)를 포함하고 있다. 오류가 단 1개 발생했을 때 그 행과 열은? 단, 가장 오른쪽 열(column)에 있는 비트가 패리티 비트이고, 가장 밑에 있는 것이 패리티 워드다.

패리티 비트 ↓

	1	0	1	1	0	1	1	0
	0	1	0	0	1	1	1	1
	1	1	0	1	0	0	1	0
패리티 워드 →	1	0	0	1	0	1	0	0

① 1행 8열의 비트 ② 3행 8열의 비트

③ 3행 2열의 비트 ④ 4행 3열의 비트

71 데이터 통신에서 에러 검출 및 교정까지 가능한 코드는?

① parity code ② excess-3 code

③ BCD code ④ Hamming code

72 에러(error) 검출이 가능하지 못한 코드는?

① gray code ② parity code

③ 2-out-of-5 code ④ Hamming code

73 해밍 코드에서 해밍 비트를 구하는 식은? 단, n : 블럭 전체의 비트 수, k : 데이터 비트 수, m : 해밍 비트 수, $n = m + k$

① $2^m < n+1$ ② $2^m \geq n+1$

③ $2^m < n+2$ ④ $2^m \geq n+2$

74 해밍 코드를 만들기 위해서는 BCD 코드와 일반적으로 몇 개의 점검 비트(check bit)가 필요한가?

① 1개 ② 2개 ③ 3개 ④ 4개

75 해밍 코드 방식에 의하여 구성된 코드가 16비트인 경우 데이터 비트의 수 및 패리티 비트의 수는 각각 몇 개씩인가?

① 데이터 비트 : 11비트, 패리티 비트 : 5비트

② 데이터 비트 : 10비트, 패리티 비트 : 6비트

③ 데이터 비트 : 12비트, 패리티 비트 : 4비트

④ 데이터 비트 : 15비트, 패리티 비트 : 1비트

76 전체 28비트를 사용하는 해밍 코드에서 패리티 비트를 제외한 데이터 비트의 수는?

① 23비트 ② 24비트 ③ 25비트 ④ 26비트

77 32비트의 데이터에서 단일 비트 오류를 정정하려고 한다. 해밍 오류 정정 코드(Hamming error correction code)를 사용한다면 몇 개의 검사 비트들이 필요한가?

① 4비트 ② 5비트 ③ 6비트 ④ 7비트

78 짝수 패리티를 이용한 8421 BCD 코드를 해밍 코드로 변환하면 다음 표와 같다. 빈칸에 들어갈 것은?

10진수/비트의 위치	1	2	3	4	5	6	7
	P1	P2	D3	P4	D5	D6	D7
4			0		1	0	0
5			0		1	0	1

① 4 : 000, 5 : 111 ② 4 : 110, 5 : 001
③ 4 : 101, 5 : 010 ④ 4 : 100, 5 : 101

79 BCD 코드 1001에 대한 해밍 코드를 구하면? 단, 짝수 패리티 체크를 사용한다.

① 0011001 ② 1000011
③ 0100101 ④ 0110010

80 짝수 패리티 비트의 해밍 코드로 0011011을 받았을 때 오류가 수정된 정확한 코드로 옳은 것은?

① 0111011 ② 0001011
③ 0011001 ④ 0010101

81 오류 검출 코드에 대한 설명으로 틀린 것은?

① biquinary 코드는 5비트 중 1이 2개 있다.
② 2-out-of-5 코드는 코드의 각 그룹 중 1의 개수가 2개 있다.
③ 링 카운터 코드는 10개의 비트로 구성되어 있으며, 모든 코드가 하나의 비트에 반드시 1을 가진다.
④ Hamming 코드는 오류 검출 및 교정이 가능하다.

82 컴퓨터 설계 시에 취급할 데이터를 26개의 영문자와 10개의 숫자 및 특수문자 +, −, ×, ÷로 제한한다면 이들 데이터를 처리하기 위한 알파뉴메릭(alphanumeric) 코드의 크기는?

① 5비트 ② 6비트 ③ 26비트 ④ 36비트

83 데이터 통신용으로 널리 사용되고 마이크로컴퓨터에서 많이 채택되고 있는 코드는?

① ASCII 코드 ② BCD 코드
③ EBCDIC 코드 ④ gray 코드

84 ASCII 코드에서 문자 표시는 몇 비트로 구성되어 있는가? 단, 패리티 비트는 제외한다.

① 5비트 ② 6비트 ③ 7비트 ④ 8비트

85 ASCII 코드에서 존(zone) 비트로 사용되는 비트의 수는?

① 1개 ② 2개 ③ 3개 ④ 4개

86 ASCII 코드의 존 비트와 디지트 비트의 구성으로 옳게 표시한 것은?

① 존 비트 : 4, 디지트 비트 : 3
② 존 비트 : 3, 디지트 비트 : 4
③ 존 비트 : 4, 디지트 비트 : 4
④ 존 비트 : 3, 디지트 비트 : 3

87 데이터 전송용으로 가장 많이 사용되는 코드인 ASCII code에서 숫자를 나타내는 존 bit의 값은?

① 100 ② 101
③ 011 ④ 110

88 다음 중 ASCII 코드에 대한 설명으로 틀린 것은?

① 미국표준협회에서 만든 미국 표준 코드임
② 7비트의 데이터 비트에 패리티 비트 1비트를 추가함
③ 7비트의 데이터 비트 중 앞의 7, 6, 5, 4비트는 존 비트로 사용됨
④ 데이터 통신용 문자 코드로 많이 사용되고 128 문자를 표시함

89 영문자, 숫자 및 특수기호 등을 나타낼 수 있는 코드는?

① ring counter code ② 2-out-of-5 code
③ ASCII code ④ Johnson code

90 ASCII 문자에 해당되지 않는 것은?

① 제어 문자 ② 영문자
③ 로마 숫자 ④ 아라비아 숫자

91 다음 중 7bit ASCII 코드로 숫자 31을 나타내면?

① 0110011 0110001 ② 1000011 1000001
③ 1110011 1110001 ④ 0000011 0000001

92 ASCII 문자 "A"와 숫자 "5"의 코드값의 차이는 12이다. ASCII 문자 "Z"와 숫자 "6"의 코드값의 차이는?

① 36 ② 35 ③ 26 ④ 25

93 다음 코드 중 그 특성이 다른 것은?

① BCD 코드 ② 2421 코드
③ excess-3 코드 ④ ASCII 코드

94 다음 중 문자의 표시와 관계없는 코드는?

① 표준 BCD 코드 ② EBCDIC 코드
③ 그레이 코드 ④ ASCII 코드

95 각각의 문자에 대하여 8개의 비트와 1개의 패리티 비트로 구성되는 코드는?

① EBCDIC 코드　② 표준 BCD 코드
③ 하모니 코드　④ excess-3 코드

96 EBCDIC의 비트 구성에서 존 비트(zone bit)는 몇 비트로 구성되는가?

① 1비트　② 3비트　③ 4비트　④ 6비트

97 EBCDIC 부호에서 숫자를 나타내는 경우, 존(zone) 비트는?

① 0000　② 1111　③ 0101　④ 1110

98 EBCDIC 코드로 10진 숫자 5를 표현한다면?

① 11101010　② 11110101
③ 00000101　④ 00100101

99 다음 그림과 같이 EBCDIC 코드에서는 처음 4비트를 zone이라 부르는데, 처음 2비트가 01로 시작할 때 무엇을 나타내는가?

0	1						

① 여분　② 특수문자
③ 소문자　④ 대문자

100 컴퓨터에서 세계 각국의 언어를 통일된 방법으로 표현할 수 있게 제안된 국제적인 코드는?

① BCD 코드　② ASCII 코드
③ UNICODE　④ gray 코드

101 unicode와 ASCII 코드와의 관계를 가장 잘 설명한 것은?

① unicode는 ASCII를 인식할 수 있지만 ASCII에서는 unicode의 특수문자를 인식할 수 없다.
② unicode는 ASCII를 인식할 수 없고, ASCII에서도 unicode의 특수문자를 인식할 수 없다.
③ unicode는 ASCII를 인식하고 ASCII에서도 unicode의 특수문자를 인식할 수 있다.
④ unicode는 ASCII를 인식할 수 없지만 ASCII에서는 unicode의 특수문자를 인식할 수 있다.

102 한글 2바이트 조합형 코드에서 한글과 영문을 구분하기 위한 비트 수는?

① 1비트　② 2비트　③ 3비트　④ 4비트

103 자료의 표현 방식에서 한글/한자의 경우는 몇 비트로 표현되는가?

① 1비트　② 4비트　③ 8비트　④ 16비트

104 자료에 관한 설명 중 옳은 것은?

① EBCDIC 코드는 데이터 통신용으로 널리 쓰이며, 특히 소형 컴퓨터용으로 쓰인다.
② ASCII 코드는 IBM사에서 개발한 것으로 대형 컴퓨터용에 쓰인다.
③ 자료의 가장 작은 단위를 bit라 하며, bit는 binary digit의 약자이다.
④ 부동소수점 방식의 특징은 적은 bit를 차지함과 동시에 정밀도가 낮다는 것이다.

1 ④	2 ①	3 ①	4 ④	5 ③	6 ④	7 ④	8 ①	9 ①	10 ④	11 ④	12 ④
13 ②	14 ①	15 ④	16 ④	17 ①	18 ③	19 ④	20 ④	21 ①	22 ②	23 ②	24 ④
25 ②	26 ①	27 ④	28 ③	29 ①	30 ②	31 ②	32 ①	33 ③	34 ③	35 ④	36 ①
37 ②	38 ④	39 ③	40 ③	41 ①	42 ②	43 ②	44 ①	45 ③	46 ②	47 ②	48 ③
49 ④	50 ③	51 ④	52 ②	53 ②	54 ①	55 ④	56 ③	57 ②	58 ④	59 ④	60 ①
61 ①	62 ①	63 ①	64 ①	65 ②	66 ②	67 ③	68 ③	69 ①	70 ③	71 ④	72 ①
73 ②	74 ③	75 ①	76 ①	77 ③	78 ③	79 ①	80 ③	81 ①	82 ②	83 ①	84 ③
85 ③	86 ②	87 ③	88 ③	89 ③	90 ③	91 ①	92 ①	93 ④	94 ③	95 ①	96 ③
97 ②	98 ②	99 ②	100 ③	101 ①	102 ①	103 ④	104 ③				

Chapter

04

논리 게이트

01 논리 레벨

02 NOT 게이트와 버퍼 게이트

03 AND 게이트

04 OR 게이트

05 NAND 게이트

06 NOR 게이트

07 XOR 게이트

08 XNOR 게이트

09 정논리와 부논리

10 게이트의 전기적 특성

연습문제

기출문제

학습목표

- 논리 게이트와 논리 레벨의 기본 개념을 이해할 수 있다.
- 논리 게이트의 동작 원리 및 진리표, 게이트 기호들을 이해하고 이를 활용할 수 있다.
- 정논리와 부논리에 대해 설명할 수 있다.
- 게이트들의 전기적인 특성을 이해하고 이를 활용할 수 있다.

01 논리 레벨

논리회로는 하드웨어를 구성하는 기본 요소인 **논리 게이트**로 구성된다. 논리 게이트는 한 개 이상의 입력 단자와 하나의 출력 단자로 구성되는 전자회로다. 디지털 시스템에 인가되는 전압이나 전류와 같은 전기적인 신호를 두 가지의 구분된 값(0, 1)으로 인식한다. 보통은 전압으로 나타내며, 디지털 회로는 논리 0과 논리 1을 구분하기 위해 두 전압 영역에서 동작한다. 실제 디지털 시스템에서 허용하는 전압 영역은 [그림 4-1]과 같다.

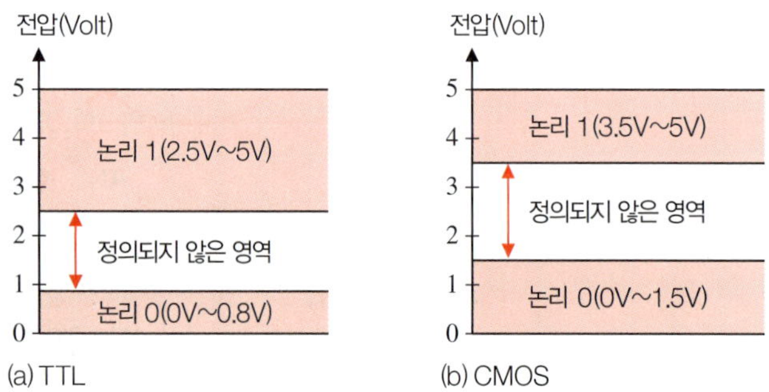

그림 4-1 TTL과 CMOS 논리 레벨 정의 영역

TTL(Transistor-Transistor Logic)
바이폴라(bipolar) 접합형 트랜지스터(BJT)와 저항으로 구성된 디지털 회로를 의미한다. 실리콘(Si), 게르마늄(Ge) 또는 갈륨-비소(GaAs) 등으로 만든다.

CMOS(Complementary Metal-Oxide-Semiconductor)
P형과 N형으로 구성된 금속 산화물 반도체이다. 한때는 알루미늄이 사용되었으나 현재는 폴리실리콘을 사용한다.

논리 게이트는 두 가지(0, 1) 신호를 발생하는 기능을 가진 장치다. 기본적으로 게이트는 [그림 4-2]와 같이 스위치 역할을 하는 트랜지스터transistor로 구성되어 있으며, 트랜지스터는 세 연결점인 컬렉터collector, 베이스base, 에미터emitter로 구성되어 있다. 여기서 입력 전압 V_{in}이 임계값보다 작으면 트랜지스터는 높은 저항 상태가 되고, 회로에 인가된 전압 $+V_{cc}(+5V)$가 출력 V_{out}에 나타난다. 입력 전압 V_{in}이 임계값보다 크면 트랜지스터의 컬렉터와 에미터는 연결 상태가 되고, 출력 V_{out}은 0V(ground)가 된다. 트랜지스터는 논리 부정(NOT 게이트)으로 동작한다.

논리회로에서는 논리 1을 High 전압($+V_{cc}$)으로, 논리 0을 Low 전압(ground)으로 나타내며 이를 정논리positive logic라 한다. 이 장의 9절에서 다시 설명한다.

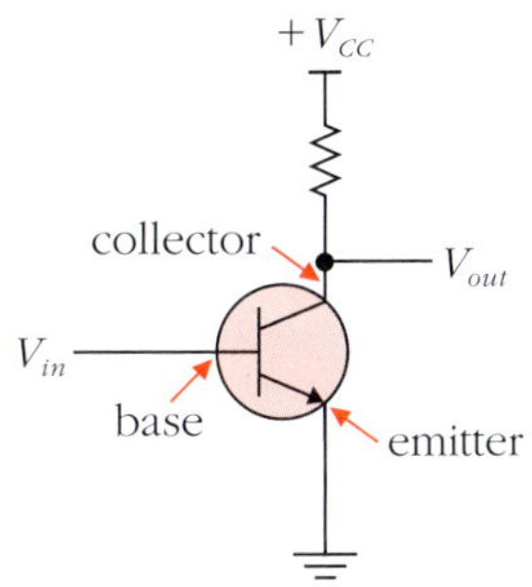

그림 4-2 트랜지스터

트랜지스터(transistor)
디지털 회로에서 전자 스위치로 사용되는 반도체 소자. 베이스에 적절한 전압을 인가하여 컬렉터-에미터 접합이 개방 또는 단락된 스위치처럼 동작한다.

컴퓨터 시스템을 비롯한 모든 디지털 시스템은 여러 가지 논리 게이트가 모여 조합논리회로와 순서논리회로로 구성되며 각 게이트는 서로 다른 모양으로 표현한다. 기본이 되는 논리 게이트에는 AND, OR, NOT 게이트가 있으며 이들의 조합으로 만든 게이트에는 NAND, NOR, XOR, XNOR 게이트 등이 있다.

02 NOT 게이트와 버퍼 게이트

1 NOT 게이트

NOT 게이트는 입력 한 개와 출력 한 개가 있는 게이트이며 논리 부정을 나타낸다. 2진수의 논리 반전反轉을 만들어내므로 입력의 반대로 출력한다. 즉, 입력이 0(off)이면 1(on)을 출력하고, 입력이 1(on)이면 0(off)을 출력한다. 따라서 NOT 게이트를 인버터inverter라고도 한다.

NOT은 논리식 $\overline{A}$나 A'로 표시한다. NOT 게이트의 진리표, 동작 파형, 논리 기호는 [그림 4-3]과 같다.

게이트
디지털 전자회로의 기본적 요소. 기본 논리 게이트는 하나 또는 그 이상의 입력을 가지며 하나의 출력을 갖는다.

진리표(truth table)
게이트의 가능한 모든 입력 조합 레벨과 그 결과 나타나는 출력을 그림으로 설명하는 데 사용하는 표

입력	출력
A	*F*
0	1
1	0

$F=\overline{A}$

(a) 진리표

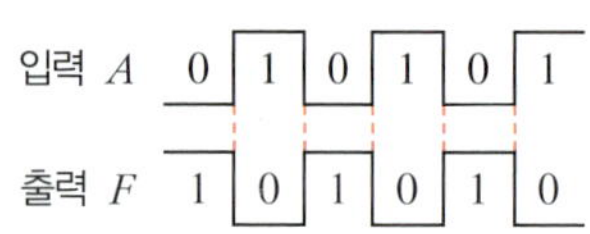

(b) 동작 파형

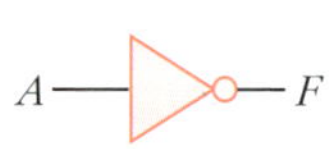

(c) 논리 기호

Hex Inverter IC 7404
하나의 DIP 칩에 6개의 인버터가 들어있는 집적 회로

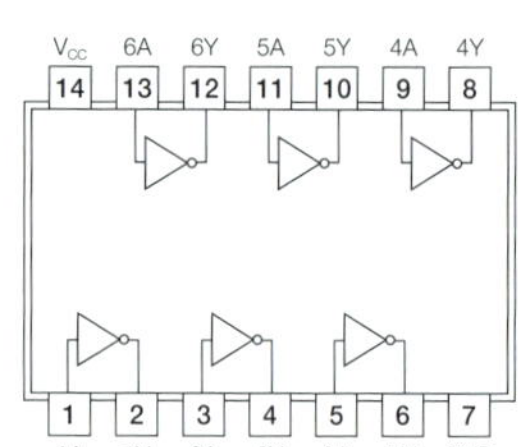

그림 4-3 NOT 게이트의 기본 개념

NOT 게이트의 스위칭 회로는 [그림 4-4](a)와 같이 표현할 수 있고, 트랜지스터 회로로 나타내면 [그림 4-4](b)와 같으며, IC 칩으로는 7404가 있다.

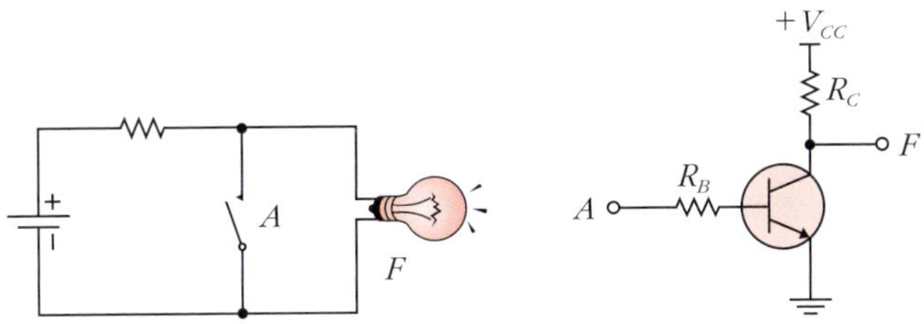

(a) 스위칭 회로 (b) 트랜지스터 회로

트랜지스터 회로에서 입력 A가 0V이면, 베이스 전류가 흐르지 않으므로 트랜지스터는 차단되고 출력 전압은 $+V_{cc}$인 +5V가 된다. 그러나 입력 A에 +5V를 인가하면 트랜지스터는 도통되므로 출력은 약 0.2V까지 떨어진다.

그림 4-4 NOT 게이트의 회로 표현

예제 4-1

NOT 게이트 2개를 직렬로 연결한 회로에서 입력 A에 구형파를 인가하였다. 출력 X와 Y의 파형을 그려 보시오.

풀이

출력 X는 입력 A의 반전된 파형이 나오고, 출력 Y는 X의 반전된 파형이 출력되므로 결과적으로 출력 Y는 입력 A와 동일한 파형이 출력된다.

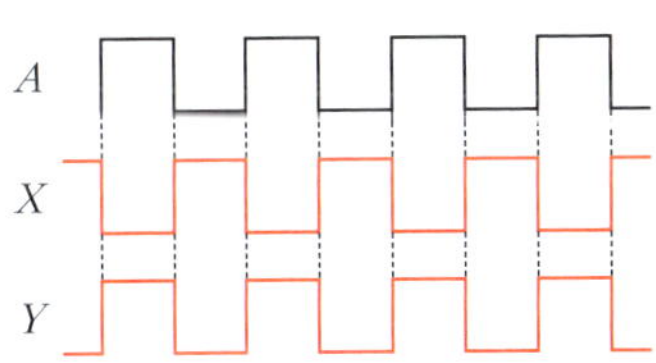

2 버퍼

버퍼buffer는 입력된 신호를 변경하지 않고 입력된 신호 그대로 출력하는 게이트로 [그림 4-5]와 같이 단순한 전송을 의미한다. 즉, 입력이 0이면 출력은 0이고, 입력이 1이면 출력은 1이 된다. 버퍼는 지연 소자의 기능을 한다.

입력	출력
A	F
0	0
1	1

$F=A$

(a) 진리표

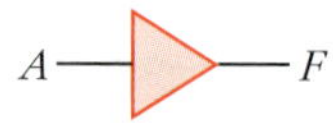

(b) 논리 기호

그림 4-5 버퍼의 기본 개념

Hex Buffer IC 7407

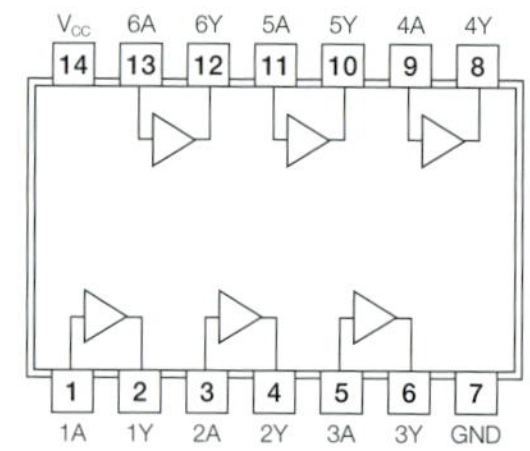

3상태tri-state **버퍼**는 출력이 3개 레벨(Low, High, 하이 임피던스) 중의 하나를 갖는 논리 소자다. 제어 단자 E(또는 $\bar{E}$)는 입력 단자 A와 출력 단자 F 사이의 회로를 개폐하는 역할을 한다. 3상태 버퍼에 대한 논리 기호와 진리표를 [그림 4-6]에 나타냈다.

[그림 4-6](a)에서 제어 단자 $\bar{E}$가 Low이면 버퍼(출력 = 입력)처럼 동작한다. $\bar{E}$가 High이면 출력은 하이 임피던스 상태가 되어 Low도 High도 아니다. 마찬가지로 [그림 4-6](b)에서는 E가 High면 버퍼처럼 동작하고, E가 Low이면 출력은 하이 임피던스 상태가 된다.

Tri-state Buffer IC 74125

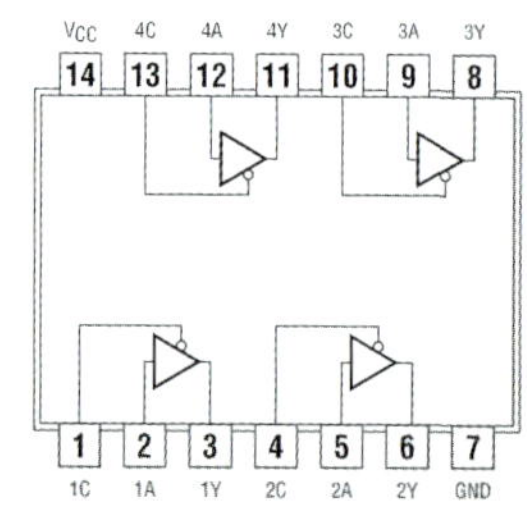

Tri-state Buffer IC 74126

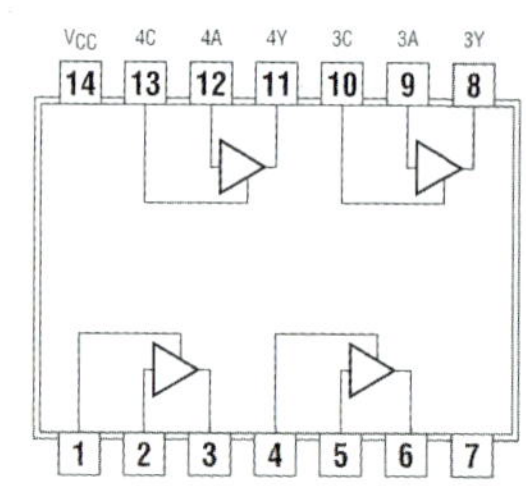

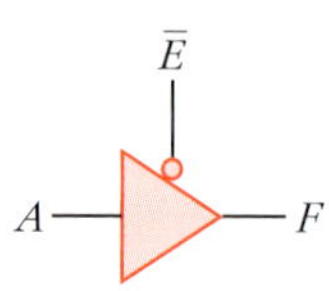

입력		출력
A	$\bar{E}$	F
0	0	0
1	0	1
0	1	하이 임피던스
1	1	하이 임피던스

(a) 제어 단자가 Low일 때 동작

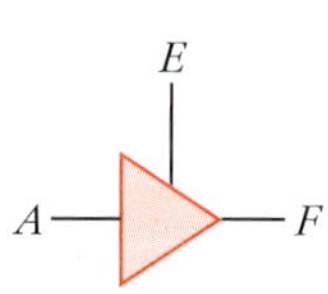

입력		출력
A	E	F
0	0	하이 임피던스
1	0	하이 임피던스
0	1	0
1	1	1

(b) 제어 단자가 High일 때 동작

그림 4-6 3상태 버퍼의 논리 기호 및 진리표

하이 임피던스(Hi-impedance)

논리회로의 출력 상태는 High 상태, Low 상태, 하이 임피던스 상태, 이렇게 3가지다. 하이 임피던스 상태는 입력과 출력이 연결되어 있지 않았다고 생각하면 된다. Z는 임피던스라는 의미이므로 하이 임피던스는 High-Z 또는 Hi-Z로 표기한다.

예제 4-2

[그림 4-6](a)에서 입력 A와 제어 단자 $\bar{E}$에 아래 그림과 같은 파형을 인가하였다. 출력 F의 파형을 그려 보시오.

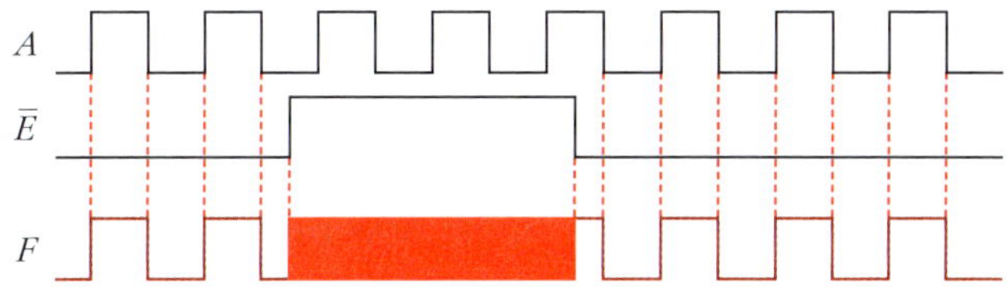

풀이

제어 단자 $\bar{E}$가 Low인 구간에서는 입력 A의 파형이 출력 F로 그대로 나오고, 제어 단자 $\bar{E}$가 High인 구간에서는 출력 F는 하이 임피던스 상태가 된다.

예제 4-3

다음 3상태 논리 인버터의 진리표를 작성해보시오.

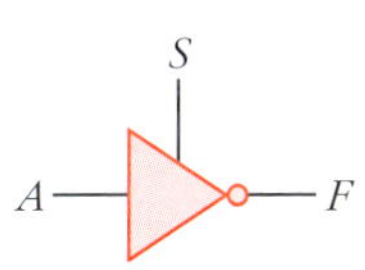

입력		출력
A	S	F
0	0	하이 임피던스
1	0	하이 임피던스
0	1	1
1	1	0

풀이

제어 단자 S가 Low이면 하이 임피던스 상태가 되고, S가 High이면 입력 A의 파형이 반전되어 출력된다.

03 AND 게이트

AND 게이트는 2개 이상의 입력에 대하여 1개의 출력을 얻는 게이트로 **논리곱**logical product 이라 한다. 이 게이트의 출력은 입력에 따라 결정되는데, 입력이 모두 1(on)인 경우에만 출력은 1(on)이 되고, 입력 중에 0(off)이 하나라도 있으면 출력은 0(off)이 된다. 2입력 AND 게이트의 진리표, 동작 파형, 논리 기호는 [그림 4-7]과 같다.

AND 게이트의 출력에 대한 논리식은 $F = A \cdot B = AB$로 나타낸다. 스위칭 회로로 표시하면 [그림 4-8](a)와 같이 나타낼 수 있으며, 스위치 A, B 둘 다 닫혔을 때만 전구에 불이 켜진다. 트랜지스터 회로는 [그림 4-8](b)와 같이 표현하며, IC 칩으로는 7408이 있다.

Quad
집적 회로와 관련하여 사용하면 하나의 IC 패키지에 4개의 게이트가 있음을 나타내는 용어

입력		출력
A	B	F
0	0	0
0	1	0
1	0	0
1	1	1

$F = AB$

(a) 진리표

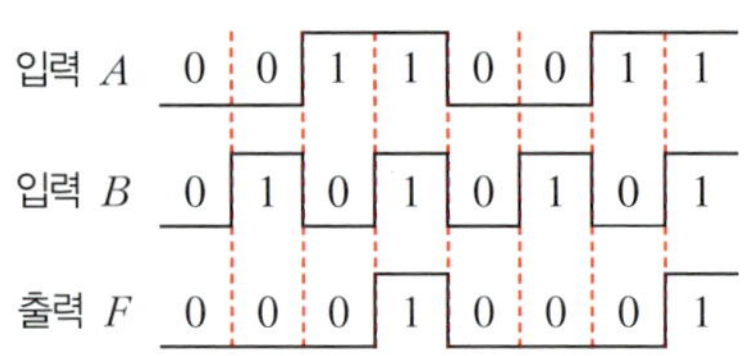

(b) 동작 파형

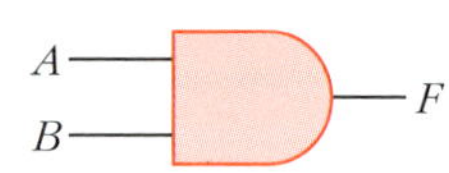

(c) 논리 기호

그림 4-7 2입력 AND 게이트의 기본 개념

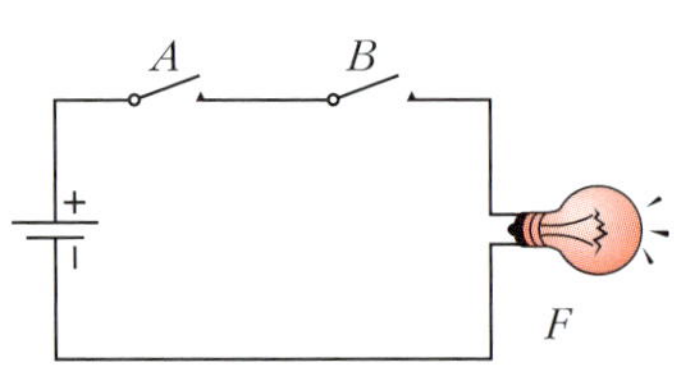

(a) 스위칭 회로

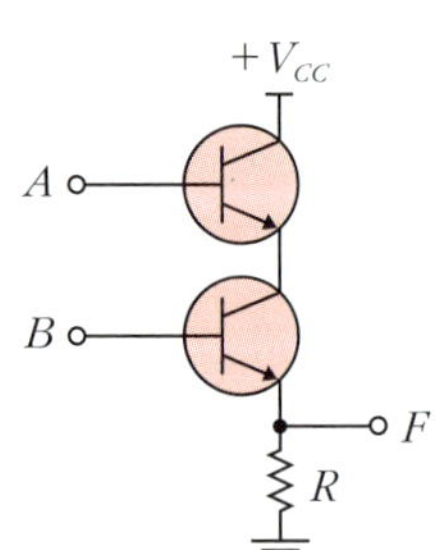

(b) 트랜지스터 회로

Quad 2-input AND IC 7408

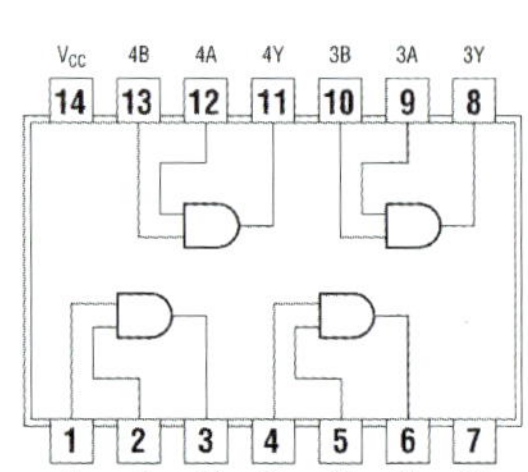

그림 4-8 AND 게이트의 회로 표현

기본 AND 게이트는 입력이 2개인 2입력 AND 게이트이다. 그러나 입력이 여러 개인 AND 게이트도 원리는 2입력 AND 게이트와 같다. [그림 4-9]는 3입력 AND 게이트를 나타낸 것이다.

입력			출력
A	B	C	F
0	0	0	0
0	0	1	0
0	1	0	0
0	1	1	0
1	0	0	0
1	0	1	0
1	1	0	0
1	1	1	1

$F = ABC$

(a) 진리표

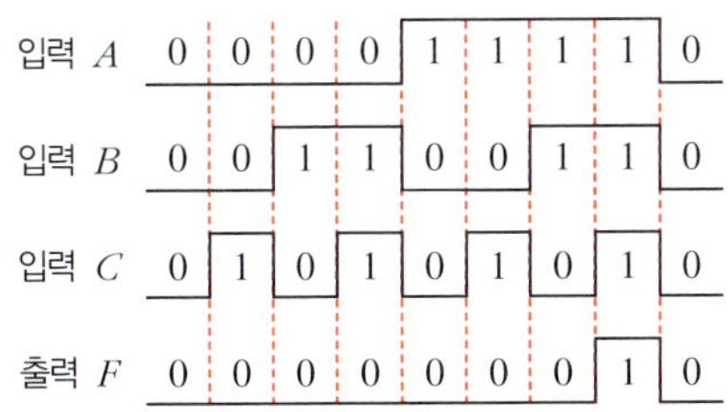

(b) 동작 파형

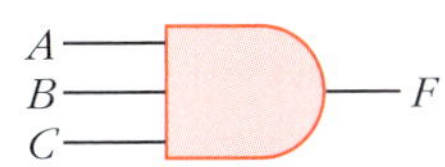

(c) 논리 기호

그림 4-9 3입력 AND 게이트의 기본 개념

AND 게이트(다이오드 회로)

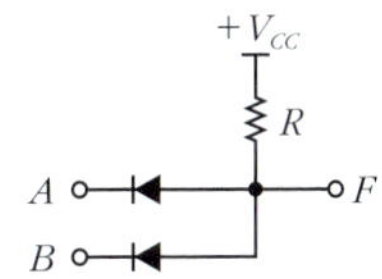

입력이 모두 5V이면 다이오드는 모두 차단되어 출력은 5V, 즉 1이 된다. 그러나 입력 중 어느 한쪽이 0V이면 다이오드는 도통되어 출력은 약 0V, 즉 0이 된다.

Triple

집적 회로와 관련하여 사용하면 하나의 IC 패키지에 3개의 게이트가 있음을 나타내는 용어

Triple 3-input AND IC 7411

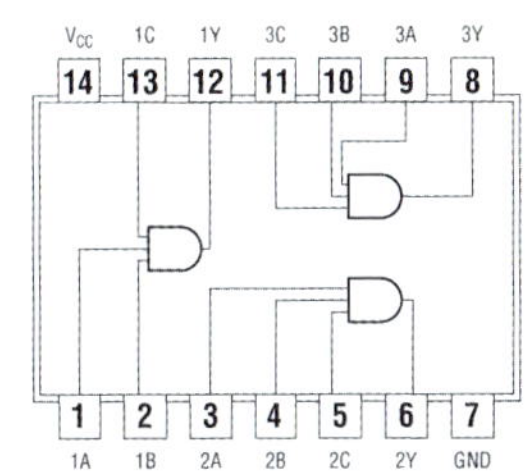

예제 4-4

2입력 AND 게이트의 한 입력 A에 구형파를 인가하였다. 다른 입력인 B에 0을 인가한 경우와 1을 인가한 경우 각각의 개략적인 출력 파형을 그려 보시오.

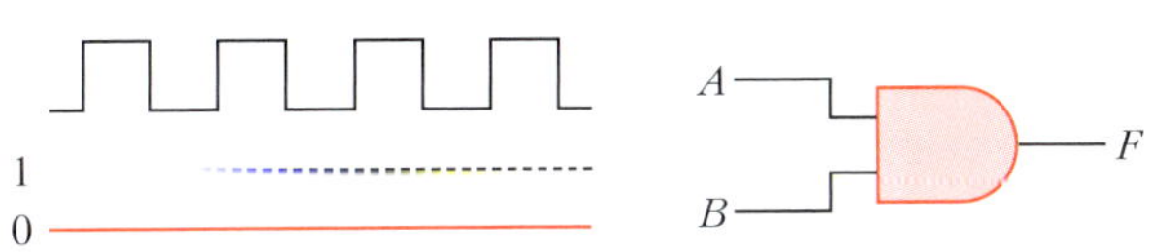

(a) 입력 B에 0을 인가한 경우

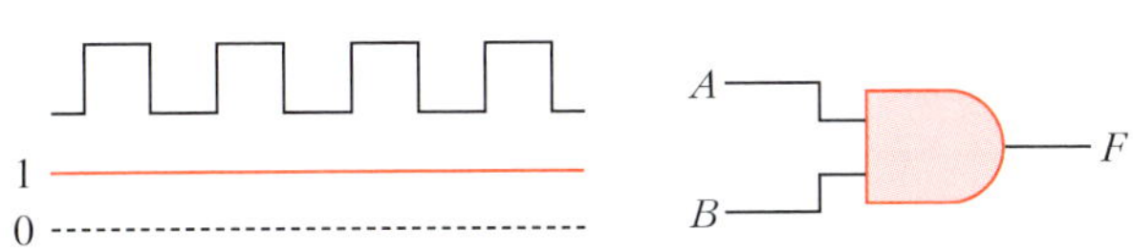

(b) 입력 B에 1을 인가한 경우

풀이

각 시간 구간별로 AND 게이트의 출력을 결정하면 된다.

(a) 입력 B에 0을 인가한 경우, 시간 구간 1, 3, 5, 7에서는 $A=1$, $B=0$이므로 출력 F는 0이다. 시간 구간 2, 4, 6에서는 $A=0$, $B=0$이므로 출력 F는 0이다. 따라서 출력 F는 항상 0이 출력된다.

(b) 입력 B에 1을 인가한 경우, 시간 구간 1, 3, 5, 7에서는 $A=1$, $B=1$이므로 출력 F는 1이다. 시간 구간 2, 4, 6에서는 $A=0$, $B=1$이므로 출력 F는 0이다. 따라서 출력 F에는 A와 동일한 파형이 나온다.

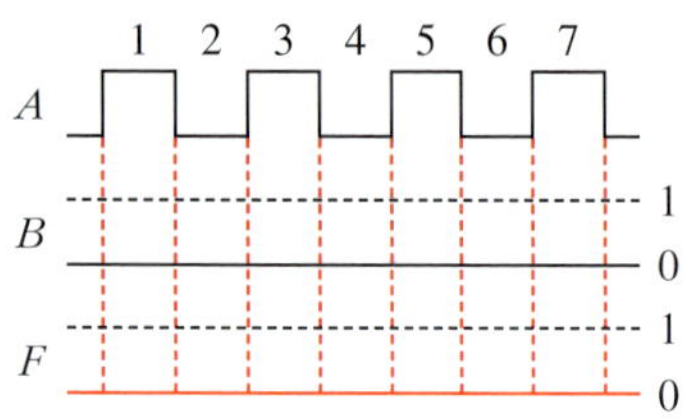

(a) B 입력을 0으로 한 경우

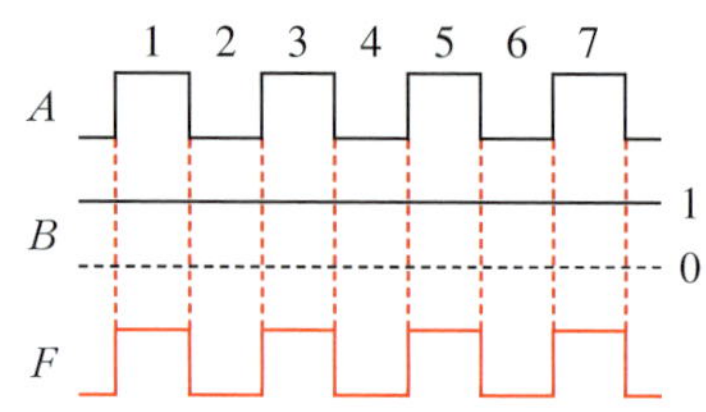

(b) B 입력을 1로 한 경우

[그림 4-10]은 3입력 AND 게이트가 자동차의 좌석 벨트 경보 시스템에 사용된 예를 보인 것으로 AND 게이트는 점화 스위치가 켜지고 좌석 벨트가 풀려 있는 상태를 감지한다. 점화 스위치가 켜지면 AND 게이트의 입력 A는 High가 되고, 좌석 벨트가 채워지지 않으면 AND 게이트의 입력 B도 High가 된다. 또한 점화 스위치가 켜지면 타이머가 작동되어 입력 C가 30초 동안 High로 유지된다.

점화 스위치가 켜지고, 좌석 벨트가 풀려 있고, 타이머가 작동하는 3가지 조건하에서 AND 게이트의 출력은 High가 되며, 운전자에게 주의를 환기시키는 경보음이 울리게 된다. 30초간 경보음 동작 후에는 경보음은 울리지 않으며, 처음부터 좌석 벨트가 채워져 있으면 경보음은 울리지 않는다.

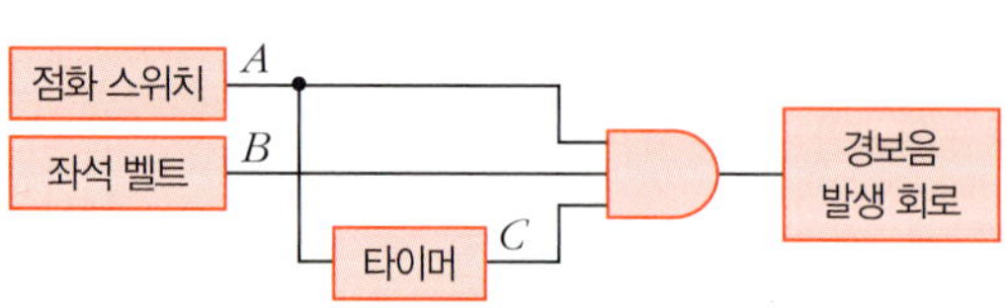

그림 4-10 AND 게이트를 이용한 좌석 벨트 경보 시스템

04 OR 게이트

OR 게이트는 입력 2개 이상에 대해 출력 1개를 얻는 게이트로 **논리합**logical sum을 나타내며, 입력이 모두 0인 경우에만 출력이 0이 되고, 입력 중에 1이 하나라도 있으면 출력은 1이 된다. 2입력 OR 게이트의 진리표, 동작 파형, 논리 기호는 [그림 4-11]과 같다.

Quad 2-input OR IC 7432

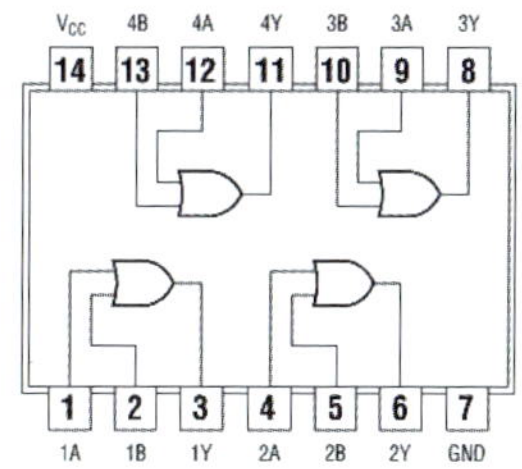

입력		출력
A	*B*	*F*
0	0	0
0	1	1
1	0	1
1	1	1

$F = A + B$

(a) 진리표

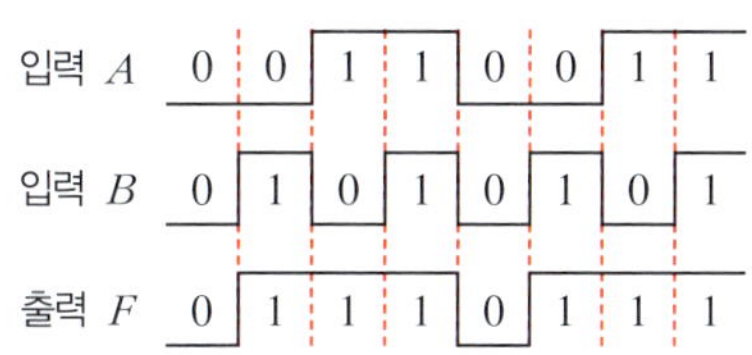

(b) 동작 파형

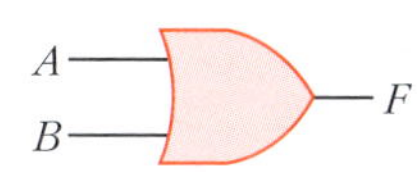

(c) 논리 기호

그림 4-11 2입력 OR 게이트의 기본 개념

OR 게이트의 출력에 대한 논리식은 $F = A + B$로 나타낸다.

기본 OR 게이트는 입력이 2개인 2입력 OR 게이트이나, 그러나 입력이 여러 개인 OR 게이트도 원리는 같다. [그림 4-12]에 스위칭 회로와 트랜지스터 회로를 나타냈다. [그림 4-13]은 3입력 OR 게이트에 대한 진리표, 동작 파형, 논리 기호를 나타낸 것이다.

OR 게이트(다이오드 회로)

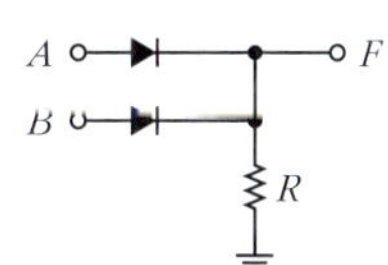

입력 중 어느 한쪽이 5V이면 트랜지스터(또는 다이오드)는 도통되어 출력은 약 5V, 즉 1이 된다. 그러나 입력이 모두 0V이면 트랜지스터(또는 다이오드)는 차단되어 출력은 0V, 즉 0이 된다.

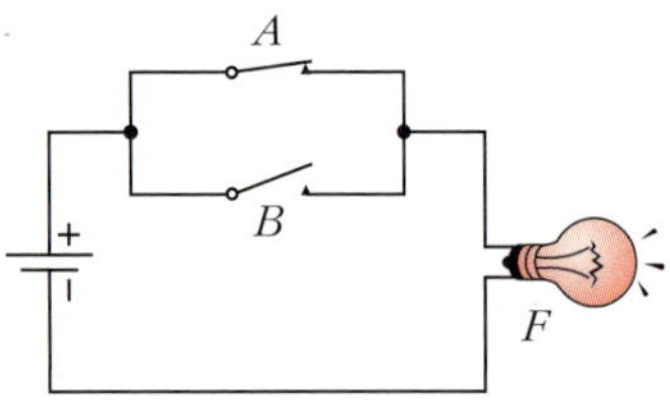

(a) 스위칭 회로

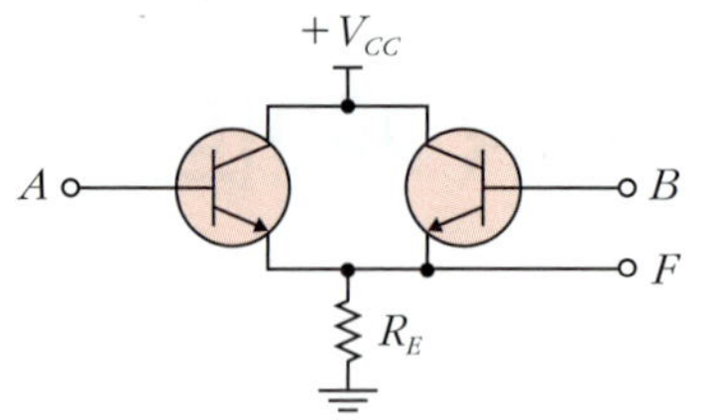

(b) 트랜지스터 회로

그림 4-12 OR 게이트의 회로 표현

입력			출력
A	***B***	***C***	***F***
0	0	0	0
0	0	1	1
0	1	0	1
0	1	1	1
1	0	0	1
1	0	1	1
1	1	0	1
1	1	1	1

$F = A + B + C$

(a) 진리표

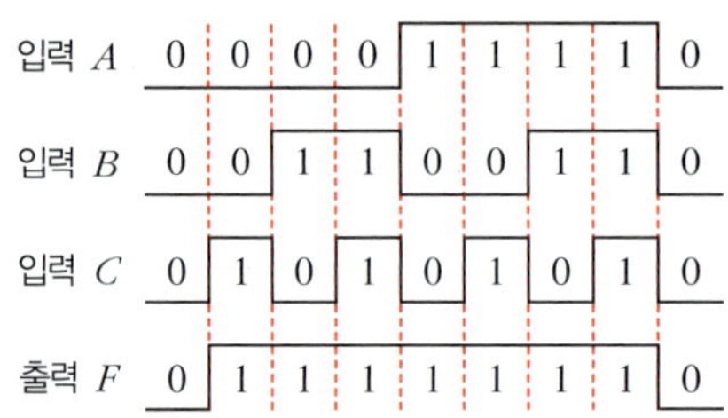

(b) 동작 파형

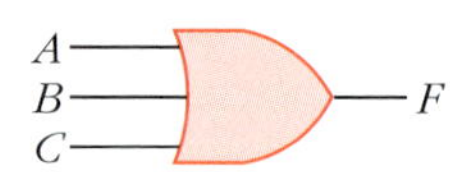

(c) 논리 기호

그림 4-13 3입력 OR 게이트의 기본 개념

예제 4-5

2입력 OR 게이트의 한 입력 A에 구형파를 인가하였다. 다른 입력인 B에 0을 인가한 경우와 1을 인가한 경우 각각의 개략적인 출력 파형을 그려 보시오.

(a) 입력 B에 0을 인가한 경우

(b) 입력 B에 1을 인가한 경우

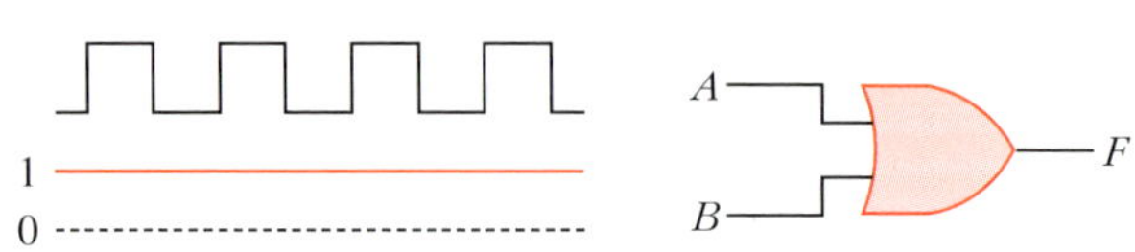

풀이

각 시간 구간별로 OR 게이트의 출력을 결정하면 된다.

(a) 입력 B에 0을 인가한 경우, 시간 구간 1, 3, 5, 7에서는 $A=1$, $B=0$이므로 출력 F는 1이다. 시간 구간 2, 4, 6에서는 $A=0$, $B=0$이므로 출력 F는 0이다. 따라서 출력 F에는 A와 동일한 파형이 나온다.

(b) 입력 B에 1을 인가한 경우, 시간 구간 1, 3, 5, 7에서는 $A=1$, $B=1$이므로 출력 F는 1이다. 시간 구간 2, 4, 6에서는 $A=0$, $B=1$이므로 출력 F는 1이다. 따라서 출력 F는 항상 1이 출력된다.

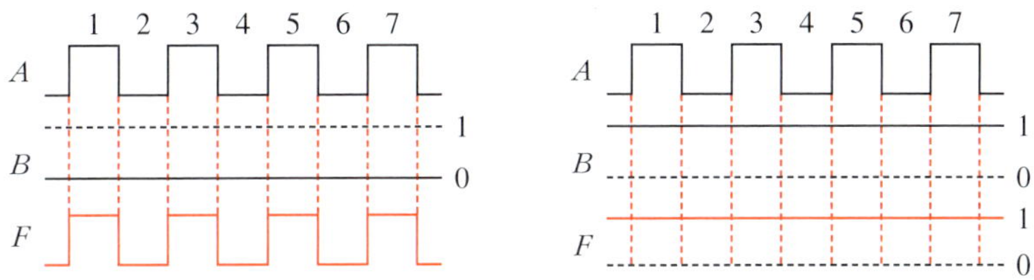

(a) B 입력을 0으로 한 경우 (b) B 입력을 1로 한 경우

[그림 4-14]는 3입력 OR 게이트를 이용하여 가정집의 침입을 탐지하여 경보음을 울리는 시스템을 간략하게 보인 것이다. 이 시스템은 일반 가정에서 출입문 1개와 창문 2개가 있는 방에 적용할 수 있다. 출입문과 창문에 설치된 각 센서는 자기 스위치magnetic switch로서 문이 열려 있을 때 High를 출력하고, 닫혀 있을 때는 Low를 출력한다. 출입문과 모든 창문이 닫혀 있을 때는 OR 게이트의 입력은 모두 Low가 되어 OR 게이트의 출력은 Low가 되므로 경보음이 울리지 않는다. 출입문과 창문 중에서 어느 하나라도 열려 있으면 OR 게이트에 High가 입력되므로 3입력 OR 게이트의 출력은 High가 출력되며, 이때 경보 회로가 작동되어 침입을 알리는 경보음이 울리게 된다.

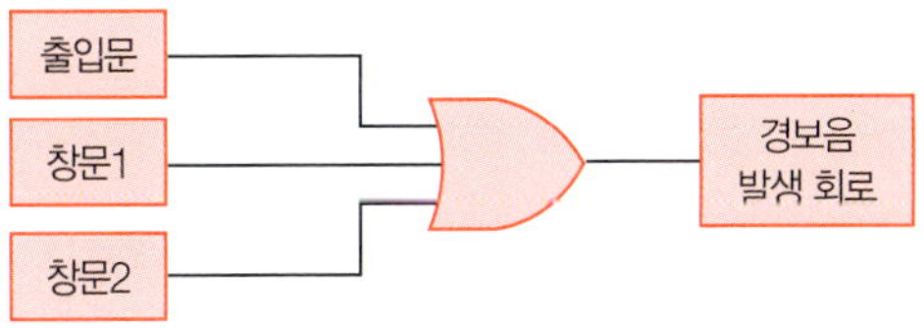

그림 4-14 OR 게이트를 이용한 침입 탐지 시스템

05 NAND 게이트

NAND 게이트는 2개 이상의 입력에 대하여 출력 1개를 얻는 게이트로, 입력이 모두 1인 경우에만 출력이 0이 되고, 그렇지 않으면 출력은 1이 된다. 이 게이트는 AND 게이트와 반대로 동작하며, NOT-AND의 의미로 NAND 게이트라고 부른다. NAND 게이트는 AND 게이트 바로 뒤에 NOT 게이트가 이어지는 것과 같이 동작한다. 2입력 NAND 게이트의 진리표, 동작 파형, 논리 기호는 [그림 4-15]와 같다.

NAND 게이트

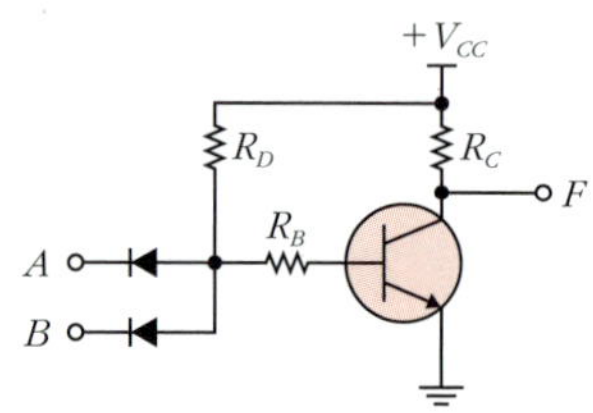

입력		출력
A	B	F
0	0	1
0	1	1
1	0	1
1	1	0

$F=\overline{AB}$

(a) 진리표

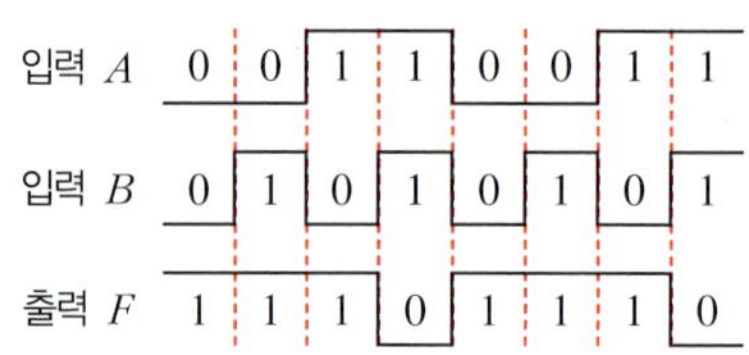

(b) 동작 파형

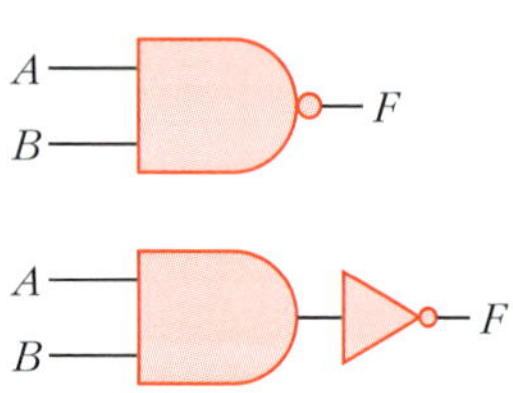

(c) 논리 기호

그림 4-15 2입력 NAND 게이트의 기본 개념

Quad 2-input NAND IC 7400

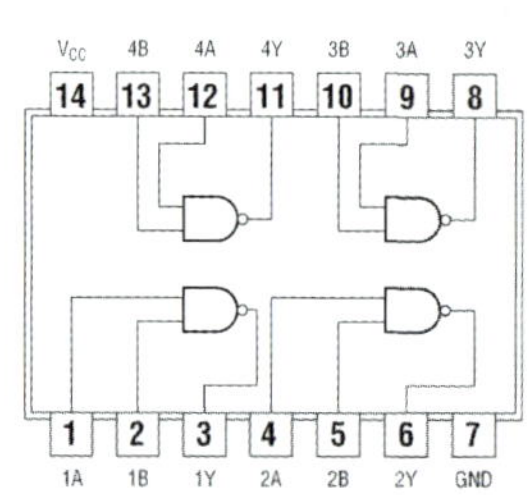

NAND 게이트의 불 대수식은 $F=\overline{AB}=(AB)'$이다. 3입력 NAND 게이트의 기본 개념은 [그림 4-16]과 같다.

입력			출력
A	B	C	F
0	0	0	1
0	0	1	1
0	1	0	1
0	1	1	1
1	0	0	1
1	0	1	1
1	1	0	1
1	1	1	0

$F = \overline{ABC}$

(a) 진리표

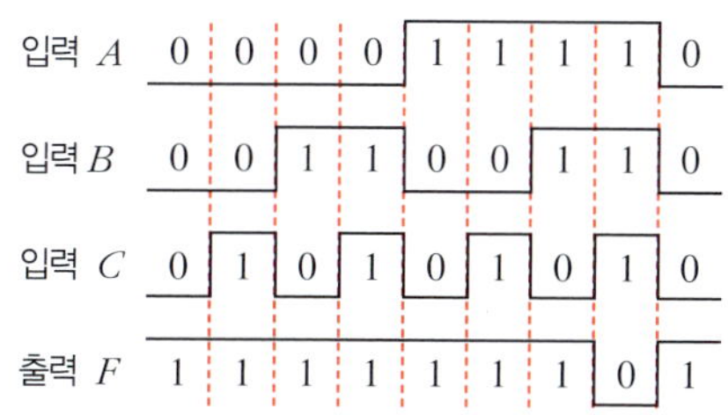

(b) 동작 파형

Triple 3-input NAND IC 7410

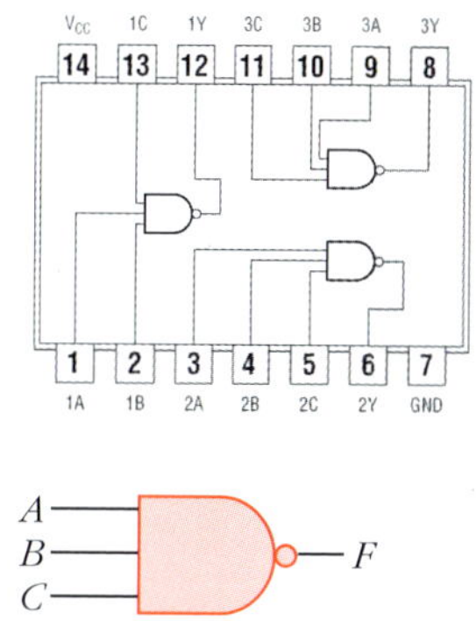

(c) 논리 기호

그림 4-16 3입력 NAND 게이트의 기본 개념

예제 4-6

3입력 NAND 게이트 입력에 그림과 같은 파형이 입력될 때 출력 F의 파형을 그려 보시오.

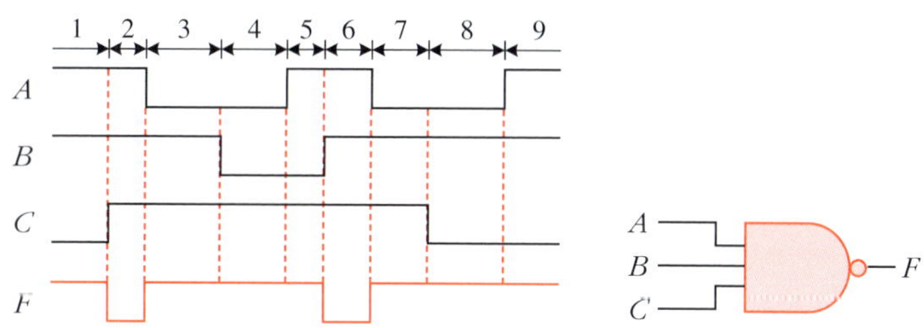

풀이

출력 F는 3개의 입력이 모두 1일 때만 0이 되고, 나머지 경우에는 1이 되므로 시간 구간 2, 6에서는 출력이 0이 되고 시간 구간 1, 3, 4, 5, 7, 8, 9에서는 1이 된다.

06 NOR 게이트

NOR 게이트는 2개 이상의 입력에 대하여 출력 1개를 얻는 게이트로, 입력이 모두 0인 경우에만 출력이 1이 되고, 입력 중에 하나라도 1이 있으면 출력은 0이 된다. 이 게이트는 OR 게이트와는 반대로 동작하며, NOT-OR의 의미로 NOR 게이트라고 부른다. NOR 게이트는 OR 게이트 바로 뒤에 NOT 게이트가 이어지는 것과 같이 동작한다. 2입력 NOR 게이트의 진리표, 동작 파형, 논리 기호는 [그림 4-17]과 같다.

입력		출력
A	B	F
0	0	1
0	1	0
1	0	0
1	1	0

$$F = \overline{A+B}$$

(a) 진리표

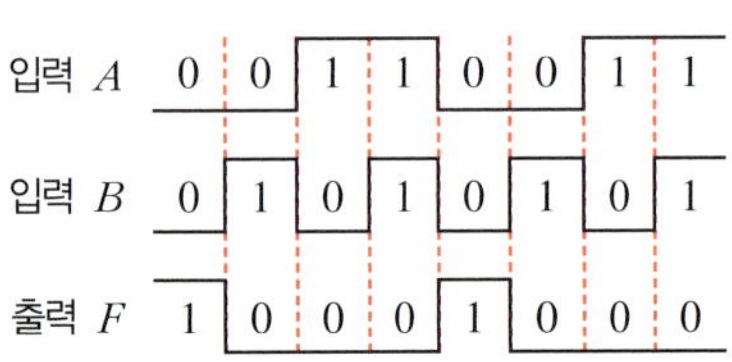

(b) 동작 파형

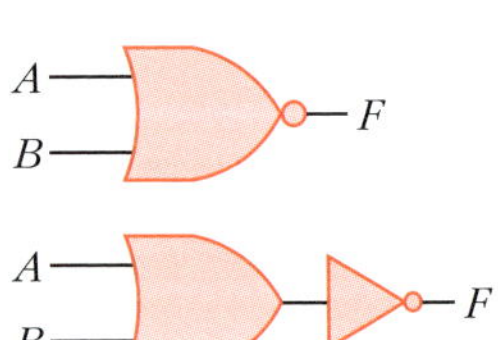

(c) 논리 기호

그림 4-17 2입력 NOR 게이트의 기본 개념

NOR 게이트

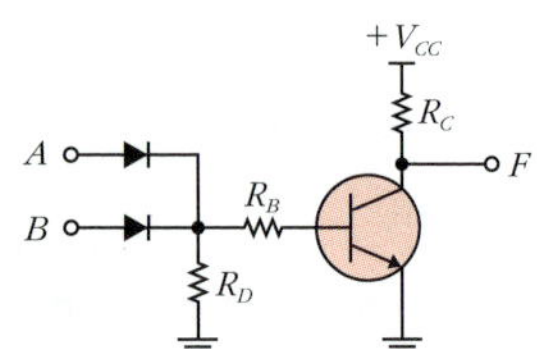

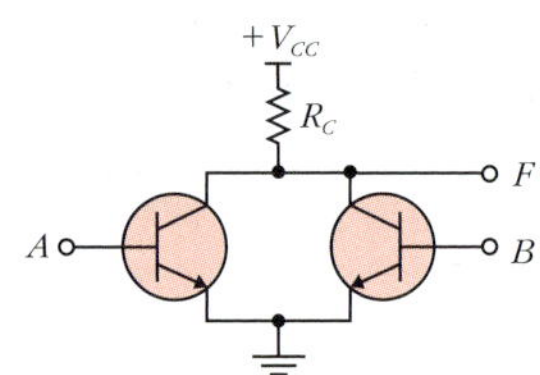

Quad 2-input NOR IC 7402

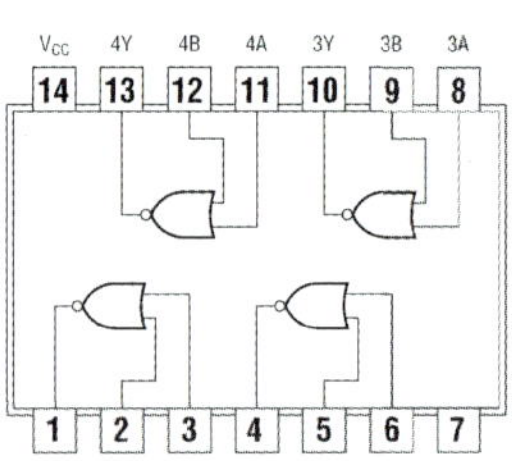

Triple 3-input NOR IC 7427

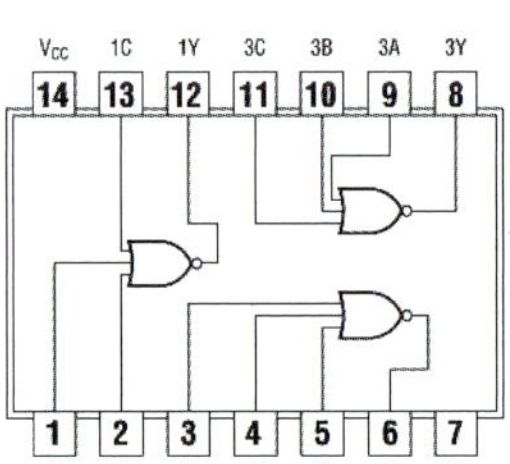

NOR 게이트의 출력에 대한 불 대수식은 $F = \overline{A+B} = (A+B)'$이다. 3입력 NOR 게이트의 기본 개념은 [그림 4-18]과 같다.

입력			출력
A	B	C	F
0	0	0	1
0	0	1	0
0	1	0	0
0	1	1	0
1	0	0	0
1	0	1	0
1	1	0	0
1	1	1	0

$F = \overline{A+B+C}$

(a) 진리표

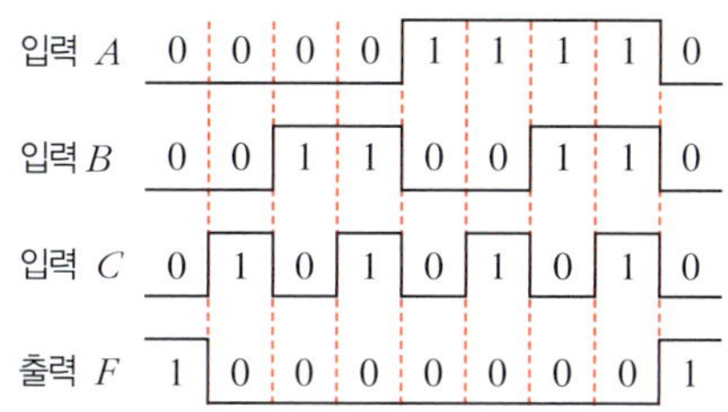

(b) 동작 파형

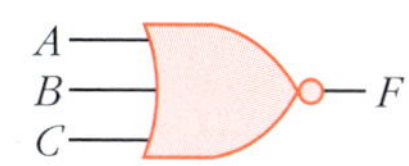

(c) 논리 기호

그림 4-18 3입력 NOR 게이트의 기본 개념

예제 4-7

3입력 NOR 게이트 입력에 그림과 같은 파형이 입력될 때 출력 F의 파형을 그려 보시오.

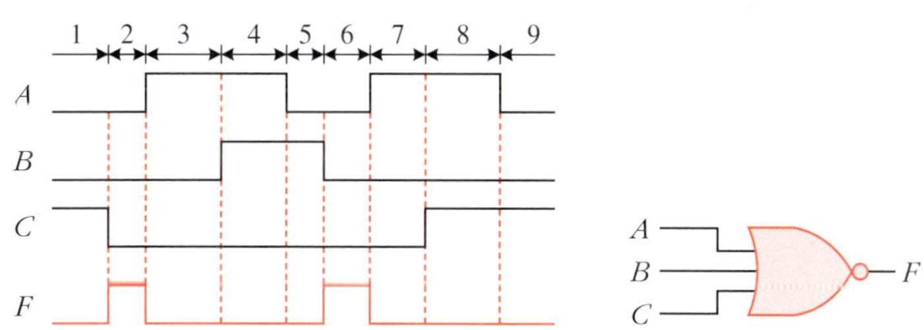

풀이

출력 F는 3개의 입력이 모두 0일 때만 1이 되고, 나머지 경우에는 0이 되므로 시간 구간 2, 6에서는 출력이 1이 되고 시간 구간 1, 3, 4, 5, 7, 8, 9에서는 0이 된다.

07 XOR 게이트

XOReXclusive OR **게이트**는 [그림 4-19](a)와 [그림 4-21](a)의 진리표에서 보는 것처럼 홀수 개의 1이 입력된 경우에 출력은 1이 되고 그렇지 않으면 출력은 0이 된다. 2입력 XOR 게이트의 경우 쉽게 이해하려면 두 입력 중 하나가 1이면 출력이 1이 되고, 두 입력 모두가 0이거나 1이면 출력은 0이 된다고 생각하면 된다. 2입력 XOR 게이트의 진리표, 동작 파형, 논리 기호는 [그림 4-19]와 같다.

XOR
EOR로도 표현

입력		출력
A	B	F
0	0	0
0	1	1
1	0	1
1	1	0

$F = A \oplus B$

(a) 진리표

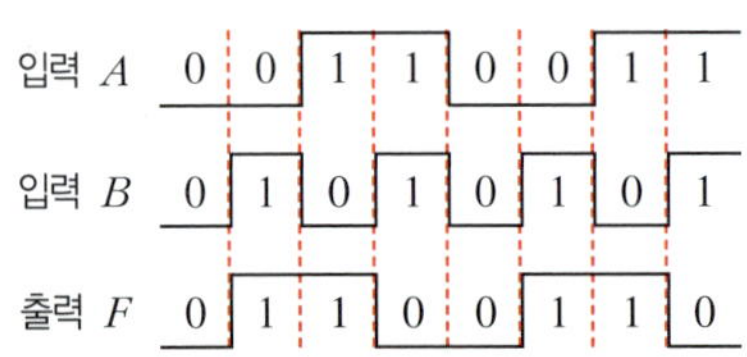

(b) 동작 파형

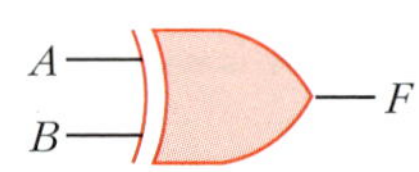

(c) 논리 기호

그림 4-19 2입력 XOR 게이트의 기본 개념

XOR 게이트의 출력에 대한 불 대수식은 다음과 같다.

$$F = A \oplus B = A\bar{B} + \bar{A}B = AB' + A'B$$

XOR 게이트의 불 대수식을 AND, OR, NOT 게이트로 표현하면 [그림 4-20]과 같다. 또한 3입력 XOR 게이트의 기본 개념은 [그림 4-21]과 같다.

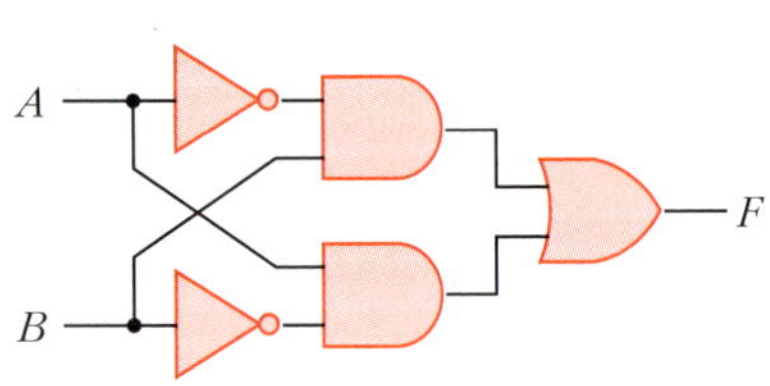

그림 4-20 XOR 게이트의 AND-OR 게이트 표현

Quad 2-input XOR IC 7486

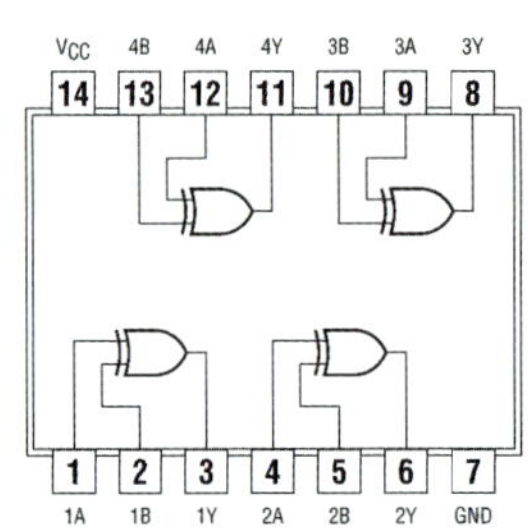

입력			출력
A	B	C	F
0	0	0	0
0	0	1	1
0	1	0	1
0	1	1	0
1	0	0	1
1	0	1	0
1	1	0	0
1	1	1	1

$F = A \oplus B \oplus C$

(a) 진리표

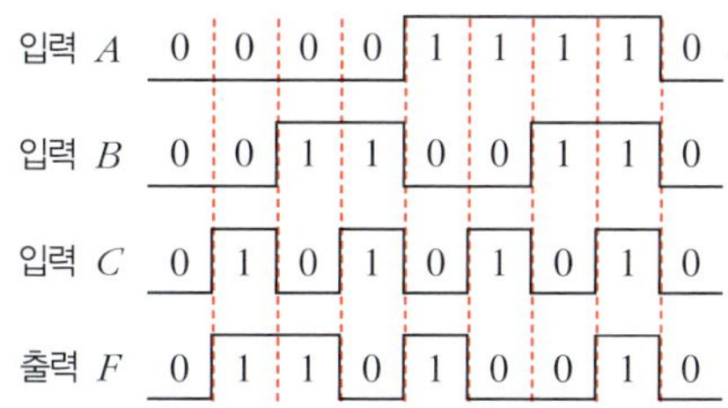

(b) 동작 파형

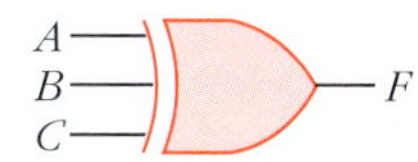

(c) 논리 기호

그림 4-21 3입력 XOR 게이트의 기본 개념

예제 4-8

2입력 XOR 게이트의 한 입력 A에 구형파를 인가하였다. 다른 입력인 B에 0을 인가한 경우와 1을 인가한 경우 각각의 개략적인 출력 파형을 그려 보시오.

(a) 입력 B에 0을 인가한 경우

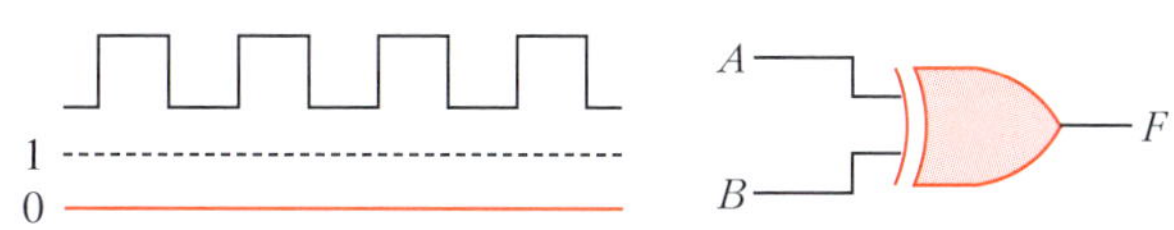

(b) 입력 B에 1을 인가한 경우

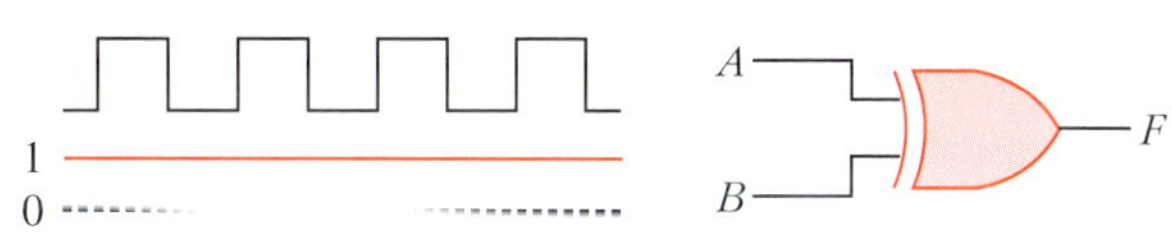

풀이

(a)와 같이 입력 B에 0을 인가한 경우 $AB=00$이면 $F=0$, $AB=10$이면 $F=1$이므로 출력 F는 입력 A와 같은 파형이 출력된다. 반면에 (b)와 같이 입력 B에 1을 인가한 경우 $AB=01$이면 $F=1$, $AB=11$이면 $F=0$이므로 출력 F는 입력 A의 반전된 파형이 출력된다.

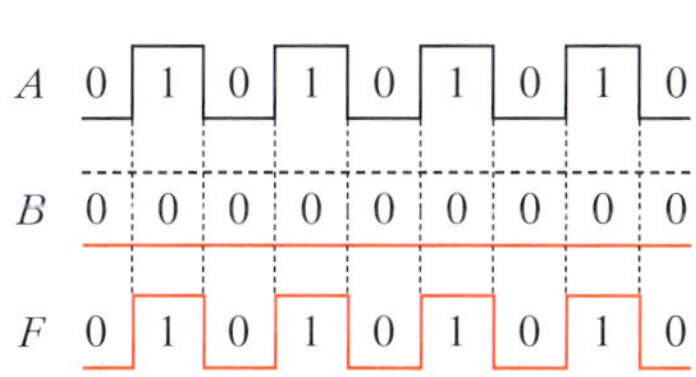

(a) B 입력을 0으로 한 경우

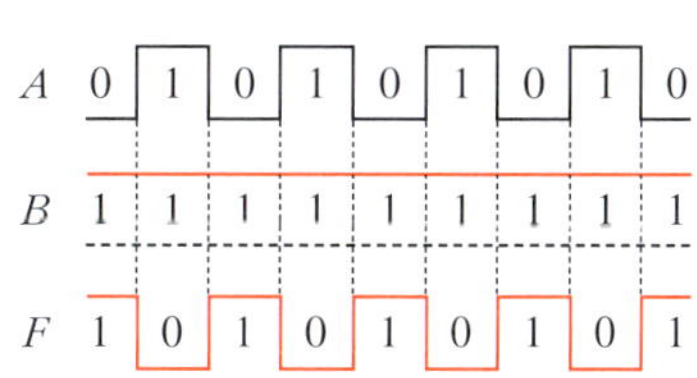

(b) B 입력을 1로 한 경우

예제 4-9

2입력 XOR 게이트 2개를 사용하여 3입력 XOR 게이트를 구성하시오.

풀이

아래 그림과 같이 2입력 XOR 게이트를 연결하면 3입력 XOR 게이트를 구성할 수 있다. 3입력 XOR 게이트로 동작함을 진리표로 증명한다. 먼저 입력이 A와 B인 게이트 G_1의 출력을 ①의 열에 작성한다. 다음에는 게이트 G_2의 입력인 ①과 C에 대해 출력 F를 작성하면 그 결과는 [그림 4-21](a)와 같다.

입력			출력	
A	B	C	①	F
0	0	0	0	0
0	0	1	0	1
0	1	0	1	1
0	1	1	1	0
1	0	0	1	1
1	0	1	1	0
1	1	0	0	0
1	1	1	0	1

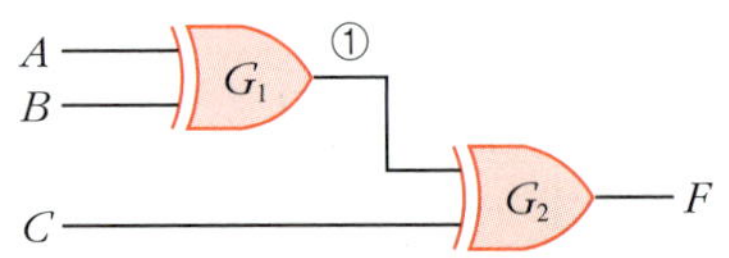

2입력 AND 게이트 2개를 사용하여 3입력 AND 게이트를 구성하는 경우에도 동일한 방법을 적용하면 된다. 마찬가지로 2입력 OR 게이트 2개를 이용하여 3입력 OR 게이트를 구성하는 경우도 같다.

3입력 AND

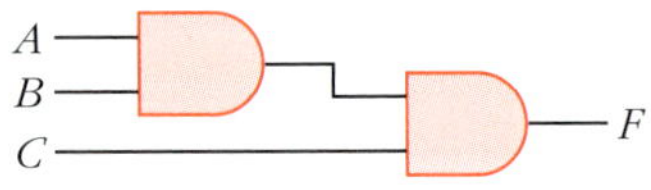

3입력 OR

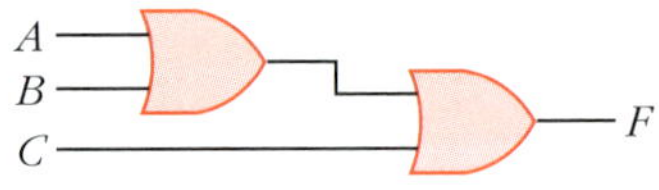

08 XNOR 게이트

XNOR
ENOR로도 표현

XNOReXclusive NOR **게이트**는 [그림 4-22](a)와 [그림 4-24](a)의 진리표에서 보는 것처럼 짝수 개의 1이 입력될 때 출력이 1이고, 그렇지 않으면 출력은 0이다. 출력값은 XOR 게이트에 NOT 게이트를 연결한 것이므로 XOR 게이트와 반대이다. 2입력 XNOR 게이트의 경우 쉽게 이해하려면 두 개의 입력이 다를 때 출력이 0이고, 두 개의 입력이 같으면 출력은 1이라고 생각하면 된다. 2입력 XNOR 게이트의 진리표, 동작 파형, 논리 기호는 [그림 4-22]와 같다.

입력		출력
A	B	F
0	0	1
0	1	0
1	0	0
1	1	1

$F=\overline{A\oplus B}$

(a) 진리표

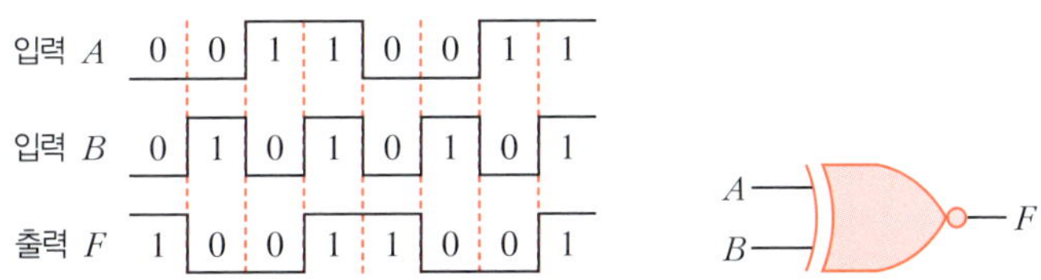

(b) 동작 파형 (c) 논리 기호

그림 4-22 2입력 XNOR 게이트의 기본 개념

XNOR 게이트의 출력에 대한 불 대수식은 다음과 같다.

$$F=\bar{A}\bar{B}+AB=A'B'+AB=\overline{A\oplus B}=A\odot B$$

Quad 2-input XNOR IC 74266

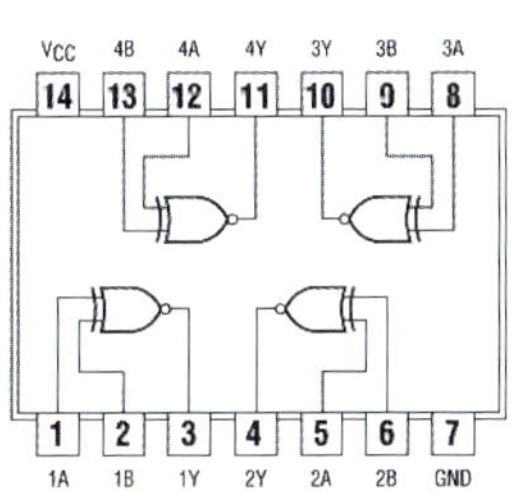

XNOR 게이트의 불 대수식을 XOR, NOT 또는 AND, OR, NOT 게이트로 표현하면 [그림 4-23]과 같다.

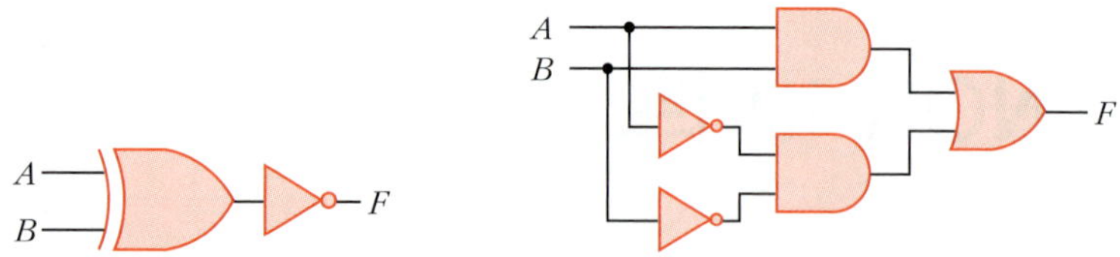

(a) XOR-NOT 표현　　(b) AND-OR 표현

그림 4-23 XNOR 게이트의 표현 방법

3입력 XNOR 게이트의 기본 개념은 [그림 4-24]와 같다.

입력			출력
A	B	C	F
0	0	0	1
0	0	1	0
0	1	0	0
0	1	1	1
1	0	0	0
1	0	1	1
1	1	0	1
1	1	1	0

$F = \overline{A \oplus B \oplus C}$

(a) 진리표

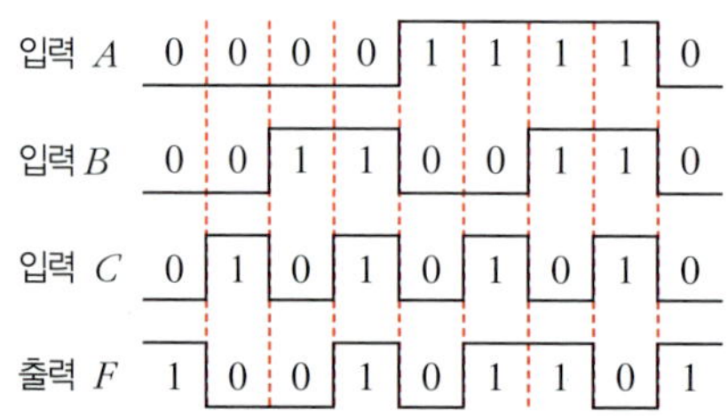

(b) 동작 파형

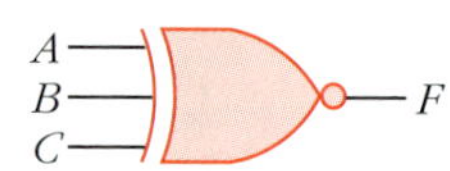

(c) 논리 기호

그림 4-24 3입력 XNOR 게이트의 기본 개념

예제 4-10

2입력 게이트를 사용하여 3입력 XNOR 게이트를 구성하시오.

풀이

(a)는 3입력 XNOR 게이트로 동작하는 경우이며, (b)는 그렇지 않은 경우이다. 이를 진리표로 증명하면 다음과 같다. 먼저 (a)인 경우 입력이 A와 B인 XOR 게이트 G_1의 출력을 ①의 열에 작성한다. 다음에는 XNOR 게이트 G_2의 입력인 ①과 C에 대해 출력 F를 작성하면 그 결과는 3입력 XNOR 게이트로 동작함을 알 수 있다. 반면에 (b)와 같이 구성하여 진리표를 작성하면 XNOR 게이트가 아닌 XOR 게이트로 동작함을 알 수 있다.

2입력 게이트 2개를 사용하여 3입력 NAND 게이트를 구성하는 경우나 3입력 NOR 게이트를 구성하는 경우에도 동일한 방법을 적용하면 된다.

3입력 NAND

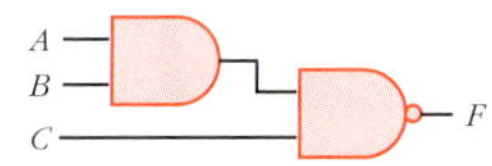

3입력 NOR

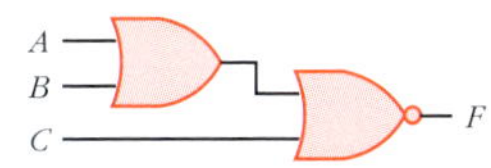

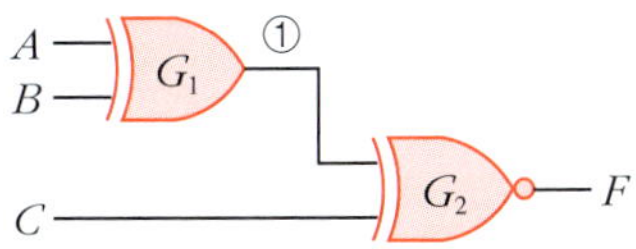

입력			출력	
A	*B*	*C*	①	*F*
0	0	0	0	1
0	0	1	0	0
0	1	0	1	0
0	1	1	1	1
1	0	0	1	0
1	0	1	1	1
1	1	0	0	1
1	1	1	0	0

(a) 3입력 XNOR 게이트로 동작하는 경우

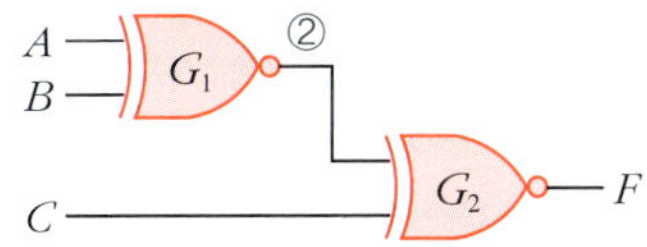

입력			출력	
A	*B*	*C*	②	*F*
0	0	0	1	0
0	0	1	1	1
0	1	0	0	1
0	1	1	0	0
1	0	0	0	1
1	0	1	0	0
1	1	0	1	0
1	1	1	1	1

(b) 3입력 XNOR 게이트로 동작하지 않는 경우

논리 연산(2진 연산)

■ AND 연산

두 개의 입력에 대한 논리적 AND로 연산하는 것으로서 불필요한 비트나 문자를 제거할 때 사용한다. 이때 삭제되는 비트를 **마스크**mask라 한다.

■ OR 연산

두 개의 입력에 대한 논리적 OR로 연산하는 것으로서 필요한 비트나 문자를 삽입할 때 사용한다.

■ XOR 연산

두 개의 입력을 비교하는 경우 또는 특정 비트의 값을 선택적으로 반전시킬 때 사용한다.

```
        1 1 1 0 1 0 1 0
AND   | 0 0 0 0 1 1 1 1
        ---------------
        0 0 0 0 1 0 1 0
```
(a) 상위 4비트 삭제

```
        0 0 0 0 1 1 1 0
OR    | 1 0 1 1 0 0 0 0
        ---------------
        1 0 1 1 1 1 1 0
```
(b) 상위 4비트 값 삽입

```
        1 1 1 0 1 0 1 0
XOR   | 1 1 1 1 0 0 0 0
        ---------------
        0 0 0 1 1 0 1 0
```
(c) 상위 4비트 반전

그림 4-25 논리 연산

09 정논리와 부논리

지금까지 알아본 논리회로의 기본 개념은 High 레벨(5V)일 때 논리 1, Low 레벨(0V)일 때 논리 0이다. 이 논리 개념을 **정논리**positive logic라고 한다. 이와 반대로 Low 레벨(0V)일 때 논리 1, High 레벨(5V)일 때 논리 0으로 하는 개념을 **부논리**negative logic라고 한다. 다음 표는 정논리와 부논리 간의 관계를 나타낸 것이다. 전압 레벨에서 두 논리 게이트의 값은 같지만, 진리표에서는 다르다. 정논리에서는 H가 1, L이 0인 반면, 부논리에서는 L이 1, H가 0에 해당한다. 그러므로 정논리에서 AND는 부논리에서 OR와 같다.

A	*B*	*F*
L	*L*	*L*
L	*H*	*L*
H	*L*	*L*
H	*H*	*H*

전압 레벨

A	*B*	*F*
0	0	0
0	1	0
1	0	0
1	1	1

진리표

(a) 정논리 AND

A	*B*	*F*
L	*L*	*L*
L	*H*	*L*
H	*L*	*L*
H	*H*	*H*

전압 레벨

A	*B*	*F*
1	1	1
1	0	1
0	1	1
0	0	0

진리표

(b) 부논리 OR

A	*B*	*F*
L	*L*	*H*
L	*H*	*H*
H	*L*	*H*
H	*H*	*L*

전압 레벨

A	*B*	*F*
0	0	1
0	1	1
1	0	1
1	1	0

진리표

(c) 정논리 NAND

A	*B*	*F*
L	*L*	*H*
L	*H*	*H*
H	*L*	*H*
H	*H*	*L*

전압 레벨

A	*B*	*F*
1	1	0
1	0	0
0	1	0
0	0	1

진리표

(d) 부논리 NOR

그림 4-26 정논리와 부논리의 관계

이와 같은 원리를 적용하면 [그림 4-27]과 같이 정리할 수 있다.

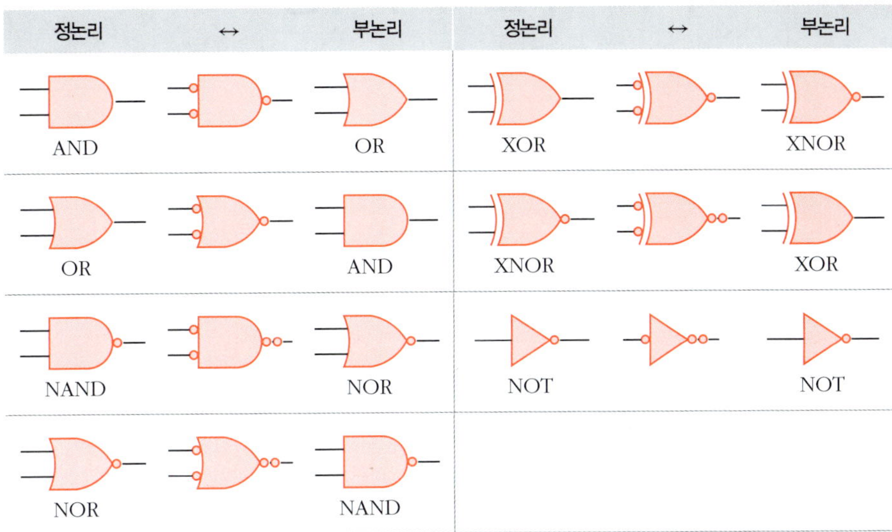

그림 4-27 정논리와 부논리 간의 게이트 대응

주어진 정논리의 입력과 출력에 NOT을 각각 추가하면 부논리로 등가 변환이 된다. 논리회로 설계 및 해석에서 정논리를 기초로 하든 부논리를 기초로 하든 한 가지로 일관성 있게 하면 동일한 결과를 얻을 수 있다. 즉, 표현 방법이 다를 뿐 정논리와 부논리는 논리적으로 같다. 관례적으로 정논리에 기초를 두고 회로 설계 및 해석을 하므로 이 책에서도 정논리에 기초를 두고 모든 회로 설계 및 해석을 하기로 한다.

버블(bubble)
NOT 게이트를 간단하게 표현하는 동그라미 모양의 기호를 버블(기포)이라고 한다.

10 게이트의 전기적 특성

컴퓨터와 디지털 전자공학의 기반이 되는 IC integrated circuit(집적 회로)는 지난 60년간 기술적으로 다양하게 발전해 왔다.

1947년 트랜지스터 transistor, transfer-resistance 개발은 전기전자 기술에 엄청난 발전을 가져왔다. 트랜지스터의 성공과 고체물리학의 발전은 또 다른 기술인 IC의 기반이 되었다.

첫 번째 IC는 1959년에 텍사스 인스트루먼트 Texas Instruments, 페어차일드 카메라 Fairchild Camera, 인스트루먼트 컴퍼니 Instrument Company 등에서 만들었으며, 이들 IC는 하나의 칩에 게이트를 10개 가량 집적한 SSI small scale IC이다. 매년 두 배 정도의 집적도 향상이 진행되어 1965년에는 게이트를 100개 가량 집적한 MSI medium scale IC가, 1971년에 수천 개의 게이트로 구성된 LSI large scale IC가 만들어졌다. 현재는 수십만 혹은 수백만 게이트로 이루어진 VLSI very large scale IC와 ULSI ultra large scale IC 시대이다.

IC는 재료에 따라 그 특성이나 기능이 정해진다. 바이폴라 bipolar 트랜지스터를 사용한 소자로는 TTL transistor-transistor logic과 ECL emitter-coupled logic이 있으며, 전계 효과 트랜지스터 field effect transistors나 유니폴라 트랜지스터인 PMOS P-type metal oxide semiconductor, NMOS N-type metal oxide semiconductor, CMOS complementary metal oxide semiconductor를 사용한 소자들도 있다. 이들은 특정 용도(전력 소모, 온도 등의 사용환경)에 따라 그룹으로 묶는다.

TTL 계열은 NAND, ECL 계열은 NOR, CMOS는 inverter 게이트들에 사용되며, 네 가지의 특성에 따라 평가된다.

❶ 전파 지연 시간 : 신호가 입력되어서 출력될 때까지의 시간을 말하며, 게이트의 동작 속도를 나타낸다.

❷ 전력 소모 : 게이트가 동작할 때 소모되는 전력량을 말한다.

❸ 잡음 여유도 : 디지털 회로에서 데이터의 값에 변경을 주지 않는 범위 내에서 최대로 허용된 잡음 마진을 나타낸다.

❹ 팬-아웃 : 한 게이트의 출력으로부터 다른 여러 개의 입력으로 공급되는 전류를 말하며, 정상적인 동작으로 한 출력이 최대 몇 개의 입력으로 연결되는가를 나타낸다.

디지털 회로는 높은 전압에서 논리 1(true, on), 낮은 전압에서 논리 0(false, off)을 표시하는 정논리positive logic와, 그 반대로 낮은 전압에서 논리 1(true), 높은 전압에서 논리 0(false)을 표시하는 부논리negative logic가 있다.

1 전파 지연 시간

논리 게이트는 상태가 변할 때 약간의 시간이 걸리는데 이를 **전파 지연 시간**gate propagation delay time이라고 한다. 출력이 0에서 1로 변할 때 t_{PLH}propagation delay time from low to high라 하고, 출력이 1에서 0으로 변할 때 t_{PHL}propagation delay time from high to low이라 한다. t_{PLH}와 t_{PHL}은 입력이 50%가 될 때부터 출력이 50%가 될 때까지를 측정한다. 전파 지연 시간의 개념도는 [그림 4-28]과 같으며, 게이트마다 그리고 IC의 제조 방법에 따라 조금씩 차이가 있다.

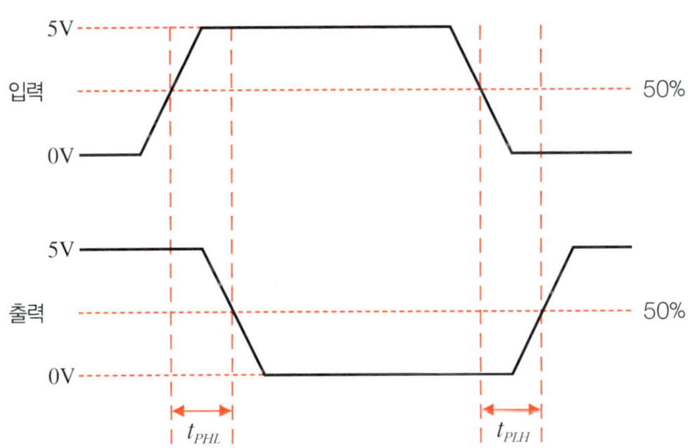

그림 4-28 전파 지연 시간

표 4-1 주요 디지털 IC 계열별 특성표

	t_{PLH} (max) [ns]	t_{PHL} (max) [ns]	V_{OH} (min) [V]	V_{OL} (max) [V]	V_{IH} (min) [V]	V_{IL} (max) [V]	I_{OH} (max) [mA]	I_{OL} (max) [mA]	I_{IH} (max) [μA]	I_{IL} (max) [mA]
7400	22	15	2.4	0.4	2	0.8	−0.4	16	40	−1.6
74S00	4.5	5	2.7	0.5	2	0.8	−1	20	50	−2
74LS00	15	15	2.7	0.5	2	0.8	−0.4	8	20	−0.4
74ALS00	11	8	2.5	0.5	2	0.8	−0.4	8	20	−0.1
74F00	5	4.3	2.5	0.5	2	0.8	−1	20	20	−0.6
74HC00	23	23	3.84	0.33	3.15	1.35	−4	4	1.0	−1.0
74AC00	8	6.5	3.86	0.44	3.15	1.35	−24	24	1.0	−1.0
74ACT00	9	7	3.86	0.44	2	0.8	−24	24	1.0	−1.0

t_{PHL} : High에서 Low로 변할 때 전파 지연 시간
t_{PLH} : Low에서 High로 변할 때 전파 지연 시간
V_{OH} : 논리 레벨 High일 때 출력 전압
V_{OL} : 논리 레벨 Low일 때 출력 전압
V_{IH} : 논리 레벨 High일 때 입력 전압
V_{IL} : 논리 레벨 Low일 때 입력 전압
I_{OH}, I_{OL}, I_{IH}, I_{IL} : 위와 같을 때 전류

예제 4-11

게이트 X의 t_{PLH}는 5ns이며, t_{PHL}은 4.5ns이다. 게이트 Y의 t_{PLH}는 8ns이며, t_{PHL}은 7.5ns이다. 각 게이트의 전파 지연 시간을 계산하고, 어느 게이트가 더 높은 주파수에서 동작하는지 설명하시오.

풀이

게이트 X와 Y의 전파 지연 시간을 계산하면 다음과 같다.

- 게이트 X의 전파 지연 시간 : 5ns + 4.5ns = 9.5ns
- 게이트 Y의 전파 지연 시간 : 8ns + 7.5ns = 15.5ns

동작 가능한 최대 주파수는 전파 지연 시간의 역수이므로 게이트 X가 더 높은 주파수에서 동작함을 알 수 있다.

- 게이트 X의 최대 동작 주파수 : 1/9.5ns = 105.26MHz
- 게이트 Y의 최대 동작 주파수 : 1/15.5ns = 64.52MHz

2 전력 소모

논리 장치IC Chip의 **전력 소모**power dissipation는 공급 전압(V_{cc})과 공급 전류(I_{cc})의 곱 $P_{cc} = V_{cc} \times I_{cc}$로 나타낸다. 이들 공급 전압과 공급 전류는 각 제조사와 IC의 특성에 따라 다르며, 공급사에서 제공하는 데이터시트datasheet에 표시되어 있다. TTL 계열에서 양 전원은 V_{CC}collector voltage, 음 전원ground : GND, 접지은 V_{EE}emitter voltage로 나타내며, FETfield effect transistor를 기반으로 하는 MOS IC에서는 V_{DD}drain voltage와 V_{SS}source voltage로 나타낸다. 일반적으로 TTL IC에 공급되는 양 전원은 V_{CC}로, 음 전원은 GND로 나타낸다. 이들에 공급되는 전류를 I_{CC}라고 한다.

예제 4-12

어떤 논리 게이트가 +5V DC 전압에서 동작하고 평균 4mA의 전류가 흐른다면 전력 소모는 얼마인가?

풀이

$$P = 5 \times 4 \times 10^{-3}\text{W} = 20 \times 10^{-3}\text{W} = 20\text{mW}$$

3 잡음 여유도

잡음 여유도noise margin란 출력과 입력 사이에 존재하는 식별 전압의 차이값을 말하며, 입력 신호에 어느 정도의 잡음noise이 있을 경우에도 신호를 식별 가능하도록 해준다. 논리회로에서 입력 전압의 잡음을 견뎌낼 수 있는 회로의 능력을 **잡음 면역**immunity이라 하며, 잡음 면역의 정도를 잡음 여유도라 한다

High 레벨의 잡음 여유도는 $V_{NH} = V_{OH}(\text{min}) - V_{IH}(\text{min})$이고, Low 레벨의 잡음 여유도는 $V_{NL} = V_{IL}(\text{max}) - V_{OL}(\text{max})$이다. [그림 4-29], [그림 4-30]은 잡음 여유도의 개념을 설명해준다.

V_{NH}
$V_{Noise\ High}$

V_{NL}
$V_{Noise\ Low}$

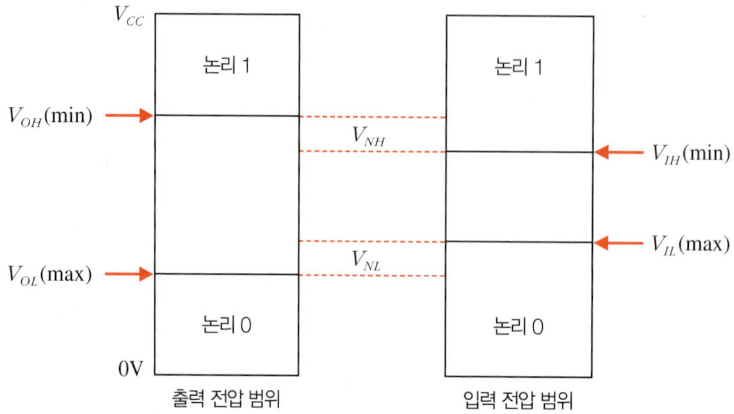

(a) 입출력 전압 범위

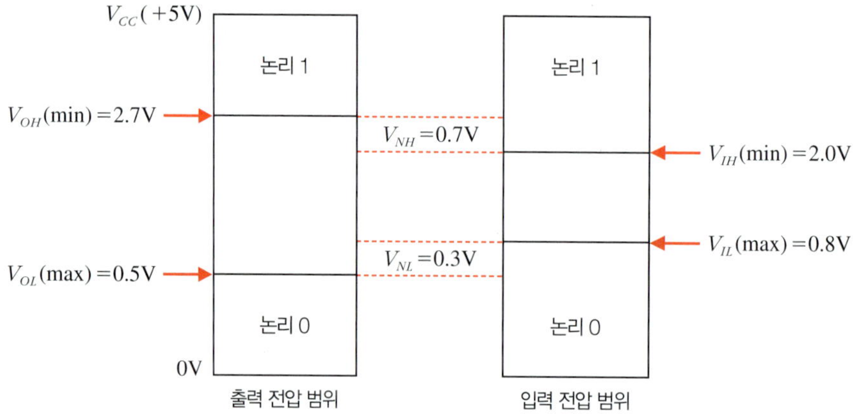

(b) LS-TTL의 입출력 레벨

그림 4-29 잡음 여유도

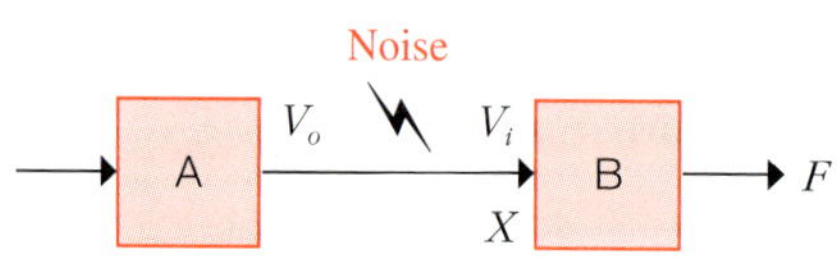

전기적인 잡음

원치 않은 전기적 불규칙성으로 인해 디지털 논리 레벨을 변화시키는 것

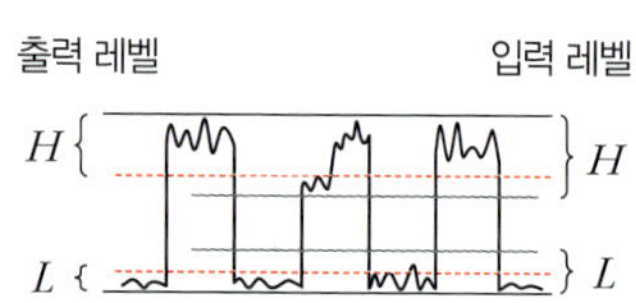

(a) 입력 신호 X(신호 + 잡음)

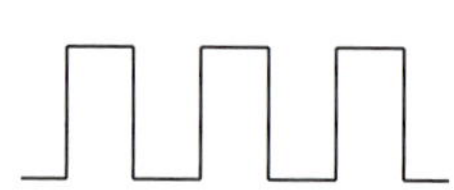

(b) 출력 신호 F

그림 4-30 TTL IC 잡음 특성

예제 4-13

주어진 파라미터를 이용하여 74HC 계열 IC의 잡음 여유도를 계산하시오.

파라미터	값
V_{IH} (min)	3.15V
V_{IL} (max)	1.35V
V_{OH} (min)	3.84V
V_{OL} (max)	0.33V

풀이

- Low level의 잡음 여유도 : $V_{NL} = V_{IL}(\text{max}) - V_{OL}(\text{max}) = 1.35\text{V} - 0.33\text{V} = 1.02\text{V}$
- High level의 잡음 여유도 : $V_{NH} = V_{OH}(\text{min}) - V_{IH}(\text{min}) = 3.84\text{V} - 3.15\text{V} = 0.69\text{V}$

예제 4-14

다음 표에는 세 종류의 게이트에 대한 전압 파라미터가 표시되어 있다. 잡음이 많은 산업 환경에서 사용할 수 있는 최선의 게이트를 선택하시오.

게이트 종류	V_{OH} (min)	V_{OL} (max)	V_{IH} (min)	V_{IL} (max)
게이트 A	2.4V	0.4V	2.0V	0.8V
게이트 B	3.5V	0.2V	2.5V	0.6V
게이트 C	4.2V	0.2V	3.2V	0.8V

풀이

게이트 A	• Low 레벨의 잡음 여유도 : $V_{NL} = V_{IL}(\text{max}) - V_{OL}(\text{max}) = 0.8\text{V} - 0.4\text{V} = 0.4\text{V}$ • High 레벨의 잡음 여유도 : $V_{NH} = V_{OH}(\text{min}) - V_{IH}(\text{min}) = 2.4\text{V} - 2.0\text{V} = 0.4\text{V}$
게이트 B	• Low 레벨의 잡음 여유도 : $V_{NL} = V_{IL}(\text{max}) - V_{OL}(\text{max}) = 0.6\text{V} - 0.2\text{V} = 0.4\text{V}$ • High 레벨의 잡음 여유도 : $V_{NH} = V_{OH}(\text{min}) - V_{IH}(\text{min}) = 3.5\text{V} - 2.5\text{V} = 1.0\text{V}$
게이트 C	• Low 레벨의 잡음 여유도 : $V_{NL} = V_{IL}(\text{max}) - V_{OL}(\text{max}) = 0.8\text{V} - 0.2\text{V} = 0.6\text{V}$ • High 레벨의 잡음 여유도 : $V_{NH} = V_{OH}(\text{min}) - V_{IH}(\text{min}) = 4.2\text{V} - 3.2\text{V} = 1.0\text{V}$

게이트 C가 Low 레벨에서 잡음 여유도가 크고, 또한 High 레벨에서도 잡음 여유도가 가장 크므로 잡음이 많은 산업 현장에서는 게이트 C가 가장 적합하다.

4 팬-인과 팬-아웃

팬-인fan-in은 한 개의 게이트 입력에 접속할 수 있는 최대 입력단의 수를 말한다. TTL NAND 게이트의 경우에는 입력이 2, 3, 4, 8개를 가진 것들이 있으며 더 많은 입력을 원할 경우 게이트를 여러 개 사용한다.

팬-아웃fan-out은 정상적인 동작에 영향을 주지 않고, 한 게이트에서 다른 게이트로의 입력으로 연결 가능한 최대 출력단의 수를 말한다. 예를 들어, LS-TTL 게이트를 접속할 경우 팬-아웃 수는 다음과 같이 계산할 수 있다.

- High 레벨인 경우 : $I_{OH}(\max)/I_{IH}(\max) = 0.4\text{mA}/0.02\text{mA} = 20$개
- Low 레벨인 경우 : $I_{OL}(\max)/I_{IL}(\max) = 8\text{mA}/0.4\text{mA} = 20$개

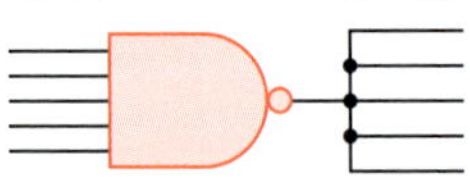

그림 4-31 팬-인과 팬-아웃

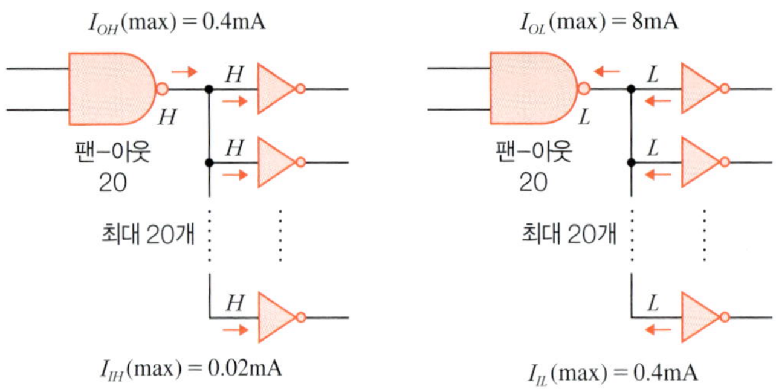

(a) 출력이 High 레벨일 때 (b) 출력이 Low 레벨일 때

그림 4-32 LS-TTL의 팬-아웃

예제 4-15

[표 4-1]을 참조하여 74F00의 팬-아웃을 계산하시오.

풀이

- High 레벨인 경우 : $\dfrac{I_{OH}(\max)}{I_{IH}(\max)} = \dfrac{1\text{mA}}{20\mu\text{A}} = \dfrac{1\text{mA}}{0.02\text{mA}} = 50$개

• Low 레벨인 경우 : $\dfrac{I_{OL}(\max)}{I_{IL}(\max)} = \dfrac{20\text{mA}}{0.6\text{mA}} = 33$개

High 레벨인 경우 50개이고, Low 레벨인 경우 33개이다. 팬-아웃은 최악의 경우를 고려하여 33개다.

5 싱크 전류와 소스 전류

칩에는 보통 **싱크 전류**sink current 또는 **소스 전류**source current라는 출력이 있으며, 칩의 출력에서 전류의 방향을 나타낸다.

칩이 싱크 전류를 포함하면 출력 쪽으로 전류가 흘러 들어간다는 뜻이다. 칩의 출력과 +전원 사이에 소자를 연결하여 칩의 출력이 Low(0V)일 때 동작한다. 칩이 소스 전류를 포함하면 출력에서 바깥으로 전류가 흐른다는 뜻이다. 칩의 출력과 0V 사이에 소자를 연결하여 출력이 High($+V_{CC}$)일 때 동작한다.

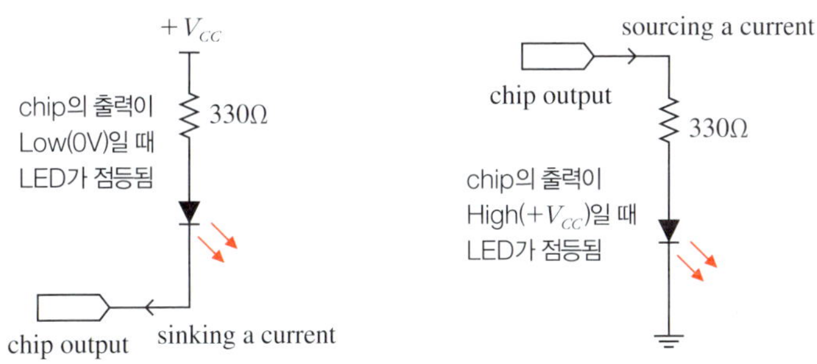

(a) 싱크 전류로 점등 (b) 소스 전류로 점등

그림 4-33 싱크 전류와 소스 전류

일반적으로 이 두 가지 방법이 모두 가능하다. 그러나 74계열 TTL의 경우 많은 칩에서 싱크 전류는 16mA까지 가능하며, 소스 전류는 0.25mA 이하다. LED를 점등하기 위해서는 2V(red, green, yellow)~4V(blue, white)의 전압과 20mA 정도의 전류가 필요하므로 74계열에서 LED를 점등할 때는 싱크 전류를 이용한다.

LED

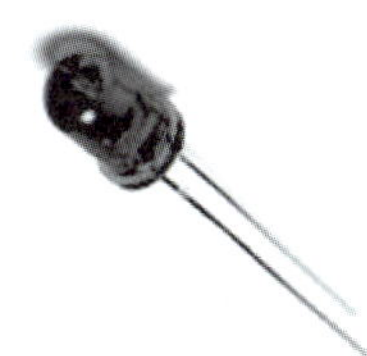

발광 다이오드(發光 diode)는 순방향으로 전압을 가했을 때 빛을 발하는 반도체 소자이다. LED(Light Emitting Diode)라고도 불리며, 발광 원리는 전계 발광(Electroluminescence) 효과를 이용하고 있다. 또한 수명도 백열전구보다 상당히 길다. 발광색은 사용되는 재료에 따라서 다르며 자외선 영역에서 가시광선, 적외선 영역까지 발광하는 것을 제조할 수 있다. 일리노이 대학의 닉 호로니악이 1962년에 최초로 개발하였다. 오늘날까지 여러 가지 용도로 사용되었으며 향후 형광등이나 전구를 대체할 광원으로 기대되고 있다.

높은 팬-아웃 IC를 LSI 출력에 접속하기 위한 소자로는 74LS06, 74LS07과 같은 버퍼buffer를 사용한다. 이들은 게이트에 외부에서 공급하는 싱크 전류를 40mA까지 허용하며, 게이트가 공급하는 소스 전류는 0.25mA다.

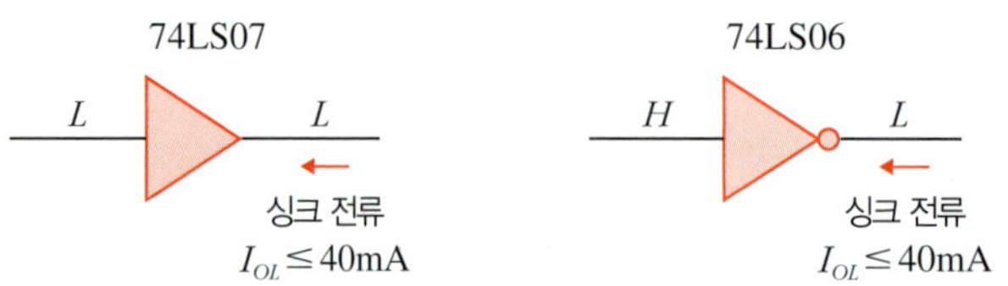

(a) 버퍼 (b) 인버터

그림 4-34 버퍼와 인버터에서의 싱크 전류

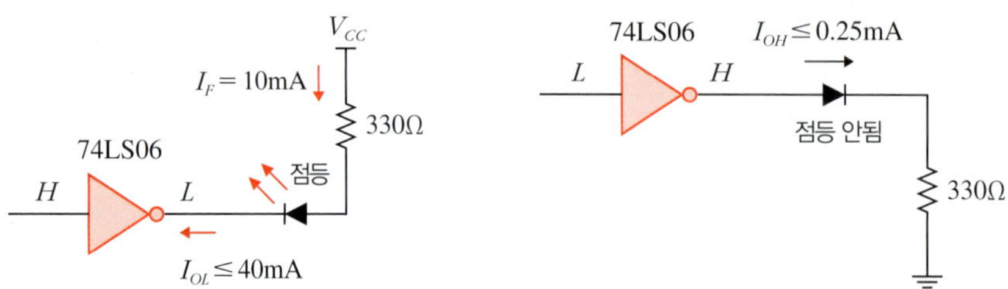

(a) 싱크 전류로 점등 (b) 소스 전류로는 점등 안 됨

그림 4-35 TTL IC에서 싱크 전류 및 소스 전류 사용

6 풀-업 저항과 풀-다운 저항

풀-업pull-up **저항**은 여러 가지 입력으로부터 안전하게 동작할 수 있게 하는 것이며, **풀-다운**pull-down **저항**도 마찬가지다. 풀-업 저항은 전원 쪽으로 연결할 때 사용하고, 풀-다운 저항은 접지 쪽으로 연결할 때 사용한다.

[그림 4-36](a)의 경우 스위치가 연결되어 있으면 NOT 게이트에 0이 정상적으로 입력되지만 스위치가 떨어져 있을 경우에는 게이트의 입력이 연결되지 못하여 높은 저항high-impedance이 걸려 실제로 전원과 연결이 끊어진다floating. 스위치가 끊어지거나 연결되지 않은 상태가 되면 대부분의 게이트에서는 입력이 High(논리 1) 상태가 된다. 이는 좋지 않은 상태이며, 전자적인 잡음 때문에 입력이 Low(논리 0)가 될 수 있다. 따라서 정상적인 동작이 이루어지지 않을 가능성이 크며, 전체적인 회로가 불안정한 상태가 된다.

연결되지 못하는 현상floating을 방지하기 위하여 [그림 4-36](b)와 같이 게이트의 입력을 직접 전원(V_{CC})에 연결할 수 있다. 이때 스위치가 끊어지면 게이트가 on 상태가 된다. 그러나 스위치가 on 상태가 되면 전원과 접지가 직접 연결되어 단락short되며, 과전류가 흘러 전선이 탈 수도 있다. 이는 아주 좋지 않은 방법이다.

이를 해결하기 위하여 사용하는 것이 풀-업 저항과 풀-다운 저항이다. 풀-업 저항과 풀-다운 저항은 회로가 정확하게 동작하도록 해주며, 더불어 회로를 보호하는 역할을 한다. 풀-업 저항과 풀-다운 저항으로는 3~10KΩ을 사용한다.

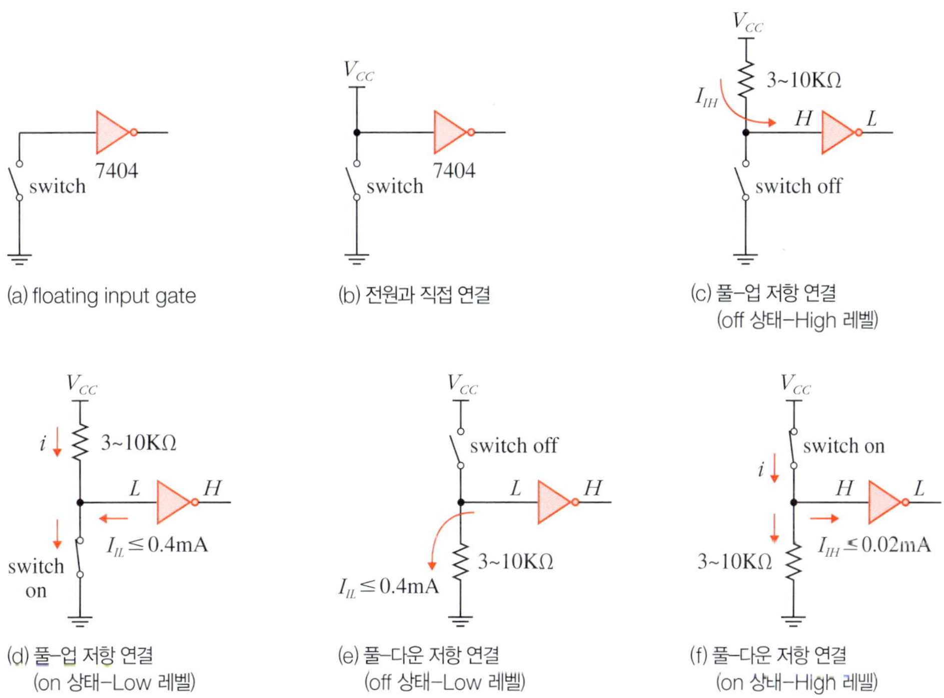

그림 4-36 풀-업 저항과 풀-다운 저항

7 IC 계열별 특징

디지털 IC는 TTLtransistor-transistor logic과 CMOScomplementary metal oxide semiconductor가 있다. TTL은 BJTbipolar junction transistor와 diode(schottky diode)로 구성된 논리회로이고, CMOS는 NMOS와 PMOS FET로 구성된 논리회로다. CMOS는 TTL보다 소비 전력

이 적고 사용 전압의 범위가 넓다는 장점이 있으나, 속도가 TTL보다 떨어진다는 단점이 있다. 그러나 최근에는 고속의 CMOS IC가 개발되어 TTL과 비슷한 보급 성향을 보이고 있다. TTL 중에서는 **74계열** 외에 군용과 같이 열악한 환경에서도 동작할 수 있게 개발된 **54계열**이 있다. 74계열은 작동 온도 범위가 0~70℃ 정도인 반면에 54계열은 −55~125℃에서도 동작할 수 있다.

TTL, CMOS에는 각각 여러 가지 종류가 있으며, TTL은 LS[low power−schottky]와 F[fast] 타입, CMOS는 4000B 계열과 HC[high speed CMOS] 타입을 주로 사용한다. 실제로 이들 이외의 제품은 시중에서 구하기 힘들다. [표 4−2]에는 TTL과 CMOS의 대표적인 전기적 특성과 장단점을 요약하여 정리하였다.

TTL

오늘날 디지털 전자공학에서 가장 널리 사용되는 집적 회로. 여러 종류의 TTL 집적 회로가 완전한 디지털 시스템에서 필요한 논리 함수를 수행하는 데 사용되고 있다.

CMOS

디지털 회로에서 논리 함수를 수행하는 집적 회로. 낮은 전력 소모와 낮은 스위칭 속도의 특성이 있다.

쇼트키(Schottky)

작은 순방향 전압으로 동작되며, 스위칭 동작 속도가 빠르다.

V_{DD}는 CMOS에 인가된 전압

표 4−2 TTL과 CMOS 특성 비교

구분	TTL	CMOS
전원 전압	4.75~5.25V	종래형 : 3~8V, 고속형 : 2~6V
논리 레벨 전압(Low)	0~0.8V	0~1/3V_{DD}
논리 레벨 전압(High)	2.4~5.0V	2/3~V_{DD}
팬-아웃	10개	50개
소비 전력	10mW	10μW
최대 동작 주파수	LS형 : 45MHz, ALS형 : 100MHz	종래형 : 2MHz, 고속형 : 45MHz
형태	74LSxx, 74ALSxx, 74Fxx, 74ASxx	40xxx, 14xxx, 74HCxxx
잡음 여유도	2.4V	3V
장단점	• 전파 지연 시간이 짧다. • 소비 전력이 크다. • 잡음 여유도가 작다. • 온도에 따라 threshold 전압이 크게 변한다.	• 소비 전력이 작다. • 낮은 전압에서 동작한다. • 잡음 여유도가 크다. • 구조가 간단하여 집적화가 쉽다. • 전원 전압 범위가 넓다. • 정전 파괴가 쉽다.

연습문제

01 다음 3입력 AND 게이트의 파형이 입력될 때 출력 파형을 구하시오.

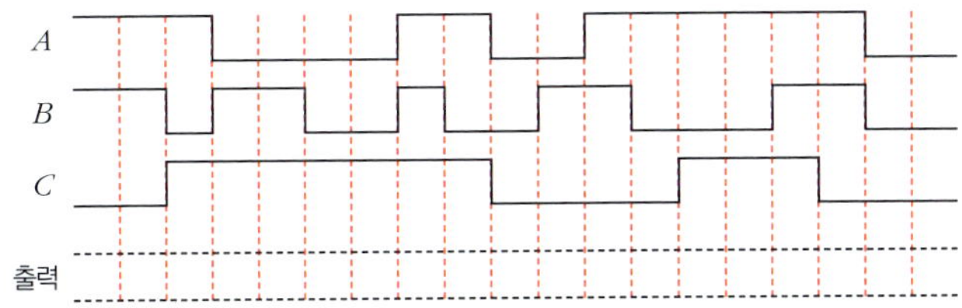

02 아래 그림의 수신 장치receiving device에서 2, 3, 6, 7의 펄스를 얻기 위하여 인에이블 신호enable signal에 가해지는 파형을 그려 보시오.

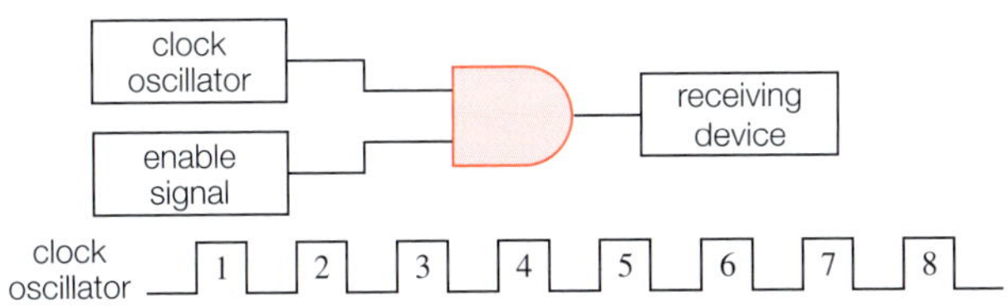

03 운전자가 안전 벨트를 매지 않고 시동을 걸면, 경고등(W)이 켜지는 논리회로를 설계하시오. 운전자(D)가 승차하면 High, 하차하면 Low라고 하자. 안전 벨트(S)를 매면 High, 그렇지 않으면 Low라고 하자. 또한 시동(I)을 걸면 High, 그렇지 않으면 Low라고 한다.

04 자동차 도난 경보기는 보통 문이 닫혀 있을 때 4개의 각 문에 Low 스위치가 연결되어 있다. 만약 어떤 문이라도 열리면 도난 경보가 울린다. 경보는 active-high 출력을 필요로 한다. 이 논리를 제공하기 위해서는 어떤 형태의 게이트가 필요한지 설명하시오.

05 5입력 OR 게이트에서 High를 출력하는 입력의 조합은 몇 가지나 있는가?

06 다음 논리회로의 입력에 파형이 인가될 때 출력 파형을 구하시오.

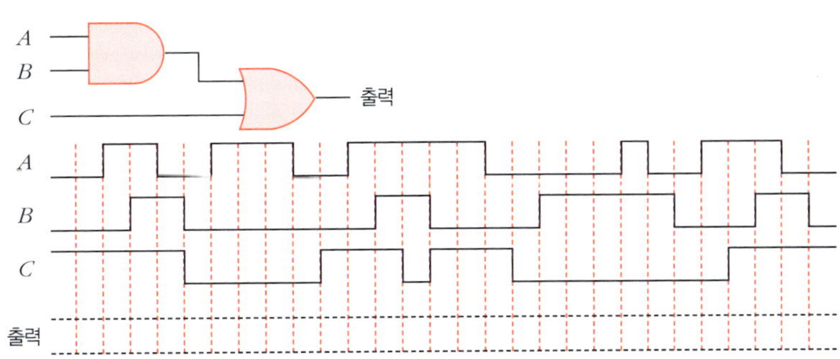

07 다음 그림 ①과 ②에 대하여 각각 진리표를 작성한 다음 논리식을 쓰시오. 이 결과를 더 확장한다면 어떤 결론을 내릴 수 있는가?

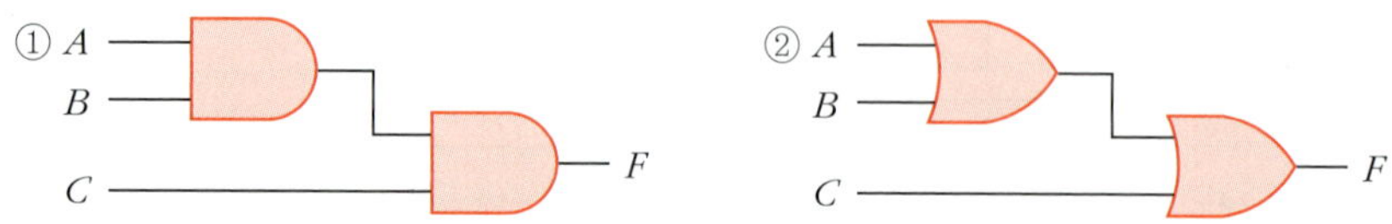

08 OR 게이트인지 AND 게이트인지 모르는 2입력 게이트를 가지고 있다고 가정하자. 게이트의 입력에 어떤 신호의 조합을 인가해 보면 게이트의 유형을 알 수 있겠는가?

09 제조 공정에 필요한 액체 화학물을 두 개의 탱크에 저장하는 공장이 있다. 각 탱크에는 저장된 화학물이 25% 이하임을 검출할 수 있는 센서가 부착되어 있다. 이 센서의 출력은 저장된 화학물이 25% 이상이면 High, 25% 이하이면 Low이다. 두 탱크가 모두 25% 이상 채워졌을 때, 표시판의 녹색 LED가 on되어야 한다. 이 논리를 제공하기 위해서는 어떤 형태의 게이트가 필요한지 설명하시오. 단, LED는 [그림 4-33](a)와 같이 싱크 전류로 구동됨을 가정한다.

10 4입력 NAND 게이트 하나를 포함하고 있는 회로를 고장 진단하던 중 NAND 게이트의 출력이 항상 High인 것을 발견하였다고 가정하자. 어떤 문제가 발생할 수 있는지 설명하시오.

11 다음 3입력 NOR 게이트의 입력 파형을 보고 출력 파형을 구하시오.

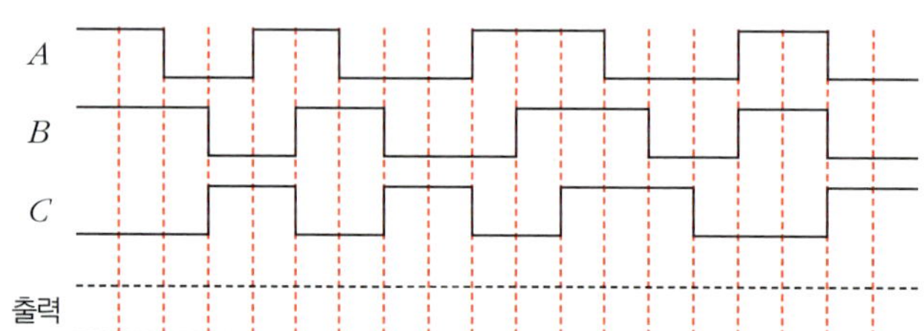

12 다음 각 물음에 답을 2가지씩 제시하시오.

① 3입력 AND 게이트를 사용하여 2입력 AND 게이트 기능을 갖도록 구현하시오.

② 3입력 OR 게이트를 사용하여 2입력 OR 게이트 기능을 갖도록 구현하시오.

③ 3입력 NAND 게이트를 사용하여 2입력 NAND 게이트 기능을 갖도록 구현하시오.

④ 3입력 NOR 게이트를 사용하여 2입력 NOR 게이트 기능을 갖도록 구현하시오.

13 항공기에는 3개의 착륙 기어가 있으며, 각각의 기어에는 센서가 부착되어 있다. 착륙 기어가 펴졌을 때 센서 출력은 Low이고, 그렇지 않으면 High라고 가정한다. 항공기가 착륙 전에 기어를 내리는 스위치를 동작시켰을 때, 3개의 기어가 모두 적절히 펴지면 녹색 LED가 on되어야 한다. 이 논리를 제공하기 위해서는 어떤 형태의 게이트가 필요한지 설명하시오. 단, LED는 [그림 4-33](b)와 같이 소스 전류로 구동됨을 가정한다.

14 이륙 후에 3개의 착륙 기어가 모두 접히지 않았을 경우를 식별하기 위해서는 어떤 형태의 게이트가 필요한지 설명하시오. LED는 게이트 출력이 Low일 때 on된다고 가정한다. 단, LED는 [그림 4-33](a)와 같이 싱크 전류로 구동됨을 가정한다.

15 다음 물음에 답하시오.

① 어떤 의사결정 회의에서 두 위원(A, B)이 찬성할 때는 스위치를 누르고, 반대할 때는 누르지 않는다고 하자. 두 위원의 의견이 같은 경우에만 램프가 켜지는 장치를 구성하기 위해서는 어떤 논리 게이트를 사용하면 되는가? 단, 스위치를 누르면 논리 1, 누르지 않으면 논리 0이다. 또한 램프는 논리 1이면 on된다.

② 두 위원의 의견이 같더라도 위원장인 C가 확인 스위치를 눌러야 램프가 켜지도록 장치를 보완한다면 전체 회로를 어떻게 구성해야 되는가? 단, 확인 스위치도 누르면 논리 1, 누르지 않으면 논리 0이다.

16 다음 3입력 XOR 게이트의 입력 파형을 보고 출력 파형을 구하시오.

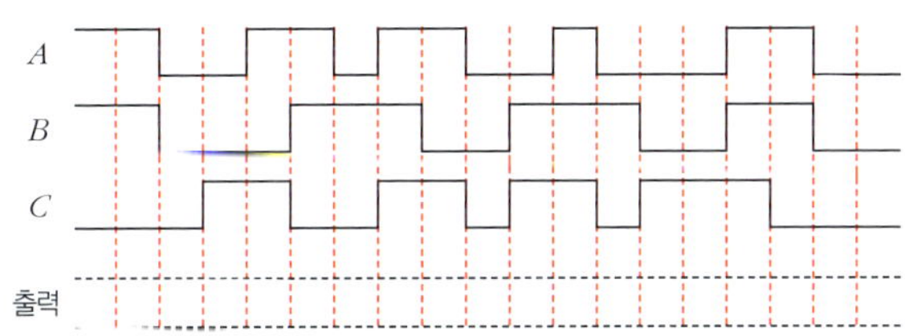

17 2입력 XOR 게이트 2개를 사용하여 2입력 XNOR 게이트 기능을 수행하는 회로를 구현하시오.

18 오른쪽 표는 2입력 논리 게이트에 대한 입출력 전압을 나타낸다.

① 정논리를 이용한 진리표로 바꾸시오. 이때 어떤 함수가 실현되는가?

② 부논리를 이용한 진리표로 바꾸시오. 이때 어떤 함수가 실현되는가?

입력		출력
A	B	F
0V	0V	+5V
0V	+5V	0V
+5V	0V	0V
+5V	+5V	+5V

19 정논리 AND 게이트와 부논리 OR 게이트의 논리 동작이 서로 동일함을 증명하시오.

20 그림의 회로에서 입력 A에 구형파를 인가하였을 경우 개략적인 출력 파형을 그려 보시오. 단, NOT 게이트에서의 전파 지연은 펄스 폭에 비해 매우 작다고 가정한다.

① NOT 게이트에서의 전파 지연을 무시한 경우

② NOT 게이트에서의 전파 지연을 고려한 경우

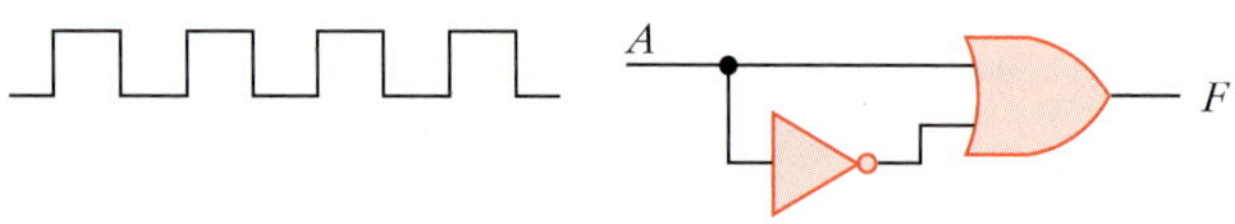

21 그림의 회로에 대해 문제 **20**을 반복하시오.

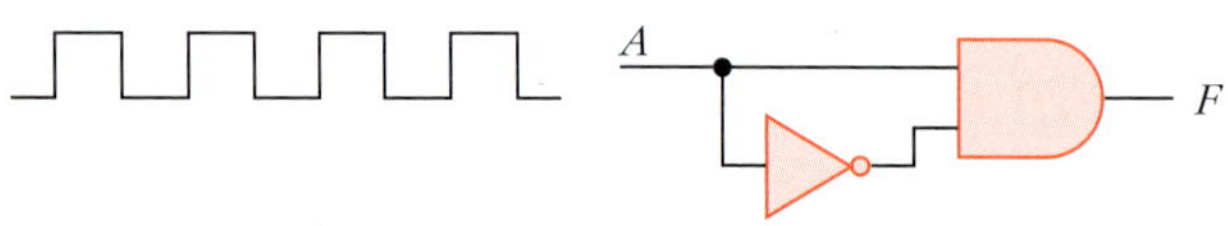

22 다음과 같이 1ns의 지연이 있는 버퍼와 XOR 게이트로 구성된 회로의 입력 CP에 100MHz의 50% 듀티 사이클을 가지는 구형파를 인가하였다. 출력 F에서의 주파수와 듀티 사이클을 구하시오.

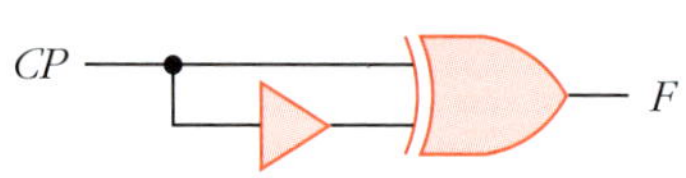

23 어떤 논리 게이트가 +5V의 DC 전원에서 동작하고, 논리 1에서 전류는 1.5mA, 논리 0에서는 12.5mA의 전류가 흐른다면 이 게이트의 평균 전력 소모는 얼마인가?

24 게이트의 논리 0의 최대 출력이 0.6V이고, 다른 게이트의 논리 0의 최대 입력이 0.8V일 때 잡음 여유도를 계산하시오.

25 [표 4-1]을 참조하여 각 계열별 잡음 여유도를 계산한 후 게이트의 동작 속도가 빠른 순서와 잡음 여유도가 높은 순서대로 나열하시오.

01 TTL IC에서 논리 0과 논리 1의 전압 범위로 가장 옳은 것은?

① 논리 0 = 0~1.5V, 논리 1 = 3.5~7V
② 논리 0 = 0~1.0V, 논리 1 = 5~10V
③ 논리 0 = 0~0.8V, 논리 1 = 2~5V
④ 논리 0 = 5~10V, 논리 1 = 0~5V

02 NOT 게이트에 대한 설명으로 옳은 것은?

① 입력이 1일 때 출력이 0이다.
② 두 입력이 모두 1일 때 출력이 1이다.
③ 두 개의 입력이 서로 같지 않을 때만 출력이 1이다.
④ 두 입력 중 어느 하나의 입력이 1일 때 출력이 0이다.

03 2진수의 1의 보수를 구하기 위해서 사용되는 게이트는?

① AND ② NOT ③ OR ④ XOR

04 14핀 TTL IC에서 2개의 단자는 +전원과 접지로 사용된다. 이 14핀 IC에 넣을 수 있는 인버터의 최대 개수는?

① 3개 ② 4개 ③ 5개 ④ 6개

05 그림과 같이 2개의 inverter를 연결했을 때의 출력은?

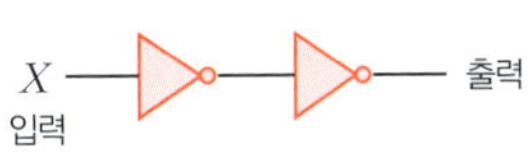

① X ② $\bar{X}$ ③ 0 ④ 1

06 다음 중 논리 버퍼(buffer)의 기능으로 옳은 것은?

① 논리 0을 입력했을 때 출력은 하이 임피던스(high impedance) 상태가 된다.
② 지연 소자로서 기능을 한다.
③ 입출력의 논리 변화는 없으나 입력되는 신호의 크기가 감수되어 출력된다.
④ 버퍼를 사용하지 않았을 때보다 부하 구동 능력이 다소 감소된다.

07 다음 3상태 IC에서 출력 가능한 상태가 아닌 것은?

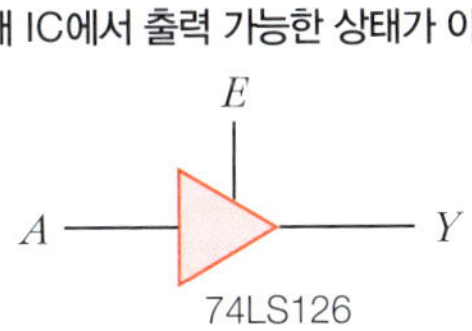

① High ② Low ③ Hi-Z ④ Low-Z

08 3상태 출력 버퍼에서 출력(F)이 1인 경우의 입력은?

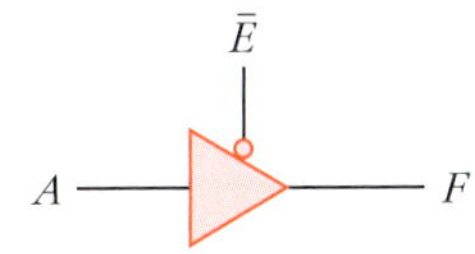

① $A = 0$, $\bar{E} = 0$ ② $A = 0$, $\bar{E} = 1$
③ $A = 1$, $\bar{E} = 0$ ④ $A = 1$, $\bar{E} = 1$

09 그림과 같은 게이트의 출력 a, b, c, d를 순서대로 나열한 것은? 단, Z는 high impedance 상태를 나타낸다.

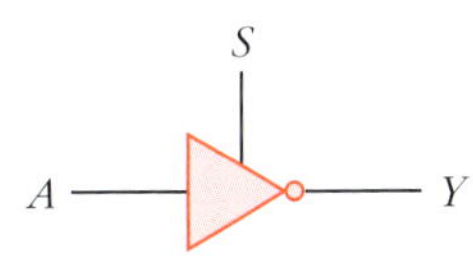

A	S	Y
0	0	a
1	0	b
0	1	c
1	1	d

① 1, 0, 1, 0 ② 1, 0, Z, Z
③ Z, Z, 1, 0 ④ 0, 1, 0, 1

10 다음과 같은 3-state를 갖는 회로에서 출력 논리값은?

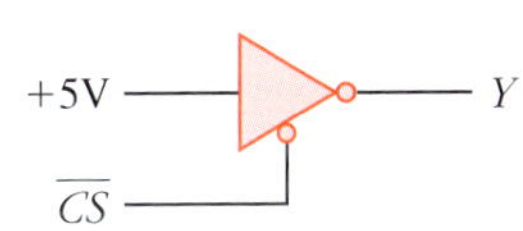

① $\overline{CS}$ 단자가 0일 때 $Y = 0$
② $\overline{CS}$ 단자가 0일 때 $Y = 1$
③ $\overline{CS}$ 단자가 1일 때 $Y = 0$
④ CS 단자가 1일 때 $Y = 1$

11 tri-state buffer의 기능을 올바르게 설명한 것은?

① 여러 개의 어드레스 선을 입력으로 받아 하나의 출력만을 동작시킨다.
② enable될 경우 논리적 기능을 갖추며, disable되면 고임피던스 상태가 되어 회로가 끊어진 상태가 된다.
③ CPU의 내부 구성요소로서 데이터 저장 기능을 수행한다.
④ 레지스터 값의 일시적인 대피 및 복구 기능을 가지고 있다.

12 다음 중 입력이 모두 1일 때만 출력이 1이 되는 게이트는?

① XOR 게이트　　② AND 게이트
③ NOR 게이트　　④ NAND 게이트

13 두 개의 자료 $11001011_{(2)}$과 $11110000_{(2)}$의 데이터를 ALU에 의해 어떤 연산이 수행되어 $11000000_{(2)}$의 결과가 나왔다. 이때 ALU에서 이루어진 연산은?

① XOR 연산　　② OR 연산
③ NOT 연산　　④ AND 연산

14 A = 01010101, B = 10101010일 때 A와 B의 불 곱(boolean product)은?

① 00000000　　② 01010101
③ 10101010　　④ 11111111

15 2의 보수를 사용하는 컴퓨터에서 10진수 5와 11을 AND 연산하고 complement 하였다면 결과는? 단, 연산 시 4비트를 사용한다.

① $1_{(10)}$　　② $2_{(10)}$
③ $-1_{(10)}$　　④ $-2_{(10)}$

16 EBCDIC 코드로 왼쪽 입력 레지스터에 D2E2가 입력되어 있다. 출력 레지스터의 내용이 00E2가 되도록 하려면 오른쪽 입력 레지스터의 내용을 어떻게 하면 되는가?

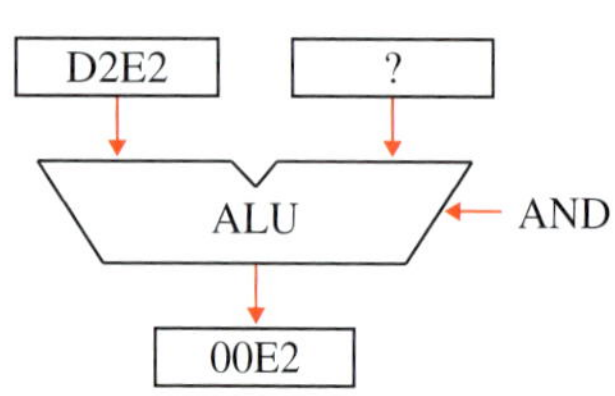

① 00D2　　② 00FF
③ E2E2　　④ E200

17 특정 비트나 특정 문자를 삭제하기 위해 필요한 연산은?

① OR 연산　　② MOVE 연산
③ complement 연산　　④ AND 연산

18 비수치 데이터에서 마스크를 이용하여 불필요한 부분을 제거하기 위한 연산으로 가장 적합한 게이트는?

① NOT　　② XOR
③ OR　　④ AND

19 출력에 High를 얻음으로써 10진수 x를 디코딩할 수 있는 논리회로다. 이때 입력 $ABCD$는?

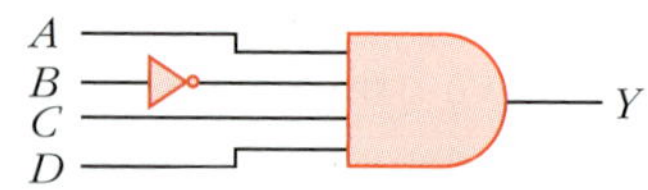

① 0011　　② 0100
③ 1011　　④ 1101

20 아래 스위칭 회로의 논리식이 옳은 것은?

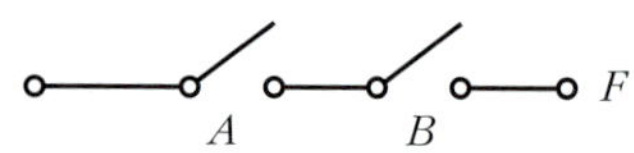

① $F = A + B$　　② $F = A \cdot B$
③ $F = A - B$　　④ $F = A/(B + A)$

21 그림의 게이트(gate)는? 단, 정논리인 경우다.

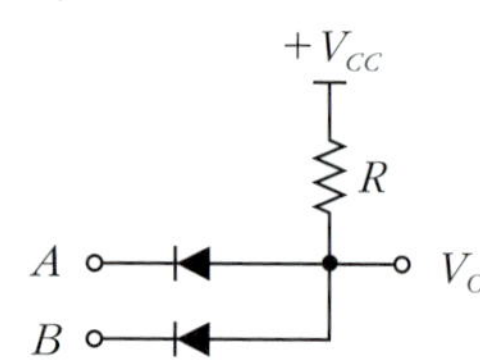

① AND　② NAND　③ OR　④ NOR

22 그림의 회로는 어떤 논리 동작을 하는가?

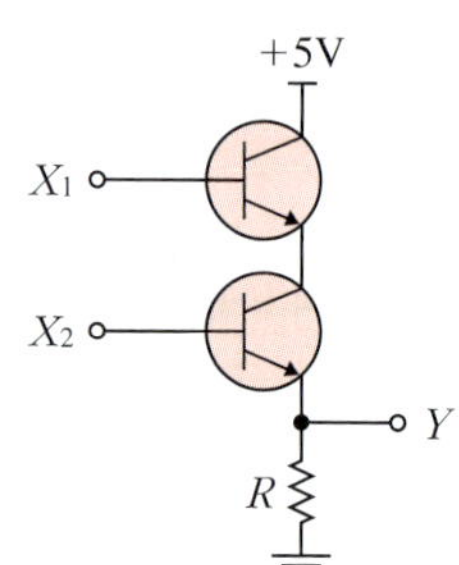

① AND　② OR　③ NOR　④ NAND

23 레지스터에 저장되어 있는 몇 개의 비트를 1로 하기 위해서는 그 장소에 x를 가진 데이터를 y 연산을 하면 된다. 이때 x와 y는?

① $x = 0$, $y \rightarrow$ AND　　② $x = 1$, $y \rightarrow$ AND
③ $x = 1$, $y \rightarrow$ OR　　④ $x = 0$, $y \rightarrow$ OR

24 다음 그림과 같이 A, B 2개의 레지스터에 있는 자료에 대해 ALU가 OR 연산을 행하면 그 결과의 출력 레지스터 C의 내용은?

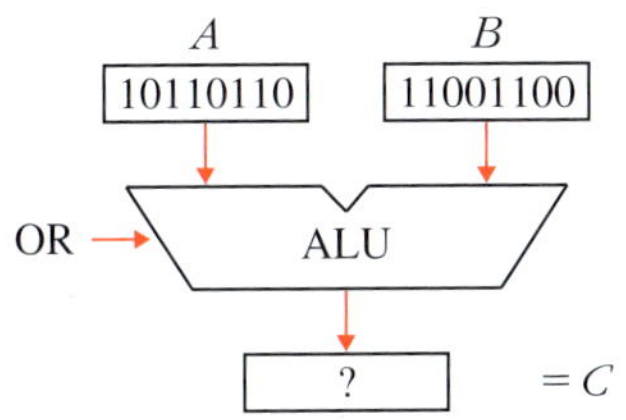

① 11101110 ② 11111110
③ 10000000 ④ 10110110

25 2개 이상의 자료를 섞을 때(문자 삽입 등)의 사용에 편리한 연산자는?

① MOVE 연산 ② 보수 연산
③ AND 연산 ④ OR 연산

26 레지스터에 저장되어 있는 비트들을 모두 1로 만들기 위해 해당 레지스터에 데이터 A를 연산 B로 계산할 때 옳은 것은?

① A : FF, B : OR ② A : 00, B : AND
③ A : 00, B : OR ④ A : FF, B : AND

27 16진수 $80_{(16)}$이 들어 있는 8비트 레지스터에서 0, 2, 4번째 비트를 세트(set)하려면 얼마의 값을 OR 연산하여야 하는가?

① 10H ② 11H
③ 12H ④ 15H

28 10진수 4와 10진수 13에 해당하는 그레이 코드(gray code)를 비트 단위(bitwise) OR 연산을 하면 결과는?

① 0110 ② 1011
③ 0010 ④ 1111

29 6개의 입력을 가지는 OR 게이트에서 입력 조합 중 몇 개가 High 출력을 만드는가?

① 31개 ② 32개 ③ 63개 ④ 64개

30 정논리(positive logic)에서 그림과 같은 회로의 출력을 나타내는 논리식은?

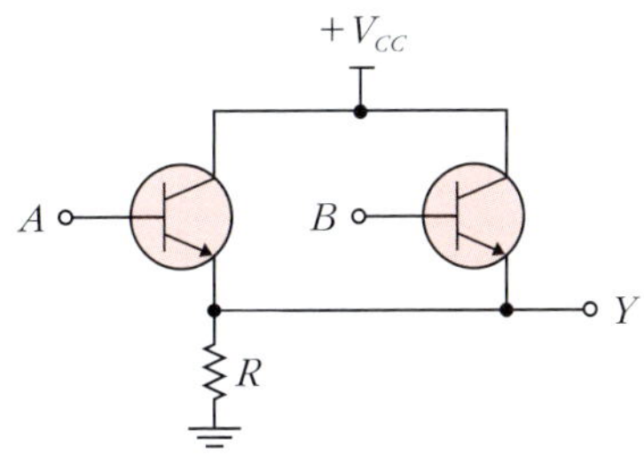

① AB ② $A+B$
③ $\overline{AB}$ ④ $\overline{A+B}$

31 그림의 정논리(positive logic) 회로에서 A, B, C를 입력, Y를 출력이라고 하면 이는 어떤 논리 게이트인가?

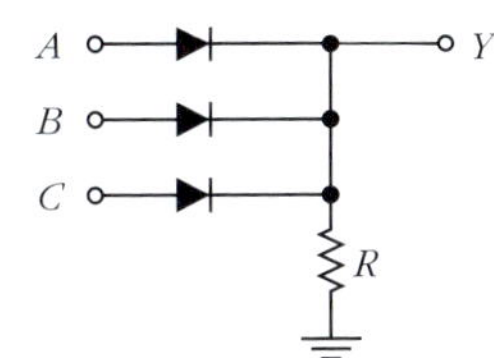

① AND 게이트 ② OR 게이트
③ XOR 게이트 ④ NAND 게이트

32 다음 다이오드 논리회로의 출력은?

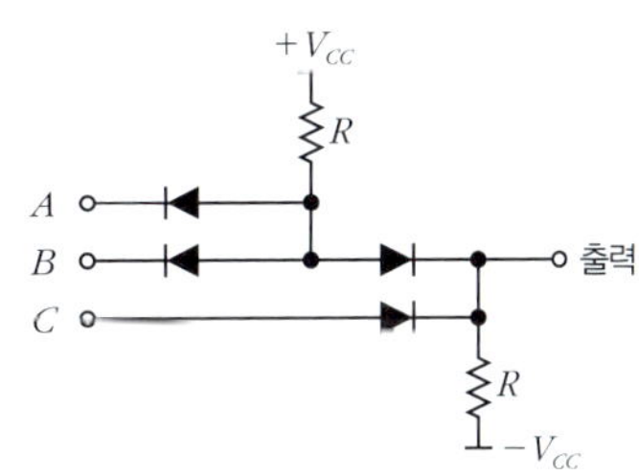

① $(A+B)C$ ② $AB+C$
③ $A+B+C$ ④ ABC

33 아래 진리표(truth table)는 무슨 게이트인가?

A	B	$C(A, B)$
1	1	0
1	0	1
0	1	1
0	0	1

① NOR
② AND
③ OR
④ NAND

34 다음 그림의 X, Y 입력에 대한 동작 파형의 논리 게이트는 무엇인가?

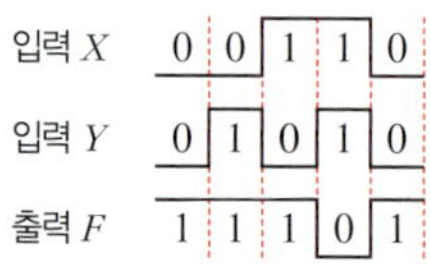

① NAND 게이트　② AND 게이트　③ OR 게이트　④ NOT 게이트

35 다음의 진리표에 해당하는 논리회로도는?

A	B	F
0	0	1
0	1	1
1	0	1
1	1	0

① 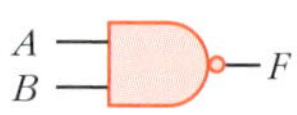

② 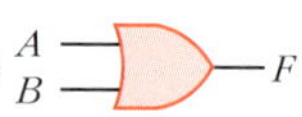

③ 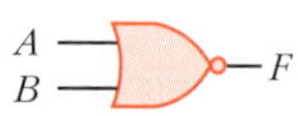

④ 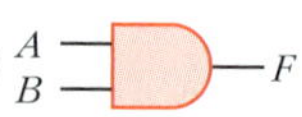

36 3개(A, B, C)의 입력 펄스에 대한 출력(X) 동작은 어느 게이트에 해당하는가?

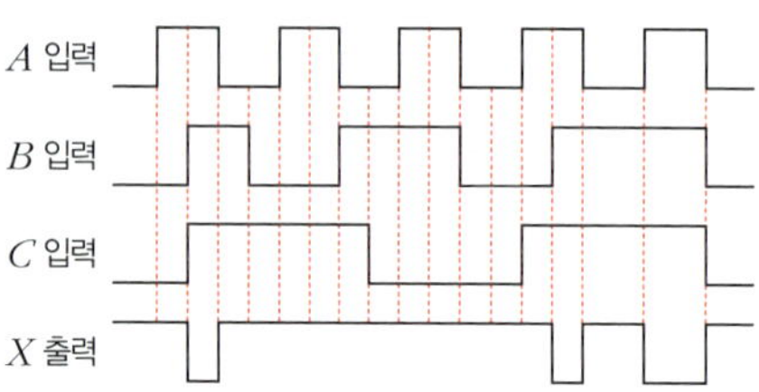

① AND　② NAND　③ OR　④ NOR

37 두 2진수 01101101과 11100110을 연산하여 결과가 10011011이 나왔다. 다음의 어떤 연산을 한 것인가?

① AND 연산　② OR 연산　③ XOR 연산　④ NAND 연산

38 입력이 모두 "1"일 때만 출력이 "0"이고, 그 외에는 "1"인 게이트는? 단, 정논리인 경우이다.

① AND　② NAND　③ OR　④ NOR

39 진리표가 다음과 같을 때 해당되는 게이트는?

A	B	F
0	0	1
0	1	0
1	0	0
1	1	0

① AND　② OR　③ NAND　④ NOR

40 그림과 같은 입력 A, B, C의 파형을 가할 때 출력 X의 파형을 얻을 수 있다면, 이 게이트의 명칭은?

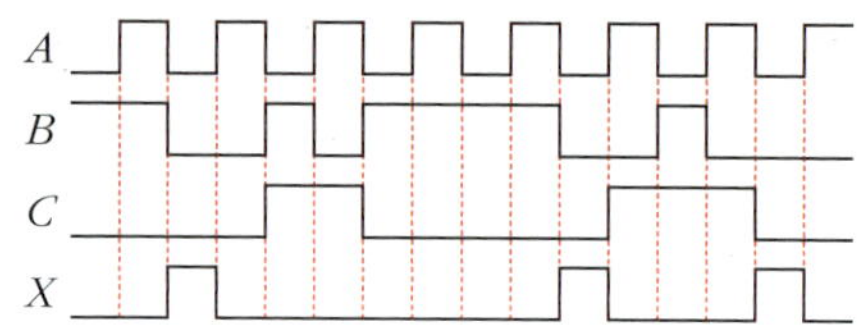

① AND 게이트　② OR 게이트　③ NAND 게이트　④ NOR 게이트

41 입력이 모두 0(Low)일 때만 출력이 1(High)로 나오는 게이트는?

① AND　② NAND　③ OR　④ NOR

42 다음 게이트(gate) 중 두 입력이 1과 0일 때 1의 출력이 나오지 않는 것은?

① OR　② XOR　③ NAND　④ NOR

43 다음 보기 중 NOR 함수를 나타내는 논리식은?

① $f(x, y) = x + y$　② $f(x, y) = \overline{x + y}$
③ $f(x, y) = xy$　④ $f(x, y) = \bar{x}y$

44 다음과 같은 회로를 논리 기호로 표시하면?

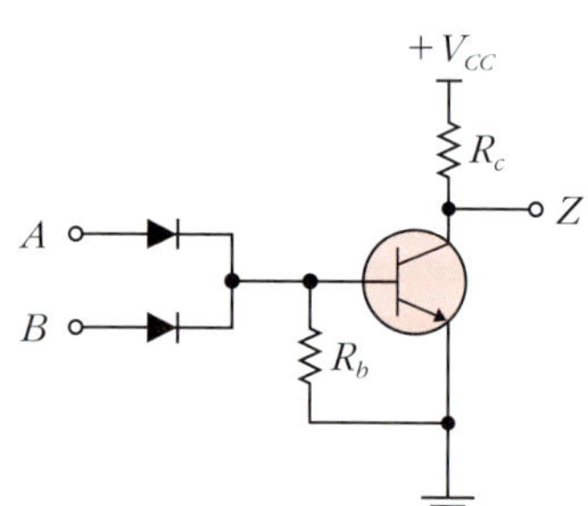

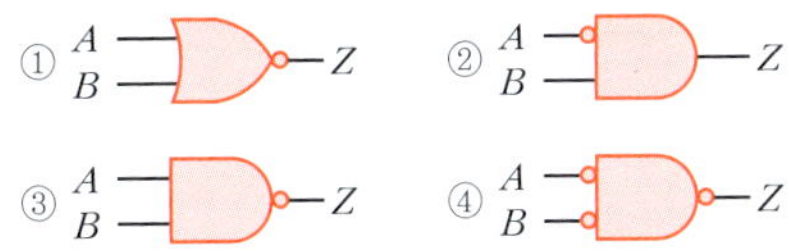

45 다음 회로가 수행할 수 있는 논리 기능은?

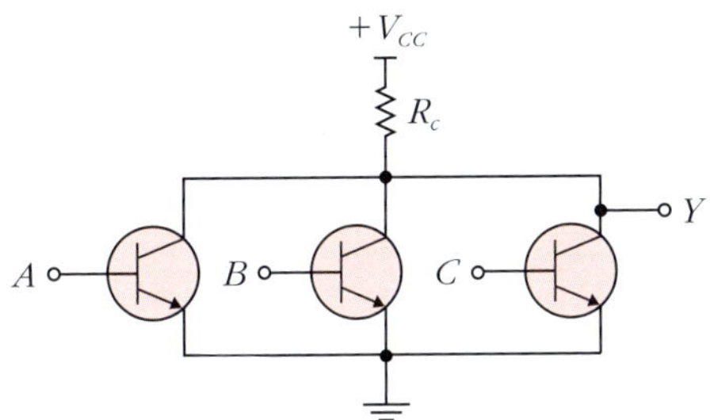

① NOT ② NOR
③ AND ④ OR

46 2입력 XOR에 대한 설명으로 옳은 것은?

① 입력이 같을 때 출력 = 0, 다를 때 출력 = 0이 발생
② 입력이 같을 때 출력 = 0, 다를 때 출력 = 1이 발생
③ 입력이 같을 때 출력 = 1, 다를 때 출력 = 0이 발생
④ 입력이 같을 때 출력 = 1, 다를 때 출력 = 1이 발생

47 다음 진리표와 같은 연산을 하는 게이트는?

입력		출력
A	B	X
0	0	0
0	1	1
1	0	1
1	1	0

① OR gate ② AND gate
③ XOR gate ④ NAND gate

48 다음과 같은 게이트의 출력을 나타낸 것은?

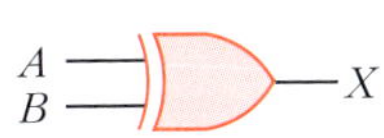

① $A+B$ ② $A\bar{B}+\bar{A}B$
③ $\overline{AB}$ ④ AB

49 두 개의 입력 파형 A, B에 대하여 출력 파형 Y가 그림과 같을 때 어떤 게이트를 통과한 것인가?

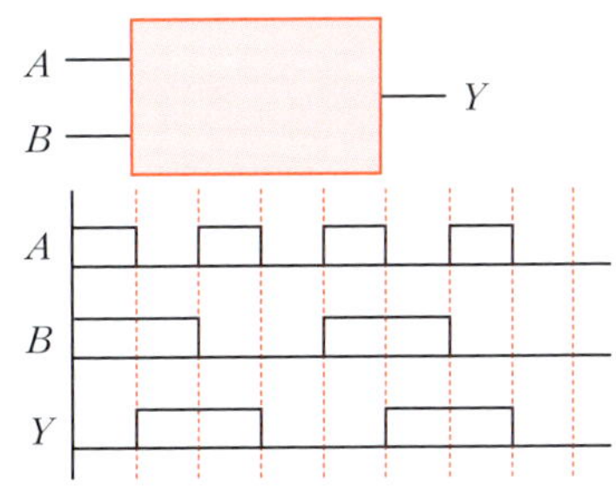

① OR ② NOR ③ NAND ④ XOR

50 다음 진리표에 해당하는 논리식(F)으로 맞는 것은?

입력		출력
A	B	F
0	0	0
0	1	1
1	0	1
1	1	0

① $F=\bar{A}B+A\bar{B}$ ② $F=AB+\bar{A}\bar{B}$
③ $F=A\bar{A}+B\bar{B}$ ④ $F=\bar{A}B+AB$

51 다음 회로에서 출력 Y는 어떤 논리식과 같은가?

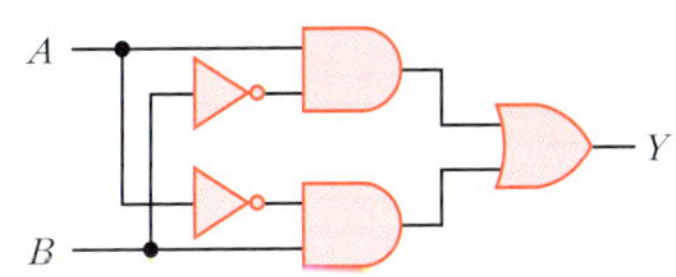

① $Y=AB+\bar{A}\bar{B}$ ② $Y=\bar{A}\bar{B}+A\bar{B}$
③ $Y=A\bar{B}+AB$ ④ $Y=A\bar{B}+\bar{A}B$

52 다음 그림의 연산 결과는?

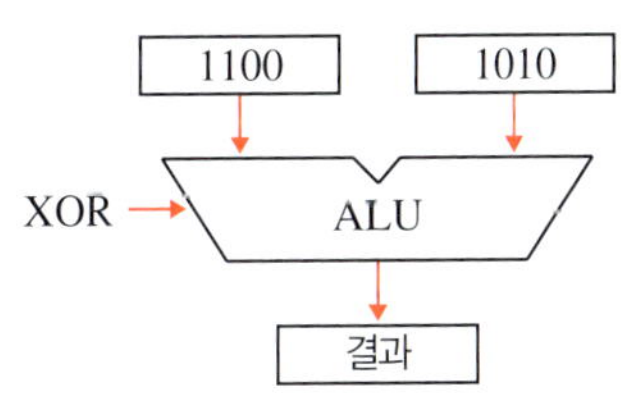

① 0111 ② 0110 ③ 1001 ④ 1010

53 컴퓨터의 연산 장치에서 2개의 자료 11011101, 01101101을 XOR 연산하였을 때의 결과는?

① 01001111　② 10110000
③ 11111101　④ 01001101

54 레지스터 A에 11011001이 들어 있다. 레지스터 A의 내용이 01101101로 바뀌었다면 레지스터 B의 내용이 10110100이면 A, B에 수행된 논리 마이크로 동작은?

① $A \leftarrow AB$　② $A \leftarrow A+B$
③ $A \leftarrow A \oplus B$　④ $A \leftarrow \overline{A+B}$

55 XOR 게이트의 입력 A, B, C에 대한 출력(F) 진리값 중 틀린 것은? 단, $F=A\oplus B\oplus C$이다.

① $0=0\oplus 0\oplus 0$　② $1=0\oplus 0\oplus 1$
③ $1=0\oplus 1\oplus 1$　④ $1=1\oplus 1\oplus 1$

56 어느 게이트의 진리표 일부가 다음과 같을 때 이 진리표에 부합될 수 있는 게이트는?

X	Y	F
1	0	1
1	1	0

① AND와 OR　② XOR와 NAND
③ XOR와 NOR　④ OR와 NOR

57 다음 중 특정 비트를 반전시킬 때 사용하는 연산은?

① AND　② OR
③ XOR　④ MOVE

58 다음 중 2진수 1011을 0100으로 각 비트의 값을 반전시키거나 보수를 구할 때 사용하는 연산은?

① AND 연산　② OR 연산
③ NOT 연산　④ XOR 연산

59 두 입력이 같을 때에만 1을 출력하는 게이트는?

① AND 게이트　② OR 게이트
③ XOR 게이트　④ XNOR 게이트

60 두 비트의 값이 같은지를 판단하기 위해 사용할 수 있는 가장 적절한 게이트는?

① AND　② OR
③ NOR　④ XNOR

61 두 입력이 0과 1일 때, 1의 출력이 나오지 않는 것은?

① NAND 게이트　② OR 게이트
③ XNOR 게이트　④ XOR 게이트

62 다음 진리표와 같은 연산을 하는 게이트는?

입력		출력
A	B	F
0	0	1
0	1	0
1	0	0
1	1	1

① AND 게이트
② NAND 게이트
③ XOR 게이트
④ XNOR 게이트

63 다음과 같은 입력 A, B가 인가될 때 출력 F가 나타나는 게이트는?

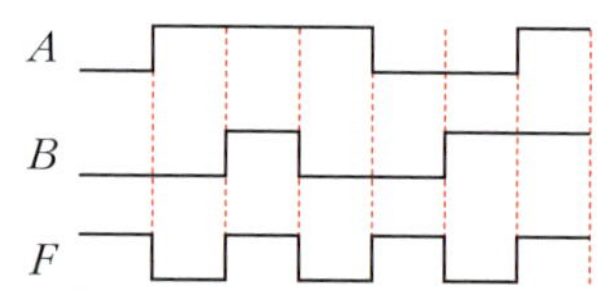

① AND　② XOR　③ XNOR　④ OR

64 다음 회로의 연산 결과는?

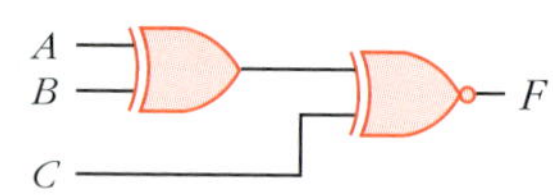

① $(A\oplus B)\oplus C$　② $A\oplus(\overline{B\oplus C})$
③ $(\overline{A\oplus B})\oplus C$　④ $(\overline{A\oplus B\oplus C})$

65 다음과 같은 논리회로에 대한 설명으로 틀린 것은?

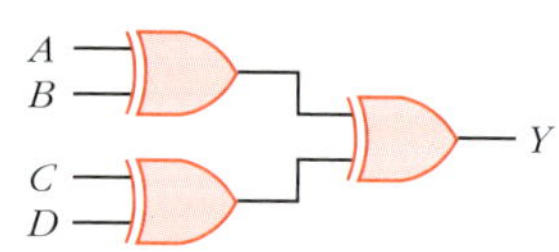

① 입력 A, B, C, D가 모두 0이면, $Y=1$이다.
② 입력 A, B, C, D가 모두 1이면, $Y=0$이다.
③ 입력 A, B, C, D에서 1의 상태의 개수가 홀수이면, $Y=1$이다.
④ 입력 A, B, C, D에서 1의 상태의 개수가 짝수이면, $Y=0$이다.

66 배타적 OR 논리가 $1 \oplus A$인 결과는?

① 0 ② 1 ③ A ④ $\bar{A}$

67 $A=0$, $B=1$, $C=1$, $D=1$일 때 논리값이 1이 되는 것은?

① $\bar{A}BCD$ ② $A\bar{B}CD$
③ $AB\bar{C}D$ ④ $ABC\bar{D}$

68 $A=1$, $B=0$, $C=1$, $D=0$일 때, 논리값이 1이 되는 것은?

① $A\bar{B}+C\bar{D}$ ② $\bar{A}B+\bar{C}D$
③ $\bar{A}\bar{B}+\bar{C}\bar{D}$ ④ $AB+CD$

69 다음 게이트의 출력은? 단, $A=B=S=1$

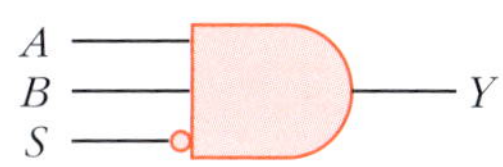

① 0 ② 1 ③ AB ④ S

70 다음 논리회로의 출력 결과는?

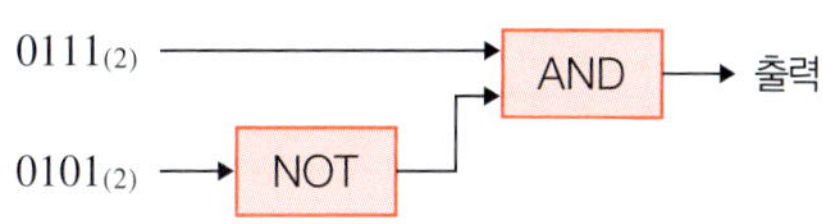

① $0000_{(2)}$ ② $0101_{(2)}$
③ $1111_{(2)}$ ④ $0010_{(2)}$

71 다음 논리회로에서 단자 A에 0000, 단자 B에 0101이 입력된다고 할 때, 그 출력 F는?

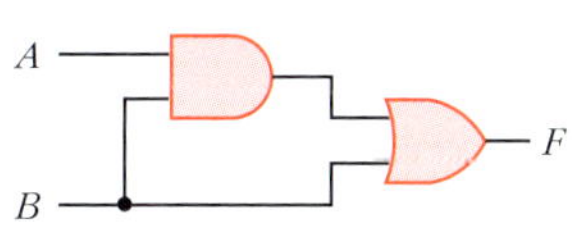

① 1111 ② 0110
③ 1001 ④ 0101

72 다음 논리회로에서 A값이 0011이고, B값이 1000일 때 출력 Y는?

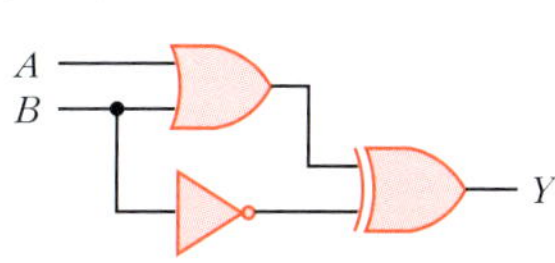

① 1100 ② 0011 ③ 1011 ④ 1101

73 다음 회로의 출력 F가 0이 되기 위한 조건은?

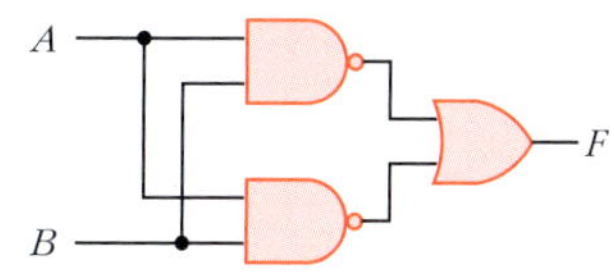

① $A=0$, $B=0$ ② $A=0$, $B=1$
③ $A=1$, $B=0$ ④ $A=1$, $B=1$

74 다음과 같은 논리회로에서 A의 입력은 1000, B의 입력은 1011일 때의 출력은?

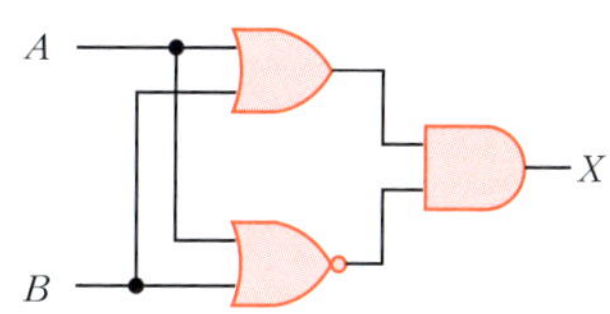

① 0011 ② 1000
③ 1011 ④ 0000

75 다음 논리회로에 대한 진리값 중 틀린 것은?

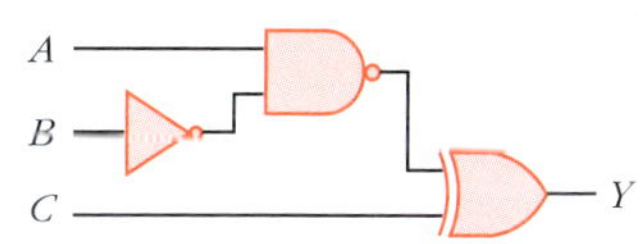

① $B=0$, $C=0$, $Y=\bar{A}$
② $B=0$, $C=1$, $Y=A$
③ $B=1$, $C=0$, $Y=0$
④ $B=1$, $C=1$, $Y=0$

76 다음 논리회로에서 $A=1010$, $B=1100$이 입력되어 있을 때 출력 Y는?

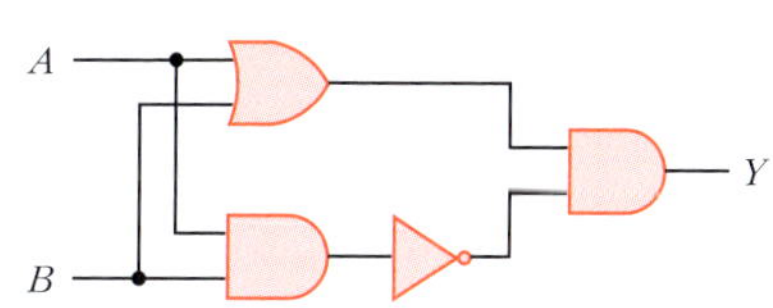

① 1100 ② 0011
③ 1001 ④ 0110

77 다음과 같은 회로에 A의 값을 0011, B의 값을 1100과 같은 순서로 입력할 때 출력(F)으로 옳은 것은?

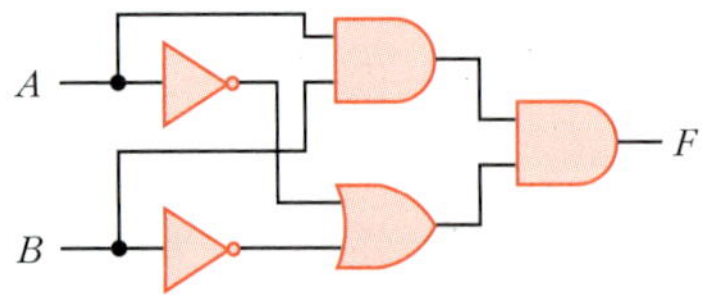

① 1101　② 1100
③ 0000　④ 1001

78 그림의 논리회로에서 입력 $A=1$(High), $B=0$(Low)일 때 출력 X와 Y의 값은?

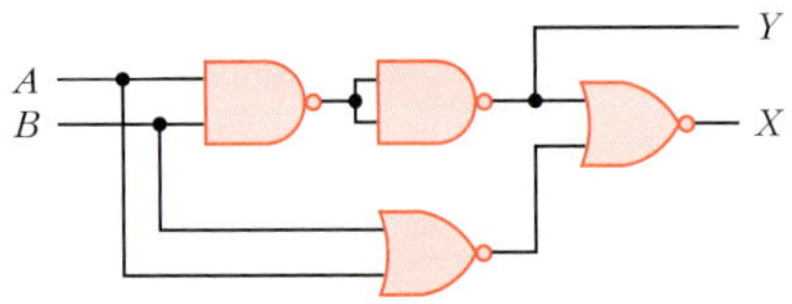

① $X=1$, $Y=1$　② $X=1$, $Y=0$
③ $X=0$, $Y=0$　④ $X=0$, $Y=1$

79 다음 회로에서 $A=1$, $B=0$, $C=1$, $D=1$일 때 출력 Y, Z의 논리 상태로 옳은 것은?

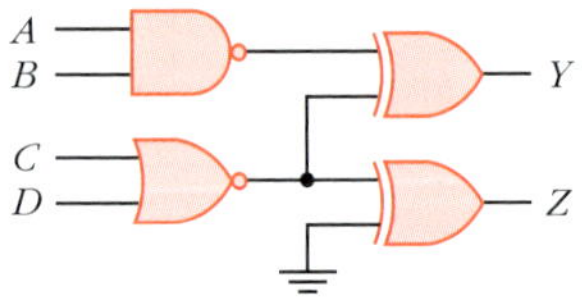

① $Y=0$, $Z=1$　② $Y=1$, $Z=1$
③ $Y=1$, $Z=0$　④ $Y=0$, $Z=0$

80 다음 논리회로에서 A의 데이터는 0101, B의 데이터는 1001이 입력될 때 X의 출력값은?

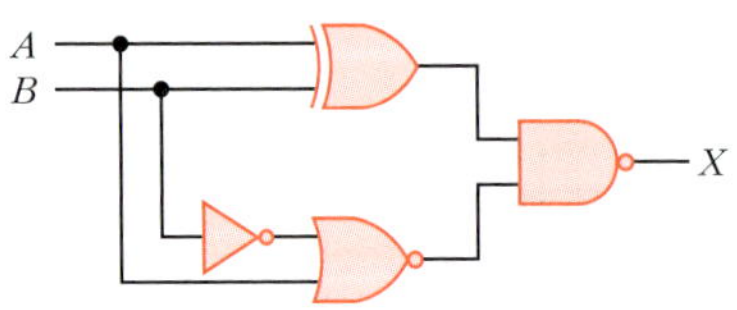

① 0111　② 1110　③ 1100　④ 1001

81 다음 그림에서 A의 값은 1010, B의 값은 0011이 입력될 때 출력 X값은?

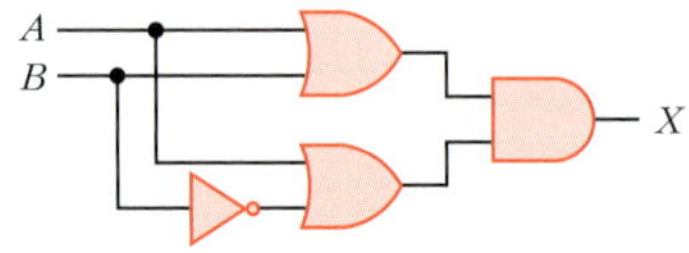

① 1100　② 0011　③ 1010　④ 0101

82 그림의 논리회로에서 3개의 입력 단자에 각각 1의 입력이 들어오면 출력 A와 B의 값은?

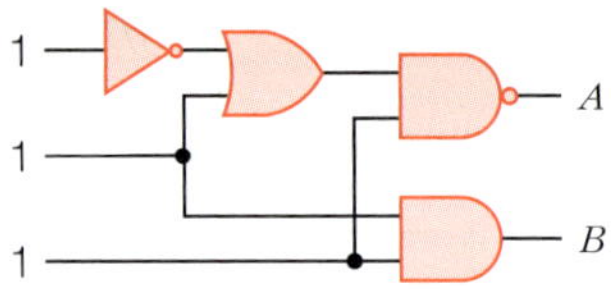

① $A=1$, $B=0$　② $A=1$, $B=1$
③ $A=0$, $B=0$　④ $A=0$, $B=1$

83 다음 논리회로에서 $A=1$, $B=0$일 때 출력 X, Y의 값으로 옳은 것은?

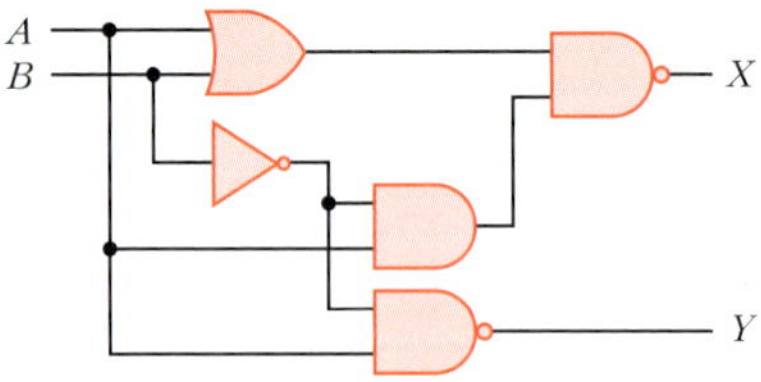

① $X=1$, $Y=1$　② $X=1$, $Y=0$
③ $X=0$, $Y=1$　④ $X=0$, $Y=0$

84 다음 회로에서 입력이 $A=1$, $B=1$, $C=1$로 될 경우 출력 X와 Y의 값은?

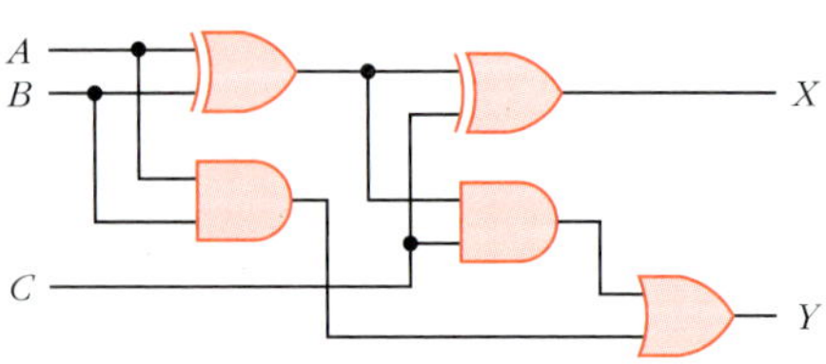

① $X=0$, $Y=0$　② $X=0$, $Y=1$
③ $X=1$, $Y=0$　④ $X=1$, $Y=1$

85 그림의 논리회로에서 각 입력에 대한 출력(Y_1 Y_2 Y_3 Y_4)은?

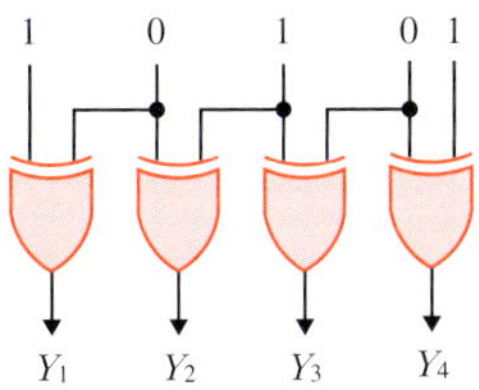

① 1000 ② 1111
③ 1100 ④ 1101

86 $A=1, B=1, C=0, D=1$일 때 논리 연산 $\overline{((AB\oplus C)+\bar{C}D)}+\overline{(A\oplus CD)}$의 결과값과 $(A\bar{B}C+B\bar{C})\oplus(\bar{A}+\bar{C})(\bar{B}A\bar{D})$의 결과값을 순서대로 옳게 나열한 것은?

① 0, 0 ② 0, 1
③ 1, 0 ④ 1, 1

87 그림의 회로도에서 LED가 점등하기 위한 조건으로 옳은 것은?

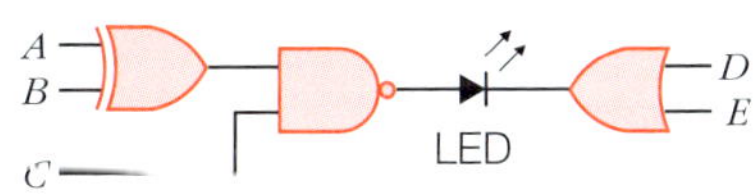

	A	B	C	D	E
①	1	1	1	1	0
②	1	0	1	0	0
③	1	1	1	0	1
④	0	1	0	0	0

88 다음 계수기의 게이트 펄스는 10초 시간 폭을 갖는다고 한다. 만일 클록 펄스가 579Hz의 주파수 신호라면 게이트 펄스가 끝난 후에는 계수기가 얼마를 계수하겠는가?

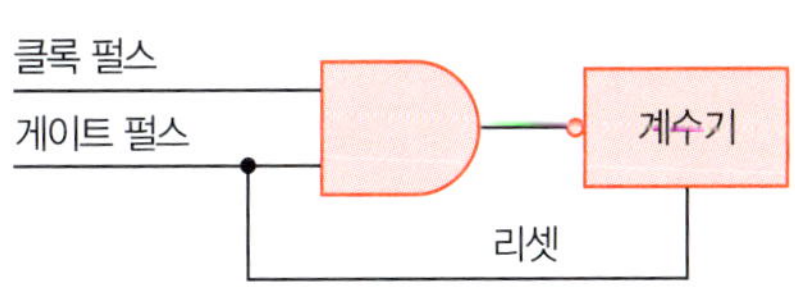

① 57900 ② 5790
③ 2895 ④ 34750

89 어떤 계수기가 0.2초 동안 게이트되었다. 계수되는 신호파의 주파수가 250KHz라면 게이트 펄스가 끝나는 시각에서 계수기의 BCD 출력은?

① 50,000 ② 25,000
③ 10,000 ④ 5,000

90 74LS374와 같은 74시리즈 TTL IC의 타입 이름에 포함된 영문자 "LS"의 의미는?

① 고집적 회로
② 저전력 고속도
③ 장기수명 고속도
④ 고전력 고안정도

91 논리 IC의 종류 중에서 표준 특성으로 비교할 때 팬–아웃(fan–out)의 수가 가장 많은 것은?

① 표준형 TTL ② 쇼트키 TTL
③ ECL ④ CMOS

92 다음 중 게이트당 소비 전력이 가장 적은 소자는?

① TTL ② ECL
③ RTL ④ CMOS

93 TTL과 비교하여 CMOS 집적 회로의 특징이 아닌 것은?

① 소비 전력이 적다.
② 잡음 여유도가 높다.
③ 동작 속도가 빠르다.
④ 폭넓은 전원 전압에서 동작이 가능하다.

94 TTL과 비교하여 CMOS 논리회로의 특징이 아닌 것은?

① 높은 입력 임피던스다.
② 소비 전력이 작다.
③ 잡음 여유도가 크다.
④ TTL과의 혼용이 매우 용이하다.

95 다음 중 CMOS형 IC의 특징은?

① 소비 전력이 크다.
② 잡음 여유도가 크다.
③ P형이나 N형보다 공정이 간단하다.
④ 전원 전압 범위가 적다.

96 논리회로를 설계하는 과정에서 최적화를 위한 고려 대상이 아닌 것은?

① 게이트 종류의 다양화
② 전파 지연 시간의 최소화
③ 사용 게이트 수의 최소화
④ 게이트 간의 상호 변수의 최소화

97 논리회로군(logic circuit families)의 성능을 평가하는 요소가 아닌 것은?

① fan–out ② power–dissipation
③ propagation delay ④ turn–around time

98 디지털 IC의 특성을 나타내는 중요한 비교 평가 요소가 아닌 것은?

① 전파 지연 시간 ② 전력 소모
③ 팬–아웃(fan–out) ④ 공급 전원 전압

99 하나의 논리 게이트 출력이 정상적인 동작 상태를 유지하면서 구동할 수 있는 표준 부하의 수의 의미는?

① 팬–아웃(fan–out)
② 전력 소모(power dissipation)
③ 전파 지연 시간(propagation delay time)
④ 잡음 여유도(noise margin)

100 디지털 IC 계열에 대한 특성이 다음 표와 같다면, 논리 장치인 chip의 전력 소모를 줄이기 위하여 가장 낮은 전력을 소모하는 것은 어느 것인가?

종류	공급 전압[V]	공급 전류[mA]
7400	2	16
74LS00	2	8
74S00	2	20
74AC00	3.15	75

① 7400 ② 74LS00
③ 74S00 ④ 74AC00

101 진리표를 구하는 절차의 순서가 옳은 것은?

> ㉠ 입력 변수들만의 함수인 게이트들의 출력에 대하여 진리표를 구한다.
> ㉡ 선택된 게이트들의 출력에 임의의 기호들을 붙인다.
> ㉢ 게이트들의 출력에 대해서 최종 출력이 결정될 때까지 진리표를 완성한다.
> ㉣ 입력 변수들의 개수를 결정한다. n개의 입력에 대해 2^n개의 가능한 1과 0들의 입력 조합들을 목록으로 작성한다.

① ㉠→㉢→㉣→㉡ ② ㉡→㉣→㉠→㉢
③ ㉣→㉠→㉢→㉡ ④ ㉣→㉡→㉠→㉢

1 ③ 2 ① 3 ② 4 ④ 5 ① 6 ② 7 ④ 8 ③ 9 ③ 10 ① 11 ② 12 ②
13 ④ 14 ① 15 ④ 16 ② 17 ④ 18 ④ 19 ③ 20 ② 21 ① 22 ① 23 ③ 24 ②
25 ④ 26 ① 27 ④ 28 ④ 29 ③ 30 ② 31 ② 32 ② 33 ④ 34 ① 35 ① 36 ②
37 ④ 38 ② 39 ④ 40 ④ 41 ④ 42 ④ 43 ② 44 ① 45 ② 46 ② 47 ③ 48 ②
49 ④ 50 ① 51 ④ 52 ② 53 ② 54 ③ 55 ③ 56 ② 57 ③ 58 ④ 59 ④ 60 ④
61 ③ 62 ④ 63 ③ 64 ④ 65 ① 66 ④ 67 ① 68 ① 69 ① 70 ④ 71 ④ 72 ①
73 ④ 74 ④ 75 ③ 76 ④ 77 ③ 78 ② 79 ③ 80 ① 81 ③ 82 ④ 83 ④ 84 ④
85 ② 86 ② 87 ④ 88 ② 89 ① 90 ② 91 ④ 92 ④ 93 ③ 94 ④ 95 ② 96 ①
97 ④ 98 ④ 99 ① 100 ② 101 ④

Chapter

05

불 대수

01 기본 논리식의 표현

02 불 대수 법칙

03 논리회로의 논리식 변환

04 논리식의 회로 구성

05 불 대수식의 표현 형태

06 불 대수 법칙을 이용한 논리식의 간소화

연습문제

기출문제

학습목표

- 기본 논리식의 표현 방법을 이해할 수 있다.
- 불 대수의 법칙을 이해하고 복잡한 논리식을 간소화할 수 있다.
- 논리회로를 논리식으로, 논리식을 논리회로로 표현할 수 있다.
- 곱의 합(SOP)과 최소항(minterm)의 개념을 이해하고 이를 활용할 수 있다.
- 합의 곱(POS)과 최대항(maxterm)의 개념을 이해하고 이를 활용할 수 있다.

01 기본 논리식의 표현

불 대수 Boolean algebra는 1854년 영국의 수학자 조지 불George Boole이 논리 계산을 형식화하여 도입한 대수계로, 논리식을 간소화하기 위한 수학이다. 즉, 불 대수를 이용해 논리식을 표현할 수 있다.

불 함수
논리 게이트 또는 조합 논리 게이트의 함수 동작을 설명하는 대수적인 표현

기본적으로 불 대수식은 AND, OR, NOT을 이용해 표현한다. 각각의 입력과 출력에 해당하는 기호는 보통 알파벳 대문자 또는 소문자로 나타낸다. AND 식은 곱셈 형식, OR 식은 덧셈 형식으로 표현하며, NOT 식은 $\overline{A}$ 또는 A'로 표현한다. 완전한 논리식은 입력 항목들의 상태에 따른 출력을 결정하는 식이다. 예를 들어, $A=0$, $B=1$일 때 출력을 1로 만드는 논리식은 $F=\overline{A}B$가 된다. $A=0$ 또는 $B=1$일 때 출력을 1로 만드는 논리식은 $F=\overline{A}+B$가 된다. ($A=0$, $B=1$) 또는 ($A=1$, $B=0$)일 때 출력을 1로 만드는 논리식은 $F=\overline{A}B+A\overline{B}$가 된다. 이러한 방법으로 입력을 결정하고 원하는 결과를 얻고자 할 때 논리식을 만들 수 있다. [표 5-1, 2, 3]은 입력 개수가 1, 2, 3개인 경우 각각의 입력에 대해 출력이 1이 되는 상태를 AND 논리식으로 나타낸 것이다.

표 5-1 1입력 논리식

입력	출력
A	F
0	$\overline{A}$
1	A

표 5-2 2입력 논리식

입력		출력
A	B	F
0	0	$\overline{A}\overline{B}$
0	1	$\overline{A}B$
1	0	$A\overline{B}$
1	1	AB

표 5-3 3입력 논리식

입력			출력
A	B	C	F
0	0	0	$\overline{A}\overline{B}\overline{C}$
0	0	1	$\overline{A}\overline{B}C$
0	1	0	$\overline{A}B\overline{C}$
0	1	1	$\overline{A}BC$
1	0	0	$A\overline{B}\overline{C}$
1	0	1	$A\overline{B}C$
1	1	0	$AB\overline{C}$
1	1	1	ABC

출력 함수를 구성할 때 여러 가지 논리식이 있을 수 있다. 예를 들어, [표 5-4]와 같이 $A=0$ 또는 $B=0$일 때 1을 출력하는 논리식은 $F=\bar{A}+\bar{B}$가 된다. 이것을 다르게 표현해보면 $A=1$이고 $B=1$일 때를 제외한 나머지 경우에 출력이 1이 된다는 의미로, 둘 모두 0($A=0$, $B=0$)이거나 둘 중에 하나가 0($A=0$, $B=1$ 또는 $A=1$, $B=0$)일 때이므로 논리식은 $F=\bar{A}\bar{B}+\bar{A}B+A\bar{B}$가 된다. 또 다른 표현 방법으로 A, B 모두 1($F=AB$)일 때만 결과가 0이므로 $F=\overline{AB}$를 출력 함수로 사용할 수도 있다.

즉, $F=\bar{A}+\bar{B}=\bar{A}\bar{B}+\bar{A}B+A\bar{B}=\overline{AB}$이다. 이와 같이 동일한 결과를 도출하는 논리식을 여러 가지로 나타낼 수 있다([표 5-4]). 다음 절에 나오는 불 대수 법칙을 이용해 이를 증명할 수 있다.

이번에는 논리식 $F=A+\bar{B}C$의 진리표를 만들어보자. 이 식은 $A=1$이거나 $B=0$이고 $C=1$일 때 원하는 출력($F=1$)을 얻는다는 뜻이다. 따라서 [표 5-5]와 같은 진리표를 만들 수 있다.

표 5-4 $F=\bar{A}+\bar{B}$의 진리표

입력		출력
A	B	F
0	0	1
0	1	1
1	0	1
1	1	0

표 5-5 $F=A+\bar{B}C$의 논리식 유도

입력							출력
A	B	C	A	$\bar{B}$	C	$\bar{B}C$	$A+\bar{B}C$
0	0	0		1			0
0	0	1		1	1	1	1
0	1	0					0
0	1	1			1		0
1	0	0	1	1			1
1	0	1	1	1	1	1	1
1	1	0	1				1
1	1	1	1		1		1

02 불 대수 법칙

불 대수의 모든 항은 0 또는 1을 가지며, 기본 연산 AND와 OR의 **불 대수 공리**는 [표 5-6]과 같다.

기본 공리를 일반 공식으로 나타내는 방법 및 불 대수의 기본 법칙은 [표 5-7]과 같다. 불 대수에서는 이중 부정의 법칙, 교환 법칙, 결합 법칙, 분배 법칙이 모두 성립하며, 집합처럼 **드모르간의 정리**De Morgan's theorem도 성립한다.

공리(axiom, 公理)
논리적 체계를 구성하기 위해 증명 없이 받아 들이기로 한 가장 기본이 되는 명제

표 5-6 불 대수 공리

P1	$A=0$ or $A=1$
P2	$0\cdot 0=0$
P3	$1\cdot 1=1$
P4	$0+0=0$
P5	$1+1=1$
P6	$1\cdot 0=0\cdot 1=0$
P7	$1+0=0+1=1$

표 5-7 불 대수의 기본 법칙

항등·누승·보간·이중 부정 법칙

❶ $A+0=0+A=A$ ❷ $A\cdot 1=1\cdot A=A$

❸ $A+1=1+A=1$ ❹ $A\cdot 0=0\cdot A=0$

❺ $A+A=A$ ❻ $A\cdot A=A$

❼ $A+\overline{A}=1$ ❽ $A\cdot\overline{A}=0$ ❾ $\overline{\overline{A}}=A$

쌍대성duality
불 대수 공리나 기본 법칙에서 좌우 한 쌍에서 0과 1을 서로 바꾸고 ·과 +도 서로 바꾸면 다른 한쪽이 얻어지는 성질이다. 한 쪽을 다른 쪽의 쌍대dual라고 한다. 예를 들어 ❶과 ❷는 쌍대성이 성립하며 ❸과 ❹, ❺와 ❻, ❼과 ❽도 마찬가지다.

교환 법칙commutative law

❿ $A+B=B+A$ ⓫ $A\cdot B=B\cdot A$

결합 법칙associate law

⓬ $(A+B)+C=A+(B+C)$ ⓭ $(A\cdot B)\cdot C=A\cdot(B\cdot C)$

분배 법칙distributive law

⓮ $A\cdot(B+C)=A\cdot B+A\cdot C$ ⓯ $A+B\cdot C=(A+B)\cdot(A+C)$

드모르간의 정리 De Morgan's theorem

⓰ $\overline{A+B}=\overline{A}\cdot\overline{B}$ ⓱ $\overline{A\cdot B}=\overline{A}+\overline{B}$

흡수 법칙absorptive law

⓲ $A+A\cdot B=A$ ⓳ $A\cdot(A+B)=A$

합의合意의 정리 consensus theorem

⑳ $AB+BC+\bar{A}C=AB+\bar{A}C$

㉑ $(A+B)(B+C)(\bar{A}+C)=(A+B)(\bar{A}+C)$

불 대수의 분배 법칙 ⑮는 일반 수학식과 혼동하여 잘못된 식처럼 보인다. 이 법칙이 옳음을 진리표를 이용해 증명해보자. 왼쪽 식 중에서 논리곱 $B\cdot C$를 계산하고 A와 $B\cdot C$의 논리합 $A+B\cdot C$를 계산한다. 오른쪽 식에서 논리합 $A+B$와 $A+C$를 계산한 다음 이들을 논리곱으로 표현하면, [표 5-8]과 같이 왼쪽 식과 오른쪽 식이 일치함을 확인할 수 있다.

표 5-8 진리표를 이용한 분배 법칙 $A+B\cdot C=(A+B)\cdot(A+C)$의 증명

A	B	C	왼쪽 식		오른쪽 식		
			$B\cdot C$	$A+B\cdot C$	$A+B$	$A+C$	$(A+B)\cdot(A+C)$
0	0	0	0	0	0	0	0
0	0	1	0	0	0	1	0
0	1	0	0	0	1	0	0
0	1	1	1	1	1	1	1
1	0	0	0	1	1	1	1
1	0	1	0	1	1	1	1
1	1	0	0	1	1	1	1
1	1	1	1	1	1	1	1

진리표를 이용해 드모르간의 정리도 증명해보자. 드모르간의 정리인 ⑯의 경우 왼쪽 식은 $A+B$를 구한 다음 NOT 연산을 하고, 오른쪽 식은 $\bar{A}$와 $\bar{B}$를 구한 다음 논리곱을 하면 [표 5-9]와 같이 왼쪽 식과 오른쪽 식이 일치함을 알 수 있다.

표 5-9 진리표를 이용한 드모르간의 정리 $\overline{A+B}=\bar{A}\cdot\bar{B}$의 증명

A	B	$A+B$	왼쪽 식 $\overline{A+B}$	$\bar{A}$	$\bar{B}$	오른쪽 식 $\bar{A}\cdot\bar{B}$
0	0	0	1	1	1	1
0	1	1	0	1	0	0
1	0	1	0	0	1	0
1	1	1	0	0	0	0

드모르간의 정리는 항의 개수가 많아도 [표 5-10]과 같이 적용할 수 있다.

표 5-10 드모르간 정리의 일반식

3항 드모르간 정리	$\overline{A+B+C}=\bar{A}\cdot\bar{B}\cdot\bar{C}$ $\overline{A\cdot B\cdot C}=\bar{A}+\bar{B}+\bar{C}$
4항 드모르간 정리	$\overline{A+B+C+D}=\bar{A}\cdot\bar{B}\cdot\bar{C}\cdot\bar{D}$ $\overline{A\cdot B\cdot C\cdot D}=\bar{A}+\bar{B}+\bar{C}+\bar{D}$
일반식	$\overline{A_1+A_2+A_3+\ldots+A_n}=\overline{A_1}\cdot\overline{A_2}\cdot\overline{A_3}\cdot\ldots\cdot\overline{A_n}$ $\overline{A_1\cdot A_2\cdot A_3\cdot\ldots\cdot A_n}=\overline{A_1}+\overline{A_2}+\overline{A_3}+\ldots+\overline{A_n}$

드모르간 정리를 이용한 예는 다음과 같다.

$$\overline{\overline{A+B}+C}=\overline{\overline{A+B}}\cdot\bar{C}=(A+B)\bar{C}=A\bar{C}+B\bar{C}$$

$$\overline{\overline{\bar{A}+B}+\overline{C\cdot D}}=\overline{\overline{\bar{A}+B}}\cdot\overline{\overline{C\cdot D}}=(\bar{A}+B)CD=\bar{A}CD+BCD$$

$$\begin{aligned}\overline{(A+B)\cdot\bar{C}\cdot\bar{D}+E+\bar{F}}&=\overline{(A+B)\cdot\bar{C}\cdot\bar{D}}\cdot\bar{E}\cdot\bar{\bar{F}}=(\overline{A+B}+\bar{\bar{C}}+\bar{\bar{D}})\cdot\bar{E}\cdot F\\&=(\bar{A}\cdot\bar{B}+C+D)\cdot\bar{E}\cdot F=\bar{A}\bar{B}\bar{E}F+C\bar{E}F+D\bar{E}F\end{aligned}$$

$$\begin{aligned}\overline{\overline{AB}(CD+\bar{E}F)(\overline{AB}+\overline{CD})}&=\overline{\overline{AB}}+(\overline{CD+\bar{E}F})+(\overline{\overline{AB}+\overline{CD}})\\&=AB+(\overline{CD}\,\overline{\bar{E}F})+\overline{\overline{AB}}\,\overline{\overline{CD}}\\&=AB+(\bar{C}+\bar{D})(E+\bar{F})+ABCD\\&=AB+\bar{C}E+\bar{C}\bar{F}+\bar{D}E+\bar{D}\bar{F}+ABCD\end{aligned}$$

예제 5-1

[표 5-7]의 합의의 정리(20, 21)을 불 대수의 기본 법칙과 진리표를 이용해 증명하시오.

풀이

합의의 정리란 $AB+BC+\bar{A}C=AB+\bar{A}C$에서 가운데 항의 B와 C는 A 및 $\bar{A}$와 연관되어 있으며, B와 C가 A 및 $\bar{A}$와 연관되어 각 항에 나타나 있을 때는 제거할 수 있다. 불 대수의 기본 법칙을 이용해 다음과 같이 합의의 정리를 증명할 수 있으며, 진리표를 이용해 증명할 수도 있다.

$$
\begin{aligned}
AB+BC+\bar{A}C &= AB+(A+\bar{A})BC+\bar{A}C = AB+ABC+\bar{A}BC+\bar{A}C \\
&= AB(1+C)+\bar{A}C(1+B) \\
&= AB+\bar{A}C
\end{aligned}
$$

$$
\begin{aligned}
(A+B)(B+C)(\bar{A}+C) &= (A+B)(A\bar{A}+B+C)(\bar{A}+C) \\
&= (A+B+0)(A+B+C)(\bar{A}+B+C)(\bar{A}+0+C) \\
&= (A+B+0\cdot C)(\bar{A}+0\cdot B+C) \\
&= (A+B)(\bar{A}+C)
\end{aligned}
$$

입력			왼쪽 식				오른쪽 식		
A	B	C	AB	BC	$\bar{A}C$	$AB+BC+\bar{A}C$	AB	$\bar{A}C$	$AB+\bar{A}C$
0	0	0	0	0	0	0	0	0	0
0	0	1	0	0	1	1	0	1	1
0	1	0	0	0	0	0	0	0	0
0	1	1	0	1	1	1	0	1	1
1	0	0	0	0	0	0	0	0	0
1	0	1	0	0	0	0	0	0	0
1	1	0	1	0	0	1	1	0	1
1	1	1	1	1	0	1	1	0	1

(a) $AB+BC+\bar{A}C = AB+\bar{A}C$

입력			왼쪽 식				오른쪽 식		
A	B	C	$A+B$	$B+C$	$\bar{A}+C$	$(A+B)(B+C)(\bar{A}+C)$	$A+B$	$\bar{A}+C$	$(A+B)(\bar{A}+C)$
0	0	0	0	0	1	0	0	1	0
0	0	1	0	1	1	0	0	1	0
0	1	0	1	1	1	1	1	1	1
0	1	1	1	1	1	1	1	1	1
1	0	0	1	0	0	0	1	0	0
1	0	1	1	1	1	1	1	1	1
1	1	0	1	1	0	0	1	0	0
1	1	1	1	1	1	1	1	1	1

(b) $(A+B)(B+C)(\bar{A}+C) = (A+B)(\bar{A}+C)$

03 논리회로의 논리식 변환

이 절에서는 논리회로를 분석하기 위해 논리회로를 논리식으로 표현하는 방법을 살펴본다. 다음 회로에서 논리식을 유도해 보자. 먼저 입력 변수가 있으면 파악하고, 없으면 정의한다.

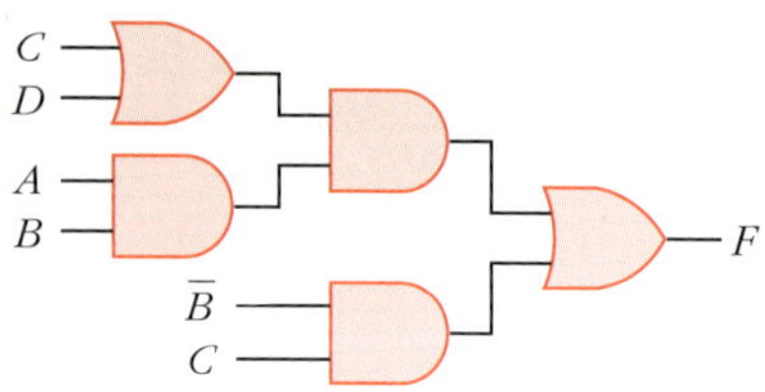

그림 5-1 $(C+D)AB+\bar{B}C$**의 논리회로**

이 회로에서 입력 변수는 A, B, C, D 4개이다. 입력단에 연결된 회로들로부터 하나씩 출력 쪽으로 나아가면서 논리식을 만든다. 먼저 ① C, D가 OR 게이트로 연결되어 있으므로 논리식은 $C+D$이고, ② A, B는 AND 게이트로 연결되어 있으므로 논리식은 AB이며, ③ $\bar{B}$와 C도 AND 게이트로 연결되어 있으므로 논리식은 $\bar{B}C$가 된다. 두 번째 단으로는 출력 $C+D$와 출력 AB가 AND 게이트의 입력으로 연결되므로 $(C+D)AB$가 된다. 출력 $\bar{B}C$는 두 번째 단을 거치지 않고 $(C+D)AB$의 출력과 마지막 단에서 OR 게이트의 입력이 되므로 최종 논리식은 $(C+D)AB+\bar{B}C$가 됨을 알 수 있다. 즉, [그림 5-2]와 같이 원래 회로에 게이트를 거칠 때마다 게이트의 출력을 적어주면서 한 단계씩 출력 쪽으로 나아가면 된다.

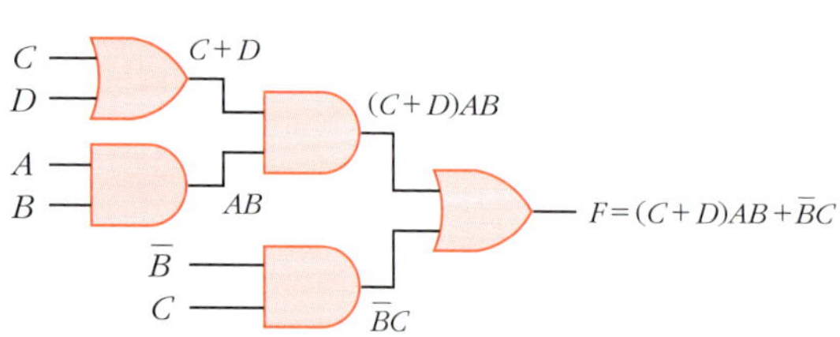

그림 5-2 $(C+D)AB+\bar{B}C$ **논리식의 유도 과정**

마찬가지로 다음 회로들로부터 논리식을 유도해보자. 앞의 예와 마찬가지로 입력단에서부터 출력단으로 게이트를 거칠 때마다 논리식을 하나씩 적어 나가면서 최종 단까지 회로를 구성할 수 있다.

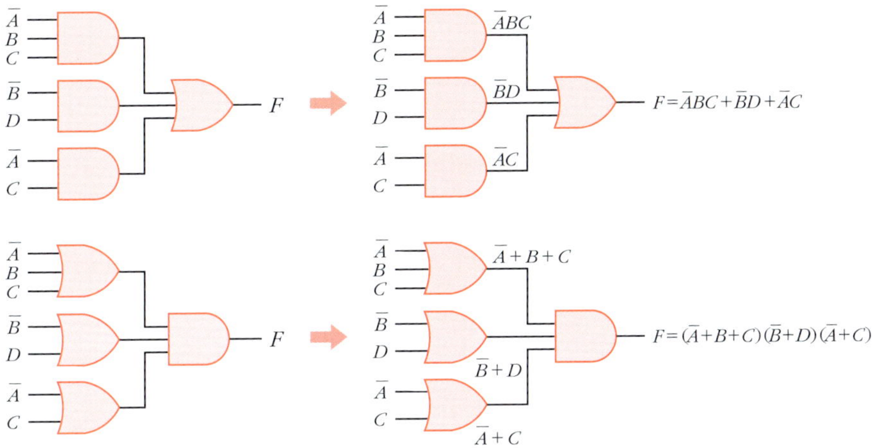

그림 5-3 논리회로로부터 논리식 유도

예제 5-2

다음 논리회로의 논리식을 구하시오.

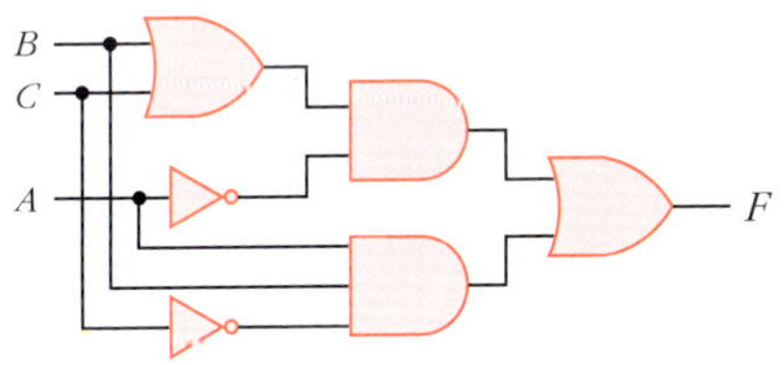

풀이

입력단에서부터 출력단으로 게이트를 거칠 때마다 논리식을 하나씩 적어 나가면 최종 단에서의 논리식은 다음과 같다.

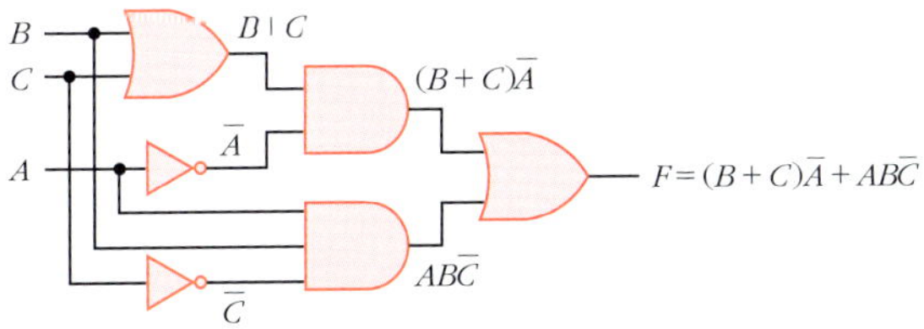

04 논리식의 회로 구성

기본 게이트인 AND, OR, NOT을 이용해 논리식으로부터 논리회로를 구성하는 방법을 살펴본다. 논리식 $F=\bar{A}B+A\bar{B}+BC$를 논리회로로 구성해보자. 이 논리식은 **AND-OR**로 구성된 회로이다. 먼저 각각의 $\bar{A}B$, $A\bar{B}$, BC는 AND이므로 각 입력을 AND 게이트로 나타낸다. 여기서 NOT은 생각하지 않고 그린다. 모든 AND 게이트 회로를 만들고, 이들 세 AND 게이트의 출력을 OR 게이트 입력으로 사용하여 회로를 구성하면 [그림 5-4](a)와 같다. 이 회로는 보수 입력이 가능할 때 또는 회로를 간단히 나타낼 때 사용한다. NOT 게이트를 사용하면 보수 입력을 모두 [그림 5-4](b)와 같이 나타낼 수 있다.

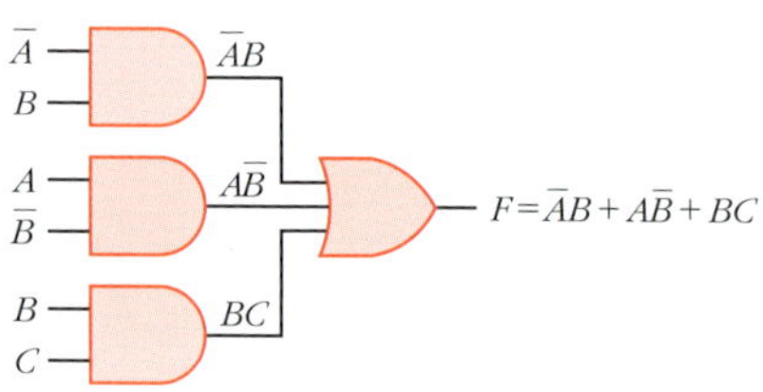

(a) 보수 입력 사용

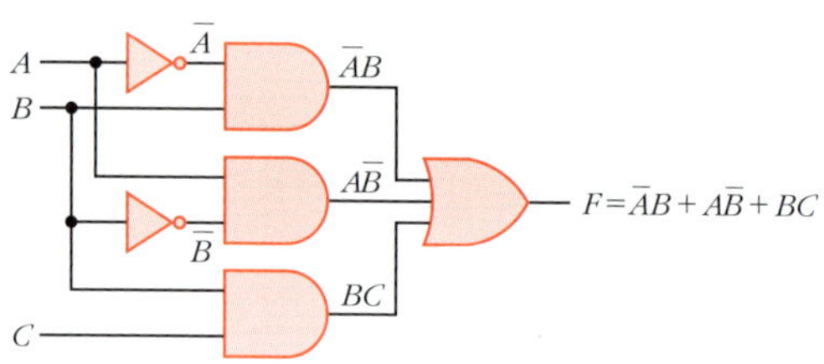

(b) NOT 게이트 사용

그림 5-4 $\bar{A}B+A\bar{B}+BC$의 AND-OR 논리회로

$F(A,\ B,\ C)=\bar{A}B\bar{C}+\bar{A}BC+A\bar{B}\bar{C}+A\bar{B}C+ABC$의 경우를 살펴보자. 조금 복잡한 논리식 같지만 회로를 그리는 것은 어렵지 않다. 앞에서와 같이 각 항은 AND이므로 AND 게이트를 사용하고, 이들 AND 게이트의 출력을 5입력 OR 게이트 입력으로 사용하여 회로를 그릴 수 있으며, [그림 5-5]에 나타냈다.

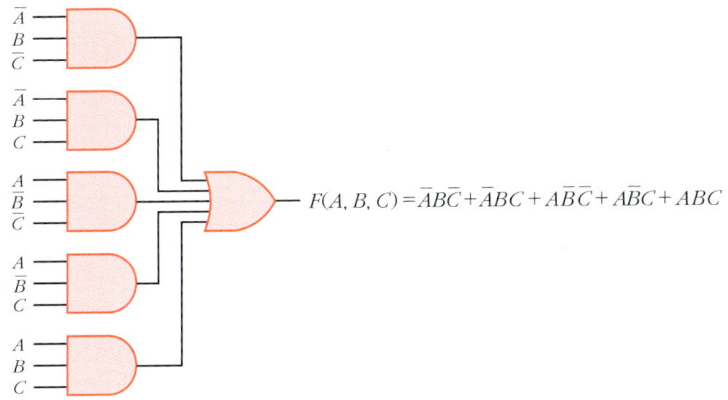

그림 5-5 $F(A, B, C)=\bar{A}B\bar{C}+\bar{A}BC+A\bar{B}\bar{C}+A\bar{B}C+ABC$**의 회로도**

[그림 5-6]은 **OR-AND** 회로다. 먼저 각각의 OR 항에 대해서 게이트를 그린다. 모든 OR 게이트 출력을 AND 게이트 입력으로 사용하여 회로를 구성한다.

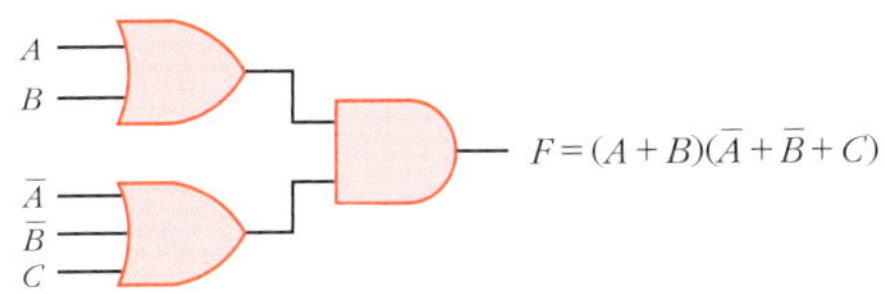

그림 5-6 $F=(A+B)(\bar{A}+\bar{B}+C)$**의 OR-AND 회로도**

논리식 $F=\bar{E}+B\bar{C}D+(CE+\bar{B})A$도 입력 순서대로 따라가면서 위와 같은 방법으로 회로를 그리면 된다. 다만, 여기서는 AND-OR 또는 OR-AND 회로의 2단계로 구성되지 않고 복합적으로 구성되어 있다. 먼저 $\bar{E}$, $B\bar{C}D$, CE, $\bar{B}$를 만들고, 두 번째로 $CE+\bar{B}$, 세 번째로 $(CE+\bar{B})A$, 마지막으로 이들을 $\bar{E}$, $B\bar{C}D$, $(CE+\bar{B})A$의 출력을 OR 게이트 입력으로 연결하면 된다.

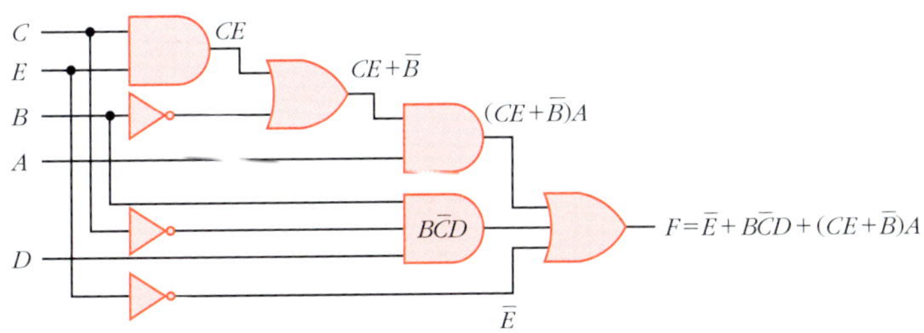

그림 5-7 다단계 논리회로

이와 같이 논리식을 이용해 가장 앞 단의 회로부터 최종 출력단이 나올 때까지 순서대로 하나씩 게이트를 그려나가면 원하는 회로를 만들 수 있다.

05 불 대수식의 표현 형태

불 대수식을 표현하는 2가지 기본 형태인 곱의 합SOP, sum of product(AND–OR 결합 형태), 합의 곱POS, product of sum(OR–AND 결합 형태)을 살펴보고, 이들을 최소항minterm과 최대항maxterm으로 표현하는 방법을 알아본다.

1 곱의 합과 최소항

곱의 합SOP은 입력 측인 1단계가 AND 항(곱의 항product term)으로 구성되고, 출력 측인 2단계는 OR 항(합의 항sum term)으로 만들어진 논리식이다. 다음 불 대수식은 곱의 항(AND) 4개로 만들어졌으며, 변수는 A, B, C, D 네 개를 가지고 있다. 이와 같이 각 항은 AND로 구성되고, 이들을 OR 항으로 모두 결합된 것을 곱의 합이라 한다.

$$A\overline{B}+B\overline{C}D+\overline{A}D+\overline{D}$$

다음은 SOP의 여러 가지 예다.

- $F=\overline{A}BC\overline{D}+A\overline{B}\overline{C}\overline{D}+A\overline{B}CD+ABCD$
- $F=B+\overline{A}C+AB\overline{C}D$
- $F=\overline{A}+B+C$
- $F=A\overline{C}$
- $F=D$

[그림 5-8]은 SOP 형태의 논리식인 $F=\overline{A}BC+\overline{B}D+\overline{A}C$를 회로로 나타낸 것이다. SOP 형태의 논리식은 AND–OR 2레벨 회로로 나타난다. 여기서 레벨level이란 입력단에서 출력단까지 거치는 최대 게이트 수를 뜻한다.

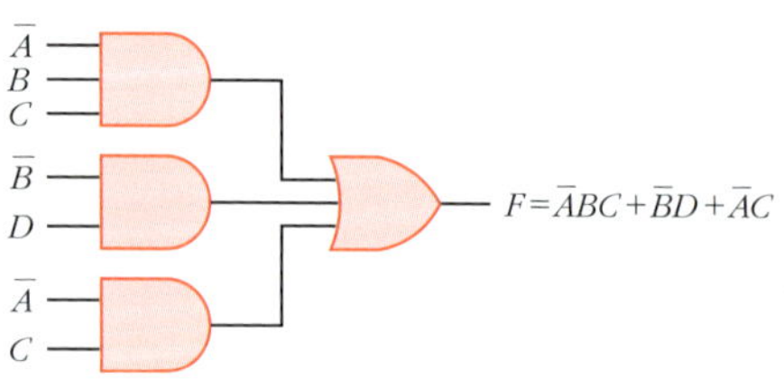

그림 5-8 SOP $F=\overline{A}BC+\overline{B}D+\overline{A}C$의 회로도

같은 동작을 하는 논리식을 다양한 SOP의 형태로 나타낼 수 있다. 표준 곱의 항들의 합 canonical sum, sum of standard product terms은 모든 항이 표준 곱의 항standard product term으로 나타난 것을 말한다. **표준 곱의 항**이란 함수의 모든 변수를 포함하고 있는 항이다.

다음 함수를 보자. 이 함수에는 변수가 4개 있으며, 각 항은 이들 4개의 변수를 모두 포함하고 있다.

$$F = \bar{A}BC\bar{D} + A\bar{B}\bar{C}\bar{D} + A\bar{B}CD + ABCD$$

이렇게 표현한 표준 곱의 항을 **최소항**이라고 한다. 예를 들어, 함수에서 A, B, C, D 네 변수를 사용할 때, $\bar{A}BC\bar{D}$, $ABCD$는 최소항(표준 곱의 항)이지만 $A\bar{B}C$는 3개 변수만 있으므로 최소항이 아니다. 이와 같이 최소항은 SOP이지만 모든 SOP가 최소항은 아니다.

최소 SOPminimum sum of products는 SOP로 나타낸 함수 중에서 최소 곱의 항들로 나타낸 것을 말한다. 예를 들어, 아래 식들은 모두 같은 결과를 만들어내는 논리식이다. 이들 중 (3)과 (4)는 최소 SOP이다. 이들의 간소화에 대해서는 다음 절에서 다룬다.

(1) $\bar{A}B\bar{C} + \bar{A}BC + A\bar{B}\bar{C} + A\bar{B}C + ABC$
(2) $\bar{A}B + A\bar{B} + ABC$
(3) $\bar{A}B + A\bar{B} + AC$
(4) $\bar{A}B + A\bar{B} + BC$

이제 진리표로부터 **최소항식**을 표현하는 방법을 살펴보자. 다음 진리표를 이용해 논리식을 구하는 방법을 보자.

[표 5-11]의 진리표에서는 변수 2개를 사용하므로 입력의 경우의 수는 모두 $4(=2^2)$개이며, 다음과 같은 의미이다.

$A=0$ AND $B=1$ OR
$A=1$ AND $B=0$ OR
$A=1$ AND $B=1$일 때 $F=1$이다.

표 5-11 $F=\bar{A}B+A\bar{B}+AB$**의 진리표**

입력		출력
A	B	F
0	0	0
0	1	1
1	0	1
1	1	1

이를 다른 방식으로 표현하면 다음과 같다.

$$\bar{A}=1 \quad \text{AND} \quad B=1 \quad \text{OR}$$
$$A=1 \quad \text{AND} \quad \bar{B}=1 \quad \text{OR}$$
$A=1 \quad \text{AND} \quad B=1$일 때 $F=1$이다.

이를 간단하게 다시 표현하면 다음과 같다.

$\bar{A}B=1 \quad \text{OR} \quad A\bar{B}=1 \quad \text{OR} \quad AB=1$일 때 $F=1$이다.

그러므로 최종 논리식은 다음과 같다.

$$F=\bar{A}B+A\bar{B}+AB$$

진리표의 각 행은 곱의 형태로 나타내고, 진리표에서 F가 1인 행의 곱의 항을 OR하여 SOP로 만든다. 처음 진리표로부터 논리식을 만들면 각 항은 모든 변수를 포함하는, 즉 간소화하지 않은 최소항으로 표현된다.

다음 진리표는 2입력 변수의 최소항과 최소항을 기호로 표현한 것이다. 최소항을 나타내는 기호로 소문자 m을 사용하고, 기호 m의 아래첨자로 표기된 숫자는 각 항을 10진수로 표현한 값이다. 가령 $AB=10_{(2)}=2_{(10)}$이라면 m_2로 나타내며, 10진수 2를 아래첨자로 사용한다.

그러므로 논리식 $\bar{A}B+A\bar{B}+AB$를 기호를 사용하여 최소항식으로 나타내면 다음과 같다. 그리고 최소항들의 합의 형태이므로 수학기호 Σ를 사용하여 다음과 같이 나타낸다.

$$F=\bar{A}B+A\bar{B}+AB=m_1+m_2+m_3=\Sigma m(1,\ 2,\ 3)$$

표 5-12 2변수 최소항의 표현 방법

A B	최소항	기호
0 0	$\bar{A}\bar{B}$	m_0
0 1	$\bar{A}B$	m_1
1 0	$A\bar{B}$	m_2
1 1	AB	m_3

표 5-13 3변수 최소항의 표현 방법

A	B	C	최소항	기호
0	0	0	$\bar{A}\bar{B}\bar{C}$	m_0
0	0	1	$\bar{A}\bar{B}C$	m_1
0	1	0	$\bar{A}B\bar{C}$	m_2
0	1	1	$\bar{A}BC$	m_3
1	0	0	$A\bar{B}\bar{C}$	m_4
1	0	1	$A\bar{B}C$	m_5
1	1	0	$AB\bar{C}$	m_6
1	1	1	ABC	m_7

표 5-14 $F(A, B, C) = \Sigma m(0, 1, 3, 5, 7)$의 진리표

A	B	C	F	최소항	기호
0	0	0	1	$\bar{A}\bar{B}\bar{C}$	m_0
0	0	1	1	$\bar{A}\bar{B}C$	m_1
0	1	0	0	$\bar{A}B\bar{C}$	m_2
0	1	1	1	$\bar{A}BC$	m_3
1	0	0	0	$A\bar{B}\bar{C}$	m_4
1	0	1	1	$A\bar{B}C$	m_5
1	1	0	0	$AB\bar{C}$	m_6
1	1	1	1	ABC	m_7

입력 변수가 3개일 때도 마찬가지이며, [표 5-13]과 같다. [표 5-14]는 3입력 A, B, C를 가지는 함수 $F(A, B, C) = \Sigma m(0, 1, 3, 5, 7)$의 진리표다.

이 진리표의 최소항식은 다음과 같다.

$$\begin{aligned} F(A, B, C) &= \Sigma m(0, 1, 3, 5, 7) \\ &= \bar{A}\bar{B}\bar{C} + \bar{A}\bar{B}C + \bar{A}BC + A\bar{B}C + ABC \end{aligned}$$

그리고 $\bar{F}$를 최소항식으로 나타내보자. $\bar{F}$는 F의 부정이므로 결과가 1이 아닌 0을 선택하면 된다. 즉, 다음 식과 같다.

$$\begin{aligned} \bar{F}(A, B, C) &= \Sigma m(2, 4, 6) \\ &= \bar{A}B\bar{C} + A\bar{B}\bar{C} + AB\bar{C} \end{aligned}$$

F와 $\bar{F}$의 관계는 다음과 같다.

$$\begin{aligned} F(A, B, C) &= \Sigma m(0, 1, 3, 5, 7) = \bar{A}\bar{B}\bar{C} + \bar{A}\bar{B}C + \bar{A}BC + A\bar{B}C + ABC \\ &= \bar{\bar{F}} = \overline{\Sigma m(2, 4, 6)} = \overline{\bar{A}B\bar{C} + A\bar{B}\bar{C} + AB\bar{C}} \end{aligned}$$

$$\begin{aligned} \bar{F}(A, B, C) &= \Sigma m(2, 4, 6) = \bar{A}B\bar{C} + A\bar{B}\bar{C} + AB\bar{C} \\ &= \overline{\Sigma m(0, 1, 3, 5, 7)} = \overline{\bar{A}\bar{B}\bar{C} + \bar{A}\bar{B}C + \bar{A}BC + A\bar{B}C + ABC} \end{aligned}$$

예제 5-3

다음 진리표를 이용해 F와 $\bar{F}$를 최소항식으로 나타내시오.

A	B	C	F	$\bar{F}$
0	0	0	0	1
0	0	1	1	0
0	1	0	1	0
0	1	1	1	0
1	0	0	1	0
1	0	1	1	0
1	1	0	0	1
1	1	1	0	1

풀이

$$F(A, B, C) = \Sigma m(1, 2, 3, 4, 5) = \bar{A}\bar{B}C + \bar{A}B\bar{C} + \bar{A}BC + A\bar{B}\bar{C} + A\bar{B}C$$

$$\bar{F}(A, B, C) = \Sigma m(0, 6, 7) = \bar{A}\bar{B}\bar{C} + AB\bar{C} + ABC$$

[표 5-15]는 4변수에 대한 최소항 표현이다.

표 5-15 4변수 최소항의 표현 방법

$A\ B\ C\ D$	최소항	기호	$A\ B\ C\ D$	최소항	기호
0 0 0 0	$\bar{A}\bar{B}\bar{C}\bar{D}$	m_0	1 0 0 0	$A\bar{B}\bar{C}\bar{D}$	m_8
0 0 0 1	$\bar{A}\bar{B}\bar{C}D$	m_1	1 0 0 1	$A\bar{B}\bar{C}D$	m_9
0 0 1 0	$\bar{A}\bar{B}C\bar{D}$	m_2	1 0 1 0	$A\bar{B}C\bar{D}$	m_{10}
0 0 1 1	$\bar{A}\bar{B}CD$	m_3	1 0 1 1	$A\bar{B}CD$	m_{11}
0 1 0 0	$\bar{A}B\bar{C}\bar{D}$	m_4	1 1 0 0	$AB\bar{C}\bar{D}$	m_{12}
0 1 0 1	$\bar{A}B\bar{C}D$	m_5	1 1 0 1	$AB\bar{C}D$	m_{13}
0 1 1 0	$\bar{A}BC\bar{D}$	m_6	1 1 1 0	$ABC\bar{D}$	m_{14}
0 1 1 1	$\bar{A}BCD$	m_7	1 1 1 1	$ABCD$	m_{15}

입력 변수가 4개인 예를 보자.

$$F(A, B, C, D) = \Sigma m(0, 1, 5, 9, 11, 15)$$

이 식은 다음과 같은 최소항식으로 쉽게 표현할 수 있다.

$$F = \bar{A}\bar{B}\bar{C}\bar{D} + \bar{A}\bar{B}\bar{C}D + \bar{A}B\bar{C}D + A\bar{B}\bar{C}D + A\bar{B}CD + ABCD$$

예제 5-4

다음 논리식을 최소항식으로 변환하시오.

$F(A, B, C, D) = A\bar{B}C + \bar{A}\bar{B} + AB\bar{C}D$

풀이

첫 번째 항 $A\bar{B}C$에는 변수 $\bar{D}$ 또는 D가 없으므로 다음과 같이 $\bar{D} + D$를 곱한다.

$$A\bar{B}C = A\bar{B}C(\bar{D} + D) = A\bar{B}C\bar{D} + A\bar{B}CD$$

두 번째 항 $\bar{A}\bar{B}$에는 $\bar{C}$, C와 $\bar{D}$, D가 없으므로 다음과 같이 $(\bar{C} + C)(\bar{D} + D)$를 곱한다.

$$\bar{A}\bar{B} = \bar{A}\bar{B}(\bar{C} + C)(\bar{D} + D) = \bar{A}\bar{B}\bar{C}\bar{D} + \bar{A}\bar{B}\bar{C}D + \bar{A}\bar{B}C\bar{D} + \bar{A}\bar{B}CD$$

세 번째 항 $AB\bar{C}D$는 이미 최소항이므로 식 F의 최소항식은 다음과 같다.

$$\begin{aligned} F(A, B, C, D) &= A\bar{B}C + \bar{A}\bar{B} + AB\bar{C}D \\ &= A\bar{B}C\bar{D} + A\bar{B}CD + \bar{A}\bar{B}\bar{C}\bar{D} + \bar{A}\bar{B}\bar{C}D + \bar{A}\bar{B}C\bar{D} + \bar{A}\bar{B}CD + AB\bar{C}D \\ &= \Sigma m(0, 1, 2, 3, 10, 11, 13) \end{aligned}$$

2 합의 곱과 최대항

합의 곱POS은 입력 측인 1단계는 OR 항(합의 항sum term)으로 구성되고, 출력 측인 2단계는 AND 항(곱의 항product term)으로 만들어진 논리식이다. 각 합의 항sum term은 하나 이상의 변수들이 OR 연산자로 만들어진 것이다. **표준 합의 항**, 즉 모든 변수를 포함하는 OR 항을 **최대항**이라 한다. 예를 들면, A, B, C, D 변수를 사용하는 함수에서 $\bar{A} + B + C + \bar{D}$, $A + B + C + D$와 같이 만들어진 합의 항이 표준 합의 항이다.

합의 곱 형태의 논리식은 합의 항(OR 항) 하나 이상을 AND 연산자로 연결한 식이다. 다음 몇 가지 예를 보자.

- $(A+B)(A+C)$
- $A(B+C)$
- A
- $A+B$
- $(A+\bar{B}+\bar{C}+\bar{D})(\bar{A}+B+C+\bar{D})$

표준 합의 항의 곱product of standard sum terms은 최대항들의 곱으로 이루어진 것을 말한다. [표 5-16]은 각각 2, 3, 4변수 최대항을 나타낸 것이다.

표 5-16 최대항 표현 방법

A B	최대항	기호
0 0	$A+B$	M_0
0 1	$A+\bar{B}$	M_1
1 0	$\bar{A}+B$	M_2
1 1	$\bar{A}+\bar{B}$	M_3

(a) 2변수 최대항 표현

A B C	최대항	기호
0 0 0	$A+B+C$	M_0
0 0 1	$A+B+\bar{C}$	M_1
0 1 0	$A+\bar{B}+C$	M_2
0 1 1	$A+\bar{B}+\bar{C}$	M_3
1 0 0	$\bar{A}+B+C$	M_4
1 0 1	$\bar{A}+B+\bar{C}$	M_5
1 1 0	$\bar{A}+\bar{B}+C$	M_6
1 1 1	$\bar{A}+\bar{B}+\bar{C}$	M_7

(b) 3변수 최대항 표현

A B C D	최대항	기호	A B C D	최대항	기호
0 0 0 0	$A+B+C+D$	M_0	1 0 0 0	$\bar{A}+B+C+D$	M_8
0 0 0 1	$A+B+C+\bar{D}$	M_1	1 0 0 1	$\bar{A}+B+C+\bar{D}$	M_9
0 0 1 0	$A+B+\bar{C}+D$	M_2	1 0 1 0	$\bar{A}+B+\bar{C}+D$	M_{10}
0 0 1 1	$A+B+\bar{C}+\bar{D}$	M_3	1 0 1 1	$\bar{A}+B+\bar{C}+\bar{D}$	M_{11}
0 1 0 0	$A+\bar{B}+C+D$	M_4	1 1 0 0	$\bar{A}+\bar{B}+C+D$	M_{12}
0 1 0 1	$A+\bar{B}+C+\bar{D}$	M_5	1 1 0 1	$\bar{A}+\bar{B}+C+\bar{D}$	M_{13}
0 1 1 0	$A+\bar{B}+\bar{C}+D$	M_6	1 1 1 0	$\bar{A}+\bar{B}+\bar{C}+D$	M_{14}
0 1 1 1	$A+\bar{B}+\bar{C}+\bar{D}$	M_7	1 1 1 1	$\bar{A}+\bar{B}+\bar{C}+\bar{D}$	M_{15}

(c) 4변수 최대항 표현

표 5-17 $(A+B)(A+\bar{B})(\bar{A}+B)$의 진리표

입력		출력
A	B	F
0	0	0
0	1	0
1	0	0
1	1	1

2변수 논리식 $(A+B)(A+\bar{B})(\bar{A}+B)$를 기호를 사용하여 **최대항식**으로 나타내면 다음과 같다. 그리고 최대항은 대문자 M으로 표시하고, 각 항은 곱의 형태이므로 수학기호 Π를 사용하여 다음과 같이 표시한다.

$$\begin{aligned} F(A,\ B) &= (A+B)(A+\bar{B})(\bar{A}+B) \\ &= M_0 \cdot M_1 \cdot M_2 \\ &= \Pi M(0,\ 1,\ 2) \end{aligned}$$

이 최대항식을 진리표로 나타내면 [표 5-17]과 같다. 최대항은 최소항과 반대로 출력이 0인 부분을 선택하여 최대항으로 하고 이들을 AND로 결합하는 POS 형태가 된다.

예제 5-5

다음 최대항식을 진리표로 만들어보고, 논리식을 구해보시오.

$F(A,\ B,\ C) = \Pi M(0,\ 1,\ 3,\ 5,\ 7)$

풀이

진리표는 다음 표와 같고 이 표에서 F가 0인 항을 모두 찾아서 최대항식으로 나타내면 다음과 같다.

$$\begin{aligned} &F(A,\ B,\ C) = \Pi M(0,\ 1,\ 3,\ 5,\ 7) \\ &= (A+B+C)(A+B+\bar{C})(A+\bar{B}+\bar{C})(\bar{A}+B+\bar{C})(\bar{A}+\bar{B}+\bar{C}) \end{aligned}$$

A	B	C	F	최대항	기호
0	0	0	0	$A+B+C$	M_0
0	0	1	0	$A+B+\bar{C}$	M_1
0	1	0	1	$A+\bar{B}+C$	M_2
0	1	1	0	$A+\bar{B}+\bar{C}$	M_3
1	0	0	1	$\bar{A}+B+C$	M_4
1	0	1	0	$\bar{A}+B+\bar{C}$	M_5
1	1	0	1	$\bar{A}+\bar{B}+C$	M_6
1	1	1	0	$\bar{A}+\bar{B}+\bar{C}$	M_7

예제 5-6

다음 논리식을 최대항식으로 변환하시오.

$F(A, B, C, D) = (A+\bar{B}+C)(\bar{B}+C+\bar{D})(A+\bar{B}+\bar{C}+D)$

풀이

첫 번째 항 $A+\bar{B}+C$에는 변수 $\bar{D}$ 또는 D가 없으므로 다음과 같이 $\bar{D}D$를 합한 다음 [표 5-7]의 15번 법칙($A+BC=(A+B)(A+C)$)를 적용한다.

$$A+\bar{B}+C = A+\bar{B}+C+\bar{D}D = (A+\bar{B}+C+\bar{D})(A+\bar{B}+C+D)$$

두 번째 항 $\bar{B}+C+\bar{D}$에는 $\bar{A}$ 또는 A가 없으므로 다음과 같이 $\bar{A}A$를 합한 다음 [표 5-7]의 15번 법칙을 적용한다.

$$\bar{B}+C+\bar{D} = \bar{A}A+\bar{B}+C+\bar{D} = (\bar{A}+\bar{B}+C+\bar{D})(A+\bar{B}+C+\bar{D})$$

세 번째 항 $A+\bar{B}+\bar{C}+D$는 이미 최대항이므로 식 F의 최대항식은 다음과 같다.

$$\begin{aligned} F(A, B, C, D) &= (A+\bar{B}+C)(\bar{B}+C+\bar{D})(A+\bar{B}+\bar{C}+D) \\ &= (A+\bar{B}+C+\bar{D})(A+\bar{B}+C+D)(\bar{A}+\bar{B}+C+\bar{D})(A+\bar{B}+\bar{C}+D) \\ &= \Pi M(4, 5, 6, 13) \end{aligned}$$

3 최소항과 최대항의 관계

[표 5-18]을 참고로 최소항과 최대항의 관계를 알아보자. 앞에서도 언급했듯이 최소항은 출력이 1인 항을 SOP로 나타낸 것이고, 최대항은 출력이 0인 항을 POS로 나타낸 것이다. 즉, 최소항과 최대항은 상호 보수의 성질을 띤다고 말할 수 있다.

표 5-18 최소항과 최대항의 관계

$A\ B\ C$	F	$\bar{F}$	최소항	기호	최대항	기호	관계
0 0 0	0	1	$\bar{A}\bar{B}\bar{C}$	m_0	$A+B+C$	M_0	$M_0=\overline{m_0}$
0 0 1	1	0	$\bar{A}\bar{B}C$	m_1	$A+B+\bar{C}$	M_1	$M_1=\overline{m_1}$
0 1 0	1	0	$\bar{A}B\bar{C}$	m_2	$A+\bar{B}+C$	M_2	$M_2=\overline{m_2}$
0 1 1	1	0	$\bar{A}BC$	m_3	$A+\bar{B}+\bar{C}$	M_3	$M_3=\overline{m_3}$
1 0 0	1	0	$A\bar{B}\bar{C}$	m_4	$\bar{A}+B+C$	M_4	$M_4=\overline{m_4}$
1 0 1	1	0	$A\bar{B}C$	m_5	$\bar{A}+B+\bar{C}$	M_5	$M_5=\overline{m_5}$
1 1 0	0	1	$AB\bar{C}$	m_6	$\bar{A}+\bar{B}+C$	M_6	$M_6=\overline{m_6}$
1 1 1	0	1	ABC	m_7	$\bar{A}+\bar{B}+\bar{C}$	M_7	$M_7=\overline{m_7}$

최소항과 최대항 사이의 관계를 F와 $\bar{F}$의 최소항식과 최대항식을 이용해 살펴보자. 먼저 F를 최소항식으로 나타낸 뒤 이를 이중 부정하여 최대항식으로 바꾼다.

$$\begin{aligned}F(A, B, C) &= \Sigma m(1, 2, 3, 4, 5)\\ &= \bar{A}\bar{B}C+\bar{A}B\bar{C}+\bar{A}BC+A\bar{B}\bar{C}+A\bar{B}C\\ &= \overline{\overline{\bar{A}\bar{B}C+\bar{A}B\bar{C}+\bar{A}BC+A\bar{B}\bar{C}+A\bar{B}C}}\\ &= \overline{\overline{\bar{A}\bar{B}C}\cdot\overline{\bar{A}B\bar{C}}\cdot\overline{\bar{A}BC}\cdot\overline{A\bar{B}\bar{C}}\cdot\overline{A\bar{B}C}}\\ &= \overline{(A+B+\bar{C})(A+\bar{B}+C)(A+\bar{B}+\bar{C})(\bar{A}+B+C)(\bar{A}+B+\bar{C})}\\ &= \overline{\Pi M(1, 2, 3, 4, 5)}\end{aligned}$$

이 식에서 알 수 있듯이 F의 최소항식 $\Sigma m(1, 2, 3, 4, 5)$는 $\bar{F}$의 최대항식 $\Pi M(1, 2, 3, 4, 5)$를 부정해 놓은 식인 $\overline{\Pi M(1, 2, 3, 4, 5)}$이다. 실제로는 같은 식이지만 최소항과 최대항은 표기가 부정으로 된다는 것이다. 즉, 다음 식처럼 의미를 생각할 수 있다.

$$\begin{aligned}F(A, B, C) &= \Sigma m(1, 2, 3, 4, 5)\\ &= \overline{\Pi M(1, 2, 3, 4, 5)}\\ &= \Pi M(0, 6, 7)\\ &= \overline{\Sigma m(0, 6, 7)}\end{aligned}$$

$$\begin{aligned}\bar{F}(A, B, C) &= \Sigma m(0, 6, 7)\\ &= \bar{A}\bar{B}\bar{C}+AB\bar{C}+ABC\\ &= \overline{\overline{\bar{A}\bar{B}\bar{C}+AB\bar{C}+ABC}}\\ &= \overline{\overline{\bar{A}\bar{B}\bar{C}}\cdot\overline{AB\bar{C}}\cdot\overline{ABC}}\\ &= \overline{(A+B+C)(\bar{A}+\bar{B}+C)(\bar{A}+\bar{B}+\bar{C})}\\ &= \overline{\Pi M(0, 6, 7)}\end{aligned}$$

$\bar{F}$도 마찬가지로 해석해 볼 수 있다.

$$\bar{F}(A, B, C) = \Sigma m(0, 6, 7) = \overline{\Pi M(0, 6, 7)} = \Pi M(1, 2, 3, 4, 5) = \overline{\Sigma m(1, 2, 3, 4, 5)}$$

F와 $\bar{F}$의 최소항식과 최대항식 사이의 변환 과정을 정리하면 [표 5-19]와 같다.

표 5-19 최소항식과 최대항식의 관계

		필요한 형태			
		F의 최소항식	F의 최대항식	$\bar{F}$의 최소항식	$\bar{F}$의 최대항식
주어진 형태	$F=\Sigma m(1, 2, 3, 4, 5)$		$\Pi M(0, 6, 7)$	$\Sigma m(0, 6, 7)$	$\Pi M(1, 2, 3, 4, 5)$
	$F=\Pi M(0, 1, 2)$	$\Sigma m(3, 4, 5, 6, 7)$		$\Sigma m(0, 1, 2)$	$\Pi M(3, 4, 5, 6, 7)$
	$\bar{F}=\Sigma m(0, 2, 4, 6)$	$\Sigma m(1, 3, 5, 7)$	$\Pi M(0, 2, 4, 6)$		$\Pi M(1, 3, 5, 7)$
	$\bar{F}=\Pi M(0, 1, 6, 7)$	$\Sigma m(0, 1, 6, 7)$	$\Pi M(2, 3, 4, 5)$	$\Sigma m(2, 3, 4, 5)$	

그러므로 최소항과 최대항을 표기할 때 보수가 된다는 의미다. 최소항을 부정하면 최대항 형식이 되고, 최대항을 부정하면 최소항 형식이 된다. 논리회로를 간소화할 수 있는 방향으로 적절하게 최소항과 최대항을 사용하면 된다. 일반적으로 최소항을 선호한다.

예제 5-7

다음 최대항식을 최소항식으로 바꾸어 나타내고 부정도 최소항식과 최대항식으로 나타내보시오. $F(A, B, C) = \Pi M(0, 2, 3, 7)$

풀이

$$\begin{aligned}
F(A, B, C) &= \Pi M(0, 2, 3, 7) = (A+B+C)(A+\bar{B}+C)(A+\bar{B}+\bar{C})(\bar{A}+\bar{B}+\bar{C}) \\
&= \overline{\overline{(A+B+C)(A+\bar{B}+C)(A+\bar{B}+\bar{C})(\bar{A}+\bar{B}+\bar{C})}} \\
&= \overline{\bar{A}\bar{B}\bar{C}+\bar{A}B\bar{C}+\bar{A}BC+ABC} = \overline{\Sigma m(0, 2, 3, 7)} \\
&= \overline{\Pi M(1, 4, 5, 6)} = \Sigma m(1, 4, 5, 6) \\
&= \bar{A}\bar{B}C+A\bar{B}\bar{C}+A\bar{B}C+AB\bar{C}
\end{aligned}$$

$$\bar{F}(A, B, C) = \overline{\Pi M(0, 2, 3, 7)} = \Sigma m(0, 2, 3, 7) = \overline{\Sigma m(1, 4, 5, 6)} = \Pi M(1, 4, 5, 6)$$

06 불 대수 법칙을 이용한 논리식의 간소화

여기서는 불 대수 법칙을 이용해 논리식을 간소화하는 방법을 살펴본다. 다음 식들은 어떤 관계에 있는지 간소화하면서 살펴보자.

(1) $\bar{A}B\bar{C}+\bar{A}BC+A\bar{B}\bar{C}+A\bar{B}C+ABC$

(2) $\bar{A}B+A\bar{B}+ABC$

(3) $\bar{A}B+A\bar{B}+AC$

(4) $\bar{A}B+A\bar{B}+BC$

최소항식인 (1)번 식을 앞에서 배운 불 대수의 법칙을 이용해 간소화해보자. 앞에서도 설명했듯이 최소항은 모든 항을 간소화하지 않고 그대로 표현한 것이다. 즉, 간소화할 여지가 남아 있다는 의미이다. 다음과 같이 첫 번째 항과 두 번째 항을 묶고, 세 번째 항과 네 번째 항을 묶으면 각각에서 C 변수가 없어진다. 그러므로 5개의 항이 3개의 항으로 줄었다.

$$\begin{aligned}\bar{A}B\bar{C}+\bar{A}BC+A\bar{B}\bar{C}+A\bar{B}C+ABC &= (\bar{A}B\bar{C}+\bar{A}BC)+(A\bar{B}\bar{C}+A\bar{B}C)+ABC \\ &= \bar{A}B(\bar{C}+C)+A\bar{B}(\bar{C}+C)+ABC \\ &= \bar{A}B\cdot 1+A\bar{B}\cdot 1+ABC \\ &= \bar{A}B+A\bar{B}+ABC\end{aligned}$$

이렇게 해서 (2)번 식이 만들어진다. 즉 (1)번 식을 간소화하면 (2)번 식이 된다는 사실을 알았다. 그러나 (2)번 식이 최소화된 것 같이 보이지만 실제로 최소화된 것은 아니다. ABC 항에서 하나의 변수가 더 줄어들 수 있다. ABC 항과 하나의 변수만 다른 것을 찾아보면 그 항과 ABC 항이 줄어들 것이다.

앞 절에서 $A+A=A$라는 법칙을 살펴보았다. 즉, 같은 항이 여러 개 있어도 불 대수식의 논리값에는 아무런 변화가 없음을 알 수 있다. 위 식에서 ABC 항과 변수 하나가 다른 $A\bar{B}C$ 항을 하나 더 추가한 다음 계산해보자.

$$\begin{aligned}
&\bar{A}B\bar{C}+\bar{A}BC+A\bar{B}\bar{C}+A\bar{B}C+ABC+A\bar{B}C\\
&=(\bar{A}B\bar{C}+\bar{A}BC)+(A\bar{B}\bar{C}+A\bar{B}C)+(ABC+A\bar{B}C)\\
&=\bar{A}B(\bar{C}+C)+A\bar{B}(\bar{C}+C)+AC(B+\bar{B})\\
&=\bar{A}B\cdot 1+A\bar{B}\cdot 1+AC\cdot 1\\
&=\bar{A}B+A\bar{B}+AC
\end{aligned}$$

(3)번 식과 같은 결과를 얻을 수 있다. 이제 더 간소화할 수 없다. 그런데 위 계산 과정에서 $A\bar{B}C$를 추가하지 않고, 역시 ABC와 하나의 변수만 다른 $\bar{A}BC$를 추가해서 계산해 보자.

$$\begin{aligned}
&\bar{A}B\bar{C}+\bar{A}BC+A\bar{B}\bar{C}+A\bar{B}C+ABC+\bar{A}BC\\
&=(\bar{A}B\bar{C}+\bar{A}BC)+(A\bar{B}\bar{C}+A\bar{B}C)+(ABC+\bar{A}BC)\\
&=\bar{A}B(\bar{C}+C)+A\bar{B}(\bar{C}+C)+BC(A+\bar{A})\\
&=\bar{A}B\cdot 1+A\bar{B}\cdot 1+BC\cdot 1\\
&=\bar{A}B+A\bar{B}+BC
\end{aligned}$$

(4)번 식과 같은 결과를 얻을 수 있다. 식 자체는 (3)번 식과 다르지만 최종적으로 논리회로의 출력은 같다. 진리표를 이용해 검증해보면 알 수 있다. 이러한 과정을 살펴볼 때 결과가 같지만 형태가 다른 논리식은 여러 개가 될 수 있다. 위의 예에서 본 것과 같이 어떤 식에서 같은 항을 몇 개를 추가하더라도 전체 결과에는 아무런 영향을 미치지 않기 때문에 간소화할 수 있는 여지가 있다면 같은 항을 추가하여 간소화할 수 있다.

만약에 식 (1)이 주어지지 않고 식 (2)가 주어졌을 때 식 (3)이나 식 (4)로 바로 간소화하는 방법을 살펴보자. 먼저 논리식 $A+\bar{A}B$는 간소화될 수 있을까? 분배 법칙([표 5-7]의 15번)을 사용하여 풀어보면 다음과 같다.

$$A+\bar{A}B=(A+\bar{A})(A+B)=1\cdot(A+B)=A+B$$

또한 $A(\bar{A}+B)$도 마찬가지로 분배 법칙([표 5-7]의 14번)을 사용하여 풀어보면 다음과 같다.

$$A(\bar{A}+B)=A\bar{A}+AB=0+AB=AB$$

그러므로 식 (2)에서 바로 항을 추가하지 않고 다음과 같이 바로 계산할 수 있다.

$$
\begin{aligned}
\bar{A}B+A\bar{B}+ABC &= \bar{A}B+A(\bar{B}+BC)=\bar{A}B+A(\bar{B}+B)(\bar{B}+C)\\
&= \bar{A}B+A\cdot 1\cdot(\bar{B}+C)=\bar{A}B+A\bar{B}+AC
\end{aligned}
$$

또는 다음과 같은 결과를 얻을 수 있다.

$$
\begin{aligned}
\bar{A}B+A\bar{B}+ABC &= B(\bar{A}+AC)+A\bar{B}=B(\bar{A}+A)(\bar{A}+C)+A\bar{B}\\
&= B\cdot 1\cdot(\bar{A}+C)+A\bar{B}=\bar{A}B+A\bar{B}+BC
\end{aligned}
$$

규칙을 적용할 수 있는 항이 있을 때 어느 항에 적용하느냐에 따라서 식을 간소화한 결과는 달라질 수 있다.

예제 5-8

불 대수 법칙을 이용해 논리식 $\bar{A}\bar{B}\bar{C}+\bar{A}B\bar{C}+\bar{A}BC+A\bar{B}\bar{C}$를 간소화하시오.

풀이

주어진 논리식을 간소화하면 다음과 같다.

$$
\begin{aligned}
\bar{A}\bar{B}\bar{C}+\bar{A}B\bar{C}+\bar{A}BC+A\bar{B}\bar{C} &= \bar{A}\bar{B}\bar{C}+A\bar{B}\bar{C}+\bar{A}B\bar{C}+\bar{A}BC\\
&= \bar{B}\bar{C}(\bar{A}+A)+\bar{A}B(\bar{C}+C)\\
&= \bar{B}\bar{C}+\bar{A}B
\end{aligned}
$$

이번에는 최소항식 $F(A,\ B,\ C)=\Sigma m(0,\ 1,\ 3,\ 5,\ 7)$을 간소화하는 과정을 살펴보자.

$$
\begin{aligned}
F(A,\ B,\ C) &= \Sigma m(0,\ 1,\ 3,\ 5,\ 7)\\
&= \bar{A}\bar{B}\bar{C}+\bar{A}\bar{B}C+\bar{A}BC+A\bar{B}C+ABC\\
&= \bar{A}\bar{B}(\bar{C}+C)+\bar{A}C(\bar{B}+B)+AC(\bar{B}+B)\\
&= \bar{A}\bar{B}+\bar{A}C+AC\\
&= \bar{A}\bar{B}+C(\bar{A}+A)\\
&= \bar{A}\bar{B}+C
\end{aligned}
$$

또 $\bar{F}$도 구해보면 $\bar{F}$는 F의 부정이므로 결과가 1이 아닌 0을 선택하면 된다. 즉, 다음 식과 같다.

$$\bar{F}(A, B, C) = \overline{\Sigma m(0, 1, 3, 5, 7)} = \Sigma m(2, 4, 6)$$
$$= \bar{A}B\bar{C} + A\bar{B}\bar{C} + AB\bar{C}$$
$$= B\bar{C}(\bar{A} + A) + A\bar{C}(\bar{B} + B)$$
$$= B\bar{C} + A\bar{C} = (A + B)\bar{C}$$

예제 5-9

다음 진리표에서 논리식을 구하고 불 대수 법칙을 이용해 간소화하시오.

A B C	F	$\bar{F}$
0 0 0	0	1
0 0 1	1	0
0 1 0	1	0
0 1 1	1	0
1 0 0	1	0
1 0 1	1	0
1 1 0	0	1
1 1 1	0	1

풀이

논리식 F와 $\bar{F}$를 구하면 다음과 같다.

$$F(A, B, C) = \Sigma m(1, 2, 3, 4, 5)$$
$$= \bar{A}\bar{B}C + \bar{A}B\bar{C} + \bar{A}BC + A\bar{B}\bar{C} + A\bar{B}C$$

$$\bar{F}(A, B, C) = \Sigma m(0, 6, 7) = \bar{A}\bar{B}\bar{C} + AB\bar{C} + ABC$$

논리식 F와 $\bar{F}$를 간소화하면 다음과 같다.

$$F(A, B, C) = \bar{A}\bar{B}C + \bar{A}B\bar{C} + \bar{A}BC + A\bar{B}\bar{C} + A\bar{B}C$$
$$= \bar{B}C(\bar{A} + A) + \bar{A}B(\bar{C} + C) + A\bar{B}(\bar{C} + C)$$
$$= \bar{B}C + \bar{A}B + A\bar{B}$$

$$\bar{F}(A, B, C) = \bar{A}\bar{B}\bar{C} + AB\bar{C} + ABC$$
$$= \bar{A}\bar{B}\bar{C} + AB(\bar{C} + C)$$
$$= \bar{A}\bar{B}\bar{C} + AB$$

좀 더 일반적인 접근 방법으로 입력 변수가 n개 있을 때 모두 몇 가지의 함수가 있는지 살펴보자. 입력 변수가 2개일 경우는 모두 16가지의 진리표가 만들어질 수 있으며 16가지 함수가 있을 수 있다. [표 5-20]은 입력 변수가 2개일 때 가능한 모든 경우의 함수를 보여준다.

표 5-20 2변수로 나타낼 수 있는 모든 경우

A B	F_0	F_1	F_2	F_3	F_4	F_5	F_6	F_7	F_8	F_9	F_{10}	F_{11}	F_{12}	F_{13}	F_{14}	F_{15}
0 0	0	0	0	0	0	0	0	0	1	1	1	1	1	1	1	1
0 1	0	0	0	0	1	1	1	1	0	0	0	0	1	1	1	1
1 0	0	0	1	1	0	0	1	1	0	0	1	1	0	0	1	1
1 1	0	1	0	1	0	1	0	1	0	1	0	1	0	1	0	1

이들 F_0부터 F_{15}까지의 논리식을 보면 다음과 같다.

표 5-21 2변수로 나타낼 수 있는 모든 경우의 논리식

$F_0 = 0$	$F_1 = AB$	$F_2 = A\bar{B}$	$F_3 = A$
$F_4 = \bar{A}B$	$F_5 = B$	$F_6 = \bar{A}B + A\bar{B}$	$F_7 = A + B$
$F_8 = \bar{A}\bar{B}$	$F_9 = \bar{A}\bar{B} + AB$	$F_{10} = \bar{B}$	$F_{11} = A + \bar{B}$
$F_{12} = \bar{A}$	$F_{13} = \bar{A} + B$	$F_{14} = \bar{A} + \bar{B}$	$F_{15} = 1$

$F_3 = A\bar{B} + AB = A(\bar{B} + B) = A$

$F_7 = \bar{A}B + A\bar{B} + AB = (\bar{A} + A)B + A(\bar{B} + B) = A + B$

$F_{11} = \bar{A}\bar{B} + A\bar{B} + AB = (\bar{A} + A)\bar{B} + A(\bar{B} + B) = A + \bar{B}$

$F_{13} = \bar{A}\bar{B} + \bar{A}B + AB = \bar{A}(\bar{B} + B) + (\bar{A} + A)B = \bar{A} + B$

$F_{14} = \bar{A}\bar{B} + \bar{A}B + A\bar{B} = \bar{A}(\bar{B} + B) + (\bar{A} + A)\bar{B} = \bar{A} + \bar{B}$

$F_{15} = \bar{A}\bar{B} + \bar{A}B + A\bar{B} + AB = \bar{A}(\bar{B} + B) + A(\bar{B} + B) = \bar{A} + A = 1$

$F_5 = \bar{A}B + AB = (\bar{A} + A)B = B$

$F_{10} = \bar{A}\bar{B} + A\bar{B} = (\bar{A} + A)\bar{B} = \bar{B}$

$F_{12} = \bar{A}\bar{B} + \bar{A}B = \bar{A}(\bar{B} + B) = \bar{A}$

입력 변수가 n개 있을 때 진리표의 열의 개수는 2^n이며, 서로 다른 함수가 2^{2^n}개 존재한다. 입력 변수가 3개일 때는 가능한 모든 경우의 함수의 $2^{2^3} = 2^8 = 256$개이며, 입력 변수가 4개일 때는 $2^{2^4} = 2^{16} = 65,536$개다.

연습문제

01 진리표를 이용해 다음 각 함수가 일치하는지 확인해보시오.

① $F=\overline{ABC}$, $G=\bar{A}+\bar{B}+\bar{C}$

② $F=X\bar{Y}+Y\bar{Z}+\bar{X}Z$, $G=\bar{X}Y+\bar{Y}Z+X\bar{Z}$

③ $F=\bar{A}\bar{C}+\bar{A}C+BC$, $G=(\bar{A}+C)(\bar{A}+B+\bar{C})$

④ $F=\bar{A}\bar{C}+BC+A\bar{B}$, $G=\bar{B}\bar{C}+AC+\bar{A}B$

⑤ $F=AB+AC+\bar{A}BD$, $G=BD+A\bar{B}C+AB\bar{D}$

02 다음 식이 성립함을 불 대수 법칙을 이용해 확인하시오.

① $\bar{X}\bar{Y}+XY+\bar{X}Y=\bar{X}+Y$

② $\bar{X}Y+X\bar{Y}+XY+\bar{X}\bar{Y}=1$

③ $\bar{X}+XY+X\bar{Z}+X\bar{Y}\bar{Z}=\bar{X}+Y+\bar{Z}$

④ $X\bar{Y}+\bar{Y}\bar{Z}+\bar{X}\bar{Z}=X\bar{Y}+\bar{X}\bar{Z}$

03 드모르간의 정리를 이용해 다음 식을 지정된 형태로 변환하시오.

$$F=XY+\bar{X}\bar{Y}+\bar{Y}Z$$

① AND와 NOT만을 사용하여 나타내시오.

② OR와 NOT만을 사용하여 나타내시오.

04 XOR 동작에 대한 아래의 기본 정의를 증명하시오.

① $A\oplus 0=A$

② $A\oplus 1=\bar{A}$

③ $A\oplus A=0$

④ $A\oplus \bar{A}=1$

⑤ $A\oplus \bar{B}=\bar{A}\oplus B=\overline{A\oplus B}$

05 XOR에 대한 다음의 분배 법칙이 성립하는지 검토하시오.

$$A\oplus BC=(A\oplus B)(A\oplus C)$$

06 다음 논리식의 부정을 구하고, $F\bar{F}=0$, $F+\bar{F}=1$임을 보이시오.

① $F = WX + YZ$

② $F = X\bar{Y} + \bar{X}Y$

③ $F = (A\bar{B} + C)\bar{D} + E$

④ $F = AB(\bar{C}D + C\bar{D}) + \bar{A}\bar{B}(\bar{C} + D)(C + \bar{D})$

⑤ $F = (A + \bar{B} + C)(\bar{A} + \bar{C})(A + B)$

⑥ $F = AB\bar{D} + \bar{B}\bar{C} + \bar{A}CD + \bar{A}B\bar{C}D$

⑦ $F = (A + \bar{B} + C)(\bar{A} + B + C)(A + \bar{B} + \bar{C})$

⑧ $F = (A + B)(\bar{B} + C) + \bar{D}(\bar{A}B + C)$

07 자동차 경고 버저buzzer의 논리를 설계하려고 한다. 경고 버저는 전조등(H)이 켜지고 운전석 문(D)이 열려 있거나, 또는 시동장치에 키(K)가 꽂혀 있고 운전석 문(D)이 열려 있을 때 동작한다. 자동차 경고 버저의 논리식을 작성하시오. 작성한 논리식을 AND 게이트 2개, OR 게이트 1개를 사용하여 논리회로를 그려 보시오. 또 AND 게이트 1개, OR 게이트 1개를 사용하여 논리회로를 그려 보시오.

08 입력 신호 A, 제어 신호 B, 출력 X와 Y가 다음과 같이 동작하는 논리회로를 설계하시오.

- $B=1$이면 출력 X는 입력 A를 따르고, 출력 Y는 0이 된다.
- $B=0$이면 출력 X는 0이 되고, 출력 Y는 입력 A를 따른다.

09 다음 각 회로에 대한 출력식을 구하고 각 출력이 High가 되는 입력의 조건을 구하시오.

①
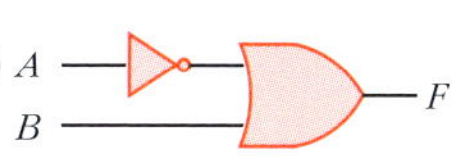

②
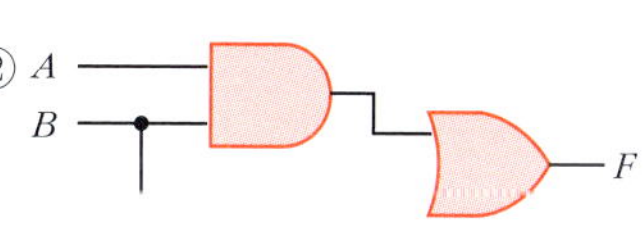

③
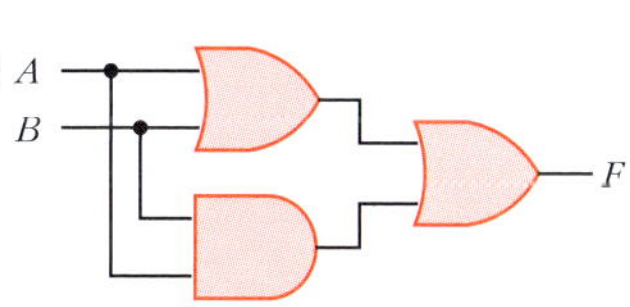

④
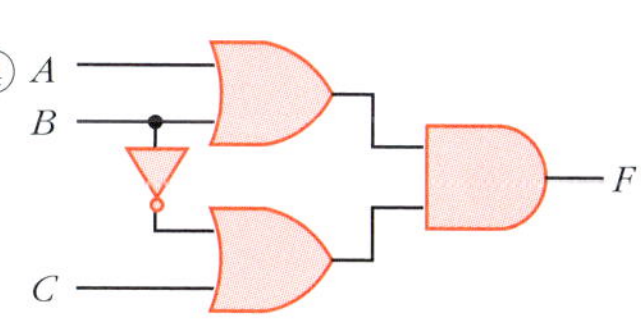

⑤
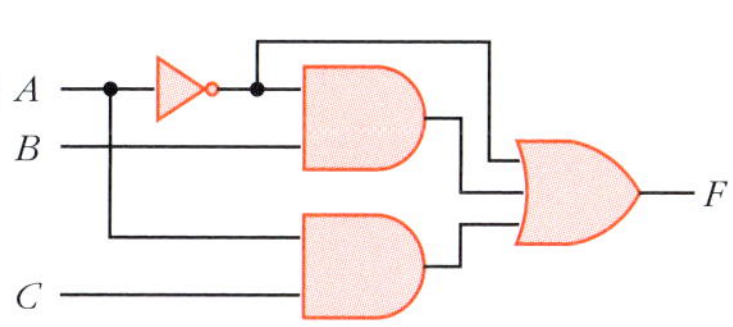

⑥
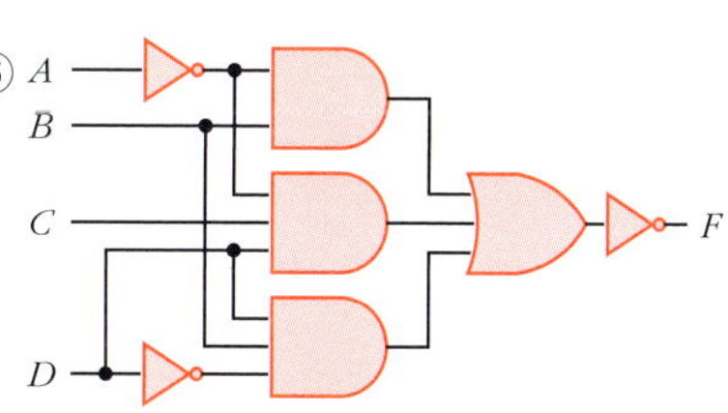

10 다음 불 대수식을 논리회로로 그려 보시오.

① $F = B\overline{C} + AB + ACD$

② $F = (A+B)(C+D)(\overline{A}+B+D)$

③ $F = (AB + \overline{A}\overline{B})(C\overline{D} + \overline{C}D)$

④ $F = \overline{A}\overline{B} + AC + \overline{B}C$

⑤ $F = AB + C(A+B)$

⑥ $F = W\overline{X}(V + \overline{Y}Z) + (\overline{W}Y + \overline{V})\overline{(X + YZ)}$

11 다음과 같은 논리회로 (a)에서 입력 A, B는 시간의 경과에 따라 (b)와 같이 입력된다. 출력 F의 타이밍도를 그려 보시오.

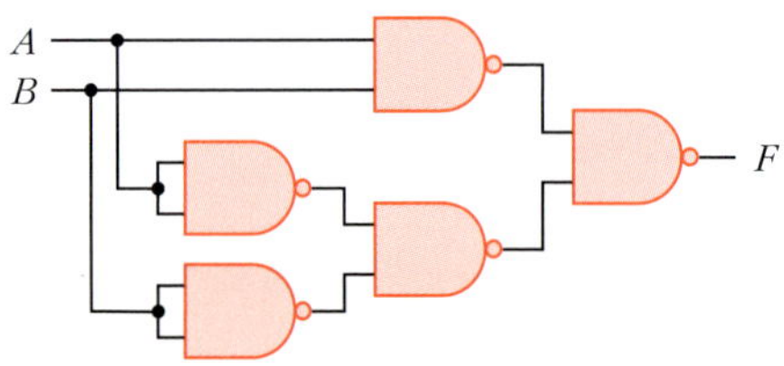

(a) 논리회로

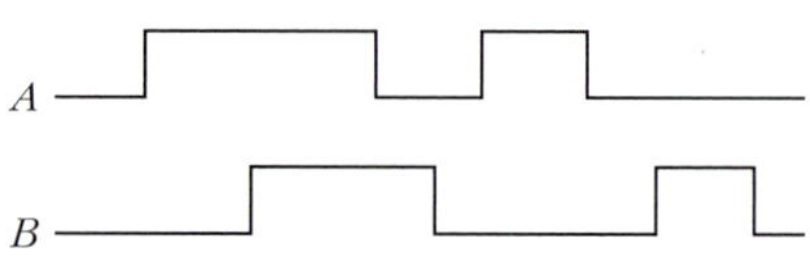

(b) 신호 입력

12 다음과 같은 NOR 회로의 출력 F를 구하시오. 그리고 이를 NAND 회로로 변환하시오.

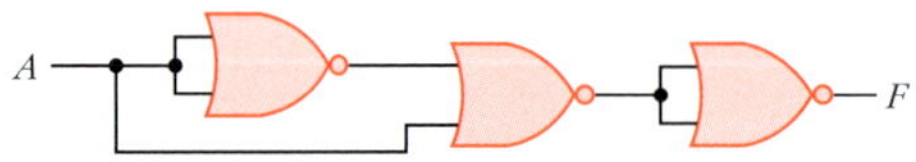

13 다음 논리회로의 출력 F를 구하시오.

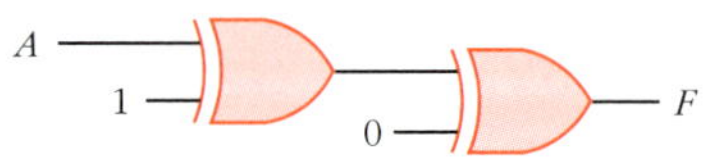

14 다음 논리 함수에 대한 질문에 답하시오.

$$F(A, B, C) = \Sigma m(0, 1, 3, 5, 7)$$

① 진리표를 그리시오.

② 최소항의 논리식을 구하시오.

③ 간소화 SOP를 구하시오.

④ $\overline{F}$를 최소항 기호로 나타내시오.

15 다음 식을 최소항식으로 확장하여 표현하시오.

① $F(A, B, C) = A\overline{B} + \overline{B}\overline{C}$

② $F(A, B, C) = \overline{A} + BC + \overline{B}\overline{C}$

③ $F(A, B, C, D) = A\overline{B}C + BD + \overline{A}\overline{D}$

16 다음 논리식의 진리표를 구하고 최소항식과 최대항식으로 나타내시오.

① $F = (XY + Z)(Y + XZ)$

② $F = (\overline{A} + B)(\overline{B} + C)$

③ $F = \overline{Y}Z + WX\overline{Y} + WX\overline{Z} + \overline{W}\overline{X}Z$

④ $F = A + \overline{B}C$

⑤ $F = \overline{A}\overline{C}\overline{D} + \overline{A}C\overline{D} + BC$

⑥ $F = WX\overline{Y} + X\overline{Y}Z + W\overline{X}\overline{Z}$

17 진리표에 주어진 불 함수 E와 F에 대해서 다음 물음에 답하시오.

X	Y	Z	E	F
0	0	0	1	0
0	0	1	1	0
0	1	0	1	1
0	1	1	0	1
1	0	0	0	0
1	0	1	0	0
1	1	0	0	1
1	1	1	0	1

① 각 함수의 최소항과 최대항을 기호로 나타내시오.

② $\overline{E}$와 $\overline{F}$의 최소항을 기호로 나타내시오.

③ E와 F를 최소항의 합으로 나타내시오.

④ E와 F를 간소화하여 나타내시오.

18 다음 진리표를 참고로 하여 질문에 답하시오.

A	B	C	F
0	0	0	0
0	0	1	1
0	1	0	0
0	1	1	1
1	0	0	1
1	0	1	0
1	1	0	1
1	1	1	1

① F를 숫자 형태의 최소항으로 표현하시오.

② F를 최소항의 합으로 나타내시오.

③ F를 간소화하여 나타내시오.

④ $\bar{F}$를 숫자 형태의 최소항으로 표현하시오.

19 동전 3개는 각각 앞면과 뒷면을 가지고 있다. 동전 3개를 A, B, C라고 하고, 앞면에 대한 논리 변수를 1, 뒷면은 0으로 한다. 동전을 던진 후에 동전 중 단지 하나만 앞면일 때 1이 되는 논리 함수 $F(A, B, C)$를 고려한다.

① 진리표를 구하시오.

② 출력 F를 최소항 기호로 나타내시오.

③ 출력 F를 최대항 기호로 나타내시오.

20 다음을 불 대수 법칙을 이용해 간소화하시오.

① $1 \cdot (A+B+C)$

② $A+B+C+1$

③ $ABC+1$

④ $(\bar{A} \cdot 1)+A$

⑤ $(\bar{A}AB+D)(CE\bar{E}+\bar{D})$

⑥ $(A+0)(C+D\bar{D})$

⑦ $(A+\bar{A})B+(C+\bar{C})B$

⑧ $\bar{\bar{A}}\bar{\bar{A}}$

⑨ $AB\bar{A}+(B\bar{B}C+C)+C(D+1)$

⑩ $(A+B)+(\bar{A}+\bar{B})$

21 불 대수 법칙을 이용해 논리식을 간소화하시오.

① $(AB + CD) + (A + C)$

② $A(AB + C)$

③ $\bar{A}B + AB + \bar{A}\bar{B}$

④ $A + A\bar{B} + \bar{A}B$

⑤ $AB + A\bar{B}C$

⑥ $A\bar{B} + ABC$

⑦ $A\bar{B}\bar{C} + A\bar{B}C + AB\bar{C} + ABC$

⑧ $AB + A(B + C) + B(B + C)$

⑨ $(A\bar{B}(C + BD) + \bar{A}\bar{B})C$

⑩ $\overline{AB + AC} + \bar{A}\bar{B}C$

22 다음 불 대수식을 간소화하시오.

① $F = XYZ + \bar{X}Y + XY\bar{Z}$

② $F = \bar{X}YZ + XZ$

③ $F = (\overline{X + Y})(\bar{X} + \bar{Y})$

④ $F = XY + X(WZ + W\bar{Z})$

⑤ $F = (X + \bar{Y} + X\bar{Y})(XY + \bar{X}Z + YZ)$

⑥ $F = \bar{A}\bar{C} + ABC + A\bar{C}$

⑦ $F = (\overline{\overline{CD} + A}) + A + CD + AB$

23 다음 논리식을 간소화하시오.

$$F = \bar{A}B \oplus BC \oplus AB \oplus \bar{B}\bar{C}$$

기출문제

01 논리식 중 성립되지 않는 것은?

① $A \cdot A = A$　② $A = \bar{\bar{A}}$

③ $A + \bar{A} = A$　④ $A \cdot \bar{A} = 0$

02 다음 논리식에서 옳지 않은 것은?

① $A + A = A$　② $A \cdot A = A$

③ $A + \bar{A} = 1$　④ $A \cdot \bar{A} = 1$

03 다음 논리식 중 옳은 것은?

① $A + \bar{A} = A$　② $A + \bar{A} = 0$

③ $A + \bar{A} = 1$　④ $A + \bar{A} = \bar{A}$

04 불 대수식 중 옳지 않은 것은?

① $A \cdot 1 = A$　② $A + 1 = 1$

③ $A \cdot \bar{A} = 0$　④ $A + \bar{A} = 0$

05 다음 논리식 중 틀린 것은?

① $A + 0 = A$　② $A \cdot 0 = 0$

③ $A \cdot 1 = 1$　④ $A + 1 = 1$

06 불 대수(Boolean algebra)가 옳지 않은 것은?

① $A + \bar{A}B = A$　② $A \cdot A = A$

③ $A + A\bar{B} = A$　④ $A(A + B) = A$

07 불 대수에 관한 정리 중 옳지 않은 것은?

① $A + A = A$　② $A\bar{A} = 0$

③ $A + AB = A$　④ $A + \overline{AB} = A + B$

08 다음 중 불 대수 정리로 옳지 않은 것은?

① $B + \bar{B} = 1$

② $AB + A\bar{B} = B$

③ $(A + B)(A + \bar{B}) = A$

④ $A(\bar{A} + B) = AB$

09 불 대수의 법칙에 어긋나는 것은?

① $\bar{A}B + A\bar{B} = A + B$

② $A + AB = A$

③ $A + \bar{A}B = A + B$

④ $(A + B) \cdot (A + C) = A + B \cdot C$

10 불 대수의 정리 중 옳지 않은 것은?

① $A + B = B + A$

② $A + B \cdot C = (A + B)(A + C)$

③ $A + \bar{A} = 1$

④ $A \cdot B = \overline{A + \bar{B}}$

11 다음 중 불 대수가 옳지 않은 것은?

① $A + \bar{A}B = A + B$　② $A(\bar{A} + B) = AB$

③ $A + AB = A$　④ $A + A = 1$

12 다음 불 대수의 정리 중 틀린 것은?

① $x(x + y) = y$

② $\overline{x + y} = \bar{x} \cdot \bar{y}$

③ $x + yz = (x + y)(x + z)$

④ $x + xy = x$

13 불 대수의 정리 중에서 옳지 않은 것은?

① $C + C \cdot B = C$

② $A \cdot (A + B) = A$

③ $A + AB + AD = A$

④ $A \cdot (A + AB) = A + B$

14 불 대수의 정리 중 옳지 않은 것은?

① $\overline{A \cdot B} = \bar{A} + \bar{B}$　② $A \cdot (A + B) = A$

③ $A + \bar{A}B = A + B$　④ $A(\bar{A} + AB) = A + B$

15 다음 불 함수 중 그 결과값이 항상 1인 것은?

① $x + x$　② $x \cdot x$

③ $x + 1$　④ $x \cdot 0$

16 다음 불 대수의 정리는?

$$(A + B)(A + C) = A + BC$$

① 결합 법칙　② 분배 법칙

③ 교환 법칙　④ 흡수 법칙

17 논리식 $A + AB = A$의 불 대수 정리는?

① 결합 법칙　② 교환 법칙

③ 분배 법칙　④ 흡수 법칙

18 다음 논리회로 법칙 중 서로 잘못 연결된 것은?

① 교환 법칙 : $A+B=B+A$
② 결합 법칙 : $A\cdot(B+C)=A\cdot B+A\cdot C$
③ 분배 법칙 : $A+(B\cdot C)=(A+B)\cdot(A+C)$
④ 드모르간의 법칙 : $\overline{A\cdot B}=\bar{A}+\bar{B}$

19 2개의 변수 A와 B로 표시된 것 중 옳지 않은 것은?

① 논리합의 부정 : $\overline{A+B}$
② 논리곱의 부정 : $\overline{A\cdot B}$
③ 배타적 논리합 : $\bar{A}\cdot\bar{B}+A\cdot B$
④ 논리합 : $A+B$

20 다음 중 논리식 $\bar{A}+\bar{B}$와 등가인 회로는?

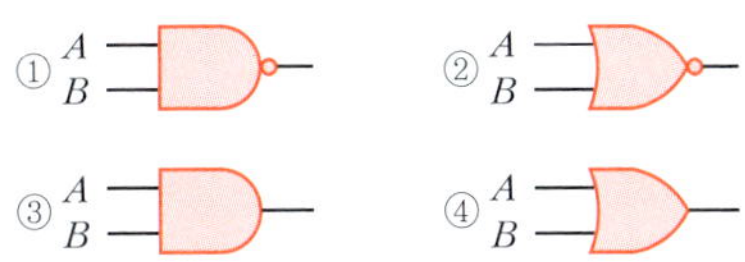

21 드모르간(De Morgan)의 정리를 옳게 나타낸 것은?

① $\overline{A+B}=A+B$　② $\overline{A+B}=A\cdot B$
③ $\overline{A+B}=\bar{A}\cdot\bar{B}$　④ $\overline{A+B}=\bar{A}+\bar{B}$

22 다음의 논리회로도에서 드모르간(De Morgan)의 정리를 나타내는 것은 어느 것인가?

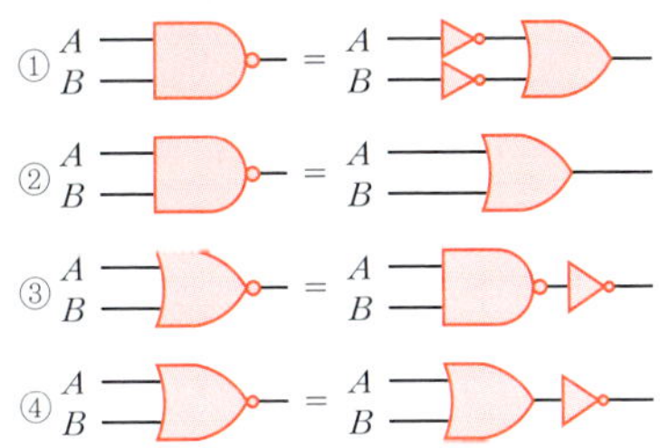

23 다음 논리식은 무슨 법칙을 활용하여 전개한 것인가?

$$F=\bar{C}(\overline{AB})=\bar{C}(\bar{A}+\bar{B})=\overline{C+AB}=\overline{AB+C}$$

① 보수와 병렬의 법칙
② 드모르간(De Morgan)의 법칙
③ 교차와 병렬의 법칙
④ 적(積)과 화(和)의 분배의 법칙

24 다음 식을 쌍대(duality)식으로 표시한 것은?

$$\overline{A+B}=\bar{A}\cdot\bar{B}$$

① $A+B=A\cdot B$
② $A\cdot B=\overline{A+B}$
③ $\bar{A}\cdot\bar{B}=\overline{A+B}$
④ $\overline{A\cdot B}=\bar{A}+\bar{B}$

25 $A+\bar{A}=1$의 쌍대인 것을 표시한 식은?

① $A\cdot\bar{A}=0$　② $A\cdot\bar{A}=1$
③ $A+\bar{A}=A$　④ $A+\bar{A}=0$

26 다음 논리식의 조건이 옳은 것은?

$$A\bar{B}+\bar{C}=1$$

① $A=0,\ B=1,\ C=1$
② $A=1,\ B=1,\ C=1$
③ $A=0,\ B=1,\ C=0$
④ $A=0,\ B=0,\ C=1$

27 논리식 $A+AB$를 간단히 한 결과는?

① $A+B$　② A　③ B　④ 1

28 불 대수식 $A(\bar{A}+B)$를 간단히 하면?

① A　② B　③ AB　④ $A+B$

29 논리식 $\bar{A}+B+\bar{A}+\bar{B}$를 최소화하여 정리하면?

① $\bar{A}$　② $\bar{B}$　③ 1　④ B

30 $X=(A+B)(\overline{A\cdot B})$와 같은 것은?

① $A+\bar{B}$　② $\bar{A}B+A\bar{B}$
③ $A+B$　④ $\bar{A}+B$

31 다음 논리식을 최소화시킬 때 올바른 것은?

$$F=(A+B)(A+\bar{B})$$

① A　② $A+B$
③ $A+\bar{B}$　④ $A\bar{B}$

32 논리식 $Y=\overline{A+A\bar{B}}$를 간략화하면?

① $Y=A\bar{B}$　② $Y=\bar{A}$
③ $Y=1$　④ $Y=AB$

33 다음 논리식 $\overline{\bar{A}B}+A\bar{B}+AB$를 간단히 표현하면?

① $A+B$　② $\bar{A}+B$
③ $A+\bar{B}$　④ $\bar{A}+\bar{B}$

34 다음 중 결과가 다른 하나는?

① $A(A+B)$　② $A+AB$
③ $1 \cdot A$　④ $A+1$

35 논리식 $Y=A+AB+AC$ 를 간소화하면?

① $Y=A$　② $Y=B$
③ $Y=A+B$　④ $Y=A+C$

36 논리식 $A(A+B+C)$를 간단히 하면 어느 것과 같은가?

① 1　② 0
③ $B+C$　④ A

37 논리식 $\overline{\bar{A}B+A\bar{B}}$와 같은 것은?

① $AB+\bar{A}\bar{B}$　② $\bar{A}B+A\bar{B}$
③ $AB+\overline{AB}$　④ $A\bar{B}+\bar{A}+\bar{B}$

38 다음 논리식을 간단히 하면?

$$\overline{\bar{A}+B}+\overline{\bar{A}+\bar{B}}$$

① $A+B$　② AB
③ A　④ B

39 불 대수식 $\overline{\overline{\bar{A}B}\cdot\overline{A\bar{B}}}$을 간단히 한 결과는?

① $\overline{AB}+AB$　② 1
③ $\bar{A}B+\overline{AB}$　④ $\bar{A}B+A\bar{B}$

40 다음 식을 간소화하면 어떻게 표시되는가?

$$\overline{\overline{(\bar{A}+B)}+\overline{(A+\bar{B})}}+\overline{\overline{(\bar{A}B)}\cdot\overline{(A\bar{B})}}$$

① 1　② 0
③ $A+B$　④ AB

41 다음 논리식을 간소화하면 어떻게 되는가?

$$Y=\bar{A}\bar{B}+A\bar{B}+\bar{A}B+AB$$

① $Y=\bar{A}+\bar{B}$　② $Y=A+\bar{B}$
③ $Y=1$　④ $Y=AB$

42 논리식 중 다른 값을 나타내는 논리식은?

① $XY+X\bar{Y}$　② $(X+Y)(X+\bar{Y})$
③ $X(X+Y)$　④ $X(\bar{X}+Y)$

43 다음 불 대수식과 등가인 것은?

$$A+B\cdot C$$

① $A\cdot B\cdot(A+C)$　② $(A+B)\cdot(A+C)$
③ $(A+B)\cdot A\cdot C$　④ $(A+B)\cdot(\overline{A+C})$

44 다음 논리식과 다른 것은?

$$Z=(\overline{A+\bar{B}\cdot C})$$

① $Z=\bar{A}\cdot B+\overline{A\cdot C}$　② $Z=\bar{A}\cdot(\overline{\bar{B}\cdot C})$
③ $Z=\bar{A}\cdot B+\bar{A}\cdot\bar{C}$　④ $Z=\bar{A}\cdot(B+\bar{C})$

45 불 대수식 $(A+B)(A+C)$와 등가인 것은?

① BC　② ABC
③ $A+B+C$　④ $A+BC$

46 다음 논리식 F를 간소화한 것은?

$$F=\bar{A}(BC+B\bar{C})+A(BC+B\bar{C})$$

① B　② BC
③ AC　④ $A+B\bar{C}$

47 논리식 $\bar{B}(\bar{A}+C)(B+\bar{C})$를 간소화하면?

① ABC　② $\bar{A}\cdot\bar{B}\cdot\bar{C}$
③ $A+B+C$　④ $\bar{A}+\bar{B}+\bar{C}$

48 논리식 $f=xy+wxy$를 간단히 하면?

① xy　② w　③ wxy　④ wx

49 논리식 $A\bar{B}\bar{C}+AB\bar{C}$를 간소화하면?

① $A\bar{C}$　② $\bar{A}C$　③ AC　④ AB

50 다음 불 대수식을 간소화할 때 맞는 것은?

$$RST+RS(\bar{T}+V)$$

① $RS\bar{T}$　② RSV
③ RST　④ RS

51 불 대수식 $A+\bar{B}C+C\bar{D}+\bar{A}$를 간단히 하면?

① 1 ② A ③ B ④ C

52 다음 논리 함수식 $A(A+B+C+D)$를 간략화하면?

① 1 ② 0 ③ A ④ B

53 논리식 $A\bar{B}+A\bar{B}C+A\bar{B}(D+E)$를 간단히 하면?

① $A\bar{B}(D+E)$ ② $\bar{A}B(D+E)$

③ $\bar{A}B$ ④ $A\bar{B}$

54 다음 논리식을 간단히 하면?

$$Y=\overline{(A+B)\bar{C}\bar{D}+E+\bar{F}}$$

① $Y=(AB+C+D)\overline{EF}$

② $Y=(\bar{A}\bar{B}+C+D)E\bar{F}$

③ $Y=(\bar{A}\bar{B}+C+D)\bar{E}F$

④ $Y=(\bar{A}\bar{B}+\bar{C}+\bar{D})EF$

55 다음과 같이 주어지는 논리식을 불 대수를 적용하여 간소화한 것은?

$$Z=(A+\bar{B}C+D+EF)(A+\bar{B}C+\overline{D+EF})$$

① $Z=D+EF$ ② $Z=\bar{B}C+D+EF$

③ $Z=A+\bar{B}C$ ④ $Z=A+D$

56 그림과 같은 논리회로의 출력 F를 나타낸 논리식은?

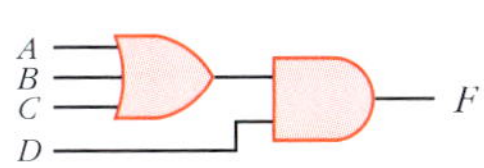

① $(ABC)D$ ② $(ABC)+D$

③ $(A+B+C)D$ ④ $A+B+C+D$

57 그림과 같은 논리 게이트의 출력은?

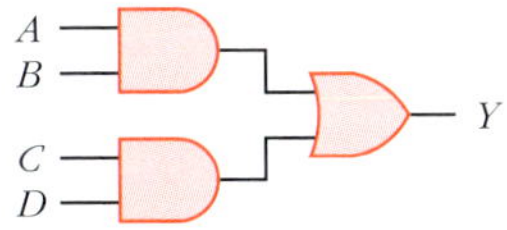

① $A+B+C+D$ ② $(A+B)+CD$

③ $AB+(C+D)$ ④ $AB+CD$

58 그림과 같은 논리회로의 출력 X는?

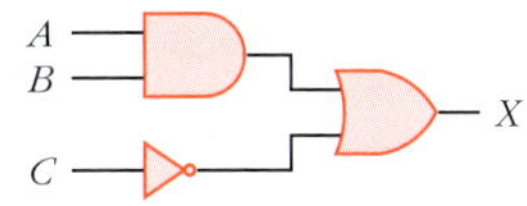

① $(A+B)\bar{C}$ ② ABC

③ $\overline{AB}+C$ ④ $AB+\bar{C}$

59 그림과 같은 논리회로의 출력 X는?

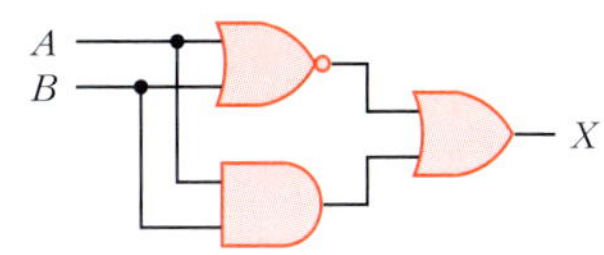

① $X=(\overline{A+B})\cdot(\overline{A\cdot B})$

② $X=(A+B)\cdot(\overline{A\cdot B})$

③ $X=(\overline{A+B})+(A\cdot B)$

④ $X=(A+B)+(A\cdot B)$

60 그림의 회로를 논리식으로 표시한 것 중 옳은 것은?

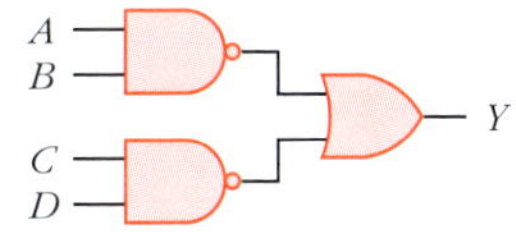

① $Y=\overline{AB}+\overline{CD}$

② $Y=(A+B)(C+D)$

③ $Y=AB+CD$

④ $Y=\overline{A+B}+\overline{C+D}$

61 다음 논리회로의 출력 F는?

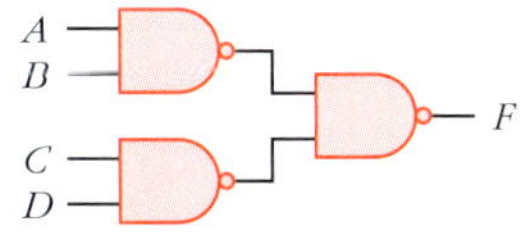

① $\overline{AB+CD}$

② $(\overline{A+B})(C+D)$

③ $(A+B)(C+D)$

④ $AB+CD$

62 그림과 같은 회로에서 출력 Y는?

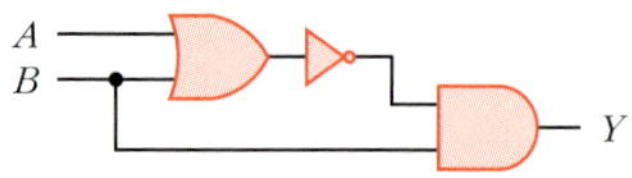

① $Y=A\cdot B+B$　② $Y=\overline{A\cdot B}+B$

③ $Y=\overline{A+B}+B$　④ $Y=(\overline{A+B})\cdot B$

63 다음과 같은 논리회로를 논리식으로 표시하면?

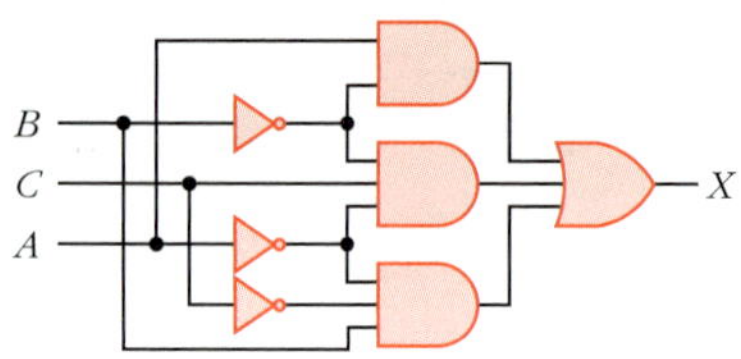

① $X=\bar{A}\bar{B}C+\bar{A}B\bar{C}+A\bar{B}$

② $X=ABC+AB\bar{C}+\bar{A}B$

③ $X=\bar{A}B\bar{C}+\bar{A}\bar{B}\bar{C}+A\bar{B}$

④ $X=\bar{A}\bar{B}C+A\bar{B}C+A\bar{B}$

64 다음 회로의 출력 Y의 논리식은?

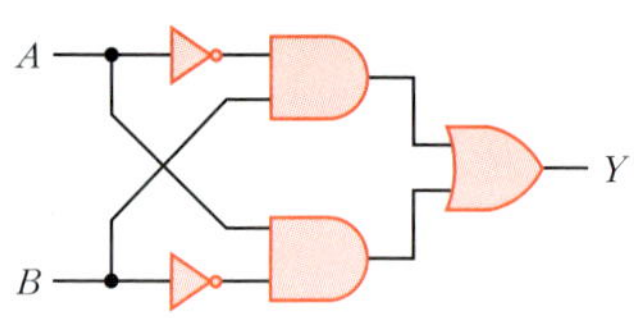

① $Y=AB+\bar{A}\bar{B}$　② $Y=\bar{A}\bar{B}+A\bar{B}$

③ $Y=A\bar{B}+AB$　④ $Y=A\bar{B}+\bar{A}B$

65 다음 논리회로의 출력식으로 옳은 것은?

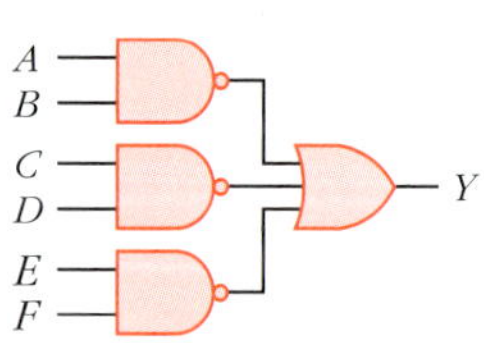

① $Y=\overline{AB}\cdot\overline{CD}\cdot\overline{EF}$

② $Y=\overline{AB+CD+EF}$

③ $Y=AB+CD+EF$

④ $Y=\overline{AB\cdot CD\cdot EF}$

66 그림과 같이 결선된 논리회로의 논리식은?

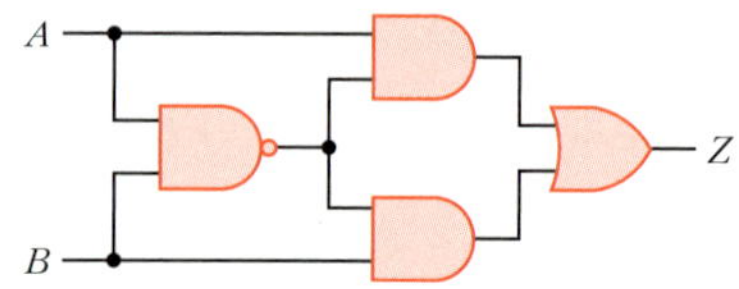

① $Z=(A+B)AB$　② $Z=(\overline{AB})(A+B)$

③ $Z=(\overline{AB})(\bar{A}+\bar{B})$　④ $Z=(A+B)(\overline{A+B})$

67 다음과 같은 논리회로의 출력 Y는?

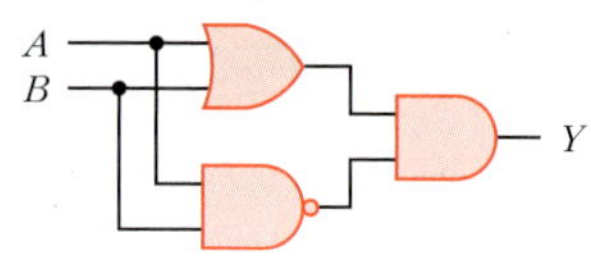

① $AB+\bar{A}B$　② $(A+\bar{B})\bar{A}\bar{B}$

③ $AB(\bar{A}+\bar{B})$　④ $(A+B)(\bar{A}+\bar{B})$

68 다음 논리회로를 간단히 하면?

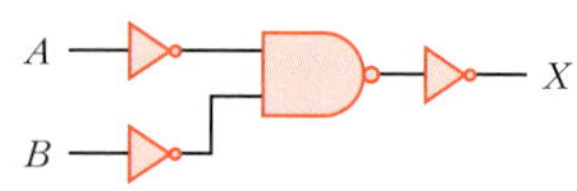

① 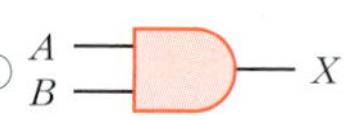

② 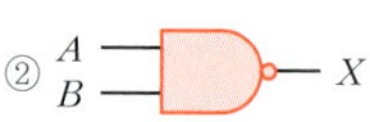

③ 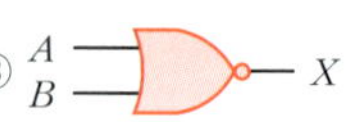

④ 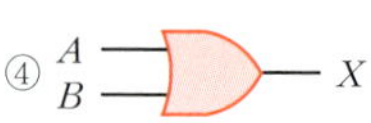

69 다음 논리회로 중 기능이 다른 것은?

① 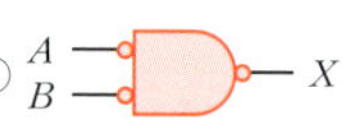

② 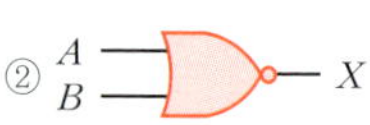

③ 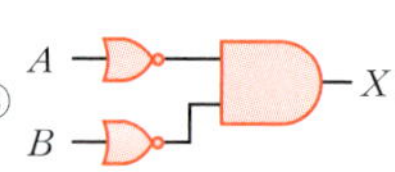

④ 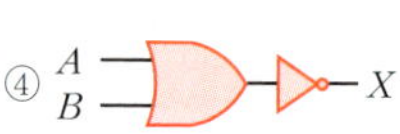

70 다음과 같은 회로의 출력은?

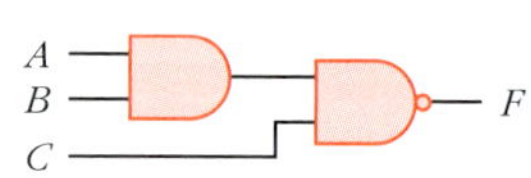

① $A+B\bar{C}$　② $\overline{AB}+\bar{C}$

③ ABC　④ $A+B+C$

71 다음 논리회로의 출력식은?

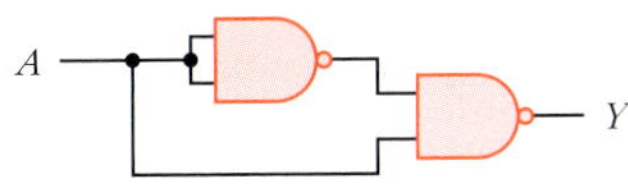

① $Y=A$　② $Y=\bar{A}$

③ $Y=1$　④ $Y=0$

72 다음 회로의 논리식은?

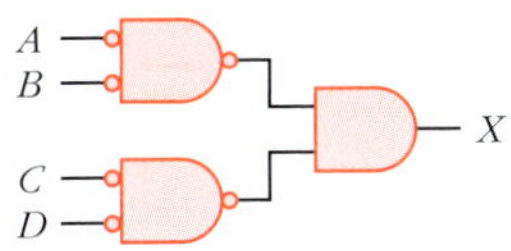

① $A+B+C+D$　② $\overline{AB \cdot CD}$

③ $AB+CD$　④ $(A+B)(C+D)$

73 다음 논리회로의 출력(X)이 옳은 것은?

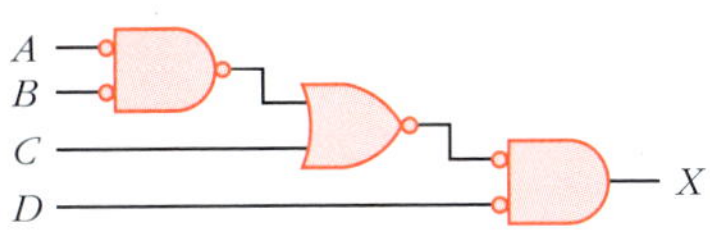

① $(AB+C)\bar{D}$　② $A+B+C+\bar{D}$

③ $(A+B+C)\bar{D}$　④ $(AB+CD)$

74 다음 그림은 무슨 게이트를 나타낸 것인가?

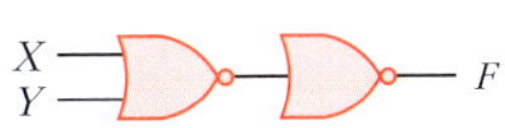

① AND 게이트　② OR 게이트

③ NOR 게이트　④ NAND게이트

75 다음 그림과 같이 NAND 게이트가 연결되어 있다. 이 회로와 등가인 게이트는?

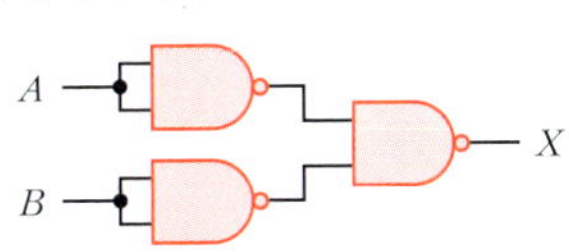

① OR 게이트　② AND 게이트

③ NOR 게이트　④ NAND 게이트

76 다음 논리회로의 출력 Y와 같은 게이트는?

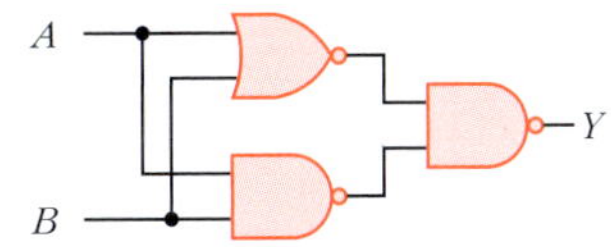

① XNOR 게이트　② OR 게이트

③ XOR 게이트　④ NOR 게이트

77 2입력을 갖는 OR 게이트를 NAND 게이트로 구현하려면 최소한 몇 개의 NAND 게이트가 필요한가?

① 1개　② 2개　③ 3개　④ 4개

78 다음 논리회로의 출력 F는?

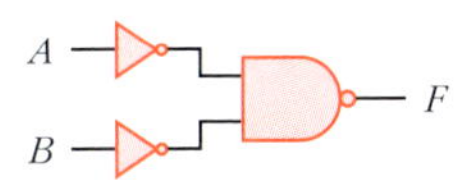

① $A \cdot B$　② $A+B$

③ $\overline{A \cdot B}$　④ $\overline{A+B}$

79 다음 그림은 어떤 논리 연산을 표시하는가?

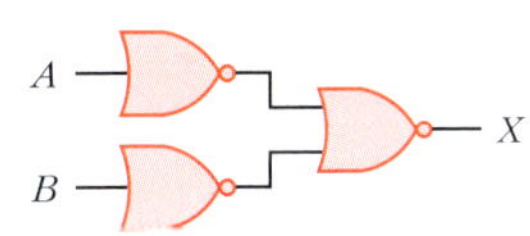

① NOR　② OR

③ NAND　④ AND

80 그림의 논리 다이어그램이 나타내는 논리식은?

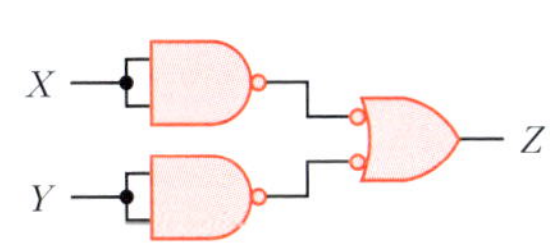

① $Z=X+Y$　② $Z=X \cdot Y$

③ $Z=\bar{X}+\bar{Y}$　④ $Z=\overline{X+Y}$

81 다음 논리회로의 출력 Y가 0이 될 입력의 조합은?

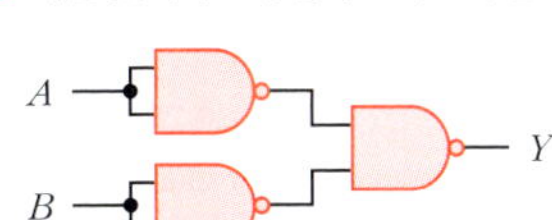

① $A=0$, $B=0$　　② $A=0$, $B=1$
③ $A=1$, $B=0$　　④ $A=1$, $B=1$

82 그림의 논리회로는 어떤 게이트 함수와 같은가?

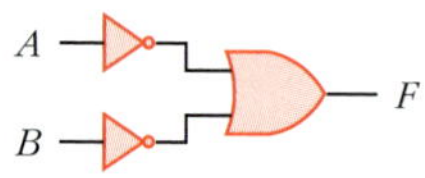

① NOR　　② NAND
③ XOR　　④ AND

83 다음 논리회로를 간소화하면?

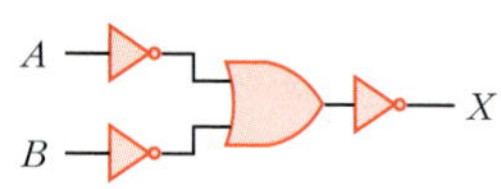

① 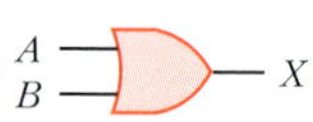

② 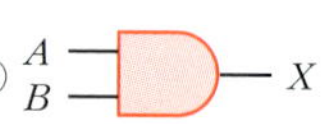

③ 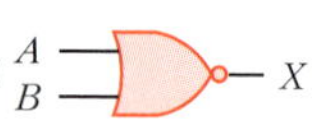

④ 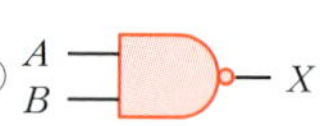

84 다음 그림과 등가인 게이트는?

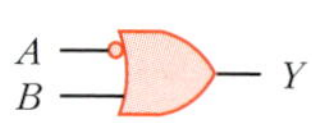

① 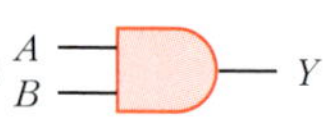

② 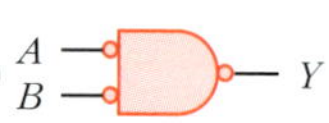

③ 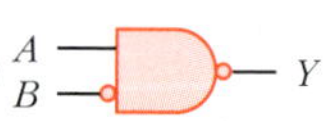

④ 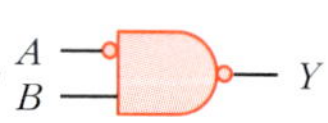

85 그림에서 회로의 등가가 성립되지 않는 것은?

① 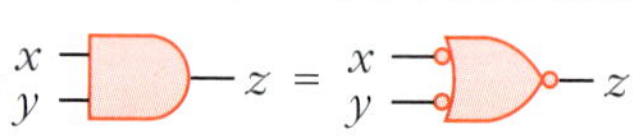

② 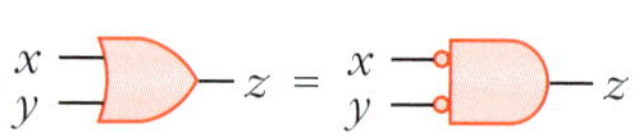

③ 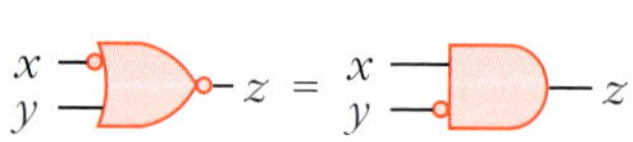

④ 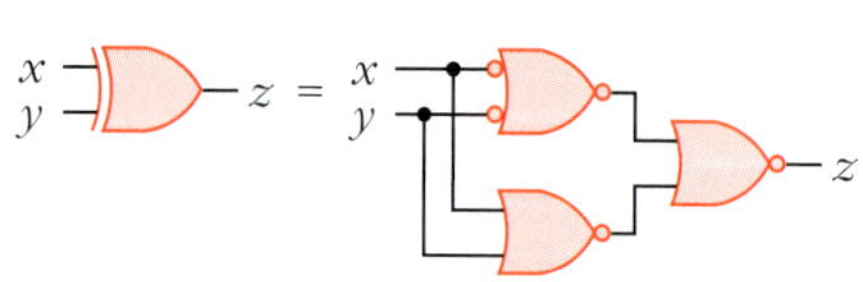

86 다음 논리회로의 출력 F는?

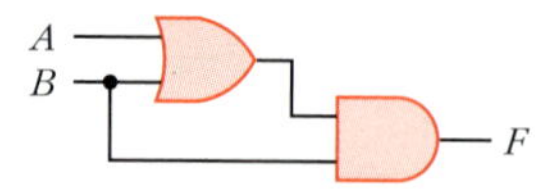

① A　　② B
③ $A+B$　　④ $A\cdot B$

87 논리회로를 바르게 표시한 논리식은?

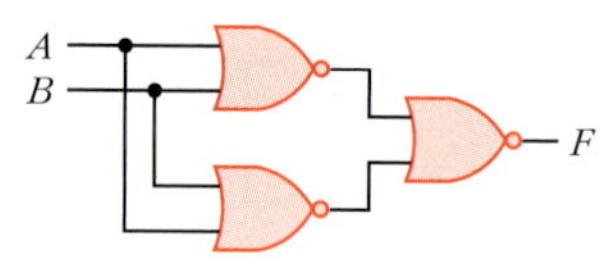

① $F=A\cdot B$　　② $F=\overline{A}+\overline{B}$
③ $F=\overline{A}\cdot\overline{B}$　　④ $F=A+B$

88 그림과 같은 회로의 논리식은?

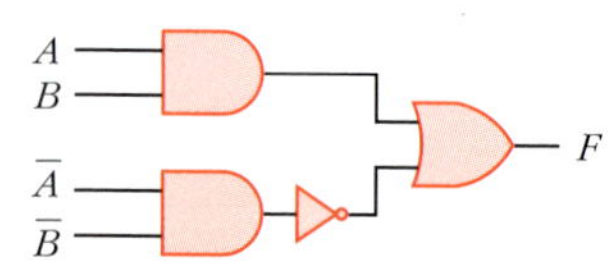

① AB　　② $A+B$
③ $\overline{A}+\overline{B}$　　④ $\overline{A}\cdot\overline{B}$

89 다음 회로에서 출력 X에 대한 불 대수식은?

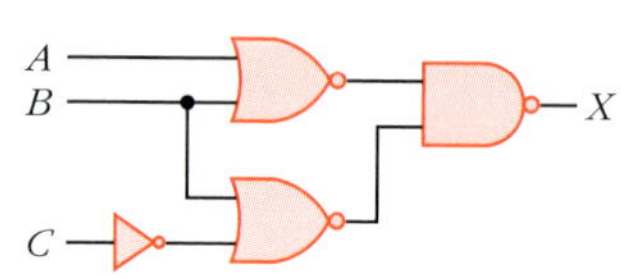

① $X=A+B+C$　　② $X=B+AC$
③ $X=A+BC$　　④ $X=A+B+\overline{C}$

90 다음 논리회로 중 출력 Y가 논리적으로 같지 않은 것은?

① 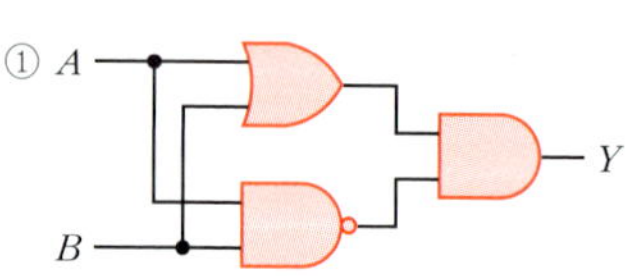

② 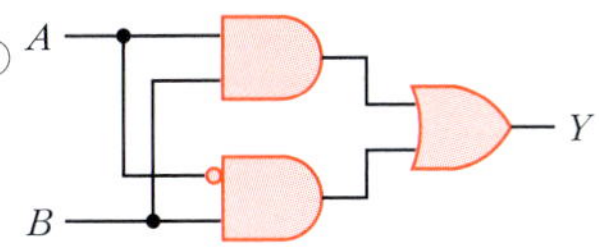

③ 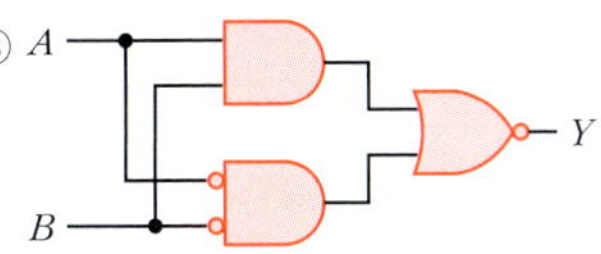

④ 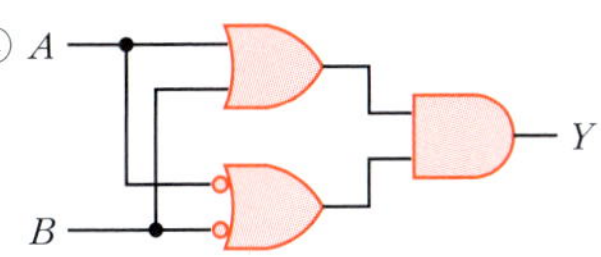

91 다음 그림과 같은 회로의 논리식은 어느 것인가?

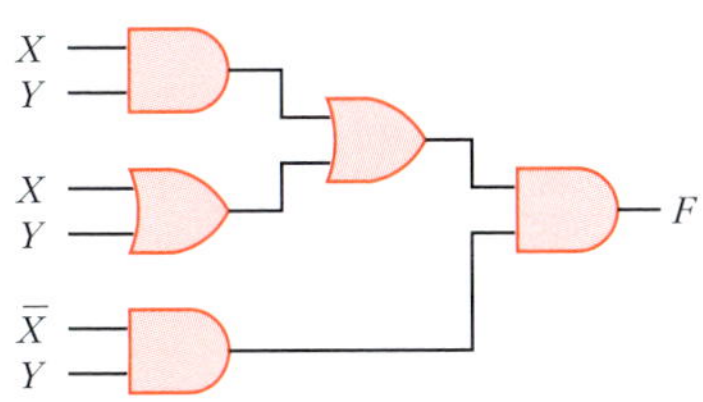

① XY　　② $\bar{X}+Y$

③ $\bar{X}Y$　　④ $X+Y$

92 그림과 같은 논리회로의 출력 X는?

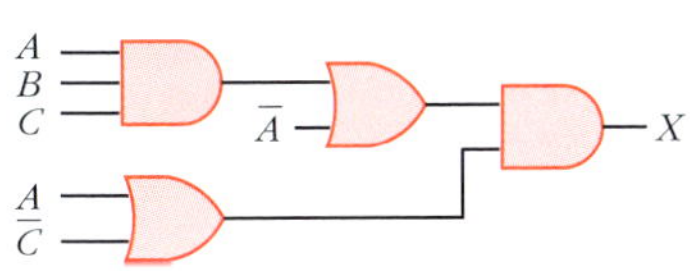

① $B+\bar{C}$　　② ABC

③ $AB+BC$　　④ $ABC+\bar{A}\bar{C}$

93 논리회로의 출력 X는?

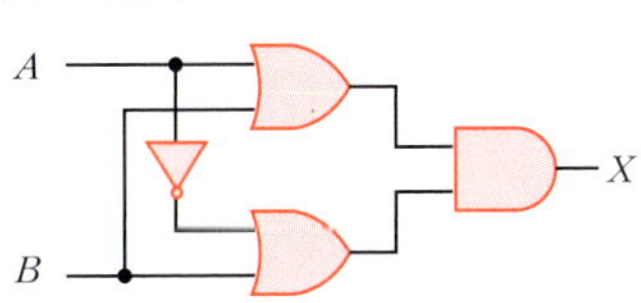

① AB　　② A

③ B　　④ $\bar{A}B$

94 다음 그림의 연산 결과로 옳은 것은?

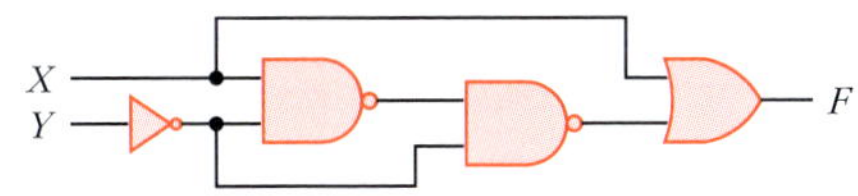

① X　　② Y　　③ $X+Y$　　④ $X\bar{Y}+X$

95 그림과 같은 논리회로를 간소화한 회로는?

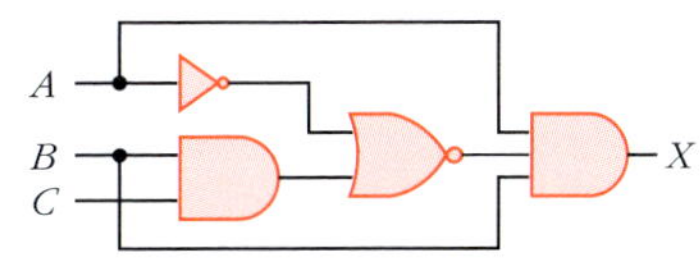

① 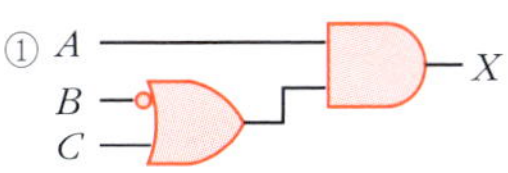

② 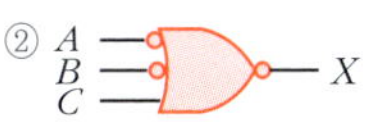

③ 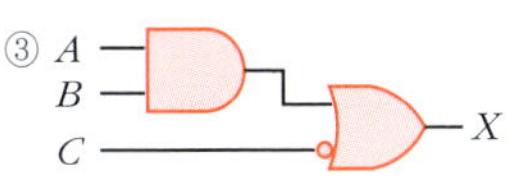

④ 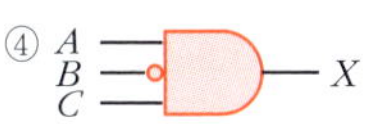

96 다음과 같은 논리회로의 출력(F)은?

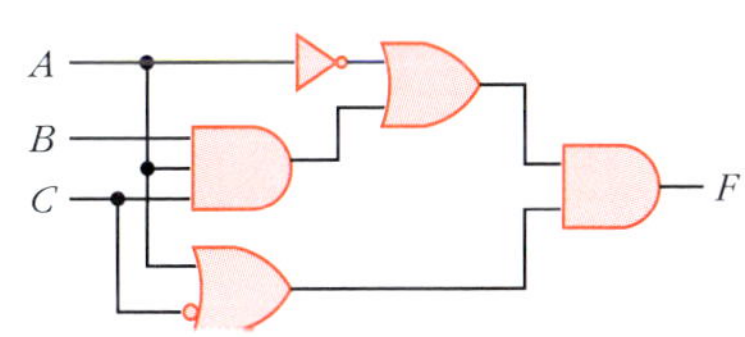

① $ABC+\bar{A}\bar{C}$　　② $AB+\bar{A}\bar{B}\bar{C}$

③ $A+B+C$　　④ ABC

97 그림과 같은 논리회로를 간소화하면?

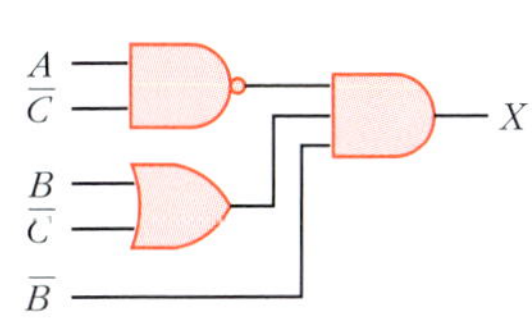

① $X=A+B+C$　　② $X=B+C$

③ $X=\bar{A}\bar{B}\bar{C}$　　④ $X=ABC$

98 다음 논리회로를 간단히 하면?

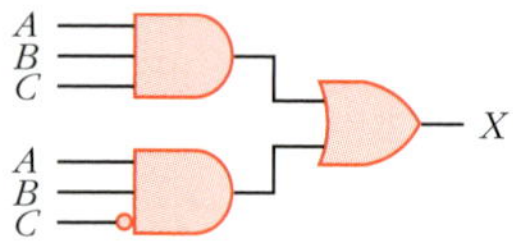

① 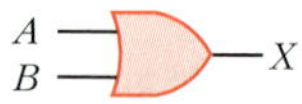

② 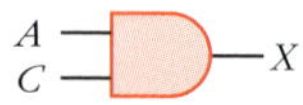

③ 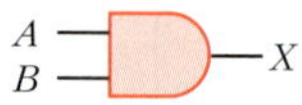

④ 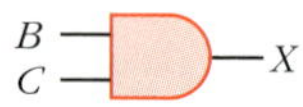

99 그림의 논리회로를 간소화하였을 때 출력 X는?

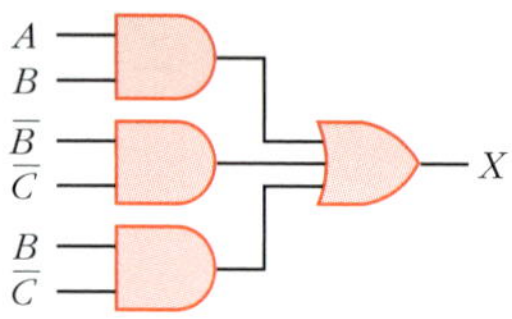

① $X=A\overline{B}+BC$ ② $X=A+B$

③ $X=AB+\overline{C}$ ④ $X=AB$

100 다음 논리회로(logic circuit)의 출력은?

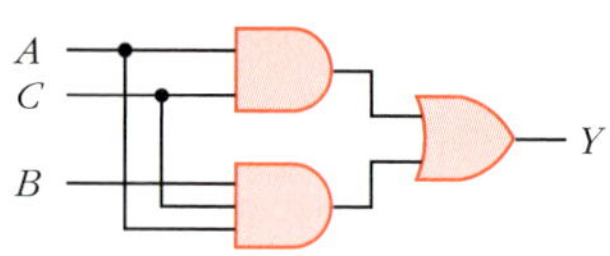

① AB ② AC

③ ABC ④ $AB+\overline{A}C$

101 그림의 논리회로에서 출력 X의 논리식은?

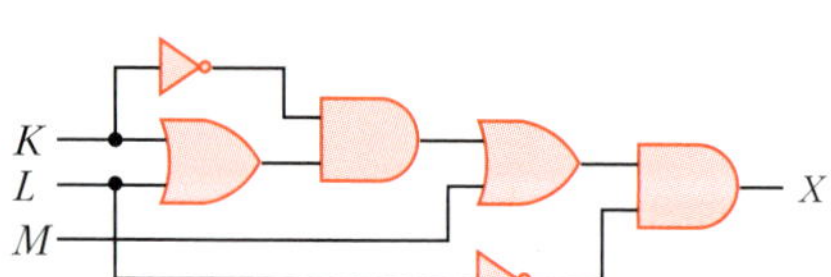

① $X=\overline{L}M$ ② $X=LK+\overline{K}M$

③ $X=M+\overline{L}+K$ ④ $X=\overline{K}(K+L)+\overline{L}$

102 다음 그림의 논리회로에 대한 논리식은?

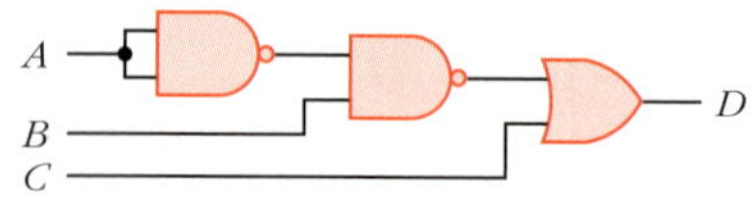

① $D=(\overline{A}+B)C$ ② $D=(A+\overline{B})+C$

③ $D=(\overline{A}+\overline{B})+C$ ④ $D=(A+B)+\overline{C}$

103 $X=AB+CD$를 논리회로로 표현하면?

① 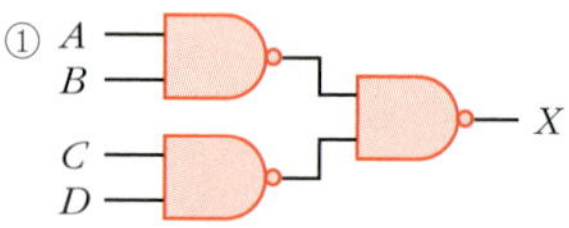

② 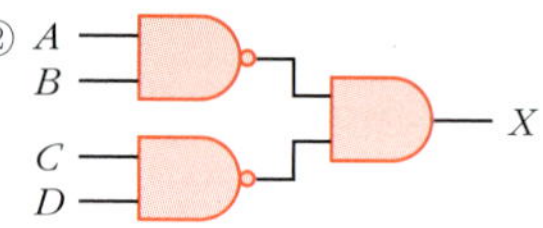

③ 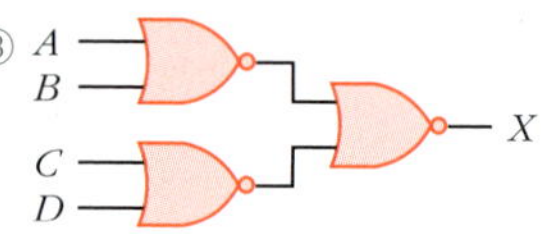

④ 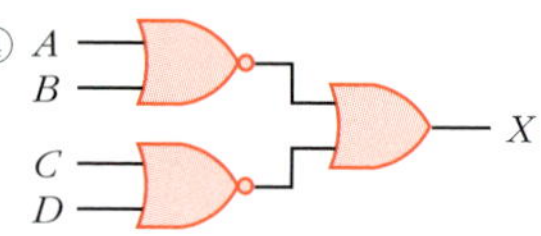

104 $F=\overline{ac}+a\overline{b}$의 회로로 잘못 설계된 것은?

① 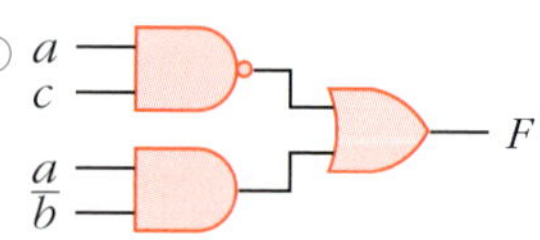

② 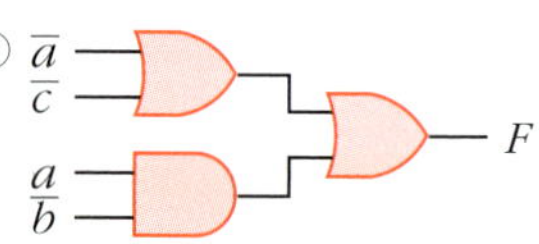

③ 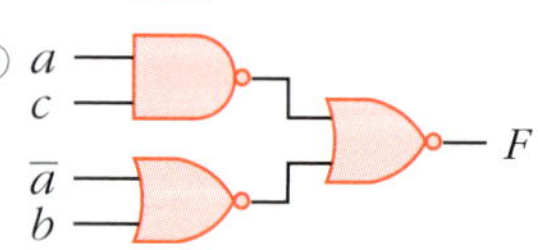

④ 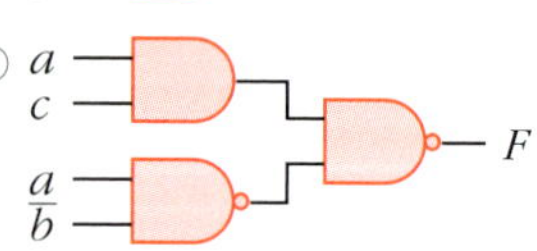

105 다음의 논리식을 회로로 구성하기 위해 필요한 논리 게이트의 종류와 개수를 바르게 나타낸 것은?

$$Y=(\overline{A+B)\cdot(A\oplus B})+\overline{A\cdot B}$$

① NOR 2개, XOR 1개, AND 2개

② OR 2개, AND 1개, XOR 1개, NAND 1개

③ OR 3개, AND 2개, NOT 2개

④ OR 2개, XOR 1개, NAND 2개

106 다음의 진리표에 해당하는 논리식은?

A	B	C	F
0	0	0	0
0	0	1	0
0	1	0	0
0	1	1	1
1	0	0	0
1	0	1	1
1	1	0	1
1	1	1	1

① $F=ABC+AB\bar{C}+A\bar{B}C+\bar{A}BC$

② $F=ABC+A\bar{B}C+A\bar{B}C+\bar{A}BC$

③ $F=ABC+AB\bar{C}+\bar{A}BC+\bar{A}BC$

④ $F=ABC+AB\bar{C}+A\bar{B}C+A\bar{B}C$

107 다음 진리표를 곱의 합 형식으로 표현한 것은?

A	B	C	F
0	0	0	0
0	0	1	1
0	1	0	0
0	1	1	1
1	0	0	0
1	0	1	1
1	1	0	1
1	1	1	0

① $F(A, B, C)=\Sigma m(1, 2, 5, 6)$

② $F(A, B, C)=\Sigma m(1, 3, 5, 6)$

③ $F(A, B, C)=\Sigma m(1, 4, 5, 6)$

④ $F(A, B, C)=\Sigma m(3, 5, 6, 7)$

108 다음 중 최소항(minterm)에 대해 바르게 설명한 것은?

① 출력값이 0인 부분

② 출력값이 그 자체인 부분

③ 출력값이 1인 부분

④ 출력값이 OR 형태로 결합된 부분

109 A, B 두 개의 변수로 구성된 논리 함수의 최소항에 속하지 않는 것은?

① AB ② $A\bar{B}$

③ $\overline{AB}$ ④ $\bar{A}B$

110 다음 논리회로의 구성은?

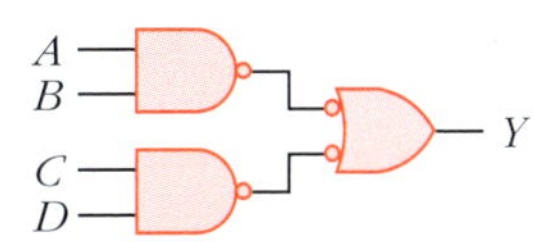

① XOR 회로 ② XNOR 회로

③ OR–AND 회로 ④ AND–OR 회로

111 다음 논리회로에 대한 진리표는?

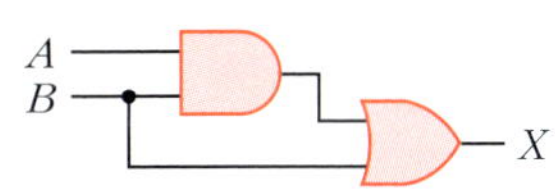

①

A	B	X
0	0	0
0	1	1
1	0	1
1	1	1

②

A	B	X
0	0	0
0	1	1
1	0	0
1	1	1

③

A	B	X
0	0	0
0	1	0
1	0	0
1	1	1

④

A	B	X
0	0	1
0	1	0
1	0	1
1	1	0

112 논리 함수 $f(a, b, c)=a\bar{b}+\bar{a}+b$의 부정을 구한 것은?

① $a\bar{b}$ ② $\bar{a}+b$

③ 0 ④ 1

113 논리 함수 $F=\bar{x}\bar{y}z+\bar{x}y\bar{z}$의 보수는?

① $\bar{F}=x+\bar{y}z+y\bar{z}$ ② $\bar{F}=\bar{x}y+x\bar{y}+z$

③ $\bar{F}=xy+\bar{x}\bar{y}+\bar{z}$ ④ $\bar{F}=x+yz+\bar{y}\bar{z}$

114 논리식 $Y=\bar{A}B\bar{C}+A\bar{B}C+\bar{A}BC$의 부정식($\bar{Y}$)은?

① $(A+\bar{B}+C)(\bar{A}+B+\bar{C})(A+\bar{B}+\bar{C})$

② $(A+B+C)(\bar{A}+B+C)(A+\bar{B}+\bar{C})$

③ $(A+\bar{B}+C)(\bar{A}+\bar{B}+C)(A+\bar{B}+\bar{C})$

④ $(A+\bar{B}+C)(\bar{A}+\bar{B}+C)(\bar{A}+B+\bar{C})$

115 논리 함수 $F=(\bar{A}+\bar{B}+\bar{C})(\bar{A}+B+\bar{C})$의 보수를 구한 결과식으로 옳은 것은?

① $\bar{F}=AC$ ② $\bar{F}=A+C$

③ $\bar{F}=AB+\bar{B}C$ ④ $\bar{F}=ABC+AB\bar{C}$

116 불 함수 $F=A+\bar{B}C$를 최소항의 합으로 바르게 표시한 것은?

① $F(A, B, C)=\Sigma m(1, 4, 5, 6, 7)$

② $F(A, B, C)=\Sigma m(1, 2, 3, 6, 7)$

③ $F(A, B, C)=\Sigma m(1, 3, 5, 6, 7)$

④ $F(A, B, C)=\Sigma m(1, 2, 4, 6, 7)$

117 다음 논리식을 최대항으로 나타낸 것은?

$$F=A+BC$$

① $F=(A+B+C)(\bar{A}+B+C)(A+B+\bar{C})$

② $F=(A+B+C)(A+\bar{B}+C)(A+B+\bar{C})$

③ $F=(A+B+C)(A+B+\bar{C})(A+\bar{B}+C)(\bar{A}+B+\bar{C})$

④ $F=(A+B+C)(A+B+\bar{C})(A+\bar{B}+\bar{C})(\bar{A}+B+\bar{C})$

118 $F(X, Y, Z)=\Sigma m(0, 2, 3, 4, 7)$인 논리식이 있다. 이것을 $F(X, Y, Z)=\Pi M(\ )$의 형식으로 표현하면?

① $\Pi M(1, 3, 6)$ ② $\Pi M(1, 5, 6)$

③ $\Pi M(1, 6)$ ④ $\Pi M(5, 6)$

119 $F(A, B, C)=\Sigma m(1, 2, 3, 5)$일 때 F를 바르게 나타낸 것은?

ⓐ $\Sigma m(1, 4, 6, 7)$	ⓑ $\Sigma m(1, 2, 3, 5)$
ⓒ $\Pi M(1, 2, 3, 5)$	ⓓ $\Pi M(0, 4, 6, 7)$

① ⓐ, ⓒ ② ⓐ, ⓓ

③ ⓑ, ⓒ ④ ⓑ, ⓓ

120 $F(A, B, C)=\Sigma m(1, 2, 3, 5)$일 때 $\bar{F}$를 바르게 나타낸 것은?

ⓐ $\Sigma m(0, 4, 6, 7)$	ⓑ $\Sigma m(1, 2, 3, 5)$
ⓒ $\Pi M(1, 2, 3, 5)$	ⓓ $\Pi M(0, 4, 6, 7)$

① ⓐ, ⓒ ② ⓐ, ⓓ

③ ⓑ, ⓒ ④ ⓑ, ⓓ

1 ③	2 ④	3 ③	4 ④	5 ③	6 ①	7 ④	8 ②	9 ①	10 ④	11 ④	12 ①
13 ④	14 ④	15 ③	16 ②	17 ④	18 ②	19 ③	20 ①	21 ③	22 ①	23 ②	24 ④
25 ①	26 ③	27 ②	28 ③	29 ③	30 ②	31 ①	32 ②	33 ③	34 ④	35 ①	36 ④
37 ①	38 ③	39 ④	40 ①	41 ③	42 ④	43 ②	44 ①	45 ④	46 ①	47 ②	48 ①
49 ①	50 ④	51 ①	52 ③	53 ④	54 ③	55 ③	56 ③	57 ④	58 ④	59 ③	60 ①
61 ④	62 ④	63 ①	64 ④	65 ④	66 ②	67 ④	68 ③	69 ①	70 ②	71 ③	72 ④
73 ③	74 ②	75 ①	76 ②	77 ③	78 ②	79 ④	80 ①	81 ①	82 ②	83 ②	84 ③
85 ②	86 ②	87 ④	88 ②	89 ④	90 ②	91 ③	92 ④	93 ③	94 ③	95 ②	96 ①
97 ③	98 ③	99 ③	100 ②	101 ①	102 ②	103 ①	104 ③	105 ④	106 ①	107 ②	108 ③
109 ③	110 ④	111 ②	112 ③	113 ④	114 ①	115 ①	116 ①	117 ②	118 ②	119 ④	120 ①

Chapter

06

논리식의 간소화

01 2변수 카르노 맵

02 3변수 카르노 맵

03 4변수 카르노 맵

04 선택적 카르노 맵

05 논리식의 카르노 맵 작성

06 5변수, 6변수 카르노 맵

07 퀸-맥클러스키 간소화 알고리즘

08 여러 개의 출력 함수

09 NAND와 NOR 게이트로의 변환

10 XOR와 XNOR 게이트

연습문제

기출문제

학습목표

- 카르노 맵을 이용해 논리식을 간소화할 수 있다.
- 퀸-맥클러스키 최소화 알고리즘을 이용해 논리식을 간소화할 수 있다.
- 출력 함수가 여러 개일 때 논리식을 공유하는 방법을 이해할 수 있다.
- NAND와 NOR 게이트로 나타내는 방법을 이해하고 이를 응용할 수 있다.
- XOR 게이트와 XNOR 게이트의 특징을 이해하고 이를 활용할 수 있다.

01 2변수 카르노 맵

5장에서는 불 대수의 법칙을 이용해 논리식을 간소화하는 과정을 살펴보았다. 불 대수를 이용해 간소화하는 방법은 복잡하고 실수할 확률도 높으며, 간소화되었는지 검증하기도 어렵다. 그래서 빠른 간소화 방법인 카르노 맵Karnaugh map과 퀸-맥클러스키Quine-McCluskey 방법을 사용한다. 이제 이 두 가지 방법을 살펴본다.

카르노 맵
복잡한 논리회로를 간소화된 등가 회로로 만드는 체계적인 축소를 수행하는 도구로, 불 출력 레벨을 2차원으로 나타낸 표

카르노 맵은 1953년 모리스 카르노Maurice Karnaugh가 소개하였다. 카르노 맵은 함수에서 사용할 최소항들을 각 칸 안에 넣어서 표로 만들어 놓은 것이다. 2변수일 때는 4($=2^2$)개, 3변수일 때는 8($=2^3$)개, 4변수일 때는 16($=2^4$)개의 칸이 필요하다. **퀸-맥클러스키 간소화 방법**은 퀸Willard Van Orman Quine과 맥클러스키Edward J. McCluskey가 1956년에 개발했으며, 많은 변수에 대해서도 쉽게 간소화할 수 있다.

먼저 카르노 맵부터 알아보자. 2변수 카르노 맵은 [그림 6-1](a), (b), (c)와 같이 3가지 형태로 나타낼 수 있으며, 선호하는 방법을 사용하면 된다. [그림 6-1](d)와 같이 행과 열을 서로 바꾸어도 상관없다.

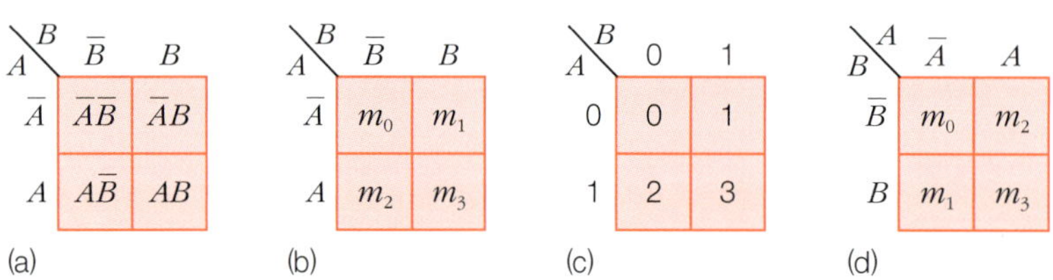

그림 6-1 2변수 카르노 맵 표현 방법

카르노 맵을 사용하는 방법을 알아보자. 함수의 출력이 1이 되는 최소항의 카르노 맵에 1을 넣는다. 나머지 빈 곳은 0으로 채우거나 비워도 된다. 무관don't care항인 경우에는 ×나 d로 표시한다. **무관항**이란 입력값이 0이어도 되고 1이어도 되는, 즉 입력이 결과에 영향을 미치지 않는 최소항을 말한다. 예를 들면, 다음과 같이 최소항식을 카르노 맵으로 그릴 수 있다.

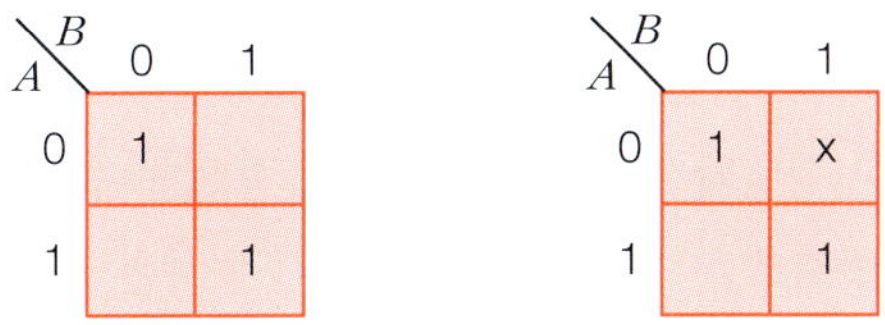

(a) $F(A, B) = \Sigma m(0, 3)$ (b) $F(A, B) = \Sigma m(0, 3) + \Sigma d(1)$

그림 6-2 카르노 맵에서 일반항과 무관항 표현

카르노 맵을 묶을 때의 규칙은 다음과 같다.

❶ 출력이 같은 항을 1, 2, 4, 8, 16개로 그룹을 지어 묶는다.

❷ 바로 이웃한 항들끼리 묶는다.

❸ 반드시 직사각형이나 정사각형의 형태로 묶어야 한다.

❹ 최대한 크게 묶는다.

❺ 중복하여 묶어서 간소화된다면 중복하여 묶는다.

❻ 무관항의 경우 간소화될 수 있으면 묶어 주고, 그렇지 않으면 묶지 않는다.

논리식 $F = \overline{A}\overline{B} + \overline{A}B$를 카르노 맵을 이용해 간소화해보자. 다음과 같이 카르노 맵을 그리고 규칙에 따라 묶는다.

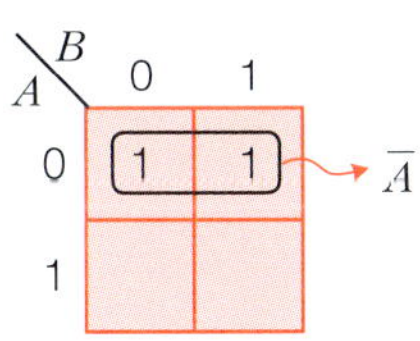

그림 6-3 $F = \overline{A}\overline{B} + \overline{A}B$**의 카르노 맵**

[그림 6-3]처럼 묶었을 때 변수 A, B에 대해서 서로 다른 값을 나타내는 변수는 제거한다. 위의 그림에서 A는 0, B는 0과 1이 묶여 있다. 따라서 A는 남고 B는 값이 서로 다르므로 제거한다. 결과적으로 다음 식이 만들어진다.

$$F(A, B) = \overline{A}$$

이 원리는 5장의 불 대수 법칙을 사용하는 것과 같다. 즉, 서로 이웃한 항끼리 묶으면 $\overline{A} + A = 1$이 되므로 제거될 수 있기 때문이다. 다음 불 대수 법칙을 이용한 간소화 과정을 보면 이해하기 쉽다.

$$F(A, B) = \bar{A}\bar{B} + \bar{A}B = \bar{A}(\bar{B} + B) = \bar{A} \cdot 1 = \bar{A}$$

2변수일 때는 경우의 수가 많지 않기 때문에 다양한 형태의 카르노 맵이 나타나지 않는다. 진리표를 작성하고 이 진리표로부터 카르노 맵을 작성해보자. 먼저 입력에 대해서 원하는 출력을 진리표로 만든다. 카르노 맵을 그려서 출력 1에 해당하는 칸에 입력한 다음 카르노 맵의 묶음 규칙에 따라 묶는다. 여러 묶음이 나타날 때 개별적인 묶음은 논리식에서 OR로 나타낸다.

입력		출력
A	B	F
0	0	1
0	1	1
1	0	1
1	1	0

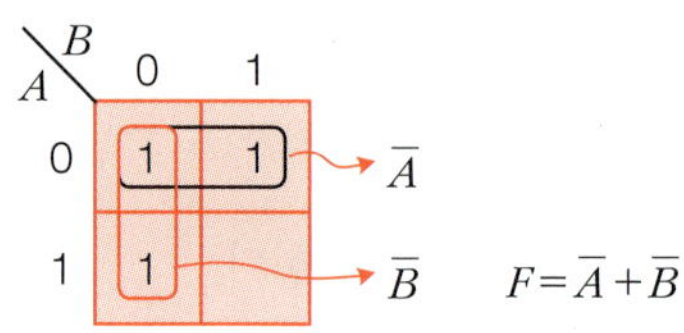

그림 6-4 $F = \bar{A} + \bar{B}$**의 진리표와 카르노 맵**

[그림 6-4]처럼 $\bar{A}\bar{B}$가 중복되어 묶이는 부분이 생긴다. 중복되더라도 논리식만 간단하게 된다면 그렇게 해야 한다. 불 대수식을 이용해 간소화한 식과 동일한지 확인해보자. 이 불 대수식에서도 $\bar{A}\bar{B}$가 중복되어 간소화됨을 알 수 있다.

$$F = \Sigma m(0, 1, 2) = \bar{A}\bar{B} + \bar{A}B + A\bar{B} = \bar{A}(\bar{B} + B) + \bar{B}(\bar{A} + A) = \bar{A} \cdot 1 + \bar{B} \cdot 1 = \bar{A} + \bar{B}$$

카르노 맵을 이용하면 불 대수의 법칙을 이용해 간소화하는 것보다 더 쉽게 간소화할 수 있을 뿐만 아니라 실수도 줄일 수 있다.

예제 6-1

다음 논리식을 카르노 맵을 이용해 간소화하시오. 단, d는 무관항이다.

$$F(A, B) = \Sigma m(0, 3) + \Sigma d(2)$$

풀이

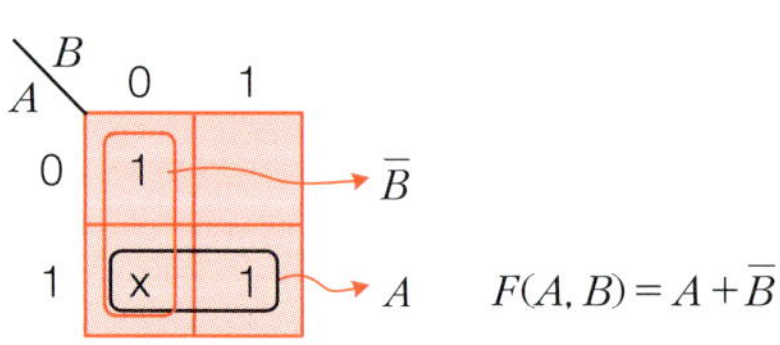

02 3변수 카르노 맵

3변수 카르노 맵은 [그림 6-5]와 같이 여러 가지 형태로 나타낼 수 있다. 여기서 순서를 정확히 해야 한다. 한 변에 두 개의 변수 AB를 같이 사용할 때 반드시 00, 01, 11, 10($\bar{A}\bar{B}$, $\bar{A}B$, AB, $A\bar{B}$) 순서로 적어야 한다. 그 이유는 뒤에서 간소화하는 방법을 보면 이해하겠지만 바로 이웃하는 항들의 차이가 한 비트만 되도록 하기 위한 것이다.

$A \backslash BC$	$\bar{B}\bar{C}$	$\bar{B}C$	BC	$B\bar{C}$
$\bar{A}$	$\bar{A}\bar{B}\bar{C}$	$\bar{A}\bar{B}C$	$\bar{A}BC$	$\bar{A}B\bar{C}$
A	$A\bar{B}\bar{C}$	$A\bar{B}C$	ABC	$AB\bar{C}$

(a)

$A \backslash BC$	00	01	11	10
0	0	1	3	2
1	4	5	7	6

(b)

$C \backslash AB$	$\bar{A}\bar{B}$	$\bar{A}B$	AB	$A\bar{B}$
$\bar{C}$	$\bar{A}\bar{B}\bar{C}$	$\bar{A}B\bar{C}$	$AB\bar{C}$	$A\bar{B}\bar{C}$
C	$\bar{A}\bar{B}C$	$\bar{A}BC$	ABC	$A\bar{B}C$

(c)

$C \backslash AB$	00	01	11	10
0	0	2	6	4
1	1	3	7	5

(d)

$AB \backslash C$	$\bar{C}$	C
$\bar{A}\bar{B}$	$\bar{A}\bar{B}\bar{C}$	$\bar{A}\bar{B}C$
$\bar{A}B$	$\bar{A}B\bar{C}$	$\bar{A}BC$
AB	$AB\bar{C}$	ABC
$A\bar{B}$	$A\bar{B}\bar{C}$	$A\bar{B}C$

(e)

$AB \backslash C$	0	1
00	0	1
01	2	3
11	6	7
10	4	5

(f)

그림 6-5 3변수 카르노 맵 표현 방법

[그림 6-5](e), (f)와 같이 행과 열을 바꾸어도 상관없다. 설계자가 선호하는 방법을 선택하면 된다. 3변수 카르노 맵을 간소화하는 방법을 살펴보자.

[그림 6-6]의 왼쪽 위의 묶음에서 $A=0$, $B=0$, $C=0$과 $C=1$이므로 A와 B는 남고, C는 제거되어 $\overline{A}\overline{B}$가 된다. 오른쪽 아래 묶음도 $A=1$, $B=1$, $C=1$과 $C=0$이므로 A와 B는 남아 AB가 된다. 그 결과 이들 묶음을 OR로 연결하여 나타내면 $F=\overline{A}\overline{B}+AB$가 된다.

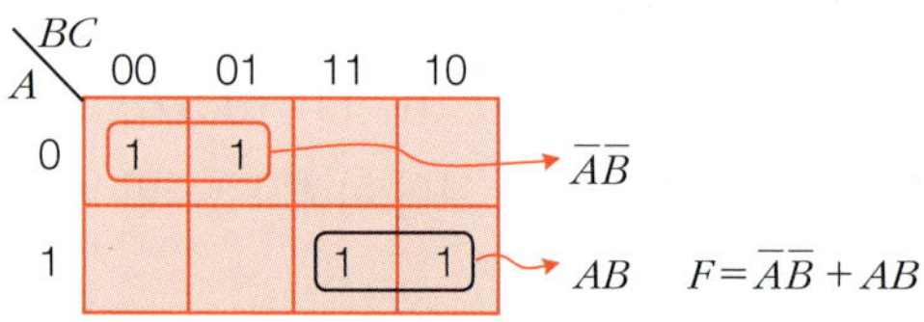

그림 6-6 $F(A, B, C)=\Sigma m(0, 1, 6, 7)$**의 카르노 맵**

[그림 6-7](a)의 카르노 맵에서는 왼쪽 끝과 오른쪽 끝이 1이다. 이 경우 BC는 00, 10이므로 역시 한 비트만큼 차이가 난다. 즉, [그림 6-7](b)와 같이 양쪽 끝에 있는 값들은 서로 연결되어 있으므로 묶을 수 있다.

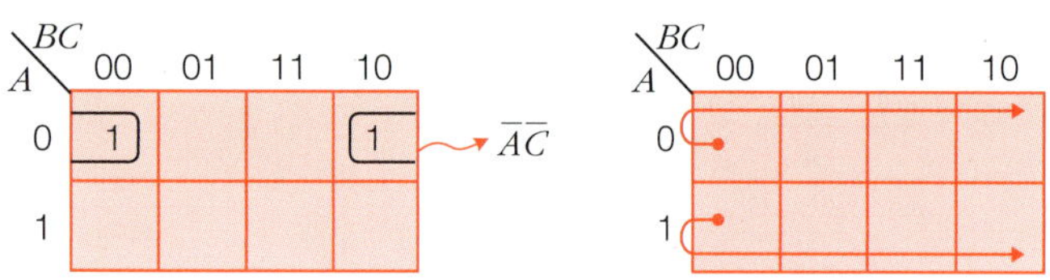

(a) $F=\overline{A}\overline{C}$ (b) 양쪽 끝의 연결

그림 6-7 3변수 카르노 맵에서 양쪽 끝의 묶음

그러므로 $A=0$, $B=0$과 $B=1$, $C=0$이므로 A, C는 남고, B는 제거되어 최종 논리식은 $F=\overline{A}\overline{C}$가 된다. 위의 카르노 맵을 [그림 6-8]과 같이 다시 그릴 수도 있다. 즉, BC의 순서를 01, 11, 10, 00으로 해도 결과는 마찬가지다. 다만 서로 이웃한 항끼리는 한 비트만 차이가 나야 한다.

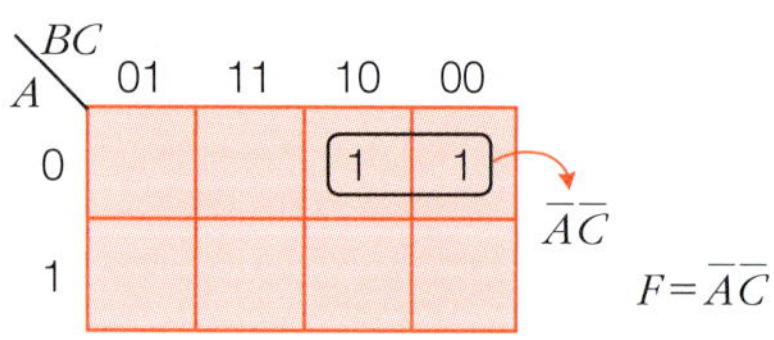

그림 6-8 BC**의 순서를 01, 11, 10, 00으로 바꾸어 놓은 카르노 맵**

[그림 6-9]를 통해 4개를 한 그룹으로 묶는 예를 알아보자. [그림 6-9](a)의 카르노 맵에서 A는 0과 1, B도 0과 1, $C=1$이므로 A와 B는 제거되고 C만 남게 되어 결과식은 $F=C$이다. [그림 6-9](b)의 카르노 맵에서도 B, C가 0과 1, $A=0$이므로 $F=\overline{A}$다.

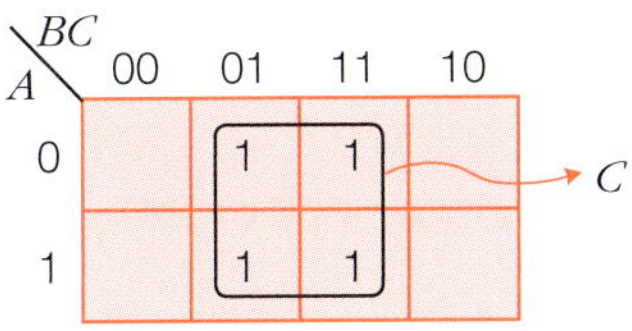

(a) $F=C$

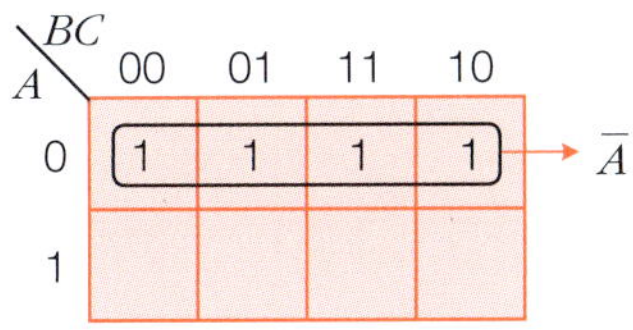

(b) $F=\overline{A}$

그림 6-9 4개 항을 묶은 예

[그림 6-10]의 카르노 맵과 같이 왼쪽 끝에 있는 2개와 오른쪽 끝에 있는 2개를 묶으면 A는 0과 1, B도 0과 1, $C=0$이 되므로 A와 B는 제거되고 C만 남아 $F=\overline{C}$가 된다.

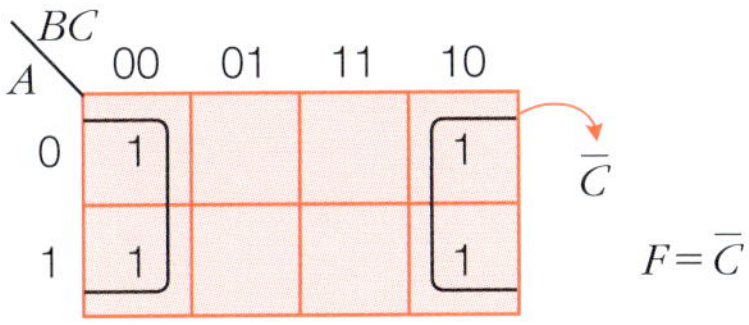

그림 6-10 양쪽의 4개 항을 묶은 예

[그림 6-11]의 카르노 맵에서 위쪽 실선 묶음은 $A=0$, B는 0과 1, $C=1$이므로 $\overline{A}C$이고 아래쪽 실선 묶음은 $A=1$, $B=1$, C는 1과 0이므로 AB가 되어 결과 논리식은 $F=\overline{A}C+AB$이다. 그러나 세로의 점선 묶음도 가능하지만 실제로 모든 값이 이미 다른 묶음에 포함되어 있기 때문에 더 이상 묶을 필요가 없다.

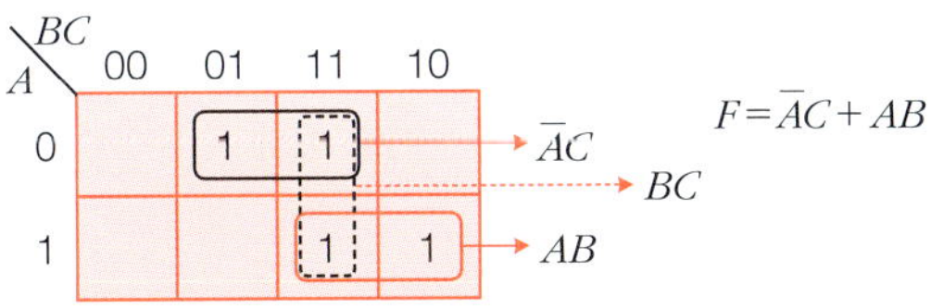

그림 6-11 다른 묶음에 모두 포함되어 중복하여 묶지 않는 경우

[그림 6-12](a)의 카르노 맵은 4개 묶음이 2개 만들어진다. 가로로 4개의 묶음은 $A=0$이고, B와 C는 0과 1 모두 포함되므로 제거되어 $\overline{A}$가 되며, 왼쪽 끝에 있는 2개와 오른쪽 끝에 있는

2개를 같이 묶어 전체 4개로 묶으면, $\bar{C}$가 된다. 그러므로 최종 논리식은 $F=\bar{A}+\bar{C}$이다. 이 경우에는 중복되어 더 간단하게 나타나므로 중복하여 표시한 것이다. 가능하면 크게 묶는 것이 간소화할 수 있는 방법이다. 그러나 [그림 6-12](b)와 같이 묶으면 논리식은 $F=\bar{C}+\bar{A}C$가 되므로 간소화된 논리식이 아니다.

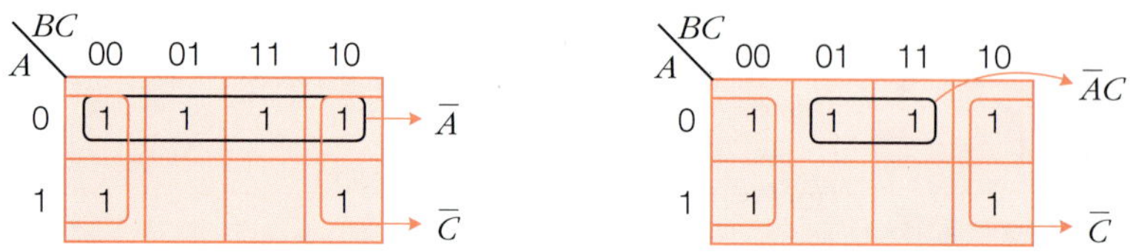

(a) $F=\bar{A}+\bar{C}$ (b) $F=\bar{C}+\bar{A}C$

그림 6-12 가능한 크게 묶었을 경우 더 간단하게 표현되는 예와 그렇지 않은 예

다음 진리표를 카르노 맵을 이용해 간소화해보자. 이 예에서는 $ABC=111$ 항을 세 번 중복하여 묶었음을 알 수 있다.

입력			출력
A	B	C	F
0	0	0	0
0	0	1	0
0	1	0	0
0	1	1	1
1	0	0	0
1	0	1	1
1	1	0	1
1	1	1	1

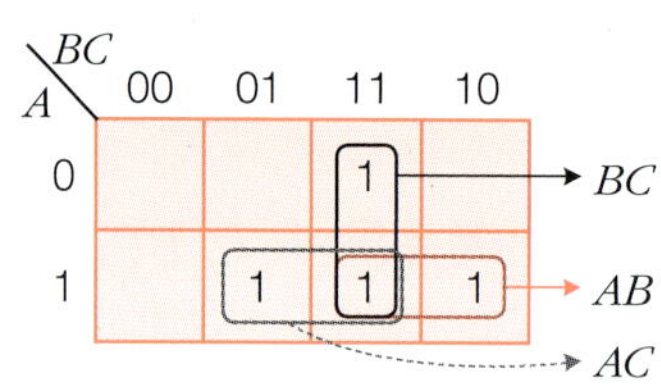

$F=\Sigma m(3, 5, 6, 7)=AB+AC+BC$

그림 6-13 여러 번 중복하여 묶는 경우

3변수 카르노 맵에서 묶을 것이 하나도 없으면(모두 0) 논리식은 $F=0$이고, 8개 모두를 묶을 수 있으면(모두 1) $F=1$이다.

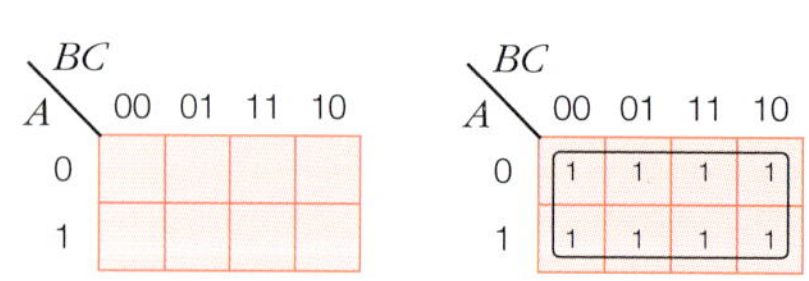

$F=0$ $F=1$

03 4변수 카르노 맵

4변수 카르노 맵은 가로와 세로에 각각 2개 변수에 해당하는 값을 [그림 6-14]와 같은 순서로 기입한다. 가로와 세로를 바꾸어 그려도 상관없다.

$AB \backslash CD$	00	01	11	10
00	$\overline{A}\overline{B}\overline{C}\overline{D}$	$\overline{A}\overline{B}\overline{C}D$	$\overline{A}\overline{B}CD$	$\overline{A}\overline{B}C\overline{D}$
01	$\overline{A}B\overline{C}\overline{D}$	$\overline{A}B\overline{C}D$	$\overline{A}BCD$	$\overline{A}BC\overline{D}$
11	$AB\overline{C}\overline{D}$	$AB\overline{C}D$	$ABCD$	$ABC\overline{D}$
10	$A\overline{B}\overline{C}\overline{D}$	$A\overline{B}\overline{C}D$	$A\overline{B}CD$	$A\overline{B}C\overline{D}$

(a)

$AB \backslash CD$	00	01	11	10
00	0	1	3	2
01	4	5	7	6
11	12	13	15	14
10	8	9	11	10

(b)

그림 6-14 4변수 카르노 맵의 표현 방법

4변수 카르노 맵도 상하, 좌우 끝이 연결되어 있다. 즉, 끝 쪽에 있는 값들도 결국은 한 비트 차이를 보이므로 그룹으로 묶을 수 있다.

그림 6-15 4변수 카르노 맵의 상하, 좌우 끝 쪽의 연결

4변수 카르노 맵의 간소화 과정은 2, 3변수 카르노 맵과 방법은 같다. 8개나 16개도 묶을 수 있으며, 16개 모두 묶으면 $F=1$이다.

예제 6-2

다음과 같은 다양한 4변수 카르노 맵에서 간소화된 논리식을 구하시오.

풀이

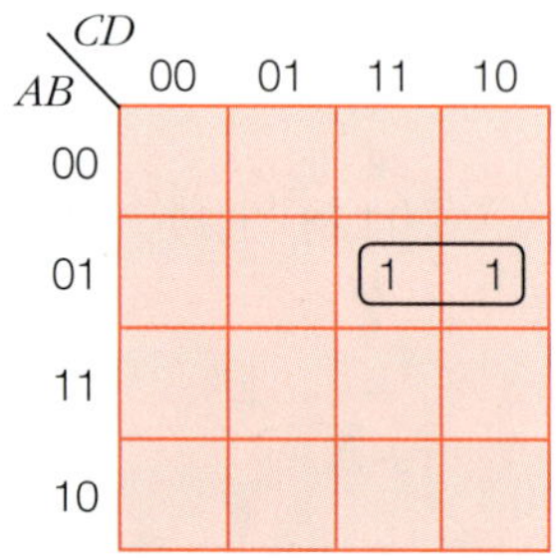

(a) $F=\overline{A}BC$

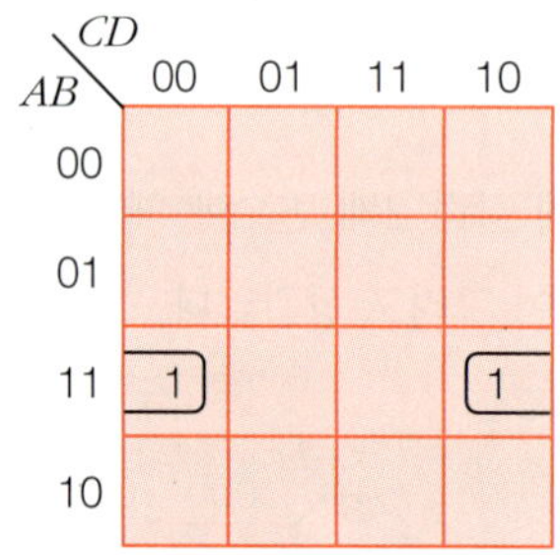

(b) $F=AB\overline{D}$

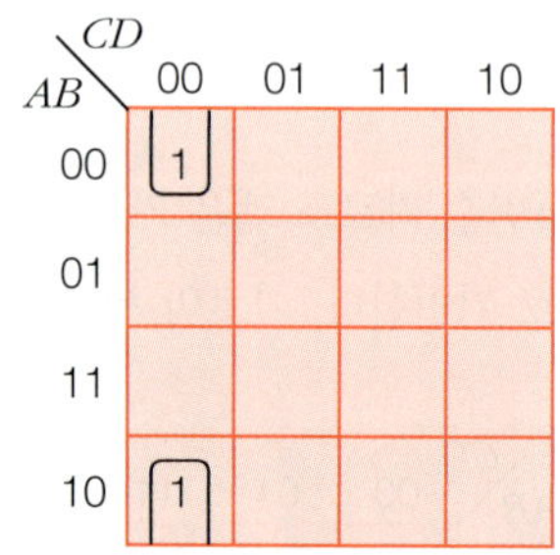

(c) $F=\overline{B}\overline{C}\overline{D}$

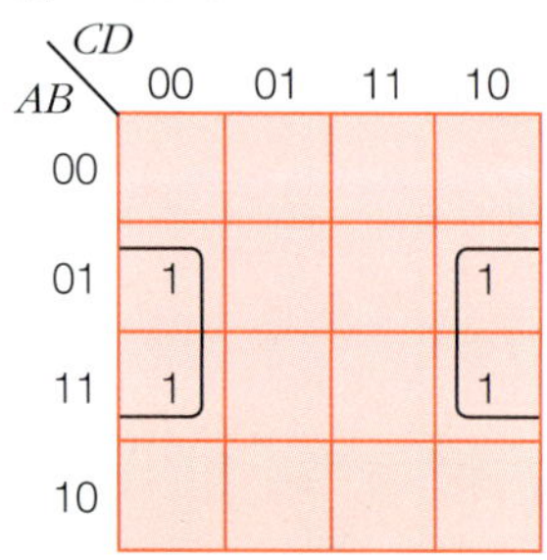

(d) $F=B\overline{D}$

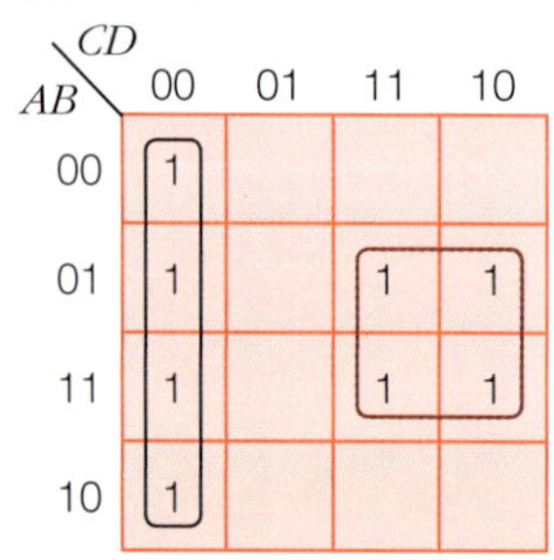

(e) $F=BC+\overline{C}\overline{D}$

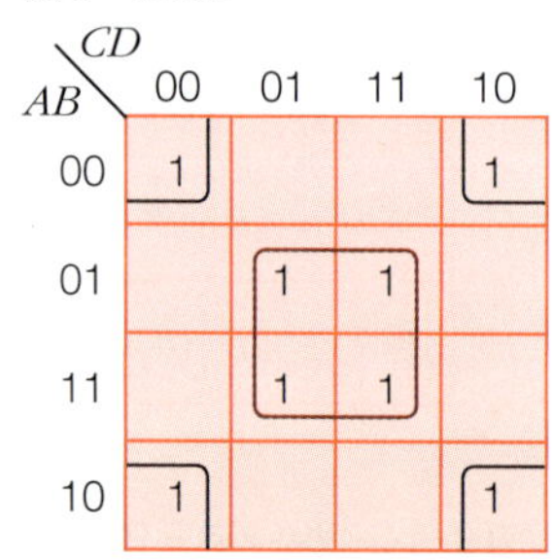

(f) $F=BD+\overline{B}\overline{D}$

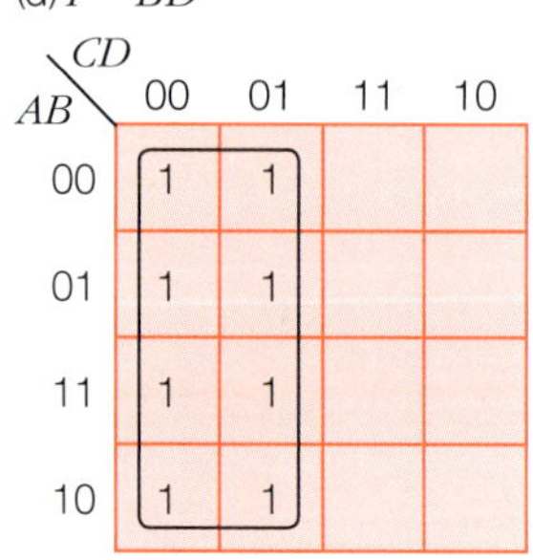

(g) $F=\overline{C}$

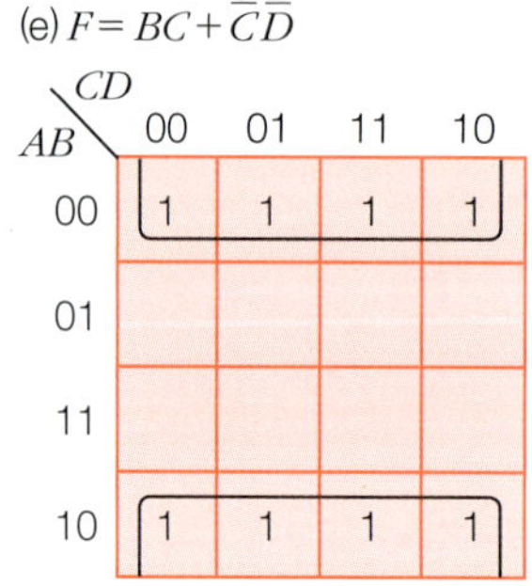

(h) $F=\overline{B}$

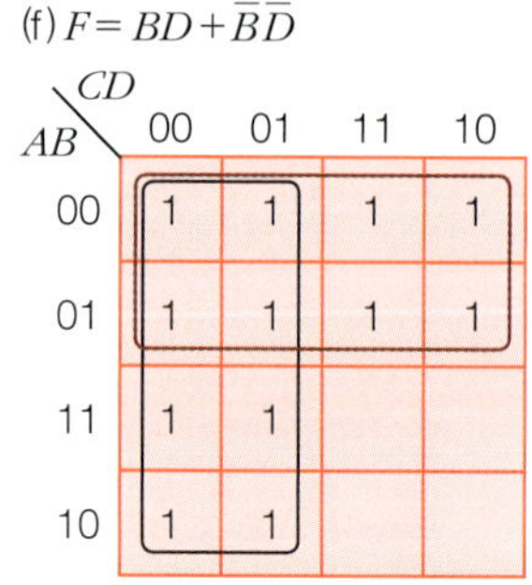

(i) $F=\overline{A}+\overline{C}$

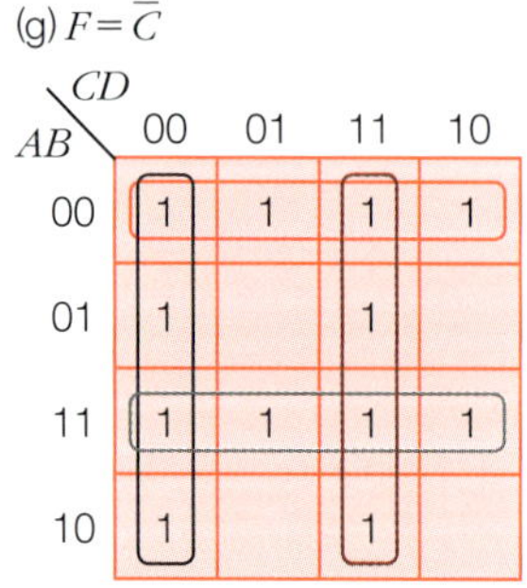

(j) $F=\overline{A}\overline{B}+AB+\overline{C}\overline{D}+CD$

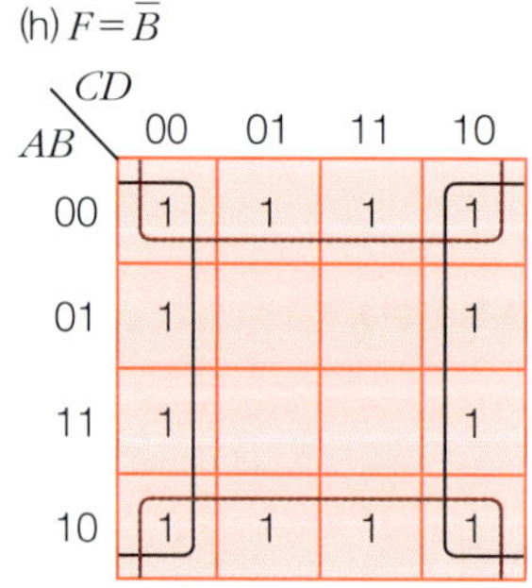

(k) $F=\overline{B}+\overline{D}$

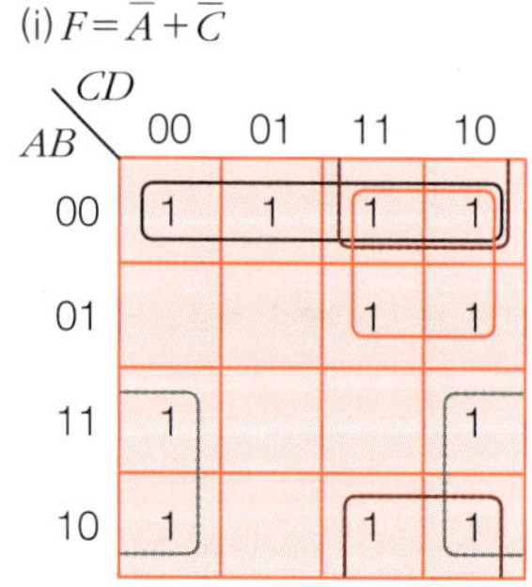

(l) $F=\overline{A}\overline{B}+A\overline{D}+\overline{A}C+\overline{B}C$

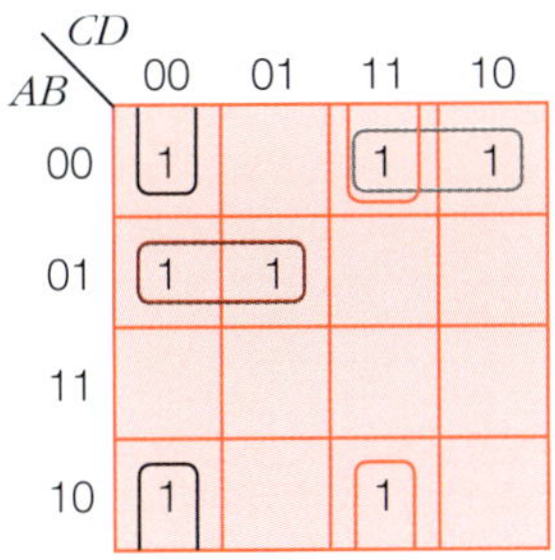

(m) $F=\overline{A}\overline{B}C+\overline{A}B\overline{C}+\overline{B}\overline{C}\overline{D}+\overline{B}CD$

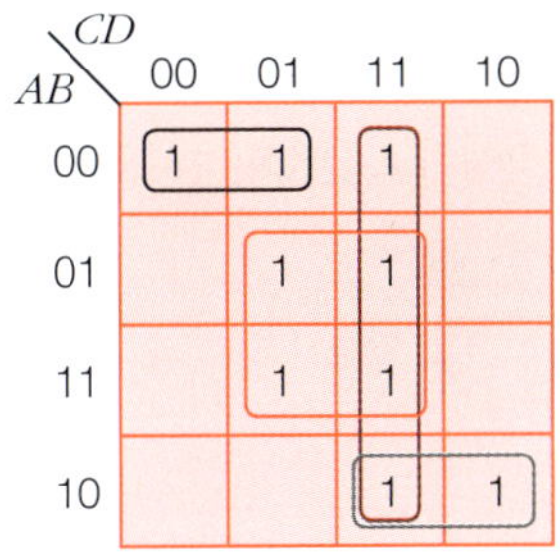

(n) $F=\overline{A}\overline{B}\overline{C}+A\overline{B}C+BD+CD$

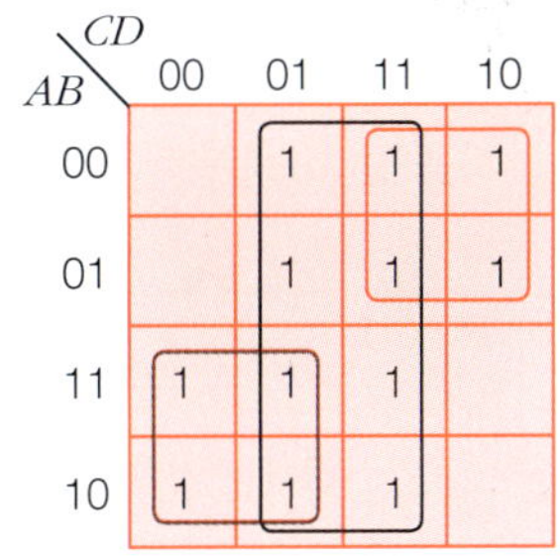

(o) $F=A\overline{C}+\overline{A}C+D$

무관항이 있는 경우 묶어서 간소화된다면 무관항도 같이 묶어준다. 그러나 무관항끼리만 묶을 필요는 없으며, 무관항을 잘 이용하면 회로를 간단하게 나타낼 수 있다. 무관항은 BCD 코드를 다른 형태로 변환할 때 자주 등장한다. 또는 순서논리회로에서 플립플롭flip-flop(8장 참고)의 상태가 변할 때도 자주 등장한다.

예제 6-3

다음 식과 같이 무관항이 있을 경우, 카르노 맵을 이용해 간소화하시오.

(a) $F(A, B, C, D)=\Sigma m(0, 2, 3, 4, 5, 11)+\Sigma d(1, 7, 9, 15)$

(b) $F(A, B, C, D)=\Sigma m(1, 2, 3, 4, 6, 8, 10)+\Sigma d(0, 12, 14)$

(c) $F(A, B, C, D)=\Sigma m(0, 2, 3, 4, 8, 9, 11)+\Sigma d(1, 5, 6, 7, 10, 12)$

풀이

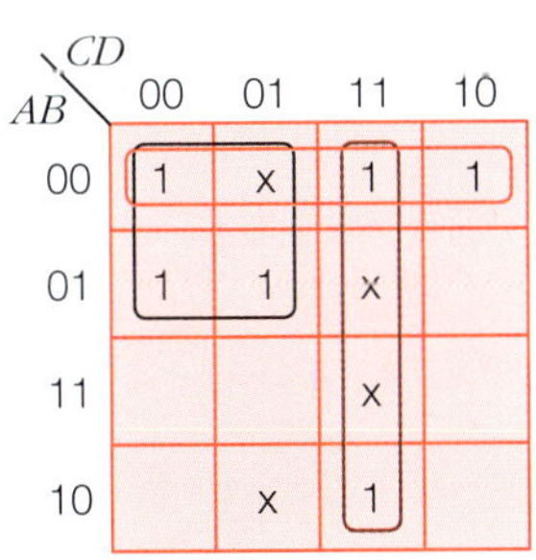

(a) $F=\overline{A}\overline{B}+\overline{A}\overline{C}+CD$

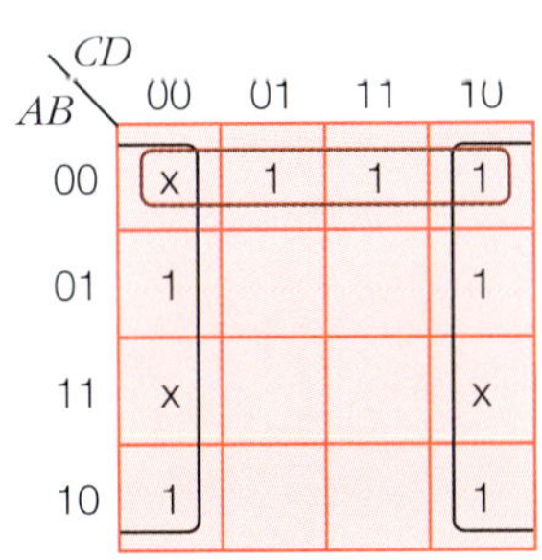

(b) $F=\overline{A}\overline{B}+\overline{D}$

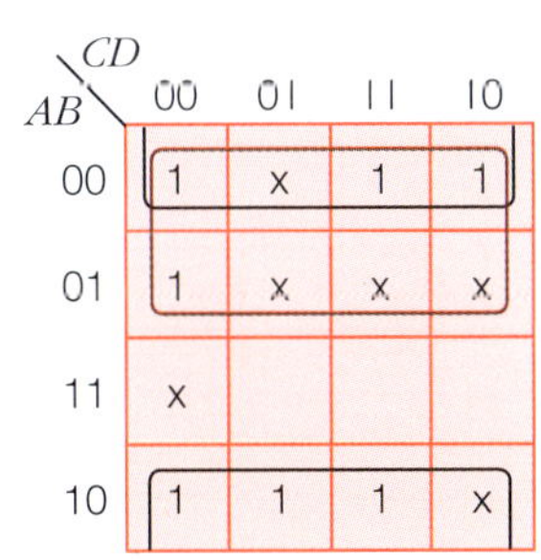

(c) $F=\overline{A}+\overline{B}$

예제 6-4

다음 진리표로부터 카르노 맵을 작성하고 간소화하시오.

입력				출력
A	B	C	D	F
0	0	0	0	×
0	0	0	1	1
0	0	1	0	×
0	0	1	1	1
0	1	0	0	×
0	1	0	1	1
0	1	1	0	1
0	1	1	1	1
1	0	0	0	0
1	0	0	1	0
1	0	1	0	0
1	0	1	1	0
1	1	0	0	0
1	1	0	1	1
1	1	1	0	1
1	1	1	1	0

풀이

카르노 맵을 이용해 간소화하면 다음과 같다.

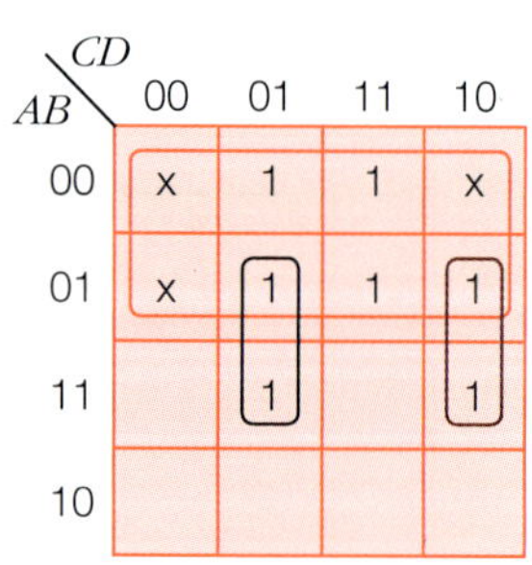

$$F = \overline{A} + B\overline{C}D + BC\overline{D}$$

04 선택적 카르노 맵

이 절에서는 카르노 맵을 선택적으로 묶을 수 있는 경우를 살펴보자. 5장 6절에서 살펴본 식 중에서 $\bar{A}B+A\bar{B}+AC$와 $\bar{A}B+A\bar{B}+BC$는 같다는 것을 확인했다. 카르노 맵에서는 어떻게 표시하며 어떤 방법으로 묶을 수 있는지 [그림 6-16]을 통하여 살펴보자.

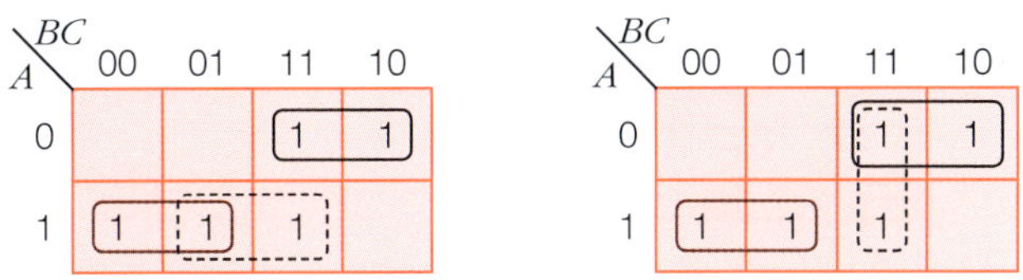

(a) $\bar{A}B+A\bar{B}+AC$ (b) $\bar{A}B+A\bar{B}+BC$

그림 6-16 3변수에서 선택적 카르노 맵의 예

[그림 6-16]과 같이 $ABC=111$은 왼쪽에 있는 $1(ABC=101)$ 또는 위쪽에 있는 $1(ABC=011)$과 선택적으로 묶을 수 있다. 4변수인 경우 선택적 묶음의 예는 [그림 6-17]과 같다.

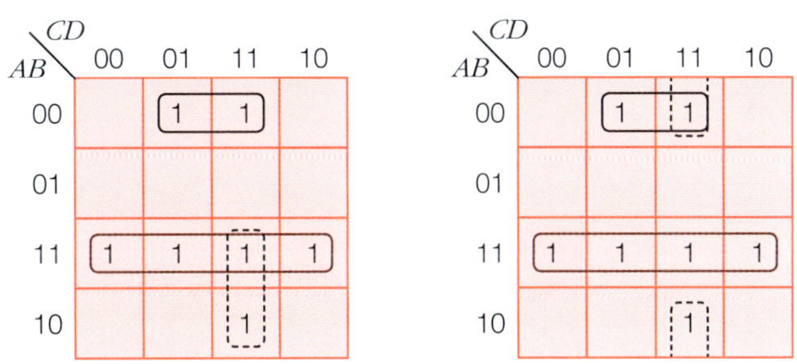

(a) $F=AB+\bar{A}\bar{B}D+ACD$ (b) $F=AB+\bar{A}\bar{B}D+\bar{B}CD$

그림 6-17 4변수에서 선택적 카르노 맵의 예

[그림 6-18]은 무관항이 있을 때 여러 가지 선택적 묶음이 가능한 경우의 예를 보여준다. 이 경우에서는 5가지 선택적 묶음이 가능함을 알 수 있다.

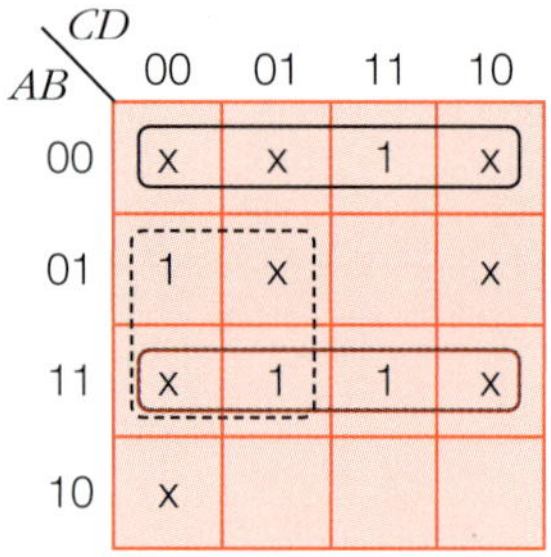

(a) $F=\overline{A}\,\overline{B}+AB+B\overline{C}$

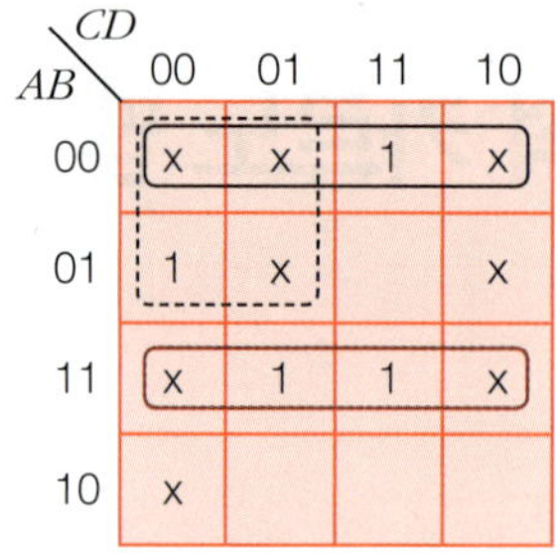

(b) $F=\overline{A}\,\overline{B}+AB+\overline{A}\,\overline{C}$

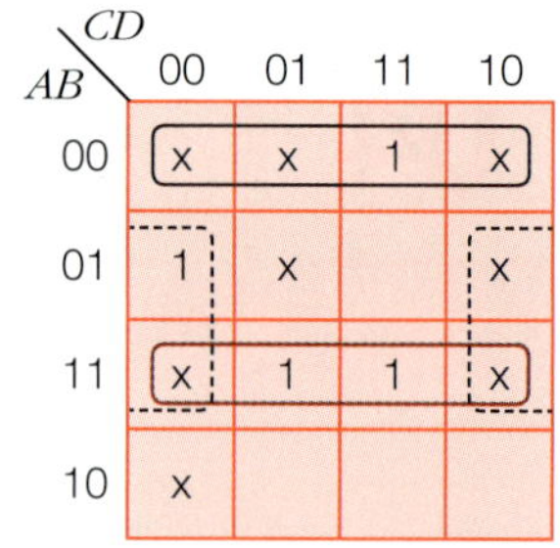

(c) $F=\overline{A}\,\overline{B}+AB+B\overline{D}$

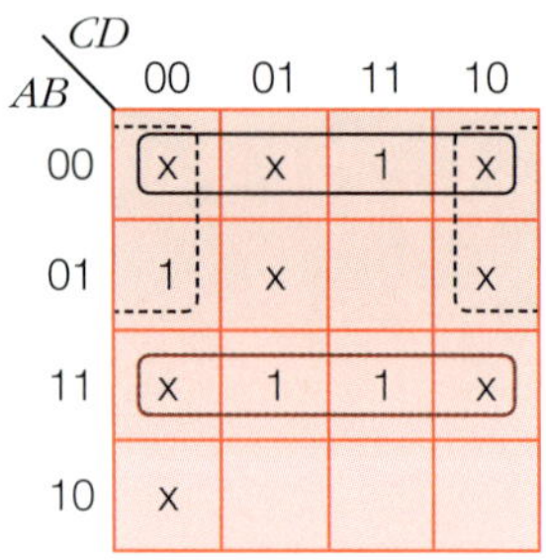

(d) $F=\overline{A}\,\overline{B}+AB+\overline{A}\,\overline{D}$

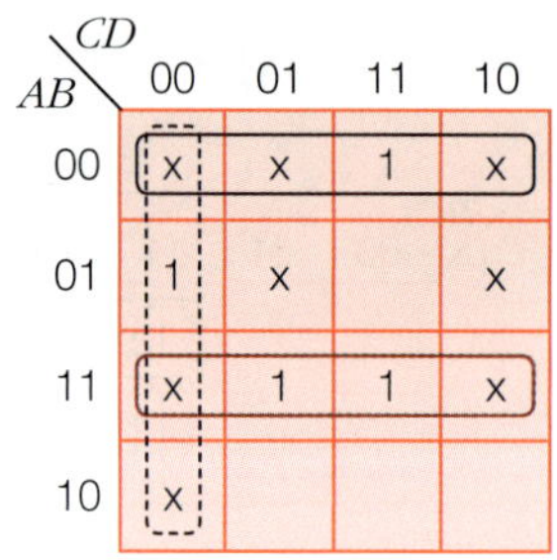

(e) $F=\overline{A}\,\overline{B}+AB+\overline{C}\,\overline{D}$

그림 6-18 무관항이 있는 경우 5가지 선택적 카르노 맵

예제 6-5

다음 논리식과 같이 무관항이 있을 경우, 2가지 선택적 카르노 맵으로 간소화하시오.

$$F(A,\ B,\ C,\ D)=\Sigma m(0,\ 2,\ 3,\ 4,\ 5,\ 11)+\Sigma d(1,\ 7,\ 9,\ 15)$$

풀이

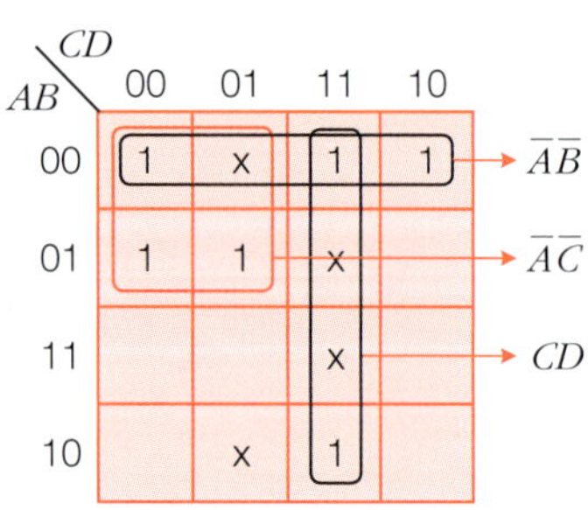

(a) $F=\overline{A}\,\overline{B}+\overline{A}\,\overline{C}+CD$

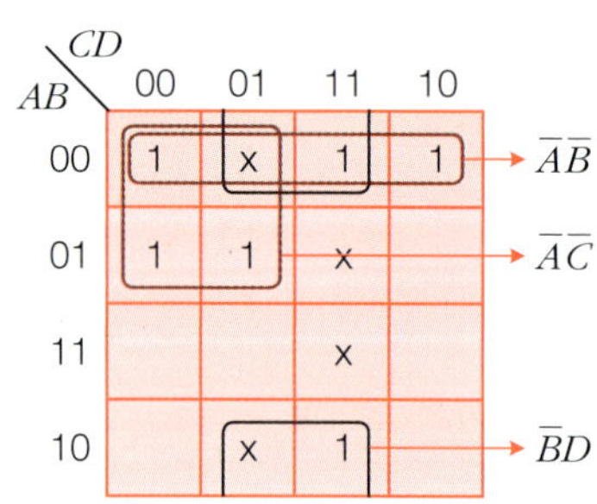

(b) $F=\overline{A}\,\overline{B}+\overline{A}\,\overline{C}+\overline{B}D$

05 논리식의 카르노 맵 작성

이 절에서는 논리식을 카르노 맵으로 작성하여 간소화하는 방법을 다룬다. 논리식을 카르노 맵으로 작성할 때는 최소항으로 바꾸고 생략된 항도 모두 찾아 최소항으로 바꾸는 것이 좋다. 단, 카르노 맵을 이용한 간소화 방법을 완전히 숙지하였다면 최소항으로 바꿀 필요는 없다.

다음 논리식을 카르노 맵을 이용해 간소화해보자.

$$F(A, B, C) = ABC + \bar{A}B + \bar{A}\bar{B}$$

이 논리식에서 제거된 변수를 찾아서 최소항으로 바꾼다. 이 논리식은 변수 3개를 사용하므로 3개의 변수가 모두 없는 부분($\bar{A}B$와 $\bar{A}\bar{B}$)을 3개 변수가 모두 나타나도록 바꾼다. 불 대수를 이용한 간소화 과정을 반대로 적용하면 제거된 부분을 찾아낼 수 있다.

$$\begin{aligned} F(A, B, C) &= ABC + \bar{A}B + \bar{A}\bar{B} \\ &= ABC + \bar{A}B(\bar{C} + C) + \bar{A}\bar{B}(\bar{C} + C) \\ &= ABC + \bar{A}B\bar{C} + \bar{A}BC + \bar{A}\bar{B}\bar{C} + \bar{A}\bar{B}C \\ &= \bar{A}\bar{B}\bar{C} + \bar{A}\bar{B}C + \bar{A}B\bar{C} + \bar{A}BC + ABC \\ &= \Sigma m(0, 1, 2, 3, 7) \end{aligned}$$

카르노 맵을 이용해 간소화하면 [그림 6-19]와 같다.

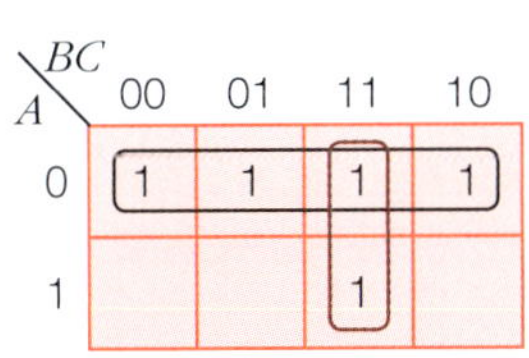

$F = \bar{A} + BC$

그림 6-19 논리식 $F(A, B, C) = ABC + \bar{A}B + \bar{A}\bar{B}$**의 카르노 맵**

다음 4변수 논리식을 카르노 맵을 이용해 간소화해보자. 이 논리식에서 제거된 변수를 찾아서 최소항으로 바꾼다. 그런 다음 카르노 맵을 이용해 간소화하면 [그림 6-20]과 같다.

$$
\begin{aligned}
F(A, B, C, D) &= AB + ABC + \bar{A}CD + \bar{A}\bar{C}D + \bar{A}BC\bar{D} \\
&= AB(\bar{C} + C)(\bar{D} + D) + ABC(\bar{D} + D) + \bar{A}(\bar{B} + B)CD + \bar{A}(\bar{B} + B)\bar{C}D + \bar{A}BC\bar{D} \\
&= (AB\bar{C} + ABC)(\bar{D} + D) + ABC\bar{D} + ABCD + \bar{A}\bar{B}CD + \bar{A}BCD \\
&\quad + \bar{A}\bar{B}\bar{C}D + \bar{A}B\bar{C}D + \bar{A}BC\bar{D} \\
&= AB\bar{C}\bar{D} + AB\bar{C}D + ABC\bar{D} + ABCD + ABC\bar{D} + ABCD + \bar{A}\bar{B}CD \\
&\quad + \bar{A}BCD + \bar{A}\bar{B}\bar{C}D + \bar{A}B\bar{C}D + \bar{A}BC\bar{D} \\
&= \Sigma m(1, 3, 5, 6, 7, 12, 13, 14, 15)
\end{aligned}
$$

카르노 맵을 이용하여 간소화하면 [그림 6-20]과 같다.

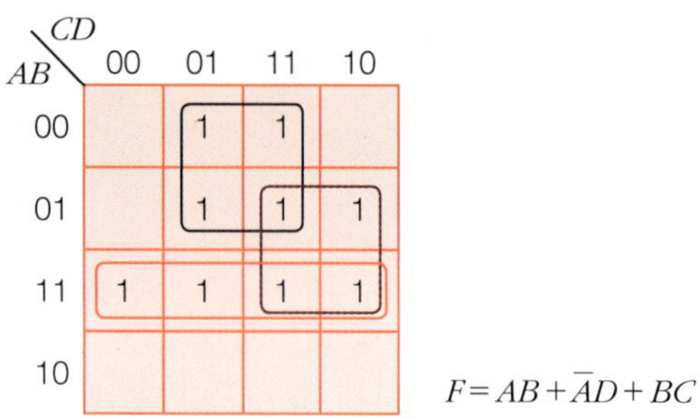

그림 6-20 논리식 $F(A, B, C, D) = AB + ABC + \bar{A}CD + \bar{A}\bar{C}D + \bar{A}BC\bar{D}$**의 카르노 맵**

예제 6-6

다음 논리식을 최소항식으로 전개하지 않고 카르노 맵으로 작성해보시오. 그다음 작성한 카르노 맵을 이용해 간소화된 논리식을 구하시오.

$$F = A + B + \bar{A}\bar{B}\bar{C}D$$

풀이

각 곱의 항을 하나씩 카르노 맵에 표시하고, 이들을 모두 결합하면 원하는 카르노 맵을 얻을 수 있다. 먼저 $A = A(B + \bar{B})(C + \bar{C})(D + \bar{D})$이므로 B, C, D가 모두 제거된 형태이고, 4변수에서 8개를 한 묶음으로 묶었을 때다. B도 마찬가지다.

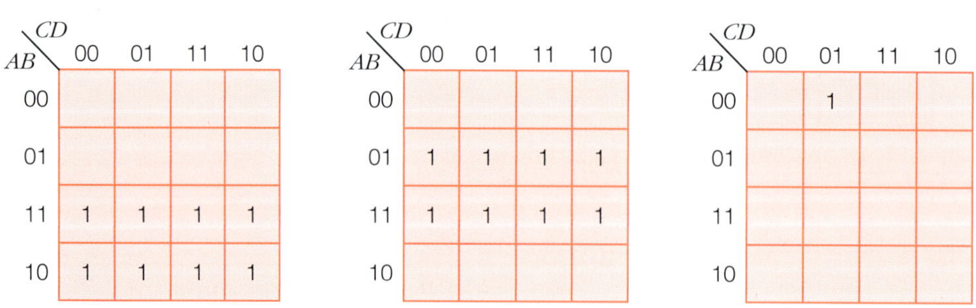

A $\quad$ B $\quad$ $\bar{A}\bar{B}\bar{C}D$

A와 B에 해당하는 카르노 맵을 합하고, $\bar{A}\bar{B}\bar{C}D$를 추가하면 다음과 같다. 이 카르노 맵을 간소화하여 나타내면 다음과 같은 논리식이 된다.

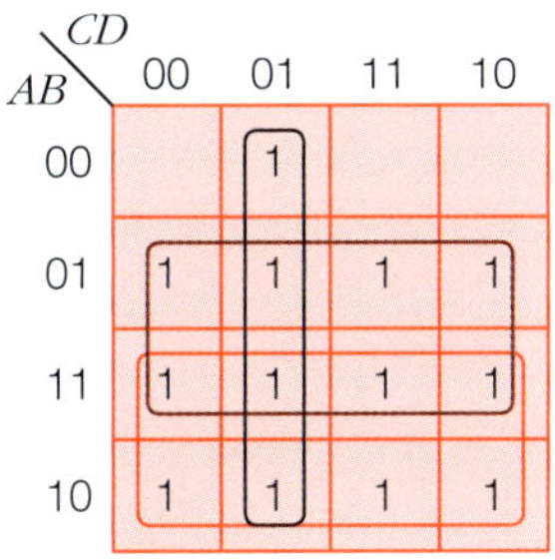

$F = A + B + \bar{C}D$

예제 6-7

다음 논리식은 변수 4개로 구성되어 있고, 모든 항이 이미 어느 정도 간소화된 상태다. 더 간소화할 수 있는지 카르노 맵을 이용해 확인해보시오.

$$F = AB + \bar{B}C + ACD + AB\bar{D} + AC\bar{D}$$

풀이

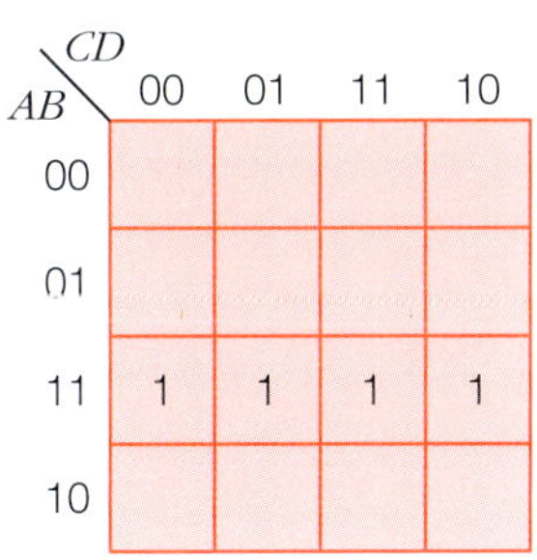

(a) AB

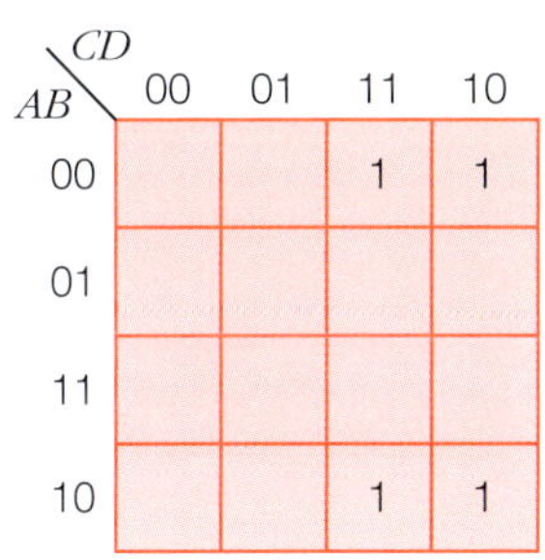

(b) $\bar{B}C$

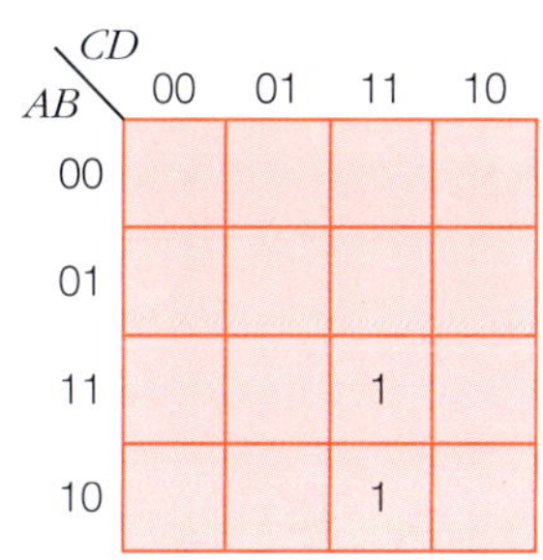

(c) ACD

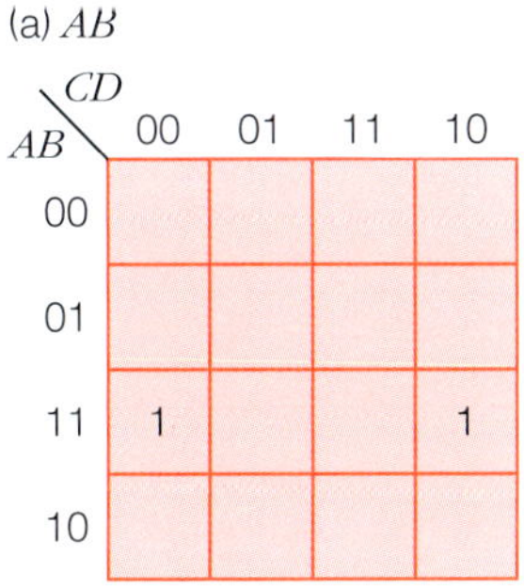

(d) $AB\bar{D}$

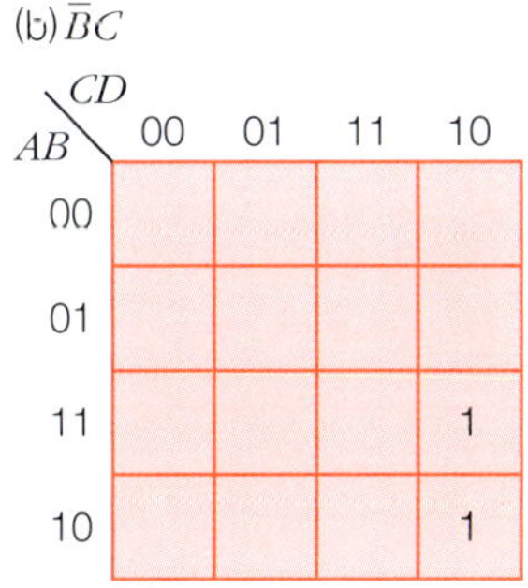

(e) $AC\bar{D}$

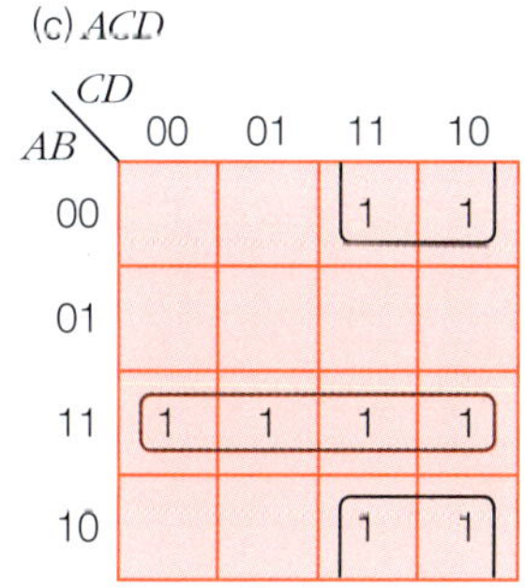

(f) $F = AB + \bar{B}C$

(a)~(e)를 모두 합하여 (f)와 같이 간소화할 수 있다.

06 5변수, 6변수 카르노 맵

카르노 맵을 이용하면 비교적 쉽게 논리식을 간소화할 수 있었다. 그러나 변수가 늘어나면 그렇게 간단하지 않다. 5변수, 6변수 카르노 맵은 [그림 6-21], [그림 6-22]와 같이 먼저 4변수를 기준으로 각각 작성한 후 이들을 그림에 있는 점선처럼 연결하면 4변수 카르노 맵과 같은 방법으로 간소화할 수 있다. 먼저 5변수 카르노 맵을 작성해보자. $A=0$인 면과 $A=1$인 면을 그룹으로 묶을 수 있다.

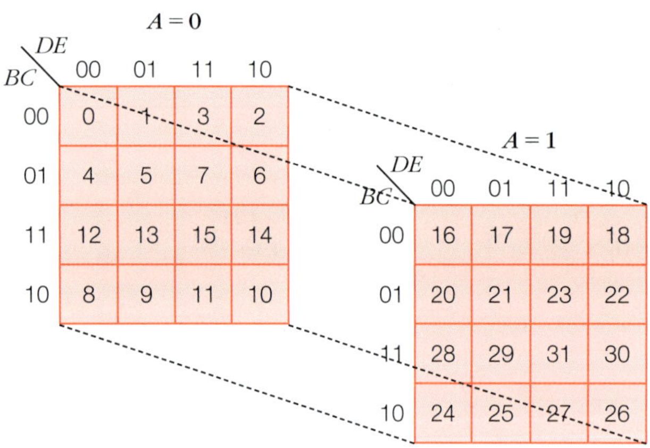

그림 6-21 5변수 카르노 맵

예제 6-8

다음 5변수 논리 함수를 카르노 맵을 이용해 간소화하시오.

$$F(A, B, C, D, E) = \Sigma m(4, 5, 6, 7, 9, 11, 13, 15, 16, 18, 27, 28, 31)$$

풀이

5변수 카르노 맵을 만들고 정해진 자리에 값을 넣는다. 여기서도 $A=0$인 면과 $A=1$인 면이 서로 연결되어 있다고 보고 그룹을 묶으면 다음과 같은 결과를 얻을 수 있다.

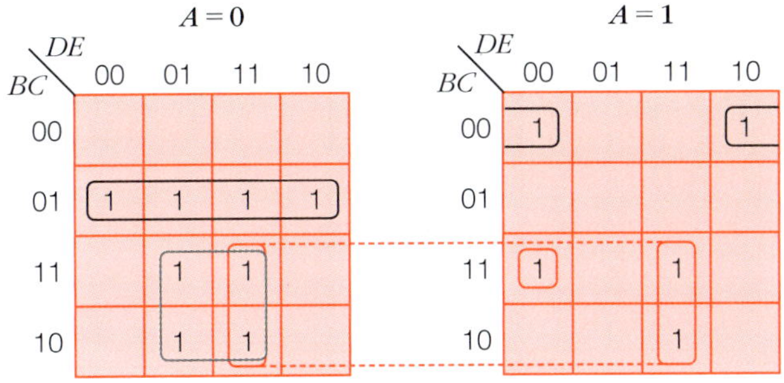

$$F=\overline{A}\,\overline{B}C+\overline{A}BE+A\overline{B}\,\overline{C}\,\overline{E}+ABC\overline{D}\,\overline{E}+BDE$$

6변수 카르노 맵도 $AB=00$인 면과 $AB=10$인 면이 이어져 있다고 보고 묶으면 된다.

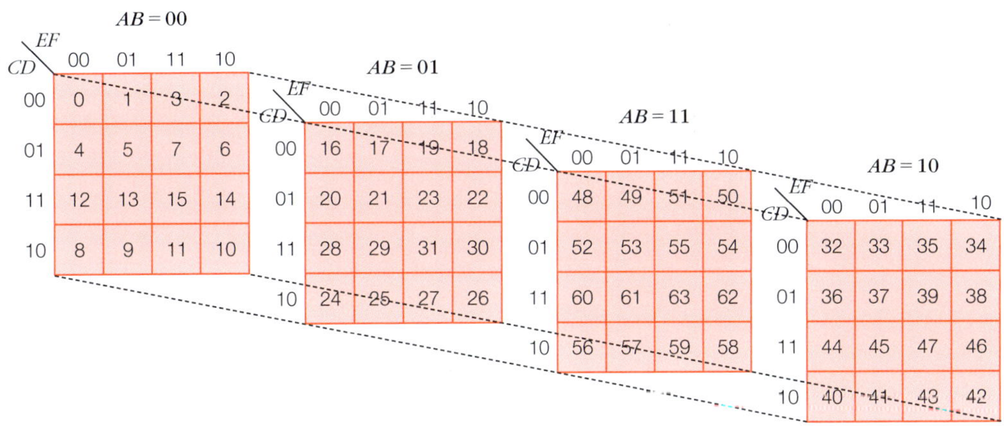

그림 6-22 6변수 카르노 맵

예제 6-9

다음 6변수 논리 함수를 카르노 맵을 이용해 간소화하시오.

$$F(A, B, C, D, E, F)=\Sigma m(1, 3, 6, 8, 9, 13, 14, 17, 19, 24, 25, 29, 32, 33, 34, 35, 38, 40, 46, 49, 51, 53, 55, 56, 61, 63)$$

풀이

한꺼번에 모두 그룹을 지어 묶기에는 너무 복잡하므로 나누어서 해보자. 먼저 다음과 같이 묶어서 첫 번째 논리식을 만든다.

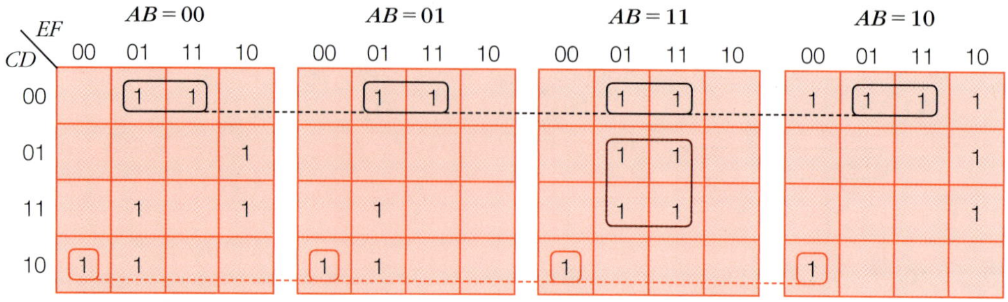

(a) $F_1 = ABDF + C\overline{D}\overline{E}\overline{F} + \overline{C}\overline{D}F$

위에서 묶은 값들을 ×로 표시하고, 남아 있는 값들을 묶으면 다음과 같다.

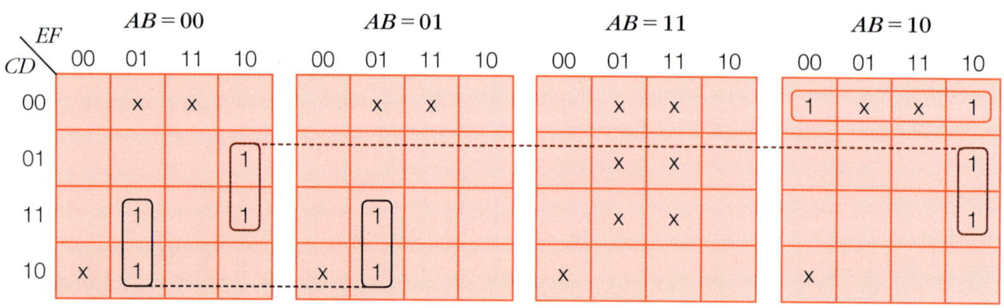

(b) $F_2 = \overline{A}C\overline{E}F + \overline{B}DE\overline{F} + A\overline{B}\overline{C}\overline{D}$

두 식을 합하면 다음과 같은 최종 논리식이 된다.

$$F = ABDF + C\overline{D}\overline{E}\overline{F} + \overline{C}\overline{D}F + \overline{A}C\overline{E}F + \overline{B}DE\overline{F} + A\overline{B}\overline{C}\overline{D}$$

07 퀸–맥클러스키 간소화 알고리즘

퀸–맥클러스키Quine–McCluskey 간소화 알고리즘은 퀸Willard Van Orman Quine과 맥클러스키Edward J. McCluskey가 1956년에 개발하였으며, 카르노 맵처럼 논리식을 간소화하는 방법으로 많은 변수에 대해서도 쉽게 간소화할 수 있고, 컴퓨터 알고리즘으로 개발하기에 적합하다. 입력 변수가 4개 이하이면 카르노 맵을 이용한 간소화 방법이 퀸–맥클러스키 간소화 방법보다 쉽지만, 입력 변수가 5개 이상인 경우에는 카르노 맵보다 퀸–맥클러스키(이하 QM) 알고리즘이 더 유용하다.

1 QM 알고리즘

QM 알고리즘은 표를 이용하며, 최종 결과는 SOP식으로 만들어진다. QM 알고리즘은 크게 두 단계로 이루어지며, 첫 번째 단계는 $ABC+AB\overline{C}=AB(C+\overline{C})=AB\cdot 1=AB$ 법칙을 적용하여 변수를 하나씩 제거해 나가는 단계이며, 두 번째 단계는 차트를 이용해 최종 논리식을 구한다. 이를 더 구체적인 과정으로 살펴보면 다음과 같다.

❶ 진리표에서 최소항을 모두 찾는다.

❷ 최소항 중에서 입력 변수에 1이 나타나는 개수에 따라 인덱스index를 매겨 그룹을 만든다.

❸ 각 그룹 내의 항들을 모두 비교하여 한 비트만 다른 항들을 찾아서 간소화하고, 간소화에 사용된 항들을 표시한다.

❹ ❸의 과정을 반복하여 더 이상 간소화되지 않을 때까지 계속한다.

❺ 간소화 과정이 끝나고 표시되지 않은 항들이 PIprime implicants(주항)가 된다.

❻ 중복된 PI를 찾기 위해 차트를 만들고, EPIessential prime implicants(필수 주항)를 찾는다.

❼ EPI에 포함되는 PI들을 제거한다.

❽ EPI에 포함되지 않은 항들에 대해서 최소 개수의 SOP 식을 찾는다.

먼저 첫 번째 단계에서 최소항을 2진 형태로 표현하여 1의 개수에 따라 인덱스를 매기고, 인덱스 0, 인덱스 1, 인덱스 2 등으로 재배열해야 한다. [표 6-1]은 QM 알고리즘으로 간소화하기 위한 3변수 논리식을 인덱스별로 나누어 놓은 표이다. 이 표에서 서로 인접하는 인덱스(인덱스 0과 1, 인덱스 1과 2, 인덱스 2와 3)에 있는 항끼리 결합할 수 있으며, 이들 인덱스에 있는 항들 중에서 단 한 비트만 다른 항끼리 결합이 가능하다.

표 6-1 QM 알고리즘에서 인덱스 분류 및 재배열(3변수)

$A\ B\ C$	10진수	인덱스
0 0 0	0	0
0 0 1	1	1
0 1 0	2	1
0 1 1	3	2
1 0 0	4	1
1 0 1	5	2
1 1 0	6	2
1 1 1	7	3

➡

인덱스	10진수	$A\ B\ C$
0	0	0 0 0
1	1	0 0 1
	2	0 1 0
	4	1 0 0
2	3	0 1 1
	5	1 0 1
	6	1 1 0
3	7	1 1 1

인덱스 결합의 예를 살펴보자. 논리식 $F(A, B, C) = \Sigma m(0, 1, 2, 3, 4, 6) = \Sigma m(000, 001, 010, 011, 100, 110)$의 진리표와 출력이 1인 항만을 인덱스별로 분류한 QM표를 [표 6-2]에 나타냈다. QM표에서 인접한 인덱스에 속한 항들끼리 비교하여 한 비트만 다른 항들을 결

표 6-2 진리표를 QM표로 변환

$A\ B\ C$	F
0 0 0	1
0 0 1	1
0 1 0	1
0 1 1	1
1 0 0	1
1 0 1	0
1 1 0	1
1 1 1	0

➡

인덱스	10진수	$A\ B\ C$
0	(0)	0 0 0
1	(1)	0 0 1
	(2)	0 1 0
	(4)	1 0 0
2	(3)	0 1 1
	(6)	1 1 0

출력이 1인 항만 표시한다.

합한다. 예를 들어, 000과 001은 LSB 한 비트만 다르므로 이를 간소화하여 QM표에서는 00－로 표시한다. 또, 010과 110을 비교하여 보면 MSB 한 비트만 다르므로 －10으로 표시하여 하나씩 항들을 줄여서 더 이상 줄일 항들이 없을 때까지 줄여 나가면 된다. 이어서 몇 가지 예들을 살펴보자.

2 QM 알고리즘을 이용한 간소화

다음 3변수 함수 $F(A, B, C)$를 인덱스별로 그룹을 나누어 [표 6-3]과 같이 작성한다.

$$
\begin{aligned}
F(A, B, C) &= \bar{A}\bar{B}\bar{C} + \bar{A}\bar{B}C + A\bar{B}\bar{C} + A\bar{B}C \\
&= \Sigma m(0, 1, 4, 5) \\
&= \Sigma m(000, 001, 100, 101)
\end{aligned}
$$

표 6-3 첫 번째 과정

칼럼 1		
인덱스	10진수	$A\ B\ C$
0	(0)	0 0 0
1	(1)	0 0 1
	(4)	1 0 0
2	(5)	1 0 1

이 항목에서 서로 이웃하는 인덱스 그룹들에서 한 비트만 다른 항들을 결합한다. 칼럼 1에서 결합된 항들에 다시 인덱스를 매겨서 칼럼 2에 재그룹화한다. 칼럼 2로 결합할 때 칼럼 1에 있는 항목이 결합되면 해당 항에 체크(✓) 표시를 한다. 칼럼 2에 축소된 식이 표시된다.

칼럼 1에서 인덱스 0의 0(000)과 인덱스 1의 1(001), 인덱스 0의 0(000)과 인덱스 1의 4(100), 인덱스 1의 1(001)과 인덱스 2의 5(101), 인덱스 1의 4(100)와 인덱스 2의 5(101)와 결합되므로 칼럼 2에는 (0, 1), (0, 4), (1, 5), (4, 5)로 표시한다. 제거된 변수는 대시(–)로 표시한다. 이를 [표 6-4]에 나타냈다.

표 6-4 두 번째 과정

칼럼 1				칼럼 2			
인덱스	10진수	$A\ B\ C$		인덱스	10진수	$A\ B\ C$	
0	(0)	0 0 0	✓	0	(0, 1) (0, 4)	0 0 − − 0 0	
1	(1) (4)	0 0 1 1 0 0	✓ ✓	1	(1, 5) (4, 5)	− 0 1 1 0 −	
2	(5)	1 0 1	✓				

칼럼 2에서 간소화된 식 : $F(A, B, C) = \bar{A}\bar{B} + \bar{B}\bar{C} + \bar{B}C + A\bar{B}$

마찬가지로 칼럼 2에서 한 비트만 다른 항들을 골라 칼럼 3에 표시하면 [표 6-5]와 같이 된다. 칼럼 2의 (0, 1)과 (4, 5)가 결합하여 칼럼 3의 (0, 1, 4, 5), 칼럼 2의 (0, 4)와 (1, 5)가 결합하여 칼럼 3의 (0, 4, 1, 5)가 만들어지며, 결합된 항 (0, 1, 4, 5)와 (0, 4, 1, 5)는 변수의 순서는 다른 같은 항이 된다. 그러므로 간소화된 최종식은 $F(A, B, C) = \bar{B}$이다. 여기서 각 리스트 중에서 체크되지 않은 항목은 반드시 최종식에 포함해야 한다. 이 예에서는 칼럼 3에 있는 마지막 항을 제외하고는 체크되지 않은 항목은 없으며, 오직 하나의 PI(●로 표시)만 남았다. 그러므로 차트를 이용하는 과정은 불필요하다.

표 6-5 세 번째 과정

칼럼 1				칼럼 2				칼럼 3		
인덱스	10진수	$A\ B\ C$		인덱스	10진수	$A\ B\ C$		10진수	$A\ B\ C$	
0	(0)	0 0 0	✓	0	(0, 1) (0, 4)	0 0 − − 0 0	✓ ✓	(0, 1, 4, 5)	− 0 −	●
1	(1) (4)	0 0 1 1 0 0	✓ ✓	1	(1, 5) (4, 5)	− 0 1 1 0 −	✓ ✓			
2	(5)	1 0 1	✓							

예제 6-10

다음과 같이 변수 4개를 갖는 논리식을 QM 알고리즘을 이용해 간소화하시오.

$$F(A, B, C, D) = \Sigma m(0, 1, 2, 3, 5, 7, 8, 10, 12, 13, 15)$$

풀이

칼럼 1			
인덱스	10진수	$A\ B\ C\ D$	
0	(0)	0 0 0 0	✓
1	(1)	0 0 0 1	✓
	(2)	0 0 1 0	✓
	(8)	1 0 0 0	✓
2	(3)	0 0 1 1	✓
	(5)	0 1 0 1	✓
	(10)	1 0 1 0	✓
	(12)	1 1 0 0	✓
3	(7)	0 1 1 1	✓
	(13)	1 1 0 1	✓
4	(15)	1 1 1 1	✓

칼럼 2			
인덱스	10진수	$A\ B\ C\ D$	
0	(0, 1)	0 0 0 −	✓
	(0, 2)	0 0 − 0	✓
	(0, 8)	− 0 0 0	✓
1	(1, 3)	0 0 − 1	✓
	(1, 5)	0 − 0 1	✓
	(2, 3)	0 0 1 −	✓
	(2, 10)	− 0 1 0	✓
	(8, 10)	1 0 − 0	✓
	(8, 12)	1 − 0 0	●
2	(3, 7)	0 − 1 1	✓
	(5, 7)	0 1 − 1	✓
	(5, 13)	− 1 0 1	✓
	(12, 13)	1 1 0 −	●
3	(7, 15)	− 1 1 1	✓
	(13, 15)	1 1 − 1	✓

칼럼 3			
인덱스	10진수	$A\ B\ C\ D$	
0	(0, 1, 2, 3)	0 0 − −	●
	(0, 2, 8, 10)	− 0 − 0	●
1	(1, 3, 5, 7)	0 − − 1	●
2	(5, 7, 13, 15)	− 1 − 1	●

이 표에서 체크되지 않은 항인 PI들을 모두 나타내면 다음과 같다.

$$F(A, B, C, D) = \bar{A}\bar{B} + \bar{B}\bar{D} + \bar{A}D + BD + A\bar{C}\bar{D} + AB\bar{C}$$

중복된 PI들을 제거하기 위해 (a)와 같이 PI 차트를 사용한다. 모든 PI는 맨 왼쪽 열에 나열하고, 모든 최소항들을 맨 위쪽 행에 나열한다. PI 항에 해당하는 최소항들에 ×표시를 한다. 주어신 PI 차트에서 EPI를 찾아서 (⊗)로 표시한다.

(a)에서 $\bar{B}\bar{D}$는 EPI이고 최소항 10을 커버하는 유일한 EPI이며 0, 2, 8을 포함한다. BD 역시 EPI이고 최소항 15를 커버하는 유일한 PI이며 5, 7, 13을 포함한다. 따라서 EPI 논리 함수는 $F = \bar{B}\bar{D} + BD$이다. 이 두 EPI에 포함되지 않는 나머지 항들은 1, 3, 12로, 다시 (b)와 같이 PI 차트를 만든다.

PI 차트에서 1, 3 최소항은 $\bar{A}\bar{B}$와 $\bar{A}D$ 둘 중 어떤 PI 항에도 해당되므로 선택적으로 사용할 수 있다. 또 12 최소항도 $A\bar{C}\bar{D}$와 $AB\bar{C}$ 둘 중 어느 PI 항을 써도 된다. 따라서 다음과 같이 4가지 해가 존재한다.

IMPLICANTS		0	1	2	3	5	7	8	10	12	13	15
$\bar{A}\bar{B}$	00−−	×	×	×	×							
$\bar{B}\bar{D}$	−0−0	×		×				×	(×)			
$\bar{A}D$	0−−1		×		×	×	×					
BD	−1−1					×	×				×	(×)
$A\bar{C}\bar{D}$	1−00							×		×		
$AB\bar{C}$	110−									×	×	

(a) 첫 번째 단계에서 EPI 찾기

IMPLICANTS		1	3	12
$\bar{A}\bar{B}$	00−−	×	×	
$\bar{A}D$	0−−1	×	×	
$A\bar{C}\bar{D}$	1−00			×
$AB\bar{C}$	110−			×

(b) 두 번째 단계에서 PI 찾기

$$F = \bar{B}\bar{D} + BD + \bar{A}\bar{B} + A\bar{C}\bar{D}$$
$$F = \bar{B}\bar{D} + BD + \bar{A}D + A\bar{C}\bar{D}$$
$$F = \bar{B}\bar{D} + BD + \bar{A}\bar{B} + AB\bar{C}$$
$$F = \bar{B}\bar{D} + BD + \bar{A}D + AB\bar{C}$$

예제 6-11

무관항을 갖는 다음 논리식을 QM 알고리즘을 이용해 간소화하시오.

$$F(A, B, C, D) = \Sigma m(0, 1, 4, 6, 8, 14, 15) + \Sigma d(2, 3, 9)$$

풀이

PI 표에 무관항(*로 표시)을 포함하고, 최소 PI 표에서 무관항을 제거한다.

칼럼 1			
인덱스	10진수	$A\ B\ C\ D$	
0	(0)	0 0 0 0	✓
1	(1)	0 0 0 1	✓
	(2*)	0 0 1 0	✓
	(4)	0 1 0 0	✓
	(8)	1 0 0 0	✓
2	(3*)	0 0 1 1	✓
	(6)	0 1 1 0	✓
	(9*)	1 0 0 1	✓
3	(14)	1 1 1 0	✓
4	(15)	1 1 1 1	✓

칼럼 2			
인덱스	10진수	$A\ B\ C\ D$	
0	(0, 1)	0 0 0 –	✓
	(0, 2*)	0 0 – 0	✓
	(0, 4)	0 – 0 0	✓
	(0, 8)	– 0 0 0	✓
1	(1, 3*)	0 0 – 1	✓
	(1, 9*)	– 0 0 1	✓
	(2*, 3*)	0 0 1 –	✓
	(2*, 6)	0 – 1 0	✓
	(4, 6)	0 1 – 0	✓
	(8, 9*)	1 0 0 –	✓
2	(6, 14)	– 1 1 0	●
3	(14, 15)	1 1 1 –	●

칼럼 3			
인덱스	10진수	$A\ B\ C\ D$	
0	(0, 1, 2*, 3*)	0 0 – –	●
	(0, 2*, 4, 6)	0 – – 0	●
	(0, 8, 1, 9*)	– 0 0 –	●
1	없음		
2	없음		

PI 차트를 이용해 간소화하면 다음과 같다. 이때 무관항은 표시할 필요가 없다. EPI 4는 0과 6을 포함하고, EPI 8은 0과 1을 포함하며, EPI 15는 14를 포함한다. 포함되지 않는 항이 없으므로 더 이상 고려할 사항은 없다. 따라서 간소화된 논리식은 다음과 같다.

$$F = \bar{A}\bar{D} + \bar{B}\bar{C} + ABC$$

PI 차트를 이용해 EPI 찾기

IMPLICANTS		0	1	4	6	8	14	15
$\bar{A}\bar{B}$	0 0 – –	×	×					
$\bar{A}\bar{D}$	0 – – 0	× ←		(×) →	×			
$\bar{B}\bar{C}$	– 0 0 –	× ←	~~×~~			(×)		
$BC\bar{D}$	– 1 1 0				×		×	
ABC	1 1 1 –						× ←	(×)

08 여러 개의 출력 함수

실제 디지털 시스템에서는 출력이 여러 개 필요한 경우가 많이 있다. 예를 들어, 다음과 같은 시스템이 있다고 가정해보자.

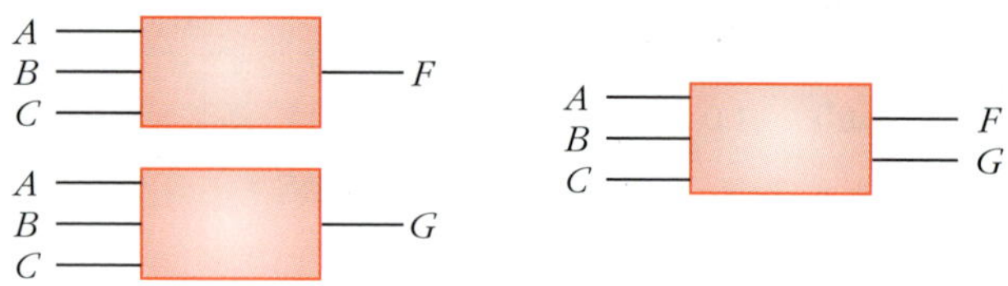

(a) 2개로 분리된 시스템 (b) 하나로 통합된 시스템

그림 6-23 여러 개의 출력 함수를 갖는 시스템의 통합

분리되어 있는 두 개의 시스템을 하나의 시스템으로 통합하는 것이 가능하고, 또 공유 가능한 게이트를 공유하여 시스템을 구성한다. 이렇게 구성할 때 경제적으로 좋은 시스템이 될 수 있다.

다음 두 개의 논리 함수를 하나의 시스템으로 통합하여 경제적인 시스템이 되도록 구성해보자.

$$F(A, B, C) = \Sigma m(0, 2, 6, 7) \qquad G(A, B, C) = \Sigma m(1, 3, 6, 7)$$

이들을 하나의 시스템을 구성할 때 공유할 수 있는 부분이 있는지 검사하기 위해 각각의 카르노 맵을 그려서 간소화한다.

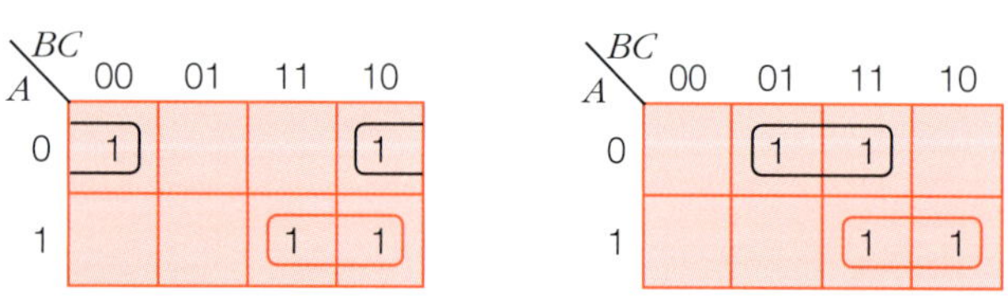

(a) $F = \overline{A}\,\overline{C} + AB$ (b) $G = \overline{A}C + AB$

그림 6-24 각 출력에 대한 카르노 맵

간소화한 결과 같은 게이트를 사용할 수 있는 항(AB)이 있음을 알 수 있다. [그림 6-25]와 같이 각 회로를 따로 사용할 경우 전체 회로를 구성하는 데 6개의 게이트가 필요하다.

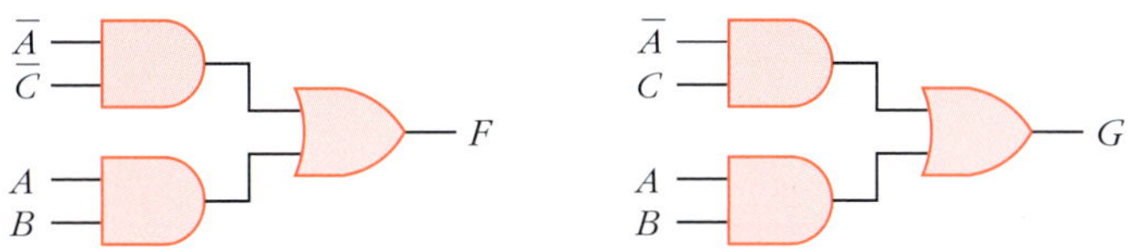

(a) $F=\overline{A}\,\overline{C}+AB$ (b) $G=\overline{A}C+AB$

그림 6-25 각 출력에 대한 논리회로

그러나 두 개의 시스템을 하나의 시스템으로 나타내고 게이트를 공유하면 다음과 같은 시스템으로 만들 수 있어 게이트가 1개 줄어든다.

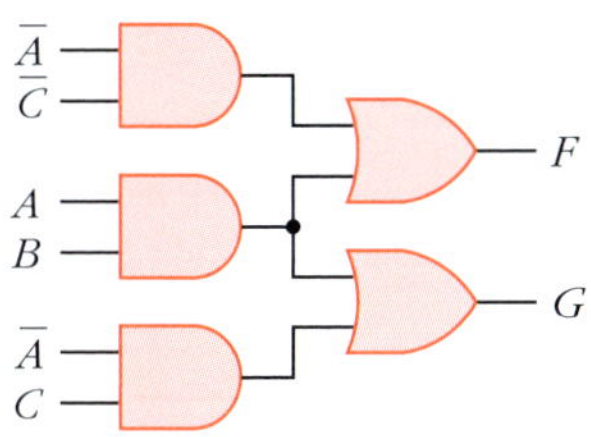

그림 6-26 두 개의 논리회로($F=\overline{A}\,\overline{C}+AB$, $G=\overline{A}C+AB$)를 병합한 논리회로

예제 6-12

다음과 같은 3변수를 가지는 두 개의 논리 함수를 통합하여 게이트 수를 최소화하시오.

$$F(A,\ B,\ C)=\Sigma m(0,\ 1,\ 6) \qquad G(A,\ B,\ C)=\Sigma m(2,\ 3,\ 6)$$

풀이

먼저 두 함수에 대한 카르노 맵을 그린다.

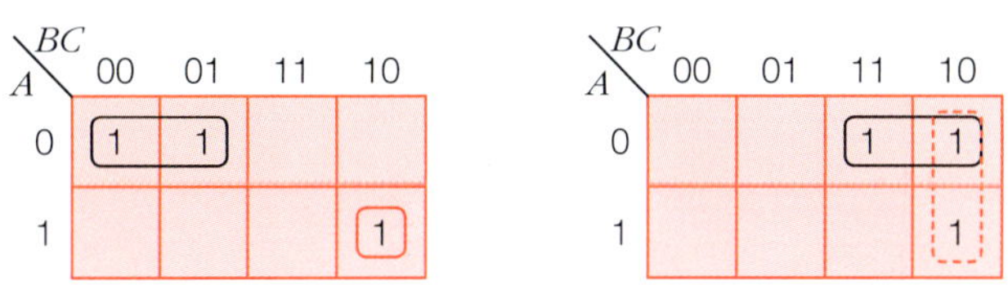

$F=\overline{A}\,\overline{B}+AB\overline{C}$ $G=\overline{A}B+B\overline{C}$

이들을 하나의 시스템을 구성할 때 공유할 수 있는 부분이 있는지 검사해보자. 공유할 부분이 없는 것처럼 보이지만 아래 그림과 같이 하면 공유할 수 있는 부분이 하나 생긴다. 앞에서와 같이 공유하지 않는다면 6개의 게이트가 필요하지만 아래와 같이 공유할 부분($AB\overline{C}$)을 만들면 5개의 게이트만 있으면 된다.

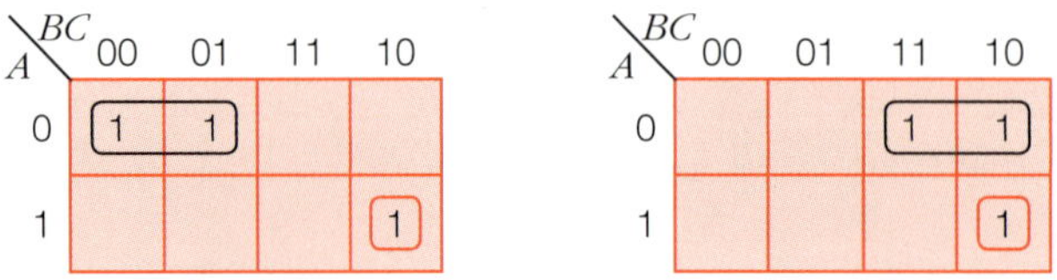

$F = \overline{A}\overline{B} + AB\overline{C}$　　　$G = \overline{A}B + AB\overline{C}$

통합한 시스템의 회로는 다음과 같이 그릴 수 있다.

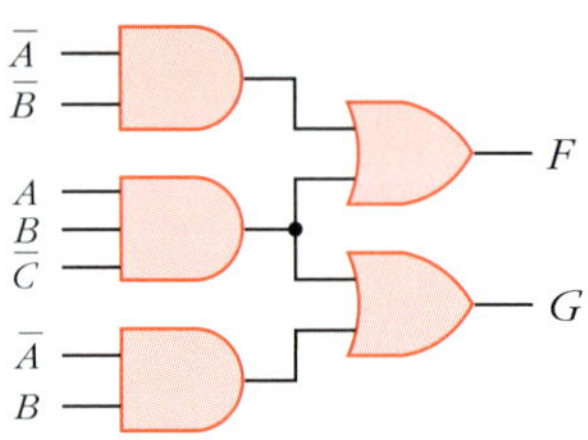

다음에는 4변수를 가지는 두 개의 논리 함수가 공유할 수 있는 게이트가 있는지 살펴보자.

$$F(A, B, C, D) = \Sigma m(4, 5, 6, 8, 12, 13)$$
$$G(A, B, C, D) = \Sigma m(0, 2, 5, 6, 7, 13, 14, 15)$$

먼저 한쪽 함수에만 있는 1을 찾고 하나의 그룹에만 속하는 것을 묶으면 다음과 같다. 한쪽에만 있는 경우는 *1*로 표시하였다.

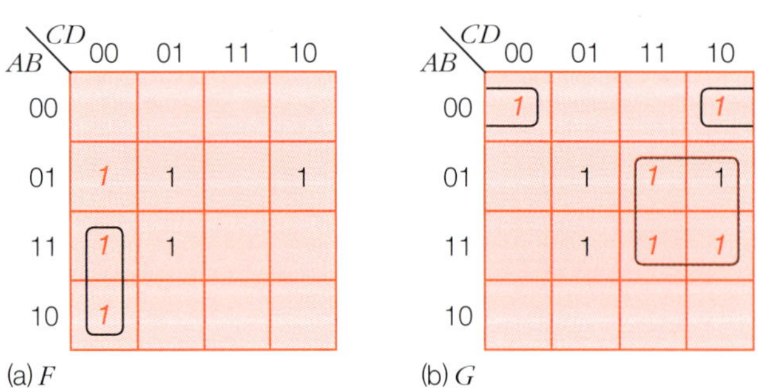

그림 6-27 각 출력에 대한 카르노 맵

다음에는 묶여지지 않는 부분 중에서 공통으로 만들 수 있는 부분을 묶은 뒤 나머지 부분을 묶는다. 그런 다음 회로를 그리면 [그림 6-28](c)와 같다.

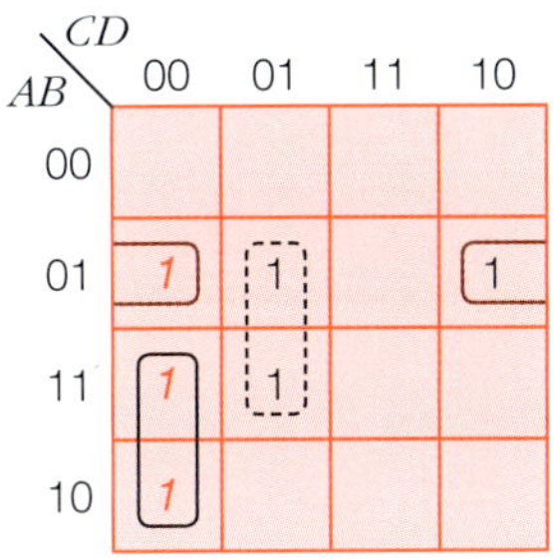

(a) $F=\overline{A}B\overline{D}+A\overline{C}\overline{D}+B\overline{C}D$

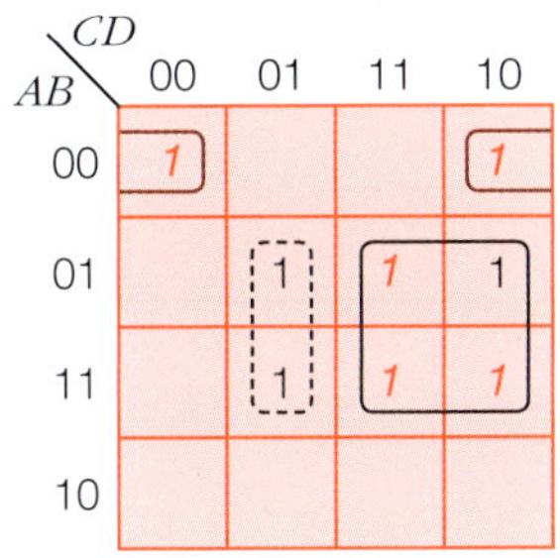

(b) $G=\overline{A}\overline{B}\overline{D}+BC+B\overline{C}D$

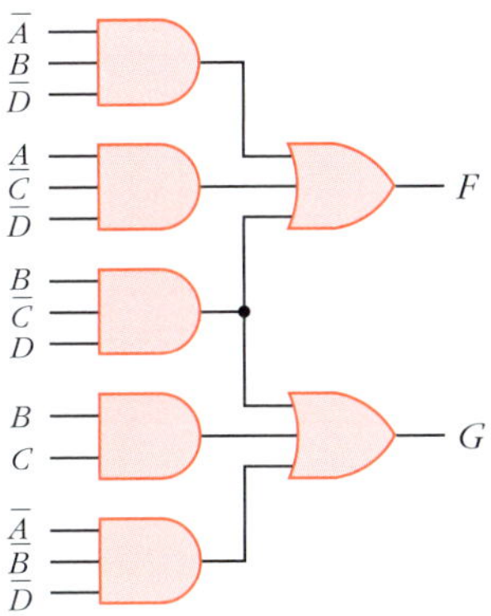

(c) 병합 회로

그림 6-28 두 개의 논리회로($F=\overline{A}B\overline{D}+A\overline{C}\overline{D}+B\overline{C}D$, $G=\overline{A}\overline{B}\overline{D}+BC+B\overline{C}D$)를 병합한 논리회로

예제 6-13

출력 함수가 3개인 경우 공유할 수 있는 게이트가 있는지 살펴보시오.

$$F(A,B,C,D)=\Sigma m(0,2,6,10,11,14,15)$$
$$G(A,B,C,D)=\Sigma m(0,3,6,7,8,9,12,13,14,15)$$
$$H(A,B,C,D)=\Sigma m(0,3,4,5,7,10,11,12,13,14,15)$$

풀이

먼저 세 함수에서 서로 독립된 부분(1로 표시)과 두 개의 함수에서 같은 영역 중 크게 묶을 수 있는 영역을 찾는다.

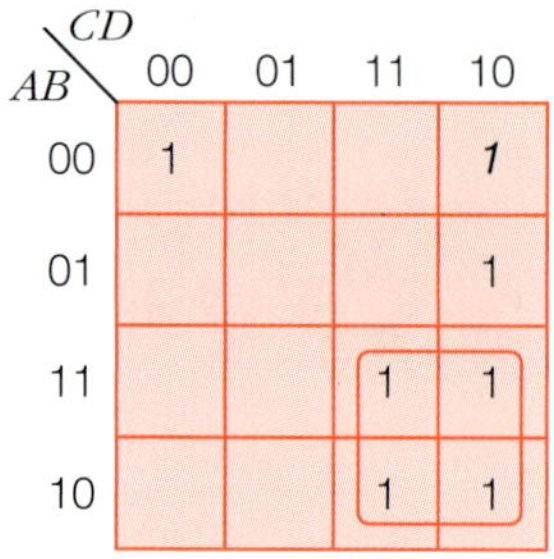

F

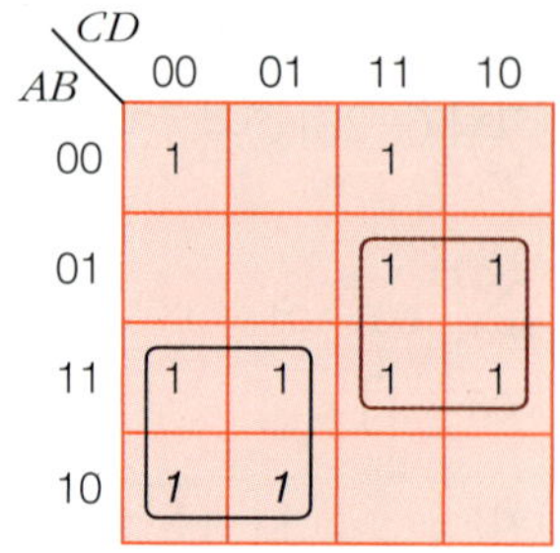

G

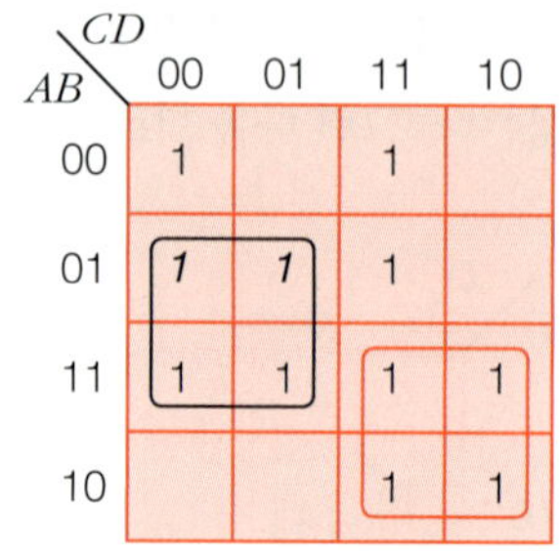

H

나머지 부분에서 공통된 부분과 독립된 부분을 찾는다.

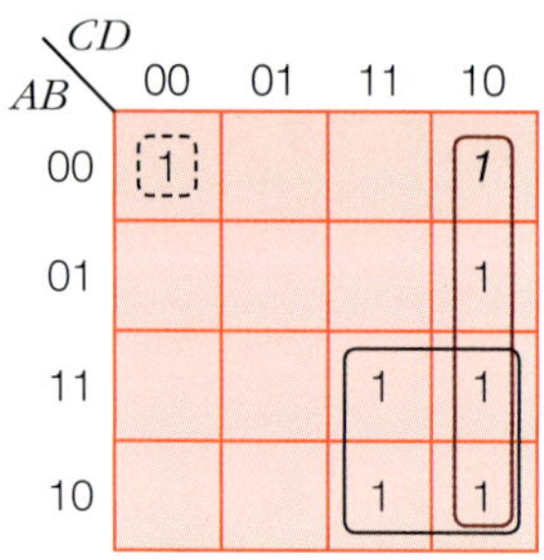

F

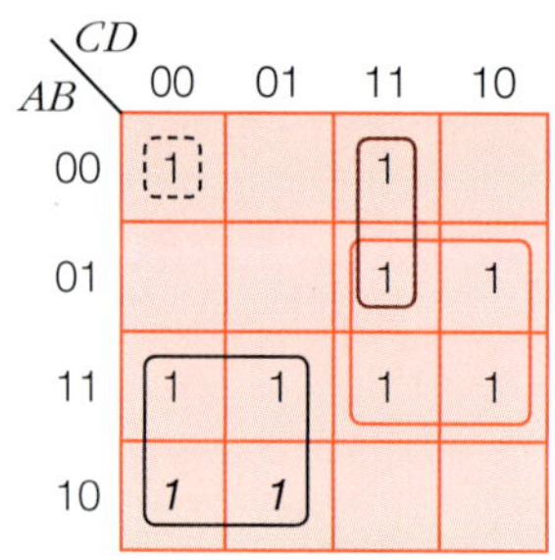

G

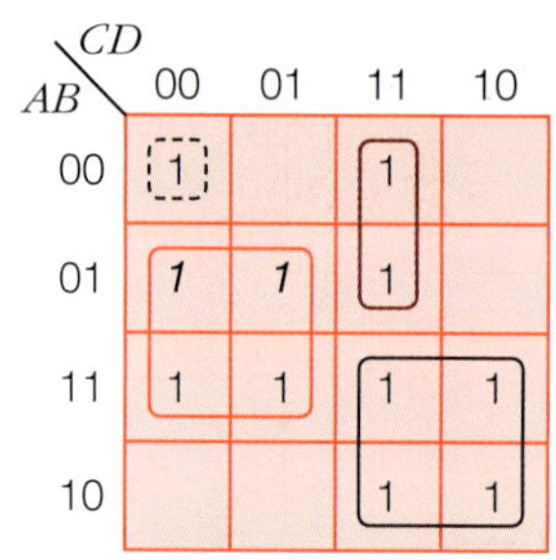

H

$$F(A, B, C, D) = AC + C\bar{D} + \bar{A}\bar{B}\bar{C}\bar{D}$$
$$G(A, B, C, D) = A\bar{C} + BC + \bar{A}CD + \bar{A}\bar{B}\bar{C}\bar{D}$$
$$H(A, B, C, D) = B\bar{C} + AC + \bar{A}CD + \bar{A}\bar{B}\bar{C}\bar{D}$$

다음으로 두 개의 함수가 무관항을 갖고 있을 때의 논리식을 살펴보자.

$$F(A, B, C, D) = \Sigma m(2, 3, 4, 6, 9, 11, 12) + \Sigma d(0, 1, 14, 15)$$
$$G(A, B, C, D) = \Sigma m(2, 6, 10, 11, 12) + \Sigma d(0, 1, 14, 15)$$

서로 독립된 영역을 찾아보자.

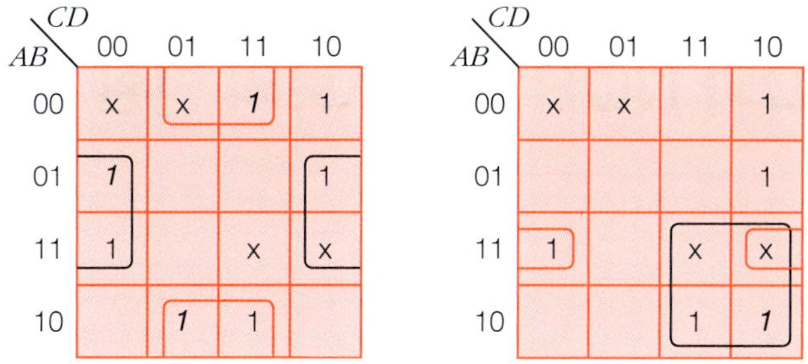

(a) F (b) G

그림 6-29 무관항을 가진 두 논리식에서 서로 독립된 영역을 선택한 카르노 맵

그리고 선택되지 않는 부분을 찾아서 나머지를 묶는다.

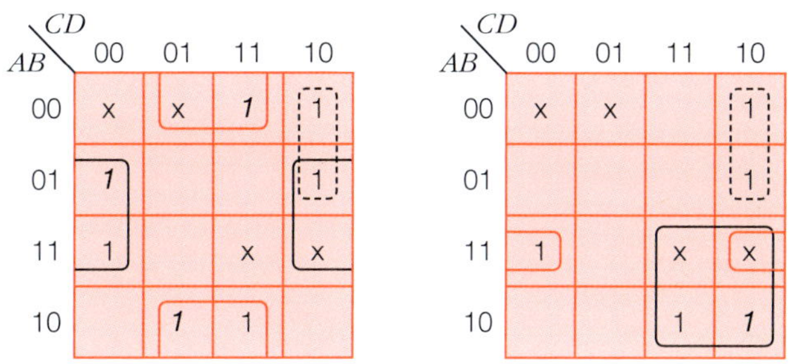

(a) F (b) G

그림 6-30 공통된 부분까지 묶은 카르노 맵

$$F(A, B, C, D) = B\bar{D} + \bar{B}D + \bar{A}C\bar{D}$$
$$G(A, B, C, D) = AC + AB\bar{D} + \bar{A}C\bar{D}$$

09 NAND와 NOR 게이트로의 변환

NAND와 NOR 게이트만으로 모든 회로를 만들 수 있다. 먼저 기본 게이트를 NAND 또는 NOR 게이트 하나로만 표시해보자. 드모르간의 정리를 이용하면 된다.

universal gate
NAND와 NOR 게이트는 가끔 만능 게이트라고 불린다. 왜냐하면 다른 어떤 종류의 게이트들도 구성할 수 있기 때문이다.

표 6-6 기본 게이트의 NAND, NOR 식

NOT	$\bar{A}=\overline{A+A}=\overline{A\cdot A}$
AND	$AB=\overline{\overline{AB}}=\overline{\bar{A}+\bar{B}}$
OR	$A+B=\overline{\overline{A+B}}=\overline{\bar{A}\bar{B}}$
NAND	$\overline{AB}=\overline{\overline{\overline{AB}}}=\overline{\overline{\bar{A}+\bar{B}}}$
NOR	$\overline{A+B}=\overline{\overline{\overline{A+B}}}=\overline{\overline{\bar{A}\cdot\bar{B}}}$
XOR	$\bar{A}B+A\bar{B}=\overline{\overline{\bar{A}B+A\bar{B}}}=\overline{\overline{\bar{A}B}\cdot\overline{A\bar{B}}}$ $=\overline{(A+\bar{B})(\bar{A}+B)}=\overline{A+\bar{B}}+\overline{\bar{A}+B}$ $=\overline{\overline{\overline{A+\bar{B}}+\overline{\bar{A}+B}}}$

[표 6-7]은 기본 게이트들의 논리식을 NAND와 NOR만 이용해 나타낸 것이다.

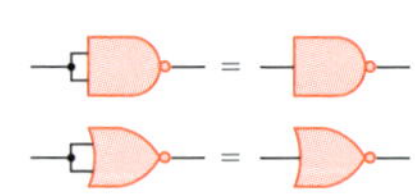

표 6-7 기본 게이트의 NAND, NOR 회로

기본 게이트	NAND 게이트 표현	NOR 게이트 표현
NOT	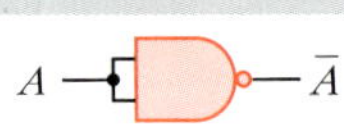 A → $\bar{A}$	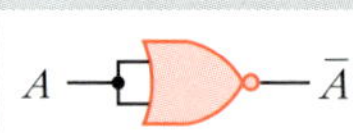 A → $\bar{A}$
AND	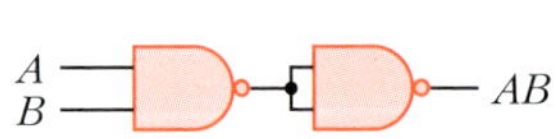 A, B → AB	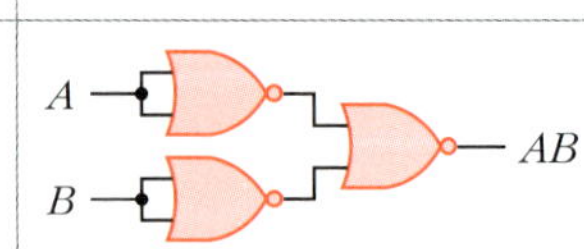 A, B → AB
OR	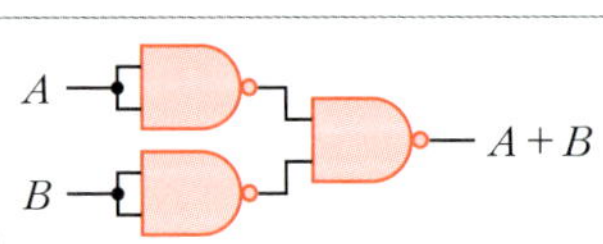 A, B → $A+B$	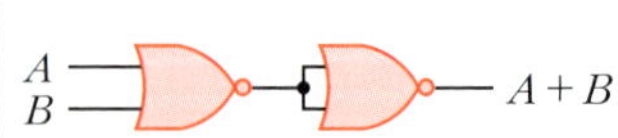 A, B → $A+B$

XOR	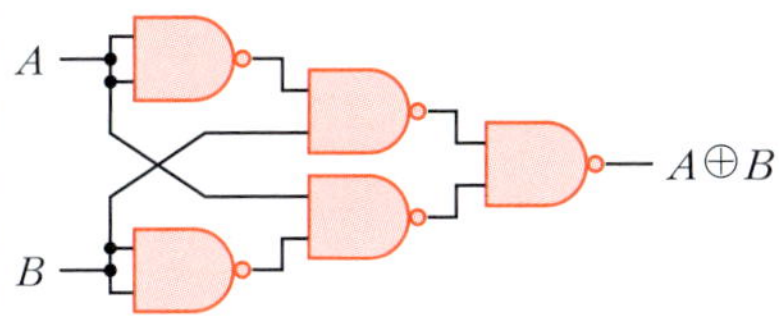	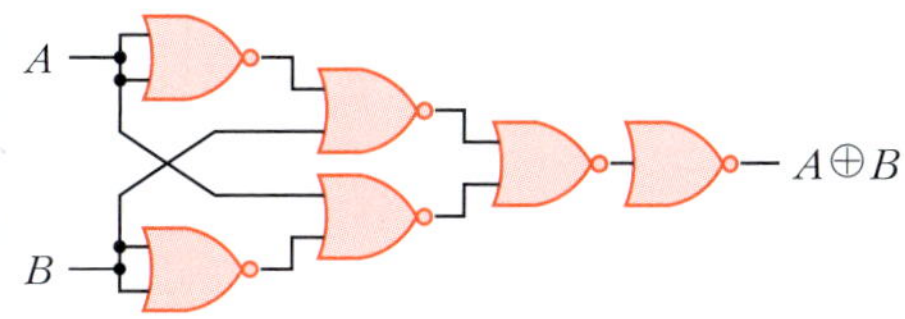
NAND	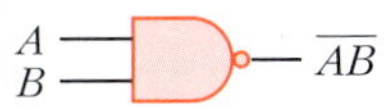	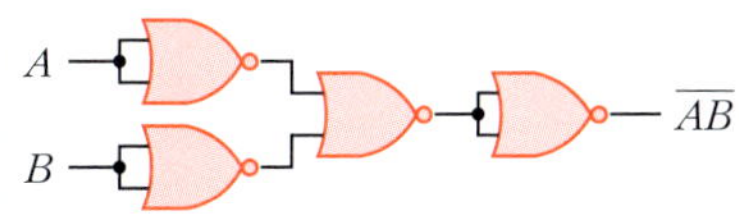
NOR	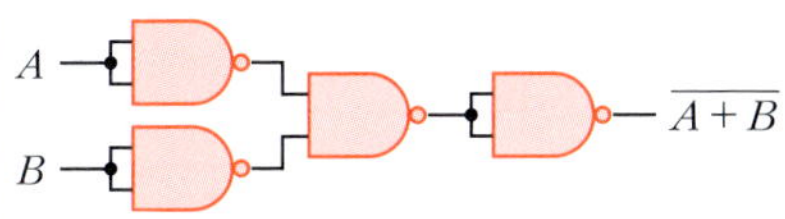	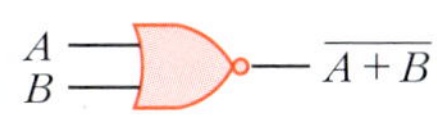

1 NAND 게이트만으로 나타내는 경우

[그림 6-31]과 같은 카르노 맵을 NAND 게이트만으로 나타내보자.

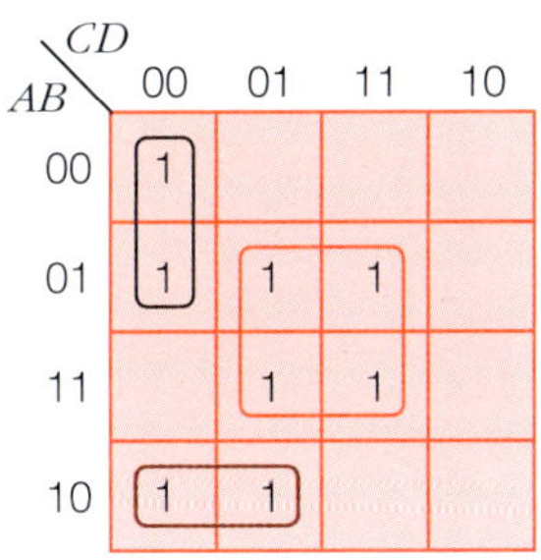

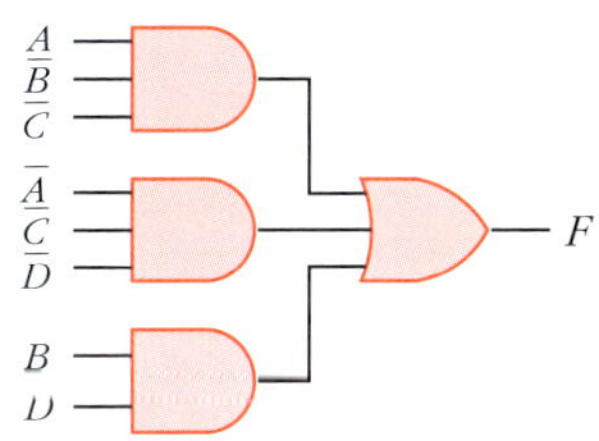

$F = A\overline{B}\overline{C} + \overline{A}\overline{C}\overline{D} + BD$

그림 6-31 $F = A\overline{B}\overline{C} + \overline{A}\overline{C}\overline{D} + BD$**의 카르노 맵과 논리회로**

이 논리식을 이중 부정하고 드모르간의 정리를 적용하여 다음과 같이 변형한다. 변형된 논리식을 회로로 그리면 [그림 6-32]와 같이 NAND 게이트만으로 나타낼 수 있다.

$$F = A\overline{B}\overline{C} + \overline{A}\overline{C}\overline{D} + BD$$
$$= \overline{\overline{A\overline{B}\overline{C} + \overline{A}\overline{C}\overline{D} + BD}}$$
$$= \overline{\overline{A\overline{B}\overline{C}} \cdot \overline{\overline{A}\overline{C}\overline{D}} \cdot \overline{BD}}$$

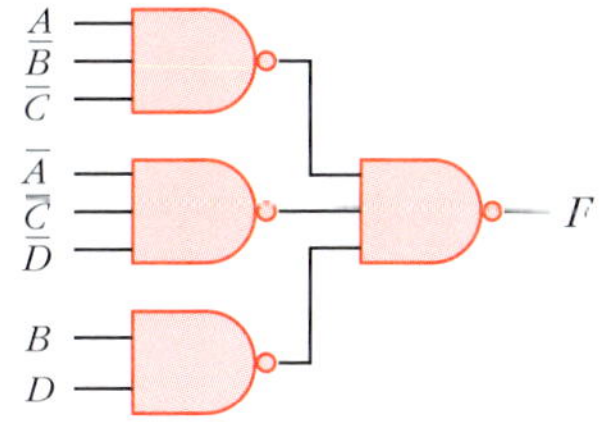

그림 6-32 NAND 게이트만으로 표현

논리식을 NAND 게이트만으로 나타내기 위한 다른 방법으로는 원래의 논리회로를 그린 다음, [그림 6-33]과 같이 AND 게이트 뒤쪽에 NOT(bubble)을 2개 붙여 이중 부정하는 방법을 사용할 수도 있다. 이렇게 회로가 바뀌면 부정 입력 3개를 갖는 OR 게이트는 드모르간의 정리에 따라 NAND 게이트로 표현할 수 있다.

버블(bubble)
NOT 게이트를 간단하게 표현하는 동그라미 모양의 기호를 버블(기포)이라고 한다.

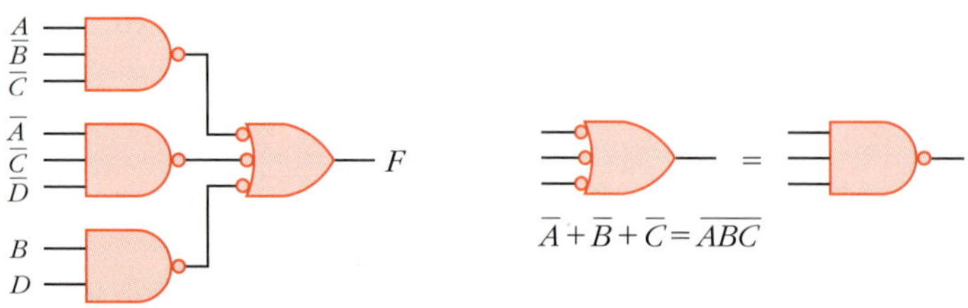

그림 6-33 AND 게이트 출력에 이중 부정을 한 회로

위의 논리식을 2입력 NAND 게이트만으로 나타내기 위해 논리식을 다음과 같이 바꾼다.

$$F=A\bar{B}\bar{C}+\bar{A}\bar{C}\bar{D}+BD=\bar{C}(A\bar{B}+\bar{A}\bar{D})+BD$$
$$=\overline{\overline{\bar{C}(A\bar{B}+\bar{A}\bar{D})+BD}}=\overline{\overline{\bar{C}(A\bar{B}+\bar{A}\bar{D})}\cdot\overline{BD}}$$

여기서 안쪽의 $A\bar{B}+\bar{A}\bar{D}$를 NAND 식으로 만들어보자.

$$A\bar{B}+\bar{A}\bar{D}=\overline{\overline{A\bar{B}+\bar{A}\bar{D}}}=\overline{\overline{A\bar{B}}\cdot\overline{\bar{A}\bar{D}}}$$

이것을 위 식에 대입하면 다음과 같이 모두 NAND 식으로 바뀐다.

$$F=\overline{\overline{\bar{C}\,\overline{(\overline{A\bar{B}}\cdot\overline{\bar{A}\bar{D}})}}\cdot\overline{BD}}$$

회로로 나타내면 [그림 6-34]와 같다.

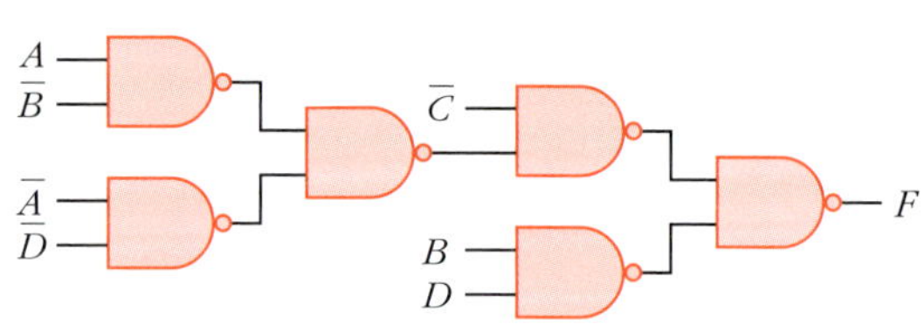

그림 6-34 $F=\overline{\overline{\bar{C}\,\overline{(\overline{A\bar{B}}\cdot\overline{\bar{A}\bar{D}})}}\cdot\overline{BD}}$ **표현**

이러한 과정을 거치면 상당히 복잡해지고 계산 과정에서 오류가 발생할 여지가 있다. 좀 더 쉬운 방법을 살펴보자. 먼저 다음과 같이 2입력 논리식으로 바꾸고 회로를 그린다.

$$F=A\bar{B}\bar{C}+\bar{A}\bar{C}\bar{D}+BD=\bar{C}(A\bar{B}+\bar{A}\bar{D})+BD$$

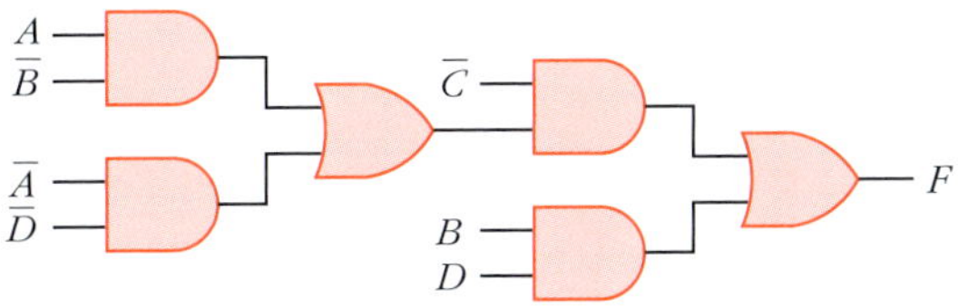

그림 6-35 $F = A\overline{B}\,\overline{C} + \overline{A}\,\overline{C}\,\overline{D} + BD = \overline{C}(A\overline{B} + \overline{A}\,\overline{D}) + BD$의 논리회로

이 회로에서 모든 AND 게이트의 뒤에 NOT을 2개 붙인다. 즉, 이중 부정하면 원래 값이 된다. 그러면 [그림 6-36]과 같은 회로가 나오게 된다. 여기서 OR 게이트의 입력이 2개 모두 부정이 되어 있으므로 NAND 게이트와 같은 회로가 된다. 즉, 드모르간의 정리에 따라 $\overline{A} + \overline{B} = \overline{AB}$가 된다.

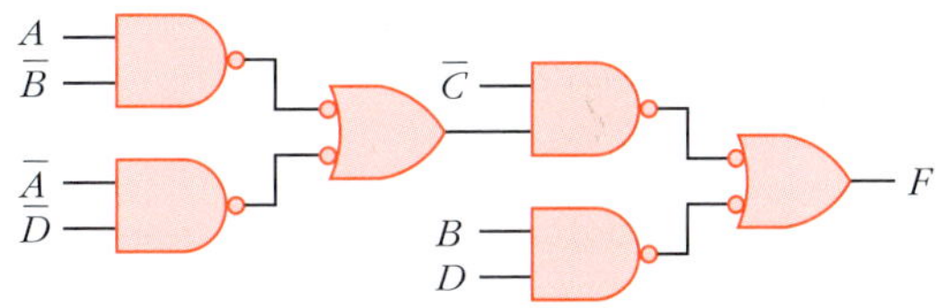

그림 6-36 AND 게이트 출력에 이중 부정한 회로

두 개의 부정 입력 OR를 NAND로 바꾸면 최종 논리회로는 [그림 6-37]과 같다.

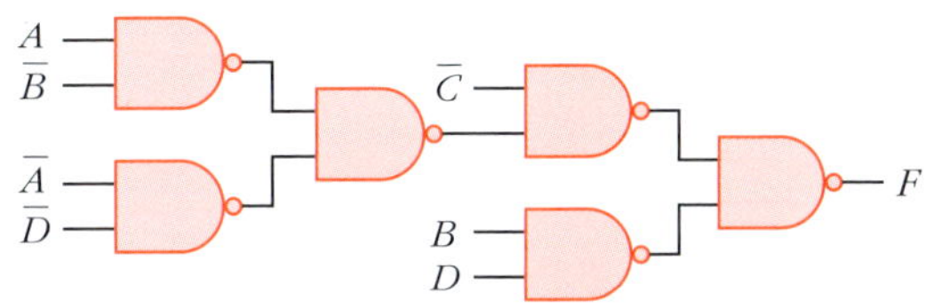

그림 6-37 NAND 게이트만으로 나타낸 회로

예제 6-14

다음 논리식을 2입력 NAND 게이트만 사용하여 설계하시오.

$$F = \overline{C}\,\overline{D} + AB\overline{C} + \overline{A}C + \overline{B}C$$

풀이

주어진 논리식을 다음과 같이 바꾼다.

$$F = \overline{C}\,\overline{D} + AB\overline{C} + \overline{A}C + \overline{B}C = \overline{C}(\overline{D} + AB) + C(\overline{A} + \overline{B})$$

먼저 원래 논리식대로 회로를 그리면 [그림 6-38]과 같고, 바뀐 논리식을 회로로 그리면 [그림 6-39]와 같다.

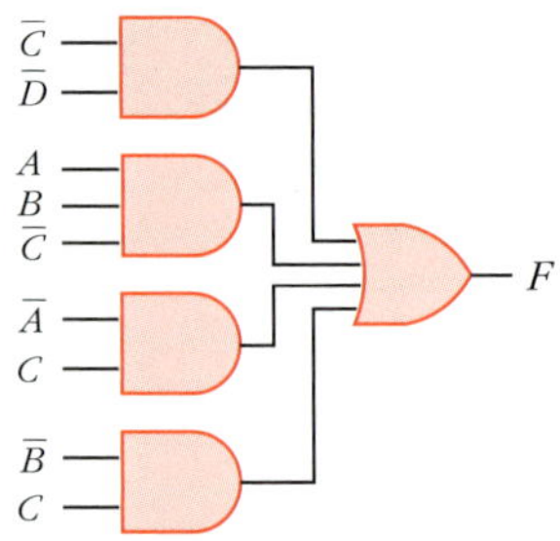

그림 6-38 원래 논리식 표현

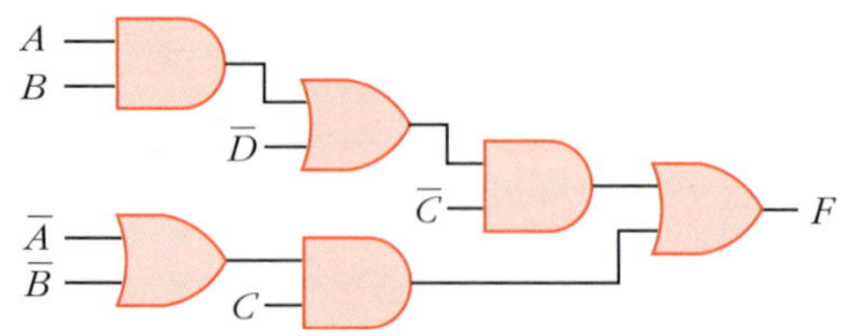

그림 6-39 2입력 게이트만으로 표현한 회로

여기서 AND 게이트 뒤에 NOT을 두 개씩 붙이면 [그림 6-40]과 같은 회로가 된다. 그리고 OR 게이트를 NAND로 바꾸면 [그림 6-41]이 된다. OR 게이트 입력에 둘 다 NOT이 붙어 있어야 되므로 $\bar{D}$를 D로 바꾸었다. 또 아랫쪽의 $\bar{A}$와 $\bar{B}$가 입력된 OR도 NAND로 바꾼다. [그림 6-41]에서 입력이 A, B인 NAND가 동일한 것이 2개 있으므로 위쪽의 $\overline{AB}$와 묶으면 [그림 6-42]와 같다.

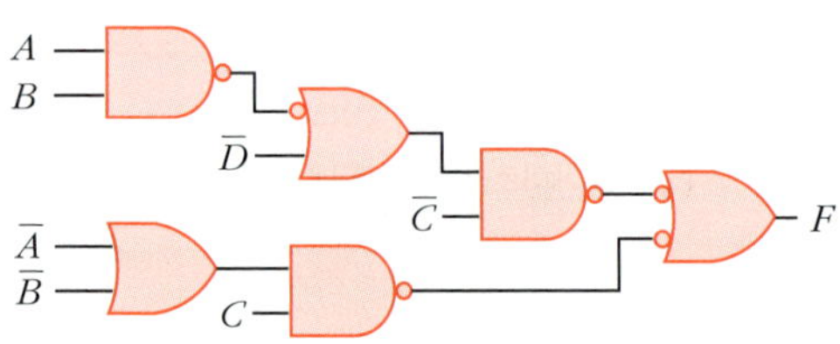

그림 6-40 AND 게이트 출력에 이중 부정한 회로

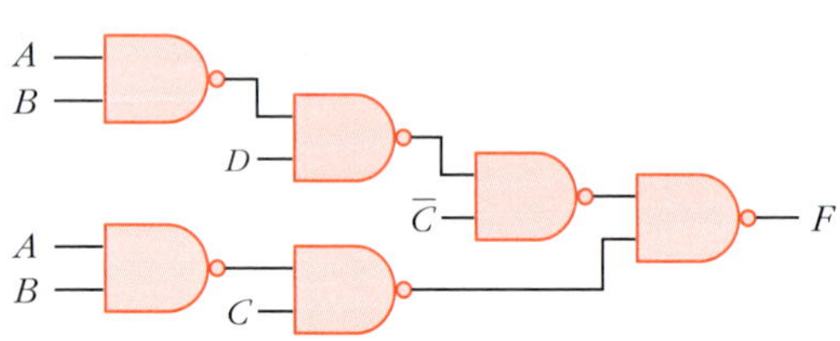

그림 6-41 NAND 게이트만으로 나타낸 회로

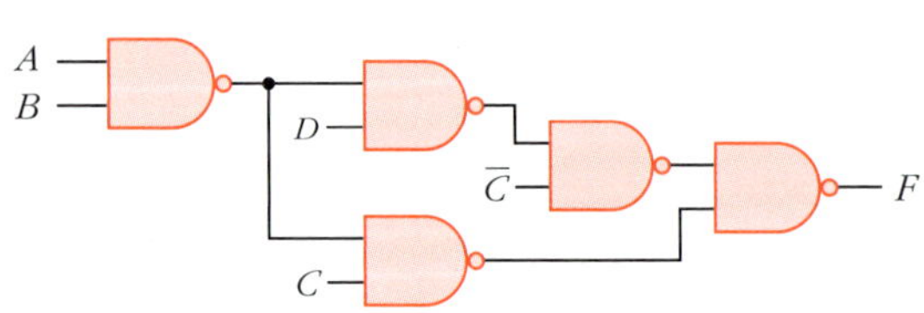

그림 6-42 간소화된 NAND 게이트만으로 나타낸 회로

2 NOR 게이트만으로 나타내는 경우

다음에는 [그림 6-31]의 SOP로 나타낸 논리식을 NOR 게이트만으로 변환해보자. [그림 6-31]의 카르노 맵을 최대항으로 나타내면 [그림 6-43]과 같다. 여기서는 1이 아닌 0을 묶으면 된다.

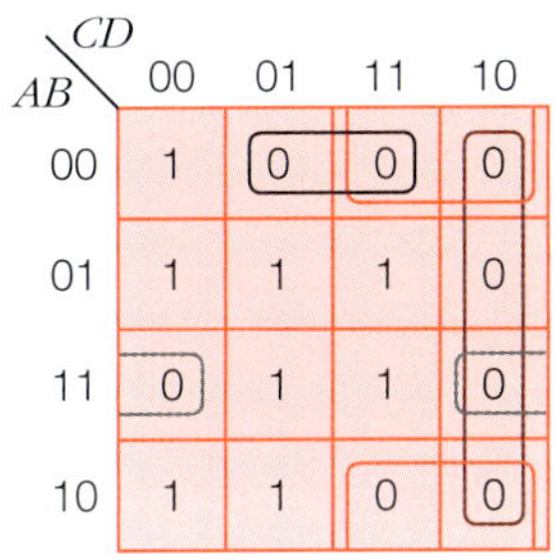

그림 6-43 카르노 맵에서 최대항 묶음

0을 묶어서 SOP식으로 나타내면 다음과 같이 $\bar{F}$ 식을 만들 수 있다.

$$\bar{F} = \bar{B}C + C\bar{D} + \bar{A}\bar{B}D + AB\bar{D}$$

이것을 부정하면 F가 되며, 드모르간의 정리를 적용하면 다음과 같은 POS 식이 만들어진다.

$$\begin{aligned} F &= \overline{\bar{B}C + C\bar{D} + \bar{A}\bar{B}D + AB\bar{D}} \\ &= \overline{\bar{B}C} \cdot \overline{C\bar{D}} \cdot \overline{\bar{A}\bar{B}D} \cdot \overline{AB\bar{D}} \\ &= (B + \bar{C})(\bar{C} + D)(A + B + \bar{D})(\bar{A} + \bar{B} + D) \end{aligned}$$

$\bar{F}$를 만들지 않고, 바로 F를 만들 수도 있다. 5장에서 학습한 최대항 표현 방법을 적용하여 바로 POS식으로 표현할 수 있다. 0으로 묶이는 그룹을 SOP와 반대로 나타내면 된다. 카르노 맵을 사용하였을 때도 그대로 POS의 최대항으로 나타낼 수 있다.

$$F = (B + \bar{C})(\bar{C} + D)(A + B + \bar{D})(\bar{A} + \bar{B} + D)$$

이 논리식을 이용해 논리회로를 그리면 [그림 6-44]가 된다. [그림 6-44] 회로를 NAND 회로에서와 같은 방법으로 OR 게이트 뒤에 이중 부정을 하면 [그림 6-45]의 NOR 게이트 회로만으로 나타낼 수 있다.

$$\begin{aligned}\overline{\overline{F}} &= \overline{\overline{(B+\bar{C})(\bar{C}+D)(A+B+\bar{D})(\bar{A}+\bar{B}+D)}} \\ &= \overline{\overline{(B+\bar{C})}+\overline{(\bar{C}+D)}+\overline{(A+B+\bar{D})}+\overline{(\bar{A}+\bar{B}+D)}}\end{aligned}$$

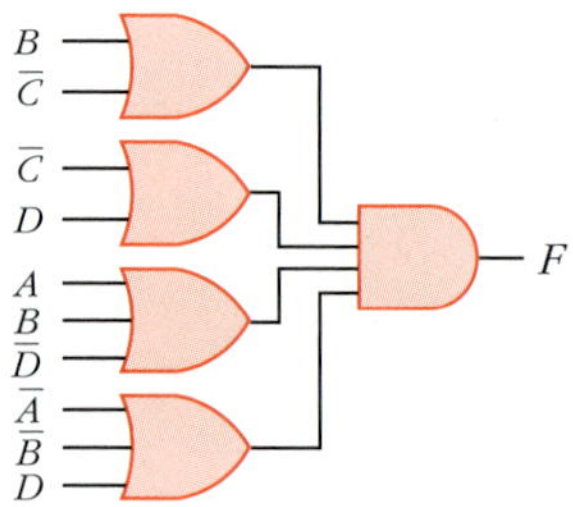

그림 6-44 논리식을 논리회로로 표현

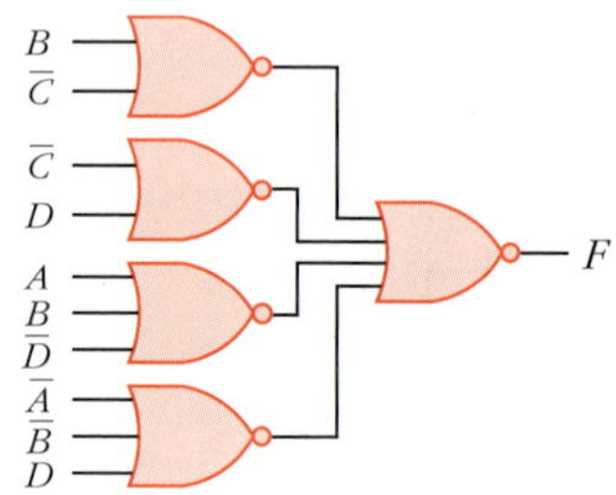

그림 6-45 이중 부정하여 NOR 게이트로 표현

NAND에서와 마찬가지로 OR 게이트 뒤에 NOT(bubble)을 2개 붙여서 나타내면 다음 회로와 같이 된다. 여기서 AND 게이트의 앞쪽에 모두 NOT이 붙어 있으므로 NOR 게이트와 같으므로 NOR로 바꾸면 된다.

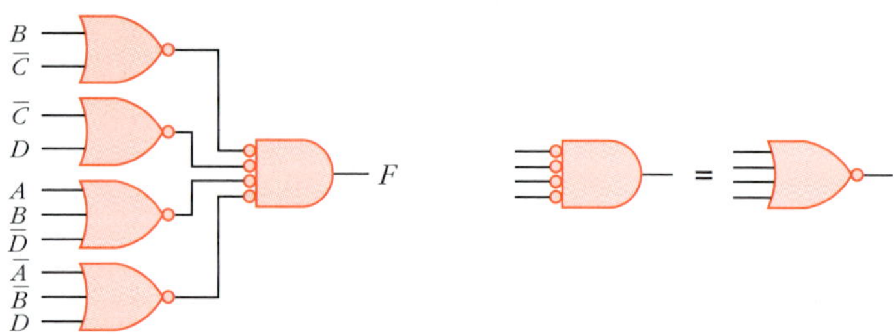

그림 6-46 OR 게이트의 출력에 이중 부정한 회로

[그림 6-46]의 논리회로를 2입력 NOR 게이트만으로 나타내보자.

$$\begin{aligned}F &= ((B+\bar{C})(\bar{C}+D))((A+(B+\bar{D}))(\bar{A}+(\bar{B}+D)) \\ &= ((B+\bar{C})(\bar{C}+D))((A+B)+\bar{D})((\bar{A}+\bar{B})+D)\end{aligned}$$

회로를 그리면 [그림 6-47]과 같다.

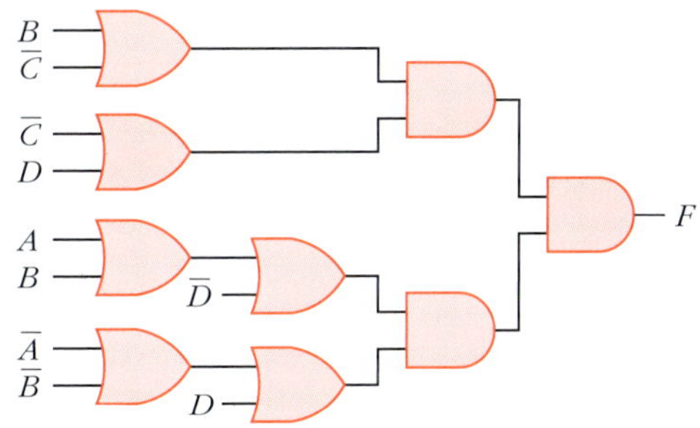

그림 6-47 2입력 게이트만으로 표현

먼저 OR 게이트 출력과 AND 게이트 입력이 있는 부분을 찾아서 OR 게이트의 출력 쪽에 이중 부정을 하면 [그림 6-48](a)와 같다. 부정 입력 2개를 가진 AND 게이트를 NOR 게이트로 바꾸면 [그림 6-48](b)가 된다.

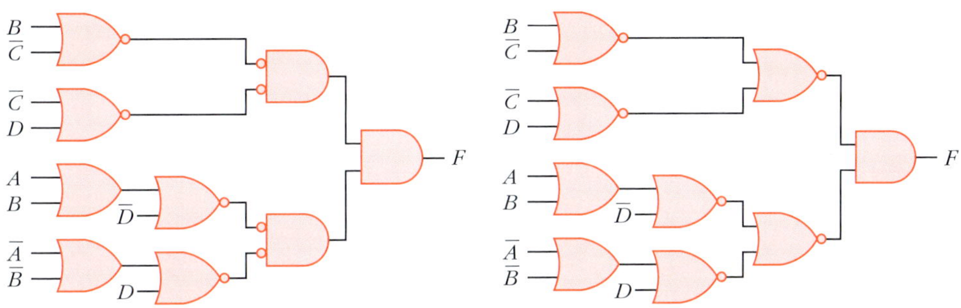

(a) OR 게이트의 출력을 이중 부정

(b) 2개의 NOT 입력을 가진 AND 게이트를 NOR로 치환

그림 6-48 NOR 게이트만 가진 회로로 변경하는 과정

나머지 OR와 AND 게이트를 NOR 게이트로 바꾸기 위해 OR 게이트 출력과 AND 게이트의 입력에 NOT을 각각 2개씩 붙인다. 모두 NOR 게이트로 표현할 수 있음을 알 수 있다.

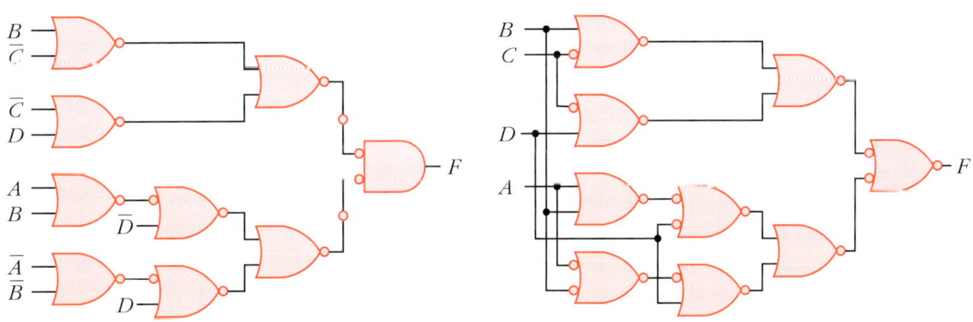

(a) 나머지 OR 게이트의 출력에 이중 부정

(b) 부정 입력 없이 다시 작성

그림 6-49 NOR 게이트만으로 표현한 최종 회로

예제 6-15

다음 진리표를 NOR 게이트만으로 설계하시오. 또한 2입력 NOR 게이트만으로도 표현해 보시오.

ABCD	*F*	*ABCD*	*F*
0 0 0 0	1	1 0 0 0	0
0 0 0 1	1	1 0 0 1	0
0 0 1 0	0	1 0 1 0	1
0 0 1 1	1	1 0 1 1	1
0 1 0 0	0	1 1 0 0	0
0 1 0 1	1	1 1 0 1	1
0 1 1 0	0	1 1 1 0	0
0 1 1 1	1	1 1 1 1	1

풀이

다음과 같이 카르노 맵으로 나타내고 그룹화하면 논리식을 구할 수 있다.

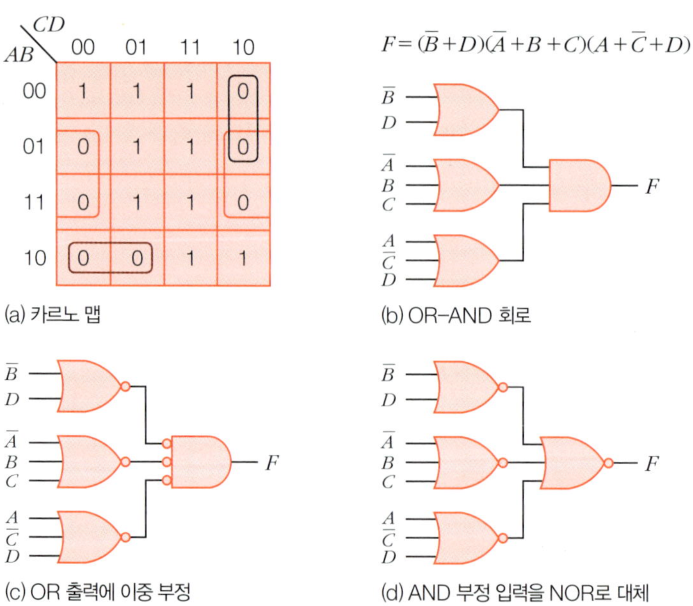

그림 6-50 논리식을 구하고 NOR 게이트만으로 표현한 논리회로

2입력 게이트로 나타내기 위해서 논리식을 2개씩 결합한 회로로 나타내면 다음과 같다.

$$F = (\bar{B} + D)(\bar{A} + B + C)(A + \bar{C} + D)$$
$$= (\bar{B} + D)((\bar{A} + B) + C)((A + \bar{C}) + D)$$

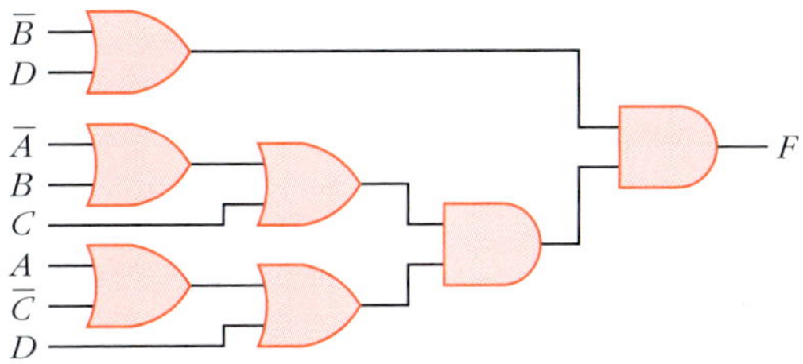

그림 6-51 2입력 게이트로 표현

[그림 6-51]의 OR 게이트 출력에 NOT을 2개를 붙이면 [그림 6-52]의 회로가 된다.

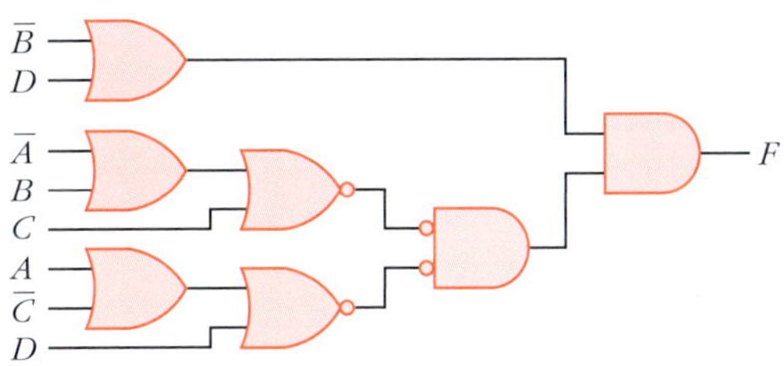

그림 6-52 이중 부정으로 변경

[그림 6-52]의 회로에서 AND 게이트의 두 입력에 NOT이 있으므로 NOR가 되어 [그림 6-53]이 된다. [그림 6-53]에서 NOR가 아닌 나머지 게이트를 NOR로 바꾸기 위해 OR 게이트 출력에 NOT을 2개 붙이고, 마지막 AND 게이트에 한쪽 입력 쪽에 NOT을 2개를 붙이면 [그림 6-54]와 같은 회로가 된다.

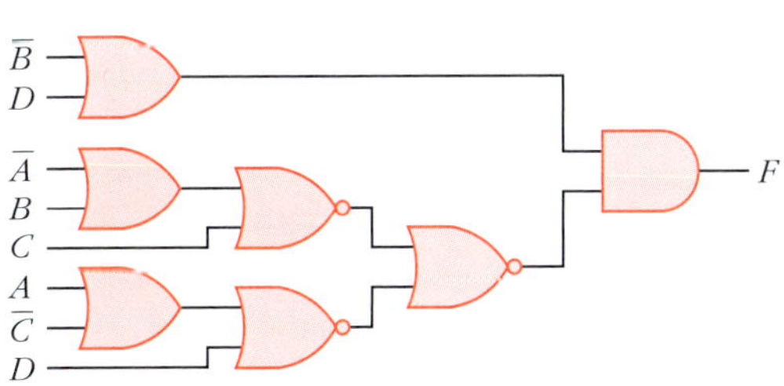

그림 6-53 이중 부정 AND 게이트가 NOR로 변경

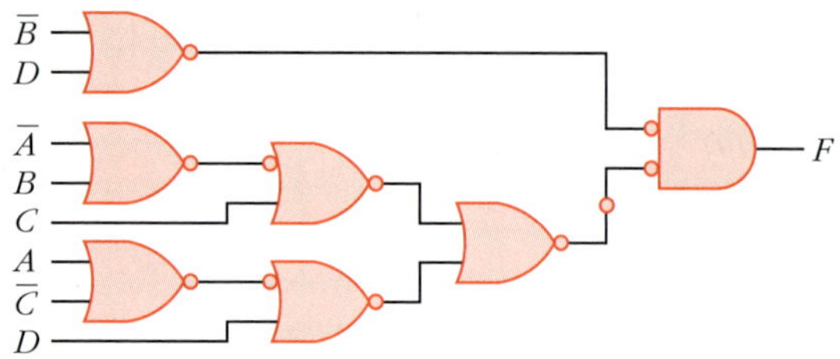

그림 6-54 NOR로 바꾸기 위해 이중 부정

마지막 2입력 AND에 각각 NOT이 붙어 있으므로 NOR가 된다. 그러므로 최종 회로는 [그림 6-55]와 같다.

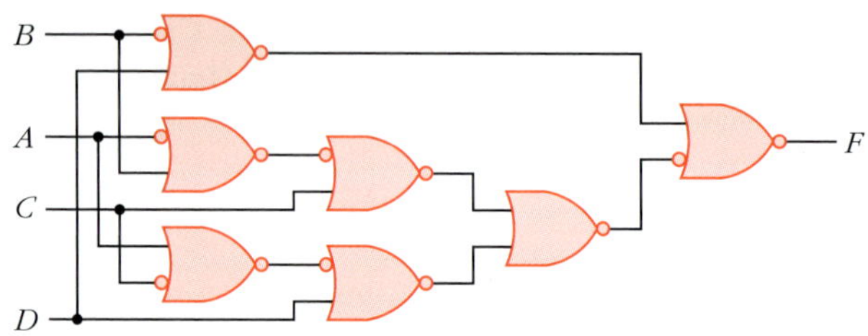

그림 6-55 NOR 게이트만으로 표현

10 XOR와 XNOR 게이트

XOR는 앞서 언급했듯 입력 중에 1이 홀수 개면 출력이 1이 된다. 3변수와 4변수 XOR 카르노 맵인 [그림 6-56]과 같이 그룹으로 묶을 수 있는 것이 없다.

A \ BC	00	01	11	10
0		1		1
1	1		1	

(a) 3변수 XOR

AB \ CD	00	01	11	10
00		1		1
01	1		1	
11		1		1
10	1		1	

(b) 4변수 XOR

그림 6-56 XOR의 카르노 맵 표현

XOR
홀함수(기함수)

XNOR
짝함수(우함수)

이 카르노 맵의 논리식은 다음과 같으며, 이를 XOR 식으로 변환하는 과정을 살펴보자.

$$
\begin{aligned}
F &= \bar{A}\bar{B}C + \bar{A}B\bar{C} + A\bar{B}\bar{C} + ABC \\
&= \bar{A}(\bar{B}C + B\bar{C}) + A(\bar{B}\bar{C} + BC) \\
&= \bar{A}(B \oplus C) + A(\overline{B \oplus C}) \\
&= A \oplus (B \oplus C) = A \oplus B \oplus C
\end{aligned}
$$

$$
\begin{aligned}
F &= \bar{A}\bar{B}\bar{C}D + \bar{A}\bar{B}C\bar{D} + \bar{A}B\bar{C}\bar{D} + \bar{A}BCD + A\bar{B}\bar{C}\bar{D} + A\bar{B}CD + AB\bar{C}D + ABC\bar{D} \\
&= \bar{A}\bar{B}(\bar{C}D + C\bar{D}) + \bar{A}B(\bar{C}\bar{D} + CD) + A\bar{B}(\bar{C}\bar{D} + CD) + AB(\bar{C}D + C\bar{D}) \\
&= \bar{A}\bar{B}(C \oplus D) + \bar{A}B(\overline{C \oplus D}) + A\bar{B}(\overline{C \oplus D}) + AB(C \oplus D) \\
&= (\bar{A}\bar{B} + AB)(C \oplus D) + (\bar{A}B + A\bar{B})(\overline{C \oplus D}) \\
&= (\overline{A \oplus B})(C \oplus D) + (A \oplus B)(\overline{C \oplus D}) \\
&= A \oplus B \oplus C \oplus D
\end{aligned}
$$

XNOR는 XOR와 반대로 입력 중 1이 짝수 개일 때 출력이 1이 되어 카르노 맵에 반대로 배치된다.

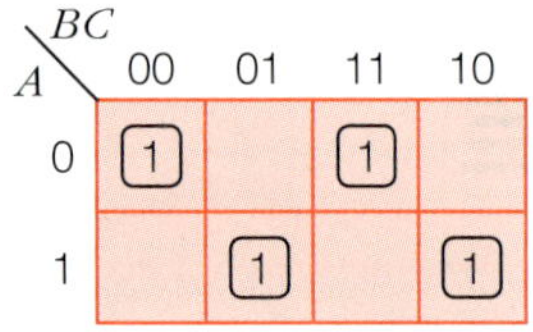

$$\begin{aligned}F &= \bar{A}\bar{B}\bar{C}+\bar{A}BC+A\bar{B}C+AB\bar{C}\\ &= \bar{A}(\bar{B}\bar{C}+BC)+A(\bar{B}C+B\bar{C})\\ &= \bar{A}(\overline{B\oplus C})+A(B\oplus C)\\ &= \overline{A\oplus B\oplus C}=A\odot B\odot C\end{aligned}$$

그림 6-57 3변수 XNOR 카르노 맵 표현

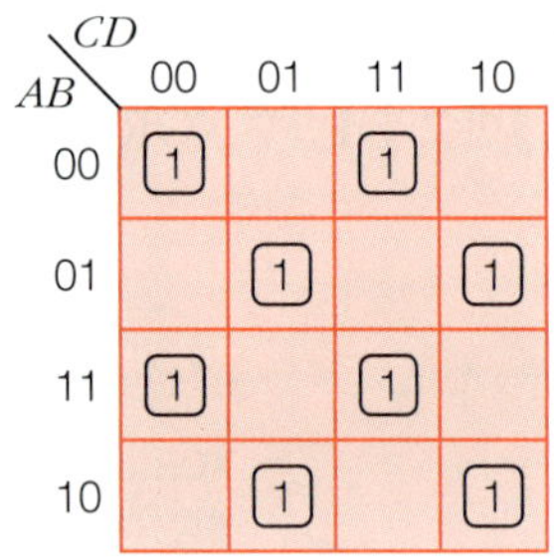

$$\begin{aligned}F &= \bar{A}\bar{B}\bar{C}\bar{D}+\bar{A}\bar{B}CD+\bar{A}B\bar{C}D+\bar{A}BC\bar{D}\\ &\quad +A\bar{B}\bar{C}D+A\bar{B}C\bar{D}+AB\bar{C}\bar{D}+ABCD\\ &= \bar{A}\bar{B}(\bar{C}\bar{D}+CD)+\bar{A}B(\bar{C}D+C\bar{D})\\ &\quad +A\bar{B}(\bar{C}D+C\bar{D})+AB(\bar{C}\bar{D}+CD)\\ &= \overline{A\oplus B\oplus C\oplus D}\\ &= A\odot B\odot C\odot D\end{aligned}$$

그림 6-58 4변수 XNOR 카르노 맵 표현

[그림 6-59]는 2개 변수씩 그룹으로 묶었을 때 XOR나 XNOR가 되는 경우를 보여준다. 카르노 맵에서 그룹들 간에 대칭을 이루면 XOR 또는 XNOR임을 알 수 있다.

XOR 또는 XNOR 카르노 맵 판별법

카르노 맵만 봐도 XOR인지 XNOR인지 알 수 있다. 카르노 맵에서 그룹으로 묶은 다음 제거되는 변수를 제외한 다른 입력 변수의 1의 개수가 홀수면 XOR, 짝수면 XNOR이다. [그림 6-59](a)에서 변수 A가 제거되고 나머지 BC가 01 또는 10이 되어 입력 1의 개수가 홀수이므로 XOR이다.

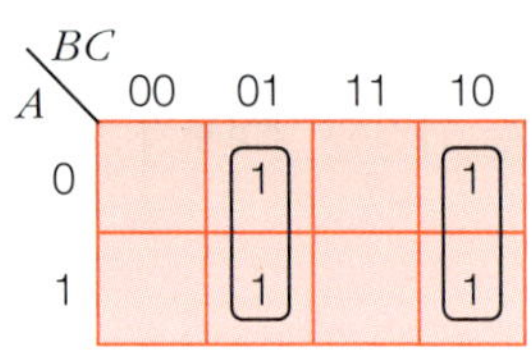

(a) $F=\bar{B}C+B\bar{C}=B\oplus C$

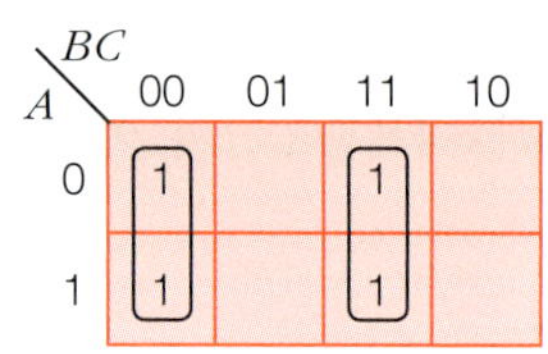

(b) $F=\bar{B}\bar{C}+BC=\overline{B\oplus C}=B\odot C$

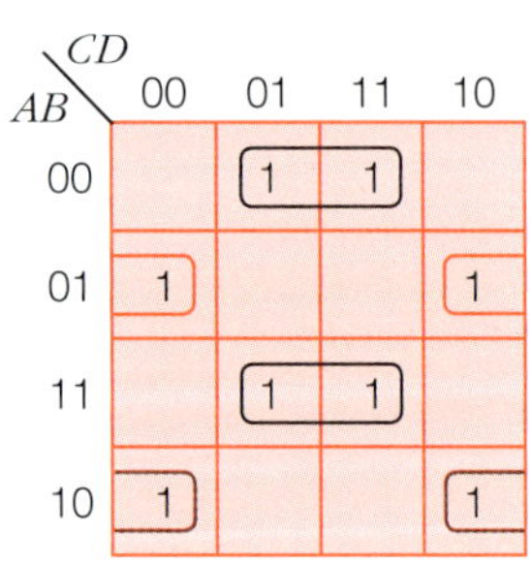

(c) $\begin{aligned}F &= \bar{A}\bar{B}D+\bar{A}B\bar{D}+A\bar{B}\bar{D}+ABD\\ &= \bar{A}(\bar{B}D+B\bar{D})+A(\bar{B}\bar{D}+BD)\\ &= \bar{A}(B\oplus D)+A(\overline{B\oplus D})\\ &= A\oplus B\oplus D\end{aligned}$

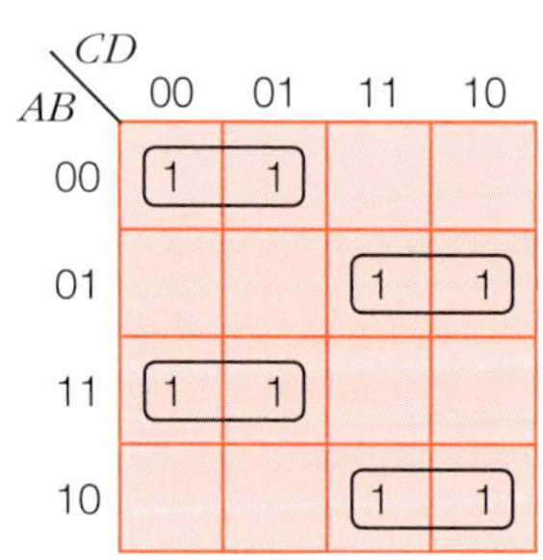

(d) $\begin{aligned}F &= \bar{A}\bar{B}\bar{C}+\bar{A}BC+A\bar{B}C+AB\bar{C}\\ &= \bar{A}(\bar{B}\bar{C}+BC)+A(\bar{B}C+B\bar{C})\\ &= \bar{A}(\overline{B\oplus C})+A(B\oplus C)\\ &= \overline{A\oplus B\oplus C}=A\odot B\odot C\end{aligned}$

그림 6-59 2개 항을 묶었을 경우 XOR 또는 XNOR 게이트의 카르노 맵 표현

예제 6-16

다음 논리 함수 F와 G를 XOR 게이트 또는 XNOR 게이트로 표현할 수 있는지 알아보시오.

$$F(A, B, C, D) = \Sigma m(1, 3, 5, 7, 8, 10, 12, 14)$$
$$G(A, B, C, D) = \Sigma m(0, 2, 4, 6, 9, 11, 13, 15)$$

풀이

카르노 맵을 그려서 4개 항을 묶어서 간소화하면 다음과 같다.

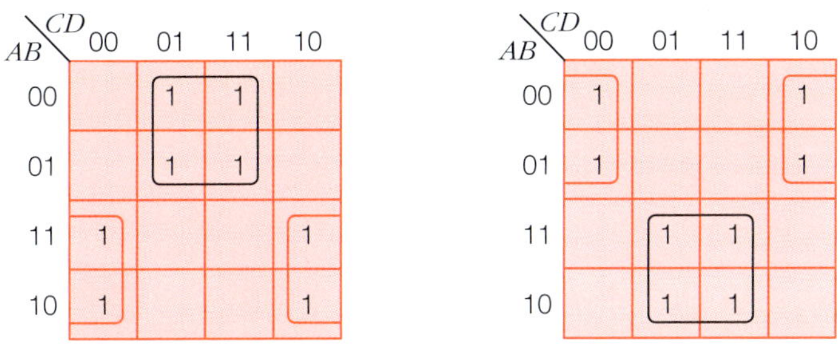

$F = \bar{A}D + A\bar{D} = A \oplus D$ $\qquad$ $G = \bar{A}\bar{D} + AD = \overline{A \oplus D} = A \odot D$

2입력 XOR 게이트의 출력은 4장에서 설명한 것처럼 입력된 신호가 서로 다를 때 출력이 1이 되므로 배타적이라 한다. 이를 논리식으로 표현하면 다음과 같다.

$$F = \bar{A}B + A\bar{B} = A \oplus B$$

이 식을 회로로 나타내면 [그림 6-60]과 같다.

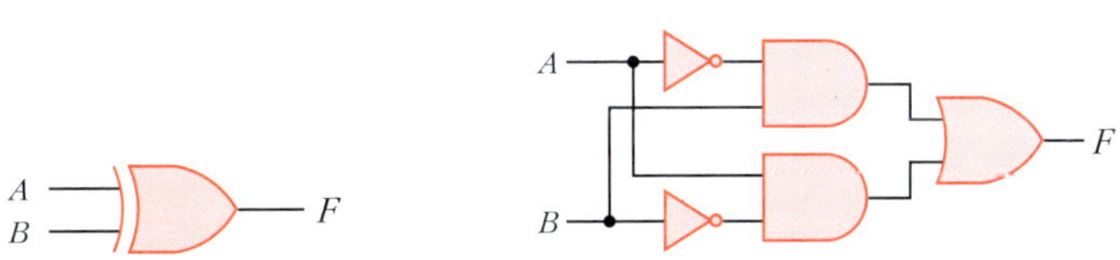

(a) 논리회로 기호 $\qquad$ (b) NOT-AND-OR 회로

그림 6-60 XOR 게이트 표현

또한 XOR 게이트는 두 입력이 모두 0이거나 1이면 출력은 0이 되므로 이를 불 대수식으로 쓰면 다음과 같다.

$$F = \overline{AB + \bar{A}\bar{B}} = (\overline{AB})(\overline{\bar{A}\bar{B}}) = (A + B)\overline{AB} = (A + B)(\bar{A} + \bar{B})$$

따라서 [그림 6-60](b)는 XOR 게이트의 여러 가지 표현 방법 중 하나이며, 위 식을 이용해 논리회로를 그리면 [그림 6-61]과 같다.

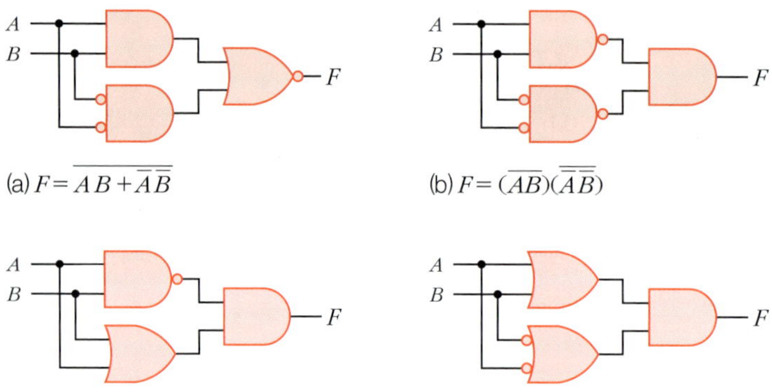

(a) $F = \overline{AB + \bar{A}\bar{B}}$

(b) $F = (\overline{AB})(\overline{\bar{A}\bar{B}})$

(c) $F = (A + B)\overline{AB}$

(d) $F = (A + B)(\bar{A} + \bar{B})$

그림 6-61 XOR 게이트의 다른 회로 표현

XOR 게이트를 NAND 게이트만으로 표현하기 위해서 이중 부정을 취하고 드모르간의 정리를 적용하면 다음 논리식과 같다.

$$\begin{aligned} F &= \overline{AB + \bar{A}\bar{B}} = (A + B)\overline{AB} = A \cdot \overline{AB} + B \cdot \overline{AB} \\ &= \overline{\overline{A \cdot \overline{AB} + B \cdot \overline{AB}}} = \overline{\overline{A \cdot \overline{AB}} \cdot \overline{B \cdot \overline{AB}}} \end{aligned}$$

위 식을 논리회로로 표현하면 [그림 6-62]와 같이 NAND 게이트만으로 표현된다.

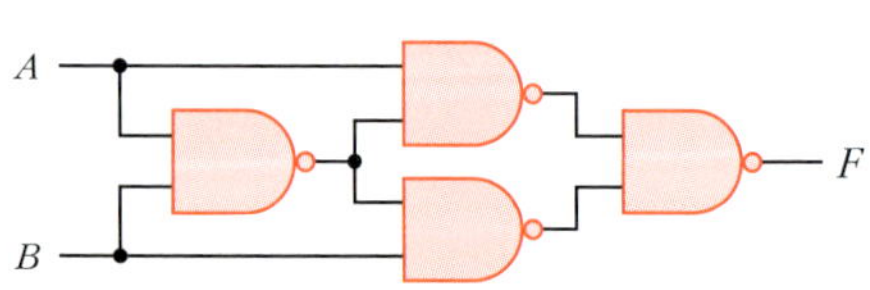

그림 6-62 XOR 게이트를 NAND 게이트만으로 표현

연습문제

01 다음 불 대수식을 3변수 카르노 맵을 이용해 간소화하시오.

① $F(X, Y, Z) = \Sigma m(2, 3, 6, 7)$

② $F(X, Y, Z) = \Sigma m(3, 5, 6, 7)$

③ $F(A, B, C) = \Sigma m(0, 2, 3, 4, 6)$

④ $F(A, B, C) = \Sigma m(1, 3, 5, 7)$

⑤ $F(X, Y, Z) = XY + Y\overline{Z} + \overline{X}\overline{Y}\overline{Z}$

⑥ $F(A, B, C) = \overline{A}\overline{B} + BC + \overline{A}B\overline{C}$

⑦ $F(A, B, C) = \Sigma m(1, 2, 3, 4, 6, 7)$

⑧ $F(A, B, C) = \Sigma m(1, 2, 3, 6, 7)$

⑨ $F(A, B, C) = \Sigma m(0, 1, 5, 6, 7)$ (2가지 답)

⑩ $F(A, B, C) = \Sigma m(0, 1, 2, 5, 6, 7)$ (2가지 답)

02 다음 불 대수식을 4변수 카르노 맵을 이용해 간소화하시오.

① $F(A, B, C, D) = \Sigma m(0, 2, 4, 5, 6, 7, 8, 10, 13, 15)$ (2가지 답)

② $F(A, B, C, D) = \Sigma m(1, 2, 3, 5, 6, 7, 8, 11, 13, 15)$

③ $F(A, B, C, D) = \Sigma m(2, 4, 5, 6, 7, 8, 10, 12, 13, 15)$ (2가지 답)

④ $F(A, B, C, D) = \Sigma m(0, 1, 2, 3, 4, 5, 6, 8, 9, 10, 12, 15)$

⑤ $F(A, B, C, D) = \Sigma m(2, 5, 7, 8, 10, 12, 13, 15)$

⑥ $F(A, B, C, D) = \Sigma m(0, 1, 2, 4, 6, 7, 8, 9, 10, 11, 12, 15)$

⑦ $F(A, B, C, D) = \Sigma m(0, 6, 8, 9, 10, 11, 13, 14, 15)$ (2가지 답)

⑧ $F(A, B, C, D) = \Sigma m(0, 4, 5, 6, 7, 8, 9, 10, 11, 13, 14, 15)$ (2가지 답)

⑨ $F(A, B, C, D) = \Sigma m(0, 2, 3, 5, 7, 8, 10, 11, 12, 13, 14, 15)$ (4가지 답)

⑩ $F(A, B, C, D) = \Sigma m(0, 1, 2, 4, 5, 6, 7, 8, 9, 10, 11, 13, 14, 15)$ (6가지 답)

03 어떤 진리표에서 입력 변수 A, B, C, D와 출력 변수 Y의 관계가 다음과 같이 주어졌을 때, 가장 간단한 논리식을 구하시오.

- $ABCD = 0000 \sim 0110$: $Y = 0$
- $ABCD = 0111$: $Y = 1$
- $ABCD = 1000 \sim 1001$: $Y = 0$
- $ABCD = 1010 \sim 1111$: Y는 무관항

04 다음은 4입력을 갖는 스위칭 회로망이다. A와 B는 2진수 N_1의 첫 번째와 두 번째 비트를 나타내고, C와 D는 2진수 N_2의 첫 번째와 두 번째 비트를 나타낸다. $N_1 \times N_2$가 2보다 크거나 같을 때만 회로망의 출력은 1이 된다.

① F에 대한 최소항minterm 전개식을 구하시오.

② F에 대한 최대항maxterm 전개식을 구하시오.

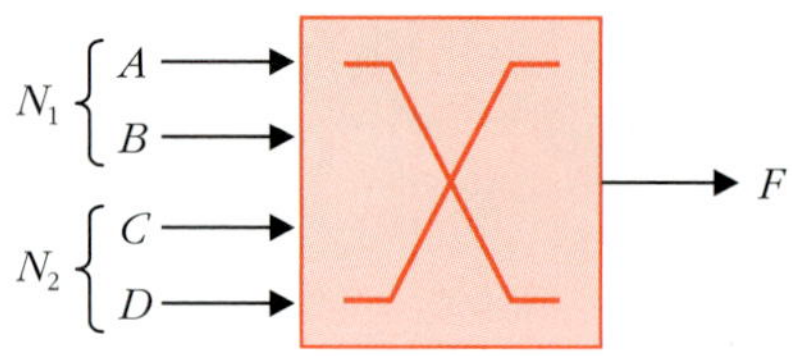

05 다음 그림과 같이 3개(A, B, C)의 8비트 값을 입력하여 어떤 논리 연산을 수행한 결과 출력 F를 얻었다. 이 논리회로의 진리표를 작성하고, 출력 F를 간소화한 형태로 나타내시오.

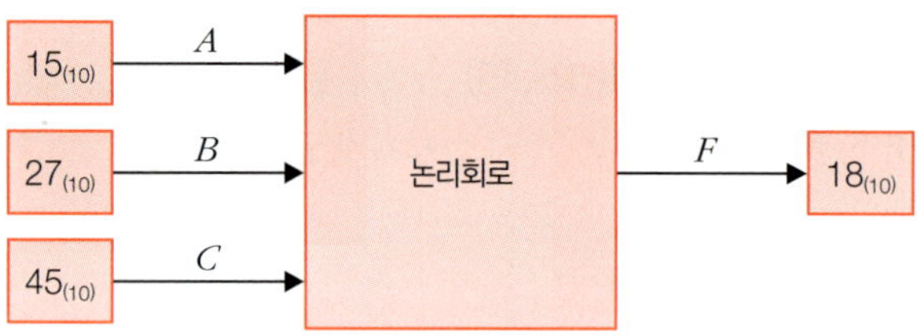

06 논리 연산을 수행하는 어떤 논리회로가 있다. 입력 A, B, C에 그림과 같은 파형이 입력되었을 때 F파형이 출력되었다. 이 논리회로의 진리표를 작성하고, 출력 F를 간소화한 형태로 나타내시오. 단, A는 MSB, C는 LSB이다.

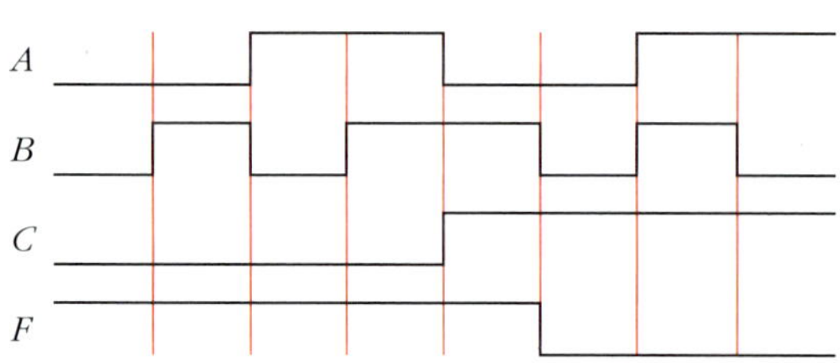

07 다음 논리식을 카르노 맵으로 나타내고 간소화할 수 있으면 간소화하시오.

① $F = XY + YZ + X\bar{Y}Z$

② $F = \bar{Y}Z + WX\bar{Y} + WX\bar{Z} + \bar{W}\bar{X}Z$

③ $F = ABC + \bar{B}\bar{D} + \bar{A}BD$

④ $F = \bar{A}D + BD + \bar{B}C + A\bar{B}D$

⑤ $F = \bar{X}Z + \bar{W}X\bar{Y} + W(\bar{X}Y + X\bar{Y})$

⑥ $F = ABC + CD + B\bar{C}D + \bar{B}C$

⑦ $F = A\bar{B}C + \bar{B}\bar{C}\bar{D} + BCD + AC\bar{D} + \bar{A}\bar{B}C + \bar{A}B\bar{C}D$ (2가지 답)

⑧ $F = \bar{W}YZ + X\bar{Y}Z + WY + WX\bar{Y}\bar{Z} + WZ + XY\bar{Z}$

08 다음과 같이 무관 조건이 있을 때 카르노 맵을 이용해 간소화하시오.

① $F(A, B, C) = \Sigma m(0, 1, 2, 4, 5) + \Sigma d(3, 6, 7)$

② $F(A, B, C, D) = \Sigma m(0, 6, 8, 13, 14) + \Sigma d(2, 4, 10)$

③ $F(A, B, C, D) = \Sigma m(1, 3, 5, 7, 9, 15) + \Sigma d(4, 6, 12, 13)$

④ $F(A, B, C, D) = \Sigma m(0, 1, 2, 3, 7, 8, 10) + \Sigma d(5, 6, 11, 15)$

⑤ $F(A, B, C, D) = \Sigma m(3, 4, 13, 15) + \Sigma d(1, 2, 5, 6, 8, 10, 12, 14)$

⑥ $F(A, B, C, D) = \Sigma m(1, 3, 5, 6, 7, 13, 14) + \Sigma d(8, 10, 12)$ (2가지 답)

⑦ $F(A, B, C, D) = \Sigma m(3, 8, 10, 13, 15) + \Sigma d(0, 2, 5, 7, 11, 12, 14)$ (8가지 답)

⑧ $F(A, B, C, D) = \Sigma m(4, 6, 9, 10, 11, 12, 13, 14) + \Sigma d(2, 5, 7, 8)$ (3가지 답)

⑨ $F(A, B, C, D) = \Sigma m(1, 3, 6, 8, 11, 14) + \Sigma d(2, 4, 5, 13, 15)$ (3가지 답)

⑩ $F(A, B, C, D) = \Sigma m(0, 2, 3, 5, 7, 8, 9, 10, 11) + \Sigma d(4, 15)$ (3가지 답)

⑪ $F(A, B, C, D) = \Sigma m(0, 2, 4, 5, 10, 12, 15) + \Sigma d(8, 14)$ (2가지 답)

⑫ $F(A, B, C, D) = \Sigma m(5, 7, 9, 11, 13, 14) + \Sigma d(2, 6, 10, 12, 15)$ (4가지 답)

09 다음 불 함수를 POS 형태로 간소화하시오.

① $F(X, Y, Z) = \Sigma m(2, 3, 6, 7)$

② $F(X, Y, Z) = \Sigma m(3, 5, 6, 7)$

③ $F(X, Y, Z) = \Sigma m(0, 2, 3, 4, 6)$

④ $F(X, Y, Z) = \Sigma m(1, 3, 5, 7)$

⑤ $F(A, B, C, D) = \Pi M(1, 3, 5, 7, 13, 15)$

⑥ $F(W, X, Y, Z) = \Sigma m(0, 2, 5, 6, 7, 8, 10)$

⑦ $F(A, B, C, D) = \Sigma m(0, 2, 4, 5, 6, 7, 8, 10, 13, 15)$

⑧ $F(A, B, C, D) = \Sigma m(0, 2, 3, 5, 7, 8, 10, 11, 14, 15)$

⑨ $F(A, B, C, D) = \Sigma m(1, 3, 5, 10, 11, 12, 13, 14, 15)$

10 다음 불 함수를 SOP와 POS로 나타내시오.

① $F = (AB + C)(B + \bar{C}D)$

② $F = \bar{X} + X(X + \bar{Y})(Y + \bar{Z})$

③ $F = A\bar{C} + \bar{B}D + \bar{A}CD + ABCD$

④ $F = (\bar{A} + \bar{B} + \bar{D})(A + \bar{B} + \bar{C})(\bar{A} + B + \bar{D})(B + \bar{C} + \bar{D})$

⑤ $F = (\bar{A} + \bar{B} + D)(\bar{A} + \bar{D})(A + B + \bar{D})(A + \bar{B} + C + D)$

11 다음 식을 SOP로 표현하시오.

① $F = (A + B + C + \bar{D})(B + \bar{C} + D)(A + C)$

② $F = (\bar{A} + B + \bar{C})(B + \bar{C} + D)(\bar{B} + \bar{D})$

③ $F = (\bar{A} + B)(C + D)(\bar{A} + C)(B + \bar{C} + D)$

④ $F = (A + B + C)(\bar{B} + C + D)(A + \bar{B} + D)(B + \bar{C} + \bar{D})$

12 다음 SOP를 POS로 변환하시오.

① $F = AC + \bar{A}\bar{D}$

② $F = \bar{A}B\bar{C} + ABC + BD$

③ $F = B\bar{C}D + \bar{A}\bar{B}D + \bar{B}C\bar{D}$

13 다음 논리식에서 SOP 및 POS의 최소항과 최대항을 각각 구하시오.

① $F(A, B, C, D) = \Sigma m(2, 3, 5, 7, 10, 13, 14, 15)$ (답 : SOP 1개, POS 1개)

② $F(A, B, C, D) = \Sigma m(3, 4, 9, 13, 14, 15) + \Sigma d(2, 5, 10, 12)$ (답 : SOP 1개, POS 2개)

③ $F(A, B, C, D) = \Sigma m(4, 6, 11, 12, 13) + \Sigma d(3, 5, 7, 9, 10, 15)$ (답 : SOP 2개, POS 8개)

④ $F(A, B, C, D) = \Sigma m(1, 5, 6, 7, 8, 9, 10, 12, 13, 14, 15)$ (답 : SOP 1개, POS 2개)

⑤ $F(A, B, C, D) = \Sigma m(0, 2, 4, 6, 7, 9, 11, 12, 13, 14, 15)$ (답 : SOP 2개, POS 1개)

⑥ $F(A, B, C, D) = \Sigma m(1, 4, 5, 6, 7, 9, 11, 13, 15)$ (답 : SOP 1개, POS 1개)

⑦ $F(A, B, C, D) = \Sigma m(2, 4, 5, 6, 7, 10, 11, 15)$ (답 : SOP 1개, POS 1개)

⑧ $F(A, B, C, D) = \Sigma m(0, 4, 6, 9, 10, 11, 14) + \Sigma d(1, 3, 5, 7)$ (답 : SOP 1개, POS 1개)

⑨ $F(A, B, C, D) = \Sigma m(4, 6, 9, 10, 11, 13) + \Sigma d(2, 12, 15)$ (답 : SOP 2개, POS 2개)

⑩ $F(A, B, C, D) = \Sigma m(0, 1, 2, 5, 7, 9) + \Sigma d(6, 8, 11, 13, 14, 15)$ (답 : SOP 4개, POS 2개)

⑪ $F(A, B, C, D) = \Sigma m(0, 1, 4, 6, 10, 14) + \Sigma d(5, 7, 8, 9, 11, 12, 15)$ (답 : SOP 13개, POS 3개)

⑫ $F(A, B, C, D) = \Sigma m(1, 3, 7, 11, 13, 14) + \Sigma d(0, 2, 5, 8, 10, 12, 15)$ (답 : SOP 6개, POS 1개)

14 다음 회로를 논리식으로 나타내고 간소화하여 다시 그려 보시오.

①

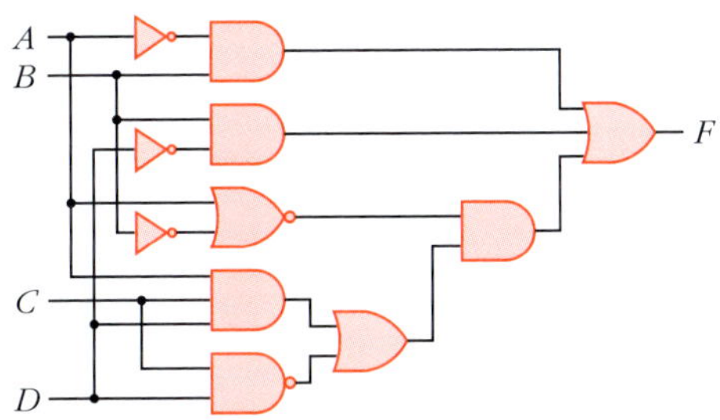

②

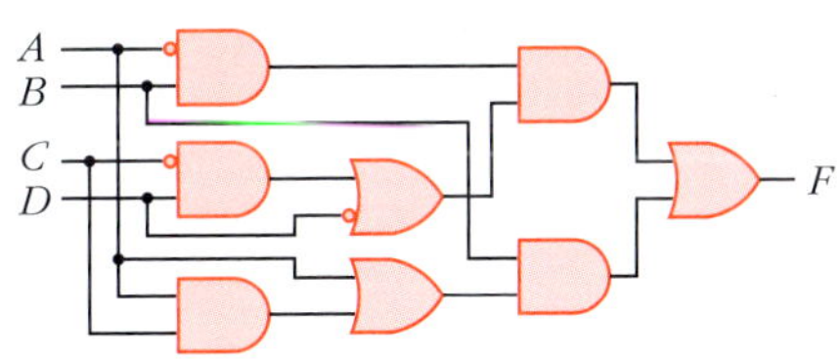

③

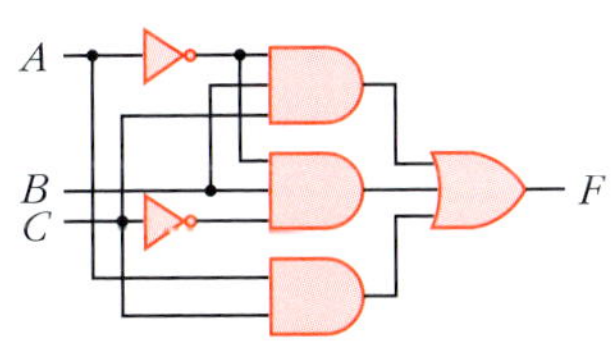

④

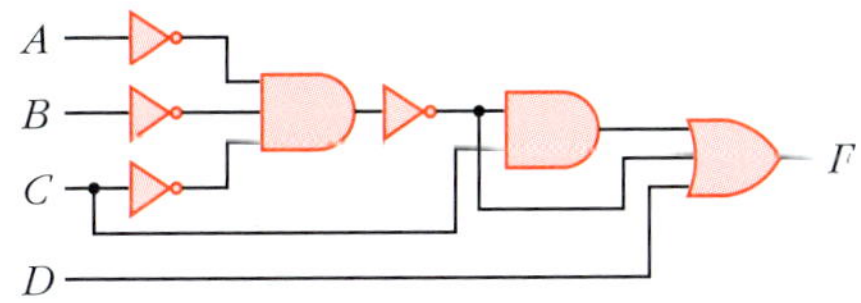

15 다음 논리식을 5변수 카르노 맵으로 간소화하시오.

① $F(A, B, C, D, E) = \Sigma m(0, 1, 4, 5, 16, 17, 21, 25, 29)$

② $F(A, B, C, D, E) = \bar{A}\bar{B}C\bar{E} + \bar{A}\bar{B}\bar{C}\bar{D} + \bar{B}\bar{D}\bar{E} + \bar{B}C\bar{D} + CD\bar{E} + BD\bar{E}$

③ $F(A, B, C, D, E) = \Sigma m(0, 5, 7, 9, 11, 13, 15, 18, 19, 22, 23, 25, 27, 28, 29, 31)$

④ $F(A, B, C, D, E) = \Sigma m(0, 2, 4, 7, 8, 10, 15, 17, 20, 21, 23, 25, 26, 27, 29, 31)$

⑤ $F(A, B, C, D, E) = \Sigma m(1, 3, 10, 14, 21, 26, 28, 30) + \Sigma d(5, 12, 17, 29)$

⑥ $F(A, B, C, D, E) = \Sigma m(0, 1, 2, 4, 5, 6, 10, 13, 14, 18, 21, 22, 24, 26, 29, 30)$

16 다음 논리식을 6변수 카르노 맵으로 간소화하시오.

① $F(A, B, C, D, E, F) = \Sigma m(0, 4, 6, 8, 9, 11, 12, 13, 15, 16, 20, 22, 24, 25, 27, 28, 29, 31, 32, 34, 36, 38, 40, 41, 42, 43, 45, 47, 48, 49, 54, 56, 57, 59, 61, 63)$

② $F(A, B, C, D, E, F) = \Sigma m(4, 5, 6, 7, 8, 10, 13, 15, 18, 20, 21, 22, 23, 26, 29, 30, 31, 33, 36, 37, 38, 39, 40, 42, 49, 52, 53, 54, 55, 60, 61)$

③ $F(A, B, C, D, E, F) = \Sigma m(2, 3, 6, 7, 8, 12, 14, 17, 19, 21, 23, 25, 27, 28, 29, 30, 32, 33, 34, 35, 40, 44, 46, 49, 51, 53, 55, 57, 59, 61, 62, 63)$

④ $F(A, B, C, D, E, F) = \Sigma m(0, 1, 2, 4, 5, 6, 7, 9, 13, 15, 17, 19, 21, 23, 26, 27, 29, 30, 31, 33, 37, 39, 40, 42, 44, 45, 46, 47, 49, 53, 55, 57, 59, 60, 61, 62, 63)$
(2가지 답)

17 QM 알고리즘을 이용해 다음 논리식을 간소화하시오.

① $F(A, B, C) = \Sigma m(0, 2, 3, 7)$

② $F(A, B, C) = \Sigma m(1, 2, 3, 4, 6, 7)$

③ $F(A, B, C, D) = \Sigma m(1, 2, 5, 6, 7, 8, 10, 11, 13)$

④ $F(A, B, C, D) = \Sigma m(0, 1, 3, 10, 11, 13)$

⑤ $F(A, B, C, D, E) = \Sigma m(0, 6, 9, 11, 14, 16, 17, 21, 22, 23, 26, 29)$

⑥ $F(A, B, C, D, E) = \Sigma m(0, 1, 10, 16, 18, 19, 22, 23, 24, 26, 27)$
$+ \Sigma d(2, 4, 5, 6, 7, 11, 12, 13, 15, 17, 20, 29, 31)$

18 다음 두 함수가 같은 시스템에 존재할 때 최소한의 AND 게이트와 각 함수에 1개의 OR 게이트만을 사용하여 나타내시오.

① $F(A, B, C, D) = \Sigma m(0, 1, 2, 3, 5, 7, 8, 10, 11, 13)$,
$G(A, B, C, D) = \Sigma m(0, 2, 5, 8, 10, 11, 13, 15)$, 7개의 게이트

② $F(A, B, C, D) = \Sigma m(1, 2, 4, 5, 6, 9, 11, 13, 15)$,
$G(A, B, C, D) = \Sigma m(0, 2, 4, 8, 9, 11, 12, 13, 14, 15)$, 8개의 게이트

③ $F(A, B, C, D) = \Sigma m(1, 3, 5, 8, 9, 10, 13, 14)$,
$G(A, B, C, D) = \Sigma m(4, 5, 6, 7, 10, 13, 14)$, 7개의 게이트

④ $F(A, B, C, D) = \Sigma m(1, 3, 4, 5, 10, 11, 12, 14, 15)$,
$G(A, B, C, D) = \Sigma m(0, 1, 2, 8, 10, 11, 12, 15)$, 9개의 게이트

19 14번 문제의 결과를 NAND와 NOR 게이트만으로 나타내시오.

20 다음 불 대수식을 간소화하고 NAND 게이트만으로 나타내시오. 단, 입력으로서 A, B, C, D뿐만 아니라 그 반전도 이용 가능하다고 가정한다.

① $F = A\bar{B} + \bar{C}\bar{D} + \bar{A}C\bar{D}$

② $F = \bar{A}B + A(\bar{B} + CD)$

21 다음 불 대수식을 간소화하고 NOR 게이트만으로 나타내시오. 단, 입력으로서 A, B, C, D뿐만 아니라 그 반전도 이용 가능하다고 가정한다.

① $F(A, B, C, D) = A\bar{B} + ABD + AB\bar{D} + \bar{A}\bar{C}\bar{D} + \bar{A}B\bar{C}$

② $F(A, B, C, D) = BD + BC\bar{D} + AB\bar{C}D$

③ $F(A, B, C, D) = \Sigma m(0, 1, 2, 3, 7, 8, 10) + \Sigma d(5, 6, 11, 15)$

22 다음 불 대수식을 XOR와 AND 게이트로 나타내시오.

$$F = A\bar{B}C\bar{D} + \bar{A}BC\bar{D} + A\bar{B}\bar{C}D + \bar{A}B\bar{C}D$$

기출문제

01 변수의 수(數)가 3이라면 카르노 맵에서 몇 개의 칸이 요구되는가?

① 2칸 ② 4칸 ③ 6칸 ④ 8칸

02 다음 진리표의 카르노 맵을 작성한 것 중 옳은 것은?

입력		출력
A	B	Y
0	0	0
0	1	1
1	0	0
1	1	1

①

B＼A	0	1
0	1	1
1	0	0

②

B＼A	0	1
0	0	0
1	1	1

③

B＼A	0	1
0	0	1
1	1	0

④

B＼A	0	1
0	1	0
1	1	0

03 다음 카르노 맵에 의한 논리식은?

B＼A	0	1
0	0	1
1	0	1

① A
② B
③ AB
④ $A+B$

04 다음 카르노 맵을 간소화시킨 결과는?

X_1＼X_2	0	1
0	1	1
1	1	0

① $X_1+\overline{X_1}\cdot X_2$
② X_1+X_2
③ $\overline{X_1}+X_1\cdot \overline{X_2}$
④ $\overline{X_1}+\overline{X_2}$

05 다음 진리표를 간소화한 결과 Y는?

A	B	Y
0	0	1
0	1	0
1	0	1
1	1	1

① $Y=A+\bar{B}$
② $Y=\bar{A}+B$
③ $Y=\bar{A}+\bar{B}$
④ $Y=AB$

06 다음의 논리식을 카르노 맵으로 옮긴 것은?

$$Y=\bar{A}BC+A\bar{B}C+ABC+\bar{A}\bar{B}C$$

①

A＼BC	00	01	11	10
0		1		
1		1	1	1

②

A＼BC	00	01	11	10
0			1	
1		1	1	1

③

A＼BC	00	01	11	10
0				1
1		1	1	1

④

A＼BC	00	01	11	10
0		1	1	
1		1	1	

07 다음 카르노 맵을 간소화하면?

z＼xy	00	01	11	10
0	0	0	0	0
1	1	1	0	0

① $\bar{x}z$ ② $\bar{x}\bar{z}y$
③ $x+\bar{y}+\bar{z}$ ④ $\bar{x}y+y$

08 다음 3변수 카르노 맵이 나타내는 함수는?

AB＼C	0	1
00	0	0
01	0	0
11	1	1
10	1	0

① $\overline{A\bar{B}C}$ ② $AB+A\bar{C}$
③ $AB+A\bar{C}+C$ ④ $\bar{A}+A\bar{B}C$

09 다음 카르노 맵을 가장 간단한 논리식으로 나타내면?

C \ AB	00	01	11	10
0	0	0	0	1
1	1	0	0	1

① $AB+\bar{B}C$　② $(A+C)\bar{B}$
③ $A\bar{B}+BC$　④ $(B+C)\bar{A}$

10 다음과 같이 표시된 카르노 맵을 간소화한 식은?

A \ BC	00	01	11	10
0	0	1	1	0
1	0	1	1	0

① $\bar{B}C$　② BC　③ C　④ $\bar{A}C$

11 다음과 같은 카르노 맵을 가장 간단한 논리식으로 나타내면?

C \ AB	00	01	11	10
0	1	0	0	1
1	1	0	0	1

① $\bar{A}\bar{B}$　② $\bar{B}$　③ $\bar{A}$　④ $\bar{A}B$

12 다음 카르노 맵에 나타낸 논리 함수를 간단히 하면?

C \ AB	00	01	11	10
0	0	1	1	0
1	0	1	1	1

① $A+AC$　② $A+A\bar{B}$
③ $\bar{B}+A\bar{B}$　④ $B+AC$

13 다음 카르노 맵(Karnaugh map)을 간략화하면?

A \ BC	00	01	11	10
0	1	1	1	1
1	0	0	1	0

① $\bar{A}$　② $\bar{A}+BC$
③ $A+\bar{B}C$　④ ABC

14 카르노 맵이 그림과 같을 경우 간략화한 결과 Y는?

A \ BC	00	01	11	10
0	1		1	1
1	1			1

① $Y=ABC$　② $Y=A+B+C$
③ $Y=A+\bar{B}\bar{C}$　④ $Y=\bar{A}B+\bar{C}$

15 그림과 같은 카르노 맵이 있을 때 간소화하여 얻은 논리식으로 옳은 것은?

A \ BC	00	01	11	10
0	1	0	0	1
1	1	1	×	1

① $Y=A$　② $Y=BC+AC$
③ $Y=\bar{C}+A$　④ $Y=\bar{C}+AB$

16 다음 진리표에서 출력 Y를 간소화하면?

입력			출력
A	B	C	Y
0	0	0	1
0	0	1	0
0	1	0	1
0	1	1	0
1	0	0	1
1	0	1	0
1	1	0	1
1	1	1	0

① $Y=\bar{A}B$
② $Y=AB$
③ $Y=A+\bar{B}$
④ $Y=\bar{C}$

17 다음 진리표의 논리식이 옳은 것은?

A	B	C	X
0	0	0	1
0	0	1	1
0	1	0	1
0	1	1	1
1	0	0	1
1	0	1	1
1	1	0	0
1	1	1	0

① $X=\bar{B}+\bar{C}$
② $X=\bar{A}+\bar{B}$
③ $X=A+B$
④ $X=\bar{B}+C$

18 다음의 진리표를 보고 논리식을 최소화하면?

A	B	C	F
0	0	0	0
0	0	1	0
0	1	0	0
0	1	1	1
1	0	0	0
1	0	1	1
1	1	0	1
1	1	1	1

① $F=AB+BC+AC$
② $F=\bar{A}B+B\bar{C}+A\bar{B}$
③ $F=A+B+C$
④ $F=ABC$

19 다음 카르노 맵의 함수를 간소화하면?

$AB \backslash CD$	$\bar{C}\bar{D}$	$\bar{C}D$	CD	$C\bar{D}$
$\bar{A}\bar{B}$	0	0	0	0
$\bar{A}B$	0	0	0	0
AB	0	0	1	1
$A\bar{B}$	0	0	1	1

① AB ② AC ③ AD ④ $\bar{A}\bar{B}$

20 다음 카르노 맵으로 표시된 함수를 간소화하면?

$AB \backslash CD$	$\bar{C}\bar{D}$	$\bar{C}D$	CD	$C\bar{D}$
$\bar{A}\bar{B}$	0	0	0	0
$\bar{A}B$	0	0	0	0
AB	1	1	1	1
$A\bar{B}$	0	0	0	0

① AB ② BC ③ $\bar{A}D$ ④ $A\bar{C}$

21 그림과 같은 카르노 맵에서 얻어지는 불 대수식은?

$AB \backslash CD$	$\bar{C}\bar{D}$	$\bar{C}D$	CD	$C\bar{D}$
$\bar{A}\bar{B}$	0	0	0	0
$\bar{A}B$	1	0	0	1
AB	1	0	0	1
$A\bar{B}$	0	0	0	0

① $Y=B\bar{D}$ ② $Y=\bar{B}D$
③ $Y=AB$ ④ $Y=\bar{A}\bar{B}$

22 다음 그림과 같이 표시된 카르노 맵을 간소화한 함수 F는?

$AB \backslash CD$	00	01	11	10
00	1			1
01				
11				
10	1			1

① $F=\bar{B}\cdot\bar{D}$ ② $F=\bar{B}+\bar{D}$
③ $F=B+\bar{D}$ ④ $F=\bar{B}+D$

23 다음 카르노 맵을 간소화하였을 때 얻어지는 논리식은?

$CD \backslash AB$	00	01	11	10
00	0	0	0	0
01	1	1	0	1
11	1	1	0	1
10	0	0	0	0

① $(\bar{A}+\bar{B})D$ ② $\bar{A}\bar{B}D+\bar{A}BD+A\bar{B}D$
③ $\bar{A}D+A\bar{B}D$ ④ $\bar{A}+D$

24 다음 카르노 맵을 간략화하였을 때 얻어지는 논리식은?

$AB \backslash CD$	00	01	11	10
00	0	1	1	0
01	0	1	1	0
11	0	0	0	0
10	0	1	1	0

① $\bar{A}+D$ ② $\bar{A}D+\bar{B}D$
③ $\bar{A}D+A\bar{B}$ ④ $\bar{A}\bar{B}D+\bar{A}BD+A\bar{B}D$

25 그림과 같은 4변수 카르노 맵을 간단히 했을 때 논리식은?

CD \ AB	00	01	11	10
00	1			1
01		1	1	
11		1	1	
10	1			1

① $A\bar{C}+\bar{A}C$　② $A\bar{D}+\bar{B}C$
③ $A\bar{B}+AC$　④ $BD+\bar{B}\bar{D}$

26 다음 카르노 맵을 간소화한 결과는?

AB \ CD	00	01	11	10
00	0	1	1	1
01	0	0	0	1
11	1	1	0	1
10	1	1	0	1

① $\bar{A}\bar{B}D+AC+C\bar{D}$　② $\bar{A}\bar{B}D+A\bar{C}+CD$
③ $\bar{A}\bar{B}D+A\bar{C}+C\bar{D}$　④ $\bar{A}\bar{B}D+AC+CD$

27 다음 카르노 맵을 논리식으로 간소화한 결과식은?

CD \ AB	00	01	11	10
00	1	1		1
01		1	1	
11		1	1	
10	1	1		1

① $\bar{A}B+BC+\bar{B}\bar{D}$　② $\bar{A}B+BD+\bar{B}\bar{D}$
③ $\bar{A}B+AC+\bar{B}\bar{D}$　④ $A\bar{B}+\bar{B}\bar{D}+\bar{A}\bar{C}$

28 다음 카르노 맵으로 된 논리 함수를 최소화할 경우 맞는 것은?

AB \ CD	00	01	11	10
00	1	0	0	1
01	1	1	1	1
11	0	0	1	0
10	1	0	0	1

① $A\bar{B}+\bar{B}\bar{D}+\bar{B}CD$　② $\bar{A}B+\bar{D}+BCD$
③ $\bar{A}B+\bar{B}\bar{D}+BCD$　④ $A\bar{B}+D+\bar{B}CD$

29 다음 카르노 맵에 대한 간소화된 논리 함수는?

AB \ CD	00	01	11	10
00	0	0	1	0
01	1	1	1	0
11	0	1	1	1
10	0	1	0	0

① $\bar{A}B\bar{C}+A\bar{C}D+ABC+\bar{A}CD$
② $BD+\bar{C}\bar{D}+C\bar{D}+A\bar{B}$
③ $BD+\bar{A}B+\bar{C}D+C\bar{D}$
④ $\bar{A}B\bar{C}+ACD+AB\bar{C}+A\bar{C}D$

30 다음 카르노 맵을 간소화한 논리식은?

AB \ CD	$\bar{C}\bar{D}$	$\bar{C}D$	CD	$C\bar{D}$
$\bar{A}\bar{B}$	0	0	0	0
$\bar{A}B$	0	0	0	0
AB	1	1	1	1
$A\bar{B}$	1	1	1	1

① $Y=A$　② $Y=B$
③ $Y=AB+\overline{CD}$　④ $Y=A\bar{B}+\bar{C}D$

31 다음과 같은 카르노 맵을 간소화한 것은?

AB \ CD	00	01	11	10
00	1	1	0	0
01	1	1	0	1
11	1	1	0	1
10	1	1	0	0

① $A+BC$　② $\bar{B}+AC$
③ $\bar{B}+C\bar{D}$　④ $\bar{C}+B\bar{D}$

32 다음의 카르노 맵을 간략화한 논리식으로 옳은 것은?

CD \ AB	00	01	11	10
00	1	1	1	1
01			1	
11	1		1	1
10	1	1	1	1

① $AB+B\bar{C}+\bar{A}\bar{D}$　② $AB+\bar{B}C+\bar{A}\bar{D}$
③ $AB+\bar{B}C+\bar{A}$　④ $AB+\bar{B}C+\bar{D}$

33 다음 카르노 맵을 간략화하면?

AB \ CD	00	01	11	10
00	x	0	1	x
01	1	0	1	1
11	0	x	x	0
10	1	x	0	1

① $\bar{A}\bar{D}+\bar{A}C+\bar{B}\bar{D}$　② $\bar{B}\bar{D}+A\bar{C}+AD$
③ $B\bar{D}+A\bar{C}+\bar{C}\bar{D}$　④ $\bar{A}\bar{D}+B\bar{D}+ABD$

34 4변수들에 대한 카르노 맵이 그림과 같이 주어졌을 경우 이를 불 대수식으로 표현하면?

AB \ CD	00	01	11	10
00		1		1
01	1		1	
11		1		1
10	1		1	

① $A\oplus B\oplus C\oplus D$　② $(A+B)\oplus(C+D)$
③ $(A\oplus B)+(C\oplus D)$　④ $AB\oplus CD$

35 다음 카르노 맵을 간단히 한 논리식 F와 같은 게이트는?

AB \ CD	00	01	11	10
00				
01	1	1	1	1
11				
10	1	1	1	1

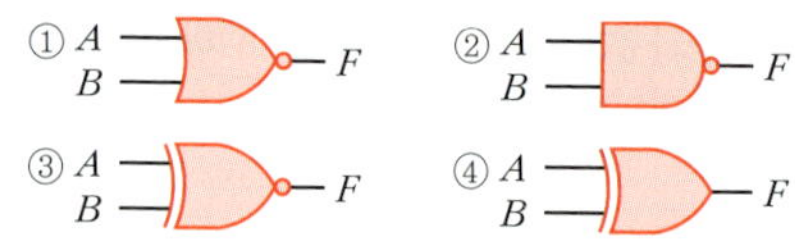

36 논리식 $A+\bar{A}B$를 간단히 하면?
① $A+B$　② $\bar{A}+B$
③ $\bar{A}+\bar{B}$　④ A

37 논리식 $B(A+B)$를 간단히 한 것은?
① A　② B　③ 1　④ AB

38 논리식 $\bar{A}B+AB+\bar{A}\bar{B}$를 간소화한 식은?
① $A+B$　② $\bar{A}+B$
③ $A+\bar{B}$　④ $\bar{A}+\bar{B}$

39 논리식 $Y=AB+A\bar{B}+\bar{A}B$를 간소화하면?
① $A+B$　② AB
③ $A+\bar{B}$　④ $A\cdot\bar{B}$

40 다음 논리식을 간소화하면 어떻게 되는가?

$$Y=\bar{A}+\bar{B}+AB$$

① $Y=\bar{A}$　② $Y=1$
③ $Y=\bar{B}$　④ $Y=\bar{A}+\bar{B}$

41 논리식 $A\cdot\bar{B}+B+A\cdot C$를 간단히 하면?
① $A+B$　② $\bar{A}+B$
③ $A+\bar{B}$　④ $\bar{A}+\bar{B}$

42 다음 논리식을 간단히 하면?

$$AB+AC+B\bar{C}$$

① $AC+B\bar{C}$　② $AB+\bar{B}C$
③ $AC+B$　④ $AB+C$

43 $Y=AB+AC+A\bar{B}\bar{C}$를 간단히 하면?
① A　② $\bar{A}$　③ B　④ $\bar{B}$

44 논리식 $\bar{x}\bar{y}z+\bar{x}yz+x\bar{y}$를 간소화하면?
① $\bar{x}z+x\bar{y}$　② $x\bar{z}+x\bar{y}$
③ $\bar{x}\bar{z}+x\bar{y}$　④ $\bar{x}z+xy$

45 불 대수식 $Y=ABC+A\bar{B}C+AB\bar{C}$를 간단히 하면?

① AB ② AC
③ ABC ④ $A(B+C)$

46 다음과 같은 논리 함수를 카르노 맵을 이용해 간소화한 식은?

$$f=\bar{x}\bar{y}\bar{z}+x\bar{y}\bar{z}+\bar{x}y\bar{z}+x\bar{y}z+xy\bar{z}$$

① $f=x\bar{y}+\bar{z}y$ ② $f=xy+\bar{x}\bar{z}$
③ $f=\bar{z}+x\bar{y}$ ④ $f=xy+\bar{x}\bar{y}$

47 논리식 $Y=ABC+\bar{A}BC+A\bar{B}C+B\bar{C}$를 간단히 하면?

① $AB+C$ ② $AC+B$
③ ABC ④ $A+BC$

48 다음 $\bar{A}C+\bar{A}B+A\bar{B}C+BC$의 식을 간소화한 것은?

① $A\bar{B}+\bar{A}C$ ② $C+\bar{A}B$
③ $\bar{A}+\bar{B}C$ ④ $B+\bar{A}C$

49 다음 중 논리식 $(A+B)(\bar{A}+C)$를 간단히 하면?

① $\bar{A}B+AC$ ② $\bar{A}B+BC$
③ $AC+BC$ ④ $\bar{A}+ABC$

50 다음 논리식을 간단히 하면?

$$(A+B)(C+A)+ABC$$

① BC ② 1
③ $A+BC$ ④ $A+B+C$

51 다음 불 함수를 간소화한 것은?

$$F=\bar{A}\bar{B}\bar{C}+\bar{B}C\bar{D}+\bar{A}BC\bar{D}+A\bar{B}\bar{C}$$

① $F=\bar{B}D+\bar{B}C+AC\bar{D}$
② $F=BD+\bar{B}\bar{C}+\bar{A}\bar{C}D$
③ $F=\bar{B}\bar{D}+\bar{B}\bar{C}+\bar{A}C\bar{D}$
④ $F=B\bar{D}+BC+\bar{A}CD$

52 다음 논리 함수를 간소화하면?

$$F(A,B,C,D)=A\bar{B}C+\bar{A}BD+A\bar{C}(B\bar{C}+\bar{C}\bar{D})+A\bar{B}D$$

① $F(A,B,C,D)=A\bar{C}+A\bar{B}+\bar{A}BD$
② $F(A,B,C,D)=A\bar{C}+A\bar{B}+\bar{A}BD+\bar{A}BC$
③ $F(A,B,C,D)=A\bar{C}+A\bar{B}+\bar{A}BD+B\bar{C}D$
④ $F(A,B,C,D)=A\bar{C}+A\bar{B}+\bar{A}BD+BD$

53 다음 불 대수식을 간단히 하면?

$$AB\bar{C}\oplus\bar{B}C\oplus(\bar{A}C+B\bar{C})\oplus A\bar{B}$$

① $AB+\bar{A}C+A\bar{B}C$ ② $AB+BC+A\bar{B}C$
③ $\bar{A}B+A\bar{B}\bar{C}$ ④ $\bar{A}B+B\bar{C}+A\bar{C}$

54 다음 불 함수를 간소화하였을 때 결과식으로 옳은 것은?

$$f(x,y,z)=\Sigma m(1,3,4,6)$$

① $f(x,y,z)=\bar{x}y$ ② $f(x,y,z)=\bar{y}\bar{z}$
③ $f(x,y,z)=x$ ④ $f(x,y,z)=\bar{x}z+x\bar{z}$

55 $F(A,B,C)=\Sigma m(0,2,4,6)$의 최소항으로 표시된 논리식을 간소화하면?

① $\bar{A}$ ② A ③ $\bar{C}$ ④ C

56 $f(x,y,z)=\Sigma m(1,3,4,5,7)$을 간단히 나타내면?

① $f=\bar{x}y+z$ ② $f=x\bar{y}+z$
③ $f=xyz$ ④ $f=x+yz$

57 $F(A,B,C)=\Sigma m(0,1,4,5,7)$로 주어질 때, 간소화하여 논리회로를 구성하면?

①
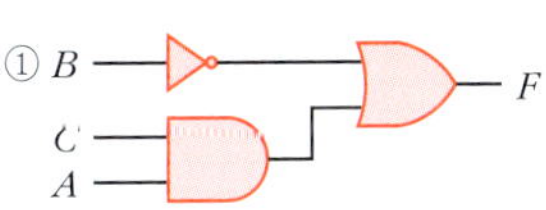

②
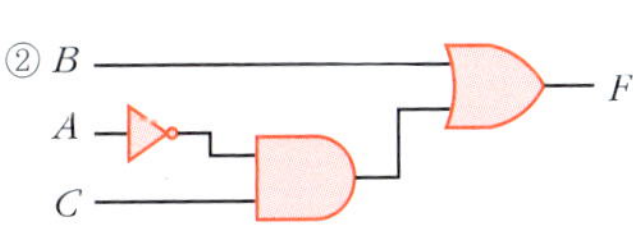

③
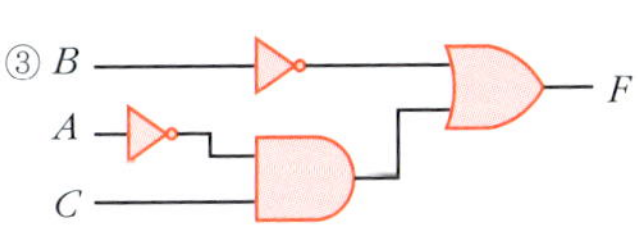

④
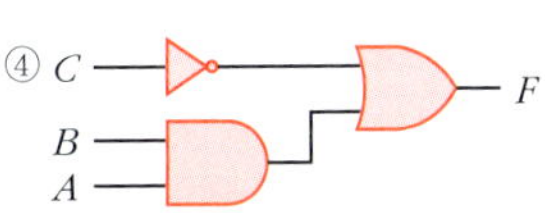

58 다음 표준형 불 함수(sum of minterms)를 카르노 맵을 이용해 간소화한 것 중 옳은 것은?

$$Y(A, B, C, D) = \Sigma m(0, 2, 4, 6, 8, 10)$$

① $\bar{A}\bar{D}+AC$　② $\bar{B}\bar{C}+CD$
③ ABC　④ $\bar{A}\bar{D}+\bar{B}\bar{D}$

59 다음 불 함수를 간단히 하면?

$$F(A, B, C) = \Sigma m(0, 2, 4, 5, 6)$$

① $A\bar{B}+BC+\bar{B}\bar{C}$　② $A+B+\bar{C}$
③ $\bar{A}B+B\bar{C}$　④ $\bar{C}+A\bar{B}$

60 $F(A, B, C, D) = \Sigma m(0, 1, 2, 5, 8, 9, 10)$을 max-term(product of sums)으로 간소화한 것은?

① $F=\bar{B}\bar{D}+\bar{B}\bar{C}+\bar{A}\bar{C}D$
② $F=AB+CD+B\bar{D}$
③ $F=(\bar{A}+\bar{B})(\bar{C}+\bar{D})(\bar{B}+D)$
④ $F=(B+D)(B+C)(A+C+\bar{D})$

61 다음 논리식 중 등식이 성립되지 않는 것은?

① $A+\bar{A}BC=A+BC$
② $AB+A\bar{B}=A$
③ $AB+\bar{A}C+BC=AB+\bar{A}C$
④ $A\bar{B}+\bar{A}B=(A+B)(\bar{A}\cdot\bar{B})$

62 다음 논리식 중 틀린 것은?

① $(A+C)(\bar{A}+B)=AB+\bar{A}C$
② $A+\bar{A}B=A+B$
③ $(A+B)(A+C)=A+BC$
④ $A(A+B)=A+B$

63 논리 함수식 $F(A, B, C, D) = \Sigma m(0, 2, 4, 5, 8, 11, 14, 15)$를 간소화하였을 때 옳은 것은?

① $F=\bar{A}\bar{B}\bar{D}+\bar{A}\bar{C}\bar{D}+\bar{A}B\bar{C}+\bar{B}\bar{C}\bar{D}$
　$+ABC+ACD$
② $F=\bar{A}\bar{B}\bar{D}+\bar{A}\bar{C}\bar{D}+\bar{A}\bar{B}\bar{C}+ABC+ACD$
③ $F=\bar{A}\bar{B}\bar{D}+\bar{A}B\bar{C}+\bar{B}\bar{C}\bar{D}+ABC+ACD$
④ $F=\bar{A}\bar{C}\bar{D}+\bar{A}B\bar{C}+\bar{B}\bar{C}\bar{D}+ABC+ACD$

64 다음의 민텀의 합형으로 표현된 불 함수를 카르노 맵을 이용해 간소화한 것 중 가장 간단한 논리식은?

$$Y(A, B, C, D) = \Sigma m(0, 1, 2, 3, 4, 6, 9, 11, 13, 15)$$

① $ABC+BCD$　② $BC+ABD+ABC$
③ $\bar{A}\bar{B}+\bar{A}\bar{D}+AD$　④ $A+BCD$

65 다음 불 함수를 간소화한 결과는?

$$f(w, x, y, z) = \Sigma m(0, 1, 2, 4, 5, 6, 8, 9, 12, 13, 14)$$

① $f=x+y+wz$　② $f=\bar{y}+\bar{z}+xy$
③ $f=\bar{y}+\bar{w}\bar{z}+x\bar{z}$　④ $f=x+z$

66 $f(w, x, y, z) = \Sigma m(1, 3, 7, 11, 15)$이며, 무관(don't care) 조건이 $d(w, x, y, z) = \Sigma m(0, 2, 5)$인 불 함수를 간소화한 결과는?

① $f=x+y+z$　② $f=wx+y$
③ $f=\bar{w}z+yz$　④ $f=z(w+y)$

67 다음 논리식을 가장 간단히 나타낸 것은? 단, d는 무정의 조건(don't care)이다.

$$F(A, B, C, D) = \Sigma m(7, 8, 12, 13, 14) + \Sigma d(2, 6, 10, 11, 15)$$

① $AB+BC$　② $AB+BC+ACD$
③ $AB+BC+A\bar{D}$　④ $AB+BC+BD$

68 논리 함수 $F(A, B, C, D) = \Sigma m(0, 1, 2, 4, 5, 9, 13) + \Sigma d(8, 10, 12, 14)$를 간소화하면? 단, Σd는 무관항을 가리킨다.

① $\bar{A}C+\bar{C}D+\bar{A}\bar{B}\bar{D}$　② $A+\bar{C}$
③ $\bar{A}\bar{C}+\bar{B}\bar{C}+\bar{A}\bar{B}\bar{D}$　④ $\bar{C}+\bar{B}\bar{D}$

69 다음 제시된 조건에 따라 간략화한 F의 값은?

$$F(A, B, C, D) = \Sigma m(0, 1, 2, 5, 8, 9, 10) + \Sigma d(3, 11, 13, 15)$$

① $F=\bar{B}+\bar{C}D$
② $F=\bar{B}+D$
③ $F=\bar{A}\bar{B}+AD+\bar{C}D+AB$
④ $F=\bar{B}\bar{D}+\bar{B}\bar{C}+\bar{A}\bar{C}D$

70 그림에서 출력 X를 입력 A, B의 함수로 바르게 표시한 것은?

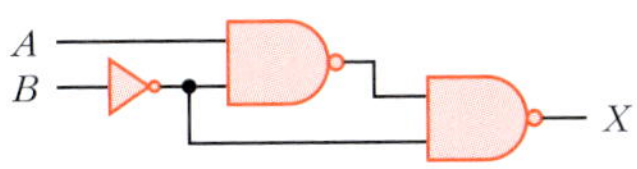

① $X = AB$

② $X = A + B$

③ $X = \bar{A}B + A\bar{B}$

④ $X = AB + A\bar{B}$

71 그림과 같은 논리회로를 간단히 하면?

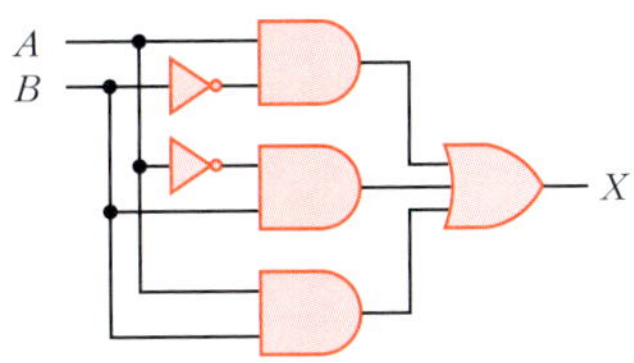

① 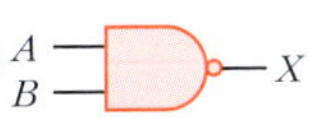

② 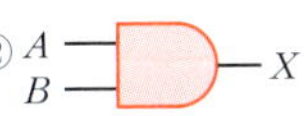

③ 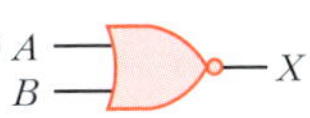

④ 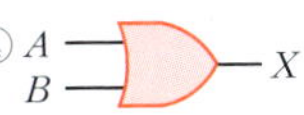

72 다음 중 그림과 같은 회로의 논리식은?

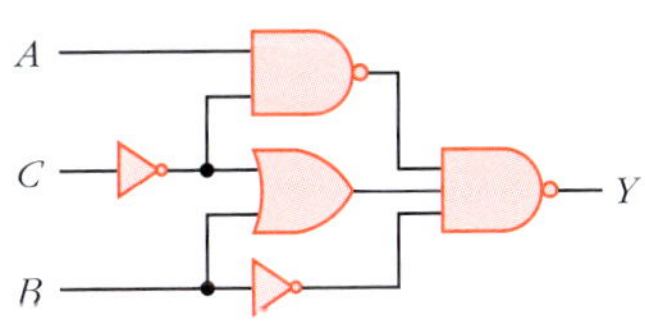

① ABC

② $AB + C$

③ $A + B + C$

④ $\bar{A}\bar{B}\bar{C}$

73 어떤 논리회로에서 입력은 A, B, C이며 출력은 입력 중에서 둘 이상이 1일 때 출력 Y가 1이 된다면 이 논리회로의 논리식은?

① $Y = A\bar{B} + B\bar{C} + \bar{C}A$

② $Y = AB + \bar{B}C + \bar{C}A$

③ $Y = \bar{A}B + \bar{B}C + \bar{C}A$

④ $Y = AB + BC + CA$

74 PI(기초 함축 함수)를 사용함으로써 필요없이 중복될 수 있는 연산기법의 단점을 보완할 수 있는 방식은?

① 대수적 방법(Algebraic Method)

② 카르노도법(Karnaugh Map)

③ 최소항 링(Minterm Ring) 알고리즘

④ 퀸-맥클러스키 법(Quine-McClusky method)

75 다음 불 대수식 Y의 보수를 취하여 간단히 한 것은?

$$Y = \overline{X_1 X_2} X_3 + X_1(X_2 + \bar{X}_3)$$

① $\bar{Y} = \bar{X}_1 \bar{X}_3$

② $\bar{Y} = X_1 \bar{X}_2$

③ $\bar{Y} = X_1 \bar{X}_3$

④ $\bar{Y} = \bar{X}_1 \bar{X}_2$

76 다음 중 모든 디지털 시스템을 설계할 수 있는 범용 게이트(universal gate)는?

① AND 게이트

② OR 게이트

③ NOR 게이트

④ XOR 게이트

77 다음 중 논리 게이트의 설명으로 틀린 것은?

① 불 대수식은 AND, OR, NOT의 연산자로 이루어진다.

② 기본 논리회로는 AND, OR, NOT 게이트로 나타낼 수 있다.

③ 모든 불 대수식을 NAND 게이트로 나타낼 수 있다.

④ 모든 불 대수식을 XOR 게이트로 나타낼 수 있다.

78 다음 논리회로의 구성에 대한 설명으로 옳은 것은?

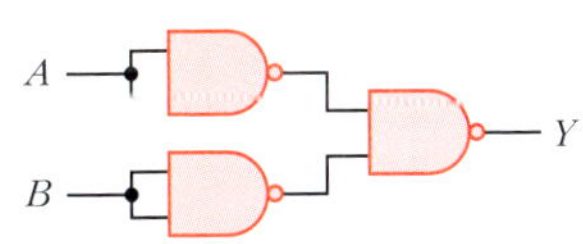

① NAND 게이트를 연결하여 NOR 게이트를 구성하였다.

② NAND 게이트를 연결하여 XOR 게이트를 구성하였다.

③ NAND 게이트를 연결하여 OR 게이트를 구성하였다.

④ NAND 게이트를 연결하여 AND 게이트를 구성하였다.

79 다음 회로를 NAND 게이트만을 사용하여 구성하면?

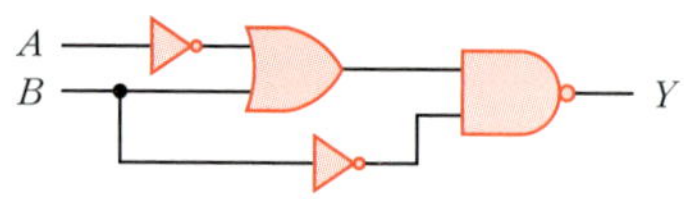

①
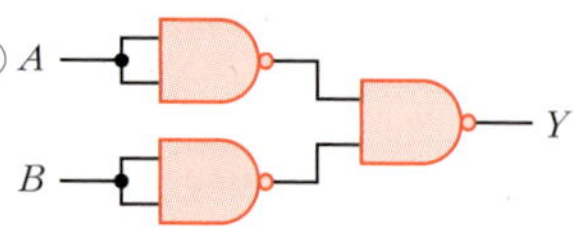

②
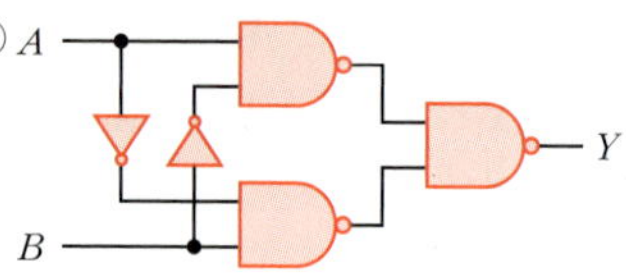

③
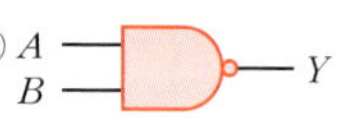

④
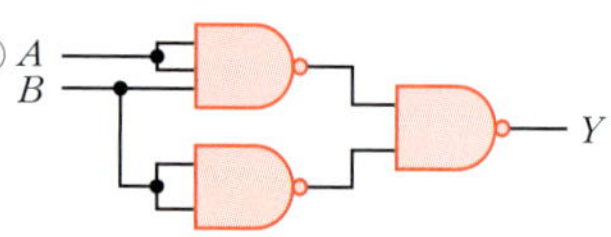

80 논리식 $Y=(A+B)(C+D)$를 NOR 게이트만을 사용하여 표시할 때 몇 개의 NOR 게이트가 필요한가?

① 2개　② 3개
③ 4개　④ 5개

81 입력이 A, B, C인 다음 논리식을 입력이 2개인 NAND 게이트만으로 구성할 경우 최소 몇 개의 NAND 게이트가 필요한가?

$$F=\bar{A}\bar{B}C+A\bar{B}C+ABC$$

① 6개　② 5개
③ 4개　④ 3개

82 불 함수가 $F=A(B+CD)+\overline{BC}$일 때, NAND 게이트만을 사용하여 조합논리회로를 구성한다면 필요한 게이트의 수는? 단, 모든 NAND 게이트는 2입력 NAND 게이트이다.

① 6개　② 7개
③ 8개　④ 9개

83 다음에 주어진 논리식 F_1, F_2, F_3을 2입력 NAND 게이트로 구현할 경우, 모두 몇 개의 게이트가 필요한가?

$$F_1=AB+CD \quad F_2=AB \quad F_3=ABC$$

① 4개　② 5개
③ 6개　④ 7개

84 다음의 논리식을 최소의 NAND 게이트만으로 구성하기 위해 필요로 하는 NAND 게이트의 종류와 개수가 옳은 것은? 단, 인버터는 2입력 NAND 게이트를 사용한다.

$$Y=ABC+A\bar{B}C+\bar{A}\bar{B}$$

① 2입력 NAND 3개, 3입력 NAND 4개
② 2입력 NAND 3개, 3입력 NAND 3개
③ 2입력 NAND 4개, 3입력 NAND 3개
④ 2입력 NAND 2개, 3입력 NAND 4개

85 불 함수 $f=wx+\bar{x}y+z$를 NAND 게이트로 구성하기 위한 식은?

① $f=\overline{\overline{wx}\cdot\overline{\bar{x}y}\cdot\bar{z}}$
② $f=\overline{wx}\cdot(\bar{x}\cdot\bar{y})\cdot\bar{z}$
③ $f=\overline{\overline{wx}+(\bar{x}\cdot\bar{y})+\bar{z}}$
④ $f=\overline{wx}+(\bar{x}\cdot\bar{y})+\bar{z}$

86 다음과 같은 논리회로가 주어졌을 때 출력 F의 값으로 가장 옳은 것은?

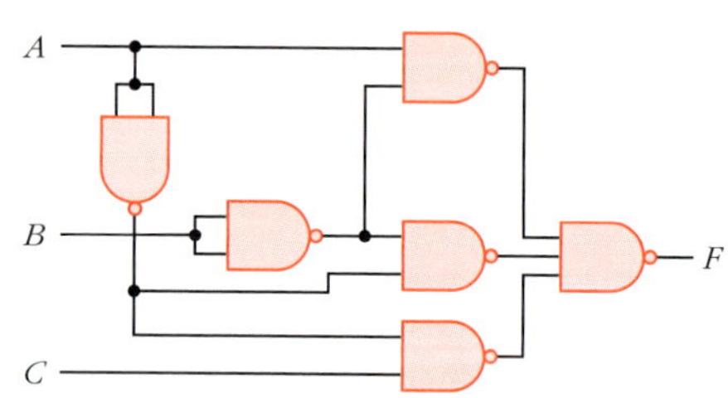

① $F=\bar{A}B+A\bar{B}+\overline{AB}$
② $F=A\bar{B}+\bar{A}\bar{B}+\bar{A}C$
③ $F=AB+\bar{B}C+A\bar{C}$
④ $F=\overline{AB}+B\bar{C}+\bar{A}C$

87 다음 회로를 NOR 회로로 변경한 것으로 옳은 것은?

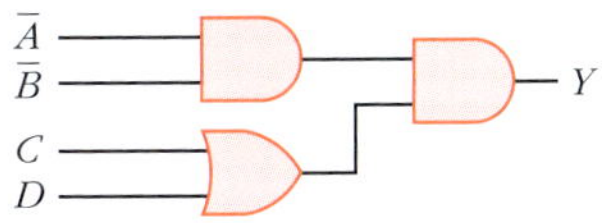

①
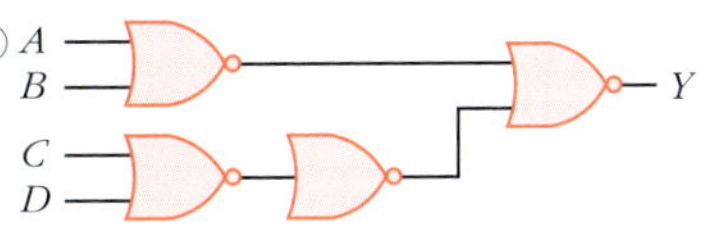

②
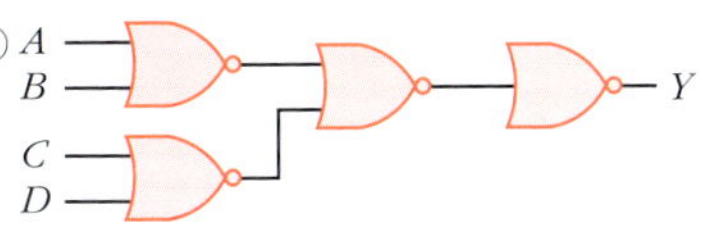

③
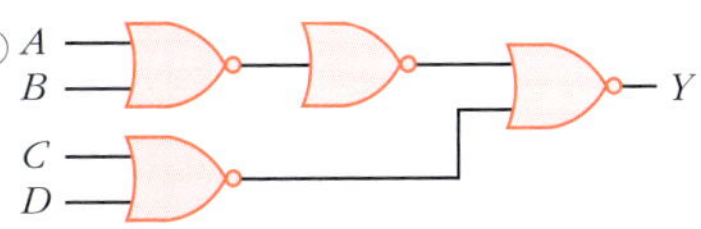

④
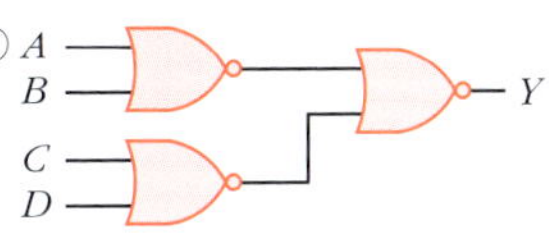

88 다음 중 나머지 셋과 다른 논리값을 갖는 것은?

① $(A+B)(\bar{A}+\bar{B})$ ② $(A+B)(\overline{AB})$

③ $\bar{A}B+A\bar{B}$ ④ $\overline{(A+B)(A+B)}$

89 그림과 같은 논리회로의 출력 논리식이 아닌 것은?

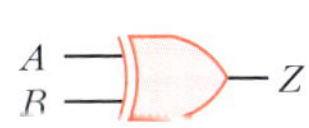

① $Z=\overline{(A \cdot B+(\overline{A+B}))}$

② $Z=A \cdot \bar{B}+\bar{A} \cdot B$

③ $Z=(A+B)\overline{A \cdot B}$

④ $Z=(\overline{A+B})(A \cdot B)$

90 XOR와 XNOR에 해당하는 논리식을 상호 변환한 아래의 식 중에서 틀린 것은?

① $(\bar{A}+B)(A+\bar{B})=\overline{A \oplus B}$

② $(\bar{A} \cdot B)+(A \cdot \bar{B})=A \oplus B$

③ $(\bar{A}+\bar{B})(A+B)=A \oplus B$

④ $(\bar{A} \cdot \bar{B})(A+B)=\overline{A \oplus B}$

91 그림과 같은 논리회로의 출력은?

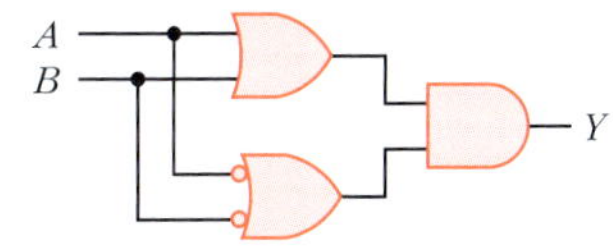

① $Y=AB$ ② $Y=\bar{A}B+AB$

③ $Y=AB+A\bar{B}$ ④ $Y=\bar{A}B+A\bar{B}$

92 그림과 같은 논리회로에서 Y는 어떻게 표시되는가?

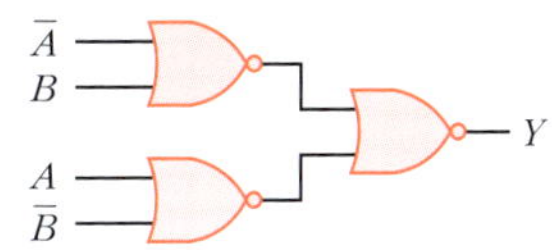

① $Y=\bar{A}\bar{B}$ ② $Y=\bar{A}B+AB$

③ $Y=A\bar{B}+\bar{A}B$ ④ $Y=AB+\bar{A}\bar{B}$

93 다음의 NOR 게이트로 이루어진 회로는 어느 게이트와 같은가?

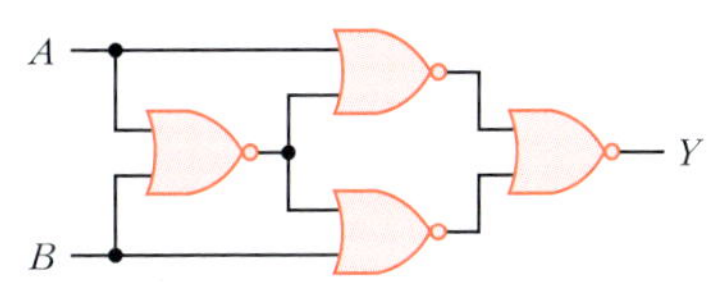

① AND ② XOR

③ XNOR ④ NAND

94 XOR 기능을 수행하기 위해 필요한 NAND 게이트의 수는?

① 2개 ② 3개 ③ 4개 ④ 5개

95 그림에서 NAND 게이트로 구성된 논리회로의 기능은 어느 게이트와 같은가? 단, A, B는 입력 단자, Y는 출력 단자다.

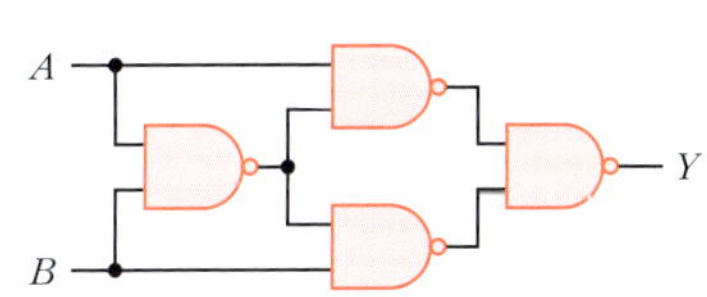

① AND 게이트 ② NOR 게이트

③ XOR 게이트 ④ XNOR 게이트

96 다음 논리회로의 출력은?

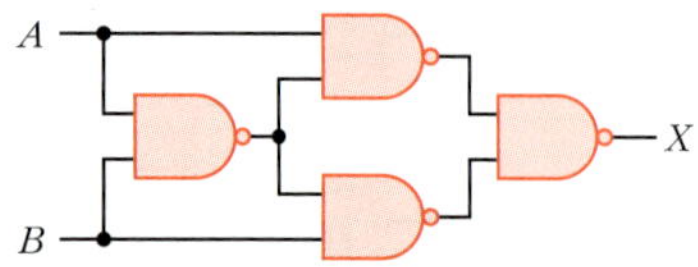

① $(A+B)(\bar{A}+\bar{B})$
② $AB \cdot \overline{AB}$
③ $\bar{A}\bar{B}(A+B)$
④ AB

97 그림과 같은 논리회로의 출력 X는?

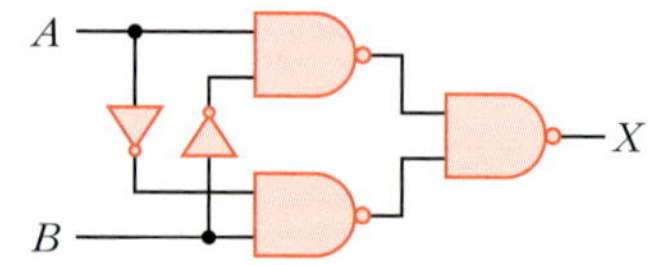

① $A \oplus B$
② $AB+\bar{A}\bar{B}$
③ $A\bar{B}$
④ $\overline{A+\bar{B}}$

1 ④	2 ②	3 ①	4 ④	5 ①	6 ④	7 ①	8 ②	9 ②	10 ③	11 ②	12 ④
13 ②	14 ④	15 ③	16 ④	17 ②	18 ①	19 ②	20 ①	21 ①	22 ①	23 ①	24 ②
25 ④	26 ③	27 ②	28 ③	29 ①	30 ①	31 ④	32 ④	33 ①	34 ①	35 ④	36 ①
37 ②	38 ②	39 ①	40 ②	41 ①	42 ①	43 ①	44 ①	45 ④	46 ③	47 ②	48 ②
49 ①	50 ③	51 ③	52 ①	53 ③	54 ④	55 ③	56 ②	57 ①	58 ④	59 ④	60 ③
61 ④	62 ④	63 ③	64 ③	65 ③	66 ③	67 ③	68 ④	69 ①	70 ②	71 ④	72 ③
73 ④	74 ④	75 ①	76 ③	77 ④	78 ③	79 ①	80 ②	81 ③	82 ②	83 ③	84 ②
85 ①	86 ②	87 ③	88 ④	89 ④	90 ④	91 ④	92 ④	93 ③	94 ③	95 ③	96 ①
97 ①											

Chapter

07

조합논리회로

01 가산기

02 비교기

03 디코더

04 인코더

05 멀티플렉서

06 디멀티플렉서

07 코드 변환기

08 패리티 발생기/검출기

연습문제

기출문제

학습목표

- 반가산기, 전가산기, 고속 가산기, 반감산기, 전감산기 및 비교기 회로를 설계할 수 있다.
- 디코더와 인코더 동작 원리를 이해하고 응용회로를 설계할 수 있다.
- 멀티플렉서와 디멀티플렉서의 동작 원리를 이해하고 응용회로를 설계할 수 있다.
- 각종 코드를 변환하는 회로를 설계할 수 있다.
- 패리티 발생기와 검출기의 동작 원리를 이해하고 응용회로를 설계할 수 있다.

01 가산기

조합논리회로는 논리곱(AND), 논리합(OR), 논리 부정(NOT)의 세 가지 기본 논리회로의 조합으로 만들어지며, 입력 신호, 논리 게이트 및 출력 신호로 구성된다. 논리 게이트는 입력 신호를 받아서 출력 신호를 생성하며, 이 과정에서 2진 입력 데이터를 조합하여 원하는 2진 출력 데이터를 생성한다.

[그림 7-1]은 입력 n개를 받아 출력 m개를 생성하는 조합논리회로의 블록도다. n개의 입력 신호는 2^n개의 입력 조합이 가능하며, 이들 입력 조합에 따라 각 출력 신호가 결정된다. 입력 신호 n개의 조합을 진리표로 나타내고, 이를 이용해 출력 함수를 만든다. 서로 다른 m개의 출력을 생성하기 위해서는 m개의 논리 함수가 필요하다.

블록도
회로나 시스템을 상자 형태로 그린 간단화된 기능적 표현

그림 7-1 조합논리회로 블록도

7장에서는 조합논리회로의 기본이 되는 가산기adder, 비교기comparator, 디코더decoder, 인코더encoder, 멀티플렉서multiplexer, 디멀티플렉서demultiplexer, 코드 변환기code converter, 감산기subtractor 등의 회로를 설계하는 방법과 이들 회로를 이용하는 방법에 대해서 알아본다.

우선 기본이 되는 가산기부터 살펴보자. 기본 가산기에는 반가산기HA, half-adder와 전가산기FA, full-adder가 있으며, 이들을 이용한 병렬 가산기, 고속 가산기 등이 있다.

1 반가산기

반가산기는 한 자리 2진수 2개를 입력하여 합sum : S과 캐리carry : C, 자리올림를 계산하는 덧셈 회로다. 다음과 같이 캐리 C는 입력 A와 B가 모두 1인 경우에만 1이 되고, 합 S는 입력 A와 B 둘 중 하나만 1일 때 1이 된다.

$$\begin{array}{r} A \\ +\ B \\ \hline CS \end{array} \qquad \begin{array}{r} 0 \\ +\ 0 \\ \hline 00 \end{array} \qquad \begin{array}{r} 0 \\ +\ 1 \\ \hline 01 \end{array} \qquad \begin{array}{r} 1 \\ +\ 0 \\ \hline 01 \end{array} \qquad \begin{array}{r} 1 \\ +\ 1 \\ \hline 10 \end{array}$$

반가산기의 진리표, 논리식, 논리회로 및 논리 기호는 [그림 7-2]와 같다.

입력		출력	
A	B	S	C
0	0	0	0
0	1	1	0
1	0	1	0
1	1	0	1

$S=\overline{A}B+A\overline{B}=A\oplus B$
$C=AB$

(a) 진리표와 논리식

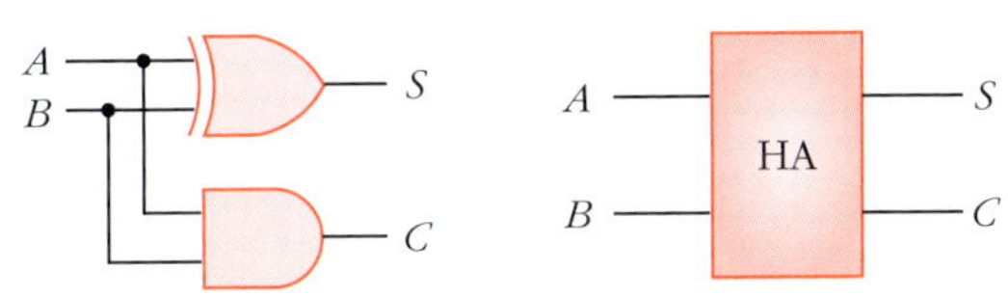

(b) 논리회로 (c) 논리 기호

그림 7-2 반가산기

2 전가산기

반가산기는 2진수 한 자리 덧셈을 하므로 아랫자리에서 발생한 캐리를 고려하지 않기 때문에 2비트 이상의 2진수 덧셈은 할 수 없다. 이 캐리를 고려하여 만든 덧셈 회로가 전가산기이다. 전가산기는 두 개의 2진수 입력 A, B와 아랫자리로부터 올라온 캐리 C_i를 포함하여 한 자리 2진수 3개를 더하는 조합논리회로다. 캐리 C_i를 고려하여 2진수 3개를 더하는 모든 경우는 다음과 같다.

$$\begin{array}{r} C_i \\ A \\ +\ B \\ \hline C_o\,S \end{array} \quad \begin{array}{r} 0 \\ 0 \\ +\ 0 \\ \hline 00 \end{array} \quad \begin{array}{r} 1 \\ 0 \\ +\ 0 \\ \hline 01 \end{array} \quad \begin{array}{r} 0 \\ 1 \\ +\ 0 \\ \hline 01 \end{array} \quad \begin{array}{r} 1 \\ 1 \\ +\ 0 \\ \hline 10 \end{array} \quad \begin{array}{r} 0 \\ 0 \\ +\ 1 \\ \hline 01 \end{array} \quad \begin{array}{r} 1 \\ 0 \\ +\ 1 \\ \hline 10 \end{array} \quad \begin{array}{r} 0 \\ 1 \\ +\ 1 \\ \hline 10 \end{array} \quad \begin{array}{r} 1 \\ 1 \\ +\ 1 \\ \hline 11 \end{array}$$

[그림 7-3](a)의 전가산기 진리표를 이용해 논리식을 정리하면 다음과 같다. 회로를 간단하게 만들기 위해 S 및 C_o의 논리식은 $A \oplus B$를 공통으로 이용할 수 있도록 바꾼다.

$$\begin{aligned} S &= \bar{A}\bar{B}C_i + \bar{A}B\overline{C_i} + A\bar{B}\overline{C_i} + ABC_i \\ &= \bar{A}(\bar{B}C_i + B\overline{C_i}) + A(\bar{B}\overline{C_i} + BC_i) \\ &= \bar{A}(B \oplus C_i) + A(\overline{B \oplus C_i}) \\ &= A \oplus (B \oplus C_i) = (A \oplus B) \oplus C_i \end{aligned}$$

$$\begin{aligned} C_o &= \bar{A}BC_i + A\bar{B}C_i + AB\overline{C_i} + ABC_i \\ &= C_i(\bar{A}B + A\bar{B}) + AB(\overline{C_i} + C_i) \\ &= C_i(A \oplus B) + AB \end{aligned}$$

입력			출력	
A	B	C_i	S	C_o
0	0	0	0	0
0	0	1	1	0
0	1	0	1	0
0	1	1	0	1
1	0	0	1	0
1	0	1	0	1
1	1	0	0	1
1	1	1	1	1

$S = (A \oplus B) \oplus C_i$

$C_o = C_i(A \oplus B) + AB$

(a) 진리표와 논리식

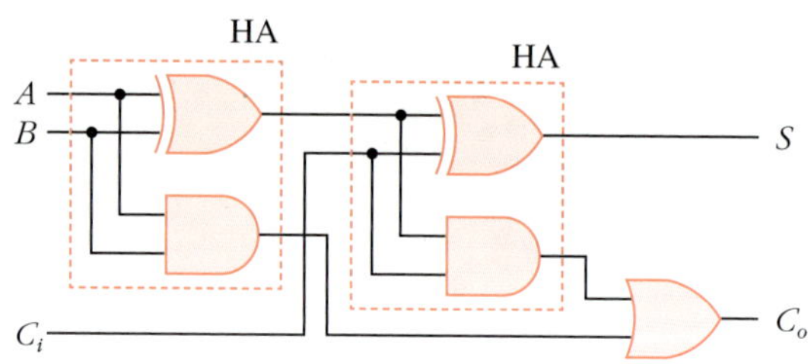

(b) 논리회로

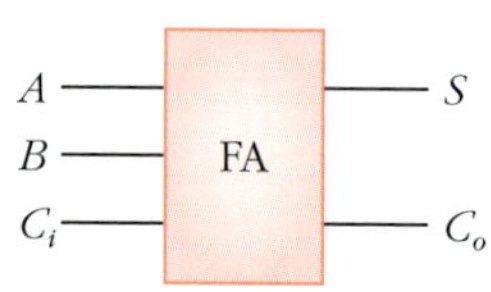

(c) 논리 기호

그림 7-3 전가산기

[그림 7-3](b)에서 보는 바와 같이 전가산기 회로는 반가산기 2개와 OR 게이트 1개를 이용해 나타낼 수 있다.

3 병렬 가감산기

전가산기 여러 개를 병렬로 연결하여 2비트 이상인 가산기를 만들 수 있으며, 이를 병렬 가산기parallel-adder라고 한다. [그림 7-4]는 4비트 병렬 가산기로 입력 A, B가 각각 4비트이며, 전가산기의 최하위 비트의 캐리는 0을 입력한다. 계산 결과 합은 $S_3S_2S_1S_0$이며, 마지막 캐리는 C_4이다.

이 병렬 가산기의 B 입력을 [그림 7-5]에서처럼 부호 S^{Sign}와 XOR하여 전가산기의 입력으

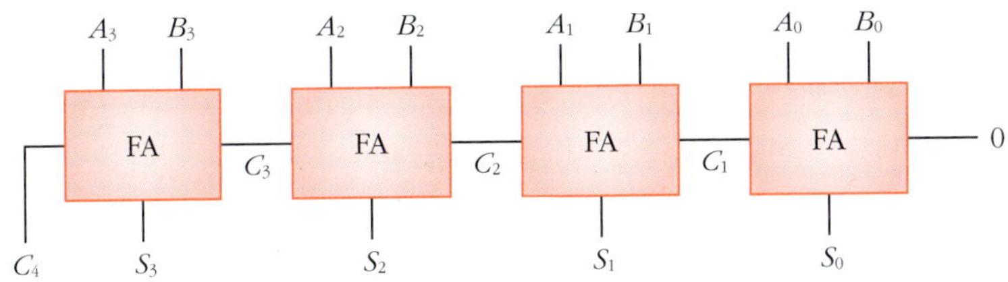

그림 7-4 전가산기를 이용한 병렬 가산기

로 사용하면 덧셈과 뺄셈이 모두 가능하다. 즉, $S = 0$이면 B의 값이 그대로 전가산기로 입력되어 덧셈이 되고, $S = 1$이면 B의 값이 반전, 즉 1의 보수가 되어 입력된다. 또한 뺄셈의 경우($S = 1$) 맨 오른쪽 전가산기의 캐리 입력 $C_0 = 1$이 되어 결과적으로 B의 1의 보수에 1이 더해져서 2의 보수가 만들어진다. 그러므로 [그림 7-5]를 **병렬 가감산기**parallel-adder/subtractor 회로라고 한다.

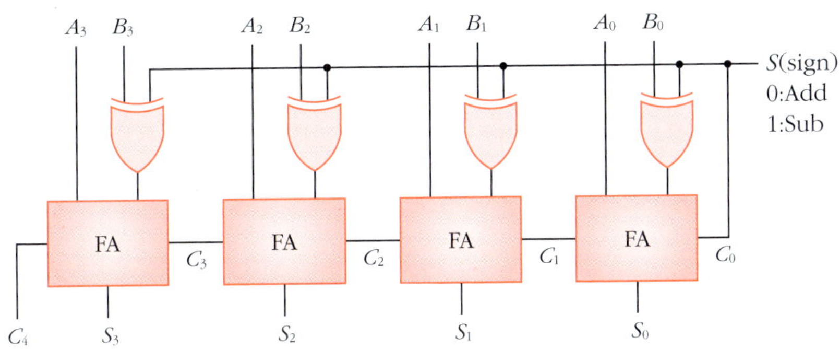

그림 7-5 병렬 가감산기

4 고속 가산기

디지털 시스템에서 속도는 매우 중요한 요소다. 대표적으로 가산기를 들 수 있다. [그림 7-5]의 병렬 가산기는 속도가 매우 느리다. 그 원인은 이랫단에서 윗단으로 전달되는 캐리 때문이다. 이를 **리플-캐리**ripple carry라고 한다. 아랫단 가산기의 결과가 나와야만 바로 윗단을 계산할 수 있기 때문이다. 즉, 하나의 전가산기에서 캐리가 나오기까지 게이트 4개(XOR 2개, AND, OR)를 거치며, 3단계에 설쳐 최종 출력이 니오게 된다. 전가산기 한 개를 지날 때마다 점점 더 지연이 심해짐을 알 수 있다. 비트가 늘어날수록 병렬 가산기는 지연이 더욱 심해질 것이다. 특히 컴퓨터의 CPU와 같이 빠른 계산을 요구하는 시스템에서는 심각한 문제다.

이것을 해결하기 위해 **캐리 예측 가산기**CLA, carry-lookahead-adder를 사용한다. CLA의 원리는 캐리를 미리 계산하여 위로 보내는 것이다. i단에서 발생하는 캐리의 논리식은 A_i, B_i 모두 1일 때, 또는 A_i, B_i 둘 중 하나가 1이고 C_i가 1일 때 캐리가 발생하므로 다음과 같다.

$$C_{i+1} = A_iB_i + (A_i \oplus B_i)C_i = A_iB_i + (A_i + B_i)C_i = G_i + P_iC_i$$

여기서 $G_i = A_iB_i$, $P_i = (A_i \oplus B_i)$이며, G와 P는 각각 generate와 propagate를 의미한다. 4비트 가산기에서 위 식을 정리하면 다음과 같다.

$$
\begin{aligned}
C_1 &= G_0 + P_0C_0 \\
C_2 &= G_1 + P_1C_1 = G_1 + P_1(G_0 + P_0C_0) = G_1 + P_1G_0 + P_1P_0C_0 \\
C_3 &= G_2 + P_2C_2 = G_2 + P_2(G_1 + P_1G_0 + P_1P_0C_0) = G_2 + P_2G_1 + P_2P_1G_0 + P_2P_1P_0C_0 \\
C_4 &= G_3 + P_3C_3 = G_3 + P_3(G_2 + P_2G_1 + P_2P_1G_0 + P_2P_1P_0C_0) \\
&= G_3 + P_3G_2 + P_3P_2G_1 + P_3P_2P_1G_0 + P_3P_2P_1P_0C_0 \\
S_i &= A_i \oplus B_i \oplus C_i = P_i \oplus C_i
\end{aligned}
$$

[그림 7-6]과 같이 캐리 예측 가산기는 S_i, G_i, P_i를 발생시키는 부분 전가산기PFA, partial full-adder와 위의 식 C_1, C_2, C_3, C_4를 발생하는 캐리 예측 회로로 구성된다.

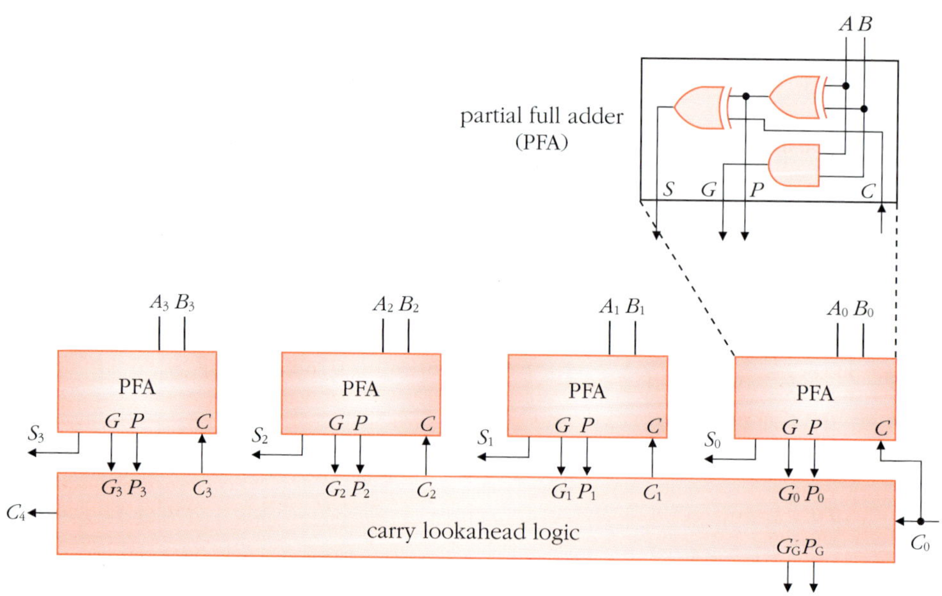

그림 7-6 캐리 예측기를 이용한 4비트 병렬 가산기

4비트 이상의 캐리 예측 가산기를 만든다면 아주 복잡해진다. 그래서 일반적으로 [그림 7-7]과 같이 4비트 캐리 예측 가산기 모듈을 이용해 16비트 캐리 예측 가산기를 만들어 사용한다.

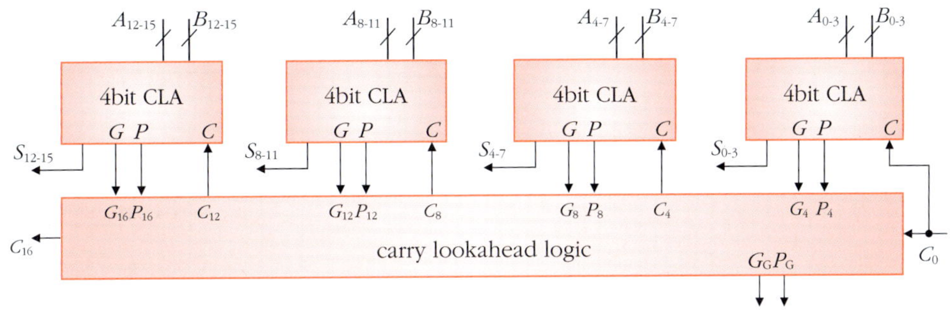

그림 7-7 캐리 예측기를 이용한 16비트 병렬 가산기

캐리 예측기에서 발생하는 P_G와 G_G는 다음과 같다.

$$P_G = P_3P_2P_1P_0,\quad G_G = G_3 + P_3G_2 + P_3P_2G_1 + P_3P_2P_1G_0$$

IC 74182 핀 배치도

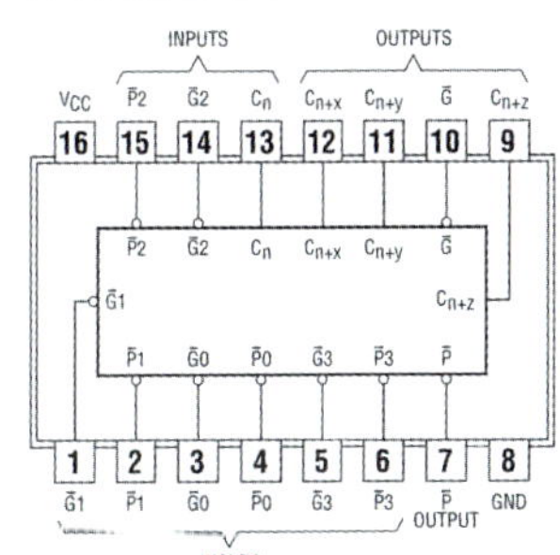

[그림 7-8]은 캐리 예측 발생기 IC인 74182의 회로다.

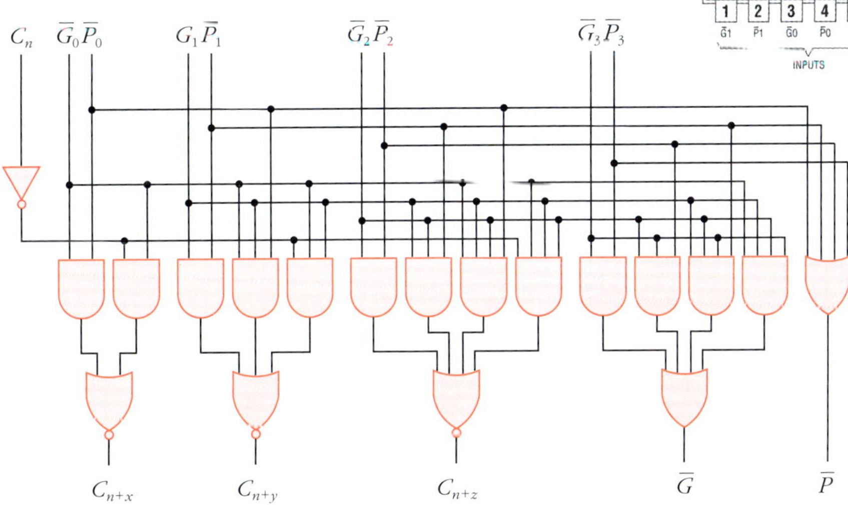

그림 7-8 캐리 예측 발생기 IC 74182의 회로

7483/74283은 4비트 2진 전가산기로 내부에 CLA 회로가 있으며 개념도는 [그림 7-9]와 같다. 입력은 하위에서 올라오는 캐리(C_0)와 2쌍의 4비트 데이터(A_4~A_1, B_4~B_1)가 있으며, 출력은 2진 합(Σ_4~Σ_1)과 상위로 전달할 캐리(C_4)를 가지고 있다.

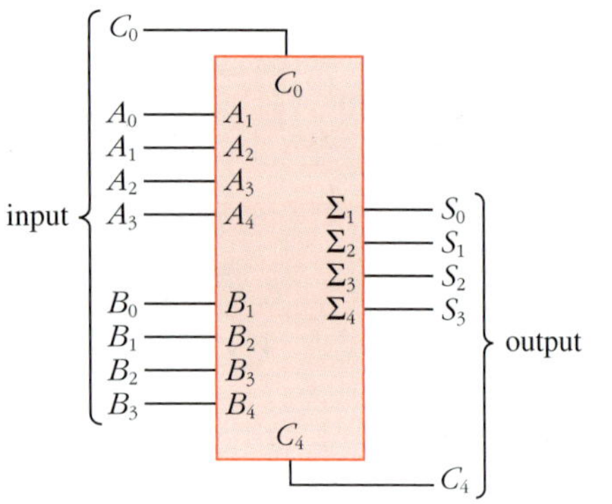

그림 7-9 IC 7483, 74283의 개념도

IC 7483 핀 배치도

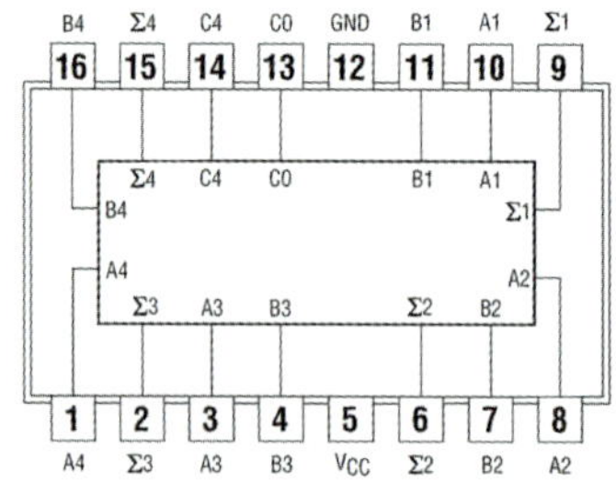

IC 74283 핀 배치도

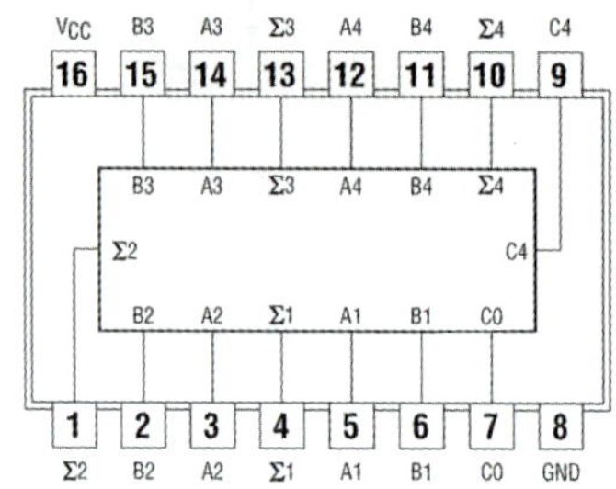

예제 7-1

4비트 병렬 가산기인 IC 7483 두 개를 사용하여 8비트 병렬 가산기를 구성하시오.

풀이

다음 그림과 같이 하위 가산기(IC1)의 캐리 출력(14번 핀)을 상위 가산기(IC2)의 캐리 입력(13번 핀)으로 연결하면 된다. 하위 가산기는 캐리 입력이 없으므로 IC1의 13번 핀은 접지한다.

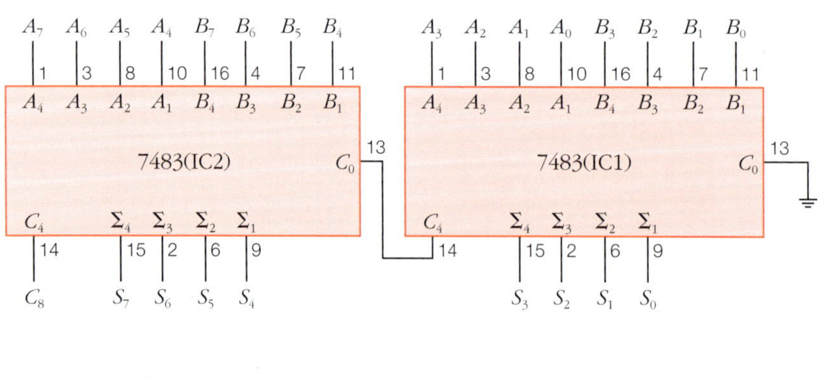

5 BCD 가산기

BCD 코드는 2진수와 달리 표현 범위가 0에서 9까지다. 그러므로 BCD 계산을 하려면 결과를 보정해야 한다. [표 7-1]은 2진수 덧셈과 BCD 덧셈의 진리표다. 결과가 2진수 합으로 나오게 될 때 BCD 합으로 바꾸는 방법을 살펴보자.

BCD는 0~9(0000~1001)까지만 결과가 나와야 하므로, 2진수 합의 결과가 $01010_{(2)}$ ~$10011_{(2)}$(10~19)의 범위일 때 보정해주어야 한다. 결과가 BCD의 범위를 벗어날 때 BCD 가산기는 캐리를 발생시켜야 하고, 하위 4비트의 값을 수정해야 한다.

표 7-1 BCD 덧셈표

2진 합					BCD 합					10진값
K	Z_8	Z_4	Z_2	Z_1	C	S_8	S_4	S_2	S_1	
0	0	0	0	0	0	0	0	0	0	0
0	0	0	0	1	0	0	0	0	1	1
0	0	0	1	0	0	0	0	1	0	2
0	0	0	1	1	0	0	0	1	1	3
0	0	1	0	0	0	0	1	0	0	4
0	0	1	0	1	0	0	1	0	1	5
0	0	1	1	0	0	0	1	1	0	6
0	0	1	1	1	0	0	1	1	1	7
0	1	0	0	0	0	1	0	0	0	8
0	1	0	0	1	0	1	0	0	1	9
0	1	0	1	0	1	0	0	0	0	10
0	1	0	1	1	1	0	0	0	1	11
0	1	1	0	0	1	0	0	1	0	12
0	1	1	0	1	1	0	0	1	1	13
0	1	1	1	0	1	0	1	0	0	14
0	1	1	1	1	1	0	1	0	1	15
1	0	0	0	0	1	0	1	1	0	16
1	0	0	0	1	1	0	1	1	1	17
1	0	0	1	0	1	1	0	0	0	18
1	0	0	1	1	1	1	0	0	1	19

BCD 합에서 캐리가 발생하는 경우를 논리식으로 나타내면 [표 7-1]에서 K가 1일 때 항상 C가 1이 되며, $F(Z_8, Z_4, Z_2, Z_1) = \Sigma m(10, 11, 12, 13, 14, 15) = Z_8Z_4 + Z_8Z_2$일 때 C가 1이므로 다음과 같은 식이 만들어진다. 여기서 Z_i는 [표 7-1]에서 보는 것처럼 2진수로 합을 계산했을 때의 결과 비트들이다.

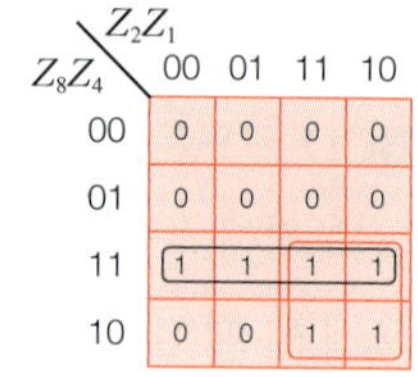

$$C = K + Z_8Z_4 + Z_8Z_2$$

예를 들어, BCD 연산 $6 + 7 = 0110 + 0111 = 0\ 1101_{(2)}$이 되며, 이 결과는 BCD가 아니므로 BCD로 만들어야 한다. BCD 값 2개를 더했을 때 결과값의 하위 4비트가 BCD 표현 범위 내에 있지 않으면 0110(=6)을 더해준다. 즉, $0\ 1101 + 0110 = 1\ 0011$이 된다. 이때 BCD의 상위 자리로 캐리($1_{(BCD)}$)가 올라가며 합은 $0011_{(BCD)}$이 된다. [그림 7-10]은 BCD 가산기의 블록도다.

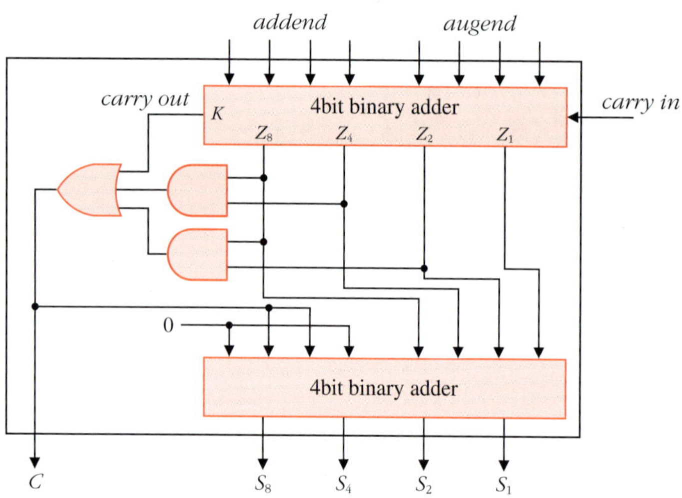

그림 7-10 BCD 가산기

6 반감산기와 전감산기

반감산기half subtractor는 한 자리 2진수 2개를 입력하여 차difference(D)와 빌림 수borrow(K)를 계산하는 뺄셈 회로다. A(0)에서 B(1)를 뺄 수 없으면 윗자리에서 빌려 와서 빼야 하며, 이때 빌림 수는 윗자리에서 가져오므로 2이다. 따라서 뺄셈의 결과는 $2-1=1$이 되고, 값을 빌려 왔으므로 빌림 수 K는 1이다.

A	0	0	1	1
$-\ B$	$-\ 0$	$-\ 1$	$-\ 0$	$-\ 1$
$K\ D$	0 0	1 1	0 1	0 0

반감산기의 진리표, 논리식, 논리회로는 [그림 7-11]과 같다.

입력		출력		설명($D=A-B$)		
A	B	D	K	뺄셈이 안 되면 위에서 빌려 와서 계산한다.		
0	0	0	0	$0-0=0$	빌림 수 없음 ($K=0$)	$\therefore D=0$
0	1	1	1	$0-1=-1$	빌림 수 2 ($K=1$)	$\therefore D=2-1=1$
1	0	1	0	$1-0=1$	빌림 수 없음 ($K=0$)	$\therefore D=1$
1	1	0	0	$1-1=0$	빌림 수 없음 ($K=0$)	$\therefore D=0$

$D=\bar{A}B+A\bar{B}=A\oplus B,\quad K=\bar{A}B$

(a) 진리표와 논리식

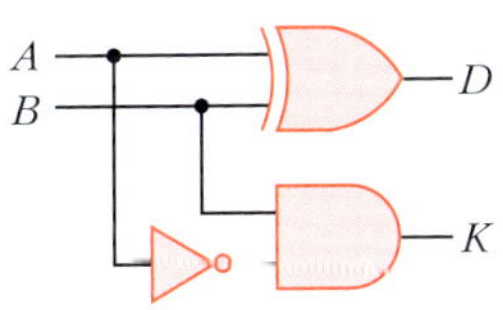

(b) 논리회로

그림 7-11 반감산기

전감산기full subtractor는 두 2진수 입력 A, B와 아래 단으로 빌려주는 수 K_i를 포함하여 $A-B-K_i$를 계산하는 조합논리회로다. 계산이 안 될 때, 즉, $A-B-K_i$가 음수이면 위의 자리에서 빌려 와서 계산한다. 위에서 빌려 오는 수는 현재 자리보다 한 단계 높은 자리이므로 2이다. 전감산기의 진리표, 논리식, 논리회로는 [그림 7-12]와 같다.

입력			출력		설명($D=A-B-K_i$)		
A	B	K_i	D	K_o	빼셈이 안 되면 위에서 빌려 와서 계산한다.		
0	0	0	0	0	0−0−0=0	빌림 수 없음 ($K_o=0$)	$\therefore D=0$
0	0	1	1	1	0−0−1=−1	빌림 수 2 ($K_o=1$)	$\therefore D=2-1=1$
0	1	0	1	1	0−1−0=−1	빌림 수 2 ($K_o=1$)	$\therefore D=2-1=1$
0	1	1	0	1	0−1−1=−2	빌림 수 2 ($K_o=1$)	$\therefore D=2-2=0$
1	0	0	1	0	1−0−0=1	빌림 수 없음 ($K_o=0$)	$\therefore D=1$
1	0	1	0	0	1−0−1=0	빌림 수 없음 ($K_o=0$)	$\therefore D=0$
1	1	0	0	0	1−1−0=0	빌림 수 없음 ($K_o=0$)	$\therefore D=0$
1	1	1	1	1	1−1−1=−1	빌림 수 2 ($K_o=1$)	$\therefore D=2-1=1$

$$\begin{aligned} D &= \bar{A}\bar{B}K_i + \bar{A}B\overline{K_i} + A\bar{B}\overline{K_i} + ABK_i \\ &= \bar{A}(\bar{B}K_i + B\overline{K_i}) + A(\bar{B}\overline{K_i} + BK_i) \\ &= \bar{A}(B\oplus K_i) + A(\overline{B\oplus K_i}) \\ &= A\oplus(B\oplus K_i) = (A\oplus B)\oplus K_i \end{aligned}$$

$$\begin{aligned} K_o &= \bar{A}\bar{B}K_i + \bar{A}B\bar{K}_i + \bar{A}BK_i + ABK_i \\ &= (\bar{A}\bar{B} + AB)K_i + \bar{A}B(\bar{K}_i + K_i) \\ &= (\overline{A\oplus B})K_i + \bar{A}B \end{aligned}$$

(a) 진리표와 논리식

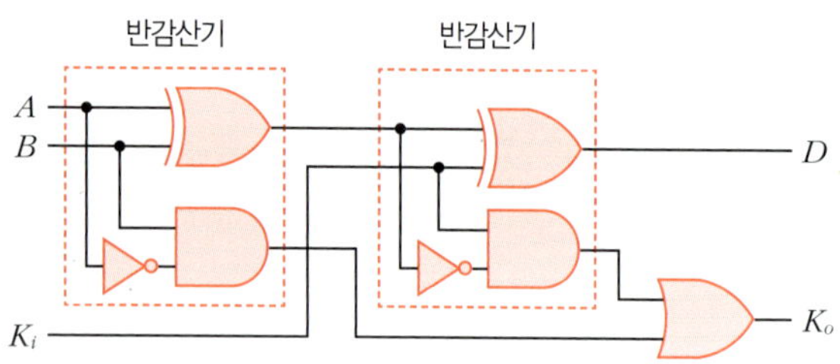

(b) 논리회로

그림 7-12 전감산기

[그림 7−12](b)에서 보는 바와 같이 전감산기 회로는 반감산기 2개와 OR 게이트 1개를 이용해 나타낼 수 있다.

02 비교기

2진 비교기comparator는 두 2진수 값의 크기를 비교하는 회로다. 1비트 비교기부터 살펴보자. [표 7-2]의 진리표에서 각 출력 논리식은 다음과 같고 논리회로는 [그림 7-13]과 같다.

$$F_1 = \overline{A \oplus B},\quad F_2 = A \oplus B,\quad F_3 = A\bar{B},\quad F_4 = \bar{A}B$$

표 7-2 1비트 비교기 진리표

입력		출력			
A	B	$A=B$ F_1	$A \neq B$ F_2	$A>B$ F_3	$A<B$ F_4
0	0	1	0	0	0
0	1	0	1	0	1
1	0	0	1	1	0
1	1	1	0	0	0

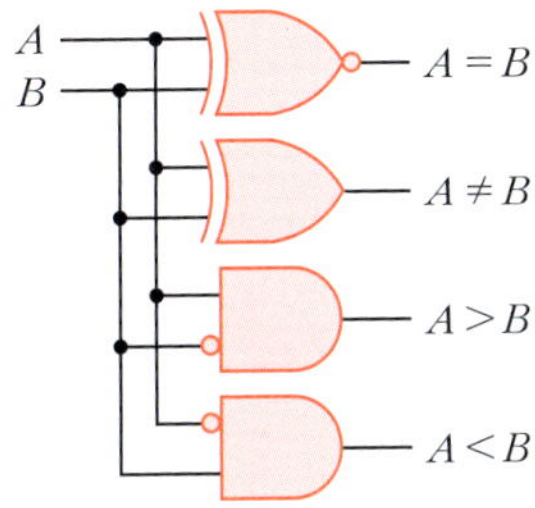

그림 7-13 1비트 비교기 회로

다음으로 2비트 비교기 회로를 설계해보자. [표 7-3]의 진리표로부터 4변수 카르노 맵을 그려 논리식을 구하는 과정은 [그림 7-14]에 나타냈다.

표 7-3 2비트 비교기 진리표

입력		출력			
A A_2A_1	B B_2B_1	$A=B$ F_1	$A \neq B$ F_2	$A>B$ F_3	$A<B$ F_4
0 0	0 0	1	0	0	0
	0 1	0	1	0	1
	1 0	0	1	0	1
	1 1	0	1	0	1
0 1	0 0	0	1	1	0
	0 1	1	0	0	0
	1 0	0	1	0	1
	1 1	0	1	0	1
1 0	0 0	0	1	1	0
	0 1	0	1	1	0
	1 0	1	0	0	0
	1 1	0	1	0	1
1 1	0 0	0	1	1	0
	0 1	0	1	1	0
	1 0	0	1	1	0
	1 1	1	0	0	0

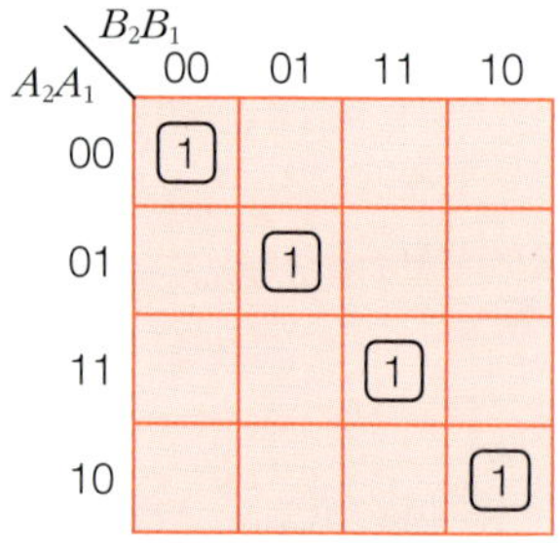

$$F_1 = \overline{A}_2\overline{A}_1\overline{B}_2\overline{B}_1 + \overline{A}_2A_1\overline{B}_2B_1 + A_2A_1B_2B_1 + A_2\overline{A}_1B_2\overline{B}_1$$
$$= \overline{A}_2\overline{B}_2(\overline{A}_1\overline{B}_1 + A_1B_1) + A_2B_2(A_1B_1 + \overline{A}_1\overline{B}_1)$$
$$= \overline{A}_2\overline{B}_2(\overline{A_1 \oplus B_1}) + A_2B_2(\overline{A_1 \oplus B_1})$$
$$= (\overline{A_2 \oplus B_2})(\overline{A_1 \oplus B_1})$$

(a) F_1

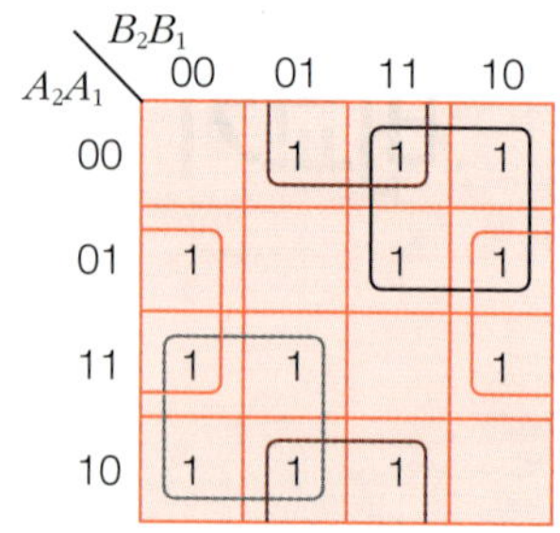

$$F_2 = A_2\overline{B}_2 + \overline{A}_2B_2 + A_1\overline{B}_1 + \overline{A}_1B_1$$
$$= (A_2 \oplus B_2) + (A_1 \oplus B_1)$$

(b) F_2

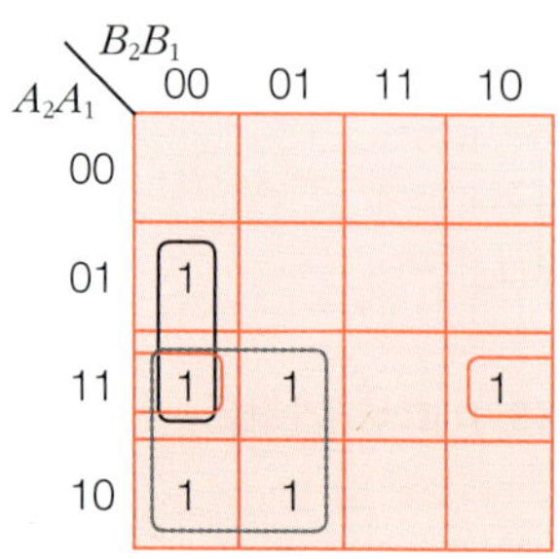

$$F_3 = A_2\overline{B}_2 + A_1\overline{B}_2\overline{B}_1 + A_2A_1\overline{B}_1$$

(c) F_3

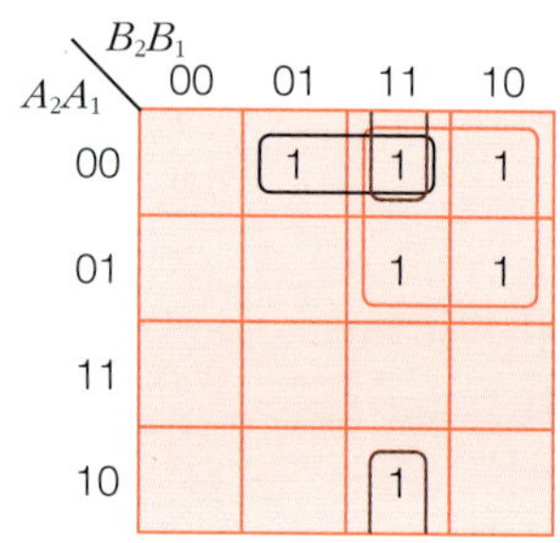

$$F_4 = \overline{A}_2B_2 + \overline{A}_2\overline{A}_1B_1 + \overline{A}_1B_2B_1$$

(d) F_4

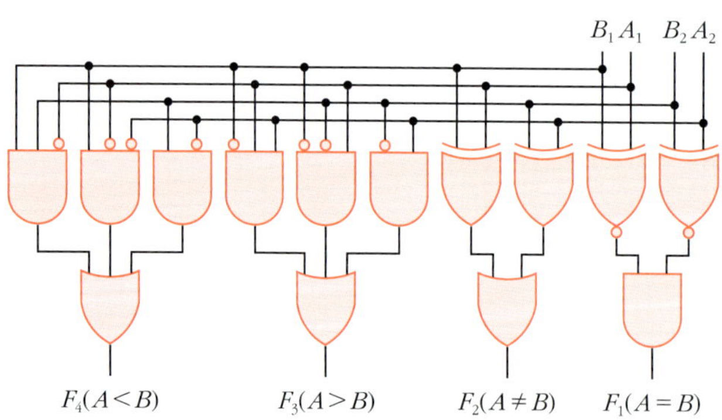

(e) 2비트 비교기 회로도

그림 7-14 2비트 비교기 회로 설계 과정과 회로도

[표 7-4]는 4비트 2진수 비교기인 IC 7485의 진리표다.

표 7-4 4비트 비교기 IC 7485 진리표

입력							출력		
A_3, B_3	A_2, B_2	A_1, B_1	A_0, B_0	$AGBI$ $A>B$	$ALBI$ $A<B$	$AEBI$ $A=B$	$AGBO$ $A>B$	$ALBO$ $A<B$	$AEBO$ $A=B$
$A_3>B_3$	×	×	×	×	×	×	1	0	0
$A_3<B_3$	×	×	×	×	×	×	0	1	0
$A_3=B_3$	$A_2>B_2$	×	×	×	×	×	1	0	0
$A_3=B_3$	$A_2<B_2$	×	×	×	×	×	0	1	0
$A_3=B_3$	$A_2=B_2$	$A_1>B_1$	×	×	×	×	1	0	0
$A_3=B_3$	$A_2=B_2$	$A_1<B_1$	×	×	×	×	0	1	0
$A_3=B_3$	$A_2=B_2$	$A_1=B_1$	$A_0>B_0$	×	×	×	1	0	0
$A_3=B_3$	$A_2=B_2$	$A_1=B_1$	$A_0<B_0$	×	×	×	0	1	0
$A_3=B_3$	$A_2=B_2$	$A_1=B_1$	$A_0=B_0$	1	0	0	1	0	0
$A_3=B_3$	$A_2=B_2$	$A_1=B_1$	$A_0=B_0$	0	1	0	0	1	0
$A_3=B_3$	$A_2=B_2$	$A_1=B_1$	$A_0=B_0$	0	0	1	0	0	1
$A_3=B_3$	$A_2=B_2$	$A_1=B_1$	$A_0=B_0$	0	1	1	0	0	1
$A_3=B_3$	$A_2=B_2$	$A_1=B_1$	$A_0=B_0$	1	0	1	0	0	1
$A_3=B_3$	$A_2=B_2$	$A_1=B_1$	$A_0=B_0$	1	1	1	0	0	1
$A_3=B_3$	$A_2=B_2$	$A_1=B_1$	$A_0=B_0$	1	1	0	0	0	0
$A_0=B_3$	$A_2=B_2$	$A_1=B_1$	$A_0=B_0$	0	0	0	1	1	0

[표 7-4] 하단의 5개 행(색칠한 부분)은 비정상적인 입력이 들어온 경우를 나타낸 것으로 제조사에서 정의하였다. *AGBI*나 *ALBI*보다는 *AEBI*에 우선순위를 두고 정의한 것으로 보인다.

IC 7485 핀 배치도

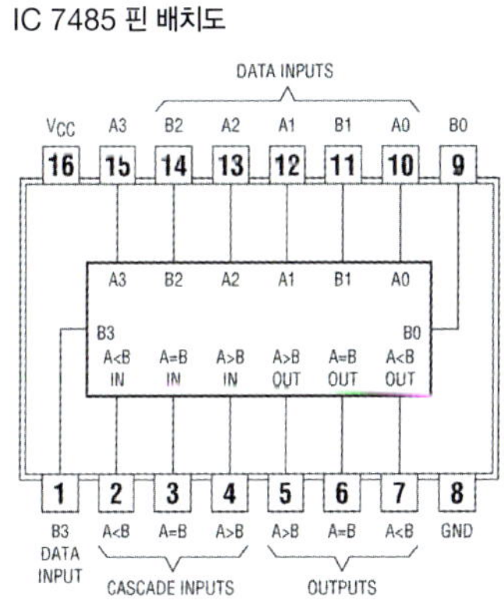

[그림 7-15]는 7485 회로를 간단히 그린 것으로, 실제 IC에는 다단계cascade 입력이 더 있다. 다단계 입력은 4비트가 넘는 2진수를 비교할 때 사용하기 위한 것이다.

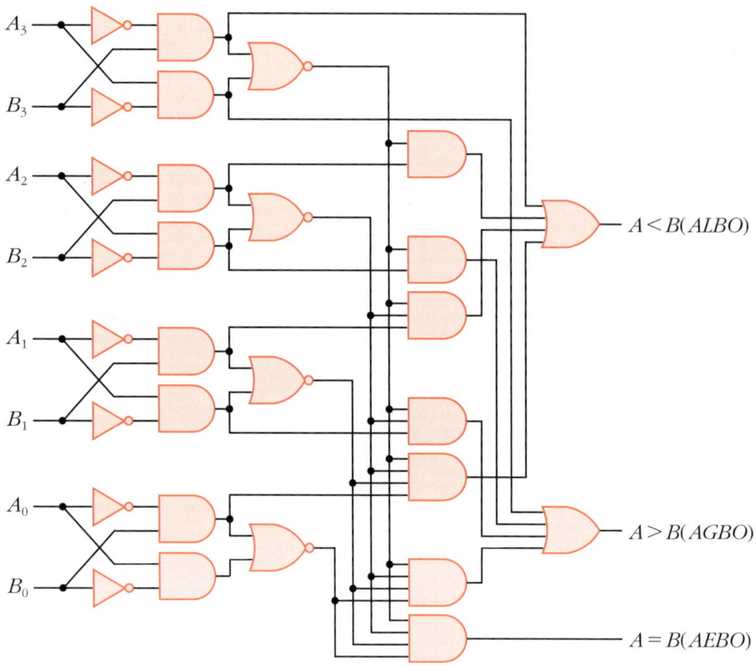

그림 7-15 IC 7485 크기 비교기 회로

[그림 7-16]은 다단계 입력을 이용해 16비트를 비교할 수 있게 연결한 회로다. 7485는 A_3~A_0와 B_3~B_0의 크기를 비교하는 회로이며, A_3과 B_3이 MSB이다. $A>B$일 때 $AGBO$의 출력이 1, $A<B$일 때 $ALBO$의 출력이 1, $A=B$일 때 $AEBO$의 출력이 1이 된다. 확장 입력 $AGBI$, $ALBI$, $AEBI$는 LSB로 입력되며, 즉 아랫단의 $AGBO$, $ALBO$, $AEBO$의 출력이 윗단의 $AGBI$, $ALBI$, $AEBI$의 입력이 된다. 맨 아랫단의 $AGBI$, $ALBI$는 0을 $AEBI$는 1을 입력한다.

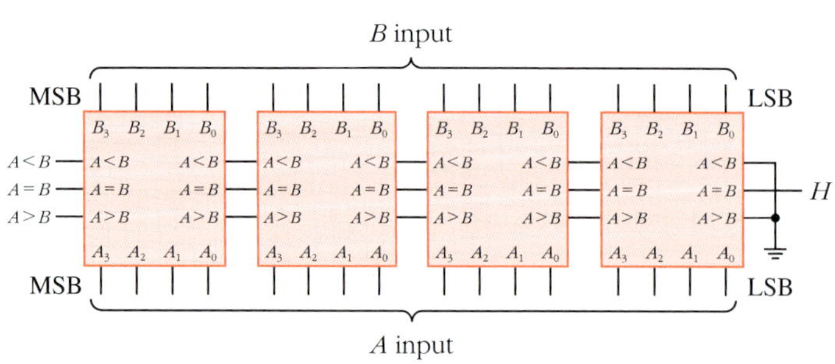

그림 7-16 IC 7485를 이용한 16비트 비교 회로

예제 7-2

4비트 비교기인 IC 7485를 사용하여 각 입력 파형에 대한 출력 파형을 그려 보시오.

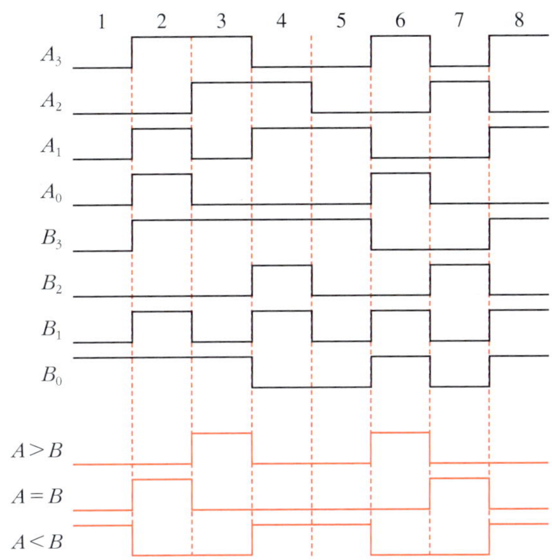

풀이

- 시간 구간 1에서 $A_3A_2A_1A_0=0000$, $B_3B_2B_1B_0=0001$이므로 $A<B$
- 시간 구간 2에서 $A_3A_2A_1A_0=1011$, $B_3B_2B_1B_0=1011$이므로 $A=B$
- 시간 구간 3에서 $A_3A_2A_1A_0=1100$, $B_3B_2B_1B_0=1001$이므로 $A>B$
- 시간 구간 4에서 $A_3A_2A_1A_0=0110$, $B_3B_2B_1B_0=1110$이므로 $A<B$
- 시간 구간 5에서 $A_3A_2A_1A_0=0010$, $B_3B_2B_1B_0=1000$이므로 $A<B$
- 시간 구간 6에서 $A_3A_2A_1A_0=1001$, $B_3B_2B_1B_0=0011$이므로 $A>B$
- 시간 구간 7에서 $A_3A_2A_1A_0=0100$, $B_3B_2B_1B_0=0100$이므로 $A=B$
- 시간 구간 8에서 $A_3A_2A_1A_0=1010$, $B_3B_2B_1B_0=1011$이므로 $A<B$

AGBO
A Greater than B Output

ALBO
A Less than B Output

AEBO
A Equal B Output

AGBI
A Greater than B Input

ALBI
A Less than B Input

AEBI
A Equal B Input

03 디코더

n비트로 된 2진 코드는 서로 다른 2^n개의 정보를 표현할 수 있다. **디코더**decoder는 입력선에 나타나는 n비트 2진 코드를 최대 2^n가지 정보로 바꿔주는 조합논리회로다. 인에이블enable 단자를 가지고 있는 디코더와 각종 코드를 상호 변환하는 디코더도 있다.

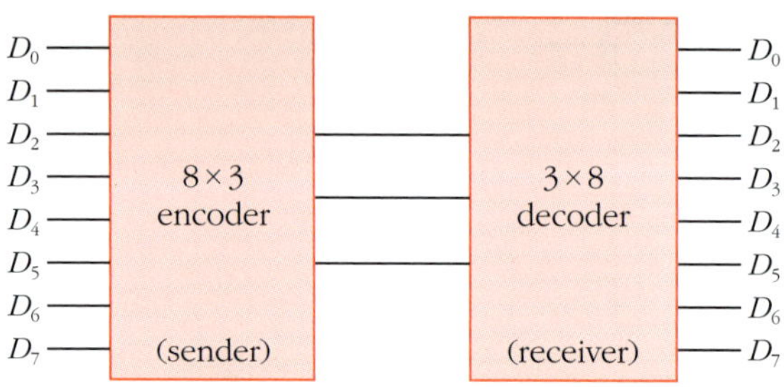

그림 7-17 디코더와 인코더의 기능

인에이블(enable)
함수 또는 회로를 허락하거나 또는 동작하게 한다.

디스에이블(disable)
함수 또는 회로를 허락하지 않거나 또는 동작하지 못하게 한다.

1 1×2 디코더

1 × 2 디코더는 입력 1개와 출력 2(=2^1)개로 구성된다. 입력 1개에 따라 출력 2개 중 하나가 선택된다. 1 × 2 디코더의 진리표와 회로는 [그림 7-18]과 같다.

입력	출력	
A	Y_1	Y_0
0	0	1
1	1	0

$Y_0 = \overline{A}$, $Y_1 = A$

(a) 진리표와 논리식

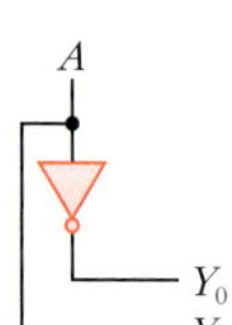

(b) 회로도

그림 7-18 1×2 디코더

인에이블(E)이 있는 1×2 디코더는 [그림 7-19]와 같다. 인에이블이 1일 때 회로가 동작한다.

입력		출력	
E	A	Y_1	Y_0
0	0	0	0
0	1	0	0
1	0	0	1
1	1	1	0

$Y_0 = E\overline{A}, \quad Y_1 = EA$

(a) 진리표와 논리식

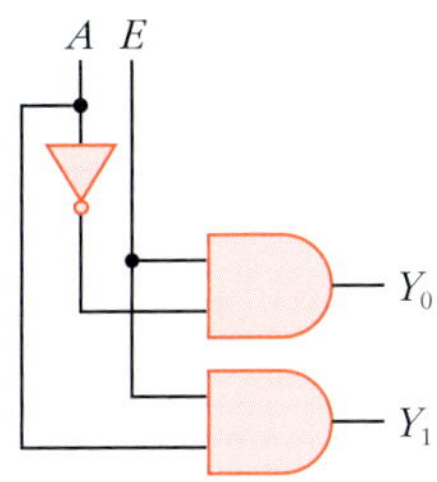

(b) 회로도

그림 7-19 인에이블이 있는 1×2 디코더

2 2×4 디코더

2×4 디코더는 입력 2개와 출력 $4(=2^2)$개로 구성된다. 두 입력에 따라 출력 4개 중 하나가 선택된다. 2×4 디코더의 진리표와 회로는 [그림 7-20]과 같다.

입력		출력			
B	A	Y_3	Y_2	Y_1	Y_0
0	0	0	0	0	1
0	1	0	0	1	0
1	0	0	1	0	0
1	1	1	0	0	0

$Y_0 = \overline{B}\,\overline{A}, \quad Y_1 = \overline{B}A, \quad Y_2 = B\overline{A}, \quad Y_3 = BA$

(a) 진리표와 논리식

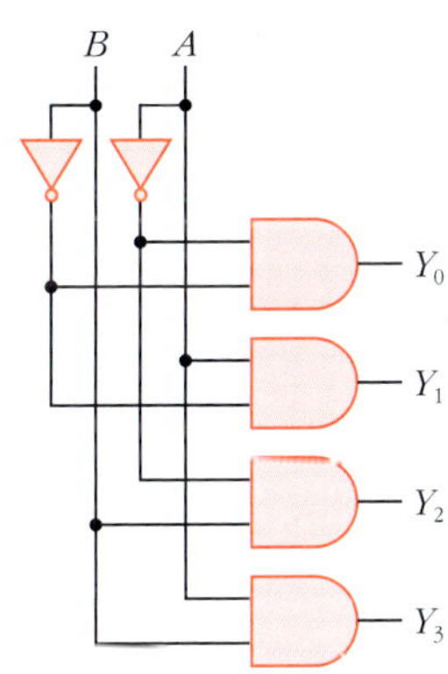

(b) 회로도

그림 7-20 2×4 디코더

실제 IC들은 AND 게이트가 아닌 NAND 게이트로 구성되어 있으며, 출력은 [그림 7-21]과 같이 반대로 된다.

입력		출력			
B	A	Y_3	Y_2	Y_1	Y_0
0	0	1	1	1	0
0	1	1	1	0	1
1	0	1	0	1	1
1	1	0	1	1	1

$Y_0=\overline{\overline{B}\,\overline{A}},\ \ Y_1=\overline{\overline{B}A},\ \ Y_2=\overline{B\overline{A}},\ \ Y_3=\overline{BA}$

(a) 진리표와 논리식

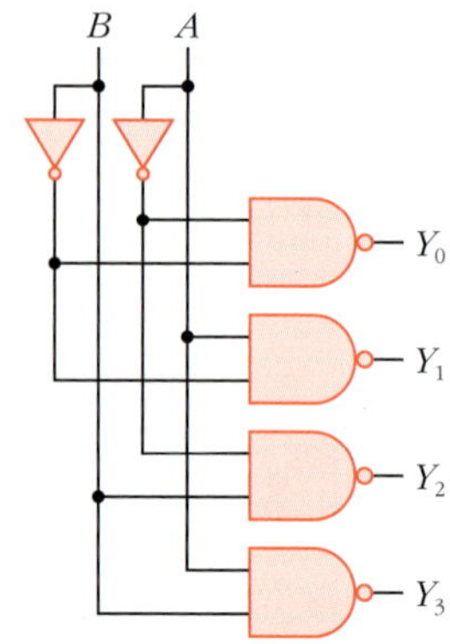

(b) 회로도

그림 7-21 2×4 NAND 디코더

대부분의 디코더 IC는 인에이블 입력이 있어서 회로를 제어한다. [그림 7-22]에서는 인에이블이 0이면 회로가 동작하지 않고, 인에이블이 1일 때만 동작한다.

입력			출력			
E	B	A	Y_3	Y_2	Y_1	Y_0
0	x	x	0	0	0	0
1	0	0	0	0	0	1
1	0	1	0	0	1	0
1	1	0	0	1	0	0
1	1	1	1	0	0	0

$Y_0=E\overline{B}\,\overline{A},\ \ Y_1=E\overline{B}A,\ \ Y_2=EB\overline{A},\ \ Y_3=EBA$

(a) 진리표와 논리식

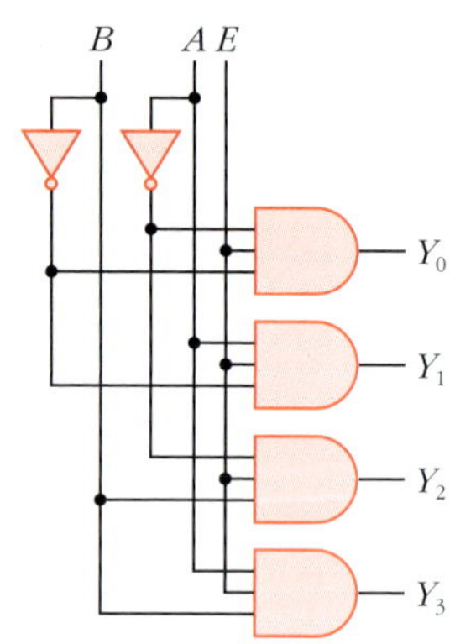

(b) 회로도

그림 7-22 인에이블이 있는 2×4 디코더

[그림 7-23]은 인에이블 입력이 있는 NAND 2×4 디코더이며, 인에이블이 1이면 동작하지 않고, 인에이블이 0일 때만 동작한다. 74139는 인에이블이 있는 2×4 디코더 2개가 포함되어 있는 IC이다.

입력			출력			
E	B	A	Y_3	Y_2	Y_1	Y_0
1	x	x	1	1	1	1
0	0	0	1	1	1	0
0	0	1	1	1	0	1
0	1	0	1	0	1	1
0	1	1	0	1	1	1

$Y_0=\overline{\bar{E}\bar{B}\bar{A}},\ \ Y_1=\overline{\bar{E}\bar{B}A},\ \ Y_2=\overline{\bar{E}B\bar{A}},\ \ Y_3=\overline{\bar{E}BA}$

(a) 진리표와 논리식

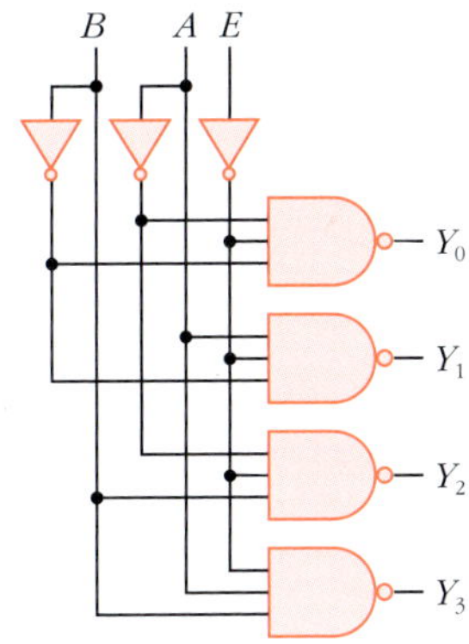

(b) 회로도

IC 74139 핀 배치도

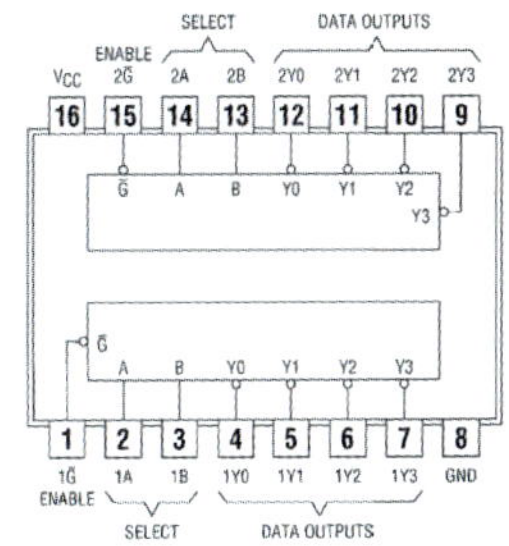

그림 7-23 인에이블이 있는 2×4 NAND 디코더

3 3×8 디코더

3×8 디코더는 입력 3개와 출력 8(=2^3)개로 구성되어 있다. 세 입력에 따라서 출력 8개 중 하나가 선택된다. 3×8 디코더의 진리표는 [표 7-5], 회로도는 [그림 7-24]와 같다.

$$Y_0=\bar{C}\bar{B}\bar{A},\ \ Y_1=\bar{C}\bar{B}A,\ \ Y_2=\bar{C}B\bar{A},\ \ Y_3=\bar{C}BA$$
$$Y_4=C\bar{B}\bar{A},\ \ Y_5=C\bar{B}A,\ \ Y_6=CB\bar{A},\ \ Y_7=CBA$$

표 7-5 3×8 디코더 진리표

입력			출력							
C	B	A	Y_7	Y_6	Y_5	Y_4	Y_3	Y_2	Y_1	Y_0
0	0	0	0	0	0	0	0	0	0	1
0	0	1	0	0	0	0	0	0	1	0
0	1	0	0	0	0	0	0	1	0	0
0	1	1	0	0	0	0	1	0	0	0
1	0	0	0	0	0	1	0	0	0	0
1	0	1	0	0	1	0	0	0	0	0
1	1	0	0	1	0	0	0	0	0	0
1	1	1	1	0	0	0	0	0	0	0

세 입력에 따라 최대 8개의 출력을 얻을 수 있다. 각 출력은 3입력 변수의 최소항 중 하나를 나타낸다.

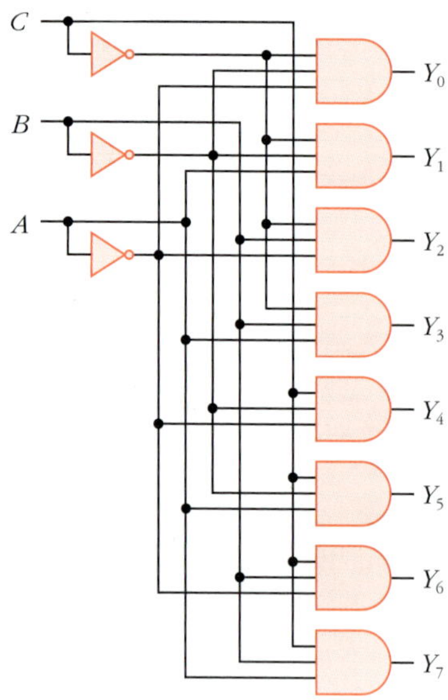

그림 7-24 3×8 디코더 회로

active-low

논리회로의 출력이 활성화되었을 때 Low이거나 활성화되기 위하여 필요한 입력이 Low인 것

active-high

논리회로의 출력이 활성화되었을 때 High이거나 활성화되기 위하여 필요한 입력이 High인 것

74138은 3개의 인에이블을 가지고 있으며, 하나($G1$)는 1일 때 동작하고, 두 개($G2A$, $G2B$)는 0일 때 동작한다. 8개의 출력($Y_7 \sim Y_0$)은 0일 때 활성화active-low되는 확장 가능한 디코더다. $G1 = 1$, $G2A = 0$, $G2B = 0$이면 3비트 2진 입력 C, B, A에 의해 8개 출력 중 하나가 선택(0)된다. 나머지 선택되지 않은 출력은 1이 된다. $G1 = 0$이거나 $G2A = 1$ 또는 $G2B = 1$이면 출력은 모두 1이 된다.

표 7-6 인에이블이 있는 3×8 디코더 IC 74138의 진리표

입력						출력							
C	B	A	$G1$	$G2A$	$G2B$	Y_7	Y_6	Y_5	Y_4	Y_3	Y_2	Y_1	Y_0
0	0	0	1	0	0	1	1	1	1	1	1	1	0
0	0	1	1	0	0	1	1	1	1	1	1	0	1
0	1	0	1	0	0	1	1	1	1	1	0	1	1
0	1	1	1	0	0	1	1	1	1	0	1	1	1
1	0	0	1	0	0	1	1	1	0	1	1	1	1
1	0	1	1	0	0	1	1	0	1	1	1	1	1
1	1	0	1	0	0	1	0	1	1	1	1	1	1
1	1	1	1	0	0	0	1	1	1	1	1	1	1
×	×	×	0	×	×	1	1	1	1	1	1	1	1
×	×	×	×	1	×	1	1	1	1	1	1	1	1
×	×	×	×	×	1	1	1	1	1	1	1	1	1

IC 74138의 회로도는 [그림 7-25]와 같다.

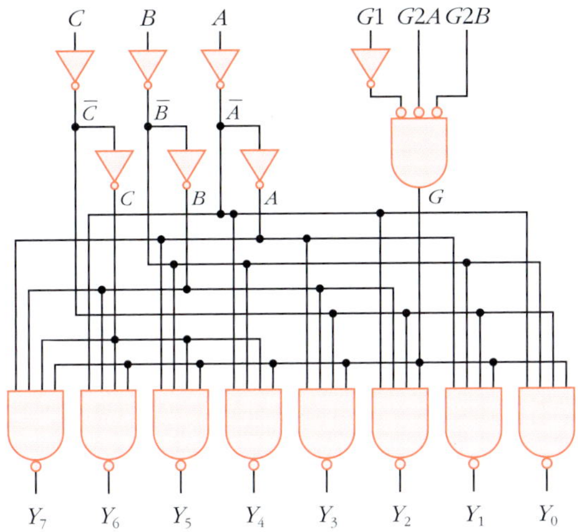

IC 74138 핀 배치도

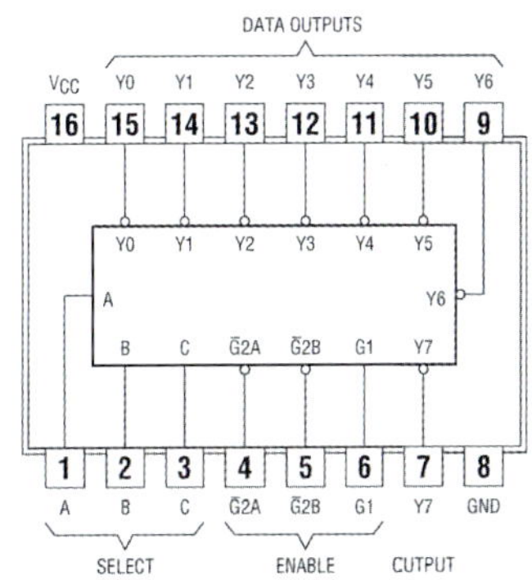

그림 7-25 3×8 디코더 IC 74138 회로도

예제 7-3

지하1층, 지상7층으로 이루어진 8층 건물에 설치된 엘리베이터에서 현재 층을 가리키는 램프lamp를 켜주는 회로를 구성하려고 한다. 엘리베이터가 위치한 층을 표시하는 디스플레이는 B, 1, 2, 3, 4, 5, 6, 7로 배열된 글자판이 있으며, 각 글자 뒤에 있는 램프가 켜지면 해당 글자판이 밝게 비추어져 층을 표시한다고 가정한다. 또한 회로의 입력으로는 각 층의 센서로부터 해당 층을 나타내는 3비트 2진수(000 : 지하층, 001 : 1층, 010 : 2층, 011 : 3층, 100 : 4층, 101 : 5층, 110 : 6층, 111 : 7층)가 입력된다고 가정한다.

풀이

먼저 회로를 구성해보자. 다음 그림과 같이 현재의 엘리베이터 위치를 나타내는 2진수를 3×8 디코더로 입력시킨다. 그리고 디코더의 Y_0 출력을 디스플레이의 글자 B 뒤에 위치한 램프에 연결한다. 마찬가지로 Y_1은 1, Y_2는 2, Y_3은 3, Y_4는 4, Y_5는 5, Y_6은 6, Y_7은 7로 연결하면 된다. 예를 들어, 엘리베이터가 5층에 있으면 3×8 디코더의 입력으로 101이 들어오고, 디코더의 출력 Y_5만이 인에이블 되어 5층이 표시된다.

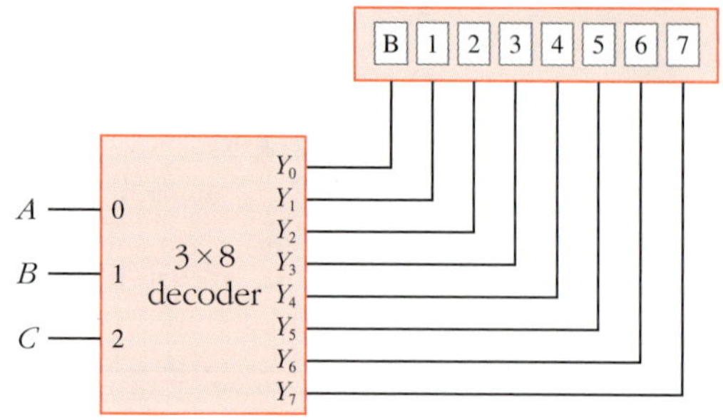

4 4×16 디코더

3×8 디코더 2개를 이용해 [그림 7-26]과 같이 4×16 디코더를 구성할 수 있다. 인에이블 입력을 통해 연결된 2개의 3×8 디코더는 4×16 디코더를 구성한다. $D = 0$이면 위쪽의 디코더가 인에이블 되어 출력은 $Y_0 \sim Y_7$ 중 하나가 1이 되고, 아래쪽의 디코더 출력은 모두 0이 된다. $D = 1$이면 위쪽 디코더의 출력이 모두 0인 반면 아래쪽 디코더의 출력 $Y_8 \sim Y_{15}$ 중 하나는 1이 된다.

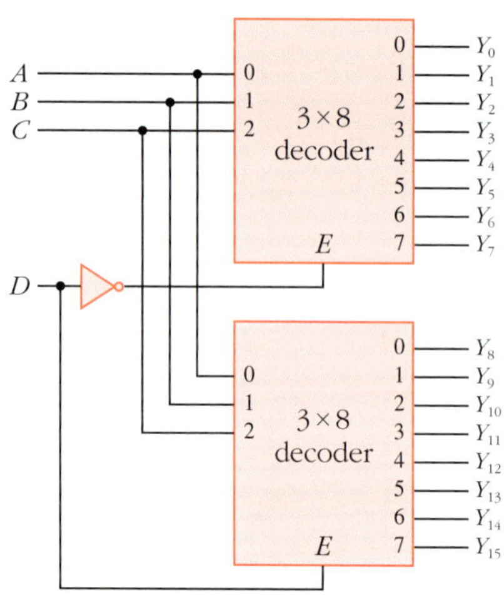

그림 7-26 3×8 디코더 두 개를 이용한 4×16 디코더

IC 74154 핀 배치도

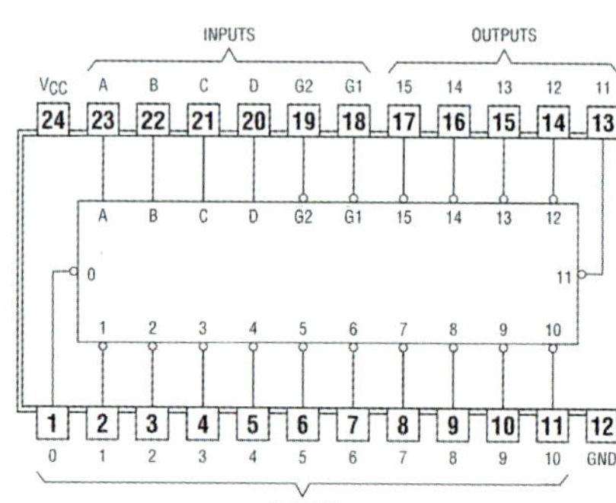

[표 7-7]에는 [그림 7-26]에 대한 진리표를 나타냈다.

표 7-7 4×16 디코더 진리표

입력				출력															
D	C	B	A	Y_{15}	Y_{14}	Y_{13}	Y_{12}	Y_{11}	Y_{10}	Y_9	Y_8	Y_7	Y_6	Y_5	Y_4	Y_3	Y_2	Y_1	Y_0
0	0	0	0	0	0	0	0	0	0	0	0	0	0	0	0	0	0	0	1
0	0	0	1	0	0	0	0	0	0	0	0	0	0	0	0	0	0	1	0
0	0	1	0	0	0	0	0	0	0	0	0	0	0	0	0	0	1	0	0
0	0	1	1	0	0	0	0	0	0	0	0	0	0	0	0	1	0	0	0
0	1	0	0	0	0	0	0	0	0	0	0	0	0	0	1	0	0	0	0
0	1	0	1	0	0	0	0	0	0	0	0	0	0	1	0	0	0	0	0
0	1	1	0	0	0	0	0	0	0	0	0	0	1	0	0	0	0	0	0
0	1	1	1	0	0	0	0	0	0	0	0	1	0	0	0	0	0	0	0
1	0	0	0	0	0	0	0	0	0	0	1	0	0	0	0	0	0	0	0
1	0	0	1	0	0	0	0	0	0	1	0	0	0	0	0	0	0	0	0
1	0	1	0	0	0	0	0	0	1	0	0	0	0	0	0	0	0	0	0
1	0	1	1	0	0	0	0	1	0	0	0	0	0	0	0	0	0	0	0
1	1	0	0	0	0	0	1	0	0	0	0	0	0	0	0	0	0	0	0
1	1	0	1	0	0	1	0	0	0	0	0	0	0	0	0	0	0	0	0
1	1	1	0	0	1	0	0	0	0	0	0	0	0	0	0	0	0	0	0
1	1	1	1	1	0	0	0	0	0	0	0	0	0	0	0	0	0	0	0

$Y_0=\bar{D}\bar{C}\bar{B}\bar{A},\ Y_1=\bar{D}\bar{C}\bar{B}A,\ Y_2=\bar{D}\bar{C}B\bar{A},\ Y_3=\bar{D}\bar{C}BA,\ Y_4=\bar{D}C\bar{B}\bar{A},\ Y_5=\bar{D}C\bar{B}A,\ Y_6=\bar{D}CB\bar{A},\ Y_7=\bar{D}CBA$

$Y_8=D\bar{C}\bar{B}\bar{A},\ Y_9=D\bar{C}\bar{B}A,\ Y_{10}=D\bar{C}B\bar{A},\ Y_{11}=D\bar{C}BA,\ Y_{12}=DC\bar{B}\bar{A},\ Y_{13}=DC\bar{B}A,\ Y_{14}=DCB\bar{A},\ Y_{15}=DCBA$

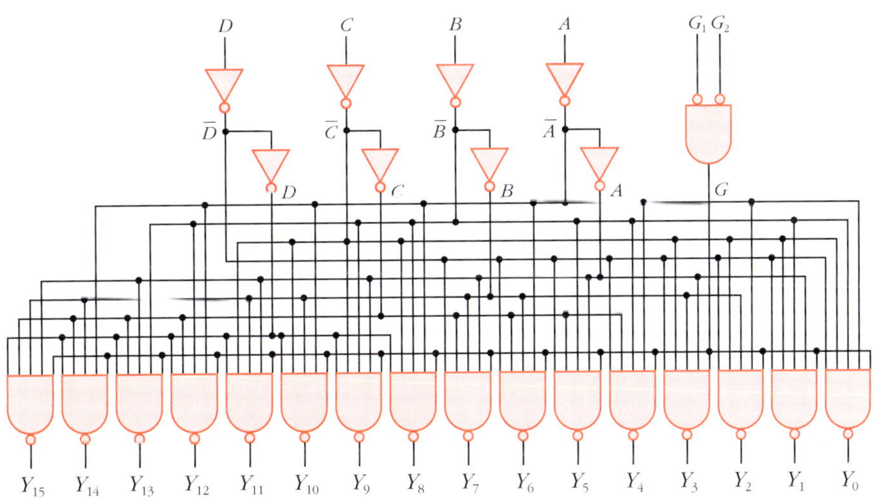

그림 7-27 IC 74154 회로도

[그림 7-27]의 74154는 4×16 디코더로, G_1과 G_2가 모두 0일 때 D, C, B, A에 입력된 신호(주소)에 따라서 $Y_0 \sim Y_{15}$ 중 하나가 논리 반전되어 출력된다.

[그림 7-28]은 2×4 디코더 5개를 이용해 4×16 디코더를 구성한 것이다.

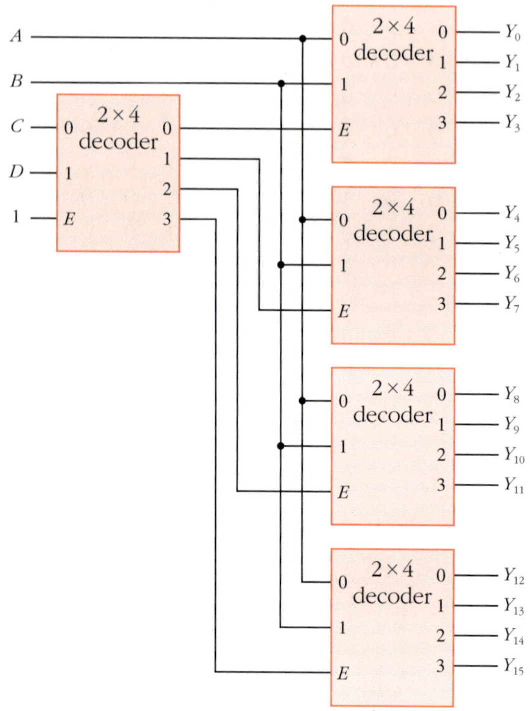

그림 7-28 2×4 디코더 5개를 이용한 4×16 디코더

5 디코더를 이용한 조합논리회로

[그림 7-29]는 3×8 디코더를 이용해 조합회로를 설계하는 여러 가지 방법을 보여준다. 디코더의 출력은 [그림 7-29](a)에서 보는 바와 같이 입력 A, B, C의 값에 따라서 8개의 출력 중의 하나가 1이 된다. 이 출력을 최소항 $m_0 \sim m_7$로 볼 수 있다. 따라서 이들 최소항을 조합하여 출력을 결정하면 원하는 회로를 쉽게 구성할 수 있다. [그림 7-29](b)는 출력이 반전되어 있는 3×8 디코더다.

[그림 7-29](c)의 $F_1(A, B, C) = \Sigma m(1, 2, 4, 5)$는 최소항 1, 2, 4, 5 중 하나일 때 출력이 1이 되고, $F_2(A, B, C) = \Sigma m(1, 5, 7)$은 최소항 1, 5, 7 중 하나일 때 출력이 1이 된다. 따라서 이들 입력을 OR 게이트의 입력으로 사용하여 그림과 같이 회로를 설계할 수 있다. 반전 출력을 갖는 디코더에서는 [그림 7-29](d)와 같이 NAND 게이트를 사용하면 원하는 회로를 얻을 수 있다.

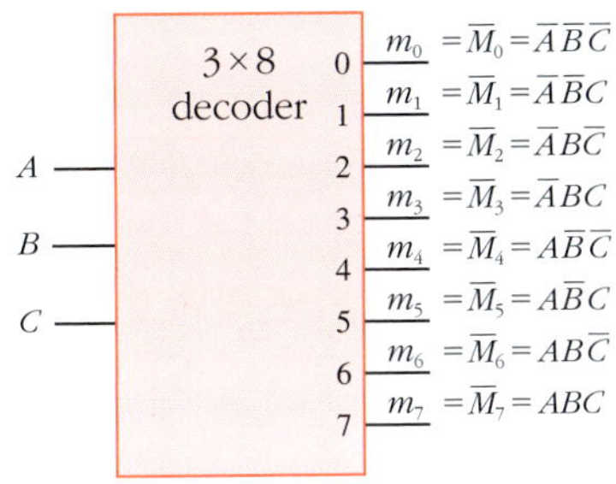

(a) 3 × 8 디코더

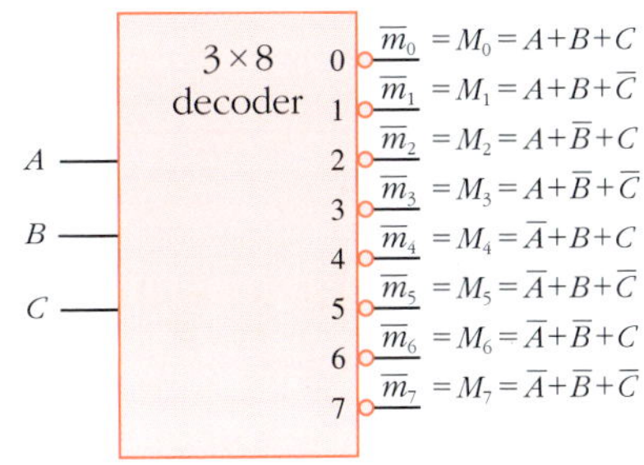

(b) 3 × 8 디코더 반전 출력

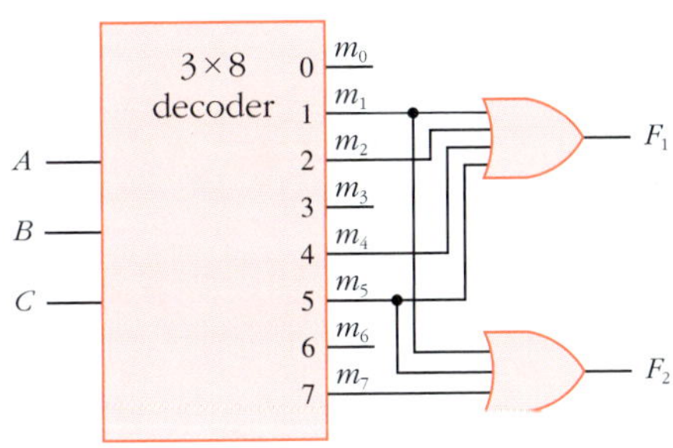

(c) $F_1(A, B, C) = \Sigma m(1, 2, 4, 5)$
$F_2(A, B, C) = \Sigma m(1, 5, 7)$

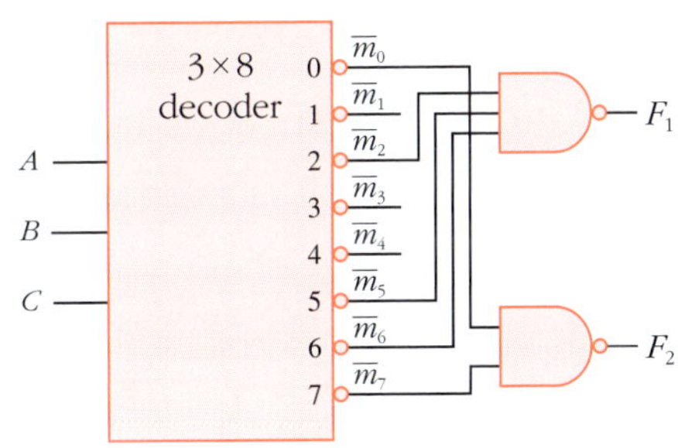

(d) $F_1(A, B, C) = \Sigma m(2, 5, 6)$
$F_2(A, B, C) = \Sigma m(0, 7)$

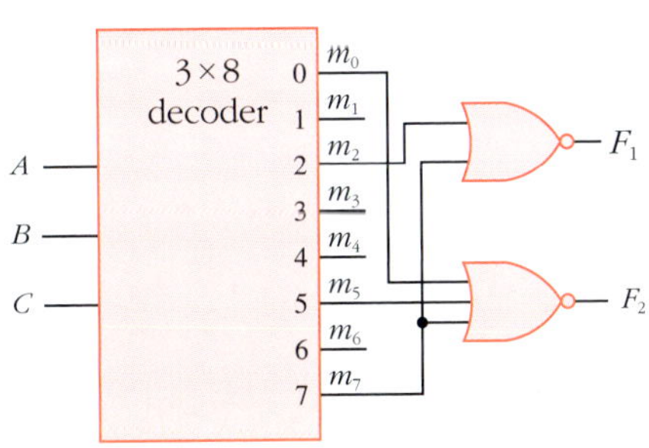

(e) $F_1(A, B, C) = \Pi M(2, 7)$
$F_2(A, B, C) = \Pi M(0, 5, 7)$

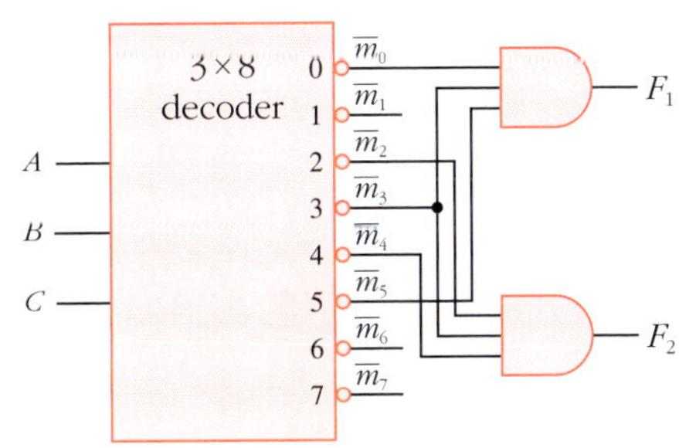

(f) $F_1(A, B, C) = \Pi M(0, 3, 5)$
$F_2(A, B, C) = \Pi M(2, 3, 4)$

그림 7-29 디코더를 이용한 조합회로의 예

[그림 7-29](e)와 (f)는 최대항을 이용한 회로의 예다. 정상 출력 디코더의 경우에는 NOR 게이트를 출력단에 사용하고, 반전 출력 디코더의 경우에는 AND 게이트를 출력단에 사용하면 된다. 2변수일 때는 2×4 디코더, 3변수일 때는 3×8 디코더, 4변수일 때는 4×16 디코더를 사용한다.

예제 7-4

3×8 디코더인 74138 IC와 게이트를 이용해 전가산기를 구성하시오.

풀이

[그림 7-3]에 있는 전가산기의 진리표를 참조하여 출력 S와 C_o를 입력 변수들의 최소항들의 합으로 표현하면 다음과 같다.

$$S(A, B, C_i) = \Sigma m(1, 2, 4, 7)$$
$$C_o(A, B, C_i) = \Sigma m(3, 5, 6, 7)$$

74138 IC는 반전 출력이므로 NAND 게이트를 사용하여 구성하면 다음 그림과 같다.

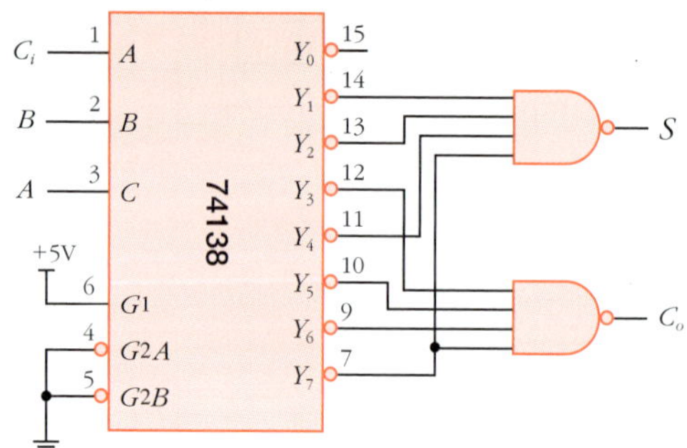

6 BCD-7-세그먼트 디코더

7-세그먼트7-segment는 숫자를 표시하기 위하여 막대 모양의 LED 7개로 구성되어 있다. 탁상용 전자계산기나 디지털 시계 등 간단한 정보를 확인하기 위한 출력 장치이다. LED 7개를 숫자 모양으로 배열하여 하나의 소자로 만들어 놓은 것이다. 7-세그먼트는 [그림 7-30]과

같이 구성되어 있으며, 각 LED를 맨 위에서부터 시계 방향으로 알파벳 a부터 f까지 순서대로 이름을 붙여 놓았고, 안쪽의 LED는 맨 마지막인 g이다. 소수점을 표시하는 부분도 있다.

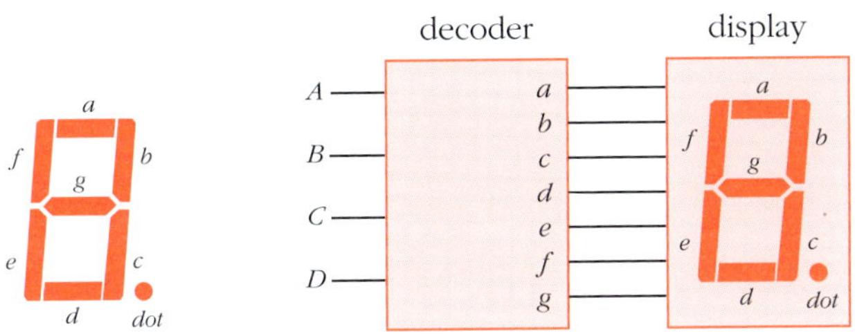

(a) 7-세그먼트 구성 (b) 7-세그먼트와 디코더의 연결

그림 7-30 7-세그먼트의 구성 및 디코더와의 연결

각 숫자는 [그림 7-31]과 같이 나타낼 수 있다. 그림에 표시된 대로 나타내기 위해서 0은 a, b, c, d, e, f에, 1은 b, c, 2는 a, b, d, e, g의 LED에 불이 켜지게 해야 한다.

표 7-8 7-세그먼트 디코더 진리표

입력				출력						
D	C	B	A	$\bar{a}$	$\bar{b}$	$\bar{c}$	$\bar{d}$	$\bar{e}$	$\bar{f}$	$\bar{g}$
0	0	0	0	0	0	0	0	0	0	1
0	0	0	1	1	0	0	1	1	1	1
0	0	1	0	0	0	1	0	0	1	0
0	0	1	1	0	0	0	0	1	1	0
0	1	0	0	1	0	0	1	1	0	0
0	1	0	1	0	1	0	0	1	0	0
0	1	1	0	1	1	0	0	0	0	0
0	1	1	1	0	0	0	1	1	1	1
1	0	0	0	0	0	0	0	0	0	0
1	0	0	1	0	0	0	1	1	0	0
1	0	1	0	×	×	×	×	×	×	×
1	0	1	1	×	×	×	×	×	×	×
1	1	0	0	×	×	×	×	×	×	×
1	1	0	1	×	×	×	×	×	×	×
1	1	1	0	×	×	×	×	×	×	×
1	1	1	1	×	×	×	×	×	×	×

그림 7-31 7-세그먼트의 숫자 표시

[그림 7-31]과 같이 LED를 on함으로써 숫자를 표현하기 위한 BCD-7-세그먼트 디코더의 진리표는 [표 7-8]과 같다. 여기서 설계한 디코더는 0일 때 동작하는 active-low이다.

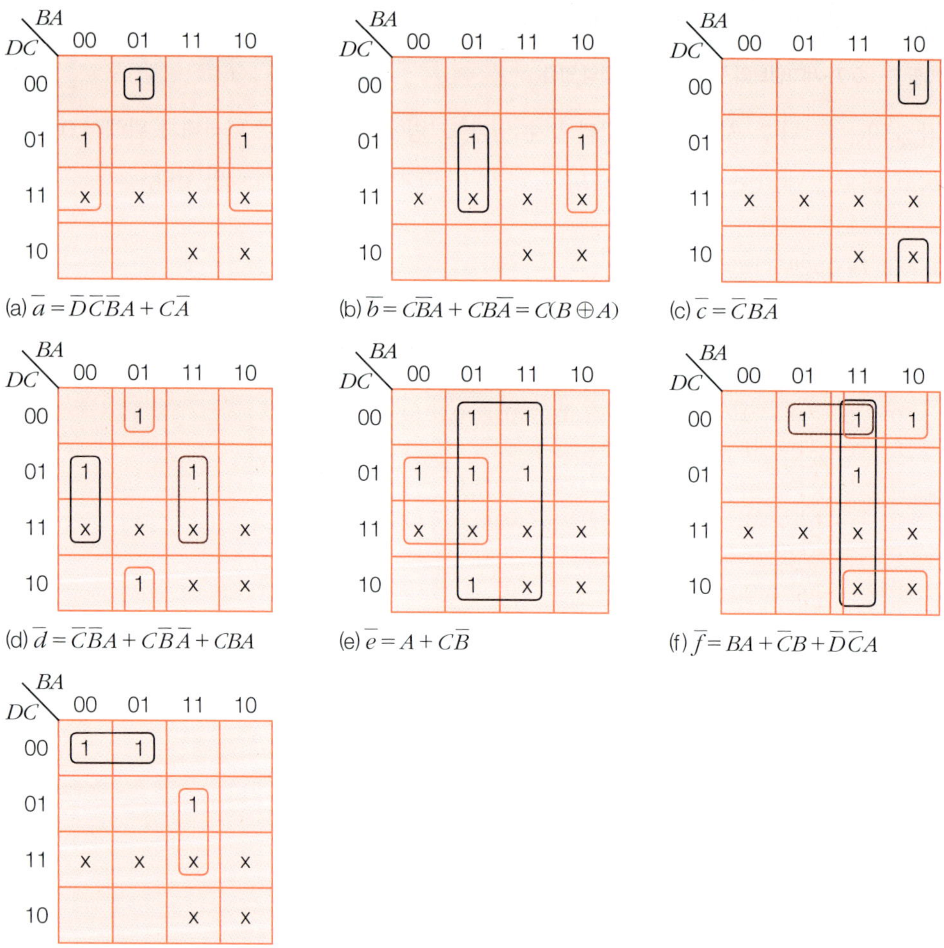

(a) $\overline{a} = \overline{D}\,\overline{C}\,\overline{B}A + C\overline{A}$

(b) $\overline{b} = C\overline{B}A + CB\overline{A} = C(B \oplus A)$

(c) $\overline{c} = \overline{C}B\overline{A}$

(d) $\overline{d} = \overline{C}\,\overline{B}A + C\overline{B}\,\overline{A} + CBA$

(e) $\overline{e} = A + C\overline{B}$

(f) $\overline{f} = BA + \overline{C}B + \overline{D}\,\overline{C}A$

(g) $\overline{g} = \overline{D}\,\overline{C}\,\overline{B} + CBA$

그림 7-32 7-세그먼트 디코더 논리식 유도 과정

각 출력 $\bar{a}, \bar{b}, \bar{c}, \bar{d}, \bar{e}, \bar{f}, \bar{g}$에 대해서 카르노 맵을 그리고 간소화하여 논리식을 얻고, 이 논리식으로부터 논리회로를 그린다. [그림 7-32]는 카르노 맵을 이용한 논리식의 유도 과정이다.

이 과정에서 얻은 논리식을 이용해 논리회로를 그리면 [그림 7-33]과 같다. 여기서 $\bar{d} = \bar{C}\bar{B}A + C\bar{B}\bar{A} + CBA = \bar{C}\bar{B}A + C(\overline{B \oplus A})$와 같이 XNOR를 써도 되지만 게이트 레벨이 하나 늘어나므로 사용하지 않았다.

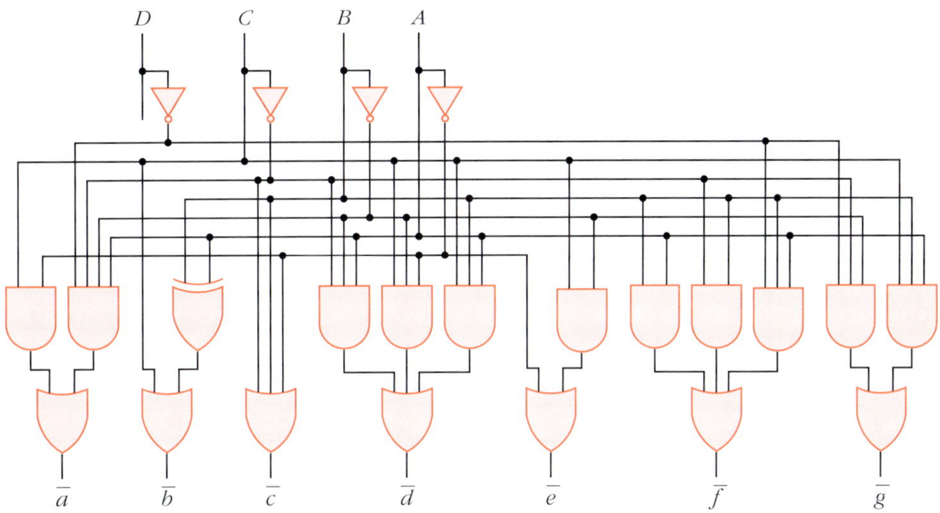

그림 7-33 7-세그먼트 디코더 회로

일반적으로 7-세그먼트 디코더로 IC 7447을 주로 사용하고, 이 디코더는 출력이 0일 때 활성화active-low되며, 입출력은 [표 7-9]와 같다.

IC 7447 핀 배치도

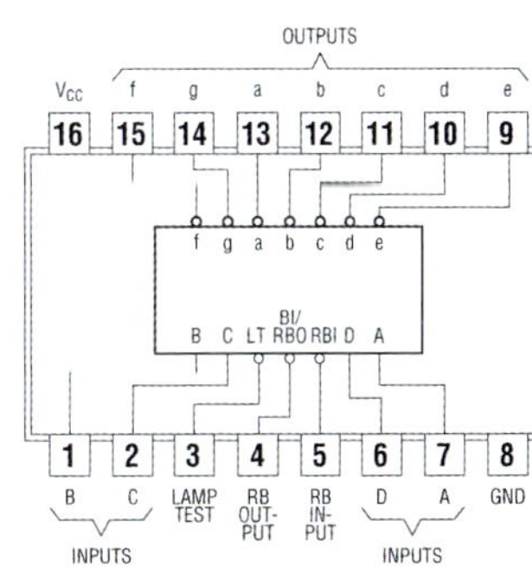

7446은 6과 9의 글자 모양만 다르고 나머지는 7447과 같다. 여기서 램프 테스트*LT*, lamp test를 Low로 하면 모든 세그먼트에 불이 켜진다. *RBI*ripple blanking inputs입력은 1(High)로 하거나 오픈 상태로 두면 강제적으로 0이 입력되는 것처럼 되어 LED에 0을 표시하게 된다. 소형 전자계산기처럼 0일 때 LED를 강제 소등leading zero suppress하고자 할 때 *RBI*에 윗단의 *BI*/*RBO*를 접속한다. 다시 가장 윗단의 *RBI*는 GND로 한다. 소수점 이하의 경우는 반대로 *RBI*에 아랫단의 *BI*/*RBO*를 접속하고 가장 아랫단은 GND로 한다.

표 7-9 7-세그먼트 디코더 7447 진리표

10진값 또는 기능	입력							출력						
	$\overline{LT}$	$\overline{RBI}$	D	C	B	A	$\overline{BI}/\overline{RBO}$	$\bar{a}$	$\bar{b}$	$\bar{c}$	$\bar{d}$	$\bar{e}$	$\bar{f}$	$\bar{g}$
0	1	1	0	0	0	0	1	0	0	0	0	0	0	1
1	1	×	0	0	0	1	1	1	0	0	1	1	1	1
2	1	×	0	0	1	0	1	0	0	1	0	0	1	0
3	1	×	0	0	1	1	1	0	0	0	0	1	1	0
4	1	×	0	1	0	0	1	1	0	0	1	1	0	0
5	1	×	0	1	0	1	1	0	1	0	0	1	0	0
6	1	×	0	1	1	0	1	1	1	0	0	0	0	0
7	1	×	0	1	1	1	1	0	0	0	1	1	1	1
8	1	×	1	0	0	0	1	0	0	0	0	0	0	0
9	1	×	1	0	0	1	1	0	0	0	1	1	0	0
10	1	×	1	0	1	0	1	1	1	1	0	0	1	0
11	1	×	1	0	1	1	1	1	1	0	0	1	1	0
12	1	×	1	1	0	0	1	1	0	1	1	1	0	0
13	1	×	1	1	0	1	1	0	1	1	0	1	0	0
14	1	×	1	1	1	0	1	1	1	1	0	0	0	0
15	1	×	1	1	1	1	1	1	1	1	1	1	1	1
$\overline{BI}$	×	×	×	×	×	×	0	1	1	1	1	1	1	1
$\overline{RBI}$	1	0	0	0	0	0	0	1	1	1	1	1	1	1
$\overline{LT}$	0	×	×	×	×	×	1	0	0	0	0	0	0	0

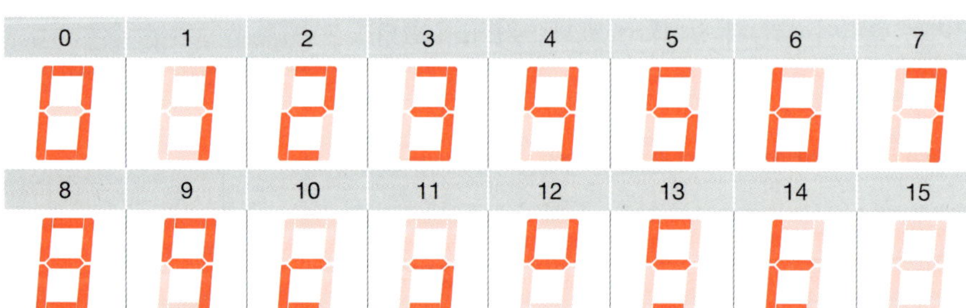

그림 7-34 7447의 LED 점등 패턴도

[그림 7-35]는 active-low인 7447의 내부 회로도이며, active-high로 동작하는 7448의 내부 회로도와의 차이점은 출력이 반대로 된다는 것 이외에는 없다.

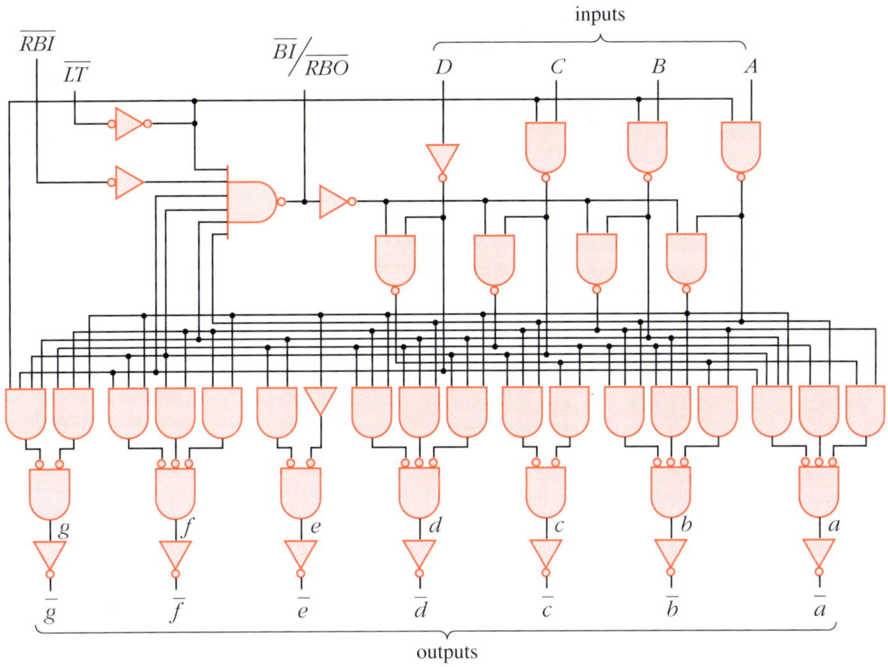

그림 7-35 7447 회로도

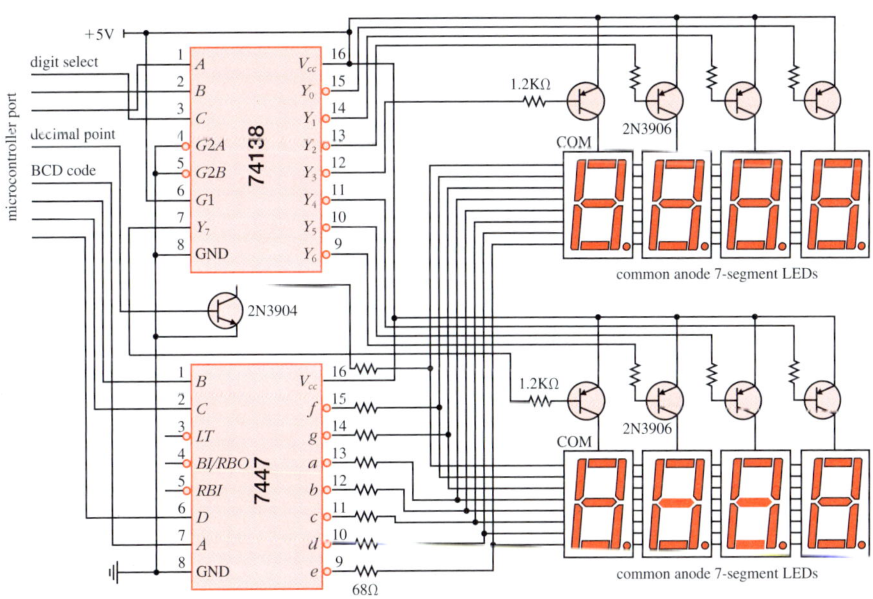

그림 7-36 7447을 이용한 7-세그먼트 구동 회로 예

7-세그먼트 LED는 애노드 공통(+쪽)이거나 캐소드 공통(-쪽)이며, 전류를 제어하는 저항이 필요하다. 다음 [그림 7-36]은 8개의 7-세그먼트를 동적으로 구동하는 회로의 예다.

캐소드 공통common cathode : LED의 모든 캐소드가 공통으로 묶여 있다. 캐소드는 0V나 접지(GND)에 연결된다. 불을 켤 LED 세그먼트에 +5V 전압을 공급한다. 캐소드 공통 LED 표시기는 입력 전압이 1(High)일 때 동작하는 active-high이다. 7448과 7449는 캐소드 공통 LED 표시기를 작동하도록 설계된 IC이다.

LED 회로 기호

active-low

논리회로의 출력이 활성화되었을 때 Low이거나 활성화되기 위하여 필요한 입력이 Low인 것

active-high

논리회로의 출력이 활성화되었을 때 High이거나 활성화되기 위하여 필요한 입력이 High인 것

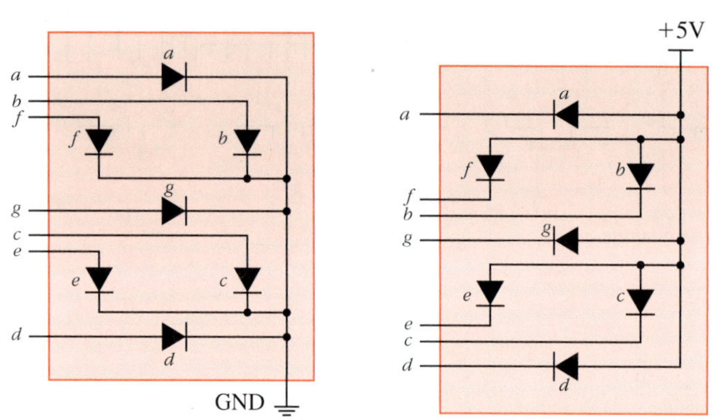

(a) 캐소드 공통 (b) 애노드 공통

그림 7-37 7-세그먼트 공통 회로

애노드 공통common anode : LED의 모든 애노드는 일반적으로 +5V에 연결한다. 불을 켜려는 LED에 0V를 가하면 된다. 이 LED 표시기를 active-low라고 한다. 7446과 7447이 애노드 공통 LED 표시기를 구동하도록 설계된 것이다. LED를 구동하기 위한 기본 전류값은 10mA이며, 이 전류값을 보장하기 위해 저항이 필요하다.

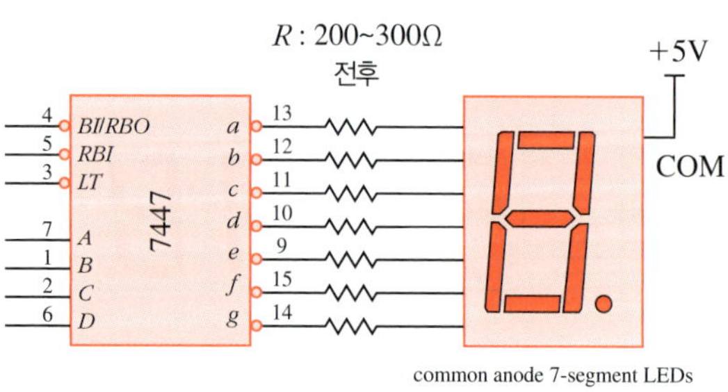

그림 7-38 전류 제한 저항을 사용한 7-세그먼트 회로의 예

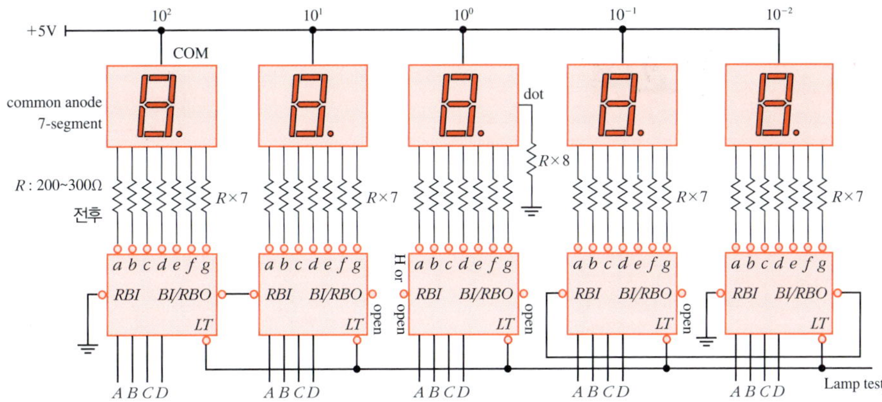

그림 7-39 7-세그먼트의 LT, RBI, BI/RBO 사용 예

04 인코더

인코더encoder는 디코더의 반대 기능을 수행하는 조합논리회로로, 신호 2^n개를 입력 받아 출력 신호 n개를 만든다. 인코더는 2^n개 중 활성화된 1비트 입력 신호를 받아서 그 숫자에 해당하는 n비트 2진 정보를 출력한다. 입력의 개수에 따라 인코더는 4×2 인코더, 8×3 인코더와 같이 나타낸다.

인코더의 응용으로는 10진수를 2진수로 변환하는 장치, 정보 전송을 일정한 규칙에 따라 암호로 변환하는 장치, 컴퓨터 모니터에서 사용되는 VGA 등과 같은 RGB 정보를 TV에서 수신할 수 있는 ntsc 방식의 신호로 변환하여 주는 장치 등이 있다.

1 2×1 인코더

2×1 인코더는 입력 $2(=2^1)$개와 출력 1개를 가지며, 입력 신호에 따라 0 또는 1을 출력한다.

입력		출력
D_1	D_0	B_0
0	1	0
1	0	1

$B_0 = D_1$

(a) 진리표와 논리식

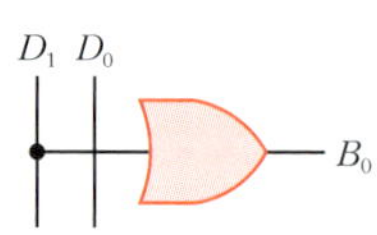

(b) 회로도

그림 7-40 2×1 인코더

2 4×2 인코더

4×2 인코더는 입력 $4(=2^2)$개와 출력 2개를 가지며, 입력의 신호에 따라 2개의 2진 조합으로 출력된다.

입력				출력	
D_3	D_2	D_1	D_0	B_1	B_0
0	0	0	1	0	0
0	0	1	0	0	1
0	1	0	0	1	0
1	0	0	0	1	1

$B_1 = D_2 + D_3,\ B_0 = D_1 + D_3$

(a) 진리표와 논리식

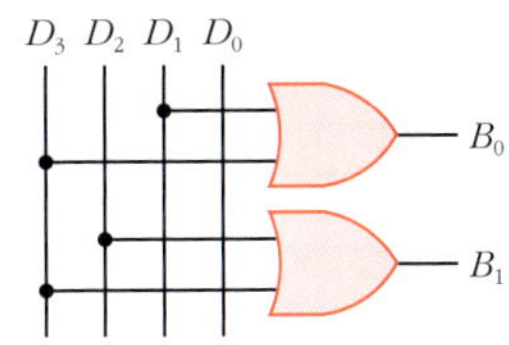

(b) 회로도

그림 7-41 4×2 인코더

3 8×3 인코더

8×3 인코더는 입력 8(=2^3)개와 출력 3개를 가지며, 입력의 신호에 따라 3개의 2진 조합으로 출력된다.

입력								출력		
D_7	D_6	D_5	D_4	D_3	D_2	D_1	D_0	B_2	B_1	B_0
0	0	0	0	0	0	0	1	0	0	0
0	0	0	0	0	0	1	0	0	0	1
0	0	0	0	0	1	0	0	0	1	0
0	0	0	0	1	0	0	0	0	1	1
0	0	0	1	0	0	0	0	1	0	0
0	0	1	0	0	0	0	0	1	0	1
0	1	0	0	0	0	0	0	1	1	0
1	0	0	0	0	0	0	0	1	1	1

$B_2 = D_4 + D_5 + D_6 + D_7,\ B_1 = D_2 + D_3 + D_6 + D_7,\ B_0 = D_1 + D_3 + D_5 + D_7$

(a) 진리표와 논리식

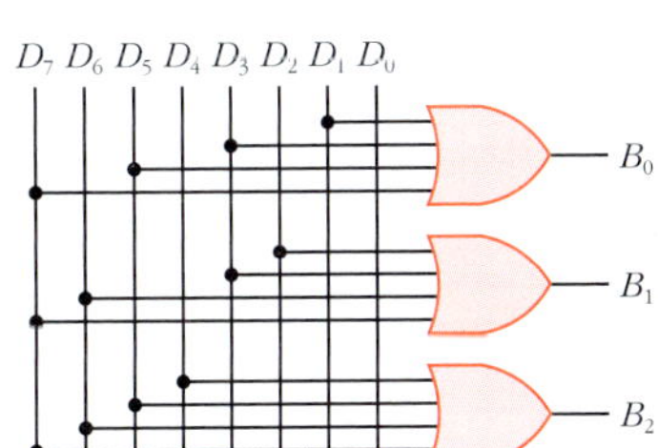

(b) 회로도

그림 7-42 8×3 인코더

4 8×3 우선순위 인코더

우선순위 인코더priority encoder는 입력에 우선순위를 정하여 입력이 여러 개 있을 때 우선순위가 높은 입력값에 해당하는 출력 신호를 만들어내는 회로다. 회로 설계 시 우선순위를 결정하여 원하는 결과를 만들며, 보통은 입력값이 높은 쪽을 우선순위가 높은 것으로 한다.

우선순위
장치로 하나 이상의 입력이 들어올 때, 하나의 입력만이 동작 가능하면 가장 우선순위가 높은 하나가 동작하도록 하는 것

우선순위 인코더의 진리표와 회로는 [그림 7-43]과 같으며, 진리표로부터 논리식을 유도하면 다음과 같다.

$$B_2 = D_7 + \bar{D}_7 D_6 + \bar{D}_7 \bar{D}_6 D_5 + \bar{D}_7 \bar{D}_6 \bar{D}_5 D_4$$
$$B_1 = D_7 + \bar{D}_7 D_6 + \bar{D}_7 \bar{D}_6 \bar{D}_5 \bar{D}_4 D_3 + \bar{D}_7 \bar{D}_6 \bar{D}_5 \bar{D}_4 \bar{D}_3 D_2$$
$$B_0 = D_7 + \bar{D}_7 \bar{D}_6 D_5 + \bar{D}_7 \bar{D}_6 \bar{D}_5 \bar{D}_4 D_3 + \bar{D}_7 \bar{D}_6 \bar{D}_5 \bar{D}_4 \bar{D}_3 \bar{D}_2 D_1$$

여기서 $D_7 + \bar{D}_7 D_6 = (D_7 + \bar{D}_7)(D_7 + D_6) = D_7 + D_6$이므로 $B_2 = D_7 + D_6 + D_5 + D_4$이다. 같은 방법으로 B_1과 B_0도 간소화하면 다음과 같다.

$$B_2 = D_7 + D_6 + D_5 + D_4$$
$$B_1 = D_7 + D_6 + \bar{D}_5 \bar{D}_4 D_3 + \bar{D}_5 \bar{D}_4 D_2$$
$$B_0 = D_7 + \bar{D}_6 D_5 + \bar{D}_6 \bar{D}_4 D_3 + \bar{D}_6 \bar{D}_4 \bar{D}_2 D_1$$

입력								출력		
D_7	D_6	D_5	D_4	D_3	D_2	D_1	D_0	B_2	B_1	B_0
0	0	0	0	0	0	0	1	0	0	0
0	0	0	0	0	0	1	×	0	0	1
0	0	0	0	0	1	×	×	0	1	0
0	0	0	0	1	×	×	×	0	1	1
0	0	0	1	×	×	×	×	1	0	0
0	0	1	×	×	×	×	×	1	0	1
0	1	×	×	×	×	×	×	1	1	0
1	×	×	×	×	×	×	×	1	1	1

(a) 진리표

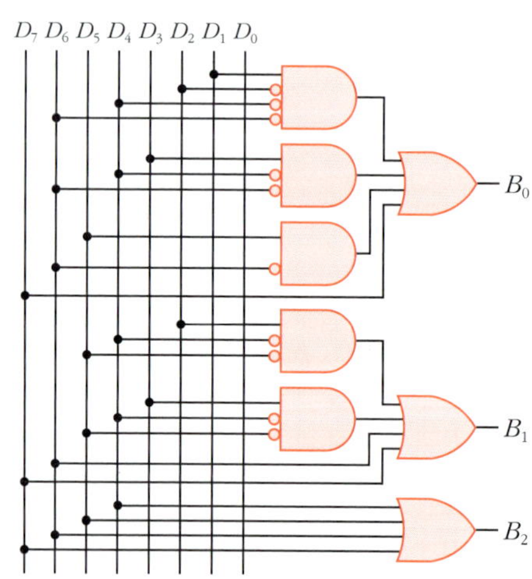

(b) 회로도

그림 7-43 8×3 우선순위 인코더

5 인코더 IC

74158은 4개의 2×1 인코더 논리 반전 출력이며, 인에이블(또는 스트로브)이 1일 때 출력은 모두 1로 된다. 인에이블이 0일 때 선택선S, select 입력이 0이면 입력 A의 반전된 출력이 발생하며, 인에이블이 1일 때 입력 B의 반전된 출력이 발생한다.

IC 74158 핀 배치도

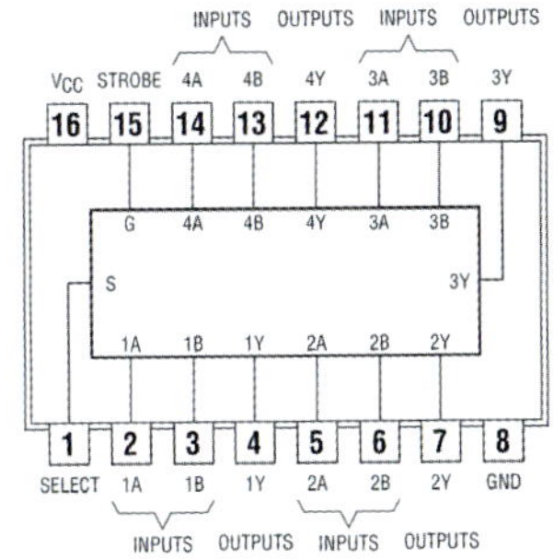

입력		출력
S	E	Y
×	1	1
0	0	$\overline{A}$
1	0	$\overline{B}$

(a) 진리표

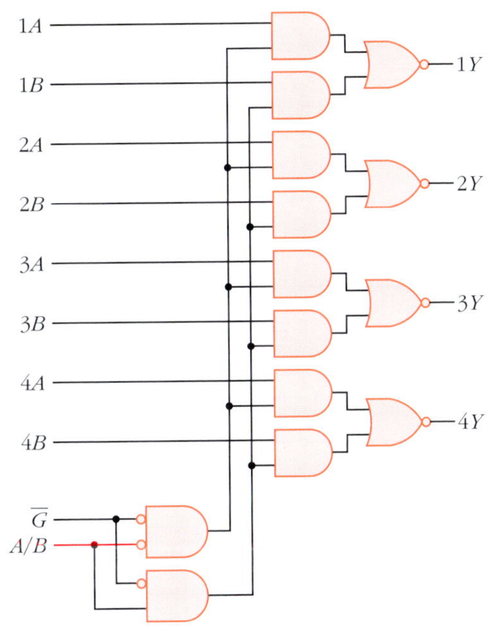

(b) 회로도

그림 7-44 IC 74158 인코더

74148은 8×3 우신순위 인고더이다. GS는 데이터 입력 중 하나가 0이고 인에이블 입력 $EI=0$일 때만 0이 된다. EI와 EO는 74148을 여러 개 연결할 때 사용한다. 가장 우선순위가 높은 단계의 EO는 다음 단계의 가장 우선순위가 높은 EI에 연결한다. $EI=0$이면 인코더의 출력은 가장 우선순위가 높은 데이터가 입력되었다는 것이며, $EO=1$이 된다. $EI=0$

IC 74148 핀 배치도

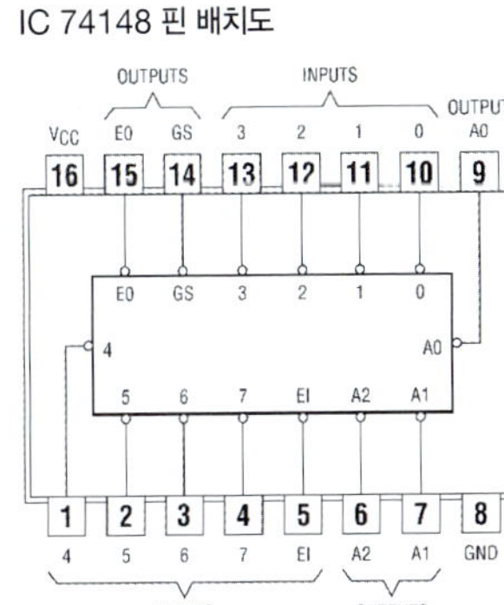

이고, 모든 데이터 입력이 1이면 EO 출력은 0이 되어 다음 단계의 낮은 우선순위를 인에이블할 수 있다. 가장 우선순위가 높은 것은 7번이다.

입력									출력				
EI	7	6	5	4	3	2	1	0	*A2*	*A1*	*A0*	*GS*	*EO*
1	×	×	×	×	×	×	×	×	1	1	1	1	1
0	1	1	1	1	1	1	1	1	1	1	1	1	0
0	0	×	×	×	×	×	×	×	0	0	0	0	1
0	1	0	×	×	×	×	×	×	0	0	1	0	1
0	1	1	0	×	×	×	×	×	0	1	0	0	1
0	1	1	1	0	×	×	×	×	0	1	1	0	1
0	1	1	1	1	0	×	×	×	1	0	0	0	1
0	1	1	1	1	1	0	×	×	1	0	1	0	1
0	1	1	1	1	1	1	0	×	1	1	0	0	1
0	1	1	1	1	1	1	1	0	1	1	1	0	1

(a) 진리표

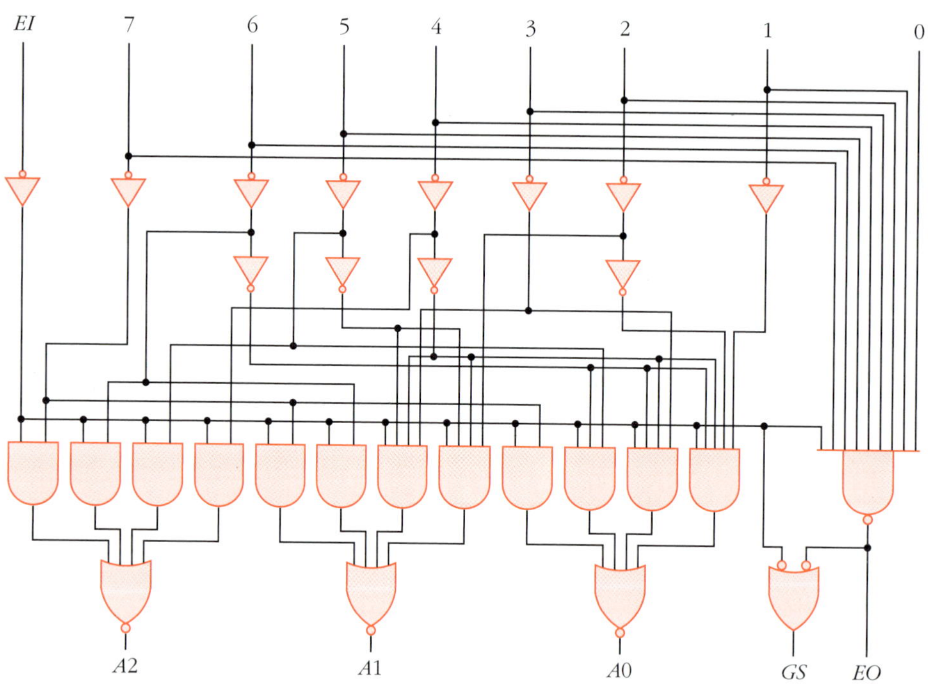

(b) 회로도

그림 7-45 IC 74148 우선순위 인코더

예제 7-5

8 × 3 우선순위 인코더 IC 74148 두 개를 사용하여 16 × 4 우선순위 인코더를 구성하시오.

풀이

다음 그림과 같이 하위 인코더(IC1)의 *EI*와 상위 인코더(IC2)의 *EO*를 연결하고, 대응하는 출력선들을 네거티브 OR하여 16 × 4 인코더로 확장할 수 있다. 출력은 active-high이다.

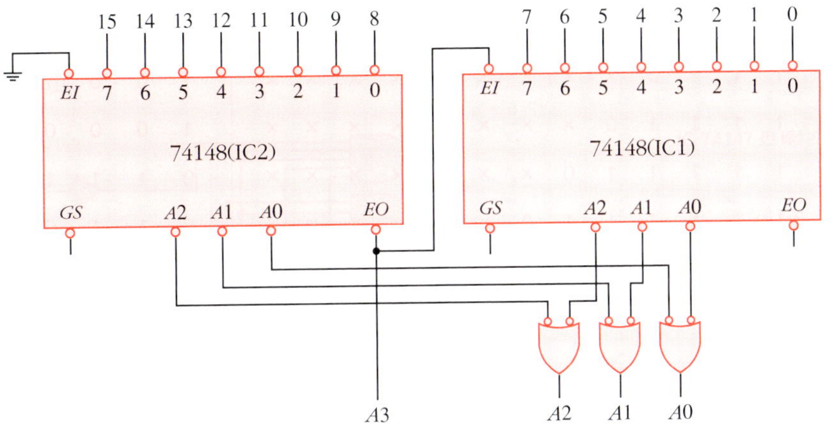

그리고 이에 대한 진리표는 다음 표와 같다.

[그림 7-47]은 IC 74147을 이용해 구성한 간단한 키보드 인코더다. 그림에서 풀-업 저항(R)을 통해 $+V_{CC}$에 연결된 10개의 스위치들은 각 키를 나타낸다. 풀-업 저항은 키가 눌려지지 않았을 때 High가 입력되도록 한다. 키가 눌려지면 입력이 접지되어 대응되는 인코더 입력단에 Low가 공급된다. 0 이외의 키들 중 아무것도 누르지 않았을 때에는 BCD 코드 0이 출력되므로 0키는 별도로 연결하지 않아도 된다.

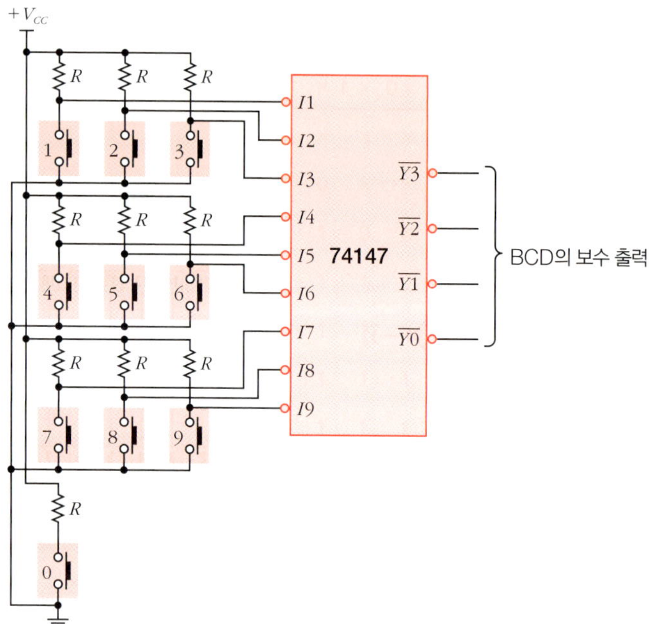

그림 7-47 IC 74147을 이용한 키보드 인코더

05 멀티플렉서

멀티플렉싱multiplexing이란 다수의 정보 장치의 데이터를 소수의 채널channel이나 선을 통하여 선택적으로 전송하는 것을 의미한다. **멀티플렉서**multiplexer는 여러 개의 입력선 중에서 하나를 선택하여 출력선에 연결하는 조합논리회로이며, 선택선의 값에 따라 하나의 입력선을 선택한다. 일반적으로 2^n개의 입력선과 n개의 선택선으로 구성되어 있다. 이때 n개 선택선의 비트 조합에 따라 입력 중 하나를 선택한다. 멀티플렉서는 많은 입력 중 하나를 선택하여 선택된 입력선의 2진 정보를 출력선에 넘겨주기 때문에 **데이터 선택기**data selector라고도 한다. 멀티플렉서의 크기는 입력선과 선택선의 개수에 따라 결정된다.

디멀티플렉서는 멀티플렉서와 반대로 정보를 한 선으로 받아서 2^n개의 가능한 출력선들 중 하나를 선택하여 받은 정보를 전송하는 회로다. **데이터 분배기**data distributor라고도 한다. 디멀티플렉서는 n개의 선택선selection line의 값에 따라 출력선 한 개를 선택한다.

멀티플렉서는 줄여서 MUX먹스, 디멀티플렉서는 DEMUX디먹스라고 표현한다.

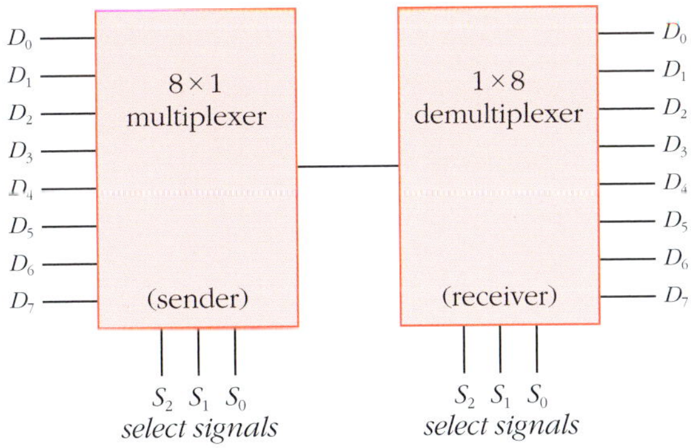

그림 7-48 멀티플렉서와 디멀티플렉서의 기능

1 2×1 멀티플렉서

2×1 멀티플렉서는 입력 2개 중 하나를 선택선 S에 입력된 값에 따라 출력으로 보내주는 조합논리회로다.

선택선	출력
S	F
0	D_0
1	D_1

(a) 진리표

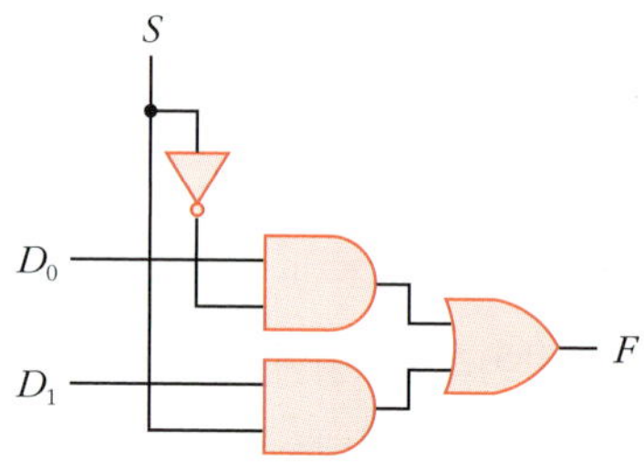

(b) 회로도

그림 7-49 2×1 멀티플렉서

진리표를 이용해 2×1 멀티플렉서의 논리식을 구하면 $F=\overline{S}D_0+SD_1$이 된다.

2 4×1 멀티플렉서

4×1 멀티플렉서는 입력 4개 중 하나를 선택선 S_1과 S_0에 입력된 값에 따라 출력으로 보내주는 조합논리회로다. 4×1 멀티플렉서의 논리식은 $F=\overline{S}_1\overline{S}_0D_0+\overline{S}_1S_0D_1+S_1\overline{S}_0D_2+S_1S_0D_3$이다.

선택선		출력
S_1	S_0	F
0	0	D_0
0	1	D_1
1	0	D_2
1	1	D_3

(a) 진리표

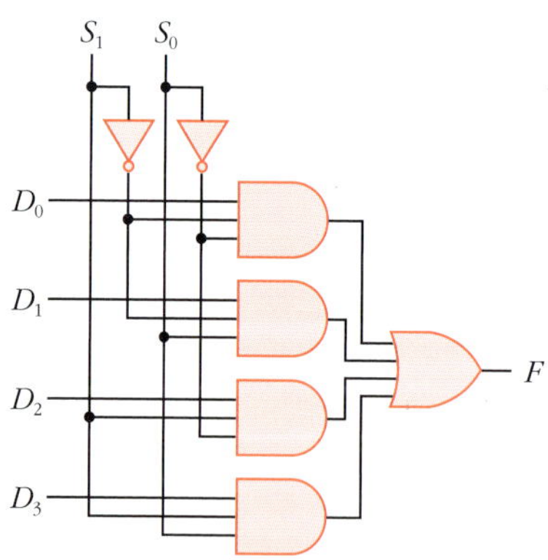

(b) 회로도

그림 7-50 4×1 멀티플렉서

3 8×1 멀티플렉서

8×1 멀티플렉서는 3개의 선택선(S_2, S_1, S_0)을 통해 입력 8개 중 하나를 선택하여 출력하는 조합논리회로다. 8×1 멀티플렉서의 논리식은 다음과 같다.

$$F=\bar{S}_2\bar{S}_1\bar{S}_0D_0+\bar{S}_2\bar{S}_1S_0D_1+\bar{S}_2S_1\bar{S}_0D_2+\bar{S}_2S_1S_0D_3+S_2\bar{S}_1\bar{S}_0D_4+S_2\bar{S}_1S_0D_5+S_2S_1\bar{S}_0D_6+S_2S_1S_0D_7$$

선택선			출력
S_2	S_1	S_0	F
0	0	0	D_0
0	0	1	D_1
0	1	0	D_2
0	1	1	D_3
1	0	0	D_4
1	0	1	D_5
1	1	0	D_6
1	1	1	D_7

(a) 진리표

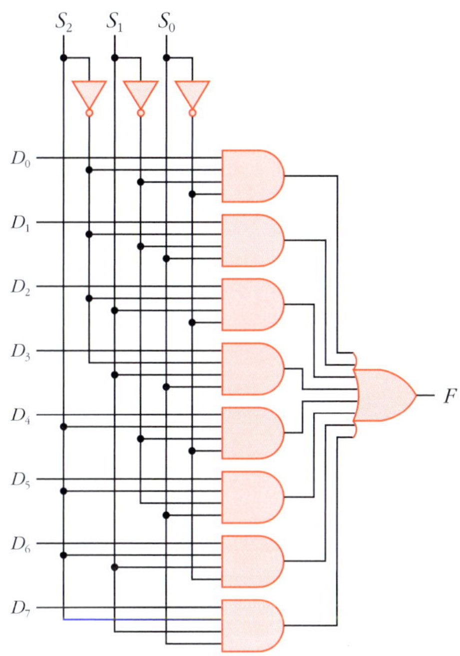

(b) 회로도

그림 7-51 8×1 멀티플렉서

4×1 멀티플렉서 5개를 이용해 16×1 멀티플렉서를 구현하면 [그림 7-52]와 같다. 데이터 선택이 $S_3S_2S_1S_0=0000$~0011이면 #1 MUX가 인에이블 되고, $S_3S_2S_1S_0=0100$~0111이면 #2가 인에이블 된다. 또한 $S_3S_2S_1S_0=1000$~1011이면 #3이 인에이블 되고, $S_3S_2S_1S_0=$ 1100~1111이면 #4 MUX가 인에이블 된다.

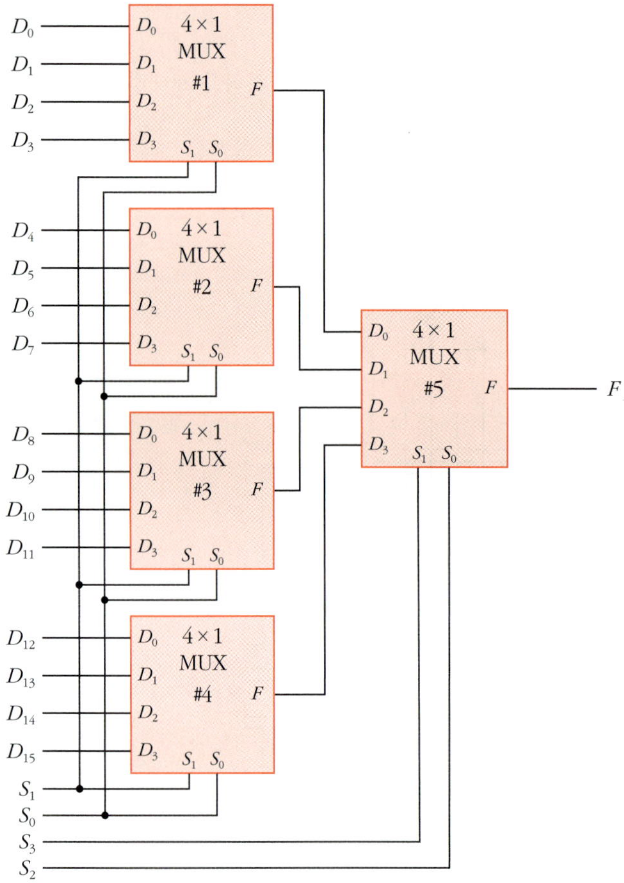

그림 7-52 16×1 멀티플렉서(4×1 멀티플렉서 5개 이용)

4 멀티플렉서 IC

74150은 입력 $\overline{E0}$~$\overline{E15}$ 중 1개를 선택선 입력 D, C, B, A에 따라 출력으로 보내주는 16×1 멀티플렉서 IC다.

입력					출력
Select				Strobe	W
D	C	B	A	S	
×	×	×	×	1	1
0	0	0	0	0	$\overline{E0}$
0	0	0	1	0	$\overline{E1}$
0	0	1	0	0	$\overline{E2}$
0	0	1	1	0	$\overline{E3}$
0	1	0	0	0	$\overline{E4}$
0	1	0	1	0	$\overline{E5}$
0	1	1	0	0	$\overline{E6}$
0	1	1	1	0	$\overline{E7}$
1	0	0	0	0	$\overline{E8}$
1	0	0	1	0	$\overline{E9}$
1	0	1	0	0	$\overline{E10}$
1	0	1	1	0	$\overline{E11}$
1	1	0	0	0	$\overline{E12}$
1	1	0	1	0	$\overline{E13}$
1	1	1	0	0	$\overline{E14}$
1	1	1	1	0	$\overline{E15}$

(a) 진리표

IC 74150 핀 배치도

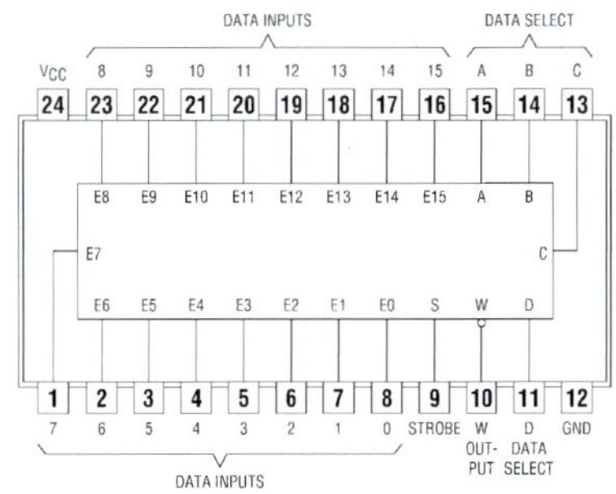

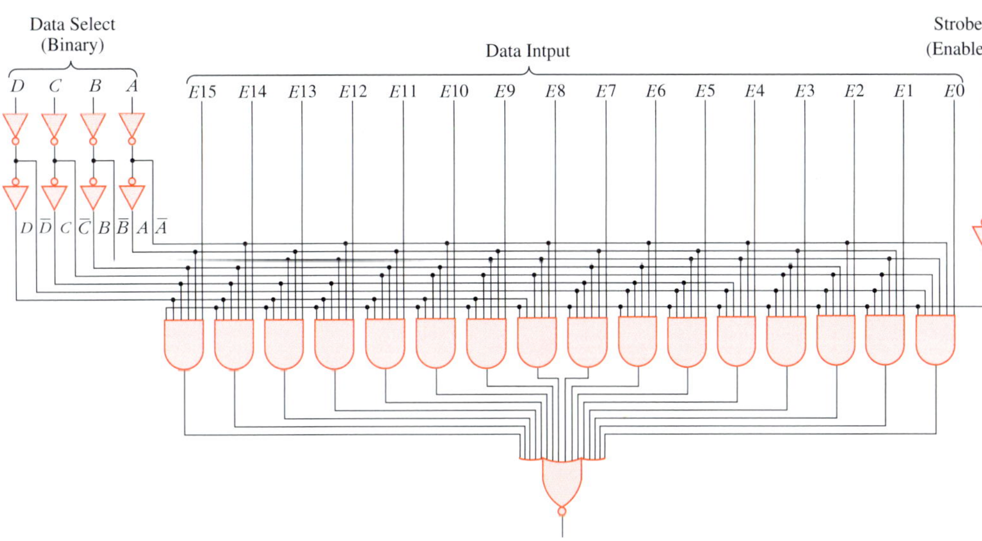

(b) 회로도

그림 7-53 IC 74150

74153은 입력 C_0, C_1, C_2, C_3 중 1개를 선택선 입력 B, A에 따라 출력으로 보내주는 4×1 멀티플렉서 2개가 내장된 IC이다.

입력			출력
Select		Strobe	Y
B	A	G	
×	×	1	0
0	0	0	C_0
0	1	0	C_1
1	0	0	C_2
1	1	0	C_3

(a) 진리표

IC 74153 핀 배치도

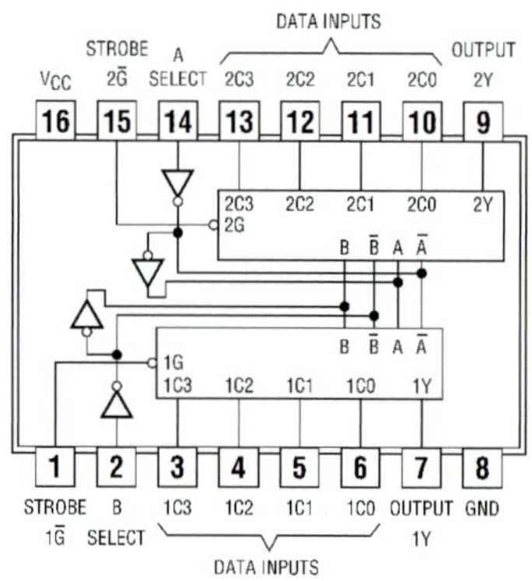

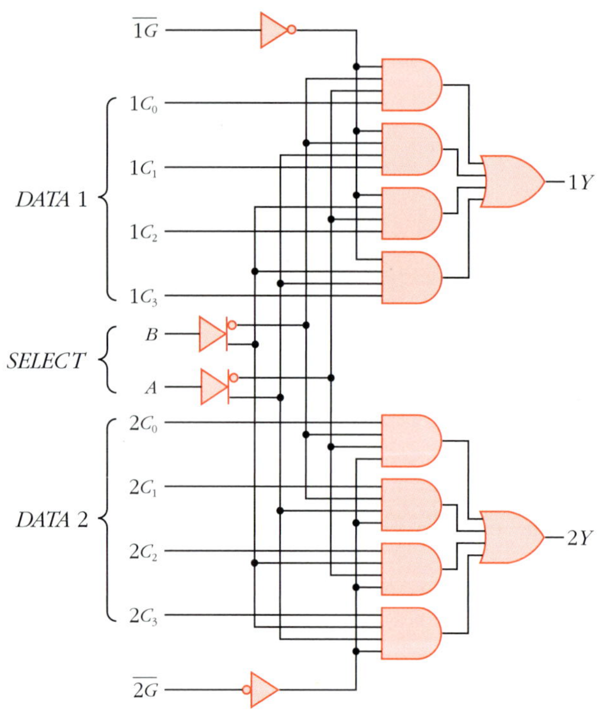

(b) 회로도

그림 7-54 IC 74153

예제 7-6

[그림 7-50](b)의 멀티플렉서에 다음 그림과 같은 데이터 입력(D_3, D_2, D_1, D_0)과 데이터 선택(S_1, S_0) 파형을 입력하였다. 출력 F의 파형을 그려 보시오.

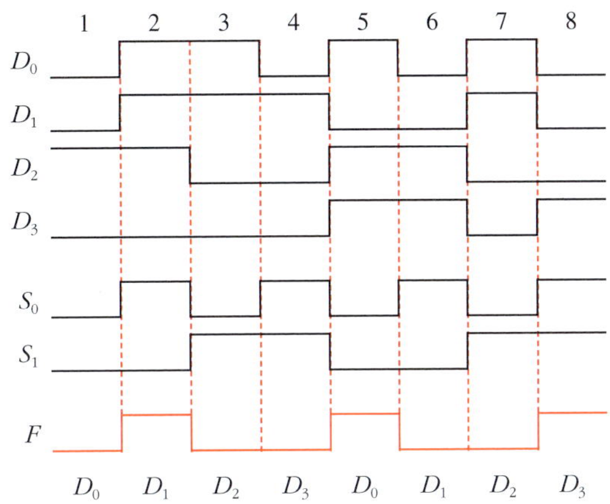

풀이

데이터 선택 신호 S_1과 S_0에 의해서 데이터 입력 D_3, D_2, D_1, D_0 중 하나가 선택되므로

- 시간 구간 1에서 $S_1=0$, $S_0=0$이므로 D_0이 선택되어 $F=0$이다.
- 시간 구간 2에서 $S_1=0$, $S_0=1$이므로 D_1이 선택되어 $F=1$이다.
- 시간 구간 3에서 $S_1=1$, $S_0=0$이므로 D_2가 선택되어 $F=0$이다.
- 시간 구간 4에서 $S_1=1$, $S_0=1$이므로 D_3이 선택되어 $F=0$이다.
- 시간 구간 5에서 $S_1=0$, $S_0=0$이므로 D_0이 선택되어 $F=1$이다.
- 시간 구간 6에서 $S_1=0$, $S_0=1$이므로 D_1이 선택되어 $F=0$이다.
- 시간 구간 7에서 $S_1=1$, $S_0=0$이므로 D_2가 선택되어 $F=0$이다.
- 시간 구간 8에서 $S_1=1$, $S_0=1$이므로 D_3이 선택되어 $F=1$이다.

5 멀티플렉서를 이용한 조합회로 구현

멀티플렉서를 이용해 조합회로를 구현할 수 있다. 예를 들어, $F(A, B, C)=\Sigma m(0, 1, 5, 7)$을 8×1 멀티플렉서 및 4×1 멀티플렉서를 이용해 설계해보자. 8×1 멀티플렉서를 사용할 때는 선택선이 3개이므로, 선택선 3개를 입력 A, B, C로 사용하고 데이터 D_0부터 D_7까지 입력에 해당하는 값, 즉 D_0, D_1, D_5, D_7은 1(+5V)로 나머지 입력은 0V(접지)로 설정하면 된다.

입력	출력
A B C	*F*
0 0 0	1 (D_0)
0 0 1	1 (D_1)
0 1 0	0 (D_2)
0 1 1	0 (D_3)
1 0 0	0 (D_4)
1 0 1	1 (D_5)
1 1 0	0 (D_6)
1 1 1	1 (D_7)

(a) 진리표

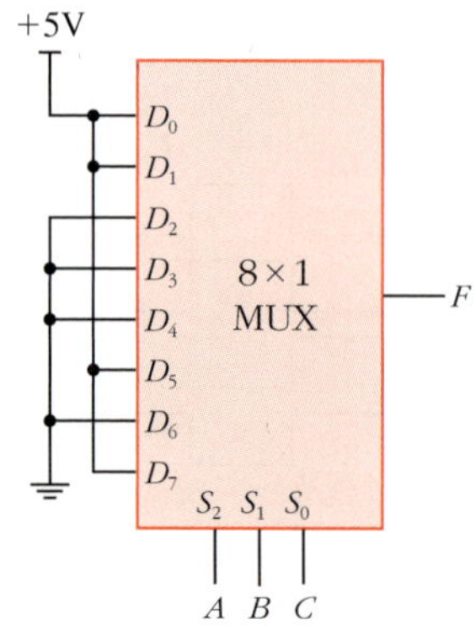

(b) 회로도

그림 7-55 8×1 멀티플렉서를 이용한 $F(A, B, C) = \Sigma m(0, 1, 5, 7)$ 회로

4×1 멀티플렉서로 동일한 회로를 설계해 보자. 4×1 멀티플렉서는 선택선이 2개이므로 A, B는 선택선으로 C는 D_0부터 D_3까지를 조합하여 사용한다. [그림 7-56](a)의 진리표에서 출력은 A, B가 00일 때는 C에 관계없이 항상 1이고 A, B가 01일 때는 C에 관계없이 출력은 항상 0이다. 그리고 A, B가 10과 11일 때는 C의 값이 그대로 출력된다. 그러므로 D_0는 +5V, D_1은 0V(접지), D_2와 D_3은 입력을 그대로 출력하므로 C를 입력으로 한다.

입력		출력	
A B	*C*	*F*	
0 0	0	$D_0 = 1$	1
	1		1
0 1	0	$D_1 = 0$	0
	1		0
1 0	0	$D_2 = C$	0
	1		1
1 1	0	$D_3 = C$	0
	1		1

(a) 진리표

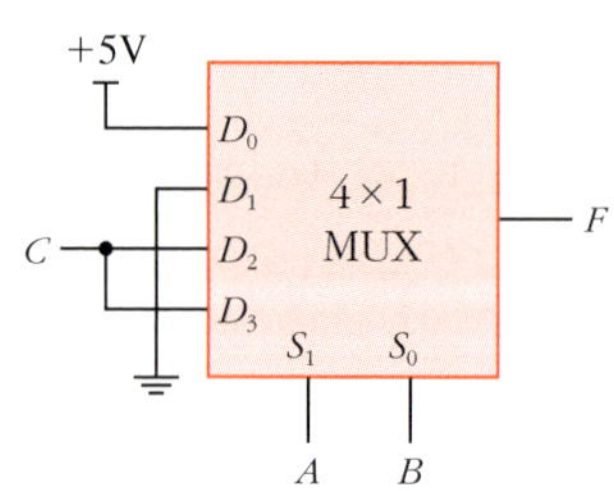

(b) 회로도

그림 7-56 4×1 멀티플렉서를 이용한 $F(A, B, C) = \Sigma m(0, 1, 5, 7)$ 회로

예제 7-7

$F(A, B, C) = A + B\bar{C}$를 8×1 및 4×1 멀티플렉서로 설계하시오.

풀이

$F(A, B, C) = A + B\bar{C}$를 8×1 및 4×1 멀티플렉서로 설계하려면 다음 식과 같이 제거된 항을 복구한 후 설계한다.

$$
\begin{aligned}
F(A, B, C) &= A(B + \bar{B})(C + \bar{C}) + (A + \bar{A})B\bar{C} \\
&= ABC + AB\bar{C} + A\bar{B}C + A\bar{B}\bar{C} + AB\bar{C} + \bar{A}B\bar{C} \\
&= ABC + AB\bar{C} + A\bar{B}C + A\bar{B}\bar{C} + \bar{A}B\bar{C} \\
&= m_7 + m_6 + m_5 + m_4 + m_2 = \Sigma m(2, 4, 5, 6, 7)
\end{aligned}
$$

8×1 멀티플렉서를 사용할 때는 (a)의 진리표에서 D_2, D_4, D_5, D_6, D_7은 +5V로, 나머지 입력은 0V(접지)로 연결한다. 4×1 멀티플렉서로 설계하면 (c)의 진리표에서 출력은 A, B가 00일 때는 C에 관계없이 항상 0이고, A, B가 10과 11일 때는 C에 관계없이 출력은 항상 1이다. 그리고 A, B가 01일 때는 C의 값이 반전되어 출력된다. 그러므로 D_0는 0V, D_2와 D_3는 +5V, D_1은 C를 반전하여 입력한다.

입력	출력
$A\ B\ C$	F
0 0 0	0 (D_0)
0 0 1	0 (D_1)
0 1 0	1 (D_2)
0 1 1	0 (D_3)
1 0 0	1 (D_4)
1 0 1	1 (D_5)
1 1 0	1 (D_6)
1 1 1	1 (D_7)

(a) 진리표

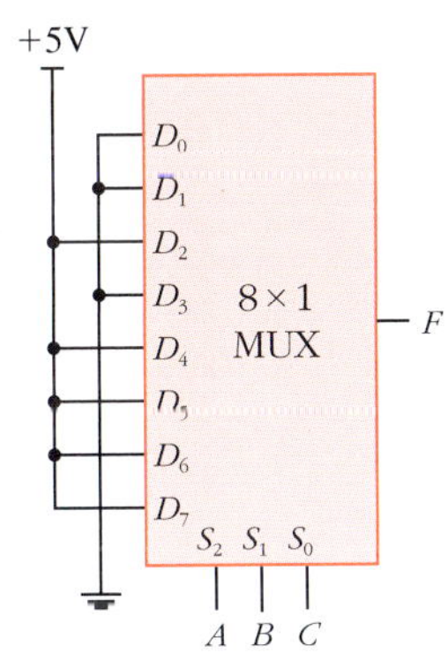

(b) 8×1 멀티플렉서를 이용한 회로도

입력		출력	
$A\ B$	C	F	
0 0	0	$D_0 = 0$	0
	1		0
0 1	0	$D_1 = \bar{C}$	1
	1		0
1 0	0	$D_2 = 1$	1
	1		1
1 1	0	$D_3 = 1$	1
	1		1

(c) 진리표

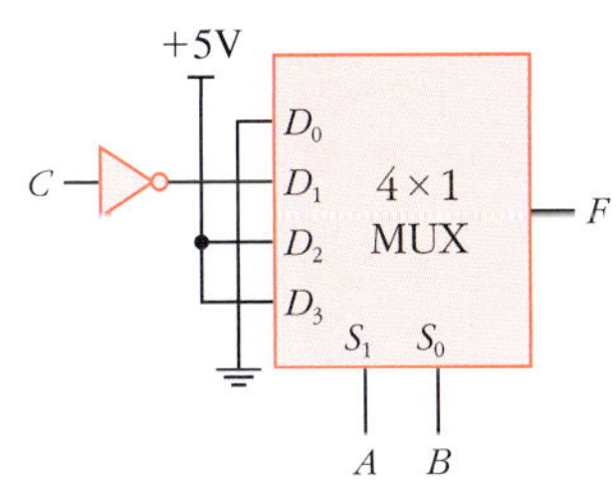

(d) 4×1 멀티플렉서를 이용한 회로도

06 디멀티플렉서

7장 3절에서 언급한 인에이블 입력 1개를 가지고 있는 디코더는 디멀티플렉서 기능을 수행할 수 있다. [그림 7-57]과 같이 디코더와 디멀티플렉서는 사실상 같은 기능을 한다고 볼 수 있다. 다만 A, B, E선에 입력되는 데이터에 따라 디코더로 동작할 수도 있고, 디멀티플렉서로 동작할 수도 있다.

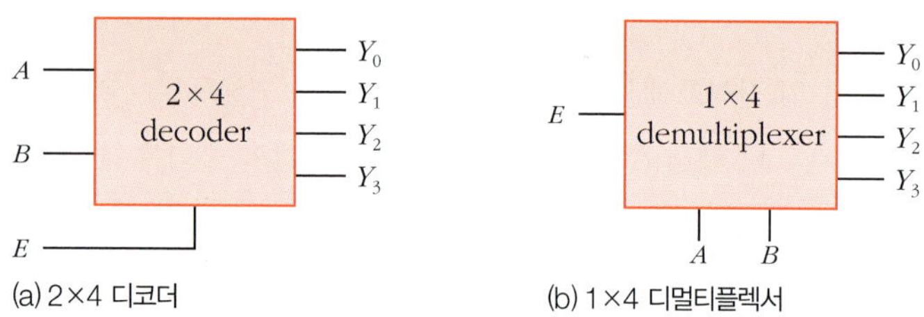

그림 7-57 디코더와 디멀티플렉서 비교

[그림 7-25]의 3×8 디코더 IC 74138의 인에이블($G1$)을 데이터 입력으로 사용하고 A, B, C를 선택선으로 사용하면 $G1$의 부정($\overline{G1}$)이 출력된다. 진리표는 [표 7-10]과 같다. 이때 $G2A$, $G2B$ 입력은 0으로 한다.

표 7-10 IC 74138을 디멀티플렉서로 사용할 때 진리표

입력			출력							
C	B	A	Y_7	Y_6	Y_5	Y_4	Y_3	Y_2	Y_1	Y_0
0	0	0	1	1	1	1	1	1	1	$\overline{G1}$
0	0	1	1	1	1	1	1	1	$\overline{G1}$	1
0	1	0	1	1	1	1	1	$\overline{G1}$	1	1
0	1	1	1	1	1	1	$\overline{G1}$	1	1	1
1	0	0	1	1	1	$\overline{G1}$	1	1	1	1
1	0	1	1	1	$\overline{G1}$	1	1	1	1	1
1	1	0	1	$\overline{G1}$	1	1	1	1	1	1
1	1	1	$\overline{G1}$	1	1	1	1	1	1	1

[그림 7-27]의 74154 IC가 디멀티플렉서로 동작할 때는 74138과 마찬가지로 G_1과 G_2가 데이터 선이 되고 A, B, C, D가 선택선이 된다.

예제 7-8

[그림 7-57](b)의 1×4 디멀티플렉서에 다음 그림과 같은 데이터 입력 파형(E)과 데이터 선택(S_1, S_0) 파형을 입력하였다. 출력 Y_3, Y_2, Y_1, Y_0의 파형을 그려 보시오.

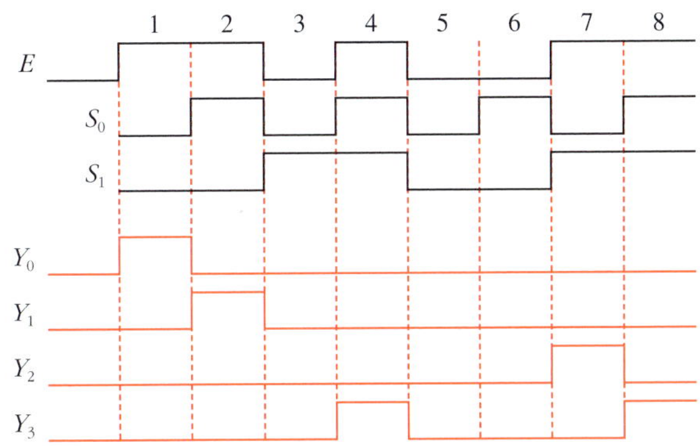

풀이

데이터 선택 신호 S_1과 S_0에 의해서 출력 Y_3, Y_2, Y_1, Y_0 중 하나가 선택되므로

- 시간 구간 1에서 $S_1 = 0$, $S_0 = 0$이므로 Y_0이 선택되어 $E = 1$이 Y_0으로 출력된다.
- 시간 구간 2에서 $S_1 = 0$, $S_0 = 1$이므로 Y_1이 선택되어 $E = 1$이 Y_1로 출력된다.
- 시간 구간 3에서 $S_1 = 1$, $S_0 = 0$이므로 Y_2가 선택되어 $E = 0$이 Y_2로 출력된다.
- 시간 구간 4에서 $S_1 = 1$, $S_0 = 1$이므로 Y_3이 선택되어 $E = 1$이 Y_3으로 출력된다.
- 시간 구간 5에서 $S_1 = 0$, $S_0 = 0$이므로 Y_0이 선택되어 $E = 0$이 Y_0으로 출력된다.
- 시간 구간 6에서 $S_1 = 0$, $S_0 = 1$이므로 Y_1이 선택되어 $E = 0$이 Y_1로 출력된다.
- 시간 구간 7에서 $S_1 = 1$, $S_0 = 0$이므로 Y_2가 선택되어 $E = 1$이 Y_2로 출력된다.
- 시간 구간 8에서 $S_1 = 1$, $S_0 = 1$이므로 Y_3이 선택되어 $E = 1$이 Y_3으로 출력된다.

07 코드 변환기

디지털 시스템들은 동일한 정보에 대해 다양한 코드를 사용하고 있으므로 시스템 간의 상호 호환성을 유지하기 위해 코드를 변환하는 기능이 필요하다. 하나의 2진 코드에서 다른 2진 코드로 변환하는 조합논리회로를 살펴보자.

1 2진 코드－그레이 코드 변환

2진 코드를 그레이 코드로 변환하는 진리표는 [표 7-11]과 같다.

표 7-11 2진 코드-그레이 코드 변환 진리표

2진 코드(입력) B_3	B_2	B_1	B_0	그레이 코드(출력) G_3	G_2	G_1	G_0	2진 코드(입력) B_3	B_2	B_1	B_0	그레이 코드(출력) G_3	G_2	G_1	G_0
0	0	0	0	0	0	0	0	1	0	0	0	1	1	0	0
0	0	0	1	0	0	0	1	1	0	0	1	1	1	0	1
0	0	1	0	0	0	1	1	1	0	1	0	1	1	1	1
0	0	1	1	0	0	1	0	1	0	1	1	1	1	1	0
0	1	0	0	0	1	1	0	1	1	0	0	1	0	1	0
0	1	0	1	0	1	1	1	1	1	0	1	1	0	1	1
0	1	1	0	0	1	0	1	1	1	1	0	1	0	0	1
0	1	1	1	0	1	0	0	1	1	1	1	1	0	0	0

위의 진리표를 카르노 맵을 이용해 간소화하면 [그림 7-58]과 같다.

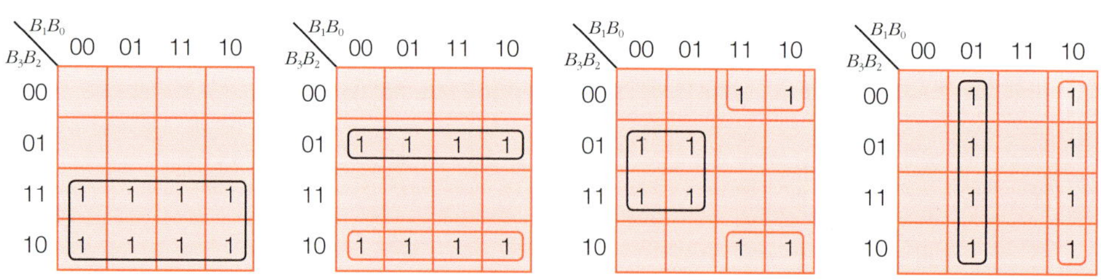

(a) $G_3 = B_3$

(b) $G_2 = \overline{B_3}B_2 + B_3\overline{B_2} = B_3 \oplus B_2$

(c) $G_1 = \overline{B_2}B_1 + B_2\overline{B_1} = B_2 \oplus B_1$

(d) $G_0 = \overline{B_1}B_0 + B_1\overline{B_0} = B_1 \oplus B_0$

그림 7-58 2진 코드를 그레이 코드로 변환하는 카르노 맵

따라서 이를 이용해 논리회로를 구성하면 [그림 7-59]와 같다.

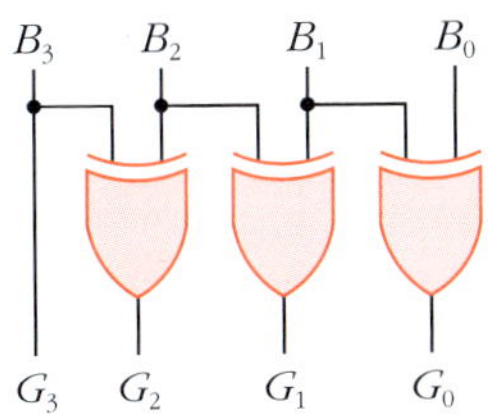

그림 7-59 2진 코드를 그레이 코드로 변환하는 회로

2 그레이 코드-2진 코드 변환

그레이 코드를 2진 코드로 변환하는 진리표는 [표 7-12]와 같다.

표 7-12 그레이 코드-2진 코드 변환 진리표

그레이 코드(입력)				2진 코드(출력)				그레이 코드(입력)				2진 코드(출력)			
G_3	G_2	G_1	G_0	B_3	B_2	B_1	B_0	G_3	G_2	G_1	G_0	B_3	B_2	B_1	B_0
0	0	0	0	0	0	0	0	1	0	0	0	1	1	1	1
0	0	0	1	0	0	0	1	1	0	0	1	1	1	1	0
0	0	1	0	0	0	1	1	1	0	1	0	1	1	0	0
0	0	1	1	0	0	1	0	1	0	1	1	1	1	0	1
0	1	0	0	0	1	1	1	1	1	0	0	1	0	0	0
0	1	0	1	0	1	1	0	1	1	0	1	1	0	0	1
0	1	1	0	0	1	0	0	1	1	1	0	1	0	1	1
0	1	1	1	0	1	0	1	1	1	1	1	1	0	1	0

위의 진리표를 카르노 맵을 이용해 간소화하면 [그림 7-60]과 같다.

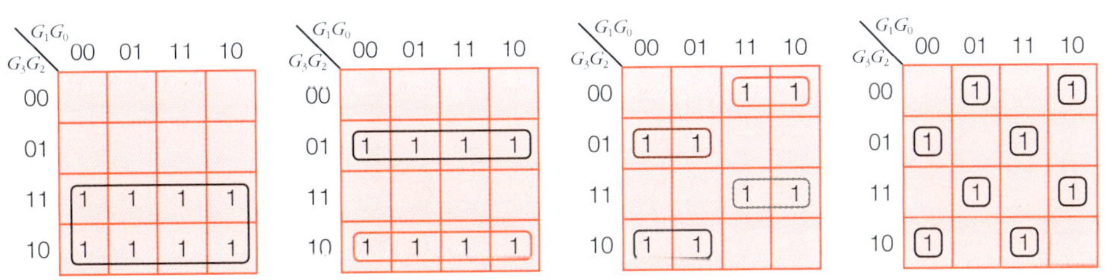

(a) $B_3 = G_3$

(b) $B_2 = \overline{G_3}G_2 + G_3\overline{G_2} = G_3 \oplus G_2$

(c) $B_1 = G_3 \oplus G_2 \oplus G_1 = B_2 \oplus G_1$

(d) $B_0 = G_3 \oplus G_2 \oplus G_1 \oplus G_0 = B_1 \oplus G_0$

그림 7-60 그레이 코드를 2진 코드로 변환하는 카르노 맵

따라서 이를 이용해 논리회로를 구성하면 [그림 7-61]과 같다.

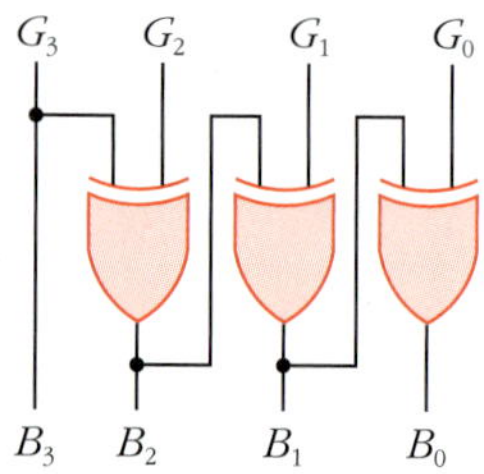

그림 7-61 그레이 코드를 2진 코드로 변환하는 회로

3 BCD 코드-3초과 코드 변환

BCD 코드를 3초과 코드로 변환하는 진리표는 [표 7-13]과 같다. BCD는 10개의 숫자만 사용하므로 1010에서 1111까지 6개는 BCD에 존재하지 않는 코드이며, 입력으로 사용될 수 없기 때문에 무관항으로 처리한다. 무관항이 있으므로 회로를 설계하는 데 유용하게 사용할 수 있다.

표 7-13 BCD 코드-3초과 코드 변환 진리표

BCD 코드(입력)				3초과 코드(출력)			
B_3	B_2	B_1	B_0	E_3	E_2	E_1	E_0
0	0	0	0	0	0	1	1
0	0	0	1	0	1	0	0
0	0	1	0	0	1	0	1
0	0	1	1	0	1	1	0
0	1	0	0	0	1	1	1
0	1	0	1	1	0	0	0
0	1	1	0	1	0	0	1
0	1	1	1	1	0	1	0
1	0	0	0	1	0	1	1
1	0	0	1	1	1	0	0
1	0	1	0	×	×	×	×
1	0	1	1	×	×	×	×
1	1	0	0	×	×	×	×
1	1	0	1	×	×	×	×
1	1	1	0	×	×	×	×
1	1	1	1	×	×	×	×

[표 7-13]의 진리표를 카르노 맵을 이용해 간소화하면 [그림 7-62]와 같다.

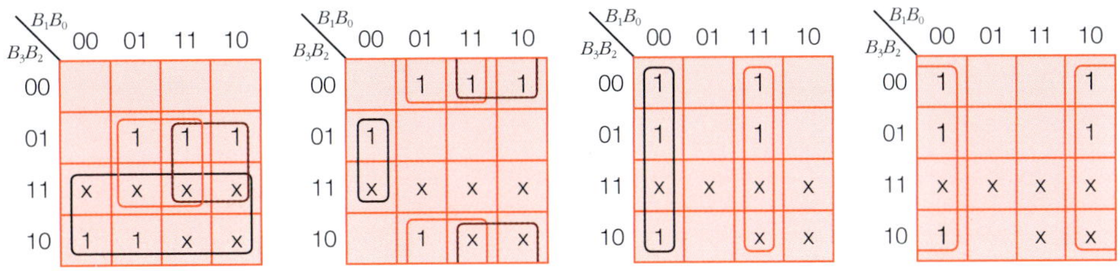

(a) $E_3 = B_3 + B_2B_1 + B_2B_0$

(b) $E_2 = \overline{B}_2B_1 + \overline{B}_2B_0 + B_2\overline{B}_1\overline{B}_0$

(c) $E_1 = \overline{B}_1\overline{B}_0 + B_1B_0 = \overline{B_1 \oplus B_0}$

(d) $E_0 = \overline{B}_0$

그림 7-62 BCD 코드를 3초과 코드로 변환하기 위한 카르노 맵

따라서 이를 이용해 논리회로를 구성하면 [그림 7-63]과 같다.

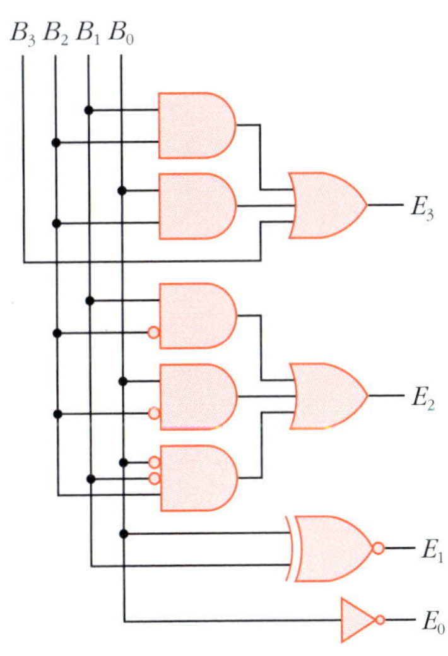

그림 7-63 BCD 코드를 3초과 코드로 변환하는 회로

08 패리티 발생기/검출기

3장에서 언급한 패리티 발생 및 검출 회로parity generator/checker를 알아본다. **패리티 발생**은 원래의 데이터에 1비트 패리티를 추가하여 1의 개수를 짝수 또는 홀수로 맞추는 것을 말한다. 1의 개수를 짝수로 맞추면 짝수 패리티, 홀수로 맞추면 홀수 패리티가 된다. **패리티 검출**은 패리티가 추가된 데이터에서 1의 개수가 짝수인지 홀수인지를 검사하는 것을 말한다. 6장 10절에서 언급한 것처럼 XOR를 사용하여 짝수 패리티를, XNOR를 이용해 홀수 패리티를 발생할 수 있다. XOR는 1의 개수가 홀수(기함수odd function)일 때 1이 발생하므로 원래의 데이터에 XOR의 출력을 추가하면 1의 개수가 짝수가 된다. 반대로 XNOR는 1의 개수가 짝수(우함수even function)일 때 1이 발생하므로 데이터에 XNOR의 출력 비트를 추가하면 1의 개수가 홀수가 된다. [그림 7-64]는 데이터가 8비트일 때 짝수 패리티와 홀수 패리티 발생 회로다.

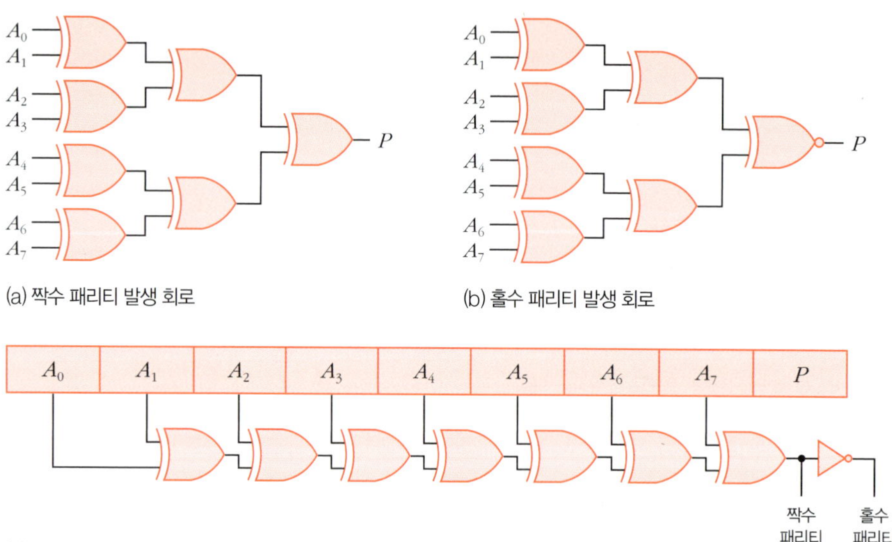

(a) 짝수 패리티 발생 회로

(b) 홀수 패리티 발생 회로

(c) 8비트 직렬회로에서의 짝수/홀수 패리티 발생

그림 7-64 8비트 홀수/짝수 패리티 발생 회로

짝수 패리티 발생 회로의 논리식은 $P=A_0 \oplus A_1 \oplus A_2 \oplus A_3 \oplus A_4 \oplus A_5 \oplus A_6 \oplus A_7$이며, 1의 개수가 홀수일 때 P가 1이 되므로 전체 1의 개수는 짝수가 된다. 홀수 패리티 발생 회로의 논리식은 $P=\overline{A_0 \oplus A_1 \oplus A_2 \oplus A_3 \oplus A_4 \oplus A_5 \oplus A_6 \oplus A_7}$이며, 1의 개수가 짝수일 때 P가 1이 발생하므로 전체 1의 개수는 홀수가 된다.

IC 74280은 9비트(8개의 데이터 비트와 1개의 패리티 비트)에 대해서 짝수와 홀수 패리티 모두를 검사할 수 있으며, 또한 9비트(A~I)까지의 2진 데이터에 대해 패리티 발생기로도 사용할 수 있다. [그림 7-65]에 IC 74280의 회로도를 나타냈다.

IC 74280 핀 배치도

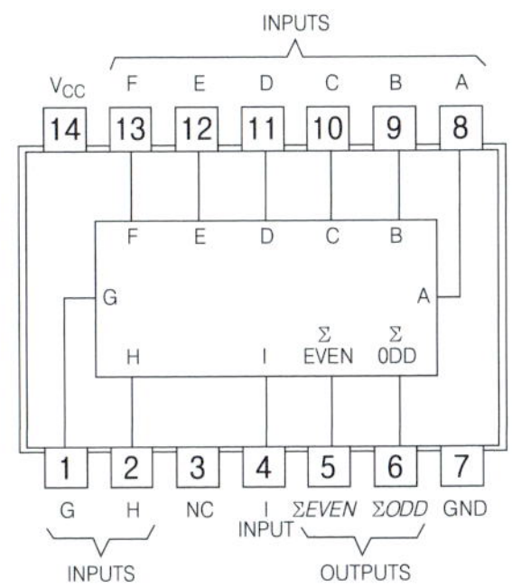

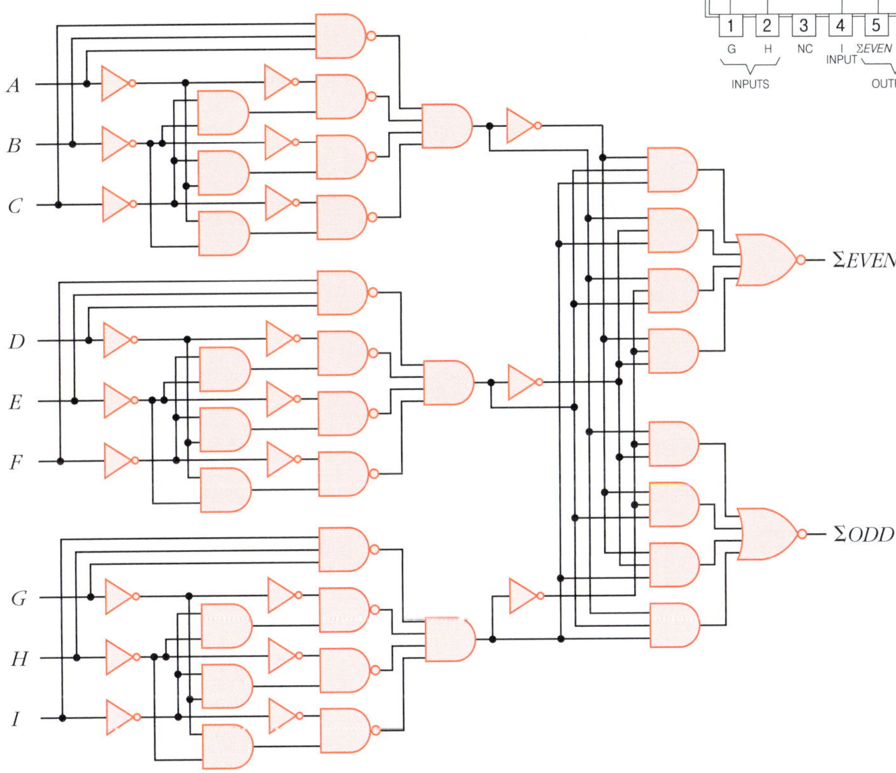

그림 7-65 IC 74280 회로도(홀수/짝수 패리티 발생 및 검출 회로)

[그림 7-66]은 IC 74280의 블록도 및 동작표다. 입력 데이터 A~I 중에서 1의 개수가 짝수이면 $\Sigma EVEN$ 출력은 High가 되고, ΣODD 출력은 Low가 된다. 또한 입력 데이터 A~I 중에서 1의 개수가 홀수이면 $\Sigma EVEN$ 출력은 Low가 되고, ΣODD 출력은 High가 된다.

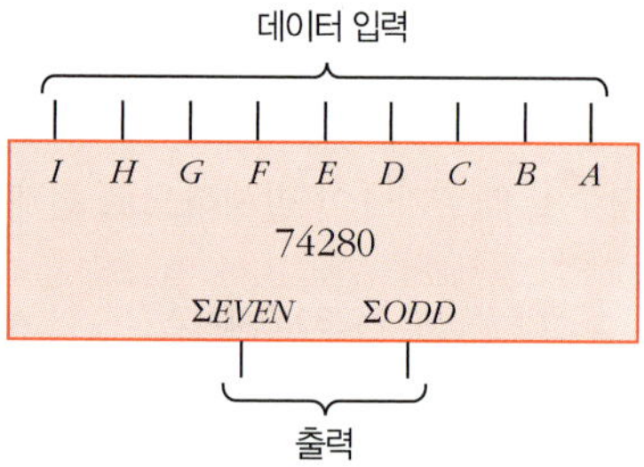

(a) 블록도

High인 입력(A~I)의 개수	출력	
	$\Sigma EVEN$	ΣODD
짝수 개(0, 2, 4, 6, 8)	H	L
홀수 개(1, 3, 5, 7, 9)	L	H

(b) 동작표

그림 7-66 9비트 패리티 발생기/검출기(IC 74280)

패리티 발생기 : ΣODD 출력은 입력 비트 중 1의 개수가 짝수이면 0, 1의 개수가 홀수이면 1이므로 74280을 짝수 패리티 발생기로 동작시키려면 ΣODD 출력을 패리티 비트로 사용하면 된다. $\Sigma EVEN$ 출력은 입력 비트 중 1의 개수가 홀수이면 0, 1의 개수가 짝수이면 1이므로 74280을 홀수 패리티 발생기로 동작시키려면 $\Sigma EVEN$ 출력을 패리티 비트로 사용하면 된다.

패리티 검출기 : 74280을 패리티 검출기로 사용하려면 A~I까지 9개 비트를 입력한 뒤 출력($\Sigma EVEN$, ΣODD)을 검사하여 입력 중에서 1의 개수가 짝수($\Sigma EVEN$)인지, 홀수(ΣODD)인지 검사할 수 있다. 입력 중 1의 개수가 짝수이면 $\Sigma EVEN$ 출력이 High, 홀수이면 ΣODD 출력은 High가 된다.

예제 7-9

74280을 8비트 홀수 패리티 발생기(7개의 데이터 비트와 1개의 패리티 비트)로 사용하려고 한다. 7비트 입력 데이터 1010110에 대하여 패리티 비트를 생성하는 구성도를 그려 보시오.

풀이

입력 A~G에 데이터 1010110을 연결하고 입력 H와 I는 출력에 영향을 미치지 않도록 접지(GND)에 연결한다. 출력 $\Sigma EVEN$이 홀수 패리티 비트가 된다. 입력 중에서 1의 개수가 4개이므로 출력 $\Sigma EVEN$은 1이 되어 최종적으로는 11010110이 된다.

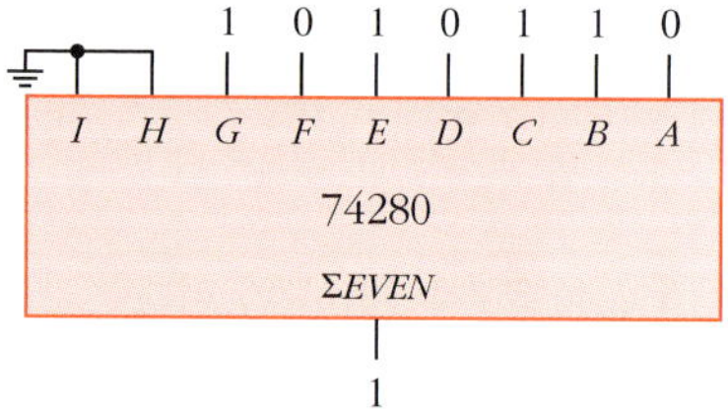

01 [그림 7-6]의 캐리 예측 가산기를 이용해 뺄셈도 할 수 있도록 설계하시오.

02 IC 7483(또는 74283)을 이용해 다음의 회로를 설계하시오.

① BCD 코드를 3초과 코드로 변환하는 회로

② 3초과 코드를 BCD 코드로 변환하는 회로(힌트 : 2의 보수 이용)

03 인에이블을 가진 1×2 디코더 1개와 2×4 디코더 2개를 사용하여 3×8 디코더를 블록도로 설계하시오. 디코더는 active-high로 동작한다고 가정한다.

04 인에이블을 가진 2×4 디코더 11개를 사용하여 5×32 디코더를 설계하시오.

05 NOR 게이트만을 이용해 2×4 디코더를 설계하시오.

06 5×32 디코더를 인에이블이 있는 3×8 디코더 4개와 한 개의 2×4 디코더를 이용해 [그림 7-28]과 같은 블록도로 설계하시오.

07 3×8 디코더를 이용해 다음 회로를 설계하시오. 단, 디코더 내부는 AND 게이트로 구성되어 있다고 가정한다.

① 전감산기 회로

② $F(A, B, C) = (\overline{A} + \overline{B} + \overline{C})(\overline{A} + B + \overline{C})(A + \overline{B} + C)(A + B + C)$

③ $F_1(A, B, C) = \Pi M(1, 5, 7)$, $F_2(A, B, C) = \Pi M(2, 3, 7)$

④ $F = \overline{(\overline{A + B}) + C}$

08 3×8 디코더인 74138 IC를 이용해 문제 7을 반복하시오.

09 그림과 같은 7-세그먼트에 BCD 입력 A, B, C를 입력하여 해당하는 LED가 켜질 수 있는 조합논리회로를 설계하고자 한다. 즉, 10진수 0에서 7까지 표시되도록 a, b, c, d, e, f, g를 A, B, C에 대한 간소화된 논리식으로 나타내시오. 단, LED가 on이면 1, off이면 0임을 가정한다.

10 다음과 같은 특수한 5-세그먼트가 있다. 이 세그먼트를 이용해 3비트 2진수 입력을 10진수로 변환했을 때의 값이 짝수인지 홀수인지를 표시하려고 한다. 입력값이 짝수이면 "E"를 표시하고 홀수이면 "O"을 표시하는 회로를 설계하시오.

11 다음과 같은 특수한 8-세그먼트 LED가 있다. 이 세그먼트를 이용해 시계의 1시부터 12시까지를 나타내고자 한다. 0, 13, 14, 15는 입력되지 않는 것으로 하고 이 8-세그먼트를 구동하는 디코더를 설계하시오.

12 다음과 같은 특수한 8-세그먼트 LED가 있다. 이 세그먼트를 이용해 4비트 2진수 2의 보수를 10진수로 표시하고자 한다. 다음 표와 같이 출력되도록 회로를 설계하시오.

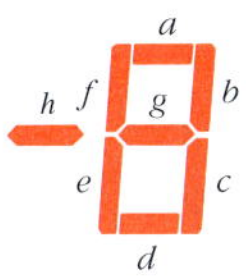

2진수	LED 표시 10진수	2진수	LED 표시 10진수
0 0 0 0	0	1 0 0 0	−8
0 0 0 1	1	1 0 0 1	−7
0 0 1 0	2	1 0 1 0	−6
0 0 1 1	3	1 0 1 1	−5
0 1 0 0	4	1 1 0 0	−4
0 1 0 1	5	1 1 0 1	−3
0 1 1 0	6	1 1 1 0	−2
0 1 1 1	7	1 1 1 1	−1

13 다음과 같은 8-세그먼트가 있다. 화살촉은 하나의 세그먼트이고 화살대는 두 개의 세그먼트로 구성되어 있다. 이 세그먼트를 아래에 있는 6가지와 모든 세그먼트가 표시되는 것과 모든 세그먼트가 표시되지 않는 것까지 포함하여 8가지를 구동할 수 있는 회로를 설계하시오.

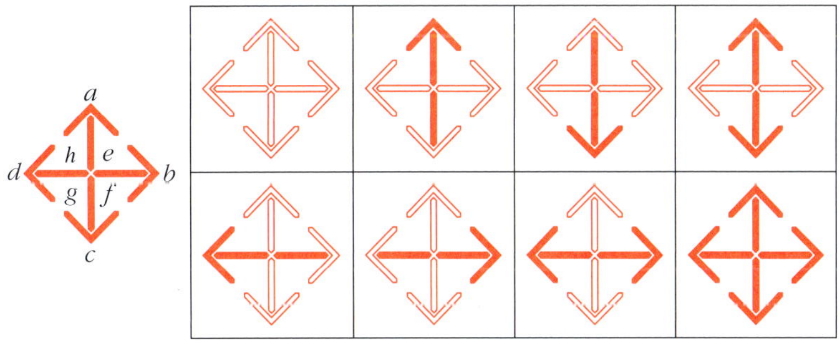

14 BCD-to-10 디코더를 설계하시오.

15 BCD 코드를 7-세그먼트 코드로 설계하시오. 단, NAND 게이트 21개만 사용하고 보수 입력이 가능하다고 가정한다.

16 [그림 7-41]은 4×2 인코더의 입력 D_3, D_2, D_1, D_0과 출력 B_1, B_0에 대한 진리표를 나타낸 것이다. 카르노 맵을 이용해 B_1, B_0에 대한 간소화된 논리식을 구하시오.

17 8×3 우선순위 인코더 IC 74148을 이용해 16×4 인코더를 설계하시오.

18 2×1 멀티플렉서와 NOT 게이트를 사용하여 2입력 XOR 게이트와 3입력 XOR 게이트를 각각 구성하시오.

19 2개의 2×1 멀티플렉서로 다른 게이트 추가 없이 3×1 멀티플렉서를 구성할 수 있음을 보이시오. 입력 선택은 다음의 규칙을 따른다고 가정한다.

- $AB = 00$이면 I_0을 선택한다.
- $AB = 01$이면 I_1을 선택한다.
- $AB = 1\times$이면 I_2를 선택한다.

20 2×1 멀티플렉서 7개를 이용해 8×1 멀티플렉서를 설계하시오.

21 8×1 멀티플렉서 2개와 2×1 멀티플렉서 1개를 이용해 16×1 멀티플렉서를 설계하시오.

22 논리 함수 $F(A, B, C) = AB\overline{C} + \overline{A}B\overline{C} + \overline{A}BC + A\overline{B}C$를 8×1 멀티플렉서, 4×1 멀티플렉서를 이용해 각각 설계하시오.

23 4변수 논리 함수 $f(a, b, c, d) = \Sigma m(0, 1, 5, 6, 7, 9, 10, 15)$를 다음에 제시한 방법을 이용해 설계하시오.

① 8×1 멀티플렉서 이용하고 a, b, c를 선택선으로 사용

② 4×1 멀티플렉서 이용하고 a, b를 선택선으로 사용

24 다음에 주어진 회로를 이용해 전가산기를 각각 설계하시오.

① 3 × 8 디코더 ② 4 × 1 멀티플렉서

25 다음의 코드 변환 회로를 설계하시오.

① 3초과 코드를 BCD 코드로 변환하는 회로

② 3초과 코드를 2-out of-5 코드로 변환하는 회로

③ 84-2-1 코드를 BCD 코드로 변환하는 회로

④ 2421 코드로 된 10진수를 84-2-1 코드로 변환하는 회로

26 3비트 2진수를 입력하여 입력된 수의 제곱을 출력하는 회로를 설계하시오.

27 2비트로 이루어진 숫자 *ab*와 *cd*를 곱하여 4비트로 구성된 결과 *wxyz*를 구하는 회로를 설계하시오.

28 4비트 2진수를 입력하여 이 수의 2의 보수를 출력하는 회로를 설계하시오.

29 3비트 2진수 중 10진수로 짝수인 것은 그대로 출력으로 통과시키고 홀수인 것은 통과시키지 않는 조합논리회로를 설계하시오.

30 입력이 3개이고 출력이 1개인 조합논리회로에서 입력 중에서 0의 개수가 1의 개수보다 많으면 출력이 1이 되고 나머지의 경우에는 0이 되도록 설계하시오.

31 4입력 x_1, x_0, y_1, y_0가 $x_1 = y_1$ & $x_0 = y_0$일 때만 출력 F가 1이 되는 논리회로를 설계하시오.

32 BCD로 표현된 4비트를 입력으로 받아서 BCD 9의 보수를 생성하는 조합논리회로를 설계하시오.

33 8비트 2진 데이터에 대한 해밍코드를 생성하는 회로를 설계하시오.

34 BCD 코드 4자리를 입력으로 받아 입력된 BCD에 에러가 있는지 검사하는 회로를 설계하시오. 즉, BCD 코드에 사용하지 않는 코드 1010~1111 중 하나가 입력되면 1을, 그렇지 않고 정상적으로 입력되면 0을 출력한다.

35 74280 9비트 패리티 발생기/검출기의 입력 파형이 다음 그림과 같을 때, 출력 $\Sigma EVEN$과 ΣODD를 구하시오.

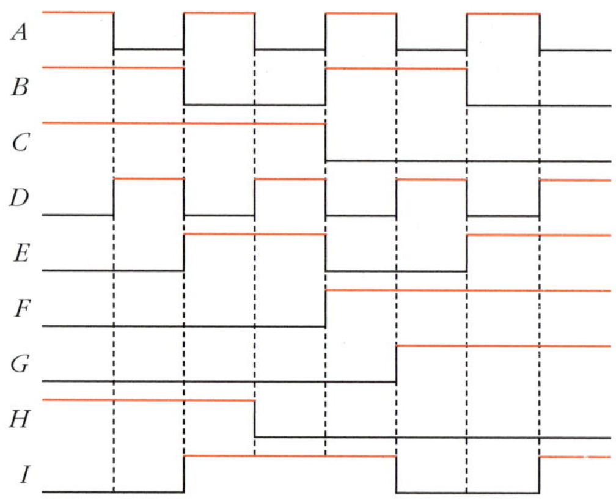

36 4비트 홀수 패리티 발생기와 짝수 패리티 발생기를 설계하시오. 진리표, 카르노 맵, 회로도를 제시하시오.

37 키보드에서 문자 A를 누르면 ASCII 코드 1000001이 생성되며, 패리티 비트가 추가되어 컴퓨터 본체로 전송된다.

① 키보드의 데이터 송신부에 설치되는 홀수 패리티 발생기를 설계하시오.

② ①에서 설계된 회로에서 문자 A에 대한 패리티 비트가 발생되는 과정을 비트값들로 표시하시오.

③ 컴퓨터 본체의 데이터 수신부에 설치되는 홀수 패리티 검사기를 설계하시오.

④ ③에서 설계된 회로에서 패리티 비트가 검사되는 과정을 비트값들로 표시하시오.

01 조합(combinational)논리회로에 대해 설명한 것은?

① 출력 신호가 입력 신호에 의해서만 결정되는 논리회로다.
② 플립플롭과 같은 기억 소자를 갖고 있는 논리회로다.
③ 출력 신호가 입력 신호와 현재 논리회로의 상태에 의해 결정되는 논리회로다.
④ 기억 능력을 가진 논리회로다.

02 조합논리회로 설계의 절차상 순서로 맞는 것은?

㉠ 문제 설정 ㉡ 입력과 출력 변수 정의 ㉢ 불 함수 간소화 ㉣ 진리표 작성 ㉤ 논리회로 구현

① ㉠→㉡→㉢→㉣→㉤
② ㉠→㉢→㉡→㉣→㉤
③ ㉠→㉣→㉢→㉡→㉤
④ ㉠→㉡→㉣→㉢→㉤

03 출력되는 불 함수의 값이 입력값에 의해서만 정해지고 내부에 기억 능력이 없는 논리회로는?

① 조합논리회로　② 순서논리회로
③ 집적논리회로　④ 혼합논리회로

04 조합논리회로가 아닌 것은?

① 디코더　② 인코더
③ 멀티플렉서　④ 계수 회로

05 다음 중 조합논리회로로만 나열한 것은?

① adder, flip-flop
② multiplexer, encoder
③ decoder, counter
④ ring counter, subtractor

06 마이크로프로세서 내에서 산술연산의 기본 연산은?

① 덧셈　② 뺄셈
③ 곱셈　④ 나눗셈

07 일반적으로 연산논리회로(ALU)에 포함되지 않는 것은?

① 비교기　② 가산기
③ 논리연산기　④ 감산기

08 배타적 OR(exclusive-OR)와 AND 게이트의 기능을 동시에 갖는 회로는?

① 전가산 회로　② 반가산 회로
③ 전감산 회로　④ 반감산 회로

09 반가산기를 구성하고 있는 논리 게이트의 종류는?

① AND와 OR　② AND와 NOT
③ OR와 NOT　④ AND, OR와 NOT

10 아래의 논리회로는?

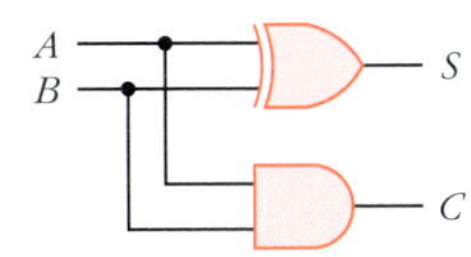

① 반가산기　② 전가산기
③ 반감산기　④ 전감산기

11 다음 그림의 논리회로 이름은?

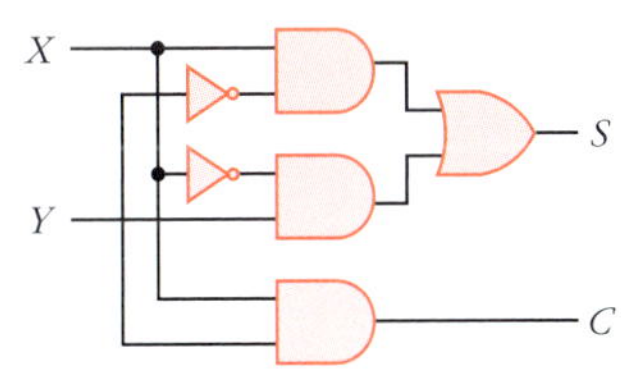

① full-adder　② half-adder
③ full-subtractor　④ half-subtractor

12 그림과 같은 회로의 명칭은?

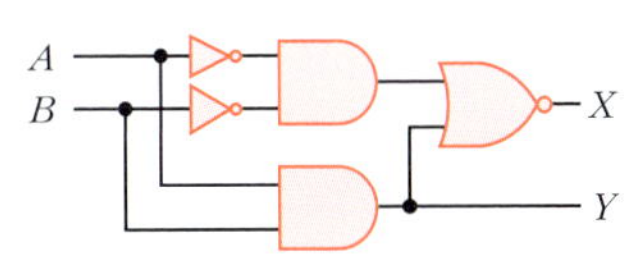

① 동시 회로　② 반동시 회로
③ 배타 OR 회로　④ 반가산기

13 다음 논리회로의 명칭은?

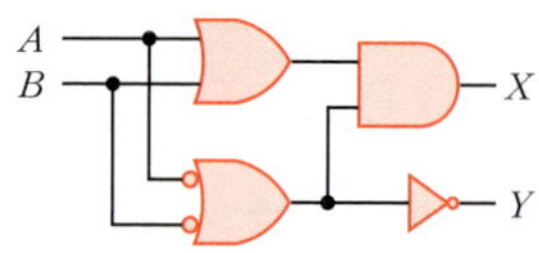

① 일치 회로 ② 비교 회로
③ 반감산기 ④ 반가산기

14 다음 그림의 회로도에 해당되는 것은?

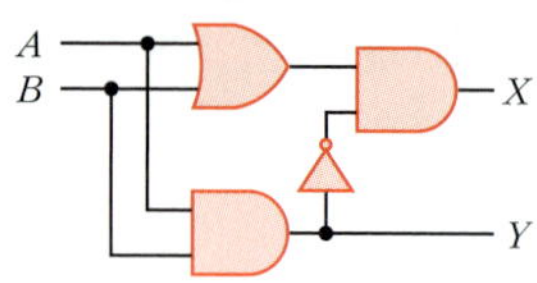

① 반가산기 ② 전가산기
③ 반감산기 ④ 전감산기

15 다음은 반가산기(half-adder)의 블록도다. 출력 단자 S(sum) 및 C(carry)에 나타나는 논리식은?

① $S=XY+\bar{X}Y,\ C=XY$
② $S=XY+\bar{X}Y,\ C=\bar{X}Y$
③ $S=\bar{X}Y+X\bar{Y},\ C=XY$
④ $S=XY+X\bar{Y},\ C=X\bar{Y}$

16 다음 그림은 반가산기의 기호이다. 입력 $A=1$, $B=1$인 경우 출력 S, C 값은?

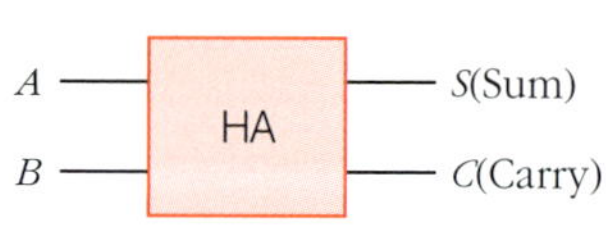

① $S=0,\ C=0$ ② $S=0,\ C=1$
③ $S=1,\ C=0$ ④ $S=1,\ C=1$

17 그림과 같은 논리회로를 설명한 내용 중 옳지 않은 것은?

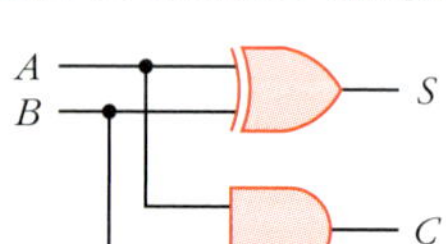

① 반가산기를 나타내는 논리회로다.
② $S=AB+\bar{A}+\bar{B}$이다.
③ $C=AB$이다.
④ $S=A\oplus B$로 표시할 수 있다.

18 A, B를 입력으로 하는 반가산기의 합 S에 대한 출력 논리식으로 틀린 것은?

① $S=A+B$ ② $S=(A+B)(\bar{A}+\bar{B})$
③ $S=A\oplus B$ ④ $S=A\bar{B}+\bar{A}B$

19 두 비트를 더해서 합(S)과 자리올림수(C)를 구하는 반가산기에서 올림수 비트를 나타낸 논리식은?

① $C=\bar{A}\cdot\bar{B}$ ② $C=A+B$
③ $C=A\cdot B$ ④ $C=\bar{A}+\bar{B}$

20 반가산기 합 또는 반감산기 차를 얻기 위해 필요한 게이트는?

① XOR 게이트 ② XNOR 게이트
③ OR 게이트 ④ AND 게이트

21 병렬 2진 감산기를 가산기와 같은 회로로 쓸 때 필요한 회로는?

① 지연 회로 ② 펄스 회로
③ 제어 회로 ④ 보수 회로

22 그림과 같은 회로는?

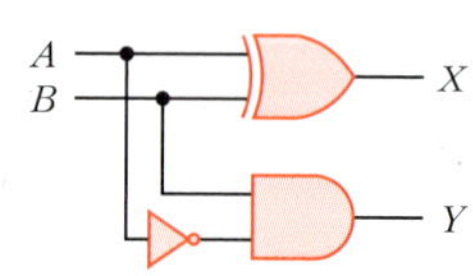

① 반감산기 ② 전감산기
③ 반가산기 ④ 전가산기

23 다음 회로의 동작은?

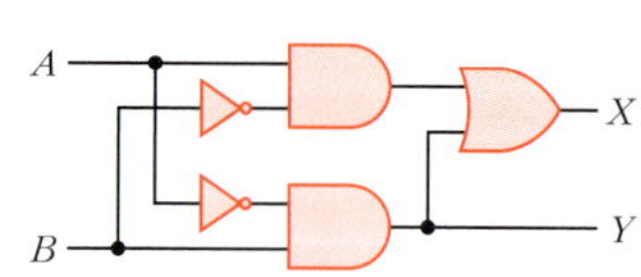

① 반감산기 ② 반가산기
③ 전감산기 ④ 전가산기

24 반감산기의 동작을 옳게 나타낸 것은?

① 1자리의 2진수의 감산을 하는 동작을 한다.
② 2자리의 2진수의 감산을 하는 동작을 한다.
③ 3자리의 2진수의 감산을 하는 동작을 한다.
④ 1자리의 carry를 덧셈과 같이 감산하는 동작을 한다.

25 다음 진리표를 만족하는 회로는?

입력		출력	
A	B	K	D
0	0	0	0
0	1	1	1
1	0	0	1
1	1	0	0

① AND gate　　② XOR gate
③ 반감산기　　④ 전감산기

26 반감산기에서 차(difference)를 올바르게 나타낸 것은?

① $\bar{A}B + A\bar{B}$　　② $A + B$
③ $\bar{A}B$　　④ AB

27 반감산기($A-B$)에서 자리내림수(borrow)를 얻기 위한 기능은?

① $\bar{A}\bar{B}$　　② AB
③ $\bar{A}B$　　④ $A\bar{B}$

28 전가산기에 대한 설명 중 옳지 않은 것은?

① 입력이 가수, 피가수, 자리올림수 등 3개가 된다.
② 합은 공식으로 $(A+B)C+AB$로 나타난다.
③ 반가산기 2개로 전가산기를 만들 수 있다.
④ 합의 공식은 $(A \oplus B) \oplus C$이다. 이때 가수 A, 피가수 B, 자리올림수 C이다.

29 전가산기 회로(full-adder)의 구성으로 옳은 것은?

① 입력 2개, 출력 4개로 구성
② 입력 2개, 출력 3개로 구성
③ 입력 3개, 출력 2개로 구성
④ 입력 3개, 출력 3개로 구성

30 전가산기의 회로 구성은?

① 2개의 반가산기와 1개의 OR 게이트로 구성
② 2개의 반가산기와 1개의 NOR 게이트로 구성
③ 2개의 반가산기와 1개의 AND 게이트로 구성
④ 2개의 반가산기와 1개의 NAND 게이트로 구성

31 다음 중 자리올림이 있는 덧셈에 사용하기 위한 전가산기(full-adder)의 회로 구성은?

① 2개의 XOR, 3개의 AND
② 2개의 XOR, 2개의 AND, 1개의 OR
③ 2개의 XOR, 2개의 OR, 1개의 AND
④ 1개의 XOR, 2개의 AND, 2개의 OR

32 다음 논리회로의 기능을 나타낸 이름 중 옳은 것은?

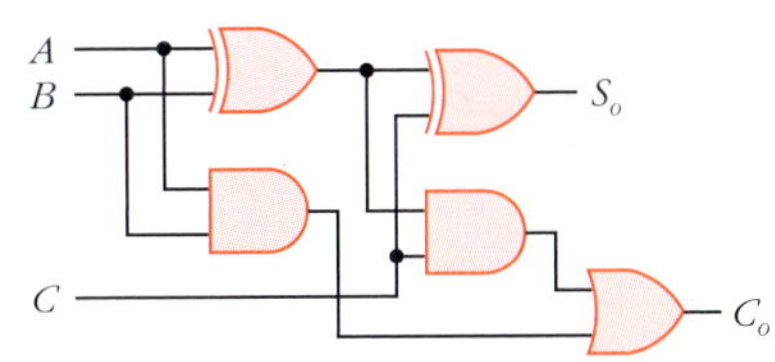

① 인코더　　② 디코더
③ 반가산기　　④ 전가산기

33 반가산기를 이용해 전가산기를 만드는 회로 구성으로 올바르게 된 것은? 단, C는 가산기의 캐리(carry)를 나타내고, S는 합을 나타내는 비트이다.

①
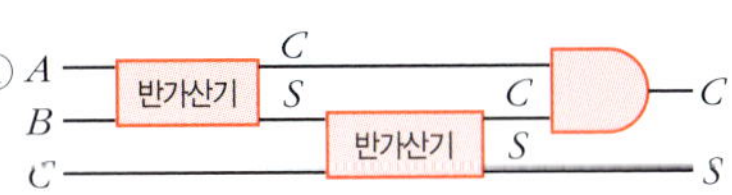

②
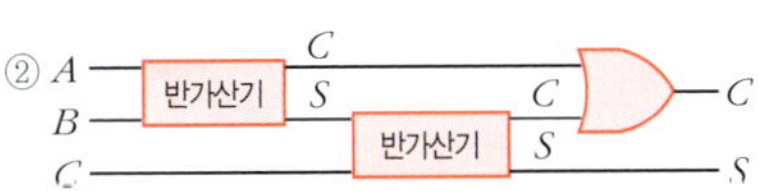

③
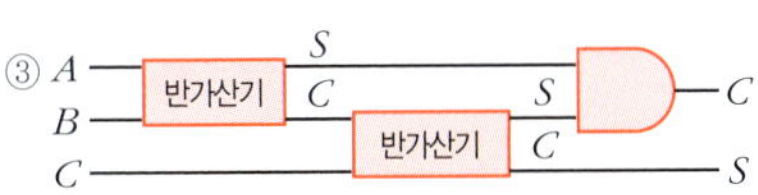

④
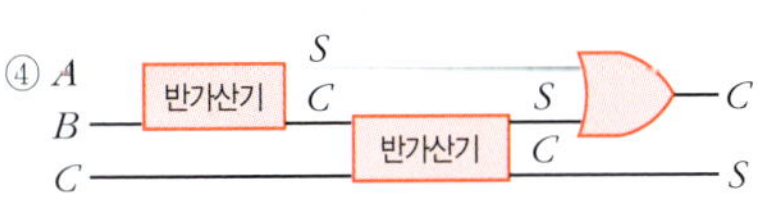

34 전가산기의 회로에서 합을 구하는 논리식은? 단, 입력은 A, B이고 C_i는 바로 전 bit 단에서 발생된 자리올림수이다.

① $(A\oplus B)C_i$ ② $(A\odot B)\odot C_i$
③ $(A\oplus B)\odot C_i$ ④ $(A\oplus B)\oplus C_i$

35 다음 중 전가산기(full-adder)의 입력을 A, B, C라 할 때 합(sum)의 출력으로 옳은 것은?

① $(A\bar{B}+\bar{A}B)\oplus C$ ② $(\bar{A}\bar{B}+AB)\oplus C$
③ $\bar{A}\bar{B}\bar{C}+ABC$ ④ $A\bar{B}\bar{C}+\bar{A}\bar{B}C+\bar{A}B\bar{C}$

36 그림은 2개의 반가산기와 하나의 OR 게이트에 의해 전가산기를 실현시킨 것이다. 출력 S의 함수로서 옳은 것은?

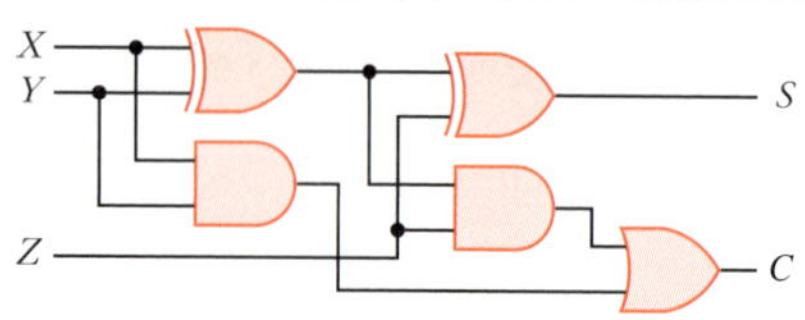

① $S=\bar{X}Y\bar{Z}+X\bar{Y}\bar{Z}+XYZ+\bar{X}\bar{Y}Z$
② $S=\bar{X}Y\bar{Z}+X\bar{Y}\bar{Z}+XYZ$
③ $S=XY\bar{Z}+X\bar{Y}\bar{Z}+XYZ+\bar{X}\bar{Y}Z$
④ $S=XY\bar{Z}+\bar{X}\bar{Y}\bar{Z}+\bar{X}\bar{Y}Z$

37 A, B가 각각 합하는 수의 비트이고 C_o가 낮은 자리에서의 올림수 비트일 때 전가산기의 합(S)에 대한 불 함수로 옳지 않은 것은?

① $S=(\bar{A}B+A\bar{B})\bar{C}_o+(\bar{A}\bar{B}+AB)C_o$
② $S=(A\oplus B)\bar{C}_o+(\overline{A\oplus B})C_o$
③ $S=(A\oplus B)\oplus C_o$
④ $S=(A\oplus C_o)+(\bar{A}\oplus C_o)+(B\oplus C_o)+(\bar{B}\oplus C_o)$

38 그림은 전가산기이다. 출력 S와 C_o의 논리식은?

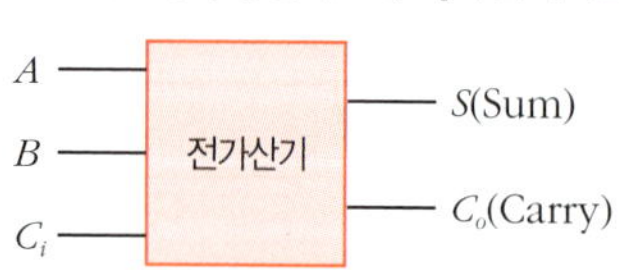

① $S=\overline{A\oplus B\oplus C_i}$, $C_o=AB+BC_i+AC_i$
② $S=A+B+C_i$, $C_o=\overline{AB+BC_i+AC_i}$
③ $S=A\oplus B\oplus C_i$, $C_o=AB+BC_i+AC_i$
④ $S=\overline{A+B+C_i}$, $C_o=\overline{AB+BC_i+AC_i}$

39 회로의 논리 함수가 다수결 함수(majority function)를 포함하고 있는 것은?

① 전가산기 ② 전감산기
③ 3-to-8 디코더 ④ 우수 패리티 발생기

40 전가산기(full-adder)의 C(carry) 비트를 논리식으로 나타낸 것은? 단, x, y, z는 입력, C는 출력이다.

① $C=x\oplus y\oplus z$ ② $C=\bar{x}y+\bar{x}z+yz$
③ $C=xy+(x\oplus y)z$ ④ $C=xyz$

41 다음은 전가산기이다. $A=1$, $B=1$, $C_i=0$일 때 출력 S_o, C_o는? 단, S_o는 sum, C_o는 carry이다.

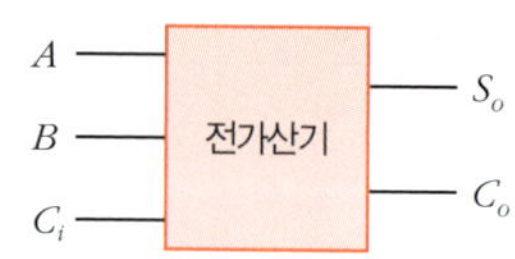

① $S_o=0$, $C_o=0$ ② $S_o=1$, $C_o=0$
③ $S_o=0$, $C_o=1$ ④ $S_o=1$, $C_o=1$

42 다음은 전가산기의 진리표 일부다. A, B, C, D의 값은? 단, Z는 아래 자리에서 올라오는 캐리(carry)이며, 출력 중 C는 다음 자리로 올라가는 캐리다.

입력			출력	
X	Y	Z	C	S
0	1	0	0	A
0	1	1	B	0
1	1	0	1	C
1	1	1	1	D

① $A=0$, $B=1$, $C=0$, $D=1$
② $A=1$, $B=1$, $C=1$, $D=0$
③ $A=1$, $B=1$, $C=0$, $D=1$
④ $A=1$, $B=0$, $C=1$, $D=1$

43 전가산기의 출력(S : 합, C_o : 캐리 출력)에서 $S=C_o$가 되기 위한 입력 A, B, C_i(캐리 입력) 조건은?

① $A=0$, $B=0$, $C_i=1$ 또는 $A=1$, $B=1$, $C_i=1$
② $A=0$, $B=0$, $C_i=0$ 또는 $A=1$, $B=1$, $C_i=1$
③ $A=1$, $B=1$, $C_i=0$ 또는 $A=1$, $B=1$, $C_i=1$
④ $A=0$, $B=0$, $C_i=0$ 또는 $A=0$, $B=0$, $C_i=1$

44 전감산기의 결과는 차(difference)를 나타내는 D와 상위 자리에서 빌려 오는 것(borrow)을 나타내는 B가 있다. D를 최소항의 합으로 올바르게 표현한 것은?

① $D(x, y, z) = \Sigma m(0, 2, 4, 6)$
② $D(x, y, z) = \Sigma m(0, 2, 4, 7)$
③ $D(x, y, z) = \Sigma m(1, 2, 4, 6)$
④ $D(x, y, z) = \Sigma m(1, 2, 4, 7)$

45 전감산기의 입력 중 관계없는 것은?

① 상위에서 자리빌림 ② 하위에서 자리올림
③ 피감수 ④ 감수

46 다음은 전감산기의 진리표다. 이 진리표를 이용해 두 개의 차 D의 불 함수에 대한 표현으로 옳은 것은?

입력			출력	
X	Y	B_0	D	B_1
0	0	0	0	0
0	0	1	1	1
0	1	0	1	1
0	1	1	0	1
1	0	0	1	0
1	0	1	0	0
1	1	0	0	0
1	1	1	1	1

① $D = X + Y \oplus B_0$ ② $D = X \oplus Y + B_0$
③ $D = X \oplus Y \oplus B_0$ ④ $D = \bar{X} \oplus Y \otimes B_0$

47 다음 그림과 같은 회로의 명칭은?

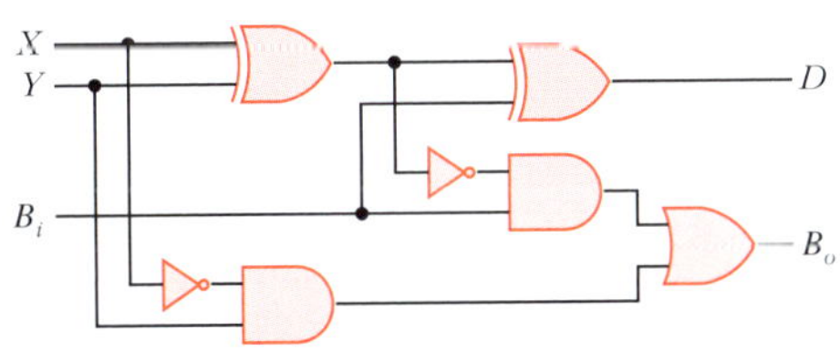

① 반가산기 ② 전가산기
③ 반감산기 ④ 전감산기

48 병렬 가산기의 동작을 올바르게 표현한 것은?

① 2진수 각 자리의 덧셈을 2자리씩 끊어서 행하는 동작을 한다.
② 2진수 각 자리의 덧셈을 4자리씩 끊어서 행하는 동작을 한다.
③ 2진수 각 자리의 덧셈을 동시에 행하여 그 답을 내는 동작을 한다.
④ 반가산기를 병렬로 접속하여 구성한 것으로 동작은 2자리씩 끊어서 행한다.

49 병렬 2진 가산기에 두 개의 입력 A, B 및 올림수 C_i를 다음 그림과 같이 인가한다면 수행되는 출력 F의 기능은?

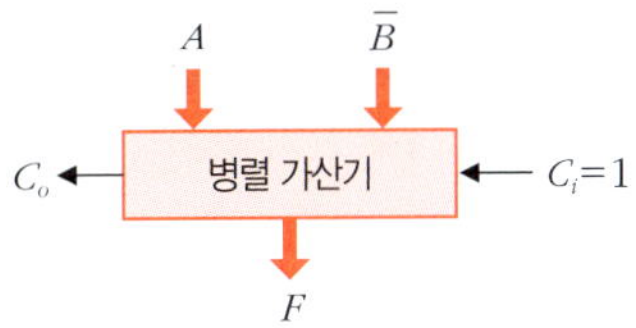

① 올림수를 포함한 덧셈 ② 뺄셈(subtraction)
③ 증가(increment) ④ 감소(decrement)

50 다음 그림에 해당하는 마이크로 오퍼레이션 동작은 어떤 기능을 수행하는가?

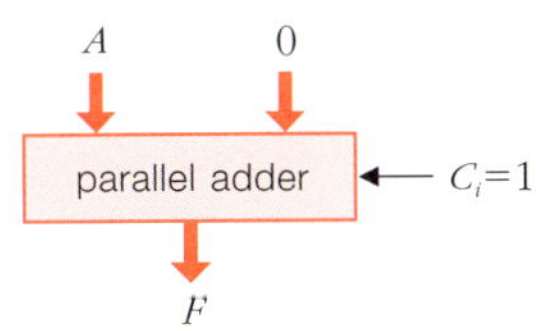

① $F = A - 1$ ② $F = A + 1$
③ $F = A$ ④ $F = \bar{A}$

51 다음과 같이 병렬 가산기를 이용하는 산술연산에서 F에 출력되는 값은?

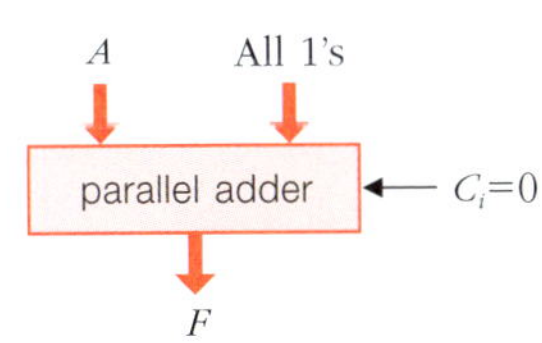

① $F = A$ ② $F = A + 1$
③ $F = A - 1$ ④ $F = 0$

52 다음 그림에서 병렬 가산기 출력 F는?

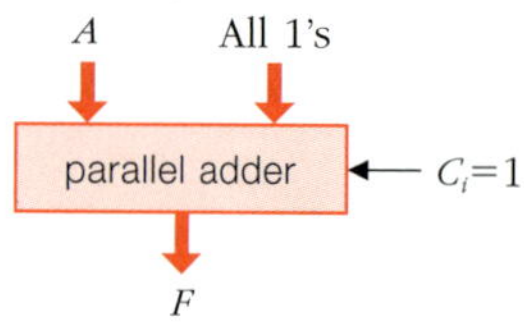

① $F=A$ ② $F=A-1$
③ $F=A+1$ ④ $F=A+B$

53 35bit의 두 2진수를 병렬 가산하기 위해서는 최소한 몇 개의 반가산기와 전가산기가 필요한가?

① 반가산기 : 1개, 전가산기 : 34개
② 반가산기 : 2개, 전가산기 : 33개
③ 전가산기 : 1개, 반가산기 : 34개
④ 전가산기 : 2개, 반가산기 : 33개

54 일반적으로 n비트의 2진 병렬 가산기는 어떻게 구성되는가?

① 2^n개의 반가산기로 구성
② 2^n개의 전가산기로 구성
③ n개의 반가산기로 구성
④ n개의 전가산기로 구성

55 다음 그림의 회로 명칭으로 옳은 것은?

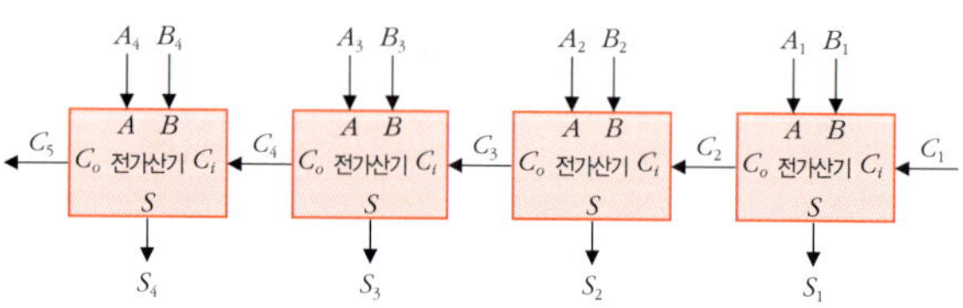

① 2비트 직렬 가산기 ② 2비트 병렬 가산기
③ 4비트 직렬 가산기 ④ 4비트 병렬 가산기

56 다음 조합논리회로의 명칭은?

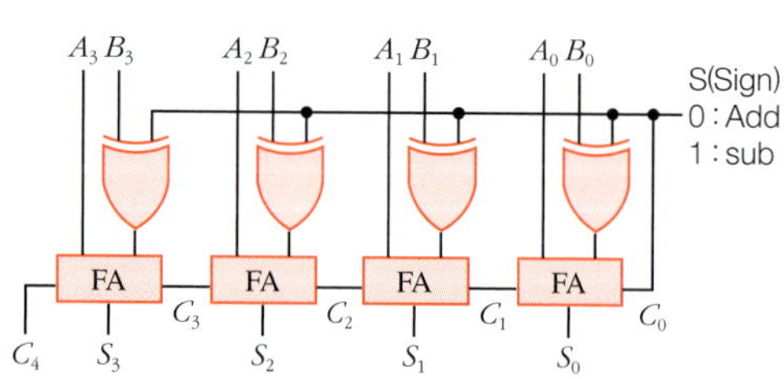

① 플립플롭 ② 4비트 비교기
③ 4×4 디코더 ④ 4비트 병렬 가감산기

57 다음 그림의 4비트 가산기가 하는 것은?

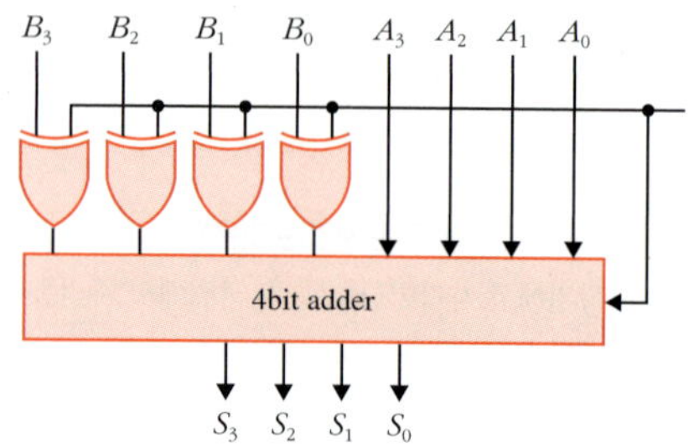

① 뺄셈 ② 덧셈
③ 디코딩 ④ 대소 비교

58 다음 논리회로의 동작에 관한 설명으로 가장 옳은 것은?

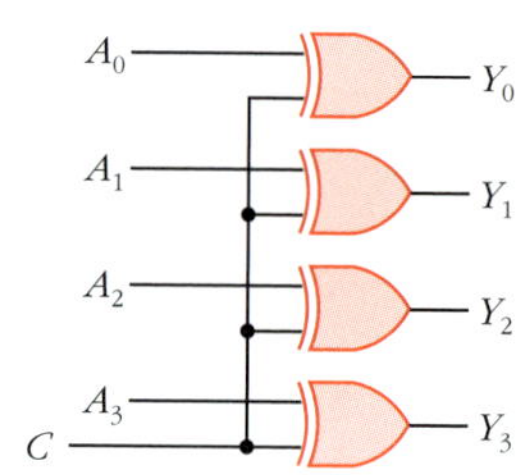

① $C=1$이면 입력 비트의 1의 보수가 출력된다.
② $C=1$이면 입력 비트가 그대로 출력된다.
③ $C=0$이면 입력 비트의 2의 보수가 출력된다.
④ $C=0$이면 입력 비트가 반전되어 출력된다.

59 병렬 가산기의 특징은?

① 가격이 직렬 가산기에 비해 저렴하다.
② 가산 자릿수만큼 가산 회로가 사용된다.
③ 기계가 복잡하다.
④ 연산 처리가 직렬 가산기에 비해 빠르다.

60 병렬 가산기를 구성하는 방식 중 look-ahead 방식이 있는데 이것과 가장 관련이 깊은 것은?

① 가격 ② 결선의 수
③ 속도 ④ 정확도

61 병렬 가산기를 구성하는 각각의 전가산기 출력 캐리를 미리 예측 및 처리하여 리플 캐리 지연을 제거한 가산기로 가장 옳은 것은?

① ripple carry adder
② carry look-ahead adder
③ serial-parallel adder
④ carry save adder

62 가산기를 설계하는 데 있어 carry generate와 carry propagate란 함수 혹은 연산자를 이용한다. 이들을 이용할 때 얻는 이점은?

① 가산기 회로가 간단해진다.
② 병렬성을 어느 정도 얻을 수 있다.
③ 정확한 계산을 보장할 수 있다.
④ 확장성이 특히 뛰어나다.

63 BCD 가산기 회로에서 $A_3\ A_2\ A_1\ A_0$에 0111, $B_3\ B_2\ B_1\ B_0$에 1001이 들어왔을 때 C_0와 $Z_3\ Z_2\ Z_1\ Z_0$ 출력으로 옳은 것은?

① 1, 1011 ② 1, 0111
③ 1, 0110 ④ 0, 0111

64 BCD 가산기의 덧셈 과정에 관한 설명으로 옳지 않은 것은?

① 2진수의 덧셈 규칙에 따라 두 수를 더한다.
② 연산 결과 4bit의 집합의 값이 9이거나 9보다 작으면 틀린 값이다.
③ 연산 결과 4bit의 집합의 값이 9보다 크거나 자리올림수가 발생하면 틀린 값이다.
④ 틀린 값에 6(0110)을 더한다.

65 두 개의 데이터를 비교하는 데 적합한 논리 연산은?

① AND ② OR ③ NOR ④ XOR

66 다음 논리회로는 무엇인가?

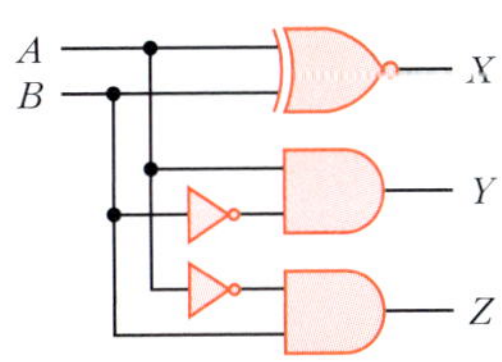

① 가산기 ② 디코더 ③ 비교기 ④ 인코더

67 다음 중 X, Y 두 입력을 갖는 2진 비교기에 대한 내용으로 틀린 것은?

① $X=Y$일 때, $\overline{X\oplus Y}$
② $X\neq Y$일 때, $X\oplus Y$
③ $X>Y$일 때, $X\bar{Y}$
④ $X<Y$일 때, $\bar{X}\bar{Y}$

68 다음 논리회로의 기능으로 옳은 것은?

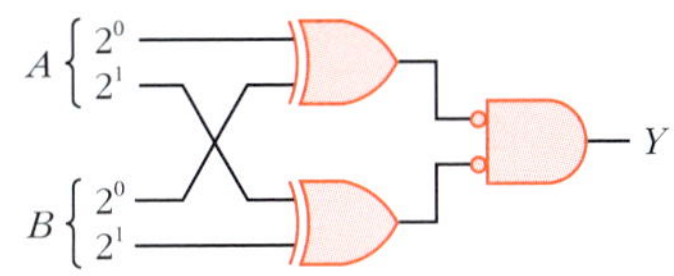

① 2비트 일치 회로
② 2비트 크기 비교 회로($A>B$)
③ 2비트 크기 비교 회로($A<B$)
④ 2비트 불일치 회로

69 그림과 같은 회로의 명칭은?

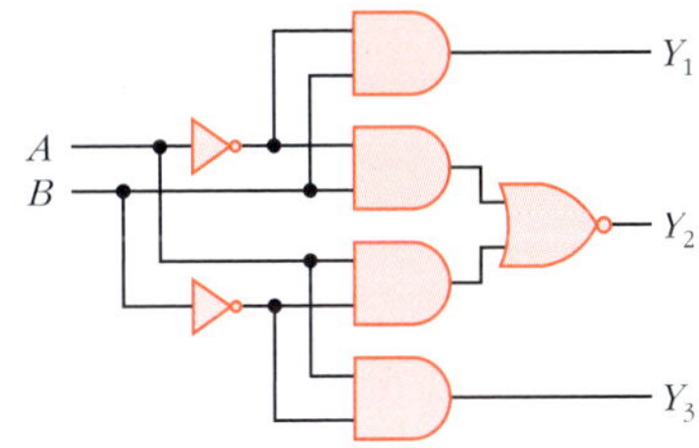

① 일치 회로 ② 반일치 회로
③ 다수결 회로 ④ 비교 회로

70 다음 비교 회로에서 논리 F_1의 기능은?

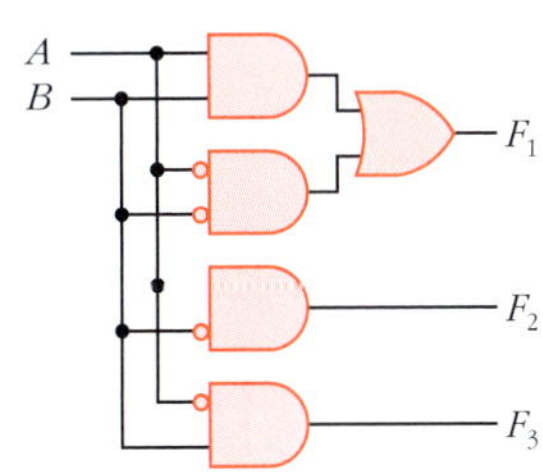

① $A=B$ ② $A>B$ ③ $A<B$ ④ $A\geq B$

71 2진 비교기의 구성요소를 맞게 설명한 것은?

A	B	$A=B$	$A>B$	$A<B$
0	0	1	0	0
0	1	0	0	1
1	0	0	1	0
1	1	1	0	0

① 인버터 2개, NOR 게이트 2개, NAND 게이트 1개
② 인버터 2개, AND 게이트 1개, NOR 게이트 2개
③ 인버터 2개, AND 게이트 2개, XNOR 게이트 1개
④ 인버터 2개, NAND 게이트 2개, XOR 게이트 1개

72 다음은 1비트를 비교하는 진리표다. a, b, c에 알맞은 값은?

A	B	$A>B$	$A=B$	$A<B$
0	0	0	1	0
0	1	0	0	(a)
1	0	1	(b)	0
1	1	(c)	1	0

① $a=0$, $b=0$, $c=0$　② $a=1$, $b=0$, $c=0$
③ $a=1$, $b=0$, $c=1$　④ $a=0$, $b=0$, $c=1$

73 그림을 1bit 비교기로 사용하고자 한다. 출력 F는 다음 중 어느 경우를 나타내는가?

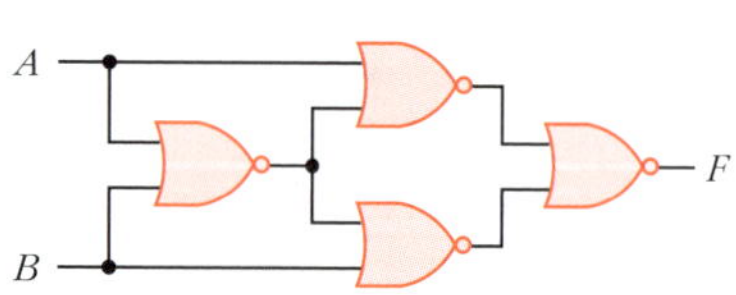

① 사용할 수 없다.　② $A>B$
③ $A<B$　④ $A=B$

74 $A>B$ 일 때 $Y=1$인 회로는?

① 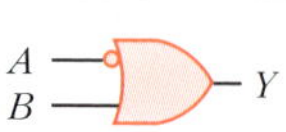
② 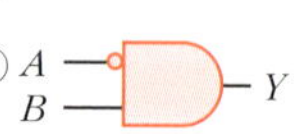
③ 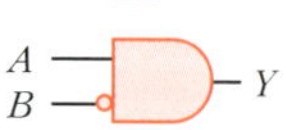
④ 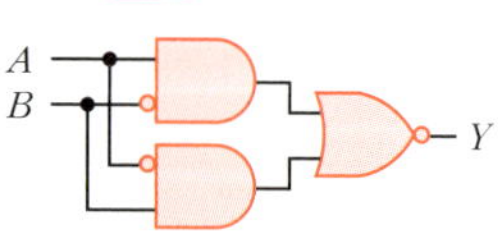

75 두 입력 A, B를 비교하여 출력(Y)을 발생하는 회로의 논리식으로 옳지 않은 것은?

① $Y(A>B)=A\bar{B}$　② $Y(A<B)=\bar{A}B$
③ $Y(A=B)=\overline{A\oplus B}$　④ $Y(A>B)=A\oplus B$

76 두 입력을 비교하여 $A>B$이면 출력이 1이고, $A\le B$이면, 출력이 0이 되는 논리회로를 설계하고자 한다. 이 조건을 만족하는 논리식은?

① $A\bar{B}$　② AB
③ $A+B$　④ $A+\bar{B}$

77 다음 중 두 입력 A와 B를 비교하여 $B>A$ 및 $A=B$이면 출력(Y)이 1, 그리고 $A>B$이면 출력(Y)이 0이 되는 논리회로를 설계할 때, 조건을 만족하는 논리회로는?

① 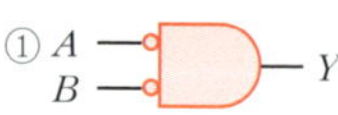
② 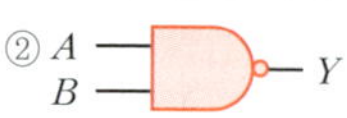
③ 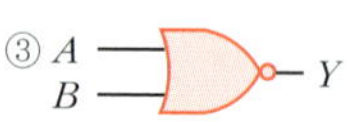
④ 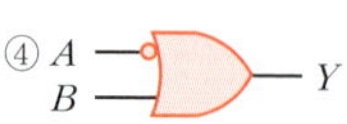

78 비교 회로(comparator)에 대한 설명 중 옳지 않은 것은?

① 2개의 입력을 비교하여 비교한 결과를 출력에 나타내는 회로다.
② 출력의 종류는 3가지다.
③ 2개의 입력이 같은 값일 때 출력은 배타적 NOR (XNOR)로 표시된다.
④ 2개의 입력이 다른 값일 때 출력은 배타적 OR (XOR)로 표시된다.

79 2개의 6비트 데이터를 위한 비교기를 만들려면 몇 개의 XNOR 게이트가 필요한가?

① 2개　② 3개　③ 6개　④ 12개

80 XOR 논리회로가 응용되고 있는 것이 아닌 것은?

① 가산기　② 감산기
③ 비교기　④ 기억 장치

81 부호화된 데이터를 해독하여 정보를 찾아내는 조합논리 회로는?

① 인코더　② 디코더
③ 디멀티플렉서　④ 멀티플렉서

82 해독기라고 하며, n비트로 부호화된 2진 정보를 최대 2^n개의 출력으로 변환하는 조합논리회로는?

① 인코더 ② 디코더
③ 멀티플렉서 ④ 디멀티플렉서

83 BCD를 10진수로 변환하는 회로는?

① 해독기 ② 부호기
③ 멀티플렉서 ④ 디멀티플렉서

84 다음 디코더의 설명 중 옳은 것은?

① 2진수로 표시된 입력 조합에 따라 출력이 하나만 동작하도록 하는 회로
② 특정한 입력을 몇 개의 코드화된 신호의 조합으로 바꾸는 장치
③ 연산회로의 일종으로 보수 합산을 행한다.
④ N개의 입력 데이터에서 1개의 입력씩만 선택하여 송신하는 회로

85 디코더는 주로 어떤 게이트의 집합으로 구성되는가?

① NOT ② XOR
③ OR ④ AND

86 3×8 디코더를 설계할 때 몇 개의 AND 게이트가 필요한가?

① 2개 ② 4개
③ 8개 ④ 16개

87 10진 BCD 계수가 출력으로 그림과 같이 표시되려면 어떤 디코더 드라이버가 필요한가?

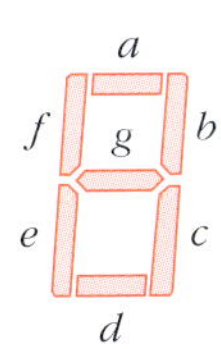

① BCD−10 segment
② Octal−10 segment
③ BCD−7 segment
④ Octal−7 segment

88 다음 그림과 같은 common cathode 타입의 7−segment에 숫자 2를 출력하기 위한 신호로 맞는 것은?

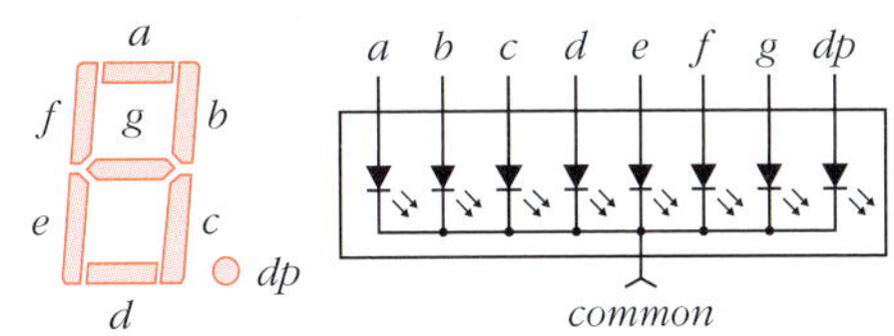

① a, b, d, e, g는 "0", c, f, dp는 "1"을 출력하고 common 단자에 "1"을 출력
② a, b, d, e, g는 "0", c, f, dp는 "1"을 출력하고 common 단자에 "0"을 출력
③ a, b, d, e, g는 "1", c, f, dp는 "0"을 출력하고 common 단자에 "1"을 출력
④ a, b, d, e, g는 "1", c, f, dp는 "0"을 출력하고 common 단자에 "0"을 출력

89 4입력 변수의 디코더는 몇 개의 출력을 하는가?

① (2×4)개 ② (4^2-1)개
③ 4개 ④ 2^4개

90 디코더의 출력선이 8개라면 입력선은 몇 개인가?

① 4개 ② 3개 ③ 2개 ④ 1개

91 64개의 다른 입력 조합을 받아들이기 위한 디코더의 입출력 개수는 각각 몇 개씩인가?

① 입력 : 6개, 출력 : 64개
② 입력 : 6개, 출력 : 32개
③ 입력 : 5개, 출력 : 64개
④ 입력 : 5개, 출력 : 32개

92 다음과 같은 진리표를 갖는 회로는?

x	y	D_0	D_1	D_2	D_3
0	0	1	0	0	0
0	1	0	1	0	0
1	0	0	0	1	0
1	1	0	0	0	1

① 비교기(comparator)
② 멀티플렉서(multiplexer)
③ 디코더(decoder)
④ 인코더(encoder)

93 다음은 어떤 조합논리회로의 진리표인가?

입력			출력							
x	y	z	D_0	D_1	D_2	D_3	D_4	D_5	D_6	D_7
0	0	0	1	0	0	0	0	0	0	0
0	0	1	0	1	0	0	0	0	0	0
0	1	0	0	0	1	0	0	0	0	0
0	1	1	0	0	0	1	0	0	0	0
1	0	0	0	0	0	0	1	0	0	0
1	0	1	0	0	0	0	0	1	0	0
1	1	0	0	0	0	0	0	0	1	0
1	1	1	0	0	0	0	0	0	0	1

① 3-to-8 인코더
② 3-to-8 디코더
③ 3-to-8 멀티플렉서
④ 3-to-8 디멀티플렉서

94 다음 논리회로는 무엇인가?

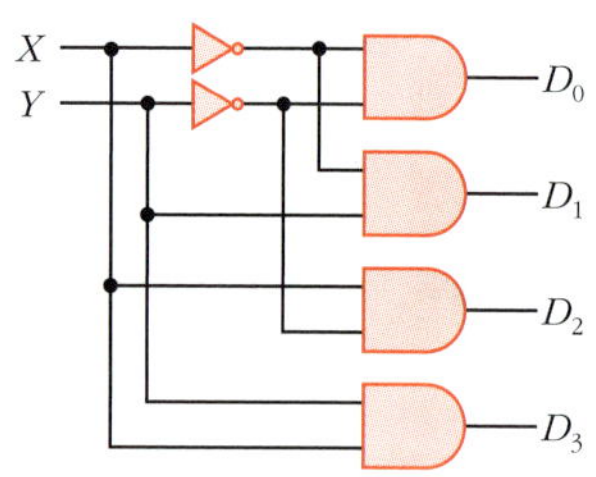

① decoder ② multiplexer
③ encoder ④ shifter

95 2 × 4 해독기의 논리식으로 옳지 않은 것은?

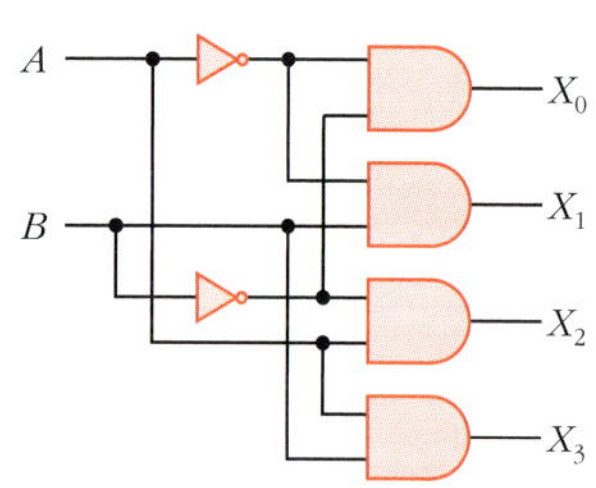

① $X_0 = \bar{A}\bar{B}$ ② $X_1 = \bar{A}B$
③ $X_2 = A\bar{B}$ ④ $X_3 = \overline{AB}$

96 그림의 decoder에 있어서 Y_0, Y_1에 각각 0, 1이 입력되었을 때 1을 출력하는 것은 다음 중 어느 쪽 단자인가?

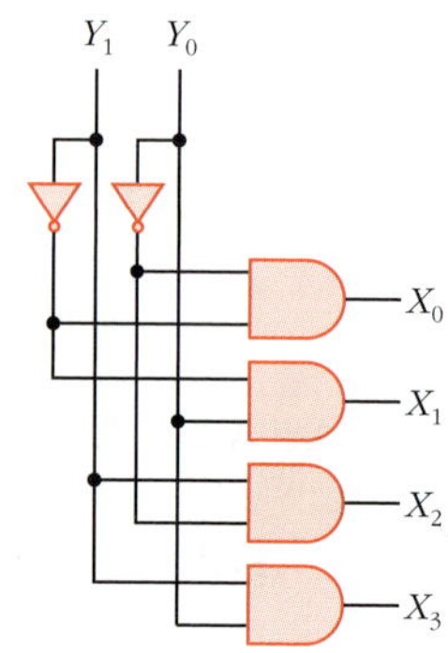

① X_0 ② X_1 ③ X_2 ④ X_3

97 다음 논리회로가 나타내는 것은?

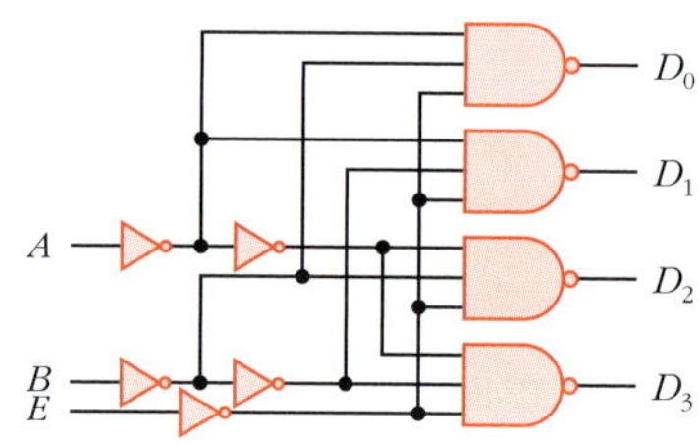

① BCD-to-decimal decoder
② 3×8 decoder
③ 3×4 decoder
④ 2×4 decoder

98 다음 논리회로의 기능은?

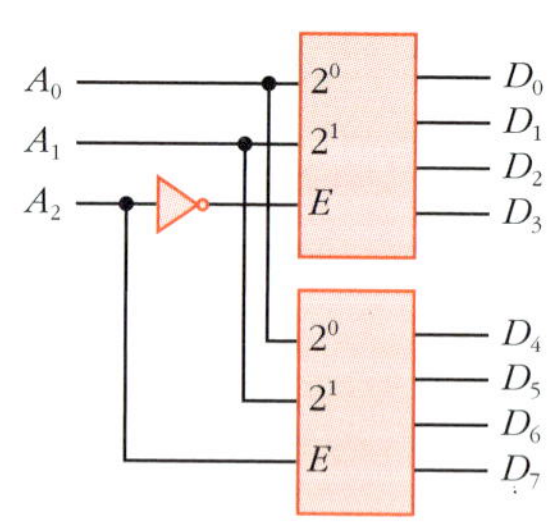

① 3×8 디코더 ② 2×4 디코더
③ 2×8 디코더 ④ 2×8 멀티플렉서

99 다음 논리회로의 기능은?

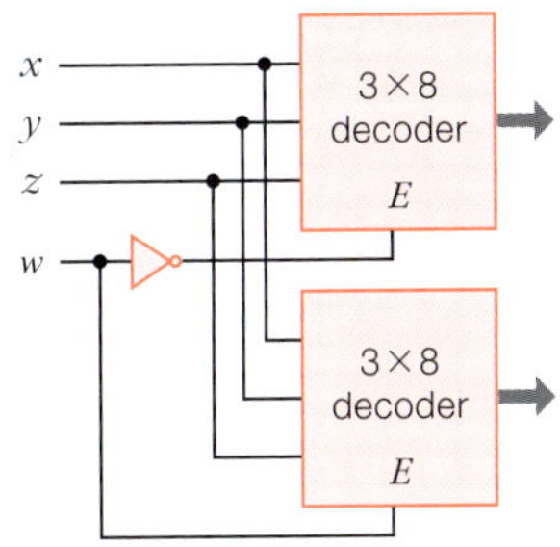

① 4×8 디코더 ② 4×16 디코더
③ 3×8 디코더 ④ 3×16 디코더

100 ROM의 블록선도이다. 입력 X_2, X_1, X_0가 101일 때, 데이터 D_3, D_2, D_1, D_0 출력으로 맞는 것은?

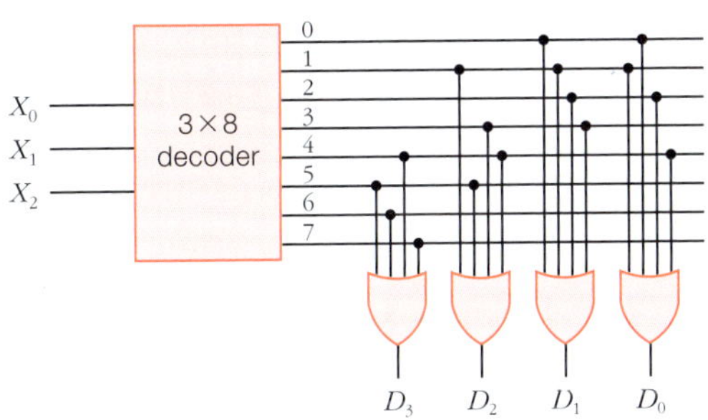

① 0101 ② 0011
③ 1100 ④ 1010

101 다음 그림에서 F를 A, B의 불 대수식으로 나타내면? 단, 그림에서 ×는 선의 절단을 표시한다.

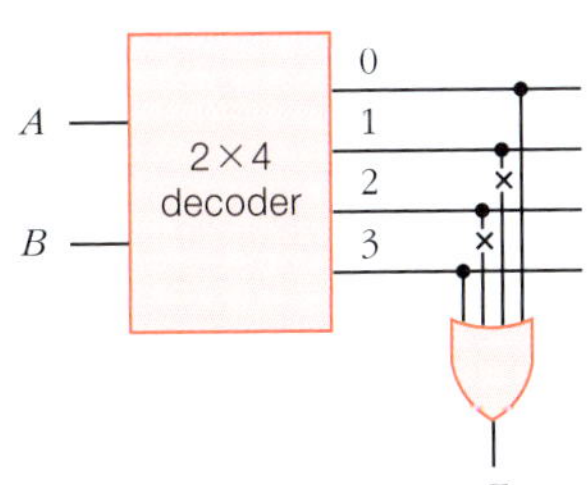

① $F=A+B$ ② $F=A\bar{B}+\bar{A}B$
③ $F=AB$ ④ $F=AB+\bar{A}\bar{B}$

102 그림과 같이 해독기에 BCD 입력이 가해지고 있다. 해독기는 BCD 입력이 1001인 때만 출력이 1을 나타낸다고 할 경우 출력 Y를 불 대수식으로 표현하면?

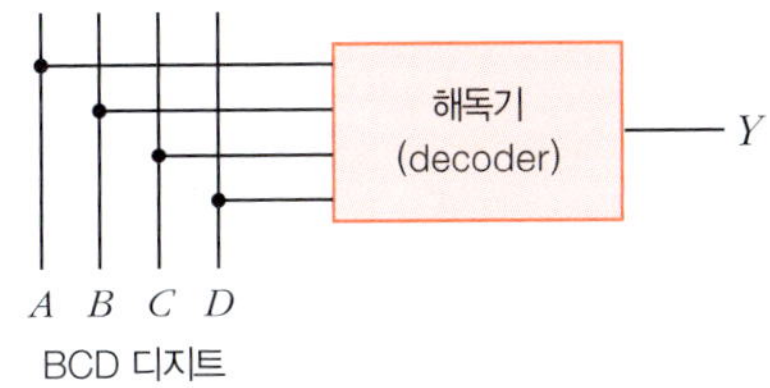

① AD ② AB
③ AC ④ BCD

103 다음 논리회로의 명칭은 무엇인가?

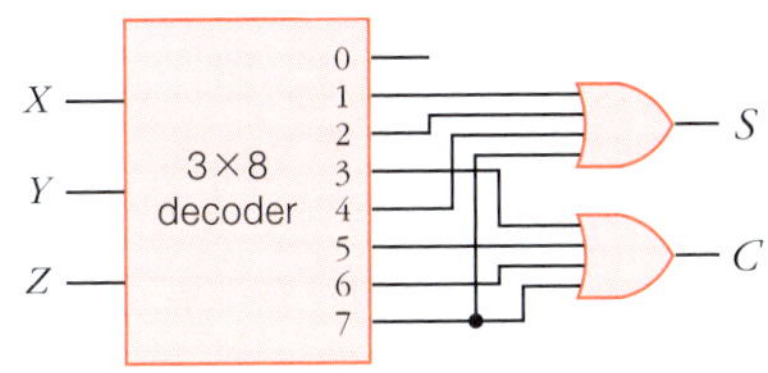

① 반가산기 ② 전가산기
③ 인코더 ④ 디코더

104 다음 논리회로와 등가인 것은?

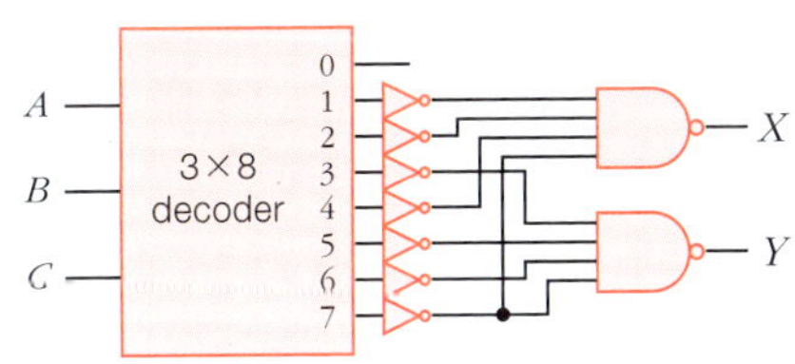

① 전가산기 ② BCD가산기
③ 전감산기 ④ BCD감산기

105 디코더(decoder)로 전가산기 회로를 설계하고자 한다. 설계에 필요한 IC는?

① 2×4 디코더 : 1개, 4입력 OR 게이트 : 2개
② 2×4 디코더 : 1개, 2입력 OR 게이트 : 2개
③ 3×8 디코더 : 1개, 2입력 OR 게이트 : 2개
④ 3×8 디코더 : 1개, 4입력 OR 게이트 : 2개

106 3×8 디코더(decoder)를 이용해 다음의 논리 함수 F를 구현하려고 한다. 추가로 필요한 게이트는? 단, 주어진 디코더의 출력은 active-low이다.

$$F(A, B, C) = \bar{A}C + \bar{A}B + A\bar{C}$$

① 5input NOR　② 3input NOR
③ 5input NAND　④ 3input NAND

107 다음 회로에서 OR 게이트의 입력으로 연결되어야 할 디코더 출력으로 옳은 것은?

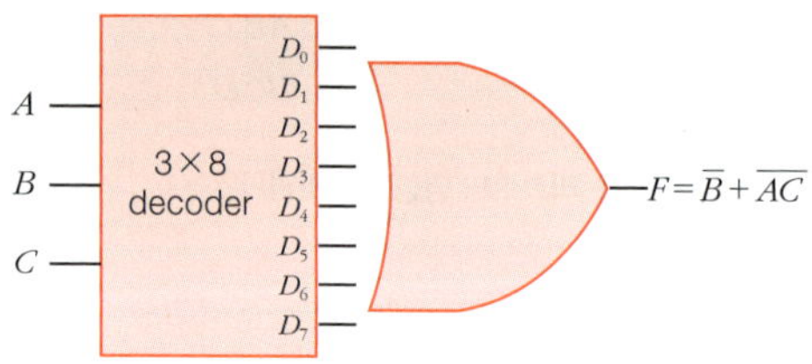

① D_1, D_4, D_5, D_6
② D_0, D_1, D_2, D_3, D_4, D_5, D_6
③ D_0, D_1, D_2, D_4, D_5, D_6
④ D_4, D_5

108 4개의 3×8 디코더(enable 입력 가정)와 1개의 2×4 디코더를 이용해 5×32 디코더를 설계하고자 할 때, 필요한 입력의 개수와 enable의 수는?

① 2개, 5개　② 5개, 4개
③ 2개, 4개　④ 5개, 2개

109 디코더(decoder)에 대한 설명으로 옳지 않은 것은?

① 출력 중 단지 한 개만이 논리적으로 1이 되고 나머지 출력은 모두 0이 되는 회로다.
② n개의 입력 변수가 있을 때 최대 2^n개의 출력을 가진다.
③ $n \times m$ 디코더란 입력이 n개이고 출력이 m개임을 의미한다.
④ 인코더가 항상 같이 사용된다.

110 다음 중 디코더에 대한 설명으로 올바른 것은?

① n비트의 2진 코드를 최대 n개의 서로 다른 정보로 교환하는 조합논리회로다.
② 디코더에 enable 단자를 가지고 있을 때 디멀티플렉서로 사용한다.
③ IC 7485는 디코더로서 기능을 사용할 수 있다.
④ 상용 IC 74138은 디코더와 멀티플렉서의 기능을 모두 사용할 수 없다.

111 인코더(encoder)의 설명 중 옳지 않은 것은?

① 조합논리회로의 일종이다.
② BCD 코드를 생성하기도 한다.
③ 키보드와 같은 입력 장치에서 사용한다.
④ n개의 입력선과 2^n개의 출력선이 있다.

112 인코더의 회로 구성 시 사용되는 게이트의 집합은?

① NOT gate　② OR gate
③ AND gate　④ NAND gate

113 조합논리회로 중 0과 1의 조합으로 부호화를 행하는 회로로 2^n개의 입력선과 n개의 출력선으로 구성된 것은?

① 디코더(decoder)　② DEMUX
③ MUX　④ 인코더(encoder)

114 0~9까지의 10진수를 BCD 부호 또는 2진수로 변환하고자 할 때 사용할 수 있는 회로는 다음 중 어느 것인가?

① 디코더　② 인코더
③ 멀티플렉서　④ 디멀티플렉서

115 숫자나 문자 등의 키보드(keyboard) 입력을 2진 코드로 부호화하는 데 사용될 수 있는 소자는?

① 인코더　② 디코더
③ 디멀티플렉서　④ 멀티플렉서

116 다음 중 2^n개의 입력과 n개의 출력으로 구성되는 것은?

① 인코더　② 디코더
③ 멀티플렉서　④ 디멀티플렉서

117 인코더의 입력선이 16개일 때 출력선의 개수는?

① 2개　② 4개
③ 8개　④ 16개

118 2진수의 8비트 입력을 3비트 출력 코드로 변환하는 소자는?

① decoder　② multiplexer
③ encoder　④ counter

119 그림과 같이 2^3개(0~7)의 10진수 입력을 넣었을 때 출력이 2진수(000~111)로 나오는 회로의 명칭은?

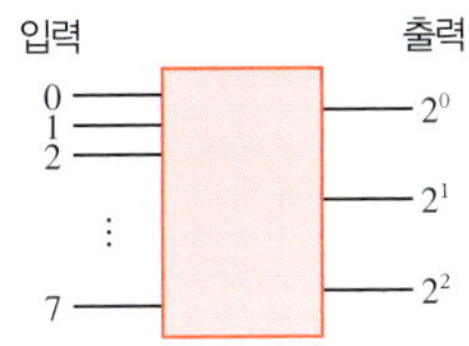

① 디코더 회로　② A/D 변환 회로
③ D/A 변환 회로　④ 인코더 회로

120 다음과 같이 동작하는 소자는?

입력				출력	
D_0	D_1	D_2	D_3	X	Y
1	0	0	0	0	0
0	1	0	0	0	1
0	0	1	0	1	0
0	0	0	1	1	1

① 인코더　② 디코더
③ MUX　④ DEMUX

121 다음 진리표는 어떤 논리회로를 나타낸 것인가?

입력								출력		
D_0	D_1	D_2	D_3	D_4	D_5	D_6	D_7	X	Y	Z
1	0	0	0	0	0	0	0	0	0	0
×	1	0	0	0	0	0	0	0	0	1
×	×	1	0	0	0	0	0	0	1	0
×	×	×	1	0	0	0	0	0	1	1
×	×	×	×	1	0	0	0	1	0	0
×	×	×	×	×	1	0	0	1	0	1
×	×	×	×	×	×	1	0	1	1	0
×	×	×	×	×	×	×	1	1	1	1

① 금지 회로　② 비교 회로
③ 다수결 회로　④ 우선순위 인코더

122 다음 그림의 10진-BCD 인코더에서 입력 변수에 대한 출력 변수 값으로 옳은 것은?

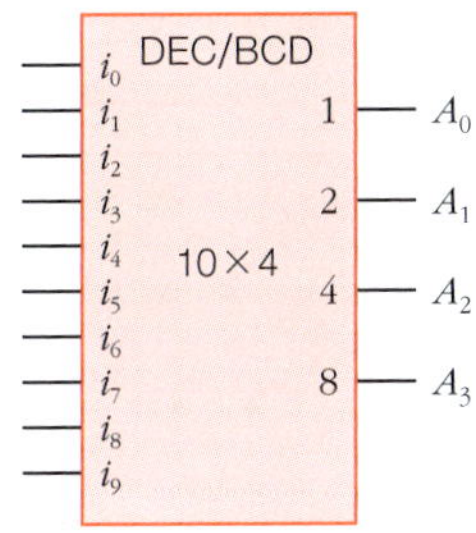

① $A_0 = i_2 + i_4 + i_6 + i_8$ ② $A_1 = i_2 + i_3 + i_4 + i_5$
③ $A_2 = i_4 + i_5 + i_6 + i_7$ ④ $A_3 = i_7 + i_8$

123 다음 중 데이터 선택 회로라고도 불리며 여러 개의 입력 신호선(채널) 중에서 하나를 선택하여 출력선(1개)과 연결하여 주는 조합논리회로는 어느 것인가?

① multiplexer　② demultiplexer
③ encoder　④ decoder

124 2^n개의 입력 신호 중 1개를 선택하여 출력하는 기능을 가진 회로는?

① 인코더　② 디코더
③ 멀티플렉서　④ 디멀티플렉서

125 여러 개의 회로가 단일 회선을 공동으로 이용해 신호를 전송하는 데 필요한 장치는?

① 멀티플렉서　② 디멀티플렉서
③ 인코더　④ 디코더

126 데이터 전송 시스템에서 송신단에 적합한 회로는?

① 인코더　② 디코더
③ 멀티플렉서　④ 디멀티플렉서

127 다음 중 멀티플렉서 표시 기호로 옳은 것은?

①
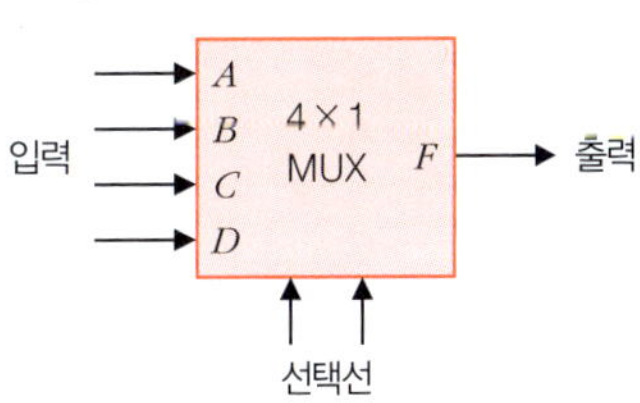

② 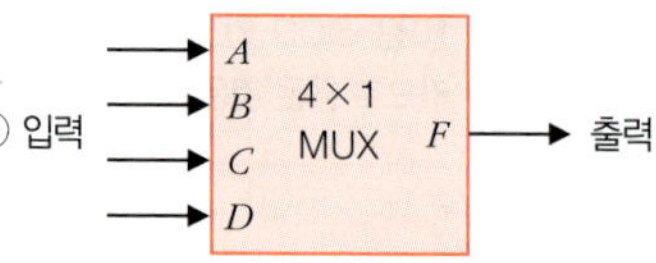

③ 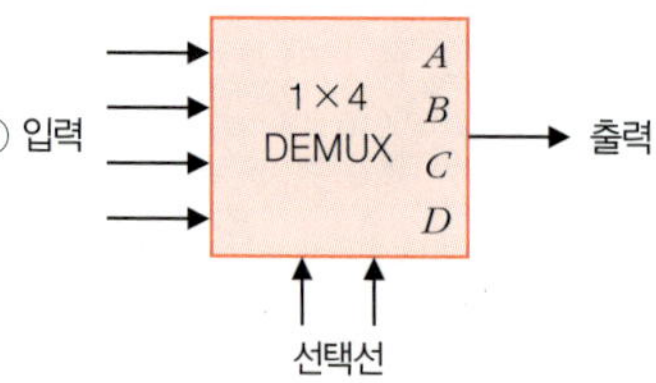

④ 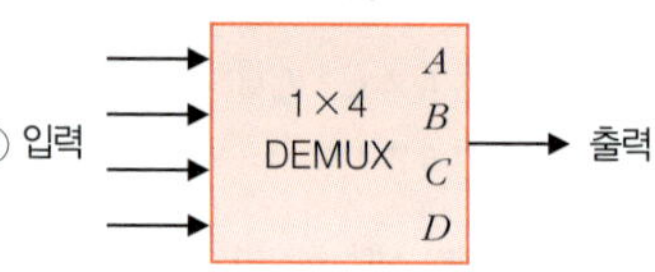

128 다음 중 멀티플렉서의 실현에 대한 내용으로 틀린 것은?

① 여러 개의 데이터 입력을 적은 수의 채널로 전송한다.

② n개의 입력선과 2^n개의 선택선으로 구성한다.

③ 선택선은 비트 조합에 의해 입력 중 하나가 선택된다.

④ data selector라고도 할 수 있다.

129 MUX의 입력이 진리표처럼 주어질 때 기대되는 출력 값 Y는?

I_1	I_0	S_0	Y
1	0	1	a
1	0	0	b

① a : 1, b : 0　② a : 1, b : 1
③ a : 0, b : 0　④ a : 0, b : 1

130 다음과 같은 멀티플렉서 회로에서 제어 입력 A와 B가 각각 1일 때 출력 Y의 값은?

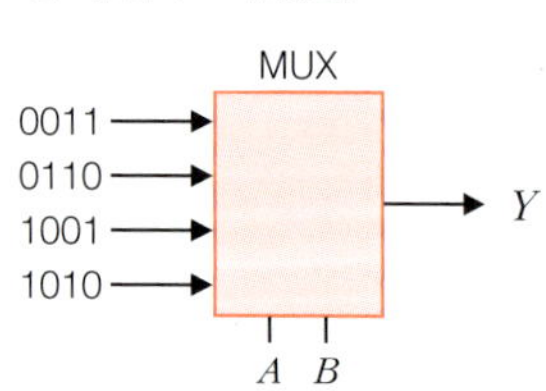

① 0011　② 0110　③ 1001　④ 1010

131 다음 논리회로의 이름은?

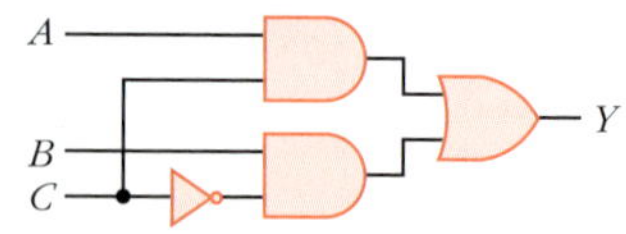

① 디코더　② 인코더
③ 디멀티플렉서　④ 멀티플렉서

132 다음 논리회로의 기능은?

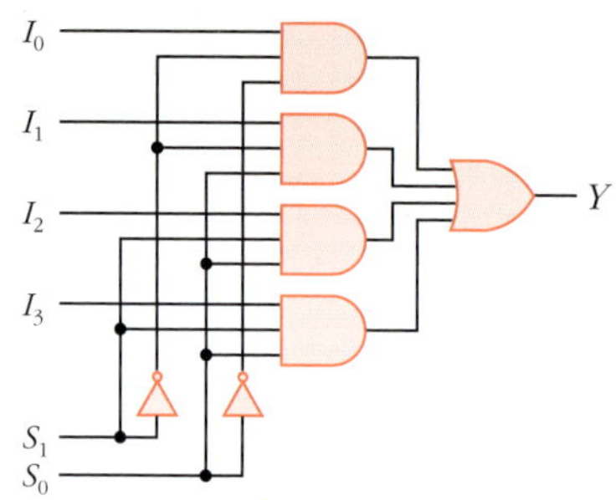

① 4×1 multiplexer　② 6×1 multiplexer
③ 4×1 decoder　④ 6×1 encoder

133 다음 중 4 × 1 멀티플렉서를 구성하기 위하여 필요한 최소 gate 수로서 옳은 것은?

① inverter 1개 + AND gate 4개 + OR gate 1개

② inverter 2개 + AND gate 3개 + OR gate 2개

③ inverter 1개 + AND gate 3개 + OR gate 2개

④ inverter 2개 + AND gate 4개 + OR gate 1개

134 그림과 같은 논리회로에서 S_1과 S_0가 각각 0, 1의 값을 가질 때, Y는 어떤 값이 되는가?

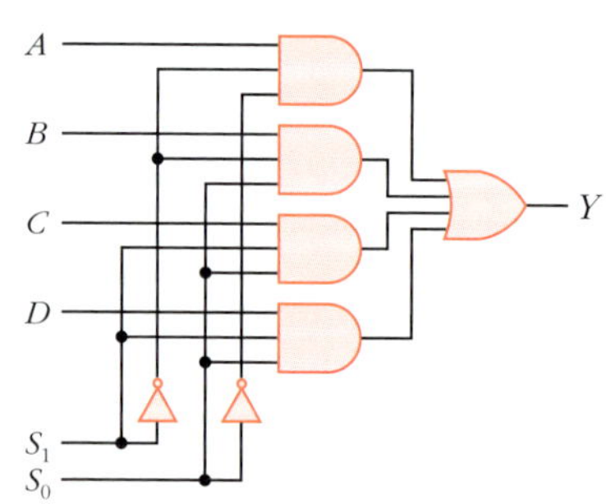

① A　② B　③ C　④ D

135 다음 그림은 멀티플렉서를 이용한 논리회로다. 이 회로에 대한 논리 함수는?

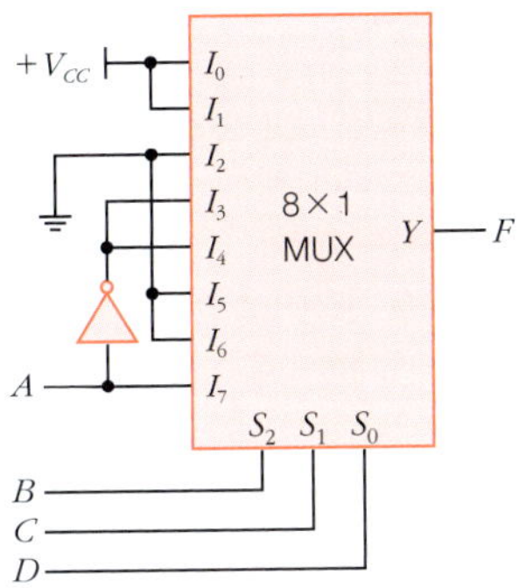

① $F(A, B, C, D) = \Sigma m(0, 1, 3, 4, 8, 9, 15)$

② $F(A, B, C, D) = \Sigma m(0, 2, 5, 6, 10, 11, 14)$

③ $F(A, B, C, D) = \Sigma m(1, 3, 8, 11, 14, 15)$

④ $F(A, B, C, D) = \Sigma m(1, 2, 6, 8, 9, 14)$

136 다음 회로의 출력 F에 대한 회로식으로 틀린 것은? 단, x는 MSB, z는 LSB이다.

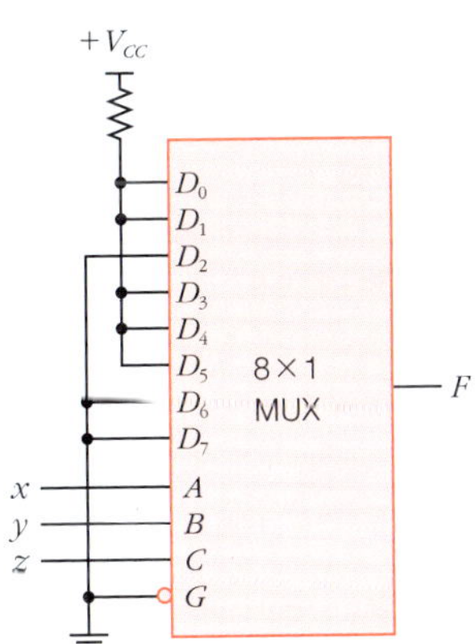

① $\bar{y} + \bar{x}z$ ② $x\bar{y} + \bar{y}\bar{z} + \bar{x}z$

③ $\bar{x}y + \bar{y}\bar{z} + x\bar{y}$ ④ $\bar{y}\bar{z} + \bar{x}z + \bar{y}z$

137 다음 그림과 같이 멀티플렉서를 이용해 구성한 조합 논리회로가 나타내는 출력 F를 민텀의 합형으로 표현하면?

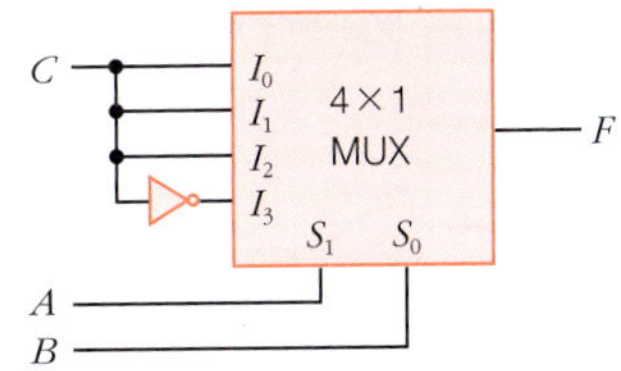

① $F(A, B, C) = \Sigma m(1, 3, 5, 6)$

② $F(A, B, C) = \Sigma m(0, 1, 5, 8)$

③ $F(A, B, C) = \Sigma m(2, 5, 7, 8)$

④ $F(A, B, C) = \Sigma m(0, 2, 4, 6)$

138 4 × 1 멀티플렉서를 이용해 논리회로를 구현한 것으로 옳은 것은?

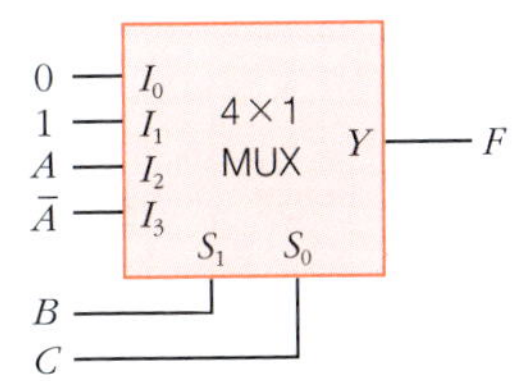

① $F(A, B, C) = \Sigma m(1, 3, 4, 6)$

② $F(A, B, C) = \Sigma m(1, 3, 5, 7)$

③ $F(A, B, C) = \Sigma m(1, 2, 4, 7)$

④ $F(A, B, C) = \Sigma m(1, 3, 5, 6)$

139 다음 논리회로에서 $F = AB$가 되게 하려면 S_1S_0의 상태는?

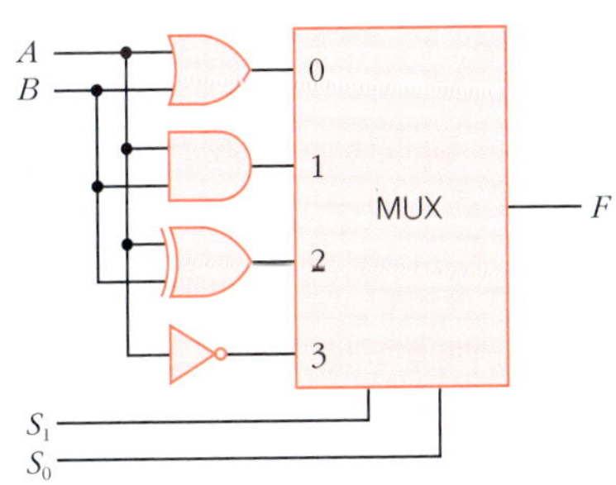

① 0, 0 ② 0, 1

③ 1, 0 ④ 1, 1

140 다음 논리회로에서 출력 F로 나올 수 없는 것은?

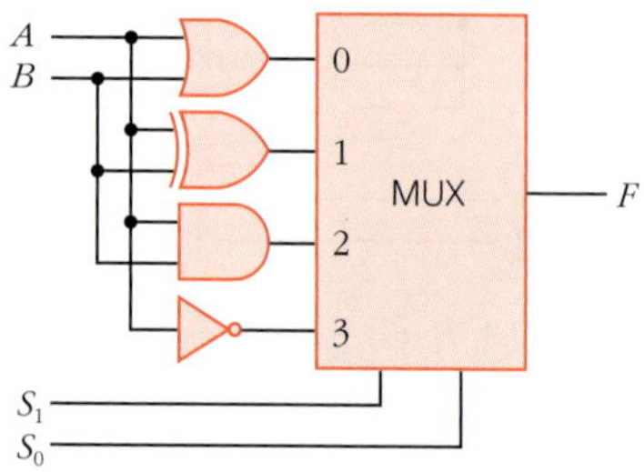

① $\bar{B}$ ② $\bar{A}B+A\bar{B}$
③ AB ④ $A+B$

141 멀티플렉서를 이용한 회로의 논리 함수로 옳은 것은?

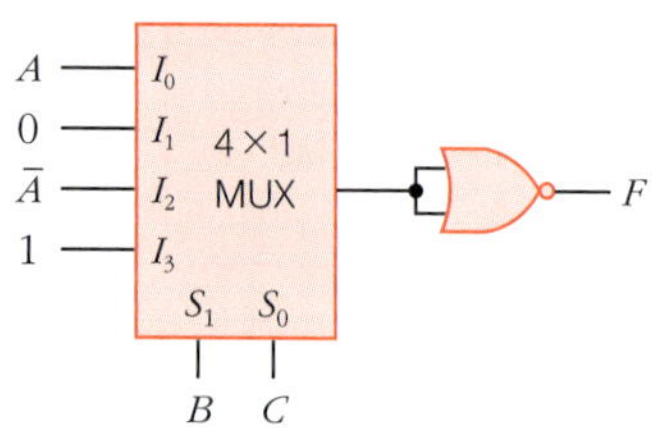

① $F(A, B, C)=\Sigma m(1, 4, 5, 7)$
② $F(A, B, C)=\Sigma m(2, 3, 4, 7)$
③ $F(A, B, C)=\Sigma m(1, 2, 3, 6)$
④ $F(A, B, C)=\Sigma m(0, 1, 5, 6)$

142 멀티플렉서 64개의 입력을 제어하기 위해서는 몇 개의 선택선이 필요한가?

① 4개 ② 6개 ③ 16개 ④ 32개

143 32 × 1 멀티플렉서에서 필요한 제어선의 수는 몇 개인가?

① 2개 ② 5개 ③ 8개 ④ 16개

144 8 × 1 멀티플렉서를 만들려면 몇 개의 2 × 1 멀티플렉서가 필요한가?

① 8개 ② 7개 ③ 5개 ④ 4개

145 한 개의 입력과 최대 2^n개의 출력 및 n개의 선택선으로 구성된 조합논리회로를 무엇이라 하는가?

① 인코더 ② 3상 버퍼
③ 멀티플렉서 ④ 디멀티플렉서

146 다음 중 데이터 분배 회로로 사용되는 것은?

① 인코더 ② 시프트 레지스터
③ 멀티플렉서 ④ 디멀티플렉서

147 디멀티플렉서의 설명 중 옳은 것은?

① 정보를 여러 개의 선으로 받아서 1개의 선으로 전송하는 회로다.
② 정보를 한 선으로 받아서 여러 개의 선들 중 한 개를 선택하여 정보를 전송하는 회로다.
③ 디코더와 한 쌍으로 동작한다.
④ 많은 수의 정보 장치를 적은 수의 채널을 통해 전송하는 회로다.

148 디멀티플렉서에 대한 설명 중 옳은 것은?

① data selector라고도 불린다.
② 2^n개의 input line과 n개의 output line을 갖는다.
③ n개의 input line과 2^n개의 output line을 갖는다.
④ 1개의 input line과 n개의 selection line에 의해 2^n개의 output line 중 하나를 선택한다.

149 16개의 입력선을 가진 multiplexer의 출력에 32개의 출력선을 가진 demultiplexer를 연결했을 경우에 multiplexer와 demultiplexer의 선택선은 각각 몇 개를 가져야 하는가?

① 멀티플렉서 : 4개, 디멀티플렉서 : 5개
② 멀티플렉서 : 4개, 디멀티플렉서 : 3개
③ 멀티플렉서 : 8개, 디멀티플렉서 : 4개
④ 멀티플렉서 : 4개, 디멀티플렉서 : 8개

150 디멀티플렉서(demultiplexer)의 특성을 나타내는 것은?

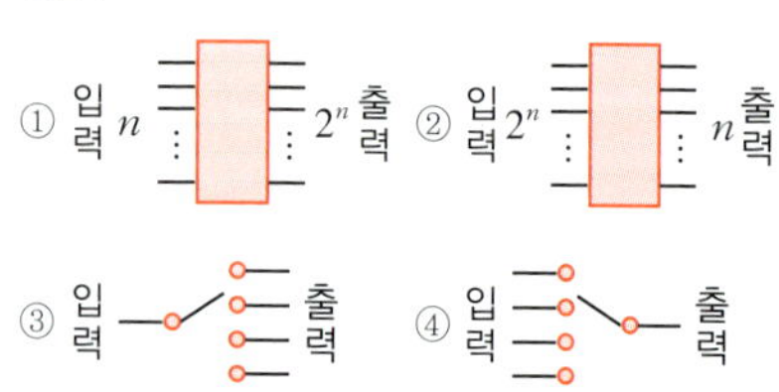

151 인에이블 입력을 가지고 있는 디코더는 다음의 예 중 어느 것으로 사용될 수 있는가? 단, 그림에서 입력과 E(enable)를 바꾸어서 사용한다.

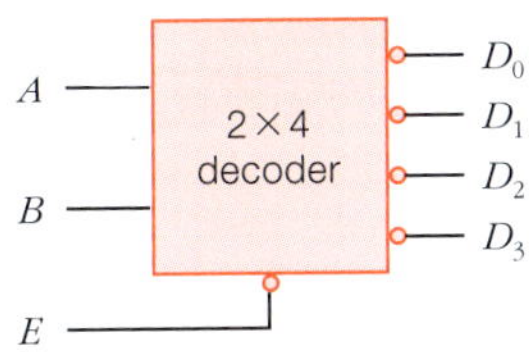

① encoder ② multiplexer
③ demultiplexer ④ ROM

152 다음 회로의 명칭은?

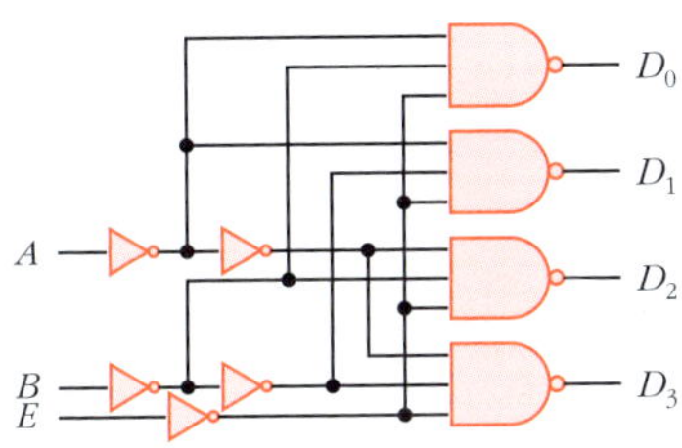

① 인코더 ② 멀티플렉서
③ 디멀티플렉서 ④ 패리티 체크 회로

153 다음 논리회로의 명칭으로 옳은 것은?

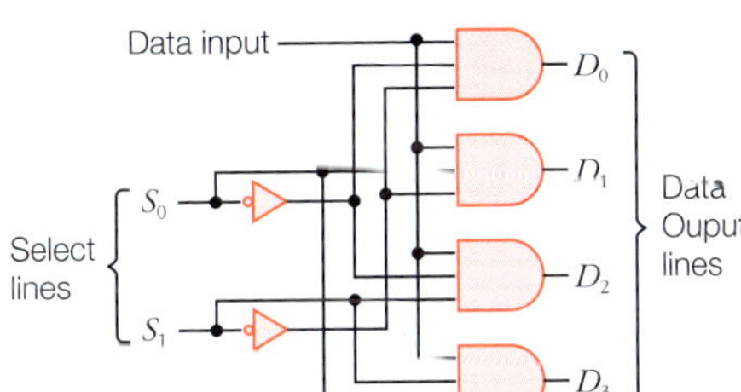

① 1 line to 1 line demultiplexer
② 1 line to 2 line demultiplexer
③ 1 line to 4 line demultiplexer
④ 1 line to 4 line multiplexer

154 다음 그림과 같은 논리회로 출력의 값과 그 기능은?

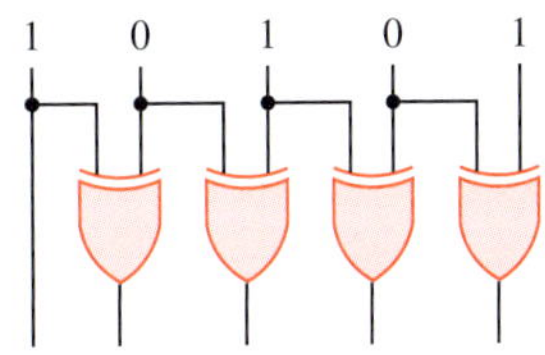

① 11011, 패리티 점검
② 11000, 양수, 음수 점검
③ 11111, 코드 변환
④ 10000, 패리티 변환

155 송신기가 ASCII 코드 1100101을 홀수 패리티를 사용하여 전송한다면 11001011을 보내게 된다. 이때, 수신측에서의 논리적인 검사 방식에 주로 사용되는 논리회로는?

① AND ② NOT
③ OR ④ XOR

156 다음 회로의 명칭으로 옳은 것은?

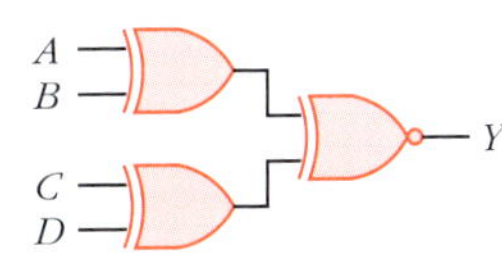

① 4비트 홀수 패리티 발생기
② 4비트 짝수 패리티 발생기
③ 4비트 비교기
④ 4비트 우선순위 인코더

157 논리식 $F=((A\oplus B)\oplus(C\oplus D))$로 나타낼 수 있는 회로는?

① 전가산기 회로
② 4비트 병렬 가산기 회로
③ 짝수 패리티 발생기 회로
④ 홀수 패리티 발생기 회로

158 다음 회로의 기능은?

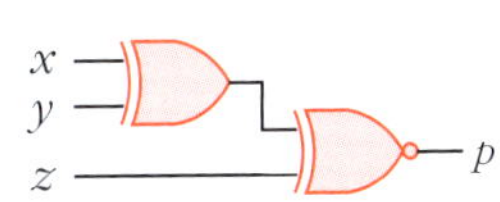

① 3비트 홀수 패리티 발생기
② 3비트 비교기
③ 3비트 짝수 패리티 발생기
④ 3비트 감산기

159 다음 중 홀수 패리티 발생기에 대한 식으로 옳은 것은? 단, 입력은 x, y, z이다.

① $(x \odot y) \odot z$　　② $(x \oplus y) \oplus z$
③ $(x \oplus y) \odot z$　　④ $(x + y) \cdot z$

160 다음 논리회로의 기능은?

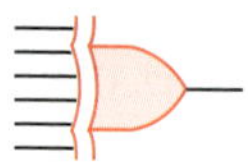

① 6개(비트)의 입력을 모두 더하는 기능을 갖는다.
② 6개(비트)의 입력을 모두 보수화한다.
③ 6개(비트)의 입력이 짝수 개의 1을 가질 때 출력이 1이 된다.
④ 6개(비트)의 입력이 홀수 개의 1을 가질 때 출력이 1이 된다.

161 2입력 1출력인 XOR 게이트를 사용하여 8비트 패리티 검사를 할 때 최소로 필요한 XOR 게이트의 수는?

① 9개　　② 8개
③ 7개　　④ 6개

1 ①	2 ④	3 ①	4 ④	5 ②	6 ①	7 ④	8 ②	9 ④	10 ①	11 ②	12 ④
13 ④	14 ①	15 ③	16 ②	17 ②	18 ①	19 ③	20 ①	21 ④	22 ①	23 ①	24 ①
25 ③	26 ①	27 ③	28 ②	29 ③	30 ①	31 ②	32 ④	33 ②	34 ④	35 ①	36 ①
37 ④	38 ③	39 ①	40 ③	41 ③	42 ③	43 ②	44 ④	45 ②	46 ③	47 ④	48 ③
49 ②	50 ②	51 ③	52 ①	53 ①	54 ④	55 ④	56 ④	57 ①	58 ①	59 ④	60 ③
61 ②	62 ②	63 ③	64 ②	65 ④	66 ③	67 ④	68 ①	69 ④	70 ①	71 ③	72 ②
73 ④	74 ③	75 ④	76 ①	77 ④	78 ①	79 ③	80 ④	81 ②	82 ②	83 ①	84 ①
85 ④	86 ③	87 ③	88 ④	89 ④	90 ②	91 ①	92 ③	93 ②	94 ①	95 ④	96 ③
97 ④	98 ①	99 ②	100 ③	101 ④	102 ①	103 ②	104 ①	105 ④	106 ③	107 ②	108 ②
109 ④	110 ②	111 ④	112 ②	113 ④	114 ②	115 ①	116 ①	117 ②	118 ③	119 ④	120 ①
121 ④	122 ③	123 ①	124 ③	125 ①	126 ③	127 ①	128 ②	129 ①	130 ④	131 ④	132 ①
133 ④	134 ②	135 ①	136 ③	137 ①	138 ④	139 ②	140 ①	141 ④	142 ②	143 ②	144 ②
145 ④	146 ④	147 ②	148 ④	149 ①	150 ③	151 ③	152 ③	153 ③	154 ③	155 ④	156 ①
157 ③	158 ①	159 ③	160 ④	161 ③							

Chapter

08

플립플롭

01 기본적인 플립플롭

02 *SR* 플립플롭

03 *D* 플립플롭

04 *JK* 플립플롭

05 *T* 플립플롭

06 비동기 입력

07 플립플롭의 동작 특성

08 멀티바이브레이터

연습문제

기출문제

학습목표

- NOR 래치 회로와 NAND 래치 회로의 동작을 이해하고 설명할 수 있다.
- *SR* 플립플롭, *D* 플립플롭, *JK* 플립플롭, *T* 플립플롭의 동작을 구분하여 이해할 수 있다.
- 클록형 플립플롭, 에지 트리거 플립플롭, 주종형 플립플롭의 차이점을 설명할 수 있다.
- 비동기 입력의 동작을 이해하고 응용할 수 있다.
- 멀티바이브레이터의 종류 및 동작 특성을 이해하고 설계할 수 있다.

01 기본적인 플립플롭

조합논리회로에서 출력은 현재 입력의 조합에 의해서만 결정된다. 하지만 순서논리회로에서는 현재 입력의 조합과 입력이 인가되는 시점의 회로 상태(High/Low)에도 영향을 받아 출력이 결정된다. 따라서 순서논리회로에서는 회로의 상태를 기억하는 기억 소자가 필요하다. 앞으로 설명할 각종 플립플롭flip-flop과 래치latch는 쌍안정bi-stable 상태 중 하나를 가지는 1비트 기억 소자다.

래치(latch)
특정 디지털 상태를 유지할 수 있는 기능. 래치 회로는 입력이 제거된 후에도 디지털 펄스의 레벨을 유지한다.

플립플롭은 클록 신호에 따라 정해진 시점에서의 입력을 샘플sample하여 출력에 저장하는 동기식 순서 논리 소자이고, 래치는 클록 신호에 관계없이 모든 입력을 계속 감시하다가 클록에 관계없이 언제든지 출력을 변화시키는 비동기식 순서 논리 소자다. 플립플롭과 래치도 게이트로 구성되지만 조합논리회로와 달리 궤환feedback이 있다.

플립플롭에는 SR 플립플롭, D 플립플롭, JK 플립플롭, T 플립플롭 등이 있지만, JK 플립플롭이 가장 많이 쓰인다. SR 플립플롭의 결점을 개선한 것이 JK 플립플롭이고, D 플립플롭 및 T 플립플롭의 동작은 SR과 JK 플립플롭으로부터 쉽게 얻을 수 있다. 기본적인 플립플롭부터 차례대로 살펴보자.

기본적인 플립플롭 회로는 NOR 게이트 또는 NAND 게이트 2개로 구성할 수 있으며, 이를 **NOR 게이트 래치** 또는 **NAND 게이트 래치**라고 한다. 그 구성은 [그림 8-1]과 같다.

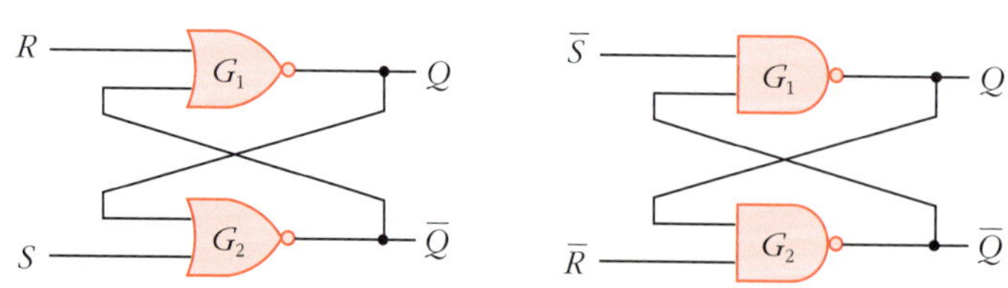

(a) NOR 래치 회로　　(b) NAND 래치 회로

그림 8-1 래치 회로

래치 회로는 일반적인 플립플롭과 달리 클록 펄스clock pulse를 사용하지 않는 쌍안정 회로다. 그러나 래치 회로는 메모리 요소와 궤환 기능이 있기 때문에 근본적으로는 플립플롭과 유사한 기능을 수행하며, 비동기식 순서논리회로다.

쌍안정 회로
전기적으로 서로 다른 2개의 안정 상태가 있고, 어떤 조건의 전기 자극(트리거)에 의해 한 안정 상태에서 다른 안정 상태로 전이하는 회로

NAND 게이트 또는 NOR 게이트의 연결은 한 게이트의 출력이 다른 게이트의 입력이 되는 서로 교차 결합cross-coupled 형태의 쌍안정 회로이며, 서로 선이 교차되어 궤환을 구성하고 있다.

SR 래치 회로에는 S(set)와 R(reset)로 표시된 2개의 입력과 Q와 $\overline{Q}$로 표시된 2개의 출력이 있으며, Q와 $\overline{Q}$의 상태는 서로 보수 상태가 되어야 정상 상태가 된다.

1 NOR 게이트로 구성된 *SR* 래치

[그림 8-1](a)는 NOR 게이트를 사용한 SR 래치 회로로, NOR 게이트 G_1의 출력은 NOR 게이트 G_2의 입력에 연결되고, NOR 게이트 G_2의 출력은 NOR 게이트 G_1의 입력에 연결되는 형태로 구성된다. NOR 게이트를 사용한 SR 래치의 진리표는 [표 8-1]과 같다. 여기서 $Q(t)$는 입력이 인가되기 이전 상태를 의미하고, $Q(t+1)$은 입력이 인가된 이후의 상태를 의미한다.

표 8-1 NOR 게이트 *SR* 래치의 진리표

S	R	$Q(t+1)$
0	0	$Q(t)$ (불변)
0	1	0
1	0	1
1	1	부정

$Q(t)$, $Q(t+1)$
Q_n, Q_{n+1}이라고 표기하는 경우도 있다.

2입력 NOR 게이트는 두 입력 모두 논리 0이 입력될 때만 출력이 1이고, 그 외에는 모두 0이다. 따라서 2입력 NOR 게이트는 입력 상태 00, 01, 10, 11 네 가지가 입력될 수 있으므로 다음과 같이 설명할 수 있다.

NOR 게이트 진리표

A	B	F
0	0	1
0	1	0
1	0	0
1	1	0

입력 $S=0$, $R=0$일 때

❶ 현재 출력 상태가 $Q=0$, $\bar{Q}=1$인 경우

- $Q=0$과 $S=0$이 G_2에 입력되면, 출력은 $\bar{Q}=1$이다.
- $\bar{Q}=1$과 $R=0$이 G_1에 입력되면, 출력은 $Q=0$이다.

결과적으로 $Q=0$, $\bar{Q}=1$인 상태에서 $S=0$과 $R=0$이 입력되면 출력은 $Q=0$, $\bar{Q}=1$로 현재 상태를 유지한다.

❷ 현재의 출력 상태가 $Q=1$, $\bar{Q}=0$인 경우

- $Q=1$과 $S=0$이 G_2에 입력되면, 출력은 $\bar{Q}=0$이다.
- $\bar{Q}=0$과 $R=0$이 G_1에 입력되면, 출력은 $Q=1$이다.

결과적으로 $Q=1$, $\bar{Q}=0$인 상태에서 $S=0$과 $R=0$이 입력되면 출력은 $Q=1$, $\bar{Q}=0$으로 현재 상태를 유지한다.

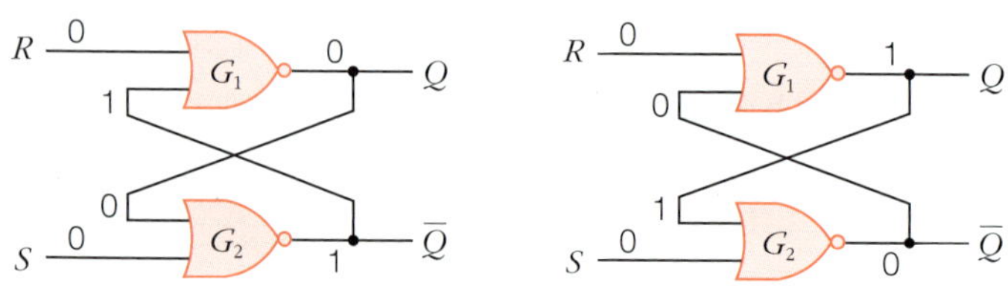

그림 8-2 NOR형 SR 래치 회로의 동작($S=0$, $R=0$)

입력 $S=0$, $R=1$일 때

입력이 $S=0$이고 $R=1$이면, G_1의 출력은 또 다른 입력인 $\bar{Q}$ 상태에 관계없이 0이 되어 $Q=0$이 된다. 따라서 G_2의 입력은 모두 0이므로 G_2의 출력은 $\bar{Q}=1$이다. 결과적으로 $S=0$, $R=1$이 입력되면 Q의 이전 상태에 관계없이 출력은 반드시 $Q=0$, $\bar{Q}=1$이다.

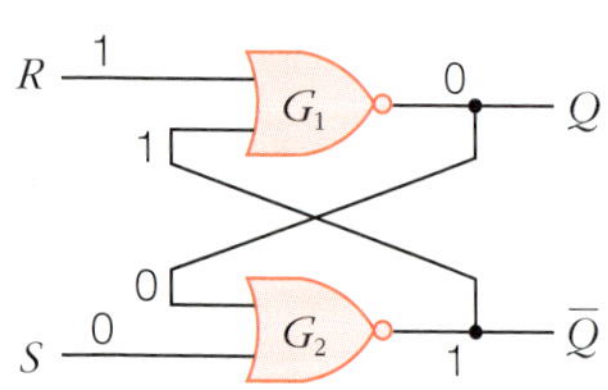

그림 8-3 NOR형 SR 래치 회로의 동작($S=0$, $R=1$)

입력 $S=1$, $R=0$일 때

입력이 $S=1$이고 $R=0$이면, G_2의 출력은 또 다른 입력인 Q 상태에 관계없이 0이 되어 $\bar{Q}=0$이 된다. 따라서 G_1의 입력은 모두 0이므로 G_1의 출력은 $Q=1$이다. 결과적으로 $S=1$, $R=0$이 입력되면 Q의 이전 상태에 관계없이 출력은 반드시 $Q=1$, $\bar{Q}=0$이다.

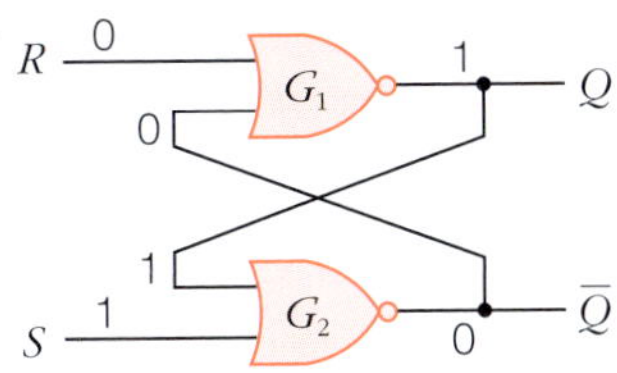

그림 8-4 NOR형 SR 래치 회로의 동작($S=1$, $R=0$)

입력 $S=1$, $R=1$일 때

입력이 $S=1$이고 $R=1$이면, G_1과 G_2의 출력은 또 다른 입력에 관계없이 모두 0이 되어 $Q=0$, $\bar{Q}=0$이 된다. 결과적으로 G_1과 G_2의 출력 $Q=0$과 $\bar{Q}=0$이 되어 서로 보수가 아닌 부정 상태가 되어 정상적으로 동작하지 못하므로 동시에 $S=R=1$로 하는 것은 금지된다.

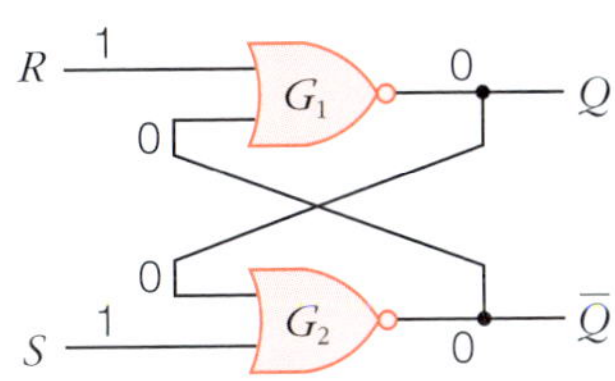

그림 8-5 NOR형 SR 래치 회로의 동작($S=1$, $R=1$)

예제 8-1

그림과 같은 파형을 NOR 게이트 SR 래치 회로에 인가하였을 때, 출력 Q의 파형을 그려 보시오. 단, Q는 0으로 초기화되어 있으며, 게이트에서 전파 지연은 없다고 가정한다.

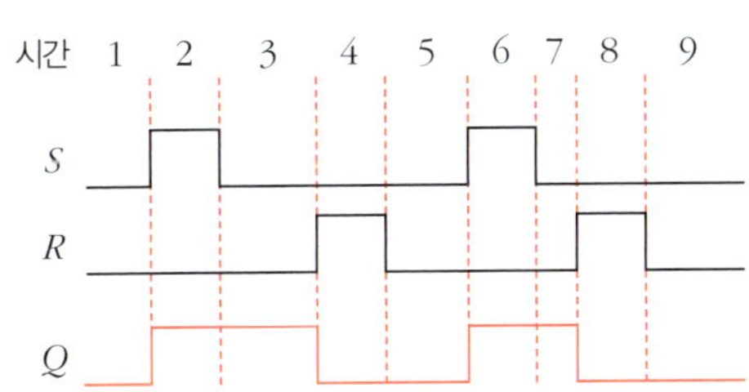

풀이

입력 S와 R을 통해서만 출력 Q가 변하므로

- 시간 구간 2에서 $S=1$, $R=0$이므로 $Q=1$
- 시간 구간 3에서 $S=0$, $R=0$이므로 이전 상태 유지($Q=1$)
- 시간 구간 4에서 $S=0$, $R=1$이므로 $Q=0$
- 시간 구간 5에서 $S=0$, $R=0$이므로 이전 상태 유지($Q=0$)
- 시간 구간 6에서 $S=1$, $R=0$이므로 $Q=1$
- 시간 구간 7에서 $S=0$, $R=0$이므로 이전 상태 유지($Q=1$)
- 시간 구간 8에서 $S=0$, $R=1$이므로 $Q=0$
- 시간 구간 9에서 $S=0$, $R=0$이므로 이전 상태 유지($Q=0$)

2 NAND 게이트로 구성된 *SR* 래치

[그림 8-1](b)는 NAND 게이트를 사용한 *SR* 래치 회로로, NAND 게이트 G_1의 출력은 NAND 게이트 G_2의 입력에 연결되고, NAND 게이트 G_2의 출력은 NAND 게이트 G_1의 입력에 연결되는 형태로 구성된다. NAND 게이트를 사용한 *SR* 래치의 진리표는 [표 8-2]와 같다. 4장에서 배운 것처럼 정논리 NAND는 부논리 NOR와 같다. 따라서 [표 8-2]는 [표 8-1]에서 0과 1을 교환한 것과 같으므로 논리적으로 [표 8-1]과 [표 8-2]는 동일함을 알 수 있다.

2입력 NAND 게이트는 모든 입력에 논리 1이 입력될 때만 0이 출력되고, 그 외에는 모두 1이 출력된다. 따라서 2입력 NAND 게이트는 입력 상태 00, 01, 10, 11의 네 가지가 입력될 수 있으므로 다음과 같이 설명할 수 있다.

표 8-2 NAND 게이트 *SR* 래치의 진리표

$\bar{S}$	$\bar{R}$	$Q(t+1)$
0	0	부정
0	1	1
1	0	0
1	1	$Q(t)$ (불변)

입력 $\bar{S}=0$, $\bar{R}=0$일 때

NAND 게이트 진리표

A	B	F
0	0	1
0	1	1
1	0	1
1	1	0

입력이 $\bar{S}=0$이고 $\bar{R}=0$이면, G_1과 G_2의 출력은 또 다른 입력에 관계없이 모두 1이 되어 $Q=1$, $\bar{Q}=1$인 상태가 된다. 결과적으로 G_1과 G_2의 출력 $Q=1$과 $\bar{Q}=1$이 되어 서로 보수의 상태가 아닌 부정 상태가 되어 정상적으로 동작하지 못하므로 동시에 $\bar{S}=\bar{R}=0$으로 하는 것은 금지된다.

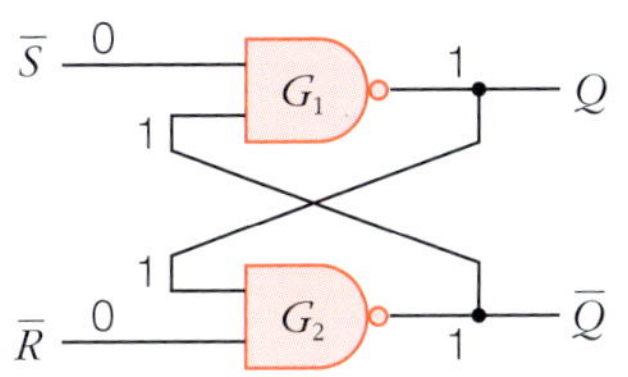

그림 8-6 NAND형 SR 래치 회로의 동작($\bar{S}=0$, $\bar{R}=0$)

입력 $\bar{S}=0$, $\bar{R}=1$일 때

입력 $\bar{S}=0$이므로 G_1의 출력은 또 다른 입력인 $\bar{Q}$의 상태에 관계없이 1이 되어 $Q=1$이 된다. 따라서 G_2의 입력은 모두 1이므로 G_2의 출력은 $\bar{Q}=0$이다. 결과적으로 $\bar{S}=0$, $\bar{R}=1$이 입력되면 Q의 이전 상태에 관계없이 출력은 반드시 $Q=1$, $\bar{Q}=0$이다.

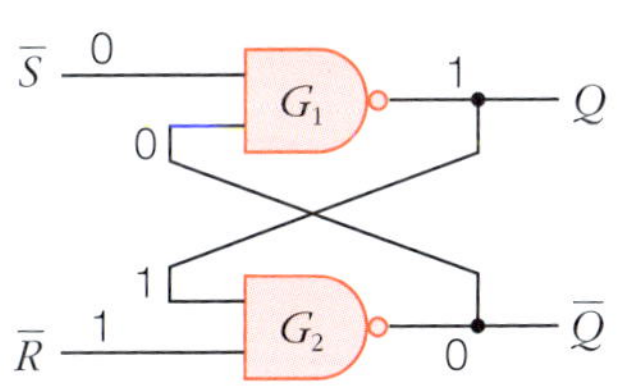

그림 8-7 NAND형 SR 래치 회로의 동작($\bar{S}=0$, $R=1$)

입력 $\bar{S}=1$, $\bar{R}=0$일 때

입력 $\bar{R}=0$이므로 G_2의 출력은 또 다른 입력인 Q의 상태에 관계없이 1이 되어 $\bar{Q}=1$이 된다. 따라서 G_1의 입력은 모두 1이므로 G_1의 출력은 $Q=0$이다. 결과적으로 $\bar{S}=1$, $\bar{R}=0$이 입력되면 Q의 이전 상태에 관계없이 출력은 반드시 $Q=0$, $\bar{Q}=1$이다.

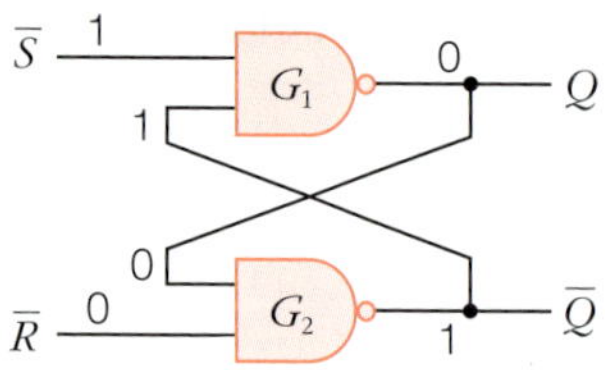

그림 8-8 NAND형 SR 래치 회로의 동작($\overline{S}=1, \overline{R}=0$)

입력 $\overline{S}=1, \overline{R}=1$일 때

❶ 현재 출력 상태가 $Q=0, \overline{Q}=1$인 경우

- $Q=0$과 $\overline{R}=1$이 G_2에 입력되면, 출력은 $\overline{Q}=1$이다.
- $\overline{Q}=1$과 $\overline{S}=1$이 G_1에 입력되면, 출력은 $Q=0$이다.

결과적으로 $Q=0, \overline{Q}=1$인 상태에서 $\overline{S}=1$과 $\overline{R}=1$이 입력되면 출력은 $Q=0, \overline{Q}=1$로 현재 상태를 유지한다.

❷ 현재의 출력 상태가 $Q=1, \overline{Q}=0$인 경우

- $Q=1$과 $\overline{R}=1$이 G_2에 입력되면, 출력은 $\overline{Q}=0$이다.
- $\overline{Q}=0$과 $\overline{S}=1$이 G_1에 입력되면, 출력은 $Q=1$이다.

결과적으로 $Q=1, \overline{Q}=0$인 상태에서 $\overline{S}=1$과 $\overline{R}=1$이 입력되면 출력은 $Q=1, \overline{Q}=0$으로 현재 상태를 유지한다.

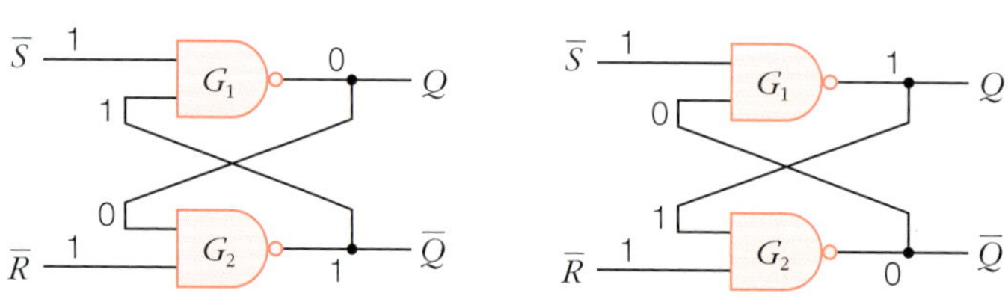

그림 8-9 NAND형 SR 래치 회로의 동작($\overline{S}=1, \overline{R}=1$)

예제 8-2

그림과 같은 파형을 NAND 게이트 SR 래치 회로에 인가하였을 때, 출력 Q의 파형을 그려 보시오. 단, Q는 0으로 초기화되어 있으며, 게이트에서 전파 지연은 없다고 가정한다.

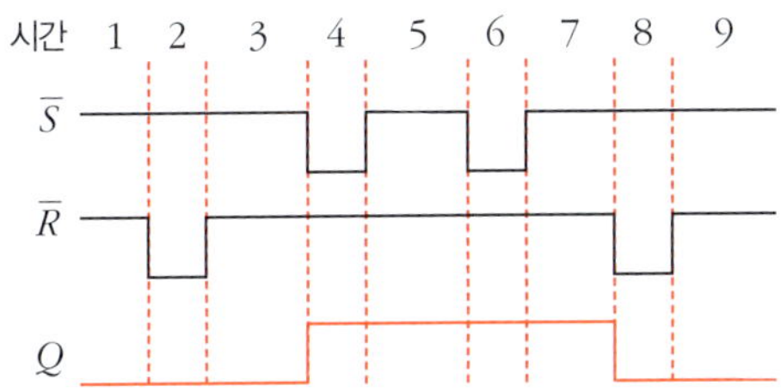

풀이

입력 $\bar{S}$와 $\bar{R}$에 의해서만 출력 Q가 변하므로

- 시간 구간 2에서 $\bar{S}=1$, $\bar{R}=0$이므로 $Q=0$
- 시간 구간 3에서 $\bar{S}=1$, $\bar{R}=1$이므로 이전 상태 유지($Q=0$)
- 시간 구간 4에서 $\bar{S}=0$, $\bar{R}=1$이므로 $Q=1$
- 시간 구간 5에서 $\bar{S}=1$, $\bar{R}=1$이므로 이전 상태 유지($Q=1$)
- 시간 구간 6에서 $\bar{S}=0$, $\bar{R}=1$이므로 $Q=1$
- 시간 구간 7에서 $\bar{S}=1$, $\bar{R}=1$이므로 이전 상태 유지($Q=1$)
- 시간 구간 8에서 $\bar{S}=1$, $\bar{R}=0$이므로 $Q=0$
- 시간 구간 9에서 $\bar{S}=1$, $\bar{R}=1$이므로 이전 상태 유지($Q=0$)

3 *SR* 래치의 응용 예

래치는 흔히 기계적인 스위지에서 일어나는 접점contact의 바운싱bouncing 영향을 제거하는 데 사용한다. 바운싱이란 농구공을 바닥에 한 번 튕기더라도 여러 번 진동하는 것과 같은 현상으로, 기계적인 스위치가 내부에 존재하는 스프링의 탄성과 접점 면의 불균일성 때문에 스위치를 개폐하는 경우 여러 번 붙었다 떨어지는 현상이다. [그림 8-10](a)에서 스위치를 닫을 때 전기적 출력이 이상적으로는 [그림 8-10](b)와 같이 되어야 하는데 실제로는 스위치 접점이 붙었다 떨어지는 바운싱 때문에 [그림 8-10](c)와 같은 출력을 얻는다. 이러한 바운싱 현상을

제거(디바운싱debouncing)하기 위해서 [그림 8-10](d)와 같이 SR 래치를 스위치 뒤에 설치하면 [그림 8-10](f)와 같은 원하는 출력을 얻을 수 있다.

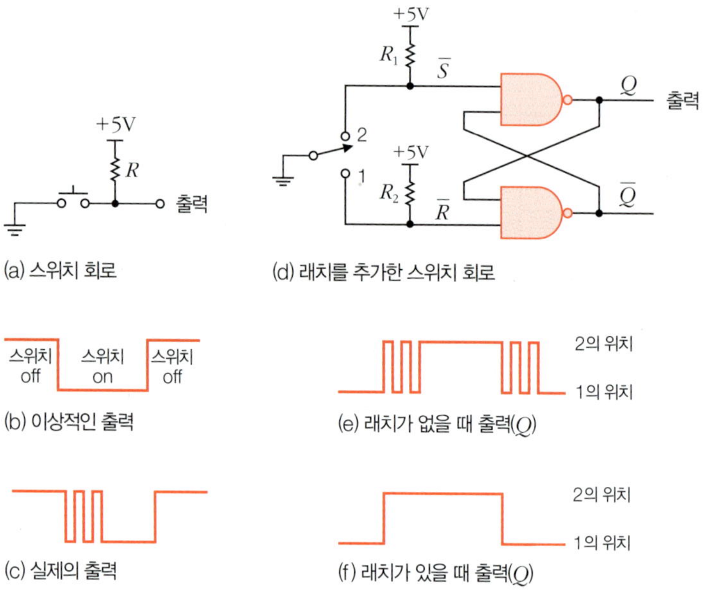

R_1과 R_2는 풀-업 저항이다.

그림 8-10 스위치 접점에서의 바운싱을 제거하기 위해 사용한 *SR* 래치

정상적인 상태에서 스위치가 1의 위치에 있으면 $\bar{S}=1$, $\bar{R}=0$이므로 래치의 출력은 $Q=0$이다. 스위치가 2의 위치로 이동하면 접점이 2에 붙었다 떨어졌다 한다. 먼저 붙으면 $\bar{S}=0$, $\bar{R}=1$이므로 $Q=1$이 되고 다음에 떨어지면 $\bar{S}=1$, $\bar{R}=1$이므로 $Q=1$의 상태가 그대로 유지된다. 다음에 스위치를 1의 위치로 이동하면 1의 위치에서 바운싱이 일어나지만 일단 붙어서 $Q=0$이 되면 떨어지더라도 $\bar{S}=1$, $\bar{R}=1$이므로 $Q=0$의 상태가 유지된다. 이상으로 접점의 바운싱 영향이 제거된다.

02 SR 플립플롭

1 클록형 SR 플립플롭

기본적인 *SR* 래치는 클록 펄스CP, clock pulse 입력과 무관하게 동작하므로 비동기식 *SR* 플립플롭이라고 할 수 있다. 그러나 순서논리회로에서는 대부분 클록 펄스에 동기시켜서 동작시킨다. [그림 8-11](a)는 NOR 게이트를 이용한 *SR* 래치 회로 앞에 AND 게이트 2개를 연결하고 공통 단자에 클록 펄스를 인가한 클록형 *SR* 플립플롭clocked *SR* flip-flop 회로를 나타낸 것이다. [그림 8-11](b)는 *SR* 플립플롭의 논리 기호를 나타낸다.

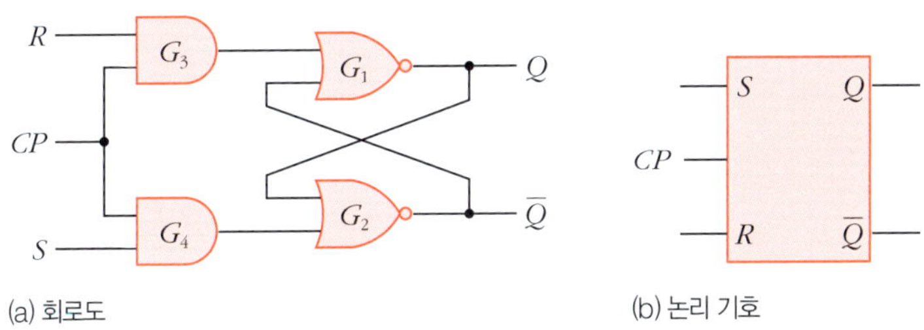

그림 8-11 클록형 *SR* 플립플롭(NOR형)

클록형 *SR* 플립플롭을 Gated *SR* 래치라고도 한다.

클록형 *SR* 플립플롭의 동작 상태는 다음과 같다.

- $CP = 0$인 경우에는 S와 R의 입력에 관계없이 앞 단의 AND 게이트 G_3과 G_4의 출력이 항상 0이므로 플립플롭의 출력 Q와 $\overline{Q}$는 변하지 않는다.
- $CP = 1$인 경우에는 S와 R의 입력이 회로 뒷단의 NOR 게이드 G_1과 G_2의 입력으로 전달되어 앞에서 설명한 *SR* 래치와 같은 동작을 한다.

[표 8-3]은 클록형 *SR* 플립플롭의 동작 상태를 토대로 작성한 클록형 *SR* 플립플롭의 진리표다.

표 8-3 클록형 *SR* 플립플롭의 진리표

CP	*S*	*R*	*Q*(*t*+1)
1	0	0	*Q*(*t*) (불변)
1	0	1	0
1	1	0	1
1	1	1	부정

이 진리표를 근거로 입력 변수를 S, R, $Q(t)$로 하고 출력 변수를 $Q(t+1)$로 하여 SR 플립플롭의 특성표를 [표 8-4]에 나타냈다.

표 8-4 *SR* 플립플롭의 특성표

Q(*t*)	*S*	*R*	*Q*(*t*+1)
0	0	0	0
0	0	1	0
0	1	0	1
0	1	1	부정
1	0	0	1
1	0	1	0
1	1	0	1
1	1	1	부정

$Q(t)$: 현재 상태
$Q(t+1)$: 다음 상태

[표 8-4]에서 부정 상태를 무관 상태don't care로 하여 카르노 맵을 그린 후 출력 $Q(t+1)$에 대한 불 함수를 구하면 다음과 같다.

$$Q(t+1) = S + \bar{R}Q(t), \quad SR = 0$$

여기서 $SR = 0$을 포함한 이유는 $S = R = 1$인 경우는 허용될 수 없음을 나타내기 위한 것이다. $Q(t+1)$을 SR 플립플롭의 **특성 방정식**characteristic equation이라고 한다.

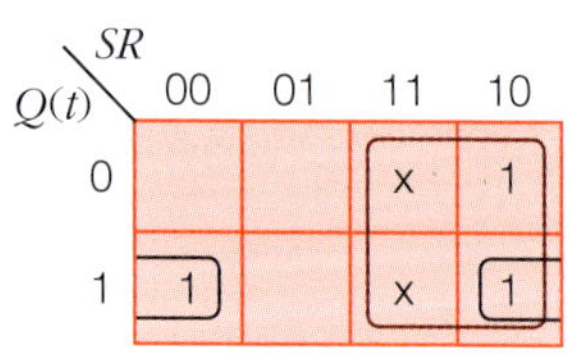

그림 8-12 *SR* 플립플롭의 카르노 맵

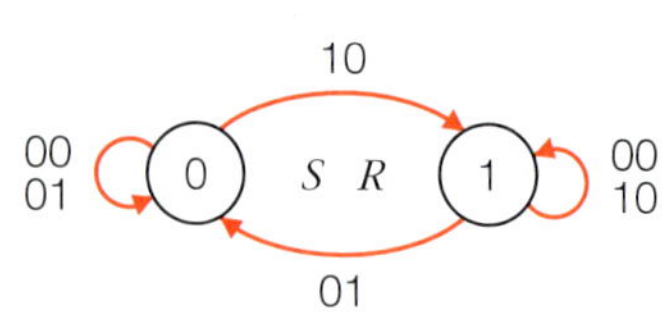

그림 8-13 *SR* 플립플롭의 상태도

[그림 8-13]은 SR 플립플롭의 상태도로, SR 플립플롭의 특성을 도식화한 것이다. 원 안에 있는 0이나 1은 플립플롭의 현재 상태($Q(t)$)를 나타내는데, 현재 상태가 0인 경우 $S=0$, $R=0$ 또는 $S=0$, $R=1$이 입력되면 플립플롭의 다음 상태($Q(t+1)$)는 0을 유지하고 $S=1$, $R=0$이 입력되면 다음 상태가 1이 됨을 의미한다.

[그림 8-14]에는 NAND 게이트를 이용한 SR 래치 회로에 클록 펄스를 추가한 클록형 SR 플립플롭의 회로도와 논리 기호를 나타냈다. NAND형 SR 플립플롭의 진리표도 [표 8-3]과 같다.

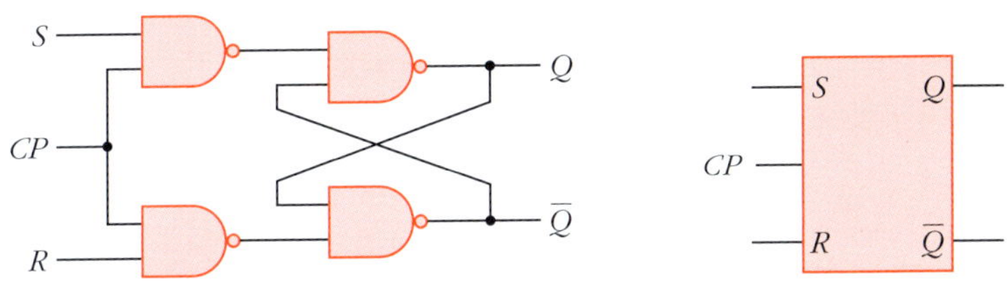

(a) 회로도 (b) 논리 기호

그림 8-14 클록형 SR 플립플롭(NAND형)

예제 8-3

그림과 같은 파형을 클록형 SR 플립플롭에 인가하였을 때, 출력 Q의 파형을 그려 보시오. 단, Q는 0으로 초기화되어 있으며, 게이트에서 전파 지연은 없다고 가정한다.

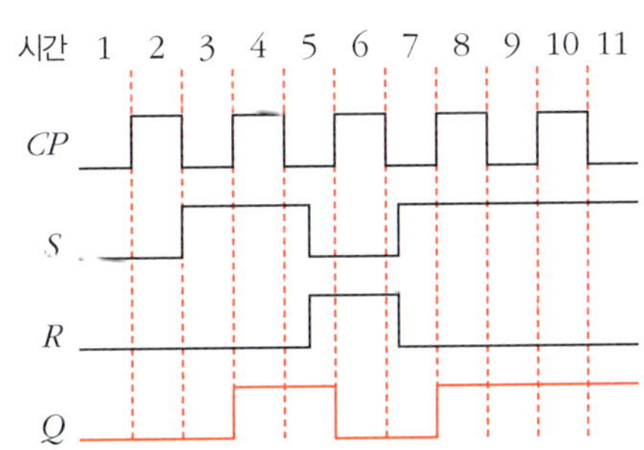

풀이

$CP=1$인 동안(시간 구간 2, 4, 6, 8, 10) 입력 S와 R에 따라서 출력 Q가 변하지만, $CP=0$인 동안에는 출력이 변하지 않는다.

- 시간 구간 2에서 $S=0$, $R=0$이므로 이전 상태 유지($Q=0$)
- 시간 구간 4에서 $S=1$, $R=0$이므로 $Q=1$
- 시간 구간 6에서 $S=0$, $R=1$이므로 $Q=0$
- 시간 구간 8에서 $S=1$, $R=0$이므로 $Q=1$
- 시간 구간 10에서 $S=1$, $R=0$이므로 $Q=1$

2 에지 트리거 *SR* 플립플롭

클록형 *SR* 플립플롭은 기본적으로 궤환feedback이 존재하는 회로이며, 클록 펄스가 1인 상태에서 모든 동작이 수행된다. 그러므로 플립플롭의 동작 시간보다도 클록 펄스의 지속 시간이 길게 되면 플립플롭은 여러 차례 동작이 수행될 수 있고 따라서 예측하지 못한 동작을 할 여지가 충분하다. 이것은 클록형 *SR* 플립플롭에 한정된 이야기는 아니다.

이러한 문제를 해결하는 방법 중에 에지 트리거edge trigger를 이용하는 방법이 있다. 플립플롭의 출력은 입력 신호의 순간적인 변화에 따라 결정되는데, 이러한 순간적인 변화를 **트리거**trigger라 한다. 트리거는 **레벨**level **트리거**와 **에지**edge **트리거** 두 종류로 분류된다. 앞에서 살펴본 클록형 플립플롭은 레벨 트리거level trigger를 한다고 할 수 있는데, 클록이 1이면 계속해서 입력을 받아들이기 때문이다. 이에 반해, 에지 트리거는 플립플롭의 내부 구조를 바꾸어 클록이 0에서 1로 변하거나 1에서 0으로 변하는 순간에만 입력을 받아들이게 하는 방법이다.

트리거(trigger)
장치가 입력을 받거나 출력을 변화시키는 경우를 나타내는 데 사용하는 디지털 장치로의 입력 제어 신호

에지 트리거(edge triggered)
입력 신호를 받아 일부 입력 제어신호 또는 클록의 positive 또는 negative 에지에서만 출력을 바꿀 수 있는 디지털 장치 용어

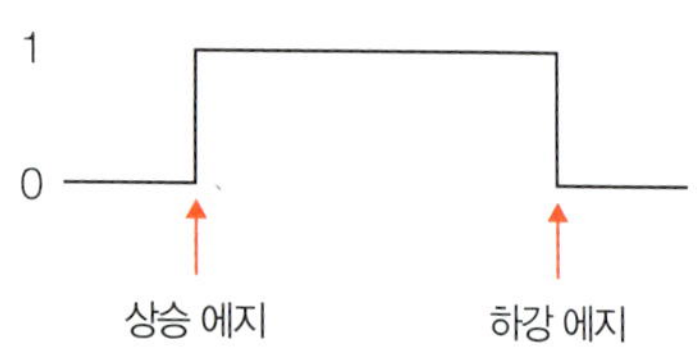

그림 8-15 에지 트리거링

에지 트리거는 [그림 8-15]에서 보는 것처럼 **상승 에지**leading edge **트리거**와 **하강 에지**trailing edge **트리거** 두 가지가 있다. 상승 에지 트리거는 정 에지positive edge 트리거, 하강 에지 트리거는 부 에지negative edge 트리거라고도 한다.

일반적으로 동일한 1비트 기억 소자에 대하여, 트리거 방법에 따라 에지 트리거를 하면 플립플롭이라 하고, 레벨 트리거를 하거나 클록을 전혀 사용하지 않으면 래치라고 한다. 그러나 총괄해서 플립플롭이라고도 한다.

에지 트리거 SR 플립플롭은 S와 R에 입력되는 정보를 클록 펄스의 에지 트리거에서만 동작하여 출력하기 때문에 S와 R 입력을 **동기 입력**synchronous input이라고 한다. [그림 8-16](a)는 에지 트리거 SR 플립플롭의 회로도로 클록형 SR 플립플롭의 클록 펄스 입력에 펄스 전이 검출기를 추가하였다. **펄스 전이 검출기**는 [그림 8-16](b)와 같이 입력되는 펄스를 상승 에지에서 짧은 전이만 일어나게 하여 지속 시간이 짧은 펄스를 만들기 위한 회로다. AND 게이트의 한 입력에는 펄스가 입력되고 다른 한 입력에는 NOT 게이트를 통하여 원래의 펄스보다 수 nsnano second 정도 지연된 펄스가 입력되므로 AND 게이트의 출력에는 지속 시간이 매우 짧은 클록 펄스가 출력된다. [그림 8-16](c)는 하강 에지를 검출하는 회로다.

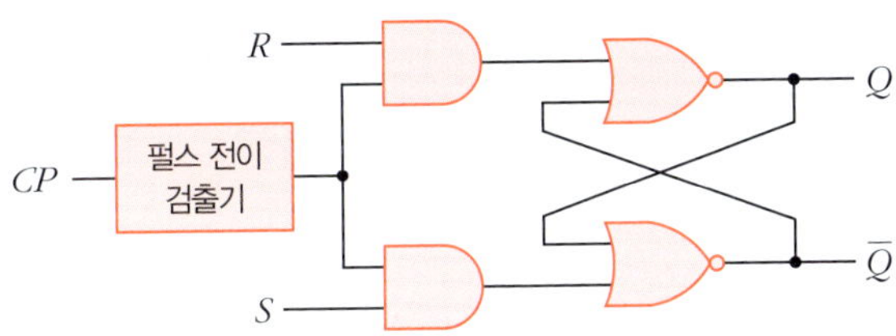

(a) 논리회로도

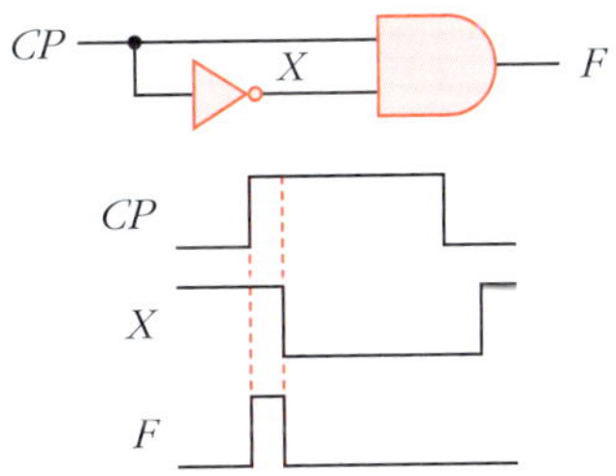

(b) 상승 에지 펄스 전이 검출기 회로

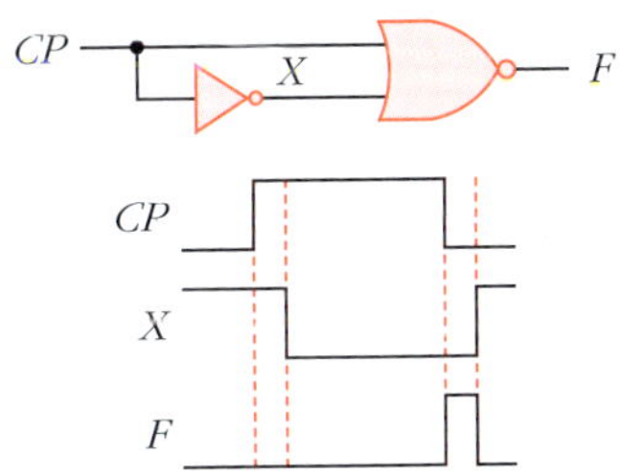

(c) 하강 에지 펄스 전이 검출기 회로

그림 8-16 에지 트리거 *SR* 플립플롭의 구조

[그림 8-17]은 에지 트리거 SR 플립플롭의 논리 기호와 진리표다. 클록 펄스 입력에 있는 삼각형(▷)은 동적 표시dynamic indicator로, (a)는 상승 에지 트리거, (b)는 하강 에지 트리거를 의미한다. 상승 에지 트리거는 클록 펄스가 0에서 1로 변하는 전이 과정(↑)에서 출력이 변하

고, 하강 에지 트리거는 클록 펄스가 1에서 0으로 변하는 전이 과정(↓)에서 출력이 변함을 의미한다.

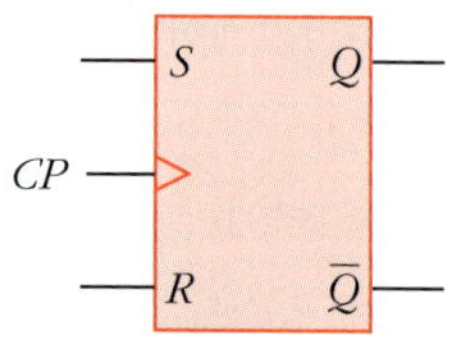

CP	S	R	$Q(t+1)$
↑	0	0	$Q(t)$ (불변)
↑	0	1	0
↑	1	0	1
↑	1	1	부정

(a) 상승 에지 트리거 SR 플립플롭

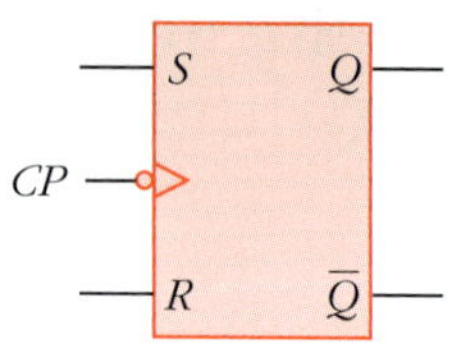

CP	S	R	$Q(t+1)$
↓	0	0	$Q(t)$ (불변)
↓	0	1	0
↓	1	0	1
↓	1	1	부정

(b) 하강 에지 트리거 SR 플립플롭

그림 8-17 에지 트리거 SR 플립플롭의 논리 기호와 진리표

예제 8-4

그림과 같은 파형을 상승 에지 SR 플립플롭에 인가하였을 때, 출력 Q의 파형을 그려 보시오. 단, Q는 0으로 초기화되어 있으며, 게이트에서 전파 지연은 없다고 가정한다.

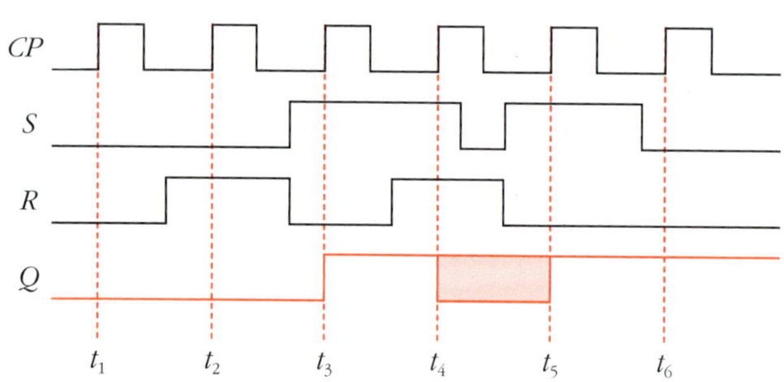

풀이

출력 Q는 CP가 0에서 1로 변하는 순간에만 변한다.

- t_1에서 $S=0$, $R=0$이므로 이전 상태 유지($Q=0$)
- t_2에서 $S=0$, $R=1$이므로 $Q=0$
- t_3에서 $S=1$, $R=0$이므로 $Q=1$
- t_4에서 $S=1$, $R=1$이므로 Q는 부정 상태
- t_5에서 $S=1$, $R=0$이므로 $Q=1$
- t_6에서 $S=0$, $R=0$이므로 이전 상태 유지($Q=1$)

3 주종형 *SR* 플립플롭

레벨 트리거링을 행하는 플립플롭의 문제를 해결할 목적으로 많이 사용하는 방법 중에 **주종형**master-slave **플립플롭**이 있다. 주종형 플립플롭은 주 플립플롭master flip-flop, 종 플립플롭slave flip-flop 그리고 NOT 게이트로 구성된다. [그림 8-18]은 주종형 SR 플립플롭을 나타낸 것이다.

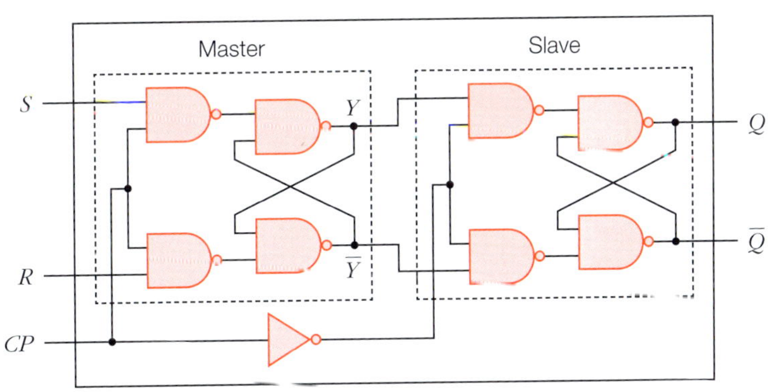

그림 8-18 주종형 *SR* 플립플롭

[그림 8-18]에서 볼 수 있듯이 $CP=0$이면 NOT 게이트의 출력은 1이다. 종 플립플롭의 클록 입력은 1이므로 종 플립플롭이 동작하여 Q는 Y가 되고 $\bar{Q}$는 $\bar{Y}$가 된다. 주 플립플롭은 $CP=0$이므로 동작하지 않는다. $CP=1$이면 외부의 S와 R의 입력이 주 플립플롭에 전달된

다. 그러나 $CP=1$인 동안에는 NOT 게이트 출력이 0이므로 종 플립플롭은 동작하지 않는다. 다시 $CP=0$이 되면 주 플립플롭은 동작하지 않고 종 플립플롭만 동작하여 출력 Q는 Y와 같은 값을 갖는다. 이 내용을 타이밍도로 설명한 것이 [그림 8-19]이다.

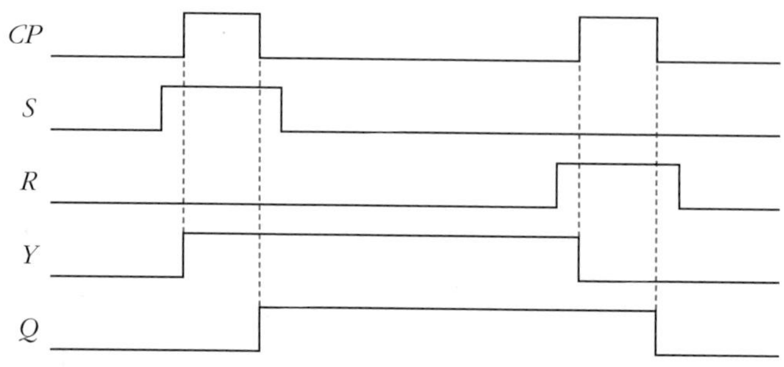

그림 8-19 주종형 *SR* 플립플롭의 파형도

타이밍도(timing diagram)
시간에 따라 변하는 두 개 이상의 디지털 파형의 정확한 관계를 보여주는 도표

레이스(race) 현상
플립플롭은 출력이 입력에 피드백되어 있으므로 클록의 레벨 폭이 플립플롭의 지연 시간보다 크면 출력 상태에 의해 입력 상태가 바뀌고, 이로 인해 다시 출력 상태가 바뀌어 플립플롭이 안정화되지 못하는 현상

주종형 플립플롭은 플립플롭 2개로 비교적 간단히 레벨 트리거링의 문제를 완화시켜 준다. 즉, [그림 8-18]에서 외부로 나타나는 출력은 Q뿐이며, Q는 어떤 경우에라도 한 번만 정해진다. 한 클록 주기 동안 이것이 다시 궤환되어 입력으로 들어가 새로운 값으로 Q가 정해지지 않는다. 한 클록 주기 동안 한 번만 상태가 정의되기 때문에 주종형 플립플롭은 의미가 있다.

주종형 플립플롭은 외견상 에지 트리거링인 것처럼 동작한다. 즉, [그림 8-19]를 보면 Q는 클록이 1에서 0으로 변할 때 입력에 대응하는 상태로 바뀐다. 그러나 실제로는 주종형 플립플롭은 에지 트리거링 방식은 아니다. 클록이 1인 동안 주 플립플롭은 계속 입력을 받아들이고 있기 때문에 만일 클록이 길어 그 사이에 잡음 등 여러 형태의 잘못된 신호가 입력되면 주 플립플롭의 상태는 바뀌고, 해당 값이 종 플립플롭으로 전달될 수도 있기 때문이다. 따라서 이러한 문제를 고려하면 순간적으로 상태가 바뀌는 에지 트리거링이 더 좋은 방법이라고 할 수 있다.

예제 8-5

그림과 같은 파형을 주종형 SR 플립플롭에 인가하였을 때, 출력 Y와 Q의 파형을 그려 보시오. 단, Q는 0으로 초기화되어 있으며, 게이트에서 전파 지연은 없다고 가정한다.

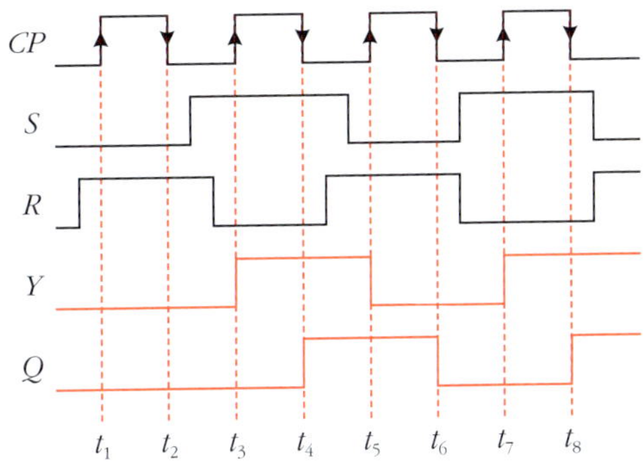

풀이

주 플립플롭의 출력 Y는 CP의 상승 에지, 종 플립플롭의 출력 Q는 CP의 하강 에지에서 변한다.

- t_1에서 $S=0$, $R=1$이므로 $Y=0$
- t_2에서 주 플립플롭의 출력 $Y=0$이 종 플립플롭의 입력에 인가되어 $Q=0$
- t_3에서 $S=1$, $R=0$이므로 $Y=1$
- t_4에서 주 플립플롭의 출력 $Y=1$이 종 플립플롭의 입력에 인가되어 $Q=1$
- t_5에서 $S=0$, $R=1$이므로 $Y=0$
- t_6에서 주 플립플롭의 출력 $Y=0$이 종 플립플롭의 입력에 인가되어 $Q=0$
- t_7에서 $S=1$, $R=0$이므로 $Y=1$
- t_8에서 주 플립플롭의 출력 $Y=1$이 종 플립플롭의 입력에 인가되어 $Q=1$

03 D 플립플롭

1 클록형 D 플립플롭

클록형 SR 플립플롭에서 원하지 않는 상태($S=R=1$)를 제거하는 한 가지 방법은 S와 R의 입력이 동시에 1이 되지 않도록 보장하는 것이다. 이러한 형태인 클록형 D 플립플롭clocked D flip-flop은 클록형 SR 플립플롭을 변형한 것이다. 이를 [그림 8-20]에 나타냈는데, 입력 신호 D가 CP에 동기되어 그대로 출력에 전달되는 특성이 있다. D 플립플롭은 1비트 타임time의 지연 소자로 입력 D에 의해 출력 Q가 1비트 타임 전 상태와 같게 동작한다. D 플립플롭이라는 이름은 데이터data를 전달하는 것과 지연delay하는 역할에서 유래한다.

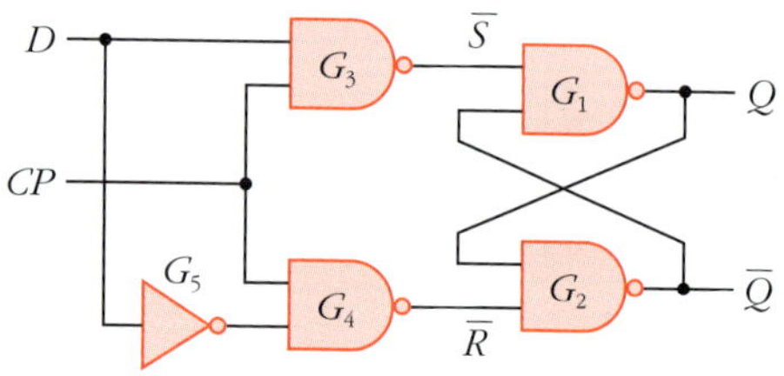

(a) 회로도

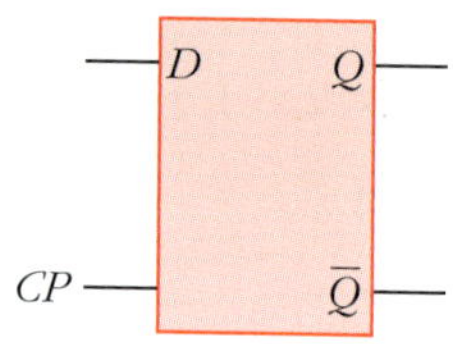

(b) 논리 기호

그림 8-20 클록형 D 플립플롭

[그림 8-20]은 NAND 게이트로 구성된 D 플립플롭으로, $CP=0$이면 G_3과 G_4의 출력이 모두 1이 되므로 플립플롭의 최종 출력 Q를 변화시킬 수 없다. D 플립플롭은 $CP=1$인 경우에만 동작하는 클록형 D 플립플롭이다. D 플립플롭의 동작 상태를 살펴보면 다음과 같다.

- $CP=1$, $D=1$이면 G_3의 출력은 0, G_4의 출력은 1이 된다. 따라서 NAND 게이트로 구성된 SR 래치의 입력은 $\overline{S}=0$, $\overline{R}=1$이 되므로 결과적으로 $Q=1$을 얻는다.
- $CP=1$, $D=0$이면 G_3의 출력은 1, G_4의 출력은 0이 된다. 따라서 NAND 게이트로 구성된 SR 래치의 입력은 $\overline{S}=1$, $\overline{R}=0$이 되므로 결과적으로 $Q=0$을 얻는다.

이 동작 상태로부터 D 플립플롭은 입력 D의 상태를 1비트 타임만큼 지연하는 기능이 있음을 알 수 있다. [표 8-5]는 D 플립플롭의 진리표다. 그리고 [표 8-5]의 진리표를 근거로 입력 변수를 D와 $Q(t)$, 출력을 $Q(t+1)$로 하는 D 플립플롭의 특성표는 [표 8-6]이다.

표 8-5 D **플립플롭의 진리표**

CP	D	$Q(t+1)$
1	0	0
1	1	1

표 8-6 D **플립플롭의 특성표**

$Q(t)$	D	$Q(t+1)$
0	0	0
0	1	1
1	0	0
1	1	1

$Q(t)$: 현재 상태
$Q(t+1)$: 다음 상태

[표 8-6]을 기초로 카르노 맵을 그려 출력 $Q(t+1)$에 대해 간소화한 특성 방정식은 다음과 같다.

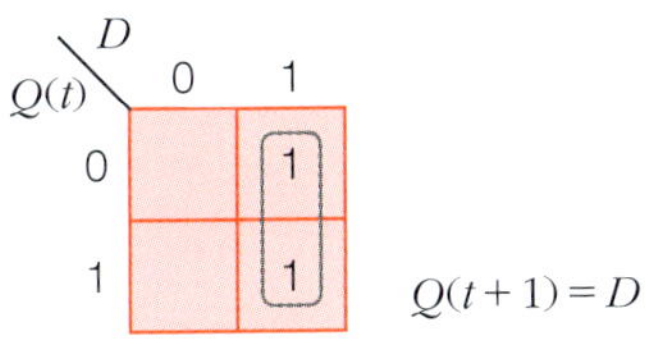

그림 8-21 D **플립플롭의 카르노 맵**

[그림 8-22]는 D 플립플롭의 상태도로, D 플립플롭의 특성을 그림으로 표시한 것이다. 원 안에 있는 0이나 1은 플립플롭의 현재 상태($Q(t)$)를 나타내는데, 현재 상태가 0인 경우 $D=0$이 입력되면 플립플롭의 다음 상태($Q(t+1)$)는 0을 유지하고 $D=1$이 입력되면 플립플롭의 다음 상태는 1이 됨을 의미한다.

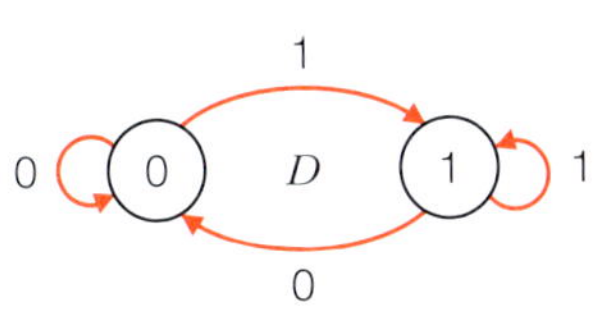

그림 8-22 D **플립플롭의 상태도**

예제 8-6

그림과 같은 파형을 클록형 D 플립플롭에 인가하였을 때, 출력 Q의 파형을 그려 보시오. 단, Q는 1로 초기화되어 있으며, 게이트에서 전파 지연은 없다고 가정한다.

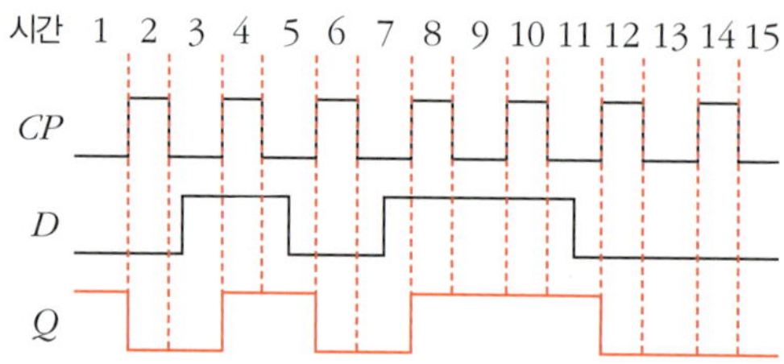

풀이

$CP=1$인 동안(시간 구간 2, 4, 6, 8, 10, 12, 14) 입력 D에 따라서 출력 Q가 변하지만, $CP=0$인 동안에는 출력이 변하지 않는다.

- 시간 구간 2에서 $D=0$이므로 $Q=0$
- 시간 구간 4에서 $D=1$이므로 $Q=1$
- 시간 구간 6에서 $D=0$이므로 $Q=0$
- 시간 구간 8에서 $D=1$이므로 $Q=1$
- 시간 구간 10에서 $D=1$이므로 $Q=1$
- 시간 구간 12에서 $D=0$이므로 $Q=0$
- 시간 구간 14에서 $D=0$이므로 $Q=0$

2 에지 트리거 *D* 플립플롭

에지 트리거 D 플립플롭은 클록형 D 플립플롭의 클록 펄스 입력에 펄스 전이 검출기([그림 8-16](b), (c) 참조)를 추가하여 구성할 수 있다. [그림 8-23]은 에지 트리거 D 플립플롭의 논리 기호와 진리표다. 클록 펄스의 상승 에지 또는 하강 에지에서 출력의 상태가 변한다는 점을 제외하면 기본적으로 클록형 D 플립플롭과 동일하다. 에지 트리거 D 플립플롭은 클록 펄스가 입력될 때 $D=1$이면 $Q=1$이므로, D 입력의 논리 1 상태의 입력 정보는 클록 펄스가 입력될 때 클록 펄스의 상승 에지(또는 하강 에지)에서 플립플롭에 저장된다. 또 클록 펄스가 입력될 때 $D=0$이면 $Q=0$이므로, D 입력의 논리 0 상태의 입력 정보는 클록 펄스가 입력될 때, 클록 펄스의 상승 에지(또는 하강 에지)에서 플립플롭에 저장된다.

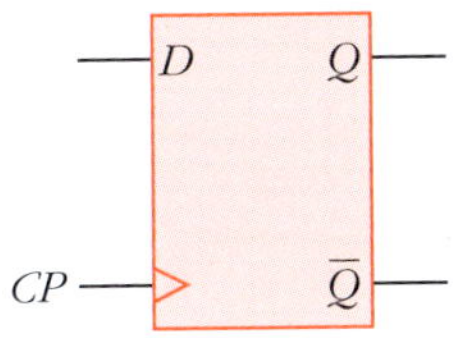

CP	D	$Q(t+1)$
↑	0	0
↑	1	1

(a) 상승 에지 트리거 D 플립플롭

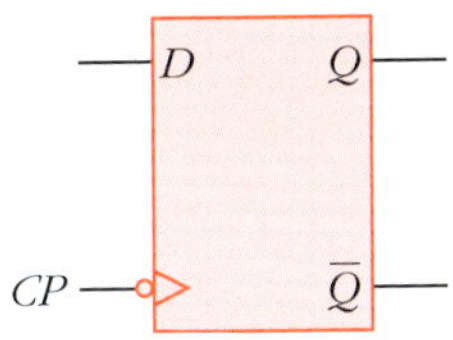

CP	D	$Q(t+1)$
↓	0	0
↓	1	1

(b) 하강 에지 트리거 D 플립플롭

그림 8-23 에지 트리거 D 플립플롭의 논리 기호와 진리표

예제 8-7

그림과 같이 파형의 신호가 레벨 트리거, 상승 에지 트리거 그리고 하강 에지 트리거를 하는 D 플립플롭으로 입력되는 경우 출력 파형을 그려 보시오. 단, 출력 Q는 0으로 초기화되어 있으며, 게이트에서 전파 지연은 없다고 가정한다.

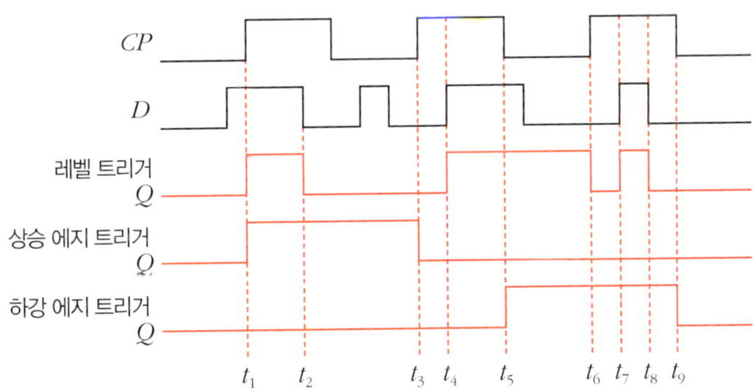

풀이

레벨 트리거(클록형)는 $CP=1$인 동안 D의 논리값이 복사되어 출력에 저장되고, 상승(하강) 에지 트리거 플립플롭은 각 상승(하강) 에지에서의 D의 논리값이 출력에 저장된다.

7474(Dual 상승 에지 트리거 D 플립플롭)

7474는 상승 에지 트리거 D 플립플롭 2개를 포함한 MSI다. [그림 8-24]에서 $\overline{PR}$과 $\overline{CLR}$은 active-low이며 $\overline{PR}=0$으로 하면 입력 D나 CP에 관계없이 $Q=1$로 되고, 또한 $\overline{CLR}=0$으로 하면 D나 CP에 관계없이 $Q=0$이 된다.

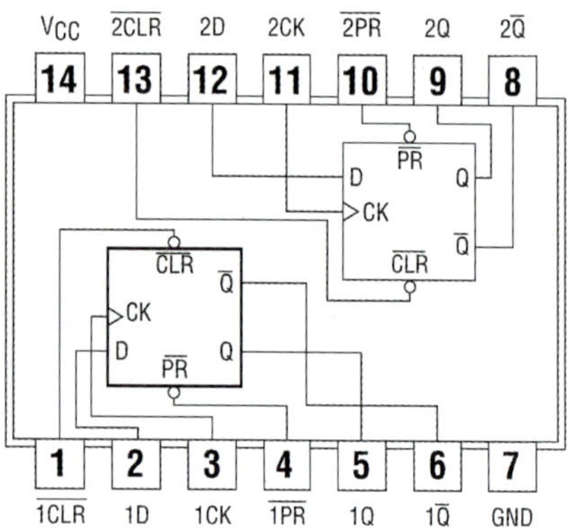

그림 8-24 7474의 핀 배치도

3 주종형 D 플립플롭

[그림 8-25]는 주종형 D 플립플롭을 구성한 것이다. 주종형 D 플립플롭도 주종형 SR 플립플롭과 마찬가지로 주 플립플롭의 클록 입력에는 클록 펄스가 그대로 입력되고, 종 플립플롭 부분의 클록 입력에는 반전된 클록 펄스가 입력되도록 구성한다.

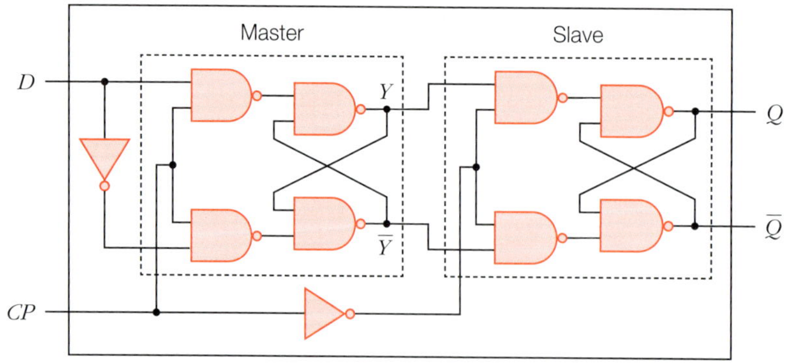

그림 8-25 주종형 D 플립플롭

예제 8-8

그림과 같은 파형을 주종형 D 플립플롭에 인가하였을 때, 출력 Y와 Q의 파형을 그려 보시오. 단, 출력 Q는 0으로 초기화되어 있으며, 게이트에서 전파 지연은 없다고 가정한다.

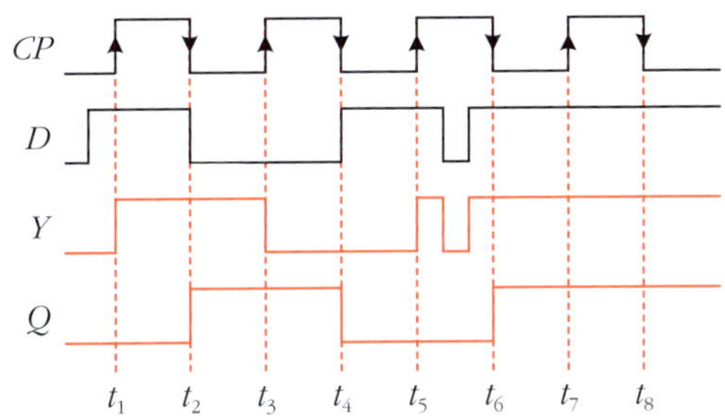

풀이

주 플립플롭의 출력 Y는 CP의 상승 에지에서, 종 플립플롭의 출력 Q는 CP의 하강 에지에서 변한다.

- t_1에서 $D=1$이므로 $Y=1$
- t_2에서 주 플립플롭의 출력 $Y=1$이 종 플립플롭의 입력에 인가되므로 $Q=1$
- t_3에서 $D=0$이므로 $Y=0$
- t_4에서 주 플립플롭의 출력 $Y=0$이 종 플립플롭의 입력에 인가되므로 $Q=0$
- t_5에서 $D=1$이므로 $Y=1$
- t_6에서 주 플립플롭의 출력 $Y=1$이 종 플립플롭의 입력에 인가되므로 $Q=1$
- t_7에서 $D=1$이므로 $Y=1$
- t_8에서 주 플립플롭의 출력 $Y=1$이 종 플립플롭의 입력에 인가되므로 $Q=1$

04 JK 플립플롭

1 클록형 JK 플립플롭

SR 플립플롭은 $S=1$, $R=1$인 경우 출력 상태가 불안정하다는 문제점이 있다. 이를 해결하기 위한 한 가지 방법은 S와 R의 입력이 동시에 1이 되지 않게 보장하는 것이다. 또 다른 방법이 바로 JK 플립플롭이다.

SR 플립플롭과 비교하면 JK 플립플롭의 J는 S(set)에, K는 R(reset)에 대응하는 입력이다. JK 플립플롭의 가장 큰 특징은 $J=1$, $K=1$인 경우 JK 플립플롭의 출력은 이전 출력의 보수 상태로 바뀐다는 점이다. 즉, $Q(t)=0$이면 $Q(t+1)=1$이 되며, $Q(t)=1$이면 $Q(t+1)=0$이므로 $Q(t+1)=\overline{Q}(t)$가 된다. [그림 8-26]은 NOR 래치 회로를 이용한 JK 플립플롭의 회로도와 논리 기호다.

JK 플립플롭에서 J와 K의 어원에 대한 정확한 근거는 없으나, 미국의 물리학자 잭 킬비(Jack S. Kilby, 1923~2005)의 이름 이니셜이라는 설이 있다. Texas Instruments사의 엔지니어였던 잭 킬비는 1958년 집적 회로를 발명했고 2000년에 노벨 물리학상을 수상했다. 또 다른 설은 가장 흔한 미국 남녀 이름인 John과 Kate에서 따온 말이라고도 하지만 정확한 것은 알려져 있지 않다.

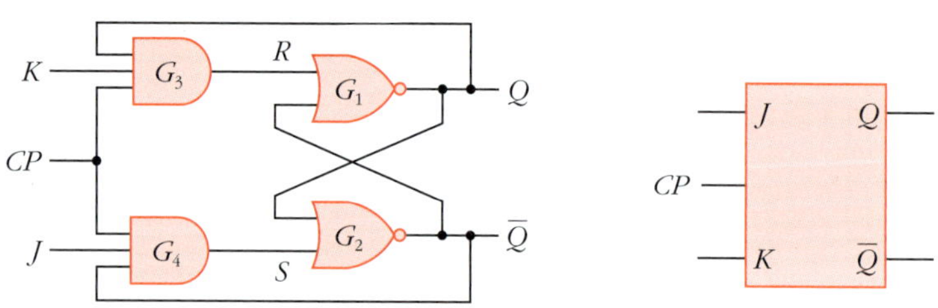

(a) 회로도 (b) 논리 기호

그림 8-26 클록형 JK 플립플롭

[그림 8-26]의 JK 플립플롭은 앞 단의 AND 게이트의 동작만 이해하면 그 다음은 앞에서 살펴본 SR 래치와 같이 동작하므로 쉽게 이해할 수 있다. 먼저 $CP=0$이면 G_3과 G_4의 출력이 모두 0이 되므로 플립플롭의 출력 Q를 변화시킬 수 없다. 따라서 이 회로는 $CP=1$인 경우에만 동작하는 동기식 JK 플립플롭이다. JK 플립플롭의 동작 상태를 살펴보면 다음과 같다.

❶ $J=0$, $K=0$이면 G_3과 G_4의 출력이 모두 0이 되므로 G_1과 G_2로 구성된 SR 래치는 출력이 변하지 않는다.

❷ $J=0$, $K=1$이면 G_4의 출력은 0이 되고, G_3의 출력은 $Q(t) \cdot K \cdot CP$인데 $K=1$, $CP=1$이므로 $Q(t)$가 된다. 이 경우 G_3의 출력은 $Q(t)=1$이면 1, $Q(t)=0$이면 0이 된다. $Q(t)=1$이면 SR 래치의 $S=0$, $R=1$인 경우와 같으므로 출력은 $Q(t+1)=0$이 된다. $Q(t)=0$이면 SR 래치의 $S=0$, $R=0$인 경우와 같으므로 출력은 변하지 않고 $Q(t+1)=0$이 된다. 결과적으로 $J=0$, $K=1$이 입력되면 이전 상태 $Q(t)$에 관계없이 $Q(t+1)=0$이 된다.

❸ $J=1$, $K=0$이면 G_3의 출력은 0이 되고 G_4의 출력은 $\bar{Q}(t) \cdot J \cdot CP$인데 $J=1$, $CP=1$이므로 $\bar{Q}(t)$가 된다. 이 경우 $\bar{Q}(t)=0$이면 G_4의 출력은 0, $\bar{Q}(t)=1$이면 G_4의 출력은 1이 된다. $\bar{Q}(t)=0$이면 SR 래치의 $S=0$, $R=0$인 경우와 같으므로 출력은 변하지 않고 $Q(t+1)=1$이 된다. $\bar{Q}(t)=1$이면 SR 래치의 $S=1$, $R=0$인 경우와 같으므로 출력은 $Q(t+1)=1$이 된다. 결과적으로 $J=1$, $K=0$이 입력되면 이전 상태 $Q(t)$에 관계없이 $Q(t+1)=1$이 된다.

❹ $J=1$, $K=1$이면 G_3의 출력은 $Q(t) \cdot K \cdot CP$인데 $K=1$, $CP=1$이므로 $Q(t)$가 된다. 또, G_4의 출력은 $\bar{Q}(t) \cdot J \cdot CP$인데 $J=1$, $CP=1$이므로 $\bar{Q}(t)$가 된다. $Q(t)=0$인 경우 SR 래치의 $S=1$, $R=0$인 경우와 같으므로 출력은 $Q(t+1)=1$이 된다. 마찬가지로 $Q(t)=1$인 경우 SR 래치의 $S=0$, $R=1$인 경우와 같으므로 출력은 $Q(t+1)=0$이 된다. 따라서 출력은 보수가 된다.

[표 8-7]은 플립플롭의 동작 상태를 토대로 만든 JK 플립플롭의 진리표다.

표 8-7 JK **플립플롭의 진리표**

CP	J	K	$Q(t+1)$
1	0	0	$Q(t)$ (불변)
1	0	1	0
1	1	0	1
1	1	1	$\bar{Q}(t)$ (toggle)

$Q(t)$: 현재 상태
$Q(t+1)$: 다음 상태

[표 8-7]의 진리표를 근거로 입력 변수를 J, K, $Q(t)$로 하고 출력 변수를 $Q(t+1)$로 하여 만든 JK 플립플롭의 특성표가 [표 8-8]이다.

표 8-8 *JK* **플립플롭의 특성표**

$Q(t)$	J	K	$Q(t+1)$
0	0	0	0
0	0	1	0
0	1	0	1
0	1	1	1
1	0	0	1
1	0	1	0
1	1	0	1
1	1	1	0

[표 8-8]을 기초로 하여 카르노 맵과 출력 $Q(t+1)$에 대한 간소화한 특성 방정식을 구하면 다음과 같다.

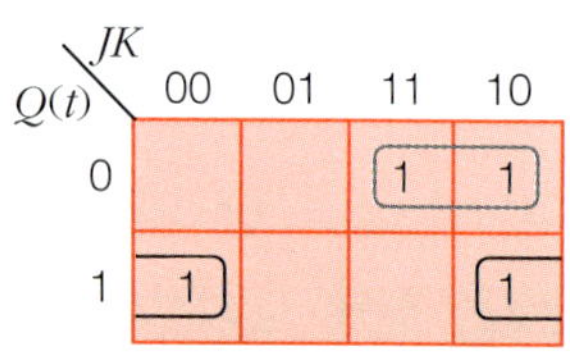

$Q(t+1) = J\bar{Q}(t) + \bar{K}Q(t)$

그림 8-27 *JK* **플립플롭의 카르노 맵**

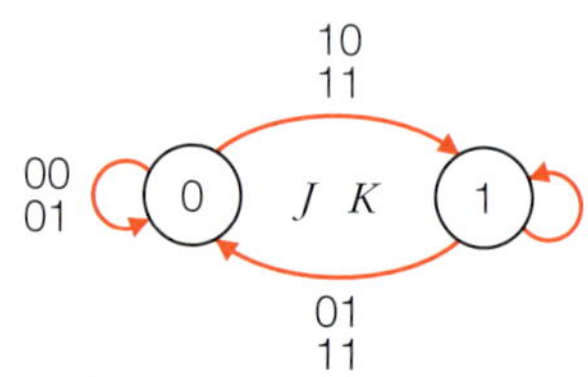

그림 8-28 *JK* **플립플롭의 상태도**

[그림 8-26]의 *JK* 플립플롭을 이용하는 경우 클록 펄스의 폭이 충분히 길고 $J=1$, $K=1$이라고 가정해 보자. 이 경우에 클록 펄스가 가해져서 출력이 보수가 된 후에도 계속해서 클록 펄스가 1이므로 플립플롭은 변화된 출력 신호에 의해서 또 다시 동작하게 된다. 그러므로 이러한 플립플롭을 이용하는 경우에는 클록 펄스의 폭에 제한을 두어야 하며, 이러한 단점을 수정한 플립플롭이 에지 트리거 *JK* 플립플롭이다.

[그림 8-28]은 *JK* 플립플롭의 상태도로, *JK* 플립플롭의 특성을 그림으로 표시한 것이다. 원 안의 0이나 1은 플립플롭의 현재 상태($Q(t)$)를 나타내는데, 현재 상태가 0인 경우 $J=0$, $K=0$ 또는 $J=0$, $K=1$이 입력되면 플립플롭의 다음 상태($Q(t+1)$)가 0을 유지하고 $J=1$, $K=0$ 또는 $J=1$, $K=1$이 입력되면 플립플롭의 다음 상태가 1이 됨을 의미한다.

JK 플립플롭은 가장 많이 사용되는 플립플롭이다. [그림 8-26]의 플립플롭을 NAND 게이트형 플립플롭으로 표현하면 [그림 8-29]와 같다.

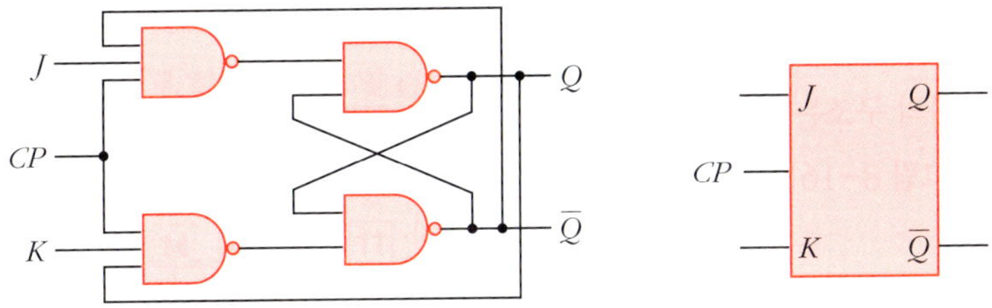

(a) 회로도

(b) 논리 기호

그림 8-29 클록형 JK 플립플롭(NAND 게이트형)

예제 8-9

그림과 같은 파형을 클록형 JK 플립플롭에 인가하였을 때, 출력 Q의 파형을 그려 보시오. 단, 출력 Q는 0으로 초기화되어 있으며, 게이트에서 전파 지연은 없다고 가정한다.

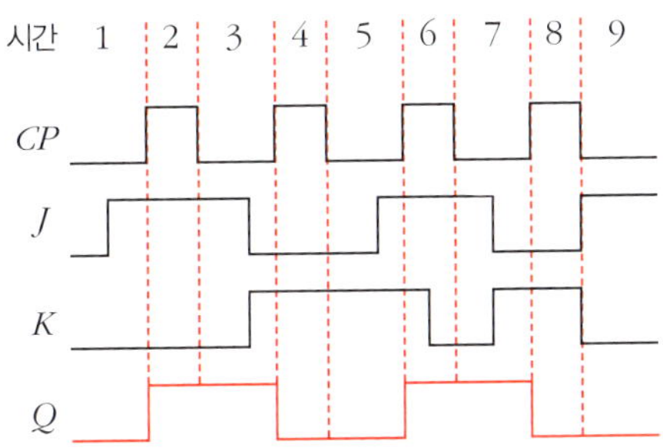

풀이

$CP=1$인 동안(시간 구간 2, 4, 6, 8) 입력 J와 K에 따라서 출력 Q가 변하지만, $CP=0$인 동안에는 출력이 변하지 않는다.

- 시간 구간 2에서 $J=1$, $K=0$이므로 $Q=1$
- 시간 구간 4에서 $J=0$, $K=1$이므로 $Q=0$
- 시간 구간 6에서 $J=1$, $K=1$이므로 토글되어 $Q=1$
- 시간 구간 6의 중간에서 $J=1$이고, K가 1에서 0으로 변하므로 $Q=1$
- 시간 구간 8에서 $J=0$, $K=1$이므로 $Q=0$

예제 8-11

그림과 같은 파형을 주종형 JK 플립플롭에 인가하였을 때, 출력 Y와 Q의 파형을 그려 보시오. 단, 출력 Q는 0으로 초기화되어 있으며, 게이트에서 전파 지연은 없다고 가정한다.

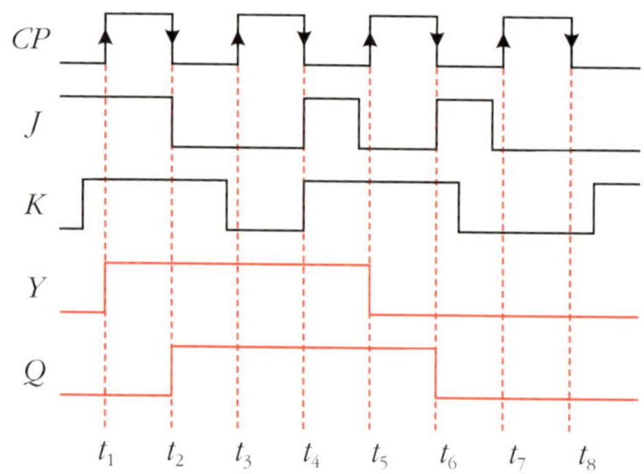

풀이

주 플립플롭의 출력 Y는 CP의 상승 에지에서, 종 플립플롭의 출력 Q는 CP의 하강 에지에서 변한다.

- t_1에서 $J=1$, $K=1$이므로 Y는 토글되어 $Y=1$
- t_2에서 주 플립플롭의 출력 $Y=1$이 종 플립플롭의 입력에 인가되므로 $Q=1$
- t_3에서 $J=0$, $K=0$이어서 이전 상태를 유지하므로 $Y=1$
- t_4에서 주 플립플롭의 출력 $Y=1$이 종 플립플롭의 입력에 인가되므로 $Q=1$
- t_5에서 $J=0$, $K=1$이므로 $Y=0$
- t_6에서 주 플립플롭의 출력 $Y=0$이 종 플립플롭의 입력에 인가되므로 $Q=0$
- t_7에서 $J=0$, $K=0$이어서 이전 상태를 유지하므로 $Y=0$
- t_8에서 주 플립플롭의 출력 $Y=0$이 종 플립플롭의 입력에 인가되므로 $Q=0$

05 T 플립플롭

1 클록형 T 플립플롭

클록형 T 플립플롭은 [그림 8-37]과 같이 JK 플립플롭의 J와 K 입력을 묶어서 한 입력 신호 T로 동작시키는 플립플롭이다. 따라서 T 플립플롭은 JK 플립플롭의 동작 중에서 입력이 모두 0이거나 1인 경우만을 이용하는 플립플롭이다.

D 플립플롭과 JK 플립플롭은 IC 제품이 많지만 SR 플립플롭이나 T 플립플롭은 IC 제품이 거의 없다. D 플립플롭의 IC 제품은 7474, 74174, 74175, 74273, 74374 등이 있으며, JK 플립플롭의 IC 제품은 7473, 7476, 74112, 74376 등이 있다.

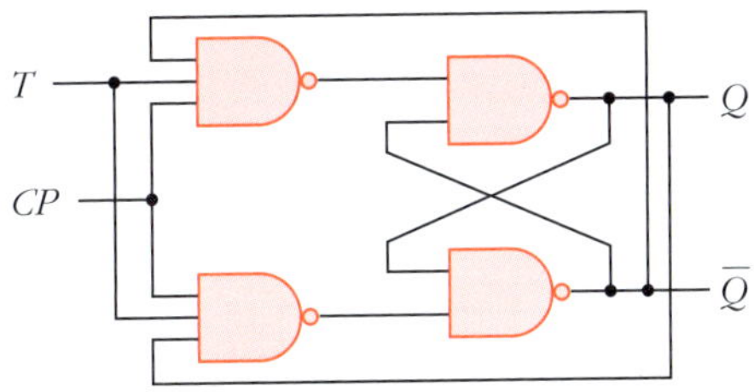

(a) 회로도

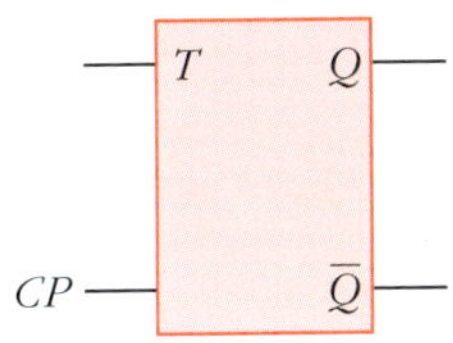

(b) 논리 기호

그림 8-37 클록형 T 플립플롭

T 플립플롭의 입력 $T=0$인 경우, $J=0$, $K=0$인 JK 플립플롭과 같이 동작하므로 출력은 변하지 않는다. $T=1$인 경우, $J=1$, $K=1$인 JK 플립플롭과 같이 동작하므로 출력은 보수가 된다. 이러한 이유에서 T 플립플롭을 **토글**toggle **플립플롭**이라고 한다. T 플립플롭의 동작 상태를 토대로 한 T 플립플롭의 진리표가 [표 8-9]다.

표 8-9 T 플립플롭의 진리표

CP	T	$Q(t+1)$
1	0	$Q(t)$
1	1	$\overline{Q}(t)$

[표 8-9]의 진리표를 근거로 입력 변수를 T, $Q(t)$로 하고 출력을 $Q(t+1)$로 하는 T 플립플롭의 특성표를 [표 8-10]에 나타냈다.

표 8-10 T 플립플롭의 특성표

$Q(t)$	T	$Q(t+1)$
0	0	0
0	1	1
1	0	1
1	1	0

$Q(t)$: 현재 상태
$Q(t+1)$: 다음 상태

[표 8-10]을 기초로 하여 카르노 맵을 그려서 출력 $Q(t+1)$에 대해 간소화한 특성 방정식을 구하면 다음과 같다.

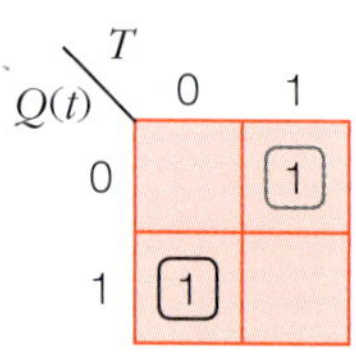

$$Q(t+1) = T\overline{Q}(t) + \overline{T}Q(t)$$

그림 8-38 T 플립플롭의 카르노 맵

[그림 8-39]는 T 플립플롭 특성을 표시한 상태도이다. 원 안에 있는 0이나 1은 플립플롭의 현재 상태($Q(t)$)를 나타내는데, 현재 상태가 0인 경우 $T=0$이 입력되면 플립플롭의 다음 상태($Q(t+1)$)는 0을 유지하고 $T=1$이 입력되면 플립플롭의 다음 상태가 1이 됨을 의미한다.

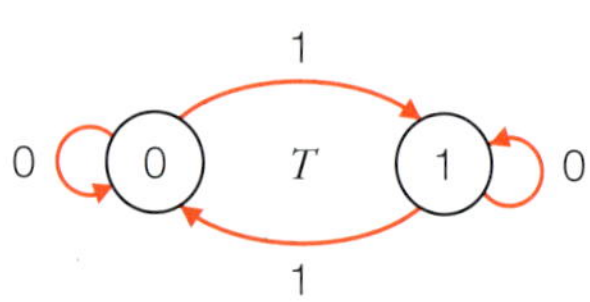

그림 8-39 T 플립플롭의 상태도

예제 8-12

그림과 같은 파형을 클록형 T 플립플롭에 인가하였을 때, 출력 Q의 파형을 그려 보시오. 단, 출력 Q는 0으로 초기화되어 있으며, 게이트에서 전파 지연은 없다고 가정한다.

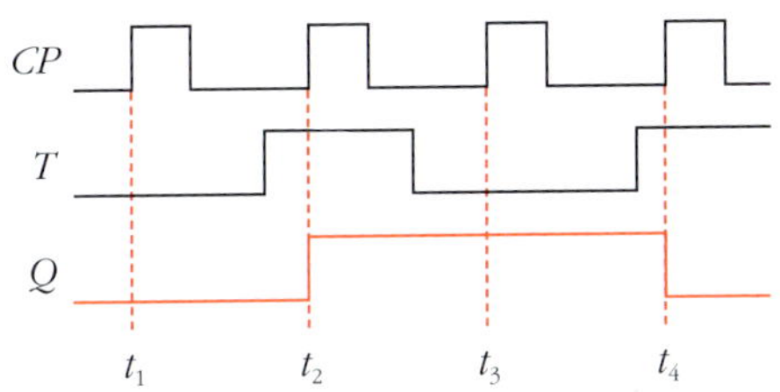

풀이

$CP=1$인 동안 입력 T에 따라서 출력 Q가 변하지만, $CP=0$인 동안에는 출력이 변하지 않는다.

- t_1에서 $T=0$이므로 Q의 상태를 유지한다($Q=0$).
- t_2에서 $T=1$이므로 Q의 상태가 토글된다($Q=1$).
- t_3에서 $T=0$이므로 Q의 상태를 유지한다($Q=1$).
- t_4에서 $T=1$이므로 Q의 상태가 토글된다($Q=0$).

2 에지 트리거 *T* 플립플롭

[그림 8-40]은 에지 트리거 T 플립플롭의 논리 기호와 진리표다. 에지 트리거 T 플립플롭은 에지 트리거 JK 플립플롭의 J와 K 입력을 묶어 하나가 되게 구성한 것이다. T 입력이 논리 0일 때와 논리 1일 때의 두 가지 동작이 있다. T 입력을 논리 0으로 하고 CP에 짧은 클록 펄스를 입력하면 출력 Q는 현재 상태를 유지한다. T 입력을 논리 1로 하고 CP에 짧은 클록 펄스를 입력하면 출력 Q는 보수 상태로 변한다.

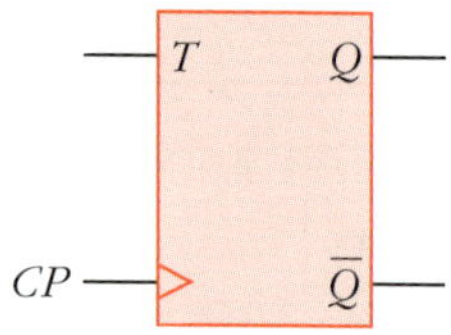

CP	T	Q(t+1)
↑	0	$Q(t)$
↑	1	$\overline{Q}(t)$

(a) 상승 에지 트리거 T 플립플롭

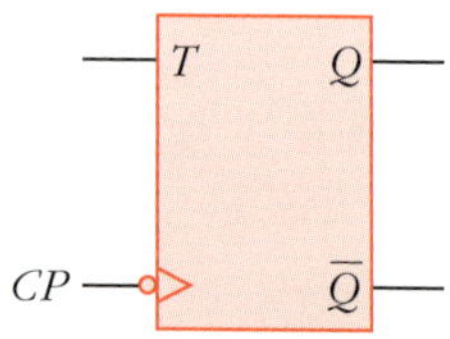

CP	T	Q(t+1)
↓	0	$Q(t)$
↓	1	$\overline{Q}(t)$

(b) 하강 에지 트리거 T 플립플롭

그림 8-40 에지 트리거 T 플립플롭의 논리 기호와 진리표

일반적으로 에지 트리거 T 플립플롭은 T 입력을 논리 1 상태로 고정하고 CP에 클록 펄스를 트리거 입력으로 사용하기도 한다. 이러한 경우 T 플립플롭은 클록 펄스가 들어올 때마다 상태가 반전되는 회로다. [그림 8-41]은 상승 에지 트리거 T 플립플롭의 논리 기호와 타이밍도다. 플립플롭의 출력 Q는 정확히 입력 신호 주파수의 1/2이라는 것에 주목하라.

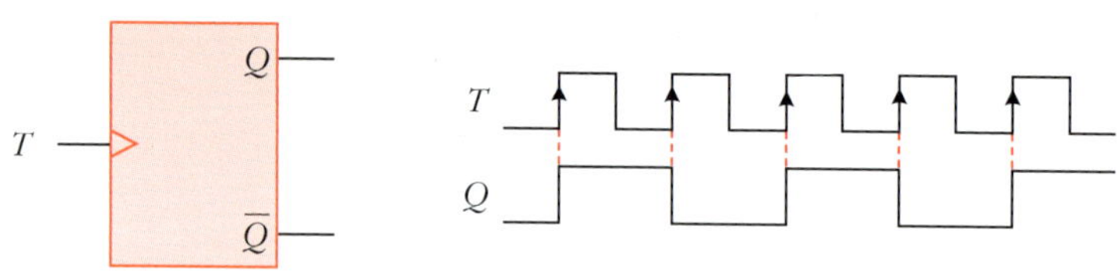

그림 8-41 에지 트리거 T 플립플롭의 논리 기호와 타이밍도

[그림 8-42]는 D 또는 JK 플립플롭으로부터 T 플립플롭을 구현하는 방법을 나타냈다. [그림 8-42](a)에서 처음에 $Q=0$, $\overline{Q}=1$인 상태에서 클록 펄스가 들어오면 상승 에지에서 $D=1$이므로 $Q=1$, $\overline{Q}=0=D$로 변한다. 다음 클록 펄스의 상승 에지에서 $D=0$이므로 $Q=0$, $\overline{Q}=1=D$와 같이 된다. 즉, 클록 펄스가 들어올 때마다 출력이 반전된다.

[그림 8-42](b)에서 처음에 $Q=0$, $\overline{Q}=1$인 상태에서 클록 펄스가 들어오면 상승 에지에서 $J=1$, $K=0$이므로 $Q=1$, $\overline{Q}=0$으로 변한다. 다음 클록 펄스의 상승 에지에서 $J=0$, $K=1$이므로 $Q=0$, $\overline{Q}=1$과 같이 된다. 즉, 클록 펄스가 들어올 때마다 출력이 반전된다.

[그림 8-42](c)는 JK 플립플롭의 진리표로부터 $J=K=1$인 경우에는 클록 펄스가 들어올 때마다 출력이 반전됨을 보여준다. T 플립플롭은 카운터와 주파수 분할에 가장 많이 사용되는 플립플롭이다.

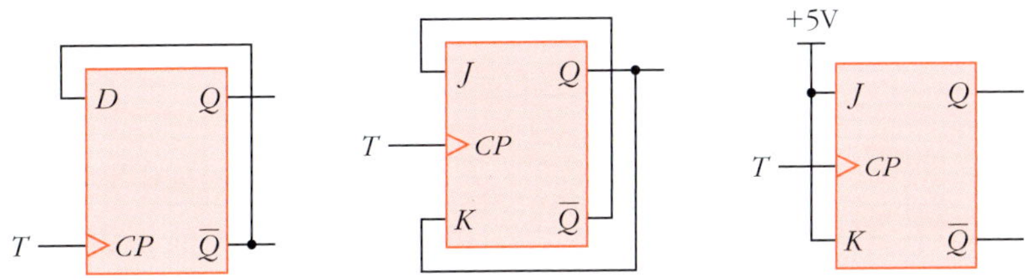

(a) D 플립플롭 이용 (b) JK 플립플롭 이용(1) (c) JK 플립플롭 이용(2)

그림 8-42 T 플립플롭을 구현하는 방법

예제 8-13

JK 플립플롭을 그림과 같이 연결하고 T와 EN^enable 파형을 플립플롭에 인가하였을 때, 출력 Q의 파형을 그려 보시오. 단, 출력 Q는 0으로 초기화되어 있으며, 게이트에서 전파 지연은 없다고 가정한다.

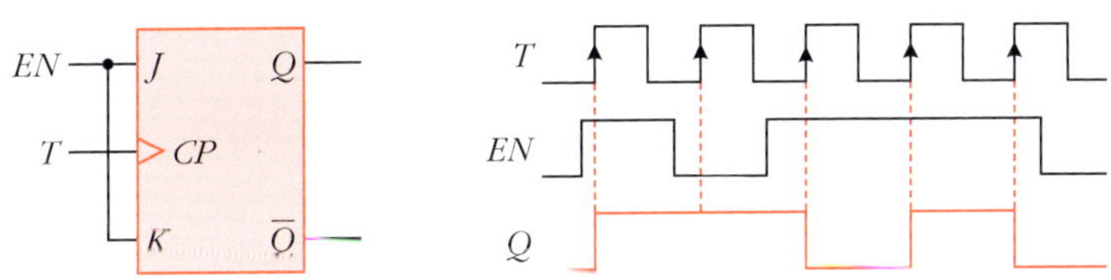

풀이

EN을 JK 플립플롭의 입력 J와 K에 연결하면, $EN=1$인 동안에만 T 플립플롭으로 동작하고 $EN=0$인 동안에는 동작하지 않는다.

예제 8-14

100MHz 클록 펄스 발생기를 사용해서 25MHz를 만들려면 몇 개의 T 플립플롭이 필요한가?

풀이

T 플립플롭 1개는 입력 주파수의 1/2인 주파수를 출력하므로 필요한 T 플립플롭의 개수는 2개다.

06 비동기 입력

앞에서 설명한 *SR* 플립플롭, *D* 플립플롭, *JK* 플립플롭, *T* 플립플롭 등은 클록 펄스가 동작하는 동안에만 플립플롭이 동작하며, 입력 데이터는 클록 펄스에 동기되어 출력에 전달되므로 **동기 입력**synchronous input이라고 한다. 대부분의 플립플롭은 클록 펄스를 통해서 플립플롭의 상태를 변화시킬 수 있는 동기 입력이 있고, 클록 펄스와 관계없이 비동기적으로 변화시킬 수 있는 **비동기 입력**인 preset($\overline{PR}$) 입력과 clear($\overline{CLR}$) 입력이 있다.

비동기 입력들은 임의의 시점에서 플립플롭의 상태를 바꿀 수 있기 때문에 플립플롭의 초기 조건을 결정하는 등 다방면으로 유용하게 사용된다. [그림 8-43]에는 비동기 입력을 가진 *JK* 플립플롭의 논리 기호와 진리표를 나타냈는데, $\overline{PR}$ 입력과 $\overline{CLR}$ 입력에 있는 원은 이 입력이 0일 때 플립플롭의 상태를 변하게 함을 의미한다. 즉, active-low이다.

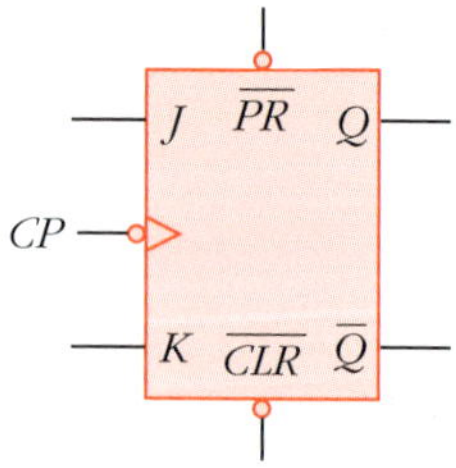

(a) 논리 기호

$\overline{PR}$	$\overline{CLR}$	CP	J K	$Q(t+1)$
0	1	×	× ×	1
1	0	×	× ×	0
1	1	↓	0 0	불변
1	1	↓	0 1	0
1	1	↓	1 0	1
1	1	↓	1 1	토글

(b) 진리표

그림 8-43 비동기 입력을 가진 *JK* 플립플롭의 논리 기호와 진리표

[그림 8-44]는 $\overline{PR}$ 입력과 $\overline{CLR}$ 입력이 있는 *JK* 플립플롭의 논리회로다.

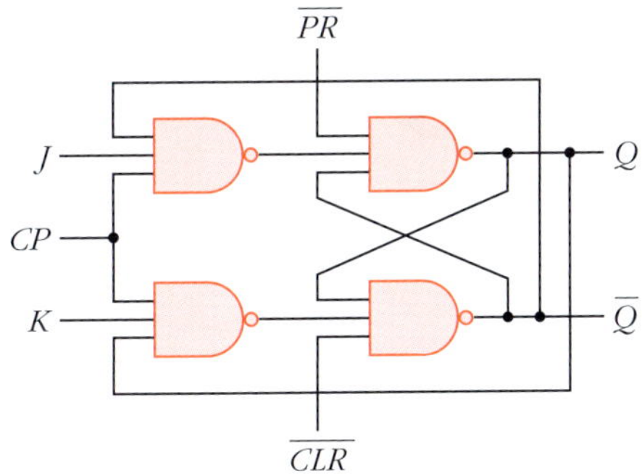

그림 8-44 preset 입력과 clear 입력이 있는 JK 플립플롭의 논리회로

예제 8-15

그림과 같이 하강 에지 JK 플립플롭의 J와 K 입력을 논리 1로 하고, $\overline{PR}$과 $\overline{CLR}$ 입력에 그림의 파형을 인가하였을 때, 출력 Q의 파형을 그려 보시오. 단, 출력 Q는 0으로 초기화되어 있으며, 게이트에서 전파 지연은 없다고 가정한다.

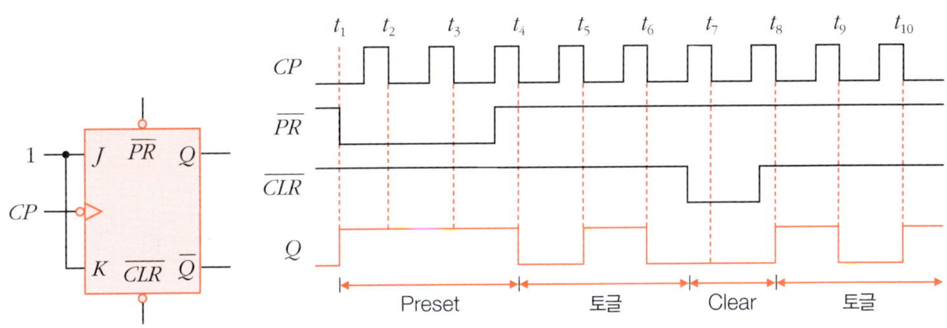

풀이

클록 입력에 보수 기호가 있으므로 출력 Q는 클록 펄스의 하강 에지에서 변한다.

- t_1, t_2, t_3에서는 $\overline{PR} = 0$이므로 출력은 set되어 $Q = 1$이 된다.
- t_4, t_5, t_6에서는 $\overline{PR} = 1$, $\overline{CLR} = 1$이고, $J = 1$, $K = 1$이므로 출력 Q는 토글된다.
- t_7에서는 $\overline{CLR} = 0$이므로 출력은 reset되어 $Q - 0$이 된다.
- t_8, t_9, t_{10}에서는 $\overline{PR} = 1$, $\overline{CLR} = 1$이고, $J = 1$, $K = 1$이므로 출력 Q는 토글된다.

07 플립플롭의 동작 특성

플립플롭의 동작 특성은 디지털 논리 게이트의 전기적 특성과 매우 유사하지만 플립플롭의 특성 때문에 일부가 다르다. 실제 플립플롭의 응용에서 중요한 몇 가지 동작 특성이나 파라미터는 회로의 수행과 동작을 제한한다. 이들은 집적 회로의 데이터에 나타나고 회로의 형태에 관계없이 모든 플립플롭에 적용할 수 있다. 플립플롭의 동작 특성을 나타내는 파라미터는 다음과 같다.

1 전파 지연 시간(propagation delay time)

전파 지연은 입력 신호가 가해진 후 출력에 변화가 일어날 때까지의 시간 간격이다. 플립플롭의 동작에 중요한 몇 가지 전파 지연의 종류가 있다.

전파 지연(t_{PLH}) – 논리 0에서 논리 1까지의 시간

- 클록 펄스의 트리거링 에지triggering edge에서 출력이 논리 0에서 논리 1로 변하는 점까지의 시간 간격이다([그림 8–45](a) 참조).
- preset($\overline{PR}$)이 입력되어 출력이 논리 0에서 논리 1로 변하는 점까지의 시간 간격이다([그림 8–46](a) 참조).

전파 지연(t_{PHL}) – 논리 1에서 논리 0까지의 시간

- 클록 펄스의 트리거링 에지에서 출력이 논리 1에서 논리 0으로 변하는 점까지의 시간 간격이다([그림 8–45(b) 참조).
- clear($\overline{CLR}$)가 입력되어 출력이 논리 1에서 논리 0으로 변하는 점까지의 시간 간격이다([그림 8–46](b) 참조).

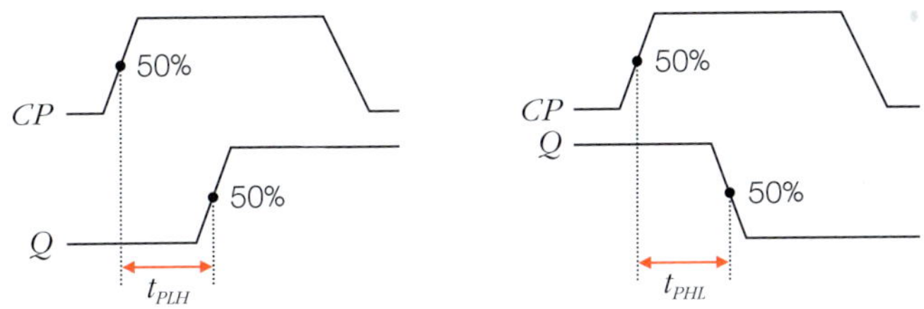

(a) 전파 지연 시간(t_{PLH})　　(b) 전파 지연 시간(t_{PHL})

그림 8-45 클록 펄스의 전파 지연 시간

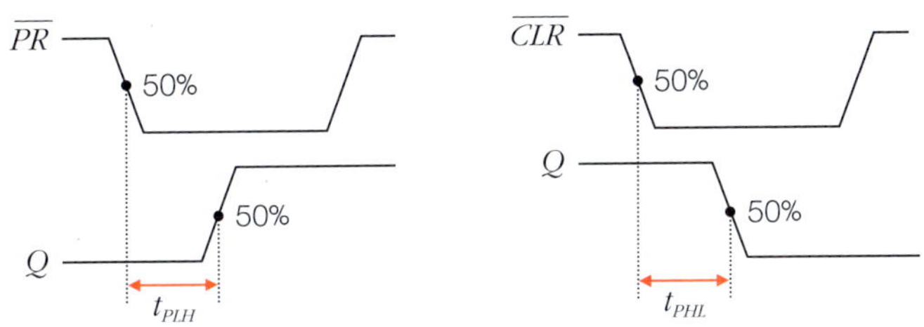

(a) 전파 지연 시간(t_{PLH})　　(b) 전파 지연 시간(t_{PHL})

그림 8-46 $\overline{PR}$과 $\overline{CLR}$에서 전파 지연 시간

2 설정 시간(set-up time)

설정 시간(t_s)은 플립플롭의 입력 신호가 플립플롭에서 안전하게 동작할 수 있게 하는 시간이다. 클록 펄스의 상승 에지 전이 전에 입력값은 일정 시간 동안 유지해 주어야 하는데 이때 필요한 시간 간격을 설정 시간이라고 한다. [그림 8-47]은 D 플립플롭에서의 설정 시간을 예시한 것이다.

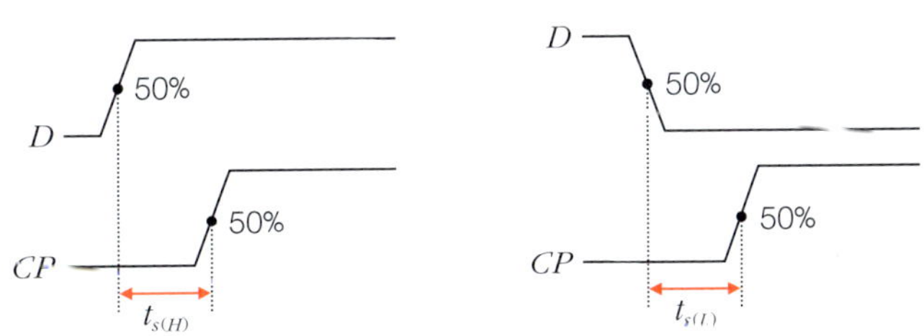

그림 8-47 설정 시간

3 유지 시간(hold time)

유지 시간(t_h)도 플립플롭이 신뢰성 있게 동작할 수 있도록 하는 시간이다. 플립플롭의 정상적인 동작을 위해서 클록 펄스가 상승 에지 전이 후에도 입력값이 변하면 안 되는 일정한 시간이 있는데, 이때 필요한 시간 간격을 유지 시간이라고 한다. [그림 8-48]은 D 플립플롭에서의 유지 시간을 예시한 것이다.

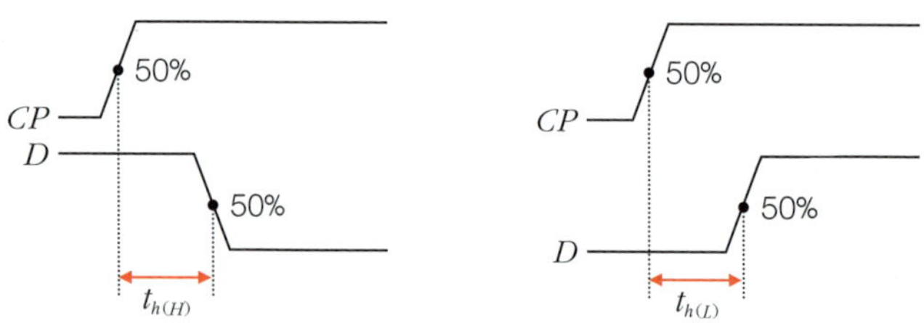

그림 8-48 유지 시간

4 펄스 폭(pulse width)

플립플롭은 클록 입력에 입력되는 클록 펄스의 상승 에지 또는 하강 에지에서 동작하므로 상승 에지 또는 하강 에지의 펄스 폭이 어느 정도 유지되어야만 플립플롭이 정확하게 동작할 수 있다. 플립플롭이 정확하게 동작하기 위한 최소 펄스 폭(t_w)은 일반적으로 플립플롭의 preset과 clear 입력의 펄스로 규정하고 있다. 즉, preset과 clear 입력의 최소 논리 1 시간과 최소 논리 0 시간으로 규정한다.

5 최대 클록 주파수(maximum clock frequency)

플립플롭은 클록 펄스를 통해 동작하므로 클록 주파수는 플립플롭의 동작 속도를 결정하는 중요한 파라미터이다. 최대 클록 주파수(f_{max})는 플립플롭이 안전하게 동작할 수 있는 최대 주파수다. 플립플롭은 최대 클록 주파수를 초과하면 정확하게 동작할 수 없기 때문에 항상 최대 클록 주파수 이하에서 동작해야 한다.

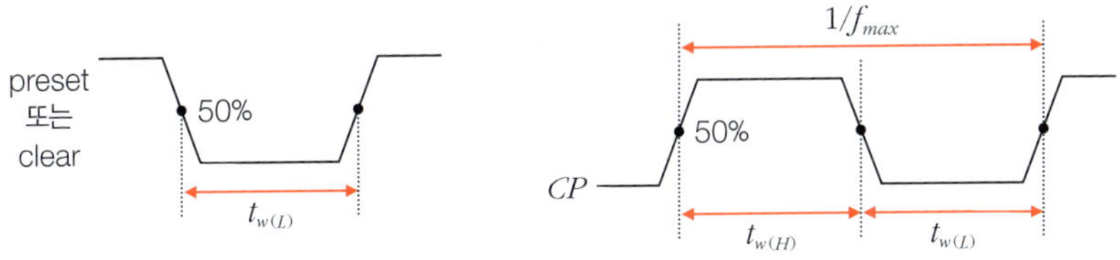

그림 8-49 펄스 폭 및 최대 클록 주파수

6 전력 소모(power dissipation)

전력 소모는 디지털 논리 게이트의 전력 소모와 같이 플립플롭이 동작하는 데 필요한 전체 전력을 나타낸다. 플립플롭의 전력 소모는 공급 전압 V_{CC}와 평균 공급 전류 I_{CC}의 곱이며, 플립플롭의 공급 전압은 일정하지만 공급 전류는 플립플롭의 동작에 따라 달라진다. 예를 들어, 플립플롭이 +5V 직류전원에서 동작하고 50mA의 전류가 흐른다면 전력 소모는 다음과 같다.

$$P = V_{CC} \times I_{CC} = 5\text{V} \times 50\text{mA} = 250\text{mW}$$

전력 소모는 직류전원 용량을 고려하는 많은 응용에서 매우 중요하다. 예를 들어, 플립플롭이 총 10개 있고, 각 플립플롭은 250mW 전력을 소비하는 디지털 시스템에서 필요한 전체 전력은 다음과 같다.

$$P_{total} = 10 \times 250\text{mW} = 2500\text{mW} = 2.5\text{W}$$

출력 용량을 고려할 때는 직류전원을 명시해야 한다. 예를 들면, 플립플롭이 +5V 직류에서 동작할 때 공급해야 하는 전류의 양은 다음과 같다.

$$I = \frac{2.5\text{W}}{5\text{V}} = 0.5\text{A}$$

7 기타 특성

디지털 논리 게이트의 전기적 특성에 있는 잡음 여유도, 팬-아웃, 팬-인 등이 플립플롭에도 동일하게 적용할 수 있다.

8 플립플롭의 특성 비교

[표 8-11]은 D 플립플롭인 7474와 JK 플립플롭인 74112를 동작 특성 관점에서 비교한 것이다.

표 8-11 플립플롭의 동작 파라미터 비교

파라미터 (단위 : ns)	TTL		CMOS	
	7474	74LS112	74C74	74HC112
t_s(set-up)	20	20	60	25
t_h(hold)	5	0	0	0
t_{PHL}(from CLK to Q)	40	24	200	31
t_{PLH}(from CLK to Q)	25	16	200	31
t_{PHL}(from $\overline{CLR}$ to Q)	40	24	225	41
t_{PLH}(from $\overline{PR}$ to Q)	25	16	225	41
$t_{w(L)}$(CLK Low time)	37	15	100	25
$t_{w(H)}$(CLK High time)	30	20	100	25
$t_{w(L)}$(at $\overline{PR}$ or $\overline{CLR}$)	30	15	60	25
$f_{\max}$(in MHz)	15	30	5	20

08 멀티바이브레이터

디지털 시스템에서 매우 중요하게 사용하는 것 중 하나가 **멀티바이브레이터**multivibrator이다. 이것은 기본적으로 인버터inverter 두 개로 구성되어 있고, 각 출력을 궤환feedback하여 서로 상대 인버터를 입력으로 한다. 이와 같은 인버터는 동시에 같은 상태에 있을 수는 없다. 다시 말해, 한 인버터의 출력이 0이면 다른 인버터의 출력은 반드시 1이어야 한다. 멀티바이브레이터는 디지털 시스템에서 2진수를 저장하고, 펄스 수를 세며, 연산을 동기화하고, 그 외 여러 가지 중요한 기능을 수행한다. 멀티바이브레이터는 회로 구성에 따라 다음과 같이 세 종류가 있으며 모두 집적 회로로 구성되어 있다.

- **무안정 멀티바이브레이터**astable multivibrator(구형파 발진기)
- **단안정 멀티바이브레이터**monostable multivibrator(one-shot 멀티바이브레이터)
- **쌍안정 멀티바이브레이터**bistable multivibrator(플립플롭과 같음)

쌍안정 멀티바이브레이터는 두 개의 안정 상태를 가지며, 앞에서 설명한 모든 플립플롭이 여기에 속한다. 따라서 이 절에서는 무안정 멀티바이브레이터와 단안정 멀티바이브레이터에 대해서만 설명한다.

1 무안정 멀티바이브레이터

무안정(또는 비안정, 불안정) 멀티바이브레이터는 한 상태에 머무르지 못하고 두 상태를 오가는 일종의 발진기oscillator로, 불안정한 두 가지 상태인 High 또는 Low를 가진다. 또한, 이것은 외부 입력 없이 스스로 주기적인 구형파를 발생시킨다.

NOT 게이트를 이용한 무안정 멀티바이브레이터 회로

[그림 8-50](a)에는 인버터 3개와 저항 그리고 커패시터로 이루어진 클록 발생기 회로를 나

타냈다. 인버터 3의 출력이 High 상태(인버터 2의 출력은 Low 상태)면 커패시터 C는 저항 R을 통해서 High 상태의 전압 레벨로 충전된다. x점에서 전압이 High 상태에 도달하면 인버터 1의 출력은 Low 상태, 인버터 2의 출력은 High 상태, 인버터 3의 출력은 Low 상태로 변한다. 그 다음에 인버터 1의 출력이 High 상태가 되기에 충분할 정도로 낮게 떨어질 때까지 x점에서 전압이 R을 통해 방전된다. 그 다음에 인버터 2의 출력은 Low 상태로, 인버터 3의 출력은 High 상태로 된다. 그리고 이와 같은 상태 변화는 주기적으로 반복된다. RC 접합점인 x점과 인버터 3에서의 출력 파형을 [그림 8-50](b)에 나타냈다. 발진기의 발진 주파수는 다음과 같이 주어진다.

$$f = \frac{0.455}{RC}$$

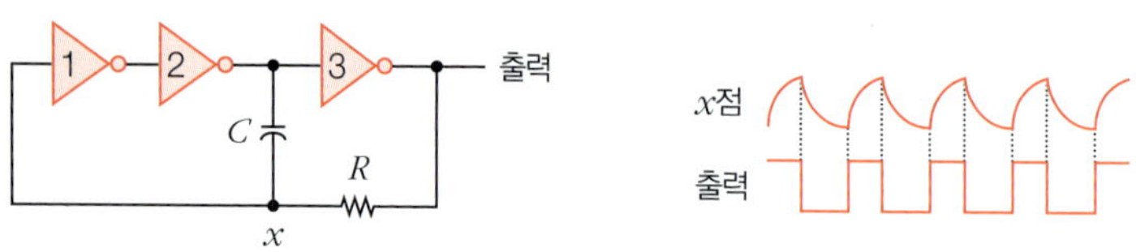

(a) 회로도

(b) 출력 파형

그림 8-50 NOT 게이트 3개를 이용한 무안정 멀티바이브레이터

슈미트 트리거를 이용한 무안정 멀티바이브레이터 회로

슈미트 트리거 Schmitt trigger는 단안정 멀티바이브레이터라고 할 수 있다. 이는 구형파가 아닌 입력이 들어오더라도 구형파 출력을 만드는 것이 특징이다. 74LS14는 슈미트 트리거 동작을 가지는 6개의 인버터를 포함하는 IC이다. [그림 8-51](a)에는 74LS14의 핀 배치도를, (b)에는 히스테리시스hysteresis라는 입력-출력 동작 특성을 나타냈다. 입력 전압(V_{in})이 0V에서 5V로 점차 증가할 때, 출력 전압(V_{out})은 약 3.4V(High)에서 V_{in}이 상승 임계치(V_{T+})인 1.7V 이상으로 증가하면 0.2V(Low)로 변한다. V_{in}이 5V까지 증가해도 V_{out}은 계속해서 0.2V를 유지한다. 또한 이 상태에서 입력 전압이 하강 임계치(V_{T-})인 0.9V 이하로 감소할 때까지 V_{out}은 0.2V를 유지하다가 입력 전압이 0.9V 이하이면 출력은 3.4V(High) 상태로 변한다.

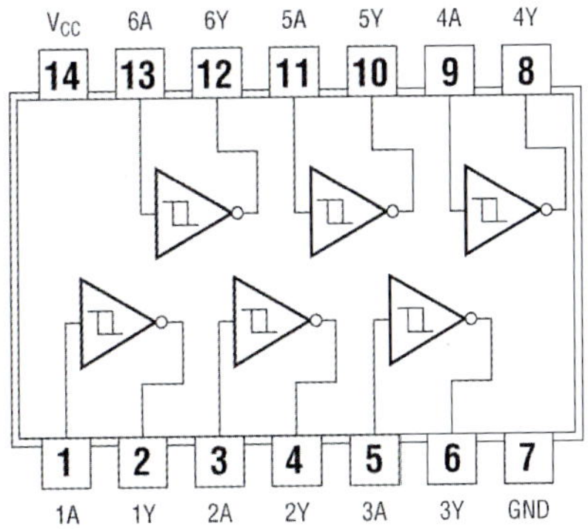

(a) 핀 배치도

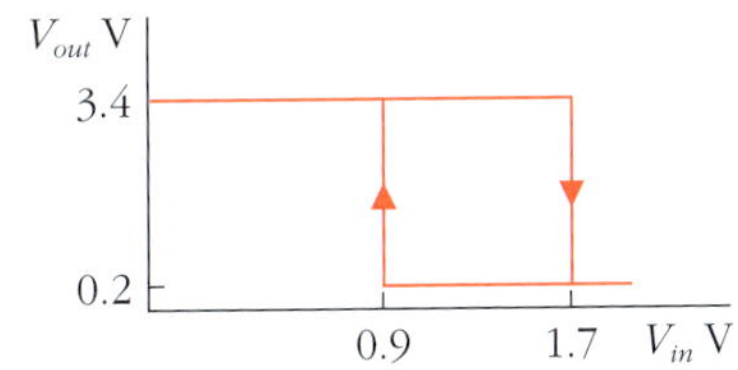

(b) 입출력 특성 곡선

그림 8-51 74LS14 IC의 핀 배치도 및 입출력 특성

예제 8-16

그림에 나타낸 74LS14의 V_{in}에 대해 출력 파형 V_{out}을 그려 보시오. 단, V_{in}의 최솟값은 0V, 최댓값은 2V라고 가정한다.

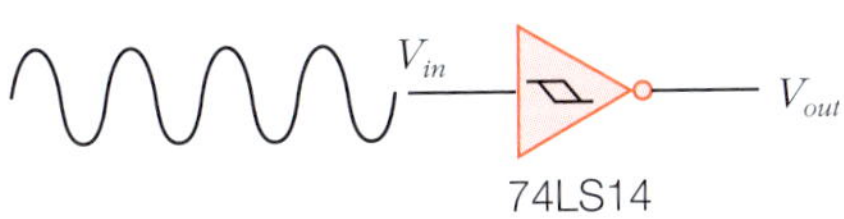

풀이

[그림 8-51](b)의 입출력 특성을 고려하면 출력 파형은 다음과 같다.

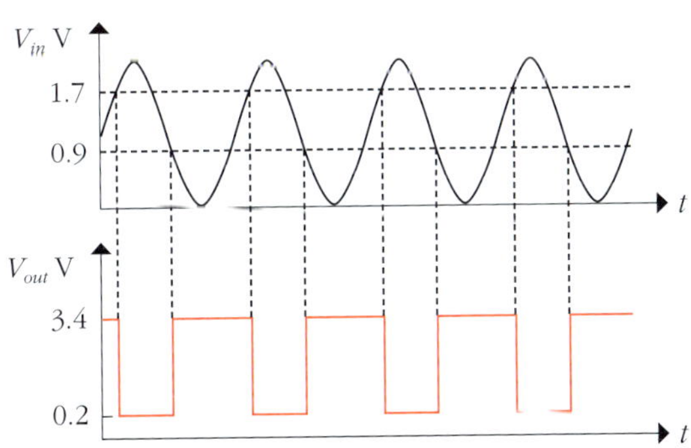

7414 IC를 이용한 무안정 멀티바이브레이터 회로는 [그림 8-52](a)와 같이 슈미트 트리거 동작을 가지는 인버터, 저항 그리고 커패시터로 구성된다. 그리고 [그림 8-52](b)는 출력 파형을 나타낸다. 출력이 High 상태이면 커패시터 C는 저항 R을 통해서 충전된다. 입력 전압이 UTL 이상으로 상승하면 출력은 Low 상태로 바뀌고 커패시터는 저항 R을 통해서 방전하기 시작한다. 입력 전압이 LTL 미만으로 떨어지면 출력은 High 상태로 전환하며, 다시 커패시터는 충전하기 시작한다. 이러한 회로의 출력 주파수는 다음 식과 같다.

$$f = \frac{k}{RC}$$

여기서 k는 IC 종류에 의해 결정되는 값이며, 이를 [표 8-12]에 나타냈다.

표 8-12 슈미트 트리거 IC 종류별 k값

IC 종류	k값	비고
7414	0.8	$R \leq 500\Omega$, $C \geq 100$pF
74LS14	0.8	$R \leq 2K\Omega$, $C \geq 100$pF
74HC14	1.2	$R \leq 10M\Omega$, $C \geq 100$pF

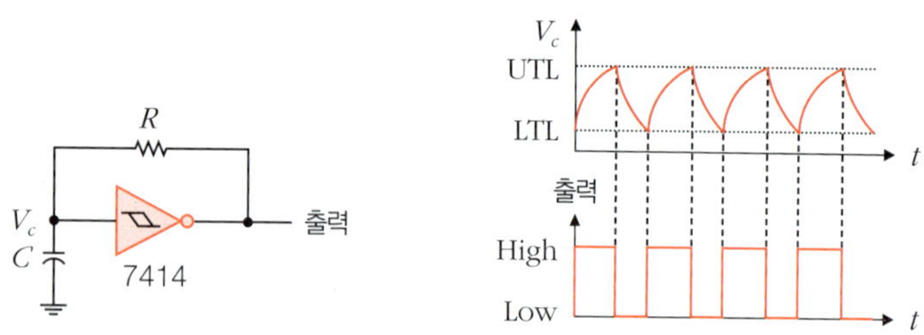

(a) 회로도　(b) 입출력 특성 곡선

그림 8-52 7414 IC를 이용한 무안정 멀티바이브레이터 회로

무안정 멀티바이브레이터로 동작하는 타이머 555

TTL과 호환되는compatible 타이머 555는 구형파 발생 및 단안정 멀티바이브레이터로 널리 사용된다. [그림 8-53]은 타이머 555를 이용한 구형파 발생기로, 출력 구형파가 High에 머무르는 시간인 t_1과 Low 상태에 머무르는 시간인 t_2는 각각 다음과 같이 주어진다. 5번 핀인 제

어 입력control에 연결된 0.01μF 커패시터는 디커플링decoupling용으로 잡음이 타이머의 동작에 영향을 미치지 않게 하려고 사용하였다.

$$t_1 = 0.693(R_A + R_B)C$$
$$t_2 = 0.693R_BC$$

이때 구형파의 주파수는 다음과 같다.

$$f = \frac{1}{T} = \frac{1}{t_1 + t_2} = \frac{1.43}{(R_A + 2R_B)C}$$

그리고 듀티 사이클은 다음과 같다.

$$\text{duty cycle} = \frac{t_1}{T} = \frac{t_1}{t_1 + t_2} = \frac{R_A + R_B}{R_A + 2R_B} \times 100\%$$

duty cycle
디지털 신호의 전체 주기에 대해 High 레벨 시간 길이의 비율

과전류를 방지하기 위하여 R_A는 보통 500Ω 이상으로 한다. $R_B \gg R_A$로 하면 듀티 사이클은 약 50%가 되어 구형파는 Low와 High의 폭이 거의 같으며, 주파수는 다음과 같다.

$$f = \frac{0.72}{R_BC} \quad (R_B \gg R_A \geq 500\Omega)$$

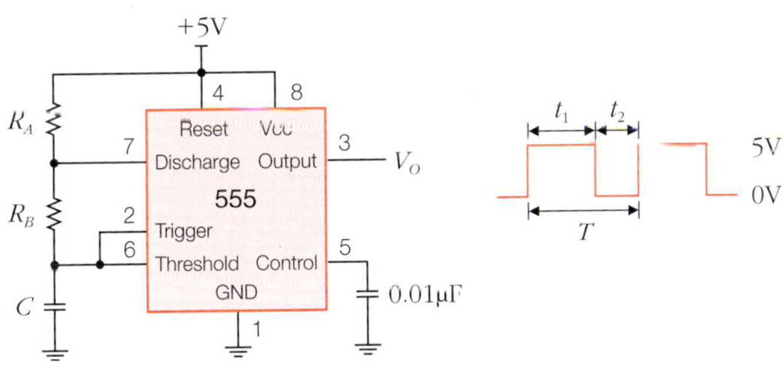

그림 8-53 타이머 555를 이용한 구형파 발생기

예제 8-17

타이머 555가 [그림 8-53]과 같이 무안정 멀티바이브레이터로 동작하는 경우 출력 파형의 주파수와 듀티 사이클을 구하시오. 단, $R_A = 2.2\text{K}\Omega$, $R_B = 100\text{K}\Omega$, $C = 0.001\mu\text{F}$라고 가정한다.

풀이

$$f = \frac{1.43}{(R_A + 2R_B)C} = \frac{1.43}{(2.2\times10^3 + 2\times100\times10^3)\times0.001\times10^{-6}} = 7.07\text{KHz}$$

$$\text{duty cycle} = \frac{R_A + R_B}{R_A + 2R_B}\times100\% = \frac{2.2\times10^3 + 100\times10^3}{2.2\times10^3 + 2\times100\times10^3}\times100\% = 50.5\%$$

$R_B \gg R_A$이므로 듀티 사이클이 약 50%임을 알 수 있다.

예제 8-18

[그림 8-53]의 무안정 멀티바이브레이터를 이용해 듀티 사이클이 약 50%인 1MHz 구형파를 얻으려고 한다. $R_A = 500\Omega$으로 할 때 R_B, C의 값을 결정하시오.

풀이

듀티 사이클이 약 50%이기 위해서는 $R_B \gg R_A$이어야 하므로 $R_B = 100\text{K}\Omega$으로 결정하고 C를 구하면 다음과 같다.

$$C = \frac{0.72}{R_B f} = \frac{0.72}{100\times10^3\times10^6} = 7.2\text{pF}$$

수정 발진기

무안정 멀티바이브레이터 회로는 상대적으로 간단하게 구성할 수 있지만, 저항과 커패시터에만 의존하는 주파수 안정성은 많은 응용분야에 충분하지 못하다. 보다 정확한 클록 주파수를 얻으려면 수정 발진기를 이용한다. 수정 발진기는 안정된 정현파 발진기로서 사용되지만 구형파를 발생시키려면 [그림 8-54]와 같이 구성해야 한다. 여기서 부하와 클록 발진기 사이에 인버터 3을 삽입한 이유는 발진 주파수가 부하의 영향을 받지 않도록 즉, 버퍼 역할을 하기 위해서다.

수정(crystal)
재료는 보통 석영으로 만들며, 매우 특정한 주파수에서 발진한다. 매우 정확한 클록과 타이밍 회로에서 많이 사용한다.

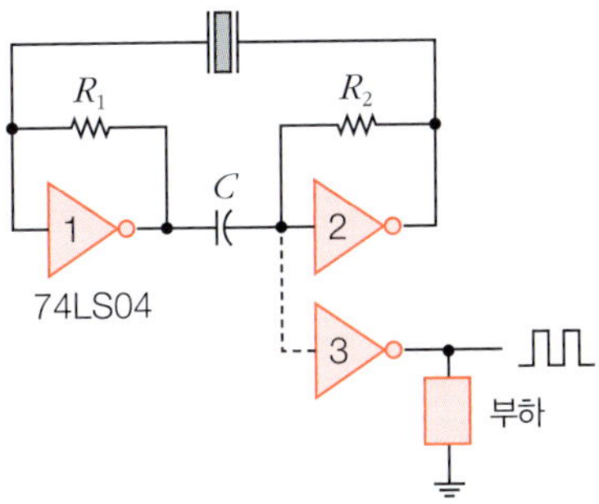

그림 8-54 74LS04를 이용한 수정 발진기 회로

수정 발진기는 집적 회로 패키지로 사용할 수 있고, 또한 [그림 8-55]에 나타낸 회로와 같이 외부에 부착되어 구성할 수도 있다. [그림 8-55](a)에서 100KΩ 가변 저항은 발진을 초기화하는 데 필요하다. 또한 [그림 8-55](b)에서는 매우 정확한 구형파를 만들기 위해 74HCT14 슈미트 트리거 회로를 사용한다.

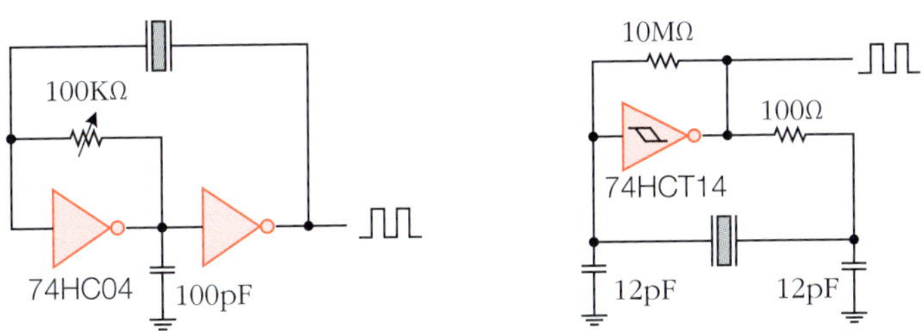

(a) 고속 CMOS 발진기

(b) 슈미트-인버터 발진기

그림 8-55 다른 형태의 수정 발진기 회로

2 단안정 멀티바이브레이터

단안정(또는 원샷one-shot) 멀티바이브레이터는 입력에 트리거 신호(짧은 펄스)가 가해질 때마다 폭이 일정한 구형 펄스 하나를 발생시키는 회로다. 트리거 신호에 의해 일단 준안정상태quasi-stable를 유지하다가 곧 안정된 상태로 복귀한다. [그림 8-56]에는 단안정 멀티바이브레이터 동작 개념을 나타냈다.

단안정 멀티바이브레이터는 t_w(출력 펄스의 폭) 이내에 또 하나의 트리거 펄스가 입력되면, 이것에 의해 다시 트리거되는 retriggerable 단안정 회로와 재트리거가 불가능한 non-retriggerable 단안정 회로로 분류할 수 있다. 74121과 74221은 재트리거가 불가능한non-

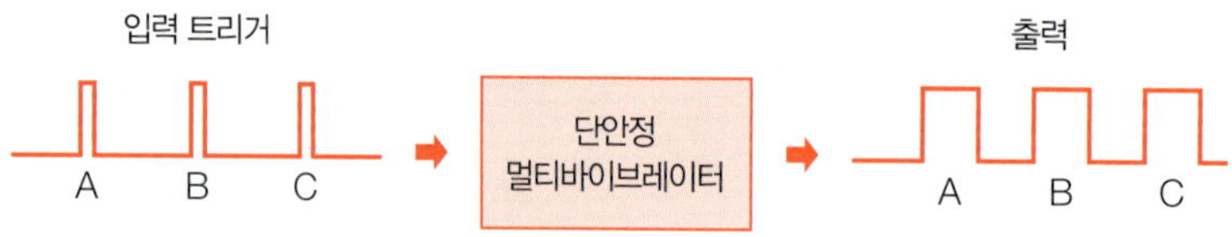

그림 8-56 단안정 멀티바이브레이터 동작 개념도

retriggerable 단안정 멀티바이브레이터다. 74121은 단안정 회로가 1개가 내장되어 있지만, 74221은 2개가 내장되어 있다. 74122와 74123은 재트리거가 가능한retriggerable 단안정 멀티바이브레이터다. 74122는 단안정 회로가 1개 내장되어 있지만, 74123은 단안정 회로가 2개 내장되어 있는 IC다.

IC 74121

단안정 멀티바이브레이터인 74121은 입력 측에 NAND 및 AND 게이트를 내장함으로써 다양한 기능을 실현한 IC다. [그림 8-57](a)에는 74121을 단안정 멀티바이브레이터로 사용하기 위한 결선도를 나타냈다. $\bar{A}_1$과 $\bar{A}_2$를 Low로 하고 B에 트리거 펄스를 인가하면 74121은 트리거 펄스의 상승 에지에서 트리거되고 출력 Q에는 외부에 연결된 R, C에 의해서 결정되는 폭이 일정한 구형파 하나가 발생된다. 이를 [그림 8-57](b)에 나타냈다. 또한 [그림 8-57](c)와 같이 B를 High 상태로 하고 트리거 펄스를 $\bar{A}_1$ 또는 $\bar{A}_2$에 인가하면 펄스의 하강 에지에서 트리거된다. 출력 펄스의 폭은 다음과 같이 결정된다.

$$t_w = 0.69RC$$

여기서 R과 C의 범위는 각각 $1.4\text{K}\Omega < R < 40\text{K}\Omega$, $0 < C < 1000\mu\text{F}$이다.

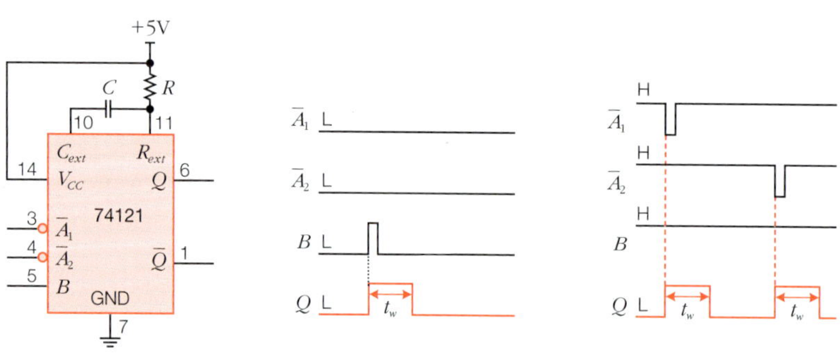

(a) 회로도 (b) 상승 에지 트리거링 (c) 하강 에지 트리거링

그림 8-57 74121 동작 회로도 및 입출력 파형

예제 8-19

74121을 사용하여 펄스 폭이 약 89ms인 상승 에지 트리거링 원샷 멀티바이브레이터를 설계하시오.

풀이

임의로 $R = 39\text{K}\Omega$을 선택하고 필요한 커패시터의 용량을 구하면 다음과 같다.

$$C = \frac{t_w}{0.69R} = \frac{89 \times 10^{-3}}{0.69 \times 39 \times 10^3} = 3.3\mu\text{F}$$

따라서 완성된 회로와 출력 파형은 아래 그림과 같다.

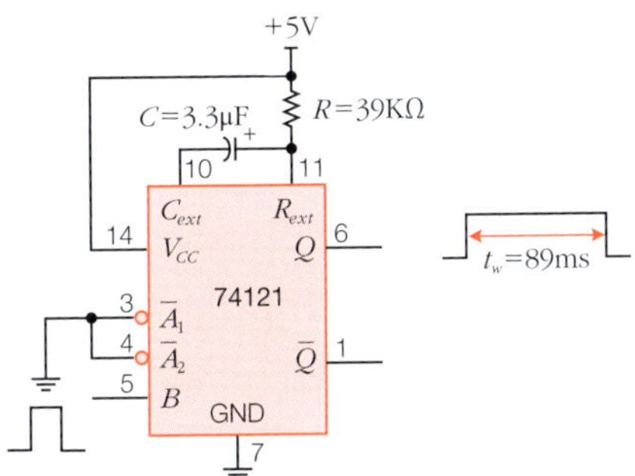

IC 74121 핀 배치도

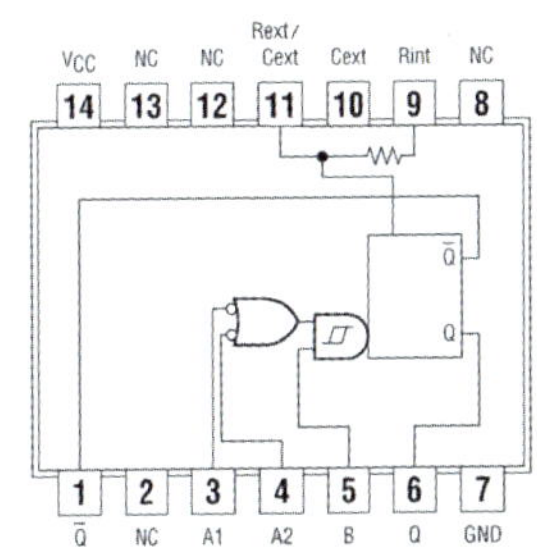

IC 74123 핀 배치도

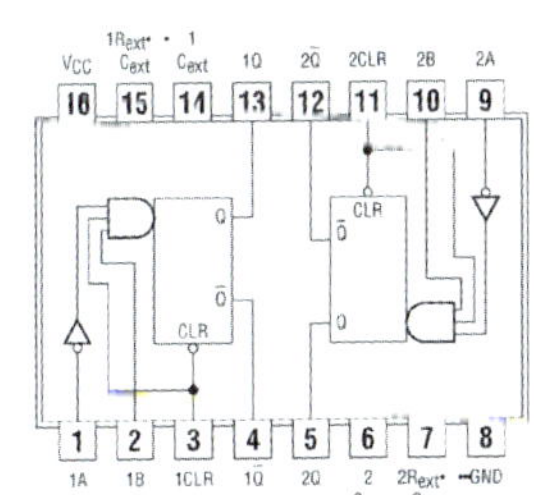

IC 74123

74123은 t_w 이내에 또 다른 트리거 펄스가 입력되면, 이것에 의해 다시 트리거되는 retriggerable 단안정 멀티바이브레이터다. 74123은 한 IC 속에 단안성 멀티비이브레이터 회로 2개가 있다. [그림 8-58](a)에는 74123의 회로도를 나타냈다. $\overline{A}$를 Low, C_D를 High로 하고 B에 트리거 펄스를 가하면 74123은 트리거 펄스의 상승 에지에서 트리거되고 출력 Q에는 외부에 연결된 R, C에 의해서 결정되는 일정한 폭을 갖는 하나의 구형파가 발생된다. 이를 [그림 8-58](b)에 나타냈다. 또한 [그림 8-58](c)와 같이 B와 $\overline{C_D}$를 High 상태로 하고 트리거 펄스를 계속해서 $\overline{A}$에 인가하면 t_w 이내에 새로운 펄스가 입력되는 한, 새로 트리거되어 출력 펄스는 최종 트리거 펄스의 하강 에지로부터 t_w만큼 연장된다. $C > 1000\text{pF}$이면 출력 펄스의 폭은 다음과 같이 결정된다. 만약 $C \leq 1000\text{pF}$인 경우 t_w를 결정하기 위해서는 데이터 시트를 이용해야 한다.

$$t_w = 0.28RC\left(1+\frac{0.7}{R}\right)$$

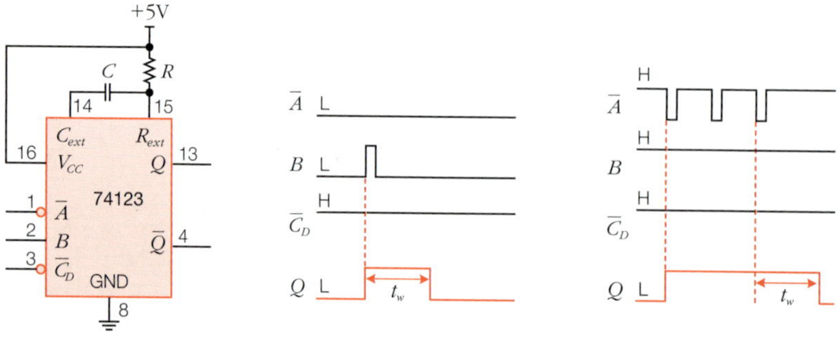

(a) 회로도 (b) 상승 에지 트리거링 (c) 하강 에지 트리거링

그림 8-58 74123 동작 회로도 및 입출력 파형

단안정 멀티바이브레이터로 동작하는 타이머 555

[그림 8-59]와 같이 외부 저항과 커패시터를 연결하면 타이머 555를 재트리거가 불가능한non-retriggerable 단안정 멀티바이브레이터로 구성할 수 있다. 5번 핀인 제어 입력control에 연결된 0.01μF 커패시터는 디커플링decoupling용으로 잡음의 영향을 제거하기 위해 사용하였다. 트리거 단자(2번 핀)에 음의 짧은 트리거 신호를 가할 때마다 출력 단자(3번 핀)로 구형파가 출력되며 출력 파형의 펄스 폭은 다음과 같다.

$$t_w \cong 1.1R_AC$$

예를 들어 $R_A = 100\text{K}\Omega$, $C = 0.01\mu\text{F}$인 경우 펄스 폭은 약 1.1ms이다.

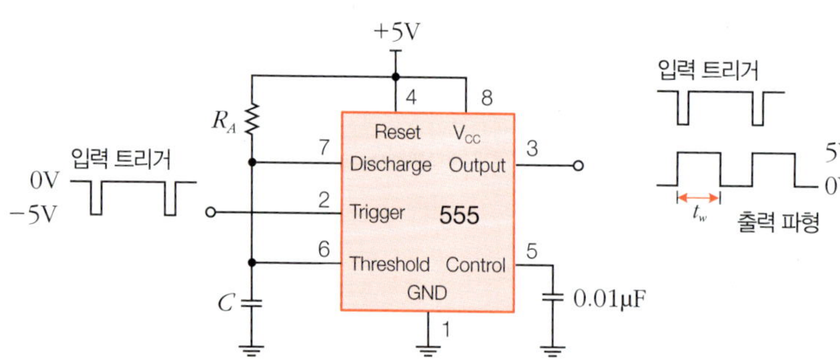

그림 8-59 단안정 멀티바이브레이터로 동작하는 타이머 555

예제 8-20

[그림 8-59]에서 2번 핀인 트리거 단자로 10KHz 클록이 입력된다고 가정한다. 이 경우 출력 파형을 그려 보시오. 여기서 R_A=4.7KΩ, C=0.002μF라고 가정한다.

풀이

입력 클록 신호의 주기는 $T_{CLK} = \frac{1}{f} = \frac{1}{10 \times 10^3} = 100\mu s$다.

그리고 출력 펄스의 폭은 $t_w \cong 1.1R_AC = 1.1 \times 4.7 \times 10^3 \times 0.002 \times 10^{-6} = 10.34\mu s$이다.

따라서 출력 파형은 트리거 입력의 하강 에지에서 동작하며 다음과 같다.

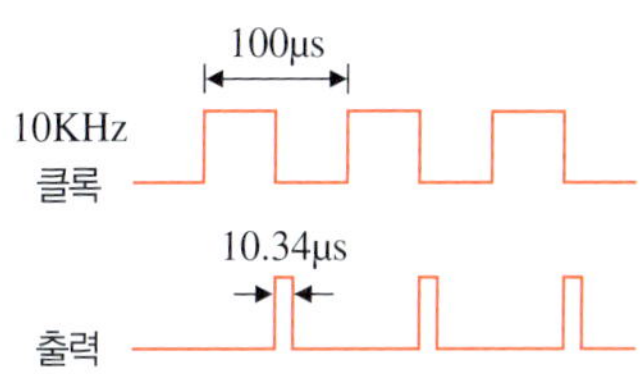

연습문제

01 그림과 같은 파형이 NOR 게이트 래치 회로에 입력하였을 때, 출력 Q의 변화를 그려 보시오. 단, Q는 0으로 초기화되어 있으며, 게이트에서 전파 지연은 없다고 가정한다.

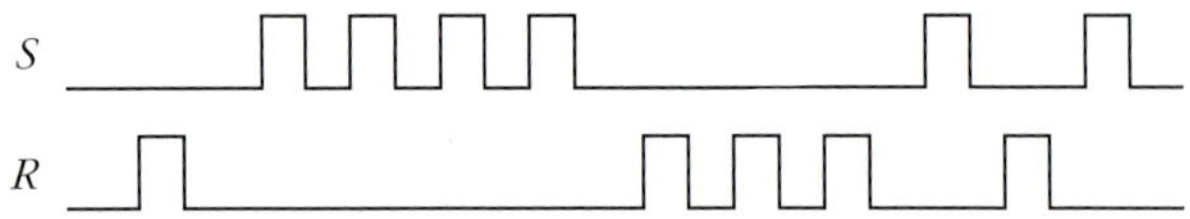

02 그림과 같은 파형이 NAND 게이트 래치 회로에 입력하였을 때, 출력 Q의 변화를 그려 보시오. 단, Q는 0으로 초기화되어 있으며, 게이트에서 전파 지연은 없다고 가정한다.

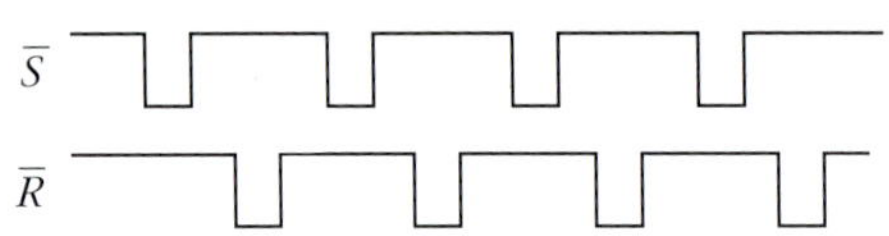

03 상승 에지 트리거 SR 플립플롭에서 클록 펄스와 S, R 입력이 그림과 같이 변할 때, 출력 Q의 변화를 그려 보시오. 단, Q는 0으로 초기화되어 있으며, 게이트에서 전파 지연은 없다고 가정한다. 하강 에지 트리거 SR 플립플롭에 대해서도 반복하시오.

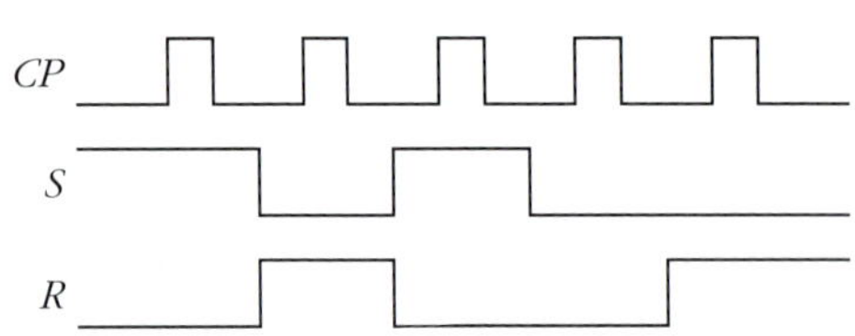

04 상승 에지 트리거 SR 플립플롭의 출력 Q와 클록 펄스 신호의 관계가 그림과 같다. 그림에서 출력 Q를 생성하는 데 필요한 S와 R의 입력 파형을 구하시오.

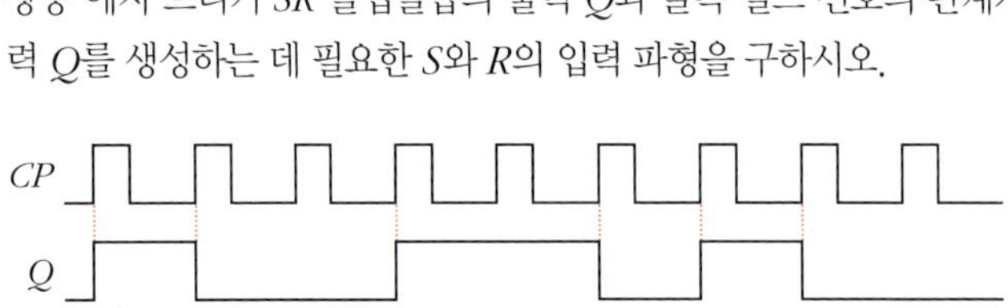

05 다음 그림과 같은 파형이 상승 에지에서 동작하는 D 플립플롭에 입력되었을 때, 출력 Q의 파형을 그려 보시오. 단, Q는 0으로 초기화되어 있으며, 게이트에서 전파 지연은 없다고 가정한다.

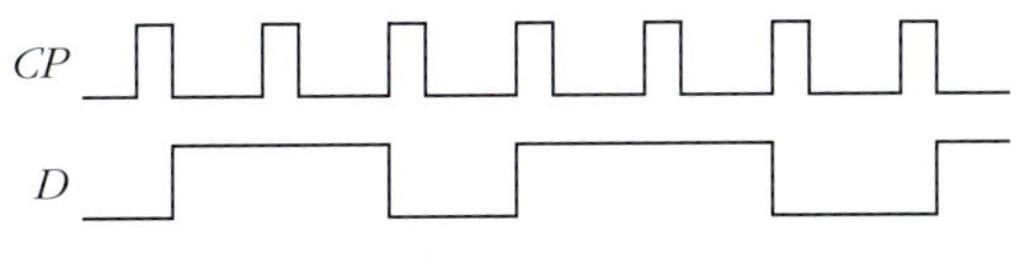

06 상승 에지 트리거 JK 플립플롭에 그림과 같은 파형을 입력하였다. 출력 Q를 구하시오. 단, Q는 0으로 초기화되어 있으며, 게이트에서 전파 지연은 없다고 가정한다.

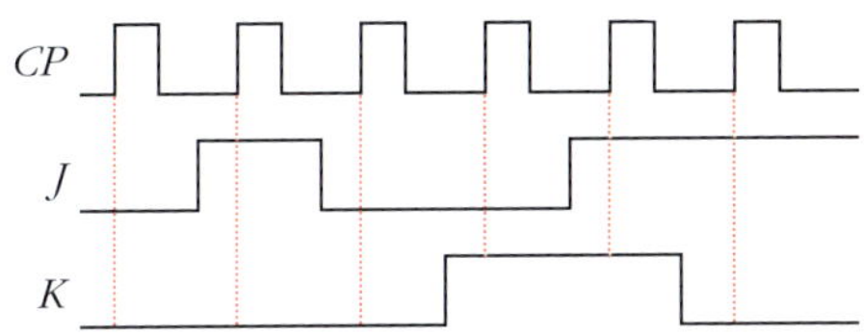

07 다음의 직렬 데이터를 AND 게이트를 통하여 JK 플립플롭에 입력하였다. Q 출력에 결과로 나타나는 직렬 데이터를 구하시오. 각 비트 시간마다 한 클록 펄스가 있다. 출력 Q의 초기 상태는 0이며, $\overline{PR}$과 $\overline{CLR}$은 모두 High라고 가정한다. 가장 왼쪽 비트가 첫 번째로 입력된다.

J_1 : 1010011
J_2 : 0111010
J_3 : 1111000
K_1 : 0001110
K_2 : 1101100
K_3 : 1010101

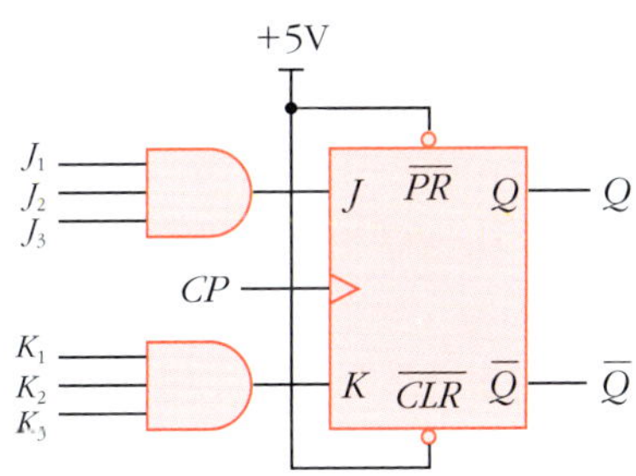

08 그림과 같은 회로에서 클록이 공급될 때, 각 플립플롭의 출력을 구하시오. 단, 플립플롭의 초기 상태는 0이라고 가정한다.

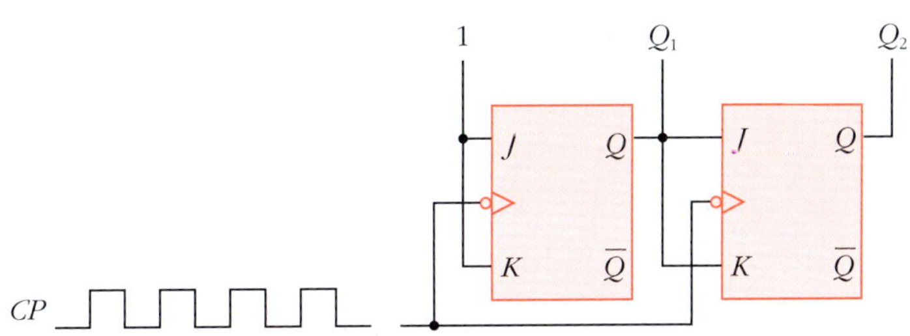

09 TTL 계열의 74LS76과 7476의 차이점을 설명하시오.

10 그림과 같은 회로가 JK 플립플롭으로 동작하는지 설명하시오.

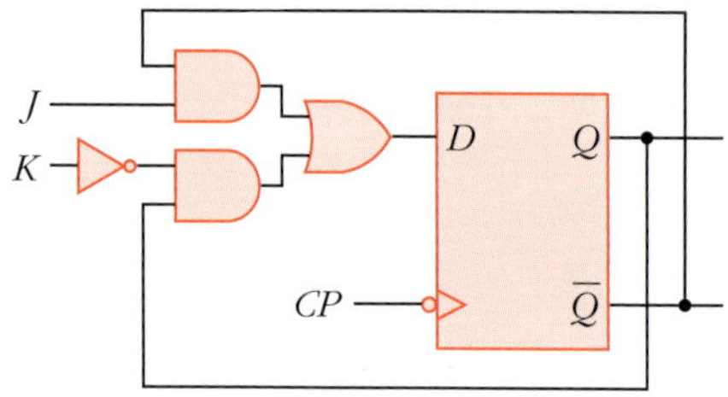

11 그림의 회로는 JK 플립플롭을 이용한 논리회로다. 물음에 답하시오.

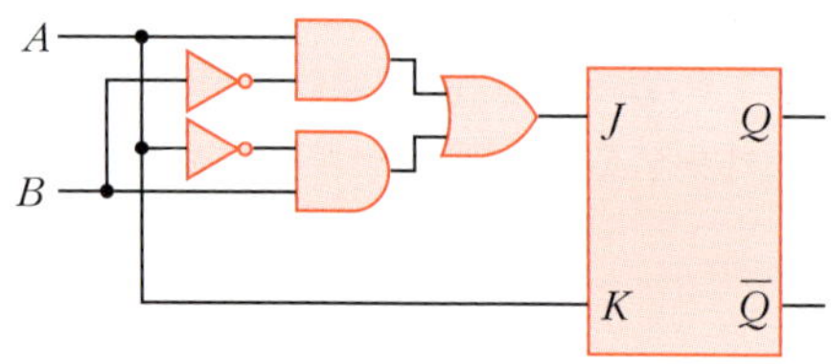

① JK 플립플롭의 특성 방정식 $Q(t+1)=J\overline{Q}+\overline{K}Q$를 이용해 이 회로의 특성 방정식을 구하시오.

② 입력 신호를 A, B로 설정하고, 다음 상태 출력 $Q(t+1)$에 대한 진리표를 구하시오.

③ 이 회로가 토글링하기 위한 입력 A, B는 어떻게 정해야 하는가?

12 [그림 8-25]와 같이 구성된 주종형 D 플립플롭이 CP의 상승 에지에서 트리거되기 위해서는 회로를 어떻게 수정해야 하는가? 회로를 수정한 다음에 아래 그림과 같은 신호가 인가되는 경우 마스터와 슬레이브 출력 파형 Y와 Q를 각각 구하시오.

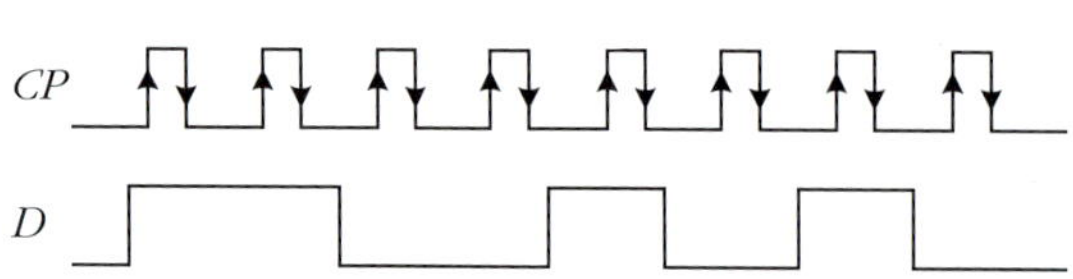

13 AND 게이트와 NOR 게이트로 구성된 주종형 JK 플립플롭의 논리회로를 설계하시오. 비동기 입력인 preset($\overline{PR}$)과 clear($\overline{CLR}$) 기능을 포함한다.

14 그림과 같이 SR 플립플롭이 연결되어 있을 때, 클록 입력(CP)에 대한 출력 Q를 구하시오. 또 이 회로의 기능을 설명하시오. 단, 플립플롭의 초기 상태는 0이라고 가정한다.

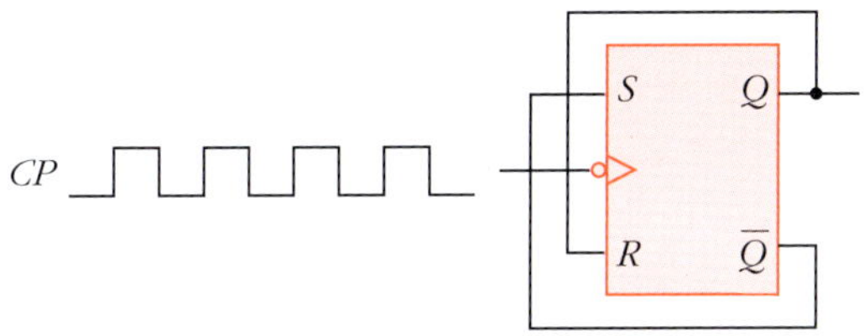

15 그림과 같이 D 플립플롭이 연결되어 있을 때, 클록 입력(CP)에 대한 출력 Q를 구하시오. 이 회로의 기능을 설명하시오. 단, 플립플롭의 초기 상태는 0이라고 가정한다.

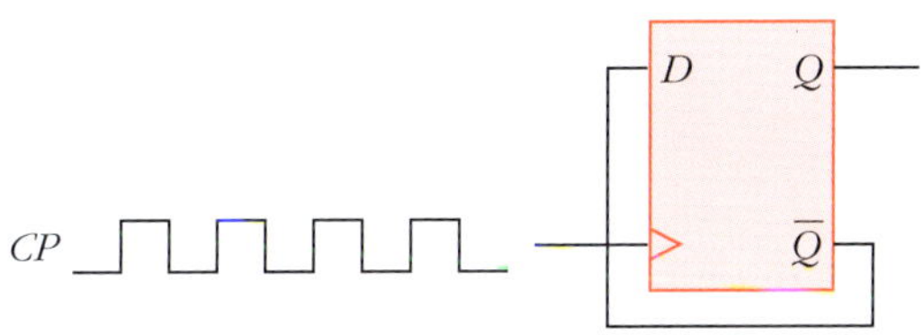

16 그림과 같은 회로에서 클록 입력(CP)에 대한 출력 Q를 구하시오. 또 이 회로의 기능을 설명하시오. 단, 플립플롭의 초기 상태는 0이라고 가정하며, 게이트 및 플립플롭에서의 전파 지연은 없다고 가정한다.

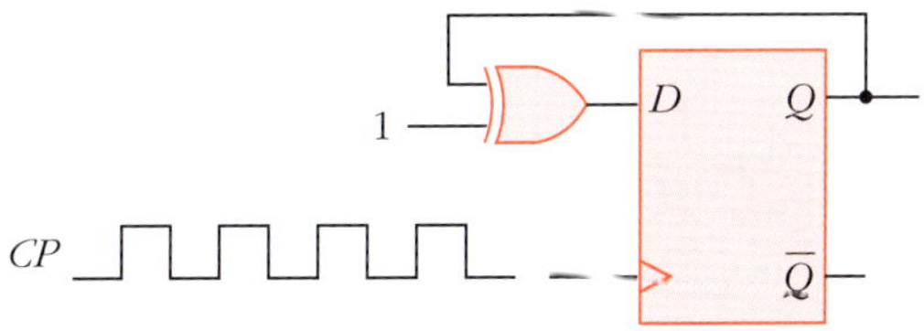

17 500KHz의 구형파가 T 플립플롭의 입력에 인가되고 있다. 출력 주파수는 얼마인가?

18 T 플립플롭 7개를 다단으로 연결했다. 입력 주파수가 512KHz일 때, 최종단에서의 출력 주파수는 얼마인가?

19 비동기 입력인 preset($\overline{PR}$)과 clear($\overline{CLR}$) 입력이 있는 상승 에지 JK 플립플롭에 그림과 같은 파형이 입력되었을 때, 출력 Q의 파형을 그려 보시오. 단, Q는 0으로 초기화되어 있으며, 게이트에서 전파 지연은 없다고 가정한다.

20 다음 그림은 비반전 래치 회로다. 물음에 답하시오.

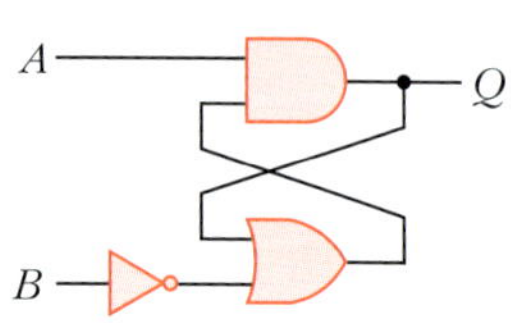

① 이 래치의 다음 출력 $Q(t+1)$에 대한 특성표를 완성하시오.

② $Q(t+1)$에 대한 특성 방정식을 구하시오.

③ 출력이 불변 상태이기 위한 입력 A, B는 무엇인가?

21 $SD^{\text{set-dominant}}$ 플립플롭은 SR 플립플롭의 제약 조건인 $S=R=1$을 허용하는 플립플롭이며, $S=R=1$일 때는 플립플롭의 출력 Q는 1이라고 한다. 이 SD 플립플롭의 특성표를 작성하고, 또한 특성 방정식을 유도하시오.

22 RD[reset-dominant] 플립플롭은 SR 플립플롭의 제약 조건인 $S=R=1$을 허용하는 플립플롭이며, $S=R=1$일 때는 플립플롭의 출력 Q는 0이라고 한다. 이 RD 플립플롭의 특성표를 작성하고, 또한 특성 방정식을 유도하시오.

23 JN 플립플롭은 두 입력 J와 N을 갖는다. 입력 J는 JK 플립플롭의 J 입력과 같이 동작하고, 입력 N은 JK 플립플롭의 K 입력의 보수처럼 동작한다. 이 JN 플립플롭의 진리표, 특성표와 특성 방정식을 작성하시오. 또 두 입력 J와 N을 연결하면 어떠한 플립플롭이 되는지 설명하시오.

24 세 입력 S, R, T가 있는 새로운 플립플롭이 있다. 입력 중 하나만 1의 값을 갖는다. S와 R 입력은 SR 플립플롭처럼 동작하고, T 입력은 T 플립플롭처럼 동작한다. 새로운 플립플롭의 특성표 및 상태도를 작성하고 특성 방정식을 유도하시오.

25 입력이 A, B인 어떤 플립플롭의 특성 방정식이 $Q(t+1)=A+BQ$와 같다. 이 플립플롭을 D 플립플롭과 게이트를 사용하여 구현하시오.

26 다음 그림의 회로에서 입력 x가 $x=0111$의 순으로 입력될 때, 각 플립플롭의 출력 상태를 결정하시오. 단, 모든 플립플롭의 초기 상태는 0으로 가정한다.

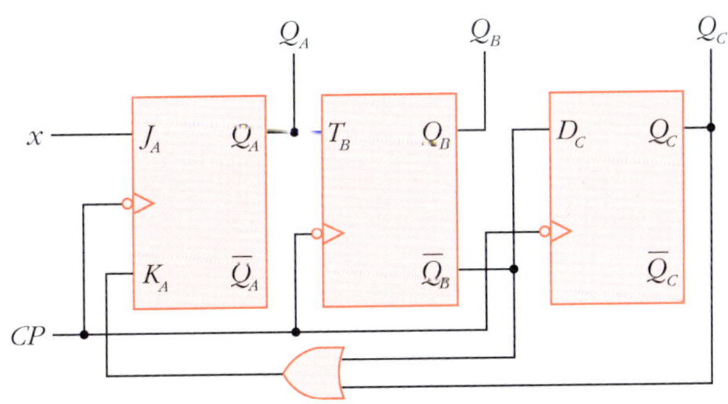

27 [표 8-11]을 참조하여 다음 사항을 구하시오.

① $Q=0$이라고 가정하자. 7474의 CLK 입력에 상승 에지 트리거 신호가 발생하였을 때, Q가 High로 되기 위해 요구되는 시간은?

② $Q = 1$이라고 가정하자. 74HC112의 $\overline{CLR}$ 입력에 신호를 인가하였을 때, Q가 Low 상태로 되는 데 요구되는 시간은?

③ 74LS112에서 Q를 클리어시키기 위하여 $\overline{CLR}$ 입력에 인가할 수 있는 최소 펄스 폭은 얼마인가?

④ 표에서 클록의 천이가 발생한 후에 제어 입력이 안정된 상태를 유지하여야 하는 플립플롭은 어떤 것인가?

⑤ 활성 클록 전이 전에 일정 시간 동안 제어 입력을 안정되게 유지해야 하는 플립플롭은 어느 것인가?

28 그림은 상승 에지 트리거에서 동작하는 D 플립플롭의 타이밍도이다. 이 그림 위에 다음 양을 표시하시오.

① 전파 지연 시간 t_{PLH} ② 설정 시간 $t_{s(H)}$ ③ 보류 시간 $t_{h(H)}$

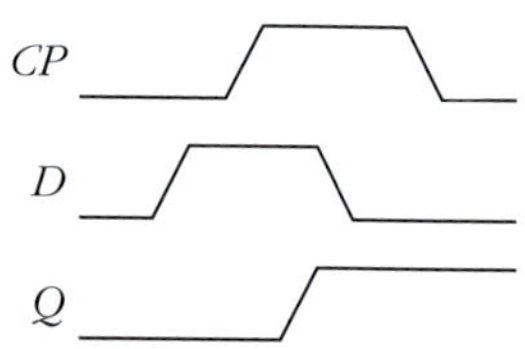

29 어떤 플립플롭의 데이터 시트data sheet를 보면 클록 펄스의 최소 High 시간은 30ns, 최소 Low 시간은 37ns로 기술되어 있다. 이 플립플롭의 최대 동작 주파수는 얼마인가?

30 DC +5V에서 동작하는 플립플롭에 필요한 직류전류는 15mA이다. 어떤 디지털 시스템이 이러한 플립플롭을 25개 사용하는 경우 이 시스템에 요구되는 전류와 전력 소모량을 구하시오.

31 타이머 555를 이용해 듀티 사이클이 75%인 1MHz 구형파를 발생시키려고 한다. [그림 8-53]의 회로에서 $R_A = 1\text{K}\Omega$으로 할 때 R_B와 C의 값을 결정하시오.

32 [그림 8-57]의 74121 회로에서 ① 구형파의 상승 에지에서 트리거되도록 하려면 회로를 어떻게 연결해야 하는가? ② $R = 51\text{K}\Omega$으로 하고 출력 펄스가 750μs의 폭을 가지기 위한 C의 값을 결정하시오. ③ 이때 듀티 사이클이 50%인 입력 구형파가 각각 1KHz, 5KHz인 경우에 대하여 입출력 파형을 정확히 그려 보시오.

33 [그림 8-58]의 74123 회로에서 $R = 10\text{K}\Omega$, $C = 0.1\mu\text{F}$이다. 트리거 신호가 1KHz의 구형파 일 때 입출력 파형을 정확히 그려 보시오.

34 $\overline{A}_1$과 Q의 파형이 그림과 같이 74121과 74123에 각각 입력되는 경우 멀티바이브레이터 출력 Q_1과 Q_2에서의 출력 파형을 그려 보시오.

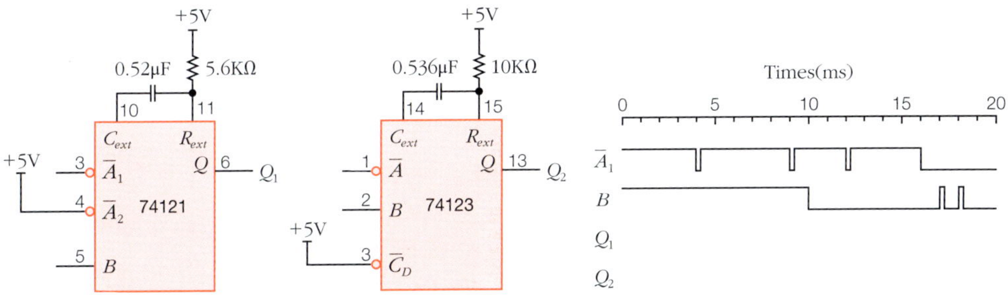

35 74123은 한 IC 안에 단안정 멀티바이브레이터 2개를 포함하고 있다. 이를 그림과 같이 연결하면 무안정 멀티바이브레이터를 얻을 수 있음을 설명하고 발진 주파수를 구하시오. 단, $R_1 = 390\Omega$, $C_1 = 0.1\mu\text{F}$, $R_2 = 1\text{K}\Omega$, $C_2 = 0.1\mu\text{F}$임을 가정한다.

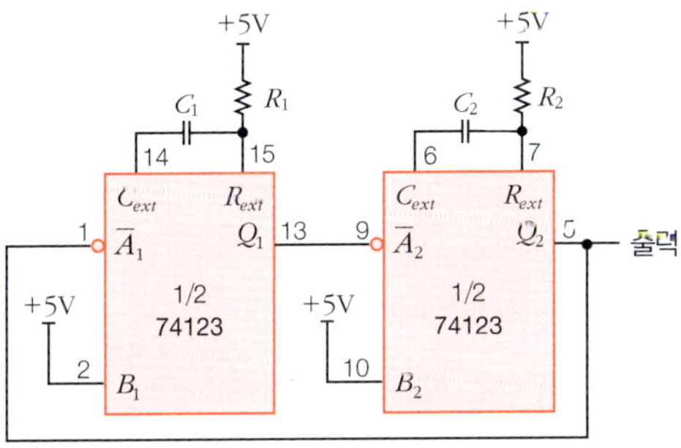

기출문제

01 입력 신호에 의해 상태를 바꾸도록 지시할 때까지 현재의 2진 상태를 그대로 유지해 주는 회로는?

① 플립플롭　② 디코더
③ 인코더　④ 커패시터

02 1비트(bit)를 저장할 수 있는 기억 장치는?

① register　② accumulator
③ flip-flop　④ delay

03 플립플롭이 가지고 있는 기능은?

① gate 기능　② 기억 기능
③ 증폭 기능　④ 전원 기능

04 플립플롭(flip-flop)을 응용해서 만들 수 없는 것은?

① 카운터　② 멀티플렉서
③ 레지스터　④ SRAM

05 다음에 열거하는 회로 중에서 플립플롭을 이용해 구성하는 회로가 아닌 것은?

① 시프트 레지스터　② 카운터
③ 분주기　④ 전가산기

06 다음 중 플립플롭 회로를 활용할 수 없는 것은?

① 주파수 분할기　② 주파수 체배기
③ 2진 계수기　④ 기억 소자

07 플립플롭에 관한 설명 중 옳지 않은 것은?

① 0 또는 1을 저장할 수 있다.
② 조합논리회로에 필수적으로 사용된다.
③ D 플립플롭은 입력 신호를 지연시켜서 그대로 출력한다.
④ T 플립플롭은 입력 신호가 1일 때 전 출력값의 보수를 출력한다.

08 다음 중 NOR 게이트로 구성된 SR 플립플롭에 대한 설명으로 틀린 것은?

① $S=R=0$이면 상태 변화가 없고 처음의 상태를 유지한다.
② $S=0$, $R=1$일 때, $Q_n=0$이면 변화가 없고 $Q_n=1$이면 $Q_{n+1}=0$으로 된다.
③ $S=1$, $R=1$일 때, $Q_n=0$이면 $Q_{n+1}=1$로 되고 $Q_n=1$이면 변화가 없다.
④ $S=1$, $R=0$일 때, $Q_n=0$이면 1로 되고 $Q_n=1$이면 Q_{n+1}은 변화가 없다.

09 다음 NOR 게이트로 구성된 SR 플립플롭의 진리표 중에서 잘못된 것은?

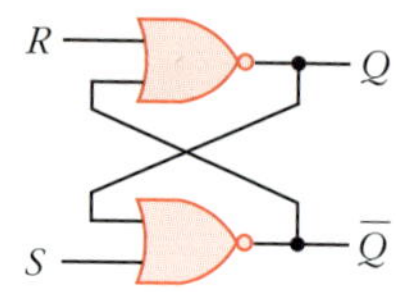

R	S	Q_{n+1}
0	0	Q_n(불변)
0	1	1
1	0	0
1	1	$\bar{Q}_n$(toggle)

① Q_n(불변)　② 0
③ 1　④ $\bar{Q}_n$(toggle)

10 NOR 게이트로 구성된 SR 플립플롭에서 이전 상태를 유지하기 위해서는 S와 R이 어떤 경우일 때인가?

① $SR=01$일 때　② $SR=11$일 때
③ $SR=10$일 때　④ $SR=00$일 때

11 다음과 같은 NOR 게이트로 구성된 기본적인 플립플롭 회로에서 $S=1$, $R=0$인 상태일 때 Q, $\bar{Q}$의 상태는?

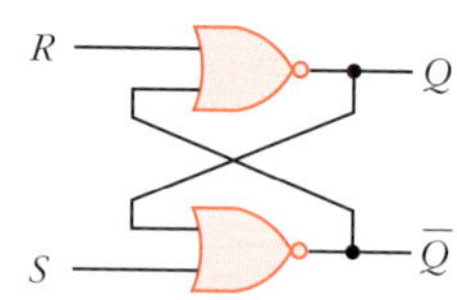

① $Q=0$, $\bar{Q}=1$　② $Q=1$, $\bar{Q}=1$
③ $Q=0$, $\bar{Q}=0$　④ $Q=1$, $\bar{Q}=0$

12 다음 그림은 어떤 플립플롭(flip-flop) 회로인가?

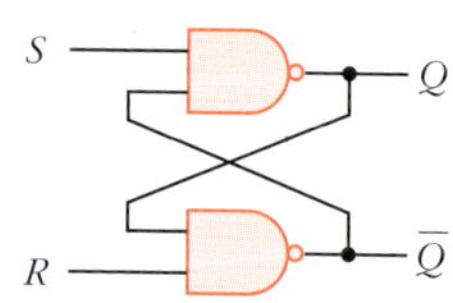

① basic 플립플롭　② JK 플립플롭
③ D 플립플롭　④ T 플립플롭

13 다음 중 NAND 게이트를 이용한 SR 래치(latch) 회로의 진리값으로 옳은 것은?

① 입력 $R=0$, $S=1$일 때 출력 $Q=0$, $\bar{Q}=0$

② 입력 $R=1$, $S=1$일 때 출력 이전 상태 유지(불변)

③ 입력 $R=1$, $S=0$일 때 출력 $Q=0$, $\bar{Q}=1$

④ 입력 $R=1$, $S=1$일 때 출력 부정

14 다음 회로에서 $Q_n=0$인 상태에서 $S=1$, $R=0$이 가해지면 그 직후의 출력은?

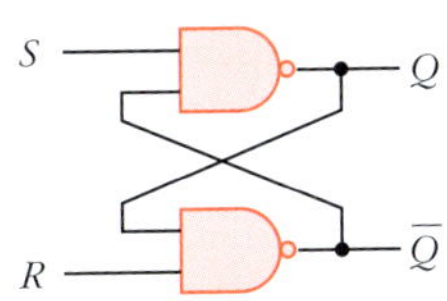

① $Q=1$, $\bar{Q}=0$　② $Q=0$, $\bar{Q}=1$

③ $Q=1$, $\bar{Q}=1$　④ $Q=0$, $\bar{Q}=0$

15 다음 그림의 회로와 관계가 없는 것은?

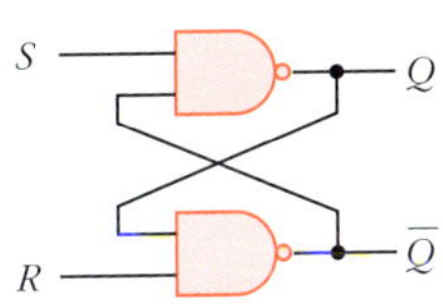

① 플립플롭의 기본 회로다.

② $R=S=0$이 동시에 일어나면 $Q=\bar{Q}=0$으로 된다.

③ 래치(latch) 회로라고 한다.

④ 1bit의 기억 소자다.

16 SR 플립플롭의 동작 설명 중 옳지 않은 것은?

① $S=0$, $R=0$ 입력일 때 불변 상태가 된다.

② $S=0$, $R=1$ 입력일 때 리셋 상태가 된다.

③ $S=1$, $R=0$ 입력일 때 세트 상태가 된다.

④ $S=1$, $R=1$ 입력일 때 토글 상태가 된다.

17 SR 플립플롭에 대한 설명으로 옳은 것은?

① 입력 신호가 모두 0일 때는 이전 상태의 반전

② 입력 신호가 모두 0일 때는 이전 상태의 유지

③ 입력 신호가 모두 1일 때는 이전 상태의 반전

④ 입력 신호가 모두 1일 때는 reset

18 SR 플립플롭인 경우 시간 t_n에서 입력 $S=1$, $R=0$일 때 시간 t_{n+1}에서 출력 Q와 $\bar{Q}$의 상태는?

① $Q=0$, $\bar{Q}=0$

② $Q=0$, $\bar{Q}=1$

③ $Q=1$, $\bar{Q}=0$

④ $Q=1$, $\bar{Q}=1$

19 클록이 있는 SR 플립플롭에서 클록 펄스가 0일 때 이 회로의 기능은?

① JK 플립플롭　② latch

③ RAM　④ ROM

20 SR 플립플롭에서 출력 Q의 논리식은?

S	R	Q_{n+1}
0	0	Q_n
0	1	0
1	0	1
1	1	불확정

① $\bar{S}\cdot(R+\bar{Q}_n)$　② $\bar{R}\cdot(S+Q_n)$

③ $S\cdot(R+\bar{Q}_n)$　④ $R\cdot(S+Q_n)$

21 클록형 SR 플립플롭의 특성 방정식은?

① $Q(t+1)=S+\bar{R}Q$, $C_p=0$

② $Q(t+1)=S+RQ$, $C_p=0$

③ $Q(t+1)=S+\bar{R}Q$, $C_p=1$

④ $Q(t+1)=S+RQ$, $C_p=1$

22 그림에 내한 설명으로 옳지 않은 것은?

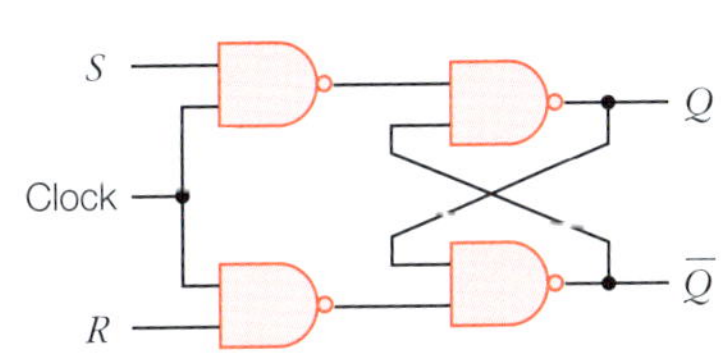

① 클록 신호가 0에서 1로 바뀔 때만 변화가 일어난다.

② 래치를 보완한 회로다.

③ SR 래치이다.

④ SR 플립플롭이다.

23 다음의 플립플롭 회로에서 $A=0$, $B=0$인 경우 출력 $Q(t+1)$은 무엇인가?

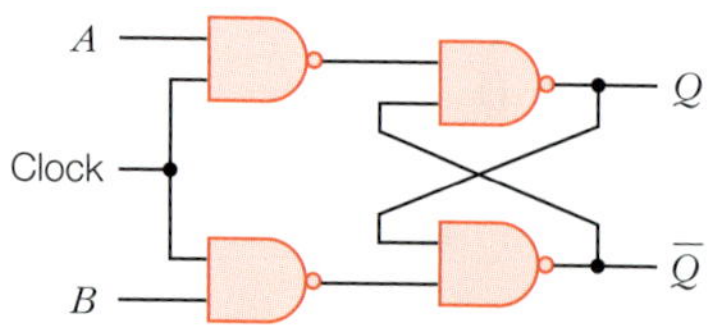

① 0 ② 1
③ $Q(t)$ ④ $Q(t+1)$

24 다음 회로에서 Q가 0일 때, A와 B가 아래와 같이 변하면 Q의 값의 변화는?

A : 001001 B : 010100

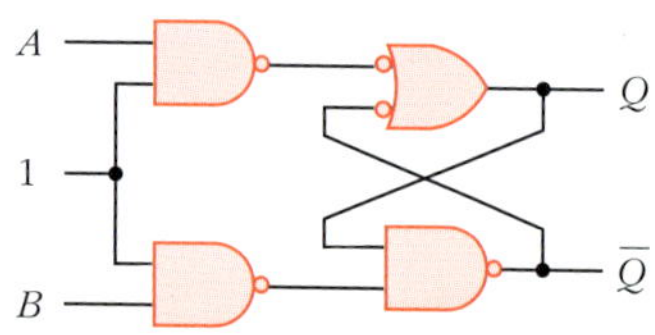

① 001101 ② 001001
③ 010010 ④ 001011

25 다음 SR 플립플롭 타이밍도의 결과값(Q)은?

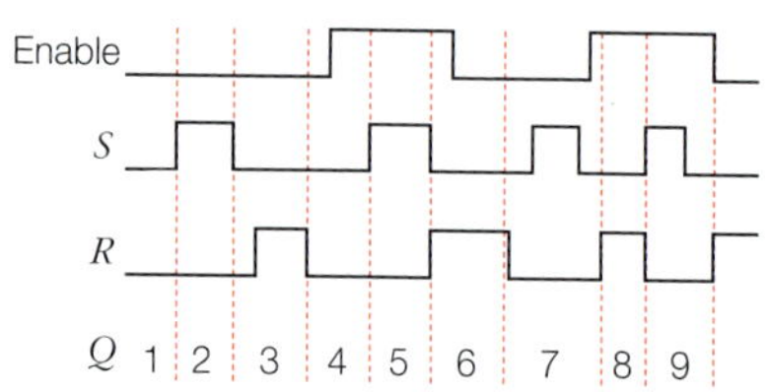

① 0–0–0–0–1–0–0–0–1
② 0–1–0–0–1–0–1–0–1
③ 0–0–1–0–0–1–0–1–0
④ 0–1–0–0–1–1–0–1–0

26 플립플롭 중에서 입력 상태가 그대로 출력되는 것은?

① SR 플립플롭 ② D 플립플롭
③ JK 플립플롭 ④ T 플립플롭

27 데이터의 임시 저장을 위하여 사용하기에 가장 편리한 플립플롭은?

① SR 플립플롭 ② JK 플립플롭
③ D 플립플롭 ④ T 플립플롭

28 지연 소자로 이용할 수 있는 플립플롭은?

① SR 플립플롭 ② D 플립플롭
③ JK 플립플롭 ④ T 플립플롭

29 현재 상태의 값에 관계없이 다음 상태가 "0"이 되려면 입력도 "0"이 되어야 하는 플립플롭은?

① T 플립플롭 ② D 플립플롭
③ JK 플립플롭 ④ SR 플립플롭

30 다음 회로와 등가인 회로는 어느 것인가?

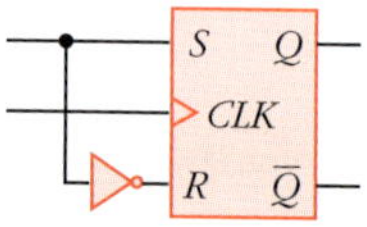

① SR 플립플롭 ② JK 플립플롭
③ D 플립플롭 ④ T 플립플롭

31 SR 플립플롭의 입력 양단 간에 inverter 회로를 접속하면 어떤 플립플롭의 동작을 하는가?

① D 플립플롭 ② T 플립플롭
③ M/S 플립플롭 ④ SR 플립플롭

32 다음 논리회로도가 나타내는 플립플롭 회로는 무엇인가?

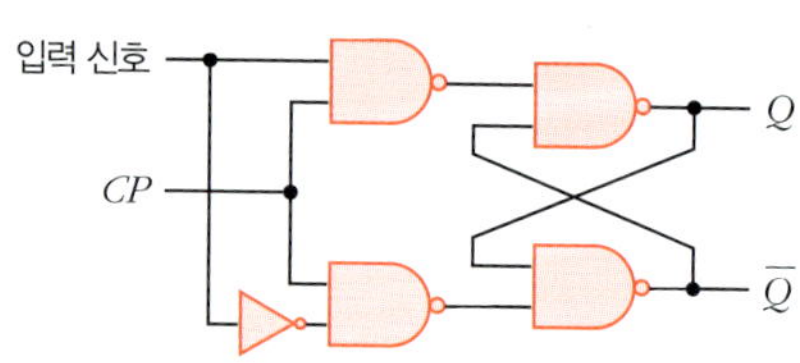

① T 플립플롭 ② D 플립플롭
③ JK 플립플롭 ④ SR 플립플롭

33 JK 플립플롭에 NOT 게이트를 추가하여 회로를 구성하면?

① M/S 플립플롭 ② SR 플립플롭
③ D 플립플롭 ④ T 플립플롭

34 JK 플립플롭을 사용하여 D 플립플롭을 만들려고 한다. 필요한 게이트는?

① AND ② NOT
③ OR ④ XOR

35 JK 플립플롭을 이용해 D형 플립플롭을 만들려면?

① J의 입력을 인버터를 통해 K에 연결한다.
② J와 K를 동일 입력으로 한다.
③ Q의 입력을 J에 궤환시킨다.
④ K의 입력을 J에 궤환시킨다.

36 아래와 같은 결선의 플립플롭은 어떠한 플립플롭의 동작인가?

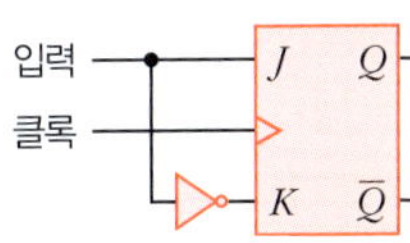

① SR 플립플롭 ② T 플립플롭
③ D 플립플롭 ④ JK 플립플롭

37 아래 표는 D 플립플롭의 진리표다. Q_{n+1}의 상태는?

D	Q_n	Q_{n+1}
0	0	a
0	1	b
1	0	c
1	1	d

① $a:0,\ b:0,\ c:0,\ d:0$
② $a:0,\ b:0,\ c:0,\ d:1$
③ $a:0,\ b:1,\ c:0,\ d:1$
④ $a:0,\ b:0,\ c:1,\ d:1$

38 다음 플립플롭의 진리표로 옳은 것은?

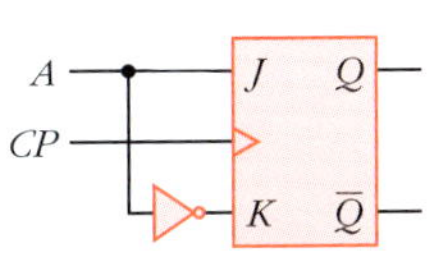

A	Q
0	q_1
1	q_2

① $q_1=0,\ q_2=0$
② $q_1=1,\ q_2=0$
③ $q_1=0,\ q_2=1$
④ $q_1=1,\ q_2=1$

39 D 플립플롭 회로의 특성 방정식은?

① $Q(t+1)=\bar{D}Q(t)$
② $Q(t+1)=D$
③ $Q(t+1)=D\bar{Q}(t)$
④ $Q(t+1)=Q(t)$

40 D 플립플롭의 특성 방정식은 $Q(t+1)=D$이다. 이 의미는?

① 플립플롭의 다음 상태는 현재 상태에 종속적이다.
② 플립플롭의 다음 상태는 D에만 종속적이다.
③ 플립플롭의 다음 상태는 항상 토글이다.
④ 플립플롭의 다음 상태는 항상 0이다.

41 다음 그림에서 D 값이 기억되기 위한 클록 조건은?

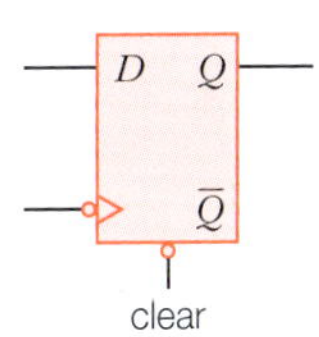

① 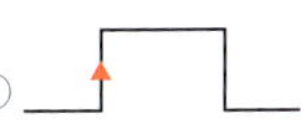 ② 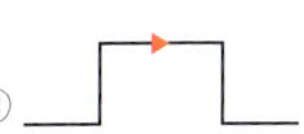
③  ④ 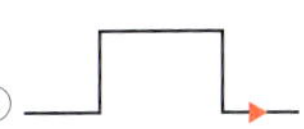

42 다음 그림의 파형이 positive 에지 트리거 D 플립플롭의 입력으로 들어간다. D 플립플록에서 클록 펄스(CLK) 후 출력(Q)의 값은?

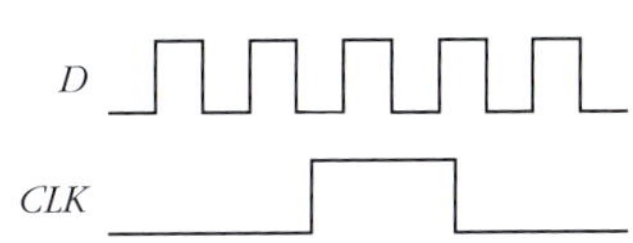

① 불변 ② 반전
③ 1 ④ 0

43 그림과 같은 타이밍 차트(timing chart)에 표시한 것과 같은 동작을 하는 플립플롭은? 단, (a)는 입력, (b)는 클록 펄스, (c)는 출력 파형이다.

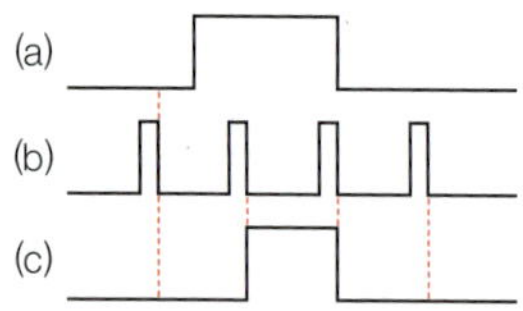

① T 플립플롭　　② JK 플립플롭
③ D 플립플롭　　④ SR 플립플롭

44 SR 플립플롭에서 $S = R = 1$일 때 발생되는 결점을 보완한 플립플롭은?

① D 플립플롭　　② T 플립플롭
③ SR 플립플롭　　④ JK 플립플롭

45 SR 플립플롭을 JK 플립플롭으로 만들고자 할 때 필요한 게이트(gate)는?

① OR 게이트 2개
② AND 게이트 2개
③ NOR 게이트 2개
④ NAND 게이트 2개

46 다음과 같은 구성도는 어떤 형태의 플립플롭인가?

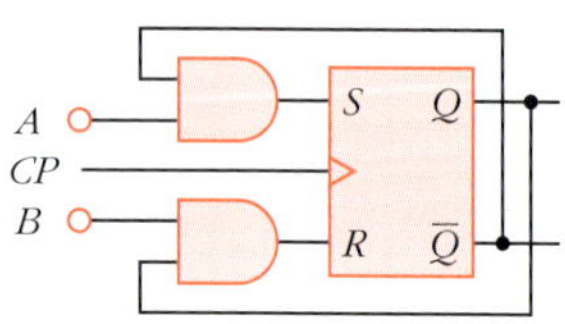

① D형　　② M/S형
③ JK형　　④ T형

47 JK 플립플롭은 두 개의 입력 데이터에 의하여 출력에서 몇 개의 조합을 얻을 수 있는가?

① 2개　　② 4개
③ 8개　　④ ∞

48 JK 플립플롭에서 $J_n = 0$, $K_n = 0$일 때, Q_{n+1}의 출력은?

① 0　　② 1
③ Q_n　　④ −1

49 JK 플립플롭에서 $J_n = 0$, $K_n = 1$일 때 클록 펄스가 1이면 Q_{n+1}의 출력 상태는?

① 반전　　② 1
③ 0　　④ 부정

50 JK 플립플롭에서 $J_n = 1$, $K_n = 0$일 때 Q_{n+1}의 출력 상태는?

① 반전　　② 불변
③ 세트　　④ 리셋

51 JK 플립플롭에서 $J_n = K_n = 1$일 때 Q_{n+1}의 출력 상태는?

① 반전　　② 변화가 없다.
③ 1　　④ 0

52 다음 그림은 어떤 플립플롭의 타이밍 다이어그램인가?

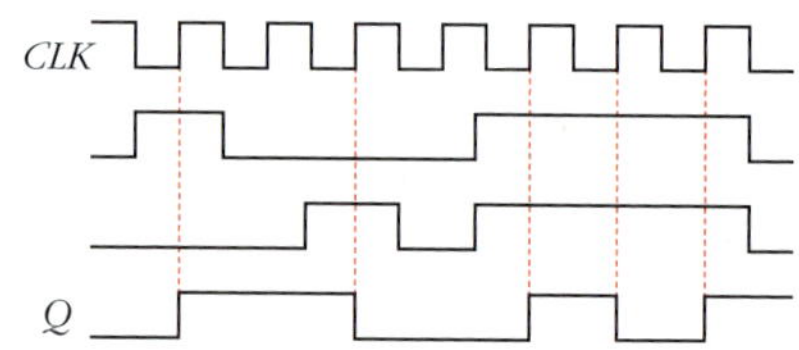

① SR 플립플롭　　② D 플립플롭
③ T 플립플롭　　④ JK 플립플롭

53 JK 플립플롭을 그림과 같이 결선하고, 클록 펄스가 계속 인가되면 출력은 어떤 상태가 되는가?

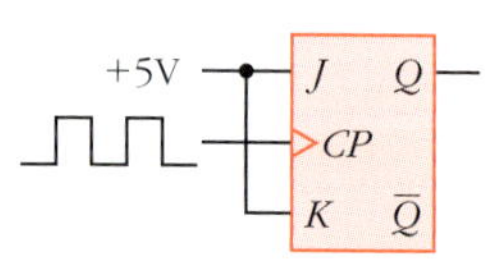

① set　　② reset
③ toggling　　④ 동작 불능

54 JK 플립플롭에서 클록 신호가 인가되더라도 현재의 출력이 변하지 않고 그대로 유지되게 하려면 J, K 입력은 각각 어떤 값이어야 하는가?

① $J = 0,\ K = 0$　　② $J = 0,\ K = 1$
③ $J = 1,\ K = 0$　　④ $J = 1,\ K = 1$

55 JK 플립플롭의 트리거 입력과 상태 전환 조건을 설명한 것 중 옳지 않은 것은?

① $J=0$, $K=0$일 때는 변하지 않는다.
② $J=0$, $K=1$일 때는 Q가 0으로 된다.
③ $J=1$, $K=0$일 때는 Q가 1로 된다.
④ $J=1$, $K=1$일 때는 반전되지 않는다.

56 JK 플립플롭의 동작 설명으로 틀린 것은?

① J, K 입력이 모두 0일 때 출력은 변하지 않는다.
② $J=0$, $K=1$일 때 $Q=0$, $\bar{Q}=1$이다.
③ $J=1$, $K=0$일 때 $Q=1$, $\bar{Q}=0$이다.
④ $J=1$, $K=1$일 때 출력은 무의미하며, 사용이 안 된다.

57 현재의 출력(Q) 상태가 1일 때, JK 플립플롭의 설명으로 틀린 것은?

① $J=1$이고 $K=0$이면 1을 출력한다.
② $J=1$이고 $K=1$이면 0을 출력한다.
③ $J=0$이고 $K=1$이면 1을 출력한다.
④ $J=0$이고 $K=0$이면 1을 출력한다.

58 JK 플립플롭의 특성 방정식은? 이때, $Q(t)$는 현재 상태, $Q(t+1)$은 다음 상태이다.

① $Q(t+1)=\bar{J}\bar{Q}(t)+KQ(t)$
② $Q(t+1)=\bar{J}Q(t)+K\bar{Q}(t)$
③ $Q(t+1)=J\bar{Q}(t)+\bar{K}Q(t)$
④ $Q(t+1)=JQ(t)+\bar{K}\bar{Q}(t)$

59 다음 진리표와 같은 플립플롭을 나타내는 것은? 단, ×는 don't care이다.

입력	CP	Q_{n+1}	Q_{n+1}
0 0	×	불변	
0 1	↑	0	1
1 0	↑	1	0
1 1	↑	반전(toggle)	

① D 플립플롭
② SR 플립플롭
③ JK 플립플롭
④ clock SR 플립플롭

60 다음 Q_{t+1} 열에 알맞은 것은?

Q_t	J	K	Q_{t+1}
0	0	1	ⓐ
0	1	0	ⓑ
0	1	1	ⓒ
1	0	0	ⓓ
1	0	1	ⓔ
1	1	0	ⓕ

	ⓐ	ⓑ	ⓒ	ⓓ	ⓔ	ⓕ
①	0	1	1	0	0	1
②	0	1	1	1	0	1
③	0	1	1	0	1	1
④	1	0	0	0	1	1

61 toggling 상태를 이용한 플립플롭 형태는?

① SR 플립플롭 ② D 플립플롭
③ JK 플립플롭 ④ T 플립플롭

62 다음 특성표(characteristic table)를 만족하는 플립플롭은?

입력	$Q(t)$	$Q(t+1)$
0	0	0
0	1	1
1	0	1
1	1	0

① SR 플립플롭 ② D 플립플롭
③ JK 플립플롭 ④ T 플립플롭

63 다음 T 플립플롭의 특성표에서 출력 $Q(t+1)$은?

$Q(t)$	T	$Q(t+1)$
0	0	ⓐ
0	1	ⓑ
1	0	ⓒ
1	1	ⓓ

① ⓐ → 0, ⓑ → 0, ⓒ → 1, ⓓ → 1
② ⓐ → 0, ⓑ → 1, ⓒ → 0, ⓓ → 1
③ ⓐ → 0, ⓑ → 1, ⓒ → 1, ⓓ → 0
④ ⓐ → 0, ⓑ → 1, ⓒ → 1, ⓓ → 1

64 T 플립플롭을 토글(toggle) 플립플롭이라고 하는 주된 이유는?

① 상태 변화를 위해서는 토글 스위치가 필요하므로
② 2개의 입력 펄스마다 토글되므로
③ 출력이 스스로 토글되므로
④ 각 입력 펄스마다 출력이 토글되므로

65 플립플롭 중 입력 단자가 하나이며, "1"이 입력될 때마다 출력 단자의 상태가 바뀌는 것은?

① SR 플립플롭　② T 플립플롭
③ D 플립플롭　④ M/S 플립플롭

66 다음과 같은 파형을 클록(CP)형 T 플립플롭에 가하였을 때, 출력 파형으로 맞는 것은? 단, T 플립플롭은 상승 에지(edge)에서 동작하고 클록이 입력되기 전의 T 플립플롭의 출력은 0이다.

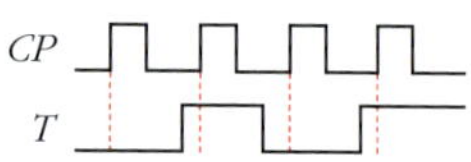

① 

② 

③ 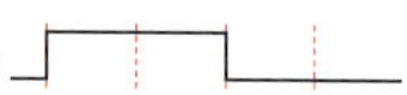

④ 

67 다음과 같은 입력 펄스에 따라 출력이 나타나는 플립플롭은?

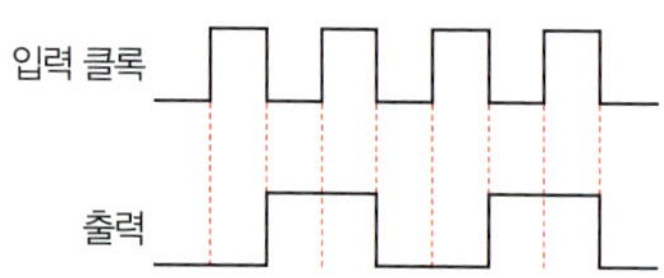

① SR 플립플롭　② RST 플립플롭
③ D 플립플롭　④ T 플립플롭

68 시간 폭이 매우 좁은 트리거 펄스 열이 입력단에 가해진다면, 이 펄스가 나타나는 순간마다 출력 상태가 바뀌는 플립플롭은?

① JK 플립플롭　② T 플립플롭
③ SR 플립플롭　④ D 플립플롭

69 JK 플립플롭을 그림과 같이 연결하면 어떤 플립플롭과 같은 동작을 하는가?

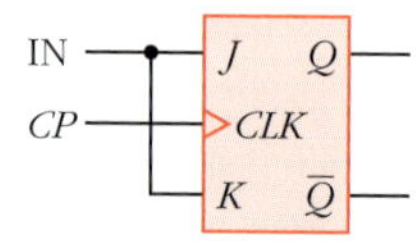

① D 플립플롭
② SR 플립플롭
③ T 플립플롭
④ master-slave 플립플롭

70 다음 회로와 같은 동작 기능을 갖는 플립플롭은? 단, 회로에서 접지는 생략되어 있다.

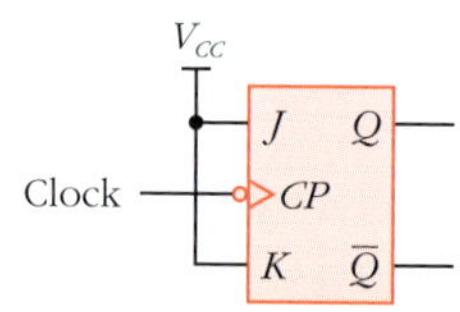

① SR 플립플롭　② JK 플립플롭
③ T 플립플롭　④ D 플립플롭

71 SR 플립플롭을 이용해 다음과 같이 연결하였을 때 기능상 어느 플립플롭과 같은가?

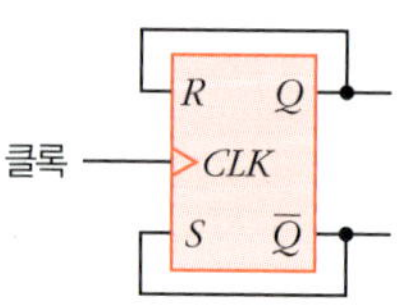

① JK 플립플롭　② T 플립플롭
③ D 플립플롭　④ M/S형 JK 플립플롭

72 JK 플립플롭을 그림과 같이 연결했을 때 어떤 것과 같은가?

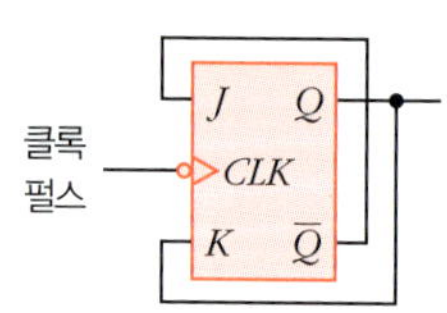

① D 플립플롭　② SR 플립플롭
③ T 플립플롭　④ 래치(latch)

73 그림과 같은 플립플롭의 입력 단자 T에 클록 펄스가 인가될 경우 출력($Q(t+1)$)은? 단, 현재 값을 $Q(t)$로 가정한다.

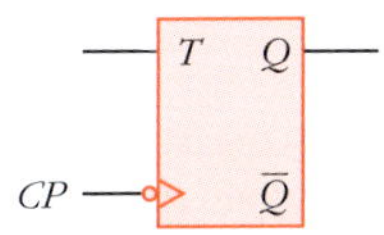

① $T=0$일 때 출력 상태는 현재값을 반전시켜 출력한다.
② $T=0$일 때 출력은 알 수가 없다.
③ $T=1$일 때 출력은 현재값을 유지하여 출력한다.
④ $T=1$일 때 출력 상태는 현재값을 반전시켜 출력한다.

74 JK 플립플롭을 그림과 같이 결선하고 클록 펄스가 인가될 때마다 출력 Q의 동작 상태는?

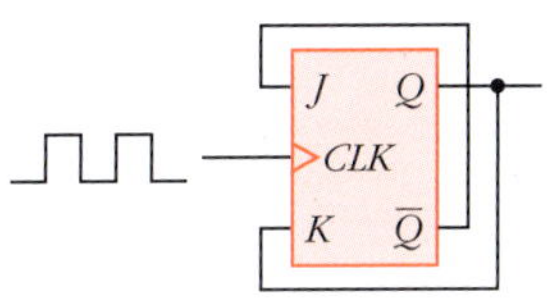

① toggle　　② reset
③ set　　④ race 현상

75 T 플립플롭의 특성 설명 중 옳지 않은 것은?
① 특성 방정식은 $\bar{T}\bar{Q}+TQ$이다.
② $T=1$일 때 보수 상태가 된다.
③ 한 개의 입력을 필요로 한다.
④ 0이 입력될 때는 변화가 없다.

76 T 플립플롭에 대한 설명으로 틀린 것은?
① 토글 플립플롭(toggle flip-flop)이라고도 한다
② 클록이 들어올 때마다 상태가 반전된다.
③ 출력 파형의 주파수는 입력 파형의 주파수와 동일하다.
④ 1/2 분주 회로 또는 계수 회로에 많이 쓰인다.

77 다음 중 T 플립플롭의 설명으로 틀린 것은?
① 지연 작용을 갖는 지연 플립플롭이라고도 한다.
② J와 K를 묶어서 T 입력 신호로 한 것이다.
③ 토글(toggle) 플립플롭이라고도 한다.
④ 입력 T가 0일 경우에는 상태가 불변이다.

78 T 플립플롭에서 $T=0$일 때 Q_{n+1}의 동작 상태는?
① Q_n　　② 0
③ 1　　④ $\bar{Q}_n$

79 T 플립플롭의 특성 방정식은?
① $Q(t+1)=T$
② $Q(t+1)=T+\bar{Q}$
③ $Q(t+1)=\bar{T}+Q$
④ $Q(t+1)=\bar{T}Q+T\bar{Q}$

80 플립플롭의 특성에 관해 설명한 것 중 옳지 않은 것은?
① D 플립플롭은 SR 플립플롭의 변형이다.
② T 플립플롭은 JK 플립플롭을 1개의 입력으로 만든 것이다.
③ SR 플립플롭의 $S=0$, $R=0$ 상태의 불안정 상태를 개선한 것이 JK 플립플롭이다.
④ SR 플립플롭의 $S=1$, $R=1$ 상태의 불안정 상태를 개선한 것이 JK 플립플롭이다.

81 플립플롭에 대한 설명 중 틀린 것은?
① D 플립플롭의 D 입력에 1을 입력하면 출력은 1이 된다.
② T 플립플롭은 JK 플립플롭의 두 개의 입력을 하나로 묶은 플립플롭이다.
③ JK 플립플롭의 입력 JK에 동시에 0이 입력되면 출력은 현 상태의 값이 된다.
④ JK 플립플롭의 입력 JK에 동시에 1이 입력되면 출력은 1이 된다.

82 플립플롭에 관한 설명 중 틀린 것은?
① D 플립플롭은 1비트 지연 소자로 동작한다.
② T 플립플롭은 클록 펄스가 발생하면 출력이 현재 상태의 보수가 된다.
③ JK 플립플롭은 2개의 입력 신호가 동시에 1이 되면 부정 상태가 된다.
④ 주종 플립플롭의 클록 펄스는 주 플립플롭과 종 플립플롭이 서로 반전되어 가해진다.

83 1KHz의 주파수를 500Hz로 변환하여 사용하고자 할 때 사용되는 플립플롭 회로는?

① *SR* 플립플롭 ② *JK* 플립플롭
③ *T* 플립플롭 ④ *D* 플립플롭

84 그림에서 클록 펄스가 *CLK* 입력에 인가되었다. *Q*의 주파수는?

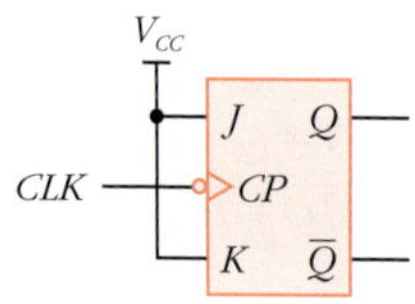

① $\frac{CLK}{2}$ ② $\frac{CLK}{4}$
③ $2 \times CLK$ ④ $4 \times CLK$

85 다음 *JK* 플립플롭의 입력 신호 주파수가 1MHz일 때 출력 신호의 주파수는?

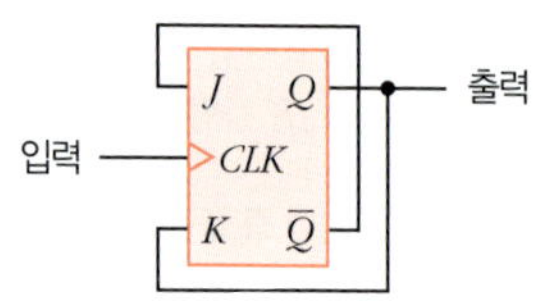

① 100KHz ② 500KHz
③ 1MHz ④ 4MHz

86 *T* 플립플롭을 2단 직렬 연결한 후 입력에 4KHz 펄스를 인가하면 출력은?

① 16KHz ② 8KHz
③ 2KHz ④ 1KHz

87 그림과 같이 *T* 플립플롭을 접속하고 첫 번째 플립플롭에 1,000Hz의 구형파를 가해주면 최종 플립플롭에서의 출력 주파수는?

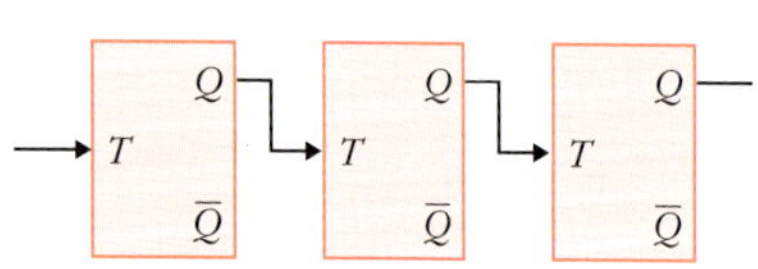

① 1,000Hz ② 500Hz
③ 250Hz ④ 125Hz

88 7개의 *T* 플립플롭을 종속 접속하였다. 입력 주파수가 512Hz이면 최종 출력 주파수는 몇 Hz인가?

① 4Hz ② 8Hz
③ 12Hz ④ 16Hz

89 100MHz 발진기를 사용해서 25MHz를 만들려면 몇 개의 *T*형 플립플롭이 필요한가?

① 1개 ② 2개
③ 3개 ④ 4개

90 다음과 같이 1MHz의 수정 발진기 출력을 펄스 정형회로(pulse shaper)를 거쳐 구형파로 바꾼 후, 250Hz의 클록 주파수를 만들고자 한다. 블록 A에 카운터를 설계하여 분주하는 경우, 최소 몇 개의 플립플롭이 필요한가?

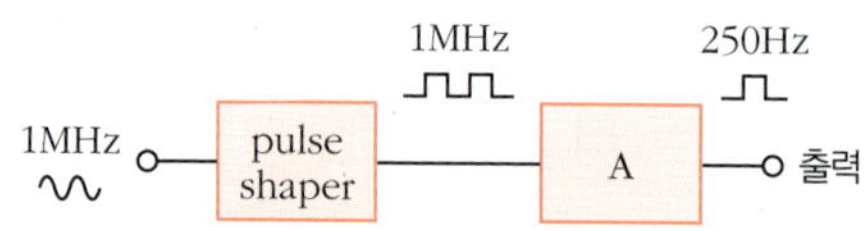

① 10개 ② 11개
③ 12개 ④ 13개

91 4개의 *JK* 플립플롭을 이용해 구성할 수 있는 분주기의 최댓값은 얼마인가?

① 8분주기
② 10분주기
③ 16분주기
④ 24분주기

92 *D* 플립플롭을 이용해 그림과 같은 회로를 구성하고, 클록(*CLK*) 단자에 5KHz 클록 펄스를 인가하였다. 동작 시작 단계에서 *Q* 출력을 +5V로 하였다면 출력은?

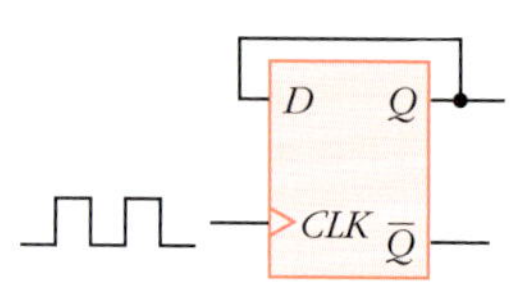

① 10KHz ② 2.5KHz
③ 5KHz ④ +5V DC

93 주인의 역할을 하는 회로와 종의 역할을 하는 2개의 별개 플립플롭으로 구성된 플립플롭은?

① *JK* 플립플롭 ② *T* 플립플롭
③ *M/S* 플립플롭 ④ *D* 플립플롭

94 2개의 레벨 트리거 플립플롭을 직렬로 연결하며, 레이스(race) 현상을 방지하기 위한 회로는?

① *T* ② *SR*
③ *M/S* ④ *JK*

95 플립플롭에서 클록 펄스가 1인 도중에 출력이 변하게 되면 입력 측에 변화를 일으켜 오동작을 발생하게 하는 현상은?

① delay 현상 ② toggle 현상
③ race 현상 ④ error 현상

96 에지 트리거 플립플롭을 사용하는 이유로 옳은 것은?

① clock pulse를 사용하기 위해
② toggle 작용을 하기 위하여
③ delay 시간을 길게 하려고
④ race 현상을 방지하기 위해

97 마스터-슬레이브 플립플롭은 어떤 문제를 해결하기 위한 회로인가?

① 딜레이(delay) 현상 ② 부정 상태 제거
③ 토글(toggle) 상태 ④ 레이스(race) 현상

98 레이스(race) 현상을 방지하기 위하여 사용되는 플립플롭은?

① *D* 플립플롭 ② *SR* 플립플롭
③ *JK* 플립플롭 ④ *M/S* 플립플롭

99 *M/S*(Master-Slave) 플립플롭에 대한 설명으로 옳지 않은 것은?

① *SR* 플립플롭 2개로 구성할 수 있다.
② master와 slave에 각각 서로 다른 상태의 *CP*(clock pulse)를 가한다.
③ 플립플롭의 레이스 현상이 일어나는 것을 제거하기 위한 것이다.
④ *JK* 플립플롭에서 불변 동작이 일어나는 것을 제거하기 위한 것이다.

100 마스터-슬레이브 플립플롭의 특징이 아닌 것은?

① 마스터-슬레이브 플립플롭은 *SR* 플립플롭만으로 구성한다.
② 두 개 단의 플립플롭으로 구성한다.
③ 데이터의 입력이 직접 출력에 연결되지 않고, 입력과 출력이 완전히 분리 동작한다.
④ *JK* 플립플롭인 경우 클록 펄스가 1일 때 출력 상태가 변화하면 입력 측에 변화를 일으켜 오동작 발생을 막아 준다.

101 *JK* 플립플롭에서 발생할 수 있는 레이스(race) 현상의 원인이 되는 것은?

① *J* 입력과 *K* 입력으로 들어가는 신호의 전파 지연 시간이 서로 다르기 때문이다.
② 클록 펄스의 폭이 주입력에서 주출력까지의 전파 지연 시간보다 클 경우에 발생한다.
③ 회로의 출력 Q와 $\bar{Q}$가 동일한 값을 가질 경우에 발생한다.
④ NAND 게이트와 NOR 게이트를 혼용할 경우 발생한다.

102 *M/S* flip-flop의 진리표에서 $J_n = 1$, $K_n = 0$이고 클럭 펄스를 인가할 때 출력 Q_{n+1}의 값은?

① Q_n ② 0
③ 1 ④ 불확정

103 마스터-슬레이브 *JK* 플립플롭에서 클록 펄스가 들어올 때마다 출력 상태를 반전시키기 위한 *J*와 *K*의 입력으로 옳은 것은?

① $J = 1,\ K = 1$ ② $J = 1,\ K = 0$
③ $J = 0,\ K = 1$ ④ $J = 0,\ K = 0$

104 다음 논리회로의 명칭은?

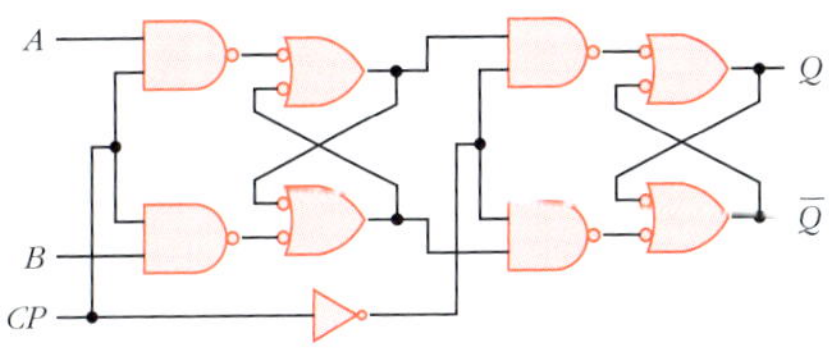

① *JK* 플립플롭 ② *SR* 플립플롭
③ *M/S SR* 플립플롭 ④ *M/S JK* 플립플롭

105 클록 펄스에 관계없이 비동기 입력을 가진 JK 플립플롭의 논리회로로 올바른 것은?

①
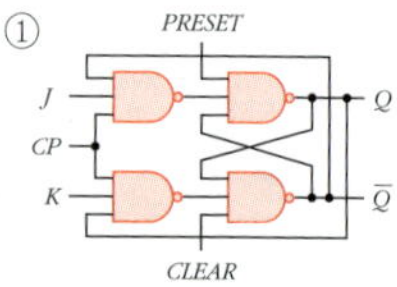

②
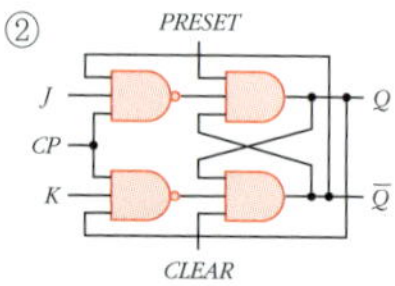

③
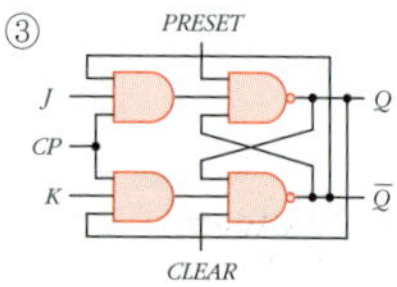

④
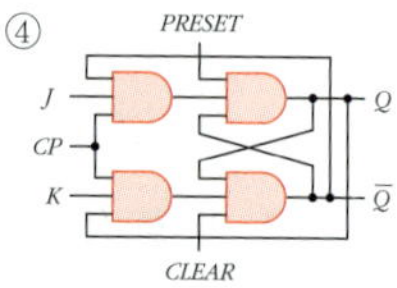

106 다음 표와 같이 동작하는 MN 플립플롭이 있다고 가정할 경우, 현재 상태 출력 $Q(t)=1$일 때 다음 상태 출력 $Q(t+1)=1$이기 위한 M과 N의 입력으로 가장 적당한 것은? 단, ×는 don't care이다.

M	N	$Q(t+1)$
0	0	0
0	1	Q
1	0	$\overline{Q}$
1	1	1

① $M=1$, $N=\times$　② $M=0$, $N=\times$
③ $M=\times$, $N=1$　④ $M=\times$, $N=0$

107 디지털 회로에서 clock pulse가 오기 전에 입력하고자 하는 입력 자료가 미리 대기하고 있어야 원하는 결과를 얻을 수 있다. 이때 대기하는 시간을 무엇이라 하는가?

① propagation delay time
② setup time
③ hold time
④ access time

108 플립플롭의 동작 특성 중 클록 펄스가 상승 에지 변이 이후에도 입력값이 변해서는 안 되는 일정한 시간을 의미하는 것은?

① 전파 지연 시간 + 홀드 시간 + 설정 시간
② 전파 지연 시간
③ 홀드 시간
④ 설정 시간

109 10개의 플립플롭이 +5V 직류전원에서 동작하고 25mA의 전류가 흐른다면 전력 소모량은 얼마인가?

① 125mW　② 250mW
③ 1.25W　④ 2.5W

110 D 플립플롭이 셋업(setup) 시간=5ns, 홀드(hold) 시간=10ns, 전파(propagation) 시간=15ns이다. 클록 에지가 발생하기 얼마 전에 데이터가 입력되어야 하는가?

① 5ns　② 10ns
③ 15ns　④ 30ns

111 어떤 플립플롭의 전파 지연 시간이 50ns라고 하면 이 플립플롭이 정상적인 동작을 하도록 인가할 수 있는 클록의 최대 주파수는 몇 MHz인가?

① 5MHz　② 10MHz
③ 20MHz　④ 50MHz

112 D 플립플롭은 클록 펄스를 0에서 1로 가하기 전에 D 입력에 새로운 입력값을 일정 시간 동안 유지하여 주어야 한다. 이 시간을 무엇이라고 하는가?

① setup 시간
② hold 시간
③ idle 시간
④ 실행 시간

113 플립플롭(flip-flop)과 같은 기능을 갖는 것은?

① 슈미트 트리거(Schmitt trigger)
② 비안정 멀티바이브레이터
③ 단안정 멀티바이브레이터
④ 쌍안성 멀티바이브레이터

114 두 개의 안정 상태를 가지고 있는 쌍안정 멀티바이브레이터를 의미하는 것은?

① 인코더　② 디코더
③ 플립플롭　④ 멀티플렉서

115 플립플롭은 몇 개의 안정 상태를 갖는가?

① 1개　② 2개
③ 4개　④ ∞

116 다음 중 외부로부터 트리거(trigger) 신호 없이 스스로 준안정 상태에서 다른 준안정 상태로 변화를 되풀이하는 것은?

① 비안정 멀티바이브레이터
② 쌍안정 멀티바이브레이터
③ 단안정 멀티바이브레이터
④ 슈미트 트리거

117 전원이 인가된 상태에서 연속적으로 펄스를 발생시키고자 할 때 사용되는 것은?

① 비안정 멀티바이브레이터
② 쌍안정 멀티바이브레이터
③ 단안정 멀티바이브레이터
④ 클램프 회로

118 비안정 멀티바이브레이터 회로에서 출력 전압의 파형은?

① 구형파 ② 정현파
③ 삼각파 ④ 스텝파

119 외부 트리거 입력 신호가 인가되는 경우에만 폭이 0.1ms이고 전압이 5V인 펄스를 발생시켜 출력하고자 한다. 이러한 목적에 가장 적합한 것은?

① 슈미트 트리거 회로
② 비안정 멀티바이브레이터
③ 쌍안정 멀티바이브레이터
④ 단안정 멀티바이브레이터

120 Schmitt 트리거 회로의 출력 파형에 나타나는 현상은?

① 싱킹(sinking) 현상
② 백 스윙(back swing) 현상
③ 슛(shoot) 현상
④ 히스테리시스(hysteresis) 현상

121 슈미트 트리거 회로의 출력 파형은?

① 구형파 ② 징현파
③ 삼각파 ④ 램프파

122 슈미트 트리거에 대한 전달함수가 다음 그래프와 같다. 입력 전압이 0V에서 서서히 증가할 경우 입력이 1.5V일 때 출력 전압은 몇 V인가?

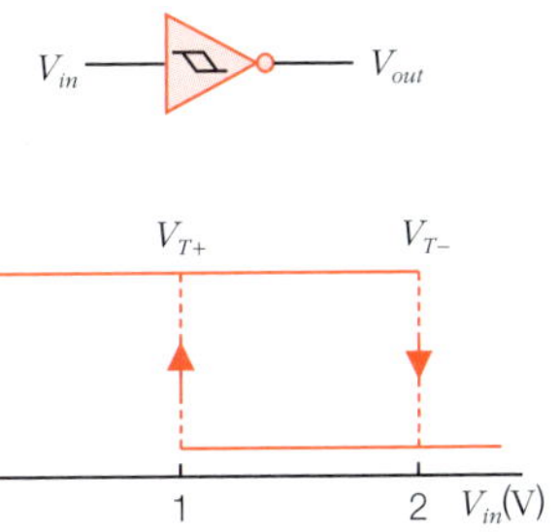

① 3V ② 1.5V
③ 0.2V ④ 0V

123 그림과 같이 74HC14를 사용한 슈미트 트리거 발진기의 발진 주파수는 몇 KHz인가? 단, $R = 10\text{K}\Omega$, $C = 0.005\mu\text{F}$이다.

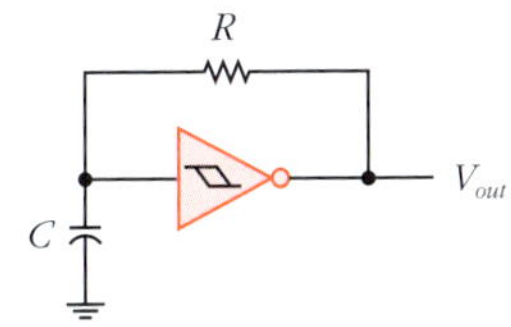

① 16KHz ② 17KHz
③ 24KHz ④ 25KHz

124 다음 555 타이머 회로의 출력 발진 주파수는 약 몇 KHz인가?

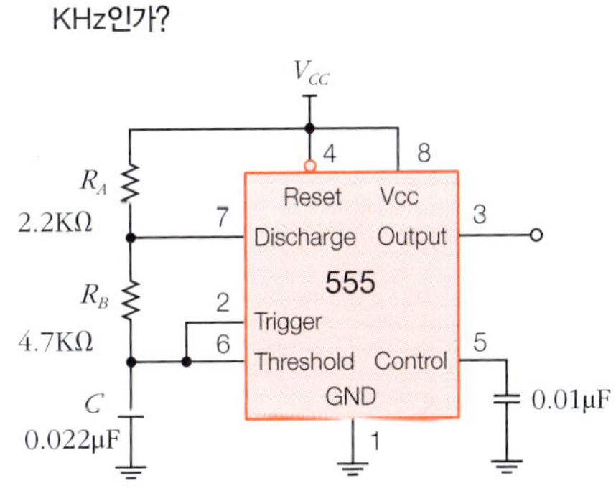

① 3.8KHz ② 5.64KHz
③ 8.24KHz ④ 10.68KHz

125 다음의 무안정 멀티바이브레이터에서 $C = 0.47\mu F$, $R_A = R_B = 1K\Omega$일 때, 발생되는 펄스의 듀티 사이클 D는?

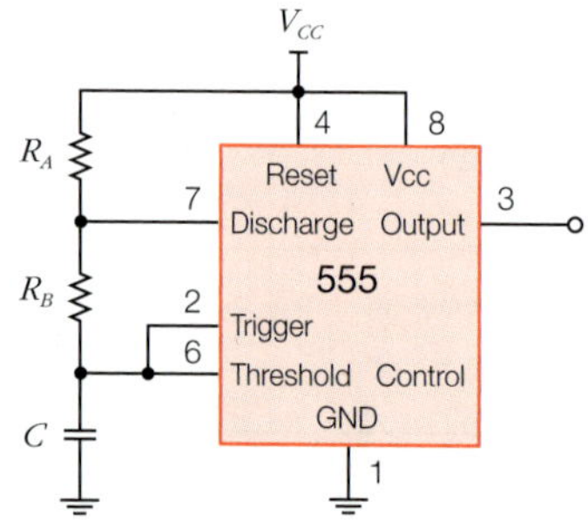

① $D \approx 67\%$　　② $D \approx 68\%$
③ $D \approx 69\%$　　④ $D \approx 70\%$

1 ①	2 ③	3 ②	4 ②	5 ④	6 ②	7 ②	8 ③	9 ④	10 ④	11 ④	12 ①
13 ②	14 ②	15 ②	16 ④	17 ②	18 ③	19 ②	20 ②	21 ③	22 ③	23 ③	24 ②
25 ①	26 ②	27 ③	28 ②	29 ②	30 ③	31 ①	32 ②	33 ③	34 ②	35 ①	36 ③
37 ④	38 ③	39 ②	40 ②	41 ③	42 ④	43 ③	44 ④	45 ②	46 ③	47 ②	48 ③
49 ③	50 ③	51 ①	52 ④	53 ③	54 ①	55 ④	56 ④	57 ③	58 ③	59 ③	60 ②
61 ④	62 ④	63 ③	64 ④	65 ②	66 ①	67 ④	68 ②	69 ③	70 ③	71 ②	72 ③
73 ④	74 ①	75 ①	76 ③	77 ①	78 ①	79 ④	80 ③	81 ④	82 ③	83 ③	84 ①
85 ②	86 ④	87 ④	88 ①	89 ②	90 ③	91 ③	92 ④	93 ③	94 ③	95 ③	96 ④
97 ④	98 ④	99 ④	100 ①	101 ②	102 ③	103 ①	104 ③	105 ①	106 ③	107 ②	108 ③
109 ③	110 ①	111 ③	112 ①	113 ④	114 ③	115 ②	116 ①	117 ①	118 ①	119 ④	120 ④
121 ①	122 ①	123 ③	124 ②	125 ①							

Chapter

09

동기 순서논리회로

01 동기 순서논리회로 개요
02 동기 순서논리회로의 해석 과정
03 플립플롭의 여기표
04 동기 순서논리회로의 설계 과정
05 동기 순서논리회로의 설계 예
06 미사용 상태의 설계
07 카운터의 설계
08 상태 방정식을 이용한 설계
09 디코더와 플립플롭을 사용한 설계
연습문제
기출문제

학습목표

- 동기 순서논리회로를 해석할 수 있다.
- 각종 플립플롭에서 여기표의 개념을 이해하고 이를 설계 과정에 적용할 수 있다.
- 동기 순서논리회로를 설계할 수 있다.
- 상태 방정식을 이용해 동기 순서논리회로를 설계할 수 있다.

01 동기 순서논리회로 개요

조합논리회로combinational logic circuit는 임의의 시점에서 이전 입력값에 관계없이 현재 입력값에 따라 출력이 결정되는 논리회로다. 이에 반해 순서논리회로sequential logic circuit는 현재의 입력값과 이전 출력 상태에 따라 출력값이 결정되는 논리회로다.

순서논리회로는 신호의 타이밍timing에 따라 동기synchronous 순서논리회로와 비동기asynchronous 순서논리회로로 나눌 수 있다. 동기 순서논리회로에서 상태state는 단지 이산된discrete 각 시점, 즉 클록 펄스가 들어오는 시점에서 상태가 변하는 회로다. 이러한 펄스는 주기적periodic 또는 비주기적aperiodic으로 생성할 수 있으며, 클록 펄스는 클록 발생기clock generator라는 타이밍 장치에서 생성한다. 이와 같이 클록 펄스 입력을 통해서 동작하는 회로를 동기 순서논리회로 또는 단순히 동기 순서회로라 한다.

한편, 비동기 순서논리회로는 시간에 관계없이 단지 입력이 변하는 순서에 따라 동작하는 논리회로를 말한다. 비동기 순서논리회로는 회로 입력이 변화할 경우에만 상태 전이state transition가 발생하므로 클록이 없는 메모리 소자unclocked memory device를 사용한다. 결과적으로 비동기 순서논리회로의 정확한 동작은 입력의 타이밍에 의존하기 때문에 마지막 입력 변화에서 회로가 안정되도록 설계해야 한다. 그렇지 않으면 회로는 정확하게 동작하지 않는다.

[그림 9-1]은 순서논리회로의 블록도를 나타낸다. 순서논리회로는 조합논리회로와 메모리 소자(플립플롭)로 구성된다. 클록 펄스CP, clock pulse가 있는 순서논리회로에서는 메모리 부분에 클록 입력이 있다. 순서논리회로의 출력 $Y(t)$는 현재 상태의 입력 $X(t)$와 이전 상태의 출력 $Y(t-1)$에 의하여 결정된다.

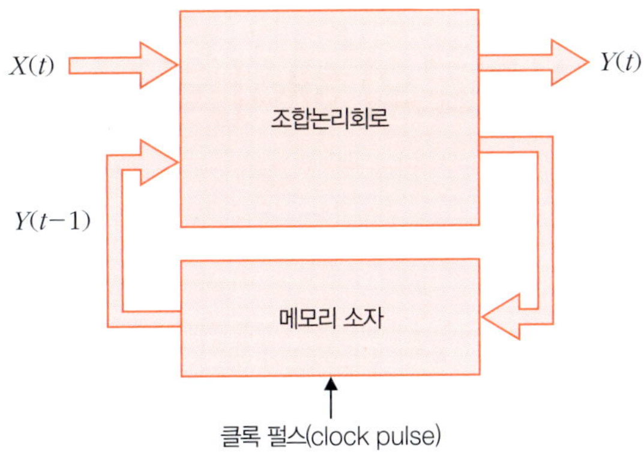

그림 9-1 순서논리회로의 블록도

[그림 9-2]에 나타낸 것처럼 순서논리회로의 해석 과정은 이미 구현된 논리회로로부터 상태표나 상태도를 유도하는 절차이며, 이 회로의 설계 과정은 주어진 사양(상태표, 상태도, 불 함수)으로부터 논리회로를 구현하는 절차이다. 여기서는 먼저 동기 순서논리회로의 해석 과정에 대해서 알아보고, 설계 과정은 4절에서 설명할 것이다.

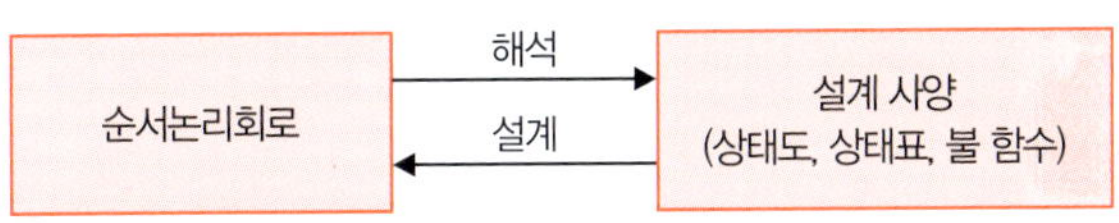

그림 9-2 순서논리회로의 해석과 설계 관계

02 동기 순서논리회로의 해석 과정

순서논리회로는 플립플롭과 조합논리회로로 구성되므로 순서논리회로의 동작은 입력과 출력 및 플립플롭의 현재 상태에 따라 결정되며, 출력과 다음 상태는 현재 상태의 함수가 된다. 따라서 순서논리회로는 입력과 출력 및 현재 상태에 따라 결정되는 다음 상태의 시간 순서를 상태표나 상태도로 나타냄으로써 해석이 가능하다. 또 순서논리회로의 동작을 시간 순서를 포함하는 불 대수식으로 표시할 수도 있다.

순서논리회로의 해석 과정은 크게 다음과 같은 6단계로 수행된다.

[단계 1] 회로 입력과 출력에 대한 변수 명칭 부여
[단계 2] 조합논리회로가 있으면 조합논리회로의 불 대수식 유도
[단계 3] 회로의 상태표 작성
[단계 4] 상태표를 이용해 상태도 작성
[단계 5] 상태 방정식 유도
[단계 6] 상태표와 상태도를 분석하여 회로의 동작 설명

타이밍도(timing diagram)
시간에 따라 변하는 디지털 파형 두 개 이상의 정확한 관계를 보여주는 도표

위의 각 단계를 적용하여 순서논리회로를 해석하는 과정을 상세히 알아보자. 해석하는 과정에서 입력, 클록, 플립플롭의 상태 및 출력 사이의 관계를 나타내는 타이밍도나 상태도를 작성할 것이다. 여기서는 클록의 상승 에지나 하강 에지에서 동작하는 에지 트리거 플립플롭들을 사용한다. 그리고 설정 시간setup time과 유시 시간hold time의 요구 조건이 만족되도록 클록 에지의 전후에서 플립플롭들의 입력이 충분한 시간 동안 안정된 값을 유지한다고 가정한다. 순서논리회로의 상태는 항상 상승 에지나 하강 에지에서 변화한다. 회로의 출력은 회로의 형태에 따라 플립플롭들이 상태를 바꿀 때 혹은 입력이 바뀔 때 변하게 된다.

순서논리회로는 두 가지 형태가 있는데, 하나는 출력들이 오직 플립플롭들의 현재 상태에만 의존하는 것이고, 다른 하나는 플립플롭의 현재 상태와 입력들에 모두 의존하는 것이다. 만약 순서논리회로의 출력이 플립플롭들의 현재 상태만의 함수라면 해당 회로를 **무어 머신**Moore machine이라고 한다. 무어 머신의 상태도에서는 출력이 상태 안에 결합되어 표시된다. 만일 출력이 현재 상태와 입력 모두의 함수라면 그 회로를 **밀리 머신**Mealy machine이라 한다. 밀리 머신의 상태도에서는 출력이 상태 사이를 지나가는 화살선의 위에 표시된다. [그림 9-3]에는 무어 머신과 밀리 머신 상태도의 예를 나타냈다.

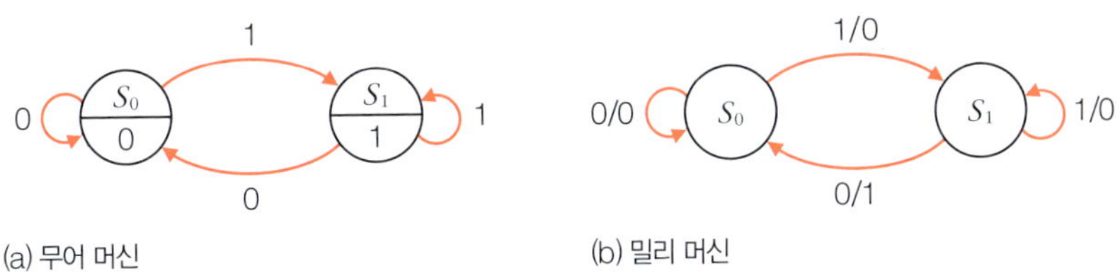

그림 9-3 무어 머신과 밀리 머신

1 변수 명칭 부여

[그림 9-4]는 JK 플립플롭을 사용한 순서논리회로의 예이며, 출력이 현재 상태와 입력의 함수이므로 밀리 머신의 상태도이다. 첫 번째 단계로 순서논리회로의 입력과 출력에 대한 변수의 명칭을 다음과 같이 부여한다.

- 입력 변수 : x
- 출력 변수 : y
- FF-A 플립플롭의 입력 : J_A, K_A
- FF-B 플립플롭의 입력 : J_B, K_B
- FF-A 플립플롭의 출력 : $A(=Q_A)$
- FF-B 플립플롭의 출력 : $B(=Q_B)$

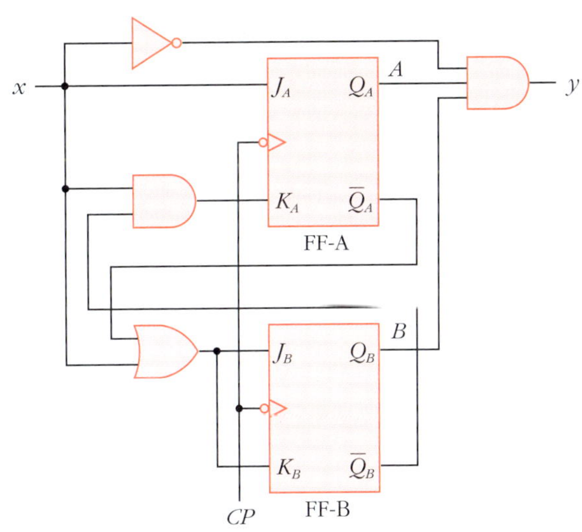

그림 9-4 동기 순서논리회로의 해석 예

❷ 불 대수식 유도

[그림 9-4]에서 두 JK 플립플롭의 입력에 있는 조합논리회로의 불 대수식을 구한다.

- FF-A 플립플롭의 입력 : $J_A = x$, $K_A = \bar{B}x$
- FF-B 플립플롭의 입력 : $J_B = \bar{A} + x$, $K_B = \bar{A} + x$
- 시스템 출력 : $y = AB\bar{x}$

❸ 상태표 작성

상태표state table는 현재 상태와 외부 입력의 변화에 따라 다음 상태와 출력의 변화를 정의한 것이다. [표 9-1]은 [그림 9-4]에 대한 상태표다. 현재 상태는 클록 펄스^{CP}의 인가 전을 나타내며, 다음 상태란 클록 펄스의 인가 후를 나타낸다. 출력은 현재 상태의 출력값을 나타낸다.

표 9-1 [그림 9-4]의 상태표

현재 상태		입력	다음 상태		출력
A	B	x	A	B	y
0	0	0	0	1	0
0	0	1	1	1	0
0	1	0	0	0	0
0	1	1	1	0	0
1	0	0	1	0	0
1	0	1	0	1	0
1	1	0	1	1	1
1	1	1	1	0	0

상태표를 작성하기 위해 각 플립플롭의 다음 상태값과 출력을 구한다. 먼저 입력 x와 두 개 플립플롭의 출력 A, B의 현재 상태값을 불 함수식에 대입하여 각 플립플롭의 J와 K 입력값을 구한다. 다음에는 클록 펄스가 인가되면 각 플립플롭의 J와 K 입력값을 대입하여 다음 상태값을 구한다.

❶ $A = 0$, $B = 0$, $x = 0$일 때

FF-A는 $J_A = x = 0$, $K_A = \bar{B}x = 0$이므로 현재 상태가 변하지 않는다($A = 0$).

FF-B는 $J_B = \bar{A} + x = 1$, $K_B = \bar{A} + x = 1$이므로 현재 상태가 반전한다($B = 1$).

출력은 $y = AB\bar{x} = 0$이다.

❷ $A=0,\ B=0,\ x=1$일 때

FF-A는 $J_A = x = 1,\ K_A = \bar{B}x = 1$이므로 현재 상태가 반전한다($A=1$).

FF-B는 $J_B = \bar{A} + x = 1,\ K_B = \bar{A} + x = 1$이므로 현재 상태가 반전한다($B=1$).

출력은 $y = AB\bar{x} = 0$이다.

❸ $A=0,\ B=1,\ x=0$일 때

FF-A는 $J_A = x = 0,\ K_A = \bar{B}x = 0$이므로 현재 상태가 변하지 않는다($A=0$).

FF-B는 $J_B = \bar{A} + x = 1,\ K_B = \bar{A} + x = 1$이므로 현재 상태가 반전한다($B=0$).

출력은 $y = AB\bar{x} = 0$이다.

❹ $A=0,\ B=1,\ x=1$일 때

FF-A는 $J_A = x = 1,\ K_A = \bar{B}x = 0$이므로 set 상태가 된다($A=1$).

FF-B는 $J_B = \bar{A} + x = 1,\ K_B = \bar{A} + x = 1$이므로 현재 상태가 반전한다($B=0$).

출력은 $y = AB\bar{x} = 0$이다.

❺ $A=1,\ B=0,\ x=0$일 때

FF-A는 $J_A = x = 0,\ K_A = \bar{B}x = 0$이므로 현재 상태가 변하지 않는다($A=1$).

FF-B는 $J_B = \bar{A} + x = 0,\ K_B = \bar{A} + x = 0$이므로 현재 상태가 변하지 않는다($B=0$).

출력은 $y = AB\bar{x} = 0$이다.

❻ $A=1,\ B=0,\ x=1$일 때

FF-A는 $J_A = x = 1,\ K_A = \bar{B}x = 1$이므로 현재 상태가 반전한다($A=0$).

FF-B는 $J_B = \bar{A} + x = 1,\ K_B = \bar{A} + x = 1$이므로 현재 상태가 반전한다($B=1$).

출력은 $y = AB\bar{x} = 0$이다.

❼ $A=1,\ B=1,\ x=0$일 때

FF-A는 $J_A = x = 0,\ K_A = \bar{B}x = 0$이므로 현재 상태가 변하지 않는다($A=1$).

FF-B는 $J_B = \bar{A} + x = 0,\ K_B = \bar{A} + x = 0$이므로 현재 상태가 변하지 않는다($B=1$).

출력은 $y = AB\bar{x} = 1$이다.

❽ $A=1,\ B=1,\ x=1$일 때

FF-A는 $J_A = x = 1,\ K_A = \bar{B}x = 0$이므로 set 상태가 된다($A=1$).

FF-B는 $J_B = \bar{A} + x = 1,\ K_B = \bar{A} + x = 1$이므로 현재 상태가 반전한다($B=0$).

출력은 $y = AB\bar{x} = 0$이다.

4 상태도 작성

[표 9-1]의 상태표로부터 상태도를 그리면 [그림 9-5]와 같다. 상태도에는 두 플립플롭의 상태인 00, 01, 10, 11이 4개의 원 내부에 표시되어 있으며, 현재 상태에서 다음 상태로의 상태 변화는 화살표로 표시하였다. 방향 표시(화살표)가 된 선들은 슬래시(/)로 분리되는 2진수 2개를 갖는다. 슬래시 이전에 기술된 2진수는 입력값을, 다음에 나타난 2진수는 현재 상태에 대한 출력값을 나타낸다. 예를 들어, 01→10(01 상태에서 10 상태로의 변화)의 선에 1/0이라고 표시되어 있으면, 이것은 순서논리회로가 현재 상태 01, 입력 1, 출력 0일 때를 의미하며, 한 클록이 인가된 후 이 회로는 다음 상태 10으로 변함을 나타낸다.

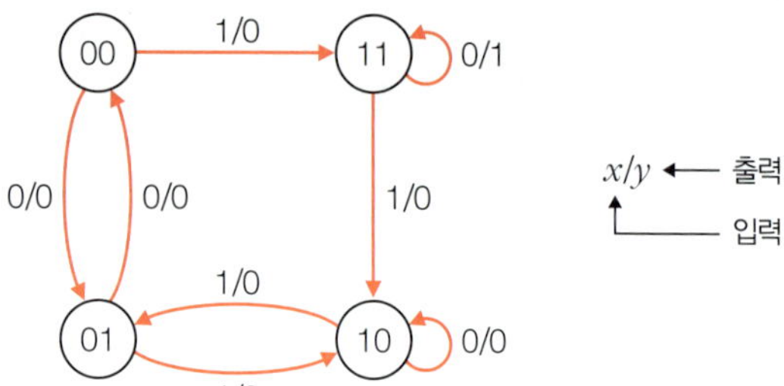

그림 9-5 [그림 9-4]의 상태도

5 상태 방정식 유도

상태 방정식state equation은 플립플롭 상태 전이에 대한 조건을 지정하는 대수식이다. 상태 방정식은 [표 9-1]의 상태표로부터 구할 수 있다. 플립플롭 A와 B가 논리 1이 되는 상태 방정식은 다음과 같다.

$$A(t+1) = \bar{A}\bar{B}x + \bar{A}Bx + A\bar{B}\bar{x} + AB\bar{x} + ABx$$
$$B(t+1) = \bar{A}\bar{B}\bar{x} + \bar{A}\bar{B}x + A\bar{B}x + AB\bar{x}$$

이를 [그림 9-6]과 같이 카르노 맵을 이용해 간소화한 상태 방정식은 다음과 같다.

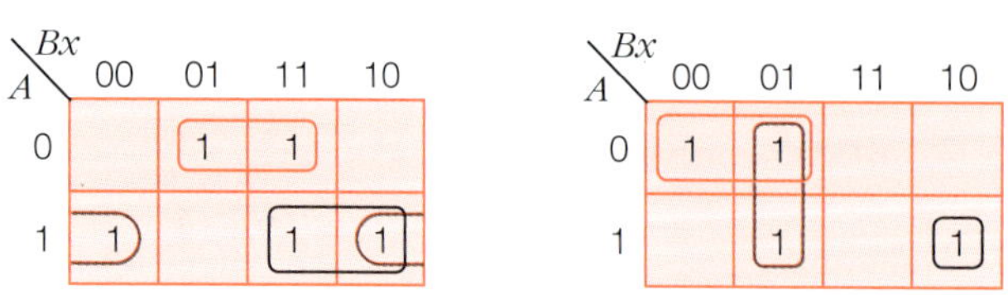

그림 9-6 상태 방정식에 대한 카르노 맵

$$A(t+1) = \bar{A}x + AB + A\bar{x}$$
$$B(t+1) = \bar{A}\bar{B} + \bar{B}x + AB\bar{x}$$

JK 플립플롭의 특성 방정식을 플립플롭 A와 B의 함수로 표시하면 다음과 같다.

$$A(t+1) = (J_A)\bar{A} + (\bar{K}_A)A$$
$$B(t+1) = (J_B)\bar{B} + (\bar{K}_B)B$$

JK 플립플롭의 특성 방정식
$Q(t+1) = J\bar{Q}(t) + \bar{K}Q(t)$

위에서 구한 $A(t+1)$과 $B(t+1)$의 상태 방정식을 JK 플립플롭의 특성 방정식에 맞게 상태 방정식의 형태를 변경하여 두 플립플롭의 입력인 J_A와 K_A, J_B와 K_B를 구한다.

$$A(t+1) = \bar{A}x + AB + A\bar{x} = x\bar{A} + (B + \bar{x})A = x\bar{A} + (\overline{\bar{B}x})A$$
$$B(t+1) = \bar{A}\bar{B} + \bar{B}x + AB\bar{x} = (\bar{A} + x)\bar{B} + A\bar{x}B = (\bar{A} + x)\bar{B} + (\overline{\bar{A} + x})B$$

이 상태 방정식에서 $J_A = x$, $K_A = \bar{B}x$이며, $J_B = \bar{A} + x$, $K_B = \bar{A} + x$가 된다. 따라서 상태 방정식으로부터 구한 두 플립플롭의 입력에 대한 불 대수식과 순서논리회로에서 구한 불 대수식이 같음을 알 수 있다.

6 회로의 동작 설명

순서논리회로의 동작은 상태도나 상태표를 이용해 설명할 수 있다. [그림 9-4]는 입력 x의 값에 따라 클록 펄스가 한 번씩 인가될 때마다 [그림 9-5]의 상태도에 나타낸 순서로 동작하는 순서논리회로이다.

두 플립플롭이 현재 상태가 00이고, 출력 $y=0$, 입력이 $x=0$일 때 클록 펄스가 입력되면 01로 전이하며, 현재 상태가 01이고, 출력 $y=0$, 입력이 $x=1$일 때 클록 펄스가 인가되면 10으로 변한다. 플립플롭의 현재 상태가 10이고, 출력 $y=0$, 입력이 $x=1$일 때 클록 펄스가 입력되면 01로 전이하며, 현재 상태가 01이고, 출력 $y=0$, 입력이 $x=0$일 때 클록 펄스가 입력되면 00으로 변한다. 또한, 두 플립플롭의 현재 상태가 00이고, 출력 $y=0$, 입력이 $x=1$일 때 클록 펄스가 인가되면 11로 변하고, 현재 상태가 11이고, 출력 $y=1$, 입력이 $x=0$이면 현재 상태 11을 유지한다. 플립플롭의 현재 상태가 11이고, 출력 $y=0$, 입력이 $x=1$일 때 클록 펄스가 인가되면 10으로 변한다.

03 플립플롭의 여기표

플립플롭의 **특성표**는 현재 상태와 입력값이 주어졌을 때, 다음 상태가 어떻게 변하는가를 나타내는 표이며, **여기표**excitation table는 현재 상태에서 다음 상태로 변했을 때 플립플롭의 입력 조건 상태를 나타내는 표다. 여기표는 순서논리회로를 설계할 때 많이 사용한다.

1 *SR* 플립플롭의 여기표

[그림 9-7]은 *SR* 플립플롭의 특성표를 이용해 여기표를 얻는 과정이다. 특성표에서 왼쪽에 입력(S, R)과 현재 상태($Q(t)$)가 표시되고 오른쪽에는 다음 상태($Q(t+1)$)가 표시되어 있다. 이 특성표를 왼쪽에 $Q(t)$와 $Q(t+1)$을 표시하고 오른쪽에 각 플립플롭의 입력을 표시하는 표로 변환하면 플립플롭의 여기표가 된다. 여기서 ×는 무관don't care 조건을 나타낸다.

특성표

입력		현재 상태	다음 상태
S	R	$Q(t)$	$Q(t+1)$
0	0	0	0
0	0	1	1
0	1	0	0
0	1	1	0
1	0	0	1
1	0	1	1
1	1	0	?
1	1	1	?

여기표

현재 상태	다음 상태	요구 입력	
$Q(t)$	$Q(t+1)$	S	R
0	0	0	×
0	1	1	0
1	0	0	1
1	1	×	0

SR 플립플롭의 진리표

S	R	$Q(t+1)$
0	0	$Q(t)$ (불변)
0	1	0
1	0	1
1	1	부정

그림 9-7 *SR* 플립플롭의 여기표 유도 과정

❶ $Q(t)=0$에서 $Q(t+1)=0$으로 변하는 경우

입력 S와 R은 두 가지 조건이 있다. 즉, 출력이 변하지 않았으므로 $S=0$, $R=0$인 경우와 $Q(t+1)=0$으로 되기 위한 $S=0$, $R=1$인 경우다. 따라서 입력 조건은 $S=0$, $R=0$ 또는 $S=0$, $R=1$이며, 이것은 $S=0$, $R=\times$로 표시한다.

❷ $Q(t)=0$에서 $Q(t+1)=1$로 변하는 경우

$S=1$, $R=0$인 경우만 변화가 가능하다.

❸ $Q(t)=1$에서 $Q(t+1)=0$으로 변하는 경우

$S=0$, $R=1$인 경우만 변화가 가능하다.

❹ $Q(t)=1$에서 $Q(t+1)=1$로 변하는 경우

출력이 변하지 않으므로 $S=0$, $R=0$인 경우와 $Q(t+1)=1$이므로 출력이 1이 되는 $S=1$, $R=0$인 경우가 가능하다. 이것은 $S=\times$, $R=0$으로 표시한다.

2 JK 플립플롭의 여기표

[그림 9-8]은 JK 플립플롭의 특성표를 이용해 여기표를 얻는 과정이다.

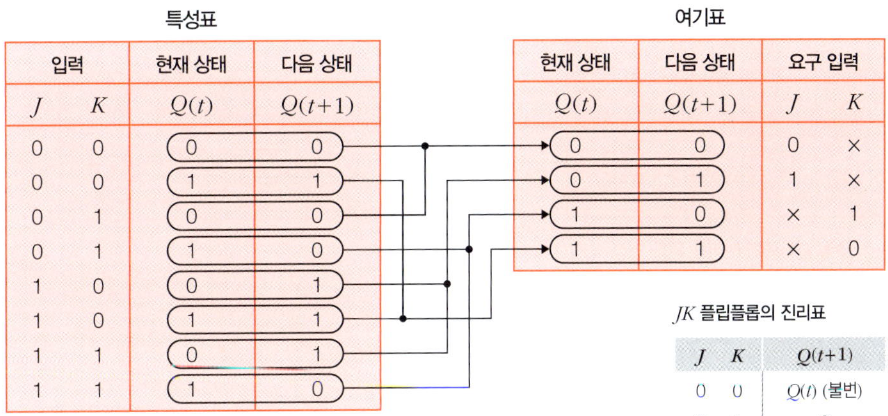

그림 9-8 JK 플립플롭의 여기표 유도 과정

JK 플립플롭의 진리표

J	K	$Q(t+1)$
0	0	$Q(t)$ (불변)
0	1	0
1	0	1
1	1	$\bar{Q}(t)$ (토글)

❶ $Q(t)=0$에서 $Q(t+1)=0$으로 변하는 경우

출력이 변하지 않았거나 $Q(t+1)=0$이 되었다고 생각할 수 있다. 전자는 $J=0$, $K=0$의 입력이, 후자는 $J=0$, $K=1$의 입력이 필요하다. 따라서 $J=0$, $K=\times$로 표시한다.

❷ $Q(t)=0$에서 $Q(t+1)=1$로 변하는 경우

출력이 반전되었으므로 $J=1$, $K=1$이거나, $Q(t+1)=1$로 set되는 경우이므로 $J=1$, $K=0$인 입력이 필요하다. 따라서 $J=1$, $K=\times$로 표시한다.

❸ $Q(t)=1$에서 $Q(t+1)=0$으로 변하는 경우

출력이 반전되었으므로 $J=1$, $K=1$이거나, $Q(t+1)=0$으로 clear되는 경우이므로 $J=0$, $K=1$인 입력이 필요하다. 따라서 $J=\times$, $K=1$로 표시한다.

❹ $Q(t)=1$에서 $Q(t+1)=1$로 변하는 경우

출력이 변하지 않으므로 $J=0,\ K=0$인 경우와 $Q(t+1)=1$이므로 출력이 1이 되는 $J=1,\ K=0$인 입력이 필요하다. 이것은 $J=\times,\ K=0$으로 표시한다.

3 *D* 플립플롭의 여기표

[그림 9-9]는 *D* 플립플롭의 특성표를 이용해 여기표를 얻는 과정이다. 현재 상태에 관계없이 다음 상태는 항상 *D* 입력과 같다. 따라서 $Q(t+1)=0$이 되려면 $Q(t)$의 값에 관계없이 $D=0$이고 $Q(t+1)=1$이 되기 위해서는 $D=1$이 되어야 한다.

D 플립플롭의 진리표

D	$Q(t+1)$
0	0
1	1

특성표

입력	현재 상태	다음 상태
D	$Q(t)$	$Q(t+1)$
0	0	0
0	1	0
1	0	1
1	1	1

여기표

현재 상태	다음 상태	요구 입력
$Q(t)$	$Q(t+1)$	D
0	0	0
0	1	1
1	0	0
1	1	1

그림 9-9 *D* 플립플롭의 여기표 유도 과정

4 *T* 플립플롭의 여기표

[그림 9-10]은 *T* 플립플롭의 특성표를 이용해 여기표를 얻는 과정이다. $T=1$인 경우 플립플롭은 보수를 취하며, $T=0$인 경우 플립플롭의 상태는 변하지 않는다. 그러므로 플립플롭의 상태가 변하지 않을 때는 $T=0$이어야 하고 플립플롭의 상태가 변할 때는 $T=1$이어야 한다.

T 플립플롭의 진리표

T	$Q(t+1)$
0	$Q(t)$ (불변)
1	$\bar{Q}(t)$ (토글)

특성표

입력	현재 상태	다음 상태
T	$Q(t)$	$Q(t+1)$
0	0	0
0	1	1
1	0	1
1	1	0

여기표

현재 상태	다음 상태	요구 입력
$Q(t)$	$Q(t+1)$	T
0	0	0
0	1	1
1	0	1
1	1	0

그림 9-10 *T* 플립플롭의 여기표 유도 과정

04 동기 순서논리회로의 설계 과정

동기 순서논리회로는 조합논리회로 부분과 기억 소자 부분으로 구성된다. 여기서 조합논리회로 부분은 AND나 OR 같은 기본 논리 게이트들의 결합으로 구성되고, 기억 소자 부분은 플립플롭 1개 이상이 병렬 또는 직렬로 결합되어 구성된다. 이러한 동기 순서논리회로의 설계는 크게 8단계로 수행된다.

[단계 1] 회로 동작 기술(상태도 작성)
[단계 2] 정의된 회로의 상태표 작성
[단계 3] 필요한 경우 상태 축소 및 상태 할당
[단계 4] 플립플롭의 수와 종류 결정
[단계 5] 플립플롭의 입력, 출력 및 각각의 상태에 문자기호 부여
[단계 6] 상태표를 이용해 회로의 상태 여기표 작성
[단계 7] 간소화 방법을 이용해 출력 함수 및 플립플롭의 입력 함수 유도
[단계 8] 순서논리회로도 작성

각 단계를 적용하여 순서논리회로의 설계 과정을 상세히 알아보자.

1 JK 플립플롭을 이용한 순서논리회로 설계

회로 동작 기술

순서논리회로의 설계 과정은 먼저 회로 동작을 명확히 기술해야 하며, 이때 플립플롭의 상태도나 다른 정보를 포함할 수 있다. 다시 말해, 순서논리회로의 설계는 조합논리회로와 달리 현재 상태가 다음 상태에 영향을 미치기 때문에 가능한 모든 상태와 이들 상태에 대한 전이 관계를 명확히 정의하는 것이 중요하다. 일단 회로에 대한 사양specification이 정해지면 해당 내용에 따라 상태표를 작성하고 설계 절차에 따라 회로를 설계할 수 있다. [그림 9-11]은 설계하려는 동기 순서논리회로에 대한 상태도state diagram를 나타낸다.

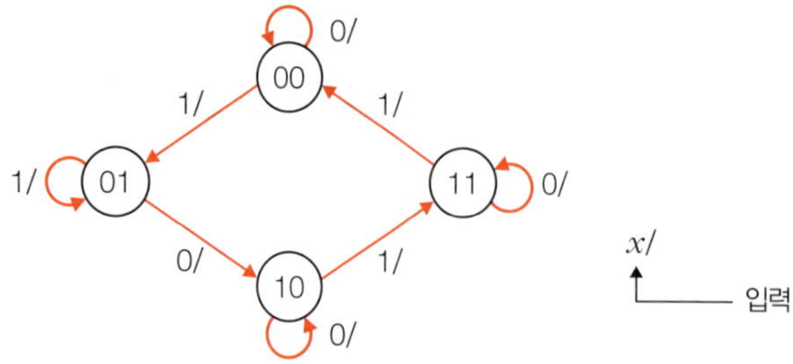

그림 9-11 동기 순서논리회로에 대한 상태도(JK 플립플롭을 이용하는 경우)

[그림 9-11]에서 4가지 상태에 각각 2진수 00, 01, 10, 11이 할당되었다. 일반적으로 방향 표시(화살표)가 된 선들은 슬래시(/)로 분리되는 2진수 2개를 갖는다. 슬래시 이전에 기술된 2진수는 현재 상태 동안의 입력값을, 다음에 나타난 2진수는 현재 상태 동안의 출력값을 나타낸다. 그러나 [그림 9-11]을 보면 출력이 없고 2진수 하나만 나타나 있는데, 입력 변수만 있고 출력 변수는 없는 상태에서 상태 변화가 일어남을 의미한다.

상태표 작성

상태표state table는 현재 상태와 외부 입력의 변화에 따라 다음 상태의 변화를 정의한 것으로 상태도로부터 유도할 수 있다. [그림 9-11]의 상태도로부터 상태표를 유도하기 위해서 4가지 상태를 나타내고 있는 두 플립플롭에는 상태 변수 A와 B를 할당하고, 외부 입력에는 변수 x를 할당한다. 이 회로에는 출력이 없음에 주의하라. [표 9-2]는 [그림 9-11]의 상태도로부터 유도된 상태표를 나타낸다.

표 9-2 [그림 9-11]의 상태표

현재 상태		입력	다음 상태	
A	B	x	A	B
0	0	0	0	0
0	0	1	0	1
0	1	0	1	0
0	1	1	0	1
1	0	0	1	0
1	0	1	1	1
1	1	0	1	1
1	1	1	0	0

[표 9-2]는 현재 상태 A, B가 외부 입력 x의 변화에 따라 다음 상태 A, B로 어떻게 변하는지를 나타내고 있다. 예를 들어, 현재 상태가 $A=0$, $B=1$이고 외부 입력 $x=0$인 경우 다음 상태는 $A=1$, $B=0$으로 변함을 알 수 있다. 이러한 변화는 [그림 9-11]의 상태도를 통해 직접 알 수 있다. 그러나 상태표에서는 현재 상태와 외부 입력 및 다음 상태를 정적인 형태로 표현하기 위해 변수를 정의한 점이 다르다.

플립플롭의 수와 형태 결정

동기 순서논리회로를 구성하는 플립플롭의 수는 회로의 모든 가능한 상태 수에 따라 결정된다. 예를 들어, 정의해야 할 상태의 수가 4가지면 플립플롭이 2개($4 = 2^2$) 필요하며, 8가지면 플립플롭이 3개($8 = 2^3$) 필요하다. 또 상태 수가 6가지인 경우에는 플립플롭이 3개 필요하지만 2가지 상태는 사용하지 않는다. 이러한 사용하지 않은 2가지 상태는 조합논리회로에서처럼 무관 조건이 된다.

[그림 9-11]의 상태도의 경우 가능한 모든 상태는 4가지이므로 필요한 플립플롭의 수는 2개이며, 각각의 플립플롭에 대해서 문자기호 A와 B를 할당한다. 일반적으로 플립플롭의 출력은 Q와 $\bar{Q}$로 구성된다. 따라서 4가지의 서로 다른 상태를 얻기 위해서는 플립플롭 2개가 필요하다.

[표 9-2]의 상태표에서 현재 상태와 다음 상태를 표시할 때 변수 A와 B를 사용하였는데, 현재 상태 $A = 1$, $B = 1$이라고 하는 것은 두 개의 플립플롭 중에서 플립플롭 A의 Q 출력, 즉 $Q_A = 1$이고 플립플롭 B의 Q 출력, 즉 $Q_B = 1$이라는 의미이다. 그리고 외부 입력이 $x = 1$이면, 플립플롭이 다음 상태인 $Q_A = 0$과 $Q_B = 0$으로 변한다는 의미가 된다.

동기 순서논리회로에 사용되는 기본적인 기억 소자에는 SR 플립플롭, D 플립플롭, JK 플립플롭, T 플립플롭이 있다. 이러한 플립플롭을 이용해 논리회로를 설계하는 경우, 설계할 회로 특성에 알맞으면서도 구현이 용이한 플립플롭을 선택해야 한다. 예를 들어, 카운터를 설계할 경우에는 회로의 특성상 주로 JK 플립플롭이나 T 플립플롭을 이용하는 것이 유리하다. 여기서 설명하는 회로의 설계는 JK 플립플롭을 이용한다.

상태 여기표 유도

플립플롭의 진리표는 순서논리회로의 동작을 분석하는 데 유용하다. 즉, 회로의 입력과 현재 상태가 주어지고 다음 상태의 결과를 얻기 위해서 진리표를 이용한다. 한편, 순서논리회로의 설계에 있어 현재 상태에서 다음 상태로의 전이transition를 알고 있을 때, 필요한 선이를 일으키는 플립플롭의 입력 조건을 결정해야 한다. 이러한 경우 주어진 상태 변화에 대해 필요한 입력 조건을 결정하는 표를 플립플롭의 여기표excitation table라 한다.

[표 9-2]의 상태표로부터 두 JK 플립플롭의 입력 상태를 얻기 위한 **상태 여기표**는 [표 9-3]과 같다. 상태 여기표는 현재 회로 상태가 외부 입력과 결합하여 다음 상태로 변할 때 플립플

롭의 입력에 인가해야 하는 값을 보여주고 있다. 예를 들어, [표 9-3]의 8가지 상태 변화 중에서 마지막 행인 $A=1$, $B=1$에서 $A=0$, $B=0$으로 상태 전이가 일어나는 경우를 생각해보자. 두 JK 플립플롭의 현재 상태가 $Q_A=1$, $Q_B=1$이고, 이 상태가 외부 입력 $x=1$과 결합하여 다음 상태인 $Q_A=0$, $Q_B=0$으로 변하고 있는데, 각 플립플롭은 똑같이 $Q=1$에서 $Q=0$으로 변한다. 결국 JK 플립플롭이 현재 상태 1에서 0으로 전이가 이루어지며, JK 플립플롭의 여기표를 참고하면 JK 플립플롭의 입력이 각각 $J=\times$, $K=1$이 되어야 함을 알 수 있다. 따라서 $Q_A=1$, $Q_B=1$에서 $Q_A=0$, $Q_B=0$이 되려면 두 JK 플립플롭에 $J_A=\times$, $K_A=1$, $J_B=\times$, $K_B=1$이 입력되어야 한다. 나머지 상태 변화도 같은 방법으로 이해할 수 있다.

표 9-3 상태 여기표

현재 상태		입력	다음 상태		플립플롭 입력			
A	B	x	A	B	J_A	K_A	J_B	K_B
0	0	0	0	0	0	×	0	×
0	0	1	0	1	0	×	1	×
0	1	0	1	0	1	×	×	1
0	1	1	0	1	0	×	×	0
1	0	0	1	0	×	0	0	×
1	0	1	1	1	×	0	1	×
1	1	0	1	1	×	0	×	0
1	1	1	0	0	×	1	×	1

JK 플립플롭의 여기표

$Q(t)$	$Q(t+1)$	J	K
0	0	0	×
0	1	1	×
1	0	×	1
1	1	×	0

플립플롭의 입력 함수 및 회로의 출력 함수 유도

조합논리회로의 설계에서 입출력 변수 간의 관계를 진리표로 나타낸 것과 마찬가지로 [표 9-3]과 같은 상태 여기표가 작성되면 설계하려는 순서논리회로의 함수(플립플롭의 입력 함수 또는 조합논리회로의 출력 함수)를 불 함수로 표현할 수 있다. 불 함수는 대수적으로 정리하여 간소화할 수도 있고, 카르노 맵을 이용해 간소화할 수도 있다.

입력 변수는 A, B, x이고 조합논리회로의 출력은 플립플롭의 입력이 된다. 플립플롭의 입력 함수는 카르노 맵을 이용해 간소화할 수 있으며, 이를 [그림 9-12]에 나타냈다.

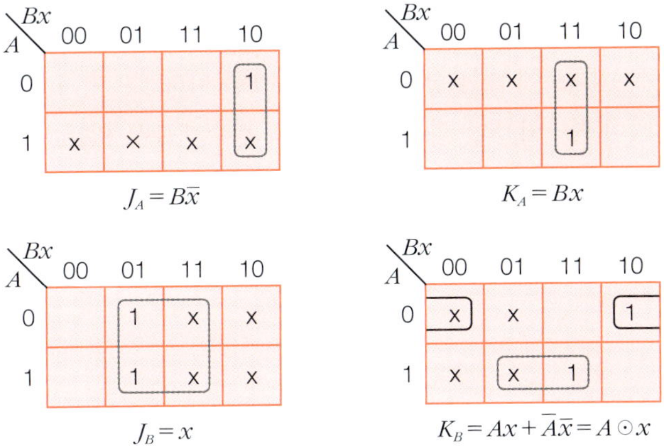

그림 9-12 카르노 맵을 이용한 간소화 과정

논리회로의 구현

간소화된 입력 함수를 이용해 전체 순서논리회로를 구현하면 [그림 9-13]과 같다. [그림 9-13]에 구현된 순서논리회로는 플립플롭의 현재 출력(Q_A, Q_B)이 외부 입력(x)과 함께 조합논리회로에 입력되어 조합논리회로의 출력(J_A, K_A, J_B, K_B)을 변화시키면, 조합논리회로의 출력이 바로 플립플롭의 입력이 되므로 플립플롭의 상태가 변하는 회로가 됨을 알 수 있다. 따라서 순서논리회로를 설계한다는 것은 사용하는 플립플롭의 상태가 설계자의 요구에 따라 일련의 변화를 하도록 조합논리회로를 설계하는 것과 같다고 할 수 있다.

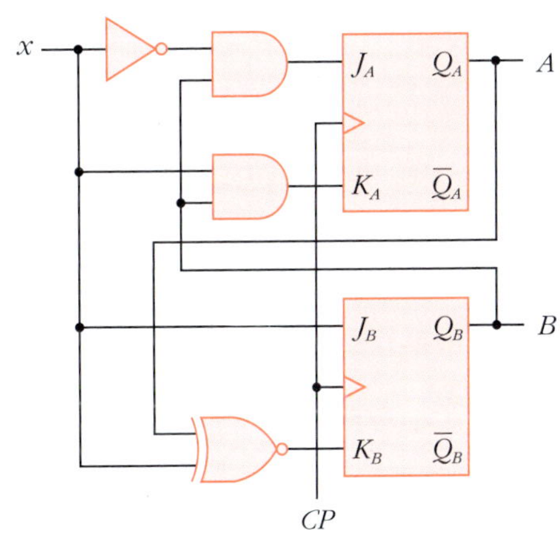

그림 9-13 *JK* 플립플롭을 이용한 순서논리회로의 구현

2 *D* 플립플롭을 이용한 순서논리회로 설계

D 플립플롭을 이용해 순서논리회로를 설계하는 방법을 설명하기 위해 앞의 절차와 동일하게 설계하는 예를 살펴보자.

회로 동작 기술

[그림 9-14]에는 설계하려는 순서논리회로에 대한 상태도state diagram를 나타냈으며, 4가지 상태에 각각 2진수 00, 01, 10, 11이 할당되었다. 입력 변수와 출력 변수가 모두 있는 상태에서 변화가 일어난다.

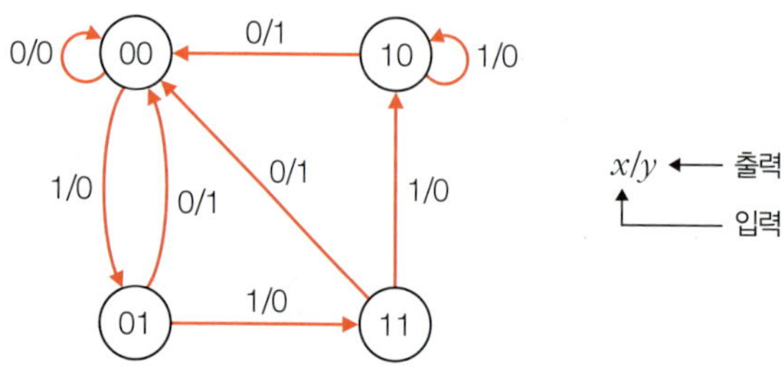

그림 9-14 동기 순서논리회로에 대한 상태도(D 플립플롭을 이용하는 경우)

상태표 작성

[그림 9-14]의 상태도로부터 상태표를 유도하기 위해서 4가지 상태를 나타내고 있는 두 플립플롭에는 상태 변수 A와 B를 할당하고, 외부 입력에는 변수 x를 할당한다. [표 9-4]는 [그림 9-14]의 상태도로부터 유도된 상태표를 나타낸다.

표 9-4 [그림 9-14]의 상태표

현재 상태		입력	다음 상태		출력
A	B	x	A	B	y
0	0	0	0	0	0
0	0	1	0	1	0
0	1	0	0	0	1
0	1	1	1	1	0
1	0	0	0	0	1
1	0	1	1	0	0
1	1	0	0	0	1
1	1	1	1	0	0

플립플롭의 수와 형태 결정

[그림 9-14]의 상태도의 경우 가능한 모든 상태는 4가지이므로 플립플롭은 2개가 필요하다.

이러한 동작을 구현하는 데 어떠한 플립플롭도 사용될 수 있으나 여기서는 비교적 설계 과정이 단순한 D 플립플롭을 사용하기로 한다.

상태 여기표 유도

D 플립플롭의 여기표를 이용해 [표 9-4]의 상태표로부터 두 D 플립플롭의 입력 상태를 얻기 위한 상태 여기표는 [표 9-5]와 같다. 예를 들어, [표 9-5]의 8가지 상태 변화 중에서 마지막 행인 $A=1$, $B=1$에서 $A=1$, $B=0$으로 상태 전이가 일어나는 경우를 생각해보자. D 플립플롭의 현재 상태가 $Q_A=1$, $Q_B=1$이고, 이 상태가 외부 입력 $x=1$과 결합하여 다음 상태인 $Q_A=1$, $Q_B=0$으로 변하고 있는데, D 플립플롭의 여기표를 참고하여 이와 같이 상태가 변화하려면 D 플립플롭의 입력이 각각 $D_A=1$, $D_B=0$이 되어야 함을 알 수 있다. 나머지 상태 변화도 같은 방법으로 이해할 수 있다.

표 9-5 [그림 9-14]의 상태 여기표

현재 상태		입력	다음 상태		플립플롭 입력		출력
A	B	x	A	B	D_A	D_B	y
0	0	0	0	0	0	0	0
0	0	1	0	1	0	1	0
0	1	0	0	0	0	0	1
0	1	1	1	1	1	1	0
1	0	0	0	0	0	0	1
1	0	1	1	0	1	0	0
1	1	0	0	0	0	0	1
1	1	1	1	0	1	0	0

D 플립플롭의 여기표

$Q(t)$	$Q(t+1)$	D
0	0	0
0	1	1
1	0	0
1	1	1

플립플롭의 입력 함수 및 회로의 출력 함수 유도

[표 9-5]와 같은 상태 전이를 발생히기 위한 입력 함수를 얻기 위해서는 다음 상태 값이 1인 항들로 이루어진 SOP 표현을 구하면 된다. 이때 SOP 표현의 각 항은 현재 상태 변수인 $A(t)$, $B(t)$ 및 입력 변수 x로 이루어지며 그 결과는 아래와 같다.

$$A(t+1)=D_A=\bar{A}Bx+A\bar{B}x+ABx$$
$$B(t+1)=D_B=\bar{A}\bar{B}x+\bar{A}Bx$$
$$y(t+1)=\bar{A}B\bar{x}+A\bar{B}\bar{x}+AB\bar{x}$$

다음 단계로서 위의 입력 함수들을 간소화하기 위해 각각에 대한 카르노 맵을 이용하면 [그림 9-15]와 같다.

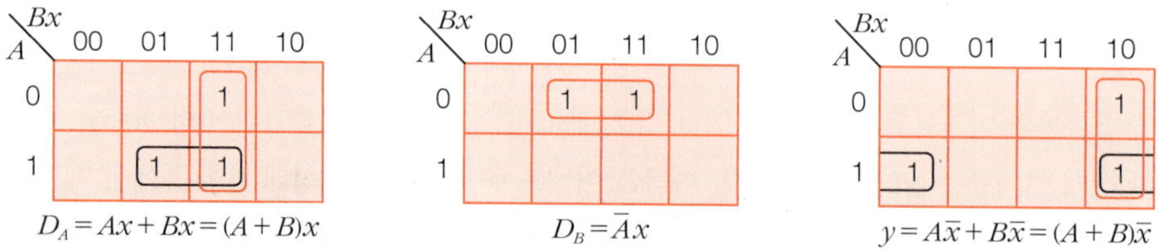

그림 9-15 카르노 맵을 이용한 간소화 과정

논리회로의 구현

입력 함수 D_A를 최소항의 합으로 표현한 것과 비교하면 변수가 줄었으므로 카르노 맵으로 구한 것이 좀 더 간소화된 표현임을 알 수 있으며, 간소화된 입력 함수를 이용해 전체 순서논리회로를 그리면 [그림 9-16]과 같다. 순서논리회로는 플립플롭의 현재 출력(Q_A, Q_B)이 외부 입력(x)과 함께 조합논리회로에 입력되어 조합논리회로의 출력(D_A, D_B)을 변화시키면, 조합논리회로의 출력이 바로 플립플롭의 입력이 되므로 플립플롭의 상태가 변하는 회로가 됨을 알 수 있다.

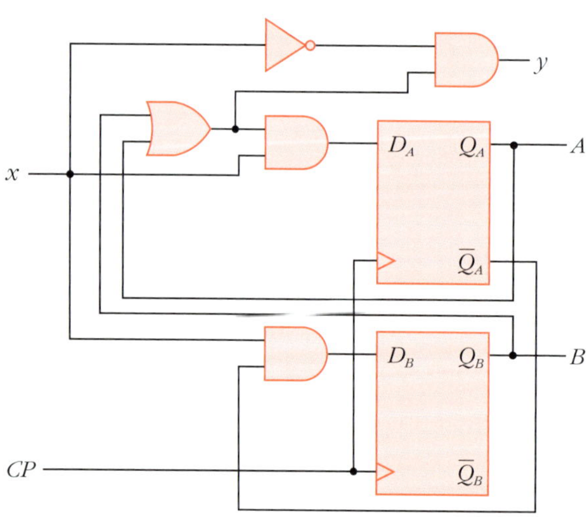

그림 9-16 D 플립플롭을 이용한 순서논리회로의 구현

05 동기 순서논리회로의 설계 예

제어 회로control circuit란 시스템이 정상적으로 동작하도록 신호를 발생시키는 장치를 말한다. 때로는 컴퓨터의 중앙 처리 장치 내에 있는 제어 장치를 말하기도 하지만, 여기서는 문제를 단순화시켜 디지털 데이터를 입력하면 현재 상태에 따라 클록에 의하여 일정한 출력 데이터를 발생시키는 회로를 설계하기로 한다.

설계의 첫 단계에서 주어지는 상태도에서 원circle 안에 표시되는 상태는 2진수 값 대신에 문자기호letter symbol로 표시되는 경우도 있다. [그림 9-11]과 같은 상태도의 원 안에 상태가 2진수로 표시되어 있으므로 상태의 축소나 할당을 위한 단계는 고려할 필요가 없다. 여기서는 문자기호로 표시된 상태를 가진 상태도로부터 간소화된 상태표를 유도하는 절차를 알아보기로 한다. 상태도로부터 얻은 상태표는 불필요한 상태redundant state를 하나 이상 가질 수 있다. 축소된 최소 상태표minimal state table를 유도하는 과정은 상태 축소와 상태 할당의 2단계로 수행한다.

상태 축소

회로 설계에서 중요한 점은 회로를 제작하는 데 필요한 비용을 줄이기 위해서 플립플롭과 게이트의 수를 최소화하는 일이라 할 수 있다. 순서논리회로에서 플립플롭의 수를 줄이는 것을 상태 축소state reduction라고 한다. 이 과정은 외부 입출력에 대한 요구 조건은 변하지 않고 단지 상태표에 있는 상태의 수를 줄이는 절차라 할 수 있다. 플립플롭의 수가 m이라 가정하면, 이때 요구되는 상태는 2^m이 되므로 상태의 수를 줄임으로써 플립플롭의 수를 줄일 수 있다. 그러나 경우에 따라 상태의 수는 감소하지만 플립플롭의 수는 변하지 않을 수도 있다.

상태를 축소하려면 먼저 주어진 상태도로부터 상태표를 작성하고, 이 상태표에 있는 불필요한 상태를 제거하면 된다. 이 과정을 거친 상태표를 이용하면 간소화된 상태도를 다시 구할 수 있다. [그림 9-17]은 문자기호로 표시된 상태를 가진 다른 형태의 상태도를 나타낸다.

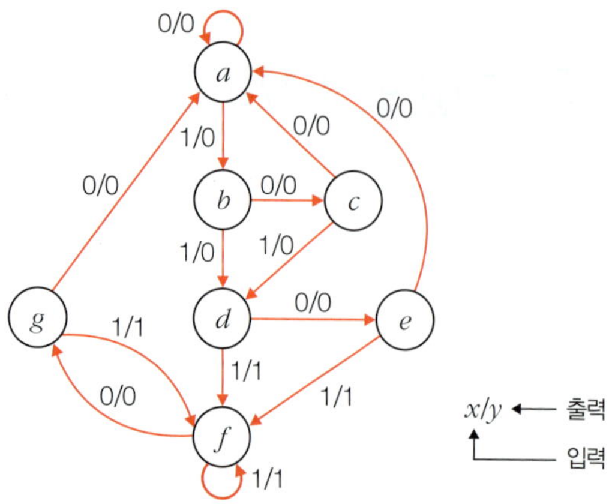

그림 9-17 상태 축소를 설명하기 위한 상태도

이 회로에 인가할 수 있는 입력 순서input sequence의 수는 제한되어 있지만, 각각에 대한 출력 순서는 유일하다. 따라서 상태 축소 문제는 순서논리회로의 입출력 관계에는 변화를 주지 않고, 단지 상태의 수를 줄이는 방법을 알아내는 것이다. [표 9-6]은 [그림 9-17]의 상태도로부터 직접 얻어진 상태표이다.

표 9-6 [그림 9-17]의 상태표

현재 상태	다음 상태		출력(y)	
	$x=0$	$x=1$	$x=0$	$x=1$
a	a	b	0	0
b	c	d	0	0
c	a	d	0	0
d	e	f	0	1
e	a	f	0	1
f	g	f	0	1
g	a	f	0	1

만약, 임의의 상태 p, q에 대해서 적어도 하나 이상의 입력이 서로 다른 출력을 가지는 상태가 존재한다면, 이들 상태는 서로 다르기 때문에 구별할 수 있다. 그러나 어떤 입력에 대해서도 p, q의 상태가 구별되지 않으면 서로 등가 관계가 성립한다. 이 경우 불필요한 1가지 상태를 제거함으로써 상태를 축소할 수 있다.

[표 9-6]의 상태표를 조사해보면 현재 상태 e와 g는 출력과 다음 상태가 같다. 즉, 이 2가지 상태는 입력이 $x=0$, $x=1$일 때 각각 다음 상태 a와 f로 가며, 동일한 출력 0과 1을 갖는다. 따라서 현재 상태 e와 g는 서로 등가이므로 이 중에서 한 가지 상태를 제거하면 된다. 여기서는 g를 제거한다. 이때 제거한 상태 g가 다음 상태 열에 나타나면, 상태 g를 상태 e로 치환하고 이를 정리하면 [표 9-7]과 같이 된다. 이러한 삭제 과정을 거친 후에도 앞에서 설명한 등가 관계를 다시 조사해야 한다. [표 9-7]에서 조사 결과 상태 d와 f도 서로 등가이므로 f를 삭제하고 다음 상태열에 있는 f를 d로 치환한다. [표 9-8]은 [표 9-6]에서 등가 상태를 모두 제거한 후 얻은 최소 상태표를 나타내며, 이를 이용하면 [그림 9-18]과 같이 축소된 상태도를 얻을 수 있다.

표 9-7 상태표의 축소

현재 상태	다음 상태		출력(y)	
	$x=0$	$x=1$	$x=0$	$x=1$
a	a	b	0	0
b	c	d	0	0
c	a	d	0	0
d	e	~~f~~ d	0	1
e	a	~~f~~ d	0	1
~~f~~	~~g~~ e	f	0	1
~~g~~	a	f	0	1

표 9-8 최종 상태표

현재 상태	다음 상태		출력(y)	
	$x=0$	$x=1$	$x=0$	$x=1$
a	a	b	0	0
b	c	d	0	0
c	a	d	0	0
d	e	d	0	1
e	a	d	0	1

순서논리회로의 상태를 축소시킨 결과 상태 수는 7개([그림 9-17])에서 5개([그림 9-18])로 감소하였으나 5가지 상태를 나타내려면 여전히 플립플롭이 3개 필요하다. 세 플립플롭은

000에서 111까지 8가지의 상태를 나타낼 수 있다. [표 9-8]의 상태표를 이용하면 5개 상태만 2진수 값을 할당하고 나머지 3개는 사용하지 않으므로 무관항이 된다. 따라서 상태 5개를 갖는 회로는 상태 7개를 갖는 회로와 비교할 때 조합논리회로 부분의 게이트의 수를 줄이는 효과가 있다. 일반적으로 상태 수를 줄인다고 해서 반드시 플립플롭이나 게이트의 수가 줄어들지는 않지만 줄어들 가능성은 많다.

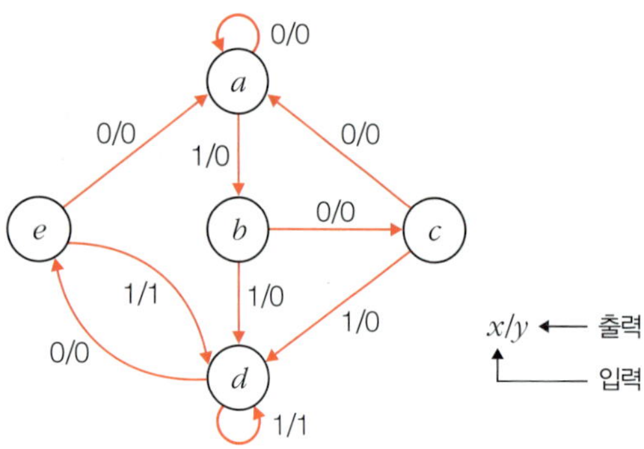

그림 9-18 축소된 상태도

n개의 비트로는 2^n개의 서로 다른 정보를 표현할 수 있다. 예를 들어, $n = 4$이면 $2^4 = 16$개의 정보를 표현할 수 있다.

n개의 서로 다른 상태를 나타내려면 $\lceil \log_2 n \rceil$개의 플립플롭이 필요하다. 예를 들어, $n = 10$이면 $\log_2 10 \approx 3.219$이므로 $\lceil \log_2 10 \rceil = 4$개의 플립플롭이 필요하다.

상태 할당

앞에서 설명한 방법에 의해 상태 축소 과정을 마치면 a, b, c, d, e 등과 같은 기호 형태로 표현된 각 상태를 얻을 수 있다. 상태 할당 문제는 조합논리회로 부분의 게이트 수를 최소화하기 위해 기호 형태로 표현된 각 상태에 대해서 2진수(2진 코드)의 값을 할당하는 것이다.

상태의 2진수 값은 순서가 적절한 입출력 관계를 유지하면 문제가 되지 않기 때문에 각 상태에 고유번호가 할당되면 어떠한 2진수 값을 할당해도 만족된다. [표 9-8]의 축소된 상태표의 5가지 상태에 2진수를 할당하는 방법은 여러 가지가 있는데, 이 중 3가지 예를 [표 9-9]에 나타냈다. 할당 1은 상태 a에서 e까지 순차적으로 2진 코드를 할당한 것이며, 나머지 경우는 임의로 선택하여 할당한 것이다.

상태 할당 수

상태 변수(또는 플립플롭)의 개수가 N이고, 축소한 상태의 개수가 n이라고 하면, 할당 가능한 경우의 수는 다음과 같다.

$$R = \frac{(2^N - 1)!}{(2^N - n)!N!}$$

본문의 경우를 예로 들면, $N = 3$, $n = 5$이므로 $R = 140$이다.

표 9-9 3가지 상태 할당 방법

상태	할당 1	할당 2	할당 3
a	000	000	000
b	001	010	100
c	010	011	010
d	011	101	101
e	100	111	011

[표 9-10]은 최소 상태표([표 9-8])에 나타난 각 문자기호를 [표 9-9]의 할당 1에 나타난 2진 코드로 대치한 최소 상태표를 나타낸다.

표 9-10 할당 1에 따른 최소 상태표

현재 상태	다음 상태		출력(y)	
	$x=0$	$x=1$	$x=0$	$x=1$
000	000	001	0	0
001	010	011	0	0
010	000	011	0	0
011	100	011	0	1
100	000	011	0	1

따라서 2진 할당 방법이 다르면 입출력 관계에는 변함이 없지만, 서로 다른 2진 코드 상태를 갖는 상태표를 얻게 된다는 것을 알 수 있다. 2진 형태의 상태표는 순서논리회로의 조합논리회로 부분을 유도하는 데 사용한다. 따라서 문자기호로 표시된 각 상태에 2진 코드를 할당하는 방법에 따라 조합논리회로 부분의 복잡도는 달라지겠지만 최소 비용으로 조합논리회로를 얻을 수 있는 상태 할당 방법은 아직 존재하지 않는다.

플립플롭의 수와 형태 결정

[표 9-10]에서 현재 상태가 000, 외부 입력이 $x=0$, 외부 출력이 $y=0$이면 다음 상태는 000이 된다. 또한 현재 상태가 100, 외부 입력이 $x=1$, 외부 출력이 $y=1$이면 다음 상태는 011이 된다. 제어하려는 상태의 수는 5가지이므로 최소한 3비트가 필요하다. 따라서 3개의 SR 플립플롭을 순서대로 A, B, C라고 정의한다.

상태 여기표의 유도

현재 상태를 다음 상태로 전이하려면 플립플롭에 어떤 입력을 인가해야 하는지 조사하기 위해 [표 9-11]과 같은 상태 여기표를 작성한다. 상태 여기표에서 현재 상태가 010일 경우, 3개 플립플롭의 출력 Q는 $Q_A=0$, $Q_B=1$, $Q_C=0$인 상태에서 외부 입력이 $x=1$이 되면 다음 상태는 011로 전이되므로 플립플롭의 출력 Q는 $Q_A=0$, $Q_B=1$, $Q_C=1$이 된다.

SR 플립플롭의 여기표

$Q(t)$	$Q(t+1)$	S	R
0	0	0	×
0	1	1	0
1	0	0	1
1	1	×	0

표 9-11 순서 제어 회로의 상태 여기표

	현재 상태	외부 입력	다음 상태	플립플롭 입력						외부 출력
	$A\ B\ C$	x	$A\ B\ C$	S_A	R_A	S_B	R_B	S_C	R_C	y
a	0 0 0	0	0 0 0	0	×	0	×	0	×	0
	0 0 0	1	0 0 1	0	×	0	×	1	0	0
b	0 0 1	0	0 1 0	0	×	1	0	0	1	0
	0 0 1	1	0 1 1	0	×	1	0	×	0	0
c	0 1 0	0	0 0 0	0	×	0	1	0	×	0
	0 1 0	1	0 1 1	0	×	×	0	1	0	0
d	0 1 1	0	1 0 0	1	0	0	1	0	1	0
	0 1 1	1	0 1 1	0	×	×	0	×	0	1
e	1 0 0	0	0 0 0	0	1	0	×	0	×	0
	1 0 0	1	0 1 1	0	1	1	0	1	0	1
무관항	1 0 1	0	× × ×	×	×	×	×	×	×	×
	1 0 1	1	× × ×	×	×	×	×	×	×	×
	1 1 0	0	× × ×	×	×	×	×	×	×	×
	1 1 0	1	× × ×	×	×	×	×	×	×	×
	1 1 1	0	× × ×	×	×	×	×	×	×	×
	1 1 1	1	× × ×	×	×	×	×	×	×	×

플립플롭의 입력 함수 및 회로의 출력 함수 유도

[표 9-11]과 같은 상태 여기표가 완성되면 간소화를 위해 [그림 9-19]와 같은 카르노 맵을 구한다. 이 도표로부터 플립플롭의 입력 함수와 외부 출력 함수를 구하면 다음과 같다.

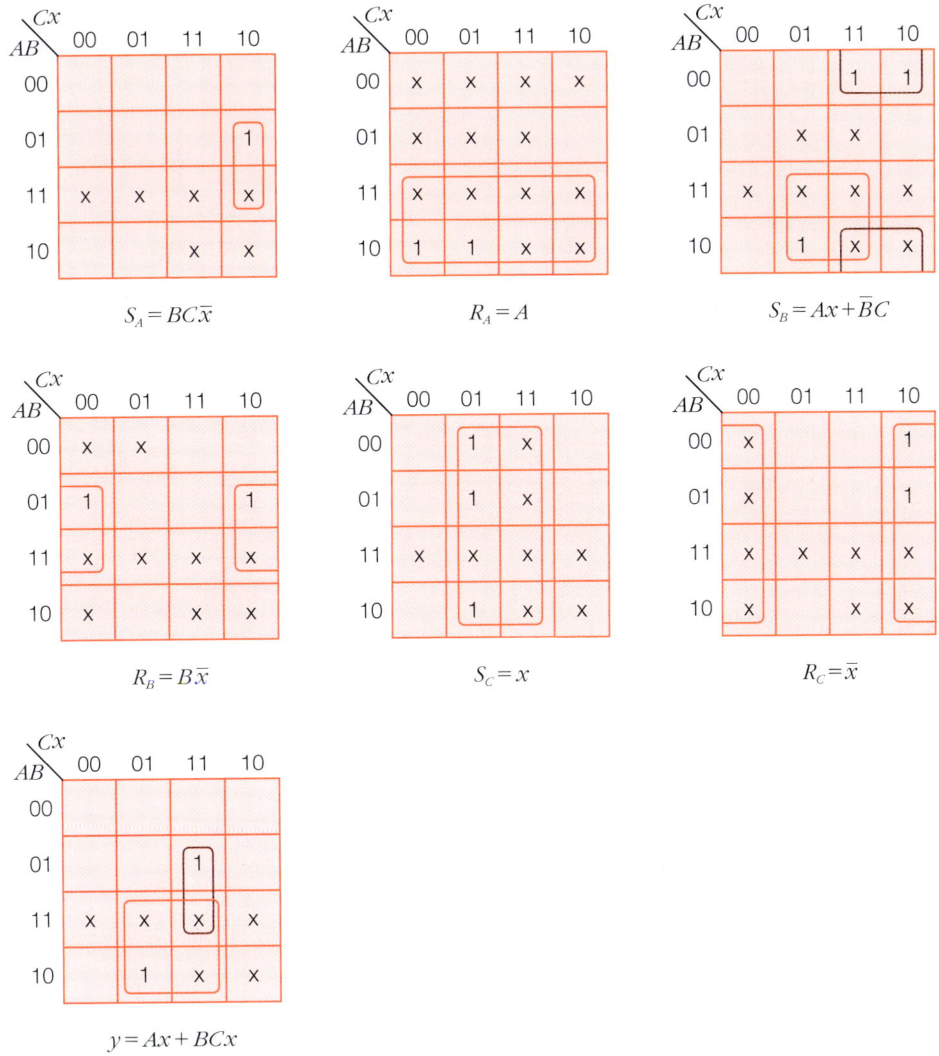

그림 9-19 순서 제어 회로의 카르노 맵

논리회로의 구현

이들 함수를 이용해 논리회로로 나타내면 [그림 9-20]과 같다.

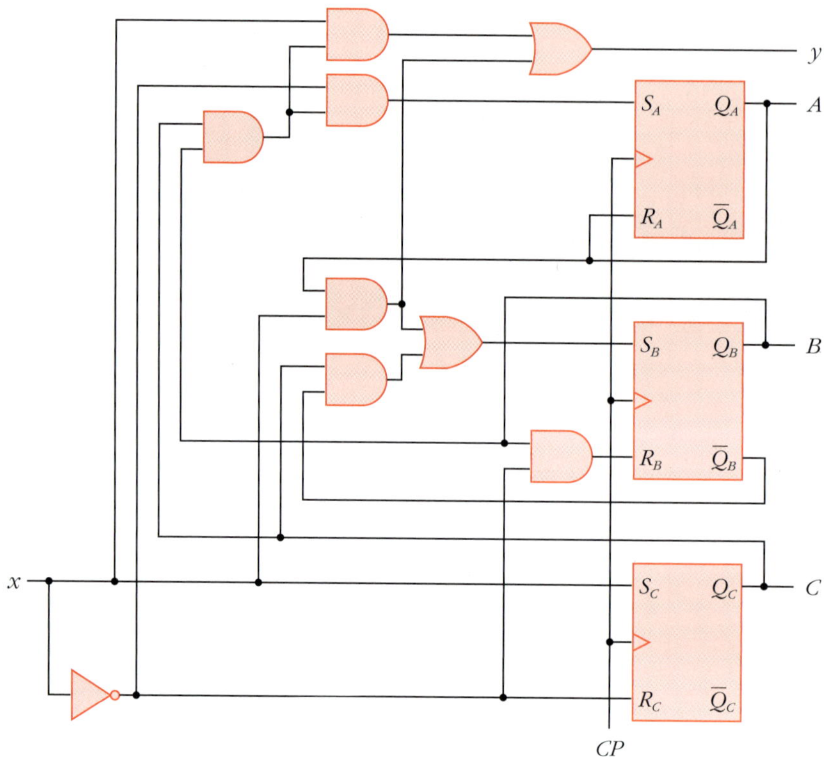

그림 9-20 순서 제어 회로의 논리회로

06 미사용 상태의 설계

m개의 플립플롭을 가진 순서논리회로는 최대 2^m가지 현재 상태와 다음 상태를 가진다. 그러나 2^m가지 현재 상태를 순서논리회로에서 모두 사용하지 않는 경우가 있다. 카운터를 설계할 때도 마찬가지다. 순서논리회로를 설계할 때, 사용하지 않는 상태는 상태 여기표에서 표시하지 않으며, 플립플롭의 입력 함수를 간소화할 경우에는 무관항으로 처리한다.

순서논리회로에서 사용하지 않는 상태를 처리하는 과정을 알아보기 위해 [그림 9-21]과 같이 주어지는 상태도를 JK 플립플롭을 사용해 순서논리회로를 구현하는 경우를 예로 들어보자. 상태도에서 6가지 상태는 사용되었고, 2가지 상태(000, 001)는 사용되지 않았다.

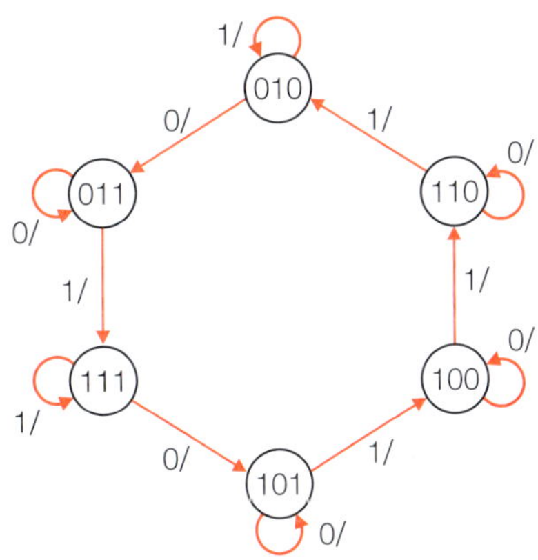

그림 9-21 미사용 상태를 포함한 상태도

상태도로부터 얻어진 상태 여기표는 [표 9-12]와 같다. 입력 변수 x만 있고, 출력이 없기 때문에 상태 여기표에도 출력 부분이 없다.

표 9-12 미사용 상태를 포함한 순서논리회로의 상태 여기표

현재 상태			입력	다음 상태			플립플롭 입력					
A	B	C	x	A	B	C	J_A	K_A	J_B	K_B	J_C	K_C
0	1	0	0	0	1	1	0	×	×	0	1	×
0	1	0	1	0	1	0	0	×	×	0	0	×
0	1	1	0	0	1	1	0	×	×	0	×	0
0	1	1	1	1	1	1	1	×	×	0	×	0
1	0	0	0	1	0	0	×	0	0	×	0	×
1	0	0	1	1	1	0	×	0	1	×	0	×
1	0	1	0	1	0	1	×	0	0	×	×	0
1	0	1	1	1	0	0	×	0	0	×	×	1
1	1	0	0	1	1	0	×	0	×	0	0	×
1	1	0	1	0	1	0	×	1	×	0	0	×
1	1	1	0	1	0	1	×	0	×	1	×	0
1	1	1	1	1	1	1	×	0	×	0	×	0

JK 플립플롭의 여기표

$Q(t)$	$Q(t+1)$	J	K
0	0	0	×
0	1	1	×
1	0	×	1
1	1	×	0

카르노 맵을 이용해 간소화된 플립플롭의 입력 함수를 구하면 [그림 9-22]와 같다. 여기서 사용하지 않은 두 개의 상태(000, 001)에 대해서는 카르노 맵에서 무관항으로 처리하여 간소화한다.

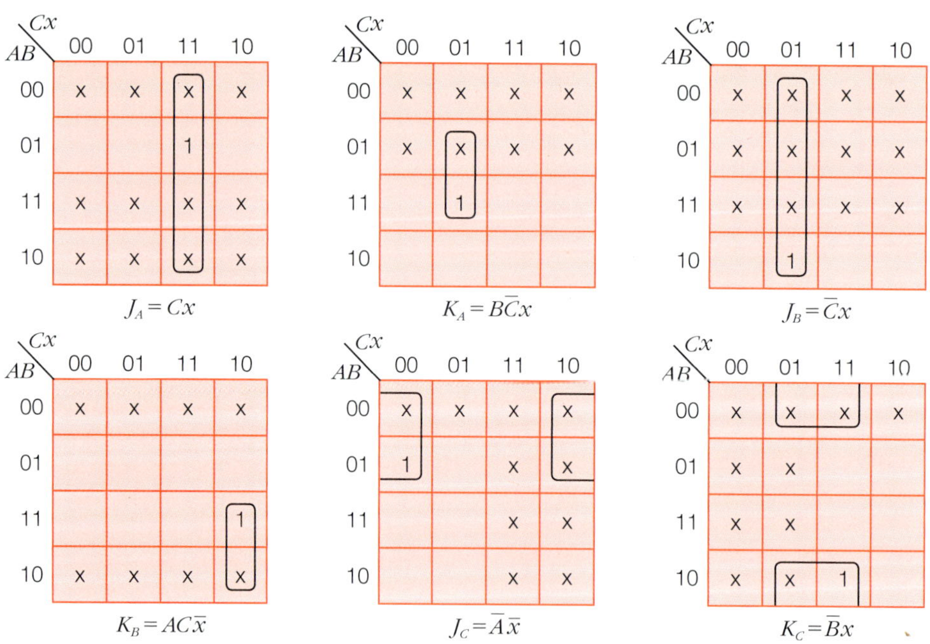

그림 9-22 미사용 상태를 포함한 순서논리회로의 카르노 맵

[그림 9-21]의 상태도에 대한 순서논리회로는 [그림 9-23]과 같다.

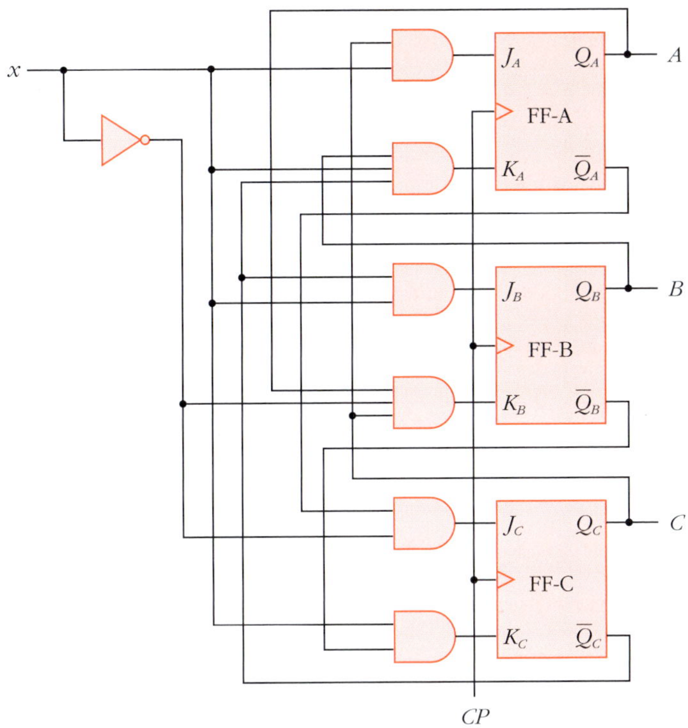

그림 9-23 [그림 9-21]의 순서논리회로

이 예에서는 사용하지 않는 2가지 상태 000, 001이 있으며, [그림 9-21]의 상태도에는 없기 때문에 발생하지 않는다. 순서논리회로에서는 어떠한 상태든지 초기 상태가 될 수 있다. 따라서 사용하지 않는 상태가 초기 상태가 될 수도 있으므로 사용하지 않는 상태에 대해 다음 상태가 어떤지 구해야 한다. 이 값은 [그림 9-23]의 순서논리회로에 대입하여 구할 수 있다.

먼저 플립플롭의 출력 A, B, C와 입력 x의 현재 상태값을 불 함수식에 대입하여 각 플립플롭의 J와 K 입력값을 구한다. 다음에는 클록 펄스가 인가되면 각 플립플롭의 J와 K 입력값을 대입하여 다음 상태값을 구한다.

❶ $A=0$, $B=0$, $C=0$, $x=0$일 때

- FF-A는 $J_A = Cx = 0$, $K_A = B\overline{C}x = 0$이므로 현재 상태가 변하지 않는다($A=0$).

- FF-B는 $J_B = \bar{C}x = 0$, $K_B = AC\bar{x} = 0$이므로 현재 상태가 변하지 않는다($B = 0$).
- FF-C는 $J_C = \bar{A}\bar{x} = 1$, $K_C = \bar{B}x = 0$이므로 set 상태가 된다($C = 1$).

❷ $A = 0$, $B = 0$, $C = 0$, $x = 1$일 때

- FF-A는 $J_A = Cx = 0$, $K_A = B\bar{C}x = 0$이므로 현재 상태가 변하지 않는다($A = 0$).
- FF-B는 $J_B = \bar{C}x = 1$, $K_B = AC\bar{x} = 0$이므로 set 상태가 된다($B = 1$).
- FF-C는 $J_C = \bar{A}\bar{x} = 0$, $K_C = \bar{B}x = 1$이므로 clear 상태가 된다($C = 0$).

❸ $A = 0$, $B = 0$, $C = 1$, $x = 0$일 때

- FF-A는 $J_A = Cx = 0$, $K_A = B\bar{C}x = 0$이므로 현재 상태가 변하지 않는다($A = 0$).
- FF-B는 $J_B = \bar{C}x = 0$, $K_B = AC\bar{x} = 0$이므로 현재 상태가 변하지 않는다($B = 0$).
- FF-C는 $J_C = \bar{A}\bar{x} = 1$, $K_C = \bar{B}x = 0$이므로 set 상태가 된다($C = 1$).

❹ $A = 0$, $B = 0$, $C = 1$, $x = 1$일 때

- FF-A는 $J_A = Cx = 1$, $K_A = B\bar{C}x = 0$이므로 set 상태가 된다($A = 1$).
- FF-B는 $J_B = \bar{C}x = 0$, $K_B = AC\bar{x} = 0$이므로 현재 상태가 변하지 않는다($B = 0$).
- FF-C는 $J_C = \bar{A}\bar{x} = 0$, $K_C = \bar{B}x = 1$이므로 clear 상태가 된다($C = 0$).

따라서 미사용 상태에 대한 결과는 [표 9-13]과 같다.

표 9-13 미사용 상태의 상태표

현재 상태			입력	다음 상태		
A	B	C	x	A	B	C
0	0	0	0	0	0	1
0	0	0	1	0	1	0
0	0	1	0	0	0	1
0	0	1	1	1	0	0

마지막으로 사용하지 않는 상태까지 고려한 상태도는 [그림 9-24]와 같다.

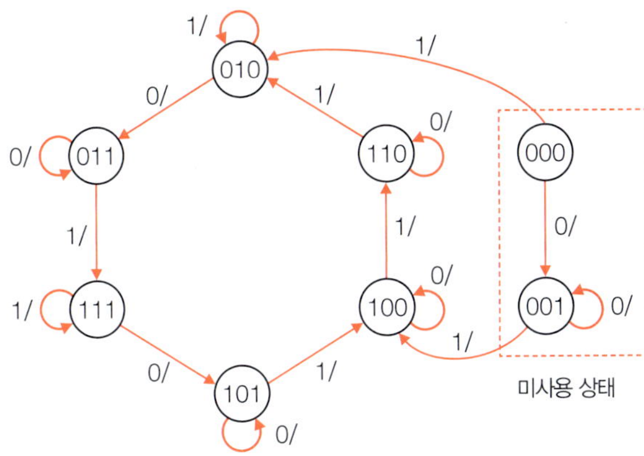

그림 9-24 미사용 상태를 포함한 상태도

플립플롭 3개를 사용한 순서논리회로에서는 최대 8가지(=2^3) 상태값을 가질 수 있으나, 이 예에서는 6가지의 상태값을 가져서 2가지 상태는 미사용 상태가 된다. 만일 순서논리회로의 초기 상태가 6가지 유효한 상태인 경우는 문제가 없으나 2가지 미사용 상태가 초기 상태인 경우에는 순서논리회로가 유효 상태로 돌아갈 수 있도록 순서논리회로를 구성해야 한다.

[그림 9-24]의 상태도에서 미사용 상태인 001은 입력이 $x=0$일 때는 클록 펄스가 입력되어도 상태의 변화가 없지만, $x=1$일 때는 클록 펄스가 입력되면 유효 상태인 100으로 상태가 변한다. 또한 미사용 상태인 000은 입력이 $x=0$일 때는 클록 펄스가 입력되면 같은 미사용 상태인 001로 상태가 변하지만, $x=1$일 때는 클록 펄스가 입력되면 유효 상태인 010으로 상태가 변한다. 이와 같이 순서논리회로에서는 미사용 상태도 1개 또는 2개 이상의 클록 펄스가 입력되면 유효한 상태로 전이하게 된다.

07 카운터의 설계

카운터는 플립플롭을 사용한 순서논리회로로, 클록 펄스가 입력될 때마다 미리 정해진 일련의 순서에 따라 상태가 변하게 되며, 상태의 순서는 2진 카운터이거나 임의의 다른 상태 순서가 될 수 있다.

카운터를 설계할 때 다양한 순서에 연속적인 2진 순서를 갖는 2진 카운터binary counter의 설계가 가장 간단하다. n비트 2진 카운터는 플립플롭 n개로 구성되며 0에서 $2^n - 1$까지 순서를 가질 수 있다. 한 예로 3비트 카운터는 클록 펄스가 입력될 때마다 0(000)~7(111)까지 최대 8가지 상태를 순환하며, 7(111) 다음에는 0(000)으로 돌아가서 계속 순환한다. 카운터에서는 외부 입력이나 출력이 없으며, 상태 변화는 클록 펄스를 통해 수행된다. 카운터를 설계할 때 여러 가지 플립플롭을 사용할 수 있으나, 주로 토글 상태가 있는 T 플립플롭이나 JK 플립플롭을 사용하면 쉽게 설계할 수 있다.

순서논리회로의 일종인 카운터를 설계하는 예로, JK 플립플롭을 사용해 3비트 2진 상향 카운터를 설계하고자 한다. 3비트 2진 상향 카운터의 상태도는 [그림 9-25]와 같다.

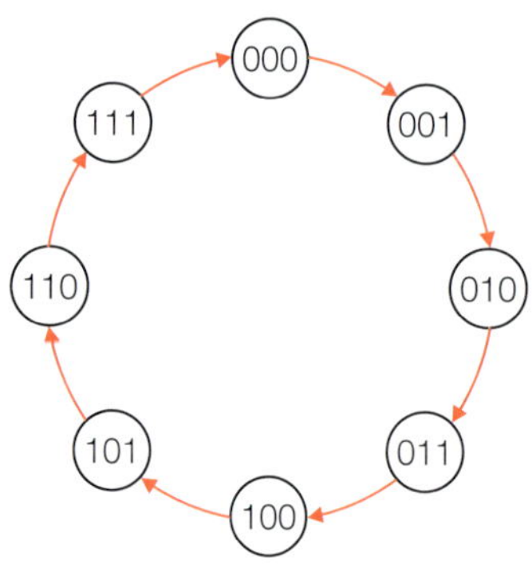

그림 9-25 3비트 2진 상향 카운터의 상태도

구성할 카운터는 외부 입력과 외부 출력이 없으며, 클록 펄스가 입력될 때마다 0에서 시작하여 1, 2, ..., 7 그리고 7 다음은 0으로 돌아가는 것이다. [그림 9-25]의 상태도에서 [표 9-14]와 같은 상태표를 얻을 수 있다.

표 9-14 3비트 2진 상향 카운터의 상태표

현재 상태			다음 상태		
A	B	C	A	B	C
0	0	0	0	0	1
0	0	1	0	1	0
0	1	0	0	1	1
0	1	1	1	0	0
1	0	0	1	0	1
1	0	1	1	1	0
1	1	0	1	1	1
1	1	1	0	0	0

사용할 JK 플립플롭의 상태 수가 8가지이므로 플립플롭은 3개가 필요하다. 세 플립플롭의 출력을 A, B, C라 할 때 상태 여기표는 [표 9-15]와 같다.

JK 플립플롭의 여기표

$Q(t)$	$Q(t+1)$	J	K
0	0	0	×
0	1	1	×
1	0	×	1
1	1	×	0

표 9-15 3비트 2진 상향 카운터의 상태 여기표

현재 상태			다음 상태			플립플롭 입력					
A	B	C	A	B	C	J_A	K_A	J_B	K_B	J_C	K_C
0	0	0	0	0	1	0	×	0	×	1	×
0	0	1	0	1	0	0	×	1	×	×	1
0	1	0	0	1	1	0	×	×	0	1	×
0	1	1	1	0	0	1	×	×	1	×	1
1	0	0	1	0	1	×	0	0	×	1	×
1	0	1	1	1	0	×	0	1	×	×	1
1	1	0	1	1	1	×	0	×	0	1	×
1	1	1	0	0	0	×	1	×	1	×	1

플립플롭의 입력 함수를 카르노 맵을 이용해 간소화하면 다음과 같다.

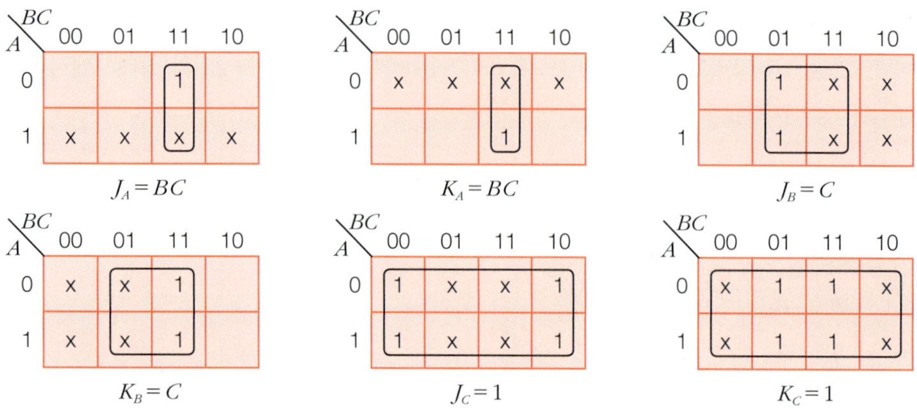

그림 9-26 3비트 2진 상향 카운터의 카르노 맵

JK 플립플롭을 사용한 3비트 2진 상향 카운터의 순서논리회로는 [그림 9-27]과 같다.

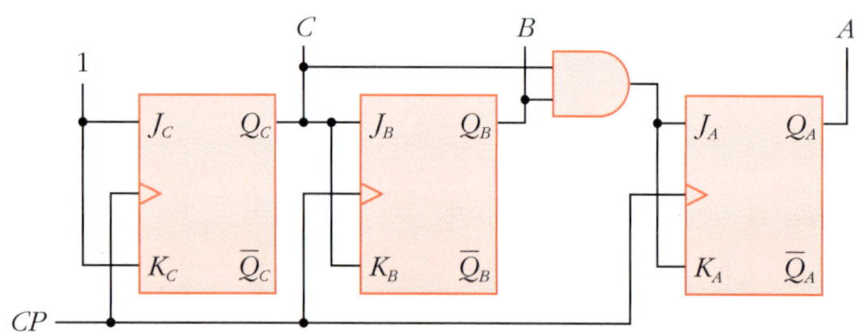

그림 9-27 *JK* 플립플롭을 사용한 3비트 2진 상향 카운터

예제 9-1

JK 플립플롭을 사용해 다음 3비트 2진 하향 카운터의 상태도에 해당하는 카운터를 구현하시오.

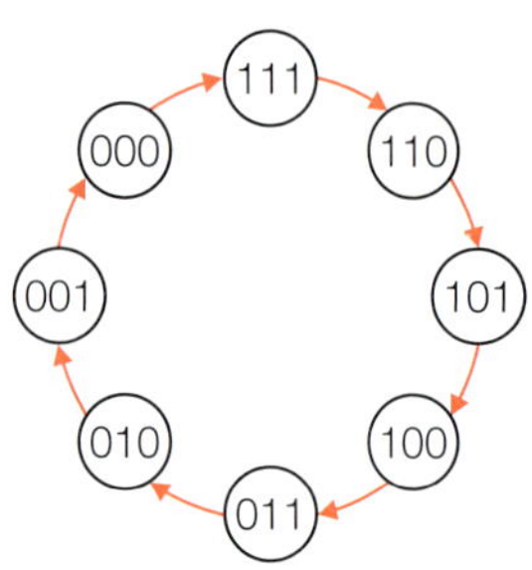

풀이

상태도를 살펴보면 카운터의 계수 순서가 [그림 9-25]와 역순임을 알 수 있다. 클록 펄스가

입력될 때마다 7에서 시작하여 6, 5, ..., 0 그리고 0 다음은 7로 돌아가는 것이다. 상태 수가 8가지이므로 *JK* 플립플롭은 3개가 필요하다. 세 플립플롭의 출력을 *A*, *B*, *C*라 할 때, 상태 여기표를 작성하면 다음과 같다.

현재 상태			다음 상태			플립플롭 입력					
A	B	C	A	B	C	J_A	K_A	J_B	K_B	J_C	K_C
0	0	0	1	1	1	1	×	1	×	1	×
0	0	1	0	0	0	0	×	0	×	×	1
0	1	0	0	0	1	0	×	×	1	1	×
0	1	1	0	1	0	0	×	×	0	×	1
1	0	0	0	1	1	×	1	1	×	1	×
1	0	1	1	0	0	×	0	0	×	×	1
1	1	0	1	0	1	×	0	×	1	1	×
1	1	1	1	1	0	×	0	×	0	×	1

JK 플립플롭의 여기표

$Q(t)$	$Q(t+1)$	J	K
0	0	0	×
0	1	1	×
1	0	×	1
1	1	×	0

카르노 맵에 의해 간소화하여 *JK* 플립플롭의 입력 함수를 구하면 다음과 같다.

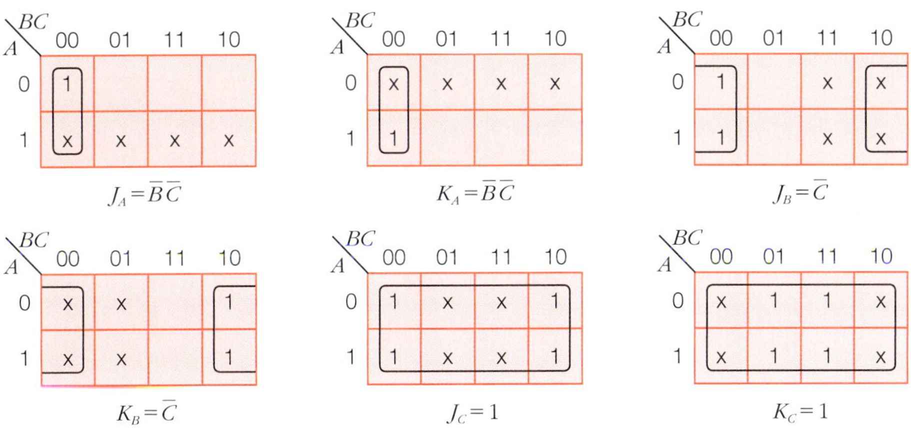

$J_A = \overline{B}\,\overline{C}$

$K_A = \overline{B}\,\overline{C}$

$J_B = \overline{C}$

$K_B = \overline{C}$

$J_C = 1$

$K_C = 1$

따라서 *JK* 플립플롭을 이용해 3비트 2진 하향 카운터를 구현하면 다음과 같다.

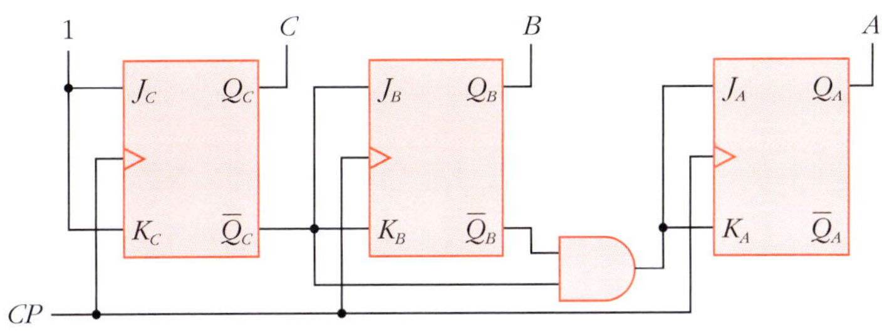

예제 9-2

JK 플립플롭을 사용해 다음과 같이 주어지는 상태도에 해당하는 카운터를 설계하고, 미사용 상태에 대한 상태도를 구하시오.

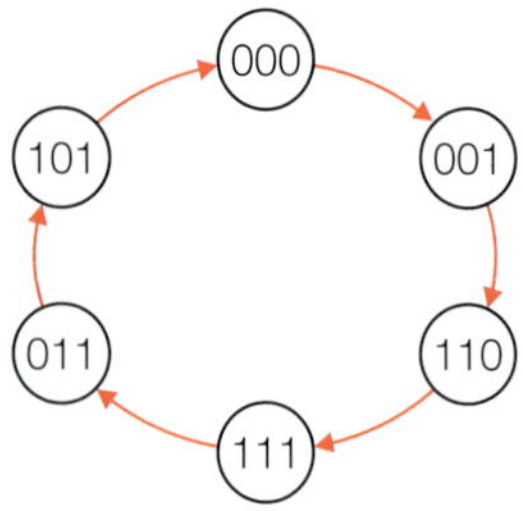

풀이

상태도에 의한 상태 여기표는 다음과 같다.

현재 상태			다음 상태			플립플롭 입력					
A	B	C	A	B	C	J_A	K_A	J_B	K_B	J_C	K_C
0	0	0	0	0	1	0	×	0	×	1	×
0	0	1	1	1	0	1	×	1	×	×	1
0	1	1	1	0	1	1	×	×	1	×	0
1	0	1	0	0	0	×	1	0	×	×	1
1	1	0	1	1	1	×	0	×	0	1	×
1	1	1	0	1	1	×	1	×	0	×	0

JK 플립플롭의 여기표

$Q(t)$	$Q(t+1)$	J	K
0	0	0	×
0	1	1	×
1	0	×	1
1	1	×	0

카르노 맵을 이용해 간소화된 플립플롭의 입력 함수를 구하면 다음과 같다. 여기서 사용하지 않은 두 상태(010, 100)에 대해서는 카르노 맵에서 무관항으로 처리하여 간소화한다.

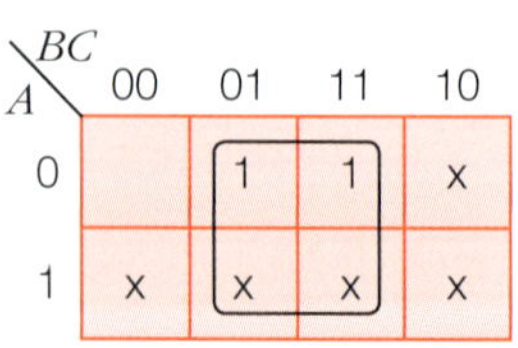

$J_A = C$

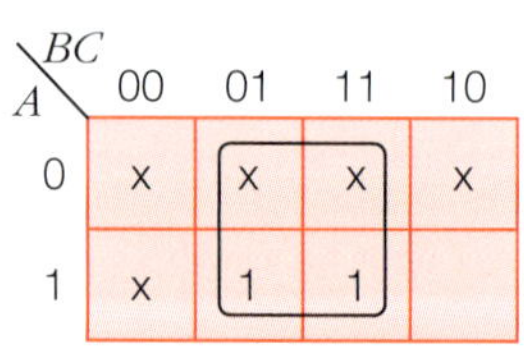

$K_A = C$

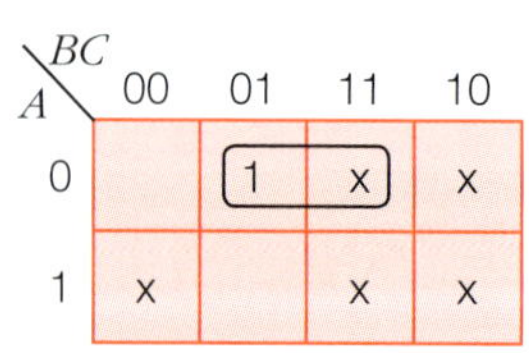

$J_B = \overline{A}C$

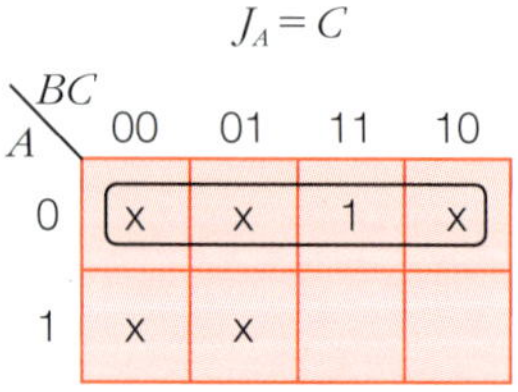

$K_B = \overline{A}$

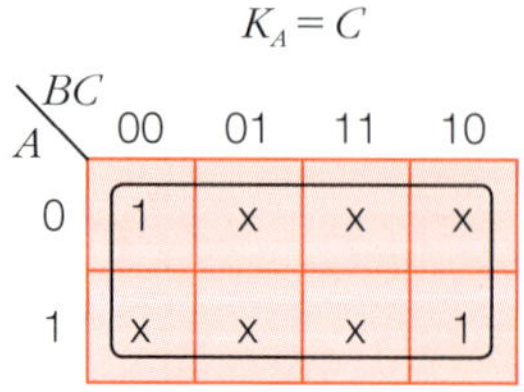

$J_C = 1$

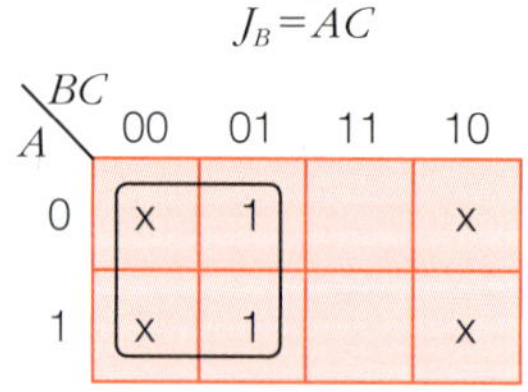

$K_C = \overline{B}$

논리 함수식을 이용해 카운터 회로를 구현하면 다음과 같다.

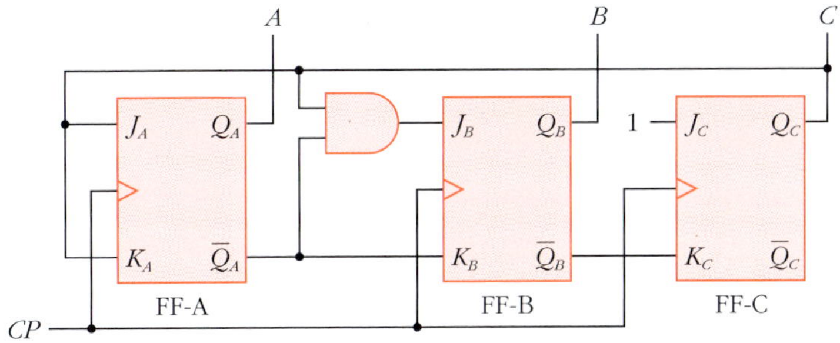

먼저 플립플롭의 출력 A, B, C의 현재 상태값을 불 함수식에 대입하여 각 플립플롭의 J와 K 입력값을 구한다. 다음에는 클록 펄스가 인가되면 각 플립플롭의 J와 K 입력값을 대입하여 다음 상태값을 구한다.

❶ $A=0$, $B=1$, $C=0$일 때

- FF-A는 $J_A=C=0$, $K_A=C=0$이므로 현재 상태가 변하지 않는다($A=0$).
- FF-B는 $J_B=\overline{A}C=0$, $K_B=\overline{A}=1$이므로 clear 상태가 된다($B=0$).
- FF-C는 $J_C=1$, $K_C=\overline{B}=0$이므로 set 상태가 된다($C=1$).

❷ $A=1$, $B=0$, $C=0$일 때

- FF-A는 $J_A=C=0$, $K_A=C=0$이므로 현재 상태가 변하지 않는다($A=1$).
- FF-B는 $J_B=\overline{A}C=0$, $K_B=\overline{A}=0$이므로 현재 상태가 변하지 않는다($B=0$).
- FF-C는 $J_C=1$, $K_C=\overline{B}=1$이므로 현재 상태가 반전된다($C=1$).

사용되지 않는 010과 100에 대한 상태도는 다음과 같다. 010 상태는 클록 펄스 1개가 입력되면 다음 상태 001로 변하며, 100 상태는 클록 펄스 1개가 입력되면 다음 상태 101로 변한다. 이와 같이 카운터는 사용되지 않는 상태가 되더라도 다음 클록 펄스에서 유효 상태가 되어 정확한 카운터의 기능을 수행한다.

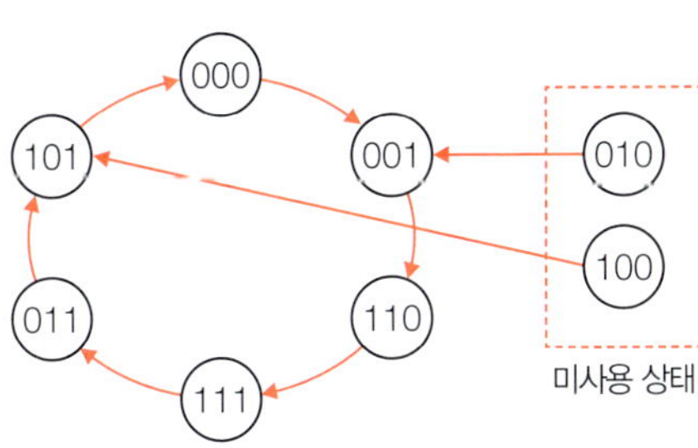

08 상태 방정식을 이용한 설계

순서논리회로는 상태 여기표를 사용하지 않고 상태 방정식을 이용해 설계할 수 있다. 상태 방정식은 현재 상태와 입력 변수의 함수로 플립플롭의 상태 변화에 관한 조건을 명시하는 불 대수식으로 다음 상태에 관한 조건이 주어지는 식이다.

순서논리회로의 상태 방정식은 상태표에 표시된 정보와 똑같은 내용을 대수적으로 표시하고 있으며, 플립플롭의 특성 방정식과 형태가 유사하다. 상태 방정식은 상태표에서 쉽게 유도할 수 있으며, 어떤 순서논리회로이든지 상태 방정식으로 표시할 수 있다. 특히 D 플립플롭이나 JK 플립플롭을 사용하는 경우 상태 방정식을 이용해 순서논리회로를 설계하는 것이 더욱 편리하다. SR 플립플롭이나 T 플립플롭을 가진 회로에도 상태 방정식을 적용할 수 있으나 많은 대수적 처리가 필요하다.

1 JK 플립플롭을 사용한 상태 방정식

JK 플립플롭의 특성 방정식은 다음과 같다.

$$Q(t+1) = J\bar{Q} + \bar{K}Q$$

JK 플립플롭의 특성 방정식은 현재 상태와 입력 함수로 다음 상태를 나타내는 방정식이다. 순서논리회로를 설계할 때 상태 여기표를 작성하지 않고 상태 방정식을 구하여 이를 통해 플립플롭의 입력 함수를 구한 후 순서논리회로를 설계할 수 있다. JK 플립플롭의 상태 방정식을 JK 플립플롭의 특성 방정식과 같은 형태로 변형함으로써 JK 플립플롭의 J와 K의 입력 함수를 구할 수 있다.

상태 방정식을 이용해 JK 플립플롭을 사용한 순서논리회로를 구현하는 예를 [그림 9-28]에서 설명한다.

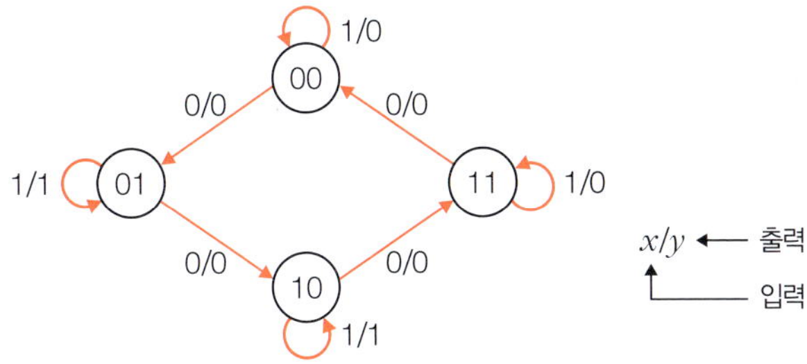

그림 9-28 *JK* 플립플롭의 상태 방정식을 이용하는 경우의 상태도

[그림 9-28]의 상태도를 이용해 상태표를 구하면 [표 9-16]과 같다.

두 *JK* 플립플롭을 각각 *A*, *B*라 할 때, 상태표에서 플립플롭 *A*의 다음 상태가 논리 1이 되는 항을 최소항으로 하는 곱의 합sum of product형인 불 함수를 구하고, 플립플롭 *B*도 다음 상태가 논리 1이 되는 곱의 합형인 불 함수를 구한다. 플립플롭 *A*의 다음 상태를 $A(t+1)$, 플립플롭 *B*의 다음 상태를 $B(t+1)$이라고 하며, 각각에 대해 곱의 합형인 불 함수를 구하면 상태 방정식이 된다.

표 9-16 *JK* 플립플롭의 상태 방정식을 이용하는 경우의 상태표

현재 상태		입력	다음 상태		출력
A	*B*	*x*	*A*	*B*	*y*
0	0	0	0	1	0
0	0	1	0	0	0
0	1	0	1	0	0
0	1	1	0	1	1
1	0	0	1	1	0
1	0	1	1	0	1
1	1	0	0	0	0
1	1	1	1	1	0

$$A(t+1)=\bar{A}B\bar{x}+A\bar{B}\bar{x}+A\bar{B}x+ABx$$
$$B(t+1)=\bar{A}\bar{B}\bar{x}+A\bar{B}\bar{x}+\bar{A}Bx+ABx$$

플립플롭 *A*의 상태 방정식을 특성 방정식의 형태로 변환한다.

$$\begin{aligned}A(t+1) &=\bar{A}B\bar{x}+A\bar{B}\bar{x}+A\bar{B}x+ABx\\ &=(B\bar{x})\bar{A}+(\bar{B}\bar{x}+\bar{B}x+Bx)A\\ &=(B\bar{x})\bar{A}+(\overline{\overline{\bar{B}\bar{x}+\bar{B}x+Bx}})A\end{aligned}$$

플립플롭 *A*의 상태 방정식을 $J_A=B\bar{x}$, $K_A=\overline{\bar{B}\bar{x}+\bar{B}x+Bx}$로 하면 특성 방정식과 동일한 형태의 불 대수식이 된다. 따라서 플립플롭 *A*의 입력인 J_A와 K_A는 다음과 같다.

$$J_A = B\bar{x}$$
$$K_A = \overline{\bar{B}\bar{x} + \bar{B}x + Bx} = (\overline{\bar{B} + x}) = B\bar{x}$$

플립플롭 B의 상태 방정식도 특성 방정식 형태로 변환한다.

$$\begin{aligned} B(t+1) &= \bar{A}\bar{B}\bar{x} + A\bar{B}\bar{x} + \bar{A}Bx + ABx \\ &= (\bar{A}\bar{x} + A\bar{x})\bar{B} + (\bar{A}x + Ax)B \\ &= (\bar{A}\bar{x} + A\bar{x})\bar{B} + (\overline{\overline{\bar{A}x + Ax}})B \end{aligned}$$

플립플롭 B의 상태 방정식을 $J_B = \bar{A}\bar{x} + A\bar{x}$, $K_B = \overline{\bar{A}x + Ax}$로 하면 특성 방정식과 동일한 형태의 불 대수식이 된다. 따라서 플립플롭 B의 입력인 J_B와 K_B는 다음과 같다.

$$J_B = \bar{A}\bar{x} + A\bar{x} = \bar{x}$$
$$K_B = \overline{\bar{A}x + Ax} = \bar{x}$$

마지막으로 출력 y는 상태표로부터 다음과 같이 구해진다.

$$y = \bar{A}Bx + A\bar{B}x = (\bar{A}B + A\bar{B})x = (A \oplus B)x$$

상태 방정식에서 구한 두 플립플롭의 입력 함수와 출력 함수를 이용해 순서논리회로를 그리면 [그림 9-29]와 같다.

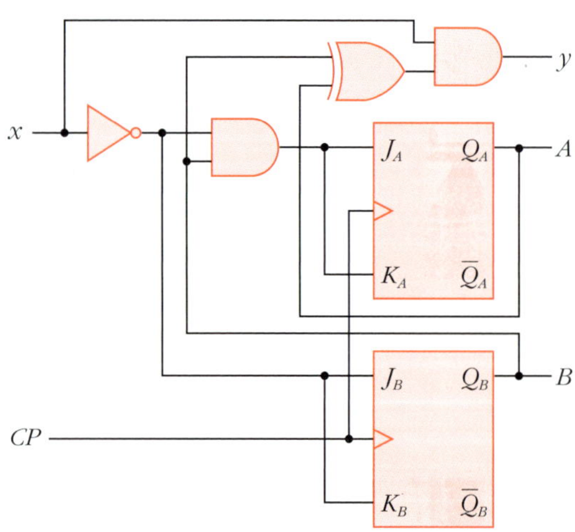

그림 9-29 JK **플립플롭의 상태 방정식을 이용하는 경우의 회로도**

예제 9-3

다음과 같이 주어지는 상태표와 미사용 상태표를 사용해 순서논리회로를 구현하시오. JK 플립플롭 3개를 사용한다.

상태표

현재 상태			다음 상태		
A	B	C	A	B	C
0	0	0	0	1	0
0	1	0	1	1	0
0	1	1	1	0	1
1	0	1	0	0	0
1	1	0	1	1	1
1	1	1	0	1	1

미사용 상태표

미사용 상태		
A	B	C
0	0	1
1	0	0

풀이

세 JK 플립플롭을 A, B, C라고 하고, 각 플립플롭의 다음 상태를 $A(t+1)$, $B(t+1)$, $C(t+1)$이라고 할 때, 각 다음 상태를 곱의 합형인 불 함수로 표시하면 상태 방정식이 된다. 불 함수를 간소화하는 데 미사용 상태를 사용할 수 있으며, 간소화에서 제외된 미사용 상태는 간소화된 항에서 없애면 된다. 미사용 상태는 편의상 굵은 글씨로 표시한다.

$$A(t+1) = \bar{A}B\bar{C} + \bar{A}BC + AB\bar{C} + \boldsymbol{\bar{A}\bar{B}C} + \boldsymbol{A\bar{B}\bar{C}}$$
$$B(t+1) = \bar{A}\bar{B}\bar{C} + \bar{A}B\bar{C} + AB\bar{C} + ABC + \boldsymbol{\bar{A}\bar{B}C} + \boldsymbol{A\bar{B}\bar{C}}$$
$$C(t+1) = \bar{A}BC + AB\bar{C} + ABC + \boldsymbol{\bar{A}\bar{B}C} + \boldsymbol{A\bar{B}\bar{C}}$$

플립플롭 A의 상태 방정식을 특성 방정식의 형태로 변환한다.

$$\begin{aligned} A(t+1) &= \bar{A}B\bar{C} + \bar{A}BC + AB\bar{C} + \boldsymbol{\bar{A}\bar{B}C} + \boldsymbol{A\bar{B}\bar{C}} \\ &= (B\bar{C} + BC + \boldsymbol{\bar{B}C})\bar{A} + (B\bar{C} + \boldsymbol{\bar{B}\bar{C}})A \\ &= (B\bar{C} + BC + \boldsymbol{\bar{B}C})\bar{A} + (\overline{B\bar{C} + \boldsymbol{\bar{B}\bar{C}}})A \end{aligned}$$

플립플롭 A의 상태 방정식을 $J_A = B\bar{C} + BC + \boldsymbol{\bar{B}C}$, $K_A = \overline{B\bar{C} + \boldsymbol{\bar{B}\bar{C}}}$로 하면 특성 방정식과 동일한 형태의 불 대수식이 되므로 플립플롭 A의 입력인 J_A와 K_A는 다음과 같다.

$$J_A = B\bar{C} + BC + \boldsymbol{\bar{B}C} = B$$
$$K_A = \overline{B\bar{C} + \boldsymbol{\bar{B}\bar{C}}} = C$$

J_A의 간소화된 입력 함수는 $B\overline{C}+BC=B$만으로도 구할 수 있으므로 미사용 상태의 대수식인 $\overline{\boldsymbol{B}}\boldsymbol{C}$를 사용하지 않았다. K_A의 간소화된 입력 함수를 구할 때는 미사용 상태의 대수식인 $\overline{\boldsymbol{B}}\overline{\boldsymbol{C}}$를 사용하면 $\overline{B\overline{C}+\overline{\boldsymbol{B}}\overline{\boldsymbol{C}}}=C$가 되어 더욱 간소화된 입력 함수를 구할 수 있으므로 미사용 상태를 사용하였다.

다음 플립플롭 B의 상태 방정식도 특성 방정식의 형태로 변환할 수 있다.

$$
\begin{aligned}
B(t+1) &= \overline{A}\overline{B}\overline{C}+\overline{A}B\overline{C}+AB\overline{C}+ABC+\overline{\boldsymbol{A}}\overline{\boldsymbol{B}}\boldsymbol{C}+\boldsymbol{A}\overline{\boldsymbol{B}}\overline{\boldsymbol{C}} \\
&= (\overline{A}\overline{C}+\overline{\boldsymbol{A}}\boldsymbol{C}+\boldsymbol{A}\overline{\boldsymbol{C}})\overline{B}+(\overline{A}\overline{C}+A\overline{C}+AC)B \\
&= (\overline{A}\overline{C}+\overline{\boldsymbol{A}}\boldsymbol{C}+\boldsymbol{A}\overline{\boldsymbol{C}})\overline{B}+(\overline{\overline{\overline{A}\overline{C}+A\overline{C}+AC}})B
\end{aligned}
$$

플립플롭 B의 상태 방정식을 $J_B=\overline{A}\overline{C}+\overline{\boldsymbol{A}}\boldsymbol{C}+\boldsymbol{A}\overline{\boldsymbol{C}}$, $K_B=\overline{\overline{A}\overline{C}+A\overline{C}+AC}$로 하면 특성 방정식과 동일한 형태의 불 대수식이 된다. 따라서 플립플롭 B의 입력인 J_B와 K_B는 다음과 같다.

$$
\begin{aligned}
J_B &= \overline{A}\overline{C}+\overline{\boldsymbol{A}}\boldsymbol{C}+\boldsymbol{A}\overline{\boldsymbol{C}}=\overline{C} \\
K_B &= \overline{\overline{A}\overline{C}+A\overline{C}+AC}=\overline{(A+\overline{C})}=\overline{A}C
\end{aligned}
$$

J_B의 간소화된 입력 함수는 미사용 상태인 $\boldsymbol{A}\overline{\boldsymbol{C}}$를 사용하면 $\overline{A}\overline{C}+\boldsymbol{A}\overline{\boldsymbol{C}}=\overline{C}$가 되어 간소화된 입력 함수를 구할 수 있으므로 미사용 상태를 사용하지만 다른 미사용 상태인 $\overline{\boldsymbol{A}}\boldsymbol{C}$는 사용하지 않는다(또는 $\overline{A}\overline{C}$와 미사용 상태인 $\overline{\boldsymbol{A}}\boldsymbol{C}$를 사용하면 $\overline{A}$가 구해진다).

플립플롭 C의 상태 방정식도 특성 방정식의 형태로 변환한다.

$$
\begin{aligned}
C(t+1) &= \overline{A}BC+AB\overline{C}+ABC+\overline{\boldsymbol{A}}\overline{\boldsymbol{B}}\boldsymbol{C}+\boldsymbol{A}\overline{\boldsymbol{B}}\overline{\boldsymbol{C}} \\
&= (AB+\boldsymbol{A}\overline{\boldsymbol{B}})\overline{C}+(\overline{A}B+AB+\overline{\boldsymbol{A}}\overline{\boldsymbol{B}})C \\
&= (AB+\boldsymbol{A}\overline{\boldsymbol{B}})\overline{C}+(\overline{\overline{\overline{A}B+AB+\overline{\boldsymbol{A}}\overline{\boldsymbol{B}}}})C
\end{aligned}
$$

플립플롭 C의 상태 방정식을 $J_C=AB+\boldsymbol{A}\overline{\boldsymbol{B}}$, $K_C=\overline{\overline{A}B+AB+\overline{\boldsymbol{A}}\overline{\boldsymbol{B}}}$로 하면 특성 방정식과 동일한 형태의 불 대수식이 되므로, 플립플롭 C의 입력인 J_C와 K_C는 다음과 같다.

$$
\begin{aligned}
J_C &= AB+\boldsymbol{A}\overline{\boldsymbol{B}}=A \\
K_C &= \overline{\overline{A}B+AB=\overline{\boldsymbol{A}}\overline{\boldsymbol{B}}}=\overline{B}
\end{aligned}
$$

J_C의 간소화된 입력 함수는 미사용 상태인 $\boldsymbol{A}\overline{\boldsymbol{B}}$를 사용하면 $AB+\boldsymbol{A}\overline{\boldsymbol{B}}=A$가 되어 구할 수 있고, K_C의 간소화된 입력 함수는 $\overline{\overline{A}B+AB}=\overline{B}$만으로도 구할 수 있으므로 미사용 상태인 $\overline{\boldsymbol{A}}\overline{\boldsymbol{B}}$

는 사용하지 않는다.

세 개의 JK 플립플롭의 입력 함수는 다음과 같다. 상태 방정식에서 구한 세 플립플롭의 입력 함수에 의해 카운터를 설계하면 아래 그림과 같다.

$J_A = B \qquad K_A = C$

$J_B = \bar{C}(\text{또는 } \bar{A}) \qquad K_B = \bar{A}C$

$J_C = A \qquad K_C = \bar{B}$

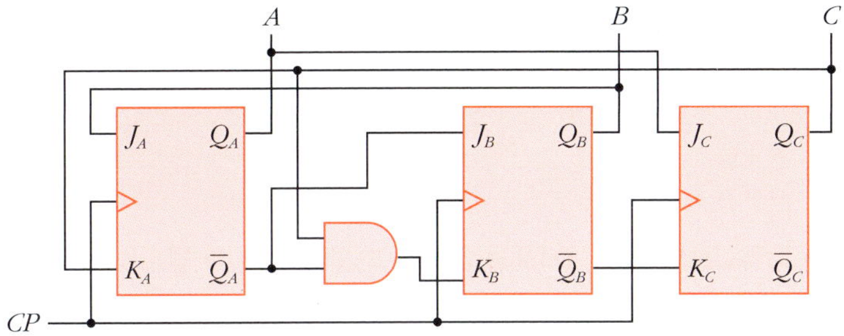

2 D 플립플롭을 사용한 상태 방정식

D 플립플롭의 특성 방정식은 다음과 같다.

$$Q(t+1) = D$$

D 플립플롭의 특성 방정식은 플립플롭의 다음 상태가 현재 상태에 관계없이 입력 D의 현재값과 같음을 나타낸다. D 플립플롭을 사용해 순서논리회로를 설계할 때도 상태 여기표를 작성하지 않고 상태 방정식을 구한 다음 이를 통해 플립플롭의 입력 함수를 구하여 설계할 수 있다.

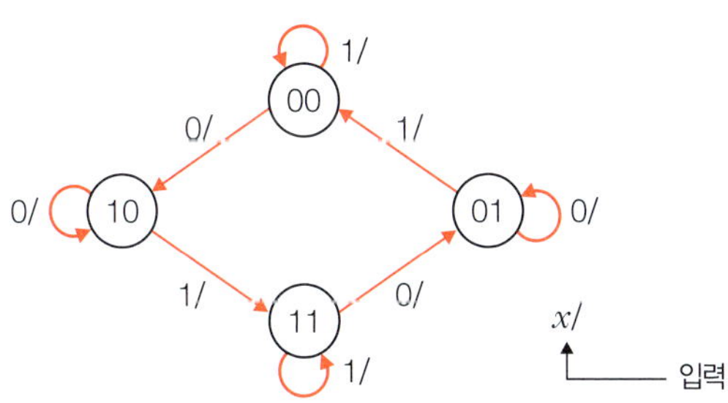

그림 9-30 D **플립플롭의 상태 방정식을 이용하는 경우의 상태도**

[그림 9-30]의 상태도로부터 상태 방정식을 이용해 D 플립플롭으로 순서논리회로를 구현하는 경우를 예를 들어 설명한다.

[그림 9-30]의 상태도를 이용해 상태표를 구하면 [표 9-17]과 같다.

표 9-17 D **플립플롭의 상태 방정식을 이용하는 경우의 상태표**

현재 상태		입력	다음 상태	
A	B	x	A	B
0	0	0	1	0
0	0	1	0	0
0	1	0	0	1
0	1	1	0	0
1	0	0	1	0
1	0	1	1	1
1	1	0	0	1
1	1	1	1	1

D 플립플롭을 사용한 순서논리회로의 상태 여기표를 작성하면 [표 9 -18]과 같다.

표 9-18 상태 여기표(D **플립플롭을 이용하는 경우)**

현재 상태		입력	다음 상태		플립플롭 입력	
A	B	x	A	B	D_A	D_B
0	0	0	1	0	1	0
0	0	1	0	0	0	0
0	1	0	0	1	0	1
0	1	1	0	0	0	0
1	0	0	1	0	1	0
1	0	1	1	1	1	1
1	1	0	0	1	0	1
1	1	1	1	1	1	1

D **플립플롭의 여기표**

$Q(t)$	$Q(t+1)$	D
0	0	0
0	1	1
1	0	0
1	1	1

[표 9-18]에서 플립플롭의 다음 상태는 현재 상태에 관계없이 플립플롭의 D 입력과 같으며, 상태 여기표에서 카르노 맵을 이용해 D 플립플롭의 입력 함수를 구하면 다음과 같다.

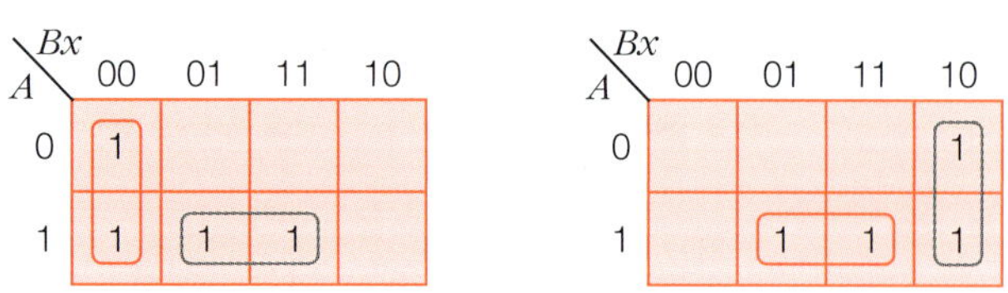

$D_A = \overline{B}\overline{x} + Ax$　　　$D_B = B\overline{x} + Ax$

그림 9-31 카르노 맵(D **플립플롭을 이용하는 경우)**

다음에 상태 방정식을 구하여 논리회로를 설계한다. D 플립플롭 A의 상태 방정식을 특성 방정식의 형태로 변환한다.

$$\begin{aligned} A(t+1) &= \bar{A}\bar{B}\bar{x} + A\bar{B}\bar{x} + A\bar{B}x + ABx \\ &= (\bar{A}+A)\bar{B}\bar{x} + (\bar{B}+B)Ax \\ &= \bar{B}\bar{x} + Ax \end{aligned}$$

D 플립플롭 A의 상태 방정식을 특성 방정식과 비교하여 플립플롭 A의 입력인 D_A를 구하면 다음과 같다.

$$D_A = \bar{B}\bar{x} + Ax$$

D 플립플롭 B의 상태 방정식을 특성 방정식의 형태로 변환한다.

$$\begin{aligned} B(t+1) &= \bar{A}B\bar{x} + AB\bar{x} + A\bar{B}x + ABx \\ &= (\bar{A}+A)B\bar{x} + (\bar{B}+B)Ax \\ &= B\bar{x} + Ax \end{aligned}$$

D 플립플롭 B의 상태 방정식을 특성 방정식과 비교하여 플립플롭 B의 입력인 D_B를 구하면 다음과 같다.

$$D_B = B\bar{x} + Ax$$

앞에서 구한 입력 함수에 의해 순서논리회로를 구현하면 [그림 9-32]와 같다.

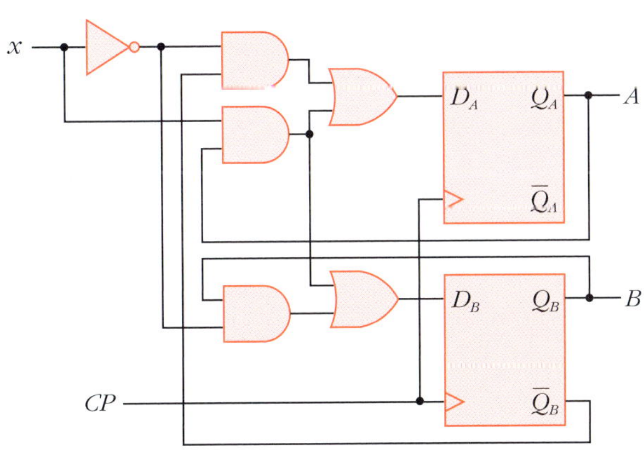

그림 9-32 순서논리회로(D 플립플롭을 이용하는 경우)

09 디코더와 플립플롭을 사용한 설계

디코더decoder는 입력 변수 n개에 대한 최소항 2^n개를 출력하는 기능을 수행한다. 임의의 불 함수는 곱의 합sum of product, SOP형으로 표현할 수 있기 때문에 각각의 곱을 구성하는 최소항들을 구성하는 데 디코더를 사용하고, 합을 구성하기 위해 디코더 외에 OR 게이트 또는 NOR 게이트를 사용한다. 디코더의 출력이 정상 출력일 때는 OR 게이트를 사용하고, 보수 출력일 경우에는 NOR 게이트를 사용한다.

최소항 k개의 합으로 표현되는 함수 F는 최소항 $(2^n - k)$개의 합으로 표현된 함수를 보수화하여 $\bar{F}$로 표현할 수 있다. 그러므로 함수 $\bar{F}$의 최소항이 F보다 작게 구성된다면 NOR 게이트를 사용해 함수 $\bar{F}$의 최소항의 합을 구함으로써 함수 F를 구할 수 있다. 일반적인 IC화된 디코더는 보수 출력이 되기 때문에 NOR 게이트를 사용하도록 한다. 즉, 입력 n개와 출력 m개를 가진 조합논리회로는 $n \times m$ 디코더와 OR 게이트 또는 NOR 게이트로 구성할 수 있다.

디코더와 NOR 게이트로 조합논리회로를 구현하는 경우 조합논리회로의 불 함수를 곱의 합형으로 표현하면 된다. 순서논리회로의 상태 여기표에서 보면 플립플롭의 입력에 대한 불 함수는 곱의 합형으로 표현할 수 있으므로 순서논리회로에서 조합논리회로는 디코더를 사용하면 쉽게 구현할 수 있다.

순서논리회로에서 조합논리회로를 멀티플렉서를 사용해 설계할 수 있으나, 멀티플렉서를 사용하는 경우 멀티플렉서의 숫자가 순서논리회로의 플립플롭의 입력 수만큼 많아지기 때문에 비효율적이다.

디코더와 플립플롭을 사용해 설계하는 예를 살펴보자. *SR* 플립플롭과 디코더를 사용해 [표 9-19]의 상태표를 기반으로 하는 순서논리회로를 설계하고자 한다.

표 9-19 상태표(디코더와 플립플롭을 사용해 설계하는 예)

현재 상태		다음 상태			
		$x=0$		$x=1$	
A	B	A	B	A	B
0	0	1	0	0	0
0	1	1	1	1	1
1	0	0	1	0	1
1	1	0	0	1	0

[표 9-19]의 상태표에서 SR 플립플롭을 사용하는 순서논리회로의 상태 여기표를 구하면 [표 9-20]과 같다.

표 9-20 상태 여기표(디코더와 플립플롭을 사용해 설계하는 예)

현재 상태		입력	다음 상태		플립플롭 입력			
A	B	x	A	B	S_A	R_A	S_B	R_B
0	0	0	1	0	1	0	0	×
0	0	1	0	0	0	×	0	×
0	1	0	1	1	1	0	×	0
0	1	1	1	1	1	0	×	0
1	0	0	0	1	0	1	1	0
1	0	1	0	1	0	1	1	0
1	1	0	0	0	0	1	0	1
1	1	1	1	0	×	0	0	1

SR 플립플롭의 여기표

$Q(t)$	$Q(t+1)$	S	R
0	0	0	×
0	1	1	0
1	0	0	1
1	1	×	0

플립플롭 2개와 입력 1개로 구성되며, 두 SR 플립플롭의 S_A, R_A, S_B, R_B 입력은 두 플립플롭의 출력인 A와 B 및 입력 x의 함수로 표현한다. [표 9-20]의 상태 여기표에서 플립플롭의 입력 함수를 곱의 합형으로 나타내면 다음과 같다.

$$S_A(A, B, x) = \Sigma m(0, 2, 3) \qquad R_A(A, B, x) = \Sigma m(4, 5, 6)$$
$$S_B(A, B, x) = \Sigma m(4, 5) \qquad R_B(A, B, x) = \Sigma m(6, 7)$$

순서논리회로를 설계하려면 플립플롭은 2개 필요하고, 디코더를 사용해 조합논리회로를 구현하는 경우 3×8 디코더 1개와 OR 게이트 4개가 필요하다. 구현한 순서논리회로는 [그림 9-33]과 같다.

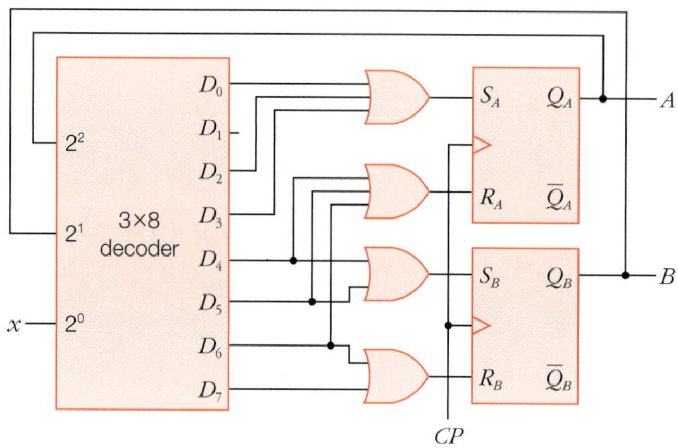

그림 9-33 디코더와 *SR* 플립플롭을 사용한 순서논리회로

[그림 9-33]에서 두 플립플롭의 현재 상태에 대한 다음 상태를 구해보자.

❶ 현재 상태가 $A=0$, $B=0$이고 입력 $x=0$인 경우
디코더의 세 입력은 000이 되어 디코더 출력인 D_0만 논리 1이고 다른 출력은 논리 0이 된다. 디코더의 출력인 D_0는 S_A의 OR 게이트에 연결되어 있으므로, 플립플롭 A와 플립플롭 B의 입력은 $S_A=1$, $R_A=0$, $S_B=0$, $R_B=0$이 된다. 클록 펄스가 입력되면 플립플롭 A의 다음 상태는 논리 1이 되고, 플립플롭 B의 다음 상태는 현재 상태인 논리 0이 그대로 유지되므로 두 플립플롭의 다음 상태는 10이 된다.

❷ 현재 상태가 $A=0$, $B=0$이고 입력 $x=1$인 경우
디코더의 세 입력은 001이 되어 디코더의 출력인 D_1만 논리 1이고, 다른 출력은 논리 0이 된다. 그러나 디코더 출력은 D_1은 두 플립플롭의 입력에 연결되지 않으므로 플립플롭 A와 B의 입력은 $S_A=0$, $R_A=0$, $S_B=0$, $R_B=0$이 된다. 클록 펄스가 입력되면 플립플롭 A와 플립플롭 B의 다음 상태는 현재 상태를 그대로 유지하므로 두 플립플롭의 다음 상태는 00이 된다.

❸ 현재 상태가 $A=1$, $B=1$이고 입력 $x=0$인 경우
디코더의 세 입력은 110이 되어 디코더 출력인 D_6만 논리 1이고 다른 출력은 논리 0이 된다. 디코더 출력인 D_6은 R_A와 R_B의 OR 게이트에 연결되어 있으므로, 플립플롭 A와 플립플롭 B의 입력은 $S_A=0$, $R_A=1$, $S_B=0$, $R_B=1$이 된다. 클록 펄스가 입력되면 플립플롭 A의 다음 상태는 논리 0이 되고, 플립플롭 B의 다음 상태도 논리 0이 되어 두 플립플롭의 다음 상태는 00이 된다.

❹ 현재 상태가 $A=1$, $B=1$이고 입력 $x=1$인 경우
디코더의 세 입력은 111이 되어 디코더의 출력인 D_7만 논리 1이고 다른 출력은 논리 0이 된다. 디코더 출력인 D_7은 R_B의 OR 게이트에 연결되어 있으므로, 플립플롭 A와 B의 입력은 $S_A=0$, $R_A=0$, $S_B=0$, $R_B=1$이 된다. 클록 펄스가 입력되면 플립플롭 A의 현재 상태는 그대로 유지되어 논리 1이 되고, 플립플롭 B의 다음 상태는 논리 0이 되어 두 플립플롭의 다음 상태는 10이 된다.

나머지 부분도 동일하게 확인할 수 있다. 이와 같이 순서논리회로에서 조합논리회로 부분을 디코더로 구성하면 순서논리회로를 간단하게 구성할 수 있다.

예제 9-4

JK 플립플롭과 디코더를 사용해 3비트 그레이 코드 카운터를 구현하시오.

풀이

그레이 코드는 인접한 숫자 사이에 한 비트만 변하는 코드이며, 그레이 코드의 상태도는 다음과 같이 한 상태에서 다음 상태로 변할 때 1비트만 변하는 카운터다. 3비트 그레이 코드 카운터는 8가지 상태를 가지므로 플립플롭 3개가 필요하다.

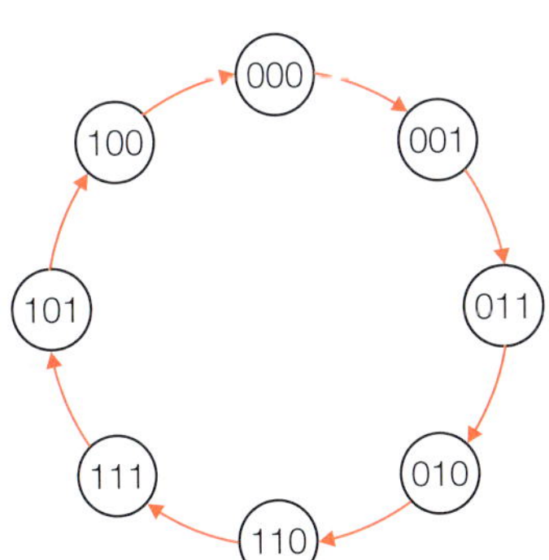

JK 플립플롭을 사용한 그레이 코드 카운터의 상태 여기표는 다음과 같다.

현재 상태			다음 상태			플립플롭 입력					
A	B	C	A	B	C	J_A	K_A	J_B	K_B	J_C	K_C
0	0	0	0	0	1	0	×	0	×	1	×
0	0	1	0	1	1	0	×	1	×	×	0
0	1	0	1	1	0	1	×	×	0	0	×
0	1	1	0	1	0	0	×	×	0	×	1
1	0	0	0	0	0	×	1	0	×	0	×
1	0	1	1	0	0	×	0	0	×	×	1
1	1	0	1	1	1	×	0	×	0	1	×
1	1	1	1	0	1	×	0	×	1	×	0

JK 플립플롭의 여기표

$Q(t)$	$Q(t+1)$	J	K
0	0	0	×
0	1	1	×
1	0	×	1
1	1	×	0

3비트 그레이 코드 카운터는 플립플롭 3개로 구성되며, 각 JK 플립플롭의 입력 함수를 곱의 합형으로 표시하면 다음과 같다.

$$J_A(A, B, C) = \Sigma m(2) \qquad K_A(A, B, C) = \Sigma m(4)$$
$$J_B(A, B, C) = \Sigma m(1) \qquad K_B(A, B, C) = \Sigma m(7)$$
$$J_C(A, B, C) = \Sigma m(0, 6) \qquad K_C(A, B, C) = \Sigma m(3, 5)$$

순서논리회로를 설계하려면 플립플롭 3개가 필요하고, 디코더를 사용해 조합논리회로를 구현하는 경우 3×8 디코더 1개와 OR 게이트 2개가 필요하며, 이를 이용해 회로를 구성하면 다음과 같다.

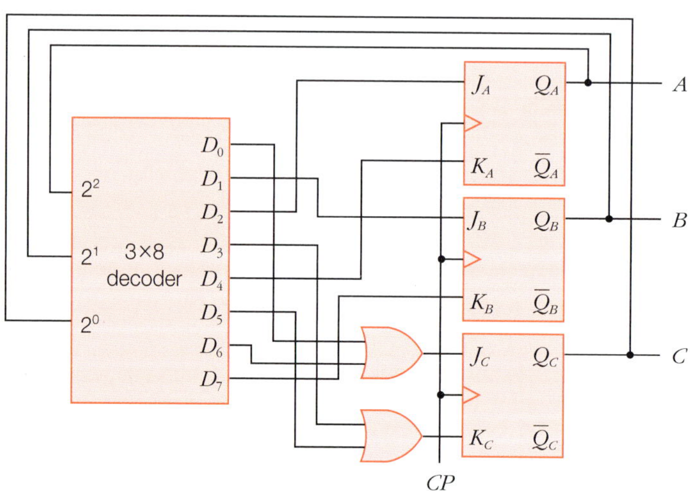

01 다음 순서논리회로에 대한 상태표와 상태도를 작성하고 논리회로의 기능을 설명하시오.

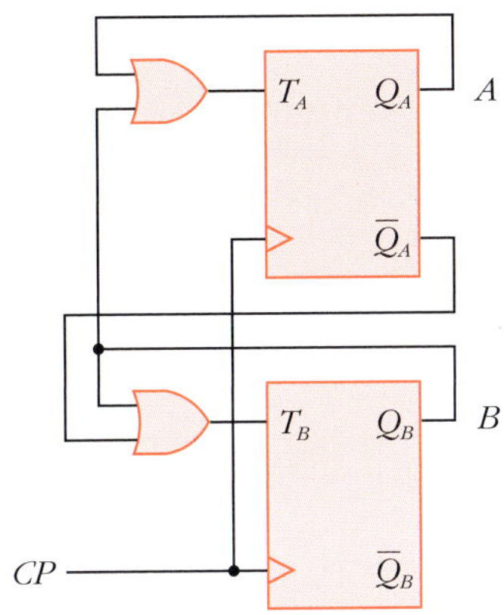

02 다음은 전가산기와 D 플립플롭을 연결한 순서논리회로다. 플립플롭 Q와 두 입력 x, y 그리고 출력 S로 구성되어 있을 때 회로의 상태표와 상태도를 구하시오.

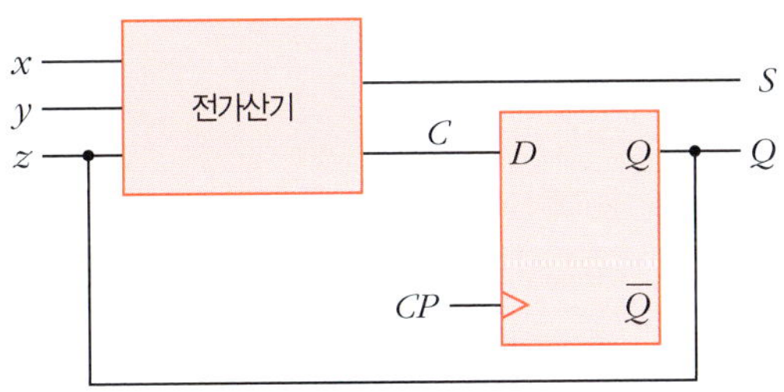

03 그림과 같이 JK 플립플롭 2개, 입력 x, 출력 F로 구성된 순서논리회로에서 상태표와 상태도를 구하시오.

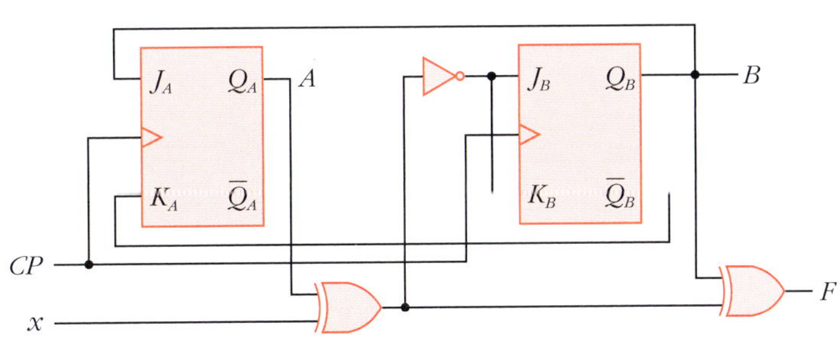

04 다음 회로를 분석하여 불 함수를 유도하고, 상태표와 상태도를 구하시오.

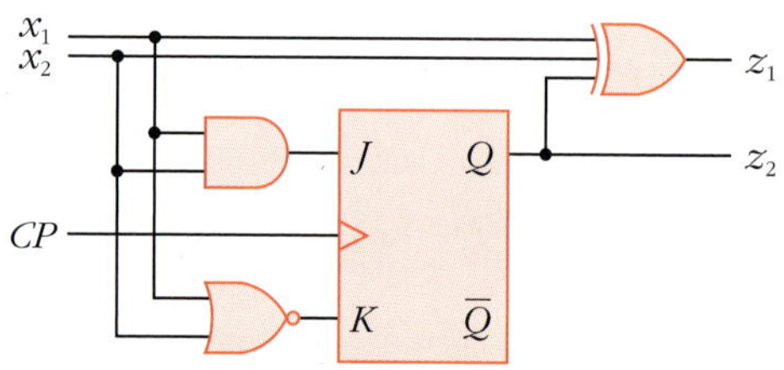

05 그림과 같은 회로의 상태도를 구하시오. 단, 모든 플립플롭의 초기 상태는 1에서 시작하는 것으로 가정한다.

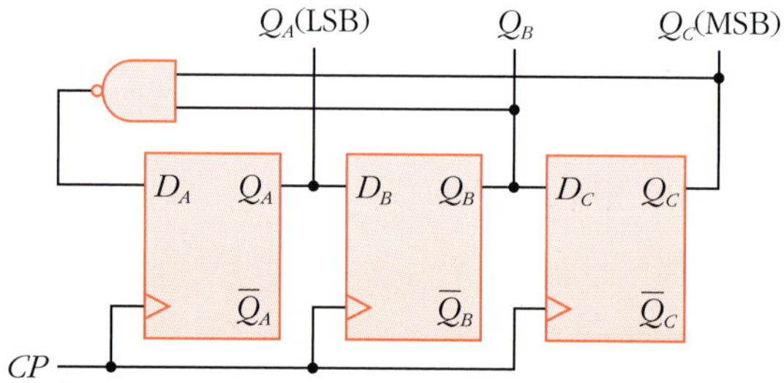

06 그림과 같은 회로의 상태도를 구하시오. 단, 모든 플립플롭의 초기 상태는 0에서 시작하는 것으로 가정한다.

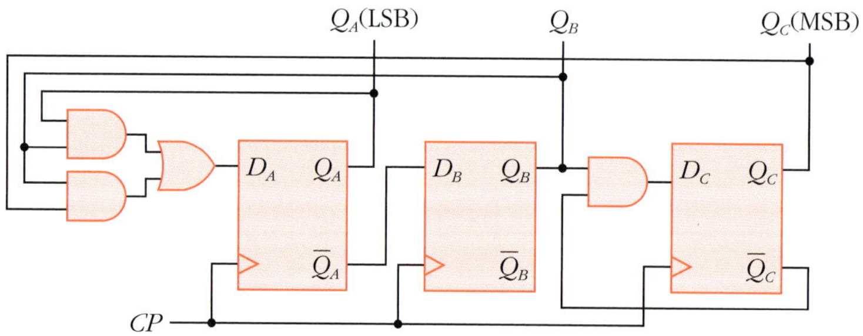

07 다음 그림과 같은 카운터의 상태도를 그려 보시오. 단, 모든 카운터의 출력은 1로 초기화되었다고 가정한다.

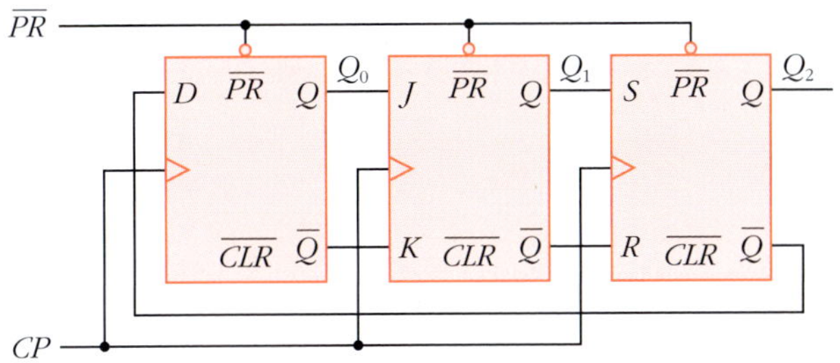

08 두 개의 D 플립플롭 A, B와 두 입력 x, y 그리고 1개의 출력 F로 구성된 순서논리회로의 입력 함수가 $D_A = \bar{x}y + xA$, $D_B = \bar{x}B + xA$, $F = B$일 때,

① 순서논리회로를 구현하시오.　　② 상태표와 상태도를 구하시오.

09 두 개의 JK 플립플롭 A, B와 두 입력 x, y 그리고 출력 F로 구성된 순서논리회로에서 플립플롭의 입력 함수와 출력 함수가 다음과 같다.

$$J_A = xB + \bar{y}\bar{B} \qquad K_A = x\bar{y}\bar{B}$$
$$J_B = x\bar{A} \qquad K_B = A + x\bar{y}$$
$$F = xyA + \bar{x}\,\bar{y}B$$

① 순서논리회로를 설계하시오.

② 상태표와 상태도를 그리고 상태 방정식을 구하시오.

10 두 개의 JK 플립플롭 A, B와 하나의 입력 x로 구성된 순서논리회로에서 플립플롭의 입력 함수가 다음과 같다.

$$J_A = x \qquad K_A = \bar{B}$$
$$J_B = x \qquad K_B = A$$

① 상태 방정식 $A(t+1)$, $B(t+1)$을 유도하시오.

② 순서논리회로의 상태도를 그려 보시오.

11 세 플립플롭 A, B, C와 입력 x, 출력 F로 구성된 순서논리회로의 상태도가 그림에 표시되어 있다. D 플립플롭을 사용해 순서논리회로를 구현하시오.

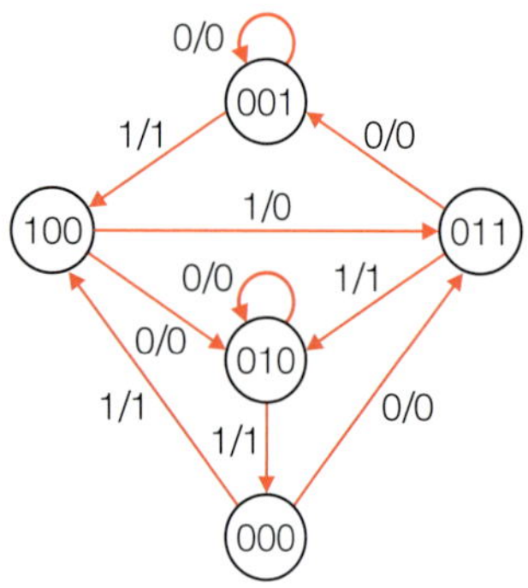

12 ① JK 플립플롭을 사용해 아래 왼쪽 그림의 상태도를 따르는 순서논리회로를 설계하시오.

② 설계된 순서논리회로에 아래 오른쪽 그림과 같은 펄스가 x에 입력될 경우 플립플롭의 출력 A, B와 순서논리회로의 출력 F의 파형을 구하시오. 플립플롭은 클록 펄스의 하강 에지에서 동작한다고 가정한다.

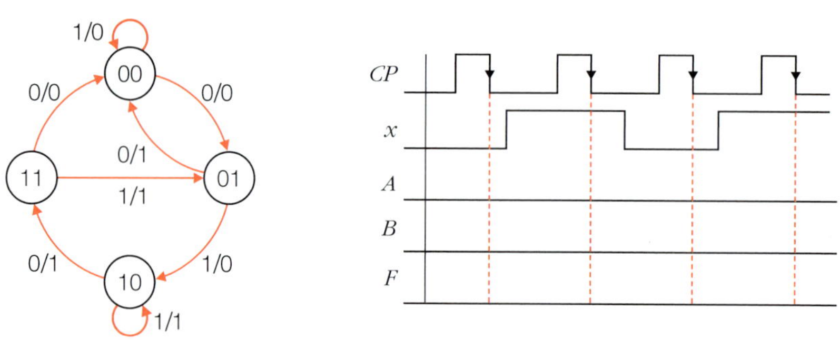

13 T 플립플롭을 사용해 다음 상태도를 갖는 순서논리회로를 구현하시오.

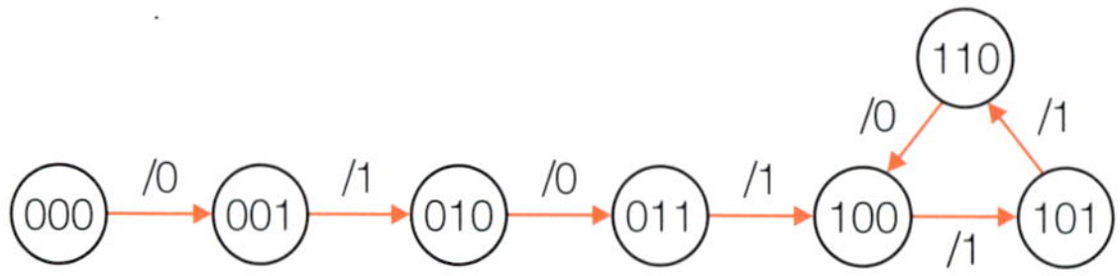

14 T 플립플롭을 사용해 다음 상태도를 갖는 순서논리회로를 구현하시오.

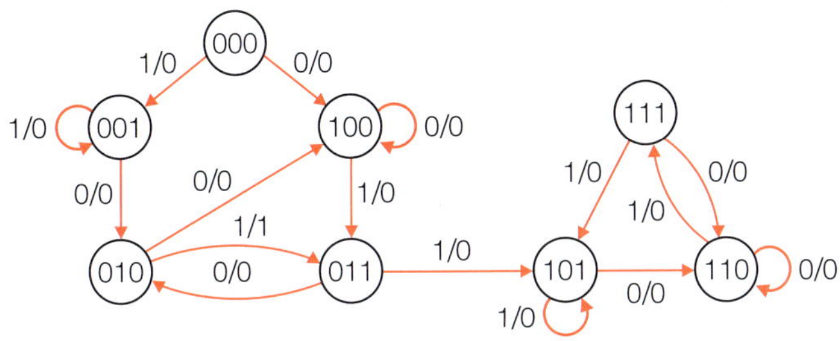

15 두 개의 D 플립플롭 A, B와 입력 x로 구성된 순서논리회로를 구현하시오. 이때 $x=0$이면 동일한 상태를 유지하고, $x=1$이면 00, 01, 11, 10 상태를 반복한다.

16 JK 플립플롭을 사용해 다음 상태도를 갖는 순서논리회로를 설계하시오. 입력은 x와 y이며, 출력은 없다. JK 플립플롭은 클록 펄스의 하강 에지에서 동작한다고 가정한다.

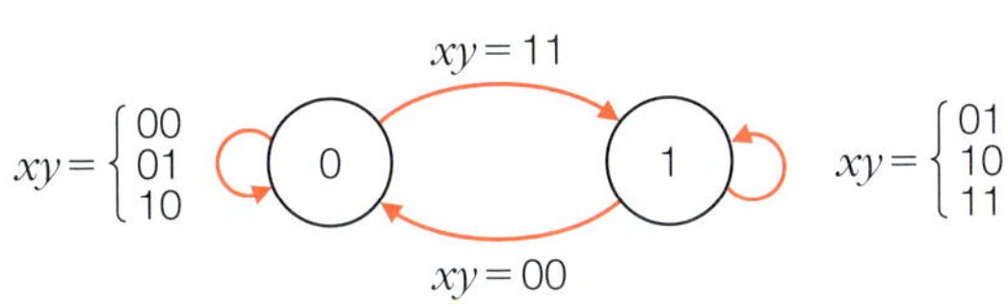

17 다음 상태표에 주어진 순서논리회로를 JK 플립플롭을 사용해 설계하시오.

현재 상태			다음 상태						출력	
			$x=0$			$x=1$			$x=0$	$x=1$
A	B	C	A	B	C	A	B	C	F	F
0	0	1	0	0	1	0	1	0	0	0
0	1	0	0	1	1	1	0	0	0	0
0	1	1	0	0	1	1	0	0	0	0
1	0	0	1	0	1	1	0	0	0	1
1	0	1	0	0	1	1	0	0	0	1

18 다음 표를 이용해 상태표를 축소하고, 축소된 상태표를 작성하시오. 초기에 상태 a에서 출발하여 입력 순서가 $x=1001101$인 경우 다음 상태와 출력을 구하시오(축소 전과 축소 후를 비교할 것).

현재 상태	다음 상태		출력	
	$x=0$	$x=1$	$x=0$	$x=1$
a	c	f	0	0
b	d	e	0	0
c	h	g	0	0
d	b	g	0	0
e	e	b	0	1
f	f	a	0	1
g	c	g	0	1
h	c	f	0	0

19 다음 상태표의 상태를 축소하고, 축소된 상태표를 작성하시오. 초기에 상태 a에서 출발하여 입력 순서가 $x=01110010011$인 경우 다음 상태와 출력을 구하시오(축소 전과 축소 후를 비교할 것).

현재 상태	다음 상태		출력	
	$x=0$	$x=1$	$x=0$	$x=1$
a	f	b	0	0
b	d	c	0	0
c	f	e	0	0
d	g	a	1	0
e	d	c	0	0
f	f	b	1	1
g	g	h	0	1
h	g	a	1	0

20 D 플립플롭을 사용해 아래와 같은 상태표에 해당하는 카운터를 설계하고, 미사용 상태에 대한 상태도를 구하시오. 여기서 x는 시스템 입력이다.

현재 상태			다음 상태					
			$x=0$			$x=1$		
A	B	C	A	B	C	A	B	C
0	0	1	0	0	1	0	1	0
0	1	0	0	1	1	1	0	0
0	1	1	0	0	1	1	0	0
1	0	0	1	0	1	1	0	0
1	0	1	0	0	1	1	0	0

21 JK 플립플롭을 사용해 그림과 같은 상태도를 갖는 3비트 그레이 코드 카운터를 설계하시오.

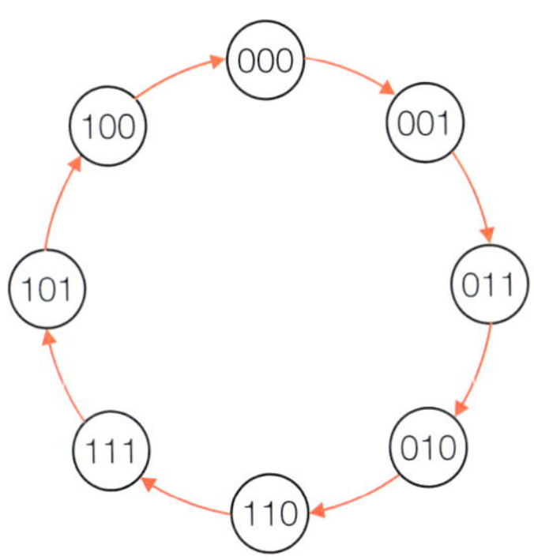

22 JK 플립플롭을 사용해 아래와 같은 순서로 진행되는 카운터를 설계하시오.

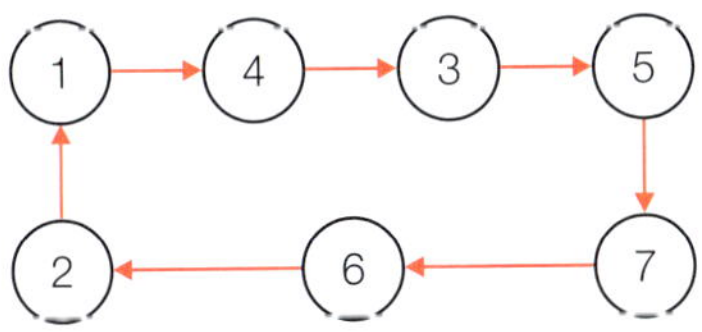

23 다음 순서를 반복하는 카운터를 설계하되, A에는 D 플립플롭, B에는 JK 플립플롭 그리고 C에는 T 플립플롭을 사용하시오. 초기 상태가 0 또는 7일 때, 어떻게 동작하는지를 포함하여 상태도를 다시 그리시오.

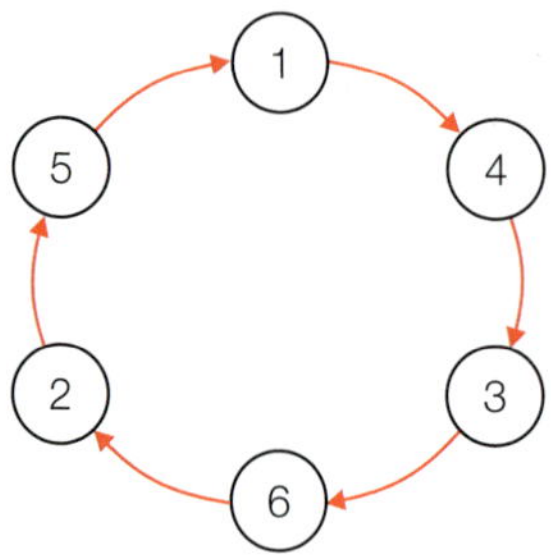

24 회로의 입력이 0이면, 출력이 0, 1, 2, 3의 순서를 반복하고 입력이 1이면 3, 2, 1, 0의 순서를 반복하는 순서논리회로를 설계하시오. 단 클록 펄스 CP는 상승 에지에서 동작하는 JK 플립플롭을 사용한다.

25 MN 플립플롭은 다음과 같이 동작한다고 가정한다.

- $MN = 00$이면, 플립플롭의 다음 상태는 0이다.
- $MN = 01$이면, 플립플롭의 다음 상태는 현재 상태와 같다.
- $MN = 10$이면, 플립플롭의 다음 상태는 현재 상태의 보수complement이다.
- $MN = 11$이면, 플립플롭의 다음 상태는 1이다.

① 다음 표를 완성하시오(무관 조건을 사용해도 좋음).

현재 상태	다음 상태	M	N
0	0		
0	1		
1	0		
1	1		

② 위의 여기표를 사용해 아래와 같은 순서를 갖는 카운터를 설계한다. MN 플립플롭 3개를 사용해 회로를 설계하시오.

$ABC = 000, 001, 011, 111, 101, 100, 000, \cdots\cdots$

26 아래 상태 방정식으로 표시되는 순서논리회로를 JK 플립플롭을 사용해 구현하시오. 여기서 x는 시스템 입력이고 y는 출력이다.

$$A(t+1) = xAB + y\bar{A}C + xy$$
$$B(t+1) = xAC + \bar{y}B\bar{C}$$
$$C(t+1) = \bar{x}B + yA\bar{B}$$

27 아래 상태 방정식으로 표시되는 순서논리회로를 D 플립플롭을 사용해 설계하시오. 여기서 x는 시스템 입력이다.

$$A(t+1) = \bar{x}\bar{A}B + \bar{x}A\bar{B} + x\bar{A}\bar{B} + xAB$$
$$B(t+1) = \bar{x}\bar{A}\bar{B} + \bar{x}A\bar{B} + x\bar{A}\bar{B} + xA\bar{B}$$

28 그림과 같은 상태도를 갖는 순서논리회로를 D 플립플롭과 디코더를 사용해 설계하시오. 여기서 x는 시스템 입력이고, y는 출력이다.

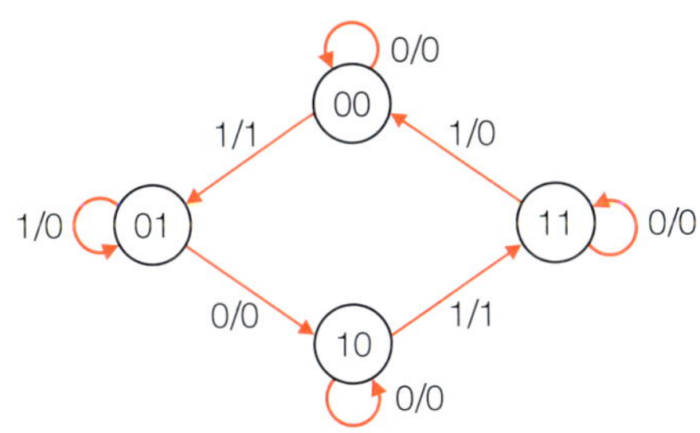

29 설계하려는 시스템은 입력 x와 출력 z를 갖는다. 출력 z는 입력 x가 3회 연속해서 1이 입력되면 $z=1$이다. 이러한 시스템의 동작은 예를 들면 다음과 같다.

x 0 1 1 1 1 1 1 1 0 1 1 0 1 1 1 0 1

z 0 0 0 1 1 1 1 1 0 0 0 0 0 0 1 0 0 0

① 시스템의 상태를 아래와 같이 정의하는 경우 상태도를 그려 보시오.

S_0 : 이전 입력이 0인 경우

S_1 : 이전 입력에서 1이 1회인 경우
S_2 : 이전 입력에서 1이 2회 이상인 경우

② 시스템의 상태표를 작성하시오.

③ 시스템의 상태를 아래와 같이 할당하는 경우 시스템의 상태 여기표를 작성하시오. 단, 플립플롭은 JK 플립플롭을 사용하고 상태 변수명은 A, B이다.

상태	할당
s_0	0 0
s_1	0 1
s_2	1 0

④ 카르노 맵을 이용해 각 플립플롭의 입력 J_A, K_A, J_B, K_B와 출력을 구하시오.

⑤ 시스템의 회로도를 그려 보시오.

30 설계하려는 시스템은 입력 x와 출력 z를 갖는다. 출력 z는 입력 x가 1이 3회 입력되면 $z=1$이다. 여기서 입력 x는 1이 연속하지 않고 입력해도 출력은 $z=1$이다. 이러한 시스템의 동작은 예를 들면 다음과 같다.

x 0 1 1 1 1 1 1 1 0 1 1 0 1 0 1 0 0 1 0 1
z 0 0 0 1 0 0 1 0 0 0 1 0 0 0 0 0 0 1 0 0 0

이와 같은 경우 문제 29를 반복하시오.

01 순서논리회로에 대한 설명 중 옳지 않은 것은?
① 플립플롭은 1비트를 저장한다.
② 플립플롭의 집합은 레지스터를 구성한다.
③ 조합논리회로에 논리 게이트를 포함하면 순서논리 회로다.
④ 플립플롭은 2진 정보를 저장하고, 게이트는 그것을 제어한다.

02 순서논리회로의 설명 중 옳지 않은 것은?
① 조합논리회로가 포함된다.
② 기억 소자가 필요하다.
③ 카운터는 전형적인 순서논리회로다.
④ 입력값의 순서에는 영향을 받지 않는다.

03 순서논리회로에 대한 설명 중 옳지 않은 것은?
① 상태도를 구현할 수 있다.
② 기억 소자를 필요로 한다.
③ 현재 상태만이 다음 상태를 결정한다.
④ 밀리와 무어 회로로 구분 지을 수 있다.

04 순서논리회로의 구성에 관한 설명 중 옳지 않은 것은?
① 기억 소자가 필요하다.
② 조합논리회로를 포함한다.
③ 카운터는 순서논리회로가 아니다.
④ 입력 신호와 레지스터의 상태에 따라서 출력이 결정된다.

05 순서논리회로의 구성에 관한 설명으로 틀린 것은?
① 조합논리회로를 포함한다.
② 입력 신호와 레지스터의 상태에 따라 출력이 결정된다.
③ 이 회로의 한 예로 카운터를 들 수 있다.
④ 기억 소자가 필요 없다.

06 순서논리회로의 동작 특성을 가장 올바르게 설명한 것은?
① 같은 입력이 주어지는 한 출력은 항상 일정하다.
② 연속적으로 동일한 입력값이 주어질 때만 정상 동작을 한다.
③ 입력값에 관계없이 정해진 순서에 맞추어 출력이 생성된다.
④ 동일한 입력이 주어져도 내부 상태에 따라 출력이 달라질 수 있다.

07 순서논리회로와 조합논리회로의 차이점은?
① NAND 게이트로 구성되느냐 NOR 게이트로 구성되느냐의 차이
② AND 게이트로 구성되느냐 OR 게이트로 구성되느냐의 차이
③ 메모리가 있느냐 없느냐의 차이
④ 궤환이 되느냐 안 되느냐의 차이

08 순서논리회로의 기본 구성은?
① 반가산기 회로와 AND 게이트
② 전가산기 회로와 AND 회로
③ 조합논리회로와 논리 소자
④ 조합논리회로와 기억 소자

09 다음 회로는 일반적인 순서논리회로의 모델이다. 여기서 A와 B가 뜻하는 것은?

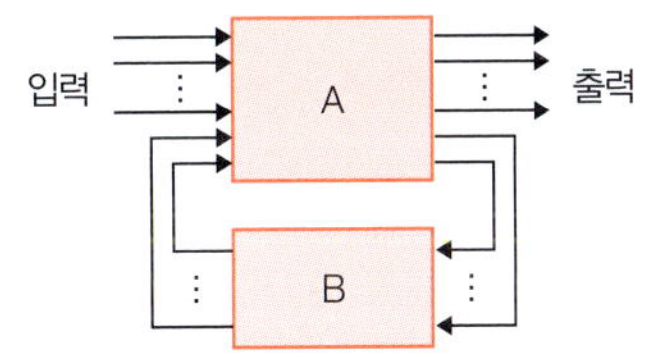

① A : 조합논리회로 + 플립플롭, B : 조합논리회로
② A : 플립플롭, B : 조합논리회로
③ A : 조합논리회로, B : 플립플롭
④ A : 플립플롭, B : 조합논리회로 + 플립플롭

10 다음과 같은 블록도로 표시한 회로의 기능을 나타낸 것은?

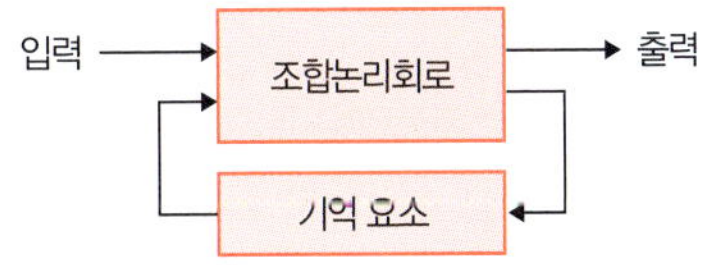

① 순서논리회로 ② 조합논리회로
③ 10진 디코더 ④ 멀티플렉서

11 순서논리회로에 대한 설명 중 옳지 않은 것은?

① 순서논리회로는 논리 게이트 외에 메모리 요소와 궤환(feedback) 기능을 포함한다.

② 순서논리회로의 출력은 현재 상태의 입력 상태와 전 상태에 의해 결정되며 회로의 동작은 내부 상태와 입력들의 시간 순차에 의해 결정된다.

③ 순서논리회로의 출력은 입력 상태와 메모리 요소들의 상태에 따라 값이 결정되므로 언제나 일정한 값을 갖지 않는다.

④ 순서논리회로는 현재 상태가 다음 상태의 출력에 영향을 미치는 논리회로로서 플립플롭, 패리티 발생기, 멀티플렉서 등이 있다.

12 순서논리회로를 설계하는 방법을 순서대로 나열한 것은?

ⓐ 상태표 작성
ⓑ 동작 상태를 상태도로 표시
ⓒ 플립플롭을 논리식으로 표시
ⓓ 플립플롭의 여기표 작성
ⓔ 논리식을 회로도로 표시

① ⓐ→ⓑ→ⓒ→ⓓ→ⓔ
② ⓑ→ⓒ→ⓐ→ⓓ→ⓔ
③ ⓔ→ⓓ→ⓒ→ⓐ→ⓑ
④ ⓑ→ⓐ→ⓓ→ⓒ→ⓔ

13 순서논리회로를 설계하려 할 때 그 순서가 옳은 것은?

ⓐ 상태도를 구성, 플립플롭의 종류와 수 결정
ⓑ 여기표에 의해 상태표 구성
ⓒ 간소화
ⓓ 회로 구성

① ⓑ-ⓒ-ⓓ-ⓐ　② ⓐ-ⓑ-ⓒ-ⓓ
③ ⓐ-ⓓ-ⓑ-ⓒ　④ ⓓ-ⓒ-ⓑ-ⓐ

14 다음 중 순서논리회로에 해당되는 것은?

① 인코더　② 반가산기
③ 플립플롭　④ 멀티플렉서

15 순서논리회로가 아닌 것은?

① 플립플롭(flip-flop)
② 가산기(adder)
③ 레지스터(register)
④ 계수기(counter)

16 순서 회로를 동기 순서 회로와 비동기 순서 회로로 구별하는 기준은?

① 신호의 타이밍
② 저장 요소
③ 레지스터의 사용 여부
④ 계수기의 계수

17 플립플롭에서 현재 상태와 다음 상태를 알 때 플립플롭에 어떤 입력을 넣어야 하는가를 나타내는 표는 무엇인가?

① 진리표　② 여기표
③ 순차표　④ 상태표

18 다음 표는 SR 플립플롭의 여기표(excitation table)이다. A, B, C, D는 각각 어떻게 표시되는가? 단, ×는 무관 조건(don't care 조건)이다.

현재 상태	다음 상태	입력	
$Q(t)$	$Q(t+1)$	S	R
0	0	A	B
0	1	1	0
1	0	0	1
1	1	C	D

① $A=0$, $B=0$, $C=\times$, $D=\times$
② $A=1$, $B=0$, $C=0$, $D=1$
③ $A=\times$, $B=0$, $C=0$, $D=\times$
④ $A=0$, $B=\times$, $C=\times$, $D=0$

19 다음은 SR 플립플롭의 여기표이다. 옳지 않은 것은? 단, ×는 무관 조건이다.

	$Q(t)$	$Q(t+1)$	S	R
(1)	0	0	0	×
(2)	0	1	1	×
(3)	1	0	0	1
(4)	1	1	×	0

① (1)　② (2)
③ (3)　④ (4)

20 다음 표와 같은 플립플롭 여기표의 ( )에 들어갈 내용은? 단, ×는 무관 조건이다.

$Q(t)$	$Q(t+1)$	( )	
0	0	0	×
0	1	1	×
1	0	×	1
1	1	×	0

① JK　② SR
③ D　④ T

21 다음 표는 JK 플립플롭의 여기표이다. A, B, C, D는 각각 어떻게 표시되는가? 단, ×는 무관 조건이다.

현재 상태	다음 상태	입력	
$Q(t)$	$Q(t+1)$	J	K
0	0	0	×
0	1	A	B
1	0	C	D
1	1	×	0

① $A=0$, $B=\times$, $C=\times$, $D=0$
② $A=1$, $B=1$, $C=\times$, $D=\times$
③ $A=1$, $B=\times$, $C=\times$, $D=1$
④ $A=\times$, $B=1$, $C=1$, $D=\times$

22 다음 표는 어느 플립플롭의 여기표인가?

$Q(t)$	$Q(t+1)$	( )
0	0	0
0	1	1
1	0	1
1	1	0

① D　② T
③ SR　④ JK

23 다음 표는 각 플립플롭의 여기표이다. 옳지 않은 것은? 단, $Q(t)$는 현재 상태, $Q(t+1)$은 다음 상태, ×는 무관 조건이다.

①

$Q(t)$	$Q(t+1)$	S	R
0	0	0	×
0	1	1	0
1	0	0	1
1	1	×	0

②

$Q(t)$	$Q(t+1)$	J	K
0	0	0	×
0	1	1	×
1	0	×	1
1	1	×	0

③

$Q(t)$	$Q(t+1)$	D
0	0	0
0	1	1
1	0	0
1	1	1

④

$Q(t)$	$Q(t+1)$	T
0	0	1
0	1	0
1	0	0
1	1	1

24 다음의 상태 변환도처럼 동작하는 순서논리회로를 설계할 때, JK 플립플롭을 사용한다면 필요한 플립플롭의 수는 최소 몇 개인가?

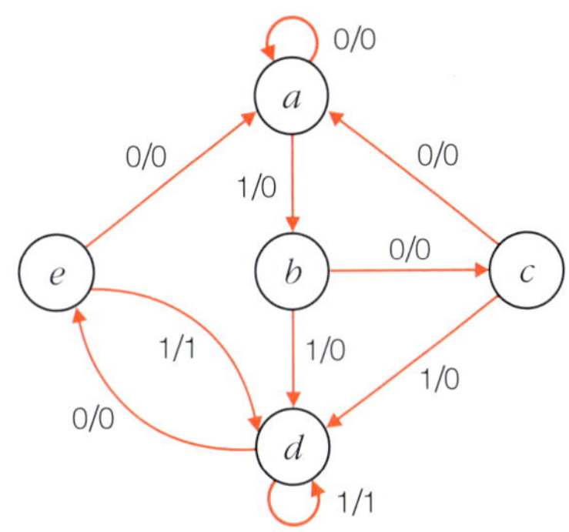

① 2개　② 3개
③ 4개　④ 5개

25 다음의 상태 변화를 가지는 카운터는 최소 몇 개의 플립플롭으로 구성되는가?

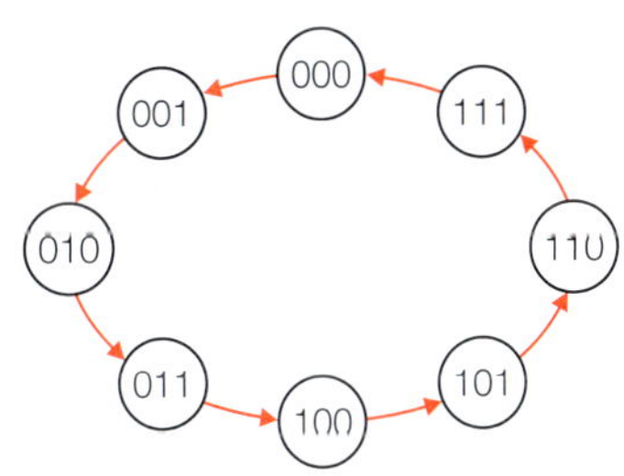

① 2개　② 3개
③ 4개　④ 8개

26 "1"이 연속으로 4개 들어올 때마다 출력을 "1"로 해주는 순서논리회로를 설계하고자 한다. JK 플립플롭을 사용할 경우 최소 몇 개의 플립플롭이 필요한가?

① 1개　② 2개
③ 3개　④ 4개

27 다음의 상태도(state diagram)에 맞는 상태표(state table)는? 단, 상태를 A, 입력은 x, 출력은 y라 한다.

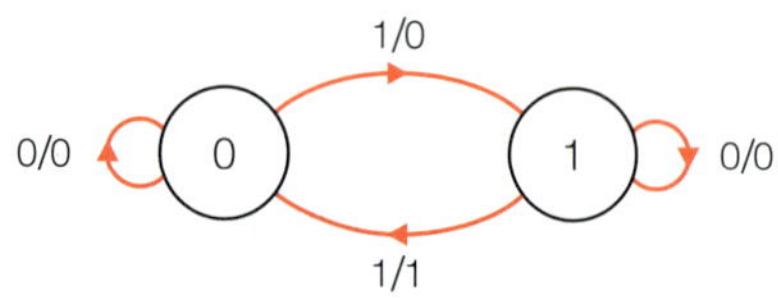

①

현재 상태	입력	다음 상태	출력
A	x	A	y
0	0	0	0
0	1	0	1
1	0	0	1
1	1	0	1

②

현재 상태	입력	다음 상태	출력
A	x	A	y
0	0	0	0
0	1	×	×
1	0	1	0
1	1	1	1

③

현재 상태	입력	다음 상태	출력
A	x	A	y
0	0	0	0
0	1	1	0
1	0	1	0
1	1	0	1

④

현재 상태	입력	다음 상태	출력
A	x	A	y
0	0	1	1
0	1	×	×
1	0	1	0
1	1	0	1

28 다음과 같은 상태도를 갖는 카운터를 설계하려고 한다. 클럭에 동기화된 세 개의 T 플립플롭 A, B, C를 이용할 때 T 플립플롭 A의 입력 T_A로 옳은 것은?

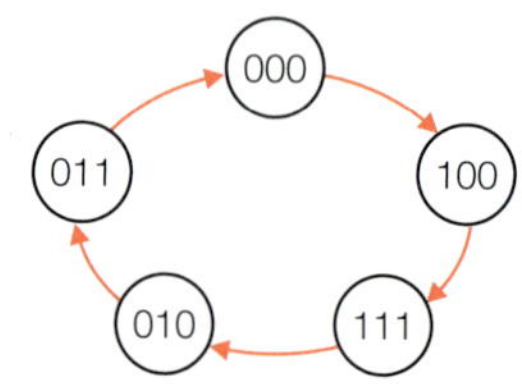

① $T_A = A + B$　　② $T_A = \bar{A}C + A\bar{B}$

③ $T_A = \bar{A}\bar{B} + AB$　　④ $T_A = A\bar{B} + \bar{A}B$

29 순서 회로의 차기 출력(next state output)이 $A(t+1) = \bar{A}B\bar{C} + \bar{A}\bar{B}C + ABC$로 주어진 경우 A 플립플롭의 입력식을 구하면? 단, A, B, C는 JK 플립플롭을 사용한다고 가정한다.

① $J = B \oplus C,\ K = B \cdot C$

② $J = B \cdot C,\ K = B \oplus C$

③ $J = B + C,\ K = \overline{BC}$

④ $J = B \oplus C,\ K = \overline{BC}$

30 다음에 주어진 상태표를 순서논리회로로 구현하고자 한다. JK 플립플롭의 입력 논리식은?

현재 상태	입력 신호	다음 상태
(Q)	(A)	(Q+)
1	0	1
1	1	0
0	0	1
0	1	0

① $J = Q,\ K = \bar{A}$　　② $J = A,\ K = A$

③ $J = \bar{A},\ K = \bar{A}$　　④ $J = \bar{A},\ K = A$

1 ③	2 ④	3 ③	4 ③	5 ④	6 ④	7 ③	8 ④	9 ③	10 ①	11 ④	12 ④
13 ②	14 ③	15 ②	16 ①	17 ②	18 ④	19 ②	20 ①	21 ③	22 ②	23 ④	24 ②
25 ②	26 ②	27 ③	28 ③	29 ④	30 ④						

Chapter

10

카운터

01 비동기식 카운터

02 동기식 카운터

03 기타 카운터

04 IC 카운터

05 카운터의 응용

연습문제

기출문제

학습목표

- 비동기식 카운터의 동작을 이해하고 설계할 수 있다.
- 동기식 카운터의 동작을 이해하고 설계할 수 있다.
- 링 카운터와 존슨 카운터의 동작을 이해하고 응용할 수 있다.
- IC 카운터를 이용해 다양한 형태의 카운터를 설계할 수 있다.
- 카운터의 주요 응용으로서 디지털 시계와 주파수 카운터의 동작 원리를 이해할 수 있다.

01 비동기식 카운터

플립플롭의 주요 응용으로는 입력되는 펄스의 수를 세는 카운터counter가 있다. 카운터는 단순히 입력 펄스의 수를 세는 것은 물론 디지털 계측기기와 디지털 시스템에도 널리 사용된다. 클록 펄스처럼 펄스의 주기가 일정할 때는 1초 동안에 입력되는 펄스의 수를 세어 해당 펄스 신호의 주파수를 알 수 있고 주기도 알 수 있다frequency counter. 또 수정 발진기와 같은 정밀한 클록 발생기와 카운터를 사용하면 두 시점 간의 시간 간격을 측정할 수도 있다.

카운터는 보통 입력 한 개와 출력 n개가 있는데, 이를 n비트 카운터라고 한다. 예를 들어, 8비트 카운터로는 0에서부터 255까지 셀 수 있다. 별도로 제어 단자들이 있으며 이들을 통해 카운터의 시작, 끝, 카운팅 순서 등 여러 가지 동작 방식을 제어한다.

카운터는 클록과의 동기 방식에 따라 **비동기식 카운터**asynchronous counter와 **동기식 카운터**synchronous counter 두 가지로 구분한다. 비동기식 카운터는 **직렬 카운터**라고도 하며 다수의 플립플롭을 종속으로 연결한 구조로, 카운터에 있는 플립플롭들이 공통의 클록 펄스를 갖지 않으므로 플립플롭들의 상태가 동시에 변하지 않는다. 즉, 각 단의 플립플롭 출력은 클록 펄스에 동기되지 않는다. 각 플립플롭을 통과할 때마다 지연 시간이 누적되므로 고속 카운팅에는 부적당하다. 이에 반하여 동기식 카운터는 **병렬 카운터**라고도 하며, 카운터에 있는 플립플롭들이 공통의 클록 펄스에 의해 동시에 트리거trigger되어 고속 동작에는 적합하지만 비동기식 카운터에 비해 회로가 복잡하다는 단점이 있다. 또한 카운터는 수를 세어 올라가는 **상향 카운터**up counter와 수를 세어 내려오는 **하향 카운터**down counter로 분류할 수 있다.

비동기식 카운터는 첫 번째 플립플롭의 CPclock pulse 입력에만 클록 펄스가 입력되고, 다른 플립플롭은 각 플립플롭의 출력을 다음 플립플롭의 CP 입력으로 사용한다. 즉, 첫 단 플립플롭의 출력이 다음 단의 플립플롭을 트리거하므로 클록의 영향이 물결처럼 후단으로 파급된다는 뜻에서 비동기식 카운터를 **리플 카운터**ripple counter라고도 한다.

일반적으로 카운터에서 구별되는 상태의 수가 m일 때 이 카운터의 모듈러스modulus는 m이다. 또는 modulo-m (간단히 mod-m ; m진) 카운터라고 한다. 플립플롭 n개를 종속으로 연결cascade하면 0부터 최대 2^n-1까지 카운트할 수 있다. 예를 들어, 플립플롭 2개를 사용하면 0부터 최대 $3(=2^2-1)$까지 카운트하는 4진(mod-4) 카운터, 3개를 사용하면 8진(mod-8) 카운터, 4개를 사용하면 16진(mod-16) 카운터를 구성할 수 있다.

비동기식 카운터는 JK 플립플롭 또는 T 플립플롭을 사용해 구성하며, JK 플립플롭을 사용하는 경우 모든 J 입력과 K 입력을 논리 1로 하고, T 플립플롭을 사용하는 경우는 T 입력을 논리 1로 하여 토글toggle 상태가 되게 한다.

1 비동기식 상향 카운터

비동기식 카운터의 가장 일반적인 형태는 순차적으로 보통의 2진수를 카운트할 수 있는 2진 상향 카운터binary up counter다. [표 10-1]은 플립플롭 4개를 사용한 16진 카운터의 계수 상태표이며 2진수 4자리($Q_D Q_C Q_B Q_A$)를 사용해 $0000(0_{10})$에서 $1111(15_{10})$까지 카운트한다. Q_A열은 1에 해당하는 자리로 최하위 비트라 하고, Q_D열은 8에 해당하는 자리로 최상위 비트

LSB(최하위 비트)
least significant bit

MSB(최상위 비트)
most significant bit

표 10-1 4비트 2진 상향 카운터의 계수표

클록 펄스	Q_D	Q_C	Q_B	Q_A	10진수
1	0	0	0	0	0
2	0	0	0	1	1
3	0	0	1	0	2
4	0	0	1	1	3
5	0	1	0	0	4
6	0	1	0	1	5
7	0	1	1	0	6
8	0	1	1	1	7
9	1	0	0	0	8
10	1	0	0	1	9
11	1	0	1	0	10
12	1	0	1	1	11
13	1	1	0	0	12
14	1	1	0	1	13
15	1	1	1	0	14
16	1	1	1	1	15

라고 한다. 0000에서 1111까지 카운트하는 상태의 수가 모두 16개이므로 16진(mod-16) 카운터라고 한다.

[그림 10-1](a)는 *JK* 플립플롭 4개를 사용한 4비트 비동기식 상향 카운터의 회로도이다. 모든 플립플롭의 입력은 $J = K = 1$이므로 출력은 토글 상태로 동작한다. 설계 방법은 다음과 같다.

❶ 모든 *JK* 플립플롭의 입력 *J*와 *K*를 1(+5V)에 연결한다.
❷ 첫 번째 플립플롭의 클록 입력에 외부 클록 신호(*CP*)를 연결한다.
❸ 첫 번째 플립플롭의 출력 Q_A를 두 번째 플립플롭의 클록 입력에 연결한다.
❹ 두 번째 플립플롭의 출력 Q_B를 세 번째 플립플롭의 클록 입력에 연결한다.
❺ 세 번째 플립플롭의 출력 Q_C를 네 번째 플립플롭의 클록 입력에 연결한다.
❻ 플립플롭 출력 단자 Q_D, Q_C, Q_B, Q_A로부터 출력된 값을 조합하면 상향 카운터가 된다.

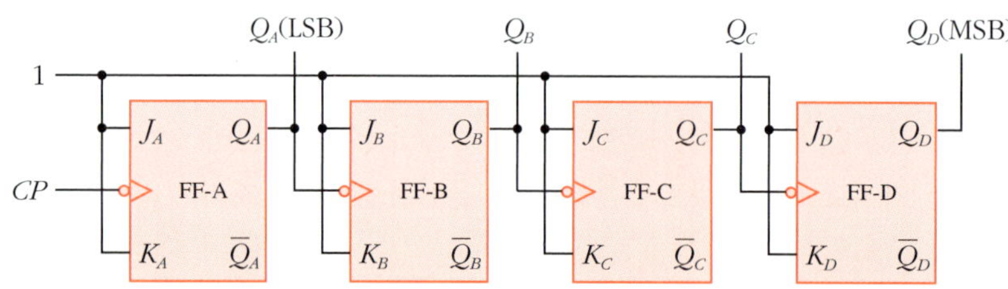

(a) 논리회로도

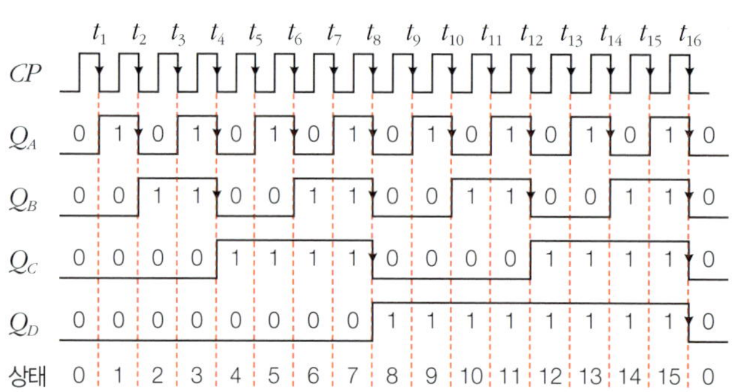

(b) 타이밍도

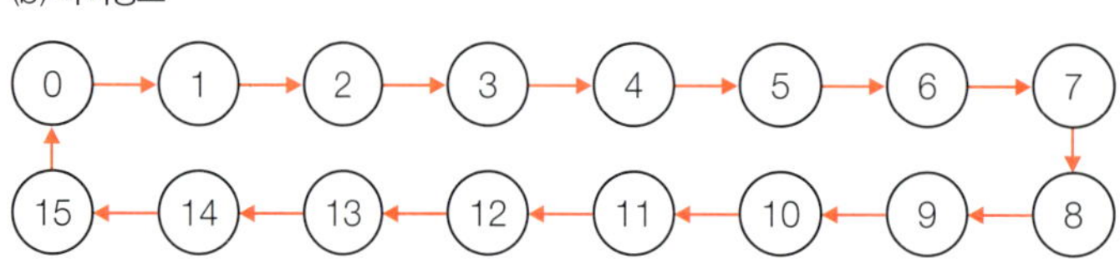

(c) 상태도

그림 10-1 4비트 2진 상향 카운터(하강 에지 트리거)

2비트 2진 상향 카운터
FF-A, FF-B만 사용

3비트 2진 상향 카운터
FF-A, FF-B, FF-C만 사용

타이밍도(timing diagram)
시간에 따라 변하는 디지털 파형 두 개 이상의 정확한 관계를 보여주는 도표이 카운터의 동작은 입력(CP)과 각 플립플롭의 출력을 포함하는 [그림 10-1](b)의 타이밍도로 설명할 수 있다. 이제 모든 플립플롭의 출력이 0000($=Q_D Q_C Q_B Q_A$)으로 되어 있다고 가정하자. 각 플립플롭은 클록 펄스의 하강 에지에서 변한다. t_1에서 플립플롭 FF-A는 출력을 반전하여 $Q_D Q_C Q_B Q_A = 0001$이 된다. t_2에서 FF-A의 출력은 다시 0으로 되고 이것은 즉시 FF-B의 클록에 인가되므로 FF-B의 출력은 1이 되어서 $Q_D Q_C Q_B Q_A = 0010$이 된다. 계속해서 클록 펄스가 인가됨에 따라 각 플립플롭의 출력은 다음 플립플롭의 입력으로 들어가 해당 플립플롭의 출력을 연쇄적으로 반전시키게 된다. 따라서 각 플립플롭은 2진수로 0000에서 1111까지 카운트한다.

각 플립플롭의 개별적인 출력 Q는 2의 제곱으로 가중된 값의 위치 중 하나를 나타낸다. 첫 번째 플립플롭에 연결된 클록 입력은 카운터의 입력이며, 출력 Q_A는 카운터의 1의 자리 역할을 하고 두 번째 플립플롭의 클록 입력이 된다. 두 번째 플립플롭의 출력 Q_B는 카운터의 2의 자리 역할을 하고 아울러 세 번째 플립플롭의 클록 입력이 된다. 세 번째 플립플롭의 출력 Q_C는 카운터의 4의 자리 역할을 하고 네 번째 플립플롭의 클록 입력이 되며, 마찬가지로 네 번째 플립플롭의 출력 Q_D는 카운터의 8의 자리 역할을 한다.

이상의 카운터에서 Q_A에서는 입력 클록 주파수의 1/2, Q_B에서는 1/4, Q_C에서는 1/8, Q_D에서는 1/16인 구형파가 얻어진다. [그림 10-1](c)에는 4비트 2진 상향 카운터의 상태도를 나타냈다.

비동기식 카운터의 동작 속도

비동기식 카운터에서 첫 번째 플립플롭에 인가되는 클록 주파수는 다음 식을 만족해야 한다. 여기서 $f_{\max}$는 최대 클록 주파수, n은 플립플롭의 수, t_{pd}는 플립플롭 한 개당 전파 지연 시간이다.

$$f_{\max} \le \frac{1}{n \times t_{pd}}$$

예를 들어, $t_{pd} = 20\text{ns}$이고 플립플롭의 수가 4개인 4비트 2진 비동기식 카운터를 설계할 경우 클록 주파수는 12.5MHz 이하이어야 한다.

$$f_{\max} \le \frac{1}{n \times t_{pd}} = \frac{1}{4 \times 20 \times 10^{-9}} = 12.5\text{MHz}$$

2 비동기식 하향 카운터

비동기식 2진 카운터는 플립플롭의 클록 입력을 연결하는 방법에 따라 계수의 방향이 결정된다. 4비트 2진 상향 카운터에서 각 플립플롭의 $\bar{Q}$ 출력을 다음 단의 입력으로 인가하면 카운터의 하향 동작을 출력으로 얻을 수 있다. 이러한 동작을 설명하기 위해 [표 10-2]에 4비트 2진 하향 카운터binary down counter의 계수 상태를 나타냈다. 각 플립플롭은 세트되고 카운터는 1111에서 시작하여 15번째 클록 펄스의 끝에서 카운터는 0000으로 감소한다. 16번째 클록 펄스가 인가된 후 카운터는 1111에서 반복한다.

표 10-2 4비트 2진 하향 카운터의 계수표

클록 펄스	Q_D	Q_C	Q_B	Q_A	10진수
1	1	1	1	1	15
2	1	1	1	0	14
3	1	1	0	1	13
4	1	1	0	0	12
5	1	0	1	1	11
6	1	0	1	0	10
7	1	0	0	1	9
8	1	0	0	0	8
9	0	1	1	1	7
10	0	1	1	0	6
11	0	1	0	1	5
12	0	1	0	0	4
13	0	0	1	1	3
14	0	0	1	0	2
15	0	0	0	1	1
16	0	0	0	0	0

[그림 10-2](a)는 4비트 2진 하향 카운터의 회로도다. 모든 플립플롭의 입력은 $J=K=1$이므로 출력은 토글toggle 상태로 동작한다. 플립플롭의 $\bar{Q}$ 출력을 다음 플립플롭의 CP 입력에 연결한다. 이 카운터의 동작은 카운터의 입력과 각 플립플롭의 출력을 포함하는 [그림 10-2](b)의 타이밍도로 설명할 수 있다. 이제 모든 플립플롭의 출력이 $Q_D Q_C Q_B Q_A = 0000$으로 되어 있다고 가정하자. 이때 $\bar{Q}_D \bar{Q}_C \bar{Q}_B \bar{Q}_A = 1111$이다. 각 플립플롭은 클록 펄스의 하강 에지에서 변한다. t_1에서 $\bar{Q}_A$가 논리 1에서 논리 0으로 변하므로 $\bar{Q}_B$도 동시에 논리 1

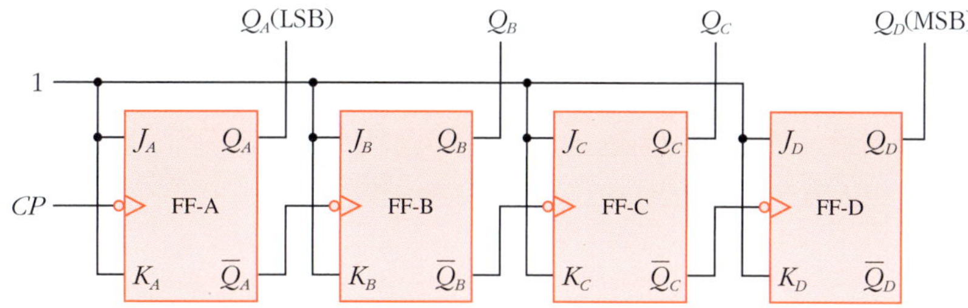

(a) 논리회로도

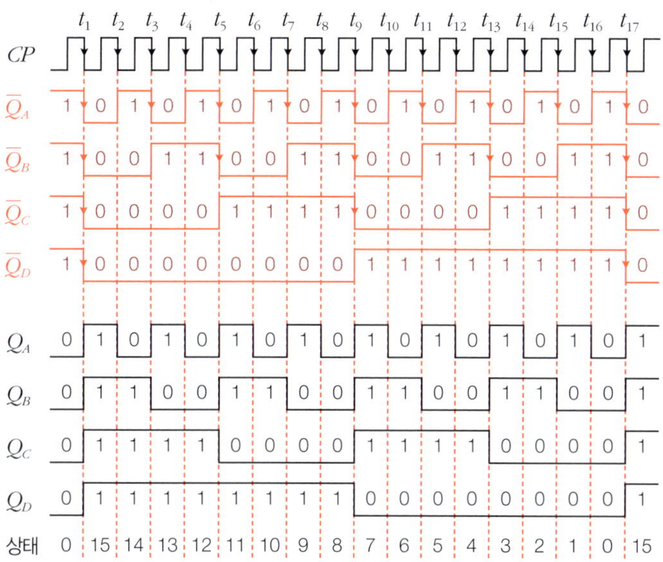

(b) 타이밍도

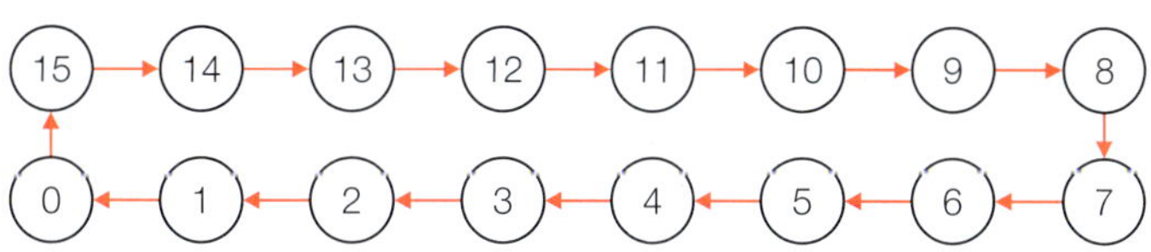

(c) 상태도

그림 10-2 4비트 2진 하향 카운터(하강 에지 트리거)

에서 논리 0으로 변하고, 동시에 $\bar{Q}_C$와 $\bar{Q}_D$도 논리 1에서 논리 0으로 변한다. 따라서 t_1에서 $\bar{Q}_D\bar{Q}_C\bar{Q}_B\bar{Q}_A = 0000$이고, $Q_D Q_C Q_B Q_A = 1111$이다. t_2에서 $\bar{Q}_A$가 반전되어 1로 되어 $\bar{Q}_D\bar{Q}_C\bar{Q}_B\bar{Q}_A = 0001$로 변하고, $Q_D Q_C Q_B Q_A = 1110$이 된다. t_3에서 $\bar{Q}_A$가 반전되어 0으로 되고, 이것은 즉시 FF-B의 클록에 인가되므로 $\bar{Q}_B$는 1이 되어서 $\bar{Q}_D\bar{Q}_C\bar{Q}_B\bar{Q}_A = 0010$으로

변하고, $Q_D Q_C Q_B Q_A = 1101$이 된다. 계속해서 클록 펄스가 인가됨에 따라 각 플립플롭의 $\overline{Q}$ 출력은 다음 플립플롭의 클록으로 들어가 해당 플립플롭의 출력을 연쇄적으로 반전시키게 된다. 따라서 각 플립플롭의 출력($Q_D Q_C Q_B Q_A$)은 2진수로 1111에서 0000까지 카운트한다. [그림 10-2](c)에는 4비트 2진 하향 카운터의 상태도를 나타냈다.

3 상승 에지에서 동작하는 비동기식 카운터

[그림 10-3](a)는 클록 펄스의 상승 에지에서 동작하는 4비트 2진 하향 카운터의 회로도다. 모든 플립플롭의 입력은 $J = K = 1$이므로 출력은 토글toggle 상태로 동작하며, 각 플립플롭은 2진수로 1111에서 0000까지 카운트한다. 처음에 모든 플립플롭의 출력이 0이었다고 가정하면, 첫 번째 클록 펄스의 상승 에지에서 Q_A가 논리 0에서 논리 1로 변하므로 Q_B도 동시에 논리 0에서 논리 1로 변하고, 동시에 Q_C와 Q_D도 논리 0에서 논리 1로 변한다. 따라서 카운터의 출력은 1111이다. 이후 각 플립플롭은 클록 펄스의 상승 에지에서 변화하여 [그림 10-3](b)와 같은 타이밍도를 얻을 수 있다.

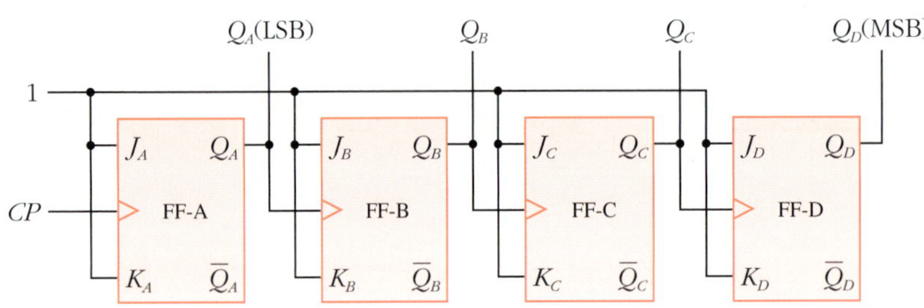

(a) 논리회로도

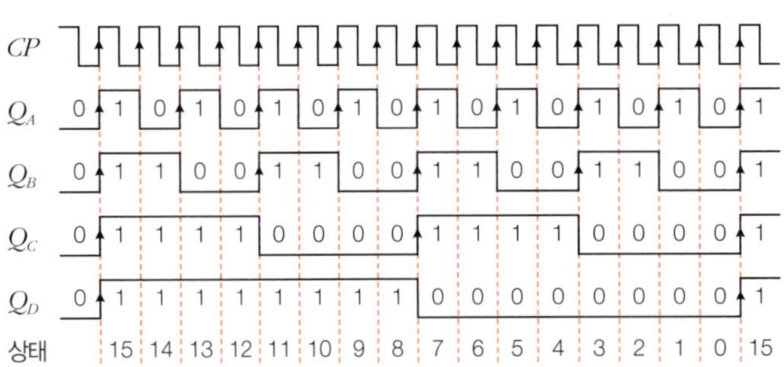

(b) 타이밍도

그림 10-3 4비트 2진 하향 카운터(상승 에지 트리거)

클록 펄스의 상승 에지에서 동작하는 4비트 2진 상향 카운터는 [그림 10-4]와 같이 구성할 수 있다. 이 카운터에서 플립플롭의 $\bar{Q}$ 출력을 다음 플립플롭의 CP 입력에 연결한다. 이 카운터의 타이밍도는 [그림 10-1](b)와 비교하여 펄스의 상승 에지rising edge에서 트리거된다는 점이 다르다.

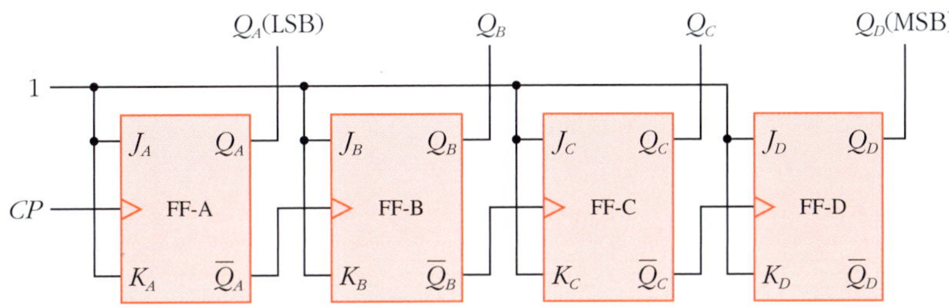

(a) 논리회로도

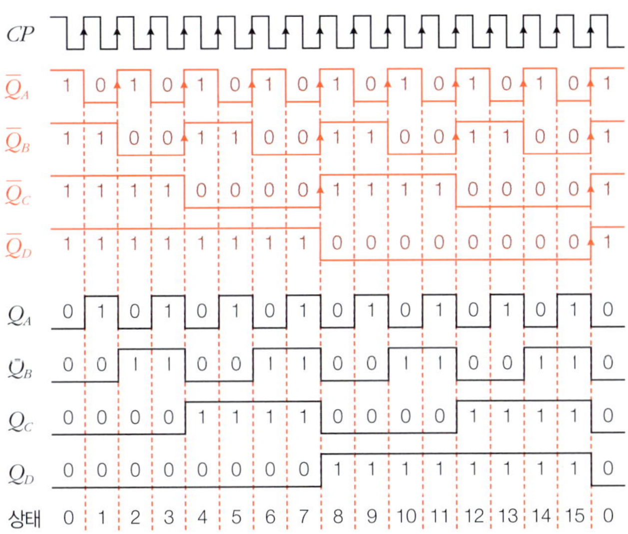

(b) 타이밍도

그림 10-4 4비트 2진 상향 카운터(상승 에지 트리거)

4 비동기식 상향/하향 카운터

[그림 10-1](a)에 주어진 비동기식 상향 카운터는 플립플롭의 출력 Q를 다음 플립플롭의 CP 입력에 연결하여 [표 10-1]과 같이 카운터의 순서가 0에서 시작하여 1, 2, …, 15로 증가하

는 순서이고, [그림 10-2](a)에 주어진 비동기식 하향 카운터는 플립플롭의 출력 $\bar{Q}$를 다음 플립플롭의 CP 입력에 연결하여 [표 10-2]와 같이 카운터의 순서가 15에서 시작하여 14, 13, …, 0으로 감소하는 순서다.

앞의 2가지 카운터를 조합하면 상향/하향 카운터를 만들 수 있다. [그림 10-5]는 멀티플렉서(MUX)의 선택 단자 S에 의해 상향 또는 하향 카운터로 동작하는 회로다. 즉, $S=0$으로 하면 MUX의 입력 D_0과 출력 F가 연결되므로 상향 카운터가 되고, $S=1$로 하면 MUX의 입력 D_1과 출력 F가 연결되므로 하향 카운터로 동작한다.

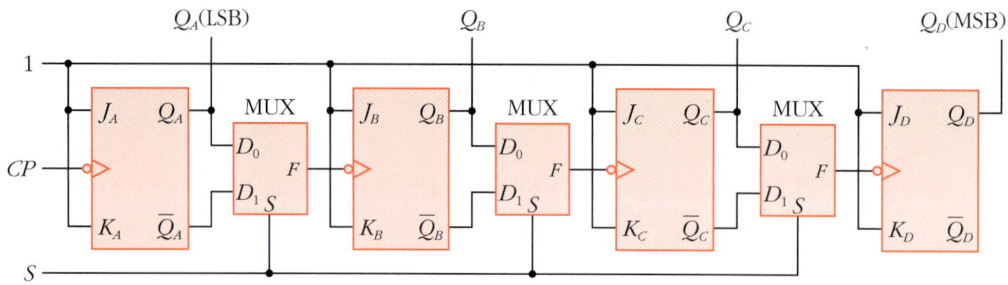

그림 10-5 4비트 2진 비동기식 상향/하향 카운터

5 비동기식 modulo-m 카운터

3비트 비동기식 카운터는 8진(mod-8) 카운터이며 0에서 7까지 카운트할 수 있다. 일반적으로 JK 플립플롭(또는 T 플립플롭) n개를 사용하면 2^n 진 (mod-2^n)까지의 카운터를 만들 수 있다. 예를 들면, JK 플립플롭 3개를 이용해 5진, 6진, 7진, 8진 카운터를 구성할 수 있다. 4진, 8진, 16진 등의 카운터는 단순히 플립플롭 2개, 3개, 4개를 종속으로 연결하여 구성할 수 있으므로 여기에서는 그 외의 3진, 5진, 6진, 10진 등의 비동기식 카운터의 구성을 생각하자.

한 예로 [표 10-3]에 나타낸 것처럼 0에서 9까지의 카운트를 반복하는 비동기식 10진 카운터(BCD 카운터, decade counter, mod-10 카운터)를 구성해보자. 0에서 9까지 카운트하려면 플립플롭이 4개 필요하다. 그러나 플립플롭 4개를 종속으로 연결하면 0에서 15까지 카운트할 수 있는데, 10진으로 하려면 카운터 출력이 (목표하는 최고 카운트)+1에 도달한 순간을 포착하여 모든 플립플롭을 0으로 클리어clear하는 것이다. [그림 10-6]은 이 원리에 입각하여 구성한 10진 카운터다. 각 플립플롭의 출력을 Q_D, Q_C, Q_B, Q_A로 하고, 플립플롭은 클록 펄스의 하강 에지에서 동작한다.

표 10-3 10진 카운터의 계수표

클록 펄스	Q_D	Q_C	Q_B	Q_A	10진수
1	0	0	0	0	0
2	0	0	0	1	1
3	0	0	1	0	2
4	0	0	1	1	3
5	0	1	0	0	4
6	0	1	0	1	5
7	0	1	1	0	6
8	0	1	1	1	7
9	1	0	0	0	8
10	1	0	0	1	9

[그림 10-6](a)에서 보면 9에서 0으로 재순환하기 위해 Q_B와 Q_D 출력을 NAND 게이트로 결합하고 NAND 게이트의 출력은 모든 플립플롭의 클리어 입력($\overline{CLR}$)에 연결되어 있다. 이것은 4비트 2진 카운터에서 0부터 9까지는 Q_B와 Q_D 출력이 정상적으로 출력하며, 10($1010_{(2)}$)이 되었을 때 Q_B와 Q_D 출력이 동시에 논리 1이 된다. 그러므로 Q_B와 Q_D 출력을 NAND 게이트로 결합하고 해당 출력을 모든 플립플롭의 $\overline{CLR}$ 입력에 연결하면 $0000_{(2)}$에서부터 증가하는 순서로 계수하다가 $1010_{(2)}$이 되면 NAND 게이트의 출력이 논리 0이 되어 모든 플립플롭의 출력을 0의 상태clear로 하여 9에서 0으로 재순환된다.

NAND 게이트 진리표

A	B	F
0	0	1
0	1	1
1	0	1
1	1	0

[그림 10-6](b)는 비동기식 10진 카운터의 타이밍도이며, Q_B의 출력 파형에 돌발 펄스glitch가 있다. 이것은 9에서 0으로 재순환 시 아주 짧은 시간 동안 10($1010_{(2)}$) 상태였다가 0으로 변하기 때문에 이 시간 동안에는 Q_B 출력이 논리 1이 된다. 돌발 펄스는 카운터뿐만 아니라 다른 디지털 회로에서도 생기며 디지털 시스템의 오동작 원인이 될 수 있다.

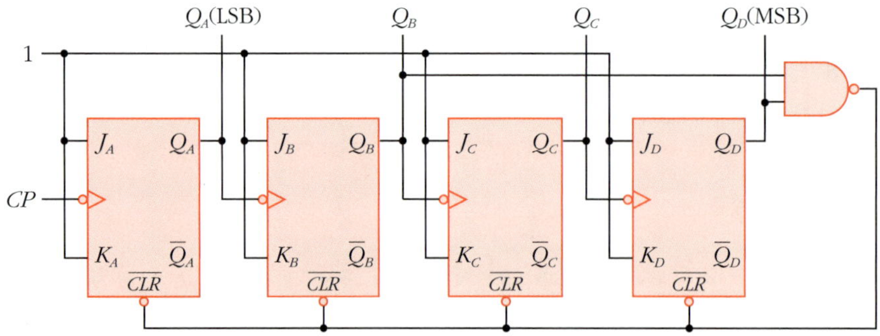

(a) 논리회로도

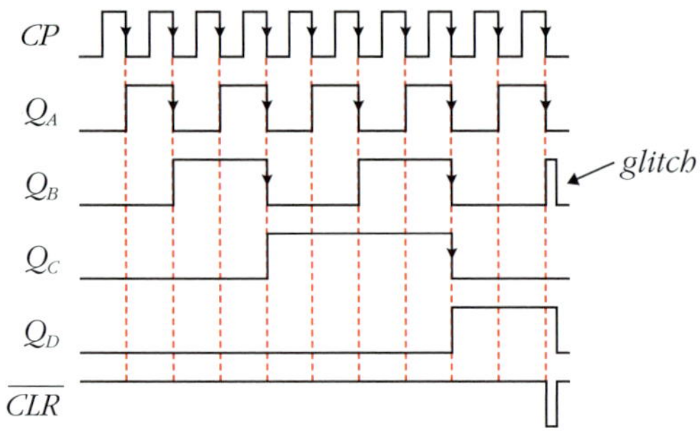

(b) 타이밍도

그림 10-6 비동기식 10진 카운터

10진 카운터는 0에서 9까지 카운트할 수 있으므로 n자리 10진수를 카운트하려면 10진 카운터 n개를 종속으로 연결하면 된다. [그림 10-7]은 4자리 10진수인 0에서 9999까지 카운트할 수 있는 카운터를 10진 카운터 4개로 구성한 예를 보인 것이다. 각 자리의 값이 9에서 0으로 변할 때, 즉 Q_D가 1에서 0으로 변할 때 다음 자리의 10진 카운터가 1씩 증가하도록 구성되어 있다.

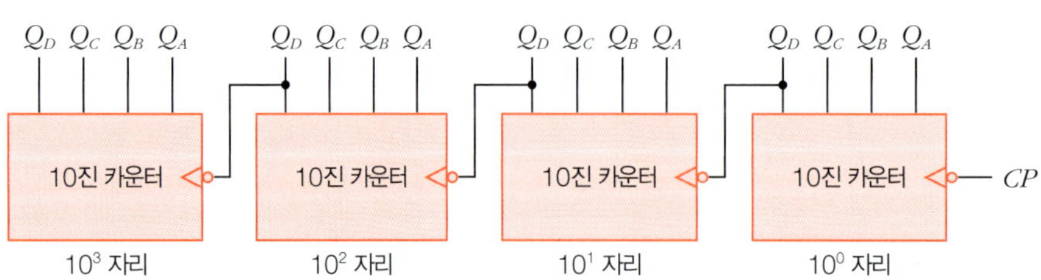

그림 10-7 4자리 10진 카운터의 블록도

6 프리셋 카운터

프리셋preset 카운터는 0보다 큰 수로부터 카운터를 시작할 수 있다. [그림 10-8](a)는 4비트 비동기식 2진 카운터에 프리셋 기능을 부가한 회로이며, $P_D P_C P_B P_A$(=0001~1111 사이의 수)로부터 시작된다.

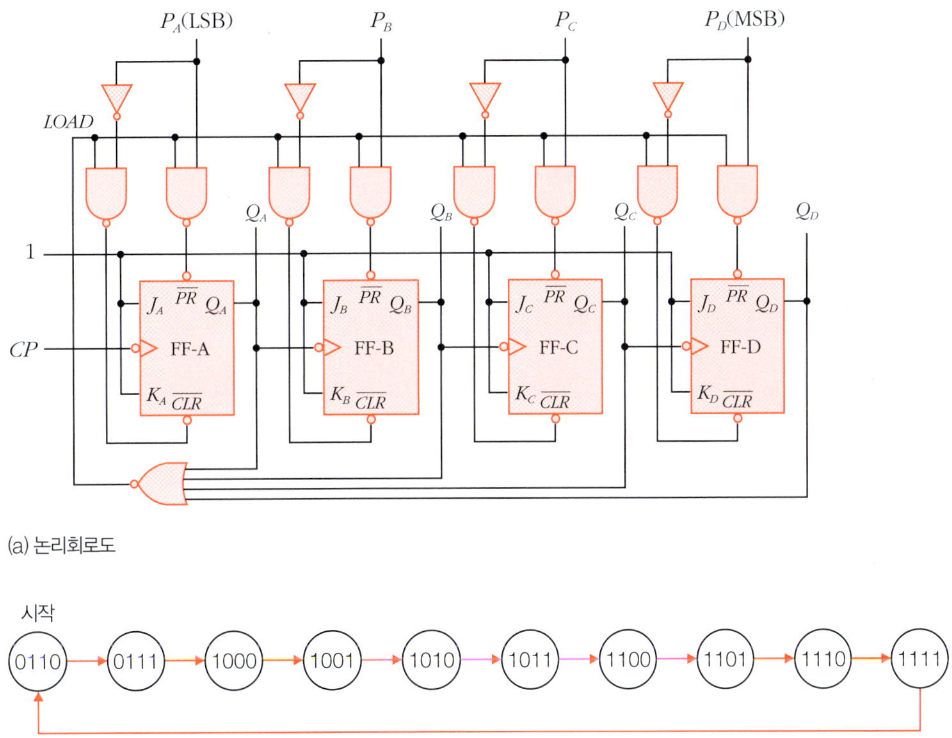

그림 10-8 프리셋 카운터 회로 및 상태도

프리셋 카운터의 동작을 살펴보면 먼저 $LOAD = 0$인 경우 모든 NAND 게이트의 출력이 논리 1이 되어 모든 플립플롭의 프리셋($\overline{PR}$)이나 클리어($\overline{CLR}$) 기능이 동작하지 못한다. 이 경우 프리셋 입력 데이터 $P_D P_C P_B P_A$도 NAND 게이트에 막혀서 아무런 영향을 주지 못한다. 따라서 $LOAD = 0$인 경우에는 정상적인 상향 카운터로 동작한다.

NAND 게이트 진리표

A	*B*	*F*
0	0	1
0	1	1
1	0	1
1	1	0

그러나 $LOAD=1$인 경우에는 각 단의 $\overline{PR}$이나 $\overline{CLR}$ 단자 중 어느 하나가 0이 되므로 각 플립플롭의 출력은 1 또는 0이 된다. 예를 들어, 프리셋 입력이 $P_DP_CP_BP_A=0110$이면 $P_A=0$은 FF-A의 $\overline{PR}$ 단자가 논리 1, $\overline{CLR}$ 단자가 논리 0이 되므로 FF-A의 출력은 $Q_A=0$이 된다. 또한 $P_B=1$은 FF-B의 $\overline{PR}$ 단자가 논리 0, $\overline{CLR}$ 단자가 논리 1이 되므로 FF-B의 출력은 $Q_B=1$이 된다. 마찬가지로 $P_C=1$은 $Q_C=1$이 되게 하며, $P_D=0$은 $Q_D=0$이 되게 한다.

NOR 게이트 진리표

A	B	F
0	0	1
0	1	0
1	0	0
1	1	0

프리셋 카운터의 장점은 카운터의 모듈러스modulus를 쉽게 변화시킬 수 있다는 것이다. [그림 10-8](a)와 같이 프리셋 카운터의 출력 $Q_DQ_CQ_BQ_A$가 NOR 게이트의 입력에 연결되어 있다. NOR 게이트는 $Q_DQ_CQ_BQ_A=0000$일 때에 한해서 NOR 게이트의 출력 즉, $LOAD=1$이 되고, 그 외에는 출력이 0이 된다. 따라서 $P_DP_CP_BP_A=0110$으로 설정하고 입력 펄스에 따라 플립플롭의 출력은 순차적으로 0110, 0111, 1000, 1001, 1010, 1011, 1100, 1101, 1110, 1111까지 카운트하고, 다음 펄스에 의하여 $Q_DQ_CQ_BQ_A=0000$이 되는 순간 카운터의 출력은 0110으로 프리셋되면서 [그림 10-8](b)의 상태도와 같은 동작을 수행하여 10진(mod-10) 카운터로 동작하게 된다. 여기서 10은 최대 modulus 16에서 프리셋한 $0110=6_{(10)}$을 뺀 것과 같다. 일반적인 경우 이를 정리하면 다음과 같다.

$$(\text{프리셋 카운터의 modulus}) = (\text{최대 modulus } 2^n) - (\text{프리셋된 수})$$

여기서 n은 카운터에서 플립플롭의 개수이다. 예를 들어, 플립플롭 8개를 사용하면 프리셋된 8비트 수에 따라 256-0, 256-1, 256-2,⋯, 3, 2, 1 등의 여러 가지 모듈러스를 갖는 카운터를 설계할 수 있다. 이것은 또한 입력 클록 펄스의 주파수를 256, 255, ⋯, 2, 1등분 등 여러 가지 분주기를 설계할 수 있음을 의미한다.

02 동기식 카운터

플립플롭에서 출력은 입력의 변화에 즉각적으로 변하지 못하므로 전파 지연 t_{pd}가 필요하다. 따라서 플립플롭 n개를 종속 연결한 비동기식 카운터의 전체 전파 지연은 $n \times t_{pd}$가 된다. 따라서 비동기식 카운터는 이러한 지연 때문에 고속으로 동작하는 응용 분야에는 적합하지 않다. 이 결점을 피하려면 입력 클록 펄스를 모든 플립플롭에 공통으로 인가하는 동기식 카운터를 사용해야 한다.

동기식 카운터는 병렬 카운터라고도 하며, 카운터에 있는 플립플롭들이 공통의 클록 펄스에 의해 동시에 트리거trigger되어 고속 동작에는 적합하지만 비동기식 카운터에 비해 회로가 복잡하다는 단점이 있다.

동기식 카운터와 같은 순서논리회로를 설계하는 순서는 다음과 같다.

❶ 클록 신호에 대한 각 플립플롭의 상태 변화(클록 이전 상태와 이후 상태)를 표(상태 여기표)로 작성한다.

❷ 이러한 변화를 일으킬 수 있도록 플립플롭의 제어 신호(J, K)를 결정한다. 여기서 플립플롭의 여기표excitation table가 필요하다.

❸ 플립플롭의 제어 신호는 카르노 맵을 이용해 간소화한다.

❹ 카운터 회로를 그린다.

1 2비트 동기식 2진 카운터

2비트 동기식 2진 카운터는 순서논리회로 방식으로 설계할 수 있다. [그림 10-9]는 카운터의 상태도이며, [표 10-4]는 JK 플립플롭을 사용해 상태도로부터 작성한 상태 여기표다.

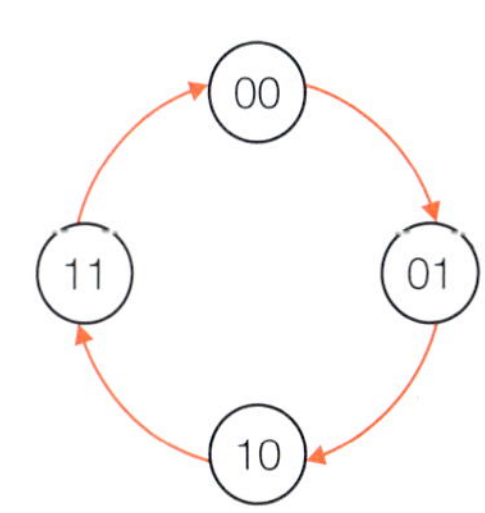

그림 10-9 2비트 동기식 2진 카운터의 상태도

표 10-4 2비트 동기식 2진 카운터의 상태 여기표

현재 상태		다음 상태		플립플롭 입력			
Q_B	Q_A	Q_B	Q_A	J_B	K_B	J_A	K_A
0	0	0	1	0	×	1	×
0	1	1	0	1	×	×	1
1	0	1	1	×	0	1	×
1	1	0	0	×	1	×	1

JK 플립플롭의 여기표

$Q(t)$	$Q(t+1)$	J	K
0	0	0	×
0	1	1	×
1	0	×	1
1	1	×	0

상태 여기표에서 각 플립플롭의 입력을 구하기 위해 [그림 10-10]과 같은 카르노 맵을 이용한다.

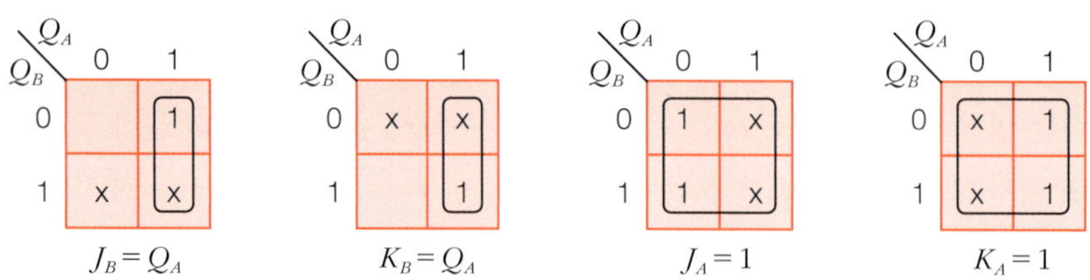

그림 10-10 2비트 동기식 2진 카운터의 카르노 맵을 이용한 간소화 과정

위의 논리식을 논리회로로 구성하면 [그림 10-11](a)와 같으며, (b)는 타이밍도다.

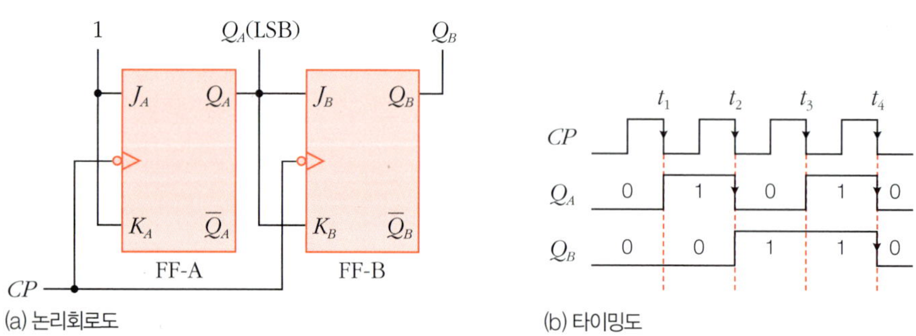

그림 10-11 2비트 동기식 2진 카운터 회로 및 타이밍도

2비트 동기식 2진 카운터는 [그림 10-11](a)와 같이 *JK* 플립플롭 2개를 사용하며, 클록 펄스는 두 플립플롭에 공통으로 입력되고, 클록 펄스의 하강 에지에서 동작한다. 첫 번째 플립플롭(FF-A)의 J_A와 K_A 입력은 모두 논리 1로 하여 토글되도록 하며, 두 번째 플립플롭(FF-B)의 J_B와 K_B 입력에는 Q_A 출력이 연결된다.

2비트 동기식 2진 카운터의 초기 상태를 $Q_B Q_A = 00$이라고 가정하고 클록 펄스의 입력에 따른 카운터의 동작을 [그림 10-11](b)를 참조하여 설명하면 다음과 같다.

- t_1에서 FF-A는 반전되어 Q_A는 논리 1이 되고 FF-B는 상태가 변하지 않는다.
- t_2에서 FF-A는 반전되어 Q_A는 논리 0이 된다. FF-B는 J_B와 K_B 입력이 모두 논리 1이므로 t_2에서 반전되어 Q_B는 논리 1 상태가 된다.
- t_3에서 FF-A는 반전되어 Q_A는 논리 1이 된다. FF-B는 J_B와 K_B 입력이 모두 논리 0이므로 클록 펄스가 입력되어도 현재 상태를 그대로 유지한다.
- t_4에서 FF-A는 반전되어 Q_A는 논리 0이 된다. FF-B는 J_B와 K_B 입력이 모두 논리 1이므로 t_4에서 반전되어 Q_B는 논리 0 상태가 된다.

2비트 동기식 2진 카운터는 클록 펄스 4개가 입력되면 처음과 같은 상태가 되어 위 동작을 반복한다. [그림 10-11](b)를 보면 플립플롭의 상태 전이와 클록 펄스의 하강 에지가 동일한 시점에서 변화하는데, 실제로는 플립플롭의 전파 지연 때문에 조금 뒤에 나타난다.

2 3비트 동기식 2진 카운터

3비트 동기식 2진 카운터도 순서논리회로 방식으로 설계하기 위해 [그림 10-12]와 같이 카운터의 상태도를 그린 후, 상태도로부터 JK 플립플롭을 사용한 상태 여기표를 도출하여 [표 10-5]에 나타냈다.

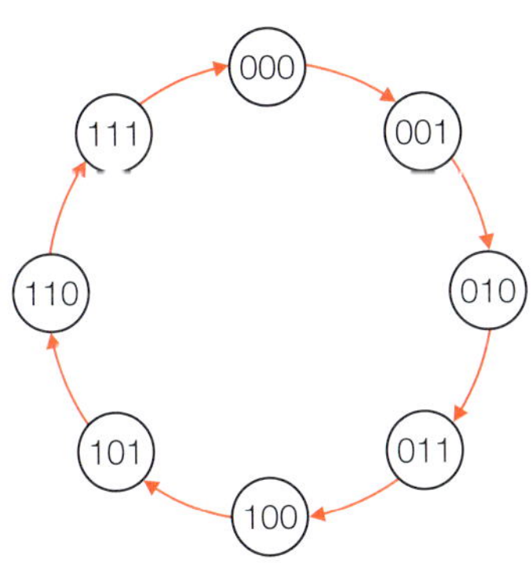

그림 10-12 3비트 동기식 2진 카운터의 상태도

표 10-5 3비트 동기식 2진 카운터의 상태 여기표

현재 상태			다음 상태			플립플롭 입력					
Q_C	Q_B	Q_A	Q_C	Q_B	Q_A	J_C	K_C	J_B	K_B	J_A	K_A
0	0	0	0	0	1	0	×	0	×	1	×
0	0	1	0	1	0	0	×	1	×	×	1
0	1	0	0	1	1	0	×	×	0	1	×
0	1	1	1	0	0	1	×	×	1	×	1
1	0	0	1	0	1	×	0	0	×	1	×
1	0	1	1	1	0	×	0	1	×	×	1
1	1	0	1	1	1	×	0	×	0	1	×
1	1	1	0	0	0	×	1	×	1	×	1

JK 플립플롭의 여기표

$Q(t)$	$Q(t+1)$	J	K
0	0	0	×
0	1	1	×
1	0	×	1
1	1	×	0

상태 여기표에서 각 플립플롭의 입력을 구하기 위해 [그림 10-13]과 같은 카르노 맵을 이용한다.

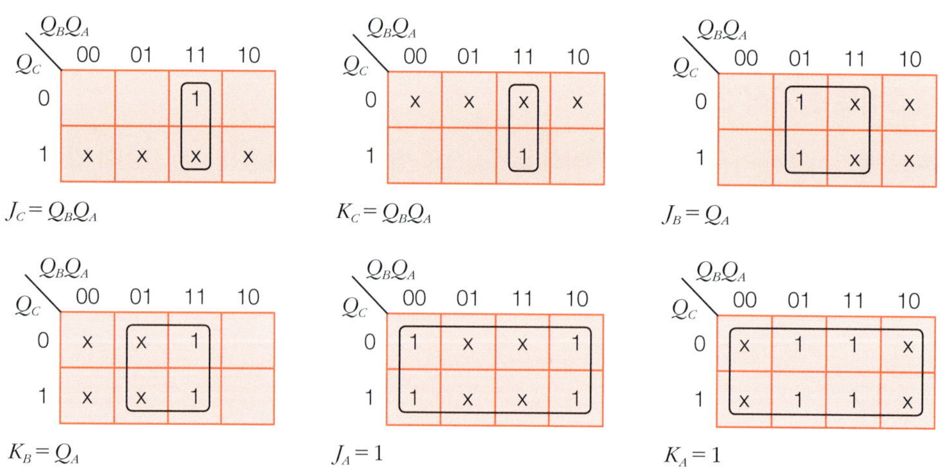

그림 10-13 3비트 동기식 2진 카운터의 카르노 맵을 이용한 간소화 과정

위의 논리식을 논리회로로 구성하면 [그림 10-14](a)와 같으며, (b)는 타이밍도다.

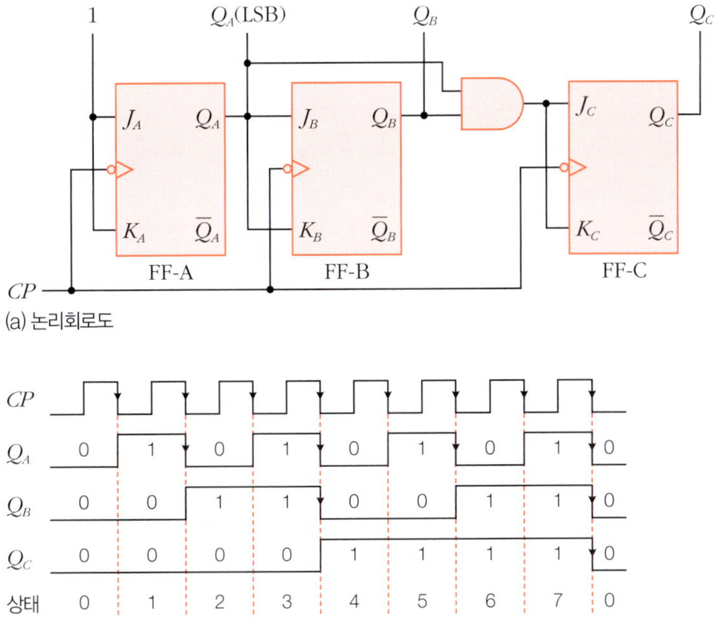

(a) 논리회로도

(b) 타이밍도

그림 10-14 3비트 동기식 2진 카운터 회로 및 타이밍도

3비트 동기식 2진 카운터는 [그림 10-14](a)와 같이 JK 플립플롭 3개와 AND 게이트 1개로 구성된다. 클록 펄스는 세 플립플롭에 공통으로 입력되고, 클록 펄스의 하강 에지에서 동작한다. 첫 번째 플립플롭(FF-A)의 J_A와 K_A 입력은 모두 논리 1로 하여 토글되게 하며, 두 번째 플립플롭(FF-B)의 J_B와 K_B 입력에는 Q_A를 연결하였다. 또한 세 번째 플립플롭(FF-C)의 J_C와 K_C 입력은 FF-A의 출력 Q_A와 FF-B의 출력 Q_B를 AND 게이트로 연결하였다. 이와 같은 구성 방법은 비트 수 3개 이상인 동기식 카운터에서도 그대로 적용할 수 있다. [그림 10-14](b)에 나타낸 타이밍도는 2비트 동기식 2진 카운터와 동일하게 설명할 수 있다.

3 4비트 동기식 2진 카운터

4비트 동기식 2진 카운터도 순서논리회로 방식으로 설계하기 위해 [그림 10-15]와 같이 카운터의 상태도를 그리고, 상태도로부터 JK 플립플롭을 사용한 상태 여기표를 [표 10-6]에 나타냈다.

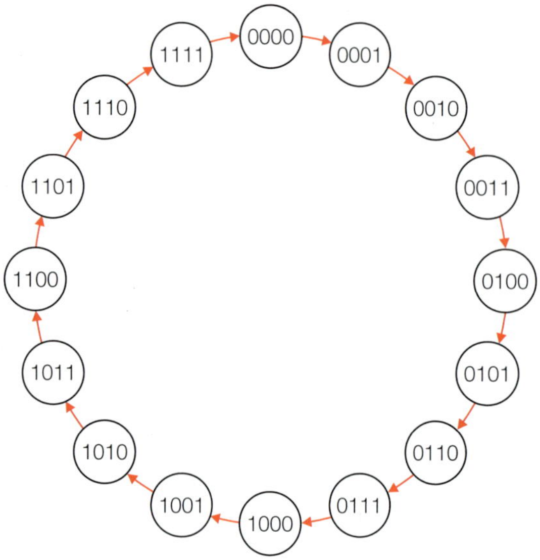

그림 10-15 4비트 동기식 2진 카운터의 상태도

JK 플립플롭의 여기표

$Q(t)$	$Q(t+1)$	J	K
0	0	0	×
0	1	1	×
1	0	×	1
1	1	×	0

표 10-6 4비트 동기식 2진 카운터의 상태 여기표

현재 상태				다음 상태				플립플롭 입력							
Q_D	Q_C	Q_B	Q_A	Q_D	Q_C	Q_B	Q_A	J_D	K_D	J_C	K_C	J_B	K_B	J_A	K_A
0	0	0	0	0	0	0	1	0	×	0	×	0	×	1	×
0	0	0	1	0	0	1	0	0	×	0	×	1	×	×	1
0	0	1	0	0	0	1	1	0	×	0	×	×	0	1	×
0	0	1	1	0	1	0	0	0	×	1	×	×	1	×	1
0	1	0	0	0	1	0	1	0	×	×	0	0	×	1	×
0	1	0	1	0	1	1	0	0	×	×	0	1	×	×	1
0	1	1	0	0	1	1	1	0	×	×	0	×	0	1	×
0	1	1	1	1	0	0	0	1	×	×	1	×	1	×	1
1	0	0	0	1	0	0	1	×	0	0	×	0	×	1	×
1	0	0	1	1	0	1	0	×	0	0	×	1	×	×	1
1	0	1	0	1	0	1	1	×	0	0	×	×	0	1	×
1	0	1	1	1	1	0	0	×	0	1	×	×	1	×	1
1	1	0	0	1	1	0	1	×	0	×	0	0	×	1	×
1	1	0	1	1	1	1	0	×	0	×	0	1	×	×	1
1	1	1	0	1	1	1	1	×	0	×	0	×	0	1	×
1	1	1	1	0	0	0	0	×	1	×	1	×	1	×	1

상태 여기표에서 각 플립플롭의 입력을 구하기 위해 [그림 10-16]처럼 카르노 맵을 이용한다.

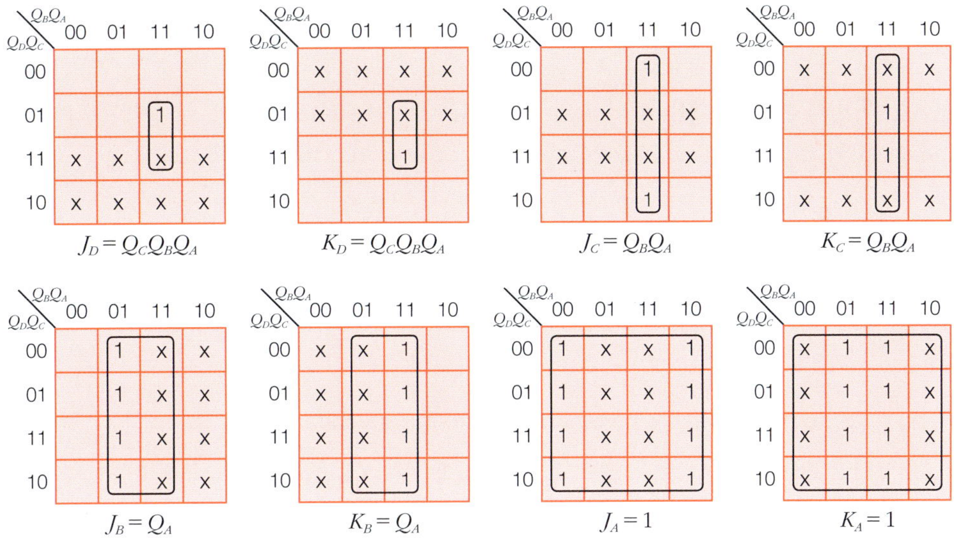

그림 10-16 4비트 동기식 2진 카운터의 카르노 맵을 이용한 간소화 과정

위의 논리식을 논리회로로 구성하면 [그림 10-17](a)와 같으며, (b)는 타이밍도다.

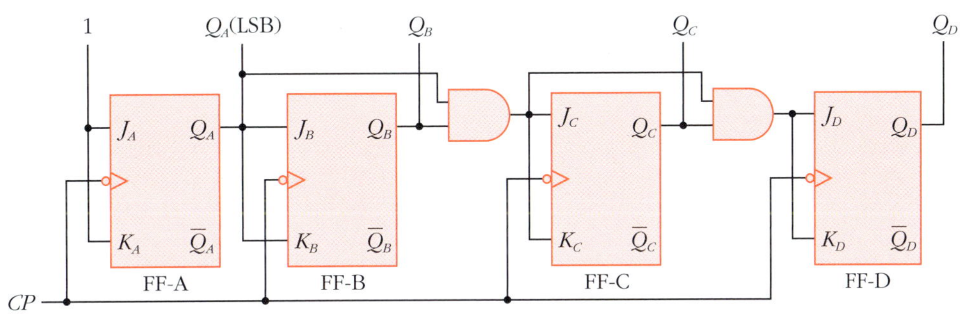

(a) 논리회로도

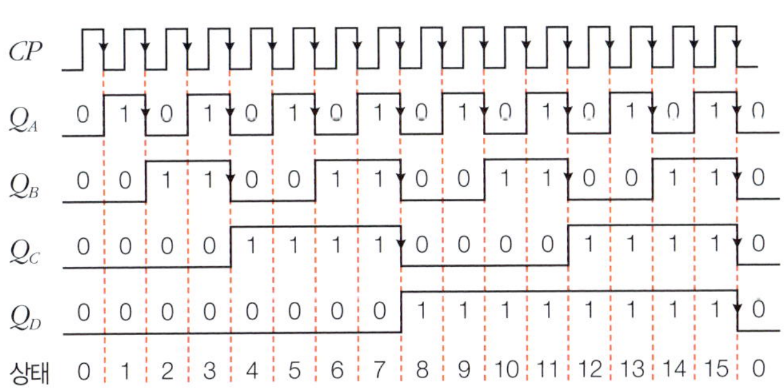

(b) 타이밍도

그림 10-17 4비트 동기식 2진 카운터 회로 및 타이밍도

4비트 동기식 2진 카운터는 [그림 10-17](a)와 같이 JK 플립플롭 4개와 AND 게이트 2개로 구성된다. 클록 펄스는 플립플롭 4개에 공통으로 입력되고, 클록 펄스의 하강 에지에서 동작한다. 첫 번째 플립플롭(FF-A)의 J_A와 K_A 입력은 모두 논리 1로 하여 토글 상태가 되며, 두 번째 플립플롭(FF-B)의 J_B와 K_B 입력에는 Q_A 출력을 연결하였다. 또한 세 번째 플립플롭(FF-C)의 J_C와 K_C 입력에는 FF-A의 Q_A 출력과 FF-B의 Q_B 출력을 AND 게이트로 결합하여 연결하였다. 네 번째 플립플롭(FF-D)의 J_D와 K_D 입력에는 FF-A의 Q_A 출력과 FF-B의 Q_B 출력의 AND 게이트 출력과 FF-C의 Q_C 출력을 다시 AND 게이트로 결합하여 연결하면 된다.

이것은 [표 10-7]의 4비트 2진 카운터의 상태표에서 보면 알 수 있다. FF-A의 Q_A 출력이 논리 1이면 FF-B의 Q_B 출력 상태가 변하며, FF-A의 Q_A 출력과 FF-B의 Q_B 출력이 모두 논리 1이면 FF-C의 Q_C 출력 상태가 변한다. 또 FF-A의 Q_A 출력과 FF-B의 Q_B 출력과 FF-C의 Q_C 출력이 모두 논리 1이면 FF-D의 Q_D 출력 상태가 변한다.

[그림 10-17](a)의 4비트 동기식 2진 카운터에서 클록 펄스는 4개 플립플롭에 공통으로 입력되며, 모든 플립플롭은 클록 펄스의 하강 에지에서 동작한다. FF-A의 J_A와 K_A 입력은 카운터가 동작됨과 동시에 모두 논리 1이 되며, 나머지 플립플롭의 J와 K 입력은 낮은 위치에 있는 플립플롭의 출력 Q가 모두 논리 1이고 카운터가 인에이블되었을 때 논리 1이 된다.

동기식 2진 카운터는 일정한 형식이 있으므로 4비트 이상인 동기식 2진 카운터도 플립플롭과 게이트를 써서 쉽게 설계할 수 있다. 4비트 동기식 2진 카운터는 클록 펄스가 16번 입력되면 처음과 같은 상태가 된다.

[그림 10-17](b)는 각 클록 펄스가 입력되는 경우 FF-A의 Q_A 출력, FF-B의 Q_B 출력, FF-C의 Q_C 출력, FF-D의 Q_D 출력의 파형을 나타낸 것이다. 그림에서 플립플롭의 상태 전이가 클록 펄스의 하강 에지와 동일한 시점에서 발생하는데, 실제로는 플립플롭의 전파 지연 때문에 조금 뒤에 나타난다.

표 10-7 4비트 동기식 2진 카운터의 상태표

클록 펄스	Q_D	Q_C	Q_B	Q_A	10진수
1	0	0	0	0	0
2	0	0	0	1	1
3	0	0	1	0	2
4	0	0	1	1	3
5	0	1	0	0	4
6	0	1	0	1	5
7	0	1	1	0	6
8	0	1	1	1	7
9	1	0	0	0	8
10	1	0	0	1	9
11	1	0	1	0	10
12	1	0	1	1	11
13	1	1	0	0	12
14	1	1	0	1	13
15	1	1	1	0	14
16	1	1	1	1	15
17	0	0	0	0	0

[표 10-7]의 상태표를 보면 필요한 플립플롭의 입력 함수를 추정할 수 있다. 하위의 모든 출력이 1일 때, 각 출력은 0 → 1로, 1 → 0으로 변화한다. 토글 동작이 필요할 때, J와 K 입력은 모두 1이 되어야 한다. 그리고 플립플롭의 입력 함수는 간단하게 하위 비트의 논리적 AND다. 이와 같은 사실은 [표 10-7]로부터 알 수 있으며, 각 플립플롭의 입력 논리식은 다음과 같다.

$$J_A - K_A - 1$$
$$J_B = K_B = Q_A$$
$$J_C = K_C = Q_B Q_A$$
$$J_D = K_D = Q_C Q_B Q_A$$
$$J_E = K_E = Q_D Q_C Q_B Q_A$$
$$J_F = K_F = Q_E Q_D Q_C Q_B Q_A$$

……

동기식 카운터의 동작 속도

동기식 카운터에서 모든 플립플롭은 동시에 상태가 변한다. 즉, 모든 플립플롭은 입력 클록 펄스의 하강 에지(또는 상승 에지)에 동기되어 있다. [그림 10−17](a)와 같은 동기식 카운터의 총 지연 시간은 플립플롭 1개의 반전 시간과 AND 게이트 1개를 통과하여 J와 K에 도달하는 시간의 합이다.

$$\text{총 지연 시간} = \text{플립플롭 } t_{pd} + \text{AND 게이트 } t_{pd}$$

동기식 카운터의 총 지연 시간은 카운터 내의 플립플롭 수가 몇 개든 모두 같으며, 같은 수의 플립플롭을 갖는 비동기식 카운터보다 훨씬 작다. 따라서 동기식 카운터는 높은 입력 주파수를 사용하는 응용에 적합하다. 그러나 동기식 카운터 회로는 비동기식보다 더 복잡하다.

예제 10-1

[그림 10−17](a)의 카운터에서 각 플립플롭의 t_{pd}가 50ns이고, 각 AND 게이트의 t_{pd}가 20ns일 때 f_{max}를 구하시오. mod−16 비동기식 카운터의 f_{max}와 비교하시오.

풀이

동기식 카운터에서 총 지연 시간은 50ns + 20ns = 70ns이므로 f_{max}는 14.3MHz가 된다.

$$f_{max} \leq \frac{1}{70\text{ns}} = \frac{1}{70 \times 10^{-9}} = 14.3\text{MHz}$$

mod−16 비동기식 카운터는 $t_{pd} = 50\text{ns}$인 플립플롭 4개를 사용하므로 f_{max}는 5MHz가 된다.

$$f_{max} \leq \frac{1}{4 \times 50\text{ns}} = \frac{1}{200 \times 10^{-9}} = 5\text{MHz}$$

4 동기식 BCD 카운터

동기식 BCD 카운터도 순서논리회로 방식으로 설계하기 위해 [그림 10−18]과 같이 카운터의 상태도를 그린 후, JK 플립플롭을 사용한 상태 여기표를 [표 10−8]에 나타냈다. 자리올림수 출력 C는 BCD 카운터의 계수가 9(1001_2)가 되었을 때 논리 1이 되게 한다.

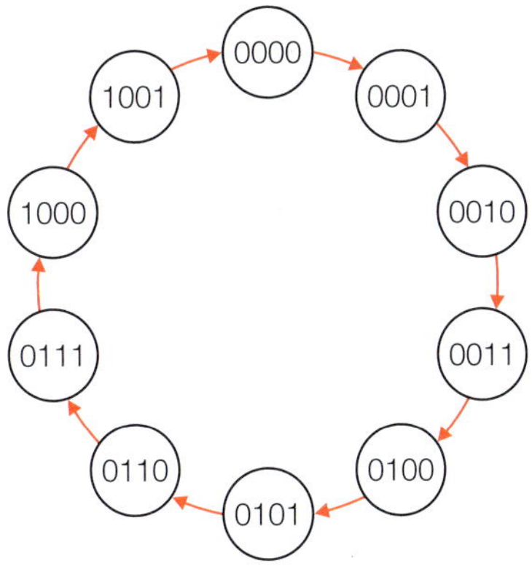

그림 10-18 동기식 BCD 카운터의 상태도

JK 플립플롭의 여기표

$Q(t)$	$Q(t+1)$	J	K
0	0	0	×
0	1	1	×
1	0	×	1
1	1	×	0

표 10-8 동기식 BCD 카운터의 상태 여기표

현재 상태				다음 상태				플립플롭 입력								출력
Q_D	Q_C	Q_B	Q_A	Q_D	Q_C	Q_B	Q_A	J_D	K_D	J_C	K_C	J_B	K_B	J_A	K_A	C
0	0	0	0	0	0	0	1	0	×	0	×	0	×	1	×	0
0	0	0	1	0	0	1	0	0	×	0	×	1	×	×	1	0
0	0	1	0	0	0	1	1	0	×	0	×	×	0	1	×	0
0	0	1	1	0	1	0	0	0	×	1	×	×	1	×	1	0
0	1	0	0	0	1	0	1	0	×	×	0	0	×	1	×	0
0	1	0	1	0	1	1	0	0	×	×	0	1	×	×	1	0
0	1	1	0	0	1	1	1	0	×	×	0	×	0	1	×	0
0	1	1	1	1	0	0	0	1	×	×	1	×	1	×	1	0
1	0	0	0	1	0	0	1	×	0	×	×	0	×	1	×	0
1	0	0	1	0	0	0	0	×	1	0	×	0	×	×	1	1

상태 여기표에서 각 플립플롭의 입력을 구하기 위해 [그림 10-19]와 같은 카르노 맵을 이용한다. 여기서 BCD 입력으로 사용되지 않는 $Q_DQ_CQ_BQ_A$ = 1010~1111은 무관[don't care]항으로 처리하였다.

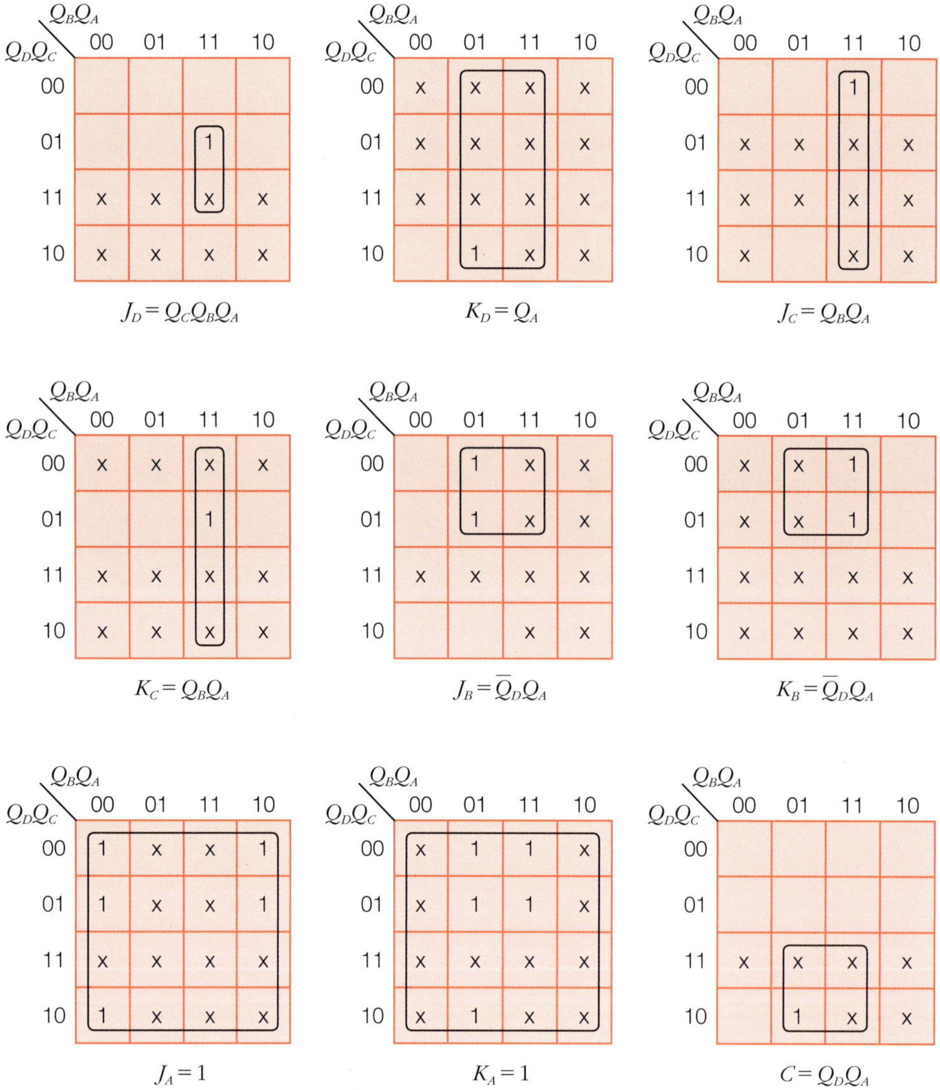

그림 10-19 동기식 BCD 카운터의 카르노 맵을 이용한 간소화 과정

동기식 BCD 카운터는 *JK* 플립플롭 4개와 AND 게이트 4개를 사용해 [그림 10-20]과 같이 구현할 수 있으며, 동기식 BCD 카운터를 여러 개 종속으로 연결하면 여러 자리 카운터도 쉽게 구성할 수 있다.

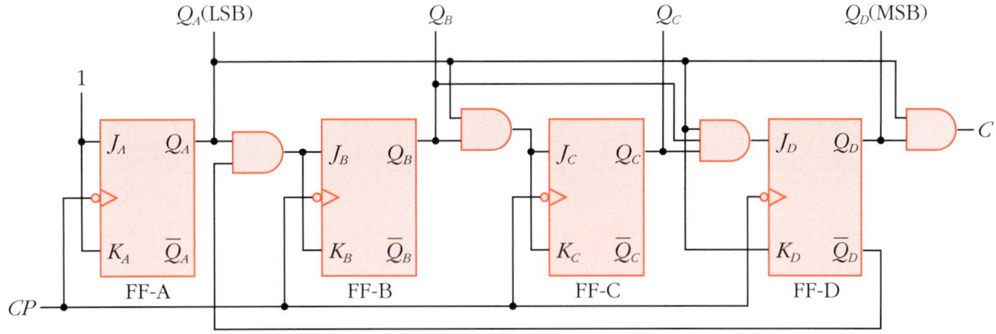

그림 10-20 동기식 BCD 카운터 회로도

예제 10-2

다음과 같은 상태도를 갖는 동기식 5진 카운터를 JK 플립플롭을 사용해 설계하시오.

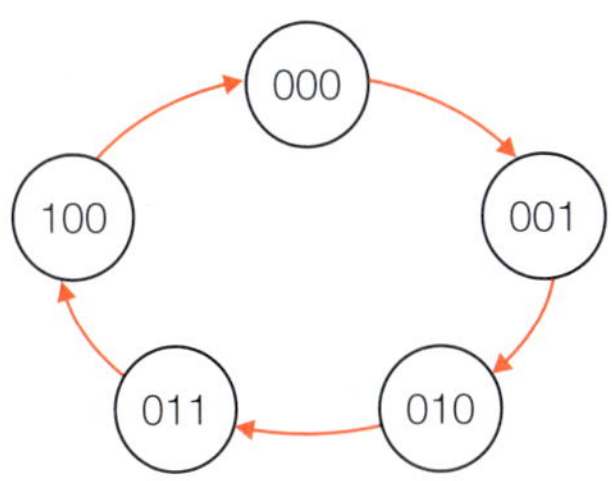

풀이

JK 플립플롭을 사용한 상태 여기표를 작성하면 아래 표와 같다.

현재 상태			다음 상태			플립플롭 입력					
Q_C	Q_B	Q_A	Q_C	Q_B	Q_A	J_C	K_C	J_B	K_B	J_A	K_A
0	0	0	0	0	1	0	×	0	×	1	×
0	0	1	0	1	0	0	×	1	×	×	1
0	1	0	0	1	1	0	×	×	0	1	×
0	1	1	1	0	0	1	×	×	1	×	1
1	0	0	0	0	0	×	1	0	×	0	×

JK 플립플롭의 여기표

$Q(t)$	$Q(t+1)$	J	K
0	0	0	×
0	1	1	×
1	0	×	1
1	1	×	0

상태 여기표에서 각 플립플롭의 입력을 구하기 위해 카르노 맵을 이용한다. 여기서 사용되지 않는 $Q_CQ_BQ_A = 101, 110, 111$은 무관항으로 처리하였다.

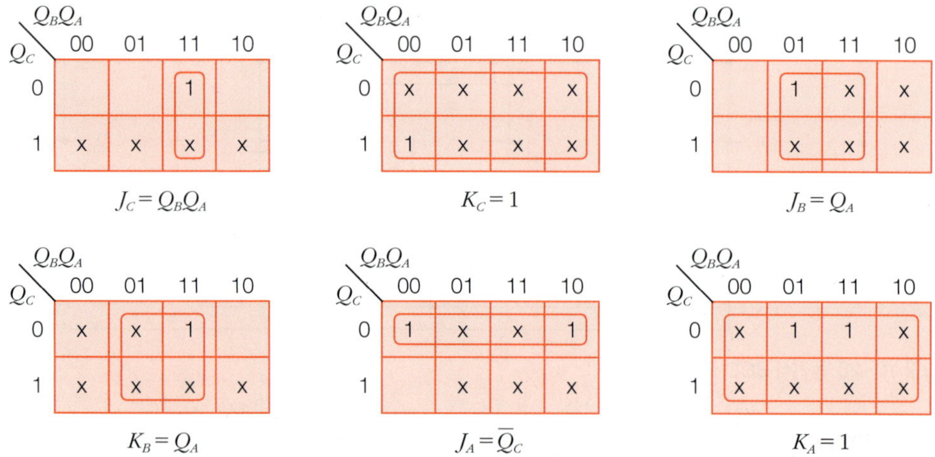

위의 논리식을 논리회로로 구성하면 아래 그림과 같다.

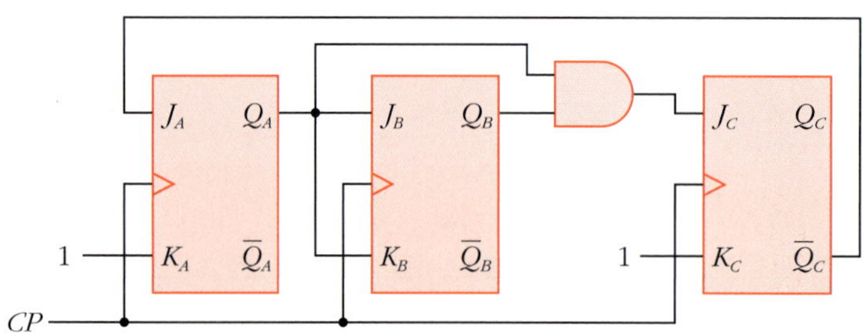

5 3비트 동기식 2진 상향/하향 카운터

3비트 동기식 2진 상향/하향 카운터binary up/down counter는 2진수의 계수가 0 → 1 → 2 → ⋯ → 7과 같이 증가하거나 7 → 6 → ⋯ → 0와 같이 감소하는 카운터다. 3비트 동기식 2진 상향/하향 카운터의 상태도는 [그림 10-21]과 같으며, 상태 여기표는 [표 10-9]와 같다. 여기서 외부 입력 $x = 0$이면 상향 카운터로 동작하며, $x = 1$이면 하향 카운터로 동작한다.

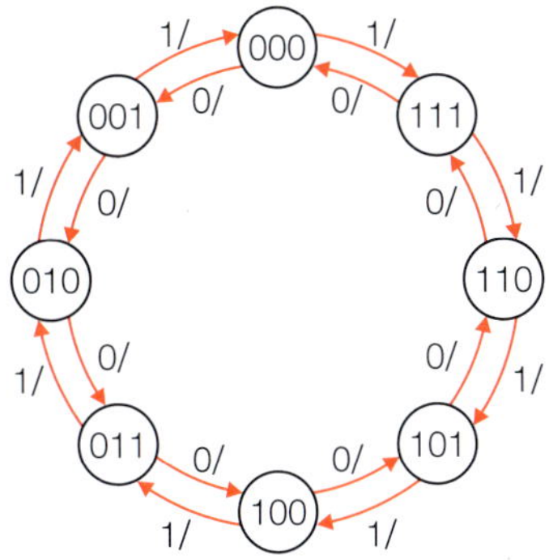

그림 10-21 3비트 동기식 2진 상향/하향 카운터의 상태도

[표 10-9]의 상태 여기표로부터 각 플립플롭의 입력 함수를 카르노 맵으로 구하면 [그림 10-22]와 같다.

JK 플립플롭의 여기표

$Q(t)$	$Q(t+1)$	J	K
0	0	0	×
0	1	1	×
1	0	×	1
1	1	×	0

표 10-9 3비트 동기식 2진 상향/하향 카운터의 상태 여기표

현재 상태			외부 입력	다음 상태			플립플롭 입력					
Q_C	Q_B	Q_A	x	Q_C	Q_B	Q_A	J_C	K_C	J_B	K_B	J_A	K_A
0	0	0	0	0	0	1	0	×	0	×	1	×
0	0	0	1	1	1	1	1	×	1	×	1	×
0	0	1	0	0	1	0	0	×	1	×	×	1
0	0	1	1	0	0	0	0	×	0	×	×	1
0	1	0	0	0	1	1	0	×	×	0	1	×
0	1	0	1	0	0	1	0	×	×	1	1	×
0	1	1	0	1	0	0	1	×	×	1	×	1
0	1	1	1	0	1	0	0	×	×	0	×	1
1	0	0	0	1	0	1	×	0	0	×	1	×
1	0	0	1	0	1	1	×	1	1	×	1	×
1	0	1	0	1	1	0	×	0	1	×	×	1
1	0	1	1	1	0	0	×	0	0	×	×	1
1	1	0	0	1	1	1	×	0	×	0	1	×
1	1	0	1	1	0	1	×	0	×	1	1	×
1	1	1	0	0	0	0	×	1	×	1	×	1
1	1	1	1	1	1	0	×	0	×	0	×	1

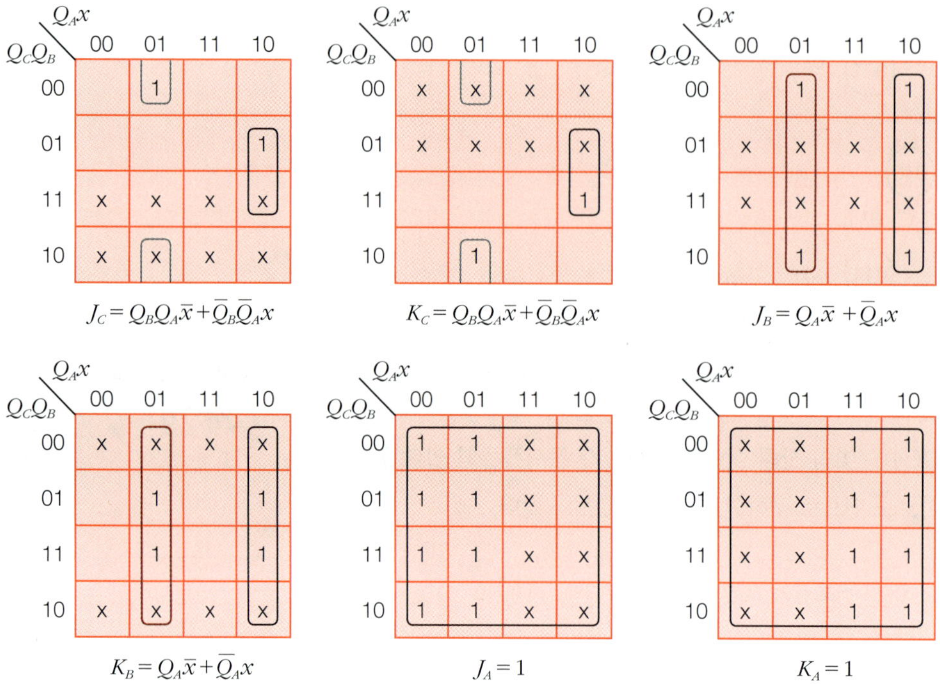

그림 10-22 3비트 동기식 2진 상향/하향 카운터의 카르노 맵

[그림 10-23]에는 3비트 동기식 2진 상향/하향 카운터의 순서논리회로를 나타냈다. 최하위 비트인 FF-A의 출력 Q_A는 클록 펄스가 입력될 때마다 상태가 반전하며, FF-B의 출력 Q_B는 $Q_A\bar{x} + \bar{Q}_A x$가 논리 1일 때 클록 펄스가 입력되면 상태가 반전된다. FF-C의 출력인 Q_C는 $Q_B Q_A \bar{x} + \bar{Q}_B \bar{Q}_A x$가 논리 1일 때 상태가 반전된다.

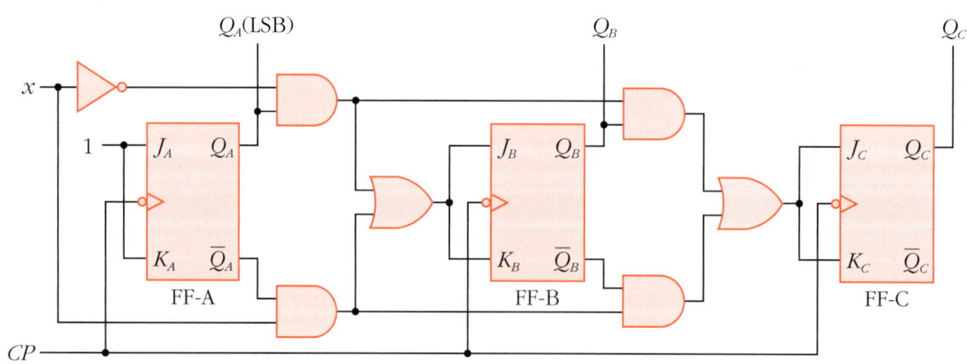

그림 10-23 3비트 동기식 2진 상향/하향 카운터의 회로도

4비트, 5비트 동기식 2진 상향/하향 카운터는 앞에서와 같은 패턴이 계속되어 각 플립플롭의 입력은 다음과 같다.

$$J_D = K_D = Q_C Q_B Q_A \bar{x} + \bar{Q}_C \bar{Q}_B \bar{Q}_A x$$
$$J_E = K_E = Q_D Q_C Q_B Q_A \bar{x} + \bar{Q}_D \bar{Q}_C \bar{Q}_B \bar{Q}_A x$$

6 불규칙한 순서를 갖는 카운터

다른 형태의 카운터로서 순차적으로 변하지 않고 불규칙하게 변하는 카운터를 설계해 보자. 이러한 유형의 카운터로서 입력 펄스가 들어올 때마다 카운터의 상태가 [그림 10-24]와 같이 변하는 3비트 그레이 코드 카운터를 설계해 보자.

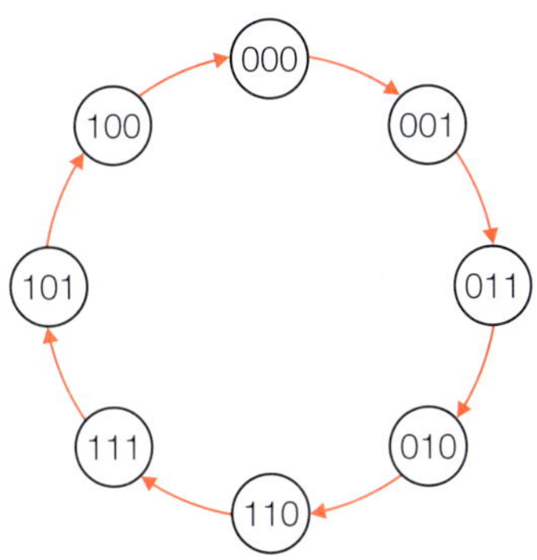

그림 10-24 3비트 그레이 코드 카운터의 상태도

3비트 그레이 코드 카운터의 상태도로부터 JK 플립플롭을 사용한 상태 여기표를 [표 10-10]에 나타냈다.

표 10-10 3비트 그레이 코드 카운터의 상태 여기표

현재 상태			다음 상태			플립플롭 입력					
Q_C	Q_B	Q_A	Q_C	Q_B	Q_A	J_C	K_C	J_B	K_B	J_A	K_A
0	0	0	0	0	1	0	×	0	×	1	×
0	0	1	0	1	1	0	×	1	×	×	0
0	1	0	1	1	0	1	×	×	0	0	×
0	1	1	0	1	0	0	×	×	0	×	1
1	0	0	0	0	0	×	1	0	×	0	×
1	0	1	1	0	0	×	0	0	×	×	1
1	1	0	1	1	1	×	0	×	0	1	×
1	1	1	1	0	1	×	0	×	1	×	0

JK 플립플롭의 여기표

$Q(t)$	$Q(t+1)$	J	K
0	0	0	×
0	1	1	×
1	0	×	1
1	1	×	0

[표 10-10]의 상태 여기표로부터 각 플립플롭의 입력 함수를 카르노 맵으로 구하면 [그림 10-25]와 같다. 모든 JK 플립플롭에 클록 신호(CP)를 동시에 인가하고, [그림 10-25]의 결과를 이용해 회로를 그리면 [그림 10-26]과 같다.

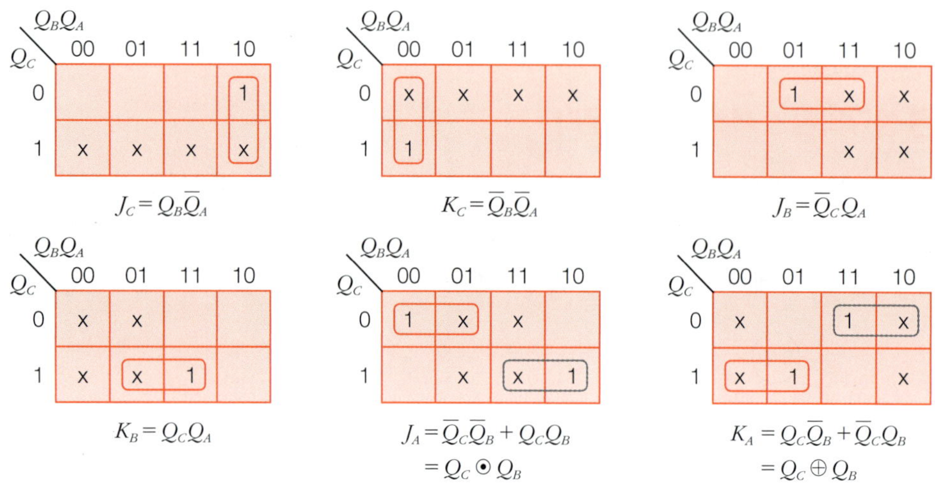

그림 10-25 3비트 그레이 코드 카운터의 카르노 맵을 이용한 간소화 과정

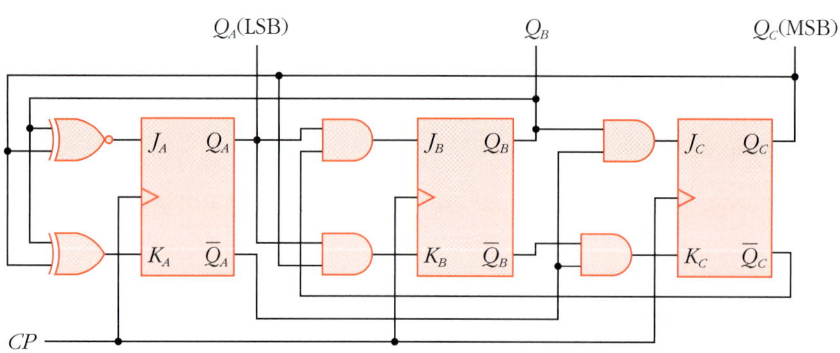

그림 10-26 3비트 그레이 코드 카운터 회로도

7 주파수 분할

T 플립플롭에서 출력은 입력 주파수의 1/2이 되므로 T 플립플롭 4개를 종속으로 연결한 구조에서는 입력 주파수의 1/2, 1/4, 1/8, 1/16인 주파수를 얻을 수 있다. 이를 [그림 10-27](a)에 나타냈다. 또한 m진$^{\text{mod}-m}$ 카운터의 최상위 비트^{MSB} 출력을 n진$^{\text{mod}-n}$ 카운터의 입력에 연결함으로써 $\div(m \times n)$의 주파수 분할을 할 수 있다. 이를 나타내면 [그림 10-27](b)와

같다. 예를 들어, 6진 카운터와 10진 카운터를 이용하면 입력 주파수의 1/60의 주파수를 얻을 수 있으며, 이 경우 입력 주파수가 60Hz이면 출력 주파수는 1Hz가 되어, 이 클록은 디지털 시계의 초를 구동하는 클록으로 사용할 수 있다.

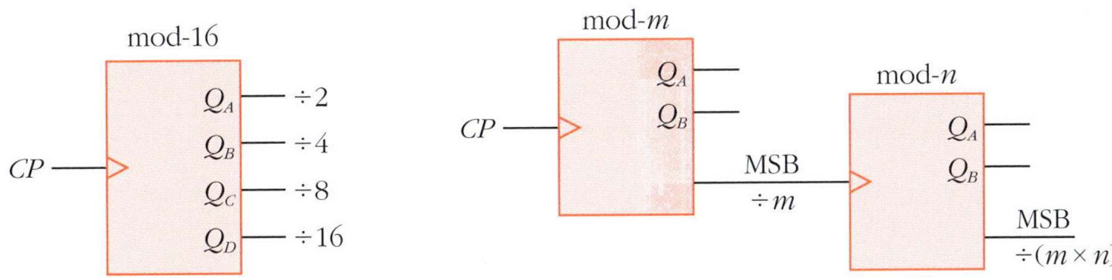

(a) 16진 카운터 블록도　　(b) (m×n) 분주 회로 개념도

그림 10-27 카운터에 의한 주파수 분할

예제 10-3

(a) 다음 그림에서 입력 클록(CP) 주파수가 1MHz일 때 출력 주파수를 구하시오.

(b) mod−16의 Q_D에서의 출력을 mod−10의 CP 입력으로 연결한 경우 출력 주파수를 구하시오.

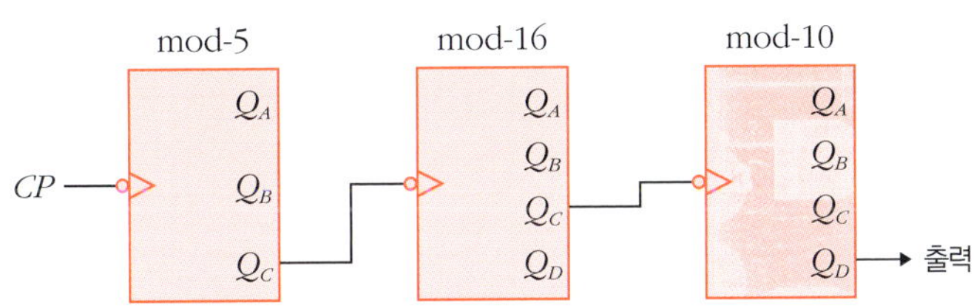

풀이

(a) 첫 번째 단은 5진 카운터, 두 번째 단은 8진 카운터, 세 번째 단은 10진 카운터이므로 입력 주파수가 1MHz이면 출력 주파수는 2.5KHz이다.

$$\frac{10^6}{5\times8\times10}=2500\text{Hz}=2.5\text{KHz}$$

(b) 첫 번째 단은 5진 카운터, 두 번째 단은 16진 카운터, 세 번째 단은 10진 카운터이므로 입력 주파수가 1MHz이면 출력 주파수는 1.25KHz이다.

$$\frac{10^6}{5\times16\times10}=1250\text{Hz}=1.25\text{KHz}$$

8 카운터의 디코딩

카운터의 내용을 표시하는 간단한 방법 중 하나는 각 플립플롭의 출력에 LED를 연결하는 것이다. 플립플롭의 상태는 LED(on = 1, off = 0)에 의해서 시각적으로 표시될 수 있으며, 계수 값은 LED의 2진 상태를 암산으로 디코딩decoding하여 결정된다. 예를 들어, LED 4개의 상태가 off-on-on-off이면 이는 0110을 나타내며, 이는 암산으로 10진수 6으로 디코딩할 수 있다. LED 상태를 다르게 조합하면 다른 계수 값을 나타낼 수 있다.

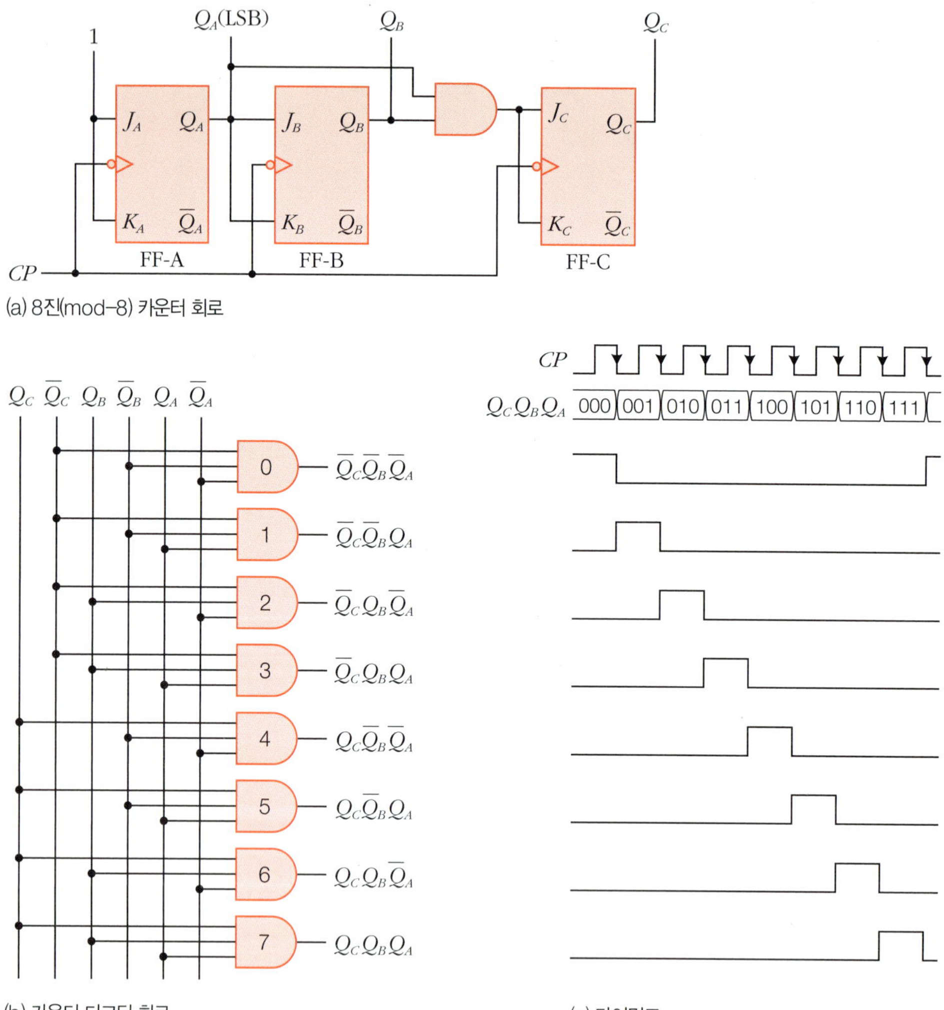

그림 10-28 8진 카운터의 디코딩 회로 및 타이밍도

그러나 카운터의 크기(비트 수)가 증가하면 표시된 결과를 암산으로 디코딩하기가 불편하다. 이러한 이유로 카운터 내용을 전자적으로 디코딩하는 방법이 필요하다. 카운터를 전자적으로 디코딩하는 보다 중요한 이유는 많은 응용 분야에 사람의 개입 없이 자동으로 동작의 타이밍 또는 순서를 제어하는 데 카운터가 많이 사용되기 때문이다. 실제 디지털 시스템에서는 이와 같은 방법으로 많은 동작들이 제어된다.

mod-N 카운터는 N개의 서로 다른 상태를 갖는다. 디코딩 회로는 N개의 출력 상태를 생성하는 논리회로이며, 각 출력은 카운터의 특정 상태를 검출(디코딩)한다. 디코더 출력은 특정 상태가 검출되었을 때 High나 Low가 되도록 설계할 수 있다. [그림 10-28]에 mod-8 카운터(8진 카운터)에서의 디코딩 회로를 나타냈다. 디코딩 회로는 8개의 3입력 AND 게이트로 구성된다. 각 AND 게이트는 카운터의 특정 상태에 대해 High 상태를 출력active-high한다. 예를 들어, AND 게이트 0은 플립플롭의 출력 $\bar{Q}_C$, $\bar{Q}_B$, $\bar{Q}_A$를 입력으로 갖는다. 따라서 AND 게이트 0의 출력은 $Q_C = Q_B = Q_A = 0$ 상태에서만 High가 되며, 000의 상태를 제외하고는 항상 Low가 된다. [그림 10-28](b)에서 AND 게이트를 NAND 게이트로 바꾸면 active-low 디코딩이 된다.

예제 10-4

mod-32 2진 카운터의 모든 상태를 디코딩하려면 몇 개의 AND 게이트가 필요한가? 또한 계수 값 25를 디코딩하기 위한 게이트 입력은 어떻게 되는가?

풀이

mod-32 카운터는 32개의 가능한 상태를 갖는다. $32 = 2^5$이므로 카운터는 플립플롭 5개를 가지기 때문에 5입력 AND 게이트 32개가 필요하다. 계수 값 25(11001)를 디코딩하기 위해 Q_E, Q_D, $\bar{Q}_C$, $\bar{Q}_B$, Q_A를 AND 게이트 입력으로 사용한다. 여기서 Q_E는 MSB, Q_A는 LSB 플립플롭이다. 일반적으로 mod-N 카운터는 N개의 AND 게이트가 필요하다.

03 기타 카운터

1 링 카운터

지금까지 살펴본 모든 카운터는 2진수로서 카운트되었으나 **링 카운터**ring counter는 임의의 시간에 한 플립플롭만 논리 1이 되고 나머지 플립플롭은 논리 0이 되는 카운터다. 논리 1은 입력 펄스에 따라 그 위치가 한쪽 방향으로 순환한다. 4비트 링 카운터의 상태도는 [그림 10-29]와 같다.

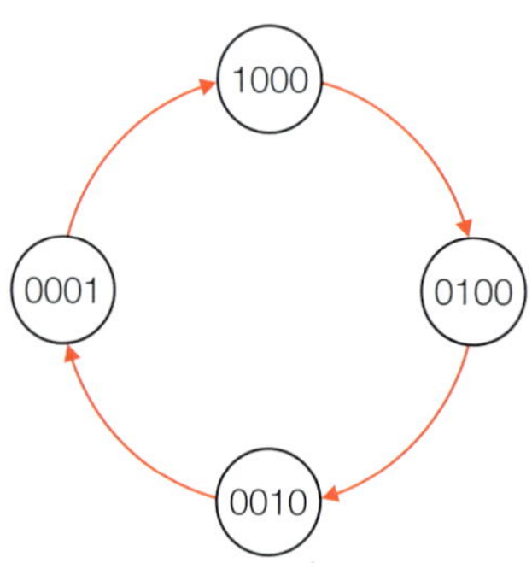

그림 10-29 4비트 링 카운터의 상태도

[표 10-11]은 상태도를 이용해 상태 여기표를 작성한 것으로, D 플립플롭 4개가 필요하다.

표 10-11 4비트 링 카운터의 상태 여기표

현재 상태				다음 상태				플립플롭 입력			
Q_A	Q_B	Q_C	Q_D	Q_A	Q_B	Q_C	Q_D	D_A	D_B	D_C	D_D
1	0	0	0	0	1	0	0	0	1	0	0
0	1	0	0	0	0	1	0	0	0	1	0
0	0	1	0	0	0	0	1	0	0	0	1
0	0	0	1	1	0	0	0	1	0	0	0

D 플립플롭의 여기표

$Q(t)$	$Q(t+1)$	D
0	0	0
0	1	1
1	0	0
1	1	1

[그림 10-30]은 상태 여기표로부터 플립플롭의 입력 함수를 구하기 위한 간소화 과정이다. 변수 4개에 의한 상태 수는 총 16가지이지만 여기서는 상태 8, 4, 2, 1의 네 가지 상태만 사용하며, 나머지는 무관don't care항으로 처리하였다.

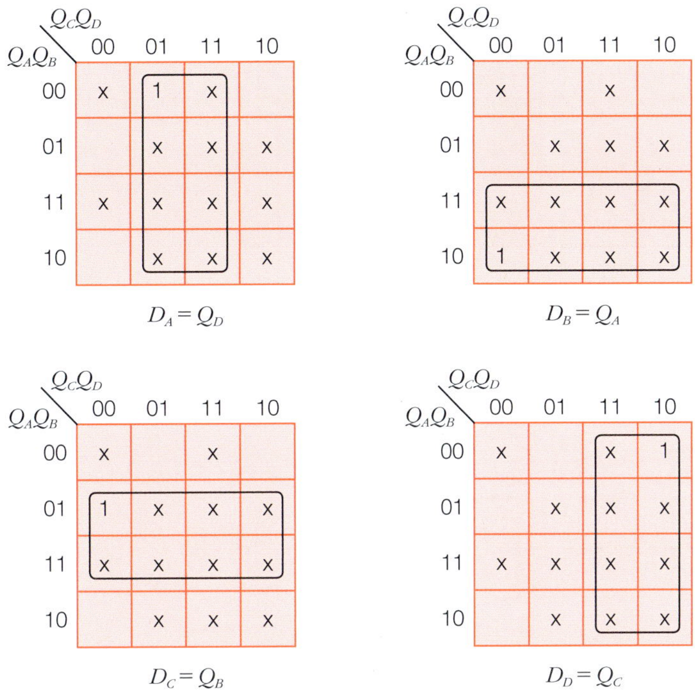

그림 10-30 4비트 링 카운터의 카르노 맵을 이용한 간소화 과정

위의 입력 함수를 이용해 순서논리회로를 구성하면 [그림 10-31](a)와 같다. 링 카운터는 앞단 플립플롭의 출력이 다음 단 플립플롭의 입력으로 연결되는 과정이 반복되며, 최종 단 플립플롭의 출력은 맨 앞 단 플립플롭의 입력으로 연결되는 구조를 갖는 카운터다.

처음에 $INIT'$ 단사를 논리 0으로 하면 첫 번째 플립플롭의 출력 Q_A는 1로 세트되고 나머지 플립플롭의 출력은 $Q_BQ_CQ_D = 000$이 된다. $INIT'$ 단자를 다시 논리 1로 하면 링 카운터의 최초 출력은 $Q_AQ_BQ_CQ_D = 1000$이다. 이후부터 클록 펄스가 입력될 때마다 클록 펄스의 상승 에지에서 오른쪽으로 한 자리씩 이동하며, 출력 Q_D는 다시 D_A로 입력된다. [그림 10-31](b)는 링 카운터의 타이밍도이며, 각 플립플롭의 출력은 클록 펄스 4개를 주기로 한 번씩 논리 1의 상태가 된다. 그러므로 링 카운터에서 각 상태에 대한 디코딩 신호는 각 신호에 대응하는 플립플롭의 출력에서 얻어지므로 디코딩 게이트가 필요하지 않다. 또한 [그림 10-31](b)를 살펴보면 각 출력 파형의 듀티 사이클은 25%가 됨을 알 수 있다. 그러나 링 카운터의 크기가 커지면 듀티 사이클은 작아진다.

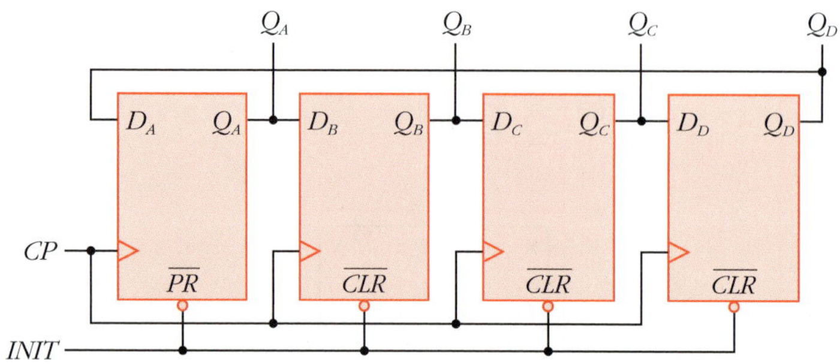

(a) 논리회로도

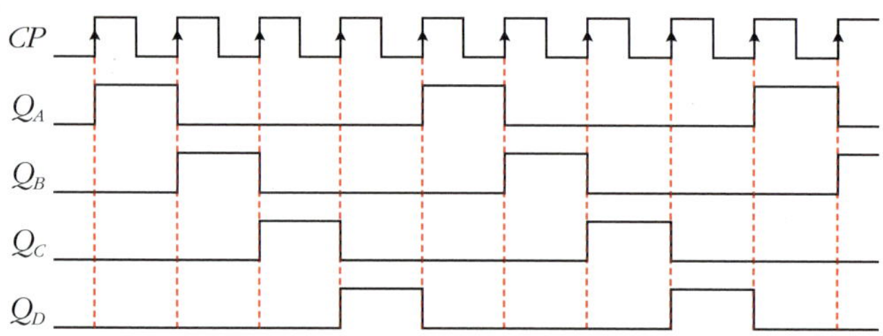

(b) 타이밍도

그림 10-31 4비트 링 카운터 회로도 및 타이밍도

[그림 10-31](a)는 D 플립플롭을 사용해 구현한 것으로, JK 플립플롭 또는 SR 플립플롭을 사용해 구현할 수도 있다. SR 플립플롭을 사용하는 경우는 맨 오른쪽 플립플롭의 출력 Q와 $\bar{Q}$를 맨 왼쪽 플립플롭의 S와 R에 연결하면 된다. 또 JK 플립플롭을 사용하는 경우는 맨 오른쪽 플립플롭의 출력 Q와 $\bar{Q}$를 맨 왼쪽 플립플롭의 J와 K에 연결하면 된다.

링 카운터는 계수의 목적으로 사용하기보다는 어떤 일련의 동작을 제어하는 데 매우 유용하다. 예를 들어, [그림 10-32]와 같은 커피 자판기vending machine를 제어하는 데 유용하게 사용할 수 있다. 커피 자판기에 수반되는 동작 순서가 다음과 같다고 가정하자.

[단계 1] 동전이 들어오는 것을 기다린다.

[단계 2] 동전을 확인하고 적절한 잔돈을 돌려준다.

[단계 3] 선택 스위치(블랙, 크림, 설탕)를 읽는다.

[단계 4] 공급창(커피를 빼내는 곳)에 종이컵을 떨어뜨린다.

[단계 5] 종이컵에 인스턴트 커피를 붓는다.

[단계 6] 선택된([단계 3])대로 크림이나 설탕을 추가한다.

[단계 7] 컵에 뜨거운 물을 붓는다.

[단계 8] 물, 커피, 크림 및 설탕이 적절히 공급되었는지를 검사한다. 만약 적으면 적당한 메시지를 보이게 한다.

[단계 9] 처음([단계 1])으로 되돌아간다.

링 카운터의 출력 단자에 위에서 8단계에 해당하는 장치를 연결하였다고 가정한다. 처음에 $\overline{CLR}$를 논리 0으로 하면 $Q_A = 1$이 되고 $Q_B = Q_C = Q_D = Q_E = Q_F = Q_G = Q_H = 0$이 된다. 이제 $\overline{CLR}$를 논리 1로 한다. 동전[coin]을 기다리는 회로가 동작하면($Q_A = 1$), 자판기에 동전이 투입되기를 기다리는 유지[hold] 상태로 진입한다.

동전이 검출되면 동전을 기다리는 회로는 "done" 펄스를 출력하여 링 카운터를 0100 0000 상태로 만든다. 그러면 동전을 검사하는 회로가 활성화된다. 적당한 잔돈을 내준 후, "done" 펄스를 다시 출력하여 카운터를 0010 0000인 상태로 만든다. 이러한 처리는 동작이 완료될 때까지 각 회로가 "done" 펄스를 공급하면서 반복된다. 사용자는 커피를 자판기로부터 받을 것이고, 자판기는 대기 상태(1000 0000)로 다시 돌아갈 것이다.

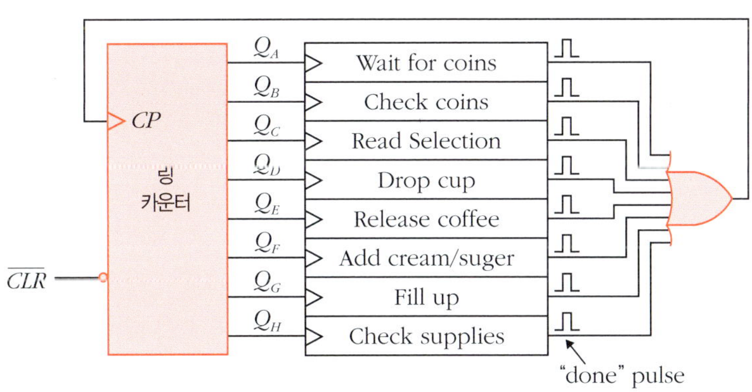

그림 10-32 링 카운터를 응용한 커피 자판기 동작도

2 존슨 카운터

플립플롭 n개로 구성된 링 카운터는 n가지 상태를 출력한다. 링 카운터와 달리 맨 오른쪽 D 플립플롭의 $\bar{Q}$ 출력을 맨 왼쪽 D 플립플롭의 D 입력에 연결하면 서로 다른 상태의 수는 두 배로 늘어난다.

> **Johnson counter**
> 특수한 파형 발생에 사용되는 반복적인 파형을 발생하는 디지털 회로. 트위스티드 링 카운터(twisted ring counter)라고도 한다.

[그림 10-33](a)는 D 플립플롭 4개를 사용한 **존슨 카운터**Johnson counter의 순서논리회로로, 각 플립플롭의 출력 Q를 오른쪽 플립플롭의 D 입력에 연결하고, 맨 오른쪽 플립플롭의 $\bar{Q}_D$ 출력을 맨 왼쪽 D 플립플롭의 D_A 입력에 연결한다.

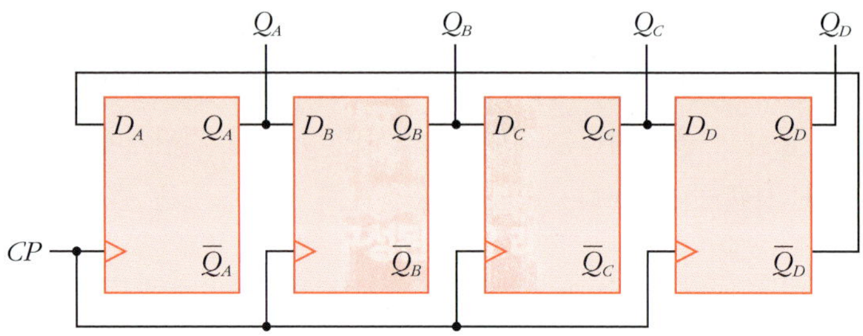

(a) 논리회로도

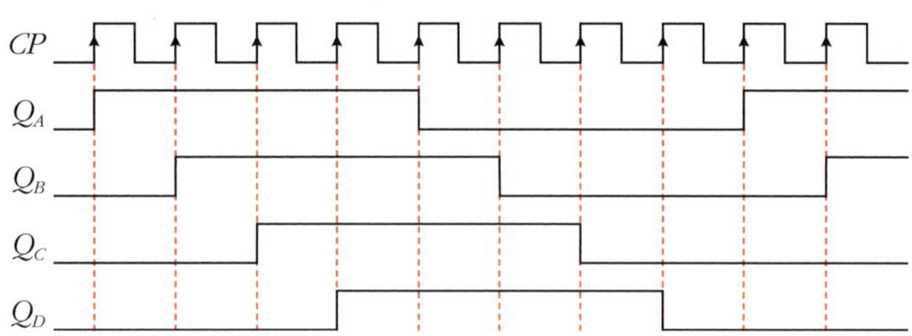

(b) 타이밍도

그림 10-33 4비트 존슨 카운터 회로도 및 타이밍도

클리어 상태에서 시작한 존슨 카운터는 [그림 10-33](b)의 타이밍도와 같이 8가지 연속적인 상태가 출력된다. 존슨 카운터가 0000 상태에서 시작하면 클록 펄스가 입력될 때마다 왼쪽의 플립플롭으로부터 논리 1이 삽입되어 모든 플립플롭의 출력이 모두 논리 1이 되는 1111 상태가 된다. 다시 다음 클록 펄스가 입력될 때마다 왼쪽부터 논리 0이 삽입되어 모든 플립플롭의 출력이 논리 0이 되는 0000 상태가 된다. [그림 10-33](b)를 살펴보면 각 출력 파형의 듀티 사이클은 50%가 됨을 알 수 있다. [표 10-12]는 4비트 존슨 카운터의 상태표를 나타낸다.

표 10-12 4비트 존슨 카운터의 상태표

클록 펄스	Q_A	Q_B	Q_C	Q_D	10진수	디코딩 게이트 입력
1	1	0	0	0	8	$Q_A\overline{Q}_B$
2	1	1	0	0	12	$Q_B\overline{Q}_C$
3	1	1	1	0	14	$Q_C\overline{Q}_D$
4	1	1	1	1	15	Q_AQ_D
5	0	1	1	1	7	$\overline{Q}_AQ_B$
6	0	0	1	1	3	$\overline{Q}_BQ_C$
7	0	0	0	1	1	$\overline{Q}_CQ_D$
8	0	0	0	0	0	$\overline{Q}_A\overline{Q}_D$

존슨 카운터는 각 계수 상태를 디코딩하기 위해 AND 게이트 1개를 사용하며, 각 AND 게이트는 플립플롭 수에 상관없이 2입력 AND 게이트만을 사용한다. [그림 10-34]에는 4비트 존슨 카운터의 8가지 상태를 디코딩하는 게이트를 나타냈다.

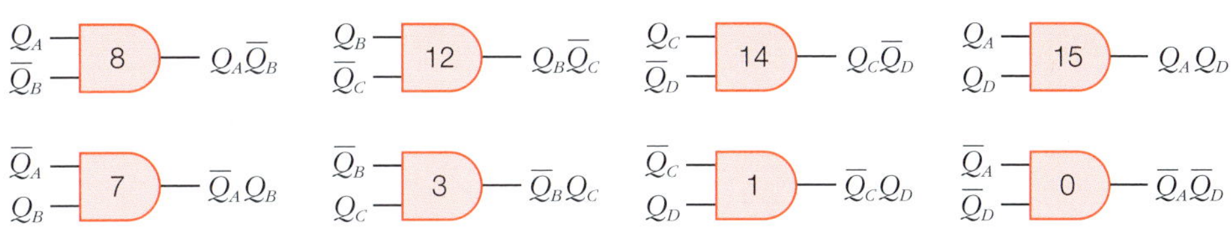

그림 10-34 4비트 존슨 카운터의 디코딩 회로

4비트 존슨 카운터에는 4개의 플립플롭이 있지만 각 디코딩 게이트는 2입력 AND 게이트가 사용되는 이유는 4개의 플립플롭 중 2개만이 독특한 상태를 갖기 때문이다. 예를 들어, $Q_A = 0$, $Q_D = 0$인 조합은 계수 값이 0일 때 단 한번만 발생한다. 이것을 디코딩하기 위해 입력이 $\overline{Q}_A$와 $\overline{Q}_D$인 AND 게이트 0이 사용된다. 이와 같은 특성은 다른 모든 계수 상태에 대해서도 마찬가지다. 존슨 카운터의 크기에 상관없이 디코딩 게이트는 단지 2개의 입력을 갖는다.

존슨 카운터의 단점은 사용되지 않는 초기 상태가 주어지면 사용되지 않는 계수의 순서(0100 − 1010 − 1101 − 0110 − 1011 − 0101 − 0010 − 1001 − 0100)만 계속하여 반복된다는 점이다. 이 단점은 [그림 10-33](a)의 회로에서 세 번째 플립플롭의 입력을 다음 불 함수로 수정하면 해결할 수 있다.

$$D_C = (Q_A + Q_C)Q_B$$

04 IC 카운터

여러 가지 비동기식 및 동기식 카운터가 IC화되어 있다. MSI IC 소자로 나와 있는 카운터는 대부분 BCD 또는 4비트 2진 카운터다. 종류별로 분류해보면, 비동기식과 동기식이 있으며 고속과 저속형, 상향 카운터와 하향 카운터, 프리셋preset과 클리어clear 단자 등의 변형과 주변 회로와의 조합 등으로 다양한 형태가 있다.

TTL 계열의 비동기식 카운터로는 7490, 7492, 7493 등이 사용되고 있고, 동기식 카운터로는 74161, 74162, 74163 등이 있다. 프리셋 카운터 IC로는 74176, 74177 등이 있고, 16진 동기식 상향/하향 카운터 IC로는 74169가 있으며, 10진 동기식 상향/하향 카운터 IC로는 74168이 있다. CMOS 계열의 IC 카운터로는 동기식 10진 및 2진의 4162, 4263 등이 있고, 동기식 BCD 및 2진의 4518과 4520, 프리셋 상향/하향의 4192와 4193 등이 있다.

1 IC 비동기식 카운터

7493(4bit binary counter)

2진 카운터(mod−2)와 8진 카운터(mod−8)가 독립적으로 내장되어 있다. 2진 카운터로 사용할 때는 클록 입력을 *Input A*에 넣고 출력은 Q_A에서 얻는다. 8진 카운터로 사용할 때는 클록 입력을 *Input B*에 넣고 출력은 $Q_DQ_CQ_B$에서 얻는다. 따라서 Q_A를 *Input B*에 연결하고 클록 입력을 *Input A*에 넣으면 16진 카운터로 쓸 수 있으며, 출력은 $Q_DQ_CQ_BQ_A$에서 얻는다. 리셋 입력 $R_{0(1)}$, $R_{0(2)}$ 둘 다 1로 하면 카운터 출력은 0000으로 리셋된다.

7492(divide−by−twelve counter)

2진 카운터(mod−2)와 6진 카운터(mod−6)가 독립적으로 내장되어 있다. 사용법은 7493에 준한다. 즉, Q_A를 *Input B*에 연결하고 클록 입력을 *Input A*에 넣으면 12진 카운터로 쓸 수 있으며 출력은 $Q_DQ_CQ_BQ_A$에서 얻는다.

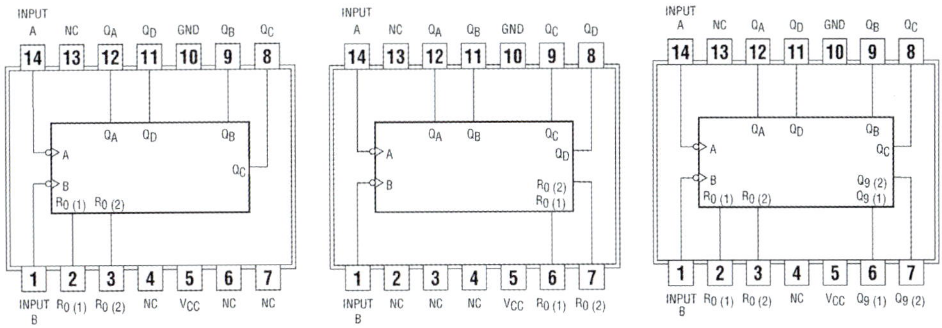

(a) 7493 (b) 7492 (c) 7490

그림 10-35 7493, 7492, 7490의 핀 배치도

7490(decade counter)

2진 카운터(mod-2)와 5진 카운터(mod-5)가 독립적으로 내장되어 있다. 사용법은 7493에 준한다. 즉, Q_A를 *Input B*에 연결하고 클록 입력을 *Input A*에 넣으면 10진 카운터로 쓸 수 있으며 출력은 $Q_DQ_CQ_BQ_A$에서 얻는다. 또 추가된 세트(set) 입력 $Q_{9(1)}$, $Q_{9(2)}$를 둘 다 1로 하면, 카운터 출력은 비동기적으로 최대 카운트 1001(9)로 세트된다.

2 IC 동기식 카운터

74163(synchronous presettable mod-16 counter with asynchronous clear)

74163은 4비트 동기식 2진 카운터로서 *JK* 플립플롭 4개로 구성되며, 4비트 병렬 입력과 병렬 출력이 있다. [그림 10-36](a)는 핀 배치도, (b)는 블록도다. 블록도 구성 요소로 *CLOCK*(*CP*), $\overline{CLEAR}$, $\overline{LOAD}$, *ENP*(ENABLE P), *ENT*(ENABLE T) 입력과 *RCO*Ripple Carry Output 출력이 있으며 이들의 동작은 [표 10-13]을 보면 알 수 있다.

표 10-13 74163 카운터의 동작표

$\overline{CLEAR}$	$\overline{LOAD}$	*ENP, ENT*	기능
0	×	×	플립플롭이 클리어된다.
1	0	×	병렬 입력이 수행된다.
1	1	0	불변 상태가 된다.
1	1	1	카운터가 동작한다.

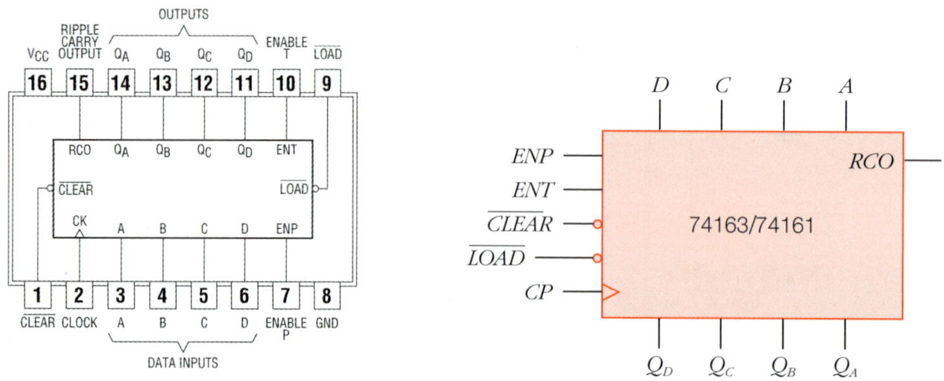

(a) 핀 배치도 (b) 블록도

그림 10-36 74163/74162/74161/74160의 핀 배치도 및 블록도

$\overline{CLEAR}$ 입력과 $\overline{LOAD}$ 입력이 논리 1이고 *ENP*와 *ENT* 입력이 논리 1이면 카운터가 인에이블enable되어 클록 펄스의 상승 에지에서 상태가 변한다. 카운터가 마지막 상태인 15($1111_{(2)}$)가 되면 *RCO*가 논리 1이 된다. *ENP*와 *ENT* 입력 및 *RCO* 출력은 더 높은 계수를 갖는 카운터를 설계할 때 사용된다. 74161과 74163은 핀 기능, 동작, 사용법 등이 동일한 16진 동기식 상향 카운터다. 다만, 74161은 비동기적인 클리어 입력을 갖는다. 4비트의 74163 카운터를 8비트로 확장하기 위해서는 [그림 10-37]과 같이 *RCO* 출력을 *ENP* 또는 *ENT*에 연결하면 된다.

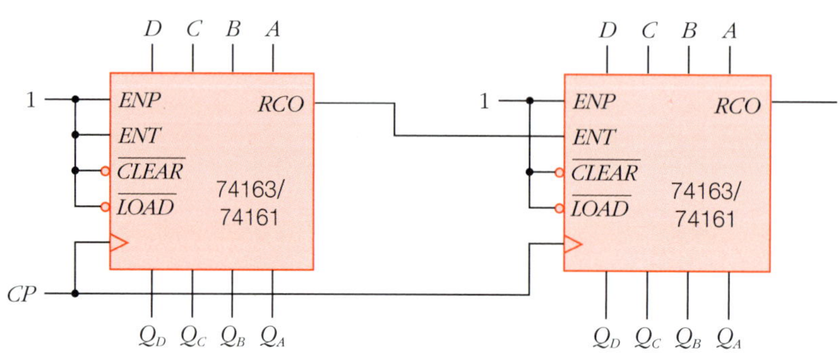

그림 10-37 74163 IC 두 개를 이용한 8비트 카운터

모듈러-*N* 카운터는 임의의 *N*개의 상태를 나타내는 카운터를 설계할 때 많이 사용한다. 모듈러-10 카운터는 10개 계수의 순서를 갖는 카운터이며, 10개의 계수는 임의로 정할 수 있

다. IC 74163을 이용해 0~9, 3~12, 6~15의 순서로 동작하는 모듈러-10 카운터를 설계해 보자.

■ 0~9 순서로 계수하는 모듈러-10 카운터($\overline{LOAD}$ 입력 사용)

상태 0($0000_{(2)}$)에서 시작하는 모듈러-10 카운터는 [그림 10-38](a)와 같이 병렬 입력은 모두 논리 0으로 하고($DCBA = 0000$) 병렬 출력 중 Q_D와 Q_A를 NAND 게이트로 결합하여 $\overline{LOAD}$ 입력에 연결한다. 카운터는 0($0000_{(2)}$) 상태에서 시작하여 9($1001_{(2)}$)에 도달하면 NAND 게이트의 출력이 논리 0이 되므로 $\overline{LOAD}$ 입력이 논리 0이 되어 앞서 설정한 병렬 데이터 0000이 입력되므로 초기 상태로 돌아간다.

■ 0~9 순서로 계수하는 모듈러-10 카운터($\overline{CLEAR}$ 입력 사용)

IC 74163을 0에서 9까지 카운트하는 모듈러-10 카운터로 사용하기 위해서는 [그림 10-38](b)와 같이 Q_D와 Q_A를 NAND 게이트로 결합하여 그 출력을 $\overline{CLEAR}$ 입력에 연결하면 된다. 카운터의 상태가 9($=1001_{(2)}$)에 도달할 때까지 상향 카운트 동작을 한다. 74163은 동기식 $\overline{CLEAR}$ 신호를 가지므로 CP의 다음 번 상승 에지까지 기다렸다가 카운터의 출력을 0000으로 클리어한다.

반면에 비동기 클리어 입력을 갖는 74161을 이용해 [그림 10-38](b)와 같이 동작시키려면 Q_D와 Q_B의 출력을 NAND 게이트 입력으로 사용하고 그 출력을 $\overline{CLEAR}$ 입력에 연결하면 된다. 카운터의 상태가 10($=1010_{(2)}$)에 도달하면 $Q_D = 1$, $Q_B = 1$이므로 NAND 게이트의 출력은 0이 되어 카운터의 출력은 모두 0이 된다. 이것은 10에서 0으로의 재순환 시 아주 짧은 시간 동안 10($=1010_{(2)}$)의 상태였다가 0으로 변하기 때문에 카운터의 상태 10은 없는 것으로 간주할 수 있다.

■ 3~12 순서로 계수하는 모듈러-10 카운터

상태 3($0011_{(2)}$)에서 시작하는 모듈러-10 카운터는 [그림 10-38](c)와 같이 병렬 입력은 3($0011_{(2)}$) 상태가 되게 하고, 병렬 출력 중 Q_D와 Q_C를 NAND 게이트로 결합하여 $\overline{LOAD}$ 입력에 연결한다. 카운터는 3($0011_{(2)}$) 상태에서 시작하여 12($1100_{(2)}$)에 도달하면 NAND 게이트의 출력이 논리 0이 되므로 $\overline{LOAD}$ 입력이 논리 0이 되어 앞서 설정한 병렬 데이터 0011이 입력되므로 초기 상태로 돌아간다.

■ 6~15 순서로 계수하는 모듈러-10 카운터

6에서 15까지 카운트하는 모듈러-10 카운터로 사용하기 위해서는 [그림 10-38](d)와 같이 병렬 입력을 6($0110_{(2)}$)으로 하고 *RCO* 출력을 NOT 게이트로 통해 $\overline{LOAD}$ 입력에 연결하면 된다. 이 카운터는 6($0110_{(2)}$)의 상태에서 시작하여 15($1111_{(2)}$)에 도달하면 올림수가 발생하므로 올림수 출력(*RCO*)은 NOT 게이트를 통과하여 $\overline{LOAD}$ 입력이 논리 0이 되어 병렬 데이터를 입력해 6($0110_{(2)}$)의 상태로 돌아간다.

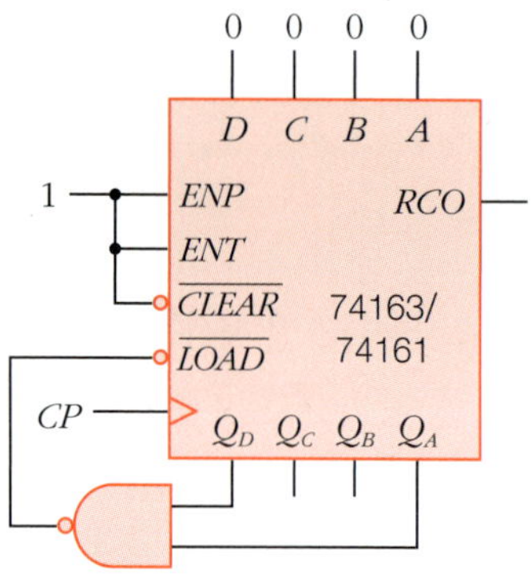

(a) 0~9 계수($\overline{LOAD}$ 입력 사용)

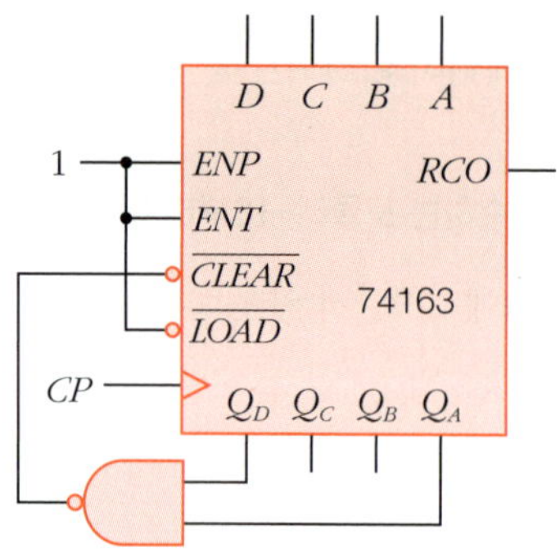

(b) 0~9 계수($\overline{CLEAR}$ 입력 사용)

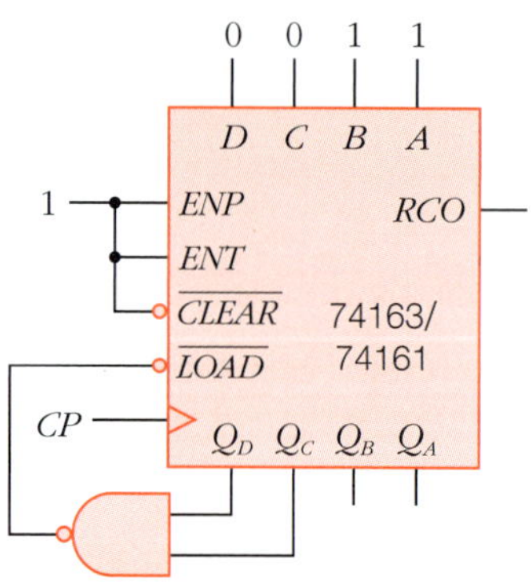

(c) 3~12 계수

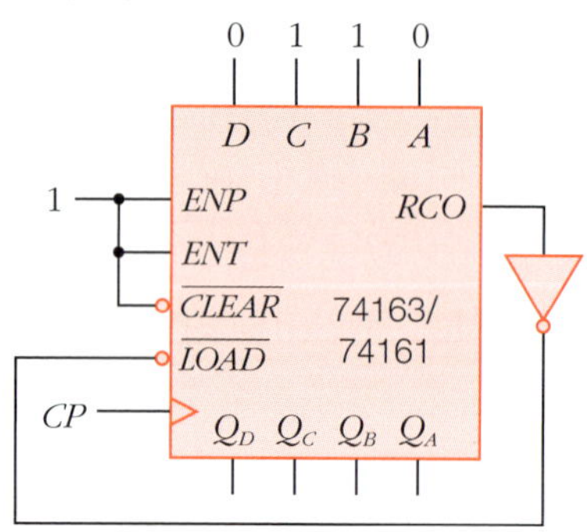

(d) 6~15 계수

그림 10-38 IC 카운터 74163/74161을 사용한 모듈러-10 카운터 구현

74162(synchronous presettable BCD counter with asynchronous clear)

핀 기능, 동작, 사용법 등이 74163과 같으며, 74163은 4비트 동기식 16진 카운터이지만, 74162는 4비트 동기식 10진 카운터다.

74161(synchronous presettable mod-16 counter with asynchronous clear)

핀 기능, 동작, 사용법 등이 74163과 같은 presettable 16진 동기식 상향 카운터다. 또한 비동기적인 클리어 입력을 갖는다.

74160(synchronous presettable BCD counter with asynchronous clear)

74160은 74161과 동일한 입력과 출력을 가지며, 74161은 4비트 동기식 16진 카운터이지만, 74160은 4비트 동기식 10진 카운터다.

74169(synchronous presettable up/down mod-16 counter)

16진의 단일 modulus를 갖는 상향/하향 동기식 카운터다. 제어 입력 $U/\overline{D}$를 논리 1로 하면 상향 카운터, 논리 0으로 하면 하향 카운터로 동작한다. 프리셋 데이터 입력 $DCBA$는 $\overline{LOAD}$를 논리 0으로 할 때 클록 펄스의 상승 에지에서 출력을 프리셋한다. 카운트가 일어나려면 ENP와 ENT가 둘 다 논리 0으로 되어야 한다. 출력 Q_D, Q_C, Q_B, Q_A가 상향up 모드일 때는 1111, 하향down 모드일 때는 0000에 도달하면 RCO가 논리 0이 된다.

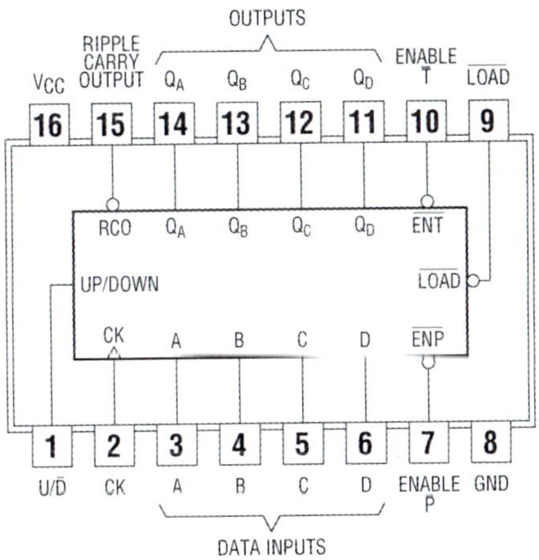

그림 10-39 74169/74168의 핀 배치도

74168(synchronous presettable up/down BCD counter)

10진의 단일 modulus를 가지며 동작은 74169에 준한다.

74190(presettable synchronous up/down BCD counter)

74190은 2진수의 계수를 증가와 감소를 수행하는 카운터로서 4개의 프리셋과 클리어 입력이 있는 주종형 JK 플립플롭으로 구성되며, 병렬 입력과 병렬 출력이 있다. 74190의 동작은 [표 10-14]를 보면 알 수 있다.

표 10-14 74190 카운터의 동작표

$\overline{LOAD}$	$\overline{CTEN}$	$DN/\overline{UP}$	기능
1	0	0	상향 카운터로 동작한다.
1	0	1	하향 카운터로 동작한다.
0	×	×	병렬 입력이 수행된다.
1	1	×	불변 상태가 된다.

74190 카운터에서 계수 방향은 $DN/\overline{UP}$ 입력으로 제어된다. $DN/\overline{UP}=1$이면 카운터는 하향 카운터로 동작하고 $DN/\overline{UP}=0$이면 상향 카운터로 동작한다. 또한 $\overline{LOAD}=0$이면 첫 번째 클록 펄스의 상승 에지에서 병렬 데이터가 카운터 병렬 출력 Q_D, Q_C, Q_B, Q_A에 출력되며, BCD 카운터로 프리셋된다. MAX/MIN 출력은 상향 카운터로 동작하는 경우 카운터의 계수가 9(1001)(MAX)가 될 때 또는 하향 카운터로 동작하는 경우 카운터의 계수가 0(0000)(MIN)이 될 때 논리 1이 된다. $\overline{RCO}$와 MAX/MIN 출력 및 $\overline{CTEN}$counter enable 입력은 여러 개의 74190을 연속적으로 연결할 때 사용된다. [그림 10-40]은 74190의 핀 배치도이다.

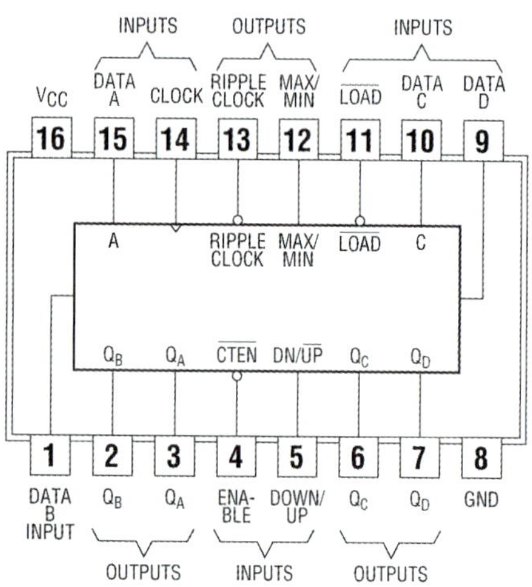

그림 10-40 74190/74191의 핀 배치도

74191(presettable synchronous up/down mod-16 counter)

74191은 4비트 동기식 상향/하향 16진 카운터로, 핀 배치도는 74190과 같다([그림 10-40]). $\overline{CTEN}=0$이면 계수 가능 상태이고, $\overline{CTEN}=1$이면 계수 정지 상태가 된다. $DN/\overline{UP}=0$이면 상향 카운터로 동작하고 $DN/\overline{UP}=1$이면 하향 카운터로 동작한다. 그 외의 모든 동작은 74190에 준한다.

예제 10-5

> 0~12까지 카운트하는 13진 카운터를 74161과 74163으로 각각 설계하시오. 단, 클리어($\overline{CLEAR}$) 입력을 사용하는 것으로 가정한다.

풀이

74161을 이용하는 경우 Q_D, Q_C, Q_A의 출력을 NAND 게이트 입력으로 사용하고 그 출력을 $\overline{CLEAR}$ 입력에 연결하면 된다. 카운터의 상태가 13(=$1101_{(2)}$)에 도달하는 순간 $Q_D=1$, $Q_C=1$, $Q_A=1$이므로 NAND 게이트의 출력은 0이 되어 카운터의 출력은 모두 0이 된다. 아주 짧은 시간 동안 13(=$1101_{(2)}$)의 상태였다가 0으로 변하기 때문에 카운터의 상태 13은 없는 것으로 간주할 수 있다.

IC 74163을 이용하는 경우 Q_D와 Q_C를 NAND 게이트로 결합하여 그 출력을 $\overline{CLEAR}$ 입력에 연결하면 된다. 카운터의 상태가 12(=$1100_{(2)}$)에 도달할 때까지 상향 카운트 동작을 한다. 74163은 동기식 $\overline{CLEAR}$ 신호를 가지므로 CP의 다음 번 상승 에지까지 기다렸다가 카운터의 출력을 0000으로 클리어한다.

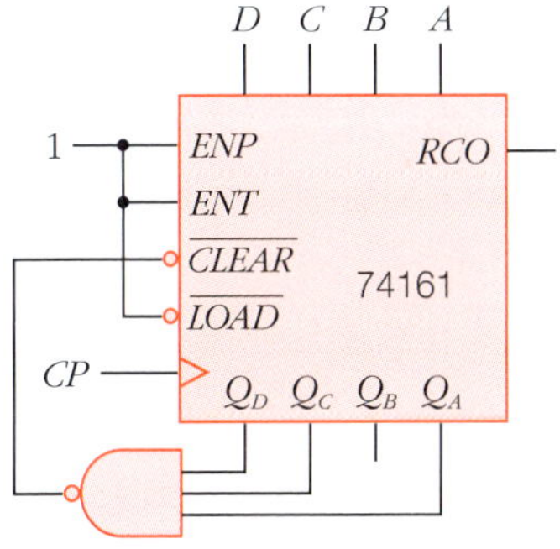

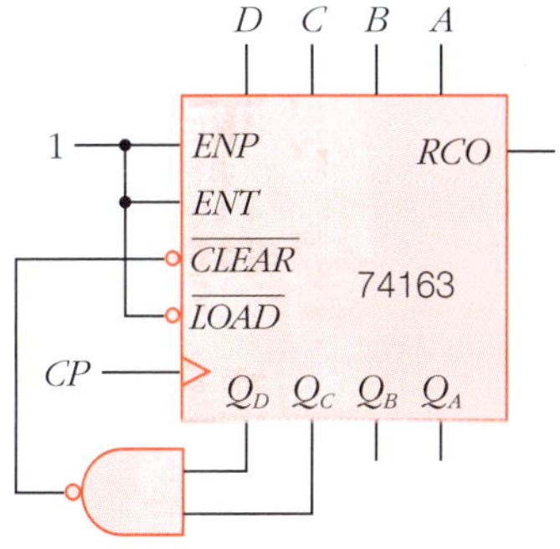

05 카운터의 응용

카운터는 컴퓨터뿐만 아니라 디지털 기기에서도 널리 사용되고 있다. 여기서는 디지털 시계와 디지털 주파수 카운터에 관해 살펴본다.

1 디지털 시계

일상생활에서 흔히 볼 수 있는 디지털 시계는 크게 카운터와 디코더로 이루어진 흥미 있는 응용 예이다. 일반적으로 디지털 시계는 [그림 10-41]과 같이 구성되어 있다.

그림 10-41 디지털 시계의 블록 다이어그램

발진 회로

발진 회로는 디지털 시계에 안정적인 클록clock을 제공할 목적으로 설계되는 회로다. 클록 발생에 필요한 조건은 High 레벨과 Low 레벨 전압이 일정해야 하고 상승 시간과 하강 시간이 짧으며 주파수가 안정되어야 한다. 발진 회로는 여러 가지 형태로 구성할 수 있다. 첫 번째 가장 간단한 방법으로 가정용 220V 전원의 주파수는 매우 안정된 60Hz의 주파수를 제공하는데, 이를 기준 주파수로 디지털 시계에 이용하는 방법이다. 두 번째는 *RC* 발진 회로를 이용하는 방법이다. 세 번째는 주파수의 정확성과 안정성을 위해 수정 발진기crystal oscillator를 사용하는 방법이다.

[그림 10-42](a)는 *RC* 발진 회로를 이용한 회로이며, 일정한 주기의 펄스pulse를 발생하는 회로로 무안정 멀티바이브레이터astable multivibrator에 의한 방법이다. 즉, 커패시터 C의 전압 충전과 저항 R을 통한 방전을 주기적으로 반복하므로 발진 주파수는 C와 R에 의해 결정된다. 그림의 회로에서는 가변 저항 R_2를 가변하여 발진 주파수를 변화시킨다. 다시 말하면 가변 저항을 적절히 변화시켜서 디지털 시계의 시간을 조정한다.

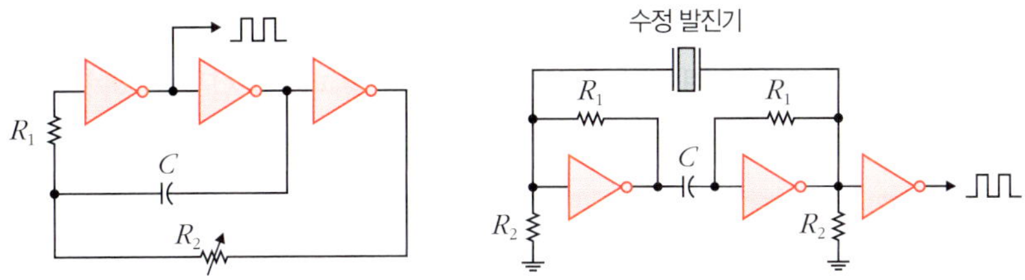

(a) *RC* 발진 회로

(b) 수정 발진기를 사용한 회로

그림 10-42 디지털 시계의 발진 회로

[그림 10-42](b)는 수정 발진기를 사용한 회로다. 수정 발진기는 안정된 정현파 발진기로도 사용되지만 필요한 클록은 그림과 같이 NOT 게이트 2개와 수정 발진기 1개를 이용해 회로를 구성할 수 있으며, 발생 주파수는 수정편水晶片의 고유 진동수에 따라 결정된다.

분주 회로

분주 회로는 발진 회로로부터 얻어진 구형파를 이용해 디지털 시계의 기본 단위인 1초를 나타내기 위한 1Hz 주파수를 얻는 회로다. [그림 10-43](a)는 가정용 220V 전원에서 얻은 주파수 60Hz에서 1Hz의 구형파를 얻는 회로다. 60Hz의 정현파를 슈미트 트리거를 거쳐 60Hz의 구형파 펄스를 만들고 이를 60분주하면 초 단위를 구동할 수 있는 1Hz를 얻을 수 있다. 60분주를 위해 7490으로 10분주한 뒤 7492로 6분주하여 1Hz를 얻는다.

슈미트 트리거 회로
불규칙한 파형을 정형화하기 위한 목적으로 사용하는 회로이며, TTL IC에는 7414가 있다.

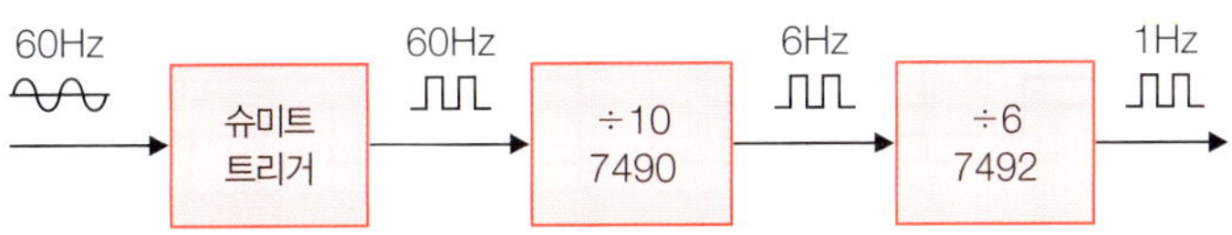

(a) 60Hz 정현파에서 1Hz 구형파를 얻는 회로

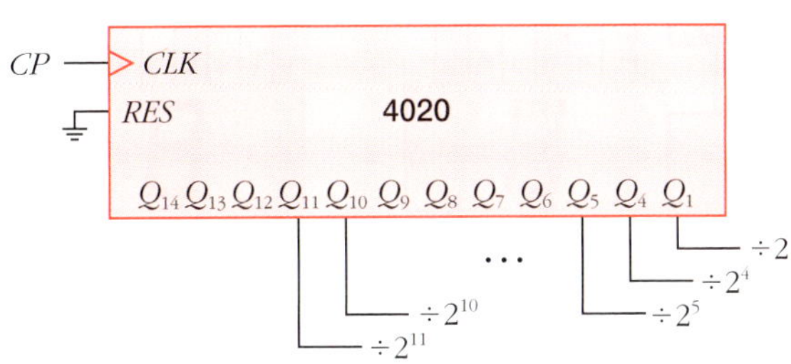

(b) 4020을 이용해 1Hz 구형파를 얻는 회로

그림 10-43 디지털 시계의 분주 회로

디코더 및 표시 회로

디지털 시계를 만들기 위해서는 설계한 카운터들의 값을 눈으로 볼 수 있도록 7-세그먼트를 사용해 숫자를 표시해야 한다. 이를 위해 7장에서 설명한 것처럼 7447(또는 7448) 디코더/드라이버로 7-세그먼트 LED를 구동한다. LED가 애노드 공통common anode형이면 7447을 사용하고, 캐소드 공통common cathode형이면 7448을 사용한다.

지금까지 살펴본 내용을 종합하여 디지털 시계의 전체 회로도를 그리면 [그림 10-47]과 같다. 회로를 구성하고 전원을 인가한다. 먼저 1초를 얻기 위해 발진 회로의 100KΩ 가변 저항을 조정하여 1Hz 주파수를 얻는다. 다음에는 현재 시간을 설정하기 위해 해당 스위치를 조정한다.

[그림 10-47]에는 시와 분을 조정하는 스위치만 사용했는데, 시간 설정용 스위치를 누르면 숫자가 하나씩 진행하여 적당한 순간에 스위치를 놓는다. 분을 조정하는 것도 마찬가지로 수행한다.

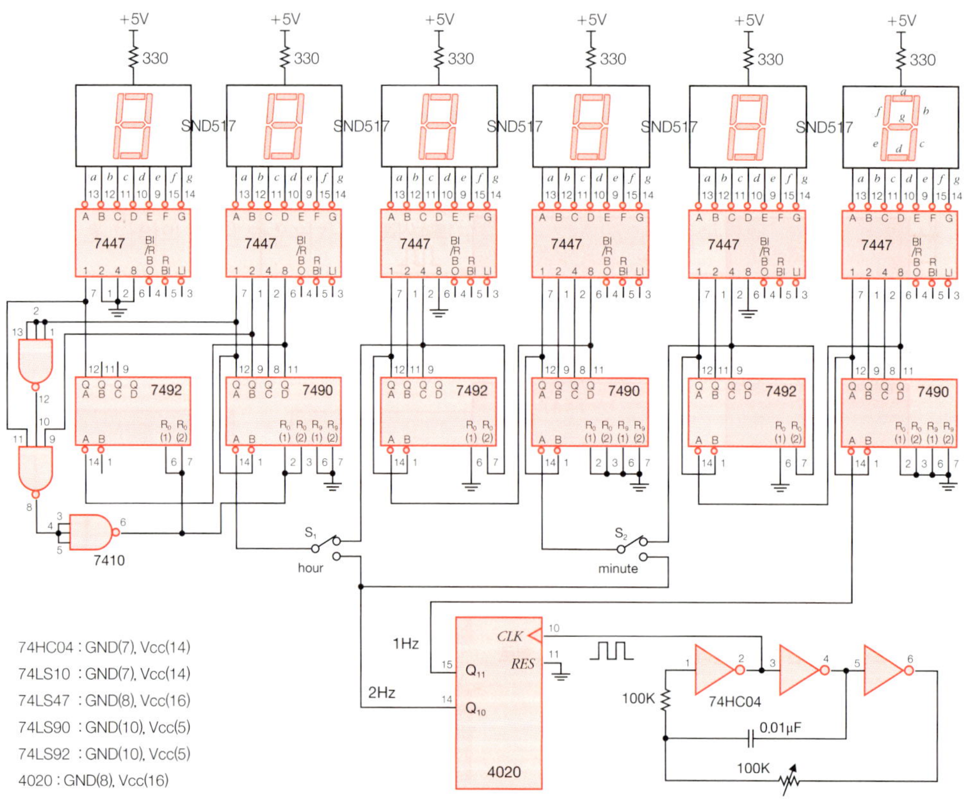

그림 10-47 디지털 시계의 전체 회로도

현재는 7-세그먼트 표시기를 제외하고 일체가 IC화된 디지털 시계용 IC가 시판되고 있다.

2 주파수 카운터

주파수 카운터는 임의의 주기적인 파형의 주파수를 측정하는 디지털 기기이다. [그림 10-48]은 주파수 카운터의 개념을 이해하기 위한 블록도이다. 여기서 AND 게이트는 일정 시간 t 동안 입력 파형을 카운트하기 위한 것이며, 정확한 시간을 얻기 위해 수정 발진기와 같은 발진기 주파수를 분주하여 얻는다. t시간 동안 카운트된 결과는 7-세그먼트 표시기에 표시된다. 측정 주파수는 다음과 같다.

$$\text{주파수} = \frac{\text{카운터 출력}}{t}$$

따라서 $t = 1$초면 표시된 수치가 곧 주파수가 된다. 예를 들어, 게이트 인에이블 신호가 $t = 1$이고 측정하려는 입력 신호가 360Hz인 구형파라고 가정하자. 게이트 인에이블 신호의 상승 에지에서부터 미지 신호가 입력되므로 이때부터 카운터는 게이트 인에이블 신호가 논리 1인 동안만 파형을 카운트한다. 이때까지 카운터는 360개의 구형파를 카운트하게 되고, 게이트 인에이블 신호의 하강 에지에서 360이 래치되며, 래치된 내용은 디스플레이 표시 장치에 표시된다.

게이트 인에이블 신호는 측정하려는 미지 신호의 자릿수와 관련이 있다. $t = 1$초이면 표시된 수치가 곧 주파수가 되고, $t = 10$초이면 소수점을 한 자리 높이고, $t = 0.1$초이면 소수점을 한 자리 낮추기 위해 0을 하나 더 표시하고 소수점을 옮긴다.

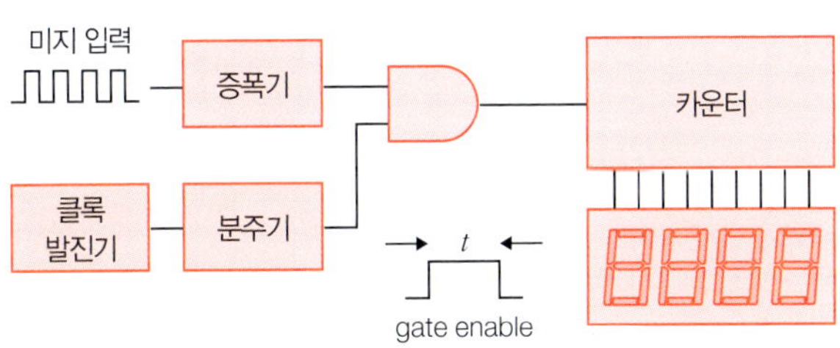

그림 10-48 주파수 카운터의 블록도

발진기의 발진 주파수를 10^nHz라고 하면, $t = 1$초를 얻기 위해서는 10진 카운터 n개를 사용해 분주하면 된다. $t = 0.1$초를 얻기 위해서는 $(n + 1)$개, $t = 10$초를 얻기 위해서는 $(n - 1)$개가 필요하다. [그림 10-49]는 6자리까지 표시할 수 있는 주파수 카운터의 회로도다. 발진기 주파수는 1MHz이므로 0.1Hz를 얻기 위해 10진 카운터인 TTL 74160 7개를 사용하였다. 이론적으로는 74160의 수를 줄이고 대신 발진 주파수를 낮추면 되지만 낮은 주파수의 수정crystal은 비싸고 크기가 크므로 실제적이지 못하다.

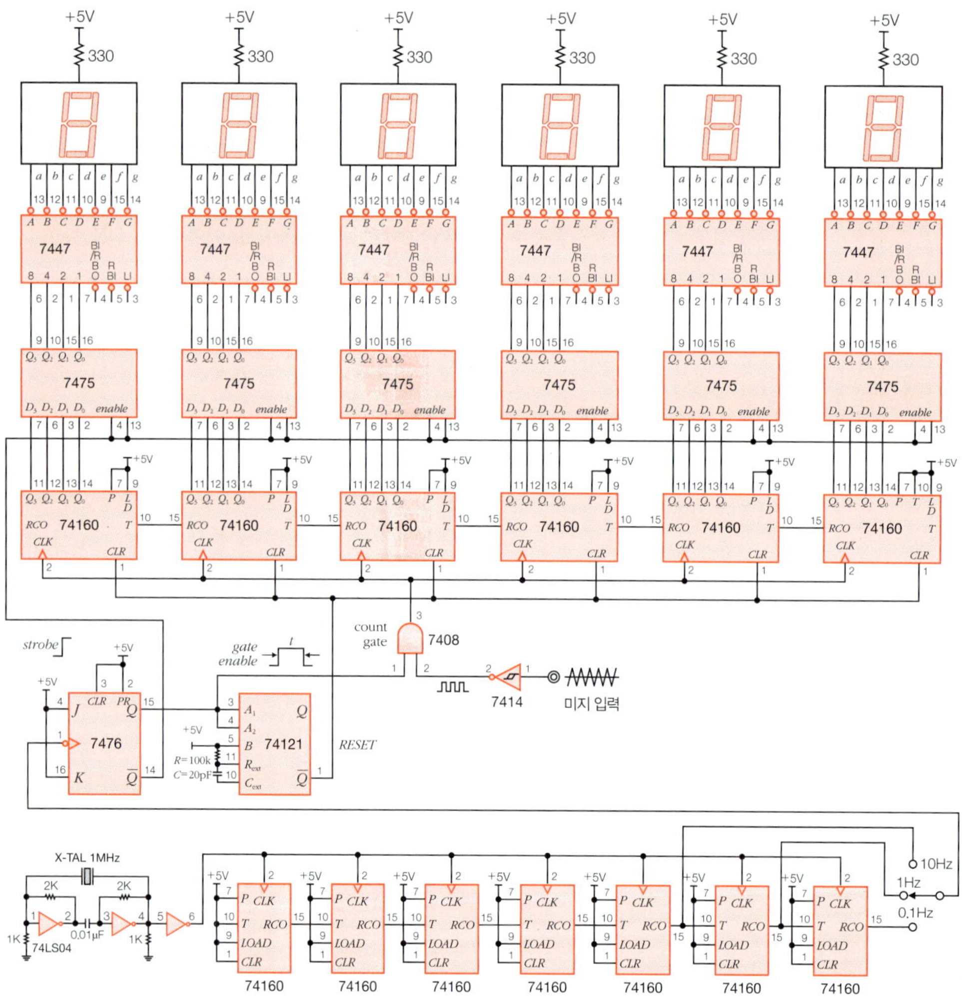

그림 10-49 주파수 카운터 회로도

게이트 스위치가 1Hz인 경우, 이 신호는 게이트 플립플롭인 7476의 클록 펄스 입력 단자에 연결되는데, 7476은 $J=K=1$이므로 T형 플립플롭으로 동작하여 입력 펄스의 하강 에지마다 출력 상태를 반전하므로 정확하게 1초 동안 논리 1이 되고, 1초 동안 논리 0이 된다. 단안정 멀티바이브레이터인 74121은 짧은 펄스를 얻기 위해 사용하였다.

미지 입력은 7414를 통과하여 우선 증폭되고 0V~5V TTL 레벨인 깨끗한 구형파로 정형되어 AND 게이트에 입력된다. 측정 시간은 게이트 플립플롭(7476)이 논리 1이 되었을 때 시작하며, 이를 [그림 10-50]의 타이밍도에서 시작으로 표시하였다. 시간 t 끝 부분에서 게이트 플립플롭이 논리 0으로 변하면 카운터는 동작을 중단한다. 이때 7476의 출력 $\bar{Q}$는 논리 1이 되며 이 신호는 디스플레이 래치를 스트로브strobe시킨다. 일단 디스플레이 래치에 카운터의 결과를 표시한 후, 74121에서 약 30ns의 전파 지연propagation delay 시간이 지나고 난 다음 74121의 출력 $\bar{Q}$에서 나오는 리셋 신호가 카운터의 내용을 리셋하고 게이트 플립플롭의 출력 Q가 논리 1이 되기 전까지 카운터는 리셋 상태를 유지한다. 74121로부터 리셋 펄스의 지속 시간은 R과 C에 따라 정해지며, 대략 1μs 정도가 되도록 설계한다. 리셋 펄스의 끝은 타이밍도에서 끝으로 표시하였으며 이로써 한 번 측정한 결과가 된다.

$R = 100\text{K}\Omega$, $C = 20\text{pF}$이므로
$t_w = 0.69$, $RC = 1.38\mu\text{s}$

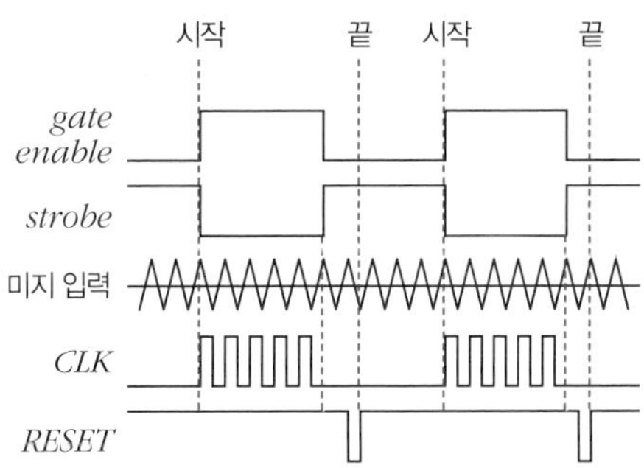

그림 10-50 주파수 카운터 회로도

게이트 스위치에 1초의 펄스를 공급하면 소수점은 일의 오른쪽에 위치하며 이 경우 카운터는 000000~999999까지를 카운트한다. 게이트 스위치에 10초의 펄스를 공급하면 소수점은 일의 자리와 십의 자리 사이로 이동하고, 0.1초의 펄스가 공급되면 소수점은 일의 자리에서 한 자리 오른쪽으로 이동한 결과와 같으므로 디스플레이에 표시된 값에 ×10을 하면 된다.

연습문제

01 JK 플립플롭을 사용해 비동기식 6진 상향 카운터를 설계하시오.

02 JK 플립플롭을 사용해 비동기식 60진(0~59까지) 상향 카운터를 설계하시오.

03 4비트 비동기식 2진 상향 카운터([그림 10-1])를 수정하여 0부터 12까지만 카운트하고 정지하는 회로를 설계하시오.

04 4비트 비동기식 2진 하향 카운터([그림 10-2])는 15부터 0까지 계수하는 과정을 계속해서 반복한다. 회로를 수정하여 카운트 과정을 1회만 수행하고 정지하는 회로를 설계하시오.

05 그림과 같은 비동기식 카운터의 모듈러스를 구하시오.

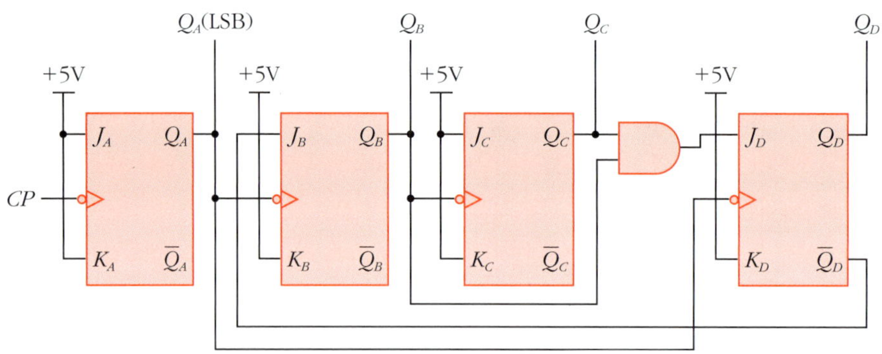

06 JK 플립플롭을 사용해 0100에서 1111까지 계수하는 비동기식 12진 프리셋 카운터를 설계하시오.

07 JK 플립플롭에서 클록 펄스 CP가 논리 1에서 논리 0으로 변하는 시간과 출력이 보수화되는 시간 사이에는 10ns의 지연 시간이 있다. 이 플립플롭을 사용하는 10비트 비동기식 2진 카운터의 최대 지연 시간은 얼마인가? 이 카운터가 신뢰성 있게 정상적으로 동작할 수 있는 최대 주파수는 얼마인가?

08 [그림 10-6]의 비동기식 BCD 카운터에서 사용되지 않는 6가지 상태에 대해서 다음 상태값을 구하시오. 또한 미사용 상태를 고려하여 카운터가 자기 스타트self-start가 가능한지를 구하시오.

09 두 개의 *JK* 플립플롭(A, B)과 하나의 입력 x를 가진 동기식 상향/하향 포화 카운터up/down saturation counter를 설계하시오. 이 카운터는 $x=0$이면 0, 1, 2, 3, 3, ……으로 카운트하고 $x=1$이면 3, 2, 1, 0, 0, ……으로 카운트한다.

10 4비트 동기식 2진 카운터 2개를 사용해 0부터 63까지 계수할 수 있는 카운터를 설계하시오.

11 플립플롭과 5진 카운터, 10진 카운터를 사용해 10MHz 클록에서 다음 주파수를 얻기 위한 방법을 일반적인 블록선도로 나타내시오.

① 5MHz ② 2.5MHz ③ 2MHz ④ 1MHz ⑤ 500KHz
⑥ 250KHz ⑦ 62.5KHz ⑧ 40KHz ⑨ 10KHz ⑩ 1KHz

12 *JK* 플립플롭을 사용해 4비트 링 카운터를 설계하고 타이밍도를 그려 보시오.

13 *JK* 플립플롭을 사용해 타이밍 신호 10개를 발생시키는 존슨 카운터를 설계하시오.

14 N개의 플립플롭으로 구성된 링 카운터의 출력 주파수와 듀티 사이클을 각각 구하시오. 단, 클록 펄스의 주파수는 f_i라고 가정한다.

15 존슨 카운터의 경우 위 문제를 반복하시오.

16 7490 IC를 사용해 0부터 6까지 카운트하는 7진 카운터를 설계하시오.

17 7490 IC를 사용해 0부터 5까지 카운트하는 6진 카운터를 설계하시오. 단, 게이트는 사용하지 않고 리셋 입력($R_{0(1)}$, $R_{0(2)}$)만을 사용한다.

18 7493 IC를 사용해 0부터 12까지 카운트하는 13진 카운터를 설계하시오.

19 7493 IC를 사용해 0부터 9까지 카운트하는 10진 카운터를 설계하시오. 단, 게이트는 사용하지 않고 리셋 입력($R_{0(1)}$, $R_{0(2)}$)만을 사용한다.

20 7490 IC를 3개 사용해 000에서부터 999까지 계수할 수 있는 회로를 설계하시오.

21 7490 IC를 사용해 4MHz의 구형파 펄스로부터 10Hz와 1Hz를 얻을 수 있는 분주기를 설계하시오. 단, 7490은 여러 개 사용할 수 있다.

22 74160 IC를 사용해 9진 카운터를 설계하시오.

23 74161 IC를 사용해 4부터 15까지 계수하는 12진 카운터를 설계하시오.

24 74161을 2개 사용해 121 분주 카운터의 구성도를 그려 보시오.

25 아래 그림은 자동차 주차관리 시스템의 입구와 출구에 설치한 센서의 출력이다. 주차장에는 이미 자동차 35대가 주차되어 있다고 가정하고, 24시간 후 카운터의 상태를 설명하시오.

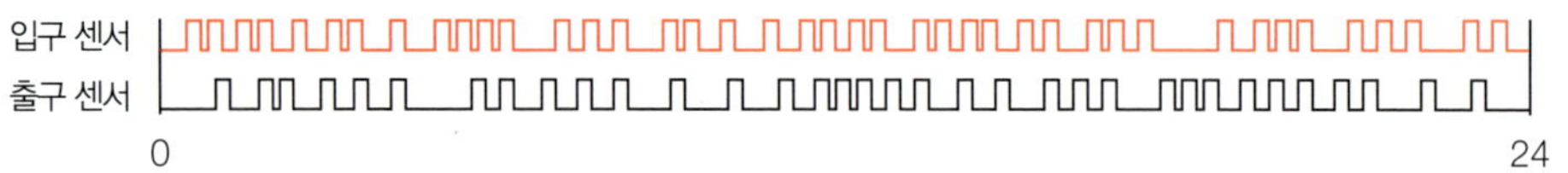

26 입력 $x=0$이면 1에서 6까지를, $x=1$이면 6에서 1까지를 반복하여 카운트하며, 카운트 값을 그림과 같은 디스플레이 장치에 보여주는 시스템으로 설계하시오. D 플립플롭을 사용하고, 디스플레이 장치에는 7개의 LED가 그림과 같이 배치되어 있다.

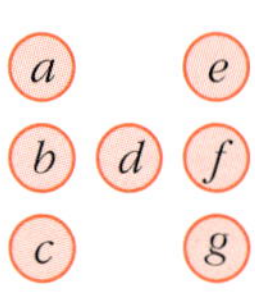

각 세그먼트(a, b, c, d, e, f, g)에서 1은 LED가 on되는 것이고 0은 off되는 것이다. 디스플레이 장치에서 6개 숫자의 배열은 아래와 같다. 검은색으로 표시된 것이 LED가 on된 것이다.

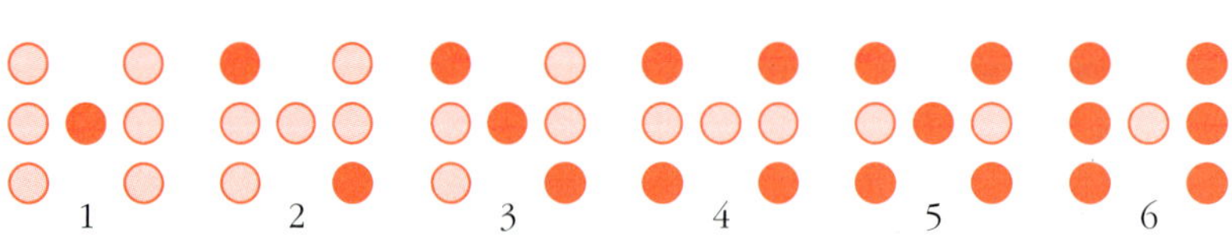

01 일련의 순차적인 수를 세는 회로는?

① 카운터　② 레지스터　③ 디코더　④ 인코더

02 입력 펄스에 따라 미리 정해진 순서대로 상태가 변화하는 레지스터로서 발생 횟수를 세거나 동작 순서를 제어하기 위한 타이밍(timing) 신호를 만드는 데 가장 적합한 회로는?

① 범용 레지스터　② 멀티플렉서　③ 카운터　④ 스택

03 다음 중 카운터에 관한 설명으로 틀린 것은?

① 토글(T) 플립플롭의 원리를 이용한다.
② mod−N 카운터는 모듈러스가 N이다.
③ 동기식 카운터는 주로 고속에 사용된다.
④ 플립플롭이 4개라면 계수는 4가지 경우가 존재한다.

04 2진 계수 회로에 가장 적합한 플립플롭은?

① SR 플립플롭　② D 플립플롭　③ T 플립플롭　④ JK 플립플롭

05 비동기식 5진 카운터(counter) 회로는 최소 몇 개의 플립플롭(flip−flop)이 필요한가?

① 4개　② 3개　③ 2개　④ 1개

06 다음의 상태 변화를 가지는 카운터는 최소 몇 개의 플립플롭으로 구성되는가?

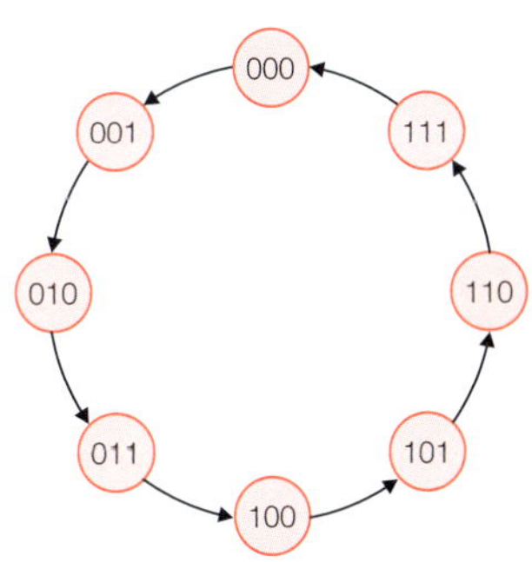

① 2개　② 3개　③ 4개　④ 8개

07 10진 카운터를 구성하려고 한다. 플립플롭을 몇 단으로 하면 가장 적절한가?

① 2단　② 3단　③ 4단　④ 5단

08 동기형 15진 계수기를 구성하려면 필요한 플립플롭의 개수는?

① 2개　② 3개　③ 4개　④ 5개

09 25:1의 리플 카운터를 설계하고자 한다. 최소한 몇 개의 플립플롭이 필요한가?

① 4개　② 5개　③ 6개　④ 7개

10 카운터를 이용해 컨베이어 벨트를 통과하는 생산품의 개수를 파악하려고 한다. 최대 500개의 생산품을 카운트하기 위한 카운터를 플립플롭을 이용해 제작할 때 최소한 몇 개의 플립플롭이 필요한가?

① 5개　② 7개　③ 9개　④ 11개

11 듀얼 JK 플립플롭인 74HC76을 이용한 카운터 회로를 제작하여 출입문을 통과하는 인원을 파악하려고 한다. 최대 1000명을 계수하기 위해서 최소한 몇 개의 IC가 필요한가?

① 4개　② 5개　③ 8개　④ 10개

12 1024개의 입력 펄스가 들어올 때마다 한 개의 출력 펄스를 발생시키려고 한다. T 플립플롭을 이용할 경우 몇 개가 필요한가?

① 4개　② 6개　③ 8개　④ 10개

13 8MHz 구형파를 카운터의 입력으로 인가할 때 250KHz를 얻기 위해 필요한 카운터의 비트 수는 얼마인가?

① 2비트　② 3비트　③ 5비트　④ 4비트

14 3개의 플립플롭으로 구성된 카운터의 모듈러스는?

① mod−3　② mod−4　③ mod−8　④ mod−16

15 플립플롭 4개로 구성된 계수기가 가질 수 있는 최대의 2진 상태는 몇 가지인가?

① 8가지　② 12가지　③ 16가지　④ 20가지

16 6개의 플립플롭으로 구성된 상향 계수기(up counter)의 모듈러스와 이 계수기로 계수할 수 있는 최대 계수는?

① 모듈러스 : 5, 최대 계수 : 63
② 모듈러스 : 6, 최대 계수 : 64
③ 모듈러스 : 63, 최대 계수 : 64
④ 모듈러스 : 64, 최대 계수 : 63

17 다음 캐스케이드 계수기 구성에서 총 모듈러스 개수는?

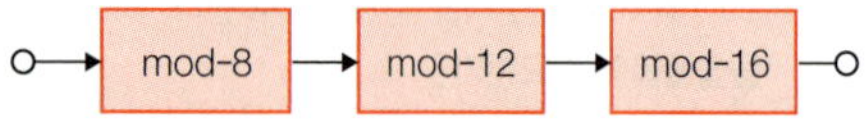

① 36 ② 72
③ 144 ④ 1536

18 다음 카운터의 기능은?

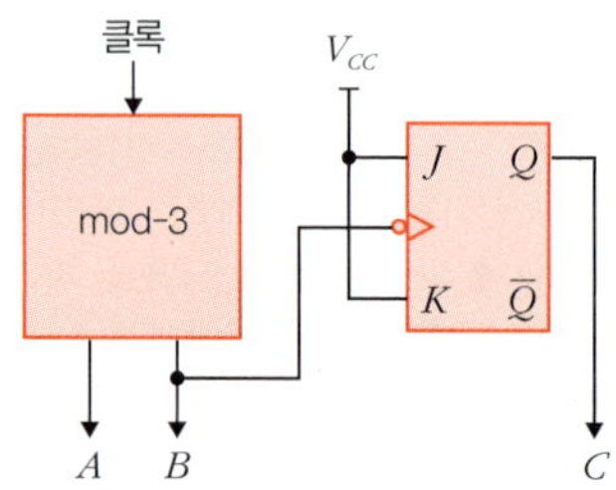

① mod−4 ② mod−6
③ mod−8 ④ mod−10

19 mod−16 2진 카운터의 모든 상태를 완전히 디코더하기 위해 필요한 AND 게이트 수는?

① 4개 ② 8개 ③ 16개 ④ 32개

20 카운터와 디코더로 T0~T15까지 타이밍 신호를 생성하려면 몇 비트 카운터와 어떤 디코더가 필요한가?

① 4bit 카운터와 4×16 디코더
② 4bit 카운터와 2×4 디코더
③ 16bit 카운터와 4×16 디코더
④ 16bit 카운터와 4×4 디코더

21 카운터의 클록 펄스 인가 방식에 따른 분류로 옳은 것은?

① 비동기식 카운터 ② 2^n진 카운터
③ 시프트 카운터 ④ 모듈러스 카운터

22 첫 번째 플립플롭의 CP 입력에만 클록 펄스가 입력되고, 다른 플립플롭은 각 플립플롭의 출력을 다음 플립플롭의 CP 입력으로 사용하는 것을 무엇이라 하는가?

① 존슨 카운터 ② 링 카운터
③ 리플 카운터 ④ 동기식 BCD 카운터

23 한 플립플롭의 출력이 다른 플립플롭을 구동시키는 계수기는?

① 링 계수기 ② 존슨 계수기
③ 트위스트 링 계수기 ④ 직렬 계수기

24 리플 카운터의 특징이 아닌 것은?

① 비동기식 카운터다.
② 카운트 속도가 동기식 카운터에 비해 느리다.
③ 최대 동작 주파수에 제한을 받지 않는다.
④ 회로 구성이 간단하다.

25 비동기식 카운터에 대한 설명 중 옳지 않은 것은?

① 설계가 쉽다.
② ripple counter라고도 한다.
③ 동기식에 비하여 속도가 빠르다.
④ 전단의 출력이 다음 단의 trigger 입력이 된다.

26 다음 중 카운터의 설명과 거리가 먼 것은?

① 카운터는 미리 결정된 시퀀스를 계속 생성시키는 순서논리회로다.
② 카운터는 클록의 사용에 따라 동기식과 비동기식으로 나뉜다.
③ n비트 카운터는 $(n-1)$개의 플립플롭을 가지고 있다.
④ 동기식 카운터는 비동기식 카운터보다 회로가 복잡하다.

27 다음 중 비동기식 카운터에 대한 설명으로 틀린 것은?

① 동기식 카운터에 비해 입력 신호의 전달 지연 시간이 길다.
② 동기식에 비해 논리상의 오차 발생 비율이 많다.
③ 구조상으로 동기식에 비해 회로가 간단하다.
④ 같은 클록 펄스에 의해 트리거 된다.

28 비동기식 카운터의 플립플롭 구성 설명으로 틀린 것은?

① 플립플롭 2개를 사용하면 16진 카운터 계수를 나타낸다.

② T 플립플롭으로 구성한다.

③ JK 플립플롭으로 구성할 때, 입력을 $J=K=1$로 한다.

④ T 플립플롭으로 구성할 때, 입력을 $T=1$로 하여 toggle 상태로 한다.

29 동기식 카운터와 비동기식 카운터 비교 설명 중 맞는 것은?

① 동기식 카운터는 각 플립플롭의 clock에 동기되는 카운터다.

② 동기식 카운터는 비동기식 카운터에 비해서 안정되지 못하는 결점이 있다.

③ 동기식과 비동기식 카운터는 플립플롭에 공동으로 클록이 공급된다.

④ 동기식 up counter는 기억 소자로 응용될 수 있다.

30 동기식 계수기의 특징과 가장 거리가 먼 것은?

① 회로가 복잡하다.

② 동작 속도가 저속이다.

③ 시간 지연(time delay)이 발생하지 않는다.

④ 클록 펄스를 공동(병렬)으로 사용한다.

31 JK 플립플롭을 사용해 2진 리플 계수기를 만들려는 경우 J와 K의 값은?

① $J=0$, $K=0$　　② $J=0$, $K=1$

③ $J=1$, $K=0$　　④ $J=1$, $K=1$

32 다음 카운터의 명칭은?

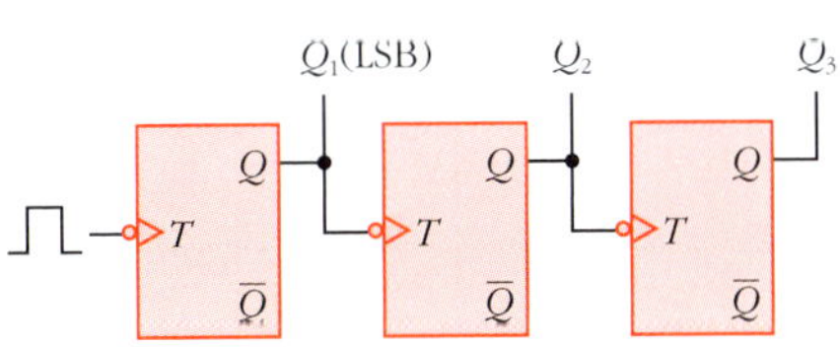

① 동기식 8진 업카운터

② 비동기식 8진 업카운터

③ 동기식 8진 다운카운터

④ 비동기식 3진 다운카운터

33 다음 계수기(counter)의 명칭 중 맞는 것은?

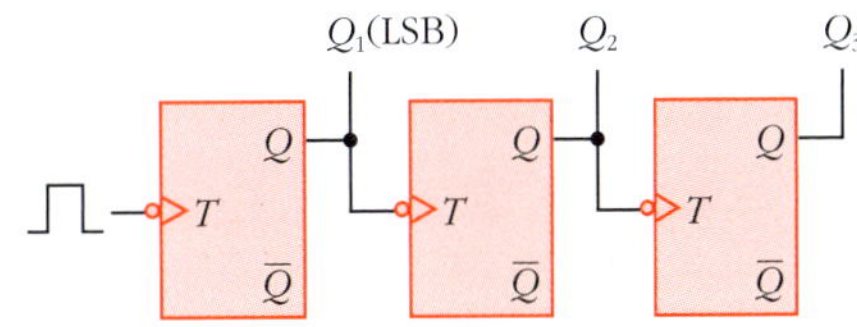

① 상향 4진 계수기　　② 하향 4진 계수기

③ 상향 8진 계수기　　④ 하향 8진 계수기

34 다음 JK 플립플롭 3개를 연결하여 구성된 회로에서 CP를 입력으로 하고 A_3, A_2, A_1을 출력으로 할 때 이 회로가 수행하는 기능은?

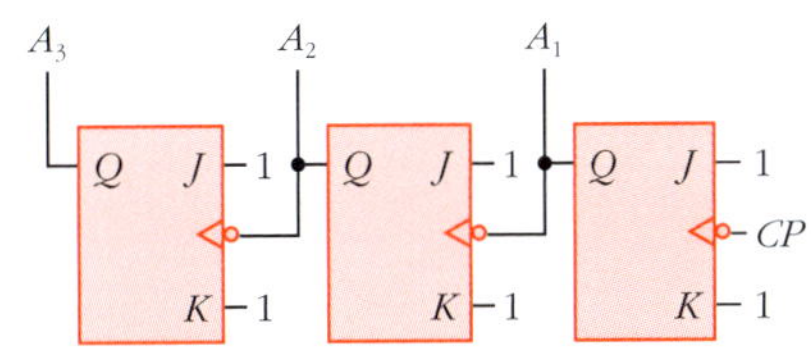

① 32진 카운터(counter)

② 16진 카운터(counter)

③ 3비트 2진 리플 카운터(ripple counter)

④ 4비트 2진 리플 카운터(ripple counter)

35 다음은 리플 카운터(ripple counter)다. 초기 상태가 $A=0$, $B=0$, $C=0$이라면 클록 펄스가 12개 인가된 후 상태는?

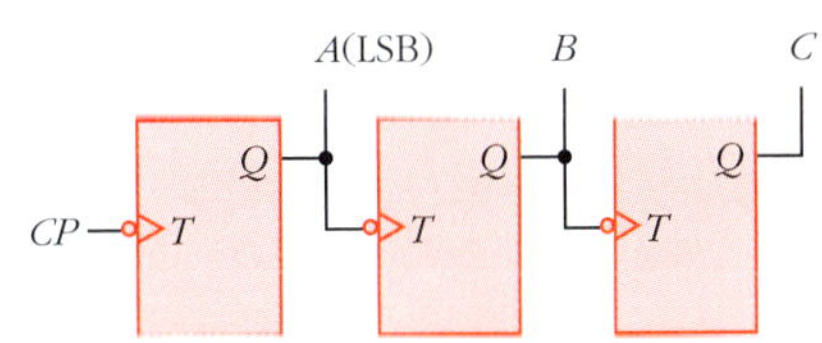

① $A=0$, $B=0$, $C=1$　② $A=0$, $B=1$, $C=1$

③ $A=1$, $B=1$, $C=0$　④ $A=1$, $B=0$, $C=0$

36 다음 그림은 T 플립플롭을 이용한 비동기 10진 상향 계수기이다. 계수값이 10이 되었을 때 계수기를 0으로 하기 위해서는 전체 플립플롭을 clear시켜야 하는데 이렇게 하기 위해 (가)에 알맞은 게이트는?

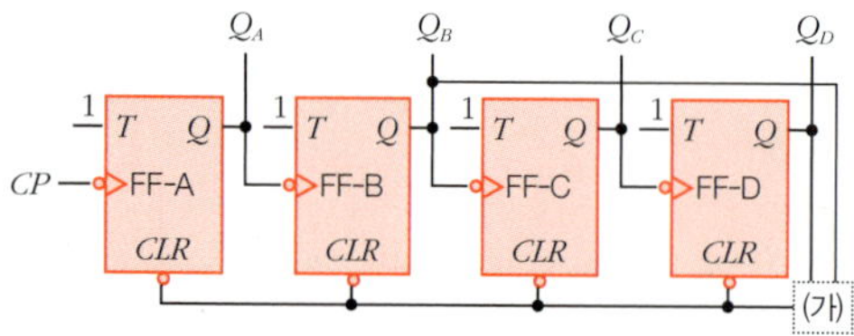

① OR ② AND ③ NOR ④ NAND

37 다음은 어떤 동작을 하는 회로인가?

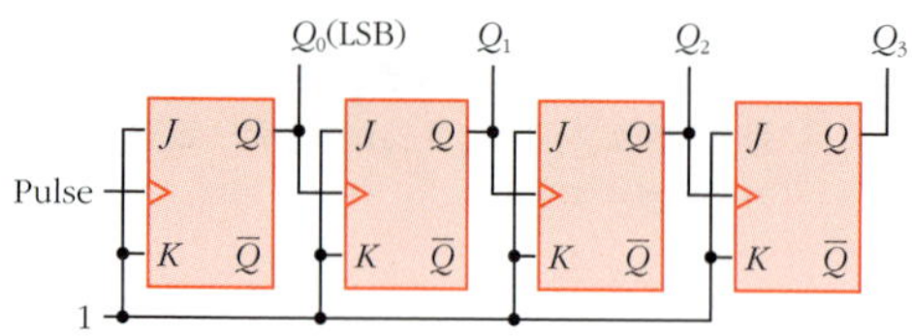

① 4비트 2진 리플 카운터
② 4비트 동기식 2진 카운터
③ BCD 리플 카운터
④ 시프트 레지스터

38 5비트 리플 카운터(ripple counter)의 입력에 4MHz의 구형파를 인가할 때, 최종 단 플립플롭의 주파수는?

① 125KHz ② 250KHz
③ 500KHz ④ 800KHz

39 지연 시간 50ns의 플립플롭을 사용한 5단의 리플 카운터가 있다. 카운터의 동작 최고 주파수는?

① 1MHz ② 4MHz
③ 10MHz ④ 20MHz

40 어떤 플립플롭에서 CP(clock pulse)가 1에서 0으로 변하는 시간과 출력이 보수화되는 시간 사이에 20ns의 지연이 생긴다면 10bit의 리플 카운터의 지연 시간은?

① 2ns ② 20ns
③ 200ns ④ 400ns

41 어떤 계수기가 0.2초 동안 게이트되었다. 계수되는 신호파의 주파수가 250KHz라면 게이트 펄스가 끝나는 시각에서 계수기의 BCD 출력은?

① 50,000 ② 25,000
③ 10,000 ④ 5,000

42 4bit binary ripple counter가 0100의 값을 갖고 있다. 9개의 input pulse가 공급된 후의 counter 상태는?

① 0010 ② 1001
③ 1011 ④ 1101

43 5비트 2진 카운터가 00000 상태에서 계수를 시작한다고 가정하면 144개의 펄스가 입력된 후 계수 상태는?

① $00000_{(2)}$ ② $11111_{(2)}$
③ $10000_{(2)}$ ④ $00001_{(2)}$

44 4단 하향 카운터에서 10번째 클록 펄스가 인가되면 각 단이 나타내는 2진수를 10진수로 변환하면? 단, 카운터의 초기 상태는 0000이라고 가정한다.

① 6 ② 7
③ 8 ④ 9

45 동기식 카운터의 설명 중 옳은 것은?

① 리플 카운터라고도 한다.
② 플립플롭의 단수와 동작 속도와는 무관하다.
③ 컴퓨터 회로에는 별로 사용되지 않는다.
④ 전단의 출력이 후단의 트리거(trigger) 입력이 된다.

46 동기식 카운터의 설명으로 옳지 않은 것은?

① 비동기식보다 최종 플립플롭의 지연 시간 변화를 단축시킬 수 있다.
② 입력 펄스가 플립플롭의 모든 클록에 동시에 가해지는 구조다.
③ 저속의 카운터가 되지만 플립플롭의 회로가 간단하다.
④ 모든 플립플롭이 동시에 동작한다.

47 다음 그림의 계수기는 몇 진 계수기인가?

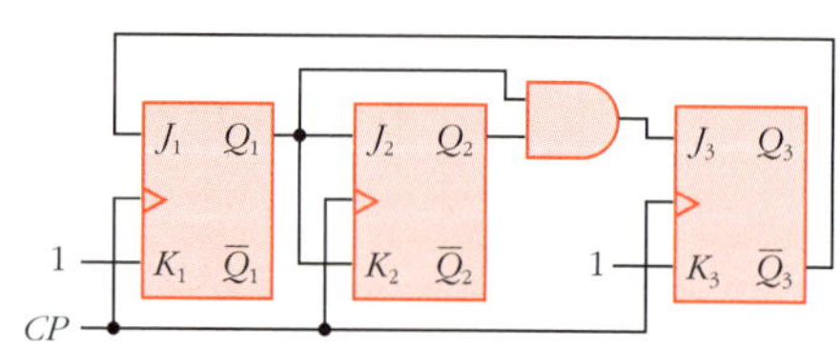

① 동기식 4진 계수기 ② 동기식 5진 계수기
③ 동기식 6진 계수기 ④ 동기식 7진 계수기

48 카운터 회로 Q_1, Q_2, Q_3의 초기 상태가 각각 0, 0, 0이다. CP가 6번 들어갔을 때 Q_1, Q_2, Q_3 상태 중 옳은 것은?

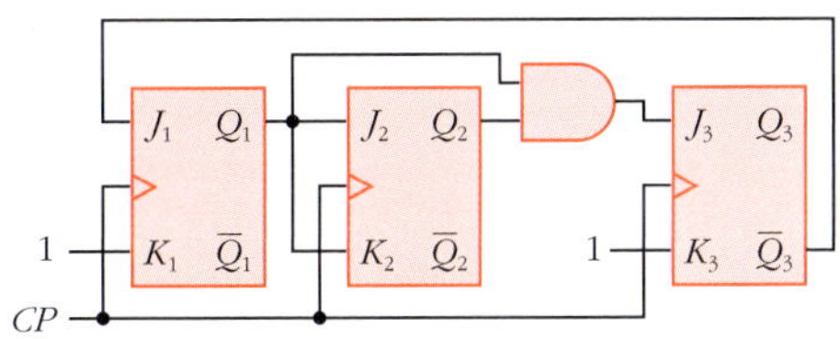

① $Q_1 = 0$, $Q_2 = 0$, $Q_3 = 1$
② $Q_1 = 1$, $Q_2 = 0$, $Q_3 = 0$
③ $Q_1 = 0$, $Q_2 = 1$, $Q_3 = 1$
④ $Q_1 = 1$, $Q_2 = 1$, $Q_3 = 0$

49 다음 그림은 몇 진 카운터인가?

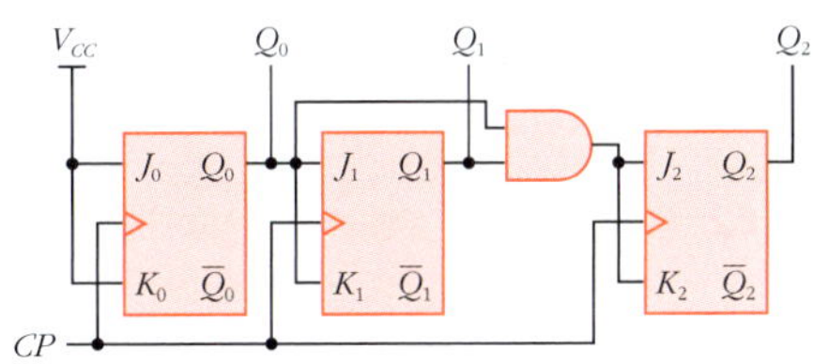

① 동기식 8진 업 카운터
② 비동기식 8진 업 카운터
③ 동기식 8진 다운 카운터
④ 비동기식 8진 다운 카운터

50 그림과 같은 회로의 명칭은?

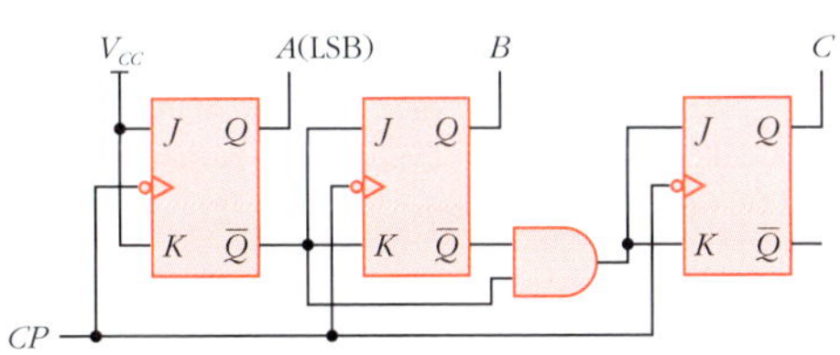

① 비동기식 8진 하향 계수기
② 비동기식 8진 상향 계수기
③ 동기식 8진 상향 계수기
④ 동기식 8진 하향 계수기

51 다음 회로는 직접 리셋형 3단 mod-5 계수기 회로다. X 부분에 적합한 게이트는?

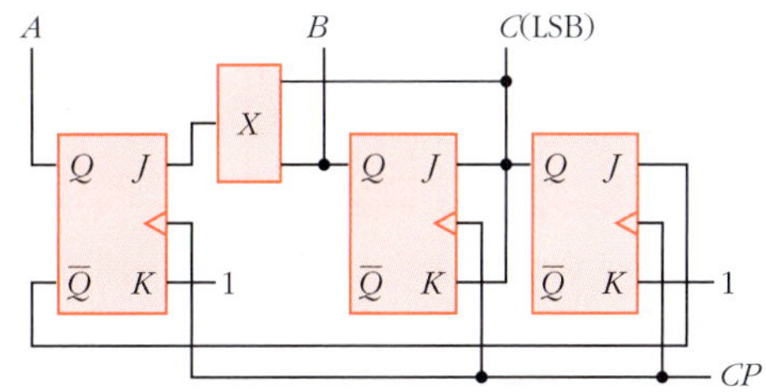

① OR ② AND
③ NOR ④ NAND

52 동기식 계수기로 사용할 수 없는 것은?

① 2진 업-다운 계수기 ② 3초과 BCD 계수기
③ 2진 계수기 ④ 리플 계수기

53 다음 그림의 카운터는 어떠한 카운터인가?

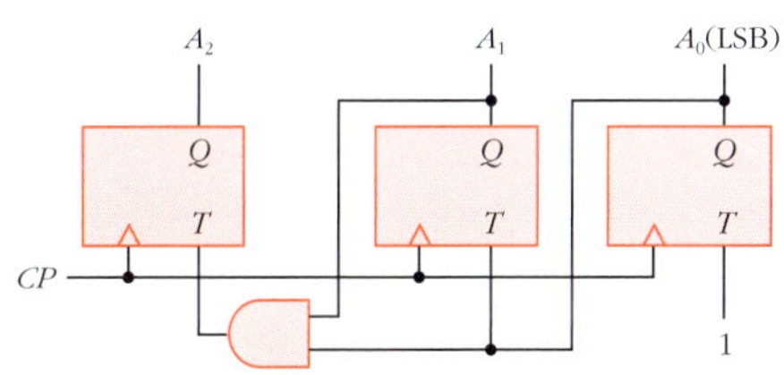

① 동기식 6진 카운터 ② 동기식 8진 카운터
③ 비동기식 5진 카운터 ④ 비동기식 7진 카운터

54 다음의 카운터 회로는 몇 진 카운터인가? 단, 카운터의 출력은 첨자 0이 붙은 쪽이 LSB라고 본다.

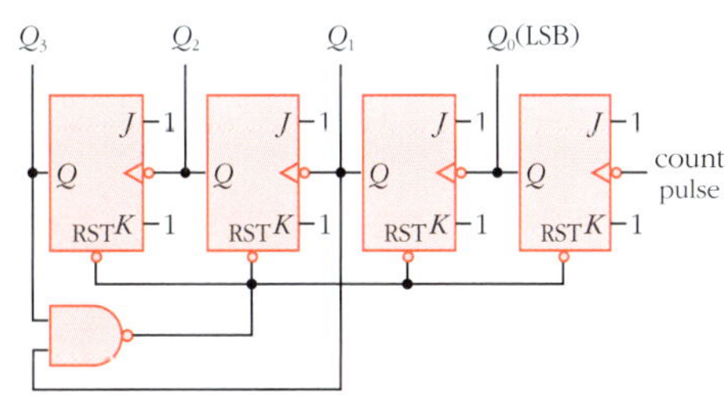

① 2 ② 8
③ 10 ④ 16

55 그림의 회로 명칭은?

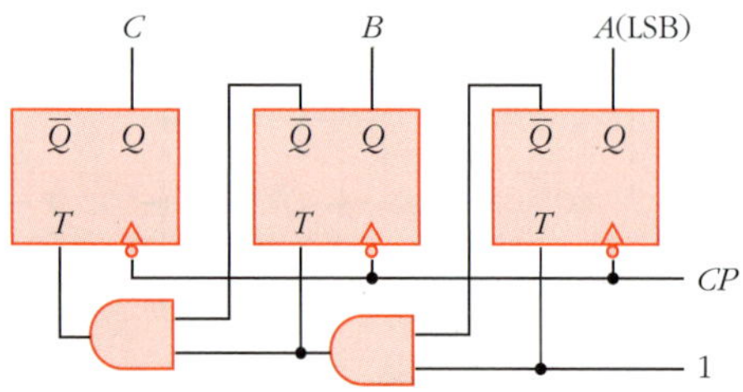

① 2진 감산 계수기　　② 2진 가산 계수기
③ 8진 감산 계수기　　④ 8진 가산 계수기

56 그림과 같이 주파수 발생기와 종속 연결된 10진 계수기 7490 IC가 연결되었을 때, 출력이 아래의 구형파와 같다면 7490 IC를 몇 개 사용해야 하는가? 단, 주파수 발생기의 주파수는 5MHz이다.

① 3개　　② 4개
③ 5개　　④ 6개

57 시프트 레지스터 출력을 입력에 궤환(feedback)시킴으로써 클록 펄스가 가해지면 같은 2진수가 레지스터 내부에서 순환하도록 만든 카운터는?

① 링 카운터　　② 2진 리플 카운터
③ 동기형 카운터　　④ 업/다운 카운터

58 다음 중 환형 계수기(ring counter)와 같은 것은?

① BCD 계수기　　② 가역 계수기
③ 시프트 레지스터　　④ 순환 시프트 레지스터

59 자리이동 레지스터를 사용해 임의의 시간에 자리이동 레지스터 중에서 한 개의 플립플롭만 논리 1이 되고 나머지 플립플롭은 논리 0이 되도록 하는 카운터는?

① 링 카운터　　② BCD 카운터
③ 존슨 카운터　　④ 리플 카운터

60 다음 시프트 레지스터의 카운터 명칭은?

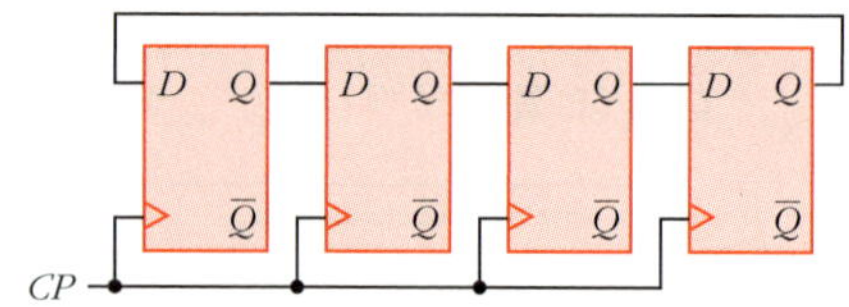

① mod-4 링 카운터　　② mod-8 링 카운터
③ mod-4 존슨 카운터　　④ mod-8 존슨 카운터

61 다음 그림과 같이 구성된 회로는 무슨 카운터인가?

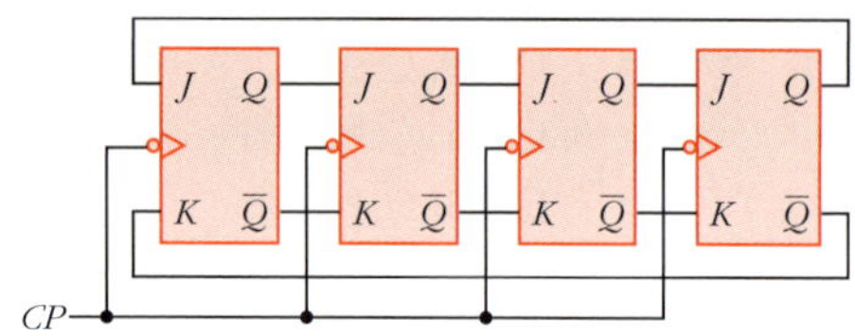

① 동기식 카운터　　② 비동기식 카운터
③ 존슨 카운터　　④ 링 카운터

62 링 카운터에 대한 설명 중 가장 적합한 것은?

① 직렬 시프트 레지스터의 최초 플립플롭의 출력(Q)을 최초 플립플롭의 J에 연결한다.
② 직렬 시프트 레지스터의 최종 플립플롭의 출력(Q)을 최초 플립플롭의 J에 연결한다.
③ 직렬 시프트 레지스터의 최종 플립플롭의 보수 출력($\bar{Q}$)을 최종 플립플롭의 J에 연결한다.
④ 직렬 시프트 레지스터의 최초 플립플롭의 보수 출력($\bar{Q}$)을 최종 플립플롭의 J에 연결한다.

63 어떤 링 카운터가 첫 번째 플립플롭은 1로 프리셋되고 나머지 플립플롭은 모두 0으로 클리어되어 초기화되었다. 다음 중 링 카운터의 특징 및 동작에 대한 설명으로 가장 옳지 않은 것은?

① 카운팅 시 각각의 출력에 있어서 하나의 플립플롭만 1값을 갖는다.
② 통상의 N진 카운터에 비해 많은 플립플롭이 필요하므로 비경제적이다.
③ 카운팅 시 모든 플립플롭들의 상태가 0이 될 수 있다.
④ M개의 플립플롭으로 구성된 링 카운터는 M개의 클럭마다 초기 상태로 되돌아가면서 상태를 반복한다.

64 mod-8 링 카운터를 설계할 때 필요한 플립플롭의 수는?

① 4개 ② 8개 ③ 16개 ④ 256개

65 5단 링 카운터에 해당되는 % 듀티 사이클은?

① 50% ② 25% ③ 20% ④ 10%

66 다음 카운터의 명칭은?

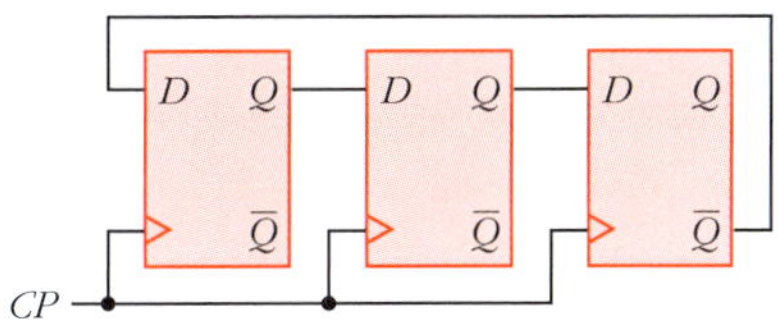

① 존슨 카운터(Johnson counter)
② BCD 카운터(BCD counter)
③ 업/다운 카운터(up/down counter)
④ 링 카운터(ring counter)

67 다음은 무슨 카운터인가?

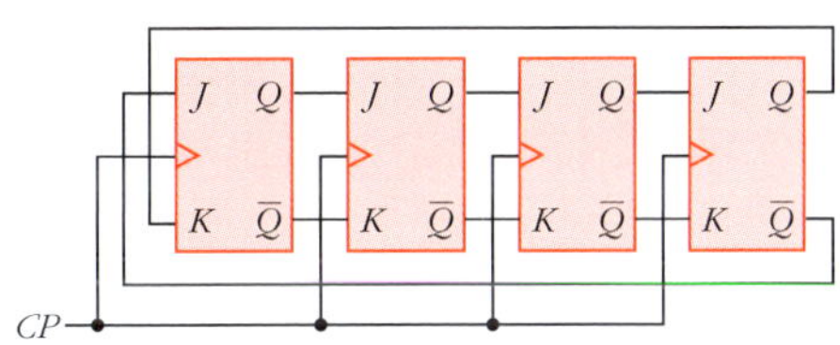

① 리플 카운터 ② 존슨 카운터
③ 링 카운터 ④ 궤환 카운터

68 다음 회로에서 초기 상태가 $A_3A_2A_1A_0 = 0000$에서 클럭이 6개 입력된 후의 출력을 구하면?

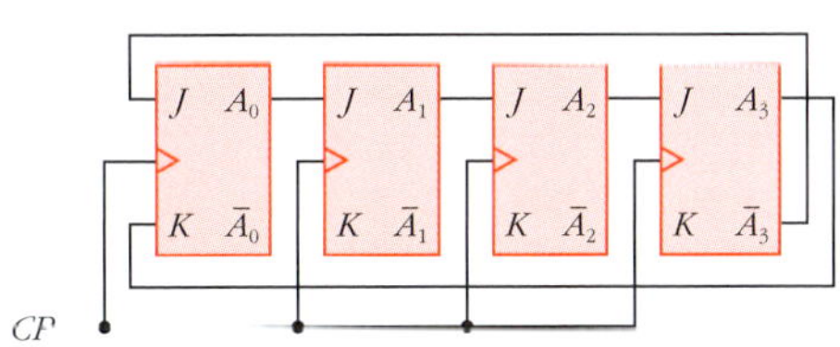

① 0011 ② 1100
③ 0001 ④ 1000

69 아래의 회로에서 CP(clock pulse)에 따라 A와 C를 동시에 측정하였더니, $A = 0111100$으로 측정치가 나타났다. 이때 C의 측정치는? 단, $ABCE = 0000$ 초기치 가정이다.

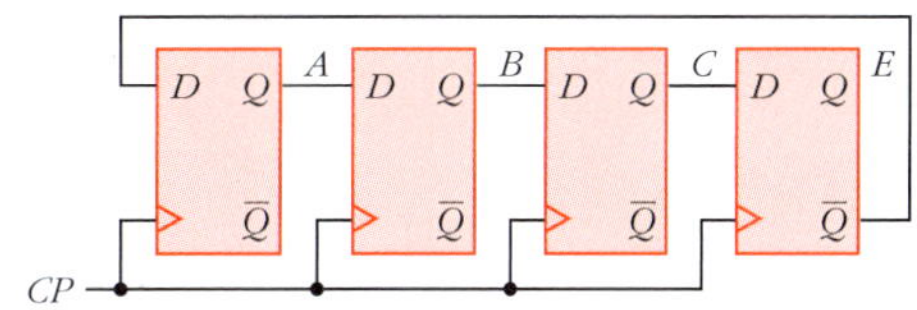

① 0011110 ② 0001111
③ 0000111 ④ 0111100

70 mod-12 존슨(Johnson) 카운터를 설계하기 위해 필요한 플립플롭의 수는 몇 개인가?

① 4개 ② 6개
③ 8개 ④ 12개

71 5비트 존슨 카운터는 몇 개의 모듈(modulus)을 갖는가?

① 5개 ② 10개 ③ 20개 ④ 25개

72 4단 존슨 카운터(Johnson counter)의 모듈러스는 몇 개인가?

① 4개 ② 8개 ③ 12개 ④ 16개

73 6개의 JK 플립플롭을 사용해 설계한 존슨 카운터의 디코딩용 게이트 수는?

① 6개 ② 12개 ③ 24개 ④ 64개

74 다음과 같은 순차표를 가지는 카운터의 명칭은?

CLK	Q_0	Q_1	Q_2	Q_3
0	0	0	0	0
1	1	0	0	0
2	1	1	0	0
3	1	1	1	0
4	1	1	1	1
5	0	1	1	1
6	0	0	1	1
7	0	0	0	1

① 동기식 2진 카운터 ② 링 카운터
③ 존슨 카운터 ④ 모듈러 카운터

75 다음은 존슨 카운터의 정상 순서다. 빈칸에 들어갈 2진수는?

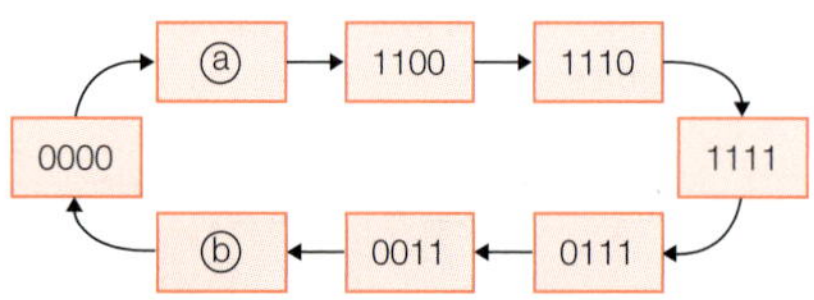

① ⓐ : 1111, ⓑ : 1111　② ⓐ : 0001, ⓑ : 0001
③ ⓐ : 1000, ⓑ : 1000　④ ⓐ : 1000, ⓑ : 0001

76 다음 중 존슨 카운터 회로에 대한 설명으로 틀린 것은?

① 입력값은 순환된다.
② 시프트 카운터라고도 한다.
③ 동기식 카운터다.
④ N개의 플립플롭으로 2^N개의 상태를 나타낼 수 있다.

77 다음 중 링 카운터와 존슨 카운터의 구성상 차이점은 무엇인가?

① 구성상의 차이점은 없다.
② 최종 출력에서 초단 입력으로 궤환시킬 때 Q 또는 $\bar{Q}$ 공급 방법이 다르다.
③ 두 개의 카운터 모두 클록 신호를 inverting시킨다.
④ 두 개의 카운터 모두 각 단마다 Q와 $\bar{Q}$를 교차하면서 다음 단 카운터에 공급한다.

78 링 카운터와 존슨 카운터에 대한 설명으로 틀린 것은?

① 두 카운터 모두 비동기식이다.
② N진 존슨 카운터를 설계하기 위해서는 $N/2$개의 플립플롭이 필요하다. (단, N은 짝수)
③ N진 링 카운터를 설계하기 위해서는 N개의 플립플롭이 필요하다.
④ 플립플롭의 출력이 다른 플립플롭 입력의 일부로 연결되는 궤환(feedback) 구조를 가지고 있다.

79 다음의 회로에서 가정용 전원의 주파수 60Hz인 정현파를 적용했을 때, 최종 구형파의 출력 주파수 f_o는?

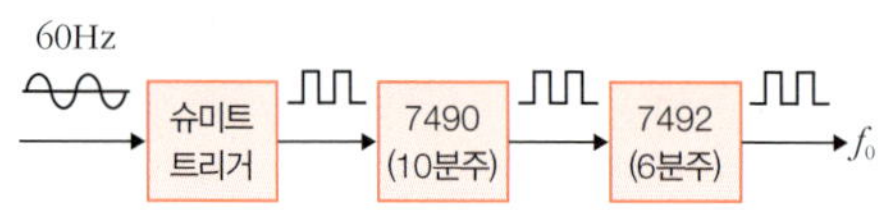

① 0.5Hz　② 1Hz
③ 1.5Hz　④ 2.0Hz

80 다음은 디지털 시계의 블록 다이어그램이다. 괄호 안에 들어갈 알맞은 항목은 무엇인가?

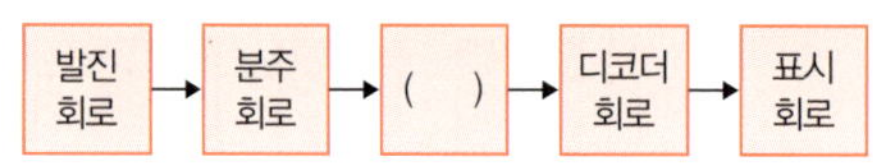

① 플립플롭 회로　② 카운터 회로
③ 증폭 회로　④ 드라이브 회로

1 ①	2 ③	3 ④	4 ③	5 ②	6 ②	7 ③	8 ③	9 ②	10 ③	11 ②	12 ④
13 ③	14 ③	15 ③	16 ④	17 ④	18 ②	19 ③	20 ①	21 ①	22 ③	23 ④	24 ③
25 ③	26 ③	27 ④	28 ①	29 ①	30 ②	31 ④	32 ②	33 ③	34 ③	35 ①	36 ④
37 ①	38 ①	39 ②	40 ③	41 ①	42 ④	43 ③	44 ①	45 ②	46 ③	47 ②	48 ②
49 ①	50 ④	51 ②	52 ④	53 ②	54 ③	55 ③	56 ③	57 ①	58 ④	59 ①	60 ①
61 ④	62 ②	63 ③	64 ②	65 ③	66 ①	67 ②	68 ②	69 ②	70 ②	71 ②	72 ②
73 ②	74 ③	75 ④	76 ④	77 ②	78 ①	79 ②	80 ②				

Chapter

11

레지스터

01 레지스터의 분류

02 직렬 입력-직렬 출력 레지스터

03 직렬 입력-병렬 출력 레지스터

04 병렬 입력-직렬 출력 레지스터

05 병렬 입력-병렬 출력 레지스터

06 양방향 시프트 레지스터

07 범용 시프트 레지스터

08 시프드 레지스티의 응용

연습문제

기출문제

학습목표

- 4가지 기본형 레지스터의 동작을 이해하고 구분하여 설명할 수 있다.
- 양방향 시프트 레지스터의 동작을 이해하고 활용할 수 있다.
- 레지스터의 주요 응용 분야를 이해하고 활용할 수 있다.
- 시프트 레지스터 IC의 외부 접속 방법을 이해하고 활용할 수 있다

01 레지스터의 분류

플립플롭은 1비트를 저장할 수 있으며, 플립플롭 여러 개를 일렬로 배열하여 적당히 연결함으로써 여러 비트로 구성된 2진수를 저장할 수 있게 한 것을 **레지스터**register라고 한다. 따라서 n비트 레지스터는 플립플롭 n개로 구성되며, 2진 정보 n비트를 저장할 수 있다. 플립플롭과 마찬가지로 레지스터는 어떤 자료의 처리 작업을 수행하는 조합논리회로를 포함하기도 한다. 넓은 의미에서 레지스터는 플립플롭과 이들의 상태 변화에 영향을 주는 게이트들로 구성되어 있다. 플립플롭은 2진 정보를 저장하고 게이트는 새로운 정보를 레지스터로 전송할 시점과 방법을 제어한다.

10장에서 설명한 카운터는 입력 펄스가 들어오면 미리 정해진 순서에 따라 상태가 변화하는 레지스터라고 볼 수 있다. 카운터와의 차이점은 레지스터는 특별한 경우를 제외하면 상태 변화에 명확한 순서가 없다는 것이다. 일반적으로 레지스터는 외부에서 들어오는 데이터를 저장하거나 이동하는 목적으로 사용하며, 상태의 순서적인 특성을 갖지 않는다. 따라서 카운터는 레지스터의 특별한 형태지만 이름을 달리하여 레지스터와 구별하는 것이 보통이다.

레지스터는 다양한 종류의 카운터를 구성하는 데 사용할 뿐만 아니라 여러 비트를 일시적으로 저장하거나 저장된 비트를 왼쪽 또는 오른쪽으로 하나씩 **시프트**shift(옮긴다는 뜻)할 때도 사용한다. 시프트 방향에 따라 왼쪽 시프트 레지스터left shift register, 오른쪽 시프트 레지스터right shift register라고 부른다. 예를 들어, 휴대용 계산기에서 숫자 380을 입력할 때 먼저 키 3을 눌렀다 놓으면 3이 출력되고 다음에 키 8을 눌렀다 놓으면 3이 왼쪽으로 시프트되어 38이 출력되며 마지막에 키 0을 눌렀다 놓으면 3과 8이 각각 왼쪽으로 시프트되어 380이 출력되는데, 이것은 시프트 레지스터의 기능을 시각적으로 보여주는 예다.

이외에도 레지스터의 용도는 실로 다양하다. 컴퓨터 시스템에서 입력 장치의 데이터는 임시 레지스터에 저장되었다가 CPU[central processing unit](중앙 처리 장치)에 전송된다. 또 CPU에서 계산된 결과는 임시 레지스터에 저장되었다가 모니터와 같은 출력 장치를 구동하는 회로에 보내진다. 이를 위해 CPU 내부에는 연산의 중간 결과를 임시 저장하기 위한 레지스터가 여러 개 있다. 레지스터는 2진수의 보수를 구하거나 곱셈 또는 나눗셈에도 사용된다.

레지스터는 데이터를 입력, 출력하는 방법에 따라 4종류가 있다. 먼저 n비트 레지스터에 데이터를 입력할 때, n비트를 병렬로 동시에 시프트해서 입력할 수도 있고(병렬 시프트), 한 비트씩 직렬로 시프트하면서 입력할 수도 있다(직렬 시프트). 마찬가지로 레지스터에 저장된 데이터를 출력할 때도 직렬과 병렬 2가지 방식이 있다. 따라서 [그림 11-1]에 보인 것처럼 레지스터 종류에는 4가지 기본형이 있다.

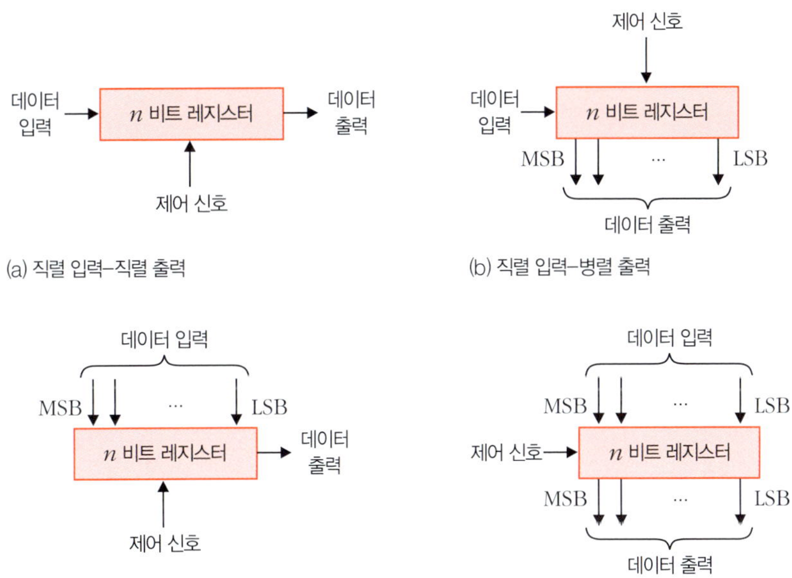

(a) 직렬 입력–직렬 출력 (b) 직렬 입력–병렬 출력

(c) 병렬 입력–직렬 출력 (d) 병렬 입력–병렬 출력

그림 11-1 레지스터의 종류

직렬 입력–직렬 출력SISO, serial–in serial–out은 데이터를 직렬로 입력해 직렬로 출력하는 레지스터이며 모뎀과 같은 장치에 이용한다. 직렬 입력–병렬 출력SIPO, serial–in parallel–out은 데이터를 직렬로 입력해 병렬로 출력하는 레지스터로 직렬 통신 시 데이터를 한 비트씩 직렬로 수신하여 1바이트 데이터가 수신되면 데이터를 병렬로 변환하여 컴퓨터 내부로 읽어들이는 경우에 사용한다. 병렬 입력–직렬 출력PISO, parallel–in serial–out은 데이터를 병렬로 입력해 직렬로 출력하는 레지스터로 직렬 통신 시 컴퓨터 내부의 병렬 데이터를 직렬로 전송하기 위해 데이터를 한 비트씩 직렬로 시프트하는 데 사용한다. 마지막으로 병렬 입력–병렬 출력PIPO, parallel–in parallel–out은 데이터를 병렬로 입력해 병렬로 출력하는 레지스터로 범용 입출력 장치나 프린터 등에 이용한다. [그림 11–1]에서 제어 신호는 데이터의 입출력 동작을 제어한다. 레지스터에 데이터를 입출력할 때 비트의 시프트 동작이 다르기 때문에 레지스터를 **시프트 레지스터**라고 부른다.

모뎀(MODEM, MOdulator and DEModulator)

모뎀은 디지털 정보를 전달하기 위해 신호를 변조하여 송신하고 수신측에서 원래의 신호로 복구하기 위해 복조하는 장치를 말한다. 주로 컴퓨터 정보 통신을 위한 주변 장치로 많이 사용한다.

02 직렬 입력–직렬 출력 레지스터

1 4비트 직렬 입력–직렬 출력 레지스터 구조

[그림 11–2]는 직렬 입력–직렬 출력 레지스터를 D 플립플롭을 이용해 4비트 레지스터를 구성한 예를 나타낸다. 처음에 모든 플립플롭의 출력 Q는 0이었다고 가정하자.

첫 번째 클록 펄스의 하강 에지에서 입력 데이터가 샘플되어 첫 번째 플립플롭 출력인 Q_A로 시프트된다. 두 번째 클록 펄스의 하강 에지에서 Q_A는 Q_B로, Q_B는 Q_C로, Q_C는 Q_D로 시프트됨과 동시에 새로운 데이터가 샘플되어 Q_A에 입력된다. 이 과정은 새로운 클록 펄스의 하강 에지마다 반복되므로 네 번째 클록 펄스의 하강 에지에서 비로소 Q_D에 처음에 입력된 데이터 비트가 나타난다. 이후로 계속적인 오른쪽 시프트 동작이 일어나서 레지스터 출력으로부터 데이터 비트가 출력되어 다음에 연결된 장치로 넘어간다.

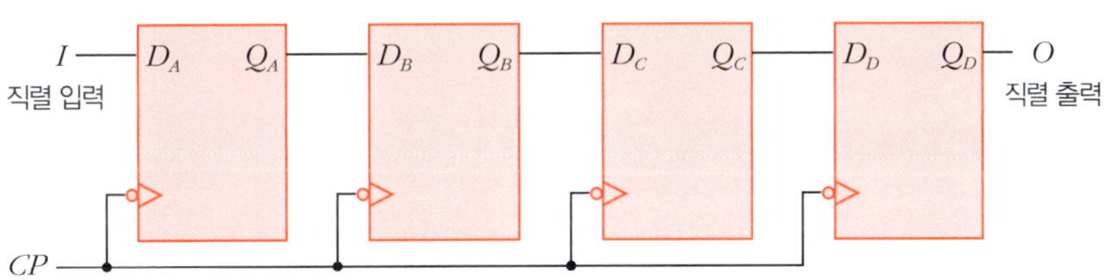

그림 11–2 직렬 입력–직렬 출력 레지스터

예를 들어, 샘플된 입력 데이터가 순차적으로 1, 1, 0, 1이었다면, 네 번째 펄스 이후부터 출력 Q_D에 입력 순서대로 비트가 순차적으로 나타난다. [그림 11–3](a)는 클록 펄스의 하강 에지 t_1, t_2, t_3, t_4에서 레지스터의 내용을 나타낸다. $t = t_4$에서 마침내 의미 있는 입력 데이터가 레지스터에 들어 있다. [그림 11–3](b)는 같은 상황을 타이밍도로 나타낸 것이다.

타이밍도(timing diagram)
시간에 따라 변하는 디지털 파형 두 개 이상의 정확한 관계를 보여주는 도표

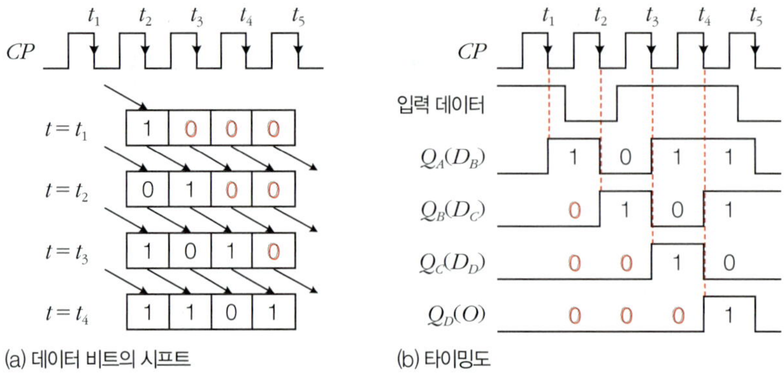

(a) 데이터 비트의 시프트 (b) 타이밍도

그림 11-3 직렬 입력-직렬 출력 레지스터의 데이터 이동

JK 플립플롭을 사용해 직렬 입력-직렬 출력 레지스터를 구성하면 [그림 11-4]와 같다.

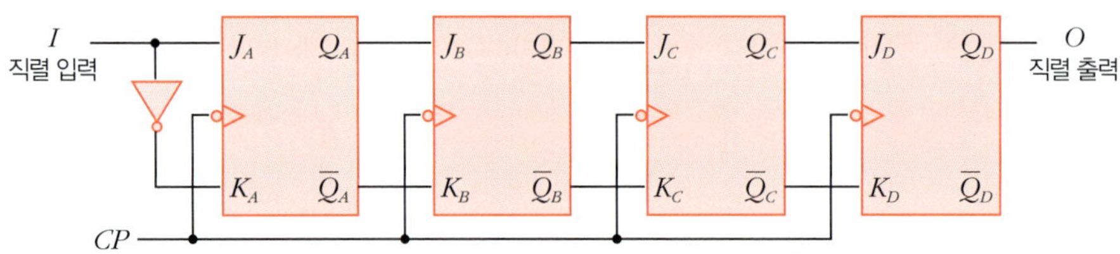

그림 11-4 JK 플립플롭을 사용한 직렬 입력-직렬 출력 레지스터

2 7491(8bit shift register)

7491은 SR 주종형 플립플롭 8개를 직렬로 연결하여 구성한 직렬 입력-직렬 출력 레지스터이며, [그림 11-5]에 핀 배치도와 블록도를 나타냈다. A와 B는 직렬 입력 데이터를 받아들이

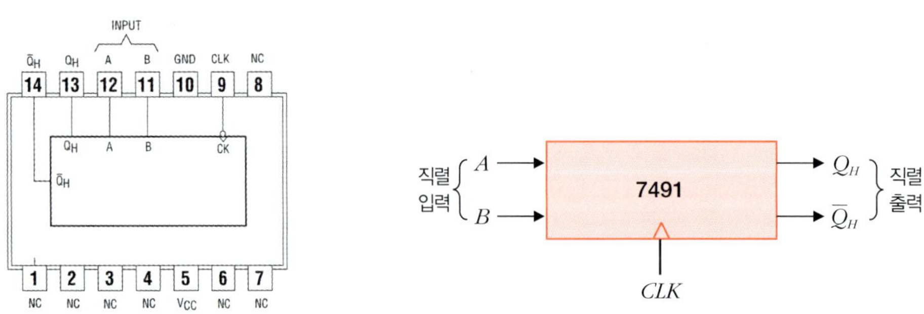

(a) 핀 배치도 (b) 블록도

그림 11-5 7491 시프트 레지스터의 핀 배치도 및 블록도

는 입력 단자이고 직렬 출력 단자는 Q_H와 $\bar{Q}_H$다. 클록이 공급되면 클록의 상승 에지마다 입력 단자로 들어온 직렬 데이터가 시프트하여 저장된다. 직렬 입력은 A와 B, 2개가 있는데 직렬 데이터를 A로만 받아들이려면 입력 단자 B를 논리 1로 해야 한다.

예제 11-1

4비트 직렬 입력–직렬 출력 시프트 레지스터에 그림과 같은 데이터 입력과 클록 파형을 공급하였다. 레지스터의 출력 상태는 어떻게 변화하는지 출력 Q_A, Q_B, Q_C, Q_D의 파형을 그려 보시오. 단, 모든 플립플롭의 출력은 0으로 초기화되어 있으며, 플립플롭에서 전파 지연은 없다고 가정한다.

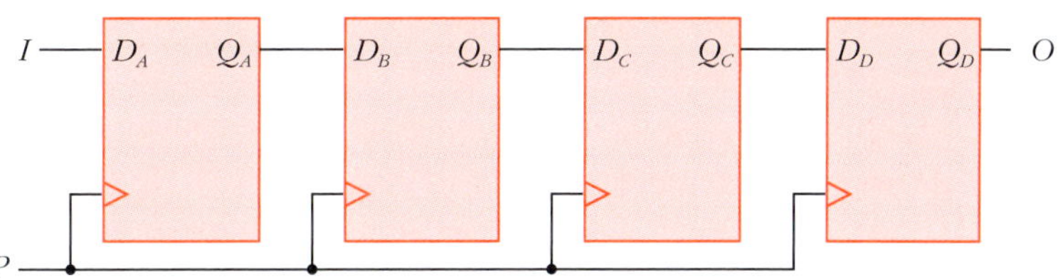

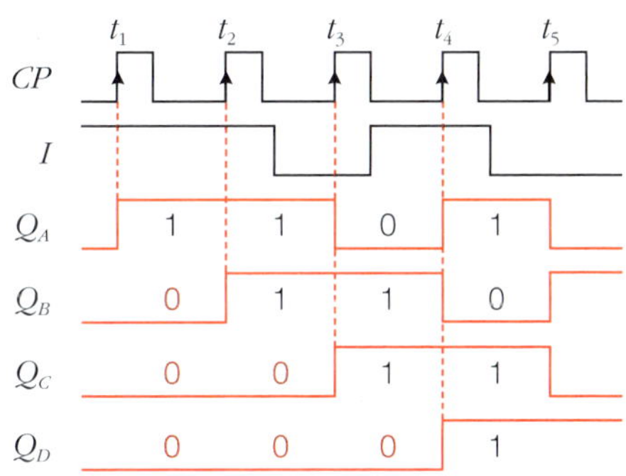

풀이

첫 번째 클록 펄스의 상승 에지에서 첫 번째 입력 데이터 비트(1)가 샘플되어 첫 번째 플립플롭 출력인 Q_A로 시프트된다. 클록이 공급될 때마다 새로운 데이터 비트가 들어오며 레지스터의 데이터는 왼쪽에서 오른쪽으로 시프트된다. 4개의 펄스가 인가된 후에는 $Q_A Q_B Q_C Q_D$ = 1011이 저장된다.

03 직렬 입력–병렬 출력 레지스터

1 4비트 직렬 입력–병렬 출력 레지스터 구조

[그림 11–6]은 직렬 입력–병렬 출력 레지스터를 D 플립플롭을 이용해 4비트 레지스터를 구성한 예를 나타낸다. [그림 11–2]의 직렬 입력–직렬 출력 레지스터와 기본적으로 동일한 구조이며, 각 출력에 3상태tri–state 버퍼가 연결된 점만 다르다.

모든 플립플롭의 출력 Q는 처음에 0이라고 가정하자. 클록 펄스의 하강 에지에서 입력 데이터가 한 비트씩 오른쪽으로 시프트하면서 저장된다. 4비트 레지스터는 클록 펄스 4개가 입력되면 4비트 직렬 입력 데이터가 레지스터에 모두 저장된다. 저장된 데이터의 출력은 새로운 4비트 데이터가 레지스터에 차게 되는 4번째, 8번째, 12번째 클록 펄스 등에서 출력 버퍼를 인에이블enable하여 동시에 읽어내면 된다. 즉, 병렬 출력은 $\overline{RD}=0$이면 각 플립플롭에 저장되어 있던 데이터가 출력 O_A, O_B, O_C, O_D에 동시에 출력되며, $\overline{RD}=1$이면 3상태 버퍼가 하이 임피던스(High–Z) 상태가 되어 버퍼의 입력과 출력 사이의 연결이 완전히 끊어져서 출력되지 않는다.

하이 임피던스

논리회로의 출력 상태는 High 상태, Low 상태 그리고 하이 임피던스 3가지이다. 하이 임피던스 상태는 입력과 출력이 연결되어 있지 않았다고 생각하면 된다. Z는 임피던스라는 의미이므로 하이 임피던스는 High–Z 또는 Hi–Z로 표기한다.

3상태 버퍼의 논리기호 및 진리표

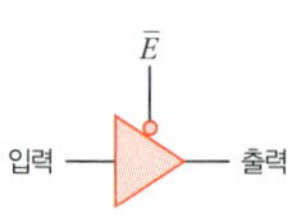

$\bar{E}$	입력	출력
0	0	0
0	1	1
1	0	High-Z
1	1	High-Z

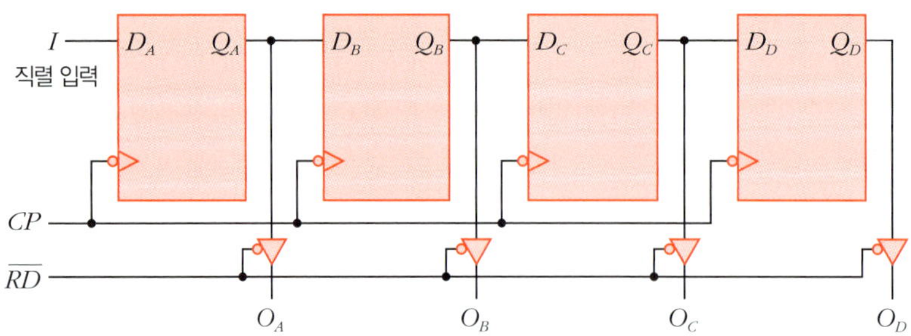

그림 11–6 직렬 입력–병렬 출력 레지스터

2 74164(8bit parallel output serial shift register)

74164는 SR 플립플롭 8개로 구성된 직렬 입력-병렬 출력 레지스터이며 [그림 11-7]은 핀 배치도와 블록도다. 여기서 A와 B는 직렬 입력 데이터를 받아들이는 입력 단자이고, 병렬 출력 단자는 $Q_H \sim Q_A$까지 8비트로 되어 있다. 제어 신호 $\overline{CLR}$이 논리 0이면 레지스터의 내용은 모두 0으로 클리어clear되며, $\overline{CLR}$이 논리 1이면 레지스터는 정상 동작한다.

$\overline{CLR}$이 논리 1인 상태에서 CLK 단자에 클록이 공급되면 클록의 상승 에지마다 입력 단자로 들어온 직렬 데이터가 시프트하여 저장된다. 직렬 입력이 A와 B, 2개가 있는데 직렬 데이터를 A로만 받아들이려면 입력 단자 B를 논리 1로 해야 한다. 그리고 저장된 데이터는 8비트 병렬 데이터로 바꾸어서 $Q_H \sim Q_A$를 통해 출력된다.

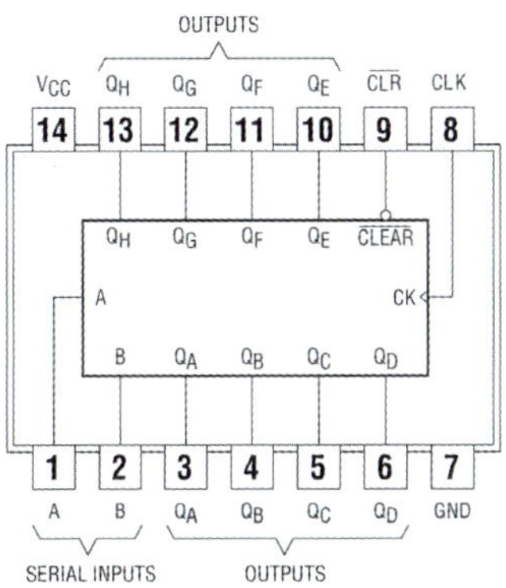

(a) 핀 배치도

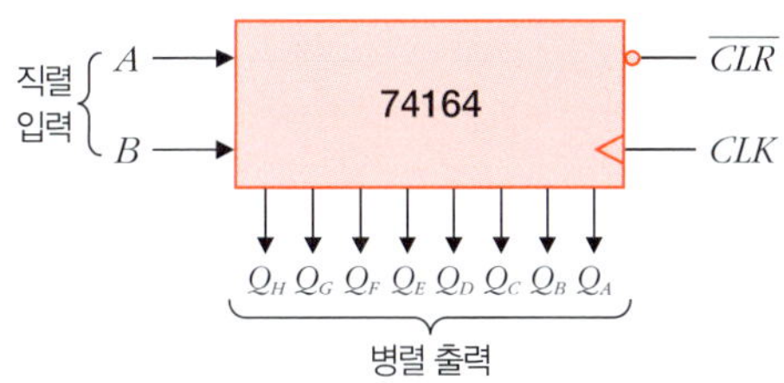

(b) 블록도

그림 11-7 74164 시프트 레지스터의 핀 배치도 및 블록도

예제 11-2

[그림 11-6]과 같은 4비트 직렬 입력-병렬 출력 시프트 레지스터에 그림과 같은 데이터 입력과 클록 파형을 공급하였다. 레지스터의 출력 상태는 어떻게 변화하는지 출력 Q_A, Q_B, Q_C, Q_D의 파형을 그려 보시오. 단, 모든 플립플롭의 출력은 1로 초기화되어 있으며, 플립플롭에서의 전파 지연은 없다고 가정한다.

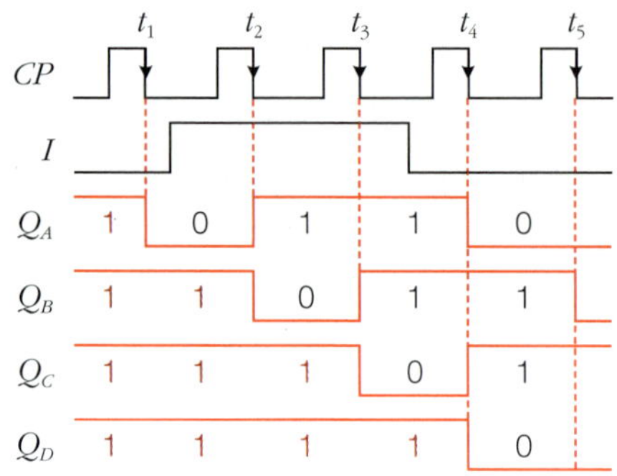

풀이

첫 번째 클록 펄스의 하강 에지에서 첫 번째 입력 데이터 비트(0)가 샘플되어 첫 번째 플립플롭 출력인 Q_A로 시프트된다. 클록이 공급될 때마다 새로운 데이터 비트가 들어오며 레지스터의 데이터는 오른쪽으로 시프트된다. 펄스 4개가 인가된 후에는 $Q_AQ_BQ_CQ_D = 0110$이 저장된다.

04 병렬 입력–직렬 출력 레지스터

1 4비트 병렬 입력–직렬 출력 레지스터 구조

[그림 11–8]은 4비트 병렬 입력–직렬 출력 레지스터이며, 4개의 데이터(I_A, I_B, I_C, I_D)를 병렬로 입력하거나 시프트하기 위한 제어 신호 $SH/\overline{LD}$가 있다. 먼저 2×1 MUX의 동작을 살펴보면, $S=0$이면 입력 A와 출력 F가 연결되고, $S=1$이면 입력 B와 출력 F가 연결된다. 이를 토대로 병렬 입력–직렬 출력 레지스터의 동작을 살펴보면 다음과 같다.

$SH/\overline{LD}=0$으로 하면 입력 데이터 I_A, I_B, I_C, I_D가 각 플립플롭의 입력 D_A, D_B, D_C, D_D와 각각 연결되므로 클록 펄스의 하강 에지에서 입력 데이터의 각 비트가 동시에 샘플되어 대응하는 플립플롭의 출력 Q에 저장된다. 이제 $SH/\overline{LD}=1$로 하면, 클록 펄스의 하강 에지마다 레지스터 내용이 오른쪽으로 시프트되어 마지막 단 레지스터 출력에서 데이터 비트는 직렬로 나온다. 입력 데이터는 클록 펄스 4개마다 샘플해야 한다.

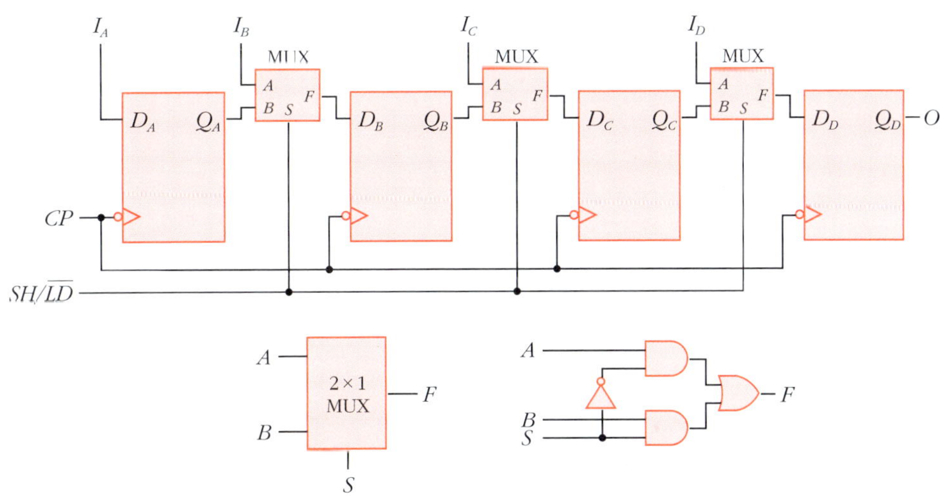

그림 11–8 병렬 입력–직렬 출력 레지스터

2 74165(parallel load 8bit shift register)

74165는 SR 플립플롭 8개와 조합논리회로들로 구성된 병렬 입력-직렬 출력 레지스터이며 [그림 11-9]는 핀 배치도와 블록도다. 입력 단자는 H~A까지 8비트이고 직렬 출력 단자는 Q_H와 $\bar{Q}_H$다. 직렬 입력 SER은 직렬로 시프트할 때 최하위 비트[LSB]부터 직렬 데이터를 입력하기 위한 단자다. $SH/\overline{LD}=0$이면 병렬 데이터가 입력되며, $SH/\overline{LD}=1$이면 레지스터는 시프트 동작을 수행한다. 클록 펄스가 입력될 때마다 클록 펄스의 상승 에지에서 레지스터는 오른쪽($A \rightarrow H$)으로 시프트하며, 직렬 데이터는 SER 단자를 통해 첫 번째 SR 플립플롭에 입력된다.

$CLK\ INH$ 단자가 논리 1이면 클록 펄스가 입력되지 않으므로 레지스터는 동작하지 않으며, $CLK\ INH$ 단자가 논리 0이면 클록 펄스가 입력된다.

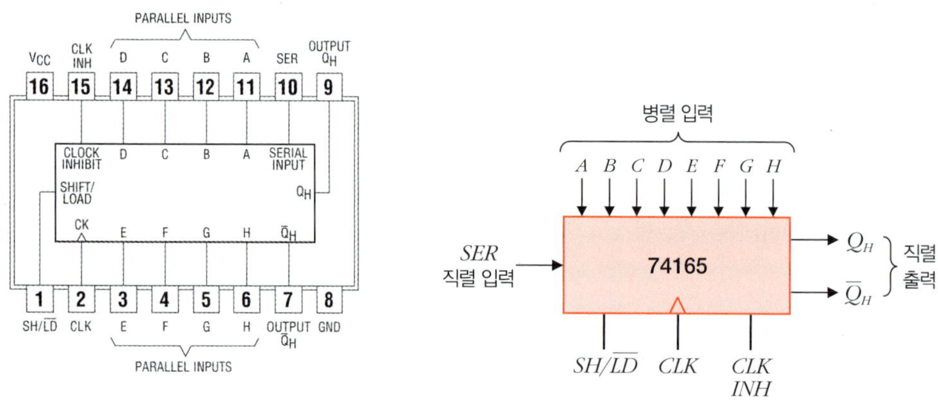

(a) 핀 배치도 (b) 블록도

그림 11-9 74165 시프트 레지스터의 핀 배치도 및 블록도

예제 11-3

[그림 11-8]과 같은 4비트 병렬 입력-직렬 출력 시프트 레지스터에 병렬 데이터가 $I_A I_B I_C I_D = 1010$일 때, 그림과 같은 클록 파형과 $SH/\overline{LD}$를 공급하였다. 입력에 대한 출력 상태는 어떻게 변화하는지 파형을 그려 보시오. 단, 플립플롭에서의 전파 지연은 없다고 가정한다.

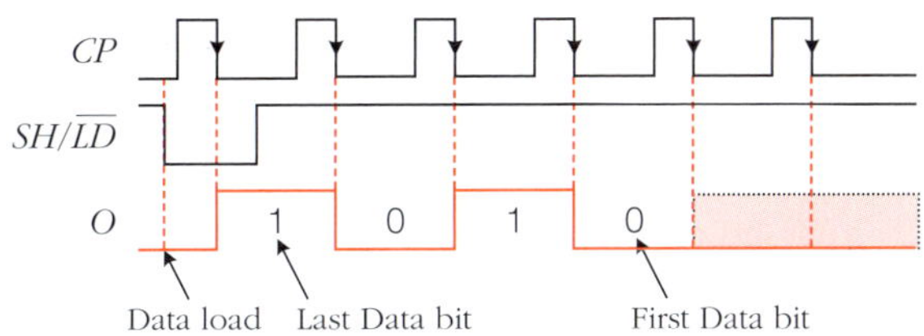

풀이

첫 번째 클록 펄스의 하강 에지에서 병렬 데이터 $I_A I_B I_C I_D = 1010$이 레지스터에 로드load되어 클록이 공급될 때마다 레지스터의 데이터는 오른쪽으로 시프트된다. 네 번째 펄스가 인가된 후에는 마지막 데이터 비트인 1이 출력 O로 시프트된다. 다섯 번째 클록 펄스에서는 모든 데이터 비트가 외부로 시프트되어 레지스터에는 1들만 남는다(I_A는 계속해서 1이 유지된다고 가정).

05 병렬 입력-병렬 출력 레지스터

1 4비트 병렬 입력-병렬 출력 레지스터 구조

[그림 11-10]에는 병렬 입력-병렬 출력 레지스터를 D 플립플롭 4개로 구성한 경우를 나타냈으며, 병렬 입력을 제어하는 WR(write를 뜻함) 신호와 병렬 출력을 제어하는 $\overline{RD}$(read를 뜻함) 신호가 있다. WR 신호가 논리 1이면 AND 게이트 G_A, G_B, G_C, G_D는 한 입력이 논리 1이므로 병렬 데이터 I_A, I_B, I_C, I_D는 각 AND 게이트를 통해 동시에 각 플립플롭의 D 입력에 전송된다. 이후 클록 펄스가 입력되면 클록 펄스의 하강 에지에서 병렬 데이터는 각 플립플롭의 D 입력을 통해 레지스터에 저장된다.

병렬 출력은 $\overline{RD}$ 신호가 논리 0이면 각 플립플롭의 출력 데이터는 버퍼를 통해 동시에 O_A, O_B, O_C, O_D에 출력되며, $\overline{RD}$ 신호가 논리 1이면 출력되지 않는다. 즉, $\overline{RD}$를 논리 0으로 하면 3상태 버퍼가 플립플롭의 출력 Q를 레지스터의 출력 O_A, O_B, O_C, O_D에 연결해주고, 반대로 $\overline{RD}$를 논리 1로 하면 버퍼가 하이 임피던스(High-Z) 상태가 되어 양자 간 연결이 완전히 끊어진다.

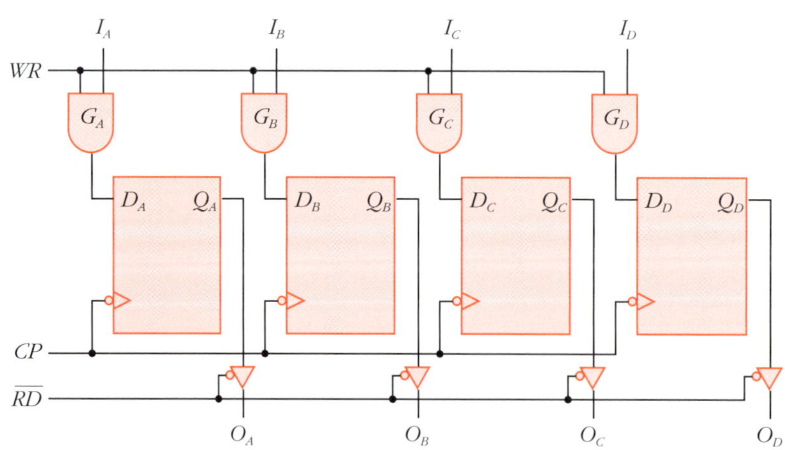

그림 11-10 병렬 입력-병렬 출력 레지스터

2 74195(parallel access 4bit shift register)

74195는 4비트 병렬 입력-병렬 출력 기능과 직렬 시프트 기능을 포함한 레지스터로, [그림 11-11]에 핀 배치도 및 블록도를 나타냈다. $\overline{CLR}$ 신호가 논리 0이면, 레지스터의 내용은 0으로 클리어되어 출력은 모두 0이 된다. 직렬 입력 단자(2, 3번 핀)를 이용해 직렬 입력-병렬 출력 시프트 레지스터로도 사용할 수 있고, 출력 Q_D(12번 핀)를 이용해 병렬 입력-직렬 출력 시프트 레지스터로도 사용할 수 있으며, $SH/\overline{LD}$로 제어된다. $SH/\overline{LD}$가 논리 1이면 시프트 기능을 수행하고, 논리 0이면 병렬로 데이터가 로드된다. 병렬 입력-병렬 출력 기능은 아래와 같은 순서로 동작한다.

- $\overline{CLR}$ 단자를 논리 1로 한다.
- 병렬 입력 단자 D, C, B, A에 데이터를 병렬로 입력한다.
- $SH/\overline{LD}$ 단자를 논리 0으로 하여 레지스터에 로드한다.
- CLK 단자에 클록을 입력하면 상승 에지에서 동작한다.
- 입력된 데이터는 레지스터에 로드되고 출력 단자 Q_D, Q_C, Q_B, Q_A로 데이터가 출력된다.

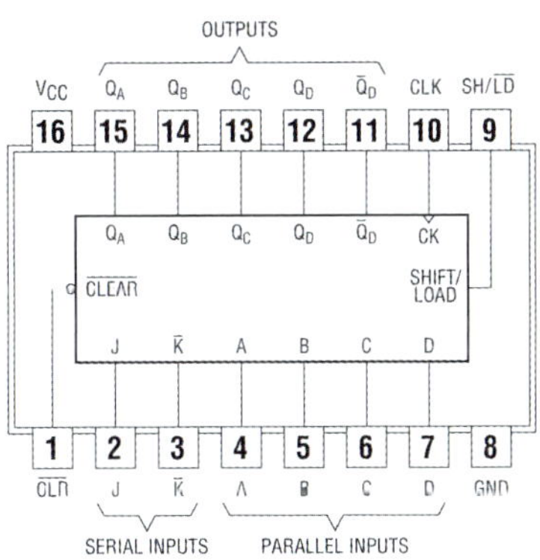

(a) 핀 배치도

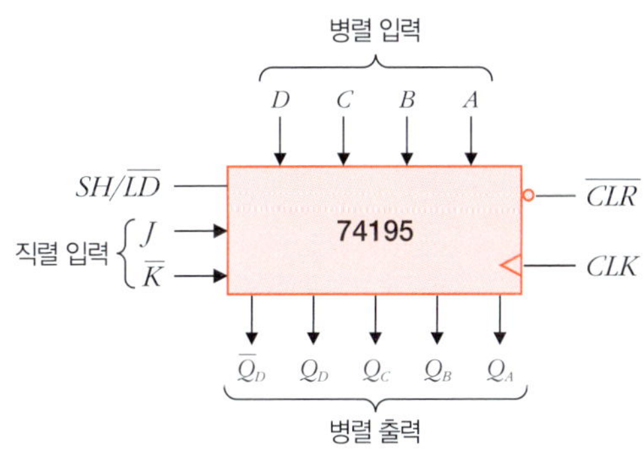

(b) 블록도

그림 11-11 74195 시프트 레지스터의 핀 배치도 및 블록도

06 양방향 시프트 레지스터

[그림 11-12]는 양방향 시프트가 가능한 직렬 입력-병렬 출력 시프트 레지스터의 블록도와 회로 구성을 나타낸다. [그림 11-12](a)의 각종 기호에서 S는 shift, R은 right, L은 left, I는 in, O는 out을 나타낸다. 예를 들어, SRI^shift right input^는 오른쪽 시프트 입력을 나타내고, SLO^shift left output^는 왼쪽 시프트 출력을 나타낸다. 제어 신호 $R/\overline{L}$은 시프트 방향을 제어하는 것으로, 데이터를 SRI에 입력시켜 오른쪽으로 시프트하면서 SRO에서 출력하고자 할 때에는 $R/\overline{L}$을 논리 1로 해야 하고, 반대로 데이터를 SLI에서 입력해 왼쪽으로 시프트하면서 SLO에서 출력하고자 할 때는 $R/\overline{L}$을 논리 0으로 해야 한다.

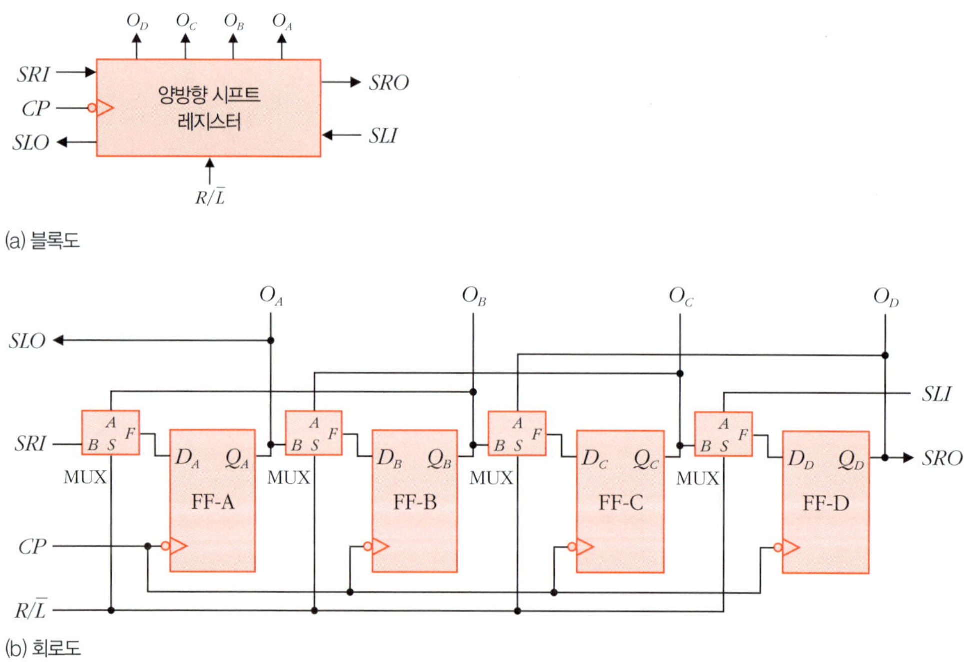

그림 11-12 양방향 시프트 레지스터의 블록도와 회로도

[그림 11-12]에서 각 2 × 1 MUX에서 $R/\bar{L}(=S)$이 논리 1일 때 각 MUX의 B와 그 출력 F가 연결되므로 이때의 회로 연결은 [그림 11-13](a)와 같다. 이는 [그림 11-2]와 같으므로 SRI에서 SRO 쪽으로 오른쪽 시프트가 일어난다. 또 $R/\bar{L}$이 논리 0일 때는 각 MUX의 A와 그 출력 F가 연결되므로 이때의 회로 연결은 [그림 11-13](b)와 같다. 따라서 SLI에서 SLO 쪽으로 왼쪽 시프트가 일어난다.

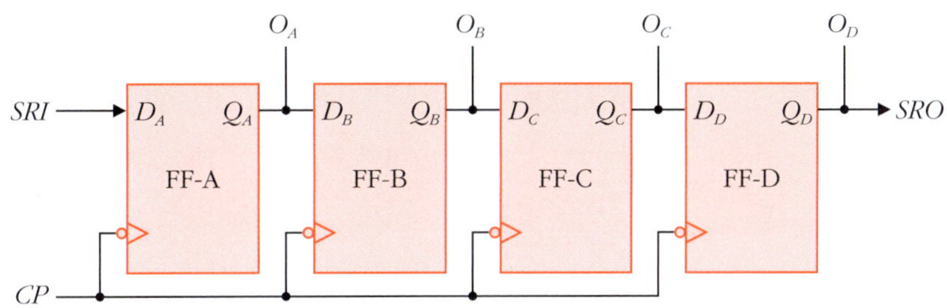

(a) $R/\bar{L} = 1$인 경우(shift right)

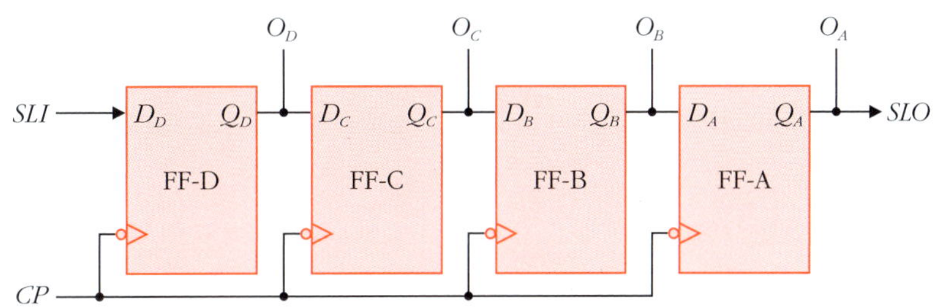

(b) $R/\bar{L} = 0$인 경우(shift left)

그림 11-13 제어 입력에 따른 양방향 시프트 레지스터 동작

시프트 연산

■ 논리 시프트

논리 시프트logical shift 연산은 레지스터 내의 데이터 비트들을 왼쪽 또는 오른쪽으로 한 칸씩 이동하는 것을 말한다. [그림 11-14](a)와 같이 8비트 레지스터에 저장된 데이터 00011010에 대하여 논리 왼쪽 시프트logical shift-left, LSL 연산을 수행하면 비트들이 왼쪽으로 한 칸씩 이동한다. 최상위 비트MSB는 버리게 되고drop out, 최하위 비트LSB에는 0이 들어온다. [그림 11-14](b)와 같이 반대 방향의 연산인 논리 오른쪽 시프트logical shift-right, LSR 연산에서는 모든 비트들이 오른쪽으로 한 칸씩 이동하게 된다. 이 경우에는 최상위 비트에는 0이 들어오고, 최하위 비트는 버린다.

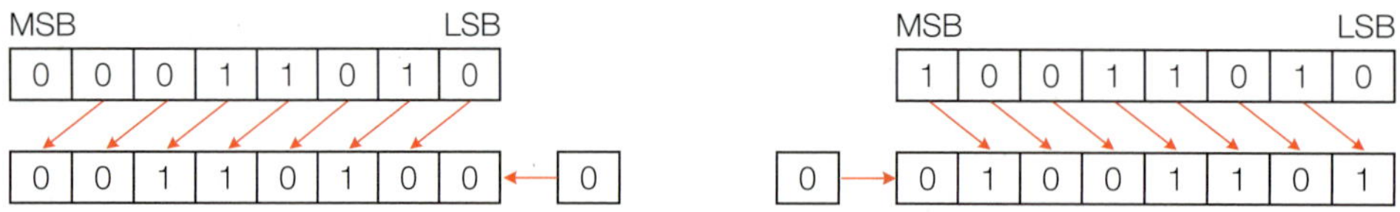

(a) 논리 왼쪽 시프트(LSL) (b) 논리 오른쪽 시프트(LSR)

그림 11-14 8비트 레지스터에서의 논리 시프트

■ 회전 시프트

순환 시프트circular shift라고도 부르는 **회전 시프트**rotate shift 연산은 논리 시프트와 근본적으로 같지만 최상위 비트 또는 최하위 비트를 버리지 않고 반대편 끝에 있는 비트 위치로 들어가게 한다는 것이 다르다. [그림 11-15](a)에는 회전 왼쪽 시프트rotate shift-left, RSL 연산을, [그림 11-15](b)에는 회전 오른쪽 시프트rotate shift-right, RSR 연산을 나타냈다.

(a) 회전 왼쪽 시프트(RSL) (b) 회전 오른쪽 시프트(RSR)

그림 11-15 8비트 레지스터에서의 회전 시프트

■ 산술 시프트

산술 시프트arithmetic shift 연산은 레지스터에 저장된 데이터가 부호를 가진 경우에 부호비트를 고려하여 수행되는 시프트를 말한다. [그림 11-16]에는 최상위 비트가 부호비트인 경우 산술 시프트 연산 과정을 나타냈다. 모든 컴퓨터는 IEEE 표준을 따르므로 2의 보수 표현 방법을 가정하여 설명한다. 산술 왼쪽 시프트arithmetic shift-left, ASL는 논리 왼쪽 시프트LSL와 같지만 산술 오른쪽 시프트arithmetic shift-right, ASR는 부호비트 값을 유지한 채 시프트하므로, 양수일 때는 논리 시프트와 같지만 음수일 때는 부호비트를 1로 유지하면서 오른쪽으로 시프트한다. 산술 오른쪽 시프트ASR는 부호비트가 그 오른쪽의 비트로 복사되므로 이것은 2장에서 설명한 부호 확장과 같은 결과를 얻는다.

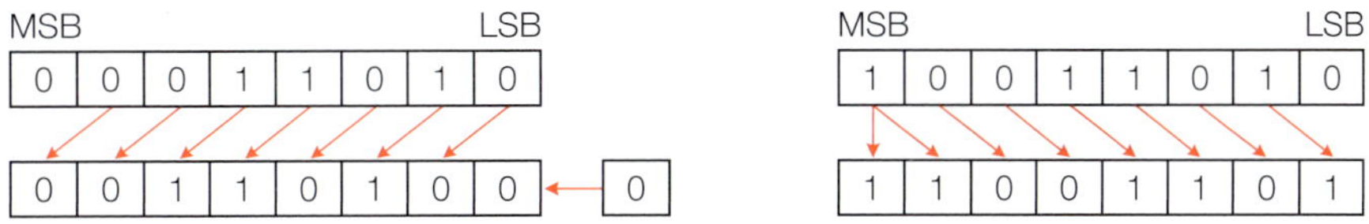

(a) 산술 왼쪽 시프트 (b) 산술 오른쪽 시프트

그림 11-16 8비트 레지스터에서의 산술 시프트

[그림 11-16](a)에서 00011010(=$26_{(10)}$)을 산술 왼쪽 시프트를 1회 실행하면 00110100(=$52_{(10)}$)이 되어서 원래의 수에 2를 곱한 값이 된다. 반대로 00011010(=$26_{(10)}$)을 산술 오른쪽 시프트를 1회 실행하면 00001101(=$13_{(10)}$)이 되어서 2로 나눈 값이 된다. 따라서 N비트 왼쪽 또는 오른쪽으로 산술 시프트 연산을 수행한 경우 그 결과값은 다음과 같다.

- N비트 왼쪽 이동한 결과값 = 이동하기 전의 값 × 2^N
- N비트 오른쪽 이동한 결과값 = 이동하기 전의 값 ÷ 2^N

예를 들어, [그림 11-16](b)와 같이 2의 보수로 표현된 −102(10011010)에 대하여 산술 오른쪽 시프트 연산을 연속적으로 수행한 결과를 살펴보자. 첫 번째 산술 오른쪽 시프트 결과를 살펴보면 잃어버리는 비트인 LSB가 0인 경우 결과값은 이동하기 전의 값을 2로 나눈 것과 같다. 즉, −102 ÷ 2 = −51이다. 그러나 두 번째 산술 오른쪽 시프트 결과처럼 잃어버리는 비트가 1이면, 이동하기 전의 값은 홀수이므로 2로 나누면 소수점 이하는 절단truncation되어 정확한 값을 얻지 못한다. 즉, −51 ÷ 2 = −25.5이므로 −26과 다르다.

- 10011010($-102_{(10)}$) (초기 상태)
- 11001101($-51_{(10)}$) (첫 번째 산술 오른쪽 시프트 결과)
- 11100110($-26_{(10)}$) (두 번째 산술 오른쪽 시프트 결과)

수의 표현이 부호와 절대치인 경우 부호비트는 복사되지 않는다. 즉, 부호비트는 그대로 두고 나머지 비트들만 시프트하면 된다. 예를 들어, [그림 11-16](b)에 있는 값이 부호와 절대치로 표현된 경우라면, 연속해서 오른쪽 시프트를 실행한 결과는 다음과 같다.

- 10011010($-26_{(10)}$) (초기 싱태)
- 10001101($-13_{(10)}$) (첫 번째 산술 오른쪽 시프트 결과)
- 10000110($-6_{(10)}$) (두 번째 산술 오른쪽 시프트 결과)

07 범용 시프트 레지스터

1 4비트 범용 시프트 레지스터 구조

범용 시프트 레지스터universal shift register는 직렬 데이터를 병렬로 또는 병렬 데이터를 직렬로 변환하는 데 사용한다. 직렬 방식으로 입력되는 데이터를 오른쪽 또는 왼쪽 방향으로 시프트할 수 있으며 시프트한 데이터를 병렬로 출력할 수도 있다. 또 병렬 로드 입력을 통해 병렬로 입력된 데이터를 시프트하면서 데이터를 직렬이나 또는 병렬로 출력할 수 있다.

[그림 11-17]은 MUX[멀티플렉서]를 사용해 양방향 시프트와 병렬 로드가 가능한 범용 시프트 레지스터의 블록도다. 4비트 범용 레지스터는 D 플립플롭 4개와 4×1 MUX 4개를 사용해 구

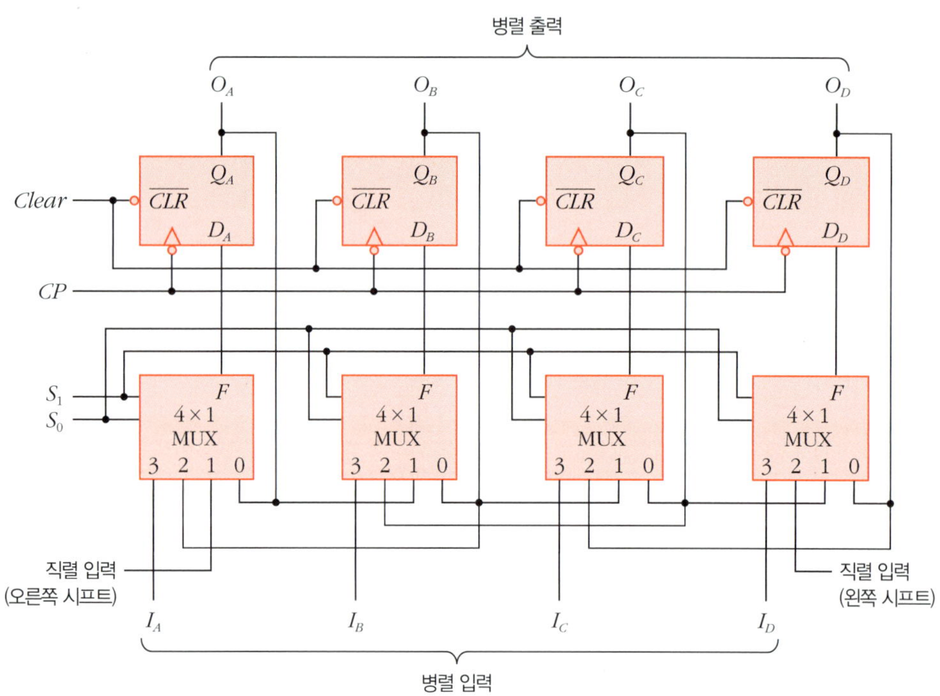

그림 11-17 범용 시프트 레지스터

성되어 있다. MUX에는 입력 4개를 선택적으로 1개만 통과시키기 위해 선택 제어 신호 S_1과 S_0이 있다. S_1과 S_0 입력의 제어 기능은 [표 11-1]과 같다. 각각에 대해 알아보자.

표 11-1 범용 시프트 레지스터의 제어표

모드 제어		레지스터 동작
S_1	S_0	
0	0	불변 상태가 된다.
0	1	오른쪽 시프트가 수행된다.
1	0	왼쪽 시프트가 수행된다.
1	1	병렬 입력이 수행된다.

모드 제어
연산이나 논리의 명령 모드를 선택하기 위해 핀을 사용

❶ $S_1S_0 = 00$인 경우

각 멀티플렉서 입력 채널 0이 선택되어 레지스터는 현재 출력값이 다시 플립플롭 D 입력에 공급되어 클록 펄스가 입력되어도 현재 상태를 유지한다.

❷ $S_1S_0 = 01$인 경우

각 멀티플렉서 입력 채널 1이 선택되어 각 플립플롭의 출력 Q는 오른쪽 플립플롭의 D 입력에 연결되어 오른쪽 시프트를 수행하며, 맨 왼쪽 플립플롭의 D 입력에는 직렬 데이터가 입력된다.

❸ $S_1S_0 = 10$인 경우

각 멀티플렉서 입력 채널 2가 선택되어 각 플립플롭의 출력 Q는 왼쪽 플립플롭의 D 입력에 연결되어 왼쪽 시프트를 수행하며 맨 오른쪽 플립플롭의 D 입력에는 직렬 데이터가 입력된다.

❹ $S_1S_0 = 11$인 경우

각 멀티플렉서 입력 채널 3이 선택되어 병렬 입력($I_D \sim I_A$)의 2진 데이터는 클록 펄스가 입력될 때 레지스터에 로드load된다.

2 74178(4bit parallel access shift register)

병렬 입력-병렬 출력, 직렬 입력-직렬 출력, 병렬 입력-직렬 출력, 직렬 입력-병렬 출력이 가능한 4비트 레지스터이며, [그림 11-18]은 74178의 핀 배치도와 블록도를 나타낸 것이다. 74178은 2개의 제어 입력 *SHIFT*와 *LOAD*에 따라 동작 상태가 결정되며, 이는 [표 11-2]와 같다.

표 11-2 74178의 제어표

입력		다음 상태				기능
SHIFT	*LOAD*	Q_D	Q_C	Q_B	Q_A	
0	0	Q_D	Q_C	Q_B	Q_A	불변 상태
0	1	D	C	B	A	병렬 입력 수행
1	×	SI	Q_D	Q_C	Q_B	오른쪽 시프트 수행

- 병렬 입력 : $SHIFT = 0$, $LOAD = 1$로 하면 클록 펄스의 하강 에지에서 병렬 데이터 $DCBA$가 입력된다.
- 직렬 입력 : $SHIFT = 1$, $LOAD = \times$로 하고 직렬 데이터를 최상위 비트MSB부터 SI를 통해 입력한다. 클록 펄스 4개 입력 후 4비트가 채워진다.
- 직렬 출력 : 저장된 직렬 데이터는 클록 펄스의 하강 에지에서 최상위 비트부터 Q_D로 출력된다.
- 병렬 출력 : 언제나 $Q_DQ_CQ_BQ_A$에서 동시에 출력될 수 있다.

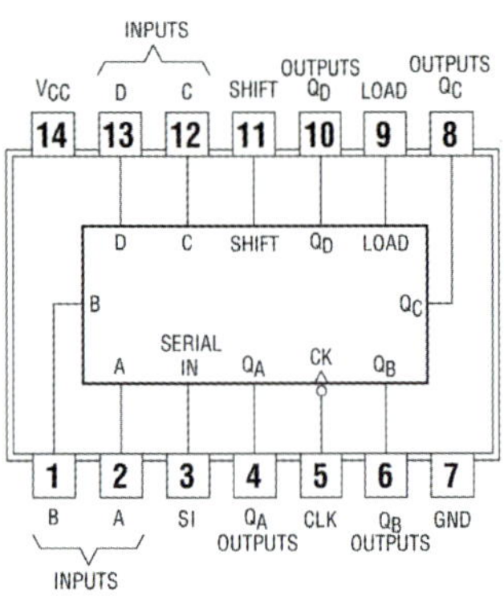

(a) 핀 배치도

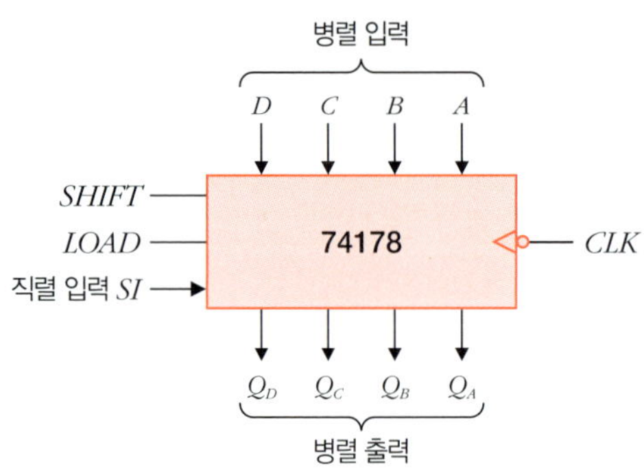

(b) 블록도

그림 11-18 74178 시프트 레지스터의 핀 배치도 및 블록도

3 74194(4bit bidirectional universal shift registers)

74194는 병렬 입력-병렬 출력, 직렬 입력-직렬 출력, 병렬 입력-직렬 출력, 직렬 입력-병렬 출력이 가능한 4비트 레지스터로, [표 11-3]에 모드 제어에 따른 레지스터 동작을 나타냈다. 오른쪽 시프트인 경우에는 $S_1S_0 = 01$로 하고 입력 데이터는 *SR SER*(2번 핀)에 인가하며 출력은 Q_A(15번 핀)에서 추출한다. 왼쪽 시프트인 경우에는 $S_1S_0 = 10$으로 하고, 입력 데이터는 *SL SER*(7번 핀)에 인가하고 출력은 Q_D(12번 핀)에서 추출한다. $S_1S_0 = 11$은 병렬 입력, $S_1S_0 = 00$은 잠금Hold 기능을 가진다. [그림 11-19]에 핀 배치도 및 블록도를 나타냈다.

표 11-3 74194의 제어표

모드 제어		레지스터 동작
S_1	S_0	
0	0	불변 상태가 된다.
0	1	오른쪽 시프트가 수행된다.
1	0	왼쪽 시프트가 수행된다.
1	1	병렬 입력이 수행된다.

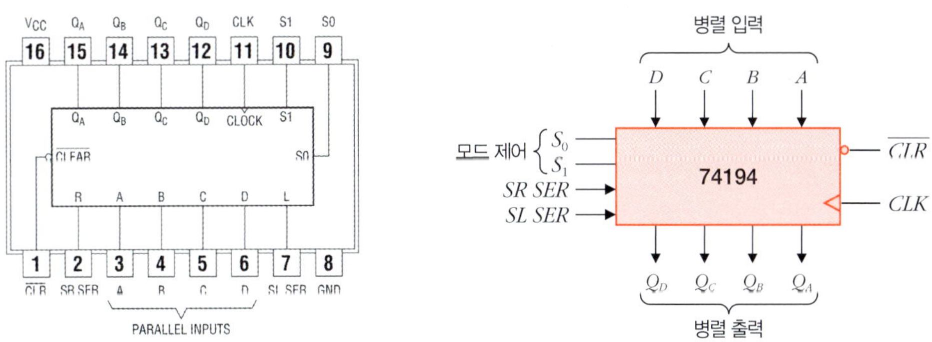

(a) 핀 배치도 (b) 블록도

그림 11-19 74194 시프트 레지스터의 핀 배치도 및 블록도

08 시프트 레지스터의 응용

1 직렬 데이터 통신

시프트 레지스터는 음성 통신을 위한 시스템에서 광범위하게 사용된다. 전자교환기는 각 전화 가입자의 아날로그 음성 신호를 ADC analog-to-digital converter를 통해 디지털 신호로 변환한다. ADC는 입력 아날로그 신호를 초당 8000번 샘플링sampling하여 8비트 병렬 데이터로 변환한다($8000 \times 8 = 64$Kbps). 이것은 다시 병렬 입력-직렬 출력 시프트 레지스터를 통해서 직렬 데이터로 변환된다. 그 이유는 중계선trunk이라는 전송 선로를 이용해서 데이터를 원거리에 전송하기 위해서다.

전송 선로의 전송 능력은 T1 방식인 경우에는 24채널, E1 방식인 경우에는 32채널을 다중화한다. 따라서 T1 중계선의 전송 속도는 오버헤드를 포함하여 24×64Kbps $+ 8$Kbps $= 1544$Kbps $= 1.544$Mbps, E1 중계선의 전송 속도는 32×64Kbps $= 2048$Kbps $= 2.048$ Mbps가 된다. 수신 측의 전자교환기에서는 직렬 입력-병렬 출력 시프트 레지스터로 이 직렬 데이터를 병렬 데이터로 변환한 다음 24채널(또는 32채널)로 역다중화하고, 각 채널의 8비트 병렬 데이터를 64KHz의 DAC Digital-to-Analog Converter를 통해 원래의 아날로그 신호를 재생한다.

bps
컴퓨터 통신 회선의 정보 전송 속도의 단위로 초당 비트 수 (bit per second)

T1 방식
북미에서 사용하는 전송 방식

E1 방식
유럽에서 사용하는 전송 방식

[그림 11-20]은 전화 계통의 디지털 다중시스템의 블록 다이어그램을 나타낸다. 직렬 데이터를 전송하기 위한 데이터 선 외에 비트 전송의 타이밍 기준을 제공하기 위한 클록을 보내는 선과 직렬 데이터의 형태format를 정의하기 위한 동기 신호를 보내는 선이 필요하다.

그림 11-20 직렬 데이터 통신 개념도

2 디지털 금고

디지털 금고는 미리 정해진 비밀번호를 그 순서대로 키를 누를 때에 한해서 금고가 열리도록 한 것이다. 간단한 디지털 금고 시스템의 예를 [그림 11-21]에 나타냈는데, 여기서는 비밀번호가 3, 1, 9, 0인 경우를 가정하였다.

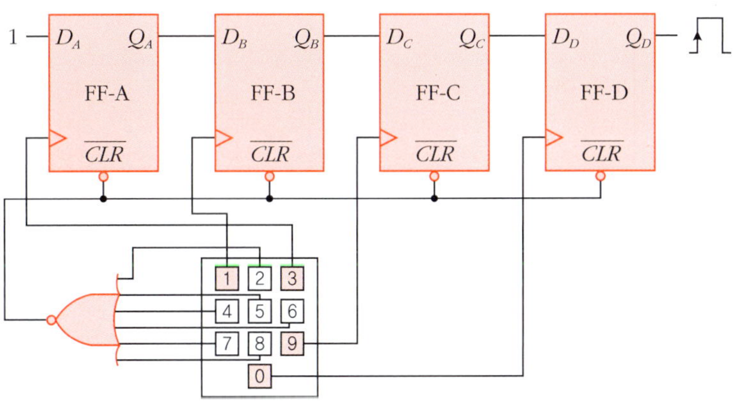

그림 11-21 디지털 금고 개념도

키 패드에서 키 3은 FF-A의 클록 펄스 단자와 연결되어 있으며, 키 1은 FF-B의 클록 펄스 단자, 키 9는 FF-C의 클록 펄스 단자 그리고 키 0은 FF-D의 클록 펄스 단자와 연결되어 있다. 이외의 키들은 NOR 게이트의 입력에 연결되어 있다. 먼저 키 3을 누르면 $D_A = 1$이 Q_A 즉, D_B로 시프트된다. 다음에 키 1을 누르면 $D_B = 1$이 D_C로 시프트된다. 다음에 키 9를 누르면 $D_C = 1$이 D_D로 시프트된다. 마지막으로 키 0을 누르면 $D_D = 1$이 Q_D로 출력되므로 $Q_D = 1$이 되어 금고문이 열린다. 반드시 이 순서대로 키를 눌러야 하며, 그 외에는 금고문이 열리지 않는다. 비밀번호 외의 번호는 NOR 게이트 입력에 연결되어 있으므로 3, 1, 9, 0 외의 키를 누르면 NOR 게이트의 출력은 논리 0이 되므로 모든 플립플롭의 출력은 클리어된다(모든 $Q=0$).

3 시간 지연 회로

n비트 직렬 입력-직렬 출력 레지스터를 사용하면 입력에 가해진 펄스보다 $(n-1)T$(T는 클록의 주기)만큼 지연되어 출력에서 펄스가 나온다. [그림 11-22]는 4비트 레지스터를 사용한 경우다. 예를 들어, 클록 주파수가 1MHz이면 $T=1\mu s(=1/10^6\ s)$, 따라서 3μs 지연되어 펄스가 나온다. 시간 지연time delay을 더욱 증가하려면 레지스터를 필요한 개수만큼 직렬 연결하고, 클록 펄스를 공통으로 사용하면 된다.

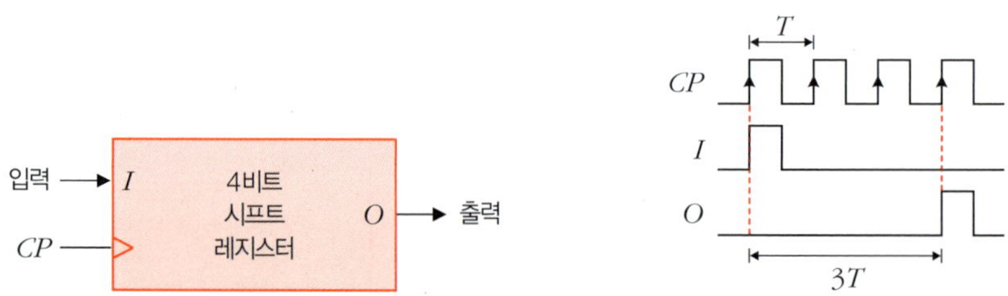

그림 11-22 시간 지연 회로

4 난수 발생 회로

난수 발생 회로는 랜덤random 수열을 발생하는 회로를 의미한다. [그림 11-23](a)는 그 한 예로 4비트 시프트 레지스터와 XOR 게이트를 이용한 난수 발생기pseudo-random number generator의 구성을 나타낸다. 회로는 세 번째와 네 번째 플립플롭의 출력 Q_C와 Q_D를 XOR 게이트의 입력으로 연결하고 XOR 게이트의 출력을 첫 번째 D 플립플롭의 입력인 D_A에 연결하였다.

처음에 $\overline{PR}$을 논리 0으로 하여 모든 플립플롭의 출력을 1로 한 다음, $\overline{PR}$을 다시 논리 1로 하면 난수 발생 회로의 최초의 출력은 1111이다.

$$Q_A Q_B Q_C Q_D = 1111$$

첫 번째 펄스의 상승 에지에서 $Q_A \rightarrow Q_B$, $Q_B \rightarrow Q_C$, $Q_C \rightarrow Q_D$와 같이 오른쪽으로 한 비트씩 시프트하고 Q_A는 $(Q_C \oplus Q_D)$의 결과$(1 \oplus 1 = 0)$가 저장되므로 첫 번째 펄스가 인가된 후의 플립플롭의 출력은 $Q_AQ_BQ_CQ_D = 0111$이 된다. 두 번째 펄스가 인가된 후에는 한 비트씩 오른쪽으로 시프트하고 Q_A는 0이 되어 플립플롭의 출력은 0011로 변한다. 계속해서 15개의 펄스가 인가된 후에는 초기 상태인 1111이 되어 원래의 상태로 돌아오며, 이상의 순환이 반복된다. 난수 발생 회로의 상태도는 [그림 11-23](b)와 같다.

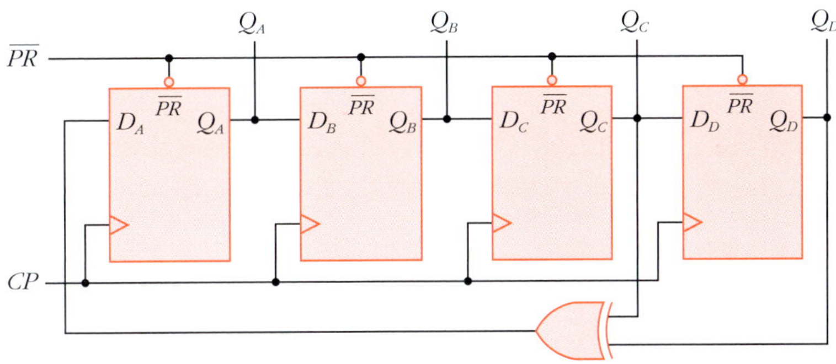

(a) 회로도

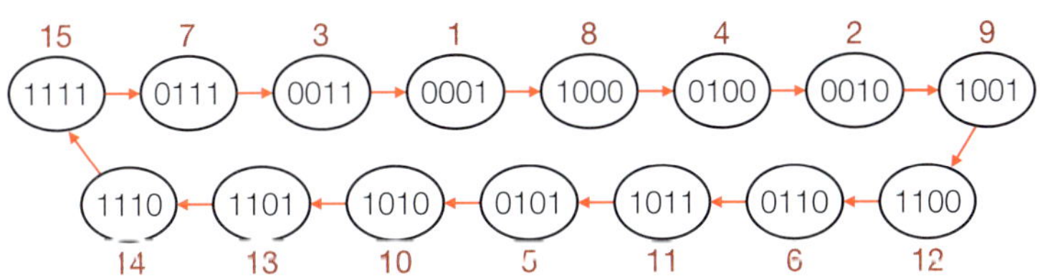

(b) 상태도

그림 11-23 난수 발생 회로도 및 상태도

초기 상태의 설정은 0000을 제외한 어떤 상태에서 시작해도 무방한데, 초기 상태가 0000이면 회로의 상태는 0000에서 변하지 않기 때문이다.

난수 발생 회로는 레지스터의 개수와 XOR 게이트의 입력을 다르게 함으로써 다양한 랜덤 수열을 얻을 수 있는데, n비트 레지스터인 경우 난수 $2^n - 1$개 발생 후, 원래 수로 돌아간다.

연습문제

01 클록의 상승 에지에서 트리거되는 JK 플립플롭을 사용해 직렬 입력–직렬 출력 레지스터([그림 11–2] 참조)를 구성하고 입력 데이터와 클록 펄스(CP)가 다음 그림과 같은 경우 출력 $Q_DQ_CQ_BQ_A$의 타이밍도를 그려 보시오. 단, 초기 상태는 $Q_DQ_CQ_BQ_A = 0000$이라고 가정한다.

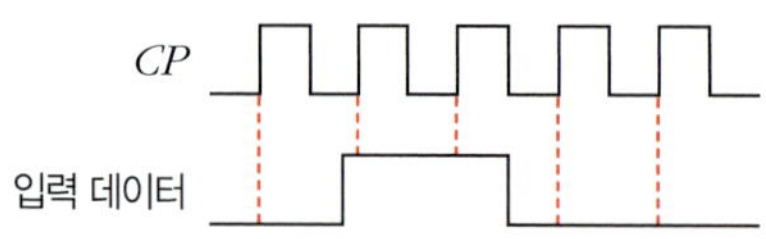

02 4비트 시프트 레지스터의 초깃값이 1101이다. 직렬 입력이 101101인 경우 레지스터의 내용을 6번 오른쪽으로 시프트한다. 한 자리씩 시프트할 때마다 레지스터의 내용을 표시하시오.

03 7491은 직렬 입력–직렬 출력 시프트 레지스터이다. 7491을 2개 사용해 직렬 전송 회로를 구성하시오.

04 그림 (a)의 레지스터는 4가지 레지스터 중 어느 형태인가? 클록(CP)과 입력(x)이 그림 (b)와 같을 때 레지스터의 출력 $Q_DQ_CQ_BQ_A$의 타이밍도를 그려 보시오. 단, 초기 상태는 $Q_DQ_CQ_BQ_A = 0000$이라고 가정한다.

(a)

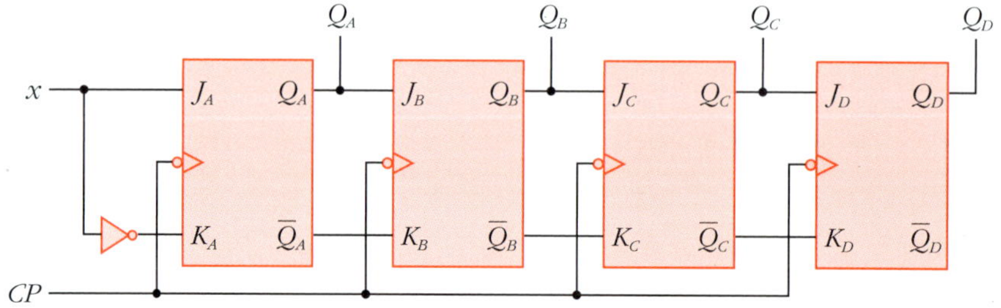

(b)

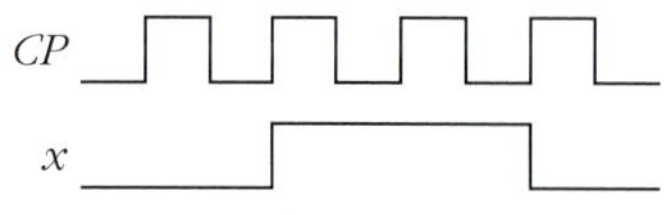

05 74164 IC에 그림과 같은 파형이 입력될 때, 74164 시프트 레지스터의 8개 병렬 출력($Q_H \sim Q_A$)에 대한 파형을 구하시오.

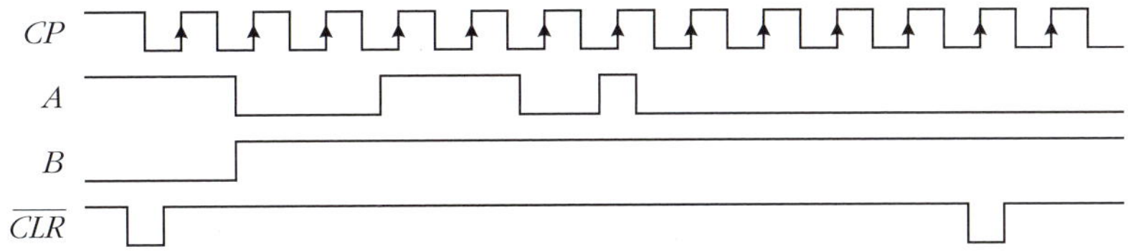

06 74165 IC에 그림과 같은 파형이 입력될 때, 74165 시프트 레지스터의 직렬 출력 Q_H에 대한 파형을 구하시오. 단, 병렬 입력은 모두 논리 0이다.

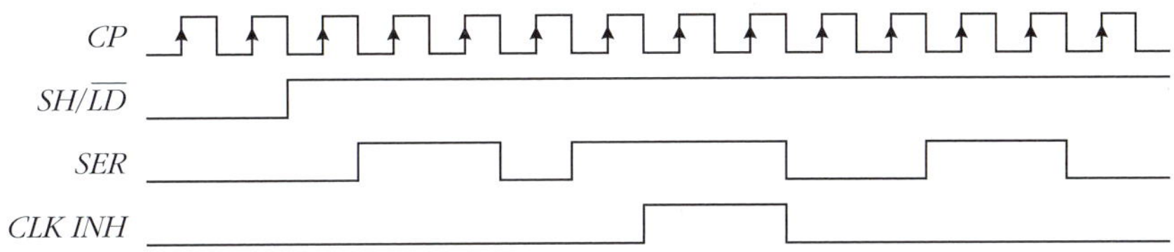

07 74195 IC 2개를 이용해 8비트 시프트 레지스터를 설계하시오. 시프트 레지스터 2개는 블록도로 표시하고 각각의 연결을 나타내시오.

08 74195 시프트 레지스터를 이용해 링 카운터를 구성하시오.

09 [그림 11-12]와 같은 양방향 시프트 레지스터에서 $R/\overline{L}$ 제어 입력 파형을 그림과 같이 공급하였다. 각 클록 펄스에 대한 시프트 레지스터의 상태를 구하시오. 단, 각 플립플롭의 초기 상태는 $Q_DQ_CQ_BQ_A = 1101$이고, 직렬 데이터 입력선 *SLI*와 *SLO*는 Low 상태라고 가정한다.

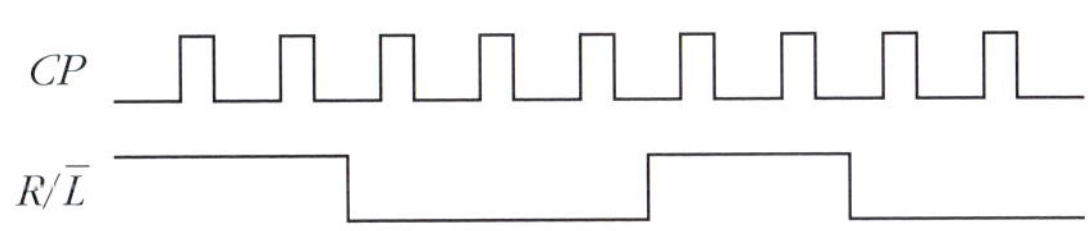

10 클록 주파수가 100KHz인 시스템이 있다.

① 1바이트의 데이터를 직렬로 전송하는 데 필요한 시간을 구하시오.

② 1바이트의 데이터를 병렬로 전송하는 데 필요한 시간을 구하시오.

11 0~15까지 10진 정수값이 전송된다고 가정하자.

① 병렬 전송이 사용될 때 얼마나 많은 선들이 필요한가?

② 직렬 전송이 사용될 때 얼마나 많은 선들이 필요한가?

12 직렬 전송과 병렬 전송의 차이점을 설명하시오. 각 경우에 어떠한 레지스터를 사용하는가?

13 [그림 11-21]의 회로를 확장하여 5비트 암호 48196이 검출되는 회로를 설계하시오.

14 [그림 11-22]의 회로를 확장하여 16비트 레지스터를 구성하고 클록 주파수를 10MHz로 할 때 입력 펄스의 지연 시간을 구하시오.

15 그림과 같은 난수 발생기에서 처음에 $Q_AQ_BQ_CQ_D$를 1111로 하고 클록 펄스를 인가할 때 클록에 따라 $Q_AQ_BQ_CQ_D$의 상태는 어떻게 변하겠는가?

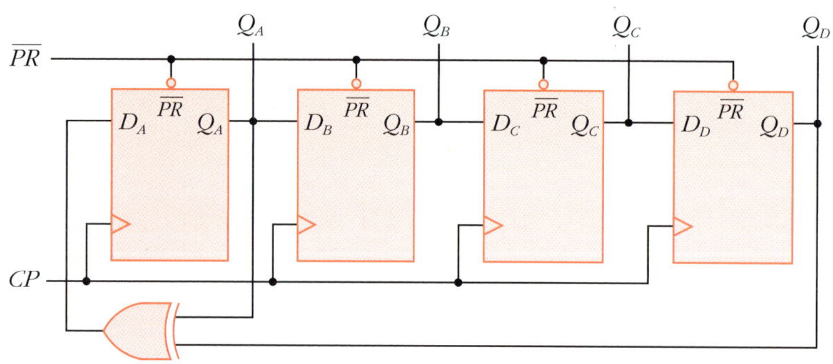

01 데이터를 일시 저장할 수 있는 것은?

① 제너레이터 ② 레지스터
③ 인코더 ④ 전원 공급장치

02 레지스터(register)의 기능은?

① counter로 사용 ② pulse를 발생
③ data 일시 저장 ④ 동작 속도 조절

03 레지스터의 기본 회로는?

① 증폭기 ② 플립플롭 ③ 변조기 ④ 발진기

04 레지스터에서 일반적으로 주로 쓰는 기억 소자는?

① flip-flop ② magnetic core
③ magnetic tape ④ magnetic disk

05 시프트 레지스터(shift register)를 만드는 데 가장 적합한 플립플롭은?

① *SR* 플립플롭 ② *RST* 플립플롭
③ *D* 플립플롭 ④ *T* 플립플롭

06 레지스터를 구성하기 위해 가장 알맞은 회로는?

① *D* 플립플롭 ② 가산기
③ 감산기 ④ 디코더

07 레지스터에 대한 설명으로 틀린 것은?

① 레지스터는 워드를 구성하는 비트 개수만큼의 플립플롭으로 구성된다.
② 여러 개의 플립플롭은 공통 클록의 입력에 의해 동시에 여러 비트의 입력 자료가 저장된다.
③ 레지스터에 사용되는 플립플롭은 외부 입력을 그대로 저장하는 *T* 플립플롭이 적당하다.
④ 레지스터를 구성하는 플립플롭은 저장하는 값을 임의로 설정하기 위해 별도의 입력 단자를 추가할 수 있으며, 저장값을 0으로 하는 것을 설정 해제(*CLR*)라 한다.

08 시프트 레지스터의 특징으로 옳지 않은 것은?

① 플립플롭의 연결 구조가 직렬
② 모든 플립플롭은 공통으로 연결된 클록 입력을 사용
③ 레지스터에 저장된 2진 정보를 이동시킬 수 있는 레지스터
④ 본질적으로 클록 펄스에 따라 미리 정해진 순서대로 상태를 변화시키는 레지스터

09 일반적으로 카운터(counter)와 시프트 레지스터(shift register)의 차이점을 가장 잘 표현한 것은?

① 카운터에는 특정한 상태 순서가 있으나, 시프트 레지스터는 상태 순서가 없다.
② 카운터에는 특정한 상태 순서가 없으나, 시프트 레지스터는 상태 순서가 있다.
③ 카운터와 시프트 레지스터는 데이터의 이동 기능이 주된 목적이다.
④ 카운터와 시프트 레지스터는 데이터의 저장 기능이 주된 목적이다.

10 다음 회로는 무엇을 표현한 것인가?

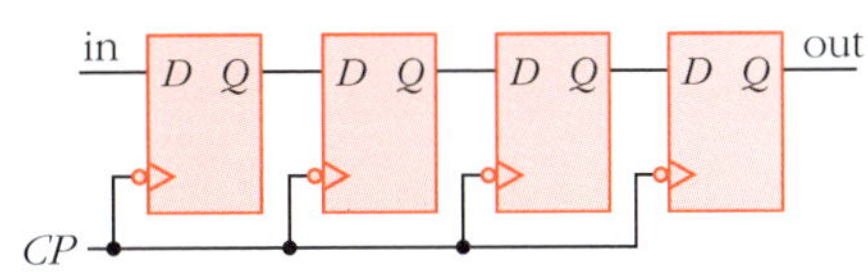

① 자리이동 레지스터(shift register)
② ROM(read only memory)
③ 4비트 레지스터(4bit register)
④ 직렬 가산기(serial adder)

11 다음에 열거한 인터페이스의 종류 중에서 회선의 개수가 많지만 속도가 가장 빠른 인터페이스는?

① 직렬 입력-직렬 출력 ② 직렬 입력-병렬 출력
③ 병렬 입력-지렬 출력 ④ 병렬 입력-병렬 출력

12 다음과 같은 회로는?

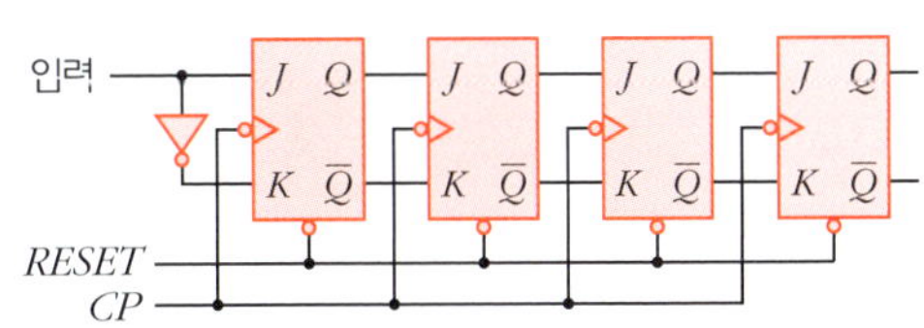

① 4bit ring counter
② 4bit 비동기식 2진 counter
③ 4bit shift register
④ 4bit 직렬 가산기

13 다음 회로의 명칭으로 옳은 것은?

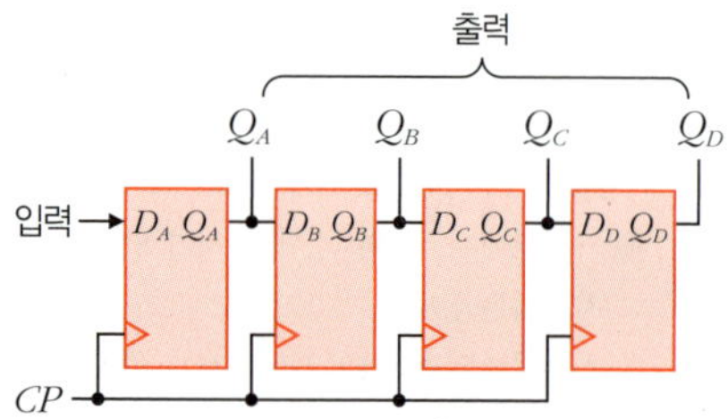

① 병렬 입력–직렬 출력 시프트 레지스터
② 병렬 입력–병렬 출력 시프트 레지스터
③ 직렬 입력–직렬 출력 시프트 레지스터
④ 직렬 입력–병렬 출력 시프트 레지스터

14 다음 레지스터 형태 중 한순간에 단지 1비트의 데이터가 들어가고, 모든 데이터 비트가 한 번에 출력되는 형태는?

① PISO ② PIPO ③ SISO ④ SIPO

15 다음 중 클럭 주파수가 1MHz인 8비트 병렬 입력–병렬 출력 레지스터에 1초 동안 입력할 수 있는 데이터는 최대 몇 바이트인가?

① 1,000 ② 1,250
③ 1,000,000 ④ 1,250,000

16 n단으로 구성된 일반 카운터는 2^n개의 모드를 갖는 데 반해, n단으로 구성된 시프트 카운터는 몇 개의 모드를 갖는가?

① n개 ② $n+1$개 ③ $2n$개 ④ $3n$개

17 직렬 전송 레지스터와 병렬 전송 레지스터의 장단점을 옳게 설명한 것은?

① 직렬 전송 레지스터가 빠르게 동작하나 비경제적이다.
② 직렬 전송 레지스터가 빠르게 동작하나 회로가 복잡하다.
③ 병렬 전송 레지스터가 느리게 동작하나 경제적이다.
④ 병렬 전송 레지스터가 빠르게 동작하나 회로가 복잡하다.

18 병렬 데이터 전송 방식에 대한 설명 중 맞지 않는 것은?

① 한 번에 단위 데이터(보통 1byte)가 병렬로 전송된다.
② 직렬 전송에 비하여 데이터의 전송 속도가 느리다.
③ 직렬 전송 방식에 비하여 전송 선의 수가 많다.
④ 주로 근거리 주변 장치와의 통신에 사용된다.

19 레지스터 사이의 데이터 전송 방법에 대한 설명으로 가장 옳지 않은 것은?

① 직렬 전송 방식에 의한 레지스터 전송은 하나의 클록 펄스 동안 하나의 비트가 전송되고, 이러한 비트 단위 전송이 모여 워드를 전송하는 방식을 말한다.
② 병렬 전송 방식에 의한 레지스터 전송은 하나의 클록 펄스 동안에 레지스터 내의 모든 비트 즉, 워드가 동시에 전송되는 방식을 말한다.
③ 병렬 전송 방식에 의한 레지스터 전송은 직렬 방식에 비해 속도가 빠르고 결선의 수가 적다는 장점을 가지고 있다.
④ 버스 전송 방식에 의한 레지스터 전송은 공통의 통신로를 이용하므로 병렬 전송 방식에 의한 레지스터 전송 방식보다 결선의 수가 적다.

20 시프트 레지스터에 대한 설명 중 옳지 않은 것은?

① 시프트 레지스터의 가능한 입출력 방식에는 직렬 입력–직렬 출력, 직렬 입력–병렬 출력, 병렬 입력–직렬 출력, 병렬 입력–병렬 출력이 있다.
② n비트 시프트 레지스터는 n개의 플립플롭과 시프트 동작을 제어하는 게이트로 구성되어 있다.
③ 레지스터는 왼쪽 시프트, 오른쪽 시프트 중에 하나일 수 있고, 둘을 겸할 수도 있다.
④ 시프트 레지스터를 왼쪽으로 한 번 시프트하면 2로 나눈 결과가 되고, 오른쪽으로 한 번 시프트하면 2로 곱한 결과가 된다.

21 직렬 또는 병렬 방식 레지스터 전송에 대한 설명으로 옳지 않은 것은?

① 직렬 방식은 데이터를 전송할 때 많은 시간이 필요하다.
② 병렬 방식은 하드웨어 규모가 간단하다.
③ 직렬 방식은 클록 펄스에 의해 한 번에 1bit씩 자리 이동한다.
④ 병렬 방식은 모든 bit의 데이터를 한 번의 클록 펄스에 모두 전송시킨다.

22 병렬 전송 시 버스를 이루는 선(線)들의 수는 레지스터의 bit 수(數)와 어떠한 관계가 있는가?

① 같다. ② 1/2이다.
③ 2배이다. ④ 2^2이다.

23 인에이블(enable) 또는 디스에이블(disable) 단자에 의하여 데이터의 전송 방향을 하드웨어적으로 제어하는 데 사용되는 소자는?

① multiplexer ② tri-state buffer
③ decoder ④ SRAM

24 시프트 레지스터에 저장된 데이터를 왼쪽으로 1비트 이동 후 데이터 값은? 단, 자리 넘침은 없다고 가정한다.

① 원래 데이터의 2배 ② 원래 데이터의 4배
③ 원래 데이터의 1/2배 ④ 원래 데이터의 1/4배

25 시프트 연산에서 binary number가 4번 shift left한 경우의 number는?

① number × 4 ② number × 16
③ number ÷ 4 ④ number ÷ 16

26 시프트 레지스터(shift register)의 내용을 오른쪽으로 한 번 시프트하면 데이터는 어떻게 변하는가?

① 기존 데이터의 0.5배 ② 기존 데이터의 0.25배
③ 기존 데이터의 2배 ④ 기존 데이터의 4배

27 011111100000의 값을 갖는 레지스터의 내용을 오른쪽으로 네 번 시프트시켰다면 실제로 이 레지스터가 수행한 연산은 무엇인가?

① added by 400 ② multiplied by 4
③ divided by 4 ④ divided by 16

28 시프트 레지스터에서 4로 나누려면 몇 비트 이동해야 하는가?

① 오른쪽으로 2비트 ② 왼쪽으로 2비트
③ 오른쪽으로 4비트 ④ 왼쪽으로 4비트

29 8bit register의 데이터가 00101001이다. 이 데이터를 4배 증가시키려고 할 때 취하는 연산 명령은?

① Shift Left 4회 ② Shift Left 2회
③ Shift Right 4회 ④ Shift Right 2회

30 8비트로 구성된 11010000에 대하여 왼쪽 시프트(left shift) 논리 연산을 1bit씩 3번 수행하였을 때의 결과로 옳은 것은?

① 01000000 ② 10000000
③ 10100000 ④ 11010000

31 16개의 플립플롭으로 구성된 shift register에 10진수 13이 기억되어 있을 때 3bit만큼 왼쪽으로 shift했을 때의 값은?

① 26 ② 39 ③ 52 ④ 104

32 오른쪽 이동 순환 레지스터에 1101의 데이터가 기억되어 있을 경우, 3개 펄스가 인가되면 어떻게 변하는가?

① 1011 ② 1110 ③ 1100 ④ 1101

33 8비트 2진수 01010110을 왼쪽으로 2번 회전시킬 때 변경된 데이터의 최종값은?

① 00010101 ② 01011001
③ 10010101 ④ 01011000

34 8비트의 자료 11011001에 대하여 왼쪽 시프트(left shift) 논리 연산을 1비트씩 2번 했을 때와 왼쪽 로테이트(left rotate) 논리 연산을 2번 했을 때의 결과값은 각각 어떻게 되는가?

① 11011001, 11011001 ② 01100100, 01110110
③ 01100100, 01100111 ④ 01100100, 01100100

35 $-24_{(10)}$를 부호와 절대치 방법에서 1비트 왼쪽 이동할 경우 올바른 것은? 단, 표현은 8비트로 한다.

① 11011110 ② 01011100
③ 10110000 ④ 01010111

36 $74_{(10)}$라는 수가 8비트의 레지스터에 기록되어 있다. 그 중 가장 왼쪽 비트는 부호를 나타내고, 나머지 7비트는 절댓값을 나타낸다. 이 레지스터를 오른쪽으로 한 비트 산술적 이동(arithmetic shift)을 한 결과는?

① 35 ② 36 ③ 37 ④ 38

37 8비트로 표현되는 부호와 절대치 방식에서 $-50_{(10)}$을 1비트 오른쪽으로 시프트(shift)했을 때 옳은 것은?

① 10011000 ② 11011000
③ 11011001 ④ 10011001

38 10110101이라는 2진 자료가 2's complement 방식으로 표현되어 있다. 이를 오른쪽으로 3비트만큼 산술적 이동(arithmetic shift)하였을 때의 결과는?

① 11110110 ② 11010110
③ 10000110 ④ 00010110

39 2의 보수로 표현된 $-14_{(10)}$를 오른쪽으로 1비트 산술 시프트했을 때의 결과는? 단, 2진수의 표현은 8비트(부호비트 포함)를 사용한다.

① 10111001 ② 11111001
③ 11111000 ④ 11110100

40 8비트 부호와 2의 보수로 나타낸 수 $-77_{(10)}$을 오른쪽으로 두 비트 산술 시프트 수행한 결과는?

① overflow ② −20
③ −19.5 ④ +20

41 −25를 2의 보수 형태의 2진수로 나타냈을 때 이를 왼쪽으로 1비트만큼 이동했을 때의 값은? 단, 각 수는 8bit로 표시한다.

① $11001111_{(2)}$ ② $11001110_{(2)}$
③ $10110011_{(2)}$ ④ $11110011_{(2)}$

42 8개의 플립플롭으로 구성된 시프트 레지스터(shift register)에 10진수로 64가 기억되어 있을 때 이를 오른쪽으로 3비트만큼 산술 시프트하면 그 값은?

① 4 ② 8 ③ 12 ④ 24

43 직렬 시프트 레지스터(4bit)에 1011이 현재 들어 있고 이 직렬 레지스터에 0110을 삽입하려면 몇 개의 클럭 펄스가 필요한가?

① 11개 ② 6개 ③ 5개 ④ 4개

44 부호를 나타내지 않은 양의 수에 대한 산술적 시프트를 한 경우에 대한 설명으로 옳지 않은 것은?

① 왼쪽으로 시프트 시 밀려나는 비트가 1이면 절단 현상이 발생한다.
② 시프트 시 새로 들어오는 비트는 0이다.
③ 오른쪽으로 1번 시프트하면 2로 나눈 것과 같다.
④ 왼쪽으로 1번 시프트하면 2배한 것과 같다.

45 어떤 시스템에서 데이터의 전송 속도가 200bps라고 할 때 이 시스템에서 10초간 전송하는 데이터는 모두 몇 bit인가?

① 2bit ② 20bit ③ 200bit ④ 2,000bit

46 다음과 같은 비밀번호를 입력하는 회로에서 비밀번호는 무엇인가?

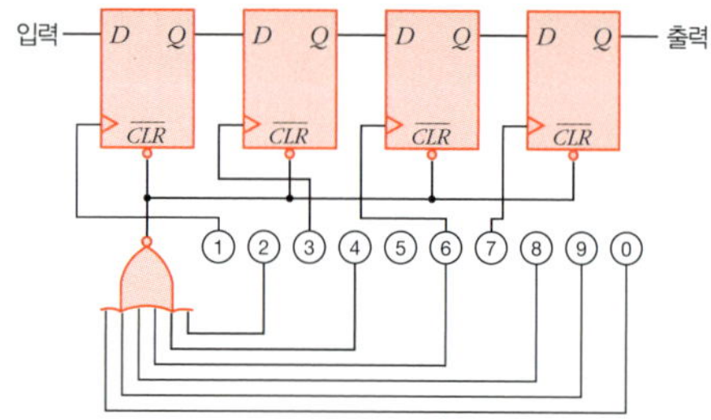

① 2, 4, 5, 8, 9, 0 ② 1, 3, 8, 9
③ 2, 5, 9, 0 ④ 1, 3, 6, 7

47 n비트 직렬 입력-직렬 출력 레지스터를 이용해 시간 지연 회로를 구성할 때, 4비트 레지스터를 사용하였다면 time delay는 얼마인가? 단, 클록 주파수는 1MHz이다.

① 1μs ② 2μs ③ 3μs ④ 4μs

48 난수 발생 회로에서 n비트의 레지스터를 사용할 경우 발생하는 난수는 최대 몇 개인가?

① $n-1$개 ② 2^n-1개
③ 2^n+1개 ④ $n+1$개

1 ②	2 ③	3 ②	4 ①	5 ③	6 ①	7 ③	8 ④	9 ①	10 ①	11 ④	12 ③
13 ④	14 ④	15 ③	16 ③	17 ④	18 ②	19 ③	20 ④	21 ②	22 ①	23 ②	24 ①
25 ②	26 ①	27 ④	28 ①	29 ②	30 ②	31 ④	32 ①	33 ②	34 ③	35 ③	36 ③
37 ④	38 ①	39 ②	40 ②	41 ②	42 ②	43 ④	44 ①	45 ④	46 ④	47 ③	48 ②

Chapter

12

메모리와 프로그래머블 논리 장치

01 메모리 개요
02 ROM
03 RAM
04 플래시 메모리
05 프로그래머블 논리 장치(PLD)
연습문제
기출문제

학습목표

- 메모리를 구분하여 설명할 수 있다.
- ROM의 구조 및 동작 원리를 이해할 수 있다.
- RAM의 구조 및 동작 원리를 이해할 수 있다.
- 플래시 메모리의 구조 및 동작 원리를 이해할 수 있다.
- PLD의 구조 및 동작 원리를 이해하고 설계할 수 있다.

01 메모리 개요

메모리는 컴퓨터, 기타 신호 처리 장치(마이크로프로세서microprocessor, 디지털 신호 프로세서digital signal processor 등)에 사용하는 데이터와 명령을 일시적으로 저장할 수 있고, 저장된 데이터를 읽을 수도 있다. 또 저장된 데이터는 새로운 데이터가 입력되는 경우를 제외하면 입출력할 때 변경되지 않는다. 컴퓨터에는 현재 실행되고 있는 프로그램과 데이터를 저장하기 위한 주기억 장치main memory 외에도 다른 경우에 사용할 프로그램과 데이터를 저장하는 대용량 보조 기억 장치mass storage가 있다. 보조 기억 장치로 사용하는 자기 테이프magnetic tape, 하드 디스크hard disk, 레이저 디스크 등에는 기계적 구동부가 있는데 구동부의 동작 속도는 느리다. 또한 모니터나 프린터 등과 같은 컴퓨터의 주변 장치peripheral devices에 소용량 메모리가 존재하며 이들은 프로그램 실행 중 데이터의 일시적인 저장과 속도가 늦은 입출력 장치 간 버퍼로 작용한다.

마이크로프로세서
디지털 컴퓨터의 기본 요소가 되는 초대규모 집적 회로(VLSI). 소프트웨어 프로그램으로 제어하고, 모든 디지털 연산, 논리, I/O 동작을 수행할 수 있다.

반도체 메모리는 바둑판 모양으로 배열된 메모리 셀memory cell로 구성되며, 셀의 위치를 지정하기 위해 2진 부호로 된 주소address를 사용한다. 메모리의 어떤 위치에 데이터를 써넣거나 읽어낼 때는 반드시 그 주소를 지정해야 한다. 한 주소로 1비트뿐만 아니라 여러 비트로 된 워드word를 동시에 써넣어도 읽어낼 수 있다. 컴퓨터가 입출력 장치와 통신할 때도 각 장치를 구별하는 주소를 이용해 식별한다. 메모리 IC에는 주소, 데이터 외에 제어 신호를 위한 단자들이 있다.

1 메모리의 구조

메모리는 2진 데이터를 워드라는 비트의 집합으로 저장한다. 즉, 워드는 메모리에서 입출력 시 한 번에 전송되는 비트들을 의미한다. 메모리 워드는 0과 1의 조합으로 숫자 하나, 명령 코드 하나, 영문자 하나 이상 또는 그 외의 2진화된 정보를 나타낸다. 비트가 8개 모인 것을 바이트byte라고 한다. 대부분의 컴퓨터는 8비트의 배수의 길이를 워드 길이로 사용한다. 따라서

16비트 워드는 2바이트, 32비트 워드는 4바이트로 구성된다. 일반적으로 대부분의 메모리 장치의 용량은 저장할 수 있는 전체 바이트 수로 나타낸다.

메모리와 주변 장치 사이의 데이터 전송은 제어 신호 2개와 레지스터 2개를 통해 이루어지며, 제어 신호는 데이터 전송 방향을 결정한다. 두 레지스터 중에서 하나는 메모리에 있는 특정한 메모리 레지스터를 지시하는 데 사용되며, 또 하나는 메모리 워드의 2진 비트 구성을 나타낸다. [그림 12-1]에 제어 신호와 외부 레지스터가 표시되어 있다.

- 읽기 제어 신호read control signal : 메모리로부터 데이터를 읽으라는 신호다.
- 쓰기 제어 신호write control signal : 데이터를 메모리에 저장하라는 신호다.
- 메모리 주소 레지스터MAR, memory address register : 메모리에 있는 특정한 워드와 데이터 전송을 수행하는 경우, 해당 워드의 주소가 MAR에 전송된다.
- 메모리 버퍼 레지스터MBR, memory buffer register : 레지스터와 외부 장치 사이에서 전송되는 데이터의 통로다. 즉, 메모리에 쓰기 제어 신호가 입력되면 내부 제어는 MBR의 내용을 지정된 주소의 메모리에 저장하며, 읽기 제어 신호가 입력되면 내부 제어는 지정된 주소의 메모리의 내용을 MBR로 전송한다.

주소(address)
개별 메모리 바이트나 병렬 장치의 위치를 구별하는 데 사용하는 유일한 2진값

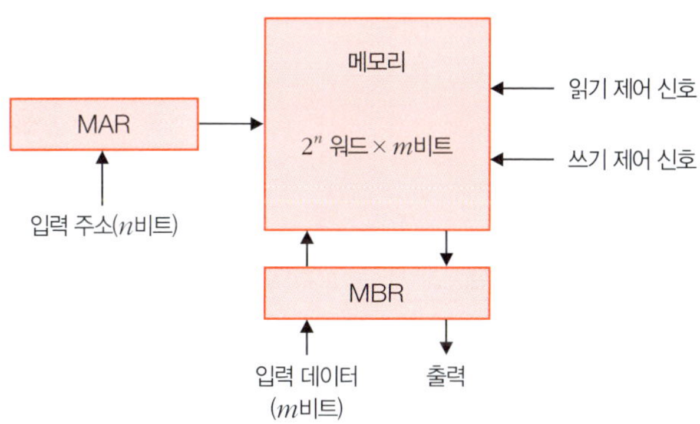

그림 12-1 메모리의 블록도

특정한 워드와 데이터 전송을 수행하려면 해당 워드의 주소를 MAR에 전송해야 하며, 메모리의 내부 회로가 이 주소를 입력받아 이 주소가 지시하는 워드와 데이터 전송을 수행하는 데 필요한 통로를 열어 놓는다. n비트 MAR은 최대 2^n개의 메모리 주소를 표시할 수 있다. 컴퓨터의 메모리는 1,024($=2^{10}$)개의 워드일 때는 10비트 MAR이 필요하며, 1,048,576($=2^{20}$)개 워드일 때는 20비트 MAR이 필요하다.

예제 12-1

메모리 용량이 1,024×8이라고 할 때 MAR과 MBR은 각각 몇 비트인가?

풀이

$1,024 \times 8 = 2^{10} \times 8$이므로 MAR = 10비트, MBR = 8비트다.

참고로 MAR = address line = address bus, MBR = data line = data bus = word의 길이다.

예제 12-2

컴퓨터 주기억 장치의 용량이 1GiB라면 주소 버스는 최소한 몇 bit여야 하는가?

풀이

$1\text{GiB} = 2^{30} \times 8$이므로 주소 버스는 30비트이며, 데이터 버스는 8비트다.

2 메모리의 동작

메모리 읽기 동작

MAR이 지정하는 주소의 메모리 내용을 읽는read 동작 순서는 다음과 같다.

- 선택된 워드의 주소를 MAR로 전송한다.
- 읽기 제어 신호를 동작시킨다.

[그림 12-2]는 읽기 동작의 예로, 처음에 메모리에는 MAR, MBR과 MAR이 지정하는 메모리 레지스터의 초깃값이 표시되어 있다. 그림에서 MAR에 표시된 2진수는 10진수로 46이므로 MAR이 지정하는 메모리의 주소는 46번지가 된다. 메모리에 읽기 제어 신호가 입력되었을 때 수행 결과, 메모리 46번지에 저장되어 있던 2진 데이터는 MBR로 전송된다.

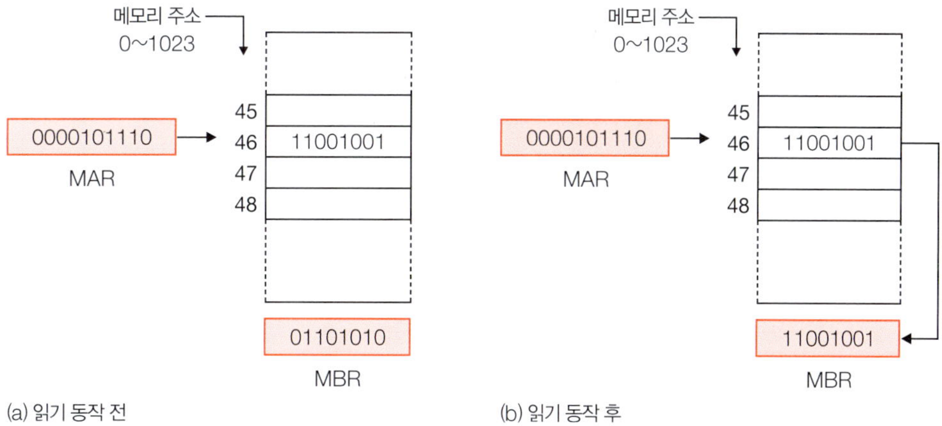

그림 12-2 메모리의 읽기 동작

메모리 쓰기 동작

MAR이 지정하는 주소의 메모리에 새 데이터를 저장write하는 동작 순서는 다음과 같다.

- 지정된 메모리의 주소를 MAR로 전송한다.
- 저장하려는 데이터 비트를 MBR로 전송한다.
- 쓰기 제어 신호를 동작시킨다.

[그림 12-3]은 메모리에 쓰기 제어 신호가 입력되었을 때의 수행 결과를 나타내고 있다. 이 그림에서 MBR에 저장되어 있던 데이터 비트는 46번지에 저장된다.

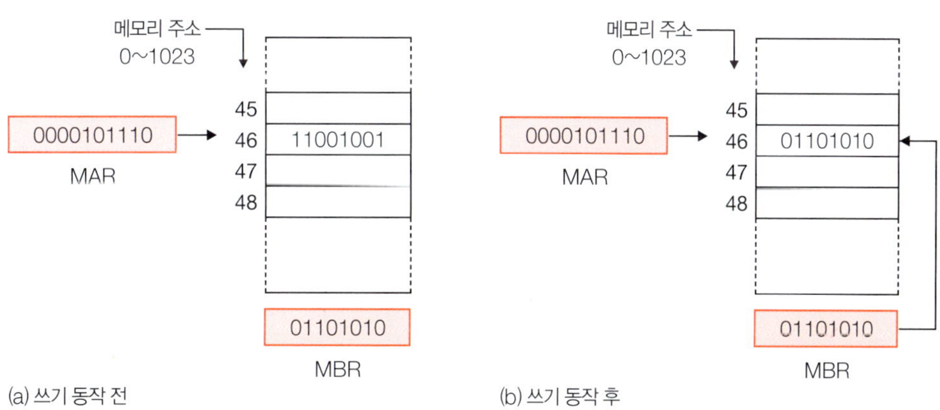

그림 12-3 메모리의 쓰기 동작

3 메모리 분류

메모리를 분류하는 관점은 다양하나 대표적으로 [그림 12-4]와 같이 접근 방법, 기록 기능, 기억 방식, 휘발성 여부 등에 따라 분류한다.

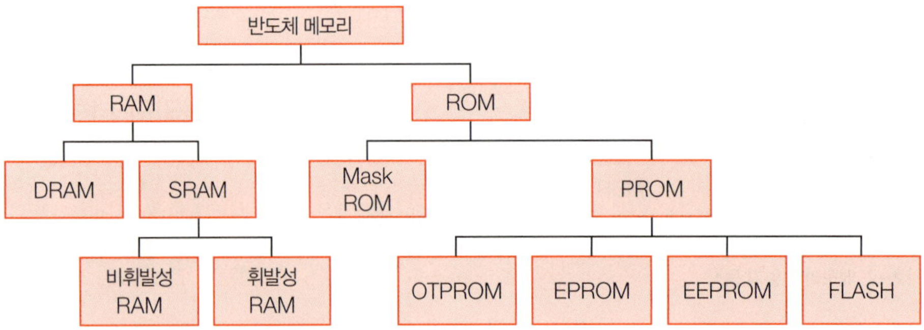

그림 12-4 반도체 메모리의 분류

접근 방법에 의한 분류

메모리의 주소에 해당하는 위치에 데이터를 읽거나 쓰는 것을 **액세스**access라고 한다. 메모리 시스템에서 필요한 정보에 액세스하는 방법은 2가지로 구분할 수 있다. 하나는 랜덤 액세스 메모리RAM, Random Access Memory로, 액세스 시간은 어느 위치나 동일하게 걸리는 메모리 형태다. 다른 하나는 순차 액세스 메모리SAM, Sequential Access Memory로, 원하는 위치에 도달하는 데 일정한 시간이 경과되는 형태다. 따라서 액세스 시간은 위치에 따라 달라진다. 예를 들어, 자기 테이프 장치는 처음부터 조사해 지정된 위치에 도달해야 정보를 읽을 수 있다.

기록 기능에 의한 분류

대부분의 메모리는 정보를 기록하는 기능과 기록된 정보를 읽는 판독 기능이 있다. 기록 기능에는 사용자 기록이 가능한 경우와 그렇지 않은 경우가 있다. 사용자가 기록과 판독을 모두 수행할 수 있는 메모리를 RWMRead and Write Memory이라고 하며, 판독만 가능한 메모리는 ROMRead Only Memory이라고 한다. 일반적으로 RAM은 RWM 메모리를 가리키는 것이다.

ROM에 기록된 정보는 전원이 꺼져도 지워지지 않으므로 프로그램이나 문자 패턴 등 고정된 정보의 기억에 사용된다. ROM은 제조 시 정보가 기록되어 있는 마스크 ROMMROM, mask ROM과 제조된 후 사용자가 기록할 수 있는 PROMprogrammable ROM으로 나눌 수 있다.

PROM은 한 번만 기록이 가능한 fuse-link PROM과 자외선을 쪼여서 그 내용을 지운 후에 다시 기록이 가능한 EPROM erasable PROM, 그리고 EEPROM electrically erasable PROM처럼 전기적으로 내용을 지운 후에 다시 기록이 가능한 것으로 구분할 수 있다.

기억 방식에 의한 분류

RAM은 정적 RAM SRAM, static RAM과 동적 RAM DRAM, dynamic RAM으로 구분한다. SRAM은 주로 2진 정보를 저장하는 내부 플립플롭으로 구성되며, 저장된 정보는 전원이 공급되는 동안 보존된다. DRAM은 2진 정보를 커패시터에 공급되는 전하 형태로 보관한다. 그런데 커패시터에 사용되는 전하는 시간이 경과하면 방전되므로 DRAM에서는 일정한 시간 안에 **재충전** refresh해야 한다. DRAM은 전력 소비가 적고 단일 메모리 칩에 더 많은 정보를 저장할 수 있으며, SRAM은 사용하기 쉽고 읽기와 쓰기 사이클이 더 짧다는 특징이 있다.

휘발성/비휘발성 메모리

일정한 시간이 지나거나 전원이 꺼지면 저장된 내용이 지워지는 메모리 형태를 휘발성 volatile 메모리 또는 소멸성 메모리라고 한다. RAM은 외부에서 공급되는 전원을 통해 정보를 저장하기 때문에 여기에 해당한다. 반면에 자기 코어나 자기 디스크, ROM 같은 비휘발성 non-volatile 메모리는 전원이 차단되어도 기록된 정보가 계속 유지된다. 왜냐하면 자기 소자에 저장된 정보는 자화 방향으로 나타내는데, 이 자화 방향은 전원이 차단된 후에도 상태를 계속 유지하기 때문이다. 비휘발성 메모리는 이러한 특성 때문에 디지털 컴퓨터 동작에 필요한 프로그램을 저장하는 데 사용할 수 있다.

기억 소자에 의한 분류

기억 소자에 따라서 바이폴라 bipolar 메모리, MOS Metal Oxide Semiconductor 메모리 그리고 CCD Charge Coupled Device, MBM Magnetic Bubble Memory 등으로 나눌 수 있다. 바이폴라 메모리는 메모리 셀 및 주변 회로에 BJT Bipolar Junction Transistor를 사용한 메모리로 TTL, ECL 등의 RAM, PROM, 시프트 레지스터 등이 있다. 액세스 시간이 빠르지만 전력 소비가 많으므로 집적도가 높은 경우에는 사용하지 않는다. MOS 메모리는 PMOS, NMOS 또는 CMOS를 사용한 메모리로 RAM, PROM, ROM, 시프트 레지스터 등이 있다. MOS 메모리는 바이폴라 메모리에 비해서 속도가 느리지만 전력 소비가 적고 VLSI에 적합하다.

4 컴퓨터에서의 메모리

메모리는 컴퓨터에서 데이터와 명령을 저장하는 데 필수다. 컴퓨터에는 중앙 처리 장치CPU, central processing unit에서 현재 실행하고 있는 프로그램과 데이터를 저장하는 주기억 장치 외에도 프로그램과 데이터를 저장하는 대용량 보조 기억 장치가 있다. 주기억 장치는 바이폴라 메모리나 MOS 메모리로 구성된 반도체 메모리를 사용한다. 자기 테이프, 하드 디스크 등의 보조 기억 장치는 기계적 구동부가 있어 동작 속도가 느리다. 또 프린터와 같은 주변 장치peripheral devices에도 소용량 메모리가 존재하며 이들은 프로그램 실행 도중에 데이터의 일시적인 저장용이나 속도가 느린 입출력 장치와 주기억 장치 사이의 버퍼로 사용된다.

[그림 12-5]는 컴퓨터의 중앙 처리 장치와 주기억 장치 및 입출력 장치 사이에 데이터를 송수신하는 구성도다. 굵게 표시된 버스의 지로는 버스 선들의 병렬 연결을 의미한다. 중앙 처리 장치는 특정 메모리의 주소를 지정하여 주소 버스address bus에 실어 보내는 동시에 제어 신호(칩 선택, 읽기/쓰기 제어 등)를 제어 버스control bus에 실어 보낸다. 또 데이터는 데이터 버스data bus에 실어 보낸다. 주소 버스와 제어 버스는 단방향이지만 데이터 버스는 양방향이다. RAM은 데이터를 읽거나 쓰기도 하므로 양방향이고 ROM은 데이터를 읽기만 하므로 단방향이다. 중앙 처리 장치는 입력 장치에서 데이터를 읽어들여야 하고 출력 장치에 데이터를 내보내야 한다. 입출력 장치도 지정된 주소를 통해서 데이터를 송수신하게 된다. 입출력 장치는 속도가 느리기 때문에 일단 입출력 래치latch에 데이터를 저장해둔다.

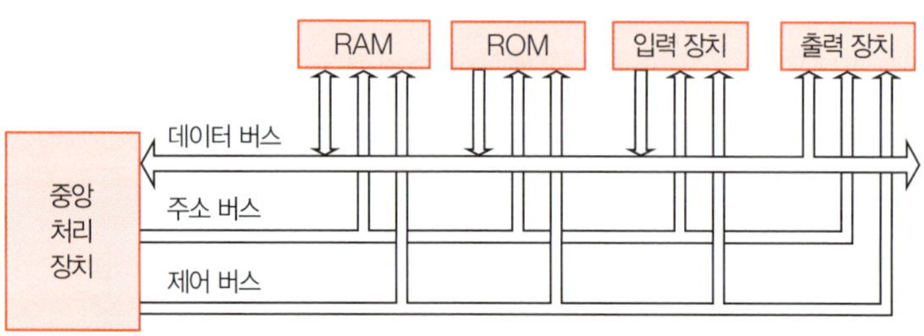

그림 12-5 컴퓨터 시스템 블록도

주소 버스
1개의 메모리 위치를 선택하기 위해 CPU에서 메모리 IC까지 2진 주소를 전달하는 단방향 버스

데이터 버스
CPU와 메모리 IC 사이에서 데이터를 옮기는 양방향 버스

제어 버스
CPU에서 메모리 IC까지 제어 신호를 전달하는 단방향 버스

이와 같은 컴퓨터 시스템에서는 장치 2개 이상이 동시에 입력 모드로 동작하는 것을 허용하지 않는다. 왜냐하면 데이터 버스에서 데이터의 충돌이 일어나기 때문이다. 이를 방지하기 위해 각 장치의 출력에 3상태 버퍼tri-state buffer를 삽입하여 해당 장치가 선택되지 않을 경우에는 칩 선택chip select 신호를 통해 하이 임피던스high impedance 상태가 되게 함으로써 데이터 버스와의 연결을 전기적으로 끊는다.

02 ROM

ROM^Read Only Memory^은 저장된 데이터를 읽을 수는 있으나 특별한 장치가 없이는 데이터를 기록하거나 변경할 수 없다. ROM은 자주 사용하는 데이터를 영구적 또는 반영구적으로 저장할 때 사용하는 메모리로 코드 변환, 수학적 환산표, 컴퓨터 명령어 등 변하지 않고 자주 사용하는 데이터를 저장하는 데 많이 사용한다. 반도체 ROM은 바이폴라 트랜지스터와 MOS 트랜지스터로 제조된다.

ROM은 한 IC에 디코더와 OR 게이트를 모두 포함하고 있는 장치로, 디코더의 출력과 OR 게이트의 입력들을 서로 연결하여 ROM을 프로그래밍할 수 있다. ROM은 고정된 2진 데이터의 집합이 저장되어 있는 메모리며, 2진 데이터는 먼저 사용자에 의해 표시된 후 ROM 속에 기록된다. ROM은 특별한 내부 퓨즈fuse를 가지고 있으며, 필요한 회로를 구성하기 위해 이 퓨즈들은 절단되거나 원래의 연결 상태로 두게 된다. ROM은 일단 프로그램이 완성되면 전원이 나가더라도 저장된 데이터는 지워지지 않고 남아 있게 된다.

1 ROM의 구성

[그림 12-6]은 기본적인 ROM의 구조를 나타낸 것으로, 입력선 n개와 출력선 m개로 구성된다. 입력 변수들의 비트 조합은 주소가 되고, 출력선에서 출력되는 비트 조합은 워드가 되며, 한 워드는 비트 m개로 구성된다. 주소는 n개 변수의 최소항들 중 하나를 나타내는 2진수다. 입력 변수가 n개인 경우, 디코더로 지정할 수 있는 서로 다른 주소의 수는 최대 2^n개가 되며, 한 주소에 한 워드가 대응한다. 따라서 ROM에는 최대 2^n개 주소들이 있으므로 서로 다른 워드를 최대 2^n개 저장할 수 있다. 임의의 시간에 출력선에 나타나는 워드는 입력선에 적용되는 주소에 따라 결정되며, ROM은 워드의 개수인 최대 2^n개와 워드당 비트 수인 m개로 표시할 수 있다.

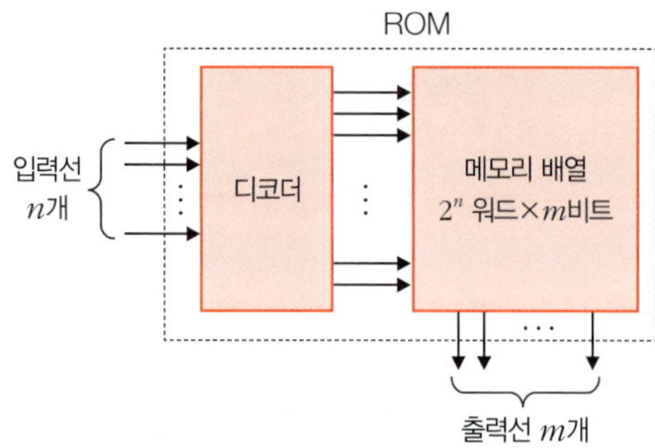

그림 12-6 ROM의 기본 구조

입력선이 n개인 ROM에서는 최대 2^n개 워드를 지정할 수 있다. 그러나 어떤 ROM에서는 ROM을 표시할 때 포함하고 있는 전체 비트의 수($2^n \times m$)로 표시하는 경우도 있다. 예를 들어, 2,048 비트의 ROM은 8비트로 된 256개 워드로 표시할 수도 있으며, 이때 ROM은 출력선 8개와 워드 256($=2^8$)개를 지정하기 위한 입력선 8개로 구성된다. ROM은 AND 게이트와 OR 게이트로 구성된 조합논리회로이며, AND 게이트는 디코더를 구성한다. 또한 OR 게이트는 디코더의 출력인 최소항들을 합하는 데 사용하며, OR 게이트의 수는 ROM의 출력선의 수와 같다.

[그림 12-7]은 32 × 4 ROM의 내부 논리 구조다. 입력 변수 5개는 디코더를 통해 32개가 출력되며, 각 디코더의 출력은 32개 주소 중에서 1개만 선택한다. 주소 입력은 5비트이며 디코

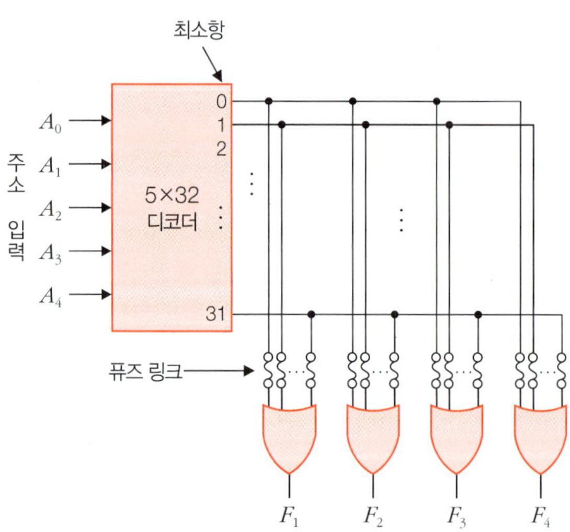

그림 12-7 32×4 ROM의 내부 논리 구조

더로부터 선택되는 최소항은 입력의 5비트와 등가인 10진수로 표시되는 최소항이다. 디코더의 32개 출력은 각 OR 게이트의 퓨즈를 통해 연결된다. [그림 12-7]에는 OR 게이트의 입력에 퓨즈 3개만 표시되어 있으나 실제로 각 OR 게이트는 32개 입력에 퓨즈를 가지고 있으므로 내부 퓨즈가 $32 \times 4 = 128$개 있으며, 이 입력들은 퓨즈를 통해 연결되어 있고 프로그램으로 퓨즈의 연결을 절단할 수 있다. [그림 12-8]은 32×4 ROM의 내부 구조를 간단하게 표시한 것이다.

ROM은 디지털 컴퓨터 시스템의 설계에서 매우 중요하다. ROM은 복잡한 조합논리회로들을 실현하는 데는 물론 다른 많은 응용 분야에서도 사용하고 있다.

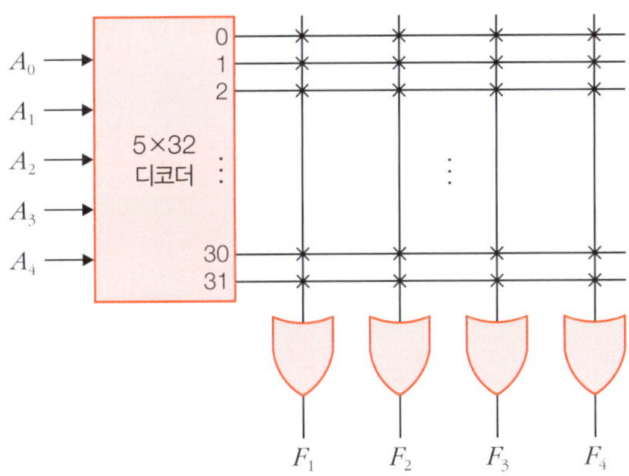

그림 12-8 간략화한 32×4 ROM의 내부 논리 구조

2 ROM을 사용한 조합논리회로의 구현

ROM의 각 출력은 입력 변수 n개의 최소항을 모두 합한 것이며, 임의의 불 함수는 곱의 합SOP, sum of product으로 표현할 수 있다. 함수에 포함되지 않는 최소항들은 퓨즈를 절단함으로써 각 ROM 출력은 조합논리회로에서 한 출력 변수들에 대한 불 함수를 구성할 수 있다. 입력 n개와 출력 m개를 가지고 있는 조합논리회로를 구성하는 경우 $2^n \times m$ ROM이 필요하며, 퓨즈를 절단하는 것을 'ROM을 프로그래밍programming한다'고 한다. 설계자는 ROM에서 필요한 통로들에 대한 정보를 나타내는 ROM 프로그램 표를 작성하면 되며, 이때 실제로 프로그래밍하는 것은 프로그램 표에 나열되어 있는 사양에 따르는 하드웨어 과정이다.

다음 불 함수를 ROM을 사용해 구현하는 경우를 예로 들어 설명한다.

$$F_1(A,\ B) = \Sigma m(1,\ 2,\ 3)$$
$$F_2(A,\ B) = \Sigma m(0,\ 2)$$

조합논리회로를 ROM을 사용해 구현할 때 함수를 곱의 합으로 표현해야 한다. 만일 출력 함수가 간소화되면 이 회로는 OR 게이트와 NOT 게이트 하나만 사용해도 된다. 이 조합논리회로를 구현하는 ROM의 크기는 4×2가 된다.

[그림 12-9](a)는 출력 함수값이 논리 1인 최소항을 ROM으로 구현한 경우의 조합논리회로이며, [그림 12-9](b)는 출력 함수값이 논리 0인 최소항을 ROM으로 구현한 경우의 조합논리회로다. 따라서 [그림 12-9](b)의 출력에는 NOT 게이트가 연결되어 있으므로 정상적인 함수를 출력한다.

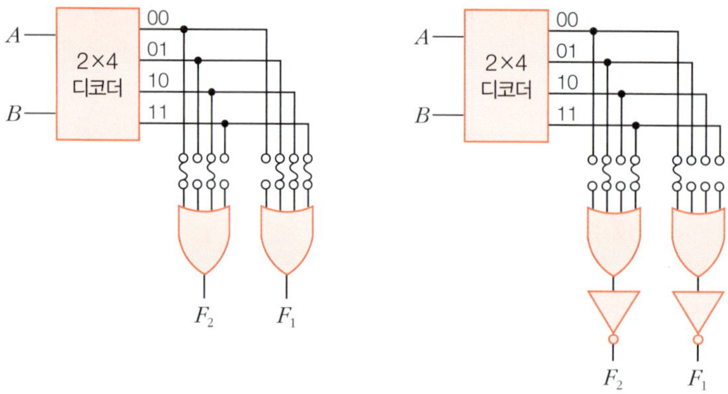

(a) AND-OR 게이트의 ROM (b) AND-OR-NOT 게이트의 ROM

그림 12-9 ROM을 사용한 조합논리회로

조합논리회로를 ROM으로 구현하는 경우 조합논리회로의 입력과 출력의 수에 따라 먼저 필요한 ROM의 크기를 결정해야 하며, 그 다음 ROM의 진리표를 얻어야 한다. 진리표에서 출력 함수들을 논리 0(또는 논리 1)으로 만드는 최소항들에 대한 퓨즈를 절단하여 곱의 합으로 필요한 조합논리회로를 구하게 된다.

실제 ROM으로 회로를 설계할 때 [그림 12-9]와 같이 ROM 안에서 퓨즈들의 내부 게이트 연결을 보일 필요는 없으며, 이것은 단지 설명하려고 보인 것이다. 설계자가 할 일은 특별한 ROM을 지정해서 ROM의 진리표를 제공하는 것이며, 진리표는 ROM을 프로그래밍하는 데 필요한 모든 정보를 담고 있다.

예제 12-3

다음 진리표를 만족하는 조합논리회로를 ROM을 사용해 구현하시오.

A	B	F_1	F_2
0	0	1	0
0	1	1	1
1	0	0	1
1	1	1	0

풀이

진리표에서 출력 함수들은 논리 0인 최소항들의 퓨즈를 절단하여 곱의 합[SOP] 형태의 논리식으로 표현한다. ROM은 입력 2개(A, B)와 출력 2개(F_1, F_2)를 가지며, ROM의 크기는 4×2이다.

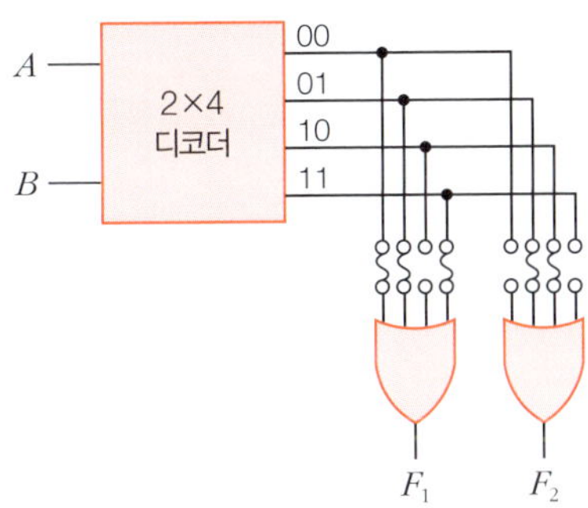

예제 12-4

2비트의 2진수를 입력해 입력의 제곱에 해당하는 2진수를 출력하는 조합논리회로를 ROM을 사용해 구현하시오.

풀이

입력 변수를 A_1A_0, 출력 변수를 $B_3B_2B_1B_0$이라고 하고 입력과 출력의 관계를 정의한 ROM 블록도와 같은 진리표를 작성한다. 주어진 문제에 대한 모든 가능한 경우를 수용하기 위해 입력 2개와 출력 4개를 갖는 ROM이 필요하다. 그러나 진리표를 검토하면 좀 더 작은 ROM의 진리표를 구할 수 있다.

진리표에서 출력 B_0은 입력 A_0과 같으므로 B_0을 ROM에서 출력할 필요가 없다. 또한 B_1은 언제나 논리 0이므로 ROM에서 출력할 필요가 없다. 따라서 입력 2개와 출력 2개를 갖는 ROM이 필요하며, 다른 출력 2개는 다른 방법으로 쉽게 구할 수 있다. 입력 2개는 워드 4개를 규정하므로 ROM의 크기는 4×2가 된다. ROM 진리표는 ROM을 프로그래밍하는 데 필요한 모든 정보를 제공한다.

입력		출력				10진수
A_1	A_0	B_3	B_2	B_1	B_0	
0	0	0	0	0	0	0
0	1	0	0	0	1	1
1	0	0	1	0	0	4
1	1	1	0	0	1	9

(a) ROM 진리표

입력		출력	
A_1	A_0	B_3	B_2
0	0	0	0
0	1	0	0
1	0	0	1
1	1	1	0

(b) 간소화된 ROM 진리표

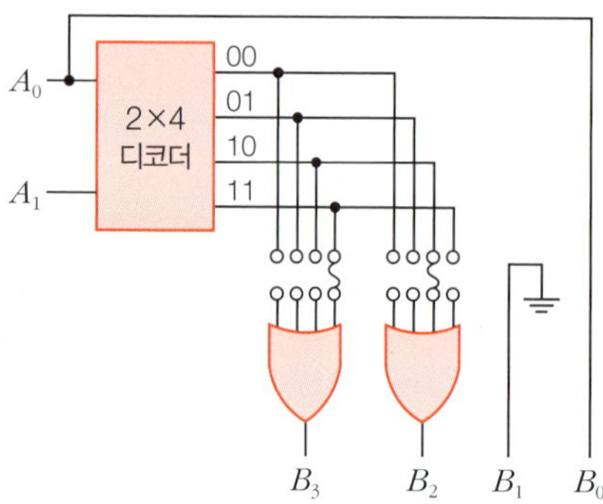

(c) ROM을 이용한 조합논리회로

3 ROM의 종류

ROM read only memory은 프로그래밍 방법에 따라 크게 마스크 ROM, PROM, EPROM의 3가지로 구분할 수 있다.

마스크 ROM

마스크 ROM mask ROM은 제조 과정 중 제작자가 마지막 조립 과정에서 프로그래밍하며, ROM에 기록된 프로그램은 절대 변경할 수 없다. 마스크 ROM을 조립할 때 사용자는 ROM

의 진리표를 제작자에게 제출하면 되며, 제작자는 사용자의 진리표에 따라 논리 0과 논리 1을 구현하기 위한 통로를 만든다. 마스크 ROM은 사용자의 요구에 따라 제조되는 것이므로 초기 설계에는 많은 비용이 소요되지만, 일단 설계가 완료되면 대량 생산할 수 있다. 동일한 형태가 대량으로 소요되는 경우에 마스크 ROM을 사용하면 경제적이다.

PROM

PROM[Programmable ROM]은 사용자가 특별한 프로그램 장치를 이용해 프로그래밍할 수 있으므로 소량으로 필요한 경우에는 매우 경제적이다. 초기 PROM은 손상되지 않은 원래 상태의 퓨즈로 구성되므로, 원하는 형태로 퓨즈를 절단하면 된다. 즉, PROM에 있는 퓨즈를 원하는 형태로 절단하려면 해당하는 주소를 선택한 다음 출력 단자를 통해 전류 펄스를 인가하면 된다. 절단된 퓨즈 상태는 2진수의 논리 0, 절단되지 않은 퓨즈는 논리 1을 나타낸다. PROM도 마스크 ROM과 같이 일단 프로그래밍하면 퓨즈의 연결 형태가 그대로 유지되며 변경할 수 없다.

EPROM

EPROM[Erasable PROM]은 PROM과 같이 퓨즈의 형태로 구성되어 있으며, 원하는 형태로 퓨즈를 절단할 수 있다. PROM은 절단된 퓨즈를 복원할 수 없으나, EPROM은 퓨즈가 절단되어도 모든 퓨즈를 절단되지 않은 초기 상태로 복원할 수 있는 PROM이다. 일정 시간 자외선을 쪼이면 절단된 퓨즈가 복원되면서 저장되어 있던 데이터가 지워지는 것이다. 복원 과정을 통해 초기 상태로 복원된 EPROM은 다시 프로그램을 통해 필요한 데이터를 저장할 수 있다.

EPROM

EEPROM

EEPROM[Electrically EPROM]은 EPROM과 같으나, 초기 상태로 복원하는 과정에서 자외선 대신 전기 신호를 사용해 데이터를 지우는 PROM이다. 내용이 자주 변경되는 연구 개발 과정에서는 EPROM이나 EEPROM이 유리하다.

03 RAM

RWM[read and write memory]은 메모리에 저장된 데이터를 읽을 수 있으며, 또 필요한 데이터를 저장할 수 있는 메모리다. 그러나 일반적으로 RWM 대신에 RAM[random access memory]이라는 용어를 사용한다.

RAM에는 SRAM[static RAM]과 DRAM[dynamic RAM]이 있다. SRAM은 바이폴라 트랜지스터 또는 MOS 트랜지스터를 사용해 제조되며, DRAM은 MOS 트랜지스터를 사용해 제조된다. SRAM에서 사용되는 저장 소자는 래치[latch]이므로 전원이 켜 있는 동안에는 언제나 데이터를 저장하거나 읽을 수 있는 메모리다. DRAM은 커패시터[capacitor]에 데이터를 저장하므로 일정 시간마다 주기적으로 재충전[refreshing]해야 한다.

래치(latch)
특정 디지털 상태를 유지할 수 있는 기능. 래치 회로는 입력이 제거된 후에도 디지털 펄스의 레벨을 유지한다.

1 SRAM(정적 RAM)

SRAM은 일단 데이터 비트가 메모리 셀[cell]에 저장되면 전원이 꺼지거나 새로운 데이터가 입력되지 않는 한, 계속 그 상태를 유지하고 있다. 전원이 꺼지면 저장된 데이터는 소멸되므로 SRAM은 휘발성 메모리다.

SRAM의 메모리 셀 구조와 동작

각 워드가 n비트이고, 워드 m개로 구성된 RAM의 내부 구조는 메모리 셀 $m \times n$개와 각 워드를 선택하는 데 필요한 주소를 출력하는 논리회로로 구성된다.

[그림 12-10]에는 1비트 데이터를 저장하는 SRAM의 메모리 셀(또는 2진 셀[binary cell])의 논리회로가 표시되어 있으며, 이 메모리 셀은 메모리를 구성하는 기본 단위가 된다. [그림 12-10]에서 메모리 셀은 래치 1개(또는 플립플롭)와 게이트 몇 개로 표시되어 있지만 실제로는 입력이 여러 개인 트랜지스터 2개로 구성되어 있다.

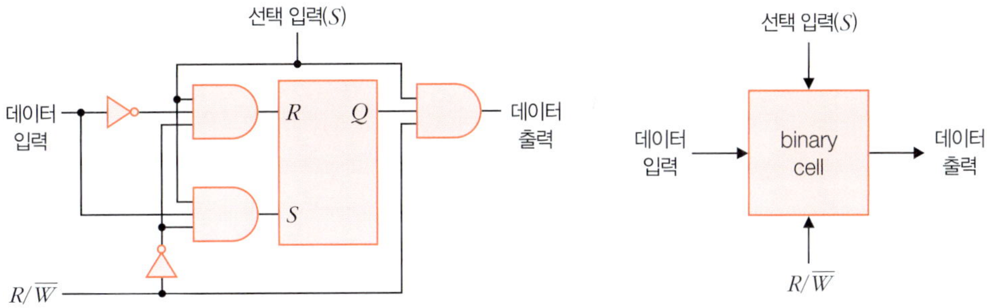

(a) 논리회로 (b) 블록도

그림 12-10 SRAM의 메모리 셀 구조

[그림 12-10]의 SRAM의 메모리 셀은 래치 1개, 입력 3개, 출력 1개로 구성되어 있으며, 동작은 다음과 같다.

메모리 셀에서 선택 입력[S, select]은 여러 메모리 셀 중에서 주소를 통해 선택되었을 때 논리 1이 입력된다. $S=1$일 때, $R/\overline{W}$[Read/Write] 입력이 논리 1이면 래치에 저장된 데이터 비트가 데이터 출력 단자를 통해 출력되며, $R/\overline{W}$ 입력이 논리 0이면 데이터 입력 단자에 있던 데이터 비트가 래치로 전송되어 저장된다. 이런 경우에 래치는 클록 펄스 없이 동작하여 데이터의 1비트를 메모리 셀에 저장한다.

반도체 메모리에 따라서는 읽기와 쓰기 제어 입력이 별도로 분리되어 있는 경우도 있고, 입력 1개로 2가지 제어 기능을 수행하는 경우도 있다. 또한 여러 반도체 메모리를 조합하여 용량이 큰 메모리를 구성할 수 있게 하는 인에이블[E, Enable] 입력이 있다.

SRAM의 기본 구조

[그림 12-11]에는 4×4 SRAM의 논리 구조가 표시되어 있다. 이 RAM은 한 워드가 4비트고, 워드 4개로 구성되어 있으므로 전체는 메모리 셀 16개로 구성되어 있다. 이 그림에서 BC[binary cell]는 메모리 셀 1개를 표시하며, 각 BC마다 출력이 1개 있다.

여기서 주소 입력 2개는 2×4 디코더에 연결되어 있으며, 이 디코더에는 인에이블(E) 입력이 있다. 즉, 인에이블 입력이 논리 0이면 디코더의 모든 출력은 논리 0이 되어 워드를 선택할 수 없으며, 인에이블 입력이 논리 1이면 두 주소 입력값에 따라 워드 4개 중 하나가 선택된다. 이때 $R/\overline{W}$ 입력이 논리 1이면 지정된 워드의 2진 데이터가 OR 게이트 4개를 통해 출력되며, $R/\overline{W}$ 입력이 논리 0이면 입력 단자에 있던 데이터가 지정된 워드의 메모리 셀 배열에 전송되어 저장된다. 인에이블 입력이 논리 0이면 $R/\overline{W}$ 입력에 관계없이 메모리에 있는 모든 메모리 셀의 내용은 변하지 않는다.

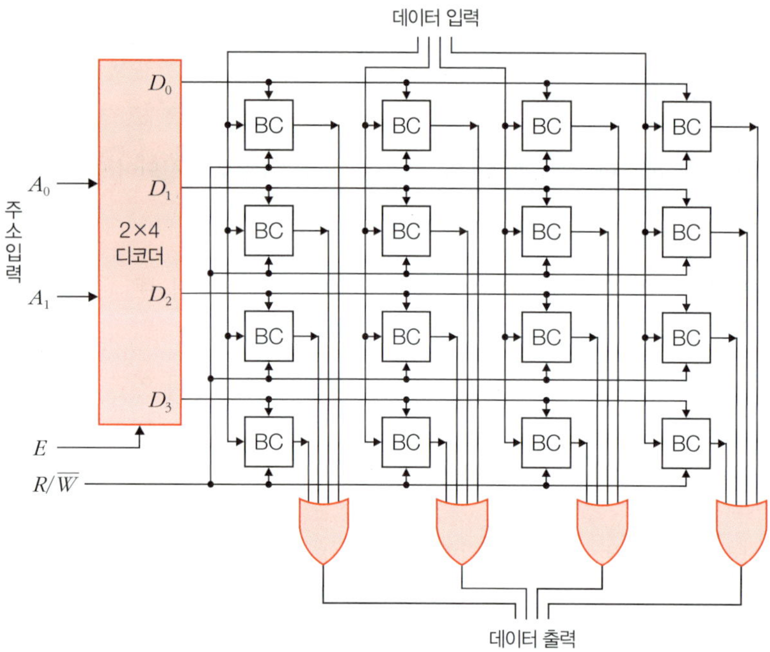

그림 12-11 4×4 SRAM의 기본 구조

2 DRAM(동적 RAM)

DRAM은 데이터 비트를 커패시터에 저장하며, 이러한 메모리 셀은 구조가 매우 단순하다. DRAM은 SRAM보다 비트당 가격이 저렴하고, 고밀도 칩을 구성할 수 있다. 그러나 메모리 셀을 구성하는 커패시터는 일정한 시간이 지나면 저장된 데이터가 소멸되기 때문에 주기적으로 재충전해 주어야 한다. 이 재충전 과정에 부수적인 논리회로가 필요하다.

DRAM의 메모리 셀 구조와 동작

[그림 12-12]에는 MOS 트랜지스터와 커패시터로 구성된 DRAM의 메모리 셀이 표시되어 있으며, MOS 트랜지스터는 스위치로 동작한다.

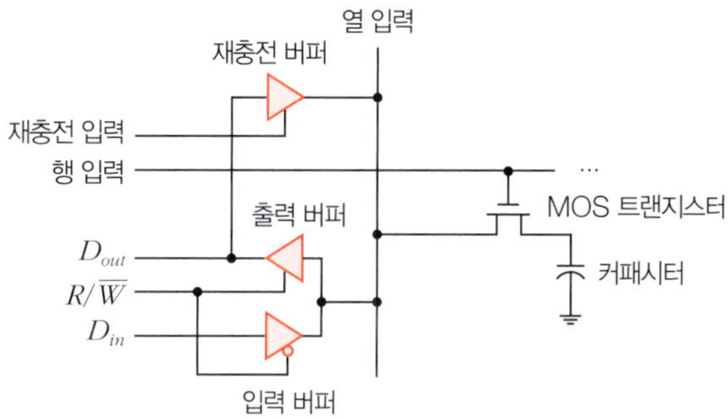

그림 12-12 DRAM의 메모리 셀 구조

■ 쓰기 모드

$R/\overline{W}$가 논리 0인 쓰기 모드에서는 3상태 버퍼인 입력 버퍼가 인에이블되고, 출력 버퍼는 디스에이블된다. 메모리 셀에 논리 1을 저장하려면 데이터 입력 D_{in}을 논리 1로 하고, 행 입력이 논리 1이면 MOS 트랜지스터는 on 상태가 되어서 커패시터에는 양(+)의 전압이 충전된다. 논리 0을 저장하기 위해서는 데이터 입력(D_{in})을 논리 0으로 하면 커패시터는 충전되지 않는다. 이때 커패시터에 논리 1이 저장되어 있는 경우는 커패시터는 방전하게 된다. 그러나 열 입력이 논리 0이므로 트랜지스터는 off가 되어, 커패시터의 전하(논리 1 또는 논리 0)는 트래핑trapping된다.

■ 읽기 모드

$R/\overline{W}$가 논리 1인 읽기 모드에서는 3상태 버퍼인 출력 버퍼가 인에이블되고, 입력 버퍼는 디스에이블된다. 행 입력이 논리 1이면 MOS 트랜지스터는 on 상태가 되어 커패시터는 비트 선bit line을 통해 출력 버퍼에 연결된다. 따라서 저장된 데이터는 출력(D_{out})을 통해 외부로 출력된다.

■ **재충전**

DRAM 메모리 셀을 재충전하려면 $R/\overline{W}$와 행 입력과 재충전 입력을 논리 1로 하면 된다. 그러면 MOS 트랜지스터가 on이 되어 커패시터는 비트 선에 연결된다. 출력 버퍼는 인에이블되고, 저장된 데이터 비트는 재충전 입력이 논리 1이 되어 인에이블되므로 재충전 버퍼에 다시 입력된다. 이것은 저장된 비트의 논리값을 커패시터에 다시 충전해주기 위해서다.

SRAM과 DRAM 비교

[표 12-1]에는 SRAM과 DRAM의 특징을 비교하여 나타냈다. DRAM의 메모리 셀은 SRAM의 경우보다 더 간단하므로 크기도 작고, 전력 소모도 적다. 따라서 DRAM은 단위 면적당 더 많은 메모리 셀을 집적시킬 수 있으므로 같은 용량의 SRAM에 비해 가격이 저렴하다. DRAM은 재충전 회로가 추가되어야 하지만 기억 용량이 커질수록 재충전 회로가 차지하는 비중은 상대적으로 줄어들기 때문에 가격에는 큰 영향을 주지 않는다. 또한 SRAM은 DRAM보다 액세스 속도가 빠르다. 이러한 특징들 때문에 SRAM은 캐시 메모리로 사용되며, DRAM은 주기억 장치에 사용된다.

캐시 메모리(cache memory)

중앙 처리 장치(CPU)와 상대적으로 느린 주기억 장치 사이에서 두 장치 간의 데이터 접근 속도를 완충해 주기 위해 사용되는 고속의 기억 장치다. 캐시 메모리는 주기억 장치를 구성하는 DRAM보다 속도가 빠른 SRAM으로 구성하여 전원이 공급되는 상태에서는 기억 내용을 유지하는 임시 메모리다.

한 번 액세스한 정보는 다시 액세스할 확률이 높으므로 주기억 장치 내의 정보를 복사하여 일시적으로 고속 메모리(캐시 메모리)에 보관한 후, 다음 액세스 시 캐시 메모리에서 정보를 꺼내면 주기억 장치의 액세스 속도를 고속화할 수 있다.

표 12-1 SRAM과 DRAM의 비교

구분	SRAM	DRAM
구성 소자	플립플롭	커패시터
집적도	낮음	높음
전력 소모	많음	적음
동작 속도	빠름	느림
가격	고가	저가
재충전 여부	필요하지 않음	필요함
용도	캐시 메모리	주기억 장치

3 메모리 확장

현재 사용되는 메모리는 워드 길이(각 주소에 있는 비트의 수)나 워드(주소의 수), 또는 양자 모두를 확장할 수 있다. 적당한 수의 메모리 칩을 주소, 데이터 및 제어 버스에 연결하여 메모리를 확장하는 방법에 대하여 살펴보자.

워드 길이 확장

메모리의 워드 길이word length를 확장하기 위해서는 데이터 버스의 비트 수를 확장해야 한다. [그림 12-13]은 4비트 워드 길이를 가진 16 × 4 RAM 2개를 이용해 워드 길이가 8비트인 16 × 8 RAM을 구성한 예다.

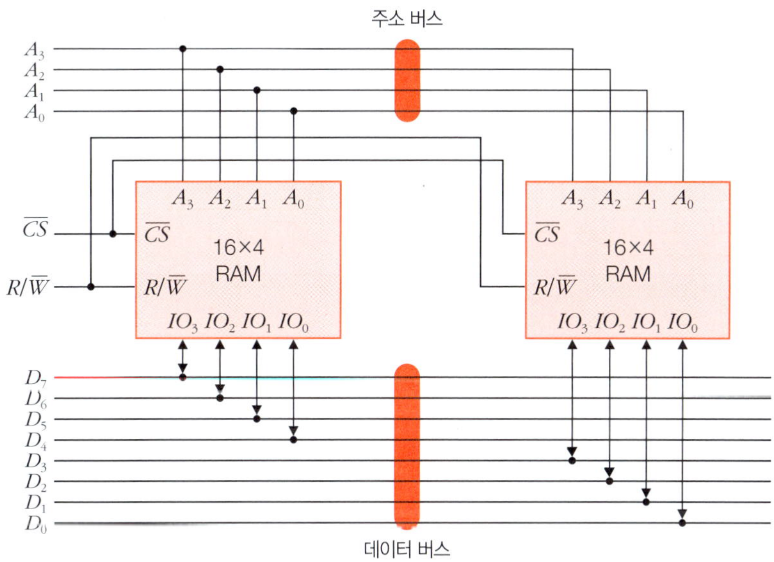

그림 12-13 워드 길이 확장(두 개의 16×4 RAM을 16×8 RAM으로 확장)

$\overline{CS}$chip select는 RAM을 선택하는 입력이며, $R/\overline{W}$(read/write)는 선택된 RAM 칩의 읽기read와 쓰기write 동작을 제어한다.

$\overline{CS} = 1$이면 RAM 칩은 선택되지 않고 출력은 하이 임피던스 상태가 된다. $\overline{CS} = 0$이고 $R/W = 1$이면 주소에 의해 선택된 8비트의 데이터가 출력 선을 통해 출력된다.

연결된 메모리의 주소 수는 각각의 메모리 주소 수와 같은 16(=2^4)개이다. 4비트 데이터 버스를 갖는 두 메모리의 데이터 버스를 결합하여 8비트 데이터 버스로 만든다. 주소가 선택되면 각 메모리에서 4비트씩 합쳐 모두 8비트의 데이터가 만들어진다.

예제 12-5

2개의 1K × 8 RAM을 사용해 1K × 16 RAM을 구성하시오.

풀이

2개의 RAM 칩을 사용해 16비트의 데이터 입력과 출력을 구성한다. 10개의 주소 선, $\overline{CS}$, $R/\overline{W}$ 입력은 2개의 RAM 칩에 공통으로 접속된다. 1K × 16 RAM의 구성도는 다음 그림과 같다.

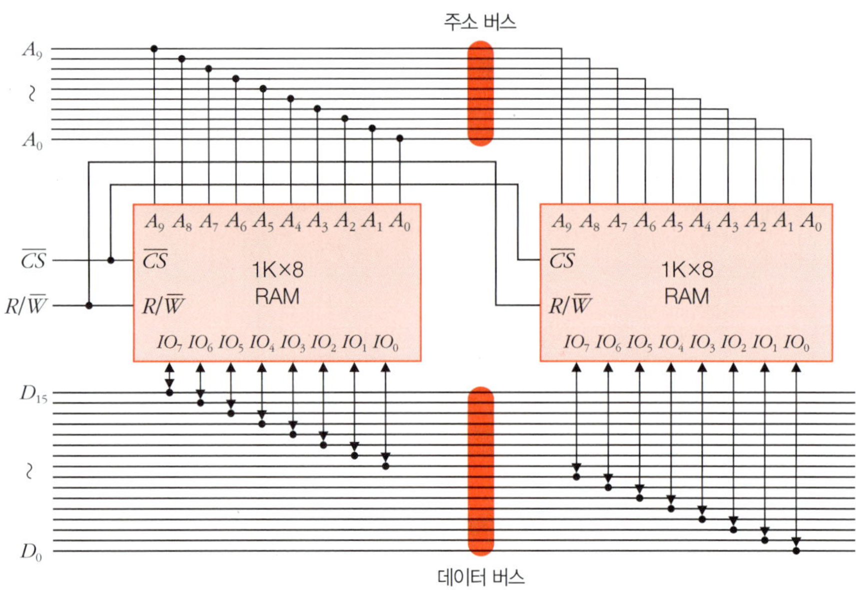

워드 용량 확장

메모리 설계 시 원하는 워드 용량을 하나의 RAM 칩으로 구성할 수 없는 경우가 많은데, 이런 경우에는 여러 개의 RAM 칩을 사용해 주소 수를 증가시킴으로써 구성할 수 있다. [그림 12-14]는 16 × 4 RAM 2개를 사용해 32 × 4 RAM을 구성한 예다. 메모리 모듈의 전체 용량이

32 × 4이므로 32개의 서로 다른 주소가 존재한다. 이것은 5비트의 주소 버스를 필요로 하는데, 기존의 4비트 주소 버스에 추가로 하나의 주소 버스가 더 필요하다. 상위 주소 선 A_4는 2개의 RAM 중 하나를 선택할 수 있도록 동작한다. 다른 주소 선 A_3~A_0는 선택된 RAM 모듈에 대해서 16개의 메모리 중 하나를 선택할 때 사용된다.

$A_4 = 0$일 때, 오른쪽 RAM #0의 $\overline{CS}$는 읽거나 쓰기가 가능하도록 칩을 인에이블enable시킨다. 나머지 4개의 주소 선 A_3~A_0들은 원하는 위치를 선택하기 위해 $0000_{(2)}$에서 $1111_{(2)}$까지의 범위를 갖는다. 따라서 오른쪽 RAM #0의 주소 공간 범위는 다음과 같다.

$$A_4A_3A_2A_1A_0 = 00000_{(2)} \sim 01111_{(2)} = 00_{(16)} \sim 0F_{(16)}$$

$A_4 = 1$일 때, 왼쪽 RAM #1의 $\overline{CS}$는 읽거나 쓰기가 가능하도록 칩이 인에이블되며, 왼쪽 RAM #1의 주소 공간 범위는 다음과 같다.

$$A_4A_3A_2A_1A_0 = 10000_{(2)} \sim 11111_{(2)} = 10_{(16)} \sim 1F_{(16)}$$

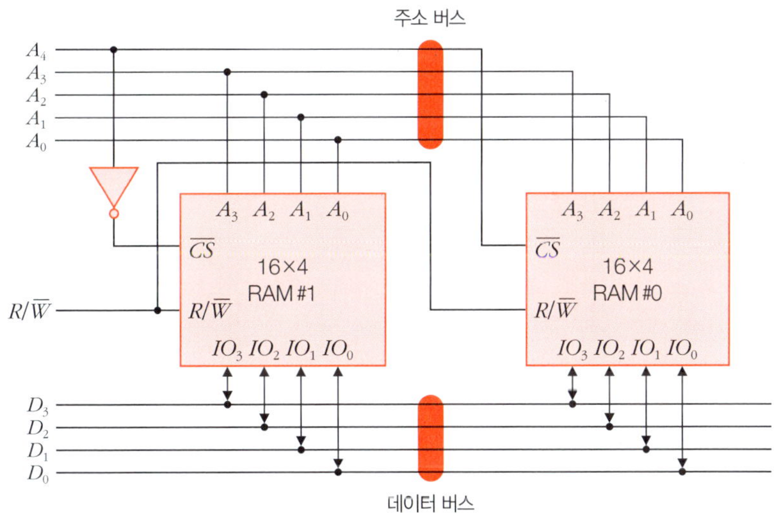

그림 12-14 워드 용량 확장(2개의 16×4 RAM을 이용해 32×4 RAM으로 확장)

예제 12-6

1K × 8 RAM 4개를 사용해 4K × 8 RAM을 구성하시오.

풀이

4K를 구성하기 위한 12개의 주소 선 중 하위 10개의 주소 선은 모든 RAM 칩에 공통으로 접속된다. 2×4 디코더의 4개의 출력은 각각 RAM 칩의 $\overline{CS}$ 입력에 접속된다. 여기서 디코더는 active-low로 동작한다고 가정한다. 디코더의 $\bar{E}$enable 입력이 논리 1이면, 메모리가 디스에이블disable되어 디코더의 4개 출력은 모두 1(High)이 되어 RAM 칩은 선택되지 않는다.

디코더가 인에이블되면($\bar{E}=0$) A_{11}, A_{10}의 2개의 주소 선에 의해 4개의 RAM 칩이 선택된다. 만약 $A_{11}A_{10}=00$이면 RAM #0이 선택되고, 10개의 하위 주소 선(A_9~A_0)에 의해 0~1023($000_{(16)}$~$3FF_{(16)}$)의 메모리 주소가 선택된다. $A_{11}A_{10}=01$이면 RAM #1이 선택되어 1024~2047($400_{(16)}$~$7FF_{(16)}$)의 메모리 주소가 선택된다. 또 $A_{11}A_{10}=10$이면 RAM #2가 선택되어 2048~3071($800_{(16)}$~$BFF_{(16)}$)의 메모리 주소가 선택되고 마지막으로 $A_{11}A_{10}=11$이면 RAM #3이 선택되어 3072~4095($C00_{(16)}$~$FFF_{(16)}$)의 메모리 주소가 선택된다.

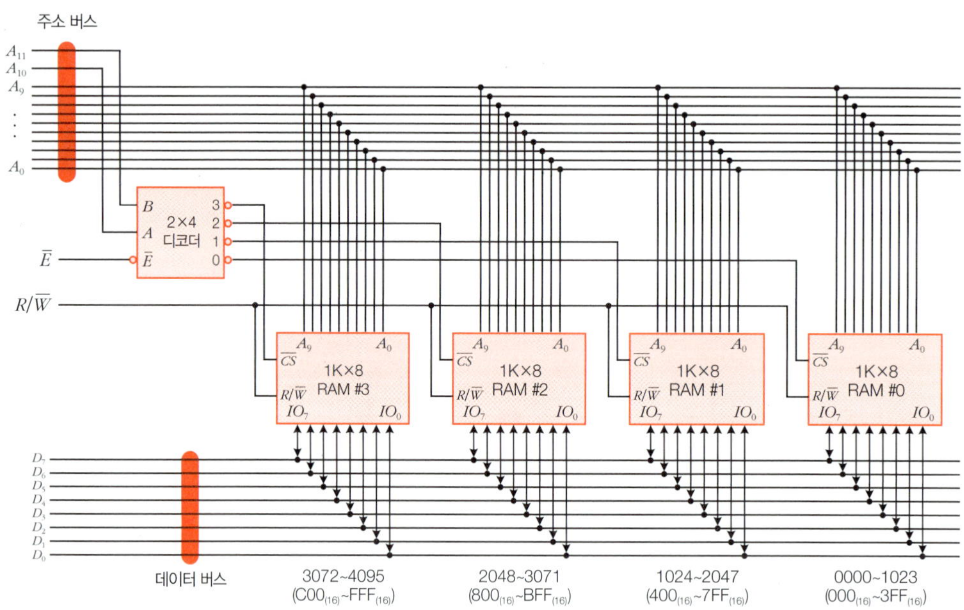

04 플래시 메모리

플래시 메모리flash memory는 1980년대 초에 마스오카Masuoka 박사의 연구로 개발된 반도체 메모리이며 블록 단위로 읽기, 쓰기, 지우기가 가능한 EEPROM의 한 종류이다. 전원이 끊겨도 저장된 데이터를 보존(비휘발성)하는 ROM의 장점과 정보의 입출력이 자유로운 RAM의 장점을 동시에 지닌 반도체 메모리이며, ROM에 비해 크기가 작고 작업 도중 전원이 끊겨도 저장된 데이터가 지워지지 않는다는 장점이 있다. 또한 속도가 빠르며 전력 소모가 적고, CD나 DVD처럼 드라이브를 장착해야 하는 번거로움이 없다. 플래시 메모리는 2001년부터 USB 드라이브, thumb 드라이브라는 이름으로 소개되면서 주목을 받기 시작했으며, 이후 디지털 캠코더, 휴대폰, 디지털 카메라, PDA, 게임기, MP3 플레이어 등의 휴대용 디지털 기기에 사용되면서 그 사용량이 급격히 증가하기 시작했다.

플래시 메모리는 **NAND 플래시**NAND flash와 **NOR 플래시**NOR flash로 나뉜다. 이는 반도체 칩 내부의 전자 회로 형태에 따라 붙인 용어로, 회로 형태가 NANDNOT AND 게이트이면 NAND 플래시, NORNOT OR 게이트이면 NOR 플래시로 불린다. NAND 플래시는 저장 단위인 메모리 셀을 수직으로 배열하고 NOR 플래시는 메모리 셀을 수평으로 배열한다. NAND 플래시는 대용량화에 유리하고 쓰기 및 지우기 속도가 빠른 반면 NOR 플래시는 읽기 속도가 빠른 장점을 갖고 있다.

1 플래시 메모리의 셀 구조

플래시 메모리는 **FGMOS**Floating Gate MOSFET라는 특별한 구조의 MOSFET에 전하electrical charge를 축적하여 데이터를 기억한다. FGMOS의 구조는 [그림 12-15]와 같이 제어 게이트control gate, 플로팅 게이트floating gate, 드레인drain, 소스source로 구성된다. 2층 구조의 게이트는 위쪽이 제어 게이트, 아래쪽이 플로팅 게이트이다. 제어 게이트와 플로팅 게이트 사이의 절연막은 ONOOxide-Nitride-Oxide의 3층 구조로 되어 있고 플로팅 게이트 아래 산화막은 매우 얇다. 플로팅 게이트는 모든 주위가 전기적으로 절연되어 공중에 떠 있는floating 게이트이

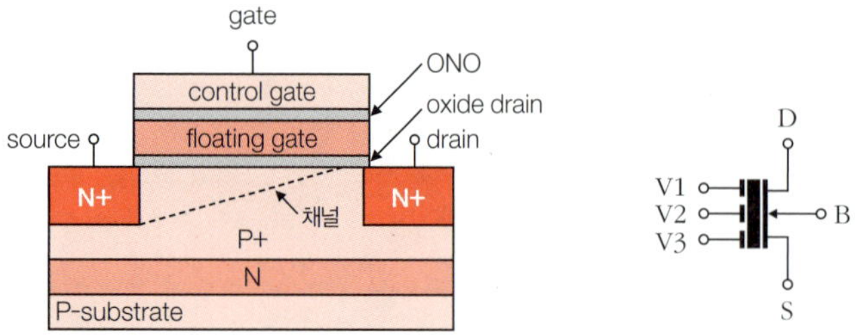

(a) 셀 구조 (b) 기호

그림 12-15 플래시 메모리의 셀 구조

며, 제어 게이트는 메모리 셀 어레이의 워드라인word line, WL을 겸하는 게이트이다. 플래시 메모리는 플로팅 게이트에 축적된 전하의 유무에 따라 0과 1의 데이터를 저장하며, 축적된 전하는 전원 공급이 없어도 2~10년 동안 전하를 저장할 수 있다.

제어 게이트에 충분한 전압을 인가하면 플로팅 게이트에 전자(전하)가 저장된다. 플로팅 게이트에 저장된 전자가 많으면 논리 0이 저장되고, 전자가 적거나 없을 경우에는 논리 1이 저장된다. FGMOS가 off 상태에서 on 상태로 변하는 게이트 전압을 **문턱전압**threshold voltage V_T라고 한다. 플로팅 게이트에 전자가 있으면 제어 게이트에서 나오는 전기장에 영향을 주어 문턱전압이 변경된다. 이와 같이 제어 게이트에 특정 전압을 인가하여 그 메모리 셀의 정보를 읽을 때, 플로팅 게이트에 있는 전자의 수에 따라 V_T가 다르기 때문에 드레인에서 소스로 전류가 흐르거나 흐르지 않는다. 전류가 흐르면 논리 1, 흐르지 않으면 논리 0으로 해석되는 원리다.

2 플래시 메모리의 기본 동작

플래시 메모리에는 쓰기write(프로그래밍), 읽기read, 지우기erase 등의 3가지 기본 동작이 있다.

쓰기 동작

플래시 메모리를 구입했을 때나 지우기 동작 후에는 각 메모리 셀의 전자는 모두 제거되었으므로 모든 메모리 셀은 초기에 논리 1 상태에 있다. 쓰기 동작은 논리 0인 셀의 플로팅 게이트에는 전자를 채우고 논리 1인 셀에는 전자를 채우지 않은 것으로 이해할 수 있다. [그림 12-16](a)와 같이 제어 게이트에 약 12~19V의 전압을 인가하면 소스에서 드레인으로 흘러가

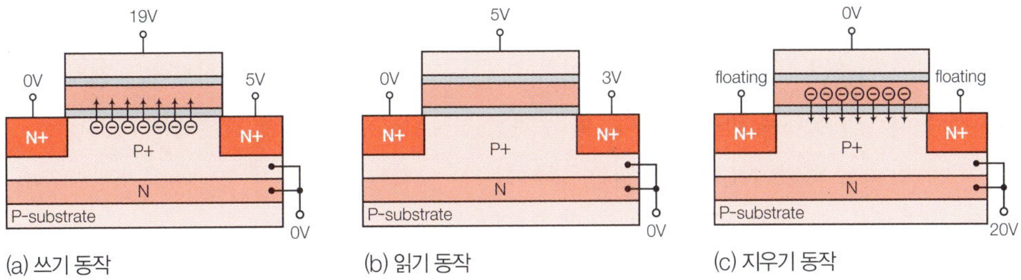

그림 12-16 플래시 메모리의 동작(NAND 플래시인 경우)

던 전자가 얇은 산화물 층을 뚫고 플로팅 게이트로 끌려 들어가게 된다. 이것을 NAND 플래시인 경우에는 **터널 주입**tunnel injection이라고 하며, NOR 플래시인 경우에는 **hot-electron injection**이라고 한다. 산화물로 둘러싸인 플로팅 게이트는 외부와 차단되어서 플로팅 게이트에 들어온 전자는 큰 전기장의 영향을 받지 않는 이상 외부로 빠져나갈 수 없다. 이렇게 플로팅 게이트로 들어온 전자는 쉽게 빠져나갈 수 없어서 전원이 끊긴 상태에서도 데이터가 지워지지 않는다.

읽기 동작

[그림 12-16](b)와 같이 제어 게이트에 +5V 전압을 인가한다. 플로팅 게이트에 있는 전자의 유무에 따라 제어 게이트 전압에 의해서 FGMOS의 on/off가 결정된다. 플로팅 게이트에 전자가 채워져 있으면(논리 0인 경우) 제어 게이트 전압이 플로팅 게이트에 저장되어 있는 음전하(전자)를 극복하기에 불충분하므로 FGMOS는 off 된다. 반면에 플로팅 게이트에 전자가 없으면(논리 1인 경우) 제어 게이트 전압은 FGMOS를 on시키기에 충분하다. 플로팅 게이트에 저장된 전자는 읽기 동작 시 제어 게이트에 인가된 전압과 반대 극성을 갖는 전압으로 생각할 수 있다. 따라서 0이 저장된 경우 제어 게이트 전압은 플로팅 게이트의 전하로 인해 FGMOS를 on시키는 데 필요한 문턱전압을 넘지 못한다. 반면에 1이 저장된 경우에는 플로팅 게이트에 전하가 없기 때문에 제어 게이드 전압이 문턱전압보다 크게 된다. FGMOS가 on되면 드레인에서 소스로 전류가 흐르는데 이 전류가 감지되면 논리 1이고, off 되어 전류가 감지되지 않으면 논리 0이 된다.

지우기 동작

지우기 동작에서는 모든 메모리 셀의 전하를 제거한다. [그림 12-16](c)와 같이 P+와 N층에 약 20V 전압을 인가하면 쓰기 동작과는 반대로 플로팅 게이트에 있던 전자들이 강한 전기장의 힘에 이끌려 산화물 층을 통과하여 밖으로 나오게 되고 플로팅 게이트에는 전자가 사라져서 논리 1의 상태로 바뀌게 된다. 이런 과정을 NAND 플래시인 경우에는 **터널 릴리즈**tunnel release라고 하며, NOR 플래시인 경우에는 **F-N 터널링**Fowler–Nordheim Tunneling이라고 한다. 플래시 메모리는 쓰기 동작 전에 항상 지우기 동작을 수행한다.

3 NAND 플래시와 NOR 플래시

대표적인 플래시 메모리로 NAND 플래시NAND flash와 NOR 플래시NOR flash가 있으며, 기본 원리는 동일하지만 각각의 명칭은 비트 선bit line, BL과 메모리 셀의 배선 차이에 의한 것이다. NAND 플래시와 NOR 플래시에는 각각 장단점이 있으며 응용 분야에 따라 구분하여 사용한다.

NAND 플래시의 구조와 특징

[그림 12–17]에 나타낸 NAND 플래시의 메모리 셀cell 구조는 논리 게이트의 NAND 게이트와 유사하며, 메모리 셀들은 직렬로 접속되어 있다. 반도체 메모리에서는 메모리 셀을 2차원 행렬로 배열하고 있으며, 이것을 **메모리 셀 어레이**array라고 한다. 플래시 메모리에서는 1개의 FGMOS가 1개의 메모리 셀1cell–1Tr.에 해당되며, 메모리 셀 어레이는 FGMOS를 어레이의 형태로 배열한 구조다.

NAND 플래시의 메모리 셀 어레이에서는 워드라인WL, word line이 서로 인접하고 있어 같은 비트에 연결된 FGMOS들이 소스와 드레인을 공유하는 형태로 접속되어 있다. 소스와 드레인을 공유하기 때문에 FGMOS가 차지하는 실리콘 면적을 작게 할 수 있어 고밀도 대용량의 플래시 메모리가 가능하다. NAND 플래시의 셀 면적은 DRAM에서 필요한 커패시터가 없기 때문에 약 50%가 되고, NOR 플래시의 약 80% 정도가 된다.

같은 비트 라인bit line, BL에 연결된 FGMOS의 수는 제품에 따라 다르지만 일반적으로는 32개나 64개인데, 이를 **스트링**string이라고 한다. 스트링은 연결의 최소 단위이다.

같은 워드라인에 연결된 FGMOS의 수는 읽기/쓰기의 최소 단위가 된다. 일반적으로 16K나 32K의 FGMOS가 1개의 워드라인에 연결되며, 이를 **페이지**page라고 한다. 워드라인의 개수는 한 스트링 내부에 있는 FGMOS의 개수와 같으므로 1개의 메모리 셀 어레이에는 32개나 64개의 워드라인이 있다. **블록**block은 스트링과 페이지로 구성된다.

NAND 플래시는 페이지 단위로 읽기/쓰기 동작이 가능하지만 해당 페이지를 덮어쓰거나 지우려면 모든 블록을 지워야 한다.

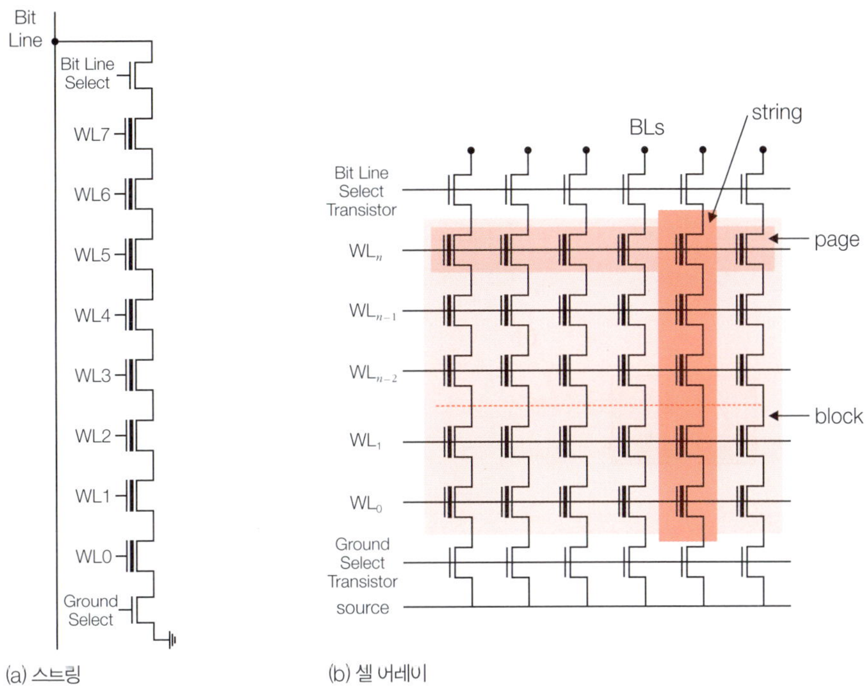

그림 12-17 NAND 플래시의 스트링 및 메모리 셀 어레이 구조

NOR 플래시의 구조와 특징

[그림 12-18]에 나타낸 NOR 플래시의 메모리 셀은 표준 MOSFET와 유사하며, 각 메모리 셀은 1cell-1Tr.이지만 메모리 셀 어레이 회로 구조 측면에서 보면 메모리 셀에 비드 신 접속부와 소스 선 접속부가 존재하므로 NAND 플래시에 비해 저장 밀도가 낮다. NOR 플래시에서 각각의 FGMOS는 독립되어 있으며, 워드라인WL과 비트라인BL 이외에 소스라인source line, SL이 있다. 소스라인은 메모리 셀 어레이에 공통이며, FGMOS의 소스 전압을 고정하기 위한 용도로 사용된다. NOR 플래시는 랜덤 액세스random access 방식으로 바이트 또는 워드 단위로 읽기/쓰기 동작이 가능하지만 덮어쓰기와 지우기 동작은 임의로 접근할 수 없다.

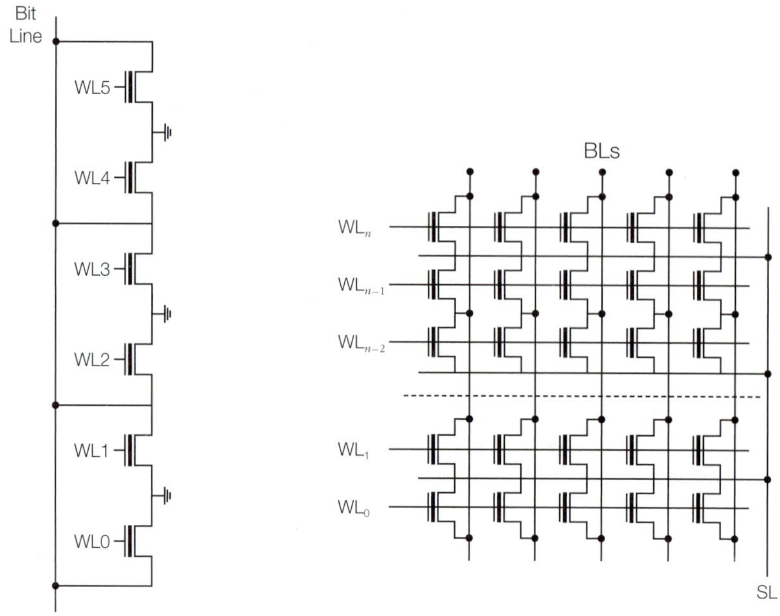

(a) 스트링 (b) 셀 어레이

그림 12-18 NOR 플래시의 스트링 및 메모리 셀 어레이 구조

NAND 플래시와 NOR 플래시의 비교

[표 12-2]에는 NAND 플래시와 NOR 플래시를 비교하여 나타냈다. NAND 플래시는 데이터 저장용이고 NOR 플래시는 프로그램 코드를 저장하는 용도로 주로 사용한다. 이것은 **불량 섹터**bad sector의 유무에 기인하며, NAND 플래시는 출하 시 불량 섹터가 있으나 NOR 플래시에는 없기 때문이다. 시스템 동작에 중요한 프로그램 코드를 불량 섹터가 있는 메모리에 저장하면 동작에 큰 문제가 발생할 수 있으므로 불량 섹터가 없는 NOR 플래시가 프로그램 코드를 저장하는 용도로 사용한다. 따라서 USB 드라이브나 메모리 카드같이 데이터만을 저장하는 용도에는 NAND 플래시가 사용되며, NOR 플래시는 PC의 BIOS나 휴대폰, 셋톱박스의 펌웨어firmware와 같이 자주 업데이트되지 않는 프로그램 코드를 저장하는 데 적절하다. 요즘에는 기술이 발달하여 불량 섹터가 거의 없는 NAND 플래시가 출하되고 있지만 플래시 메모리는 쓰기/지우기 횟수가 약 100만 회 정도이므로 쓰기/지우기를 빈번하게 하면 해당 셀의 수명이 줄어들어 결국 불량 섹터로 변한다.

읽기 속도는 NOR 플래시가 우수하고, 쓰기와 지우기 속도는 NAND 플래시가 우수하다. 보통 프로그램 코드는 빈번하게 수정하지 않지만 해당 프로그램 코드를 계속 읽어야 하는 프로그램 코드의 특성상 읽기 속도가 빠른 NOR 플래시가 프로그램 코드 저장에 유리하다. 반면에 NAND 플래시는 쓰기와 지우기 속도가 NOR 플래시에 비해 우수하고 집적도가 높아 대용량이 가능하기 때문에 데이터 저장용의 메모리로 사용하기 유리하다.

NAND 플래시도 프로그램 코드 저장용으로 사용되기도 하는데, NOR 플래시는 NAND 플래시에 비해 소용량이고 고가이기 때문이다. 그래서 삼성 같은 회사에서는 자사의 NAND 플래시 시장을 확대하기 위해 삼성에서 만든 제품에서는 NAND 플래시로의 부팅booting을 지원하고 있다. 실제로 휴대폰 개발에서도 NOR 플래시나 NAND 플래시로의 부팅을 모두 지원하는 추세이다.

표 12-2 NAND 플래시와 NOR 플래시 특성 비교

구분	NAND 플래시	NOR 플래시
용도	데이터 저장용	프로그램 코드 저장용
읽기 속도	느리다	빠르다
쓰기 속도	빠르다	느리다
지우기 속도	빠르다	느리다
구조	셀이 직렬로 연결 데이터/주소 통합 구조	셀이 병렬로 연결 데이터/주소 분리 구조
액세스 단위	페이지 및 블록	워드 및 바이트
랜덤 액세스	Data Read 시 불가능	Data Read 시 가능
불량 섹터	있다	없다
단가	단가 낮음	단가 높음
저장 용량	대용량	소용량
사용 기기	USB 드라이브, 메모리 카드에 이용	휴대폰, 셋톱박스용 칩에 사용
주도 업체	삼성전자, 도시바	인텔, AMD

구조 측면에서 보면 NAND 플래시는 FGMOS가 직렬로 연결되어 데이터 버스와 주소 버스가 통합된 구조이고, NOR 플래시는 병렬로 연결되어서 데이터 버스와 주소 버스가 분리되어 있다. 보통 데이터를 읽거나 쓰기 위해서는 데이터 버스와 주소 버스가 필요한데 데이터와 주소를 전송하는 버스가 같은 버스를 사용하는가, 다른 버스를 사용하는가가 매우 중요하

다. 왜냐하면 같은 버스를 사용하면 메모리에서는 이것이 데이터인지 주소인지 알 수 있는 방법이 없으므로 ALE^Address Latch Enable^이라는 신호가 추가적으로 필요하게 된다. 또한 이렇게 버스를 공유하여 사용하면 동작이 느릴 수밖에 없다. 따라서 데이터 버스와 주소 버스가 분리된 NOR 플래시가 NAND 플래시보다 랜덤 액세스 속도가 빠르다. 하지만 그에 따라 핀 수가 늘어나서 메모리의 크기도 커지므로 NAND 플래시에 비해 크기는 커지고 가격도 비싸다. 반면에 NAND 플래시는 NOR 플래시와 같은 크기라면 남는 공간에 메모리 셀을 더 집적할 수 있으므로 대용량이 가능하다.

이와 같은 구조적인 측면이나 용도는 NAND 플래시와 NOR 플래시의 액세스 단위도 다르게 된다. 프로그램 코드는 작은 단위의 자료형도 있기 때문에 이를 처리하기 위해서는 워드^word^나 바이트 단위의 액세스가 가능한 NOR 플래시가 유리하고, 대용량 데이터를 전송하는 NAND 플래시는 큰 데이터 단위인 페이지^page^ 및 블록^block^ 단위로 액세스한다.

NAND 플래시는 삼성전자와 도시바가 주도하고 있으나 시장이 점점 커지면서 다른 반도체 제조업체들의 관심이 확대되는 추세이다. NOR 플래시는 인텔이 주도하고 있으나 후발로 AMD 등이 시장에 뛰어들어 경쟁이 치열해지고 있다.

4 SLC, MLC, TLC의 차이와 특성

플래시 메모리는 데이터를 저장하는 최소 단위인 메모리 셀에 데이터를 저장하는 방식에 따라 SLC^Single Level Cell^, MLC^Multi Level Cell^, TLC^Triple Level Cell^로 나뉘어진다.

- SLC　하나의 셀에 1비트의 정보를 저장　0, 1
- MLC　하나의 셀에 2비트의 정보를 저장　00, 01, 10, 11
- TLC　하나의 셀에 3비트의 정보를 저장　000, 001, 010, 011, 100, 101, 110, 111

제어 게이트에 인가하는 전압에 따라 플로팅 게이트에 주입되는 전자의 양은 달라지고 플로팅 게이트에 주입된 전자의 양을 파악하는 것도 가능하다. SLC, MLC, TLC는 이러한 개념을 이용한 것이다. [그림 12-19]와 같이 SLC는 단순히 플로팅 게이트에 전자를 채우고 비운다는 개념만을 가지고 셀을 운용했다면, MLC와 TLC는 플로팅 게이트에 주입된 전자의 양에 따라 데이터를 구분하는 개념으로 셀을 운용하는 것이다.

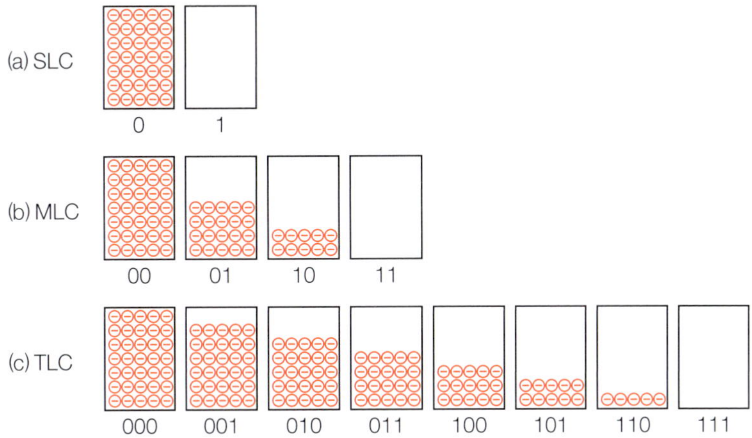

그림 12-19 메모리 셀의 데이터 저장 방식

문제는 제어 게이트에 인가하는 전압에 비례하여 정확하게 원하는 수준의 전자가 플로팅 게이트에 주입되지 않는다는 데 있다. 제어 게이트에 특정 전압을 인가하면 플로팅 게이트에 일정 범위 내의 전자가 채워지며, 데이터를 읽는 것도 플로팅 게이트의 전하량이 일정한 범위 내에 있으면 해당 데이터로 읽는다. 즉, 데이터의 저장과 읽기에 오차 허용 범위를 두고 있다. 이를 [그림 12-20]에 나타냈으며, 전압은 임의로 설정하였다.

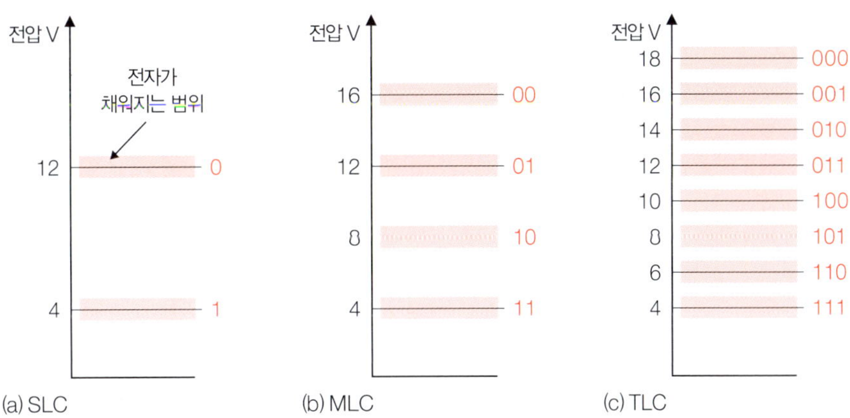

그림 12-20 제어 게이트에 특정 전압을 인가했을 때 전자가 채워지는 범위

SLC는 각 데이터를 규정하는 범위 간에 간격이 충분히 넓기 때문에 데이터를 저장하고 읽는 데 오류가 적다. 반면에 TLC는 영역 간에 간섭이 일어나지 않을 정도로 촘촘하게 셀을 운용

하기 때문에 데이터를 저장하고 읽는 데 오류 발생 확률이 높다. 따라서 NAND 플래시 메모리에서는 오류를 검출하고 정정할 수 있도록 데이터와 함께 오류 정정 코드인 ECC 코드Error Correcting Code를 함께 저장한다. ECC 코드는 일정 비트까지의 오류는 스스로 정정할 수 있지만 일정 비트 이상의 오류는 검출만 가능하고 정정할 수는 없다. 만약 쓰기 작업 후 확인한 결과 정정할 수 없다면 단순히 다시 쓰면 된다.

SLC는 오류 발생 확률이 적기 때문에 ECC 코드도 간단하게 구성되어 있다. 반면에 MLC, TLC로 갈수록 오류 발생 빈도가 높아지기 때문에 그만큼 더 강력하고 복잡한 방식의 ECC 코드가 사용된다. ECC 코드가 복잡할수록 저장해야 할 ECC 코드의 크기도 늘어나고, 해당 ECC 코드를 해석하기 위한 시간도 길어진다. 즉, 전체적으로 데이터의 읽기, 쓰기, 지우기 작업이 느려지므로 SLC → MLC → TLC 순으로 성능이 현저하게 떨어진다.

이론적으로 메모리의 면적이 같을 때 TLC가 SLC보다 최대 3배의 용량을 가진다. 현실적으로는 TLC는 SLC보다 ECC 코드 영역으로 할당해야 할 용량이 커지기 때문에 정확하게 3배의 용량은 나오지 않는다. 그렇지만 SLC보다는 MLC나 TLC가 동일한 저장 용량을 구성할 때 가격이 저렴한 것은 사실이다.

또한, 플래시 메모리에서 셀의 수명이 한정되어 있다는 문제가 있다. 메모리 셀에 데이터를 쓰거나 지우는 과정에서 제어 게이트에 높은 전압을 인가하면 전자가 절연체인 산화막을 통과하는 터널 효과가 발생한다고 하였다. 이때 전자들이 산화막을 통과하는 과정에서 일부 전자들이 산화막에 축적되는 현상이 발생한다. 그리고 재기록 횟수가 늘어날수록 산화막에 더 많은 전자들이 축적되며, 이로 인해 산화막의 저항이 변하게 된다. 따라서 동일한 터널 효과를 발생시키기 위해서는 초기보다 더 높은 전압을 인가해야 한다. 이를 위해 플래시 메모리는 인가하는 전압의 크기를 점차 조정하지만 인가할 수 있는 전압에는 한계가 있다. 결론적으로 쓰기 및 지우기가 일정 횟수Program/Erase cycle, P/E cycle에 다다르면 커진 산화막의 저항으로 인해 원하는 터널 효과를 발생시킬 수 없어서 플래시 메모리 셀의 수명이 한정되는 것이다.

SLC는 각 상태별 전압 간의 차이가 크고, 여유 전압도 보다 넓게 구성할 수 있기 때문에 산화막의 저항이 변하는 것에 그만큼 오랜 대응이 가능하다. 그러나 MLC나 TLC의 경우, 각 상태별 전압의 폭도 좁고 여유 전압도 작기 때문에 전압 조절을 통한 대응 방식이 금방 한계에 다다르게 된다. 이것이 SLC → MLC → TLC 순으로 수명이 급격하게 줄어드는 이유다.

[표 12-3]에는 SLC, MLC, TLC의 특성을 비교하여 나타냈다.

표 12-3 SLC, MLC, TLC의 특성 비교

구분	SLC	MLC	TLC
셀당 비트 수(bit/cell)	1	2	3
재기록 가능 횟수	100,000	3,000~10,000	1,000
읽기 시간 (read time)	25μs	50μs	~75μs
쓰기 시간(write time)	200μs~300μs	600μs~900μs	~900μs~1,350μs
지우기 시간(erase time)	1.5ms~2ms	3ms	4.5ms

5 플래시 메모리의 응용

플래시 메모리는 리더기 없이 PC에 USB 방식으로 직접 꽂아 사용할 수 있는 일체형 제품과 (USB 드라이브) 리더기가 있어야 PC와 연결할 수 있는 제품으로 구분된다. 후자의 제품들은 디지털 카메라와 PDA 등의 저장 장치로 널리 이용되고 있으며 CF, SMC, MS 등이 사용된다.

USB 메모리

USB(Universal Serial Bus)란 컴퓨터와 주변 기기 사이에 데이터를 주고받을 때 사용하는 버스 규격 중 하나다. 1990년대 후반부터 대부분의 개인용 컴퓨터에 USB 장치를 꽂을 수 있게 됨에 따라 USB는 다른 규격의 버스에 비해 보급률이 매우 높다. USB와 플래시 메모리를 결합해 하나의 제품으로 만든 것이 바로 USB 플래시 드라이브(USB flash drive), 흔히 말하는 USB 메모리다. USB 메모리는 대개 손가락 하나 정도 크기의 막대형 몸체에 USB 커넥터가 노출된 형태다. [그림 12-21]에는 USB 메모리의 구성도를 나타냈는데, 내부는 데이터를 저장하는 플래시 메모리 칩 그리고 커넥터와 메모리 칩 사이에서 데이터 전송을 제어하는 컨트롤러(controller)로 구성되어 있다.

A타입 커넥터

단자 노출형 커넥터

USB 버스의 데이터 전송 속도가 향상됨에 따라 USB 메모리의 속도도 점차 향상되었다. 초기 USB 메모리는 최대 12Mbps의 데이터 전송 속도를 갖춘 USB 1.1 규격을 사용했으나, USB 메모리가 대중화되기 시작한 2003년 이후의 제품들은 최대 480Mbps의 USB 2.0 규격을 지원하고 있

다. 또한, 2010년에는 데이터 전송 속도가 최대 5Gbps인 USB 3.0 규격의 제품도 출시되었다. USB 버스는 기본적으로 하위 호환성을 제공하고 있다. 따라서 하위 규격의 USB 포트에 상위 규격의 USB 메모리를 꽂아도 사용할 수 있으며, 그 반대의 경우도 마찬가지다. 다만 이런 경우 데이터 전송 속도는 하위 규격에 맞춰지게 된다.

USB 1.0/1.1 규격

USB 2.0 규격

USB 3.0 규격

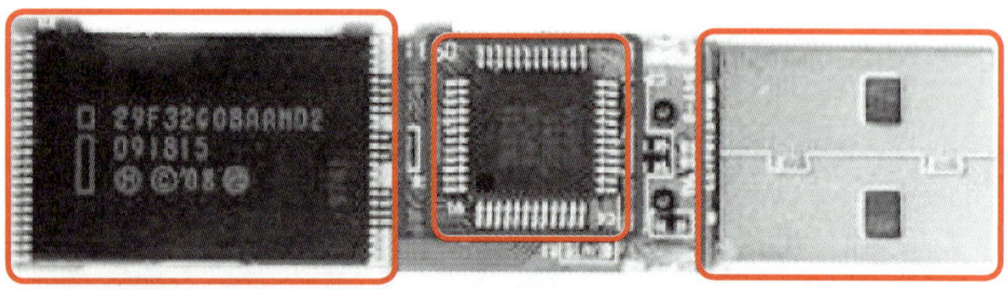

그림 12-21 USB 메모리 구성도

CF 카드

마이크로 드라이브

SMC

CFCompact Flash 카드

1994년 샌디스크SanDisk가 개발한 규격이며, 널리 사용되고 있는 메모리로 크기는 36mm×43mm이다. CF는 두께의 차이로 Type-I과 Type-II로 구분되며, Type-I의 두께는 3.3mm이고 Type-II는 5mm 정도다. 대부분의 디지털 카메라에 사용되는 CF는 Type-I 방식이며, Type-II는 2GiB, 4GiB, 8GiB의 대용량의 마이크로 드라이브micro drive에 사용된다. CF는 컨트롤러가 내장되어 있다.

SMCSmart Media Card/XD 픽처 카드

1995년 일본 도시바Toshiba가 최초로 규격화하고 CF만큼 널리 사용되었던 메모리로 두께 0.76mm, 크기 45mm×37mm이다. 사용 전압에 따라 5V용과 3.3V용으로 구분된다. 최근에 출시되는 모든 SMC는 3.3V용이며 CF에 비해 메모리 가격이 저렴하다. SMC의 메모리 용량은 최대 128MiB까지만 지원하고 데이터 전송 속도도 느리며 내구력이 취약한 단점이 있어 2005년에 생산이 중단되어 XD 픽처 카드로 대체되었다. XD 픽처 카드는 소형화, 경량화되는 플래시 메모리 추세에 맞게 올림푸스Olympus와 후지Fuji가 선택한 차세대 메모리로 고급형 디지털 카메라에 널리 이용된다. 크기는 20.0mm×25.0mm×1.7mm, 무게 2g이며 용량은 최대 8GiB까지 지원한다.

MMCMulti Media Card/MMC Micro 메모리/RS-MMC

1997년 샌디스크SanDisk와 지멘스Siemens가 공동 개발한 메모리로 대용량 데이터를 저장하기 위한 용도로 개발되어 디지털 카메라나 PDA 등에 사용되었다. CF와 마찬가지로 컨트롤러를 내장하여 제어가 쉬운 반면에 SMC나 SD에 비해 전송 속도는 느리다. MMC는 저가의 장점 때문에 한동안 SD와 공존했지만 저렴한 SD 카드가 대량으로 보급되면서 MMC는 점차 시장에서 모습을 감추게 되었다. 속도를 높인 HS-MMC, 카드 크기를 줄인 RS-MMCreduced size multi-media card 및 MMC 마이크로 등이 나오긴 했지만 그다지 많이 보급되지 못했다.

XD 픽처 카드

MMC

SD

SDSecure Digital 카드/미니 SD 카드

1999년 파나소닉Panasonic, 샌디스크SanDisk, 도시바Toshiba가 공동 개발한 메모리로 우표 정도의 크기에 2g으로 초경량 제품이다. MMC에 비해 초당 1.25Mbyte로 데이터 전송 속도를 고속화하고 저작권이 보호된 파일의 전송 횟수를 제한하는 규격Digital Rights Management을 추가한 것이 특징이다. 기존에 출시된 CF, SMC에 비해 MMC가 휴대성은 뛰어나지만 고가이기 때문에 널리 이용되지 못했다. 이에 보안성과 성능이 우수한 SD 카드가 출시되었는데, 다른 메모리에 비해 견고해서 충격에도 데이터가 안전하게 보존되어 디지털 카메라용 메모리로 널리 이용될 수 있었다. 미니 SD 카드Mini SD Card는 기존 SD 카드에 비해 크기를 1/2로 줄인 제품이고, 마이크로 SD(또는 Trans Flash)는 미니 SD 카드에 비해 1/4 정도 크기이며 스마트폰 또는 자동차의 블랙박스에 많이 사용되고 있다.

MS

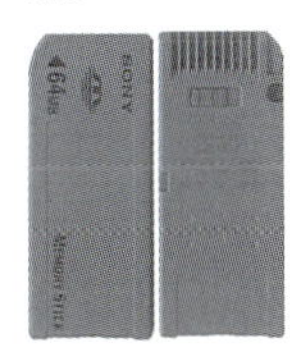

MSMemory Stick

1998년 소니Sony에서 규격을 발표한 메모리로 자사에서 출시되는 디지털 카메라, 바이오 노트북, 보이스 레코더, PDA 등에 이용된다. MS는 크기 50mm×21.5mm, 두께 2.8mm이며, 보통 보라색이지만 흰색 MS는 보안 기능을 강화하여 저작권에 민감한 콘텐츠를 저장할 때 사용한다. MS Duo는 기존 MS에 비해 1/2 정도의 크기로 소형화한 제품이며, MS Micro는 가장 작은 크기의 제품이다. MS는 용량에 따라 초기 MS는 128MiB, MS Pro는 최대 32GiB까지 지원하며, MS XC는 최대 2TiB까지 지원한다.

MS Duo(좌)와 MS Micro(우)

SSD

컴퓨터 시스템에서 보조 기억 장치로 사용하는 하드 디스크HDD, Hard Disk Drive는 플래터platter라고 하는 자기 디스크를 물리적으로 회전시키며 데이터를 읽거나 저장한다. 자기 디스크를 아무리 빨리 회전시킨다 해도 반도체의 처리 속도는 따라갈 수 없다.

이러한 이유 때문에 하드 디스크를 대신할 대안으로서 제시된 것이 바로 SSDSolid State Drive이다. SSD의 용도나 외관, 설치 방법 등은 하드 디스크와 유사하지만 내부적으로 커다란 차이가 있다. SSD는 하드 디스크와 달리 자기 디스크가 아닌 반도체 메모리를 내장하고 있다. 이러한 특성 때문에 SSD는 하드 디스크보다 빠른 속도로 데이터의 읽기와 쓰기가 가능하다. 또한, 물리적으로 움직이는 부품이 없기 때문에 작동 소음이 없으며 전력 소모도 적다.

SSD의 내부 구조는 [그림 12-22]와 같이 PC와 연결되는 인터페이스(연결 포트 등)와 데이터 저장용 NAND 플래시 메모리 그리고 인터페이스와 메모리 사이의 데이터 교환 작업을 제어하는 SSD 컨트롤러controller 및 외부 장치와 SSD 간의 처리 속도 차이를 줄여주는 버퍼buffer로 사용되는 DRAM 캐시로 구성되어 있다. 이 중에서 SSD 컨트롤러는 NAND 플래시 메모리에 데이터를 저장하고, NAND 플래시 메모리를 관리하고 다시 데이터를 읽는 것까지 모든 것을 관장하는 가장 핵심 부품이다.

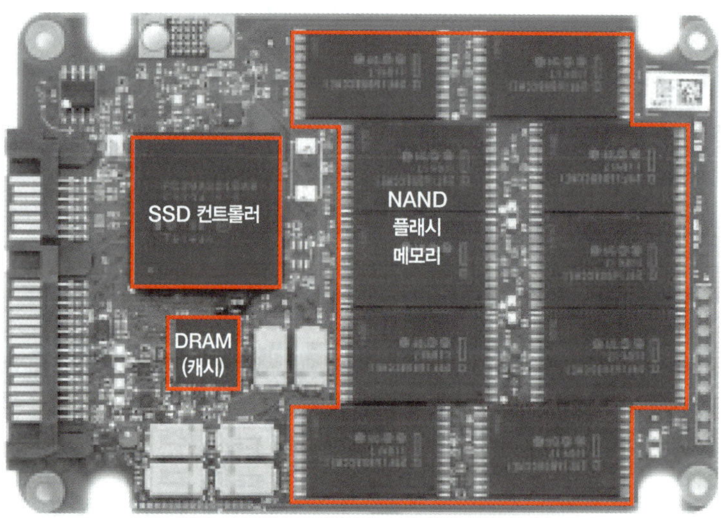

그림 12-22 SSD의 내부 구조(Intel SSD 320)

05 프로그래머블 논리 장치(PLD)

1 PLD의 종류

PLD(Programmable Logic Device)는 고정 기능 논리 소자(SSI, MSI)에 비해 공간 절약, 사용의 편리성, 비용 절감, 집적도, 프로그램이 가능하다는 장점을 갖는다. PLD의 종류로는 SPLD, CPLD, FPGA 등의 세 가지가 있다. 보통 CPLD는 GAL이나 PAL 등이 발전한 것이고, FPGA는 CPLD가 발전한 것이다.

SPLD

SPLD(Simple Programmable Logic Device)는 가장 간단한 형태의 PLD로서 SSI 및 MSI 소자 대신 사용할 수 있다. SPLD는 주어진 논리 기능을 수행하도록 프로그래밍할 수 있는 AND 게이트와 OR 게이트의 대형 어레이(array) 구조를 갖는 IC로, 각 게이트 입력에 퓨즈 링크(fuse-link)가 연결되어 있다. 사용자가 적당한 곳의 퓨즈 링크를 전기적으로 끊음으로써 AND-OR, 즉 곱의 합(SOP, Sum Of Product) 형식으로 된 조합논리회로를 실현할 수 있다. 어떤 PLD는 플

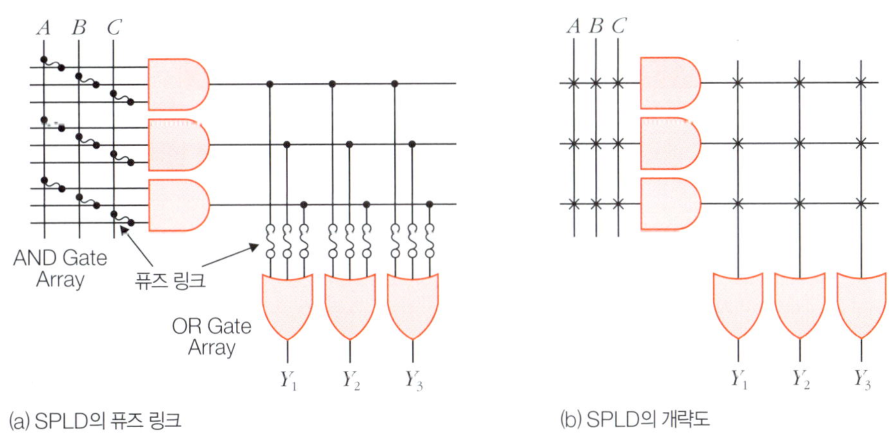

그림 12-23 SPLD의 퓨즈 링크 구조

립플롭을 거쳐 출력을 입력으로 피드백한 것도 있으며 이 경우에는 순서논리회로를 실현할 수 있다. 그리고 PLD를 사용하면 IC 수를 절약할 수 있다. 예를 들어, IC 5~6개 대신에 20핀 SPLD 1개를 사용해 원하는 논리회로를 구현할 수 있다.

[그림 12-23]은 SPLD의 구조를 보여주는데 AND 어레이, OR 어레이 및 퓨즈 링크로 구성되어 있다. 사용자가 원하는 퓨즈 링크를 끊는 것을 프로그래밍한다고 하며, 이것은 전용 장치를 사용해 쉽게 수행할 수 있다.

SPLD의 종류로는 PROM programmable ROM, PLA programmable logic array, PAL programmable array logic 그리고 GAL generic array logic 등이 있다.

- **PROM** : PROM은 디코더 역할을 하는 고정 AND 어레이와 프로그램이 가능한 OR 어레이로 구성되어 있다. PROM은 주로 주소 지정 메모리로 사용되며 고정된 AND 게이트의 제약 때문에 논리 소자로는 사용하지 않는다.
- **PLA** : PLA는 PROM이 안고 있는 약점을 보완하기 위해 개발된 소자로, AND 입력과 OR 입력 양쪽을 모두 프로그래밍할 수 있으므로 가장 융통성 있게 프로그래밍할 수 있다. 그러나 동작 속도와 집적도가 떨어진다.
- **PAL** : AND 입력만을 프로그래밍할 수 있고 OR 입력은 고정되어 있으며, 1회에 한해 프로그래밍이 가능하다.
- **GAL** : GAL은 여러 가지 SPLD 중 가장 최근에 개발된 소자이다. PAL과 마찬가지로 프로그래밍 가능한 AND 어레이와 고정 OR 어레이 및 출력 논리로 구성되어 있으나 GAL은 다시 프로그래밍할 수 있고 또한 출력 논리도 프로그래밍 가능하다는 두 가지 점에서 차이가 있다. GAL은 바이폴라 기술이나 퓨즈 대신에 E^2CMOS electrically erasable CMOS 기술을 사용하기 때문에 반복해서 프로그래밍할 수 있다.

CPLD

CPLD Complex Programmable Logic Device는 PAL과 같은 내부 논리 블록을 여러 개 가지고 있다. CPLD는 PAL의 개념을 그대로 따르면서 용량을 확장한 것으로 적은 공간과 신뢰도 향상, 비용 절감 등의 장점을 갖는다. CPLD는 SPLD보다 집적도가 훨씬 높기 때문에 복잡하고 더 많은 논리회로를 프로그래밍할 수 있다. 보통 CPLD는 2~64개의 SPLD와 등가로 볼 수 있다. CPLD는 집적도와 프로그래밍에 따라 여러 가지 형태로 분류된다.

[그림 12-24]와 같이 CPLD는 내부에 여러 개의 **LAB**Logic Array Block와 LAB의 연결선인 **PIA**Programmable Interconnection Array로 구성되어 있다. 각 LAB는 **매크로 셀**macro cell이라는 여러 개의 PAL/GAL 어레이를 가지고 있으며 PIA를 이용해 다른 LAB 또는 I/O에 연결함으로써 복잡한 대형 논리회로를 구성할 수 있다. CPLD의 내부 결선은 주로 E^2CMOS 기술이 사용된다.

여러 개의 매크로 셀들을 묶어 놓은 LAB은 각 CPLD 제조사마다 다르다. Altera에서는 LAB, Xilinx에서는 Function Block이라고 부른다.

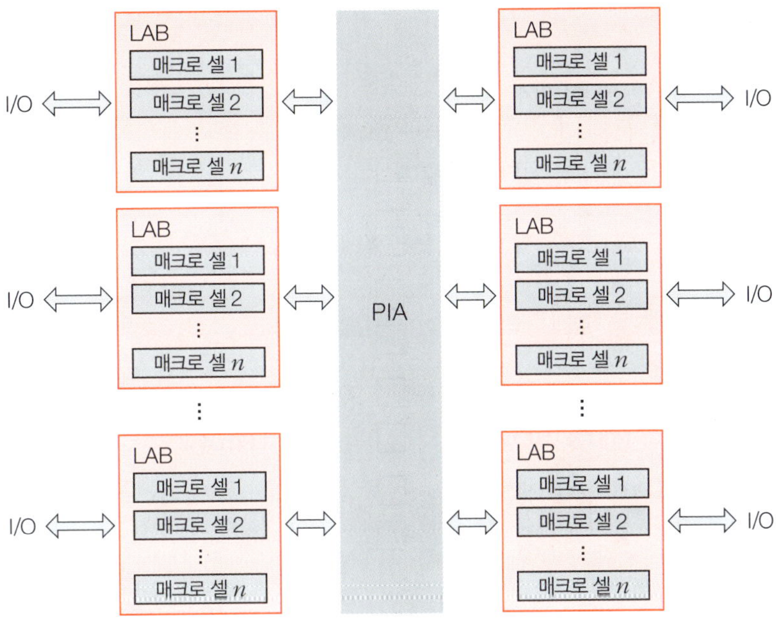

그림 12-24 CPLD의 블록도

매크로 셀은 3가지 함수 블록으로 구성되는데, 프로그램 가능한 AND 어레이와 고정된 OR 어레이 및 프로그래머블 레지스터programmable register로 이루어진다. 조합논리는 AND 어레이와 OR 어레이만으로 만들어지고 그 출력이 프로그래머블 레지스터로 입력된다. 따라서 매크로 셀은 조합논리회로와 순서논리회로 모두 구현 가능하다. CPLD 구조는 LAB의 연결 상태와 무관하게 신호 지연이 일정하기 때문에 타이밍 시뮬레이션이 필요 없다.

자일링스Xilinx, 알테라Alreta, 래티스Lattice, 사이프레스Cypress 등 여러 회사에서 CPLD를 생산하고 있다. 각 회사는 나름대로의 CPLD 구조를 가지고 있으나 이들의 공통점은 PAL/GAL SOP 논리 어레이에 기본을 두고 있다는 점이다.

FPGA

FPGAField Programmable Gate Array는 SPLD나 CPLD와는 다른 내부 구조를 가지고 있으며, 최고의 논리회로 집적도를 갖는다. FPGA 구조는 제조사마다 다르지만 [그림 12-25]와 같이 프로그램이 가능한 입출력 블록I/O block에 의해 둘러싸인 행과 열의 배선 영역interconnection area을 가진 **논리 블록**logic block 어레이로 구성된다. 논리 블록을 **CLB**Configurable Logic Block이라고도 한다. 그리고 각 논리 블록들은 여러 개의 **논리 요소**logic element들을 갖고 있다. 일반적으로 FPGA는 단일 칩 안에 수만 개 이상의 논리 소자들을 포함하고 있다.

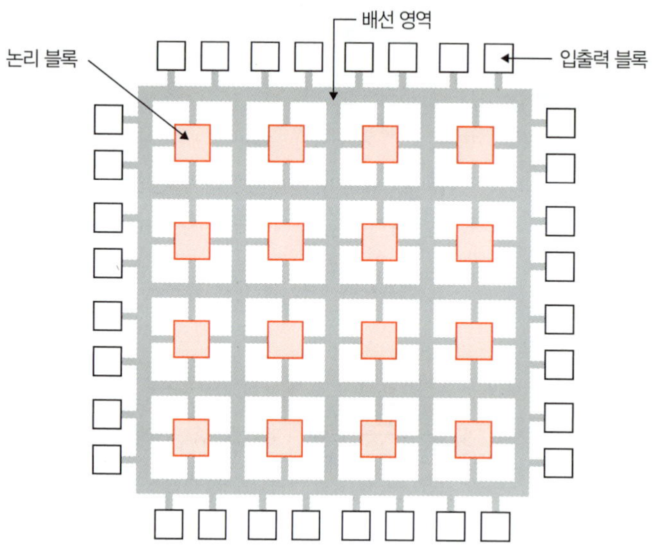

그림 12-25 FPGA의 개념적 블록도

FPGA는 CPLD의 SOP AND-OR 어레이와 달리 **LUT**look-up table라는 일종의 메모리를 기반으로 한다. 논리 요소를 간단하게 표현하면 [그림 12-26]과 같이 LUT, 플립플롭 그리고 관련 로직으로 구성된다.

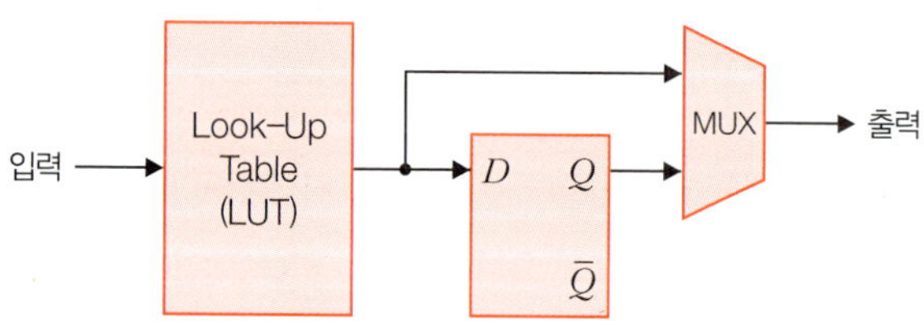

그림 12-26 FPGA의 논리 요소

LUT는 다양한 논리 함수를 수행하도록 프로그래밍할 수 있는 메모리 소자이며, LUT는 CPLD의 AND-OR 어레이 논리를 대체한 것이다. [그림 12-27]은 LUT를 이용해 논리 함수를 만드는 예로서 SOP 함수 $\bar{A}B\bar{C}+A\bar{B}C+ABC$를 만들기 위해 프로그램된 메모리를 보여준다. 3개의 곱항 중 하나가 LUT로 입력되면 1이 저장되어 있는 해당 메모리 셀이 선택되어 LUT는 1을 출력한다. 반면에 SOP 함수에 없는 항이 입력되면 LUT는 0을 출력한다.

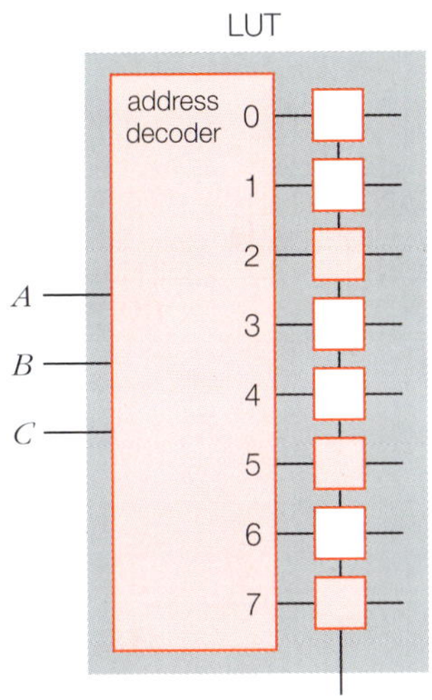

그림 12-27 SOP 함수를 만들기 위해 프로그램한 LUT

FPGA는 논리 블록 사이의 내부 결선을 위해 SRAM이나 안티퓨즈antifuse 방법을 사용하는데, SRAM을 사용한 방법이 많이 사용되고 있다. SRAM을 사용하면 휘발성이 되고, 안티퓨즈 방법을 사용하면 비휘발성이 된다. SRAM을 사용하는 경우 전원이 차단되면 새로 프로그래밍해야 되지만 실제 시스템에 장착된 FPGA의 경우 전원이 공급되면 자동으로 정보를 재지정하도록 설계되어 있다. 안티퓨즈는 정상 상태에서는 개방open되어 있으나 프로그램에 의해 접점이 연결된다. 안티퓨즈와 반대로 SPLD의 퓨즈는 정상 상태에서는 연결되어 있으나 프로그램으로 개방시킨다. SPLD는 퓨즈나 E^2CMOS 기술을 사용하고 있다.

2 PLA

PLA는 ROM 개념과 비슷하지만, 변수들을 완전히 디코딩하지 않으며 ROM처럼 최소항을 만들지도 않는다. PLA에서 디코더는 AND 게이트들의 집합으로 되어 있으며, 각각은 입력 변수들의 곱의 항product term을 만들어낸다. PLA 내부의 AND 게이트와 OR 게이트는 처음에는 연결 고리들로 모두 연결되어 있다. 특정 불 함수들은 필요 없는 연결 고리들은 끊고, 필요한 연결 고리들은 남겨둠으로써 곱의 합 형식으로 구현할 수 있다.

[그림 12-28]은 3입력-3출력 PLA의 구조를 나타낸다. 그림에서 × 표시는 수평선과 수직선 간의 퓨즈 링크를 나타낸다. 입력은 반전 버퍼를 가지고 있고 각 AND 게이트는 퓨즈 링크가 붙은 입력 6개(I_0, $\bar{I}_0$, I_1, $\bar{I}_1$, I_2, $\bar{I}_2$)를 가지고 있다. AND 게이트의 수는 2^3(=8)개이고(입력 수가 n개면 AND 게이트 2^n개를 가질 수 있다), 각 AND 게이트의 출력은 퓨즈 링크를 거쳐서 각 OR 게이트의 입력에 연결되어 있다.

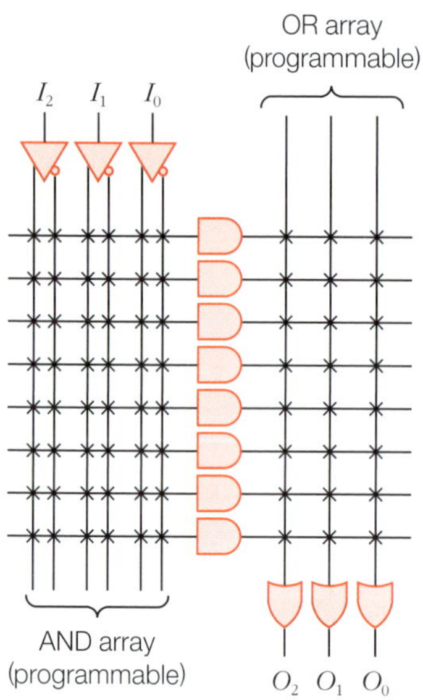

그림 12-28 3입력-3출력 PLA의 구조

일반적으로 PLA로 실현할 논리 함수는 SOP 형식이어야 하며, 위의 PLA 구조에서 곱의 항은 8개를 넘지 못한다. 주어진 논리 함수가 SOP 형식이 아닌 경우에는 이것을 SOP 형식으로 고친 다음 카르노 맵을 이용해 항의 수를 줄여서 간소화한다.

프로그래밍은 AND 게이트 쪽부터 시작한다. 곱의 항 하나를 AND 게이트 하나에 대응시켜 그 곱에 포함된 입력 변수 및 그 반전에 대응하는 퓨즈 링크만 남기고 다른 것은 끊는다. 이를 주어진 각 출력의 논리식에 포함된 모든 곱의 항에 대하여 하나씩 차례로 실시한다. 중복되는 항은 그대로 넘어간다. 남은 AND 게이트들은 그대로 둔다(출력은 항상 0). 이상과 같이 AND 게이트 입력 쪽에서 프로그래밍이 끝나면 OR 게이트 입력 쪽에서 프로그래밍을 실시한다. 위에서 얻은 AND 게이트 출력 중에서 필요한 것만 선택하여 OR 함으로써 필요한 출력을 얻는다. AND 게이트 입력 쪽에서 프로그래밍에서 손대지 않은 AND 게이트 출력(논리 0)은 OR 게이트 입력에 연결된 대로 그대로 두어도 된다. 논리적으로 $(\times)+0+0=(\times)$이기 때문이다.

일반적으로 사용되는 PLA는 10개 입력으로 곱의 항 50개를 다룰 수 있는 것이다. 입력 변수가 이와 같이 많은 경우 논리 함수의 간소화는 컴퓨터 프로그램을 이용해 실행해야 한다.

예제 12-7

다음과 같은 SOP 형식으로 표현된 논리 함수가 주어졌다. 이것을 [그림 12-28]과 같은 PLA로 구현하시오.

$$Y_1 = AB + \bar{A}BC$$
$$Y_2 = A\bar{B} + BC + \bar{A}BC$$
$$Y_3 = \bar{A}B + BC$$

풀이

먼저 Y_1의 첫째 항 AB에 대응하여 첫 번째 AND 게이트를 선택한다. AND 게이트의 6개 입력 중에서 A와 B에 연결된 퓨즈 링크만 남기고 나머지는 끊는다. 즉 아래 그림의 왼쪽 AND 어레이에서 첫 번째 수평선에 2개의 ×만 남긴다. 이 AND 게이트 출력 AB를 수평선 오른쪽에 표시한다. 다음 항 $\bar{A}BC$는 두 번째 AND 게이트의 입력 중에서 $\bar{A}$, B, C에 연결되는 퓨즈 링크만 남기고 나머지는 끊는다. 이것이 두 번째 왼쪽 수평선의 패턴이다. 이 수평선 오른쪽에 $\bar{A}BC$를 표시한다. Y_1, Y_2, Y_3의 모든 곱의 항에 대하여 이상을 반복한다. Y_2에서 Y_1과 중복되는 항 $\bar{A}BC$ 및 Y_3에서 Y_2와 중복되는 항 BC는 그대로 넘어간다. 사용하지 않은 AND 게이트에는 무관항의 의미로 ×를 표시한다.

다음에 오른쪽의 OR 게이트 입력 측을 프로그래밍한다. 즉, 위에 수평선 오른쪽에 표시한 곱의 항 중에서 필요한 것만 OR하여 오른쪽과 같은 패턴을 얻는다. 여기서도 불필요한 AND 게이트 출력으로부터의 입력 선은 끊지 않고 그대로 남겨두어도 된다.

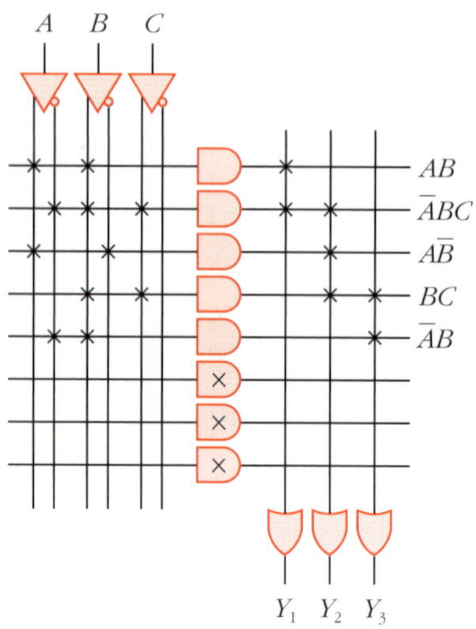

3 PAL

PAL은 OR 입력이 제조 시부터 고정되어 있고 AND 입력만을 프로그래밍할 수 있다. PLA보다는 프로그래밍에 제한이 있지만 현재 가장 많이 쓰이는 PLD이다. [그림 12-29]는 4입력-4출력 PAL을 이용해 다음 관계를 실현한 회로다. 여기서 AND 게이트 쪽에서 ×는 퓨즈를 그대로 둔 것이고, ×가 없는 것은 퓨즈를 끊은 것을 나타낸다.

$$Y_0 = ABC\bar{D}$$
$$Y_1 = A\bar{B}CD + ABC + \bar{B}CD$$
$$Y_2 = AB\bar{C}D + BC + BD + CD$$

각 OR 게이트의 입력 패턴은 [그림 12-29]에서 보는 것처럼 고정되어 있으며 각 OR 게이트는 4입력이므로 곱의 항을 4개까지 합할 수 있다.

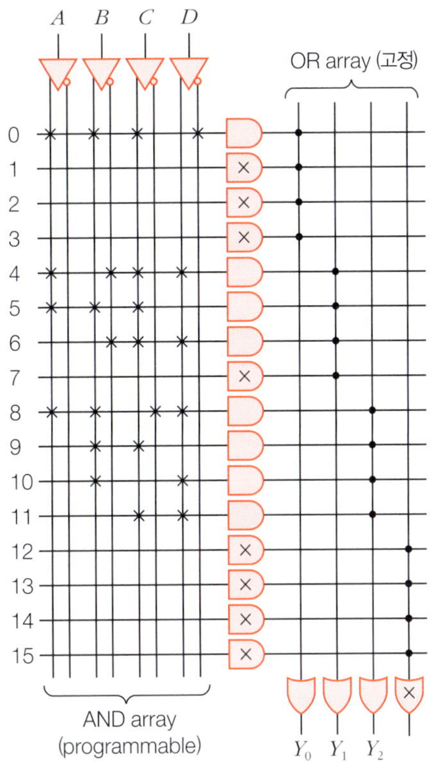

그림 12-29 4입력-4출력 PAL 구성 예

[그림 12-30]은 또 다른 구조의 4입력-4출력의 PAL을 보여준다. AND 출력 3개에 OR가 연결된 부분이 4개 있는데 가장 위쪽 부분의 출력은 버퍼-인버터를 거쳐 모든 AND 게이트 입력으로 피드백되고 있다. 따라서 각 AND 게이트는 10개(수직선의 수와 같음)의 입력 I_1, $\bar{I}_1$, I_2, $\bar{I}_2$, I_3, $\bar{I}_3$, I_4, $\bar{I}_4$, F_1, $\bar{F}_1$을 가진다. 이 구조에서 각 출력(F_1, F_2, F_3, F_4)은 곱(AND)의 항을 최대 3개(각 섹션의 AND 게이트의 수) 합한(OR) 것으로 표시된다. 곱의 항이 3개 이상인 출력에 대해서는 2개 이상을 쓴다.

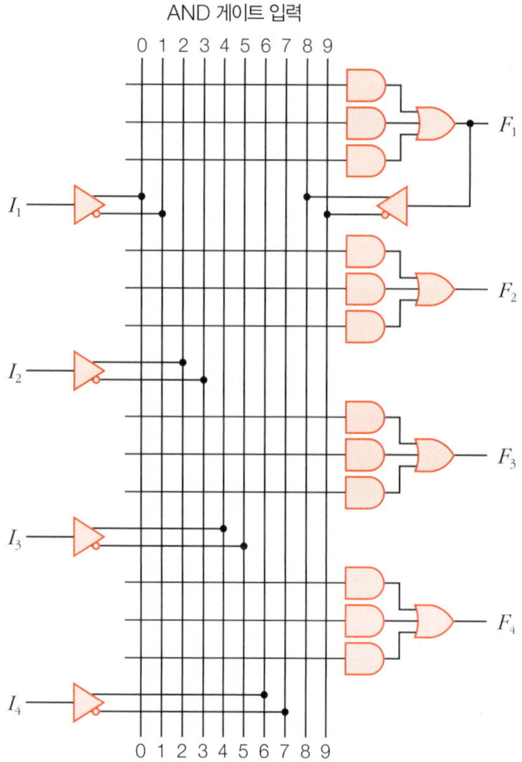

그림 12-30 4입력-4출력, 3개의 AND-OR 구조를 갖는 PAL

예제 12-8

어떤 논리 함수를 간소화하여 항의 수를 최소로 한 결과 다음과 같은 논리 함수를 얻었다. 이 식을 [그림 12-30]의 PAL을 사용해 실현하시오.

$$W = AB\overline{C} + \overline{A}\,\overline{B}C\overline{D}$$
$$X = A + BCD$$
$$Y = AB + CD + \overline{B}\,\overline{D}$$
$$Z = AB\overline{C} + \overline{A}\,\overline{B}C\overline{D} + A\overline{C}\,\overline{D} + \overline{A}\,\overline{B}\,\overline{C}D$$

풀이

Z의 처음 두 항은 W와 같으므로 다음과 같이 고치면 출력에서 곱의 항은 3개 이하이므로 PAL로 실현 가능하다. 여기서 ×를 넣은 AND 게이트는 사용하지 않는 것으로 해당 10개 입력 선에 붙은 퓨즈 링크는 그대로 둔다. PAL로 실현한 결과를 다음 그림에 나타냈다.

$$Z = W + A\bar{C}\bar{D} + \bar{A}\bar{B}\bar{C}D$$

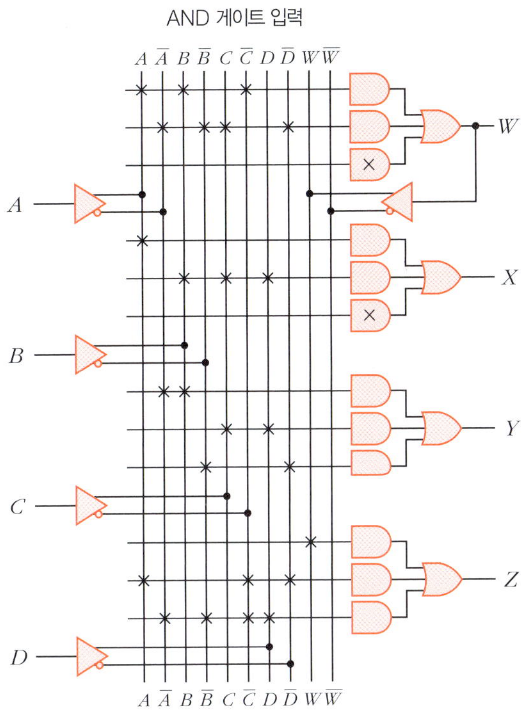

PAL의 형번은 대체로 기능을 알 수 있다. 예를 들어, 16R8A2라는 PAL은 입력 선 16개, 출력 선 8개, 속도는 A버전(지연 시간은 약 20ns)이나 소비 전력은 1/2 정도임을 알 수 있다. 다만, 출력 래치의 유무는 기능 분류 기호를 알아야 하는데 기호가 *R*, *X*, *V*, *VX*인 경우는 래치가 있으며 *H*, *L*인 경우는 래치가 없다. 여기서 *H*는 정논리 출력, *L*은 부논리 출력을 의미한다.

4 GAL

GAL은 반복적으로 프로그래밍 가능한 AND 어레이가 고정 OR 어레이에 연결된 구조이기 때문에 PAL과 마찬가지로 어떠한 SOP 형태의 논리식도 구현할 수 있다. 대부분의 GAL은 다수의 입력단과 출력단이 있는데, 입력 변수 2개와 출력 변수 1개에 대한 GAL의 기본 구조는 [그림 12-31]과 같다. 반복적으로 프로그래밍 가능한 어레이는 행과 열로 된 도체의 격자로 각 교차점은 PAL의 퓨즈와는 달리 E^2CMOS 셀로 구성되어 있다. 그림에서는 이러한 셀들이 블록으로 표시되어 있다.

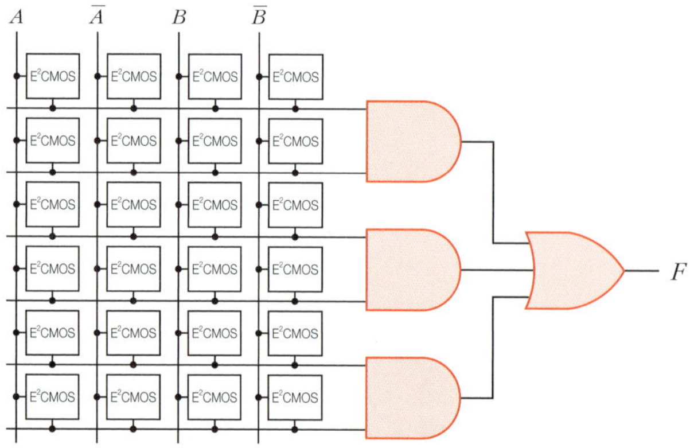

그림 12-31 GAL의 기본적인 E^2CMOS 어레이 구조

각 행은 AND 게이트의 입력단에 연결되어 있으며 각 열은 입력 변수나 변수의 보수에 연결되어 있다. E^2CMOS 셀들이 on 또는 off 상태가 되도록 적절히 프로그래밍함으로써 입력 변수나 보수의 모든 조합이 AND 게이트에 입력되게 할 수 있으며, 따라서 원하는 어떠한 곱의 항도 만들 수 있다. 어떤 셀이 on 상태에 있을 경우 해당되는 행과 열이 연결되며 off 상태일 때는 연결되지 않는다. 모든 셀은 전기적으로 지우거나 다시 프로그래밍할 수 있으며 E^2CMOS 셀의 경우 프로그래밍된 상태를 보통 20년 이상 유지한다.

예를 들어, [그림 12-32]처럼 논리 함수 $F = AB + \bar{A}B + \bar{A}\bar{B}$를 GAL로 구현하는 경우 위쪽 AND 게이트에서는 곱의 항 AB, 중간 AND 게이트에서는 $\bar{A}B$, 아래쪽 AND 게이트에서는 $\bar{A}\bar{B}$가 각각 만들어진다. 그림과 같이 원하는 변수나 보수를 적당한 AND 게이트 입력단에 연결하려고 할 경우 해당 E^2CMOS 셀은 on 상태가 되게 한다. 어떤 변수나 보수가 곱의 항에 나타나지 않을 경우 해당 E^2CMOS 셀은 off 상태가 된다. 이때 OR 게이트의 최종 출력은 SOP 형태의 식이 된다.

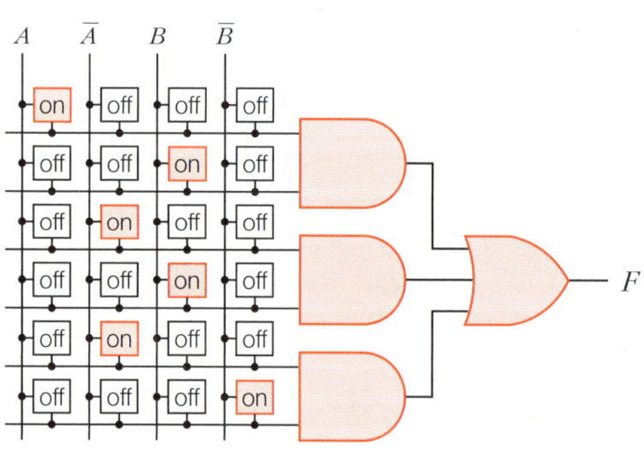

그림 12-32 $F = AB + \bar{A}B + \bar{A}\bar{B}$의 GAL 구현

예제 12-9

어떤 논리 함수를 간소화하여 항의 수를 최소로 한 결과 다음과 같은 논리 함수를 얻었다. 이 식을 GAL을 사용해 실현하시오.

$$F = \bar{A}B\bar{C} + \bar{A}BC + A\bar{B} + BC$$

풀이

다음 그림과 같이 원하는 변수나 보수를 AND 게이트 입력단에 연결하려고 할 경우 해당 E^2CMOS 셀은 on 상태가 되게 하고, 어떤 변수나 보수가 곱의 항에 나타나지 않을 경우 해당 E^2CMOS 셀이 off 상태가 되게 하면 OR 게이트의 최종 출력은 SOP 형태의 식이 된다. 그림에서 ×표시는 on 상태인 셀이다. off 상태인 셀은 ×가 없는 것으로 표시하여 나타냈다.

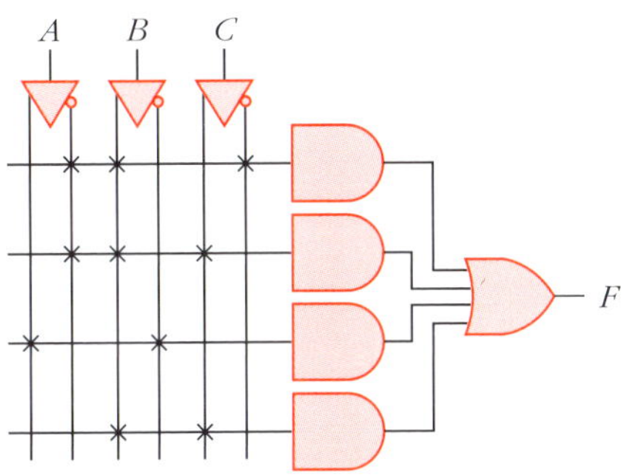

GAL은 여러 가지 형상으로 되어 있으며 소자 번호는 항상 접두사 GAL로 시작한다. 예를 들어, GAL16V8에서 GAL 다음의 16은 입력 선의 수가 16개임을 의미하는데 여기에는 입력단으로 사용할 수 있는 출력단도 포함되어 있다. 다음에 나타나는 V는 가변 출력 구조임을 나타내며, 8은 출력 선의 수를 의미한다.

5 PLD 프로그래밍

PLD에 논리회로 설계를 입력시키는 방법에는 결선도 입력schematic entry과 텍스트-기반 입력text-based entry이 있으며, 경우에 따라 두 방법을 같이 사용하기도 한다. **결선도 입력** 방법은 사용자가 소프트웨어를 이용해 논리 소자(게이트, 플립플롭 등)들을 입력시키고 컴퓨터 스크린 상에서 이들을 상호 연결하여 결선도를 만든다. **텍스트-기반 입력** 방법은 사용자가 **하드웨어 기술 언어**Hardware description language(HDL)를 이용해 텍스트 형태로 논리 설계를 입력시킨다.

SPLD용으로 개발된 HDL에는 WinCUPL, ABEL, PALASM, OrCAD-PLD, LOG/iC를 포함한 여러 가지 소프트웨어 패키지들이 지금도 사용되고 있다. 현재 광범위하게 사용되는 HDL에는 CPLD와 FPGA용으로 사용되는 VHDL과 Verilog가 있다. 그 외에도 제조회사들이 자사 제품을 위해 개발하여 제공하는 HDL들도 있다.

SPLD

PAL은 정해진 퓨즈 연결만을 남겨두고 다른 모든 퓨즈 연결은 개방하는 방법으로 프로그래밍하며, GAL도 E^2CMOS 셀을 on 또는 off 상태로 만드는 것을 제외하면 동일한 방식으로 프로그래밍한다. 각 셀의 상태는 구현하려는 논리 함수에 의해 결정된다. SPLD를 프로그래밍할 경우 다음 3가지 요소가 필요하다.

- 프로그래밍 소프트웨어(논리 컴파일러)
- 컴퓨터
- 프로그래머(PLD 라이터)

SPLD 프로그래밍에 사용하는 WinCUPL이나 ABEL 등의 소프트웨어를 **논리 컴파일러**logic compiler라 한다. 모든 논리 컴파일러는 정해진 방법에 따라 입력된 논리 설계를 처리, 분석하고 입력 데이터를 중간 파일로 변환한 후, 다시 **JEDEC**joint electric device engineering council 파일(cell map 또는 fuse map이라고도 함)이라는 최종 파일을 생성한다. 또한 소프트웨어를 사용해 논리 설계를 충분히 시뮬레이션함으로써 하드웨어로 구현하기 전에 오류를 찾아 수정할 수도 있다.

SPLD 라이터의 소켓은 보통 ZIFzero insertion force 소켓이며, SPLD 소자는 이 소켓에 삽입된다. SPLD 라이터는 논리 컴파일러로 생성된 JEDEC 파일을 이용해 SPLD를 프로그래밍하며 이때 정해진 핀에 필요한 전압을 인가함으로써 퓨즈 맵에서 지정된 어레이의 셀 상태를 변화시킨다. [그림 12-33](a)는 SPLD 프로그래밍의 일반적인 과정이다.

CPLD/FPGA

자일링스에서 제공하는 ISEintegrated synthesis environment나 알테라에서 제공하는 Quartus II는 로직을 설계하고 이를 CPLD/FPGA에 구현하기 위해 사용되는 소프트웨어다. [그림

12-33](b)는 ISE를 사용해 회로를 설계하는 과정이다.

설계 사양design specification이 정해지면 결선도schematic를 입력하거나 텍스트 기반인 VHDL이나 Verilog 중 하나를 사용해 실제 회로를 설계한다. 이들을 총칭하여 Design Entry라고 한다.

다음으로는 설계된 회로의 로직을 확인하기 위해서는 컴파일된 결과를 기능 시뮬레이션Functional Simulation을 통해서 검증한다. 만약 오류가 있으면 Design Entry로 다시 돌아가서 설계 파일을 재검토하고 오류를 수정한다. 이 과정이 완료되면 ISE에서 제공하는 툴tool을 이용해 게이트와 이들 간의 배선 정보 즉, 네트리스트netlist를 PLD 프로그램용으로 사용되는 2진 **비트 스트림**bit stream으로 변환하여 JEDEC 파일 형태로 저장한다. 이 과정이 끝나면 FPGA(또는 CPLD)의 구조에 대응시키기 위해 게이트를 논리 블럭에 할당하고 이들 간의 배선을 수행한다. 이러한 과정을 FPGA 설계에서는 P&RPlace and Route이라고 한다.

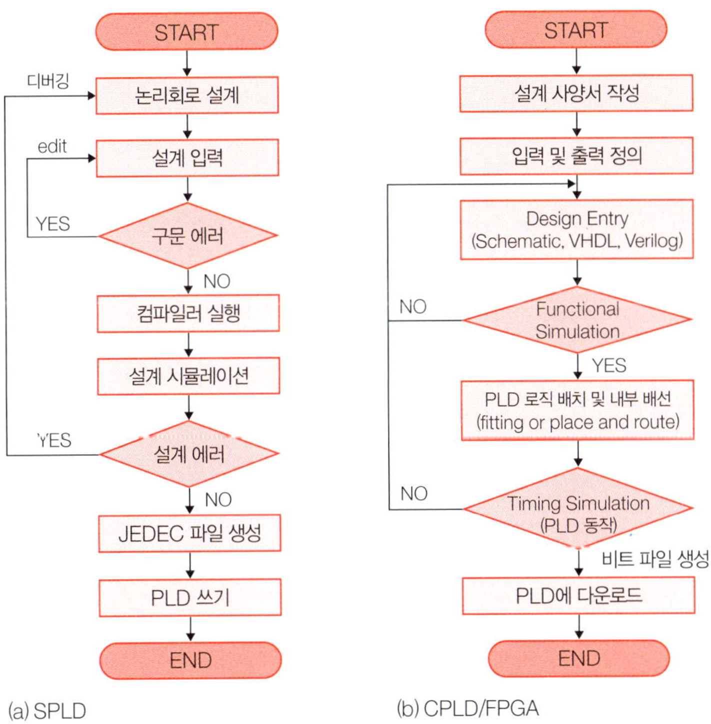

그림 12-33 PLD 프로그래밍 과정의 흐름도

01 다음과 같은 메모리 장치에서 주소 선의 수와 데이터 선의 수를 각각 구하시오.

① 2K × 16

② 64K × 8

③ 16M × 32

④ 96K × 12

02 한 워드의 길이가 32비트이며, 8,192 워드 용량을 가진 메모리 장치가 있다. MAR과 MBR을 구성하는 데 플립플롭이 몇 개 필요한가? 또 MAR이 15비트인 경우에는 메모리 장치의 용량은 얼마인가?

03 8K×8의 용량이 필요한 메모리 회로가 있다. 2K×8 PROM을 결합하여 이 회로를 구성하려고 한다. PROM 칩이 몇 개 필요한가? 그때 필요한 주소 버스 라인은 몇 개인가?

04 1K × 8(=1024 × 8)의 용량을 갖는 메모리 IC가 있다.

① 이 메모리 IC에는 주소 선과 데이터 선의 수는 각각 몇 개인가?

② 16K × 16 RAM을 구성하려면 메모리 IC는 몇 개 필요한가? 또 이 경우에 주소 선과 데이터 선의 수는 각각 몇 개인가?

05 다음 목적에 적합한 메모리의 종류를 말하시오.

① 프로그램 실행상 수시로 데이터를 쓰고 읽기 위한 working memory

② 영구적인 프로그램 저장

③ 개발 단계에서 프로그램 저장

06 다음 물음에 답하시오.

① 컴퓨터 메모리 시스템에서 사용하는 3개의 버스는 무엇인가?

② 메모리 위치를 선택하기 위해 CPU가 사용하는 버스는 어느 것인가?

③ 읽기 동작 동안 메모리로부터 CPU로 데이터를 옮기기 위해 사용하는 버스는 어느 것인가?

④ 쓰기 동작 동안 데이터 버스상에 있는 데이터의 근원은 무엇인가?

07 다음 설명은 마스크 ROM, PROM, EPROM, EEPROM, 플래시 메모리 중 어떤 형태의 메모리에 해당하는가? 어떤 설명은 한 가지 이상의 메모리 형태에 해당할 수 있다.

① 사용자에 의해 프로그램될 수 있으나 지울 수 없다.

② 제작자에 의해 프로그램된다.

③ 휘발성이다.

④ 반복해서 지우고 다시 프로그래밍할 수 있다.

⑤ 각 워드 단위로 지우고 다시 쓸 수 있다.

08 인에이블(EN) 입력이 있는 32×8 ROM이 있다. ROM 4개와 디코더를 사용해 128×8 ROM을 구성하기 위한 외부 연결을 나타내시오.

09 다음 논리식 4개를 구현하는 8×4 ROM에 대한 진리표를 구하시오. 여기서 m은 최소항의 번호를 나타낸다.

$$W(A, B, C) = \Sigma m(1, 2, 4, 6) \qquad X(A, B, C) = \Sigma m(0, 1, 6, 7)$$
$$Y(A, B, C) = \Sigma m(2, 6) \qquad Z(A, B, C) = \Sigma m(1, 2, 3, 5, 7)$$

10 3비트 2진수를 입력해 입력의 제곱에 해당하는 2진수를 출력하는 조합논리회로를 ROM을 사용해 구현하시오.

11 브라유Braille는 튀어나온 점의 촉각을 이용해서 시각장애인들이 글씨를 읽을 수 있는 시스템이다. 다음 표와 같이 0~9까지 10진수를 브라유로 변환하는 회로를 PLA로 구현하시오. 단, 점이 있으면 논리 1, 없으면 논리 0이다.

10진수	A	B	C	D	$W\ X$ / $Z\ Y$
0	0	0	0	0	
1	0	0	0	1	
2	0	0	1	0	
3	0	0	1	1	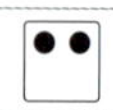
4	0	1	0	0	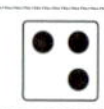
5	0	1	0	1	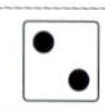
6	0	1	1	0	
7	0	1	1	1	
8	1	0	0	0	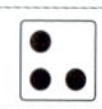
9	1	0	0	1	

12 PLA를 이용해 다음 논리식을 구현하시오. 단, 입력 변수는 A, B, C이다. 여기서 m은 최소항의 번호를 나타낸다.

$$Y_1 = \Sigma m(1, 2, 4, 6) \qquad Y_2 = \Sigma m(0, 1, 6, 7)$$
$$Y_3 = \Sigma m(2, 6) \qquad Y_4 = \Sigma m(1, 2, 3, 5, 7)$$

13 아래 그림은 PLA의 내부 연결을 나타낸 것이다.

① PLA의 출력 X, Y, Z의 논리식을 구하시오.

② 아래 그림과 동일한 기능을 수행하는 ROM 진리표를 구하시오.

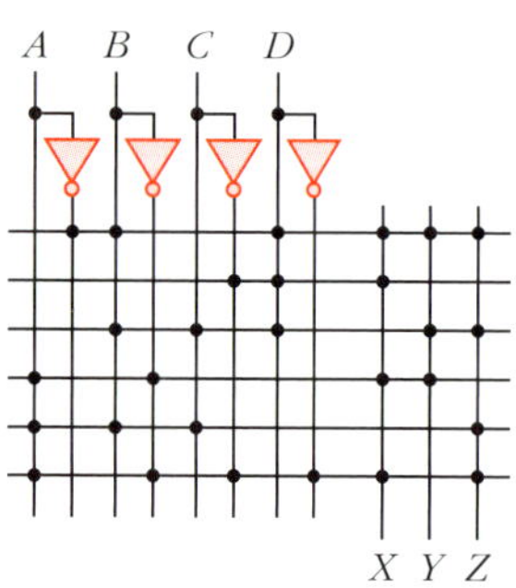

14 PAL을 사용해 BCD-3초과 코드 부호 변환기를 설계하시오. 조합논리회로로 설계된 결과와 비교하여 절약되는 IC 수를 구하시오.

15 PAL을 사용해 다음 논리식을 실현하시오. 단, A는 MSB, C는 LSB다.

$X_1(A, B, C) = \Sigma m(0, 1, 2, 7)$ $X_2(A, B, C) = \Sigma m(3, 5, 6, 7)$

$X_3(A, B, C) = \Sigma m(0, 3, 4, 6)$ $X_4(A, B, C) = \Sigma m(0, 3)$

16 아래 그림과 같은 GAL을 이용해 다음 논리식을 구현하시오.

① $F = A\overline{B}C + \overline{A}B\overline{C} + A\overline{B} + BC$

② $F = (A + \overline{B} + \overline{C})(\overline{A} + B)$

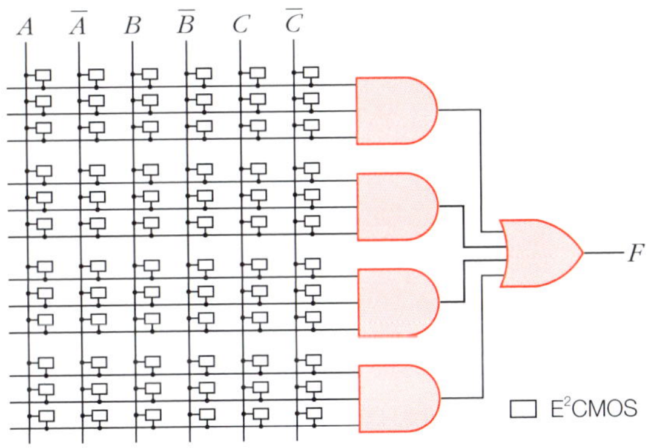

기출문제

01 컴퓨터에서 MAR(Memory Address Register)의 역할은?

① 수행되어야 할 프로그램의 주소를 가리킨다.
② 메모리에 보관된 내용을 누산기(accumulator)에 전달하는 역할을 한다.
③ 고급 수준 언어를 기계어로 변환해 주는 일종의 소프트웨어이다.
④ CPU에서 기억 장치 내의 특정 주소에 있는 데이터나 명령어를 인출하기 위해 그 주소를 기억하는 역할을 한다.

02 메모리 버퍼 레지스터(MBR)의 설명으로 옳은 것은?

① 다음에 실행할 명령어의 주소를 기억하는 레지스터
② 현재 실행중인 명령의 내용을 기억하는 레지스터
③ 기억 장치를 출입하는 데이터를 일시적으로 저장하는 버퍼 레지스터
④ 기억 장치를 출입하는 데이터의 주소를 기억하는 레지스터

03 메모리에 새로운 워드를 저장시키려 한다. 올바른 순서는?

> ㉠ MBR의 데이터를 메모리로 전송
> ㉡ write 제어 신호 작동
> ㉢ 지정된 워드의 주소를 MAR로 전송

① ㉠-㉡-㉢　② ㉢-㉡-㉠
③ ㉠-㉢-㉡　④ ㉢-㉠-㉡

04 컴퓨터의 메모리 용량이 16K × 32bit라고 하면 MAR(memory address register)과 MBR(memory buffer register)은 각각 몇 비트인가?

① MAR : 12, MBR : 16
② MAR : 32, MBR : 14
③ MAR : 12, MBR : 32
④ MAR : 14, MBR : 32

05 16384 × 16의 용량을 가진 메모리에서 MAR은 몇 비트로 구성되는가?

① 12비트　② 14비트
③ 16비트　④ 32비트

06 주소 영역(address space)이 1GiB인 컴퓨터가 있다. 이 컴퓨터의 MAR(memory address register)의 크기는?

① 30비트　② 30바이트
③ 32비트　④ 32바이트

07 4096 × 16의 용량을 가진 RAM이 있다. 메모리 버퍼 레지스터(MBR)는 몇 비트의 레지스터인가?

① 8비트　② 16비트
③ 32비트　④ 4,096비트

08 SRAM의 용량이 1024byte일 경우 필요한 어드레스 선의 개수는 몇 개인가? 단, 데이터 선은 8선이다.

① 4개　② 9개
③ 10개　④ 20개

09 4096 × 8비트 ROM의 경우 최소한 몇 개의 address line이 필요한가?

① 10개　② 11개
③ 12개　④ 13개

10 컴퓨터 주기억 장치의 용량이 256MB라면 주소 버스는 최소한 몇 bit이어야 하는가?

① 24bit　② 26bit
③ 28bit　④ 30bit

11 주소 신호 선의 수를 N개, 데이터의 수를 n비트, IC의 기억 용량을 M비트라 할 때 관계식은 $N=\log_2(M/n)$이다. 64Kbit의 LSI 칩으로 4bit씩 묶어서 입출력하는 경우 신호 선의 수는?

① 10개　② 12개　③ 14개　④ 16개

12 컴퓨터 주기억 장치의 용량을 1Mbyte의 크기로 구성하려고 한다. 1바이트가 8비트이고 패리티 비트를 포함한다면 64Kbit DRAM 칩이 몇 개가 필요한가?

① 16개　② 17개　③ 128개　④ 144개

13 4096 × 1bit의 반도체 메모리 RAM 칩을 이용해 16Kbyte의 기억 장치를 구성하기 위해 필요한 가장 적당한 칩의 수는?

① 16개　② 32개　③ 64개　④ 128개

14 256 × 4비트의 구성을 갖는 메모리 IC(집적 회로)를 사용해 4096 × 16비트 메모리를 구성하려고 한다. 몇 개의 IC가 필요한가?

① 16개 ② 32개
③ 64개 ④ 128개

15 다음 그림은 어떤 ROM 소자의 블록도다. 이 소자를 사용해 4KB 메모리를 구성하려면 몇 개의 소자가 필요한가?

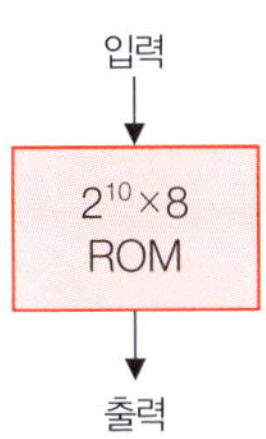

① 2개
② 4개
③ 8개
④ 10개

16 입력 주소 선이 10개, 출력 데이터 선이 8개인 ROM의 기억 용량은?

① 256byte ② 1,024byte
③ 2,048byte ④ 8,192byte

17 마이크로프로세서가 16비트 데이터 버스와 8비트 주소 버스를 갖고 있다고 가정할 때 마이크로프로세서에 연결될 수 있는 최대 메모리 용량은?

① 256byte ② 512byte
③ 1,024byte ④ 2,048byte

18 주소(address)가 16선(line)이고, 데이터(data)가 8선인 프로세서에서 어드레스 1선을 추가하면 전체 프로세서의 용량은 얼마나 되는가?

① 526Kbyte ② 128Kbyte
③ 64Kbyte ④ 32Kbyte

19 어떤 컴퓨터의 주소 레지스터(address register)가 16비트일 때 최대 주소 지정 가능한 용량은?

① 256K ② 64K ③ 32K ④ 16K

20 다음 그림은 마이크로컴퓨터의 ROM(read only memory)을 나타낸 것이다. 각 핀의 상태를 기준으로 할 때 메모리의 최대 용량은 얼마인가?

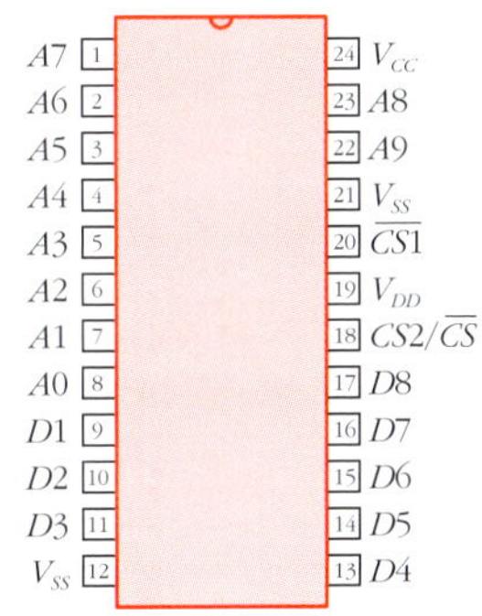

① 1024 × 8(bit) ② 512 × 16(bit)
③ 2048 × 8(bit) ④ 256 × 16(bit)

21 그림과 같은 메모리 IC에 필요한 핀(pin)의 수는?

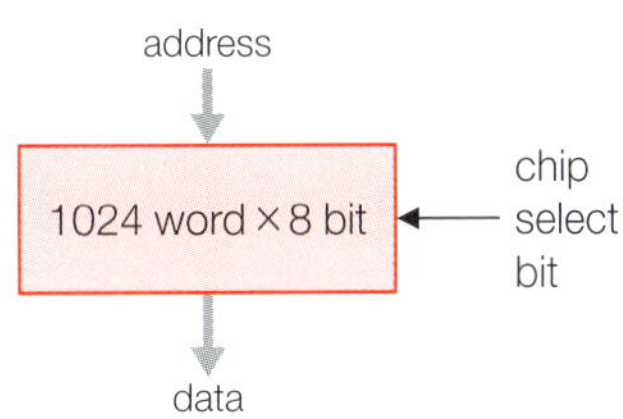

① 17개 ② 18개
③ 19개 ④ 20개

22 14개의 어드레스 비트는 몇 개의 메모리 장소의 내용을 리드(read)할 수 있는가?

① 14 ② 140
③ 16,384 ④ 32,768

23 10개의 입력 선과 16개의 출력 선을 갖는 ROM이 있다. 이 ROM의 전체 비트 수는?

① 10 × 16 ② 2^{10} × 16
③ 10 × 2^{16} ④ 2^{10} × 2^{16}

24 어떤 마이크로컴퓨터의 기억 용량이 64Kbyte이다. 이 마이크로컴퓨터의 메모리 수와 필요한 주소 선의 수는? 단, 메모리 1개의 용량은 1byte이다.

① 2^{16}개, 16line ② 2^{64}개, 64line
③ 2^{64}개, 16line ④ 2^{16}개, 64line

25 다음의 소자 중에서 전원과 관련된 신호는 제외하고 연결 선의 수가 가장 많은 것은?

① 1K × 4bit DRAM　　② 8K × 4bit SRAM

③ 4K × 1bit DRAM　　④ 64K × 8bit SRAM

26 1GiB의 USB 메모리에 저장할 수 있는 최대 한글 글자 수는? 단, 한글 1자를 저장하기 위해서는 2byte가 필요하다.

① 2^{15}개　　② 2^{20}개

③ 2^{29}개　　④ 2^{30}개

27 그림과 같이 256 × 8 RAM 칩의 주소를 A_0~A_7로 지정하고 RAM1을 A_8로 RAM2를 A_9로 CS에 연결하여 칩 선택 신호로 사용할 때, $A_8 = 1$이면 RAM1 칩이 선택되고, 주소 범위는 $100_{(16)}$~$1FF_{(16)}$가 된다. $A_9 = 1$이면 RAM2 칩이 선택되도록 할 때, RAM2에 할당되는 주소 범위는?

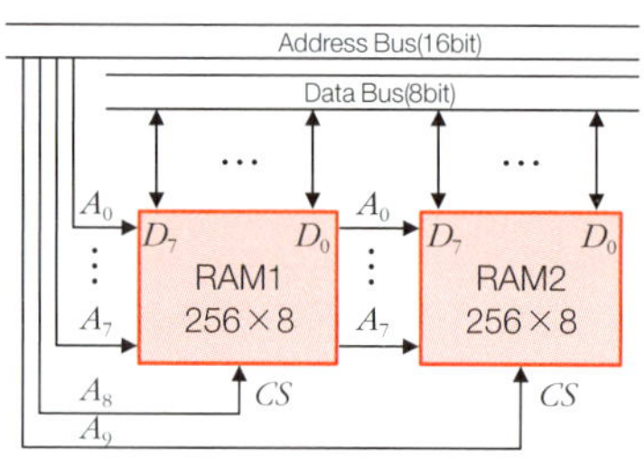

① $100_{(16)}$~$1FF_{(16)}$

② $200_{(16)}$~$2FF_{(16)}$

③ $300_{(16)}$~$3FF_{(16)}$

④ $400_{(16)}$~$4FF_{(16)}$

28 다음과 같이 메모리의 주소가 8비트(A_7~A_0)로 구성된 메모리의 주소를 지정하고자 한다. 메모리 어드레스 디코더의 A_7, A_6 입력이 모두 1이 입력되는 경우 어드레스 공간을 16진수로 올바르게 나타낸 것은?

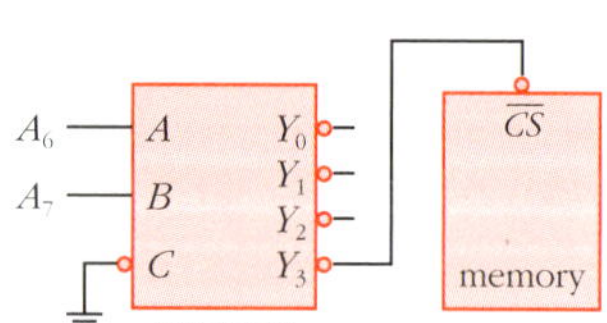

① 00H ~ 30H　　② 80H ~ BFH

③ C0H ~ FFH　　④ 18H ~ 1FH

29 128×8 크기의 RAM이 4개가 있고, 512 × 8 크기의 ROM이 1개 있다. 마이크로프로세서에서 어드레스로 이 칩들을 연결하고자 한다. 각 RAM과 ROM에는 $\overline{CS1}$과 $\overline{CS2}$의 두 개의 chip select 선이 있다고 한다. 2 × 4 디코더를 사용해서 각 칩을 선택하고자 한다면 최소의 어드레스 선은 몇 개가 필요한가?

① 8개　　② 9개

③ 10개　　④ 11개

30 256 × 2 RAM으로 주소 $1000_{(16)}$~$17FF_{(16)}$ 사이의 기억 장치를 구성하려면, 필요한 RAM의 개수는? 단, 기억 장치 한 주소는 8비트로 되어 있다.

① 8개　　② 16개

③ 32개　　④ 64개

31 반도체 기억 소자와 관련이 없는 것은?

① 자기코어　　② 플립플롭

③ EPROM　　④ RAM

32 컴퓨터의 주 메모리(main memory) 장치에 널리 사용되는 것은?

① 자기 테이프　　② 플로피 디스크

③ 하드 디스크　　④ 반도체 IC 메모리

33 랜덤 액세스 기억 장치의 특징은?

① 데이터 입출력의 고속 처리

② 데이터 입출력의 순서적 처리

③ 데이터 입출력의 정확한 처리

④ 데이터 기억 밀도의 조밀화

34 ROM에 대한 설명 중 옳지 않은 것은?

① 내용을 읽어내는 것만 가능하다.

② 기억된 내용을 임의로 변경시킬 수 없다.

③ 주로 마이크로프로그램과 같은 제어 프로그램을 기억시키는 데 사용한다.

④ 사용자가 작성한 프로그램이나 데이터를 기억시켜 처리하기 위해 사용하는 메모리다.

35 기억 상태를 읽는(read) 동작만 할 수 있는 메모리로 알맞은 것은?

① SRAM ② DRAM
③ register ④ ROM

36 마이크로컴퓨터에서 지워지면 안 되는 시스템 프로그램을 기억시키는 소자는?

① RAM ② ROM
③ CD-ROM ④ Disc

37 ROM IC의 특징을 설명한 것 중 옳지 않은 것은?

① Mask ROM : 반도체 공장에서 내용이 기입된다.
② PROM : PROM writer로 기입되고 내용을 지울 수 없다.
③ EPROM : 자외선을 조사하면 내용을 지울 수 있다.
④ EPROM : refresh 회로가 필요하다.

38 ROM(Read Only Memory)의 주요 구성 요소는?

① 인코더와 OR 게이트
② 디코더와 OR 게이트
③ 인코더와 AND 게이트
④ 디코더와 AND 게이트

39 16×8 ROM을 설계하고자 할 때 필요한 게이트의 종류와 그 개수는?

① AND 8개, OR 8개 ② AND 8개, OR 16개
③ AND 16개, OR 8개 ④ AND 16개, OR 16개

40 주소 라인이 6비트이고 워드의 크기가 8비트인 ROM을 이용해서 만들 수 있는 논리식에 대한 설명으로 잘못된 것은?

① 출력 신호 8개까지만 논리식 구현 가능
② AND 게이트의 개수 64개까지만 논리식 구현 가능
③ 입력 신호 6개까지만 논리식 구현 가능
④ OR 게이트의 개수 6개까지만 논리식 구현 가능

41 ROM 칩에 필요하지 않은 신호는?

① 쓰기 신호 ② 주소
③ 읽기 신호 ④ 칩 선택 신호

42 다음 ROM의 회로도를 보고 진리표의 A, B, C값을 구하면? 단, ×는 절단 상태를 의미한다.

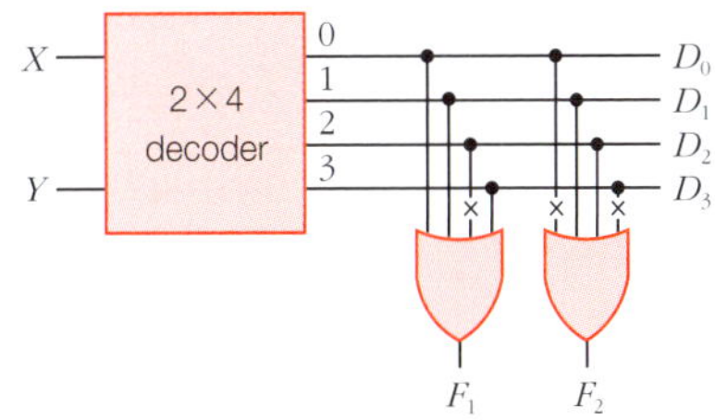

X	Y	F_1	F_2
0	0	1	A
0	1	1	1
1	0	0	1
1	1	B	C

① $A=0$, $B=1$, $C=0$
② $A=0$, $B=1$, $C=1$
③ $A=1$, $B=1$, $C=0$
④ $A=1$, $B=1$, $C=1$

43 다음은 ROM 회로의 logic diagram이다. 이에 해당하는 진리표로 옳은 것은? 단, ×는 절단 상태를 의미한다.

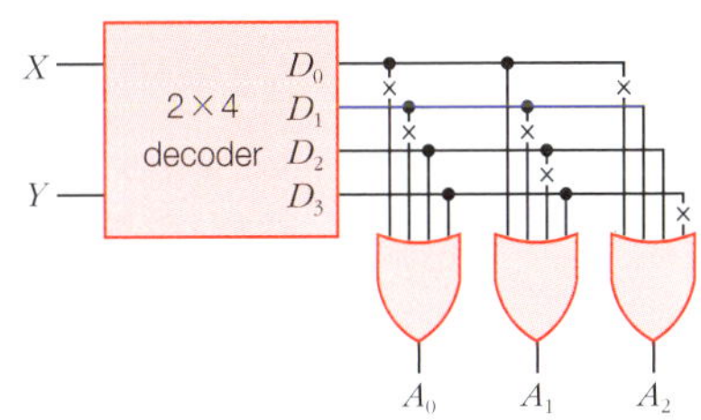

①

X	Y	A_0	A_1	A_2
0	0	0	1	0
0	1	0	0	1
1	0	1	0	1
1	1	1	1	0

②

X	Y	A_0	A_1	A_2
0	0	1	0	1
0	1	1	1	0
1	0	0	1	0
1	1	0	0	1

③

X	Y	A_0	A_1	A_2
0	0	1	1	1
0	1	1	0	0
1	0	0	0	0
1	1	0	1	1

④

X	Y	A_0	A_1	A_2
0	0	0	1	1
0	1	0	0	0
1	0	1	0	0
1	1	1	1	1

44 사용자의 요구에 따라 제조 단계에서 프로그램과 데이터를 기억시키는 ROM은?

① PROM ② EPROM
③ EEPROM ④ Mask ROM

45 사용자가 한 번만 내용을 기입할 수 있으나 지울 수 없는 것은?

① mask ROM ② PROM
③ EPROM ④ EEPROM

46 반도체 기억 소자로서 기억된 내용을 자외선을 이용해 지우고 다시 사용할 수 있는 메모리 소자는?

① SRAM ② DRAM
③ EPROM ④ flash memory

47 다음 기억 소자 중 기억된 내용을 여러 번 지워서 사용할 수 있는 것은?

① ROM ② PROM
③ EPROM ④ PLA

48 동일한 데이터 배열이 대량으로 요구되는 경우 경제성을 위해 제조 공정 시 만들어내는 ROM은?

① Mask ROM ② PROM
③ EPROM ④ EEPROM

49 전원 공급이 중단되어도 내용이 지워지지 않으며 전기적으로 삭제하고 다시 쓸 수도 있는 기억 장치는?

① SRAM ② PROM
③ EPROM ④ EEPROM

50 기억된 정보를 읽어내기도 하고 다른 정보를 기억시킬 수도 있으며 응용 프로그램의 일시적 로딩, 데이터의 일시적 저장 등에 사용되는 것은?

① ROM ② RAM
③ register ④ address

51 $M \times N$의 명칭을 가지는 RAM에 대한 틀린 설명은?

① 저장 가능한 전체 비트(bit) 수가 $M \times N$개이다.
② N비트의 데이터가 입력 또는 출력된다.
③ 어드레스의 비트 수는 M에 의해 결정된다.
④ M은 read 동작에 N은 write 동작에만 관계된다.

52 휘발성(volatile)과 가장 밀접한 관계를 갖는 메모리는?

① RAM ② ROM
③ PROM ④ EPROM

53 RAM에 대한 설명 중 옳지 않은 것은?

① RWM이라고도 한다.
② 등속 호출 기억 장치다.
③ 별도의 read 및 write 선이 있다.
④ 전원이 나가도 기억된 정보는 소실되지 않는다.

54 SRAM과 DRAM에 대한 설명 중 틀린 것은?

① DRAM은 리프레시 타임이 있다.
② SRAM은 DRAM에 비해 데이터 저장 용량을 높이는 데 용이하다.
③ DRAM과 SRAM은 전원을 끊으면 데이터가 소실된다.
④ SRAM에는 리프레시 타임이 없다.

55 SRAM과 DRAM을 설명한 것으로 옳은 것은?

① SRAM은 재충전이 필요 없는 메모리다.
② DRAM은 SRAM에 비해 속도가 빠르다.
③ SRAM의 소비 전력이 DRAM보다 낮다.
④ DRAM의 메모리 셀은 플립플롭으로 구성되어 있다.

56 SRAM이 DRAM보다 장점인 특성은 어느 것인가?

① 메모리 용량 ② 전력 손실
③ 비트당 가격 ④ 액세스 시간

57 그림은 1bit의 기억 소자를 개념적으로 그린 것이다. 각 단자 중 자료를 기억시키기 위해 입력되는 단자는?

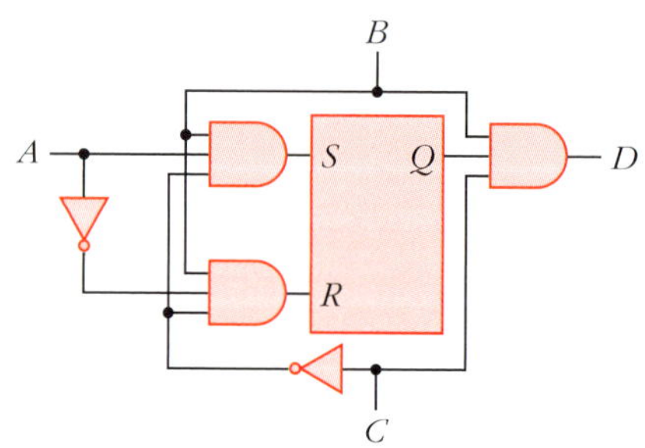

① A ② B ③ C ④ D

58 다음 그림은 메모리 셀(cell)의 논리 구조도이다. 읽기/쓰기(read/write)를 제어하기 위한 단자는?

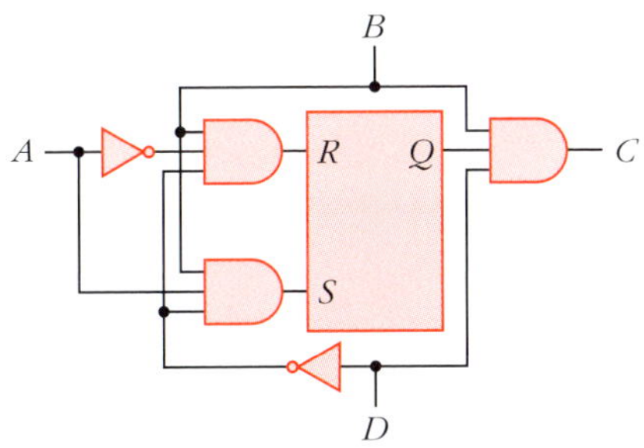

① A　　② B　　③ C　　④ D

59 전원을 껐다가 켜면 내용이 소멸되는 기억 장치는?

① EPROM　　② PLA
③ SRAM　　④ 자기 디스크

60 플립플롭 구조를 단위 소자의 구조로 하여 이루어진 기억 장치용 IC는?

① DRAM　　② SRAM
③ PROM　　④ EPROM

61 메모리 계층(hierarchy)에서 캐시 메모리로 주로 사용되는 것은?

① ROM　　② DRAM
③ SRAM　　④ VRAM

62 전원 공급이 계속되더라도 주기적으로 충전시키지 않으면 기억된 내용이 모두 소멸하는 기억 장치는?

① ROM　　② RAM
③ DRAM　　④ SRAM

63 미소의 커패시터에 전하를 충전하는 형태의 원리를 이용하는 메모리로 재충전(refresh)이 필요한 것은?

① SRAM　　② DRAM
③ PROM　　④ EPROM

64 SRAM에 비해 DRAM의 특징이 아닌 것은?

① 가격이 저렴하다.
② 전력 소모가 적다.
③ 동작 속도가 빠르다.
④ 단위 면적당 기억 용량이 크다.

65 다음 중 DRAM에 대한 설명으로 맞는 것은?

① 플립플롭 회로를 사용해 만들어졌다.
② 모든 메모리 유형 중에서 가장 빠르다.
③ 일반적으로 CPU의 레지스터나 캐시 메모리에만 사용된다.
④ 저장된 데이터를 유지하기 위해 계속적으로 데이터를 새롭게 하는 것이 필요하다.

66 DRAM에 대한 설명 중 옳지 않은 것은?

① SRAM에 비해서 집적도가 높다.
② 기억된 정보를 보관하기 위해 주기적인 refresh가 필요하다.
③ 일반적으로 SRAM에 비하여 메모리 접근 속도가 느리다.
④ 캐시 메모리에 주로 사용된다.

67 동적 램(RAM)에 관한 설명 중 옳지 않은 것은?

① SRAM에 비해 기억 용량이 크다.
② 쌍안정 논리회로의 성질을 응용한다.
③ 주기억 장치 구성에 사용된다.
④ SRAM에 비해 속도가 느리다.

68 RAM에 관한 설명 중 틀린 것은?

① DRAM은 커패시터에 전하를 저장하는 방식으로 데이터를 저장한다
② SRAM은 플립플롭을 사용해 데이터를 저장하기 때문에 방전 현상이 나타난다.
③ DRAM은 상대적으로 소비 전력이 적으며 대용량 메모리 제조에 적합하다.
④ SRAM은 컴퓨터에서 캐시 메모리로 주로 사용된다.

69 ROM과 RAM의 차이점을 설명한 것으로 틀린 것은?

① RAM은 휘발성 메모리라고 한다.
② 어느 ROM이나 한 번 쓰면 지울 수 없다.
③ RAM은 동적 RAM과 정적 RAM으로 나눌 수 있다.
④ ROM의 종류에는 EPROM, EEPROM, PROM 등이 있다.

70 전원이 끊겨도 저장된 정보가 지워지지 않기 때문에 휴대전화, 디지털 카메라 등에 널리 사용되는 것은?

① EPROM ② SRAM
③ DRAM ④ flash memory

71 읽고 쓰기가 가능하고 전원이 소멸되어도 기억된 내용이 지워지지 않는 RAM과 같은 ROM은?

① 캐시 메모리 ② 플래시 메모리
③ 가상 메모리 ④ 연상 기억 장치

72 전기적으로 데이터를 지우고 다시 기록할 수 있는 비휘발성 컴퓨터 기억 장치로 여러 구역으로 구성된 블록 안에서 지우고 쓸 수 있는 것은?

① EEPROM ② 플래시 메모리
③ PROM ④ DRAM

73 데이터를 지우는 방식이 다른 기억 소자는?

① EPROM ② EEPROM
③ NOR 플래시 ④ NAND 플래시

74 하드 디스크 드라이브(HDD)와 비슷하게 동작하면서 기계적 장치인 HDD와는 달리 반도체를 이용해 정보를 저장하는 것은?

① CCD ② SSD
③ 캐시 메모리 ④ DVD

75 SSD(solid state drive)에서 하나의 셀에 3비트의 정보를 저장하는 방식은?

① ALC ② MLC
③ SLC ④ TLC

76 논리회로를 구성하고자 할 때 IC에 내장되어 있는 AND, OR, NAND, NOR, XOR, 플립플롭 등의 논리 소자 중에서 선택적으로 퓨즈를 절단하는 방법으로 사용자가 직접 기록할 수 있는 PAL 또는 PLA와 같은 IC는 다음 중 어디에 속하는가?

① PLC ② PLD
③ PLL ④ RAM

〈참고〉 PLC : programmable logic controller
PLL : phase-locked loop 또는 phase lock loop

77 다음 소자 중에서 ROM과 유사한 성격을 가지며, AND array 와 OR array로 구성된 것은?

① PLA ② shift register
③ RAM ④ LSI

78 응용 논리회로의 설계에 사용되는 PLA(Programmable Logic Array) 내부는 어떤 논리 소자의 array로 구성되어 있는가?

① AND gate와 NAND gate array
② OR gate와 NOR gate array
③ NOT gate와 buffer gate array
④ AND gate와 OR gate array

79 PLA의 프로그래밍에 대한 설명으로 옳은 것은?

① AND와 OR 배열 모두를 프로그래밍할 수 있다.
② AND 배열만 프로그래밍한다.
③ OR 배열만 프로그래밍한다.
④ 프로그래밍을 할 필요가 없다.

80 PLA(Programmable Logic Array)에 관한 설명으로 틀린 것은?

① 프로그램 가능한 AND 및 OR 게이트군이 내장된 소자이다.
② 다중 입력과 다중 출력을 갖는 논리 함수를 구현하는 데 편리한 소자이다.
③ 한정된 개수의 입출력 단자를 가지는 한 개의 chip으로 제조되어 있다.
④ 산술연산회로를 구현하는 데 주로 쓰이도록 연산 기능을 내장하고 있다.

81 칩 내부에 논리 곱(logic AND)과 논리 합(logic OR)의 기능을 배열한 중규모 집적 회로는?

① ALU ② ROM
③ PLA ④ MUX

82 프로그램이 가능한 논리 소자로, n개의 입력에 대하여 2^n개 이하의 출력을 만들 수 있는 논리회로는?

① RAM ② ROM
③ PLA ④ pipeline register

83 프로그램이 가능한 장치(PLD) 사용의 장점이 아닌 것은?

① 기판 공간의 절약　② 소비 전력의 절약
③ 부품 수의 절약　④ 응용 제품의 비용 증대

84 프로그램 논리 장치는 프로그램 가능한 어레이 평면의 퓨즈 배치 구조에 의해 분류된다. AND 어레이 평면과 OR 어레이 평면을 동시에 프로그램하여 불 식 논리를 구성하는 방식의 프로그램 논리 장치는 무엇인가?

① PLA　② PAL
③ PROM　④ GAL

85 AND 입력은 프로그램 가능하고 OR 입력은 고정된 불 식 논리로 구성하는 방식의 프로그램 논리 장치는 무엇인가?

① PROM　② PLA
③ PLE　④ PAL

86 다음 중 PAL(Programmable Array Logic)의 설명으로 틀린 것은?

① 프로그램 가능한 AND 게이트 어레이와 고정된 OR 게이트 어레이로 구성되어 있다.
② 임의의 조합논리회로를 합의 곱 형태로 표현할 수 있다.
③ 일반적으로 PAL은 퓨즈 공정 기술을 이용해 구현되기 때문에 오직 한 번만 프로그램이 가능하다.
④ GAL은 PAL의 한 종류로서 재프로그램이 가능하다.

87 다음 PLA 회로로 구현한 함수 f_1과 f_2의 논리식을 올바르게 표현한 것은?

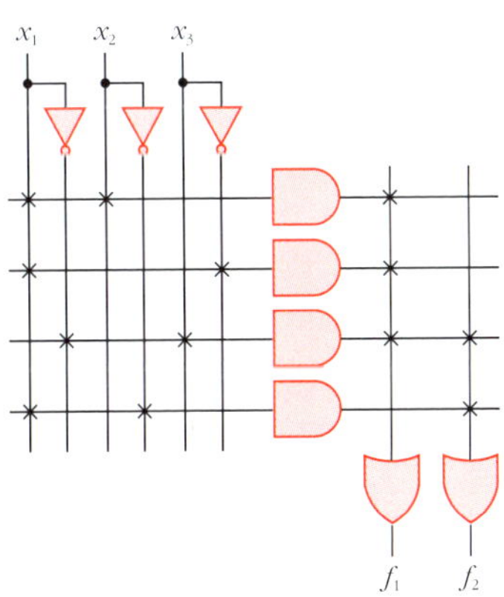

① $f_1=(x_1+x_2)(x_1+\bar{x}_3)(\bar{x}_1+x_3)$
② $f_1=\bar{x}_1\bar{x}_2+\bar{x}_1x_3+x_1\bar{x}_3$
③ $f_2=(x_1+\bar{x}_3)(\bar{x}_1+x_2)$
④ $f_2=\bar{x}_1x_3+x_1\bar{x}_2$

88 다음은 PAL을 사용해 순차회로를 설계한 것이다. 다음 중 D 플립플롭의 차기 상태 출력값 Z로 가장 옳은 것은?

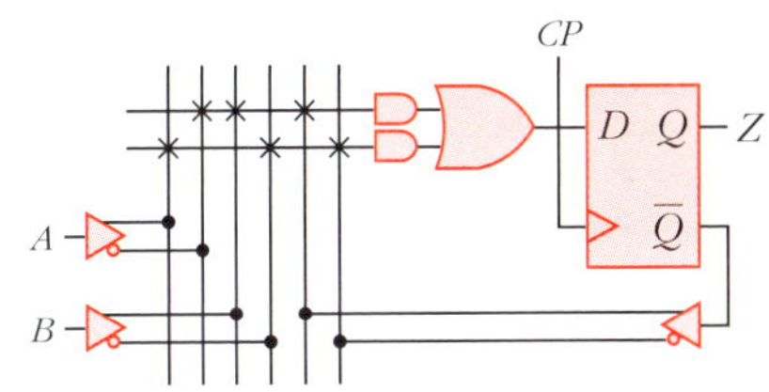

① $Z=\bar{A}B\bar{Q}+A\bar{B}Q$
② $Z=(\bar{A}+B+\bar{Q})(A+\bar{B}+Q)$
③ $Z=\bar{A}BQ+A\bar{B}\bar{Q}$
④ $Z=(\bar{A}+B+Q)(A+\bar{B}+\bar{Q})$

89 다음에 설명하는 논리회로 소자로 알맞은 것은?

> PLD(Programmable Logic Device) 중 프로그래밍이 가능한 AND 배열과 고정 OR 배열 및 출력 논리로 구성되어 있을 뿐만 아니라 재프로그램이 가능하고 출력 논리도 프로그램이 가능하다.

① PLA(Programmable Logic Array)
② GAL(Generic Array Logic)
③ PLE(Programmable Logic Element)
④ PAL(Programmable Array Logic)

90 FPGA(Field Programmable Gate Array)에 대한 설명 중 옳지 않은 것은?

① 비교적 큰 논리회로를 구현할 수 있는 프로그래머블 논리 소자이다.
② 일반적으로 CPLD의 집적도가 FPGA에 비해 높다.
③ 논리 함수를 구현하기 위한 저장 셀을 갖는 룩업테이블(LUT)을 갖는다.
④ 프로그래머블 스위치들은 논리 블럭을 다양한 방법으로 연결할 수 있게 한다.

91 조합논리회로를 설계할 때 사용되지 않는 것은?

① ROM　② 디코더
③ PLD　④ 플립플롭

92 MSI와 LSI에 의해 조합논리회로를 설계하는 방법 중 일반적인 성질을 이용하지 않는 것은?

① decoder　② multiplexer
③ RAM　④ PLA

93 PLD(programmable logic device) 내의 programmable element를 어떻게 프로그래밍할 것인지 표시하는 산업 표준의 텍스트 파일은?

① CEDEC file　② IEEE file
③ JEDEC file　④ ASCII file

1 ④	2 ③	3 ④	4 ④	5 ②	6 ①	7 ②	8 ③	9 ③	10 ③	11 ③	12 ④
13 ②	14 ③	15 ②	16 ②	17 ②	18 ②	19 ②	20 ①	21 ③	22 ③	23 ②	24 ①
25 ④	26 ③	27 ②	28 ③	29 ③	30 ③	31 ①	32 ④	33 ①	34 ④	35 ④	36 ②
37 ④	38 ②	39 ③	40 ④	41 ①	42 ①	43 ①	44 ④	45 ②	46 ③	47 ③	48 ①
49 ④	50 ②	51 ④	52 ①	53 ④	54 ②	55 ①	56 ④	57 ①	58 ④	59 ③	60 ②
61 ③	62 ③	63 ②	64 ③	65 ④	66 ④	67 ②	68 ②	69 ②	70 ④	71 ②	72 ②
73 ①	74 ②	75 ④	76 ②	77 ①	78 ④	79 ①	80 ④	81 ③	82 ③	83 ④	84 ①
85 ④	86 ②	87 ④	88 ①	89 ②	90 ②	91 ④	92 ③	93 ③			

Chapter

13

논리회로 실험

01 실험 개요

02 기본 논리 게이트

03 불 대수와 드모르간의 정리

04 XOR 게이트

05 가산기와 감산기

06 디코더와 인코더

07 멀티플렉서와 디멀티플렉서

08 코드 변환기

09 플립플롭

10 비동기식 카운터

11 동기식 카운터

12 레지스터

13 멀티바이브레이터

학습목표

- 논리회로를 구성하고 측정할 수 있다.
- 기본 논리 게이트의 동작 특성을 실험을 통해 이해할 수 있다.
- 조합논리회로의 동작 특성을 실험을 통해 이해할 수 있다.
- 순서논리회로의 동작 특성을 실험을 통해 이해할 수 있다.
- 다양한 논리회로의 동작 특성을 시뮬레이션을 통해 이해할 수 있다.
- 응용 논리회로를 설계할 수 있다.

01 실험 개요

디지털 시스템 설계를 위해서는 논리회로 설계가 우선되어야 하므로 1~12장에서 논의된 전자공학, 통신공학, 정보통신공학, 컴퓨터공학 전반에 걸쳐 필수적이고도 기본적인 논리회로를 직접 실험할 수 있도록 하였다. 또한 실험 결과에 대한 철저한 분석과 고찰이 이루어지도록 실험 결과의 정리에 신경을 써서 모든 표와 그래프를 삽입하였다.

실험마다 앞 장에서 논의한 이론적 배경을 토대로 각종 기본 실험 및 응용 실험을 제시하여 실험을 다양화했다. 논리 실험 장치logic lab unit를 사용하는 환경을 고려해 장치의 세부 기능을 간략하게 설명하였으며, 일부 실험은 브레드보드 배선도를 제시하여 초보자도 쉽게 따라 할 수 있도록 하였다. 또한 로직웍스https://www.designworkssolutions.com/를 이용해 모든 실습 내용을 검증할 수 있도록 시뮬레이션 전용의 회로 드로잉과 결과를 함께 제시하였다. 로직웍스의 사용법은 부록이나 웹 사이트를 참고하기 바란다.

1 TTL/CMOS IC의 핀 번호

TTL/CMOS IC의 74 시리즈 핀pin 번호는 위에서 보았을 때 [그림 13-1]과 같이 반시계 방향으로 핀 번호가 부여되어 있다. 1번 핀의 위치는 둥근 점notch point으로 표시하거나 인덱스 홀index hole로 표시한다. 이 인덱스 홀은 IC의 1번 핀과 마주보는 핀 사이에 위치한다. 그리고 +5V 전원의 V_{CC}와 접지인 GND는 IC 데이터 북이나 부록을 참고해야 하지만 일반적으로 대각선 또는 마주보는 위치에 놓여 있다.

TTL에서 표준형인 74, 고속형인 74H, 저전력형인 74L 모델은 대부분 단종되었다. 현재 가장 널리 사용되고 있는 모델은 74LS이며, 동작 속도가 다소 느려도 문제가 없는 경우에는 74HC(TTL과 핀 배열 및 기능이 동일한 CMOS)형이나 74HCT(74HC형의 입출력 특성을 TTL과 유사하게 만듦)가 널리 사용되고 있다. 그러나 소비 전력이 적고 동작 속도가 빠른 이상적인 형태에 근접한 모델은 74AC형 또는 74ACT형이라고 볼 수 있다.

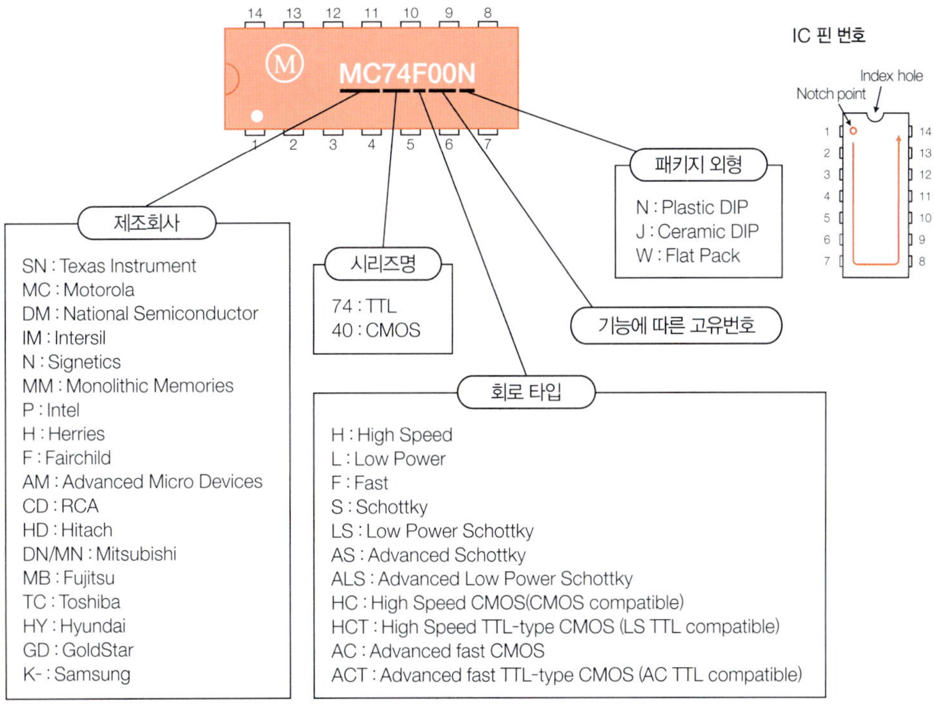

그림 13-1 TTL/CMOS IC 명명법

2 저항값 읽는 법

저항에 따라 여러 가지 방법으로 저항값을 표시하는데, 저항의 외형이 상당히 소형이기 때문에 숫자를 직접 쓸 수 없으므로 컬러로 된 색띠 4개를 저항 위에 그려서 저항값과 오차를 나타내고 있다. 이것을 컬러 코드color code라고 한다. 정밀 저항은 색띠 5개로 표시하고, 칩 저항은 저항에 바로 숫자를 표기한다. 색띠 4개인 저항에서 첫 번째와 두 번째 띠는 두 자리 저항값 숫자를 나타내고, 세 번째 띠는 저항값의 단위를 결정한다. 네 번째 띠는 오차 범위를 나타낸다. 네 번째 띠의 색이 금색이면 ±5%(J), 은색이면 ±10%(K)이며, 색이 없으면 ±20%(M)를 나타낸다. 각 색에 따른 숫자는 다음의 표에서 읽을 수 있다. 저항의 단위로는 Ω(옴Ohm)을 사용한다.

검정	갈색	빨강	주황	노랑	녹색	청색	보라	회색	흰색
0	1	2	3	4	5	6	7	8	9

예를 들어, [그림 13-2]와 같이 컬러 코드가 제1색띠로부터 순서대로 갈색, 검은색, 빨간색, 금색이었다면 저항값은 다음과 같이 1KΩ이 되며, 제4색이 금색이므로 오차가 5%인 1KΩ의 저항이 된다. 저항값 1KΩ, 오차 5%는 $\pm 1000 \times 0.05 = \pm 50$이므로 실제 이 저항을 디지털 멀티미터로 측정하면 950~1050Ω 사이의 값이 측정된다.

(갈색, 검은색, 빨간색) → 102 : $10 \times 10^2 = 1000\Omega = 1K\Omega$

그림 13-2 일반 저항 읽는 법

다음은 띠 색깔로부터 저항값을 계산한 예다.

예1 녹색, 청색, 검정, 금색 : $56 \times 10^0 = 56\Omega$ (오차 ±5%)

예2 주황, 주황, 갈색, 금색 : $33 \times 10^1 = 330\Omega$ (오차 ±5%)

예3 빨강, 보라, 주황, 금색 : $27 \times 10^3 = 27K\Omega$ (오차 ±5%)

예4 노랑, 보라, 노랑, 금색 : $47 \times 10^4 = 470K\Omega$ (오차 ±5%)

예5 갈색, 검정, 녹색, 은색 : $10 \times 10^5 = 1M\Omega$ (오차 ±10%)

칩 저항, 반고정 저항, 가변 저항의 경우에는 저항에 바로 숫자를 표기하며, 저항값 계산은 색띠로 표시한 경우와 동일하다. 이들의 실제 모양은 [그림 13-3]과 같다.

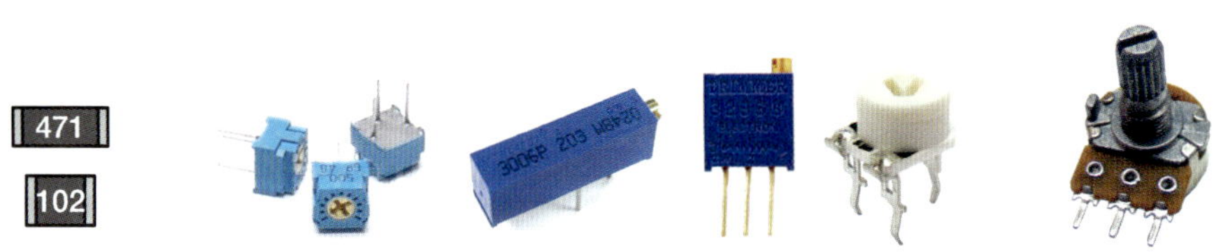

(a) 칩 저항 (b) 반고정 저항 (c) 가변 저항

그림 13-3 저항의 종류

3 커패시터 용량 읽는 법

전해 커패시터, 탄탈 커패시터

용량은 커패시터 외부에 표기되어 있다. 예를 들어 [그림 13-4]와 같이 10μF/16V로 표시된 경우 10μF는 용량을 의미하고, 16V는 정격 전압(16V 이하에서 사용)을 의미한다.

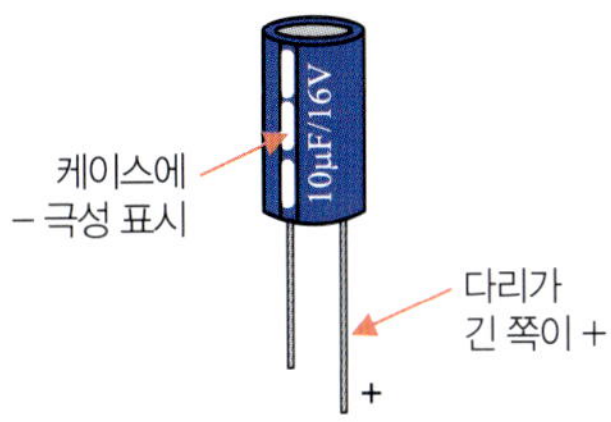

그림 13-4 전해 커패시터 용량 읽는 법

세라믹 커패시터, 마일러 커패시터

수치 표현에서 소수점이 있으면 단위는 μF가 된다. 그러나 일반적으로 3자리 수치 표현으로 되며, 단위는 pF를 기준으로 한다. 첫 번째와 두 번째 숫자는 유효 수치, 세 번째 숫자는 10의 거듭제곱이 된다. 예를 들어, [그림 13-5]에서 2개 자릿수 20으로 표시된 세라믹 커패시터의 용량은 20pF이고, 3개 자릿수 103으로 표시된 세라믹 커패시터의 용량은 0.01μF다. 482J로 표시된 마일러 커패시터의 용량은 0.0048μF±5%이다. 세라믹 커패시터나 마일러 커패시터는 극성이 없다. 오차의 표시는 J는 5% 이내, K는 10% 이내, M은 20% 이내를 의미한다.

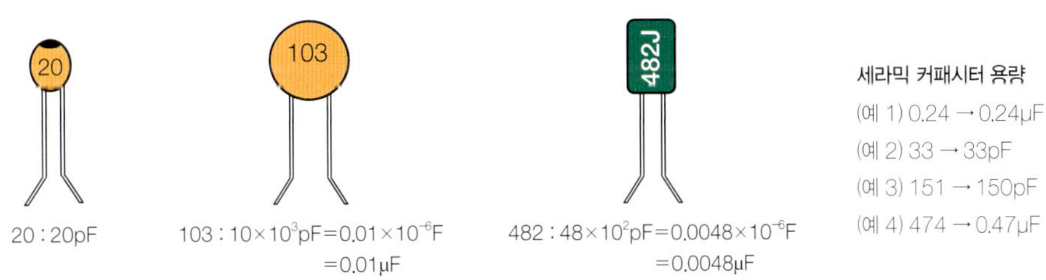

그림 13-5 세라믹, 마일러 커패시터 용량 읽는 법

4 논리 실험 장치

논리 실험 장치logic lab unit는 각종 디지털 IC를 사용한 회로의 설계 및 실험을 위해 제작된 장비다. 또한 디지털 회로뿐만 아니라 트랜지스터 및 아날로그 IC 회로의 설계와 실험에도 사용할 수 있다. 논리 실험 장치의 특징은 디지털 회로의 실험에 필요한 각종 주변 장치를 자체에 갖추고 있으며 모든 장치들의 부착 위치는 능률적인 실험을 할 수 있도록 고안되어 있다.

전원은 AC 220V에서 사용 가능하며 실험 시에 필요한 DC 전원 공급기(5V/9V, 0.5A, ±15V 50mA)를 내장하고 있다. [그림 13-6]은 논리 실험 장치의 외형이다.

POWER 스위치

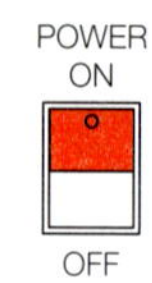

이 스위치는 AC 전원 입력 220V를 on-off 한다.

BUZZER

버저buzzer 입력 잭jack으로 2~5V, 1mA 이하의 driver 전력에 의해 동작한다. 또한 DC 출력이 과부하overload 시에도 버저가 울리게 되어 있다.

~60Hz 출력

AC 5V(RMS)가 출력되며, 이는 AC 60Hz를 이용해 clock signal 및 time base 등으로 사용할 수 있도록 하였다.

가변 저항기 10KΩ, 500KΩ

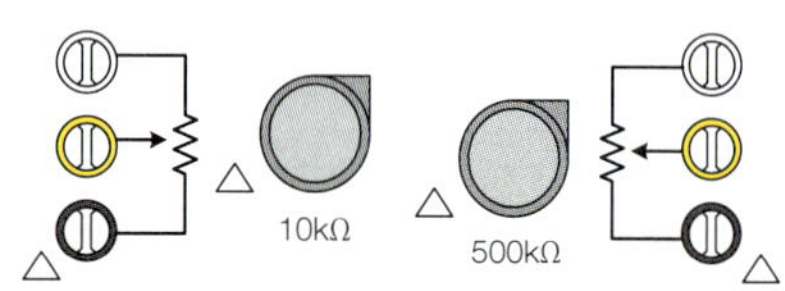

회로 실험할 때 시정수 가감 또는 입력 level 가변 등에 이용할 수 있다.

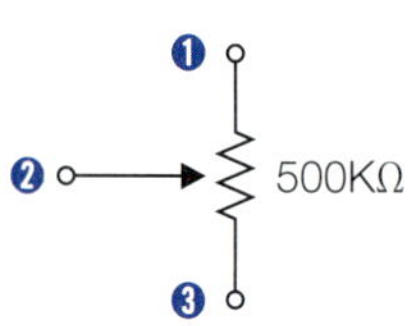

❶~❸은 500KΩ으로 고정되어 있고, ❶~❷ 또는 ❷~❸의 저항값을 가변시키는 것을 말한다. 예를 들어, ❶~❷의 저항값이 100KΩ이면, ❷~❸의 저항값은 반드시 400KΩ이다.
(100KΩ + 400KΩ = 500KΩ)

DC +5V 및 +9V 출력

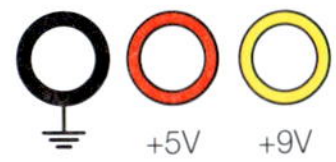

DC 전원 공급 출력으로 디지털 회로 실험에 필요한 +5V의 전원을 공급한다. +9V는 아날로그 회로 실험에 사용한다.

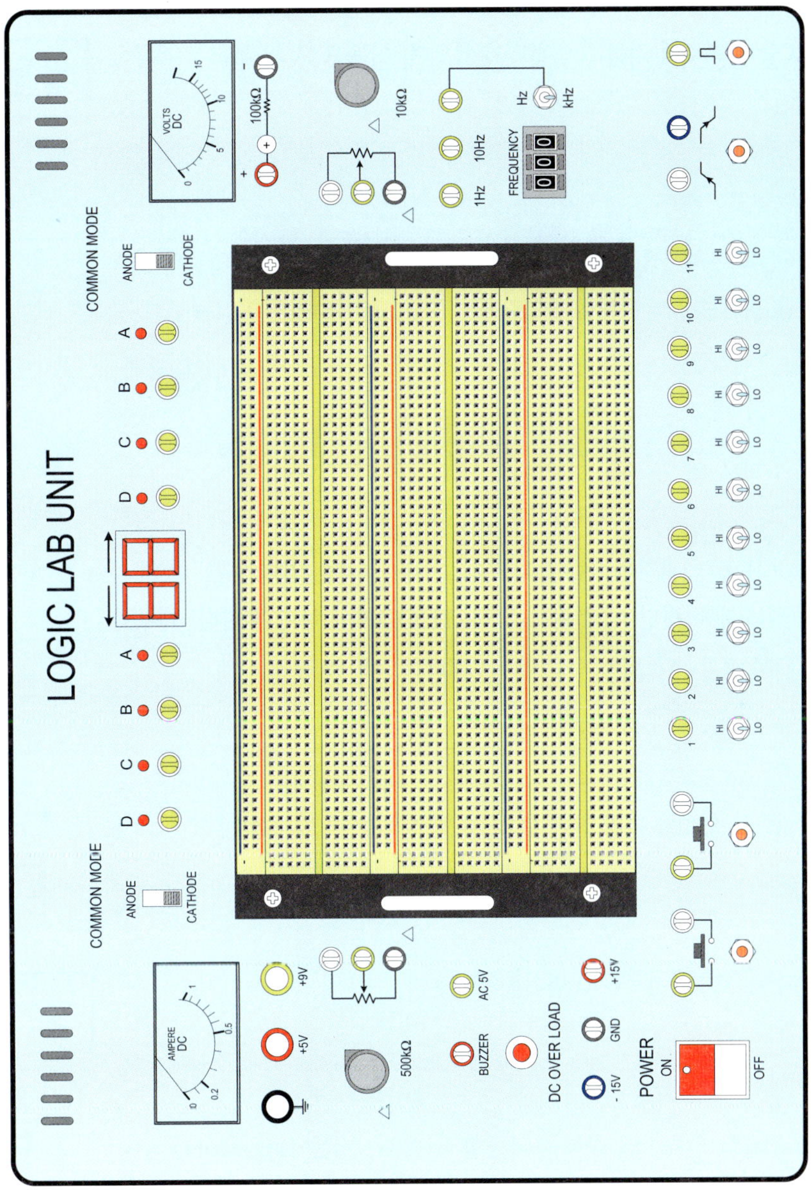

그림 13-6 논리 실험 장치

DC ±15V 출력

+15V 및 −15V는 OP−AMP 등과 같이 +, − 전원이 필요한 경우에 사용한다.

전류계current meter

전류계는 +5V 출력 회로에 직렬로 연결되어 있으며, 이는 +5V의 부하 전류를 지시한다.

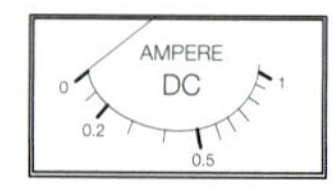

LED indicator

LED indicator는 좌우 4개씩 8개로써 BCD 입출력이나 8bit binary 입출력 또는 개별적으로 digital 회로의 출력이나 입력 상태를 monitor 해볼 수 있게 한다.

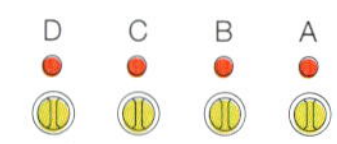

COMMON MODE 스위치

LED indicator의 입력 극성을 선택하는 스위치다. 즉 입력이 "0"일 때 또는 TTL의 open collector 출력에서 LED에 불이 들어오게 하려면 이 COMMON MODE 스위치를 "ANODE"에 두어야 하며, 입력이 "1"일 때 LED에 불이 들어오게 하려면 이 스위치를 "CATHODE"에 두어야 한다. 대부분의 실험은 COMMON MODE 스위치를 "CATHODE"에 둔다.

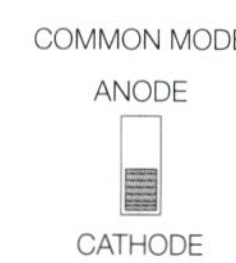

2−digit 디스플레이

2−digit로서 binary 입력에 따라 16진수 0~9 및 A~F까지 지시한다.

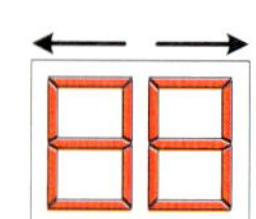

전압계

내부 저항 100KΩ으로 DC 0~15V 범위를 지시한다.

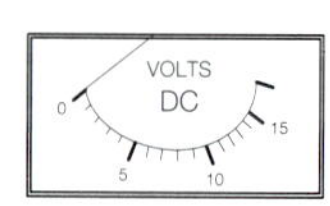

주파수 출력 단자

디지털 회로에 필요한 연속적인 클록을 제공할 수 있다. 이는 1Hz, 10Hz 구형파가 동시에 출력된다. 가변 주파수 출력은 토글toggle 스위치의 위치에 따라 1Hz~999Hz와 1KHz~999KHz의 구형파가 출력된다.

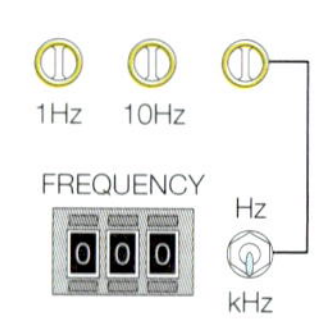

푸시 버튼 Logic 스위치

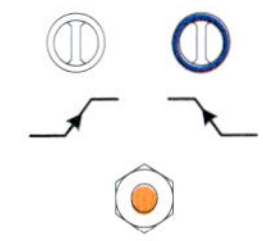

이 스위치는 control logic 입력 등을 제공할 수 있다. 이 스위치를 누르면 상승 에지(↗)와 하강 에지(↘)의 출력을 나타낸다. IC를 동작시키기 위해 클록을 인가하는 경우에 사용한다.

데이터 스위치

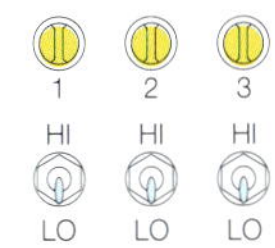

5~11개의 토글 스위치들은 모두 0과 1(즉, Low와 High)의 논리 레벨을 출력한다. 이들은 디지털 회로의 데이터 입력이나 제어 입력을 임의로 조작하면서 실험할 수 있게 한다. 이들 논리 레벨을 출력하는 모든 스위치는 접점 디바운스debounce 회로를 가지고 있다.

푸시 버튼 스위치

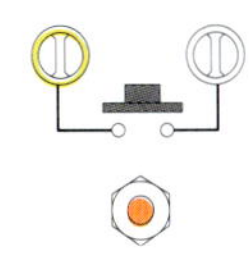

이 버튼 입력의 접점은 접지가 되지 않은 floating 상태의 접점 출력을 나타낸다. 회로의 중간에 직렬로 삽입하여 on-off 조작 등을 시킬 수 있다.

전압계 입력 단자

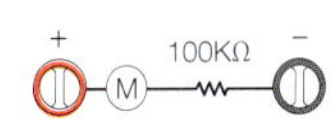

전압계 사용 시 입력 단자에 측정하고자 하는 곳을 연결한다. 100KΩ은 내부 저항이다.

브레드보드

실험을 위해 회로를 편리하게 구성할 수 있는 브레드보드bread board의 내부는 [그림 13-7]과 같이 연결되어 있다. 전원 연결 블록은 수평 방향으로 모두 연결된 구조이고, 논리회로 연결 블록은 수직 방향으로 모두 연결된 구조다. 수직 방향의 5개의 구멍은 서로 연결되어 있지만, 중앙의 긴 홈 위쪽의 수직 그룹은 홈 아래의 수직 그룹과 연결되어 있지 않다. 각각의 구멍들은 0.1inch(=0.254cm)만큼 떨어져 있고, 이 간격은 DIPdual in-line package IC의 핀 간격과 같다. IC는 중앙 홈 양쪽으로 핀들이 놓이게 삽입하며, 연결하고자 하는 핀과 같은 수직 그룹의 네모난 구멍 중 하나에 점퍼선을 연결함으로써 IC 핀과 선의 연결 작업을 완료할 수 있다. 점퍼선의 굵기는 0.4~0.6mm 정도를 사용해야 한다.

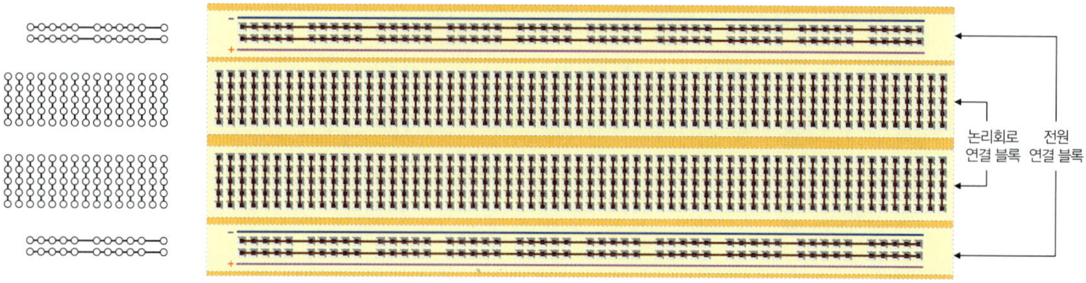

그림 13-7 브레드보드 내부 연결 구조

5 실험 및 회로 구성 시 주의사항

- 전원은 [그림 13-8]처럼 +5V와 접지(GND)를 먼저 연결하되 스위치는 off시켜 둔다.
- 데이터 스위치 및 LED 표시 장치LED indicator 등의 연결과 조작이 편리하도록 브레드보드에 IC 및 기타 부품을 배치한다.
- 배치가 완료되면 점퍼선jumper wire을 사용해 배선 길이를 가능한 짧게 연결한다.
- 배선 색을 효과적으로 사용한다. 예를 들어, (+) 전원은 빨간색, (−) 전원은 청색, 접지ground는 검은색 선을 사용한다.
- 회로 결선이 완료되면 전원 스위치를 on한다. 회로 결선에 문제가 있으면 버저가 울리거나 전류계의 부하 전류 지시가 과부하를 지시하므로 전원 스위치를 off하고 다시 점검한다.
- 모든 점검이 완료되었으면 데이터 스위치 및 기타 장치들을 적절히 사용해 실험을 진행한다.
- 전원이 연결된 상태에서는 IC나 부품을 브레드보드에 삽입하거나 꺼내지 말아야 한다.

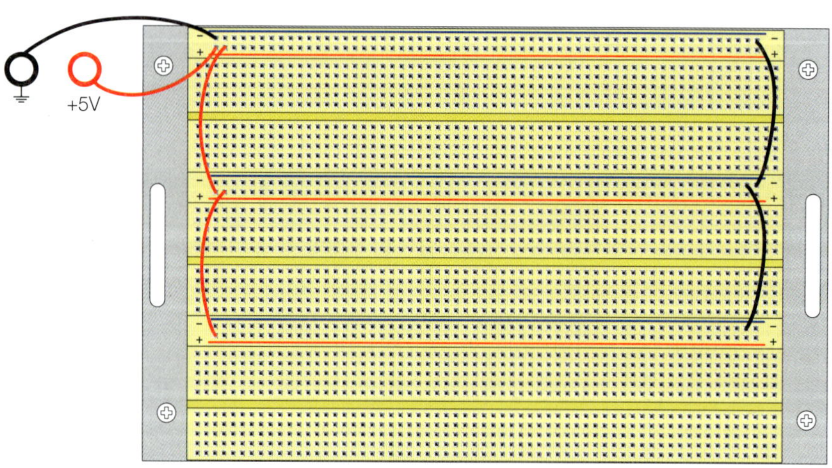

그림 13-8 브레드보드에 +5V와 GND를 연결한 상태

02 기본 논리 게이트

[1] 7404 IC 핀 배치도를 참조해 게이트 6개 중 1개를 선정하여 그림의 NOT 게이트 회로를 구성한다. 7404의 7번 핀은 접지하고 14번 핀은 +5V의 전압을 인가한다. 1번 핀에 입력 신호를 넣고 2번 핀에서 출력을 관찰한다. 입력 A의 상태를 표와 같이 변화시키면서 출력 F의 상태를 기록하시오.

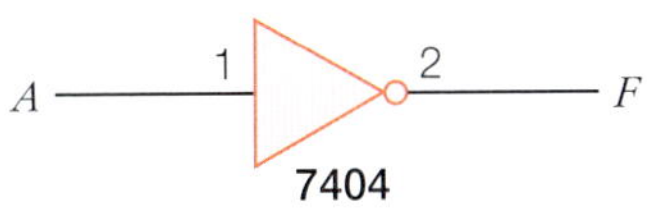

A	F
0	
1	

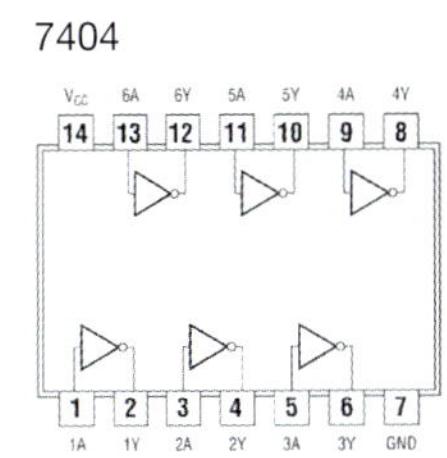

실험용 보드 배선도

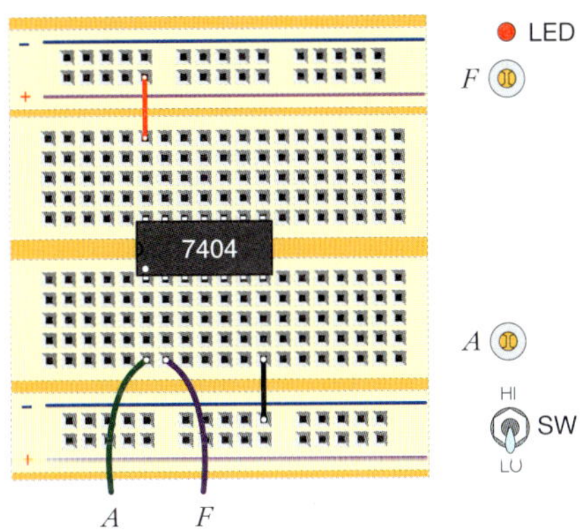

시뮬레이션

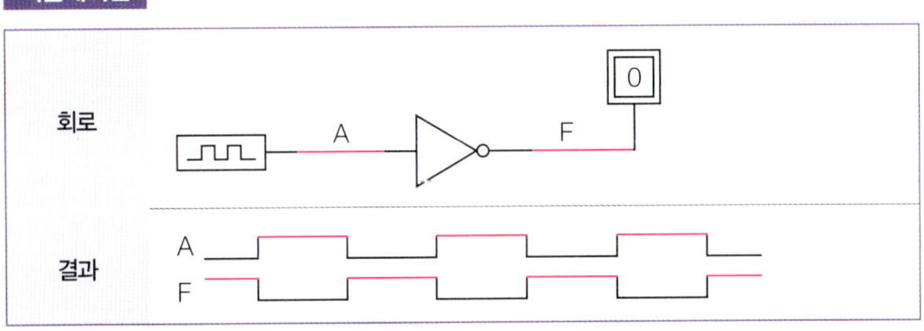

Simulation IO.clf
라이브러리에서 선택

Clock

Binary Probe

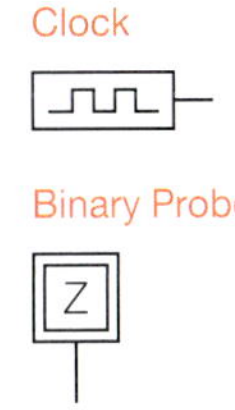

[2] 7404 IC 핀 배치도를 참조해 게이트 6개 중 1개를 선정하여 그림의 회로를 구성한다. 7404의 7번 핀은 접지하고 14번 핀은 +5V의 전압을 인가한다. 1번 핀에는 입력 전압 V_i를 표와 같이 입력하고, 2번 핀에서는 출력 전압 V_o를 멀티미터로 관찰해 기록하시오.

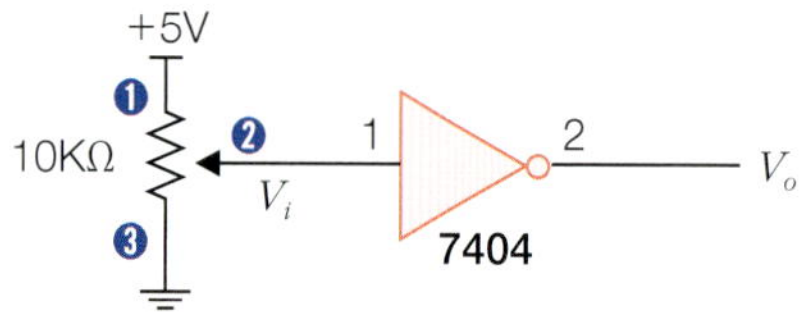

7404

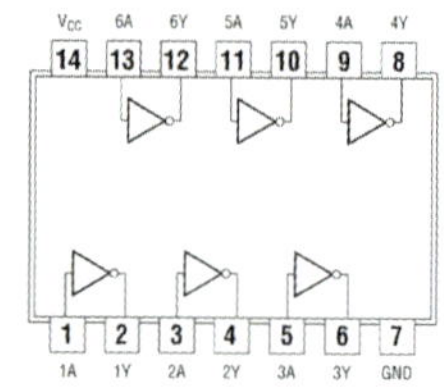

V_i[V]	0	0.6	0.8	1	1.2	1.4	1.6	2	3	5
V_o[V]										

가변 저항(10KΩ)

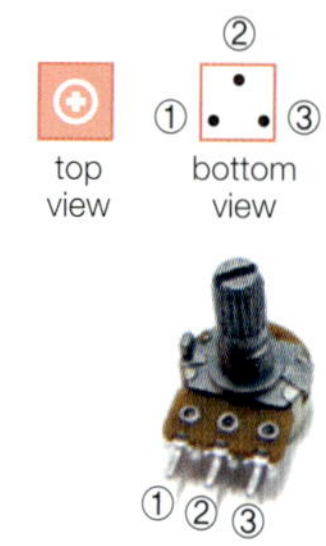

가변 저항은 논리 실험 장치에 있는 것을 사용해도 된다.

실험용 보드 배선도

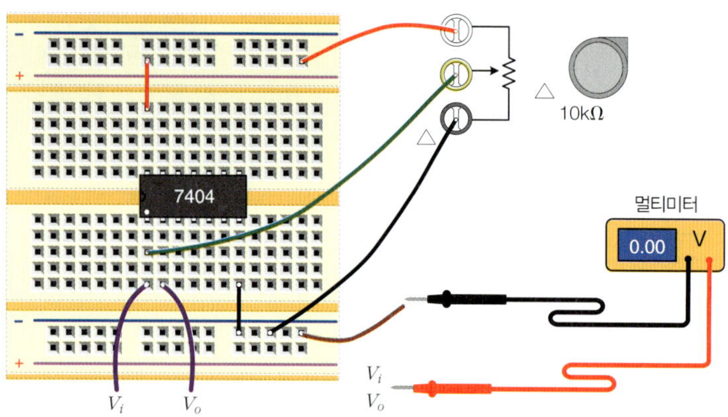

검토 1 실험 결과를 이용해 논리 레벨 Low와 High의 전압 범위를 결정하시오.

검토 2 데이터 시트를 참조해 실험 결과를 비교 검토하시오.

3 7408 IC 핀 배치도를 참조해 게이트 4개 중 1개를 선정하여 AND 게이트 회로를 구성한다. 7408의 7번 핀은 접지하고 14번 핀은 +5V 전압을 인가한다. 1번 핀과 2번 핀에 입력 신호를 인가하고 3번 핀에서 출력을 관찰한다. 입력 A, B의 상태를 표와 같이 변화시키면서 출력 F의 상태를 기록하시오.

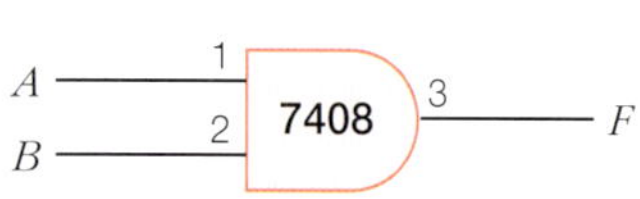

A	B	F
0	0	
0	1	
1	0	
1	1	

7408

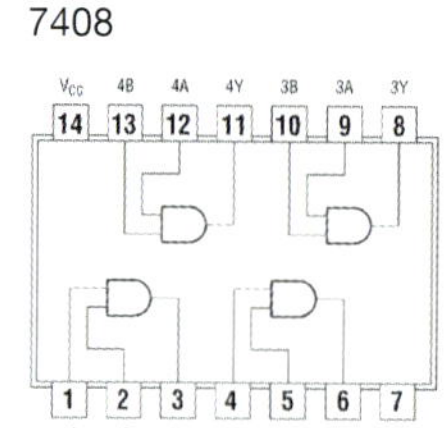

실험용 보드 배선도

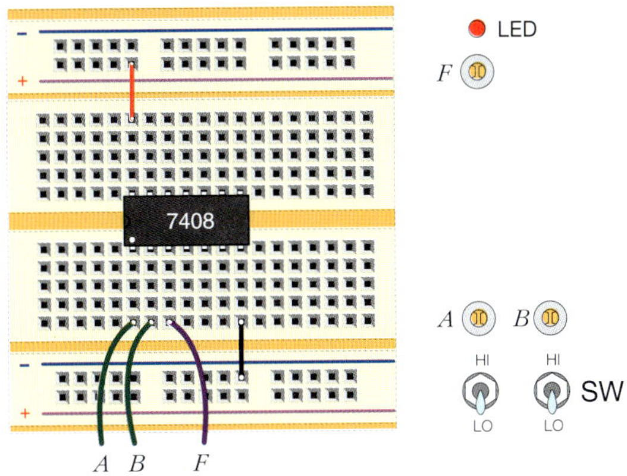

검토 2입력 AND 게이트인 7408 IC를 사용해 3입력 AND 게이트를 구성하시오.

시뮬레이션

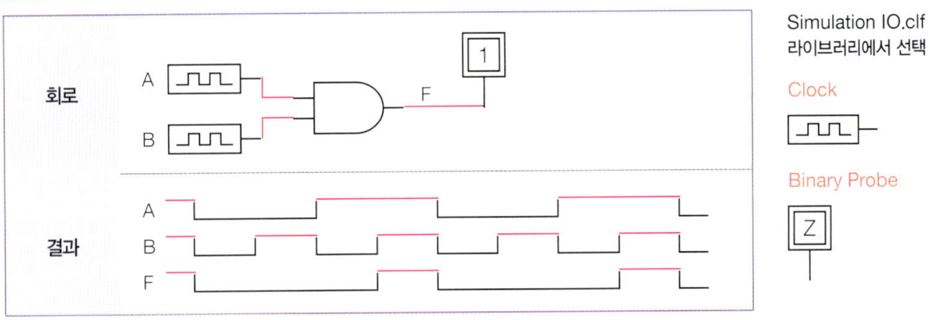

[4] 7432 IC 핀 배치도를 참조해 게이트 4개 중 1개를 선정하여 OR 게이트 회로를 구성한다. 7432의 7번 핀은 접지하고 14번 핀은 +5V 전압을 인가한다. 1번 핀과 2번 핀에 입력 신호를 인가하고 3번 핀에서 출력을 관찰한다. 입력 A, B의 상태를 표와 같이 변화시키면서 출력 F의 상태를 기록하시오.

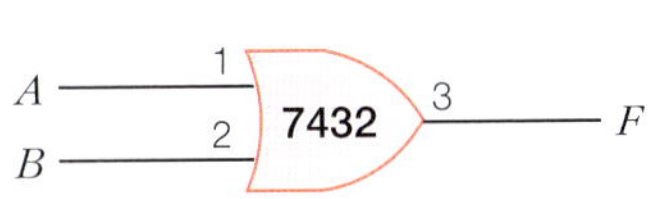

A	B	F
0	0	
0	1	
1	0	
1	1	

7432

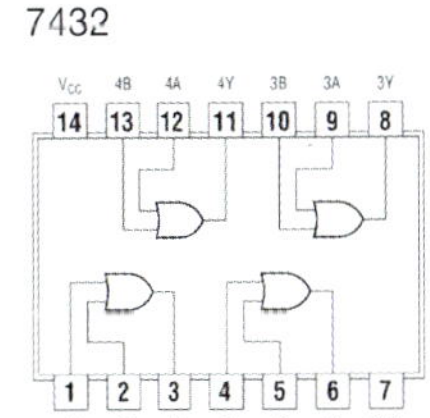

검토 2입력 OR 게이트인 7432 IC를 사용해 3입력 OR 게이트를 구성하시오.

시뮬레이션

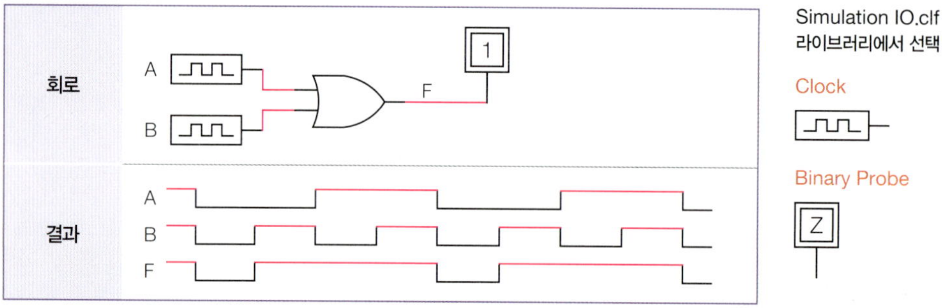

5 7400 IC 핀 배치도를 참조해 게이트 4개 중 1개를 선정하여 NAND 게이트 회로를 구성한다. 7400의 7번 핀은 접지하고 14번 핀은 +5V 전압을 인가한다. 1번 핀과 2번 핀에 입력 신호를 인가하고 3번 핀에서 출력을 관찰한다. 입력 A, B의 상태를 표와 같이 변화시키면서 출력 F의 상태를 기록하시오.

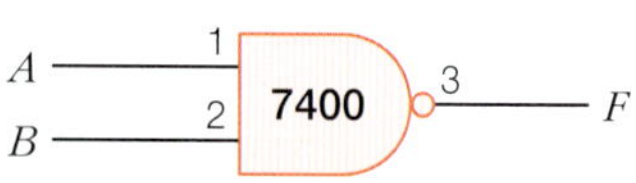

A	B	F
0	0	
0	1	
1	0	
1	1	

7400

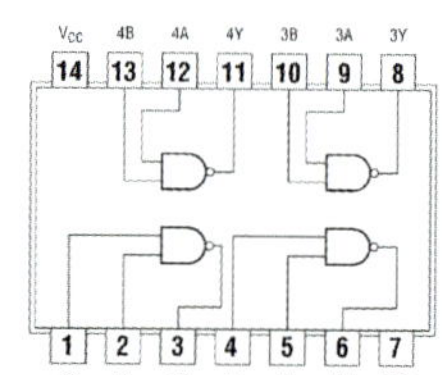

검토 3입력 NAND 게이트인 7410 IC를 사용해 2입력 NAND 게이트를 구성하시오.

시뮬레이션

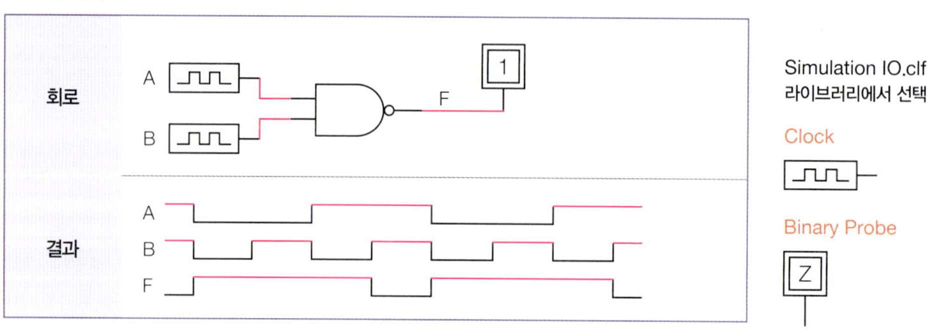

6 7402 IC 핀 배치도를 참조해 게이트 4개 중 한 개를 선정하여 NOR 게이트 회로를 구성한다. 7402의 7번 핀은 접지하고 14번 핀은 +5V 전압을 인가한다. 2번 핀과 3번 핀에 입력

신호를 인가하고 1번 핀에서 출력을 관찰한다. 입력 A, B의 상태를 표와 같이 변화시키면서 출력 F의 상태를 기록하시오.

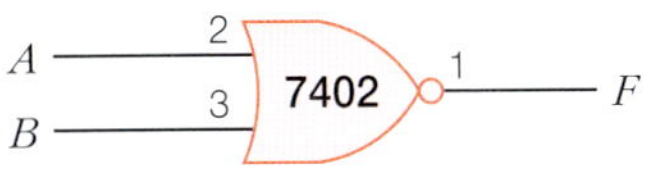

A	B	F
0	0	
0	1	
1	0	
1	1	

7402

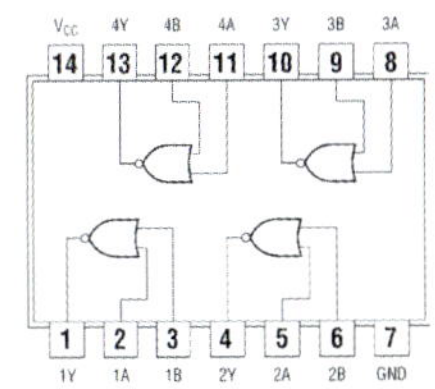

검토 3입력 NOR 게이트인 7427 IC를 사용해 2입력 NOR 게이트를 구성하시오.

시뮬레이션

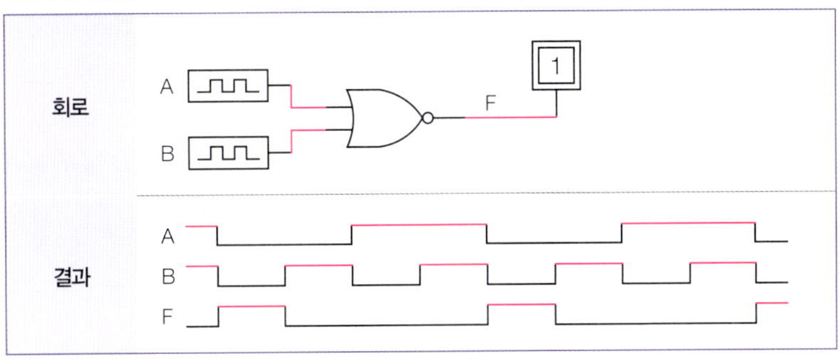

Simulation IO.clf 라이브러리에서 선택

Clock

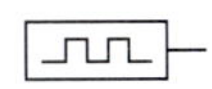

Binary Probe

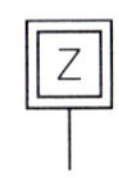

7 74125 IC 핀 배치도를 참조해 게이트 4개 중 1개를 선정하여 3상태 버퍼tri-state buffer 회로를 구성한다. 74125의 7번 핀은 접지하고 14번 핀은 +5V 전압을 인가한다. 1번 핀은 인에이블enable 단자다. 2번 핀에 입력 신호를 인가하고 3번 핀에서 출력을 관찰한다. 입력 A와 제어 단자 $\bar{E}$의 상태를 표와 같이 변화시키면서 출력 F의 상태를 기록하시오.

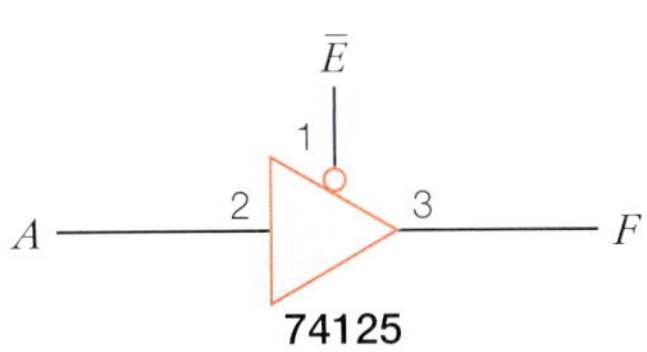

$\bar{E}$	A	F
0	0	
0	1	
1	0	
1	1	

74125

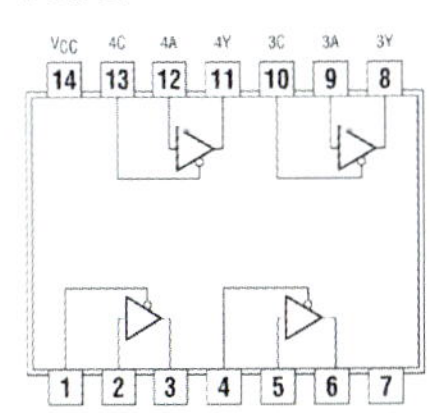

검토 3상태 버퍼 IC인 74126의 동작 원리를 설명하고 74125와 비교하시오.

시뮬레이션

Simulation IO.clf
라이브러리에서 선택

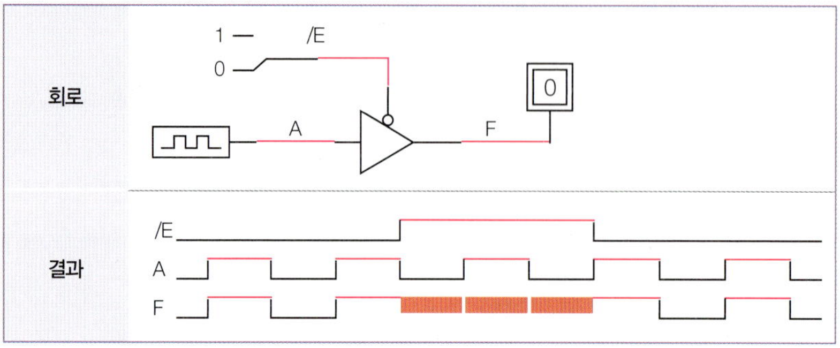

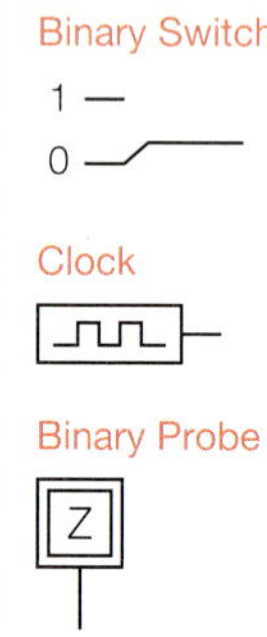

8 7400 IC 핀 배치도를 참조해 게이트 4개 중 3개를 선정하여 NAND 게이트 회로를 구성한다. 7400의 7번 핀은 접지하고 14번 핀은 +5V 전압을 인가한다. 입력 A, B, C의 상태를 표와 같이 변화시키면서 출력 F의 상태를 기록하시오.

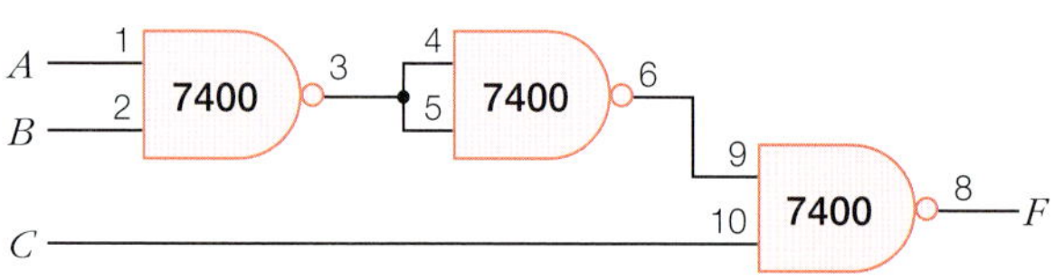

A	B	C	F
0	0	0	
0	0	1	
0	1	0	
0	1	1	
1	0	0	
1	0	1	
1	1	0	
1	1	1	

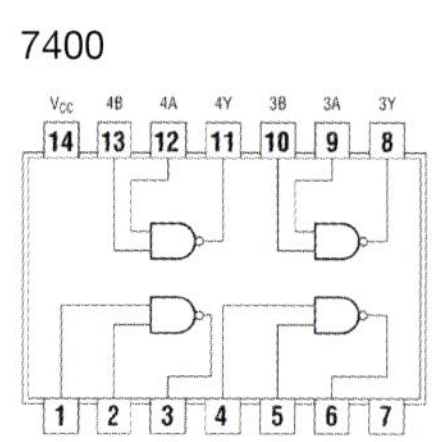

실험용 보드 배선도

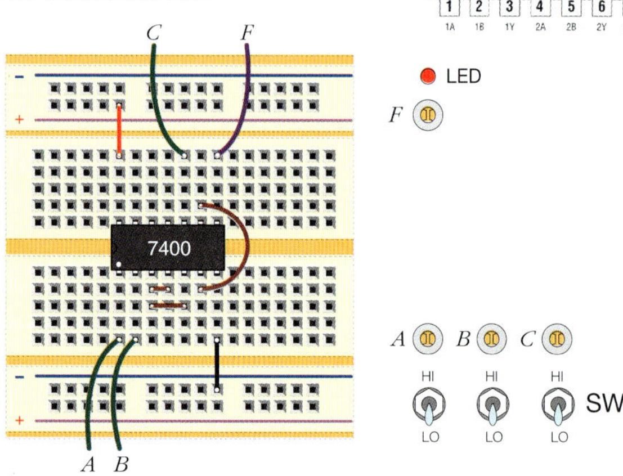

검토 2입력 NAND 게이트인 7400 IC를 사용해 4입력 NAND 게이트를 구성하시오.

시뮬레이션

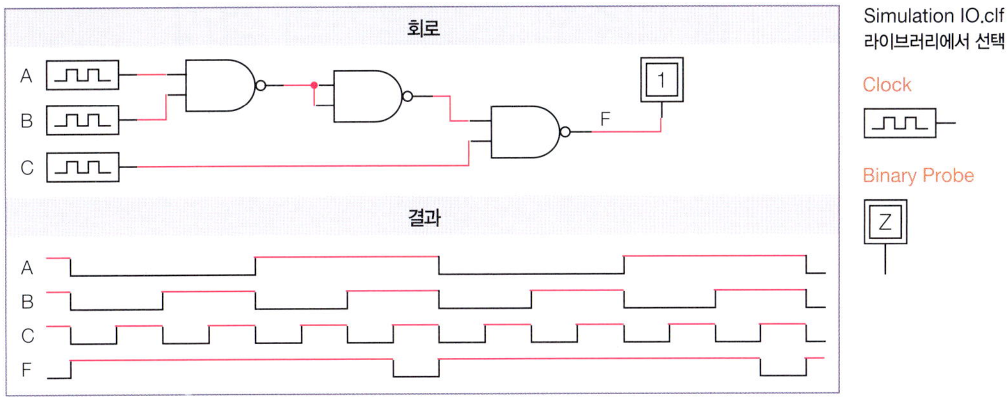

9 7402 IC 핀 배치도를 참조해 게이트 4개 중 3개를 선정하여 NOR 게이트 회로를 구성한다. 7402의 7번 핀은 접지하고 14번 핀은 +5V 전압을 인가한다. 입력 A, B, C의 상태를 표와 같이 변화시키면서 출력 F의 상태를 기록하시오.

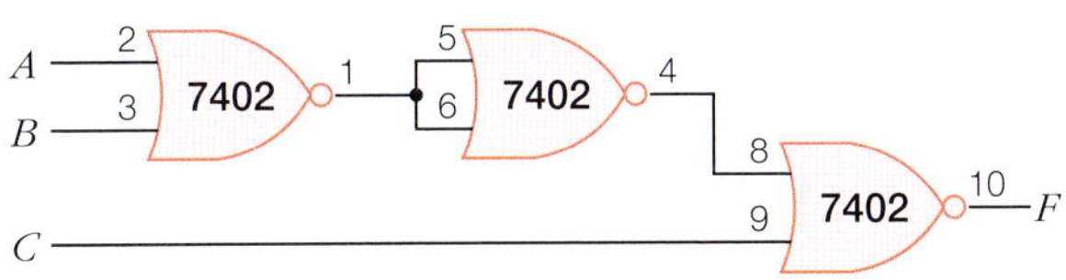

A	B	C	F
0	0	0	
0	0	1	
0	1	0	
0	1	1	
1	0	0	
1	0	1	
1	1	0	
1	1	1	

7402

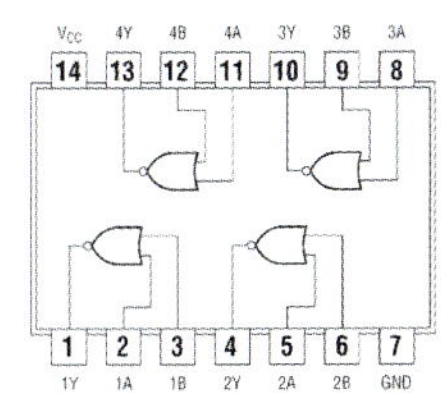

검토 2입력 NOR 게이트인 7402 IC를 사용해 4입력 NOR 게이트를 구성하시오.

시뮬레이션

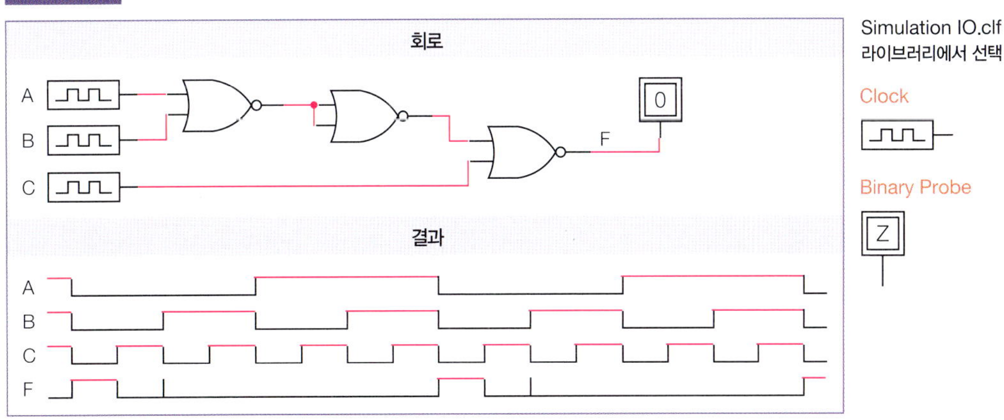

03 불 대수와 드모르간의 정리

1 7400 IC 핀 배치도를 참조해 NAND 게이트 4개 중 2개를 선정하여 회로를 구성한다. 7400의 7번 핀은 접지하고 14번 핀은 +5V 전압을 인가한다. 1번 핀과 2번 핀에 입력 신호를 인가하고 3번 핀(또는 4번, 5번 핀)과 6번 핀에서 각각 출력을 관찰한다. 입력 A, B의 상태를 표와 같이 변화시키면서 출력 F와 G의 상태를 기록하시오.

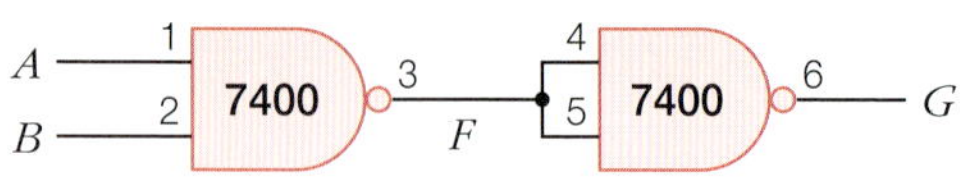

A	B	F	G
0	0		
0	1		
1	0		
1	1		

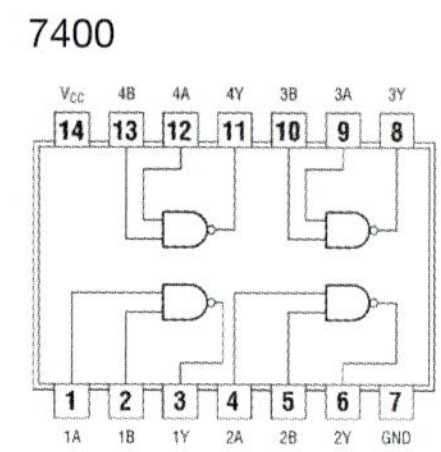

검토 실험 결과 입력이 A와 B, 출력이 G라면 이 회로는 어떤 게이트처럼 동작하는지 논리식으로 검토하시오.

시뮬레이션

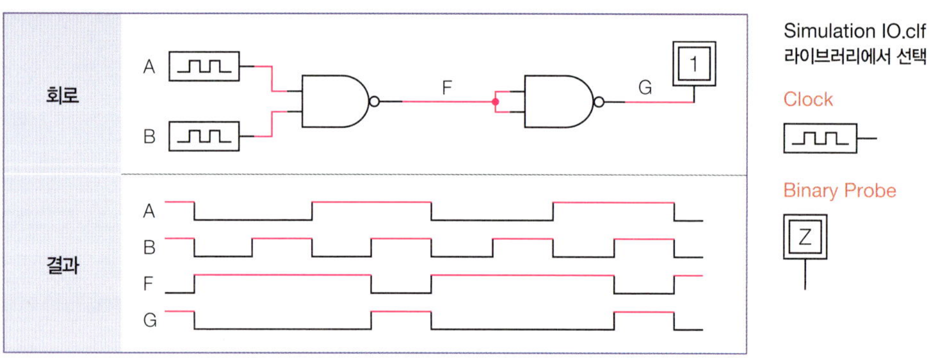

2 7402 IC 핀 배치도를 참조해 NOR 게이트 4개 중 2개를 선정하여 회로를 구성한다. 7402의 7번 핀은 접지하고 14번 핀은 +5V 전압을 인가한다. 2번 핀과 3번 핀에 입력 신호를 인가하고 1번 핀(또는 5번, 6번 핀)과 4번 핀에서 각각 출력을 관찰한다. 입력 A, B의 상태를 표와 같이 변화시키면서 출력 F와 G의 상태를 기록하시오.

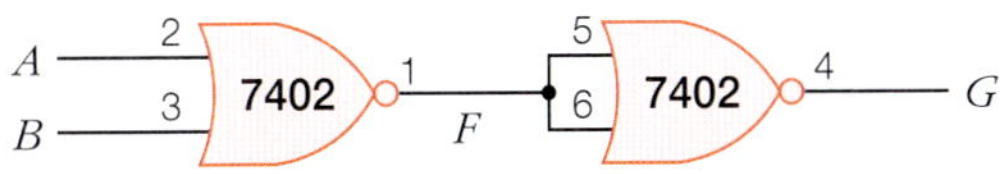

A	B	F	G
0	0		
0	1		
1	0		
1	1		

7402

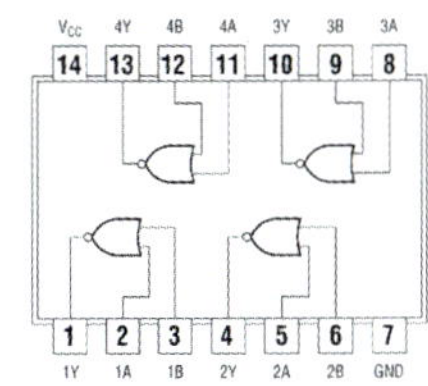

검토 실험 결과 입력이 A와 B, 출력이 G라면 이 회로는 어떤 게이트처럼 동작하는지 논리식으로 검토하시오.

시뮬레이션

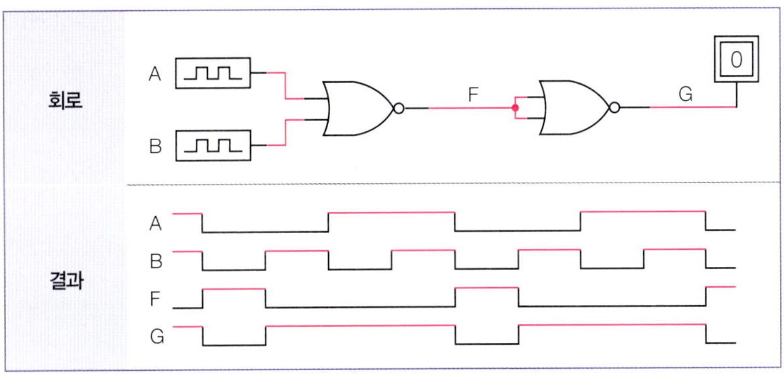

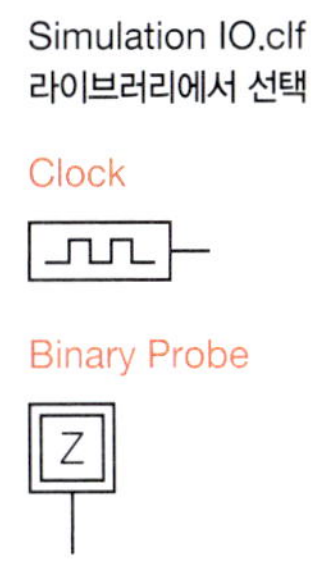

3 7404 IC 핀 배치도를 참조해 NOT 게이트 6개 중 2개를 선정하여 회로를 구성한다. 7404의 7번 핀은 접지하고 14번 핀은 +5V 전압을 인가한다. 1번 핀에 입력 신호를 인가하고 2번 핀(또는 3번 핀)과 4번 핀에서 각각 출력을 관찰한다. 입력 A의 상태를 표와 같이 변화시키면서 출력 F와 G의 상태를 기록하시오.

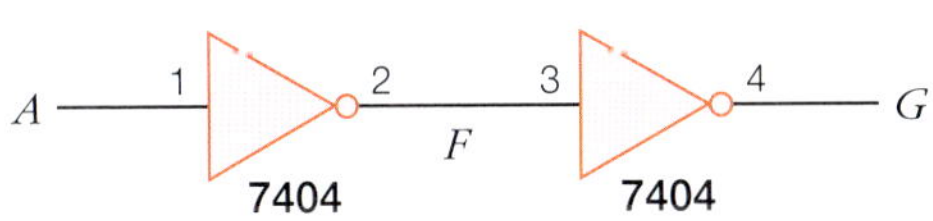

A	F	G
0		
1		

7404

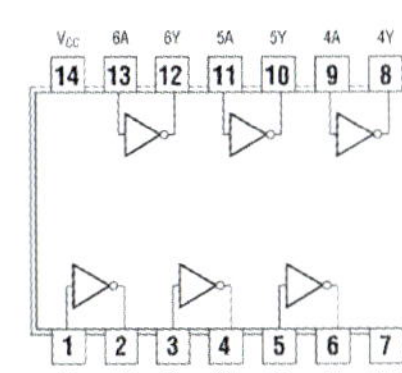

검토 실험 결과 입력이 A, 출력이 G인 경우 이 회로는 어떤 게이트처럼 동작하는지 논리식으로 검토하시오.

시뮬레이션

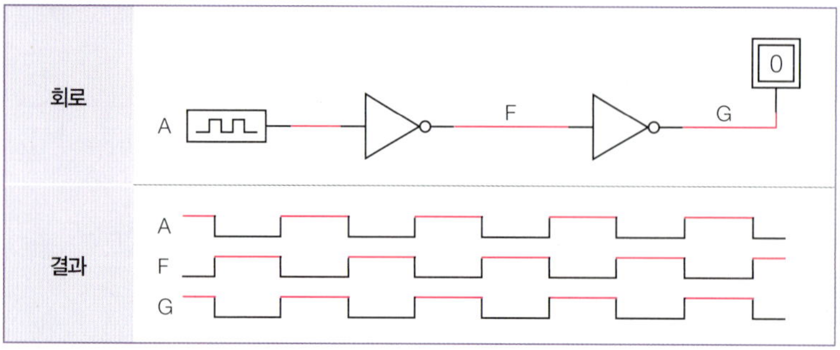

Simulation IO.clf
라이브러리에서 선택

Clock

Binary Probe

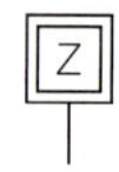

4 7404 IC와 7408 IC 핀 배치도를 참조해 그림의 회로를 구성한다. 7404와 7408의 7번 핀은 접지하고 14번 핀은 +5V 전압을 인가한다. 입력 A의 상태를 표와 같이 변화시키면서 출력 F의 상태를 기록한다. 또한 입력 A에 1KHz, 5V인 구형파를 인가하였을 때 F에서의 출력 파형을 오실로스코프로 관찰해 그려 보시오. 1KHz, 5V 구형파는 논리 실험 장치에 있는 것을 사용한다.

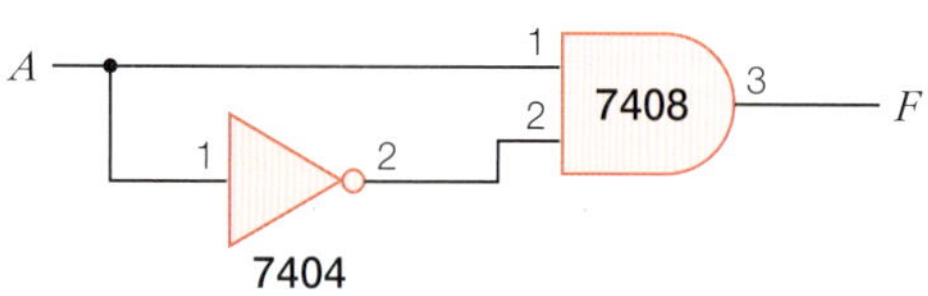

A	F
0	
1	

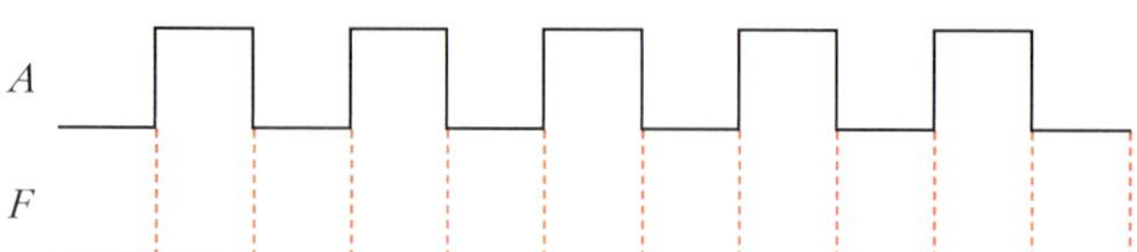

7404

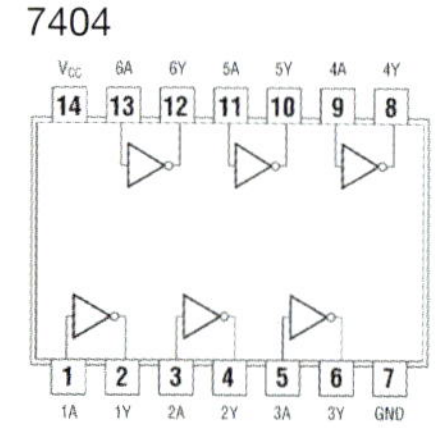

7408

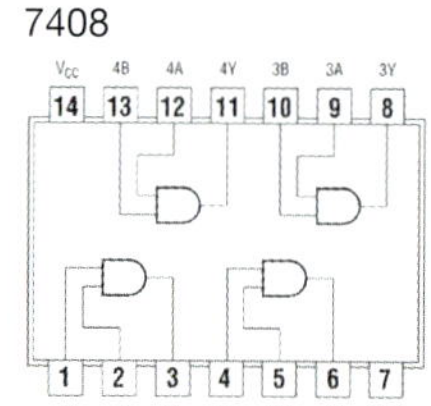

실험용 보드 배선도

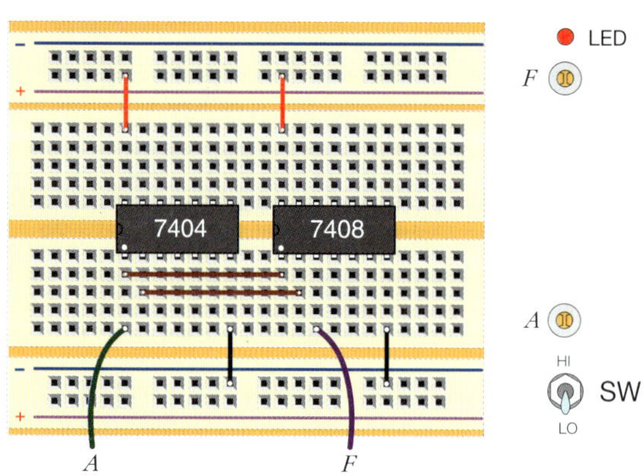

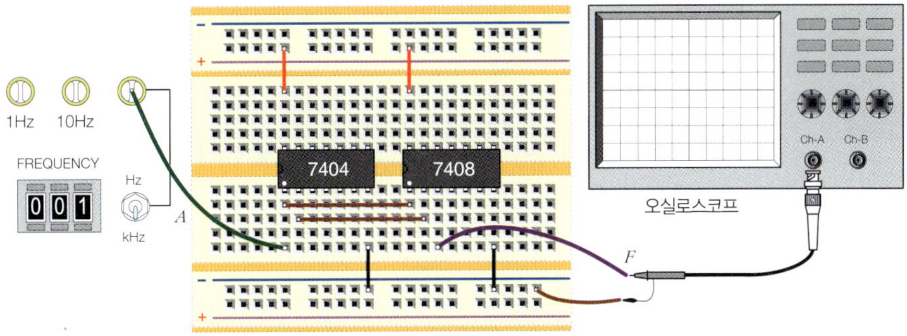

검토 7404에서의 전파 지연 시간을 고려한 경우와 이 시간을 무시한 경우, 출력 파형을 비교하시오.

시뮬레이션

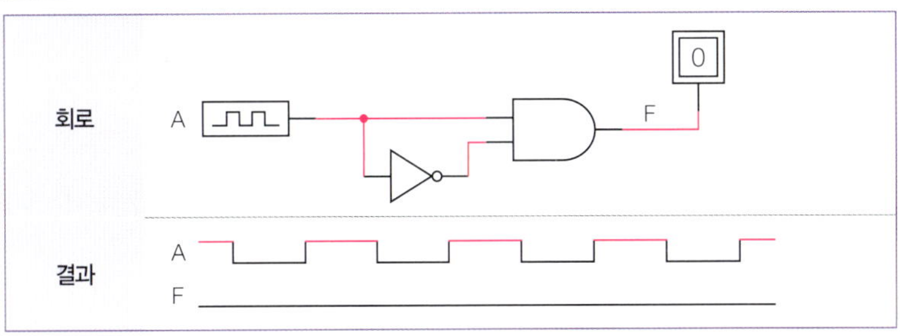

Simulation IO.clf
라이브러리에서 선택

Clock

Binary Probe

5 7404 IC와 7432 IC 핀 배치도를 참조해 회로를 구성한다. 7404와 7432의 7번 핀은 접지하고 14번 핀은 +5V 전압을 인가한다. 입력 A의 상태를 표와 같이 변화시키면서 출력 F의 상태를 기록한다. 또한 입력 A에 1KHz, 5V 구형파를 인가하였을 때 F에서의 출력 파형을 오실로스코프로 관찰해 그려 보시오. 1KHz, 5V 구형파는 논리 실험 장치에 있는 것을 사용한다.

7404

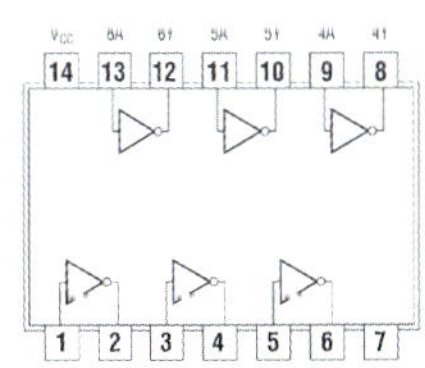

7432

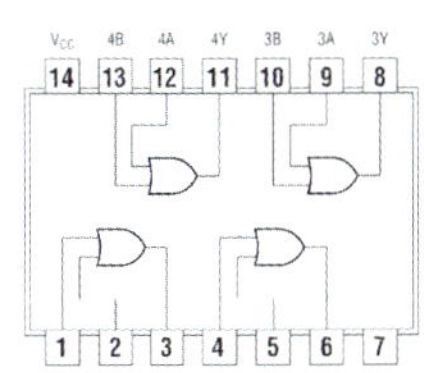

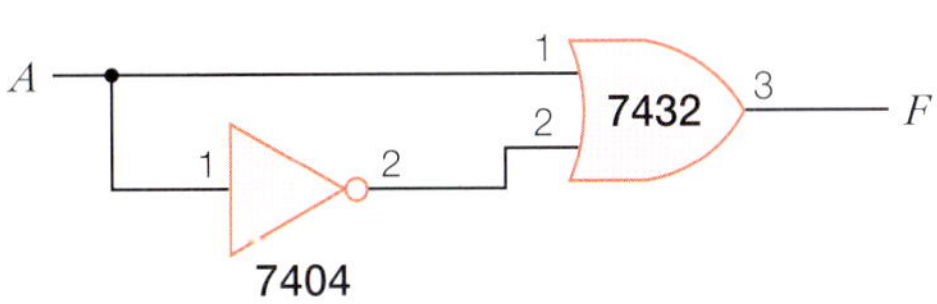

A	F
0	
1	

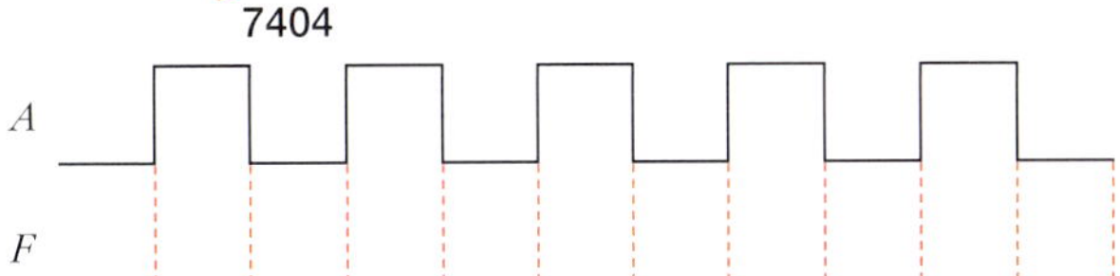

검토 7404에서의 전파 지연 시간을 고려한 경우와 이 시간을 무시한 경우, 출력 파형을 비교하시오.

시뮬레이션

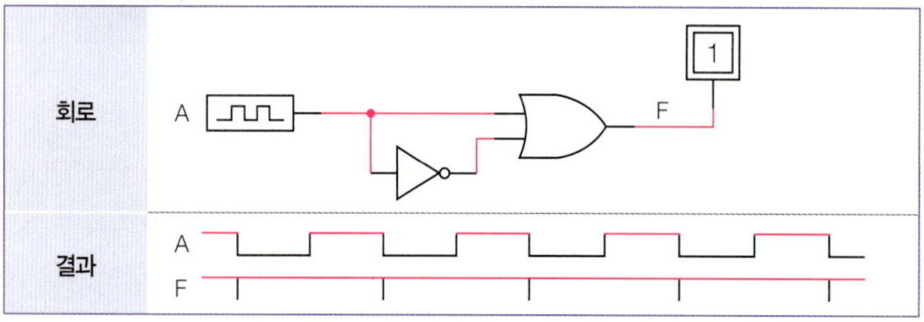

Simulation IO.clf 라이브러리에서 선택

Clock

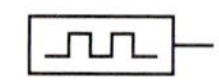

Binary Probe

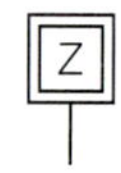

7404

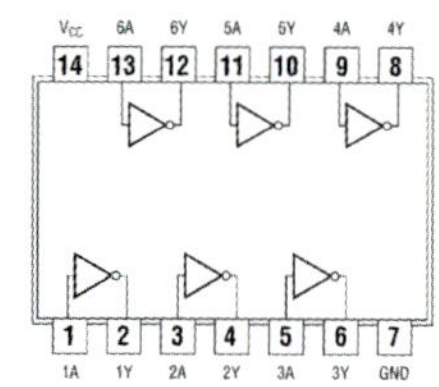

[6] 7404 IC와 7408 IC 핀 배치도를 참조해 회로를 구성한다. 7404와 7408의 7번 핀은 접지하고 14번 핀은 +5V 전압을 인가한다. 입력 A, B의 상태를 표와 같이 변화시키면서 출력 F의 상태를 기록하시오.

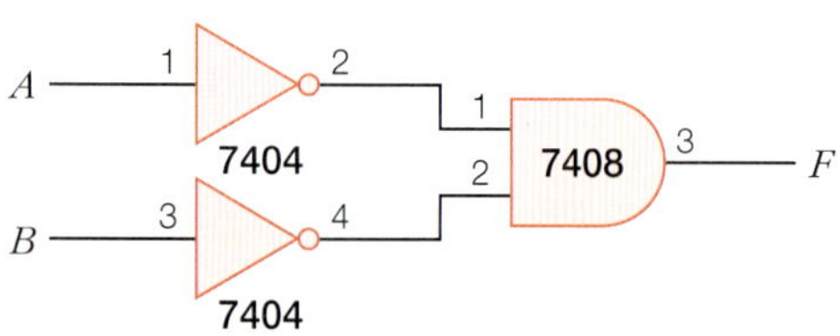

A	B	F
0	0	
0	1	
1	0	
1	1	

7408

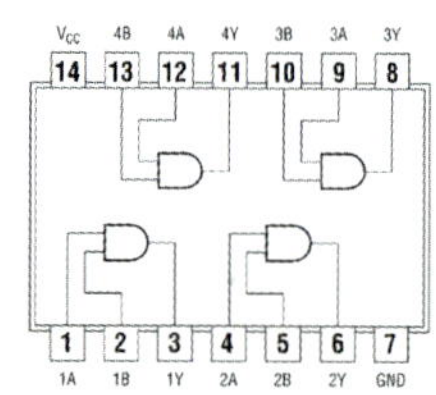

검토 실험 결과 이 회로가 어떤 게이트처럼 동작하는지 논리식으로 검토하시오.

시뮬레이션

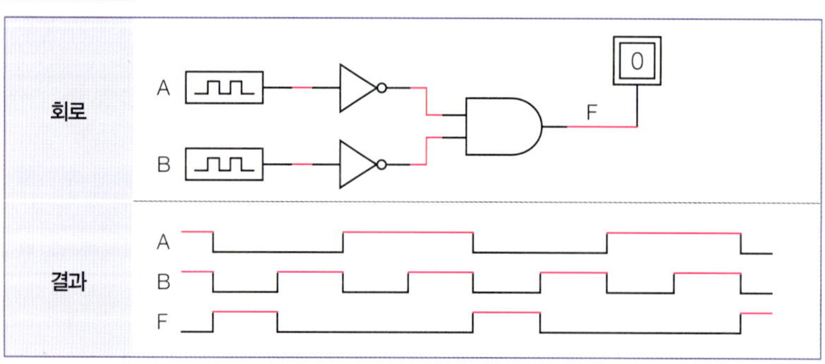

Simulation IO.clf 라이브러리에서 선택

Clock

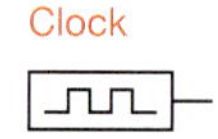

Binary Probe

[7] 7404 IC와 7432 IC 핀 배치도를 참조해 회로를 구성한다. 7404와 7432의 7번 핀은 접지하고 14번 핀은 +5V 전압을 인가한다. 입력 A와 B의 상태를 표와 같이 변화시키면서 출력 F의 상태를 기록하시오.

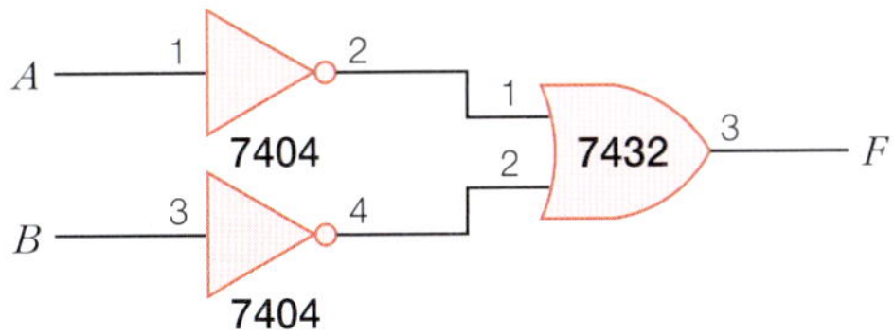

A	B	F
0	0	
0	1	
1	0	
1	1	

7404

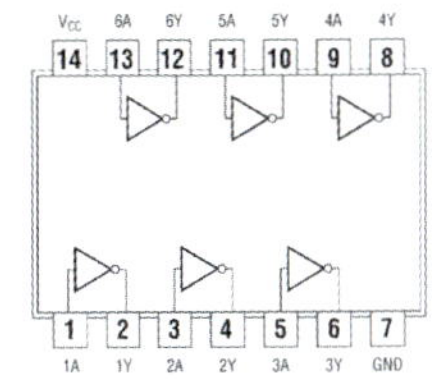

검토 실험 결과 이 회로가 어떤 게이트처럼 동작하는지 논리식으로 검토하시오.

7432

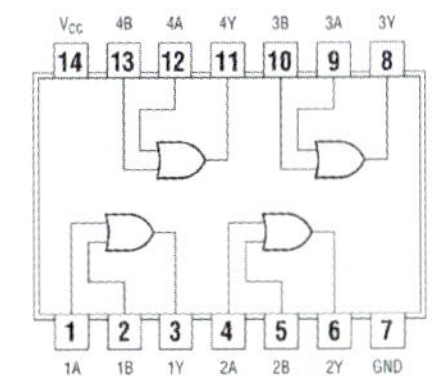

시뮬레이션

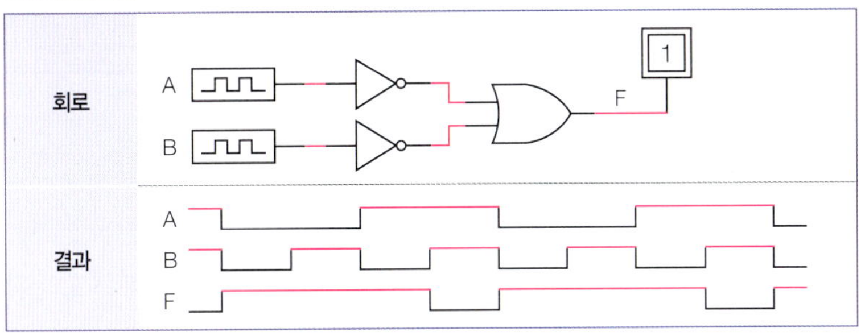

8 7400 IC 핀 배치도를 참조하고 NAND 게이트 4개를 사용해 회로를 구성한다. 7400의 7번 핀은 접지하고 14번 핀은 +5V 전압을 인가한다. 입력 A와 B의 상태를 표와 같이 변화시키면서 출력 F와 G의 상태를 기록하시오.

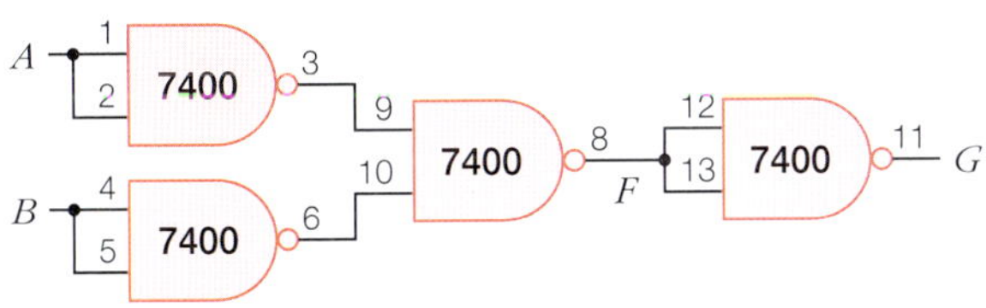

A B	F	G
0 0		
0 1		
1 0		
1 1		

실험용 보드 배선도

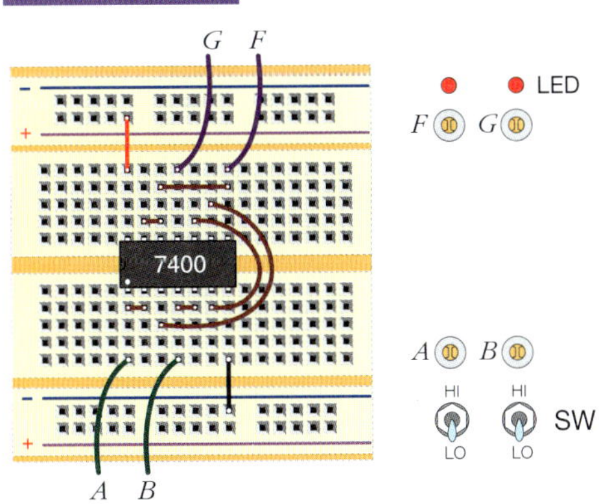

7400

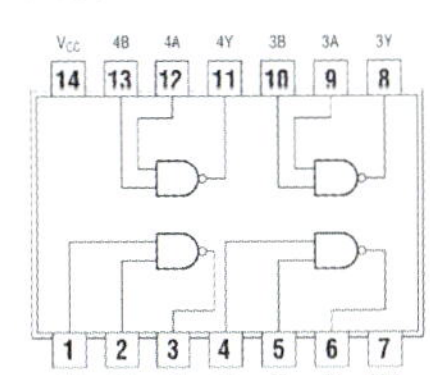

검토 실험 결과를 토대로 입력이 A, B이고 출력이 F인 경우와 출력이 G인 경우 이 회로는 각각 어떤 게이트처럼 동작하는지 논리식으로 검토하시오.

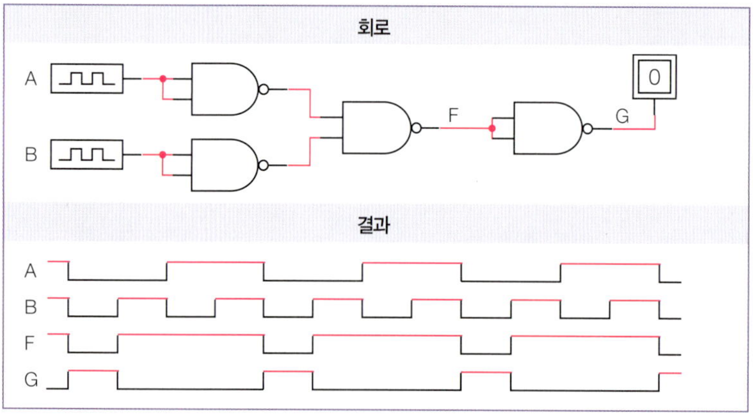

Simulation IO.clf 라이브러리에서 선택

Clock

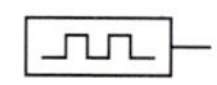

Binary Probe

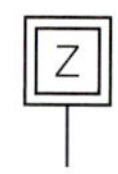

9 7402 IC 핀 배치도를 참조하고 NOR 게이트 4개를 사용해 그림의 회로를 구성한다. 7402의 7번 핀은 접지하고 14번 핀은 +5V 전압을 인가한다. 입력 A와 B의 상태를 표와 같이 변화시키면서 출력 F와 G의 상태를 기록하시오.

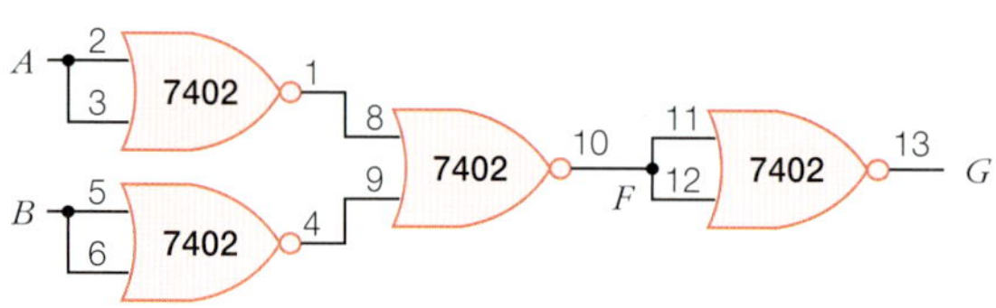

A B	F	G
0 0		
0 1		
1 0		
1 1		

7402

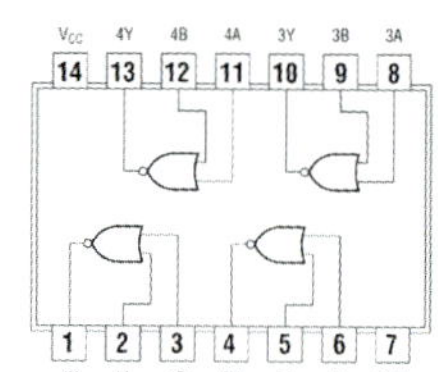

검토 실험 결과를 토대로 입력이 A, B이고 출력이 F인 경우와 출력이 G인 경우 이 회로는 각각 어떤 게이트처럼 동작하는지 논리식으로 검토하시오.

시뮬레이션

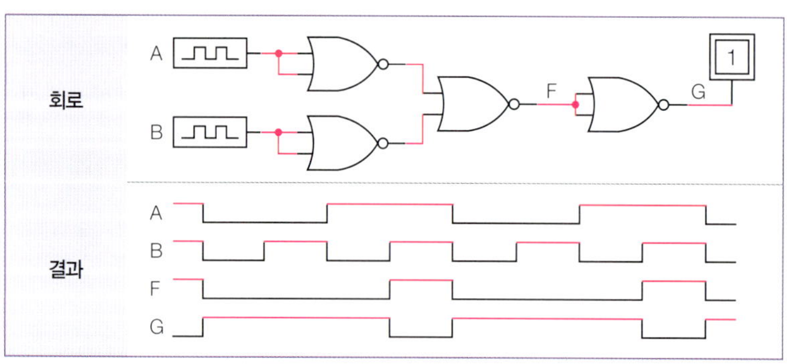

Simulation IO.clf 라이브러리에서 선택

Clock

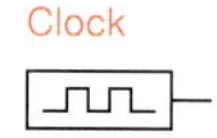

Binary Probe

10 7400 IC, 7402 IC, 7404 IC의 핀 배치도를 참조해 회로를 구성한다. 7400, 7402, 7404의 7번 핀은 접지하고 14번 핀은 +5V 전압을 인가한다. 입력 A와 B의 상태를 표와 같이 변화시키면서 출력 F와 G의 상태를 기록하시오.

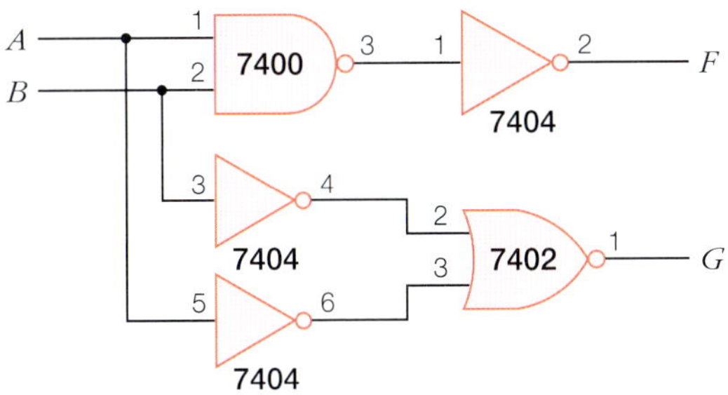

A	B	F	G
0	0		
0	1		
1	0		
1	1		

7400

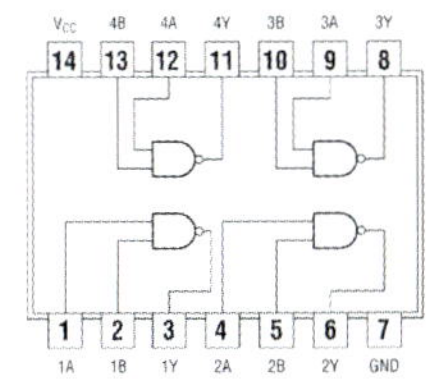

7402

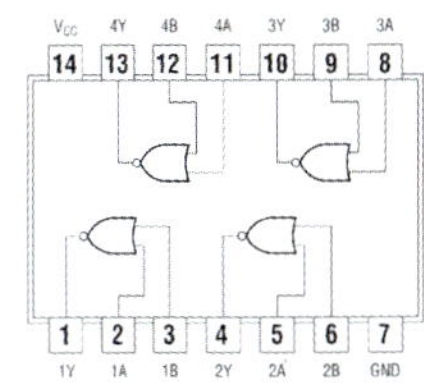

7404

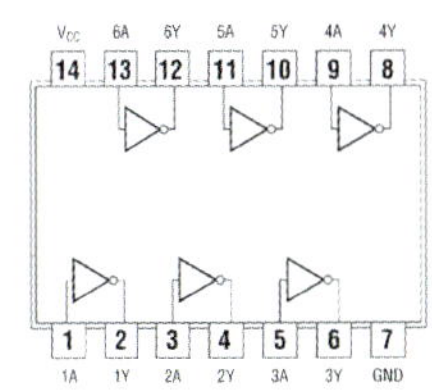

실험용 보드 배선도

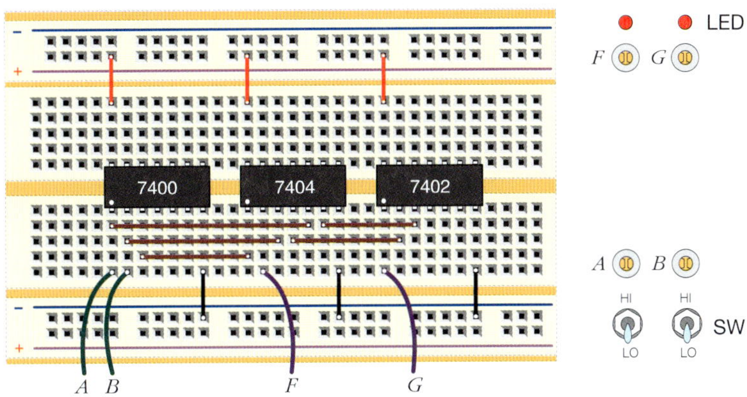

검토 실험 회로가 어떤 게이트처럼 동작하는지 논리식으로 검토하시오.

시뮬레이션

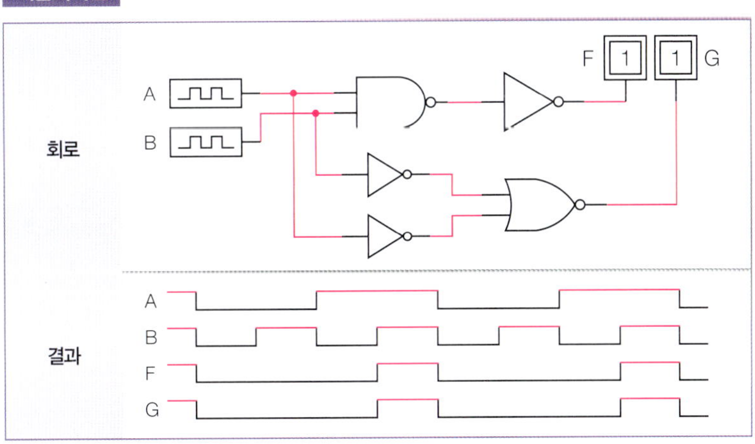

Simulation IO.clf
라이브러리에서 선택

Clock

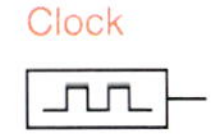

Binary Probe

11 7400 IC, 7402 IC, 7404 IC의 핀 배치도를 참조해 그림의 회로를 구성한다. 7400, 7402, 7404의 7번 핀은 접지하고 14번 핀은 +5V 전압을 인가한다. 입력 A, B의 상태를 표와 같이 변화시키면서 출력 F와 G의 상태를 기록하시오.

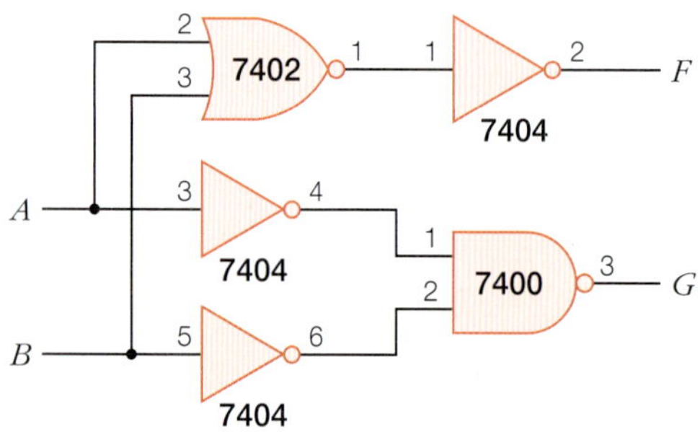

A	B	F	G
0	0		
0	1		
1	0		
1	1		

7400

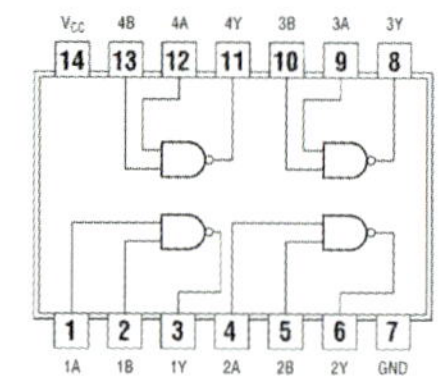

7402

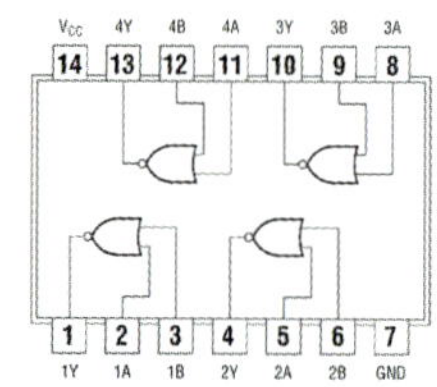

7404

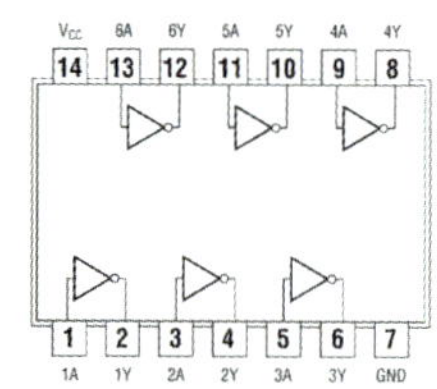

검토 실험 회로가 어떤 게이트처럼 동작하는지 논리식으로 검토하시오.

시뮬레이션

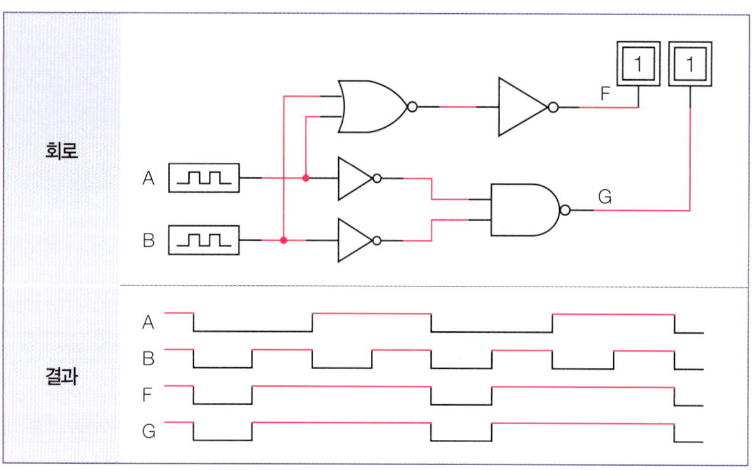

Simulation IO.clf
라이브러리에서 선택

Clock

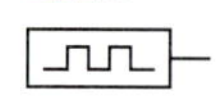

Binary Probe

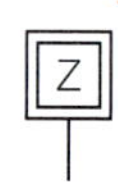

04 XOR 게이트

1 7404 IC, 7408 IC, 7432 IC의 핀 배치도를 참조해 그림의 회로를 구성한다. 7404, 7408, 7432의 7번 핀은 접지하고 14번 핀은 +5V 전압을 인가한다. 입력 A, B의 상태를 표와 같이 변화시키면서 출력 F의 상태를 기록하시오.

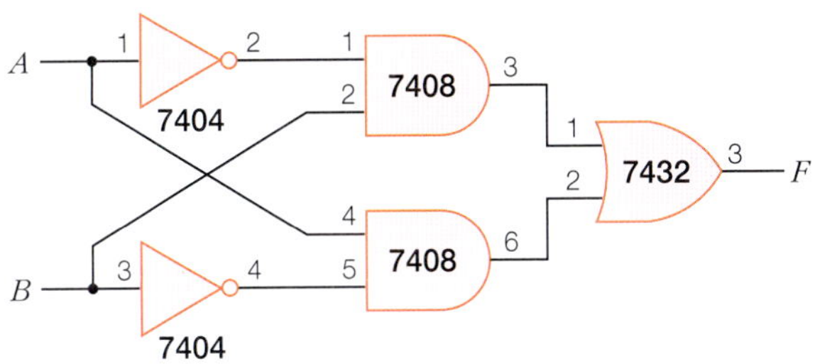

A	B	F
0	0	
0	1	
1	0	
1	1	

7404

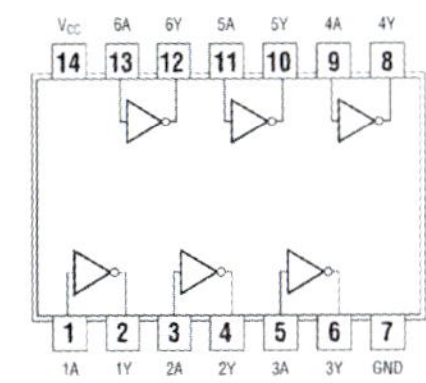

7408

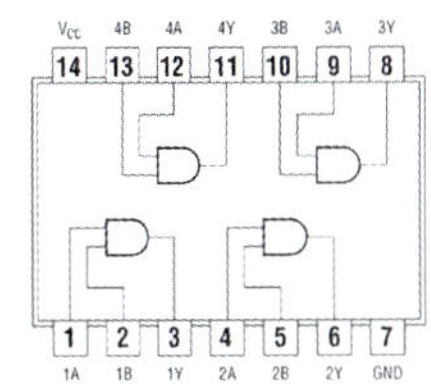

7432

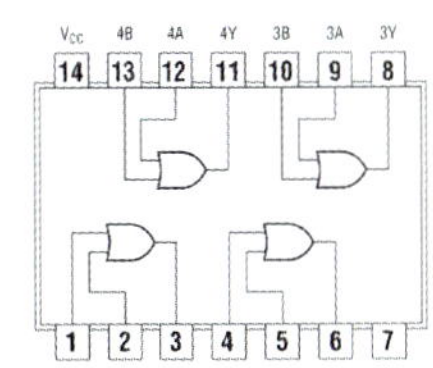

검토 실험 회로가 어떤 게이트처럼 동작하는지 논리식으로 검토하시오.

시뮬레이션

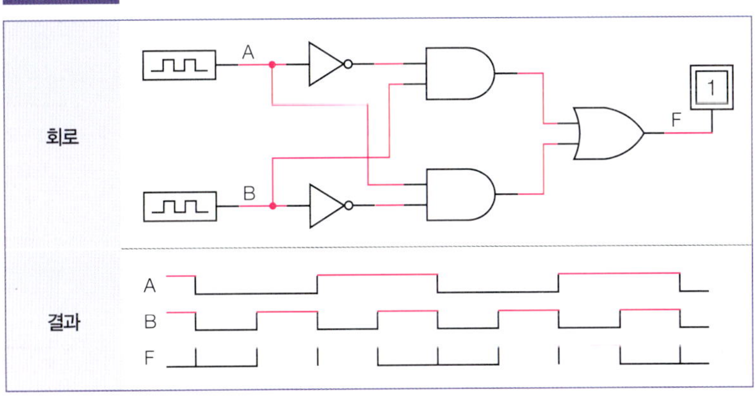

Simulation IO.clf
라이브러리에서 선택

Clock

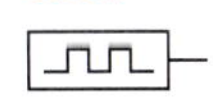

Binary Probe

2 7400 IC 핀 배치도를 참조해 그림의 회로를 구성한다. 7400의 7번 핀은 접지하고 14번 핀은 +5V 전압을 인가한다. 입력 A, B의 상태를 표와 같이 변화시키면서 출력 F의 상태를 기록하시오.

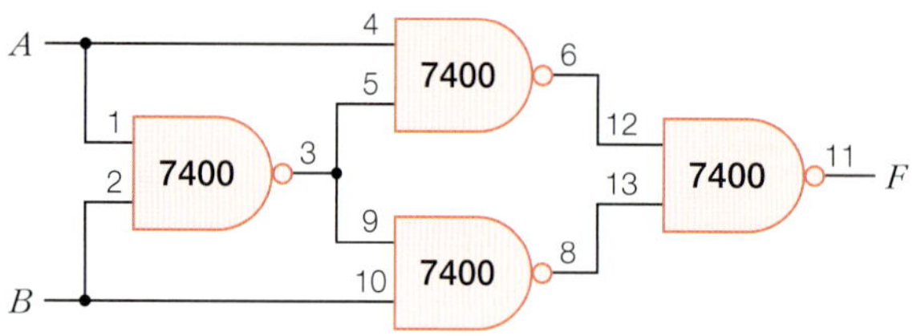

A	B	F
0	0	
0	1	
1	0	
1	1	

7400

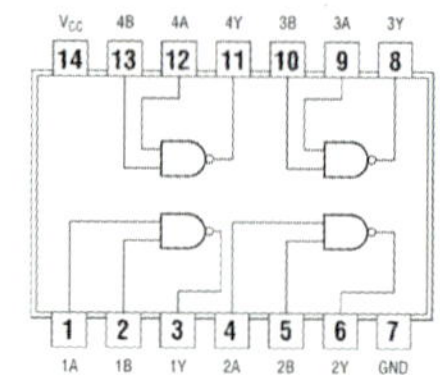

검토 1 실험 회로가 어떤 게이트처럼 동작하는지 논리식으로 검토하시오.

검토 2 실험 회로에서 NAND 게이트를 모두 NOR 게이트로 변경하면 어떤 게이트처럼 동작하는지 논리식으로 검토하시오.

시뮬레이션

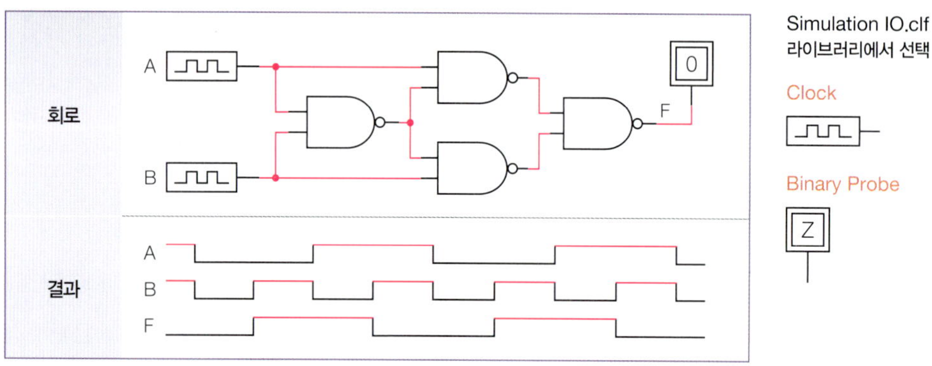

3 7486 IC 핀 배치도를 참조해 게이트 4개 중 1개를 선정하여 그림의 XOR 게이트 회로를 구성한다. 7486의 7번 핀은 접지하고 14번 핀은 +5V 전압을 인가한다. 1번 핀과 2번 핀에 입력 신호를 인가하고 3번 핀에서 출력을 관찰한다. 입력 A, B의 상태를 표와 같이 변화시키면서 출력 F의 상태를 기록하시오.

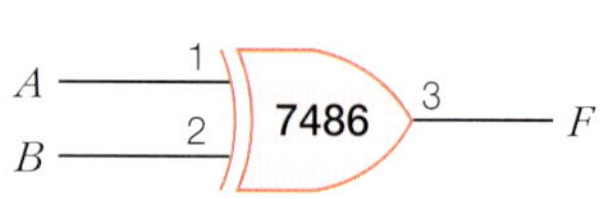

A	B	F
0	0	
0	1	
1	0	
1	1	

7486

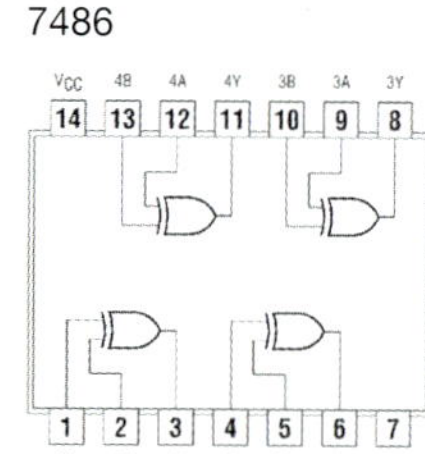

검토 1 XOR 게이트의 논리식을 여러 형태로 표현하시오.

검토 2 강의실의 전등을 켜기 위한 스위치가 앞문과 뒷문에 각각 한 개씩 있다. 전등을 켜기 위해서는 한 개의 스위치만 on되어야 하고, 두 개의 스위치가 모두 on 또는 off 되었을 경우에는 꺼져야 한다. 전등이 on되었을 때의 출력을 High, off되었을 때 출력을 Low라고 할 때, 이 조건을 만족시키는 논리회로를 설계하시오.

시뮬레이션

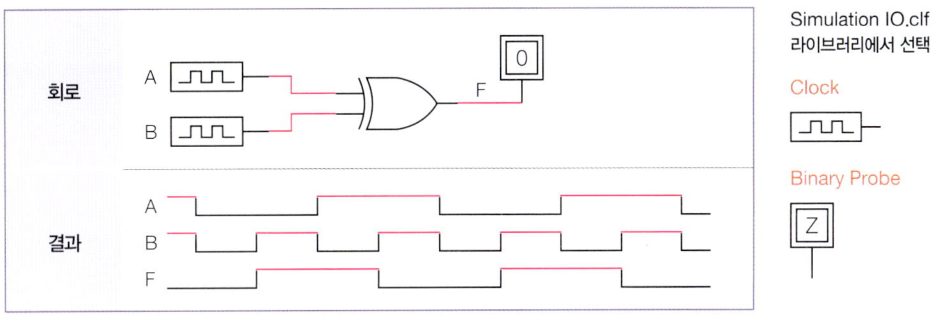

4 7486 IC 핀 배치도를 참조해 게이트 4개 중 2개를 선정하여 그림의 회로를 구성한다. 7486의 7번 핀은 접지하고 14번 핀은 +5V 전압을 인가한다. 입력 A, B, C의 상태를 표와 같이 변화시키면서 출력 F의 상태를 기록하시오.

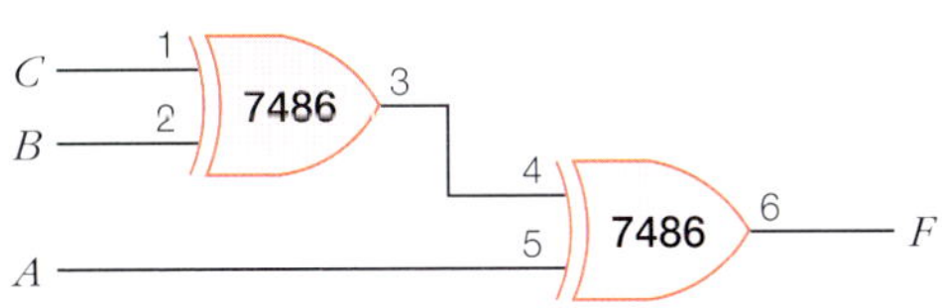

A	B	C	F
0	0	0	
0	0	1	
0	1	0	
0	1	1	
1	0	0	
1	0	1	
1	1	0	
1	1	1	

7486

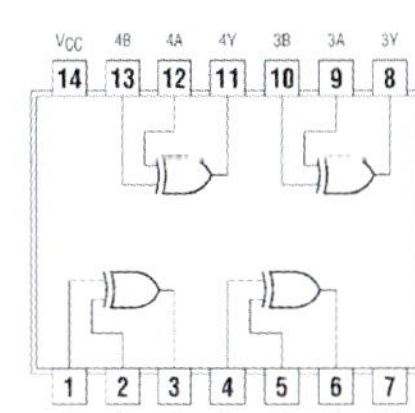

검토 실험 결과를 토대로 $A=0$일 때와 $A=1$일 때 어떻게 동작하는지 검토하시오.

시뮬레이션

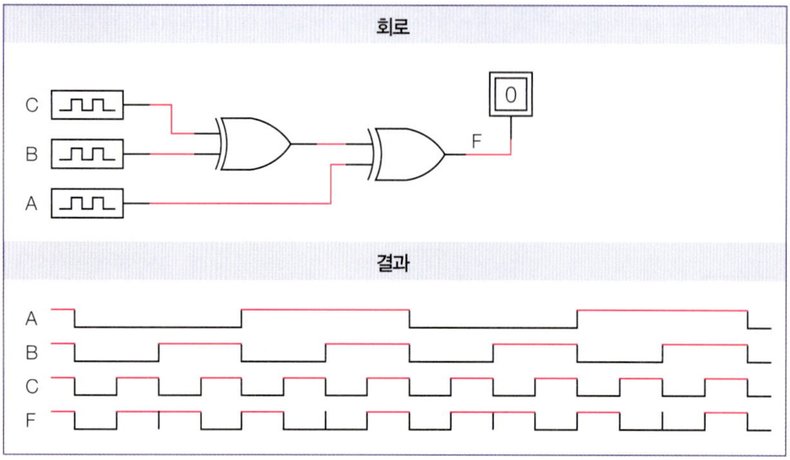

Simulation IO.clf
라이브러리에서 선택

Clock

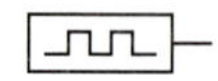

Binary Probe

5 7404 IC, 7408 IC, 7486 IC의 핀 배치도를 참조해 그림의 회로를 구성한다. 7404, 7408, 7486의 7번 핀은 접지하고 14번 핀은 +5V 전압을 인가한다. 입력 A, B의 상태를 표와 같이 변화시키면서 출력 F_1, F_2, F_3의 상태를 기록하시오.

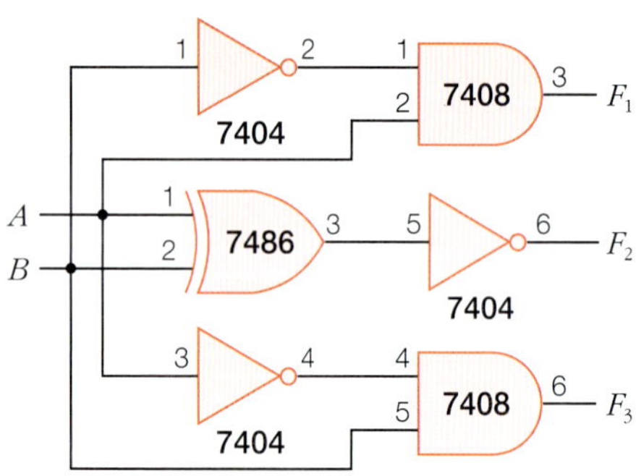

A B	F_1	F_2	F_3
0 0			
0 1			
1 0			
1 1			

7404

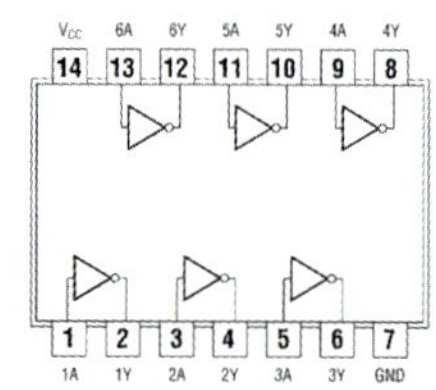

7408

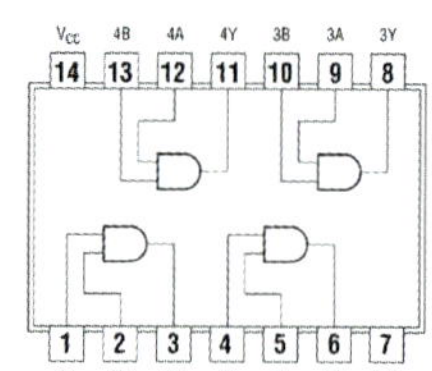

7486

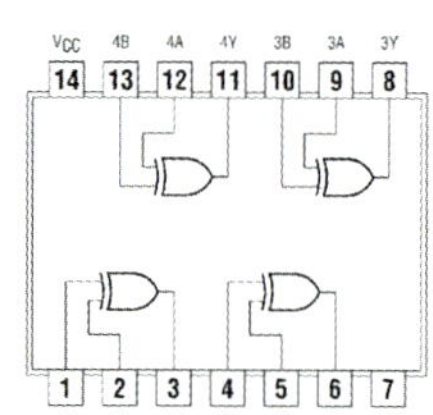

검토 실험 결과를 토대로 이 회로의 동작을 설명하시오.

시뮬레이션

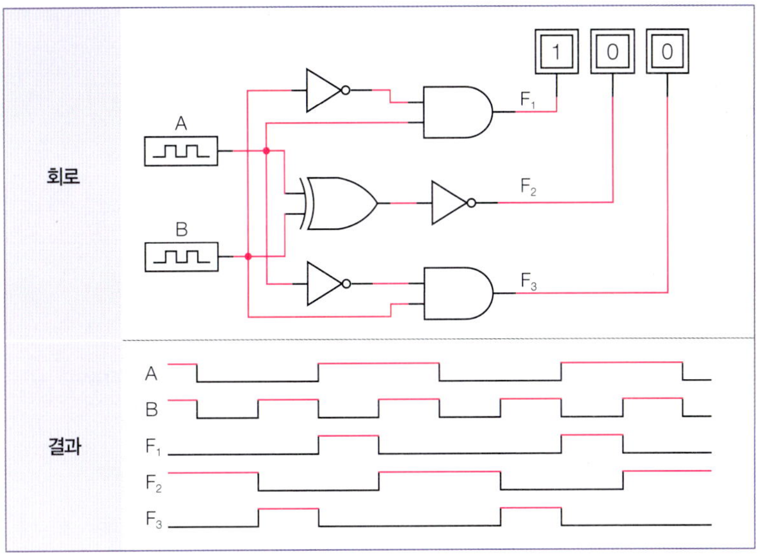

Simulation IO.clf
라이브러리에서 선택

Clock

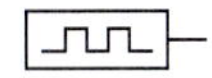

Binary Probe

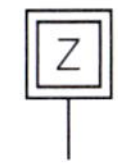

6 4비트 2진 비교기인 7485 IC 핀 배치도를 참조해 그림의 회로를 구성한다. 7485의 8번 핀은 접지하고 16번 핀은 +5V 전압을 인가한다. 입력 데이터 $A(A_3 \sim A_0)$와 $B(B_3 \sim B_0)$를 표와 같이 변화시키면서 출력 $A>B$, $A=B$, $A<B$의 상태를 기록하시오.

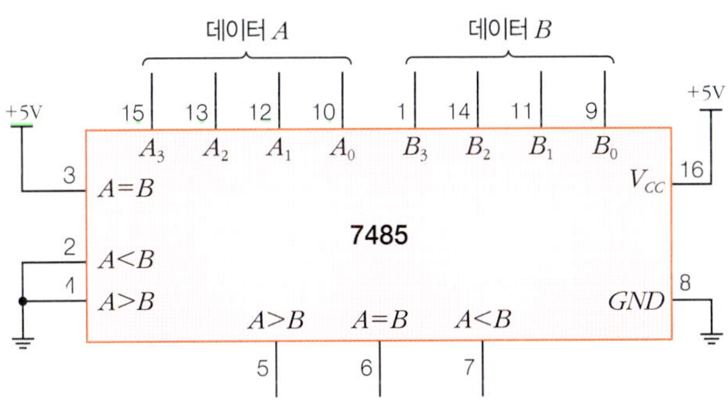

7485

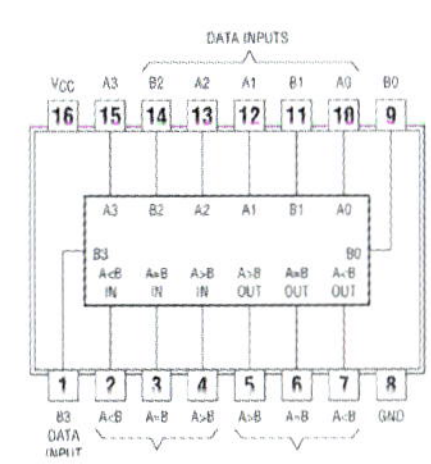

A_3	A_2	A_1	A_0	B_3	B_2	B_1	B_0	$A>B$	$A=B$	$A<B$
0	1	1	0	1	0	0	0			
1	0	1	0	1	0	0	1			
0	0	1	1	0	1	0	0			
0	1	0	1	0	1	0	1			
0	1	1	1	1	1	0	0			

실험용 보드 배선도

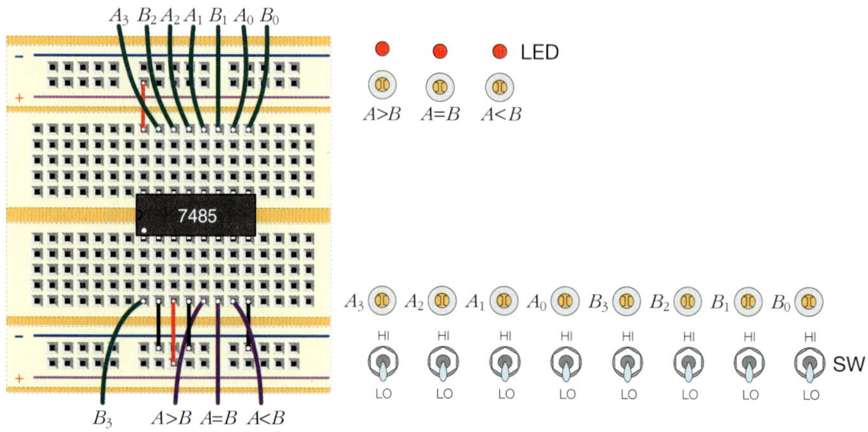

검토 7485 IC를 이용해 두 개의 8비트 데이터 $A(A_7 \sim A_0)$와 $B(B_7 \sim B_0)$를 비교하는 회로를 설계하시오.

시뮬레이션

회로 및 결과

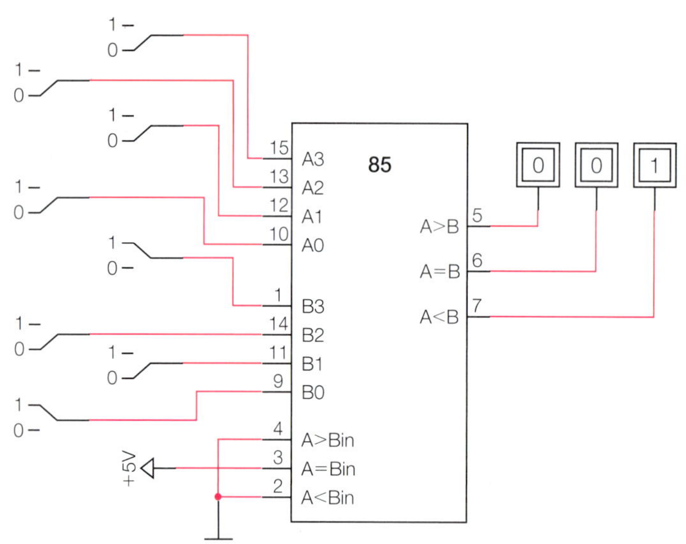

Simulation IO.clf
라이브러리에서 선택

Binary Switch

Binary Probe

7 7486 IC 핀 배치도를 참조해 XOR 게이트 4개를 사용해 그림의 회로를 구성한다. 7486의 7번 핀은 접지하고 14번 핀은 +5V 전압을 인가한다. 입력 A, B, C, D, E의 상태를 표와 같이 변화시키면서 출력 P의 상태를 기록하시오.

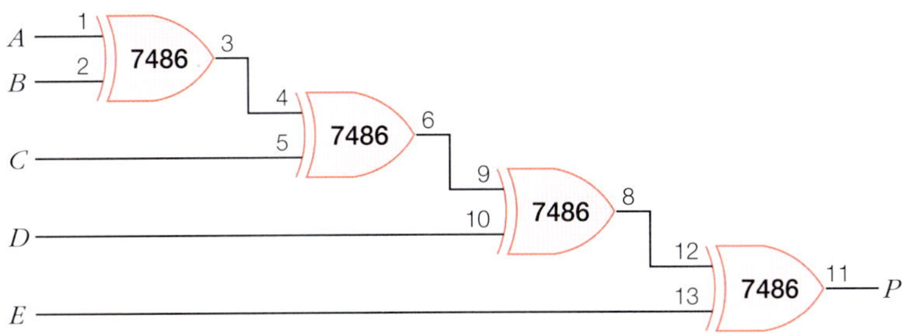

7486

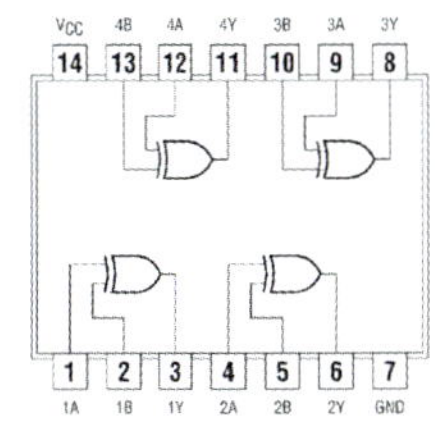

A	B	C	D	E	P
0	0	0	0	1	
0	1	0	0	1	
0	1	0	1	1	
1	0	1	1	1	
1	1	1	1	1	

검토 1 실험 결과를 토대로 회로의 동작을 설명하시오.

검토 2 실험 회로는 짝수 패리티 발생기이다. 홀수 패리티 발생기가 되도록 회로를 수정하시오.

시뮬레이션

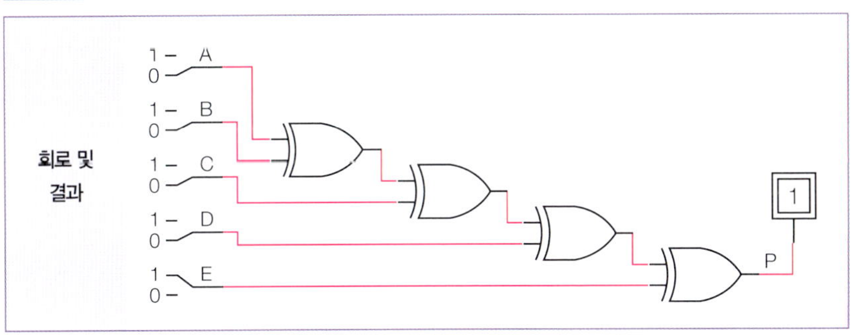

Simulation IO.clf

라이브러리에서 신덱

Binary Switch

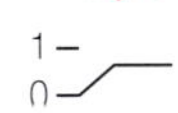

Binary Probe

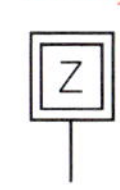

05 가산기와 감산기

1 7408 IC와 7486 IC 핀 배치도를 참조해 반가산기 회로를 구성한다. 7408과 7486의 7번 핀은 접지하고 14번 핀은 +5V 전압을 인가한다. 입력 A, B의 상태를 표와 같이 변화시키면서 출력 S, C의 상태를 기록하시오.

7408

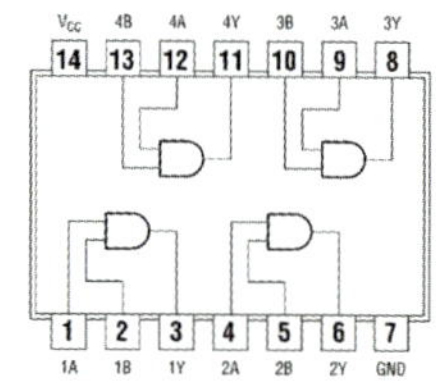

7486

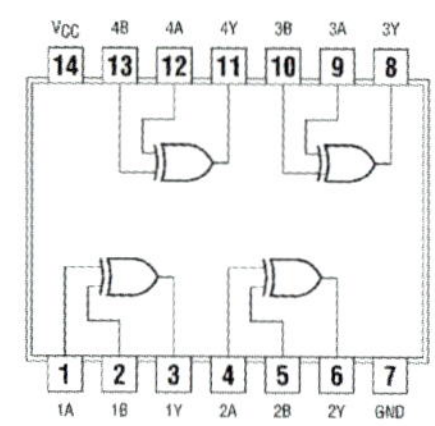

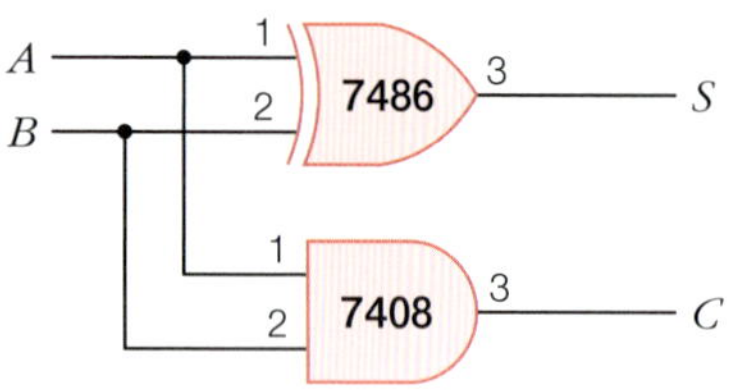

A	B	S	C
0	0		
0	1		
1	0		
1	1		

검토 실험 결과를 토대로 이 회로가 반가산기로 동작함을 논리식으로 검토하시오.

시뮬레이션

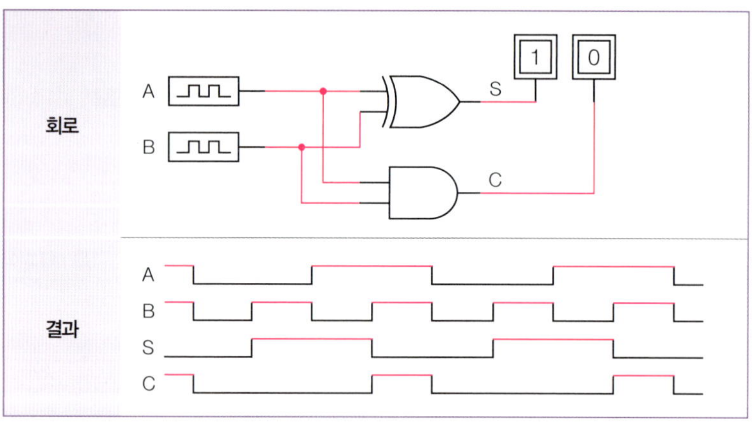

Simulation IO.clf
라이브러리에서 선택

Clock

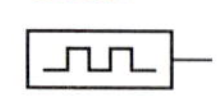

Binary Probe

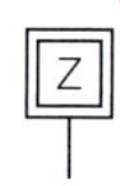

7404

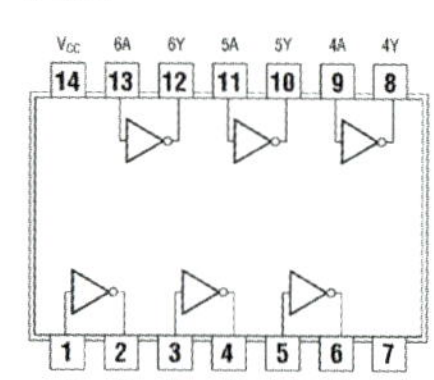

2 7404, 7408, 7486 IC 핀 배치도를 참조해 반감산기 회로를 구성한다. 7404, 7408, 7486의 7번 핀은 접지하고 14번 핀은 +5V 전압을 인가한다. 입력 A, B의 상태를 표와 같이 변화시키면서 출력 D, K의 상태를 기록하시오.

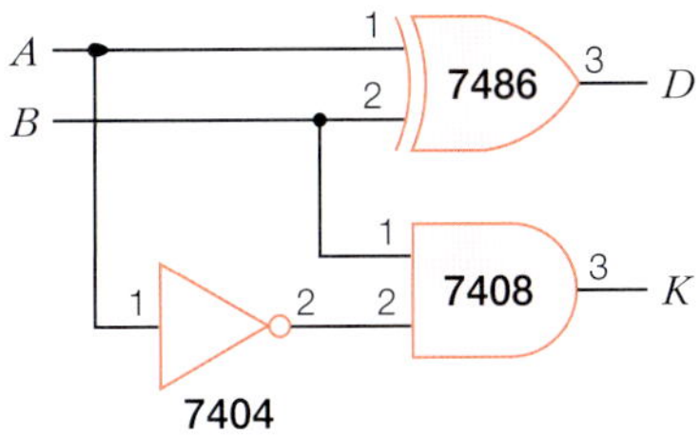

A B	D	K
0 0		
0 1		
1 0		
1 1		

7408

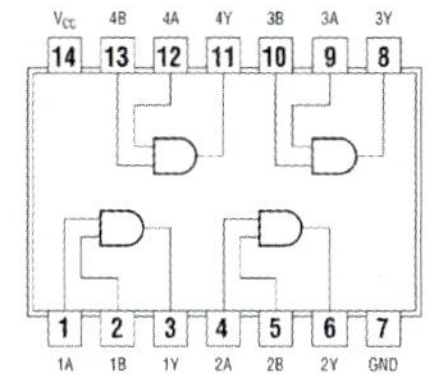

7486

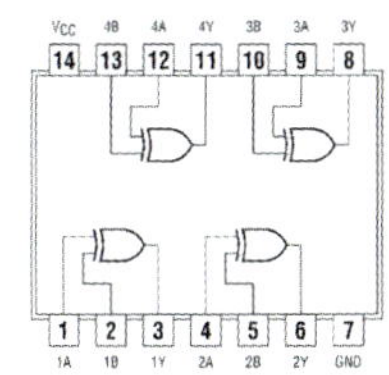

검토 실험 결과를 토대로 이 회로가 반감산기로 동작함을 논리식으로 검토하시오.

시뮬레이션

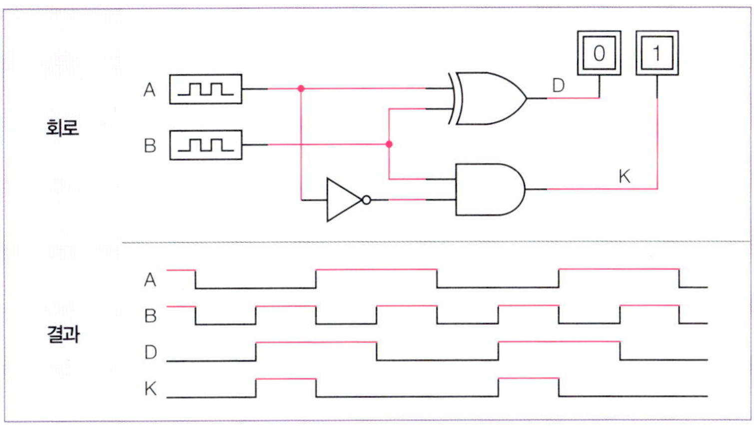

Simulation IO.clf
라이브러리에서 선택

Clock

Binary Probe

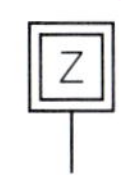

3 7408, 7432, 7486 IC 핀 배치도를 참조해 전가산기 회로를 구성한다. 7408, 7432, 7486의 7번 핀은 접지하고 14번 핀은 +5V 전압을 인가한다. 입력 A, B, C_i의 상태를 표와 같이 변화시키면서 출력 S, C_o의 상태를 기록하시오.

7408

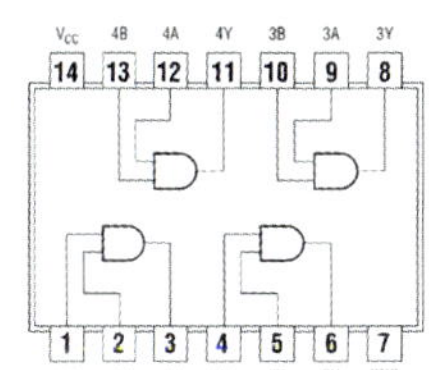

7432

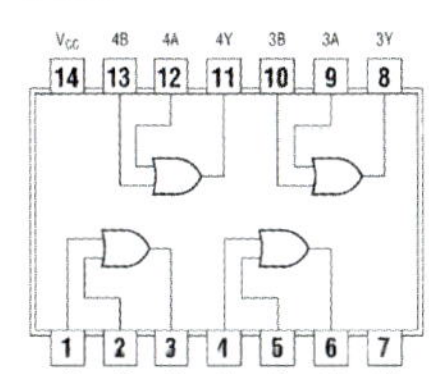

7486

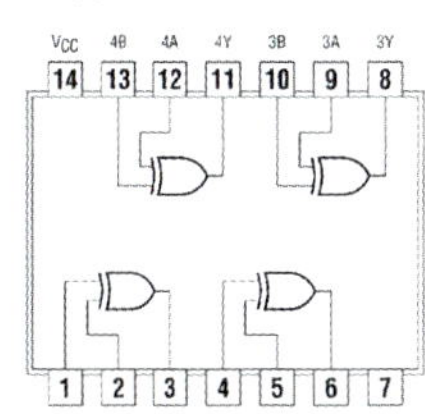

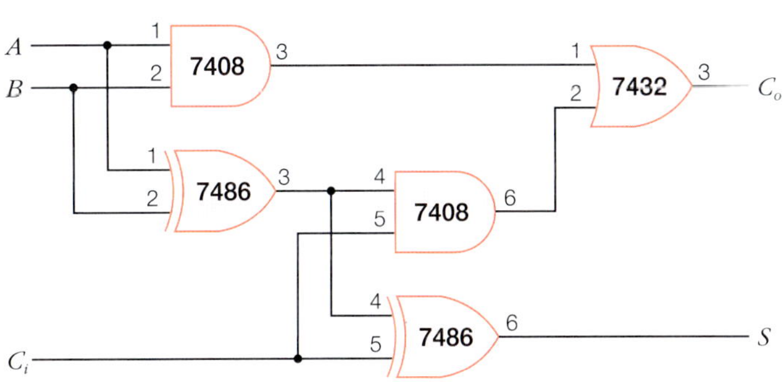

A	B	C_i	S	C_o
0	0	0		
0	0	1		
0	1	0		
0	1	1		
1	0	0		
1	0	1		
1	1	0		
1	1	1		

Simulation IO.clf
라이브러리에서 선택

Clock

Binary Probe

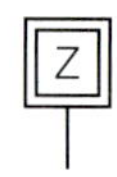

검토 실험 결과를 토대로 이 회로가 전가산기로 동작함을 논리식으로 검토하시오.

시뮬레이션

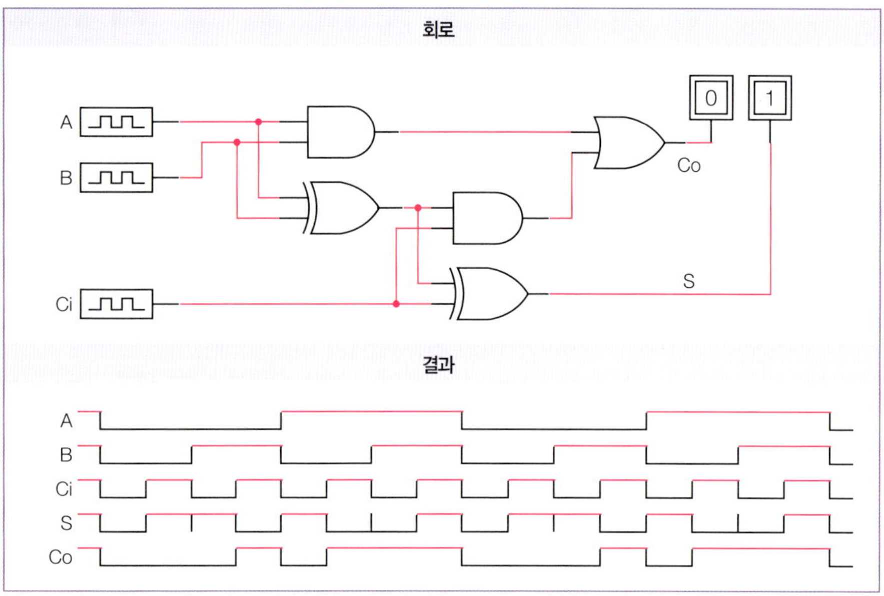

4 7404, 7408, 7432, 7486 IC 핀 배치도를 참조해 그림의 전감산기 회로를 구성한다. 7404, 7408, 7432, 7486의 7번 핀은 접지하고 14번 핀은 +5V 전압을 인가한다. 입력 A, B, K_i의 상태를 표와 같이 변화시키면서 출력 D, K_o의 상태를 기록하시오.

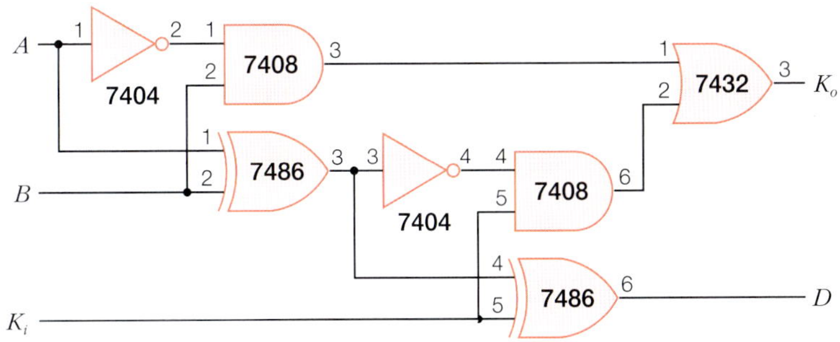

7404

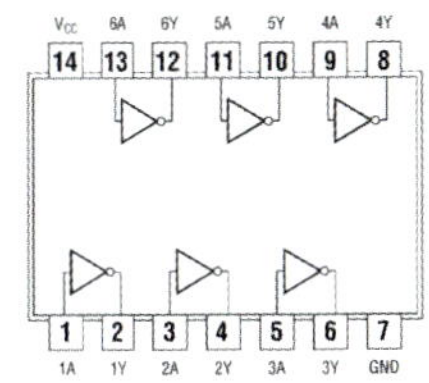

7408

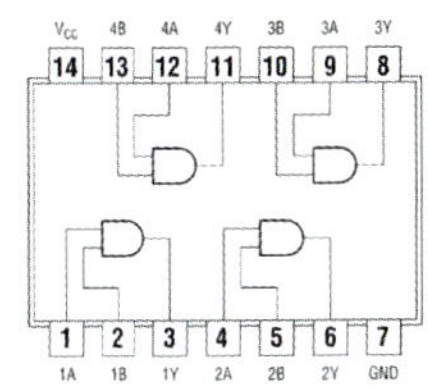

A	B	K_i	D	K_o
0	0	0		
0	0	1		
0	1	0		
0	1	1		
1	0	0		
1	0	1		
1	1	0		
1	1	1		

7432

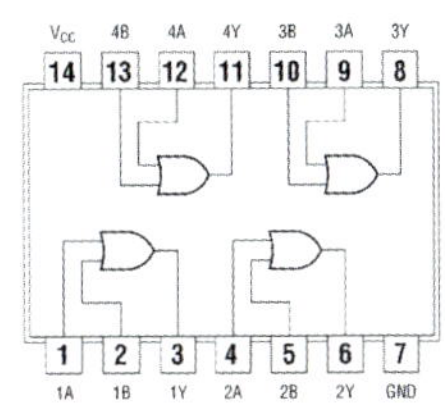

7486

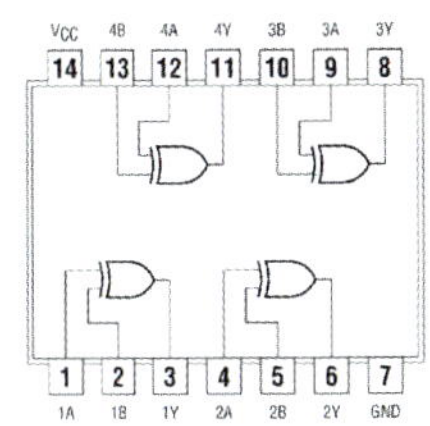

검토 실험 결과를 토대로 이 회로가 전감산기로 동작함을 논리식으로 검토하시오.

시뮬레이션

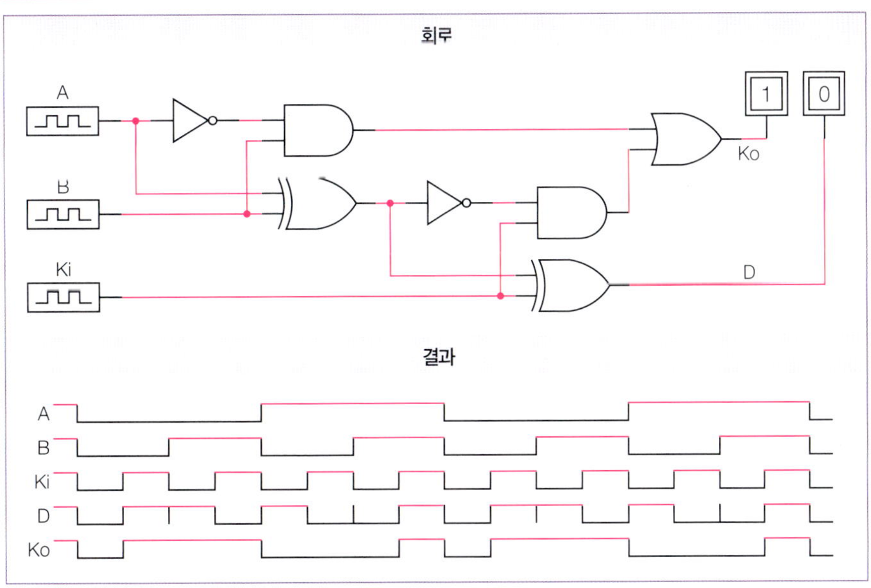

Simulation IO.clf 라이브러리에서 선택

Clock

Binary Probe

5 4비트 가산기인 7483 IC 핀 배치도를 참조해 회로를 구성한다. 7483의 12번 핀은 접지하고 5번 핀은 +5V 전압을 인가한다. 입력 C_0, $A(A_4 \sim A_1)$, $B(B_4 \sim B_1)$를 표와 같이 변화시키면서 출력 C_4, Σ_4, Σ_3, Σ_2, Σ_1의 상태를 기록하시오.

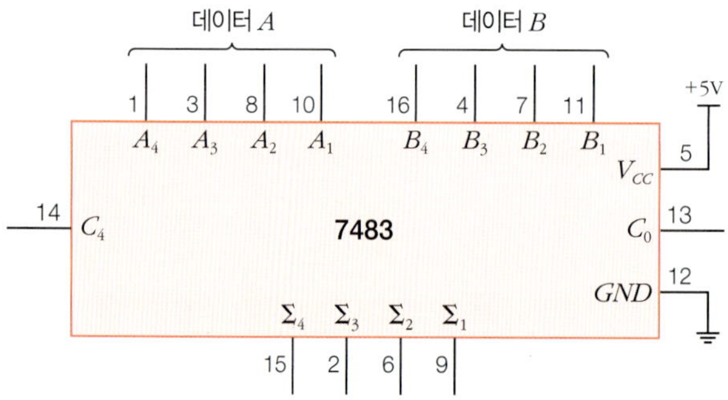

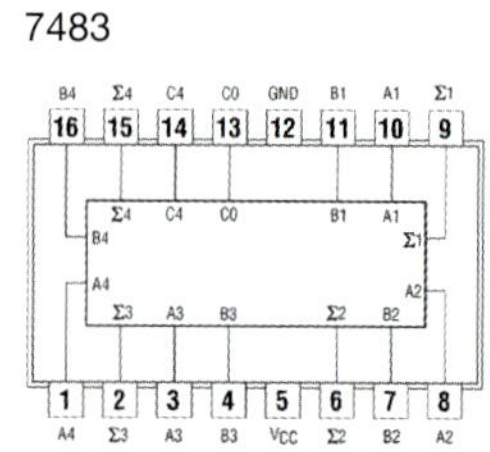

C_0	A_4	A_3	A_2	A_1	B_4	B_3	B_2	B_1	C_4	Σ_4	Σ_3	Σ_2	Σ_1
0	0	0	0	0	0	0	1	1					
0	0	0	1	1	1	0	0	0					
0	1	0	0	0	1	0	1	0					
0	1	0	1	0	1	1	1	1					
0	1	1	1	1	0	0	0	1					
1	0	0	0	1	0	1	0	1					
1	0	1	0	1	0	1	1	1					
1	0	1	1	1	1	0	1	1					
1	1	0	1	1	1	1	1	0					
1	1	1	1	0	0	0	0	1					

검토 실험 결과가 올바른지 검토하시오.

시뮬레이션

회로 및 결과	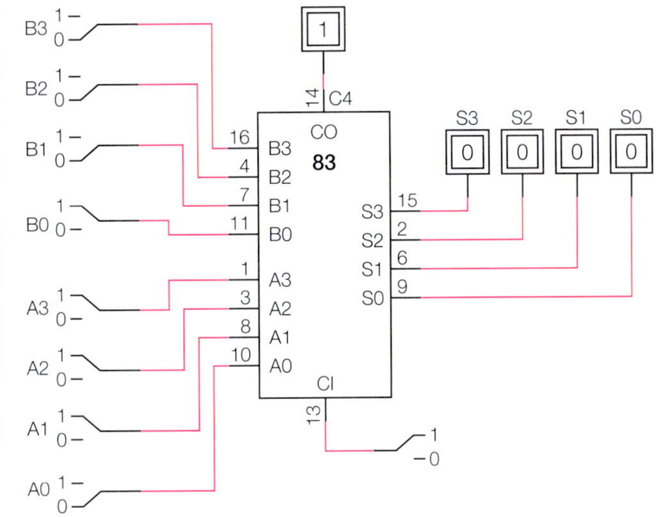

Simulation IO.clf
라이브러리에서 선택

Binary Switch

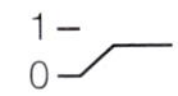

Binary Probe

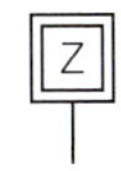

6 4비트 가산기인 7483 IC와 XOR 게이트인 7486 IC의 핀 배치도를 참조해 회로를 구성한다. 7483의 12번 핀은 접지하고 5번 핀은 +5V 전압을 인가한다. 또한 7486의 7번 핀은 접지하며, 14번 핀은 +5V 전압을 인가한다. 두 입력 데이터 $A(A_4 \sim A_1)$, $B(B_4 \sim B_1)$를 표와 같이 변화시키면서 출력 C_4, Σ_4, Σ_3, Σ_2, Σ_1의 상태를 기록하시오.

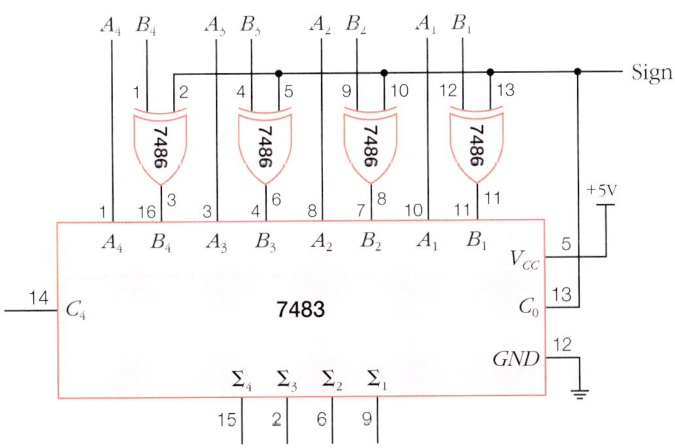

7483

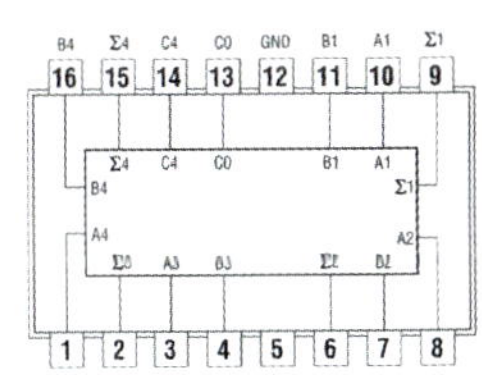

7486

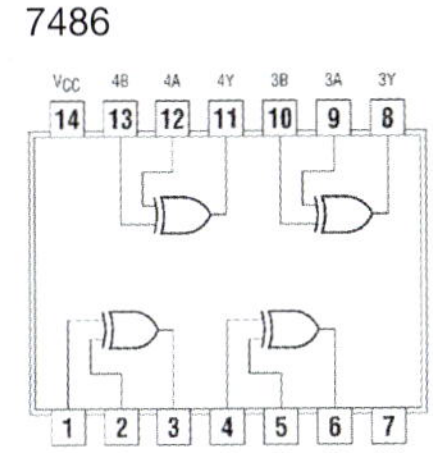

Sign	A_4	A_3	A_2	A_1	B_4	B_3	B_2	B_1	C_4	Σ_4	Σ_3	Σ_2	Σ_1
0	1	1	1	1	0	0	0	1					
0	1	1	1	0	0	0	1	0					
0	1	1	0	1	0	1	0	1					
0	1	0	1	1	0	1	1	0					
0	1	0	1	0	0	1	1	1					
1	1	0	1	0	0	1	0	1					
1	1	0	1	1	0	1	1	0					
1	1	1	0	0	0	1	1	1					
1	0	1	1	1	1	1	1	0					
1	1	1	1	1	1	1	1	1					

검토 실험 결과를 토대로 Sign = 0일 때와 Sign = 1일 때, 회로는 어떻게 동작하는지 검토하시오.

시뮬레이션

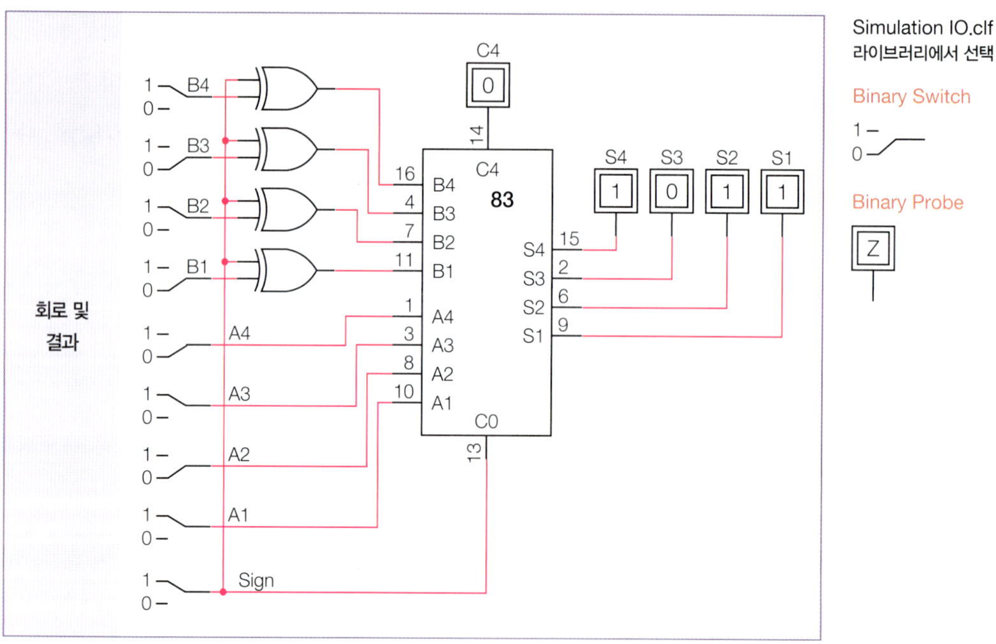

06 디코더와 인코더

1 7404 IC와 7408 IC 핀 배치도를 참조해 2 × 4 디코더 회로를 구성한다. 7404와 7408의 7번 핀은 접지하고 14번 핀은 +5V 전압을 인가한다. 입력 B, A의 상태를 표와 같이 변화시키면서 출력 Y_3~Y_0의 상태를 기록하시오.

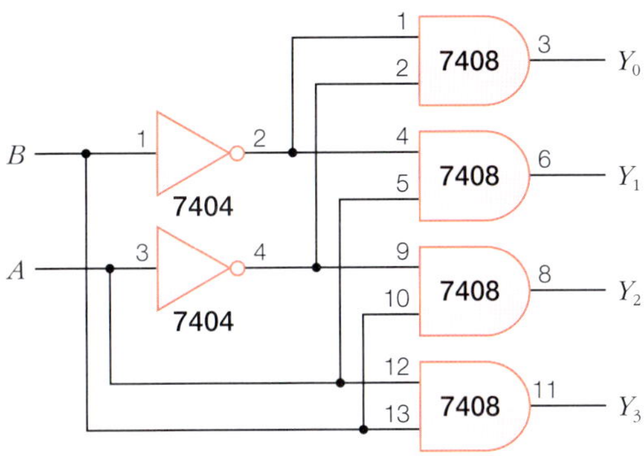

7404

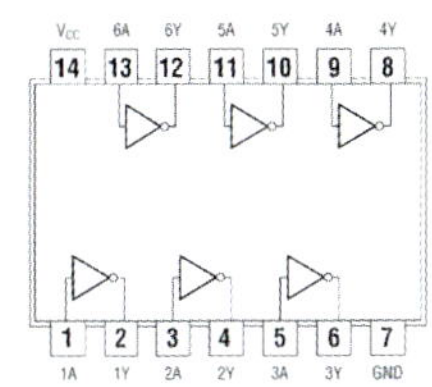

7408

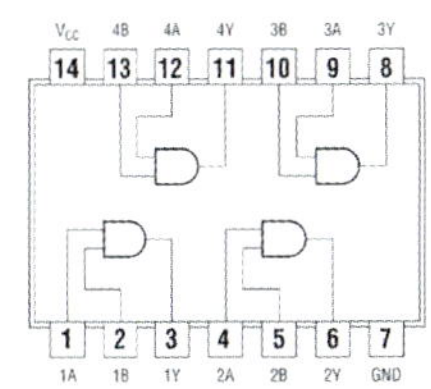

B	A	Y_3	Y_2	Y_1	Y_0
0	0				
0	1				
1	0				
1	1				

검토 1 실험 회로에서 active-high로 동작하는 인에이블enable 단자를 추가하려는 경우 변경된 회로를 설계하시오.

검토 2 실제로 회로 구성에 사용되는 디코더는 active-low에서 동작하는 형태가 많다. 그 이유는 무엇인가?

시뮬레이션

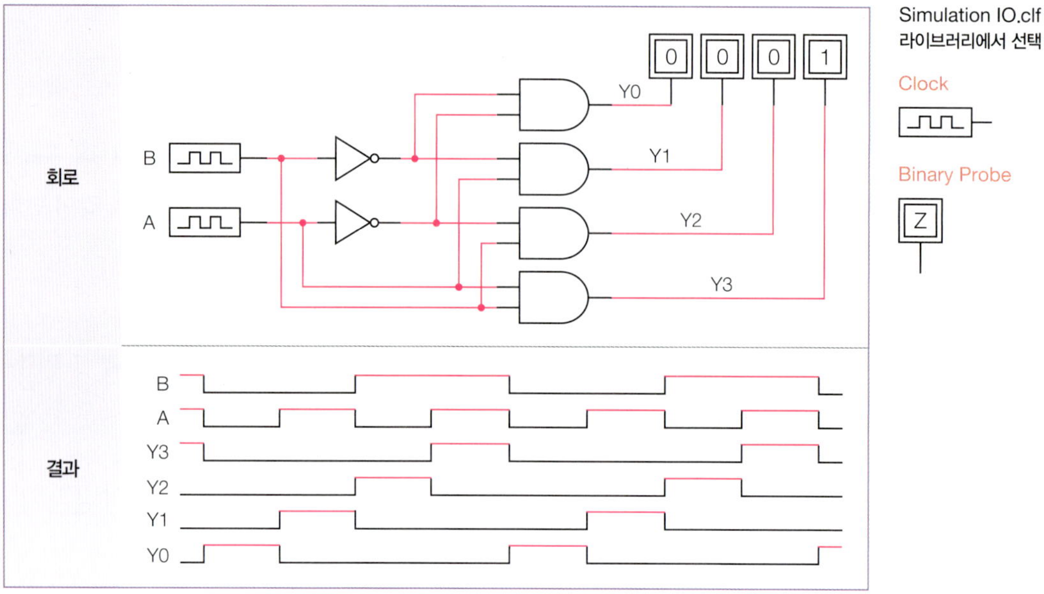

2 7432 IC의 핀 배치도를 참조해 4 × 2 인코더 회로를 구성한다. 7432의 7번 핀은 접지하고 14번 핀은 +5V 전압을 인가한다. 입력 D_3~D_0의 상태를 표와 같이 변화시키면서 출력 B, A의 상태를 기록하시오.

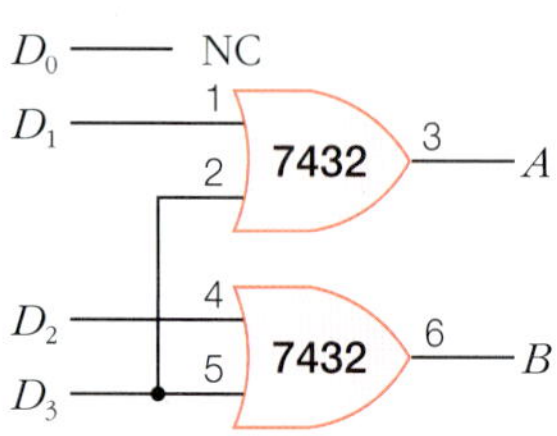

D_3	D_2	D_1	D_0	B	A
0	0	0	1		
0	0	1	0		
0	1	0	0		
1	0	0	0		

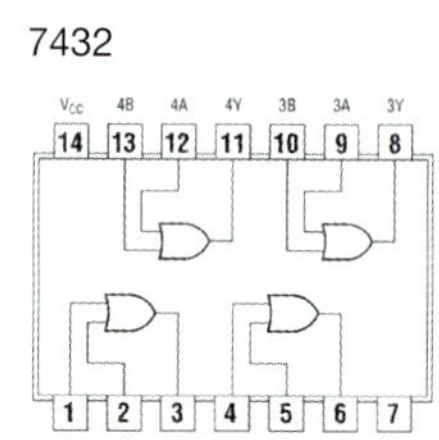

검토 실험 결과를 보면 어느 한 순간에 입력 중 오직 한 입력만이 1이어야 정상적으로 동작할 수 있다는 제약이 있다. 예를 들어, 입력 D_1과 D_2가 동시에 1이 되면 출력은 $BA = 11$이 되어 마치 입력 $D_3 = 1$인 것처럼 동작한다. 또 다른 문제점은 모든 입력이 0인 경우와 $D_0 = 1$인 경우 모두 출력 $BA = 00$이 되어 서로 구별이 안 된다는 점이다. 이와 같은 문제점을 해결하기 위한 4 × 2 인코더를 설계하시오. (Hint : $B = \overline{D_3} D_2 \overline{D_1}\,\overline{D_0} + D_3 \overline{D_2}\,\overline{D_1}\,\overline{D_0}$, $A = \overline{D_3}\,\overline{D_2} D_1 \overline{D_0} + D_3 \overline{D_2}\,\overline{D_1}\,\overline{D_0}$)

시뮬레이션

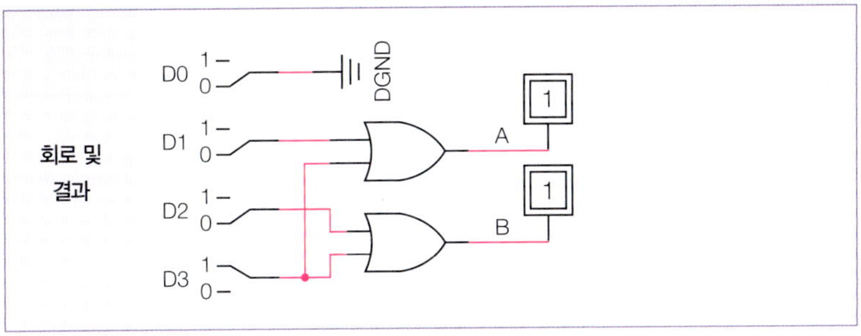

Simulation IO.clf
라이브러리에서 선택

Binary Switch

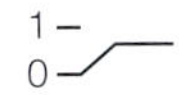

Binary Probe

3 7442 IC는 BCD를 10진수로 변환하는 디코더 IC다. 7442의 8번 핀은 접지하고 16번 핀은 +5V 전압을 인가한다. 그림의 회로를 구성하고 입력 D, C, B, A의 상태를 표와 같이 변화시키면서 출력 상태를 기록하시오.

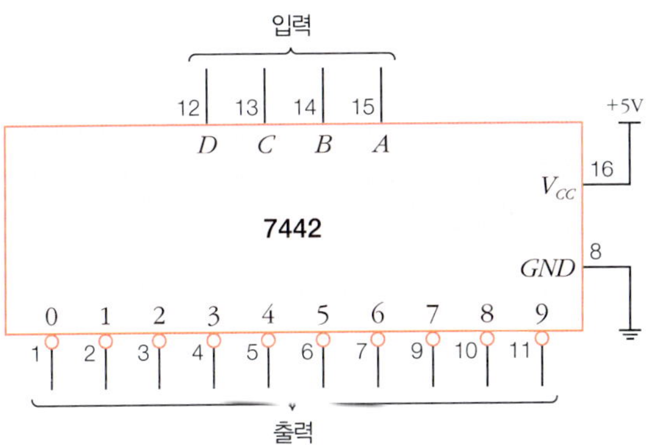

7442

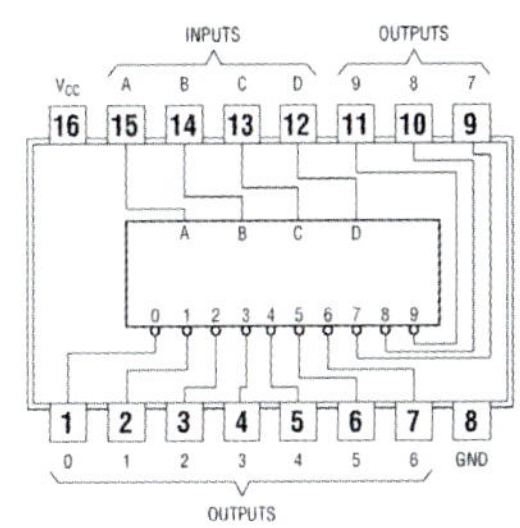

D	C	B	A	0	1	2	3	4	5	6	7	8	9
0	0	0	0										
0	0	0	1										
0	0	1	0										
0	0	1	1										
0	1	0	0										
0	1	0	1										
0	1	1	0										
0	1	1	1										
1	0	0	0										
1	0	0	1										

검토 데이터 시트를 참조해 BCD 코드가 아닌 데이터가 입력되는 경우 출력은 어떻게 되는지 검토하시오.

시뮬레이션

회로 및 결과

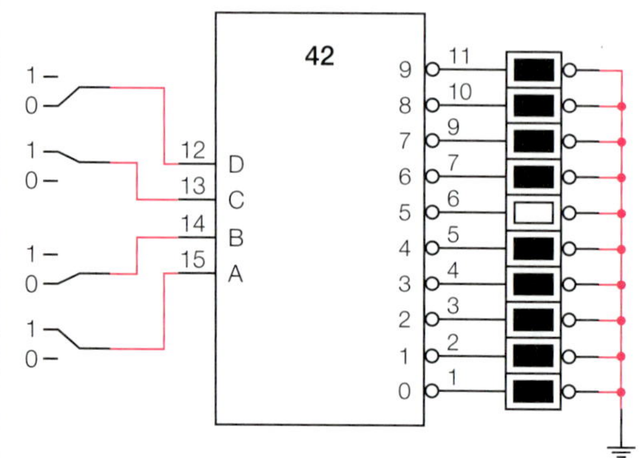

Simulation IO.clf 라이브러리에서 선택

Binary Switch

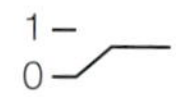

LED-Red

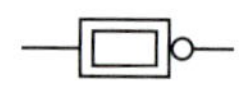

저항(330Ω)

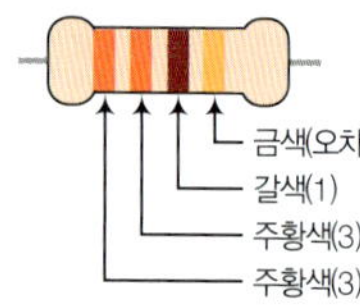

331 → 33×10¹=330Ω

7447

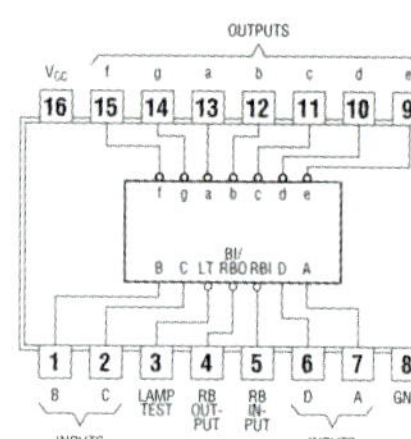

7-세그먼트 핀 배치도

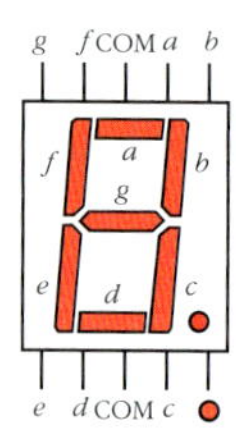

7-세그먼트 외형

4 그림의 회로는 디코더/드라이버인 7447 IC와 7-세그먼트를 이용해 임의의 10진수를 표시하는 회로다. 7447의 8번 핀은 접지하고 16번 핀은 +5V 전압을 인가한다. 7-세그먼트는 공통 애노드형인 FND 507을 사용하고 COM 단자에 연결한 330Ω 저항은 보호용이다. 그림의 회로를 구성하고 입력 D, C, B, A의 상태를 표와 같이 변화시키면서 출력 상태를 기록하시오. 여기서 7447의 3번, 4번, 5번 핀은 +5V 전압을 인가한다.

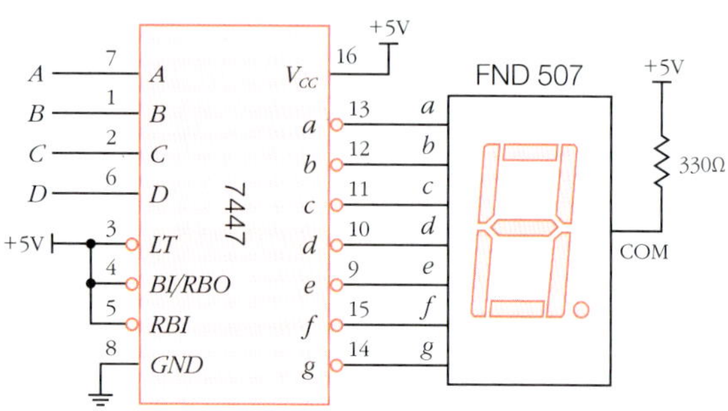

10진수	D	C	B	A	$\bar{a}$	$\bar{b}$	$\bar{c}$	$\bar{d}$	$\bar{e}$	$\bar{f}$	$\bar{g}$	표시
0	0	0	0	0								
1	0	0	0	1								
2	0	0	1	0								
3	0	0	1	1								
4	0	1	0	0								
5	0	1	0	1								
6	0	1	1	0								
7	0	1	1	1								
8	1	0	0	0								
9	1	0	0	1								
10	1	0	1	0								
11	1	0	1	1								
12	1	1	0	0								
13	1	1	0	1								
14	1	1	1	0								
15	1	1	1	1								

검토 7447 대신에 7448 IC를 사용한다면 회로를 어떻게 수정해야 하는지 설명하시오.

시뮬레이션

회로 및 결과

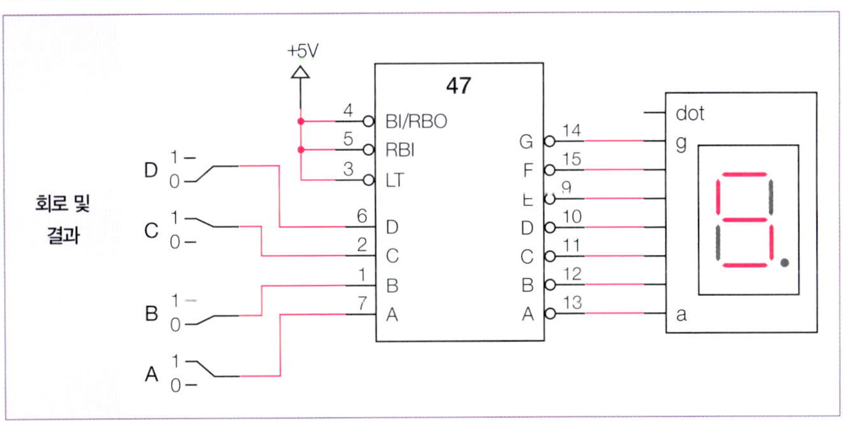

Simulation IO.clf 라이브러리에서 선택

Binary Switch

7-Seg Disp Inv

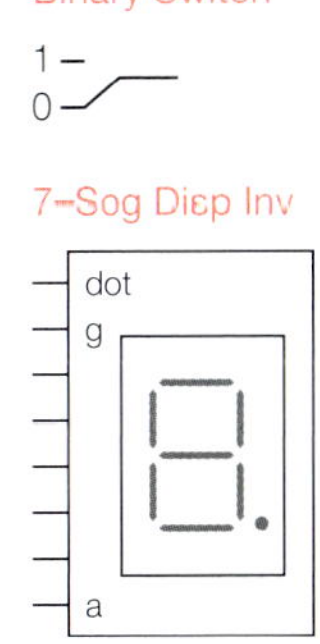

5 74138 IC 핀 배치도를 참조해 3×8 디코더 회로를 구성한다. 74138의 8번 핀은 접지하고 16번 핀은 +5V 전압을 인가한다. 인에이블 단자인 4번, 5번 핀은 접지하고 6번 핀은 +5V 전압을 인가한다. 입력 C, B, A의 상태를 표와 같이 변화시키면서 출력 $Y_7 \sim Y_0$의 상태를 기록하시오.

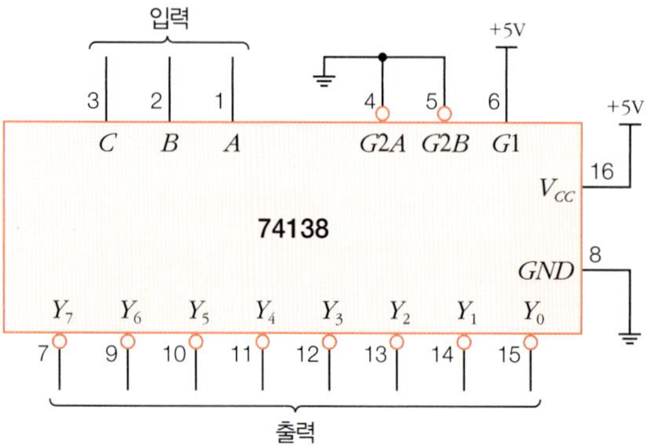

74138

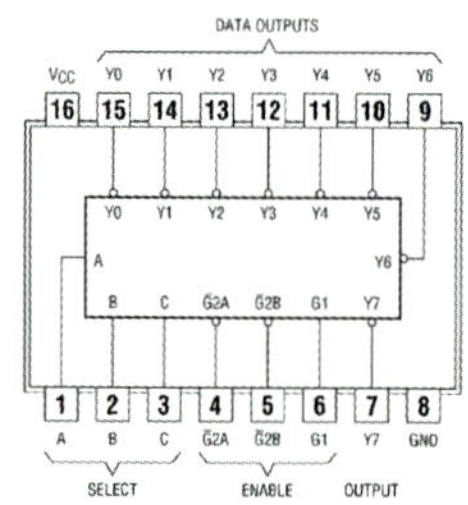

C	B	A	Y_7	Y_6	Y_5	Y_4	Y_3	Y_2	Y_1	Y_0
0	0	0								
0	0	1								
0	1	0								
0	1	1								
1	0	0								
1	0	1								
1	1	0								
1	1	1								

검토 2×4 디코더인 74139 IC 3개를 사용하여 74138 IC와 동일하게 동작하는 3×8 디코더를 구성하시오.

시뮬레이션

회로

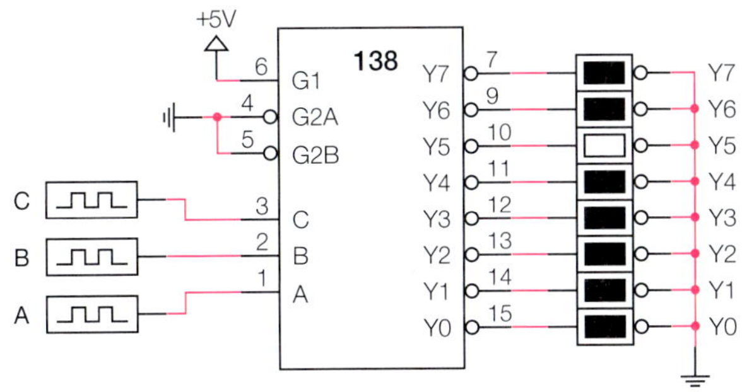

결과

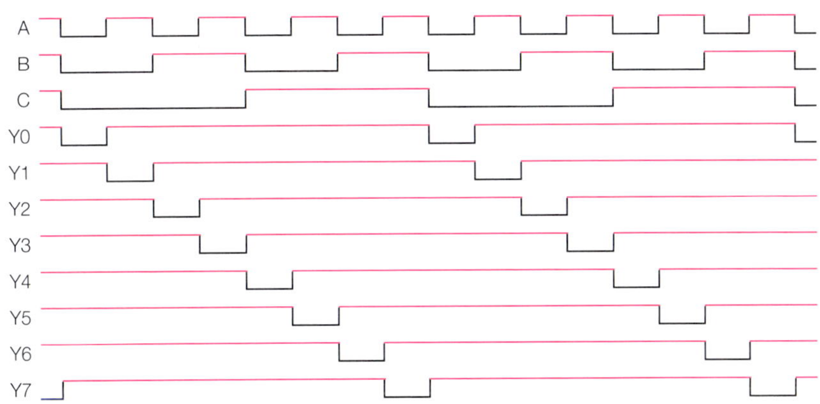

Simulation IO.clf 라이브러리에서 선택

Clock

LED-Red

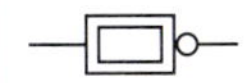

6 74148은 8×3 우선순위 인코더 IC다. 74148 IC 핀 배치도를 참조해 그림의 회로를 구성한다. 74148의 8번 핀은 접지하고 16번 핀은 +5V 전압을 인가한다. 입력 EI, $D_7 \sim D_0$의 상태를 표와 같이 변화시키면서 출력 A_2, A_1, A_0, GS, EO의 상태를 기록하시오.

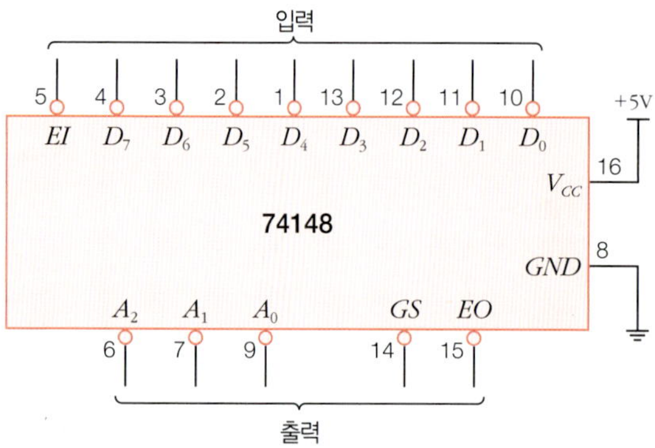

74148

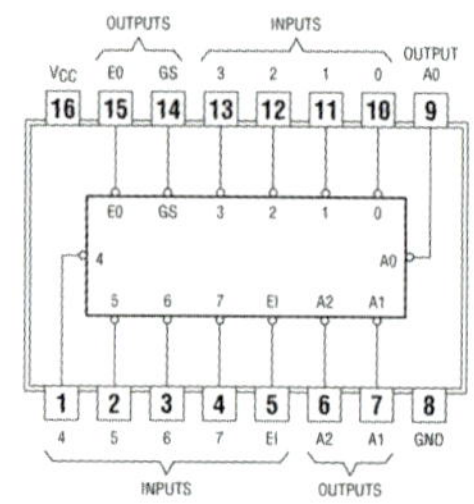

EI	D_7	D_6	D_5	D_4	D_3	D_2	D_1	D_0	A_2	A_1	A_0	GS	EO
1	×	×	×	×	×	×	×	×					
0	1	1	1	1	1	1	1	1					
0	0	×	×	×	×	×	×	×					
0	1	0	×	×	×	×	×	×					
0	1	1	0	×	×	×	×	×					
0	1	1	1	0	×	×	×	×					
0	1	1	1	1	0	1	×	×					
0	1	1	1	1	1	0	×	×					
0	1	1	1	1	1	1	0	×					
0	1	1	1	1	1	1	1	0					

시뮬레이션

회로 및 결과

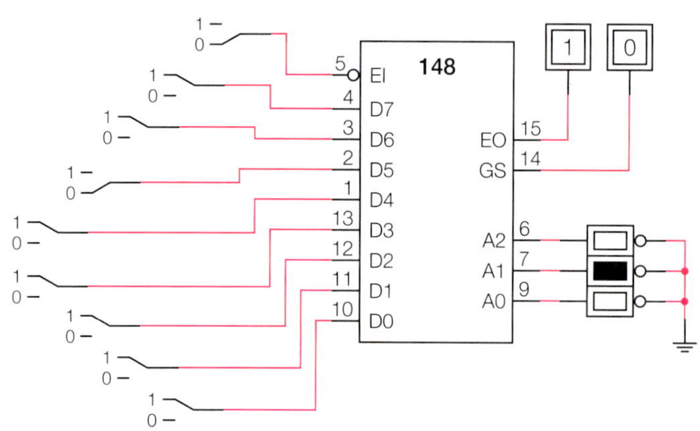

Simulation IO.clf 라이브러리에서 선택

Binary Switch

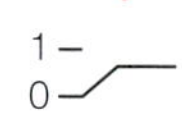

Binary Probe

LED-Red

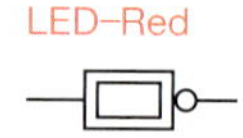

07 멀티플렉서와 디멀티플렉서

1 7404와 7420 IC 핀 배치도를 참조해 4×1 멀티플렉서 회로를 구성한다. 여기서 7420은 3개, 7404는 1개를 사용한다. 7404와 7420의 7번 핀은 접지하고 14번 핀은 +5V 전압을 인가한다. 입력 $\overline{E}$, S_1, S_0, I_3~I_0의 상태를 표와 같이 변화시키면서 출력 F의 상태를 기록하시오.

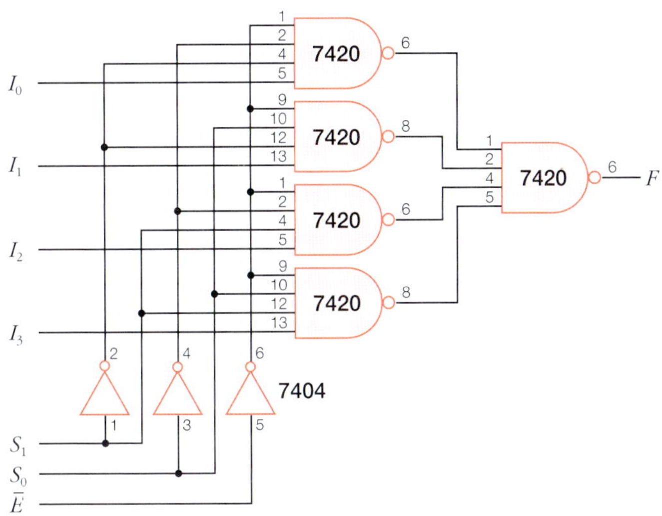

7404

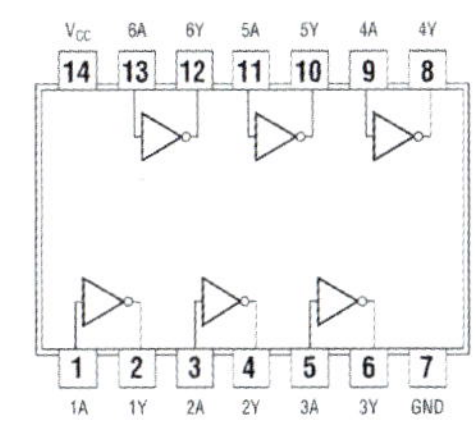

7420

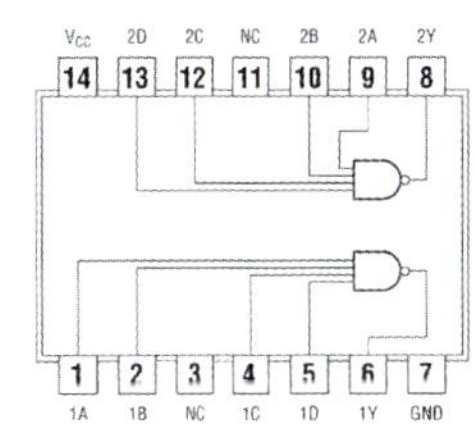

$\overline{E}$	S_1 S_0	I_3 I_2 I_1 I_0	F
1	× ×	× × × ×	
0	0 0	× × × 0	
0	0 0	× × × 1	
0	0 1	× × 0 ×	
0	0 1	× × 1 ×	
0	1 0	× 0 × ×	
0	1 0	× 1 × ×	
0	1 1	0 × × ×	
0	1 1	1 × × ×	

시뮬레이션

회로 및 결과	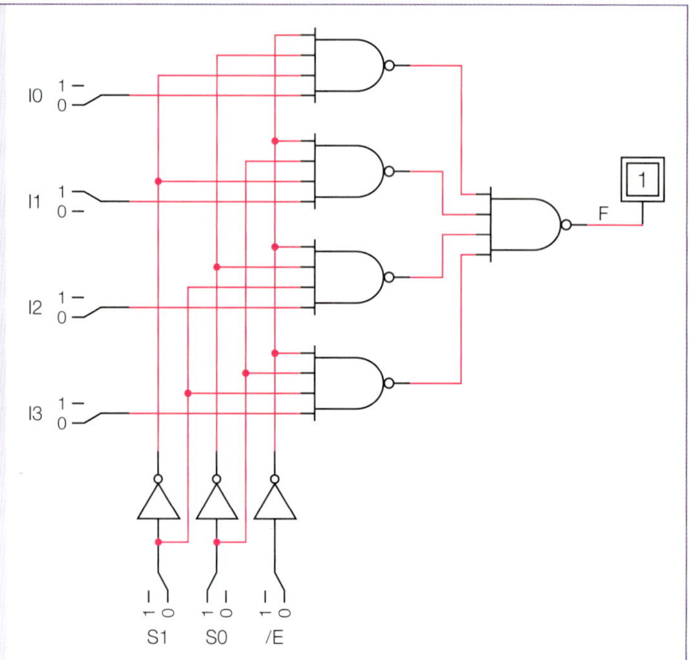

Simulation IO.clf 라이브러리에서 선택

Binary Switch

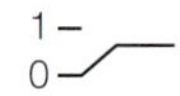

Binary Probe

2 7404 IC와 7410 IC 핀 배치도를 참조해 1×4 디멀티플렉서 회로를 구성한다. 여기서 7404는 1개, 7410은 2개를 사용한다. 7404와 7410의 7번 핀은 접지하고 14번 핀은 +5V 전압을 인가한다. 입력 $\bar{E}$, S_1, S_0의 상태를 표와 같이 변화시키면서 출력 D_3~D_0의 상태를 기록하시오.

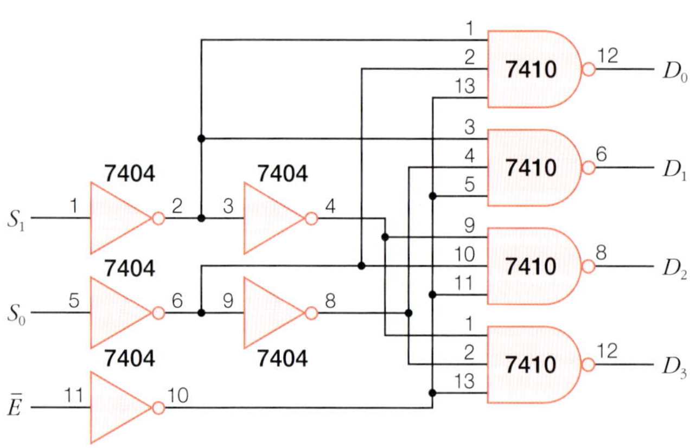

7404

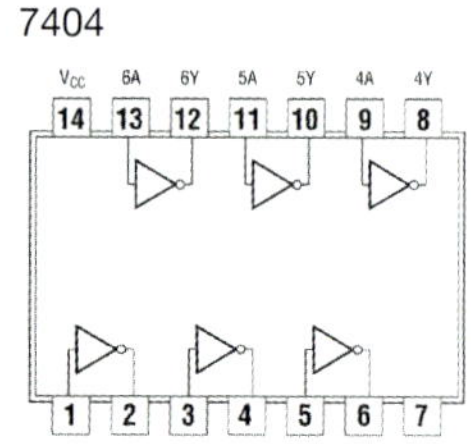

7410

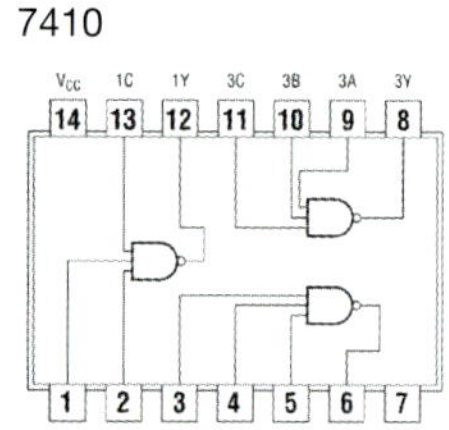

$\bar{E}$	S_1 S_0	D_3	D_2	D_1	D_0
1	× ×				
0	0 0				
0	0 1				
0	1 0				
0	1 1				

시뮬레이션

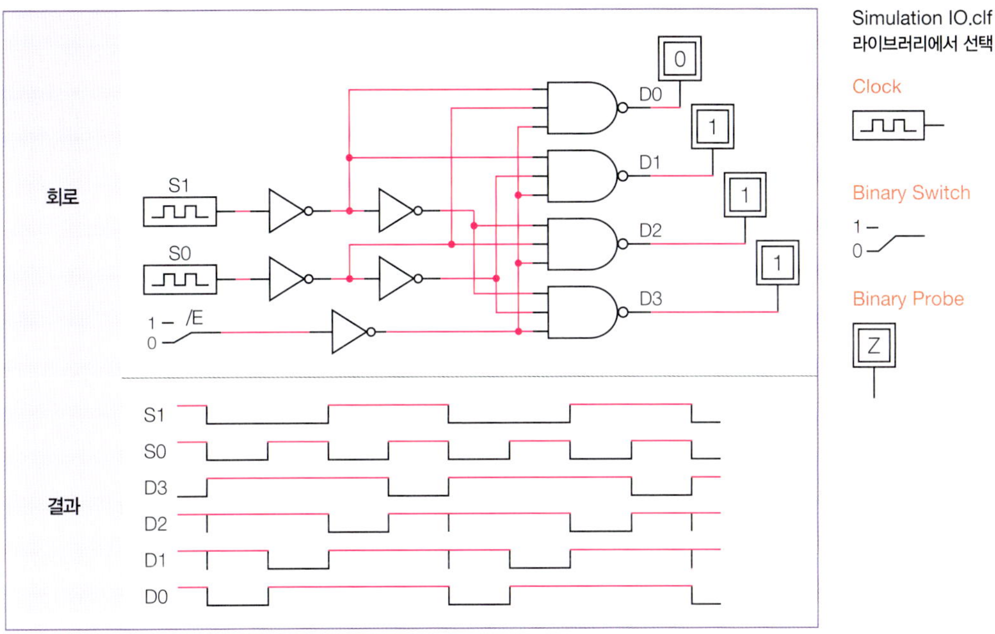

3 74153 IC 핀 배치도를 참조해 4 × 1 멀티플렉서 회로를 구성한다. 74153의 8번 핀은 접지하고 16번 핀은 +5V 전압을 인가한다. 입력 $\bar{E}$, S_1, S_0, D_3~D_0의 상태를 표와 같이 변화시키면서 출력 Y의 상태를 기록하시오.

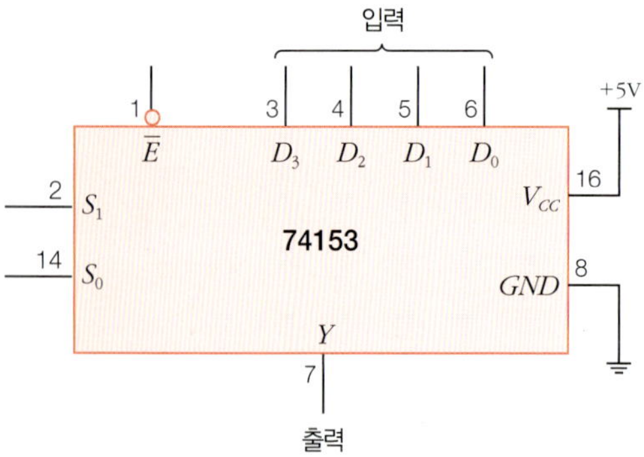

74153

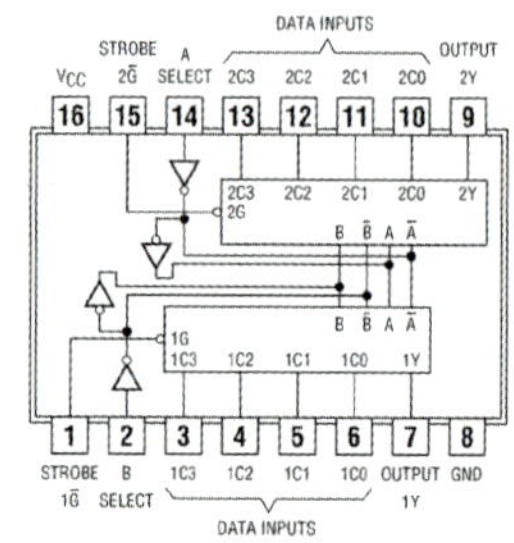

$\overline{E}$	S_1	S_0	D_3	D_2	D_1	D_0	Y
1	×	×	×	×	×	×	
0	0	0	×	×	×	0	
0	0	0	×	×	×	1	
0	0	1	×	×	0	×	
0	0	1	×	×	1	×	
0	1	0	×	0	×	×	
0	1	0	×	1	×	×	
0	1	1	0	×	×	×	
0	1	1	1	×	×	×	

시뮬레이션

회로 및 결과

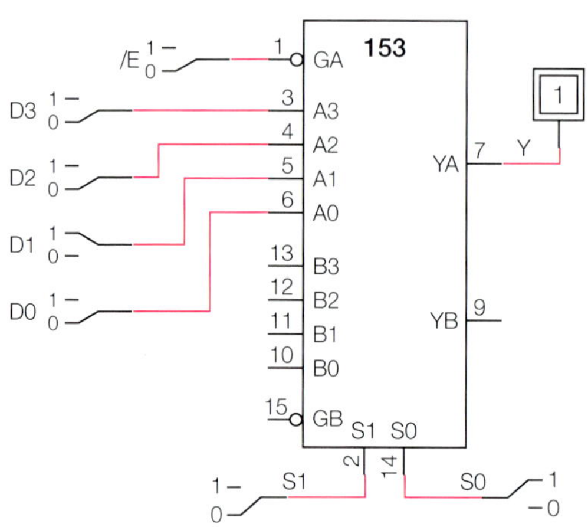

Simulation IO.clf
라이브러리에서 선택

Binary Switch

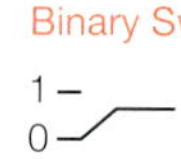

Binary Probe

4 74138 IC 핀 배치도를 참조해 디멀티플렉서 회로를 구성한다. 74138의 8번 핀은 접지하고 16번 핀은 +5V 전압을 인가한다. 입력 C, B, A, I의 상태를 표와 같이 변화시키면서 출력 Y_7~Y_0의 상태를 기록하시오.

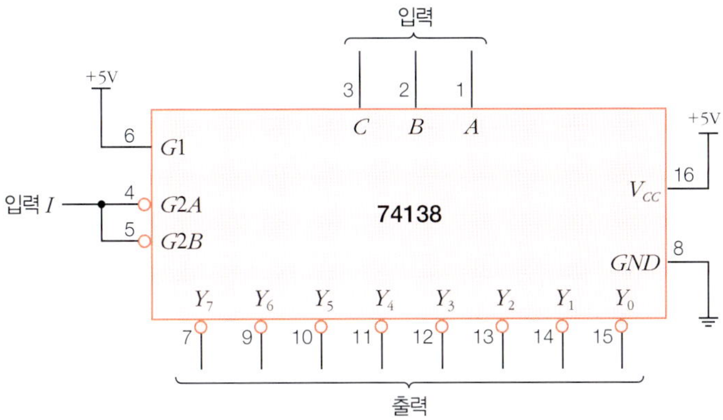

74138

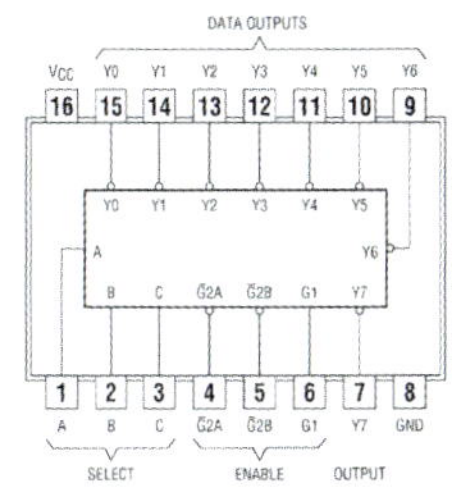

C	B	A	I	Y_7	Y_6	Y_5	Y_4	Y_3	Y_2	Y_1	Y_0
0	0	0	0								
0	0	1	0								
0	1	0	0								
0	1	1	0								
1	0	0	0								
1	0	1	0								
1	1	0	0								
1	1	1	0								

시뮬레이션

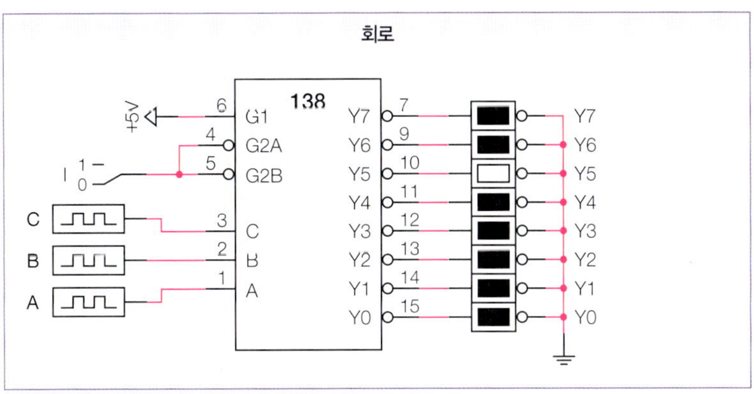

Simulation IO.clf
라이브러리에서 선택

Binary Switch

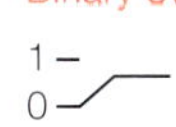

Clock

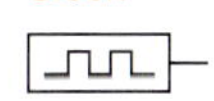

LED-Red

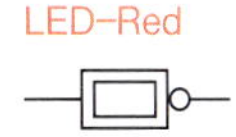

결과

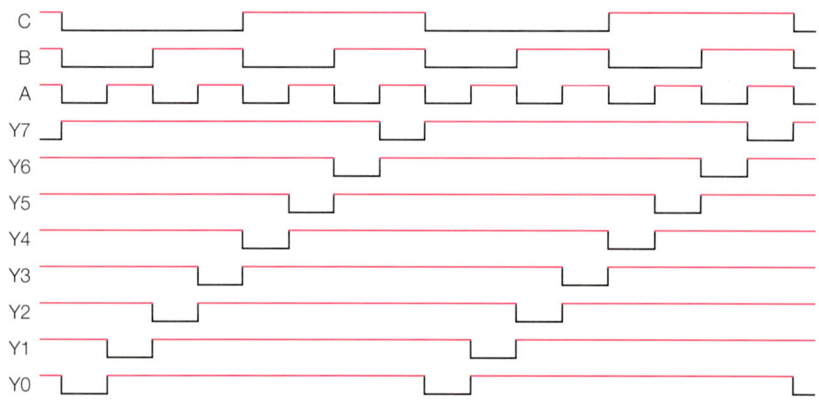

5 7404 IC 와 74153 IC 핀 배치도를 참조해 전가산기 회로를 구성한다. 7404의 7번 핀은 접지하고 14번 핀은 +5V 전압을 인가한다. 또한 74153의 8번 핀은 접지하며 16번 핀은 +5V 전압을 인가한다. 입력 A, B, C_i의 상태를 표와 같이 변화시키면서 출력 S, C_o의 상태를 기록하시오.

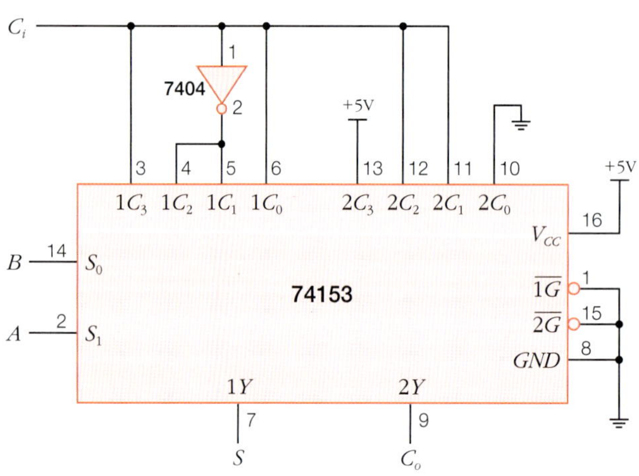

7404

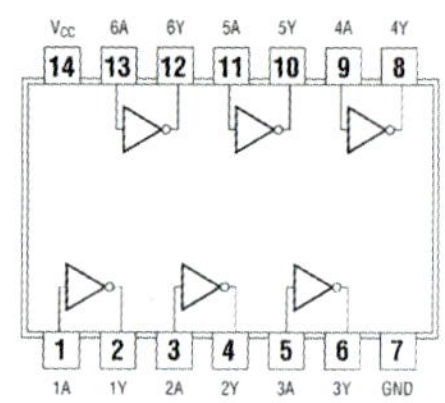

74153

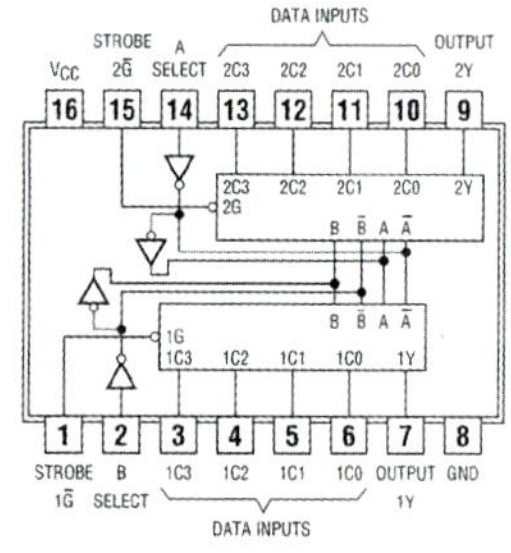

A	B	C_i	S	C_o
0	0	0		
0	0	1		
0	1	0		
0	1	1		
1	0	0		
1	0	1		
1	1	0		
1	1	1		

검토 74153 IC를 이용해 XOR 게이트를 구성하시오.

시뮬레이션

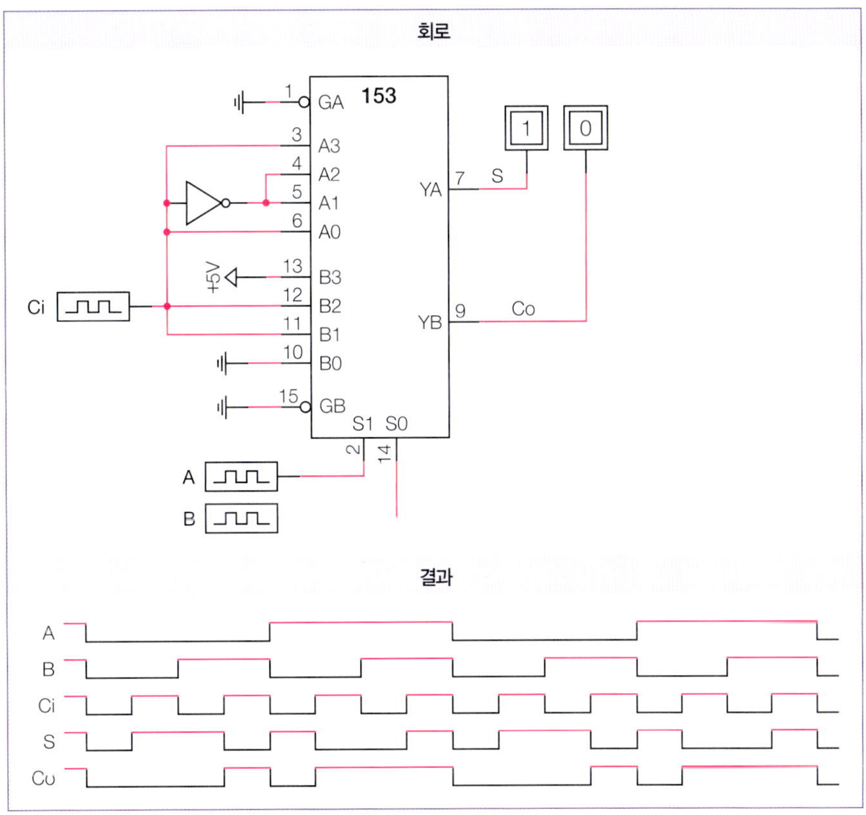

Simulation IO.clf 라이브러리에서 선택

Clock

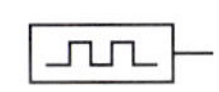

Binary Probe

08 코드 변환기

1 7486 IC 핀 배치도를 참조해 그림의 회로를 구성한다. 7486의 7번 핀은 접지하고 14번 핀은 +5V 전압을 인가한다. 입력 B_4, B_3, B_2, B_1, B_0의 신호를 표와 같이 변화시키면서 출력 G_4, G_3, G_2, G_1, G_0의 상태를 기록하시오.

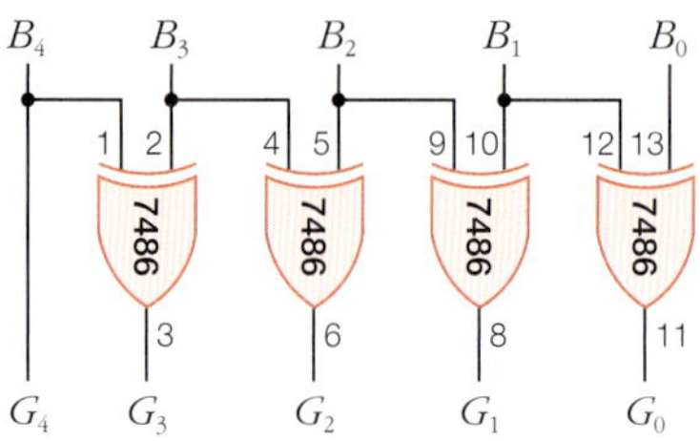

7486

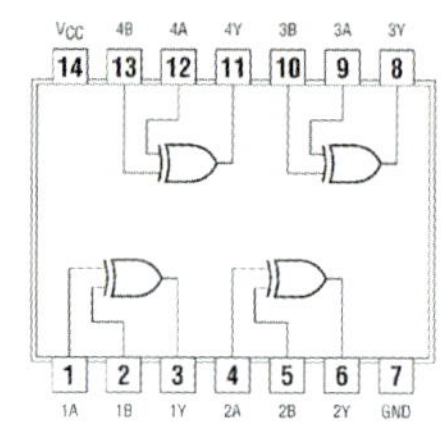

B_4	B_3	B_2	B_1	B_0	G_4	G_3	G_2	G_1	G_0
0	1	0	1	1					
1	0	1	0	1					
1	1	0	1	0					
1	1	1	1	1					

검토 실험 결과를 토대로 어떤 회로인지 동작을 설명하시오.

시뮬레이션

회로 및 결과

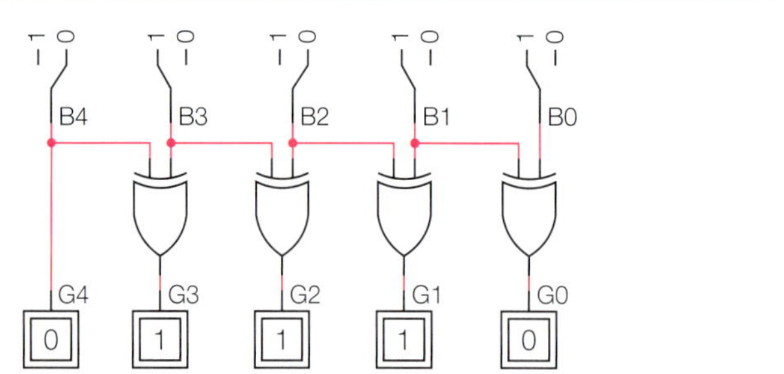

Simulation IO.clf
라이브러리에서 선택

Binary Switch

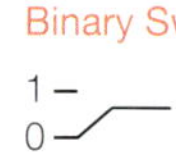

Binary Probe

2 7486 IC 핀 배치도를 참조해 그림의 회로를 구성한다. 7486의 7번 핀은 접지하고 14번 핀은 +5V 전압을 인가한다. 입력 G_4, G_3, G_2, G_1, G_0의 신호를 표와 같이 변화시키면서 출력 B_4, B_3, B_2, B_1, B_0의 상태를 기록하시오.

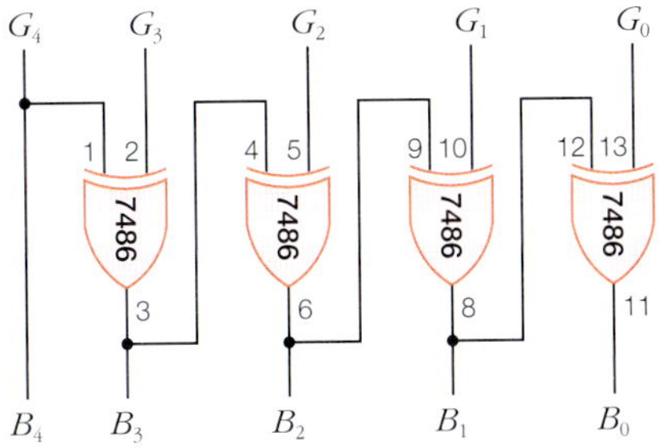

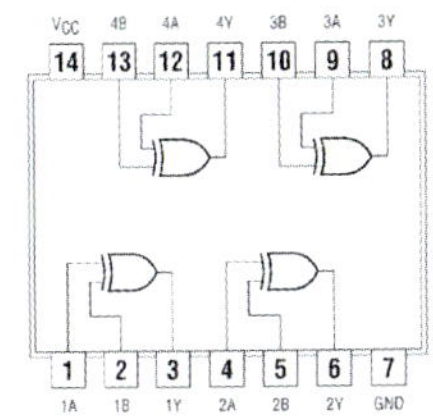

G_4	G_3	G_2	G_1	G_0	B_4	B_3	B_2	B_1	B_0
0	1	0	1	1					
1	0	1	0	1					
1	1	0	1	0					
1	1	1	1	1					

검토 실험 결과를 토대로 어떤 회로인지 동작을 설명하시오.

시뮬레이션

회로 및 결과

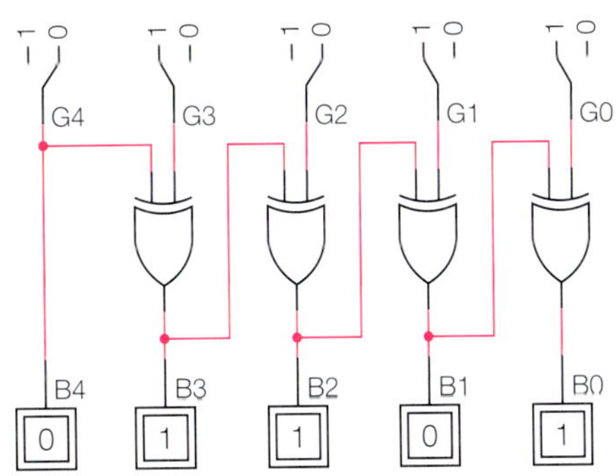

Simulation IO.clf
라이브러리에서 선택

Binary Switch

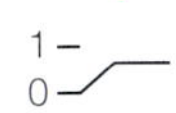

Binary Probe

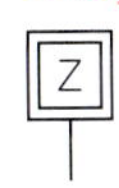

3 7400 IC, 7404 IC, 7410 IC 핀 배치도를 참조해 회로를 구성한다. 여기서 7400과 7404는 각각 1개, 7410은 2개를 사용한다. 7400, 7404, 7410의 7번 핀은 접지하고 14번 핀은 +5V 전압을 인가한다. 입력 A, B, C, D의 상태를 표와 같이 변화시키면서 출력 W, X, Y, Z의 상태를 기록하시오.

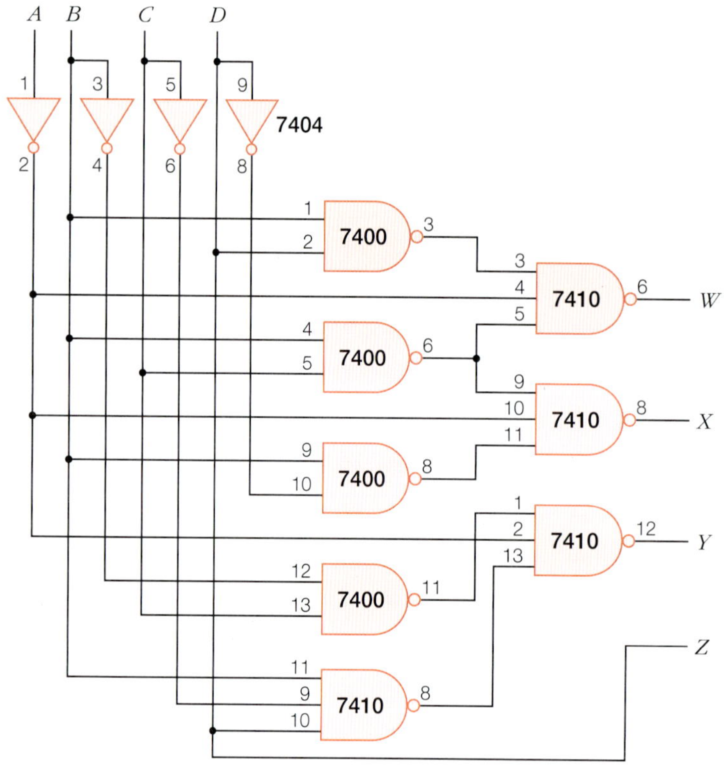

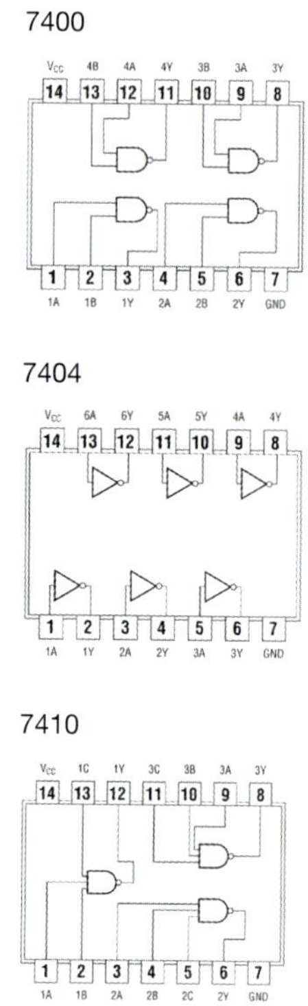

A	B	C	D	W	X	Y	Z
0	0	0	0				
0	0	0	1				
0	0	1	0				
0	0	1	1				
0	1	0	0				
0	1	0	1				
0	1	1	0				
0	1	1	1				
1	0	0	0				
1	0	0	1				

검토 실험 결과를 토대로 어떤 회로인지 동작을 설명하시오.

시뮬레이션

회로 및 결과

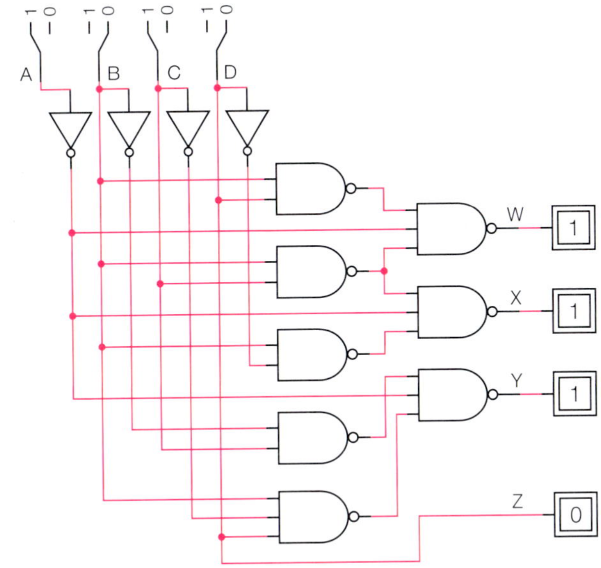

Simulation IO.clf
라이브러리에서 선택

Binary Switch

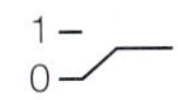

Binary Probe

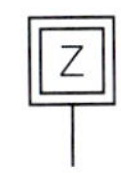

4 7404 IC, 7408 IC, 7432 IC 핀 배치도를 참조해 그림의 회로를 구성한다. 7404, 7408, 7432의 7번 핀은 접지하고 14번 핀은 +5V 전압을 인가한다. 입력 *A*, *B*, *C*, *D*의 상태를 표와 같이 변화시키면서 출력 *W*, *X*, *Y*, *Z*의 상태를 기록하시오.

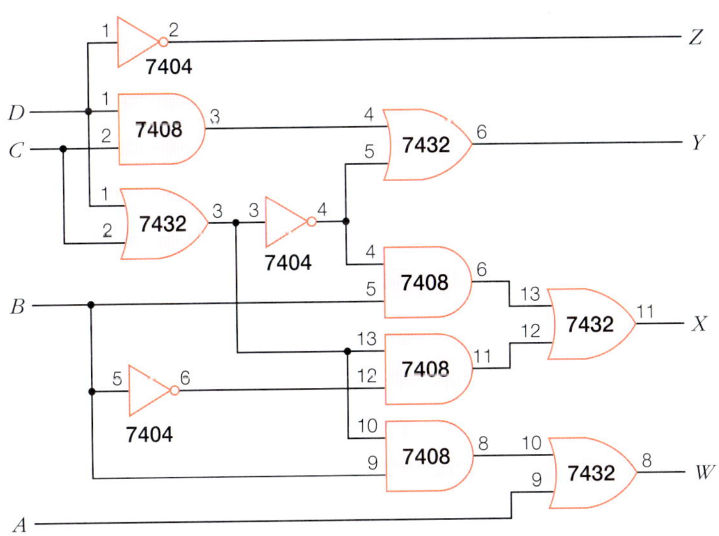

7404

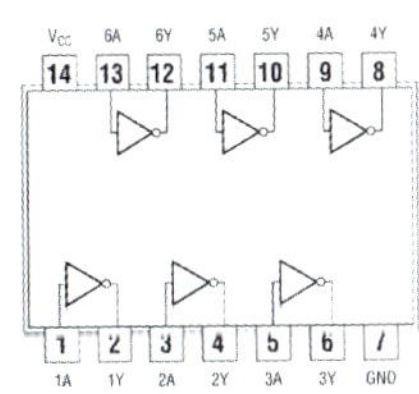

7408

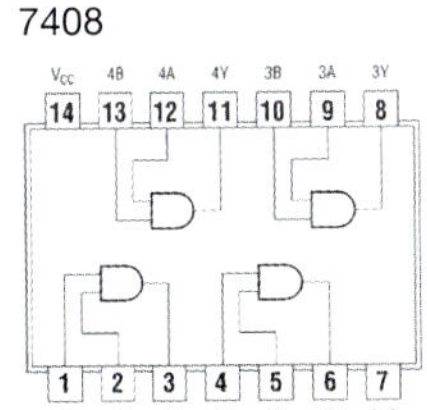

7432

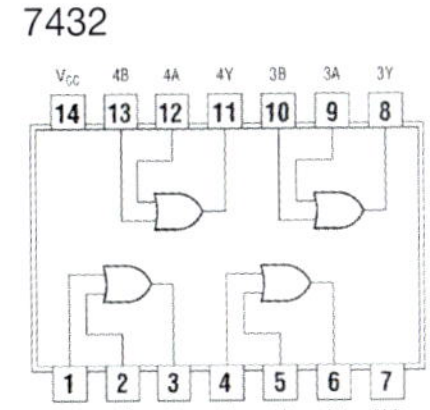

A	B	C	D	W	X	Y	Z
0	0	0	0				
0	0	0	1				
0	0	1	0				
0	0	1	1				
0	1	0	0				
0	1	0	1				
0	1	1	0				
0	1	1	1				
1	0	0	0				
1	0	0	1				

Simulation IO.clf
라이브러리에서 선택

Binary Switch

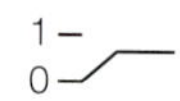

Binary Probe

검토 BCD 코드를 9의 보수로 변환하는 회로를 설계하시오.

시뮬레이션

회로 및 결과

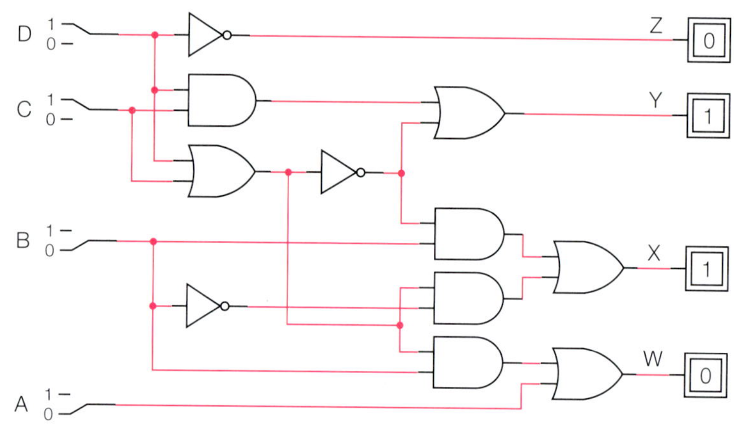

09 플립플롭

[1] 7402 IC 핀 배치도를 참조해 게이트 4개 중 2개를 선정하여 NOR 게이트 래치 회로를 구성한다. 7402의 7번 핀은 접지하고 14번 핀은 +5V 전압을 인가한다. 입력 S와 R의 상태를 표와 같이 변화시키면서 출력 Q, $\bar{Q}$의 상태를 기록하시오.

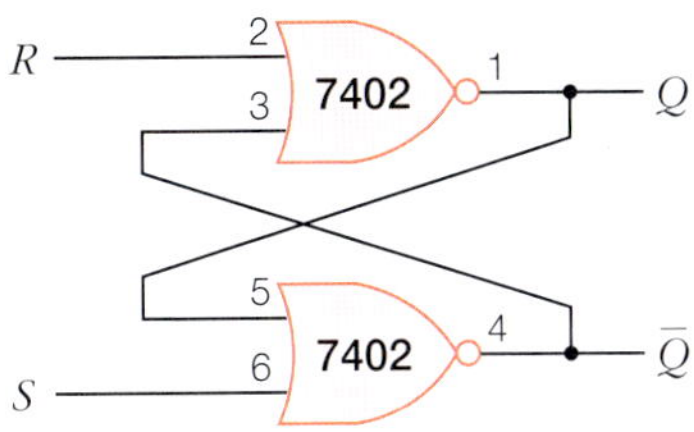

S	R	Q	$\bar{Q}$
1	0		
0	0		
0	1		
0	0		
1	1		

7402

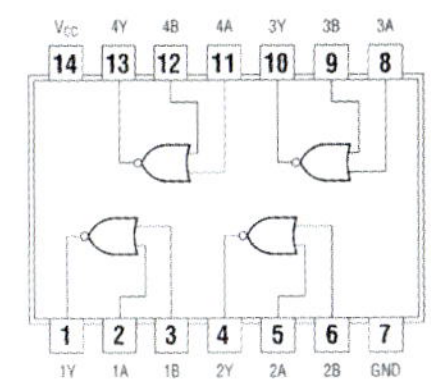

시뮬레이션

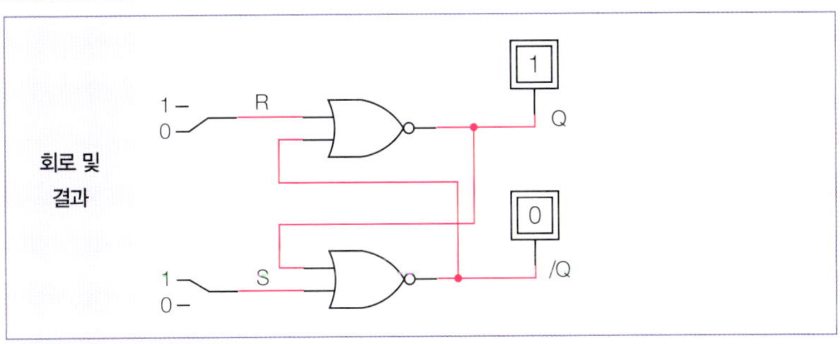

Simulation IO.clf 라이브러리에서 선택

Binary Switch

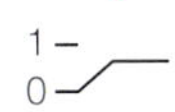

Binary Probe

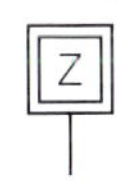

[2] 7400 IC 핀 배치도를 참조해 게이트 4개 중 2개를 선정하여 NAND 게이트 래치 회로를 구성한다. 7400의 7번 핀은 접지하고 14번 핀은 +5V 전압을 인가한다. 입력 $\bar{S}$와 $\bar{R}$의 상태를 표와 같이 변화시키면서 출력 Q, $\bar{Q}$의 상태를 기록하시오.

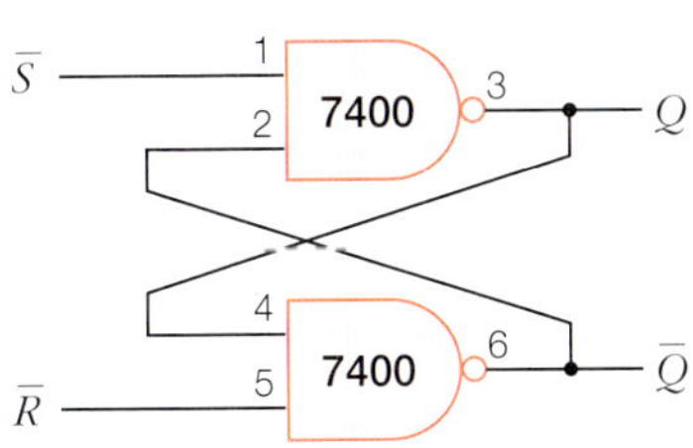

$\bar{S}$	$\bar{R}$	Q	$\bar{Q}$
1	0		
1	1		
0	1		
1	1		
0	0		

7400

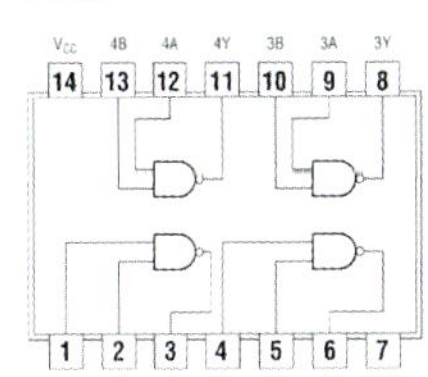

시뮬레이션

회로 및 결과	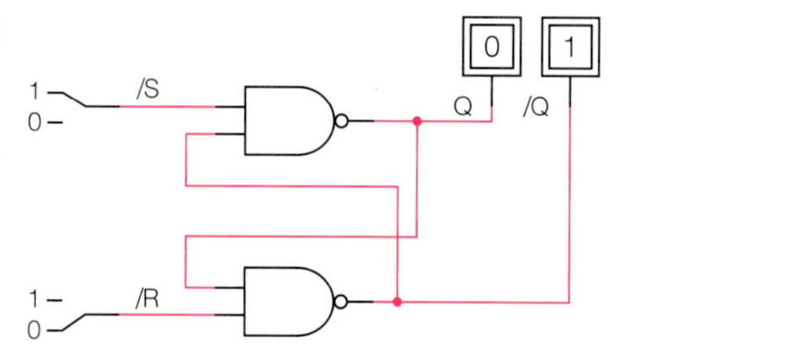

Simulation IO.clf
라이브러리에서 선택

Binary Switch

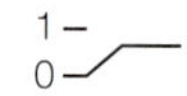

Binary Probe

3 7402 IC, 7408 IC 핀 배치도를 참조해 *SR* 플립플롭 회로를 구성한다. 7402와 7408의 7번 핀은 접지하고 14번 핀은 +5V 전압을 인가한다. 입력 *E*, *S*, *R*의 상태를 표와 같이 변화시키면서 출력 Q, $\bar{Q}$의 상태를 기록하시오.

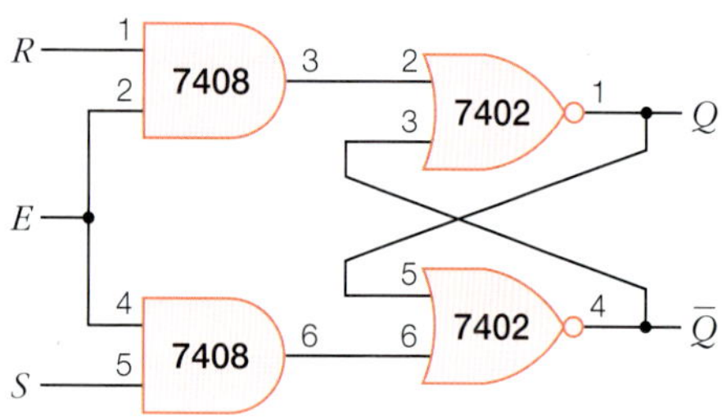

E	S R	Q	$\bar{Q}$
0	0 0		
0	0 1		
0	1 0		
0	1 1		
1	0 0		
1	0 1		
1	1 0		
1	1 1		

7402

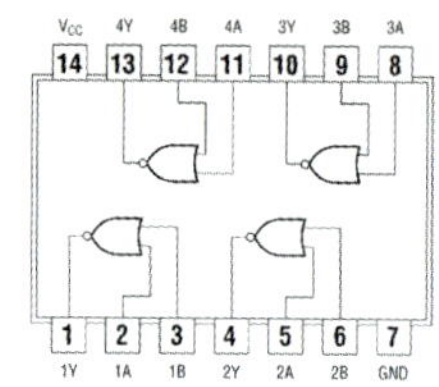

7408

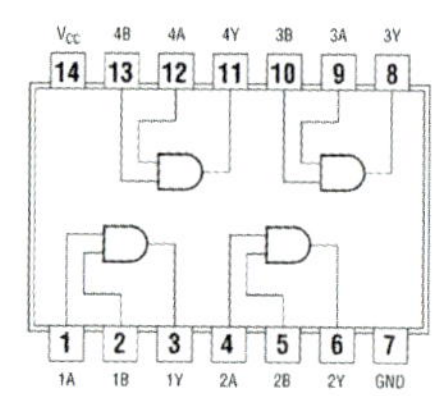

시뮬레이션

회로 및 결과	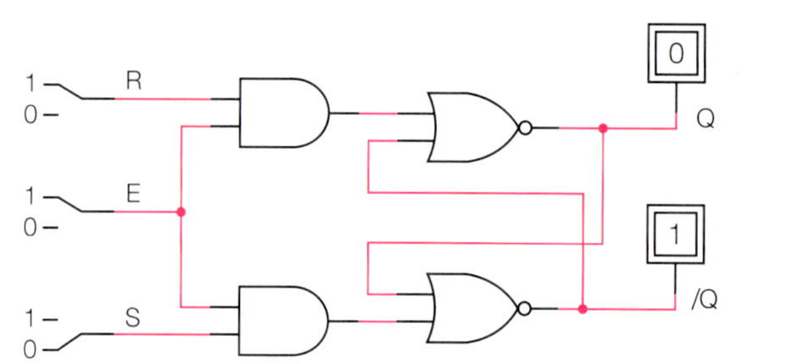

Simulation IO.clf
라이브러리에서 선택

Binary Switch

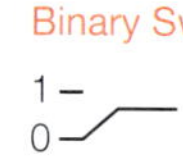

Binary Probe

4 7400 IC 핀 배치도를 참조해 *SR* 플립플롭 회로를 구성한다. 7400의 7번 핀은 접지하고 14번 핀은 +5V 전압을 인가한다. 입력 *E*, *S*, *R*의 상태를 표와 같이 변화시키면서 출력 *Q*, $\overline{Q}$의 상태를 기록하시오.

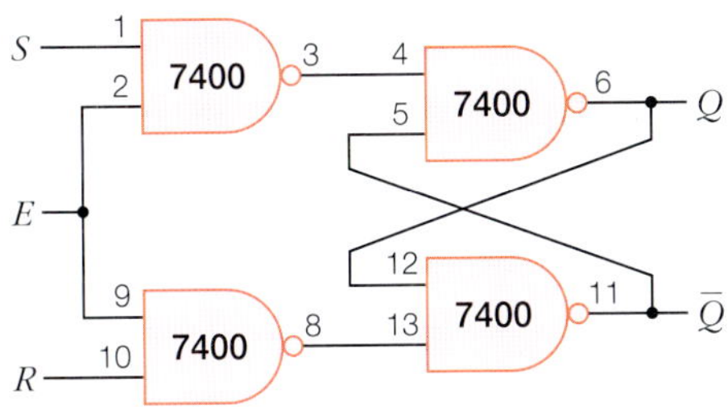

E	*S* *R*	*Q*	$\overline{Q}$
0	0 0		
0	0 1		
0	1 0		
0	1 1		
1	0 0		
1	0 1		
1	1 0		
1	1 1		

7400

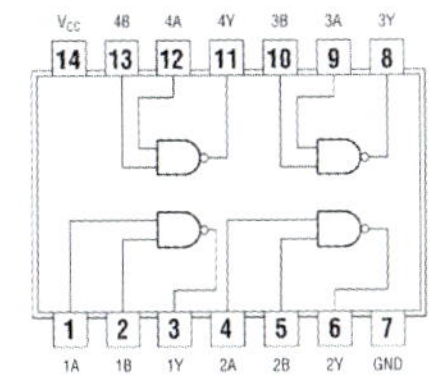

시뮬레이션

회로 및 결과

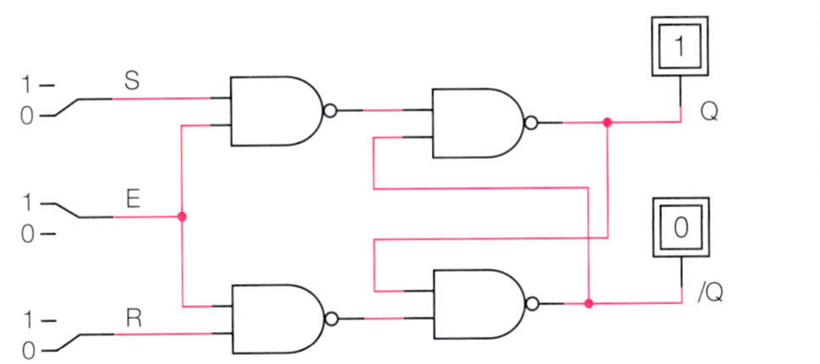

Simulation IO.clf
라이브러리에서 선택

Binary Switch

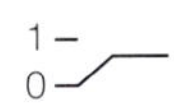

Binary Probe

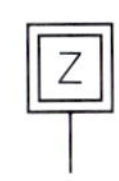

5 7400 IC, 7404 IC 핀 배치도를 참조해 *D* 플립플롭 회로를 구성한다. 7400과 7404의 7번 핀은 접지하고 14번 핀은 +5V 전압을 인가한다. 입력 *E*, *D*의 상태를 표와 같이 변화시키면서 출력 *Q*, $\overline{Q}$의 상태를 기록하시오.

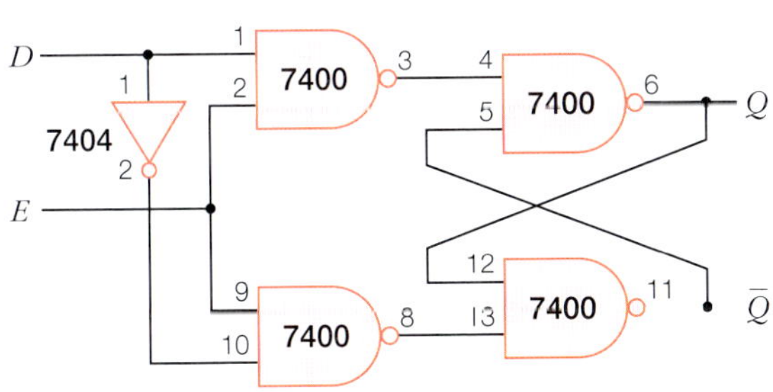

E	*D*	*Q*	$\overline{Q}$
0	0		
0	1		
1	0		
1	1		

검토 NOR 래치로 이루어진 *D* 플립플롭을 구성하고 특성을 확인하시오.

시뮬레이션

회로 및 결과

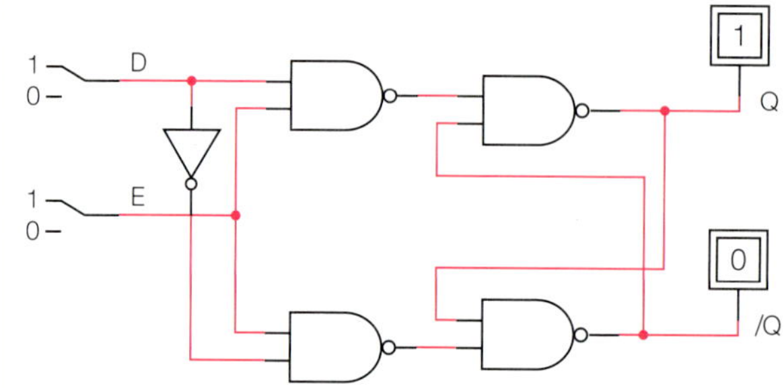

7400

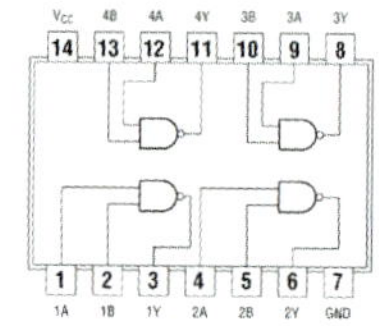

7404

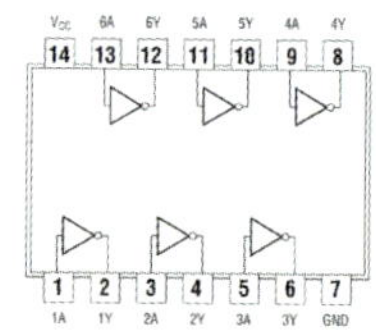

Simulation IO.clf
라이브러리에서 선택

Binary Switch

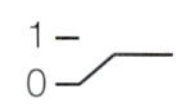

Binary Probe

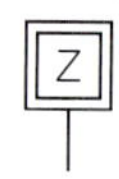

6 7474 IC 핀 배치도를 참조해 D 플립플롭 회로를 구성한다. 7474의 7번 핀은 접지하고 14번 핀은 +5V 전압을 인가한다. 클록 펄스를 인가하기 전에 $\overline{CLR}$은 접지 후 +5V에 접속하고, $\overline{PR}$은 +5V에 접속한다. 입력 CP, D의 상태를 표와 같이 변화시키면서 출력 Q, $\bar{Q}$의 상태를 기록하시오.

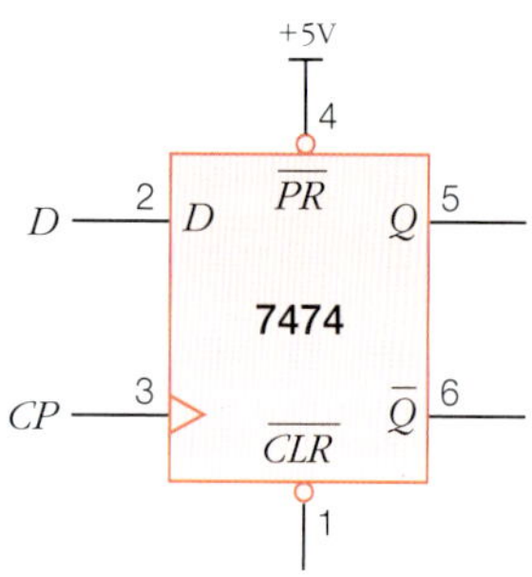

$V_{CC}(14)$, $GND(7)$

CP	D	Q	$\bar{Q}$
↑	0		
↑	1		
↑	0		
↑	1		

7474

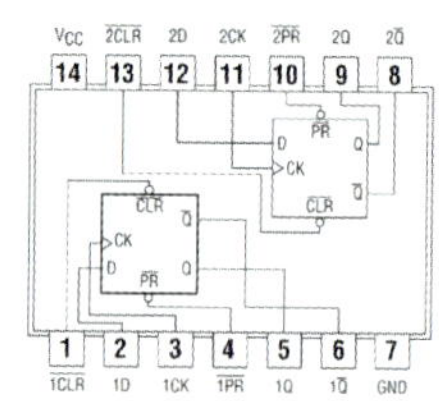

시뮬레이션

회로 및 결과

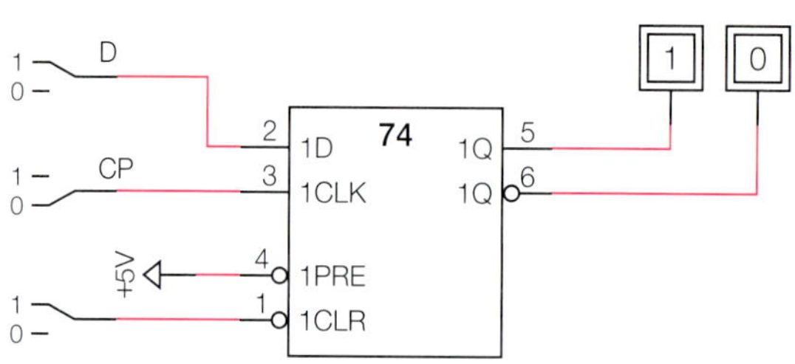

Simulation IO.clf
라이브러리에서 선택

Binary Switch

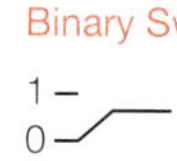

Binary Probe

7 7402 IC, 7411 IC 핀 배치도를 참조해 JK 플립플롭 회로를 구성한다. 7402와 7411의 7번 핀은 접지하고 14번 핀은 +5V 전압을 인가한다. 입력 E, J, K의 상태를 표와 같이 변화시키면서 출력 Q, $\bar{Q}$의 상태를 기록하시오.

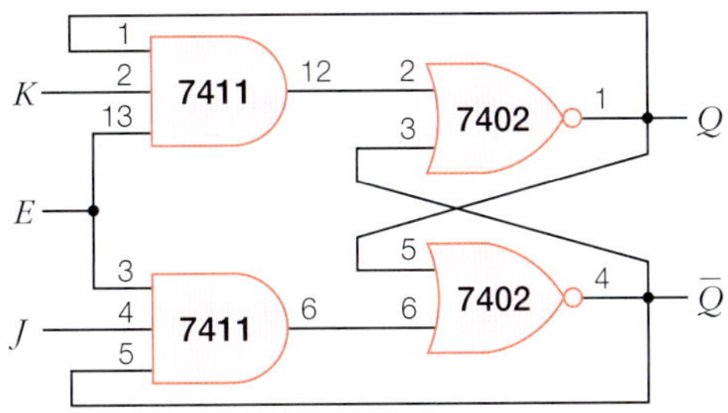

※ $E=1$, $J=1$, $K=1$인 경우 레이스 현상으로 인해 실습 불가

E	J K	Q	$\bar{Q}$
0	0 0		
0	0 1		
0	1 0		
0	1 1		
1	0 0		
1	0 1		
1	1 0		

7402

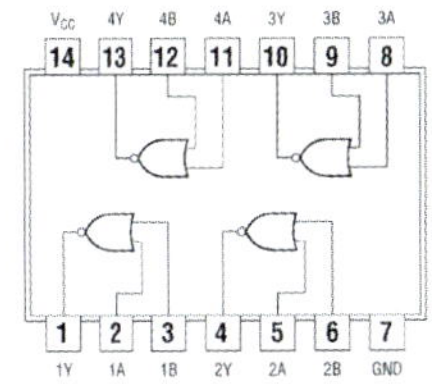

7411

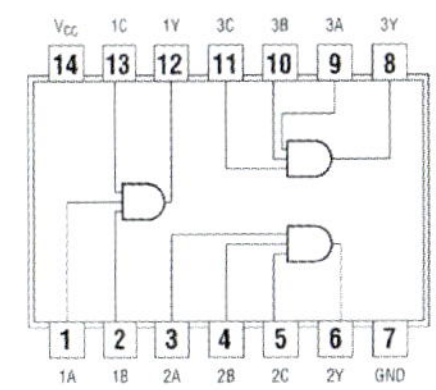

검토 NAND 래치로 이루어진 JK 플립플롭을 구성하고 특성을 확인하시오.

시뮬레이션

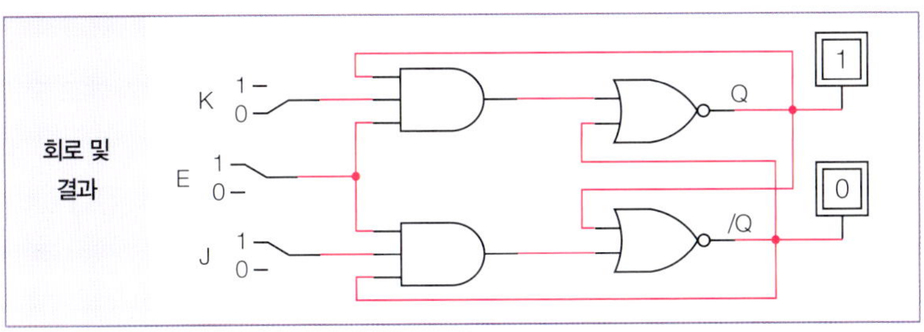

Simulation IO.clf 라이브러리에서 선택

Binary Switch

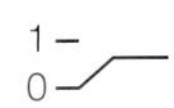

Binary Probe

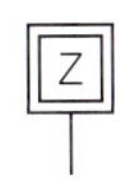

8 7476 IC 핀 배치도를 참조해 JK 플립플롭 회로를 구성한다. 7476의 13번 핀은 접지하고 5번 핀은 +5V 전압을 인가한다. 입력 J와 K의 상태를 표와 같이 변화시키면서 출력 Q의 상태를 기록하시오.

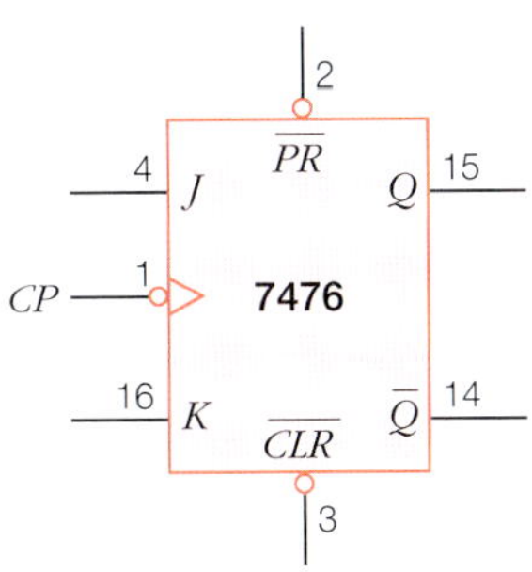

$V_{CC}(5)$, $GND(13)$

CP	$\overline{PR}$	$\overline{CLR}$	J K	Q
↓	0	1	0 0	
↓	0	1	0 1	
↓	1	0	1 0	
↓	1	1	0 0	
↓	1	1	0 1	
↓	1	1	1 0	
↓	1	1	1 1	
↓	1	1	1 1	
↓	1	1	1 1	

7476

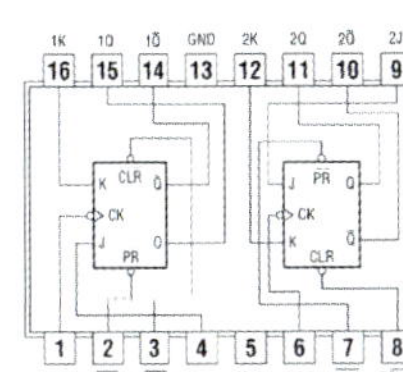

검토 비동기 입력인 $\overline{PR}$과 $\overline{CLR}$ 단자의 역할을 설명하시오.

시뮬레이션

회로

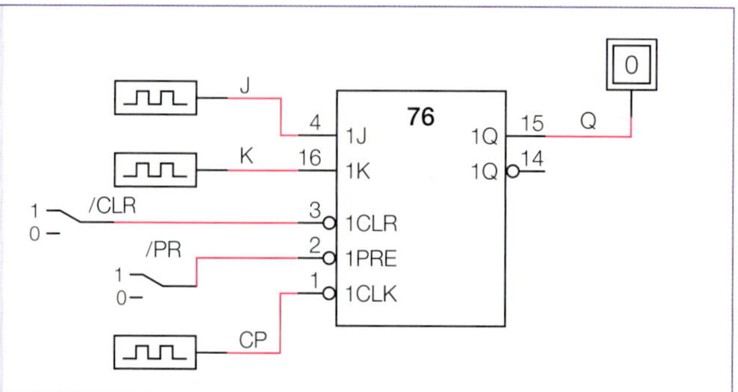

결과

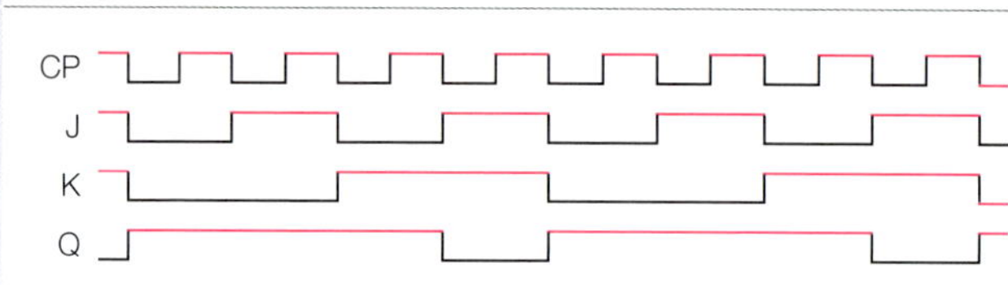

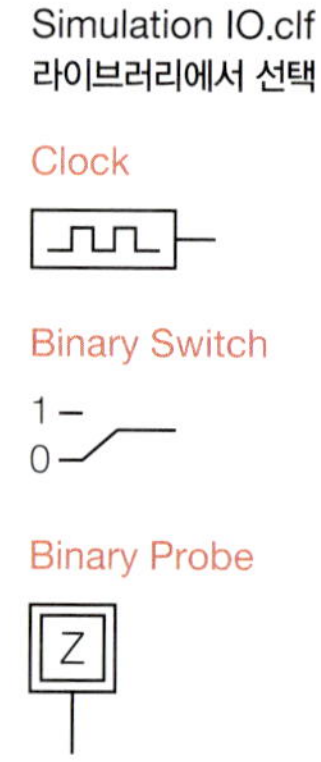

9 7476 IC 핀 배치도를 참조해 그림의 회로를 구성한다. 7476의 13번 핀은 접지하고 5번 핀은 +5V 전압을 인가한다. 클록 펄스(CP)를 인가하였을 때, 출력 Q의 상태를 기록하고 출력 파형을 타이밍도에 그려 보시오. 클록 펄스를 인가하기 전에 $\overline{CLR}$은 접지 후 +5V에 접속하고, $\overline{PR}$은 +5V에 접속한다.

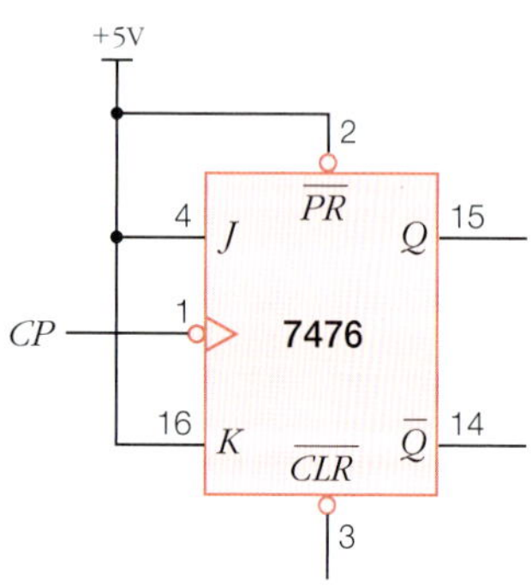

$V_{CC}(5)$, $GND(13)$

CP	Q
↓	
↓	
↓	
↓	
↓	
↓	
↓	

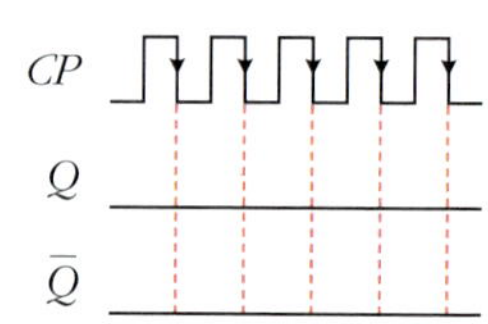

7476

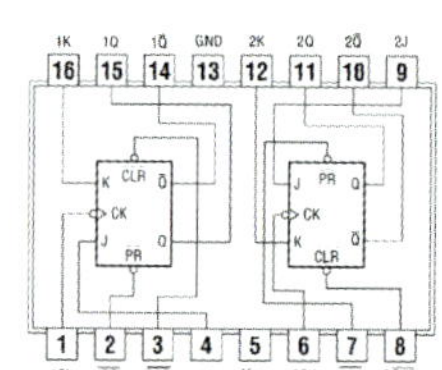

검토 이 회로가 T 플립플롭으로 동작하는지 검토하시오.

시뮬레이션

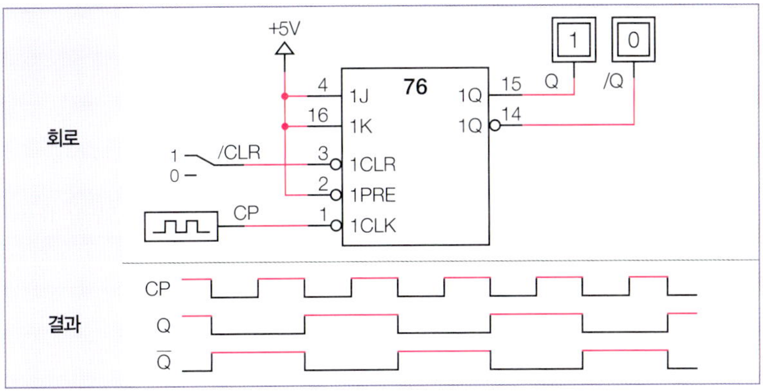

Simulation IO.clf
라이브러리에서 선택

Clock

Binary Switch

Binary Probe

10 7474 IC 핀 배치도를 참조해 그림의 회로를 구성한다. 7474의 7번 핀은 접지하고 14번 핀은 +5V 전압을 인가한다. 클록 펄스(CP)를 인가하였을 때, 출력 Q의 상태를 기록하고 출력 파형을 타이밍도에 그려 보시오. 클록 펄스를 인가하기 전에 $\overline{CLR}$은 접지 후 +5V에 접속하고, $\overline{PR}$은 +5V에 접속한다.

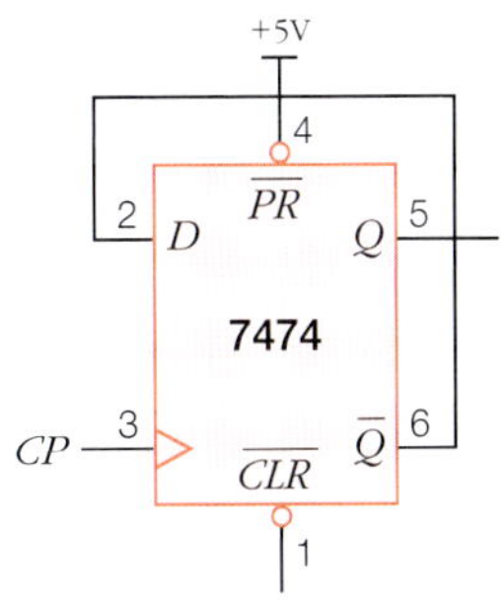

$V_{CC}(14)$, $GND(7)$

CP	Q
↑	
↑	
↑	
↑	
↑	
↑	
↑	
↑	

7474

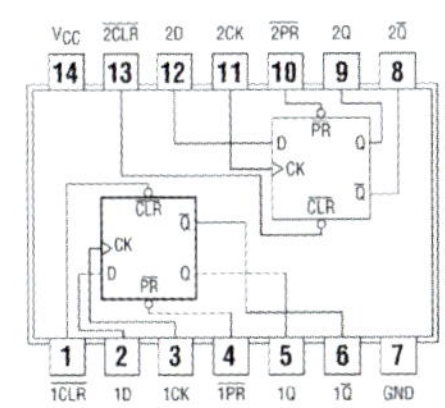

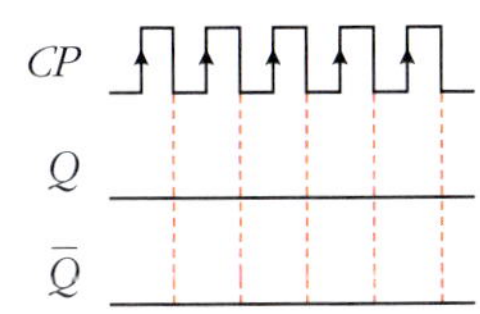

검토 이 회로가 T 플립플롭으로 동작하는지 검토하시오.

시뮬레이션

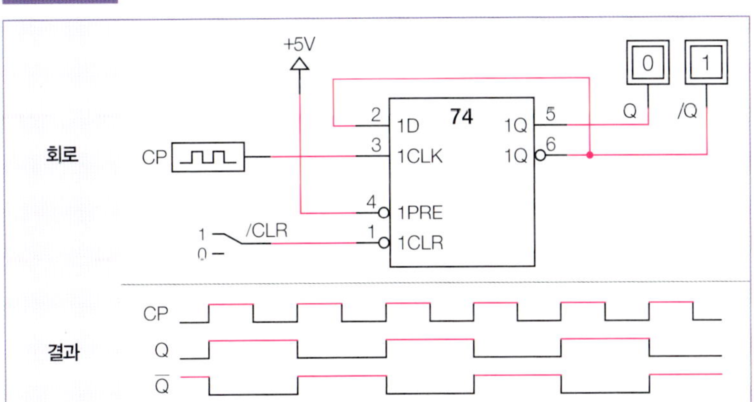

Simulation IO.clf
라이브러리에서 선택

Clock

Binary Switch

Binary Probe

10 비동기식 카운터

1 7476 IC 핀 배치도를 참조해 4비트 비동기식 카운터 회로를 구성한다. 여기서 7476은 2개를 사용한다. 7476의 13번 핀은 접지하고 5번 핀은 +5V 전압을 인가한다. $\overline{CLR}$을 Low로 하여 모든 플립플롭의 출력을 0으로 초기화한 후, High로 한다. 클록 펄스(CP)를 순차적으로 인가하면서 출력 D, C, B, A의 상태를 표에 기록하시오.

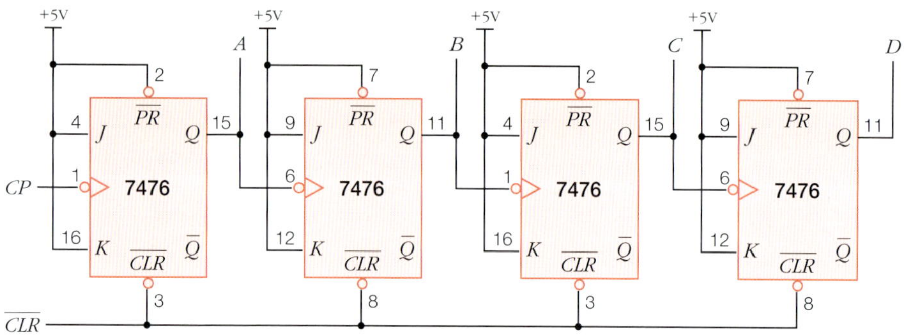

CP	D	C	B	A
1				
2				
3				
4				
5				
6				
7				
8				
9				

CP	D	C	B	A
10				
11				
12				
13				
14				
15				
16				
17				
18				

7476

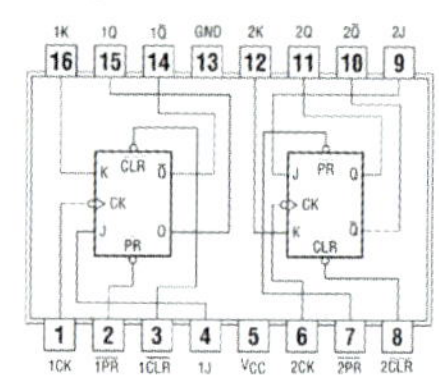

검토 1 실험 회로는 클록 펄스(CP)의 하강 에지에서 동작한다. 상승 에지에서 동작하는 4비트 비동기식 상향 카운터를 설계하시오.

검토 2 실험 회로를 수정하여 0부터 12까지만 카운트하고 정지하는 회로를 설계하시오.

시뮬레이션

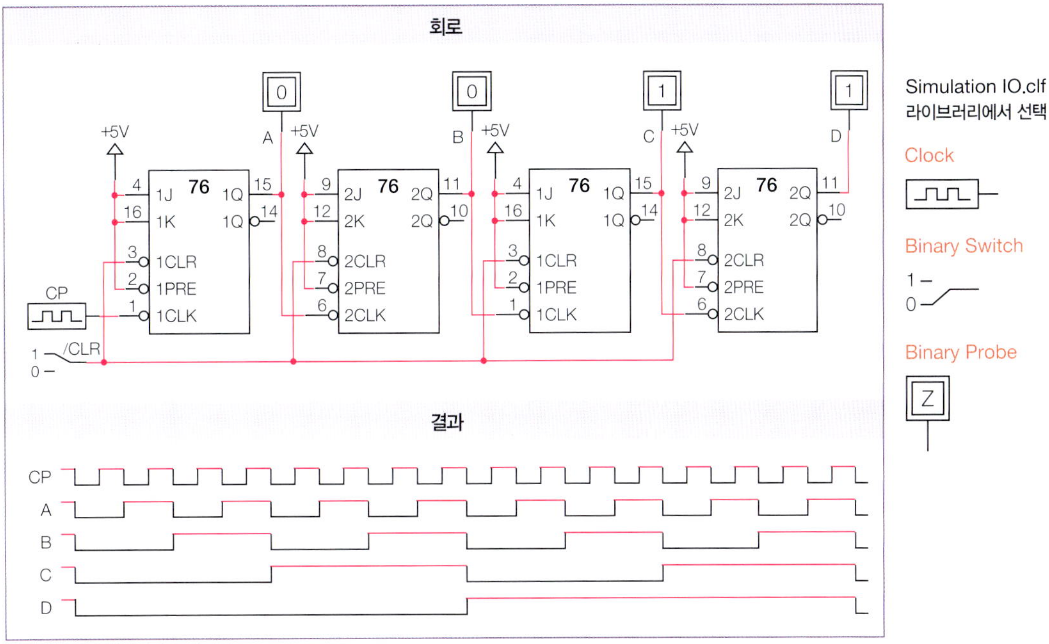

2 7476 IC 핀 배치도를 참조해 4비트 비동기식 카운터 회로를 구성한다. 여기서 7476은 2개를 사용한다. 7476의 13번 핀은 접지하고 5번 핀은 +5V 전압을 인가한다. $\overline{PR}$을 Low로 하여 모든 플립플롭의 출력을 1로 초기화한 후, High로 한다. 클록 펄스(CP)를 순차적으로 인가하면서 출력 D, C, B, A의 상태를 표에 기록하시오.

7476

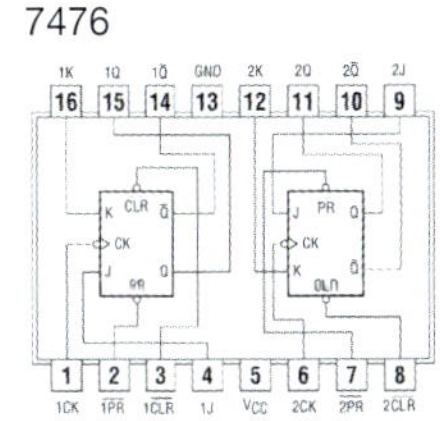

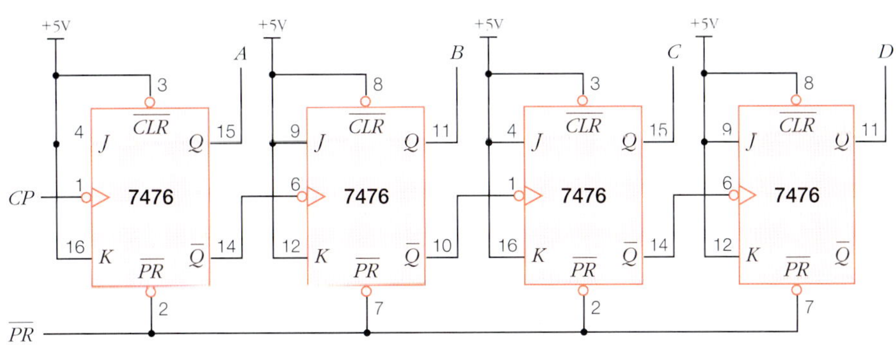

CP	D	C	B	A
1				
2				
3				
4				
5				
6				
7				
8				
9				

CP	D	C	B	A
10				
11				
12				
13				
14				
15				
16				
17				
18				

검토 1 실험 회로는 클록 펄스(CP)의 하강 에지에서 동작한다. 상승 에지에서 동작하는 4비트 비동기식 하향 카운터를 설계하시오.

검토 2 실험 회로는 15부터 0까지 계수하는 과정을 계속해서 반복한다. 실험 회로를 수정하여 카운트 과정을 1회만 수행하고 정지하는 회로를 설계하시오.

시뮬레이션

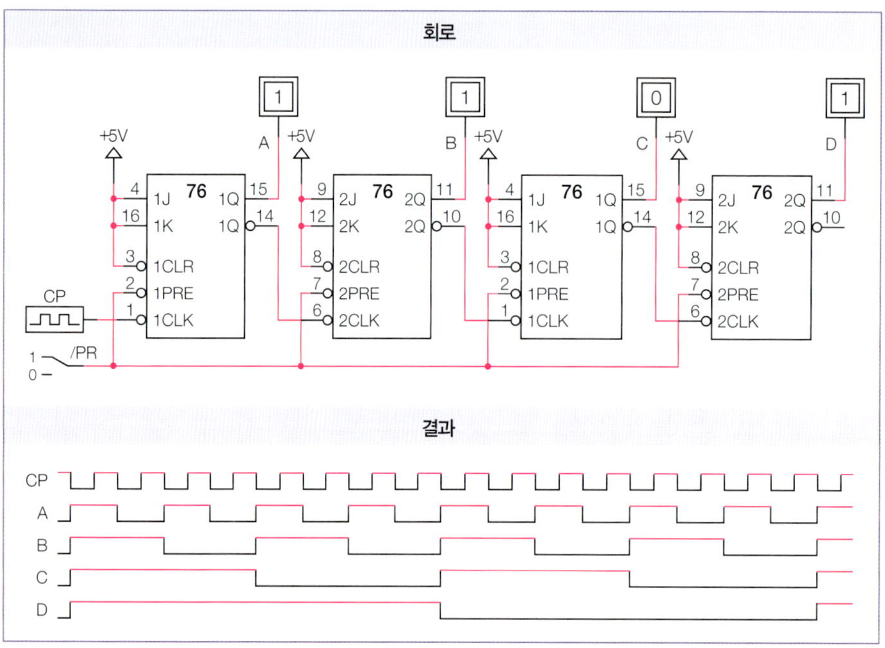

Simulation IO.clf
라이브러리에서 선택

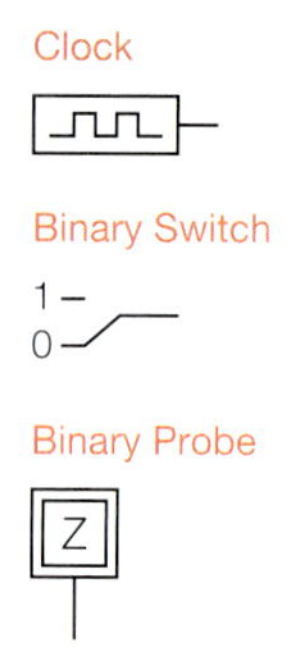

3 7400 IC, 7476 IC 핀 배치도를 참조해 비동기식 3진 카운터 회로를 구성한다. 7476의 13번 핀은 접지하고 5번 핀은 +5V 전압을 인가한다. 또한 7400의 7번 핀은 접지하며 14번 핀은 +5V 전압을 인가한다. 클록 펄스(CP)를 순차적으로 인가하면서 출력 B, A의 상태를 표에 기록하시오.

7400

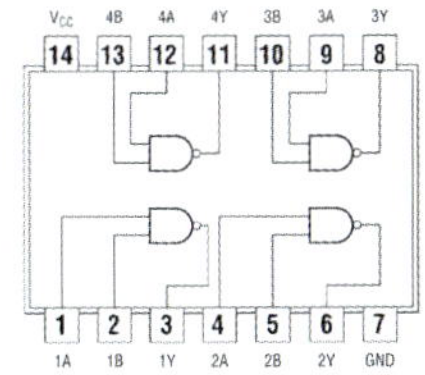

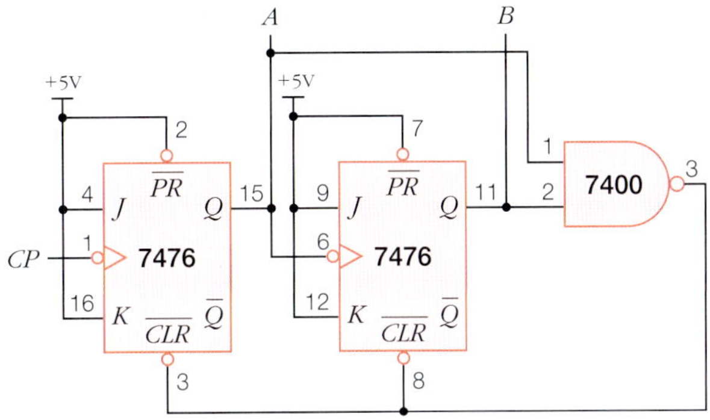

CP	B	A
1		
2		
3		
4		
5		
6		

7476

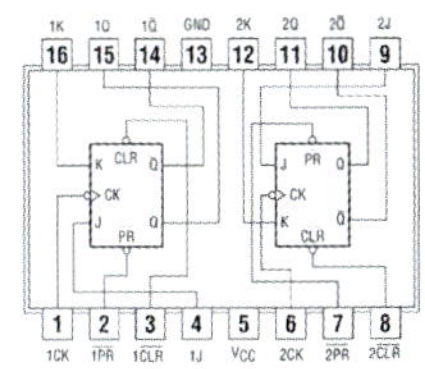

검토 측정한 결과를 타이밍도로 그리고, 그 결과가 0부터 2까지 카운트하는 3진 상향 카운터임을 검토하시오.

시뮬레이션

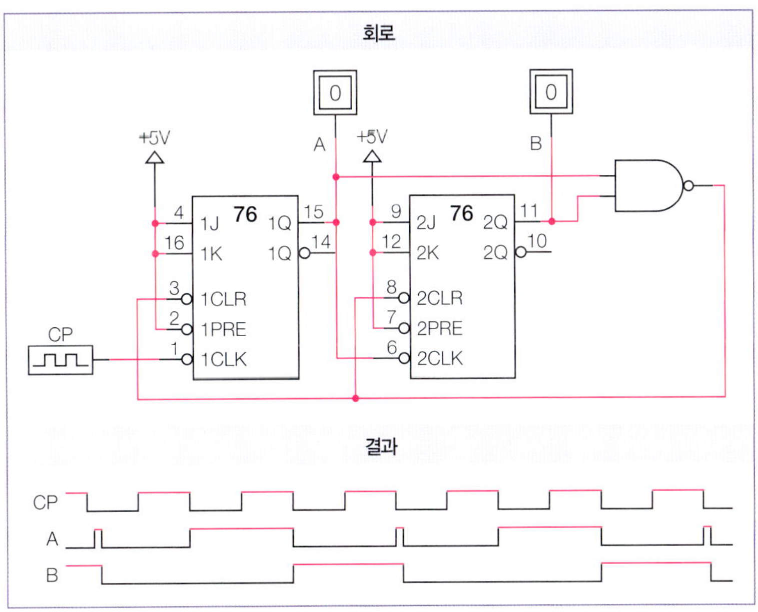

Simulation IO.clf 라이브러리에서 선택

Clock

Binary Probe

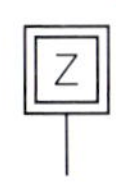

4 7400 IC, 7476 IC 핀 배치도를 참조해 비동기식 10진 카운터 회로를 구성한다. 여기서 7476은 2개를, 7400은 1개를 사용한다. 7476의 13번 핀은 접지하고 5번 핀은 +5V 전압을 인가한다. 또한 7400의 7번 핀은 접지하며 14번 핀은 +5V 전압을 인가한다. 클록 펄스(CP)를 순차적으로 인가하면서 출력 D, C, B, A의 상태를 표에 기록하시오.

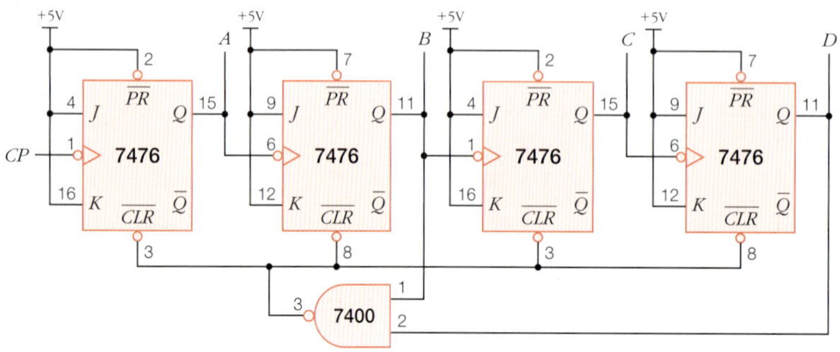

7400

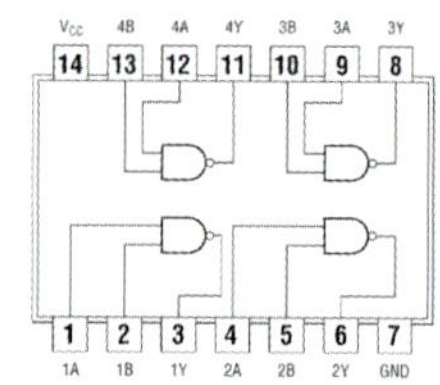

7476

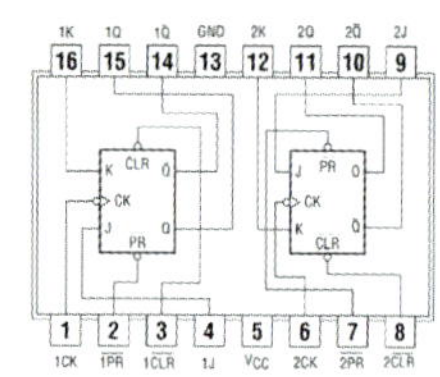

CP	D	C	B	A
1				
2				
3				
4				
5				
6				

CP	D	C	B	A
7				
8				
9				
10				
11				
12				

검토 0부터 12까지 계수하는 비동기식 13진 카운터를 설계하기 위해 실험 회로를 수정하시오.

시뮬레이션

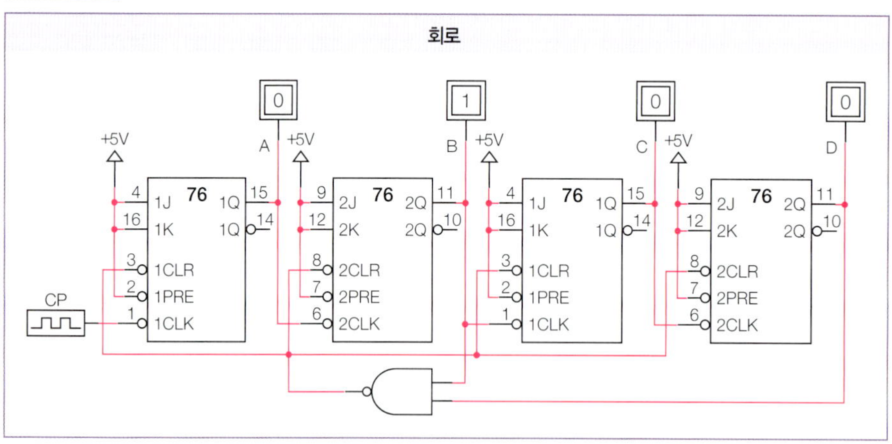

Simulation IO.clf 라이브러리에서 선택

Clock

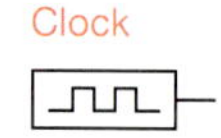

Binary Probe

결과

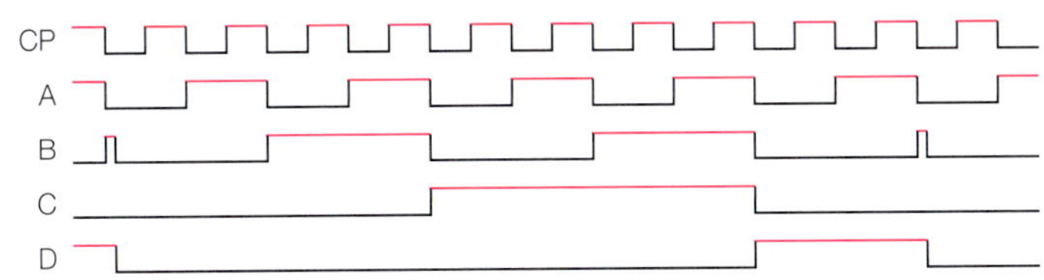

5 7493 IC 핀 배치도를 참조해 카운터 회로를 구성한다. 7493의 10번 핀은 접지하고 5번 핀은 +5V 전압을 인가한다. 클록 펄스(CP)를 순차적으로 인가하면서 출력 Q_D, Q_C, Q_B, Q_A의 상태를 표에 기록하시오.

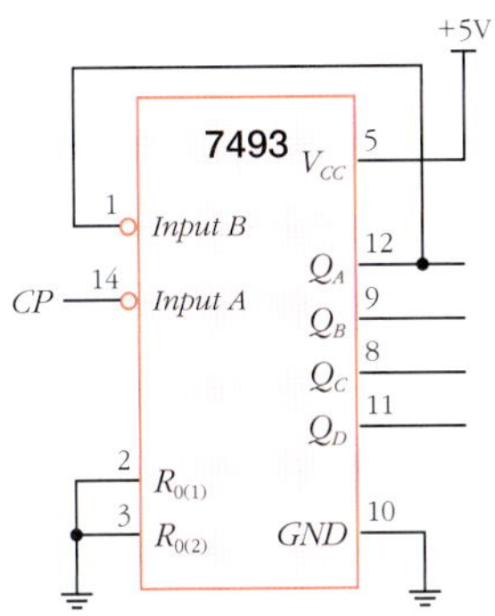

CP	Q_D	Q_C	Q_B	Q_A
1				
2				
3				
4				
5				
6				
7				
8				
9				

CP	Q_D	Q_C	Q_B	Q_A
10				
11				
12				
13				
14				
15				
16				
17				
18				

7493

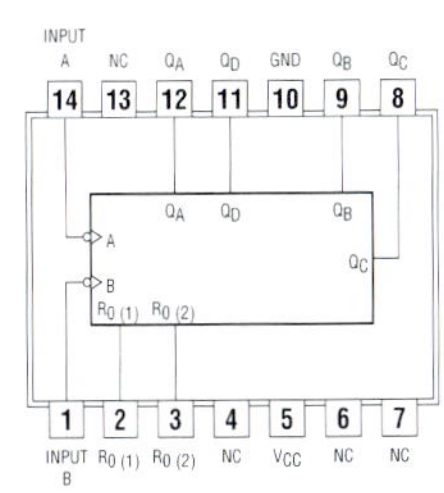

시뮬레이션

회로

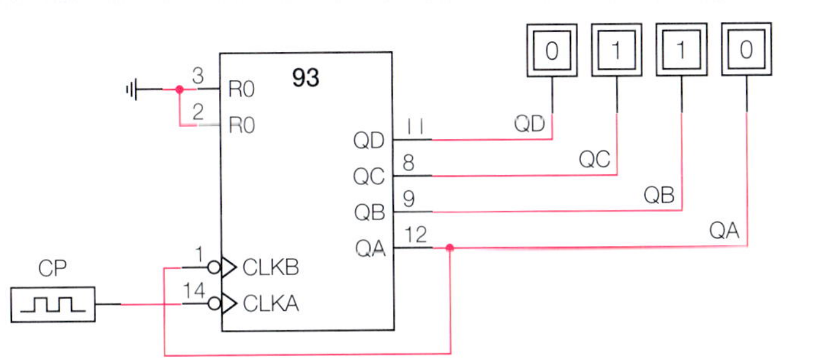

결과

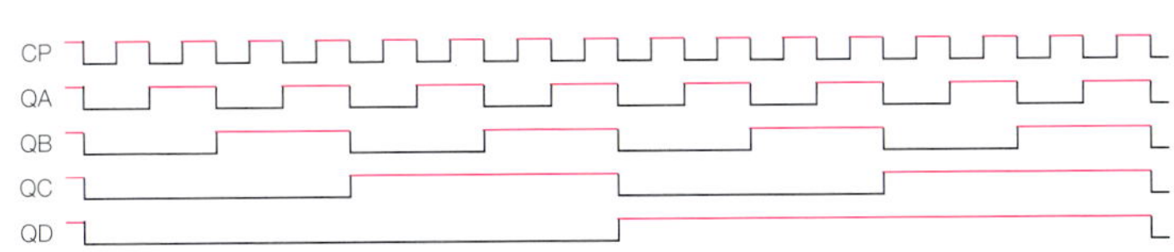

Simulation IO.clf
라이브러리에서 선택

Clock

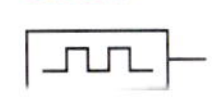

Binary Probe

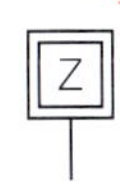

6 7493 IC 핀 배치도를 참조해 카운터 회로를 구성한다. 7493의 10번 핀은 접지하고 5번 핀은 +5V 전압을 인가한다. 클록 펄스(CP)를 순차적으로 인가하면서 출력 Q_D, Q_C, Q_B, Q_A의 상태를 표에 기록하시오.

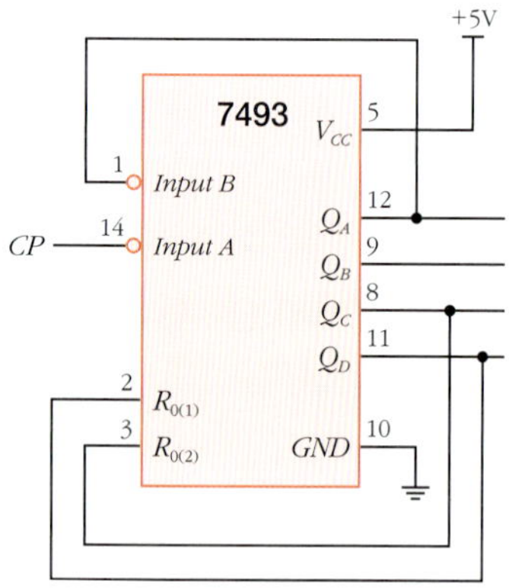

CP	Q_D	Q_C	Q_B	Q_A
1				
2				
3				
4				
5				
6				
7				
8				
9				
10				
11				
12				
13				
14				

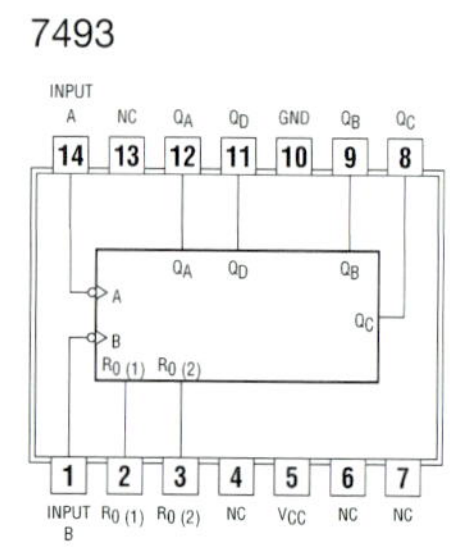

검토 7493 IC를 이용해 0부터 9까지 계수하는 10진 카운터를 설계하시오. 단, 논리 게이트는 사용하지 않고 리셋 입력($R_{0(1)}$, $R_{0(2)}$)만을 이용한다.

시뮬레이션

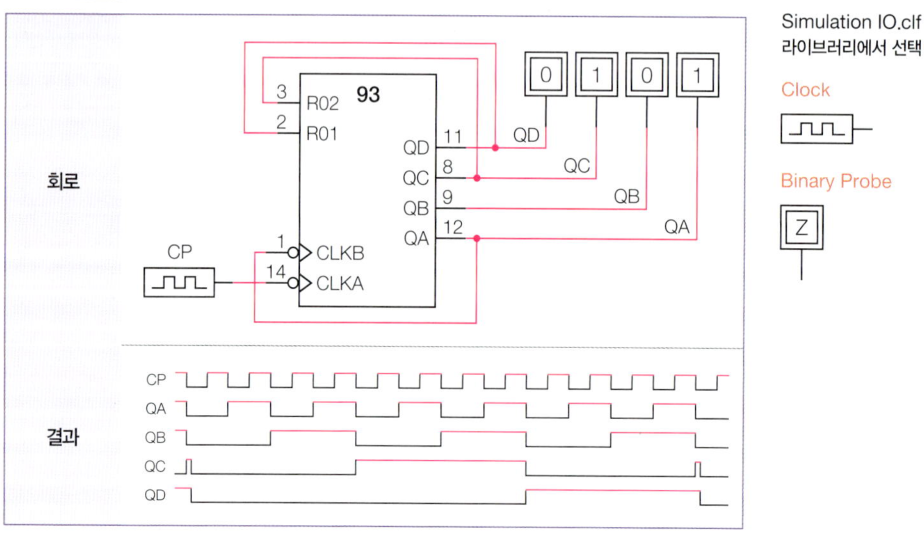

7 7492 IC 핀 배치도를 참조해 카운터 회로를 구성한다. 7492의 10번 핀은 접지하고 5번 핀은 +5V 전압을 인가한다. 클록 펄스(CP)를 순차적으로 인가하면서 출력 Q_D, Q_C, Q_B, Q_A의 상태를 표에 기록하시오.

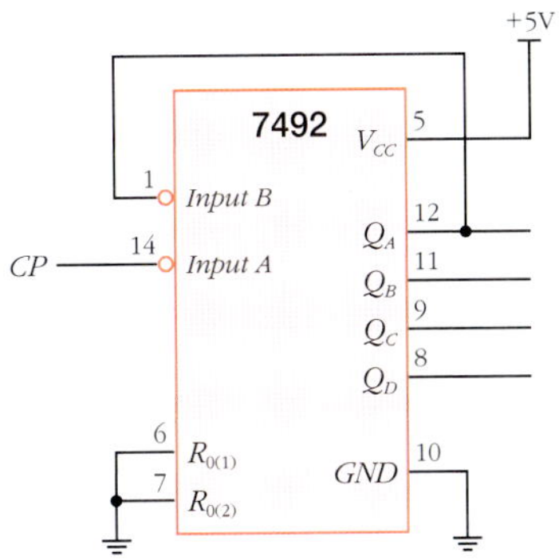

CP	Q_D	Q_C	Q_B	Q_A
1				
2				
3				
4				
5				
6				
7				
8				
9				
10				
11				
12				
13				
14				

7492

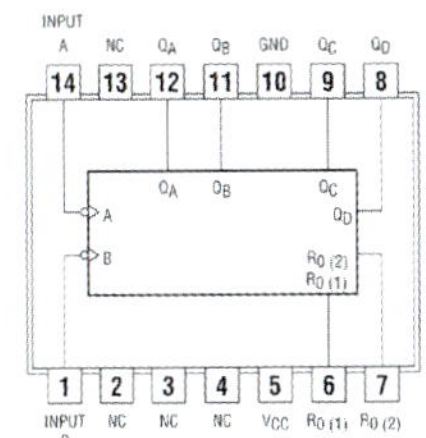

시뮬레이션

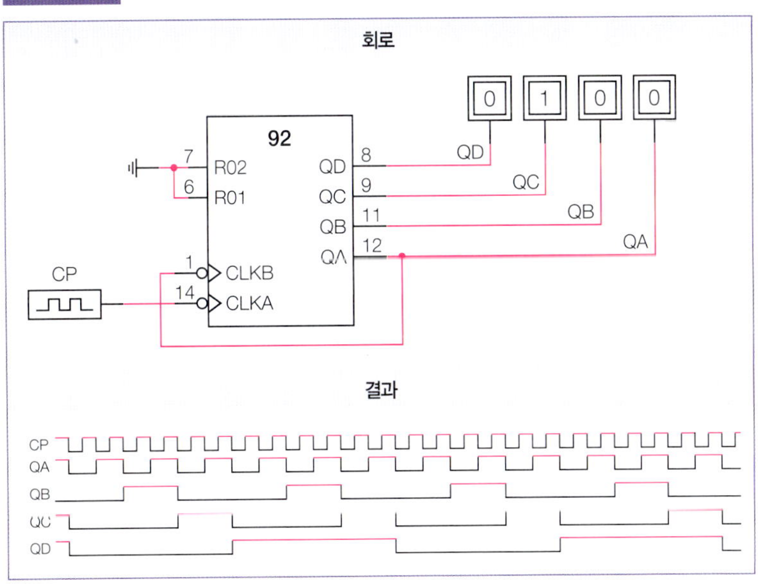

Simulation IO.clf 라이브러리에서 선택

Clock

Binary Probe

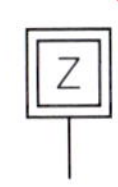

8 7490 IC 핀 배치도를 참조해 카운터 회로를 구성한다. 7490의 10번 핀은 접지하고 5번 핀은 +5V 전압을 인가한다. 클록 펄스(CP)를 순차적으로 인가하면서 출력 Q_D, Q_C, Q_B, Q_A의 상태를 표에 기록하시오.

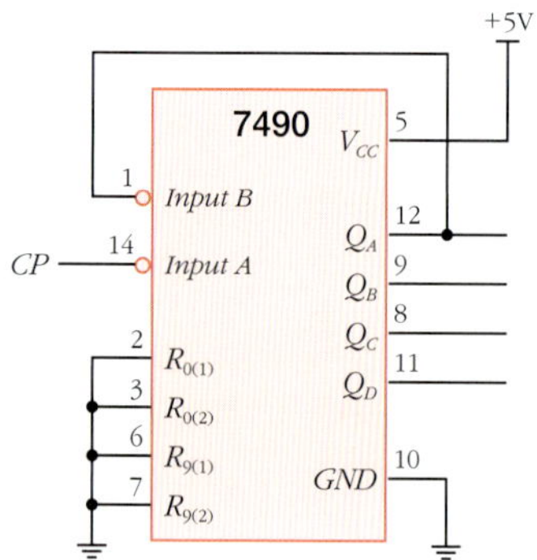

CP	Q_D	Q_C	Q_B	Q_A
1				
2				
3				
4				
5				
6				
7				
8				
9				
10				
11				
12				

7490

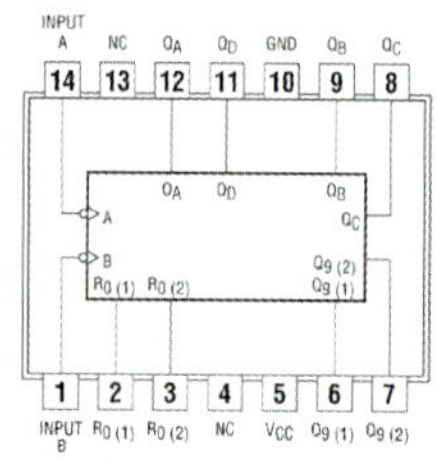

시뮬레이션

회로

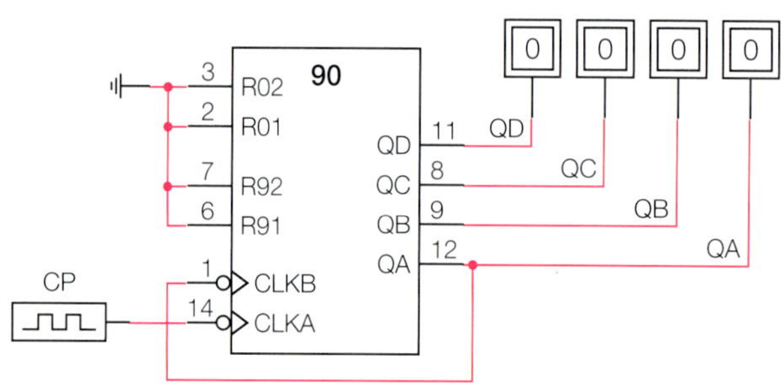

결과

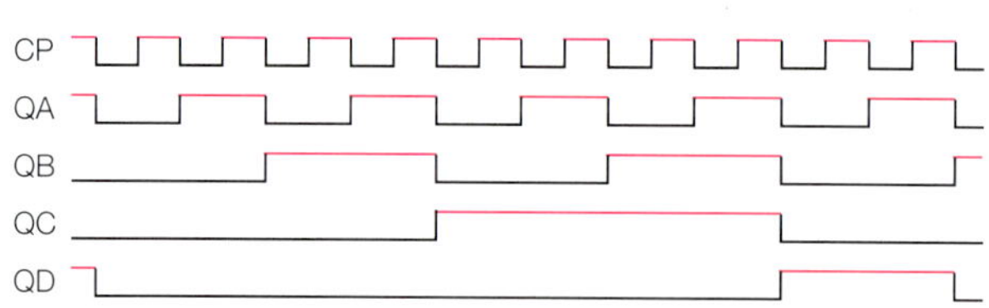

Simulation IO.clf
라이브러리에서 선택

Clock

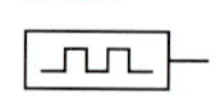

Binary Probe

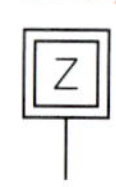

11 동기식 카운터

1 7408 IC, 7476 IC 핀 배치도를 참조해 동기식 카운터 회로를 구성한다. 7476은 2개, 7408은 1개를 사용한다. 7476의 13번 핀은 접지하고 5번 핀은 +5V 전압을 인가한다. 또한 7408의 7번 핀은 접지하며 14번 핀은 +5V 전압을 인가한다. $\overline{CLR}$을 Low로 하여 모든 플립플롭의 출력을 0으로 초기화한 후, High로 한다. 클록 펄스(CP)를 순차적으로 인가하면서 출력 D, C, B, A의 상태를 표에 기록하시오.

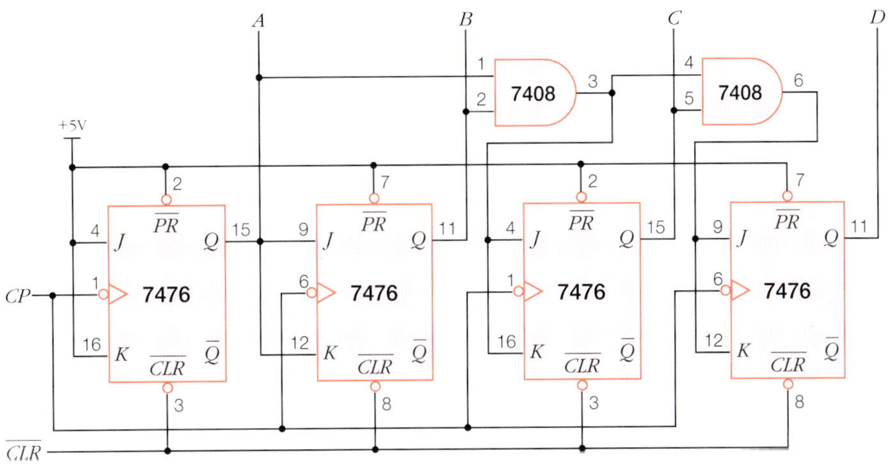

CP	D	C	B	A
1				
2				
3				
4				
5				
6				
7				
8				
9				

CP	D	C	B	A
10				
11				
12				
13				
14				
15				
16				
17				
18				

7408

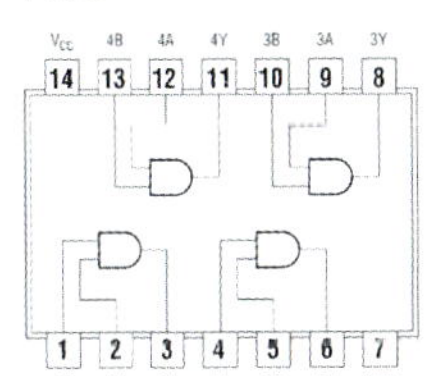

7476

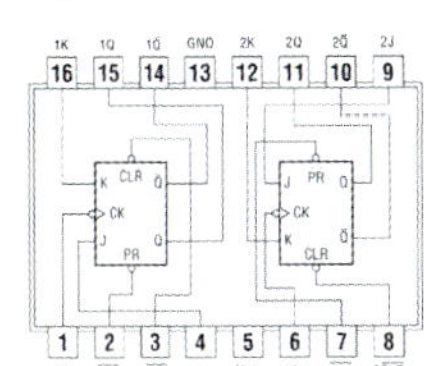

시뮬레이션

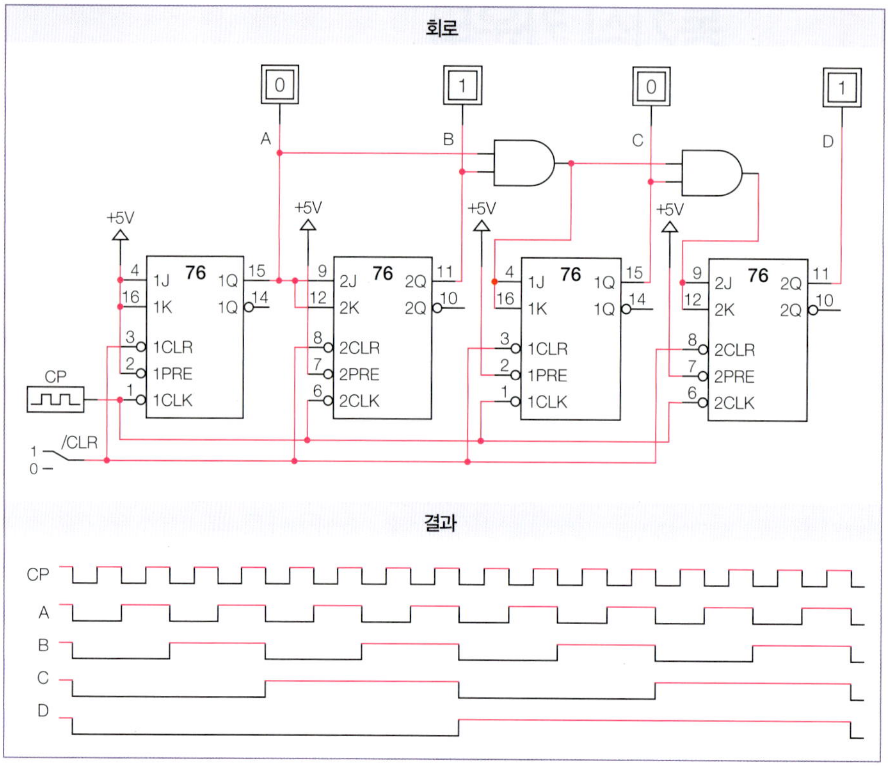

Simulation IO.clf
라이브러리에서 선택

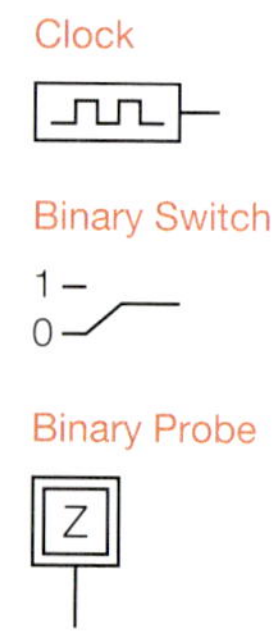

[2] 7408 IC, 7476 IC 핀 배치도를 참조해 동기식 카운터 회로를 구성한다. 7476은 2개, 7408은 1개를 사용한다. 7476의 13번 핀은 접지하고 5번 핀은 +5V 전압을 인가한다. 또한 7408의 7번 핀은 접지하며 14번 핀은 +5V 전압을 인가한다. $\overline{PR}$을 Low로 하여 모든 플립플롭의 출력을 1로 초기화한 후, High로 한다. 클록 펄스(CP)를 순차적으로 인가하면서 출력 D, C, B, A의 상태를 표에 기록하시오.

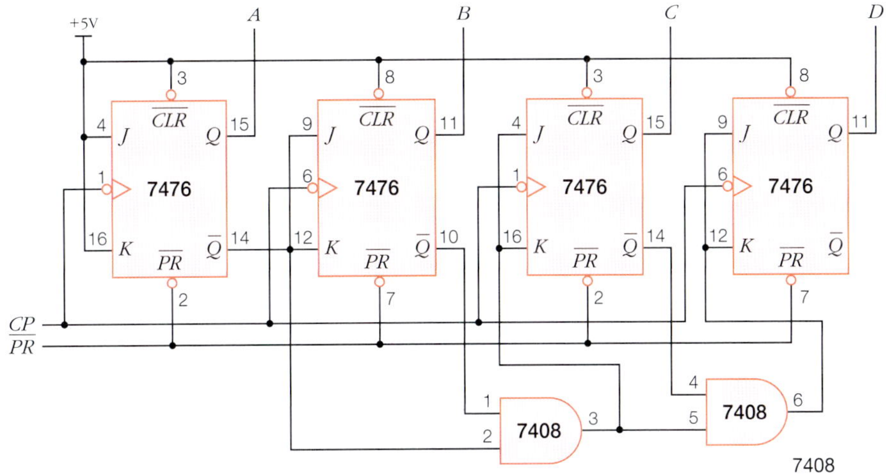

CP	D	C	B	A
1				
2				
3				
4				
5				
6				
7				
8				
9				

CP	D	C	B	A
10				
11				
12				
13				
14				
15				
16				
17				
18				

7408

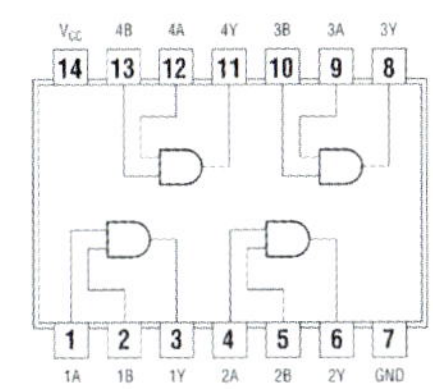

7476

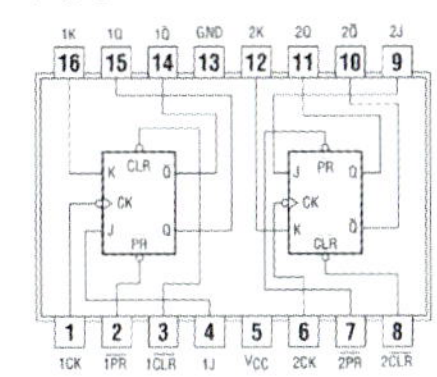

시뮬레이션

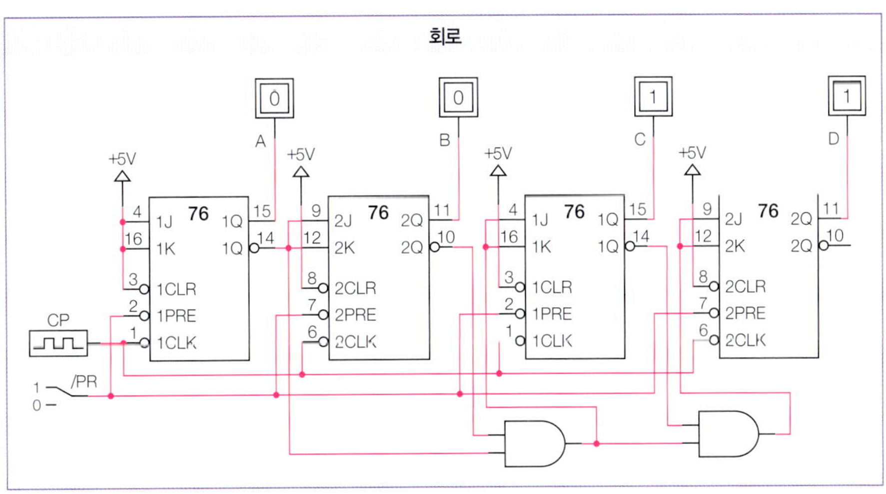

Simulation IO.clf
라이브러리에서 선택

Clock

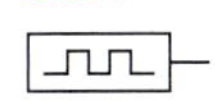

Binary Switch

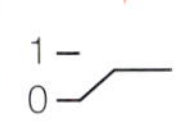

Binary Probe

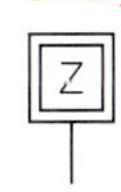

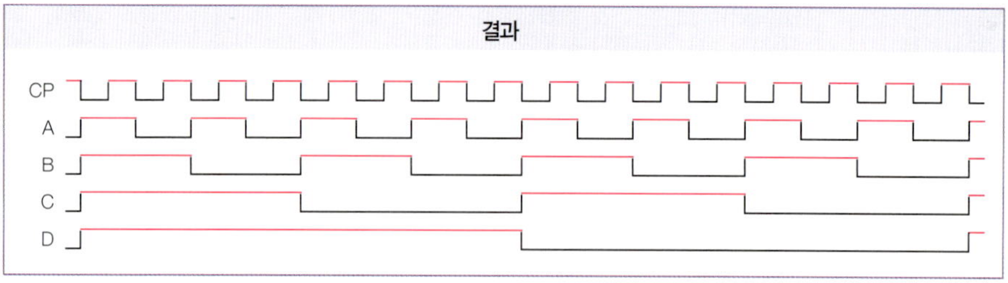

3 7408 IC, 7476 IC 핀 배치도를 참조해 동기식 카운터 회로를 구성한다. 여기서 7476은 2개, 7408은 1개를 사용한다. 7476의 13번 핀은 접지하고 5번 핀은 +5V 전압을 인가한다. 또한 7408의 7번 핀은 접지하며 14번 핀은 +5V 전압을 인가한다. $\overline{CLR}$을 Low로 하여 모든 플립플롭의 출력을 0으로 초기화한 후, High로 한다. 클록 펄스(CP)를 순차적으로 인가하면서 출력 C, B, A의 상태를 표에 기록하시오.

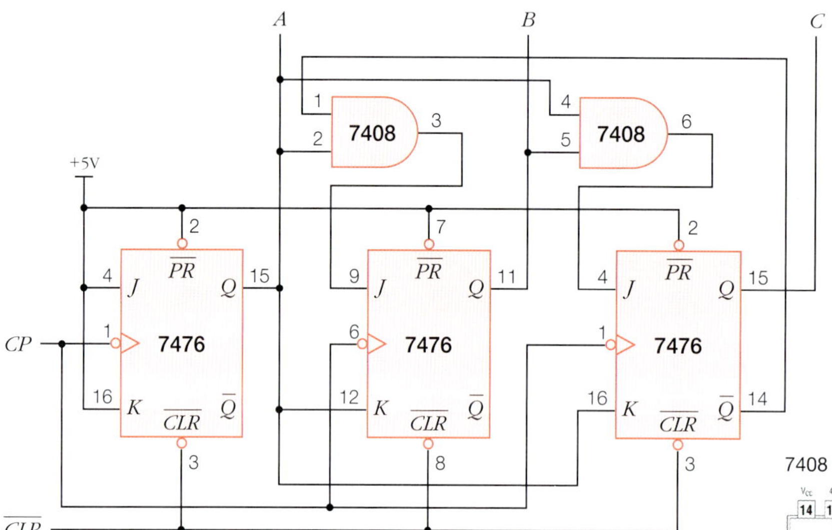

CP	C	B	A	10진수
1				
2				
3				
4				
5				
6				
7				

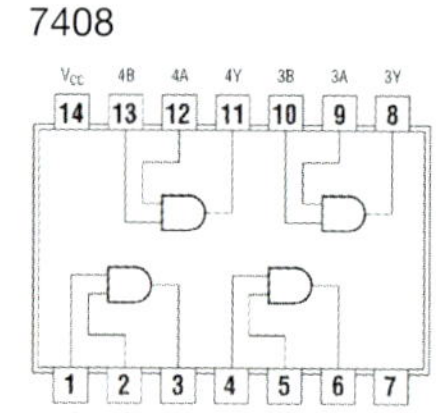

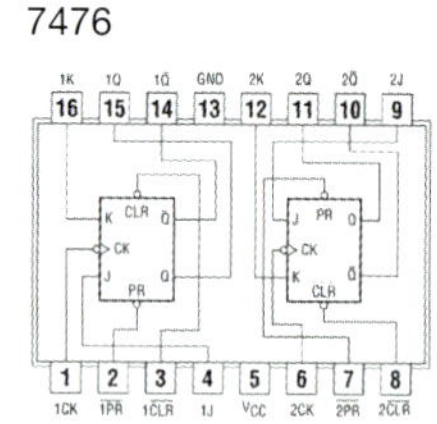

검토 이 카운터는 몇 진 카운터인지 검토하시오.

시뮬레이션

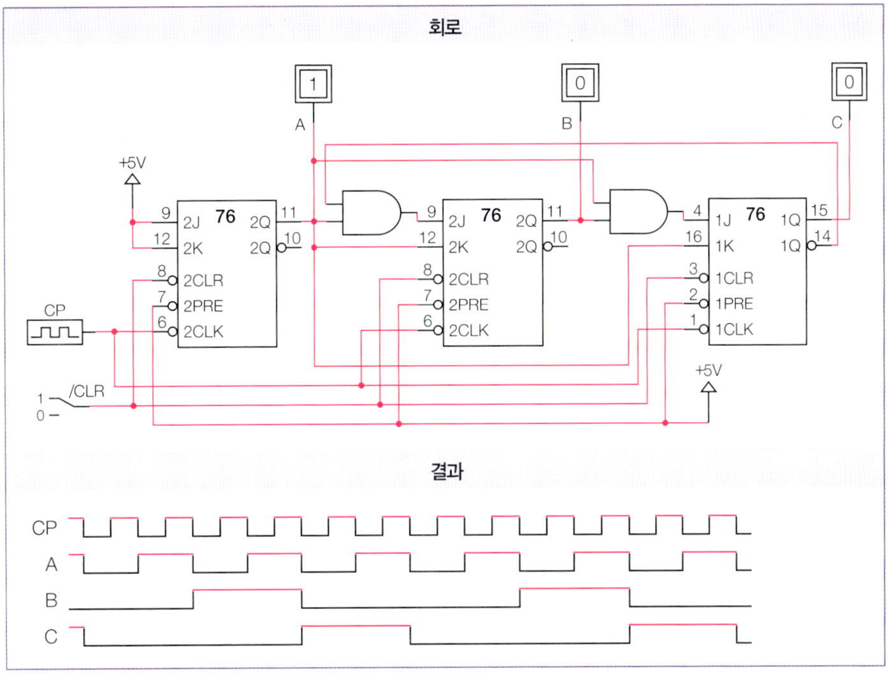

Simulation IO.clf 라이브러리에서 선택

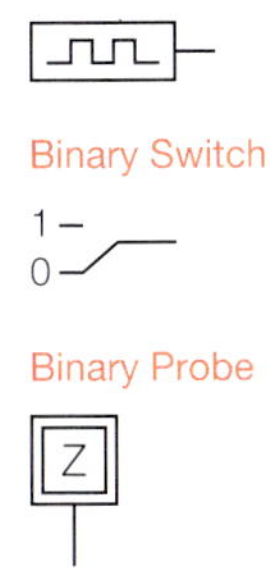

4 74161 IC 핀 배치도를 참조해 병렬 데이터 로드 기능이 있는 4비트 2진 상향 카운터 회로를 구성한다. 여기서 74161의 8번 핀은 접지하고 16번 핀은 +5V 전압을 인가한다. 클록 펄스(CP)를 순차적으로 인가하면서 출력 Q_D, Q_C, Q_B, Q_A, RCO의 상태를 표에 기록하시오.

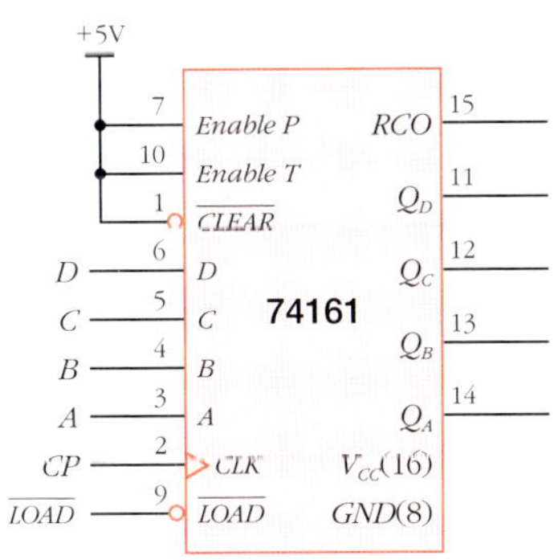

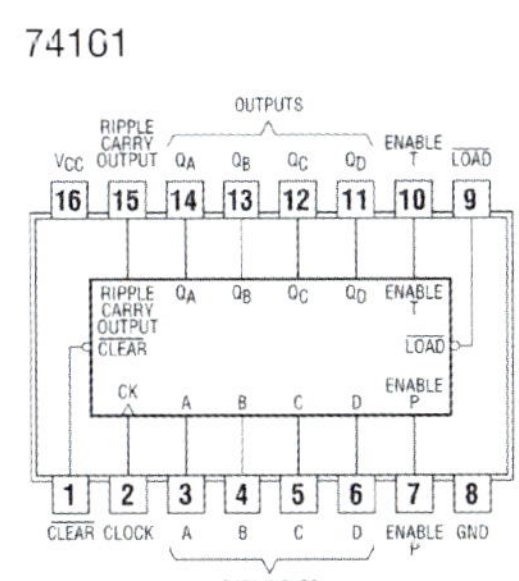

CP	$\overline{LOAD}$	D	C	B	A	Q_D	Q_C	Q_B	Q_A	RCO	10진수
1	0	1	0	1	0						
2	1	1	0	1	0						
3	1	1	0	1	0						
4	1	1	0	1	0						
5	1	1	0	1	0						
6	1	1	0	1	0						
7	1	1	0	1	0						
8	1	1	0	1	0						
9	0	1	1	0	1						
10	1	1	1	0	1						
11	1	1	1	0	1						
12	1	1	1	0	1						

시뮬레이션

회로 및 결과

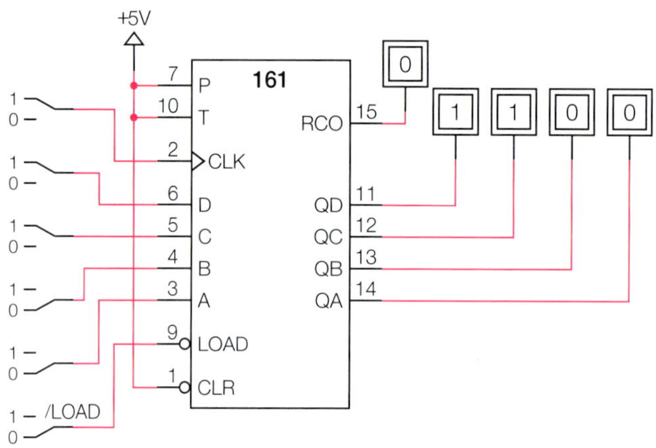

Simulation IO.clf
라이브러리에서 선택

Binary Switch

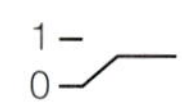

Binary Probe

5 7408 IC, 7410 IC, 74161 IC 핀 배치도를 참조해 13진 카운터 회로를 구성한다. 여기서 7408, 7410의 7번 핀은 접지하고 14번 핀은 +5V 전압을 인가한다. 또한 74161의 8번 핀은 접지하며 16번 핀은 +5V 전압을 인가한다. $\overline{CLR}$을 Low로 하여 카운터의 출력을 0으로 초기화한 후, 다시 High로 한다. 클록 펄스(CP)를 순차적으로 인가하면서 출력 Q_D, Q_C, Q_B, Q_A의 상태를 표에 기록하시오.

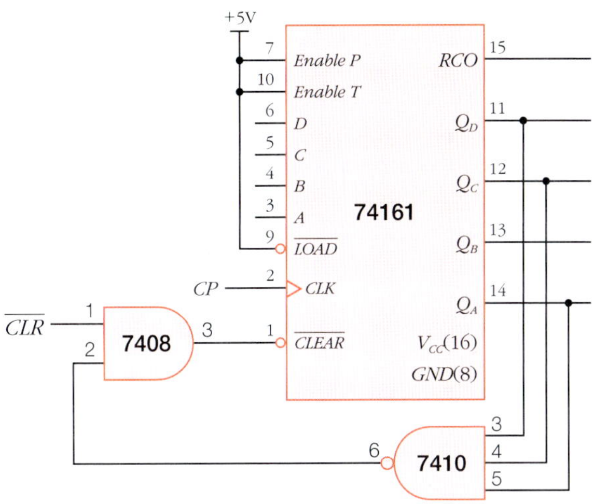

7408

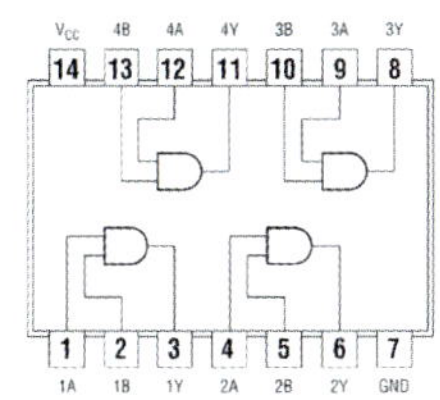

7410

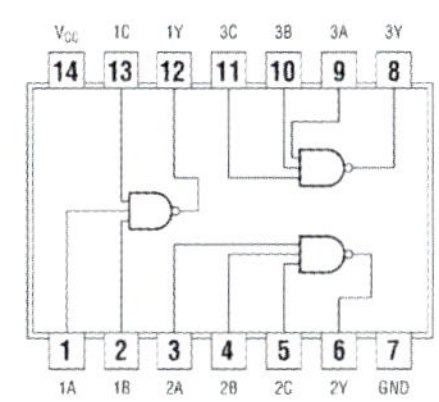

74161

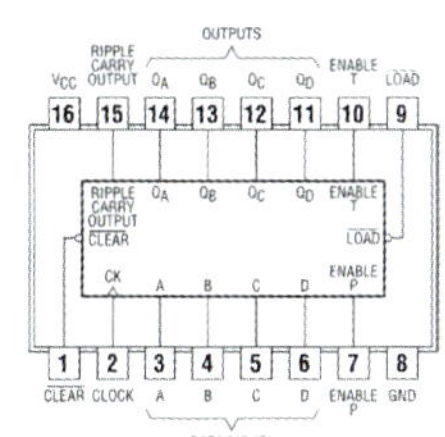

CP	Q_D	Q_C	Q_B	Q_A	10진수
1					
2					
3					
4					
5					
6					
7					

CP	Q_D	Q_C	Q_B	Q_A	10진수
8					
9					
10					
11					
12					
13					
14					

검토 74161 IC를 이용해 0부터 9까지 계수하는 동기식 10진 카운터를 설계하기 위해 실험 회로를 수정하시오.

시뮬레이션

회로

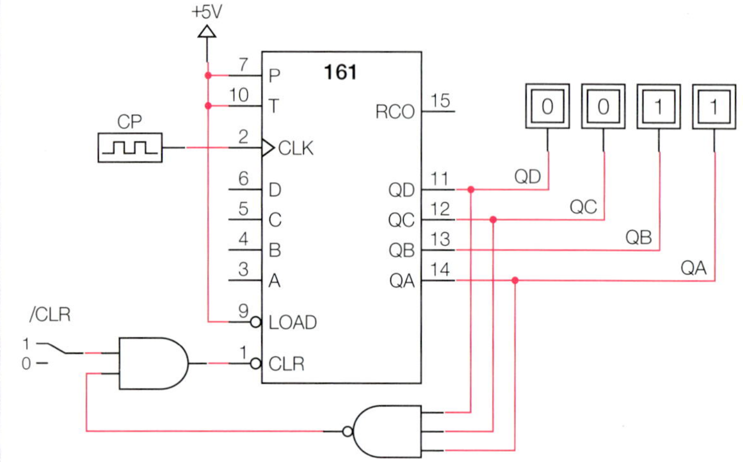

결과

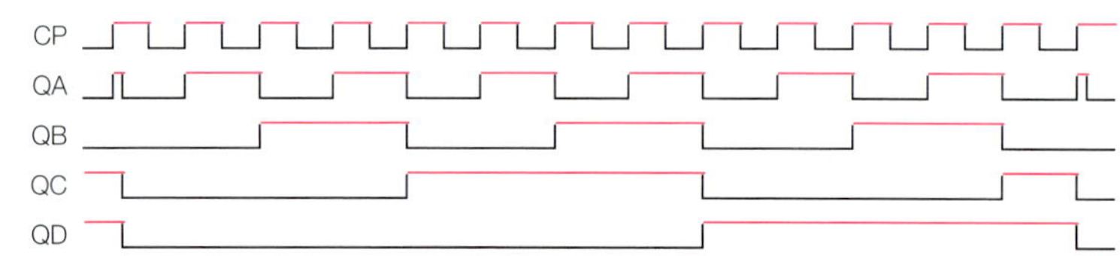

Simulation IO.clf 라이브러리에서 선택

Clock

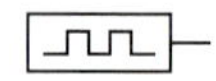

Binary Switch

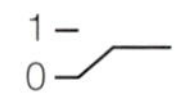

Binary Probe

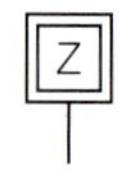

6 7404 IC, 74161 IC 핀 배치도를 참조해 mod-N 카운터 회로를 구성한다. 여기서 7404의 7번 핀은 접지하고 14번 핀은 +5V 전압을 인가한다. 또한 74161의 8번 핀은 접지하며 16번 핀은 +5V 전압을 인가한다. 클록 펄스(CP)를 순차적으로 인가하면서 출력 Q_D, Q_C, Q_B, Q_A의 상태를 표에 기록하시오.

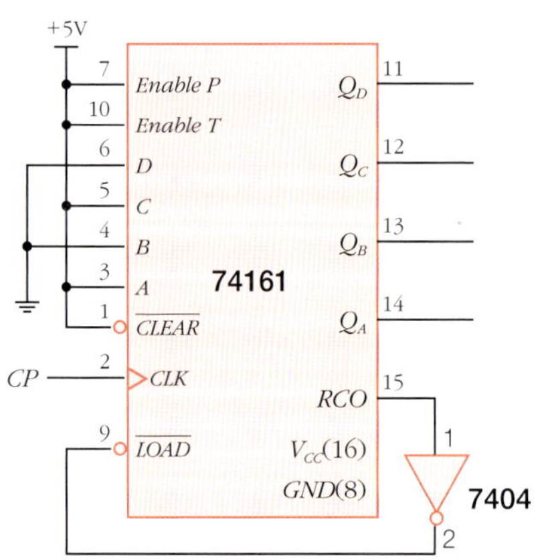

7404

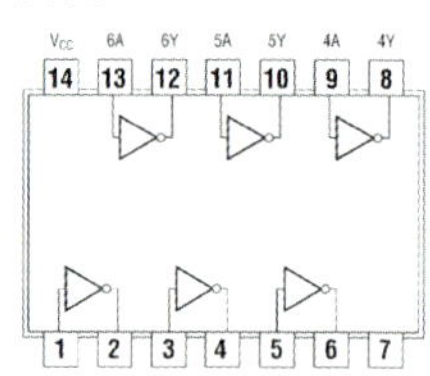

74161

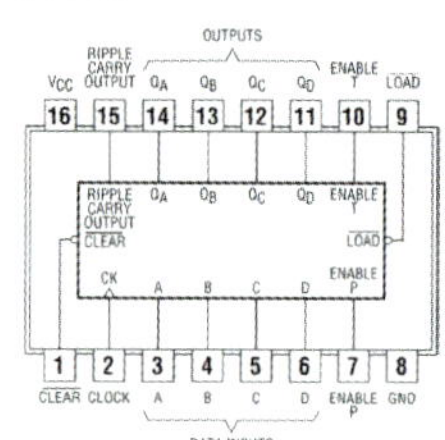

CP	Q_D	Q_C	Q_B	Q_A	10진수
1					
2					
3					
4					
5					
6					
7					

CP	Q_D	Q_C	Q_B	Q_A	10진수
8					
9					
10					
11					
12					
13					
14					

검토 1 RCO의 역할에 대해 검토하시오.

검토 2 4부터 15까지 계수하는 12진 동기식 카운터를 설계하기 위해 실험 회로를 수정하시오.

시뮬레이션

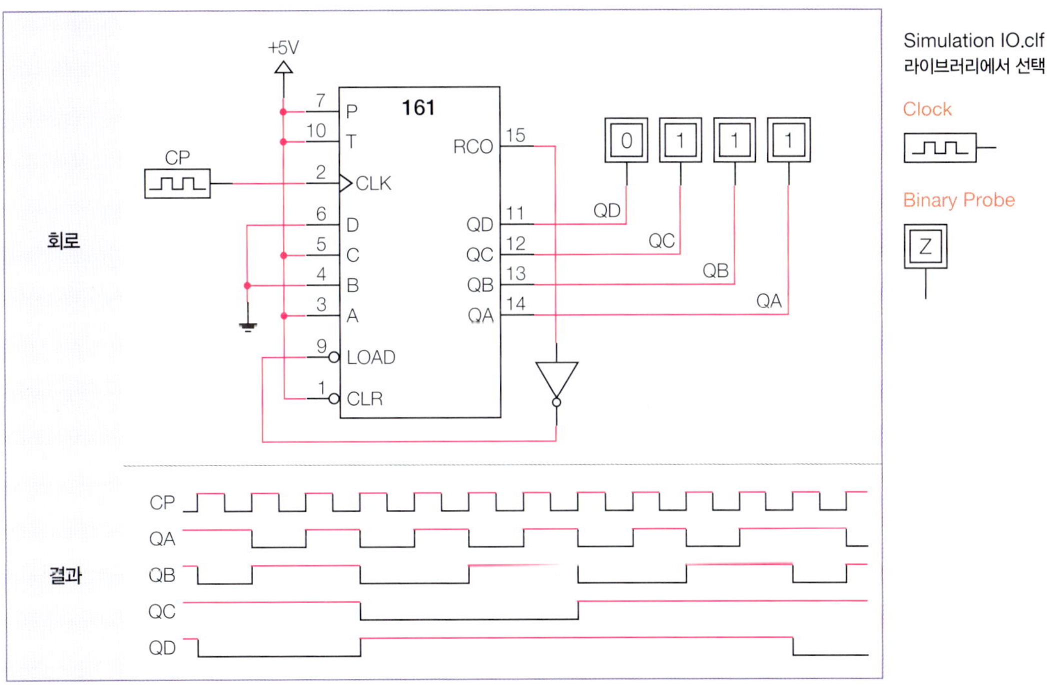

7 7400 IC, 7408 IC, 74161 IC 핀 배치도를 참조해 카운터 회로를 구성한다. 여기서 7400, 7408의 7번 핀은 접지하고 14번 핀은 +5V 전압을 인가한다. 또한 74161의 8번 핀은 접지하며 16번 핀은 +5V 전압을 인가한다. *INIT*를 Low로 하여 카운터의 출력을 0001(= $Q_D\ Q_C\ Q_B\ Q_A$)로 초기화한다. *INIT*를 High로 하고 클록 펄스(*CP*)를 순차적으로 인가하면서 출력 Q_D, Q_C, Q_B, Q_A의 상태를 표에 기록하시오.

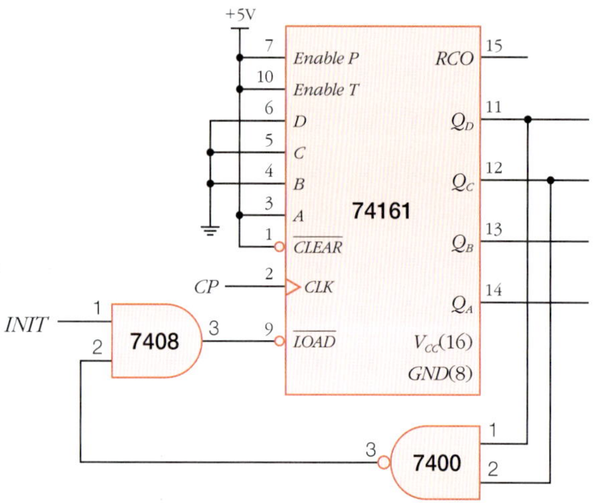

7400

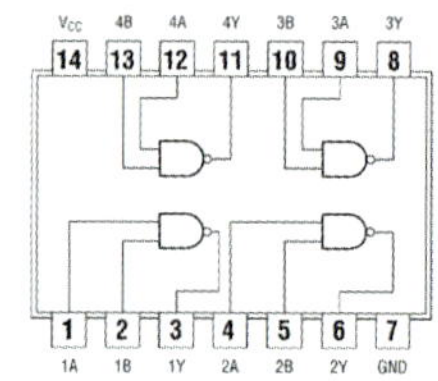

7408

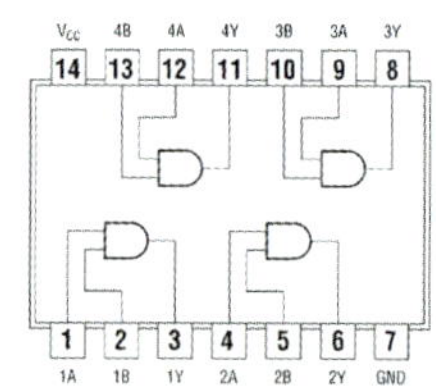

CP	Q_D	Q_C	Q_B	Q_A
1				
2				
3				
4				
5				
6				
7				

CP	Q_D	Q_C	Q_B	Q_A
8				
9				
10				
11				
12				
13				
14				

74161

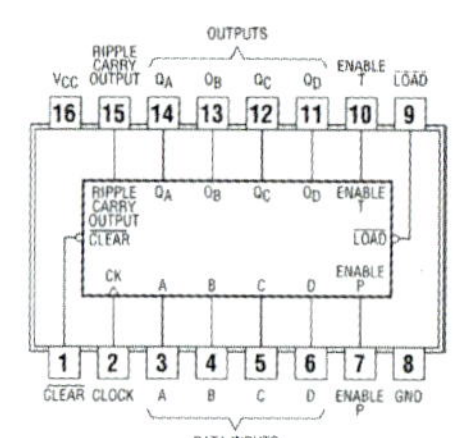

검토 3부터 12까지 계수하는 동기식 10진 카운터를 설계하기 위해 실험 회로를 수정하시오.

시뮬레이션

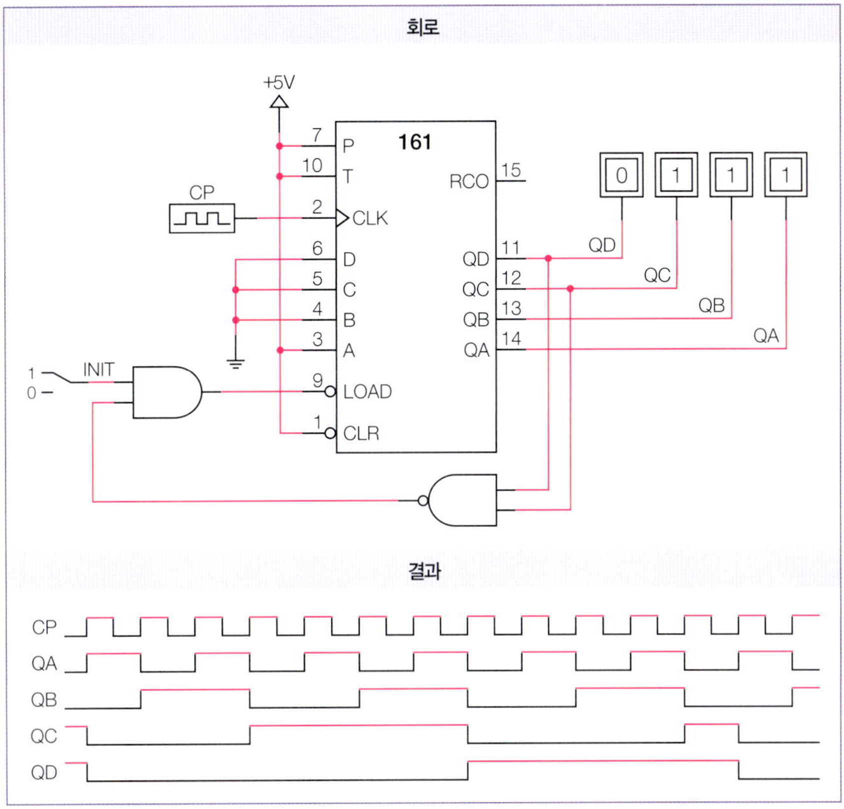

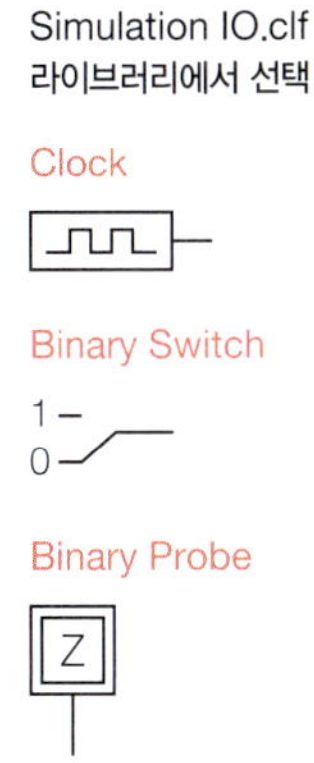

8 7474 IC 핀 배치도를 참조해 링 카운터 회로를 구성한다. 7474는 2개를 사용한다. 7474의 7번 핀은 접지하고 14번 핀은 +5V 전압을 인가한다. 클록 펄스(CP)를 순차적으로 인가하면서 출력 A, B, C, D의 상태를 표에 기록하시오. 실험 순서는 다음과 같다.

❶ $INIT$를 Low로 하여 링 카운터의 상태가 1000(=$ABCD$)임을 확인한다.

❷ $INIT$를 High로 하여 링 카운터를 동작시킨다.

❸ 단일 펄스를 인가하면서 출력 상태를 기록하시오.

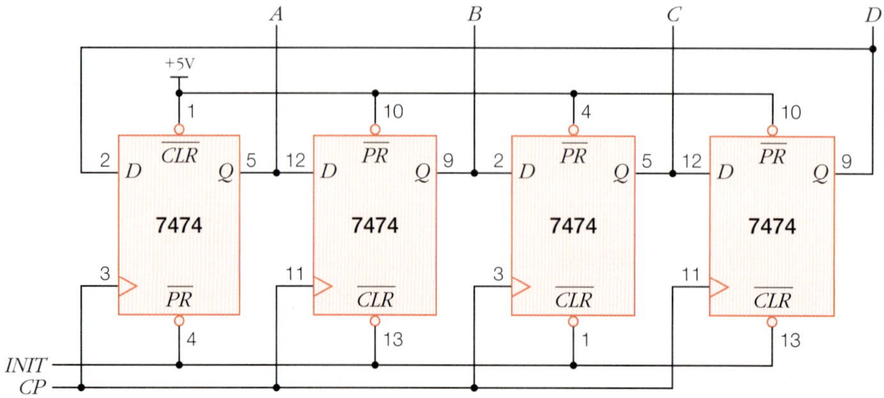

CP	A	B	C	D
1				
2				
3				
4				
5				

CP	A	B	C	D
6				
7				
8				
9				
10				

7474

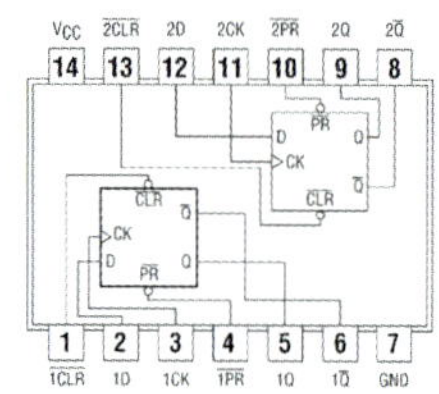

검토 *JK* 플립플롭을 이용해 링 카운터를 설계하시오.

시뮬레이션

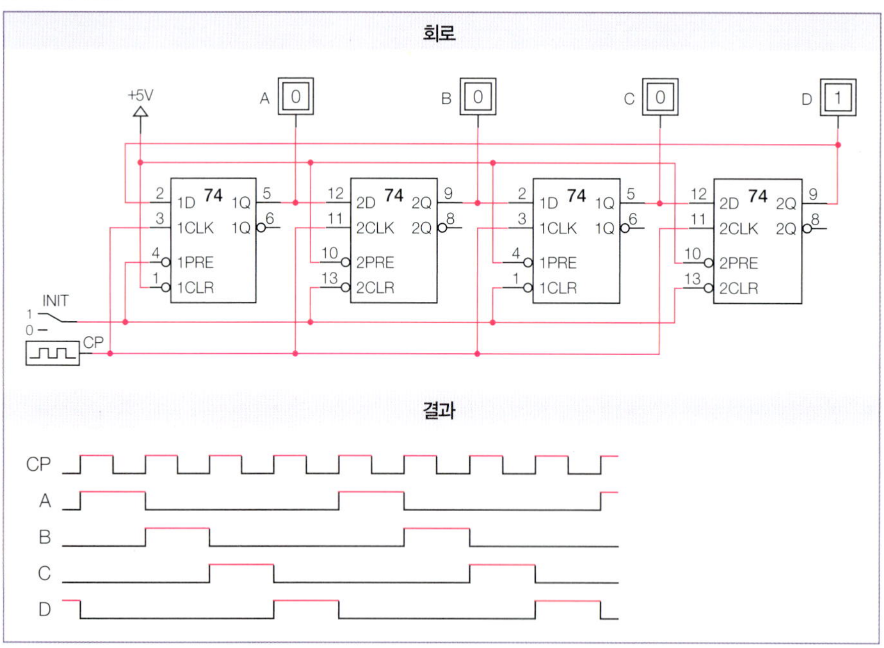

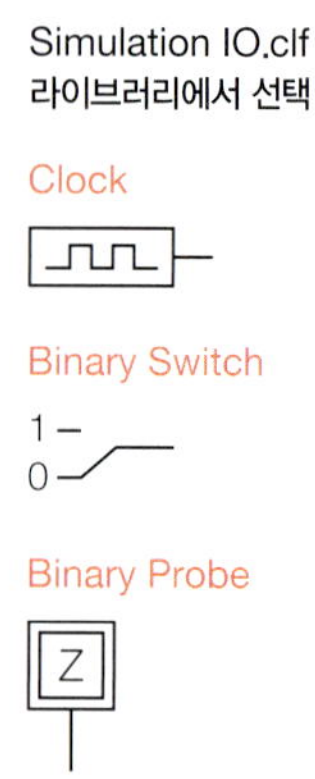

9 7474 IC 핀 배치도를 참조해 존슨 카운터 회로를 구성한다. 7474는 2개를 사용한다. 7474의 7번 핀은 접지하고 14번 핀은 +5V 전압을 인가한다. 클록 펄스(CP)를 순차적으로 인가하면서 출력 A, B, C, D의 상태를 표에 기록하시오. 실험 순서는 다음과 같다.

❶ $\overline{PR}$을 Low로 하여 모든 플립플롭의 상태가 1111(=$ABCD$)이 되도록 한다.
❷ $\overline{PR}$을 High로 하여 존슨 카운터를 동작시킨다.
❸ 단일 펄스를 인가하면서 출력 상태를 기록하시오.

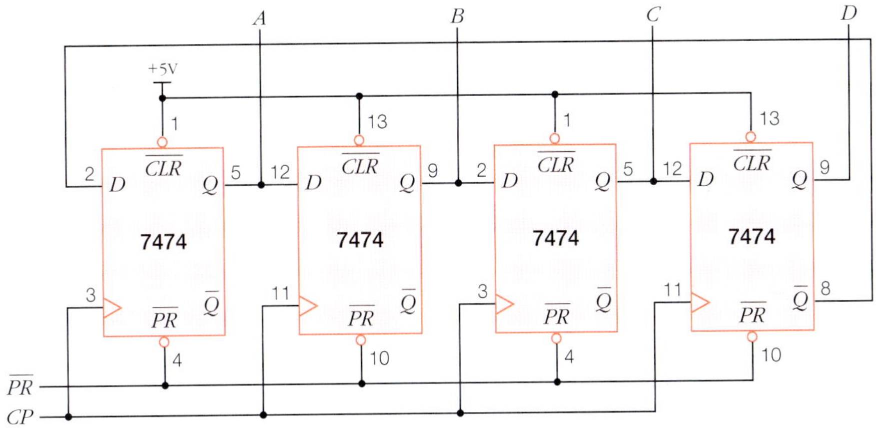

CP	A	B	C	D
1				
2				
3				
4				
5				
6				
7				
8				
9				
10				

7474

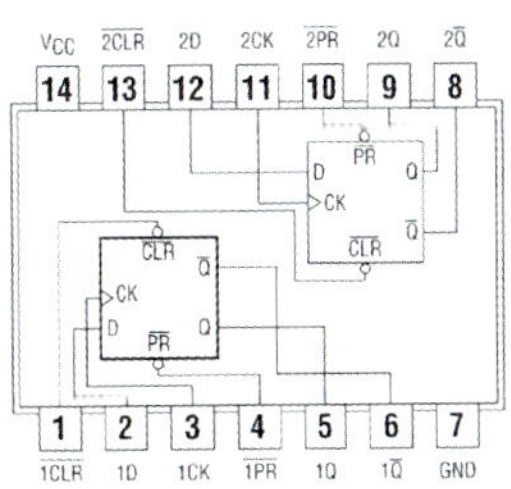

검토 JK 플립플롭을 이용해 존슨 카운터를 설계하시오.

시뮬레이션

회로

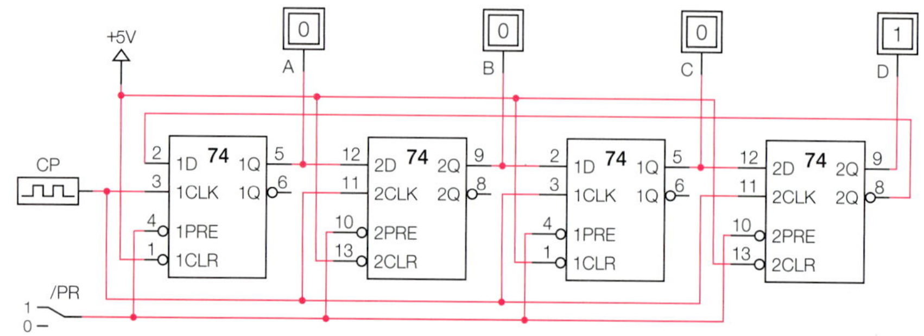

결과

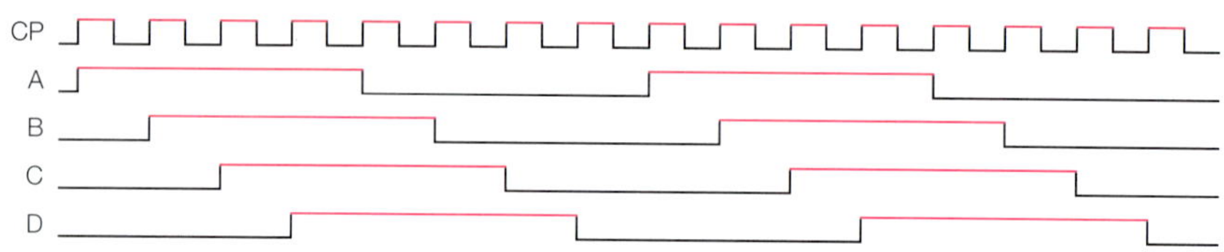

Simulation IO.clf 라이브러리에서 선택

Clock

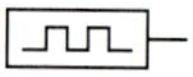

Binary Switch

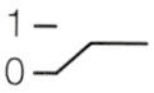

Binary Probe

12 레지스터

1 7474 IC 핀 배치도를 참조해 직렬 입력–직렬 출력 시프트 레지스터 회로를 구성한다. 여기서 7474는 2개를 사용한다. 7474의 7번 핀은 접지하고 14번 핀은 +5V 전압을 인가한다. $\overline{CLR}$을 Low에서 High로 하여 모든 플립플롭의 출력을 0으로 초기화한다. 데이터(I)를 입력하고 클록 펄스(CP)를 순차적으로 인가하면서 출력 A, B, C, D의 상태를 표에 기록하시오.

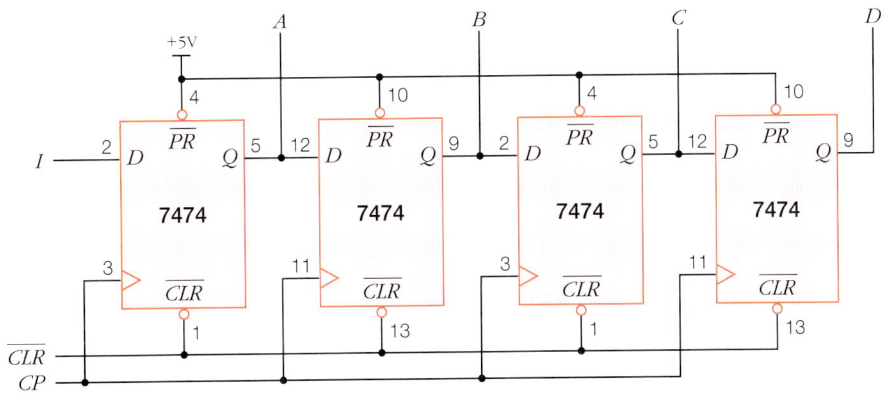

CP	I	A	B	C	D
1	1				
2	1				
3	1				
4	1				
5	0				
6	0				
7	0				
8	0				
9	1				

7474

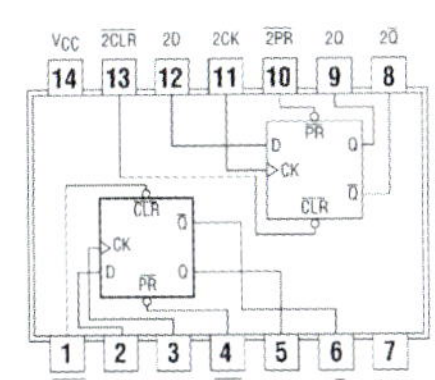

검토 JK 플립플롭인 7476 IC와 NOT 게이트인 7404 IC를 사용해 실험 회로와 같은 시프트 레지스터를 설계하시오.

시뮬레이션

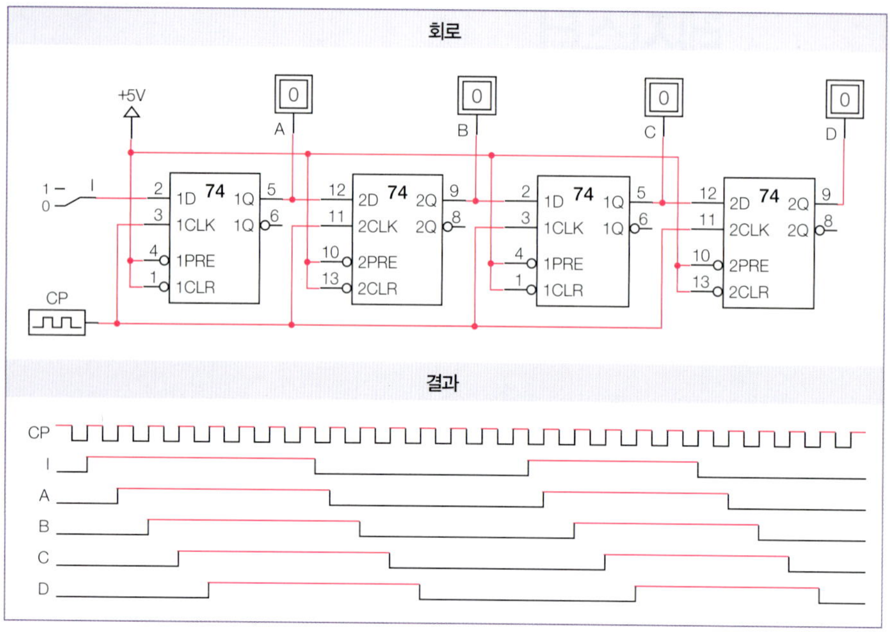

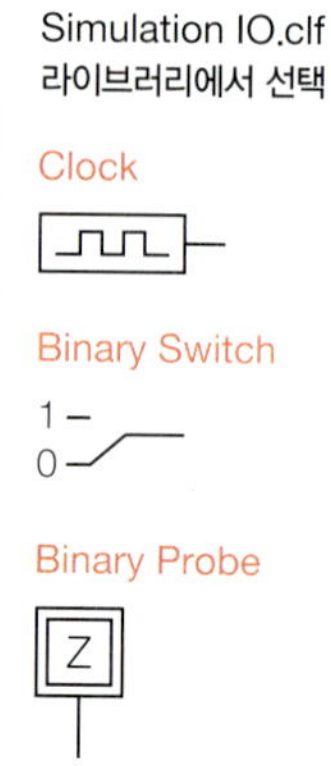

[2] 74164 IC 핀 배치도를 참조해 직렬 입력–병렬 출력 시프트 레지스터 회로를 구성한다. 74164의 7번 핀은 접지하고 14번 핀은 +5V 전압을 인가한다. 직렬 데이터를 A(1번 핀)로 받아들이기 위해 입력 단자 B(2번 핀)를 High로 한다. 클록 펄스(CP)를 순차적으로 인가하면서 출력 Q_H~Q_A의 상태를 표에 기록하시오. 실험 순서는 아래와 같다.

❶ A를 Low로 하고 $\overline{CLR}$을 Low로 한 후, 다시 High로 한다(모든 출력을 0으로 초기화).

❷ A를 High로 하면, 입력에 High가 인가된다.

❸ 단일 펄스를 1개 인가하면 첫 번째 출력이 나온다. 그 후 7개의 단일 펄스를 인가하면서 8개의 출력 상태를 기록하시오(클록 펄스의 수 1~8).

❹ A를 Low로 하면 입력에 Low가 가해진다.

❺ 단일 펄스를 8번 인가하면서 8개의 출력 상태를 기록하시오(클록 펄스의 수 9~16).

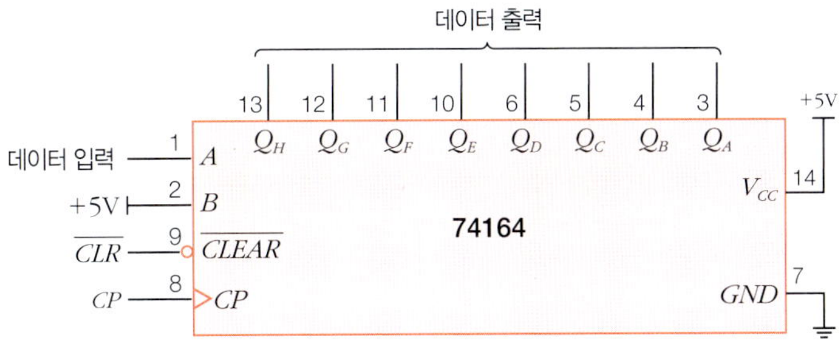

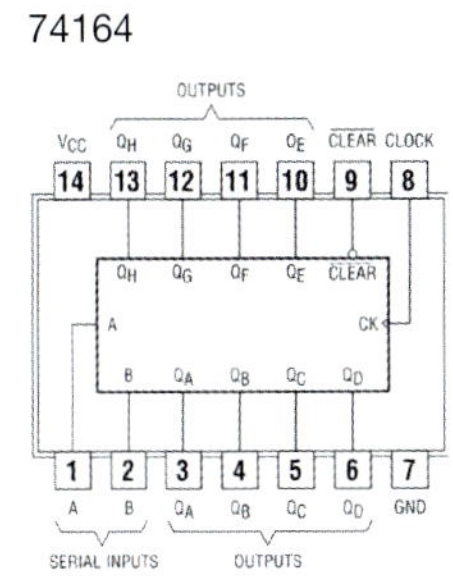

CP	Q_H	Q_G	Q_F	Q_E	Q_D	Q_C	Q_B	Q_A
1								
2								
3								
4								
5								
6								
7								
8								
9								
10								
11								
12								
13								
14								
15								
16								

검토 74164 IC 2개를 사용해 16비트 직렬 입력-병렬 출력 시프트 레지스터를 설계하시오.

시뮬레이션

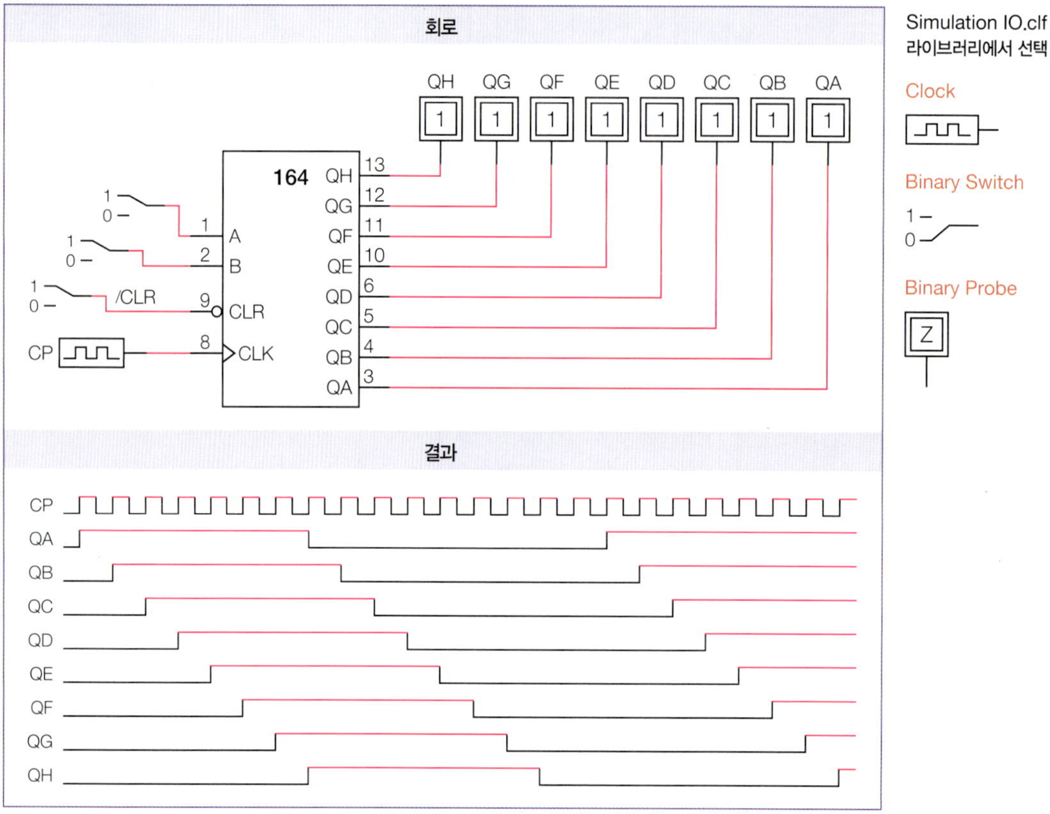

3 74194 IC 핀 배치도를 참조해 4비트 양방향 시프트 레지스터를 구성한다. 74194의 8번 핀은 접지하고 16번 핀은 +5V 전압을 인가한다. $\overline{CLR}$을 Low로 하여 레지스터의 출력을 0으로 초기화한 후, High로 한다. 제어 모드(S_1S_0), 시프트 방향(R, L), 병렬 입력(A, B, C, D)을 변경하고 클록 펄스(CP)를 순차적으로 인가하면서 출력 Q_A~Q_D의 상태를 표에 기록하시오.

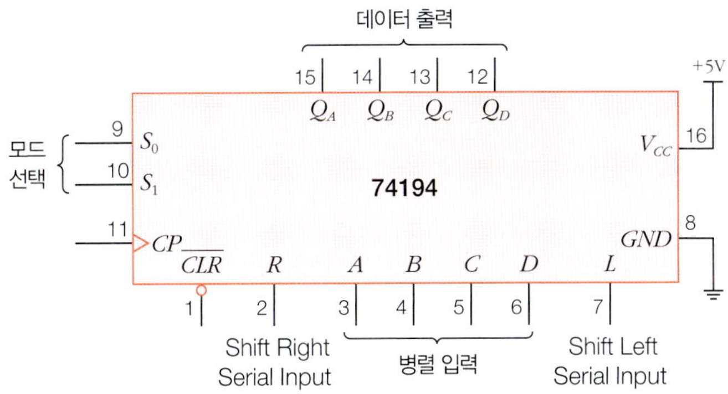

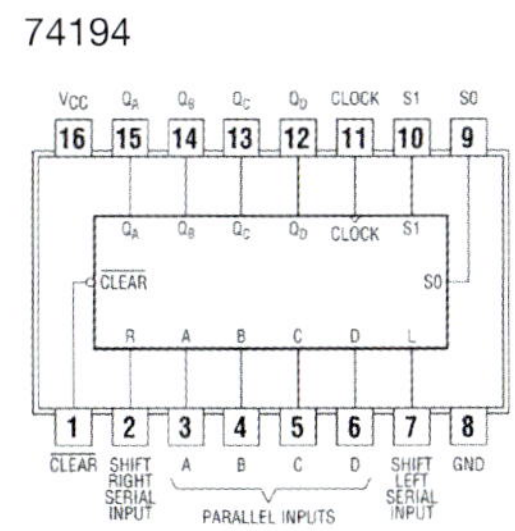

CP	S_1	S_0	R	L	A	B	C	D	Q_A	Q_B	Q_C	Q_D
1	0	0	×	×	1	0	0	1				
2	1	0	×	0	1	0	0	1				
3	1	0	×	0	1	0	0	1				
4	1	0	×	0	1	0	0	1				
5	1	0	×	0	1	0	0	1				
6	1	0	×	0	1	0	0	1				
7	1	0	×	1	1	0	0	1				
8	1	0	×	1	1	0	0	1				
9	1	0	×	1	1	0	0	1				
10	1	0	×	1	1	0	0	1				
11	1	0	×	1	1	0	0	1				
12	0	1	0	×	1	0	0	1				
13	0	1	0	×	1	0	0	1				
14	0	1	0	×	1	0	0	1				
15	0	1	0	×	1	0	0	1				
16	0	1	0	×	1	0	0	1				
17	0	1	1	×	1	0	0	1				
18	0	1	1	×	1	0	0	1				
19	0	1	1	×	1	0	0	1				
20	0	1	1	×	1	0	0	1				
21	0	1	1	×	1	0	0	1				
22	1	1	×	×	1	0	0	1				
23	1	1	×	×	1	0	1	0				
24	0	0	×	×	1	0	1	0				
25	1	0	×	0	1	0	1	0				
26	1	0	×	1	1	0	1	0				
27	0	1	0	×	1	0	1	0				
28	0	1	1	×	1	0	1	0				
29	1	1	×	×	1	0	1	0				

시뮬레이션

회로 및 결과	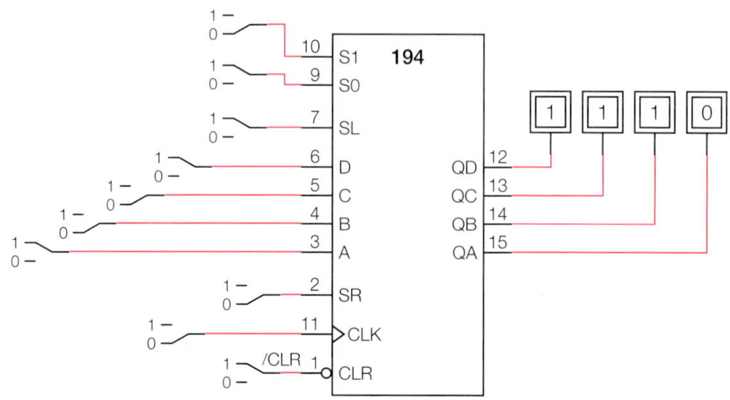

Simulation IO.clf 라이브러리에서 선택

Binary Switch

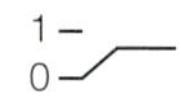

Binary Probe

4 7474 IC, 7486 IC 핀 배치도를 참조해 난수 발생 회로를 구성한다. 여기서 7474는 2개를, 7486은 1개를 사용한다. 7474와 7486의 7번 핀은 접지하고 14번 핀은 +5V 전압을 인가한다. $\overline{PR}$을 Low로 하여 모든 플립플롭의 출력을 1로 초기화한 후, High로 한다. 클록 펄스(CP)를 순차적으로 인가하면서 출력 A, B, C, D의 상태를 표에 기록하시오.

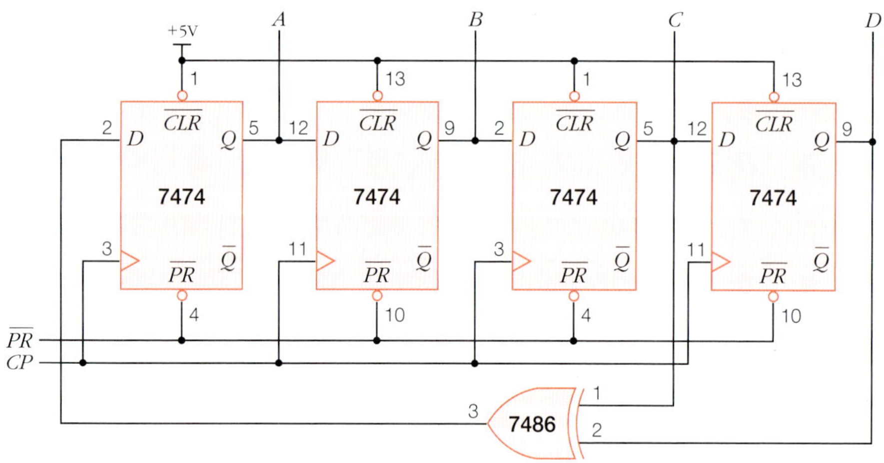

7474

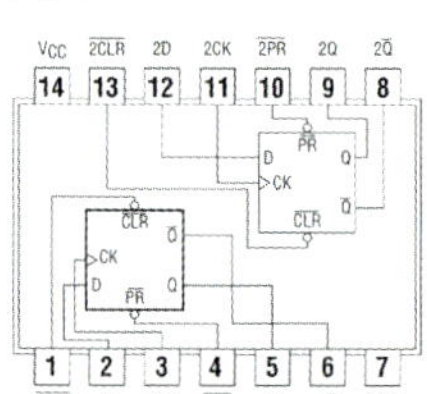

7486

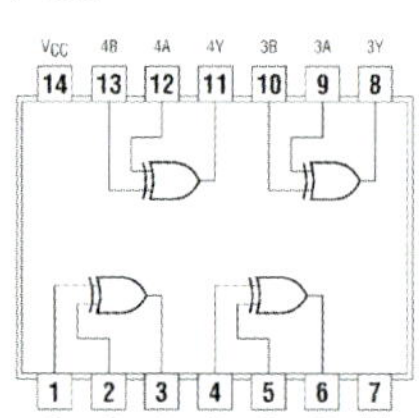

CP	*A*	*B*	*C*	*D*
1				
2				
3				
4				
5				
6				
7				
8				

CP	*A*	*B*	*C*	*D*
9				
10				
11				
12				
13				
14				
15				
16				

검토 실험 회로에서 XOR 게이트의 입력을 *A*와 *D*로 변경하였을 경우 난수의 발생은 어떻게 되는지 검토하시오.

시뮬레이션

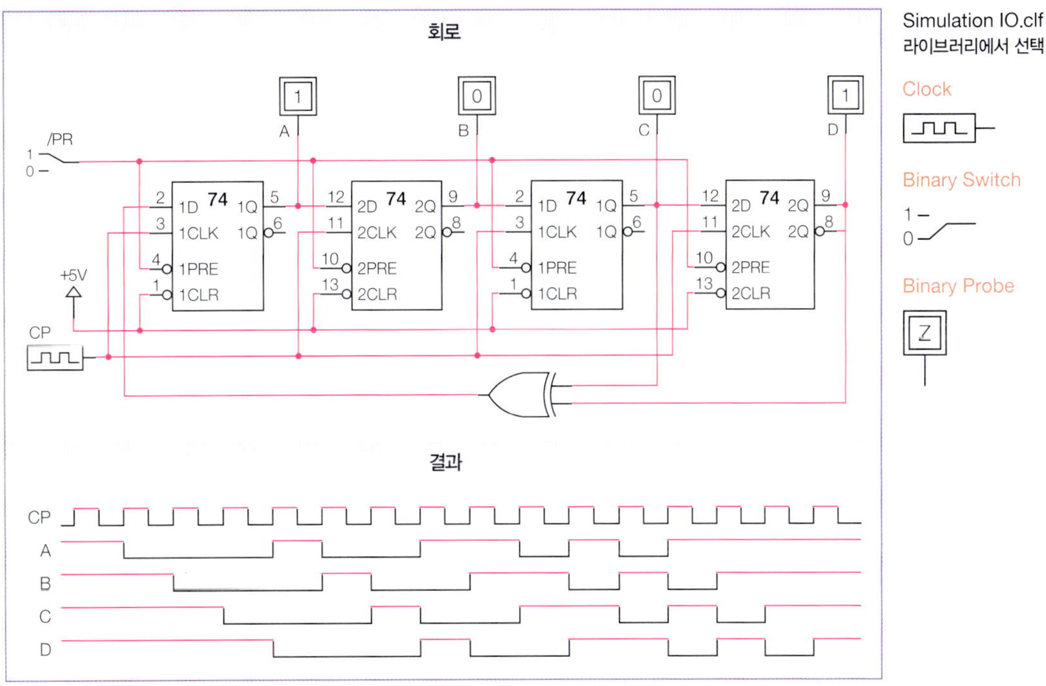

5 시프트 레지스터인 74195 IC 핀 배치도를 참조해 링 카운터 회로를 구성한다. 74195의 8번 핀은 접지하고 16번 핀은 +5V 전압을 인가한다. 클록 펄스(CP)를 순차적으로 인가하면서 출력 Q_A, Q_B, Q_C, Q_D의 상태를 표에 기록하시오. 실험 순서는 아래와 같다.

❶ $SH/\overline{LD}$를 Low로 하고 클록 펄스를 인가하면 링 카운터의 상태가 1000 ($=Q_AQ_BQ_CQ_D$)으로 초기화된다.

❷ $SH/\overline{LD}$를 High로 하여 링 카운터를 동작시킨다.

❸ 단일 펄스를 인가하면서 출력 상태를 기록하시오.

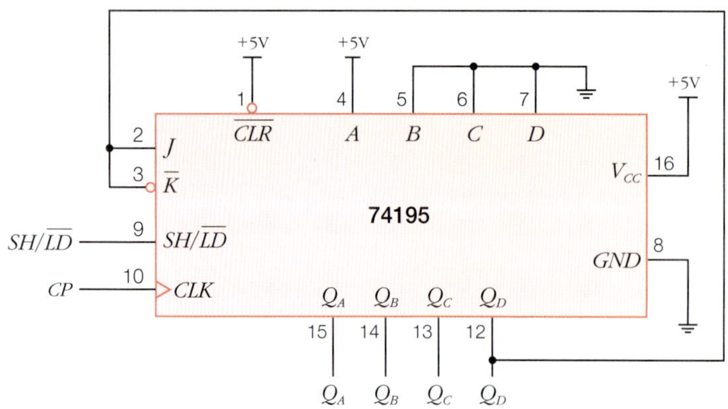

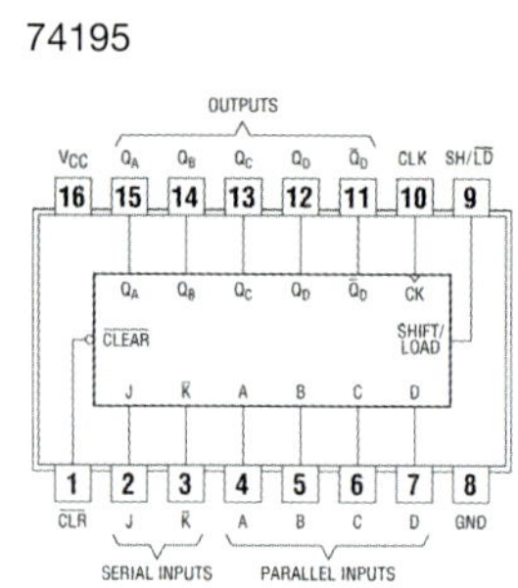

CP	Q_A	Q_B	Q_C	Q_D
1				
2				
3				
4				
5				

CP	Q_A	Q_B	Q_C	Q_D
6				
7				
8				
9				
10				

검토 1 링 카운터를 8비트로 확장하기 위해 두 번째 74195를 어떻게 연결해야 하는지 검토하시오.

검토 2 실험 회로를 응용하여 존슨 카운터를 구성하시오.

검토 3 74195의 9번 핀은 $SH/\overline{LD}$로 표시된다. 이 핀이 High와 Low일 때, 어떤 동작이 일어나는지 검토하시오.

시뮬레이션

회로

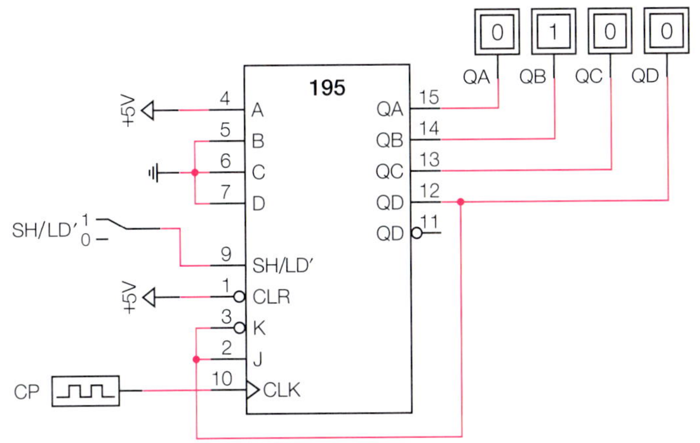

결과

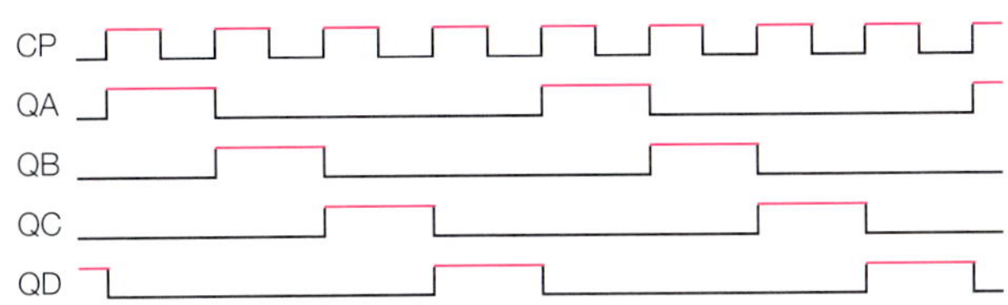

Simulation IO.clf 라이브러리에서 선택

Clock

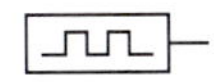

Binary Switch

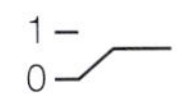

Binary Probe

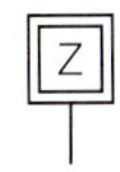

13 멀티바이브레이터

1 7404 IC 핀 배치도를 참조해 무안정 멀티바이브레이터 회로를 구성한다. 7404의 7번 핀은 접지하고 14번 핀에는 +5V 전원을 인가한다. A와 B점에서의 파형을 오실로스코프로 관찰해 그려 보시오. A점에서의 파형은 오실로스코프의 Ch-A, B점에서의 파형은 Ch-B로 관찰한다. 관찰한 파형의 주기 T와 듀티 사이클을 산출하시오.

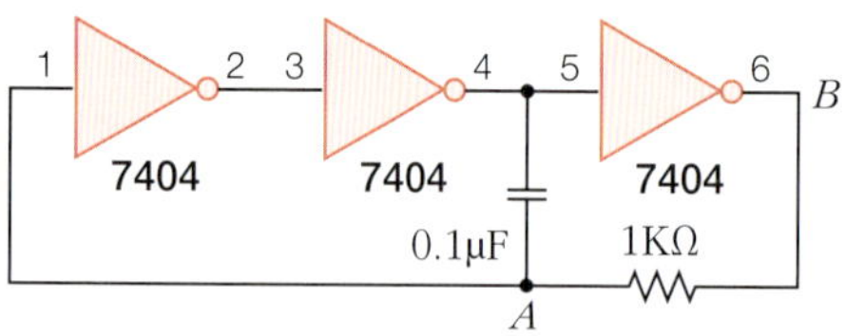

측정점	주기(T)	듀티 사이클(%)
A점에서의 파형		
B점에서의 파형		

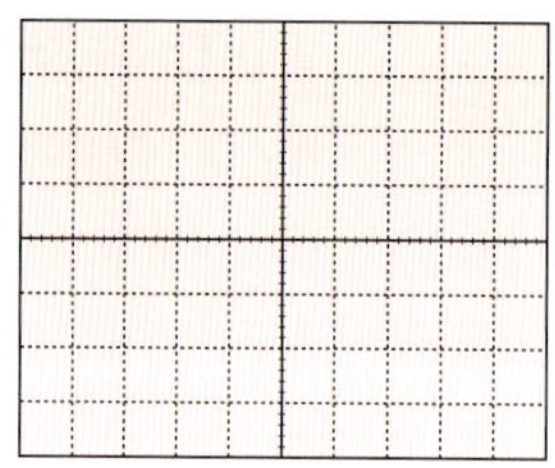

sweep time/div : (s/div)
volt/div : (V/div)

7404

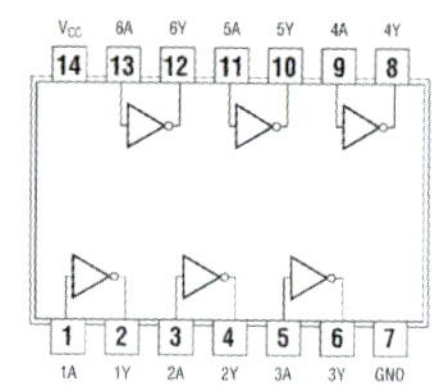

커패시터(0.1μF)

104 : 10×10^4pF = 0.1×10^{-6}F = 0.1μF

저항(1KΩ)

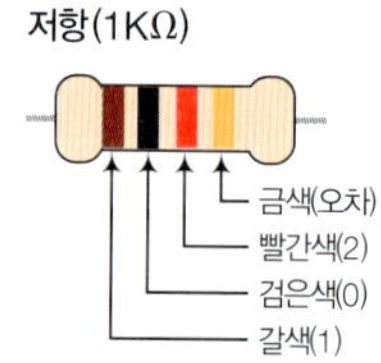

102→10×10^2 = 1KΩ

실험용 보드 배선도

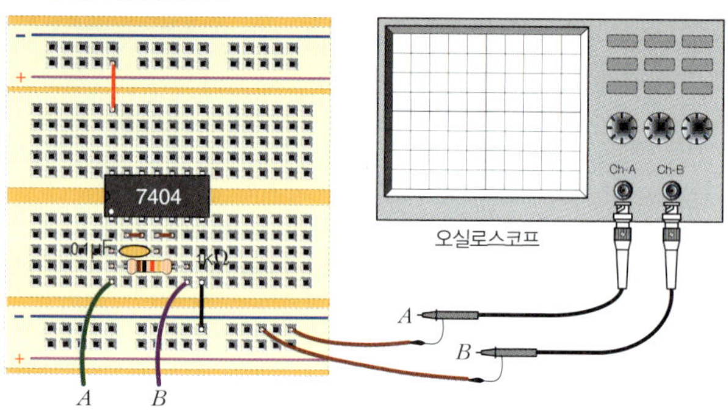

검토 실험을 통해 얻은 주파수는 이론식(pp. 408 참조)과 어느 정도의 오차가 있는지 검토하시오.

2 7414 IC 핀 배치도를 참조해 임계 전압 측정 회로를 구성한다. 7414의 7번 핀은 접지하고 14번 핀에는 +5V 전원을 인가한다. 회로에서 가변 저항 500Ω을 0V에서부터 서서히 변화시켜 출력 레벨 V_O가 High에서 Low로 바뀌었을 때의 입력 전압(V_{T+}, UTL Upper Trigger Level)을 측정하고 다시 입력 전압을 서서히 감소시켜 출력 전압이 Low에서 High로 바뀌었을 때의 입력 전압(V_{T-}, LTL Lower Trigger Level)을 측정하시오.

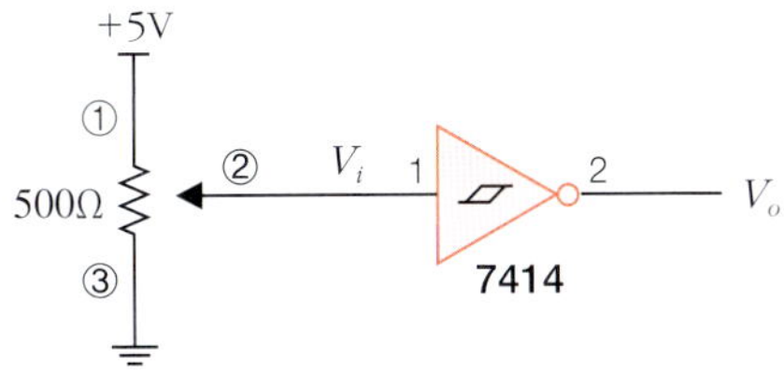

V_i	측정치[V]
V_{T+} (UTL)	
V_{T-} (LTL)	

7414

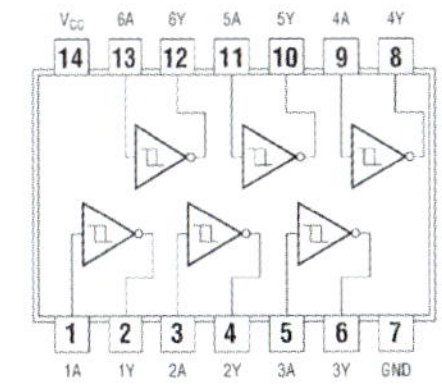

실험용 보드 배선도

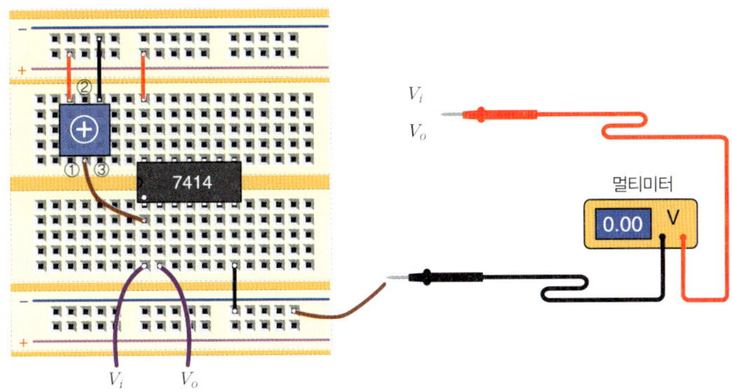

가변 저항(500Ω)

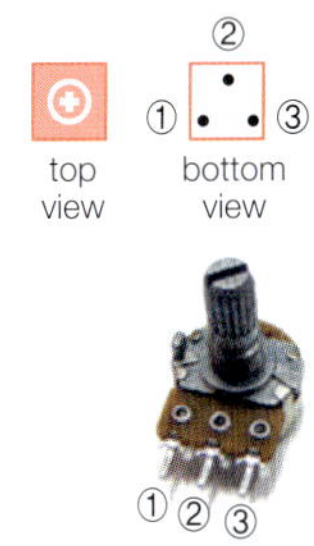

검토 1 가변 저항 대신에 7414의 1번 핀에 1KHz, $4V_{P-P}$(최솟값은 0V, 최댓값은 4V)인 정현파를 인가한 경우 출력 파형을 간략하게 스케치하고 그 결과를 검토하시오.

검토 2 데이터 시트를 참조해 74LS14와 74HC14의 UTL과 LTL을 비교 검토하시오.

타이머 555

3 타이머 555 IC 핀 배치도를 참조해 무안정 멀티바이브레이터 회로를 구성한다. 출력 V_O에서의 파형을 오실로스코프로 관찰해 그려 보시오. 관찰한 파형의 듀티 사이클과 주기를 산출하시오.

커패시터(0.01μF)

103 : 10×10^3pF = 0.01×10^{-6}F = 0.01μF

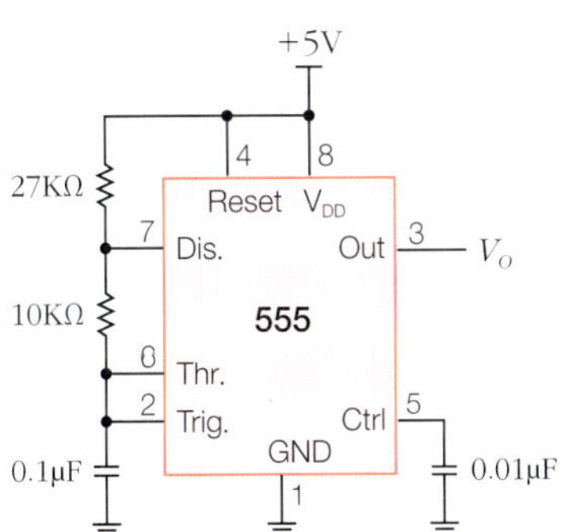

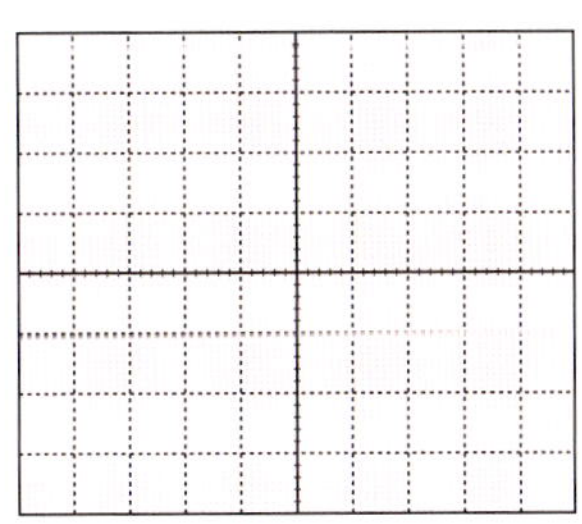

sweep time/div : (s/div)
volt/div : (V/div)

커패시터(0.1μF)

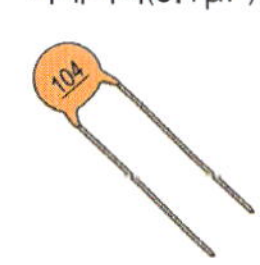

104 : 10×10^4pF = 0.1×10^{-6}F = 0.1μF

실험용 보드 배선도

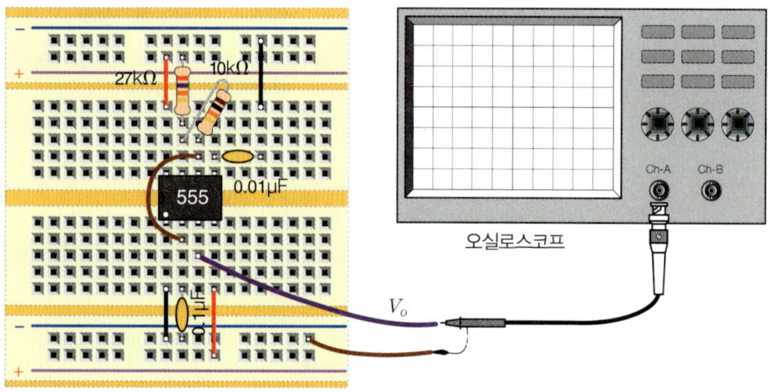

검토 주파수와 듀티 사이클의 실험값(pp. 411 참조)과 이론값의 오차에 대해 검토하시오.

4 74121 IC 핀 배치도를 참조해 단안정 멀티바이브레이터 회로를 구성한다. 74121의 7번 핀은 접지하고 14번 핀에는 +5V 전원을 인가한다. 실험 순서는 다음과 같다.

❶ 펄스 발생기를 단일 펄스(50μs)로 고정시켜 인가한 후, 출력 Q에서의 펄스 폭 t_w를 오실로스코프로 측정하시오.

❷ 오실로스코프의 수평 스위프sweep 속도를 조정하여 펄스가 수평 눈금과 일치시킨 후, 펄스 발생기를 10KHz로 전환하시오. 이 경우의 출력 Q의 파형을 그려 보시오.

❸ 커패시터 C를 10μF로 바꾸고 ❶과 같이 단일 펄스로 전환하여 펄스 폭을 측정하시오.

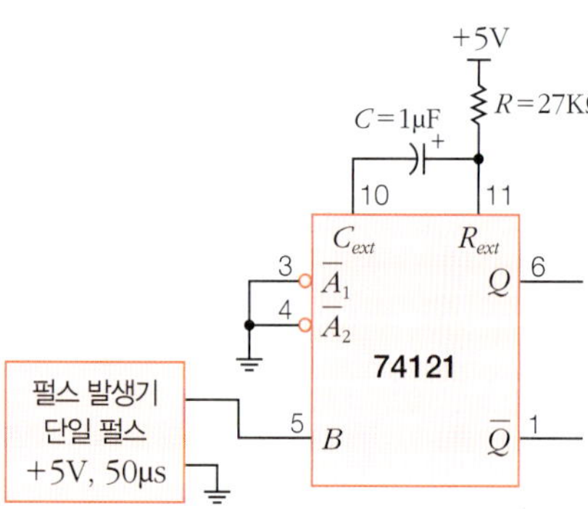

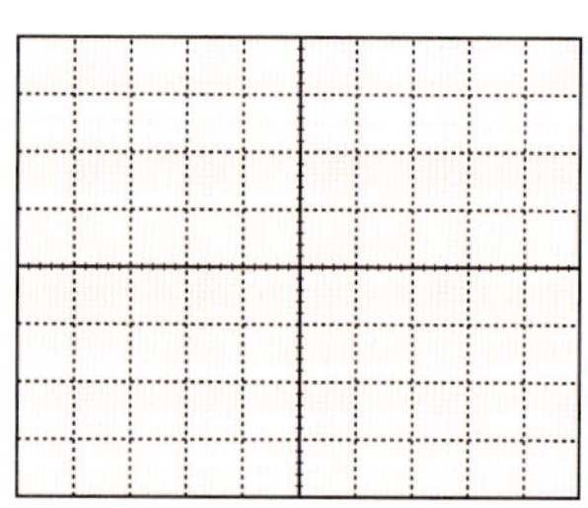

sweep time/div : (s/div)
volt/div : (V/div)

저항(27KΩ)

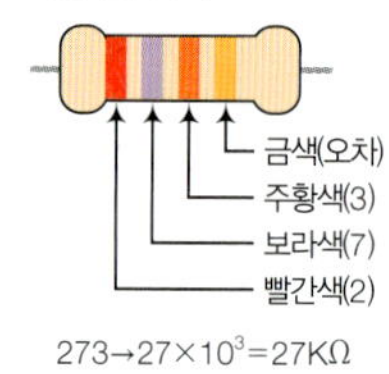

저항(10KΩ)

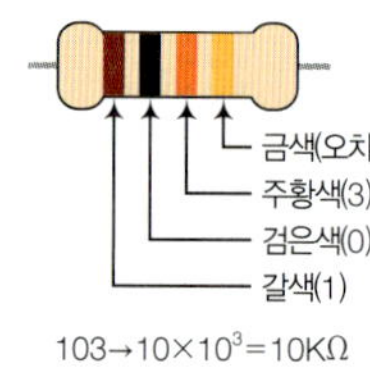

74121

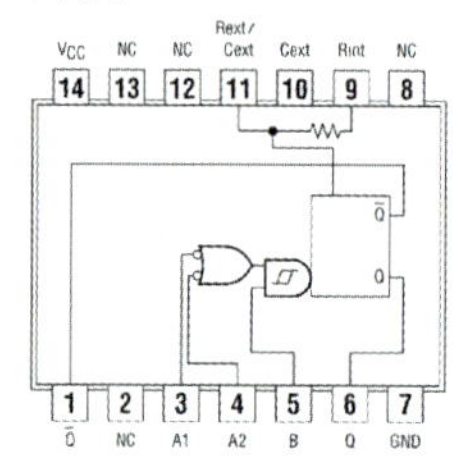

커패시터(1μF)

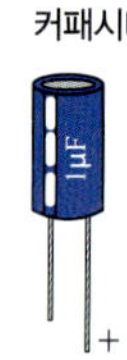

저항(27KΩ)

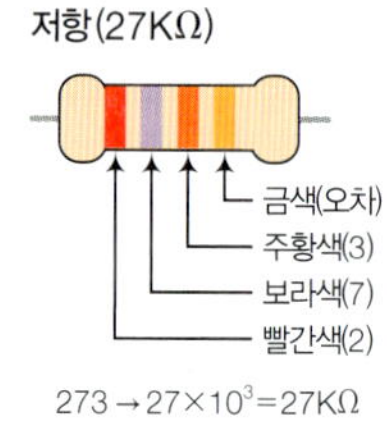

실험용 보드 배선도

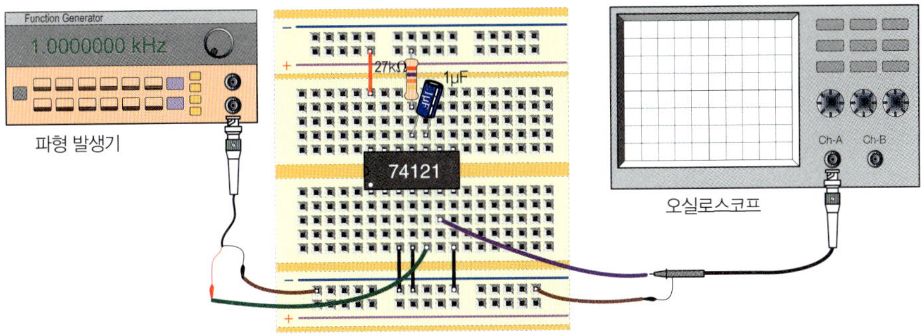

검토 실험을 통해 얻은 펄스 폭이 이론값(pp. 414 참조)과 어느 정도의 오차가 있는지 검토하시오.

5 74123 IC 핀 배치도를 참조해 단안정 멀티바이브레이터 회로를 구성한다. 74123의 8번 핀은 접지하고 16번 핀에는 +5V 전원을 인가한다. 실험 순서는 다음과 같다.

❶ 펄스 발생기를 단일 펄스(50μs)로 고정시켜 인가한 후, 출력 Q에서의 펄스 폭 t_w를 오실로스코프로 측정하시오.

❷ 오실로스코프의 수평 스위프sweep 속도를 조정하여 펄스가 수평 눈금과 일치시킨 후, 펄스 발생기를 10KHz로 전환하시오. 이 경우의 출력 Q의 파형을 그려 보시오.

❸ 펄스 발생기의 주파수를 감소시켜 출력 Q가 Low가 될 때의 주파수를 구하시오.

74123

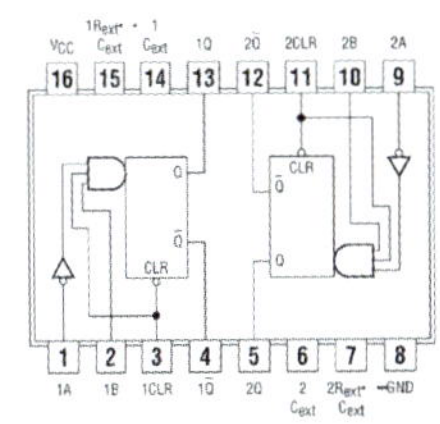

커패시터(1μF)

저항(27KΩ)

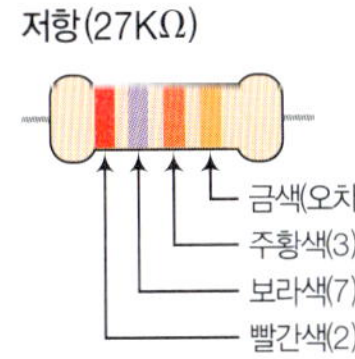

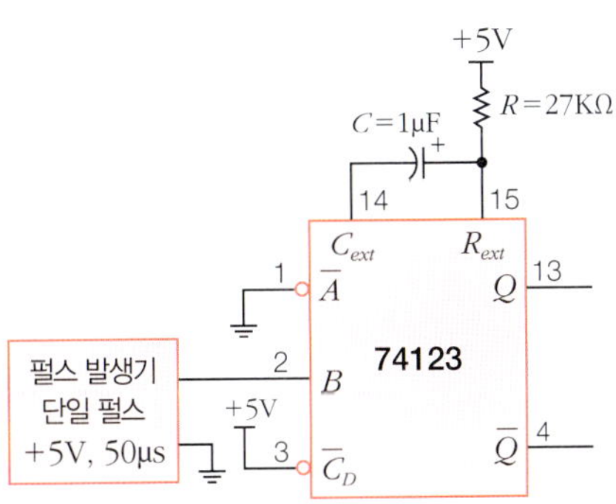

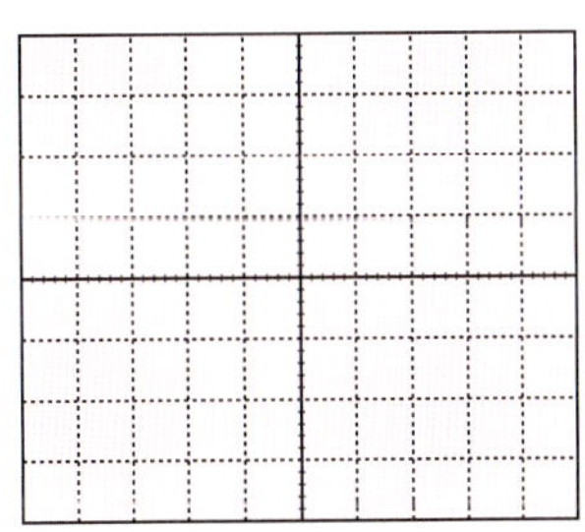

sweep time/div : (s/div)
volt/div : (V/div)

타이머 555

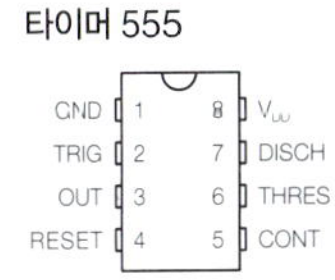

검토 실험을 통해 얻은 펄스 폭이 이론값(pp. 416 참조)과 어느 정도의 오차가 있는지 검토하시오.

6 타이머 555 IC 핀 배치도를 참조해 단안정 멀티바이브레이터 회로를 구성한다. 7404의 7번 핀은 접지하고 14번 핀에는 +5V 전원을 인가한다. 실험 순서는 다음과 같다.

❶ 펄스 발생기를 단일 펄스(50μs)로 고정시켜 인가한 후, 출력(타이머 555의 3번 핀)에서의 펄스 폭 t_w를 오실로스코프로 측정하시오.

❷ 오실로스코프로 C 양단의 출력과 R_L 양단의 파형을 관찰해 그려 보시오.

❸ $R_A = 1\text{M}\Omega$, $C = 10\mu\text{F}$일 때, LED가 점등되는 시간을 이용해 출력에서의 펄스 폭 t_w를 측정하시오.

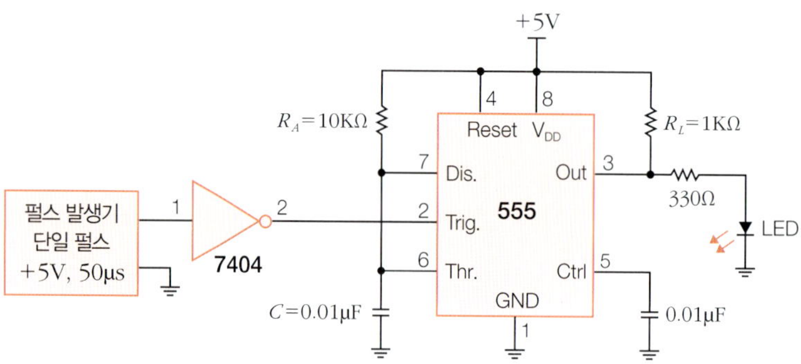

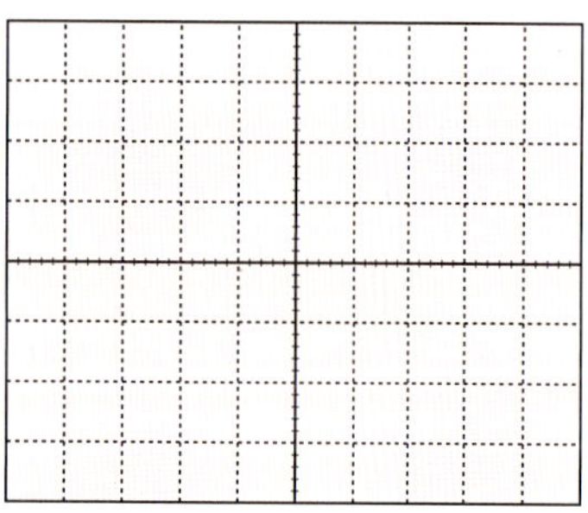

sweep time/div : (s/div)
volt/div : (V/div)

검토 실험을 통해 얻은 펄스 폭이 이론값(pp. 416 참조)과 어느 정도의 오차가 있는지 검토하시오.

7404

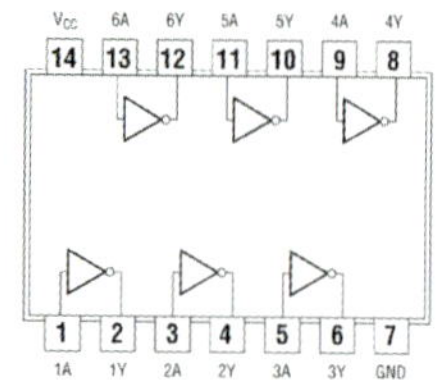

LED
다리가 긴 쪽이 A(+)

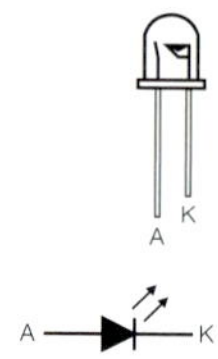

커패시터(0.01μF)

103 : 10×10^3pF = 0.01×10^{-6}F = 0.01μF

저항(330Ω)

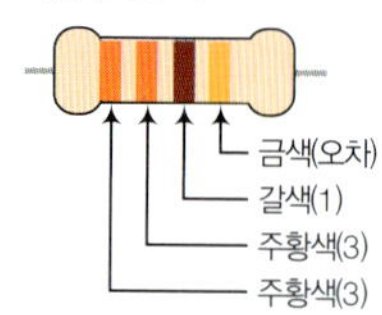

331 → 33×10^1 = 330Ω

저항(1KΩ)

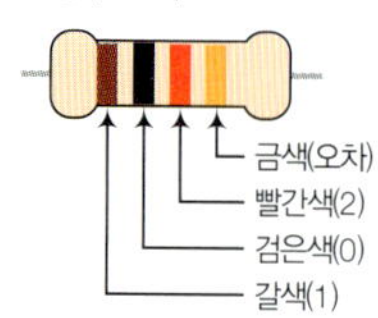

102 → 10×10^2 = 1KΩ

저항(10KΩ)

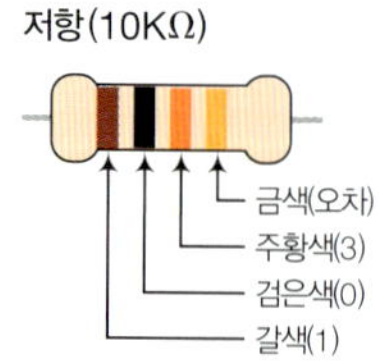

103 → 10×10^3 = 10KΩ

Chapter

14

Term Project

01 하드웨어 제작 도구 사용법

02 8비트 병렬 가감산기

03 교통 신호등 제어

04 디지털 시계

학습목표

- 하드웨어 제작 도구를 사용할 수 있다.
- 8비트 병렬 가감산기를 제작할 수 있다.
- 교통 신호등 제어기를 제작할 수 있다.
- 디지털 시계를 제작할 수 있다.
- 디지털 논리회로로 구성된 시스템을 설계할 수 있다.

01 하드웨어 제작 도구 사용법

1 하드웨어 제작 도구

14장에서는 3가지 텀 프로젝트term project의 설계에서부터 제작까지의 과정을 상세하게 설명한다. 하드웨어를 이해하는 가장 좋은 방법은 직접 만들어보는 것이다. 처음에 제대로 동작하지 않더라도 원인을 분석하고 해결하는 과정이 필요하다. 하드웨어 제작에 필요한 몇 가지 도구를 살펴보자.

인두기

인두기는 저항이나 커패시터 등을 프린트 기판에 납땜할 때 필요한 도구다. 여러 가지 종류가 있으나 끝이 뾰족하고 가늘며, 소비 전력이 15~20W 정도의 것을 선택한다. 인두기 스탠드는 인두기를 고정시키는 데 사용된다. 실납은 직경 1mm 정도의 송진이 들어 있는 납을 사용하면 좋다.

인두기 스탠드

니퍼nipper는 저항이나 커패시터 등을 기판에 납땜한 후 여분의 리드lead 선을 절단하는 데 사용된다. 여러 종류가 있으나 전자용이라고 표시된 소형이 좋다.

니퍼

롱 노즈long nose는 전선이나 부품을 잡아 편리하게 납땜할 수 있도록 도와준다.

롱 노즈

선재線材, wire는 회로 부품끼리 또는 장치끼리 전기적으로 접속하는 것이다. 선재는 크게 나누어 단선單線과 연선撚線으로 나누어진다. 사용법이 정해진 것은 아니지만, 보통 단선은 만능기판에서 부품을 접속할 때 사용하고, 연선은 기판에서 자유로이 배선하거나 완성된 회로와 다른 장치를 접속할 때 사용한다. 특히, 래핑선은 단선으로 직경이 0.25mm이고 주석 도금인 것을 주로 사용한다. 래핑기wrapping tool는 래핑선을 사용해 부품과 부품 사이를 연결할 때 사용한다.

래핑선

래핑기

스트리퍼stripper는 선재의 피복을 벗기는 데 사용하며, 특히 지름 0.25mm 정도인 래핑선의 피복선을 벗길 때 유용하다.

스트리퍼

PCB상에 이미 납땜된 부품을 제거하거나 묻은 납을 제거하기 위한 툴tool을 납땜제거기desolder라고 한다. 납흡입기solder sucker는 수동으로 납을 제거하기 위해

사용되는 대표적인 제품으로서 DIP 타입(다리lead가 달린) 부품의 납땜 제거에 일반적으로 사용된다. 납흡착심지solder wick 또는 solder braid는 SMDsurface mounted device형 IC의 납땜을 수동으로 제거하는 데 사용한다. 기판이나 소자 등에 이물질이 묻으면 납이 잘 붙지 않는데, 이때 솔더링 페이스트soldering paste를 인두기, 소자, 납, 전선 등에 묻히면 납땜이 잘 된다.

납흡입기

솔더링 페이스트

이외에도 납땜을 위한 실납, 핀 어레이pin array 등의 재료와 IC를 소켓에서 제거하는 절연 핀셋, 나사를 조이거나 푸는 드라이버driver, +5V 직류전원을 제공하는 정전압 어댑터adapter, 멀티테스터multi-tester, 공구박스 등의 도구가 있다.

절연 핀셋

2 제작 도구 사용법

- 납땜 후 형태는 V자형
- 불필요한 리드선은 니퍼로 절단한다.

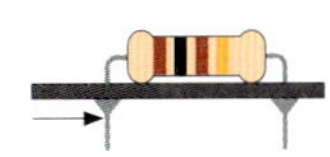

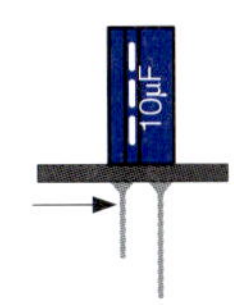

동작이 확인된 회로도를 기반으로 제작했음에도 잘 동작하지 않는 원인은 대부분 납땜 불량이다. 저항, 커패시터, IC 등의 부품이 불량인 경우는 거의 없다. 납땜 불량에는 브리지, 덩어리, 패턴 절단 등이 있다. 브리지는 패턴 두 개를 납으로 연결하는 것으로 IC의 핀과 핀 사이를 패턴이 지나가는 부분에서 흔히 발생한다. 덩어리는 납땜이 제대로 된 것처럼 보이나 리드선에 납만 붙어 있을 뿐이고 기판의 패턴과 접촉되지 않은 것을 말한다. 덩어리 납은 인두기를 충분히 가열하지 않아 발생하므로 납이 패턴 면에 퍼질 때까지 가열한다. 납땜 후 형태가 V자형이 되도록 한다. 납에 광택이 있는 것이 좋은 납땜이라고 할 수 있으며, 광택이 없는 것은 가열이 지나친 것이다.

인두기 사용법

❶ 인두기가 가열될 때까지 기다린다.

가열이 되었는가의 여부는 납을 인두기에 닿게 해 보면 바로 알 수 있다. 가열이 되어 있다면 납은 바로 녹는다. 이때, 인두기 끝을 인두기 받침대의 스펀지(물에 적셔 둔다)에 문질러 끝을 깨끗하게 한다.

❷ 부품을 기판에 부착한다.

부착 방향에 주의하여 부품을 기판에 끼운다. 이때, 다리는 끊지 말고 그대로 둔다. 다리를 굽혀서 부착해도 되지만 납땜을 잘못한 경우에 부품을 빼기 쉽지 않다.

❸ 인두기 끝을 납땜하는 곳에 닿게 한다.

납땜하려는 부분에 인두기를 대고, 그 다음 납을 인두기 끝에 닿게 하여 납이 녹으면 일정량의 납을 녹인 후 뗀다. 납땜하는 부분에 납이 잘 부착되면 인두기를 재빨리 뗀다.

❹ 리드선을 절단한다.

납땜이 완료되면 불필요한 리드선(다리)을 니퍼로 절단한다. 그 다음에는 ❷~❹를 반복하고 때때로 인두기 끝을 깨끗하게 한다(팁 클리너 사용).

팁 클리너

납흡입기 사용법

❶ 인두기로 제거할 납을 완전히 녹인다.

❷ 흡입기의 피스톤을 눌러서 내부의 공기를 완전히 빼내고 노즐을 제거할 납에 갖다 댄다.

❸ 피스톤 버튼을 누르면 흡입기 내부가 진공 상태로 되면서 녹아 있던 납이 실린더 내부로 빨려 올라간다.

❹ 흡입력의 저하를 막기 위해 정기적으로 분해하여 내부의 납을 청소해 준다.

래핑기 사용법

[그림 14-1]에 래핑기의 모양을 나타냈다. 래핑기는 선을 감는 데 사용하는 wrapper와 선을 푸는 데 필요한 unwrapper로 이루어져 있다. 먼저 스트리퍼를 이용해 래핑선 피복을 1~1.5cm 정도 제거하면 금속선이 보인다. 피복이 제거된 래핑선을 wrapper의 흰색 부분(ⓐ)으로 밀어넣는다. 더 이상 들어가지 않을 때까지 끝까지 넣으면 금속선이 ⓑ 부분으로 나온다. 이 상태에서 래핑기의 ⓒ 부분을 핀 어레이의 핀에 넣은 후 돌리면 선이 감기게 된다. unwrapper는 감긴 금속선을 푸는 용도로 사용하며, ⓓ 부분을 선이 감긴 핀 어레이 부분에 넣고 선이 감긴 반대 방향으로 힘을 실어 돌리면 감긴 금속선이 풀리게 된다. ⓔ 부분은 스트리퍼가 없는 경우 래핑선의 피복을 제거하는 데 사용되기도 한다.

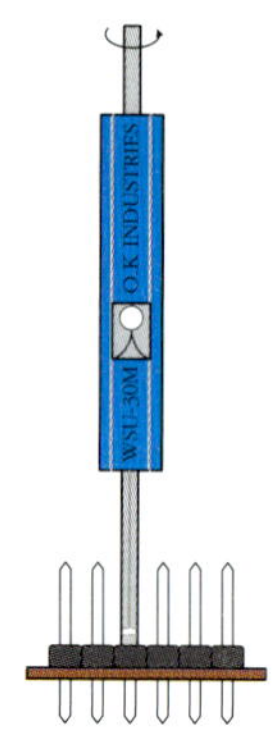

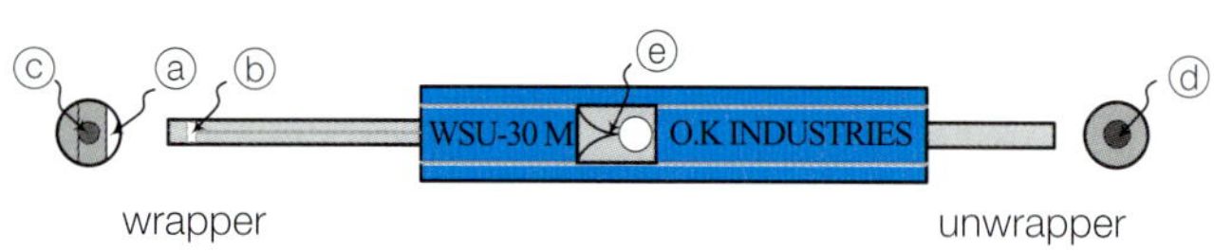

그림 14-1 래핑기 모양

02 8비트 병렬 가감산기

1 회로도

[그림 7-5]의 4비트 병렬 가감산기 회로를 확장해 설계한 8비트 병렬 가감산기 회로는 [그림 14-2]와 같다. 2개의 8비트 데이터 A와 B의 입력은 딥 스위치DIP switch를 이용한다(회로도 왼쪽 부분). 스위치를 ON 위치로 놓으면 High가 입력되고 반대의 경우는 Low가 입력된다. 그림과 같이 병렬 가감산기의 B 입력을 부호 Ssign와 XOR하여 전가산기(7483)의 입력으로 사용하면 덧셈과 뺄셈이 모두 가능하다. 덧셈/뺄셈 여부는 슬라이드 스위치slide switch를 이용해 ①과 ② 단자가 연결되면 $S=1$(High), ②와 ③ 단자가 연결되면 $S=0$(Low)이 입력된다.

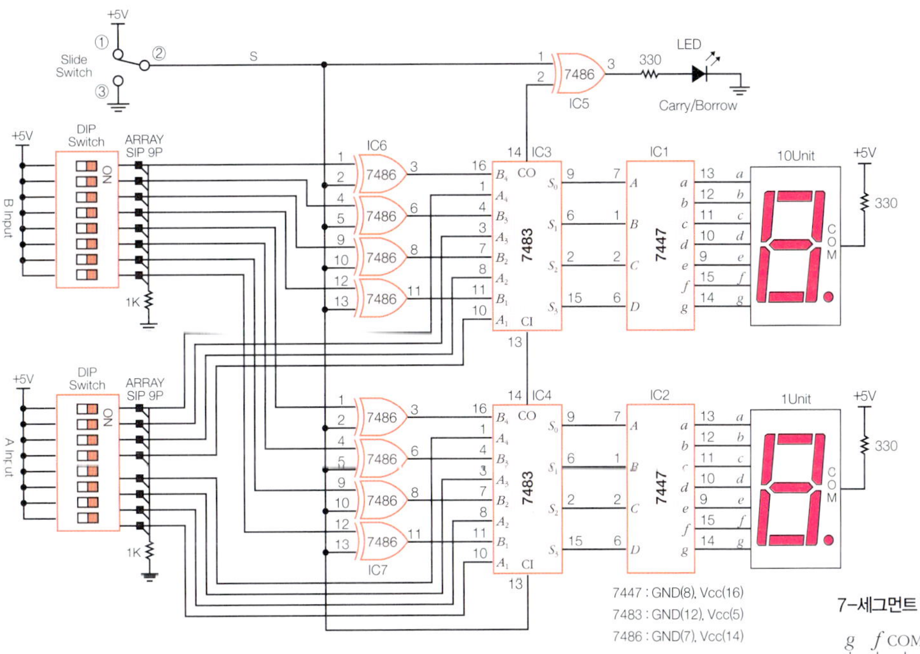

그림 14-2 8비트 병렬 가감산기 회로도

7447

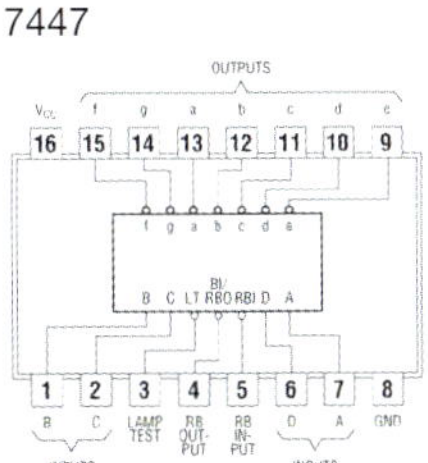

7483

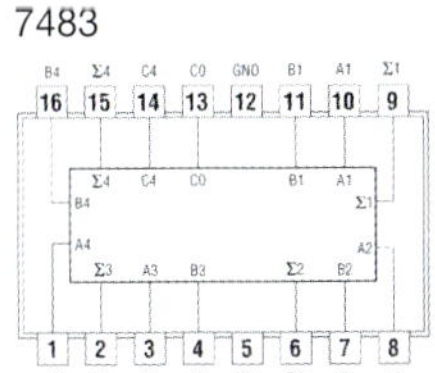

7486

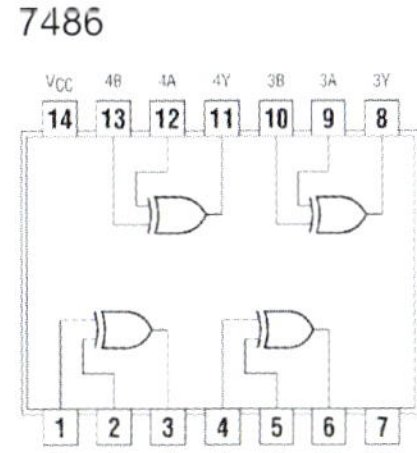

7-세그먼트 핀 배치도

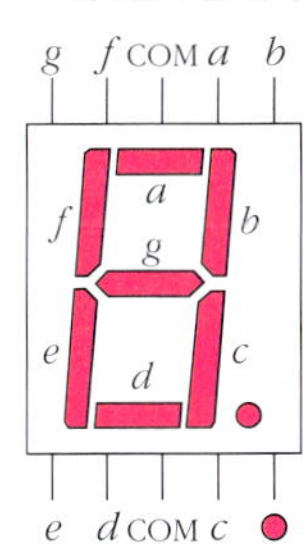

$S=0$이면 B의 값이 그대로 전가산기(IC3, IC4)로 입력되어 덧셈이 되고, $S=1$이면 B의 값이 반전, 즉 1의 보수가 되어 입력된다. 또한 뺄셈의 경우($S=1$) IC4(7483)의 13번 핀의 캐리 입력이 1이 되어 결과적으로 B의 1의 보수에 1이 더해져서 B의 2의 보수가 만들어진다. IC5(7486)는 자리올림/자리내림[carry/borrow]을 나타내기 위한 것이다. IC1, IC2, 7-세그먼트는 연산 결과를 표시하기 위해 사용한다. 7-세그먼트에 표시되는 결과는 16진수이므로 0~9까지는 정상적으로 표시되지만 A~F까지는 특이하게 표시되므로 [그림 7-34]를 참조한다.

LED

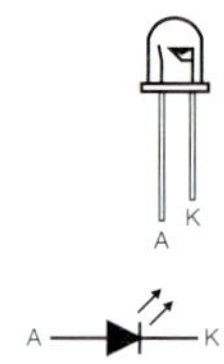

2 시뮬레이션

로직웍스로 8비트 병렬 가감산기를 시뮬레이션하기 위해서는 회로도와 다른 몇 가지 사항을 고려해야 한다. 먼저 저항과 같은 수동 소자는 사용하지 않아도 된다. 따라서

Binary Switch

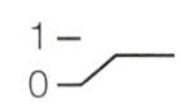

Hex Keyboard

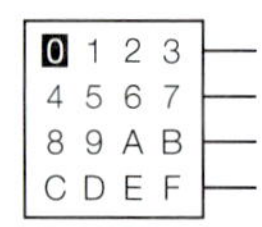

7-Seg Disp Inv

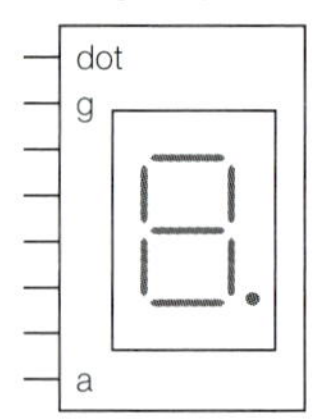

LED-Red

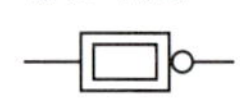

TTL 14핀 IC (7486)

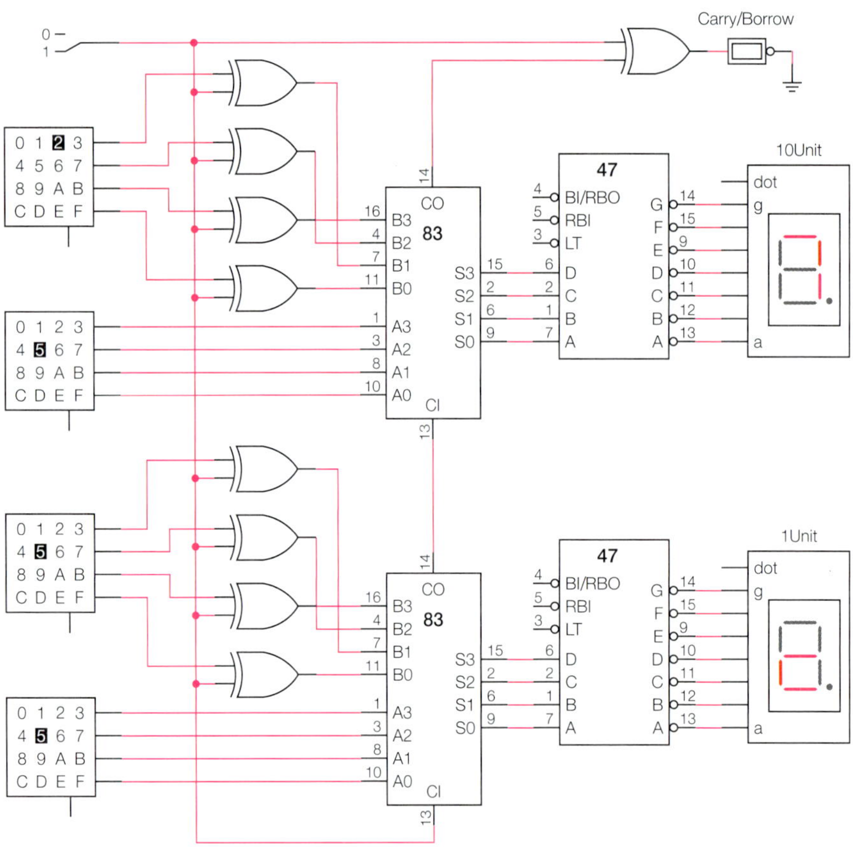

그림 14-3 로직웍스로 동작시킨 8비트 병렬 가감산기(55+25=7A)

데이터 A, B를 입력하는 딥 스위치는 Simulation IO.clf 라이브러리에서 "Binary Switch" 또는 "Hex Keyboard"만을 사용한다. 또한 7-세그먼트의 COM 단자에 연결한 330Ω 저항도 시뮬레이션 수행에는 필요하지 않으며, 7-세그먼트는 라이브러리에서 "7-Seg Disp Inv"를 선택하여 사용한다. 자리올림/자리내림을 나타내는 LED에 연결한 330Ω 저항도 시뮬레이션 수행에는 필요하지 않으며, LED는 "LED-Red"를 라이브러리에서 선택하여 사용한다. 이를 기반으로 8비트 병렬 가감산기를 로직웍스로 드로잉하여 동작시키면 [그림 14-3]과 같다. 여기서 $55+25=7A$인 경우를 시뮬레이션 하였는데, 7A는 그림과 같이 "7ㄷ"으로 표시된다.

3 소요 부품

번호	품명	수량	비고
1	TTL, 7447	2EA	16pin, IC1, IC2
2	TTL, 7483	2EA	16pin, IC3, IC4
3	TTL, 7486	3EA	14pin, IC5, IC6, IC7
4	7-세그먼트, FND507	2EA	common anode
5	LED, 빨간색	1EA	5ϕ
6	IC socket, 14pin	3EA	DIP
7	IC socket, 16pin	4EA	DIP
8	어레이 저항, 1KΩ	2EA	9pin, SIP
9	저항, 330Ω	3EA	1/4W
10	DIP 스위치, 8입력	2EA	16pin
11	슬라이드 스위치, ITS-12H	1EA	덧셈/뺄셈 입력용
12	토글 스위치, AT1D-2M3	1EA	전원 입력용
13	IC pin array	120pin	wrapping
14	만능기판, SYP-1712	1EA	176 × 120mm, phenol
15	PCB 서포트, M-20mm	4EA	plastic, 20mm, male
16	PCB 서포트, F-3mm	4EA	금속, 3mm, female
17	DC power jack, DC-002	1EA	1.3ϕ, B type
18	정전압 어댑터, +5V, 500mA	1EA	B type
19	래핑선		0.25mm
20	땜납		무연, 1.0mm

TTL 16핀 IC (7447, 7483)

7-세그먼트

LED

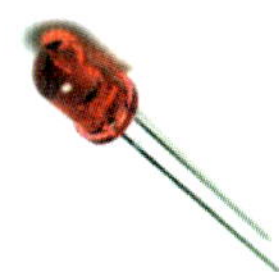

IC socket (14pin)

IC socket (16pin)

어레이 저항(1KΩ)

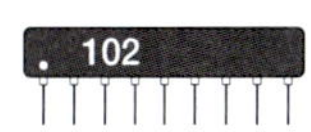

저항(330Ω)

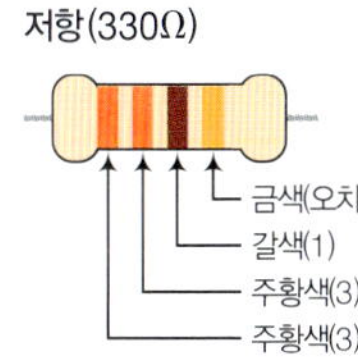

$331 \rightarrow 33 \times 10^1 = 330\Omega$

4 제작 방법

부품 배치도를 참조해 기판에 부품들을 배치한다. 열에 약한 IC들은 IC 소켓을 사용한다. IC의 배치는 7447(IC1, IC2)과 7486(IC5, IC6, IC7)은 index hole이 왼쪽으로 향하도록 배치하고, 7483(IC3, IC4)은 오른쪽으로 향하도록 배치한다. 풀-다운pull-down 저항으로 사용한 어레이 저항 1KΩ은 공통 단자(점으로 표시됨)가 왼쪽으로 향하도록 배치하고, LED는 극성이 있으므로 주의하여 배치한다(다리가 긴 쪽이 애노드). 7-세그먼트, 저항, 스위치, 전원 잭 등을 배치한다. 마지막으로 핀 어레이pin array를 요구되는 수량만큼 절단하여 각 부품 주변에 배치한다. 배치가 완료되면 납땜을 한다.

만능기판은 크게 두 개의 선으로 이루어져 있음을 알 수 있는데, 하나는 접지ground, GND로, 다른 하나는 +5V로 사용한다.

모든 7-세그먼트의 COM 단자는 330Ω을 통해 +5V로 연결한다. LED의 밝기를 높이려면 저항값이 330Ω보다 작은 220Ω 저항을 사용할 수도 있다. 기판에서 동판으로 연결되지 않은 부분은 선재wire를 이용해 연결한다.

7447(IC1, IC2)의 납땜 순서는 8번 핀은 접지로 연결하고, 16번 핀은 +5V로 연결한다. 또한 3번, 4번, 5번 핀은 +5V로 연결하는데, 인접한 7483의 5번 핀이 +5V로 연결되므로 이를 이용한다.

7483(IC3, IC4)의 납땜 순서는 10번 핀은 접지로 연결하고, 5번 핀은 +5V로 연결한다.

7486(IC5, IC6, IC7)의 납땜 순서는 7번 핀은 접지로 연결하고, 14번 핀은 +5V로 연결한다. IC6의 2, 5, 10, 13번 핀과 IC7의 2, 5, 10, 13번 핀은 모두 연결되어야 하는데 이를 위해 점퍼선(IC7의 오른쪽 부분)을 사용한다. 나중에 이 부분은 토글 스위치의 ② 또는 IC5의 1번 핀으로 래핑선을 이용해 연결할 것이다.

1KΩ 어레이 저항의 공통 단자(점으로 표시됨)는 접지로 연결하고 나머지 딥 스위치와 어레이 저항과의 연결은 회로도와 부품 배선도를 참조로 납땜을 한다.

DIP 스위치

슬라이드 스위치

토글 스위치

IC Pin Array

PCB 서포트

DC power jack

정전압 어댑터

전원 장치 출력 전압의 극성

⊖—⊙—⊕

덧셈인지 또는 뺄셈인지를 결정하는 슬라이드 스위치slide switch의 결선은 다음과 같이 한다.

①은 +5V로 연결하고, ③은 접지로 연결한다. ②는 IC5의 1번 핀으로 래핑선을 이용해 연결한다. [그림 14-4]에서 슬라이드 스위치를 아래로 내리면 덧셈 연산이 되며, 위로 올리면 뺄셈 연산이 된다.

납땜이 완료되면 래핑기와 래핑선을 사용해 아직 연결되지 않은 부품과 부품 사이를 연결한다. 이때 [그림 14-2]의 회로도를 꼼꼼하게 확인한다.

전원의 공급은 +5V, 500mA 정격의 정전압 어댑터adapter를 사용하였다. 정전압 어댑터는 전원 잭power jack을 통해 +5V와 접지가 공급되며, 토글 스위치toggle switch를 경유하여 전원이 회로에 공급되도록 구성하였다.

슬라이드 스위치

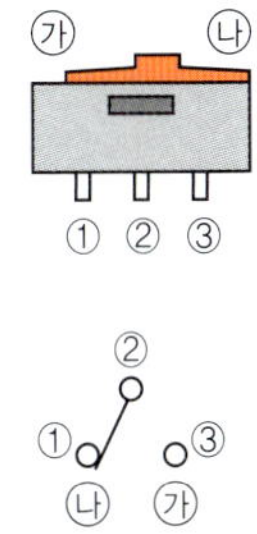

스위치가 ㉯ 위치에 있으면 ①번과 ②번 단자가 연결된다.

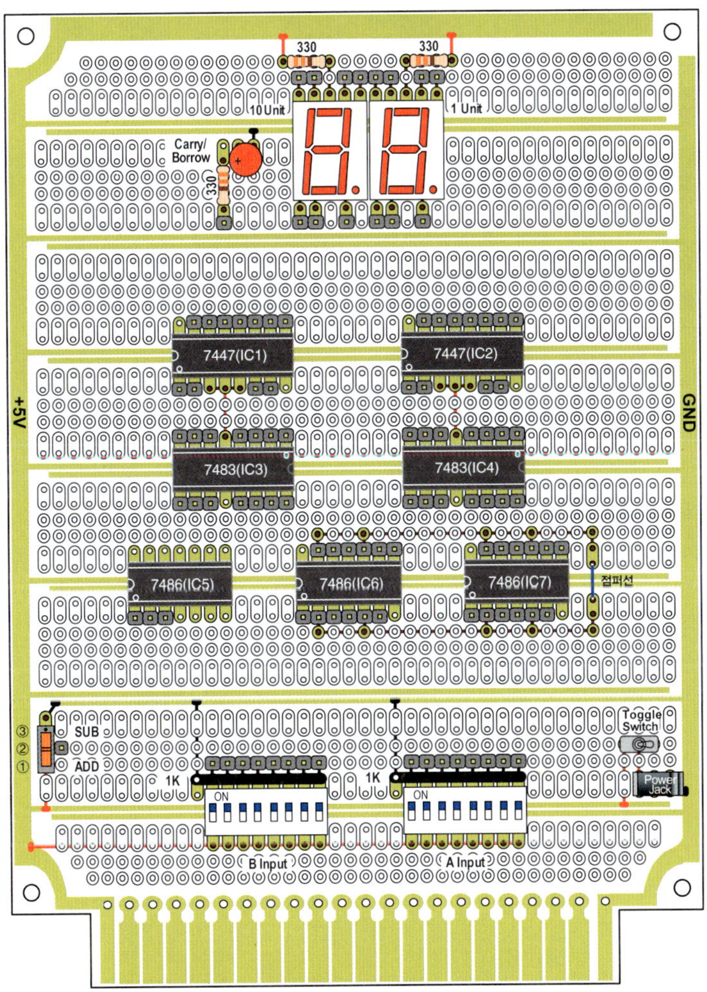

그림 14-4 8비트 병렬 가감산기 부품 배치도

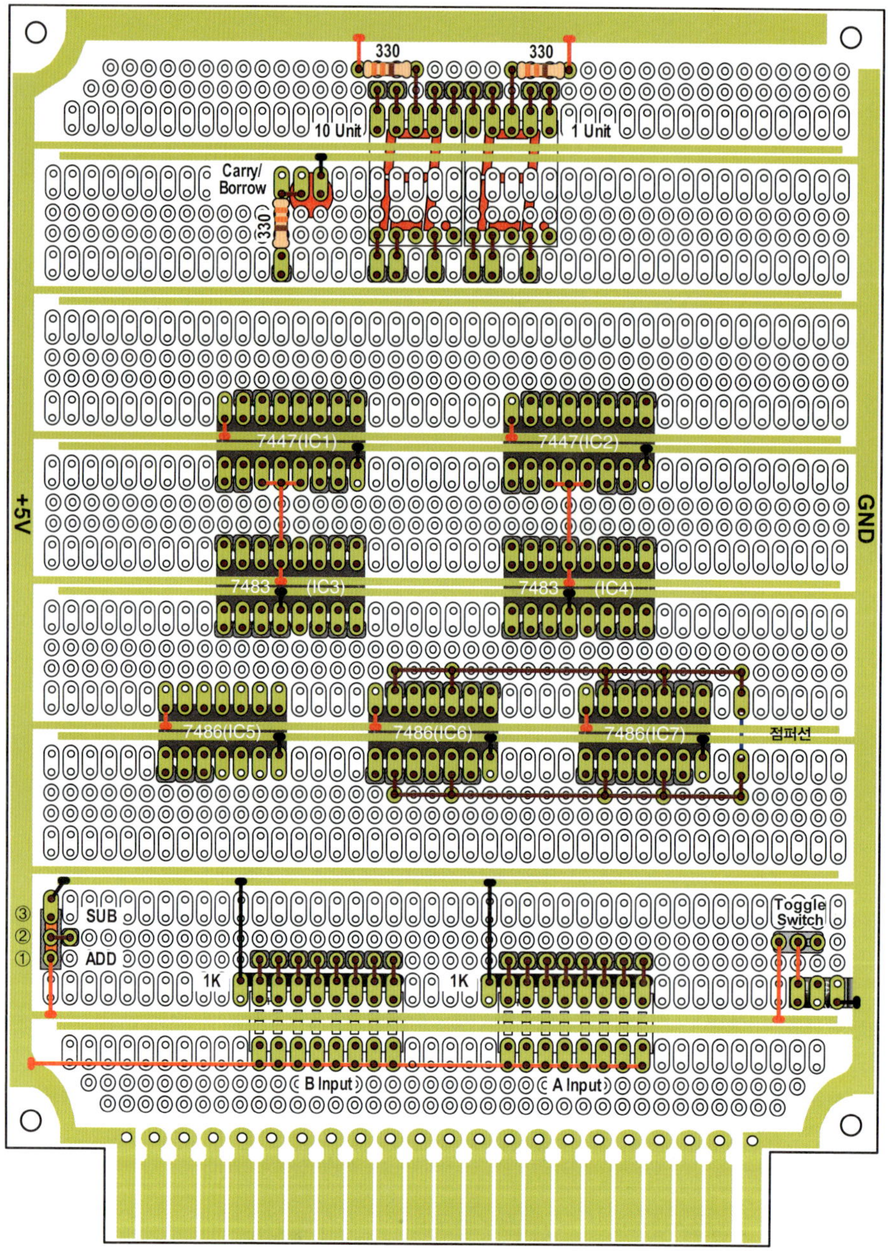

그림 14-5 8비트 병렬 가감산기 부품 배선도

그림 14-6 8비트 병렬 가감산기 완성 사진

03 교통 신호등 제어

1 회로 설계

디지털 논리회로의 응용 예로, 교통 신호등 제어 시스템을 설계한다. 이 시스템은 [그림 14-7]과 같이 좌회전 신호는 없고 직진 신호만 있는 교차로의 교통 신호등을 제어하기 위한 것이다. 신호등의 점멸 시간은 실제와 달리 녹색등(G)은 5초, 주황색등(Y)은 1초 동안 켜지는 것으로 가정하여 설계한다. 동서방향(EW)의 신호등 ❷와 ❹의 신호 체계는 같고, 남북방향(SN)의 신호등 ❶과 ❸은 같다.

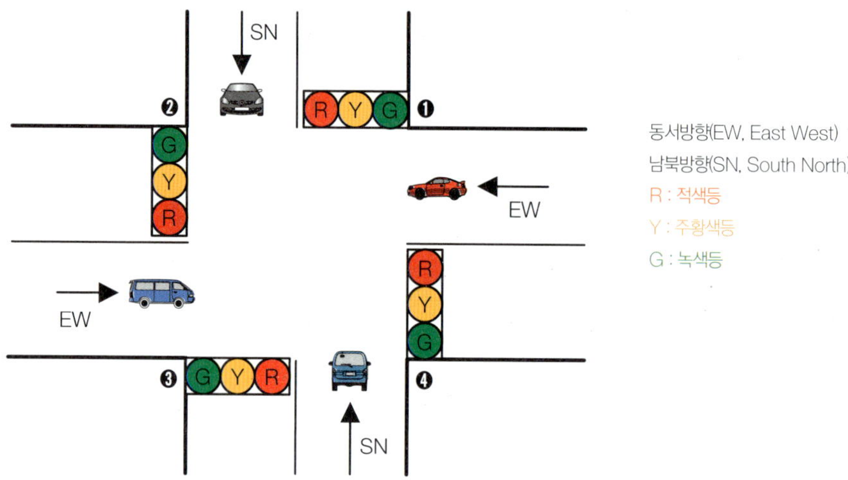

그림 14-7 교차로 교통 신호등

[그림 14-8]에는 전체 시스템 블록도를 나타냈다. 먼저 타이밍 회로timing circuit는 녹색등과 주황색등이 켜지는 5초와 1초 간격의 시간 구간 및 시스템을 주기적으로 반복 동작시키기 위한 클록 신호를 발생하는 회로다. 순서논리회로sequential logic는 타이밍 회로에서 발생하는 신호를 입력으로 하여 4가지 상태를 발생하는 그레이 코드 카운터gray code counter이다. 상태 디코더state decoder는 4가지 상태의 순서에 따라 신호등을 점멸하기 위한 출력 로직output logic과 5초와 1초의 시간을 트리거시키는 신호를 발생하기 위한 트리거 로직trigger logic으로 이루어져 있다. 신호등 유니트traffic light unit는 출력 로직에 따라 신호등이 점멸되는 회로다.

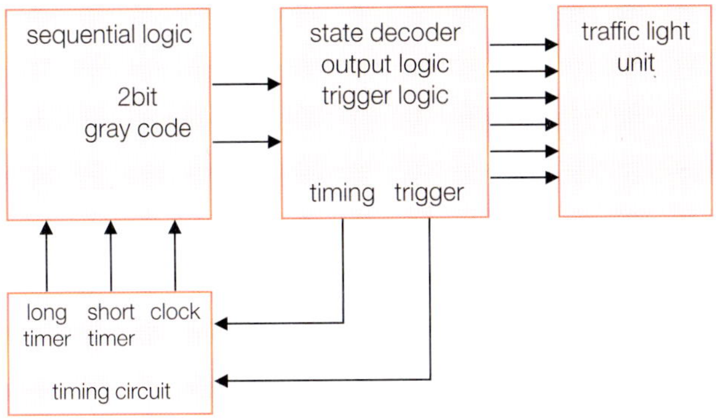

그림 14-8 시스템 블록도

순서논리회로

[그림 14-9]는 시스템의 상태가 변하는 순서, 각 상태의 조건 그리고 상태 전이의 조건을 그림으로 나타낸 시스템 상대도다. 여기서 $T_L = 1$은 5초 타이머가 on됨을 의미하고, $T_L = 0$은 off 되었다는 것을 의미한다. 마찬가지로 $T_S = 1$은 1초 타이머가 on됨을 의미하고, $T_S = 0$은 off 되었다는 것을 의미한다. 상태도의 원 안에 보이는 2비트는 4가지 상태를 각각 그레이 코드gray code로 표시한 것이다.

첫 번째 상태 00은 동서방향(EW)은 녹색등, 남북방향(SN)은 적색등이 켜져 있는 상태다. 이 상태는 5초 타이머(T_L)가 off 될 때까지 지속된다. 5초 타이머가 off 되면 다음 상태로 전이한다. 두 번째 상태 01은 동서방향은 주의를 의미하는 주황색등, 남북방향은 적색등이 켜져 있는 상태다. 1초 타이머(T_S)가 off 될 때까지 1초간 이 상태가 지속된 후 다음 상태로 넘어간다. 세 번째 상태 11은 동서방향은 적색등, 남북방향은 녹색등이 켜져 있는 상태다. 이 상태는 5초 타이머가 off 될 때까지 지속된다. 5초 타이머가 off 되면 다음 상대로 전이한다. 네 번째 상태 10은 동서방향은 적색등, 남북방향은 주황색등이 켜져 있는 상태다. 1초 타이머가 off 될 때까지 1초간 이 상태가 지속된 후, 첫 번째 상태 00으로 전이하여 동일한 과정을 반복한다.

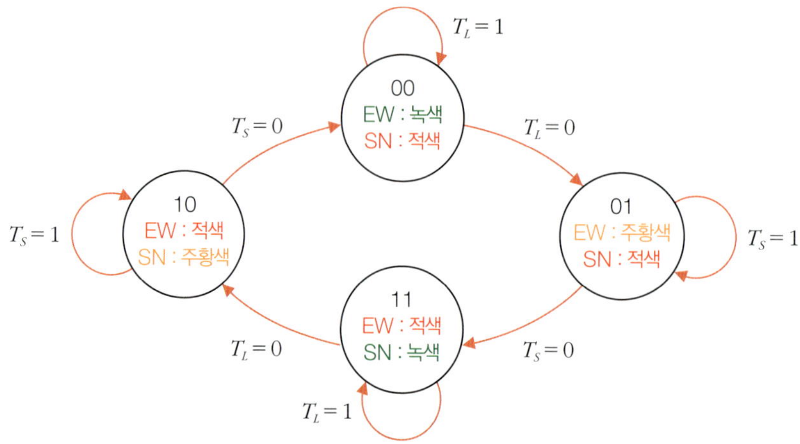

그림 14-9 교통 신호등 제어 시스템 상태도

시스템 상태도를 이용해 상태 여기표를 작성하면 [표 14-1]과 같다. 여기서 플립플롭은 D 플립플롭 2개를 사용하였으며, 출력은 Q_1, Q_0으로 표시하였다.

표 14-1 교통 신호등 제어 시스템 상태 여기표

입력		현재 상태		다음 상태		플립플롭 입력	
T_L	T_S	Q_1	Q_0	Q_1	Q_0	D_1	D_0
0	0	0	0	0	1	0	1
0	0	0	1	1	1	1	1
0	0	1	0	0	0	0	0
0	0	1	1	1	0	1	0
0	1	0	0	0	1	0	1
0	1	0	1	0	1	0	1
0	1	1	0	1	0	1	0
0	1	1	1	1	0	1	0
1	0	0	0	0	0	0	0
1	0	0	1	1	1	1	1
1	0	1	0	0	0	0	0
1	0	1	1	1	1	1	1
1	1	0	0	0	0	0	0
1	1	0	1	0	1	0	1
1	1	1	0	1	0	1	0
1	1	1	1	1	1	1	1

D 플립플롭의 여기표

$Q(t)$	$Q(t+1)$	D
0	0	0
0	1	1
1	0	0
1	1	1

카르노 맵을 이용해 D_1과 D_0을 간소화하면 [그림 14-10]과 같다.

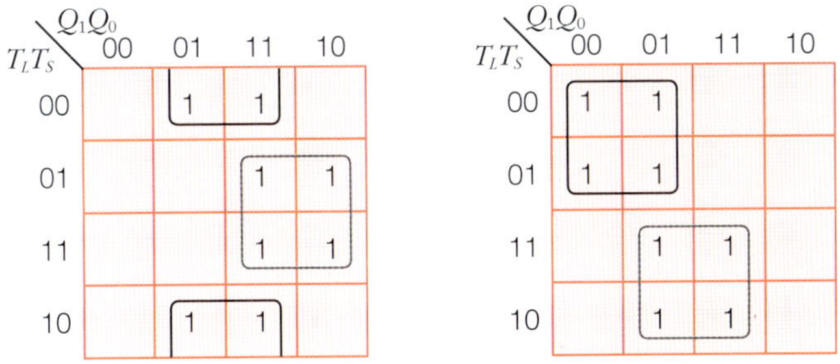

$D_1 = T_SQ_1 + \overline{T}_SQ_0$　　　$D_0 = \overline{T}_L\overline{Q}_1 + T_LQ_0$

그림 14-10 카르노 맵에 의한 간소화 과정(D 플립플롭 입력)

신호등 변환 회로 및 트리거 신호 발생 회로

[표 14-2]는 4가지 시스템 상태에 따른 신호등 상태와 트리거 신호에 대한 진리표다. 여기서 신호등 상태는 6개의 출력을 생성하며, 신호등은 active-low(논리 0일 때 신호등은 on)로 동작함을 가정하였다. 트리거 신호는 두 개의 출력을 생성한다. 시스템 상태가 00이나 11로 변할 때, 5초 타이밍 회로를 트리거하기 위해 T_L은 Low에서 High로 변한다. 또한 시스템 상태가 01이나 10으로 변할 때, 1초 타이밍 회로를 트리거하기 위해 T_S도 Low에서 High로 변한다. 여기서 트리거 신호는 타이밍 회로에 입력되어 타이머를 트리거하는 신호다.

표 14-2 시스템 상태에 따른 신호등 상태 및 트리거 신호의 진리표

시스템 상태		신호등 상태						트리거 신호	
Q_1	Q_0	EWR	EWY	EWG	SNR	SNY	SNG	T_L	T_S
0	0	1	1	0	0	1	1	1	0
0	1	1	0	1	0	1	1	0	1
1	1	0	1	1	1	1	0	1	0
1	0	0	1	1	1	0	1	0	1

EWR : 동서방향의 적색등
EWY : 동서방향의 주황색등
EWG : 동서방향의 녹색등
SNR : 남북방향의 적색등
SNY : 남북방향의 주황색등
SNG : 남북방향의 녹색등

카르노 맵을 이용해 신호등 상태와 트리거 신호를 간소화하면 [그림 14-11]과 같다.

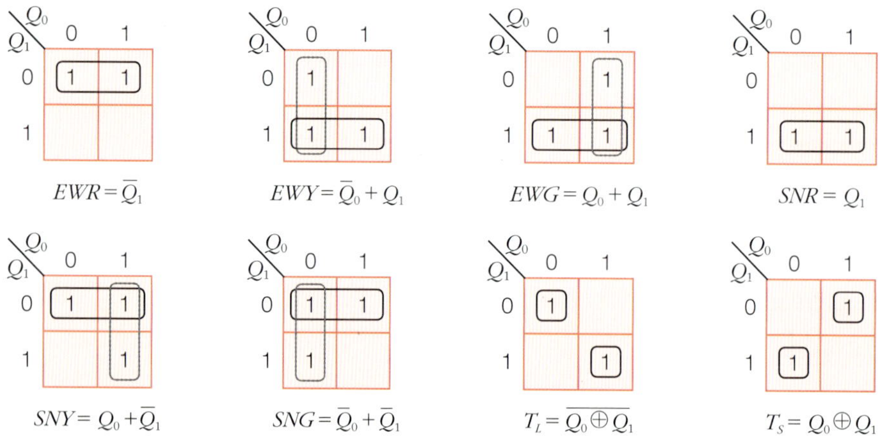

그림 14-11 카르노 맵에 의한 간소화 과정(신호등 상태, 트리거 신호)

타이밍 회로

타이밍 회로는 5초 타이머, 1초 타이머 그리고 클록 발생기로 구성된다. 5초 타이머와 1초 타이머는 단안정 멀티바이브레이터(IC 74121 사용)로 구현하며, 클록 발생기는 무안정 멀티바이브레이터로 동작하는 회로(Timer 555 사용)로 구현한다.

전체 회로도

앞에서 설계한 내용을 바탕으로 한 교통 신호등 제어 시스템의 전체 회로는 [그림 14-12]다. 타이밍 회로에서 1초와 5초 타이머는 단안정 멀티바이브레이터인 74121 IC를 사용하였다. $\overline{A}_1$(3번 핀)과 $\overline{A}_2$(4번 핀)를 Low로 하고 B(5번 핀)에 트리거 펄스를 가하면 74121은 트리거 펄스의 상승 에지에서 트리거되고 출력 Q(6번 핀)에는 외부에 연결된 R, C에 의해서 결정되는 일정한 폭을 갖는 하나의 구형파가 발생된다. $R = 15\text{K}\Omega$, $C = 100\mu\text{F}$이면 약 1초 정도의 펄스 폭을 갖는 구형파 하나가 발생되며, $R = 33\text{K}\Omega$, $C = 220\mu\text{F}$이면 펄스 폭은 약 5초 정도가 된다(pp. 414 참조).

$$T_S = 0.69RC = 0.69 \times 15 \times 10^3 \times 100 \times 10^{-6} = 1.035 \text{ sec}$$
$$T_L = 0.69RC = 0.69 \times 33 \times 10^3 \times 220 \times 10^{-6} = 5.0095 \text{ sec}$$

타이밍 회로 블록에서 클록 발생기는 Timer 555를 사용해 무안정 멀티바이브레이터로 동작하도록 한다(pp. 410 참조). Timer 555의 출력 단자인 3번 핀에서 출력되는 구형파의 주파

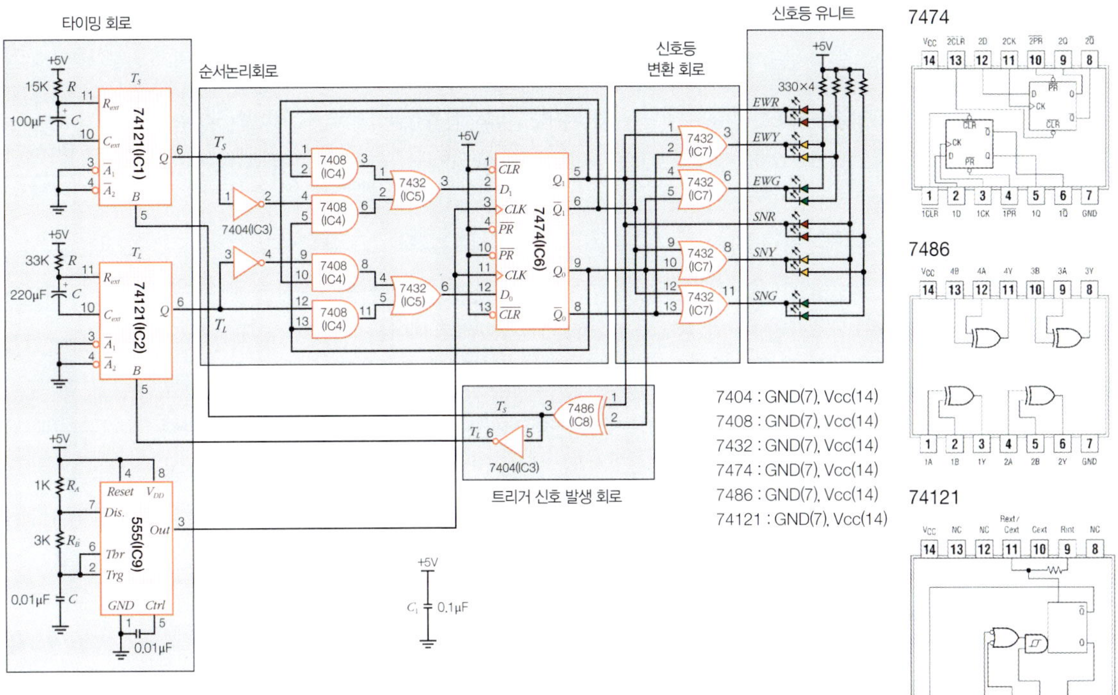

그림 14-12 교통 신호등 제어 회로도

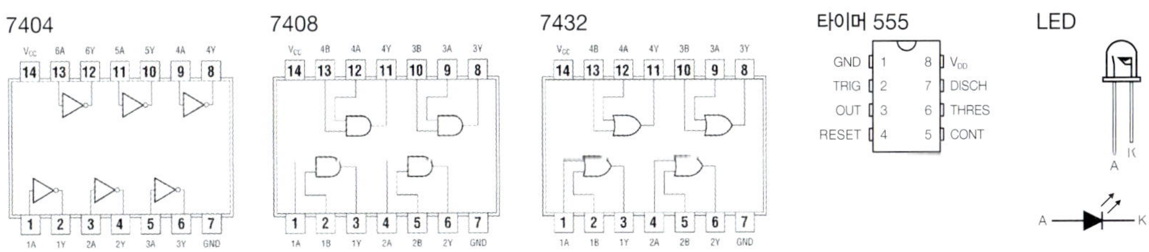

수가 20KHz 정도가 되도록 하기 위해 $R_A = 1\text{K}\Omega$, $R_B = 3\text{K}\Omega$, $C = 0.01\mu\text{F}$를 사용한다.

$$f = \frac{1.43}{(R_A + 2R_B)C} = \frac{1.43}{(1 \times 10^3 + 2 \times 3 \times 10^3) \times 0.01 \times 10^{-6}} = 20.428\text{KHz}$$

순서논리회로는 [그림 14-9]와 같은 4가지 상태를 갖는 2비트 그레이 코드 카운터로 동작한다. 하나의 상태에서 다음 상태로의 전이는 타이밍 회로에서 생성된 1초 간격 또는 5초 간격 입력에 의해 결정된다. 그레이 코드 카운터는 2개의 D 플립플롭으로 구성하였으며, D 플립플롭의 입력 D_1과 D_0은 [그림 14-10]에서 구했다. 그레이 코드 카운터의 클록은 Timer 555에서 만들어진 20KHz 구형파가 사용된다.

신호등 변환 회로와 트리거 신호 발생 회로는 4가지 시스템의 상태에 따라 [표 14-2]의 진리표를 기반으로 [그림 14-11]에서 구했다. 신호등 유니트는 LED(적색, 주황색, 녹색 각각 4개) 12개와 330Ω 저항 4개로 구성되며, 소스 전류 구동source-driven 방식에서는 충분한 전류를 공급하지 못하므로 싱크 전류 구동sink-driven 방식으로 충분한 전류가 공급되도록 한다.

One-Shot

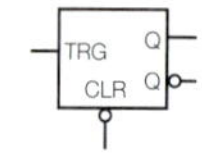

Clock

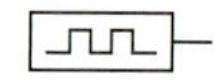

LED-Red

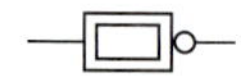

회로도에서 C_1은 바이패스 커패시터bypass capacitor로, 디지털 회로 보드 설계 시 매우 중요한 역할을 한다. 각 칩chip의 V_{CC}와 GND접지, ground 사이를 연결하는 0.1μF 정도의 커패시터를 의미하며, 이들은 각 칩의 내부 또는 외부에서 발생하는 잡음noise을 흡수하는 역할을 한다. 바이패스 커패시터는 가능한 각 칩 가까이 연결해야 제 기능을 발휘한다.

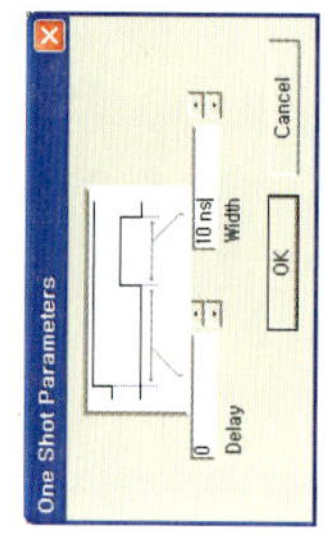

2 시뮬레이션

로직웍스로 교통 신호등 제어 회로를 시뮬레이션하기 위해서는 회로도와 다른 몇 가지 사항을 고려해야 한다. 먼저 타이밍 회로에서 저항이나 커패시터 등과 같은 수동 소자는 사용하지 않아도 된다. 따라서 단안정 멀티바이브레이터인 74121은 회로도와 같이 구성할 필요가 없으므로 Simulation Logic.clf 라이브러리에서 "One-Shot"을 사용한다. 다만, [Simulation]-[Simulation Params...]에서 펄스의 폭을 결정하는 값을 변경함으로써 1초와 5초 타이머를 구현한다. 또한 클록 발생기는 회로도와 같이 구성할 필요가 없으므로 Simulation IO.clf 라이브러리에서 "Clock"만을 사용한다. 마지막으로 LED에 연결한 330Ω 저항도 시뮬레이션 수행에는 필요하지 않다. LED는 라이브러리에서 "LED-Red", "LED-Yellow", "LED-Green"을 사용한다. 이를 기반으로 교통 신호등 제어 회로를 로직웍스로 드로잉하여 동작시키면 [그림 14-13]과 같다.

TTL 14핀 IC (7404, 7408, 7432, 7486, 74121)

8핀 IC(555)

LED

IC socket (8pin)

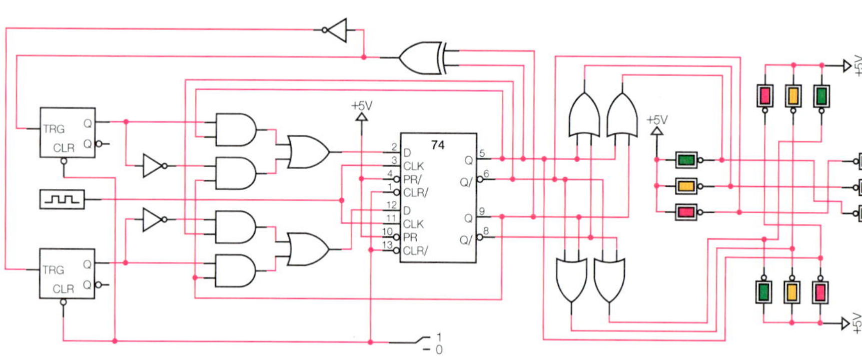

그림 14-13 로직웍스로 동작시킨 교통 신호등 회로

3 소요 부품

번호	품명	수량	비고
1	TTL, 7404	1EA	14pin, IC3
2	TTL, 7408	1EA	14pin, IC4
3	TTL, 7432	2EA	14pin, IC5, IC7
4	TTL, 7474	1EA	14pin, IC6
5	TTL, 7486	1EA	14pin, IC8
6	TTL, 74121	2EA	14pin, IC1, IC2
7	Timer 555	1EA	8pin, IC9
8	LED, 빨간색	4EA	5ϕ
9	LED, 노란색	4EA	5ϕ
10	LED, 녹색	4EA	5ϕ
11	IC socket, 8pin	1EA	DIP
12	IC socket, 14pin	8EA	DIP
13	IC pin array	70pin	wrapping
14	토글 스위치, AT1D-2M3	1EA	전원 입력용
15	커패시터, 0.01μF	2EA	세라믹, 103
16	커패시터, 0.1μF	1EA	세라믹, 104
17	커패시터, 100μF	1EA	전해, 16V
18	커패시터, 220μF	1EA	전해, 16V
19	지항, 330Ω	4EA	1/4W
20	저항, 1KΩ	1EA	1/4W
21	저항, 3KΩ	1EA	1/4W
22	저항, 15KΩ	1EA	1/4W
23	저항, 33KΩ	1EA	1/4W
24	만능기판, 40 × 55hole	1EA	115 × 160mm, epoxy
25	PCB 서포트, M-20mm	4EA	plastic, 20mm, male
26	PCB 서포트, F-3mm	4EA	금속, 3mm, female
27	DC power jack, DC-002	1EA	1.3ϕ, B type
28	정전압 어댑터, +5V, 500mA	1EA	B type
29	래핑선		0.25mm
30	땜납		무연, 1.0mm

IC socket (14pin)

IC Pin Array

토글 스위치

커패시터(0.01μF)

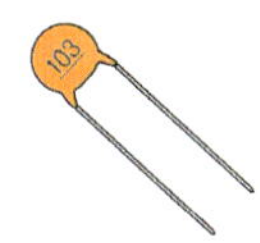

103 : 10 × 10^3pF = 0.01 × 10^{-6}F = 0.01μF

커패시터(0.1μF)

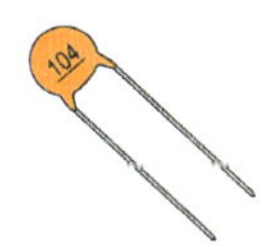

104 : 10 × 10^4pF = 0.1 × 10^{-6}F = 0.1μF

커패시터(100μΓ)

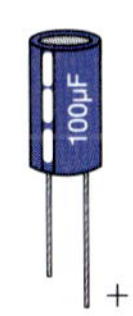

커패시터(220μF)

4 제작 방법

부품 배치도를 참조해 기판에 부품들을 배치한다. 열에 약한 IC들은 IC 소켓을 사용한다. 모든 IC는 index hole이 위쪽으로 향하도록 배치하고 저항, 커패시터, 토글 스위치를 배치한다. 신호등을 나타내는 LED는 극성에 주의하여 배치한다. 마지막으로 핀 어레이pin array를 요구되는 수량만큼 절단하여 각 부품 주변에 배치한다. 배치가 완료되면 납땜을 한다. 먼저 부품 배선도를 참조해 접지ground, GND와 +5V 부분 그리고 각 IC의 핀과 핀 어레이 사이를 선재wire를 이용해 연결한다.

LED는 각 방향의 신호등 3개(적색, 주황색, 녹색)를 하나로 연결하고 330Ω 저항을 통해 +5V로 연결한다. LED의 밝기를 높이려면 저항값이 330Ω보다 작은 220Ω 저항을 사용할 수도 있다. 동서방향(EW)과 남북방향(SN)의 신호 체계는 각각 같으므로 각 방향별로 함께 연결한다. 이때 불가피하게 점퍼jumper선이 존재하므로 주의한다.

74121(IC1, IC2)의 납땜 순서는 7번 핀은 접지로 연결하고, 14번 핀은 +5V로 연결하며, 3번과 4번 핀은 접지로 연결한다. 10번과 11번 핀 사이에 100μF(또는 220μF)를 연결하고 11번 핀에서 15KΩ(또는 33KΩ)을 통해 +5V로 연결한다. IC1의 5번 핀은 IC8의 3번 핀과 IC2의 5번 핀은 IC3의 6번 핀과 래핑선을 이용해 연결한다. 각 IC의 6번 핀은 IC3, IC4와 래핑선을 이용해 연결한다.

7404(IC3), 7408(IC4), 7432(IC5, IC7), 7474(IC6), 7486(IC8)의 7번 핀은 접지로 연결하고, 14번 핀은 +5V로 연결한다. 나머지는 회로도를 참조해 래핑선을 이용해 연결한다.

타이머 555(IC9)의 1번 핀은 접지로 연결하고, 4번, 8번 핀은 +5V로 연결한다. 그리고 2번과 6번 핀은 래핑선을 이용해 연결한다. 3번 핀은 IC6의 3번과 11번 핀을 래핑선을 이용해 연결한다.

납땜이 완료되면, 래핑기와 래핑선을 사용해 아직 연결되지 않은 부품과 부품 사이를 연결한다. 이때, [그림 14-12]의 회로도를 꼼꼼하게 확인한다.

전원의 공급은 +5V, 500mA 정격의 정전압 어댑터adapter를 사용한다. 정전압 어댑터는 전원 잭power jack을 통해 +5V와 접지가 공급되며, 토글 스위치toggle switch를 경유하여 전원이 회로에 공급되도록 구성하였다.

저항(330Ω)

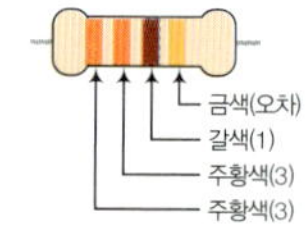

$331 \rightarrow 33 \times 10^1 = 330\Omega$

저항(1KΩ)

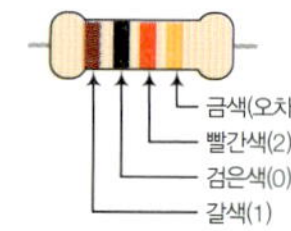

$102 \rightarrow 10 \times 10^2 = 1K\Omega$

저항(3KΩ)

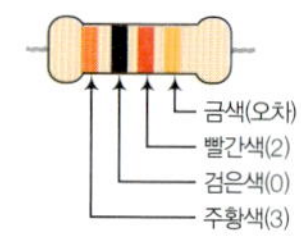

$302 \rightarrow 30 \times 10^2 = 3K\Omega$

저항(15KΩ)

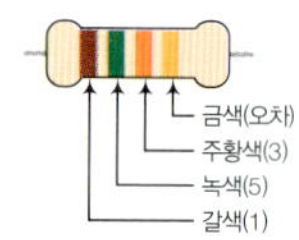

$153 \rightarrow 15 \times 10^3 = 15K\Omega$

저항(33KΩ)

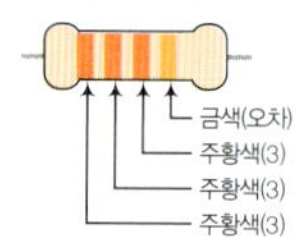

$333 \rightarrow 33 \times 10^3 = 33K\Omega$

PCB 서포트

DC power jack

정전압 어댑터

전원 장치
출력 전압의 극성

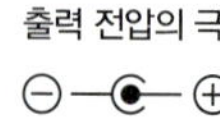

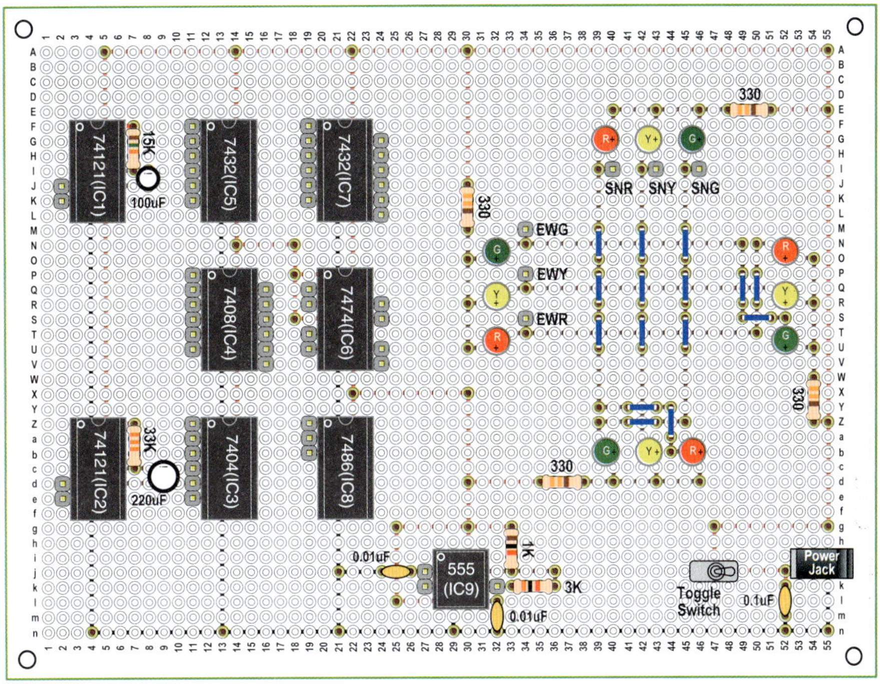

그림 14-14 교통 신호등 부품 배치도

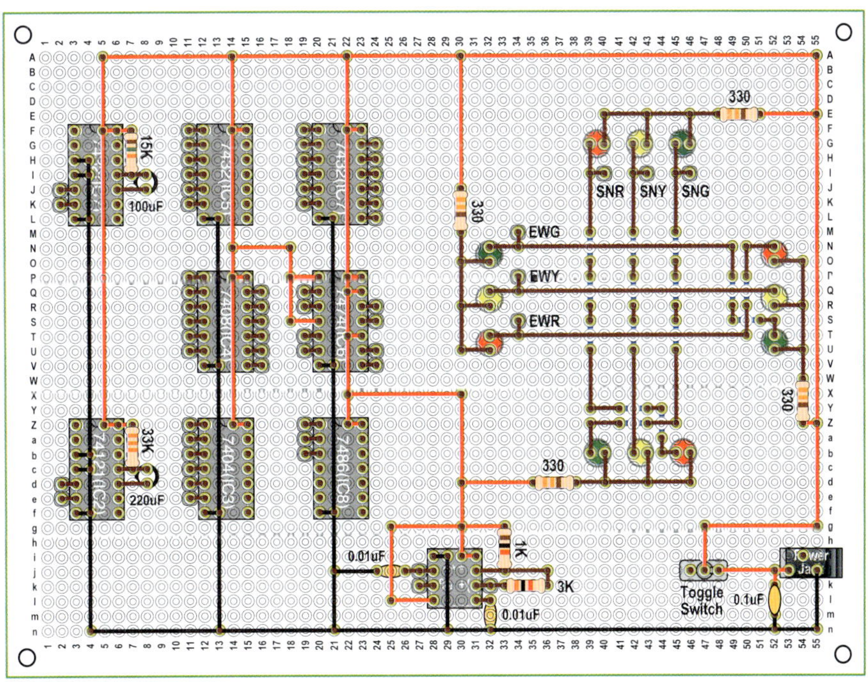

그림 14-15 교통 신호등 부품 배선도

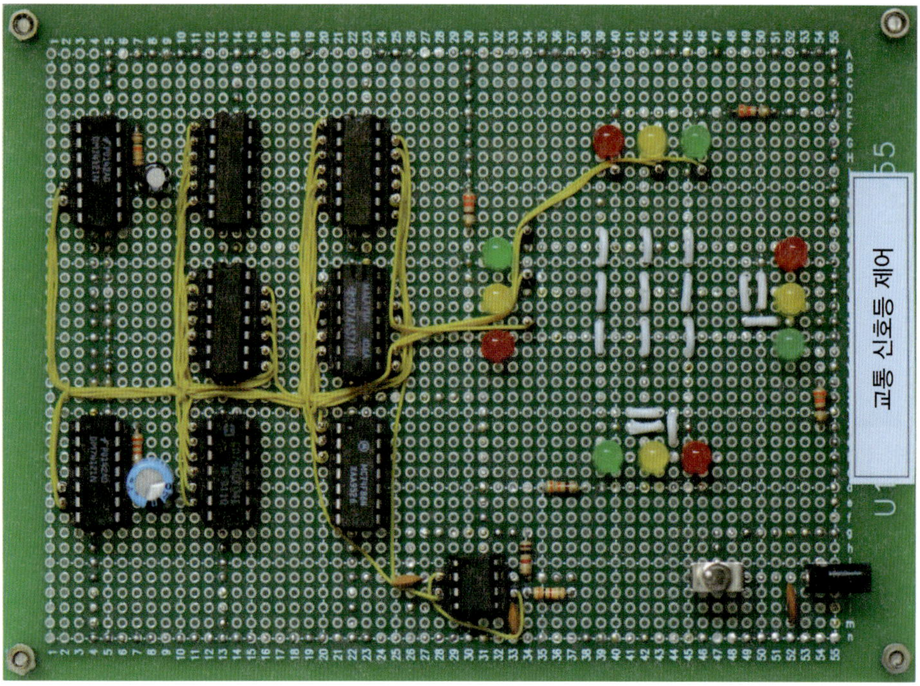

그림 14-16 교통 신호등 완성 사진

04 디지털 시계

1 회로도

[그림 14-17]에는 디지털 시계의 회로를 나타냈다. 발진 회로는 그림 오른쪽 아랫부분으로, *RC* 발진 회로를 이용한다. 이 부분의 회로에서는 가변 저항 100KΩ을 가변하여 발진 주파수를 변화시킨다. 다시 말하면 가변 저항을 적절히 변화시켜서 디지털 시계의 시간을 조정한다.

디지털 시계의 기본 단위인 1초를 나타내기 위한 1Hz 주파수를 얻는 회로인 분주 회로는 CMOS 4020을 사용한다. 발진 회로에서 제공하는 주파수가 2048Hz인 경우 출력 Q_1 단자에는 2048Hz를 2분주한 1024Hz가 출력되고, 출력 Q_4 단자에는 2048Hz를 16분주한 128Hz가 출력된다. 마찬가지로 Q_5는 32분주한 64Hz를 얻으며, Q_{11} 단자에서는 2048Hz를 2048 분주한 1Hz가 출력된다. 따라서 주파수 카운터를 사용해 가변 저항 100KΩ을 조정함으로써 Q_{11} 단자에서 1Hz 구형파 신호를 얻는 것이 중요하다.

카운터 회로에서 초와 분 단위는 60진 카운터이고, 시 단위는 12진 카운터다. 60진 카운터에서 10진 카운터용으로 7490과 6진 카운터용으로 7492를 사용한다. 12진 카운터에서는 10진 카운터용으로 7490과 2진 카운터용으로 7492를 사용한다.

디코더 및 표시 회로에서 디코더/드라이버로서 7447을 사용해 7-세그먼트 LED를 구동하기 때문에 7-세그먼트 LED는 공통 애노드common anode형을 사용한다.

시와 분을 조정하는 S1과 S2 스위치 부분에 사용한 7414는 슈미트 트리거Schmitt trigger 회로가 내장된 IC로, 기계적인 스위치 조작 시에 발생하는 접점contact의 바운싱bouncing 영향을 제거하기 위해 사용하였다.

2 시뮬레이션

로직웍스로 디지털 시계를 시뮬레이션하기 위해서는 회로도와 다른 몇 가지 사항을 고려해야 한다. 먼저 저항이나 커패시터 등과 같은 수동 소자는 사용하지 않아도 된다. 따라서 발진 회로는 회로도와 같이 구성할 필요가 없으므로 Simulation IO.clf 라이브러리에서 “Clock” 만을 사용한다. 또한 7-세그먼트의 COM 단자에 연결한 330Ω 저항도 시뮬레이션 수행에는 필요하지 않다. 마지막으로 7414는 실제적인 스위치 조작 시에 발생하는 문제점을 해결하기 위해 사용한 IC이므로 사용할 필요가 또한 없다. 7-세그먼트는 라이브러리에서 “7-Seg Disp Inv”를 사용하고, 시와 분을 조정하는 스위치 S1과 S2는 “SPDT Switch”를 라이브러리에서 선택하여 사용한다. 이를 기반으로 디지털 시계를 로직웍스로 드로잉하여 동작시키면 [그림 14-18]과 같다.

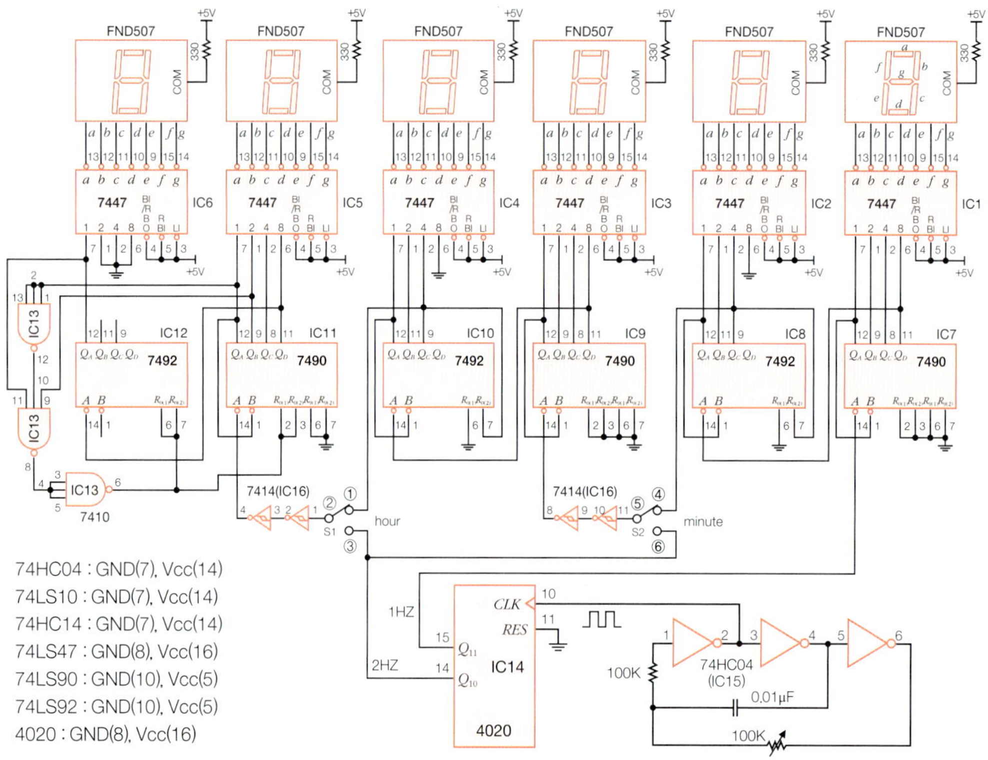

그림 14-17 디지털 시계 회로도

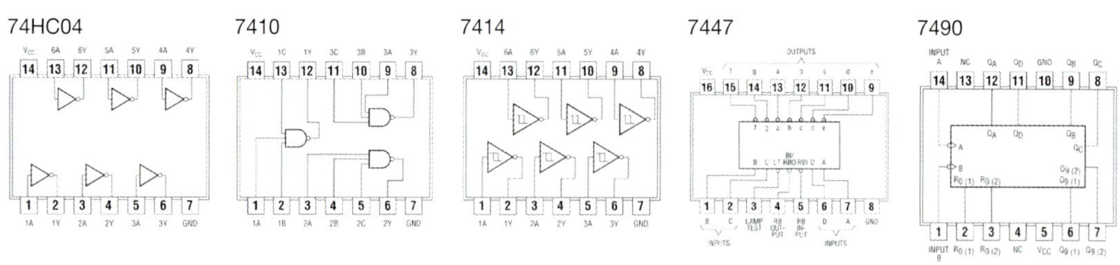

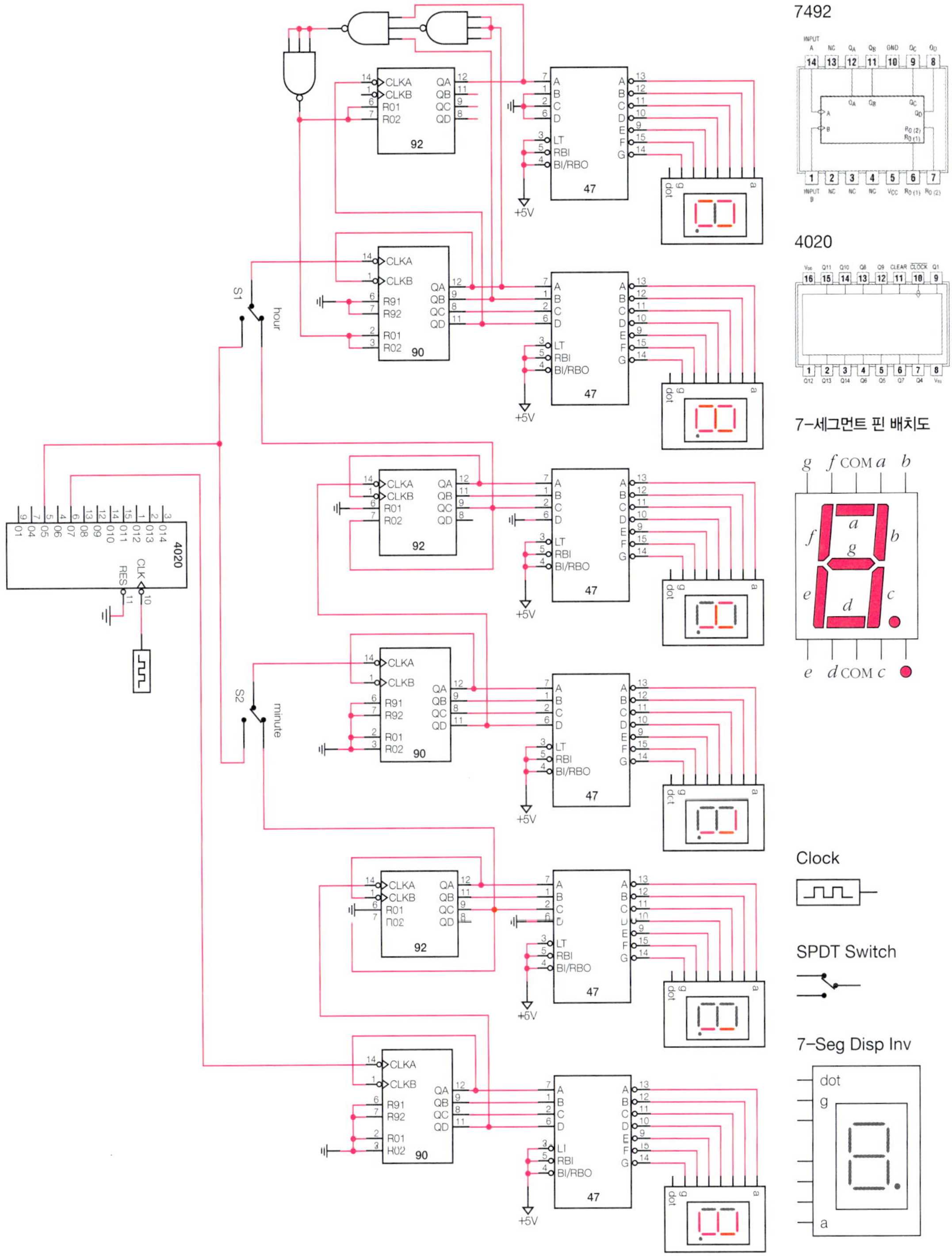

그림 14-18 로직웍스로 동작시킨 디지털 시계

3 소요 부품

번호	품명	수량	비고
1	CMOS, 74HC04	1EA	14pin, IC15
2	TTL, 7410	1EA	14pin, IC13
3	TTL, 7414	1EA	14pin, IC16
4	TTL, 7447	6EA	16pin, IC1~IC6
5	TTL, 7490	3EA	14pin, IC7, 9, 11
6	TTL, 7492	3EA	14pin, IC8, 10, 12
7	CMOS, 4020	1EA	16pin, IC14
8	7-세그먼트, FND507	6EA	common anode
9	IC socket, 14pin	9EA	DIP
10	IC socket, 16pin	7EA	DIP
11	IC pin array	180pin	wrapping
12	슬라이드 스위치, ITS-12H	2EA	시, 분 조정용
13	토글 스위치, AT1D-2M3	1EA	전원 입력용
14	커패시터, 0.01μF	1EA	세라믹, 103
15	저항, 330Ω	6EA	1/4W
16	저항, 100KΩ	1EA	1/4W
17	가변 저항, 100KΩ	1EA	trimmer type
18	만능기판, SYP-1712	1EA	176×120mm, phenol
19	PCB 서포트, M-20mm	4EA	plastic, 20mm, male
20	PCB 서포트, F-3mm	4EA	금속, 3mm, female
21	DC power jack, DC-002	1EA	1.3ϕ, B type
22	정전압 어댑터, +5V, 500mA	1EA	B type
23	래핑선		0.25mm
24	땜납		무연, 1.0mm

TTL 14핀 IC (74HC04, 7410, 7414, 7490, 7492)

TTL 16핀 IC (7447)
CMOS 16핀 IC (4020)

7-세그먼트

IC socket (14pin)

IC socket (16pin)

IC Pin Array

슬라이드 스위치

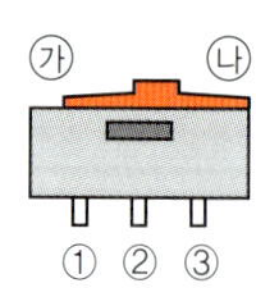

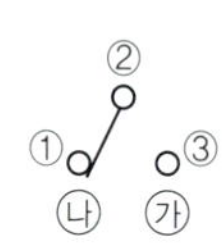

스위치가 ㉯ 위치에 있으면 ①번과 ②번 단자가 연결된다.

4 제작 방법

부품 배치도를 참조해 기판에 부품들을 배치한다. 열에 약한 IC들은 IC 소켓을 사용한다. IC의 배치는 7490과 7492는 index hole이 오른쪽으로 향하도록 배치하고, 나머지는 왼쪽으로 향하도록 배치한다. 저항, 커패시터, 토글 스위치를 배치하고, 슬라이드 스위치는 점 있는 부분이 오른쪽을 향하도록 배치한다. 마지막으로 핀 어레이pin array를 요구되는 수량만큼 절단하여 각 부품 주변에 배치한다. 배치가 완료되면 납땜을 한다.

만능기판은 크게 두 개의 선으로 이루어져 있음을 알 수 있는데, 하나는 접지ground, GND로, 다른 하나는 +5V로 사용한다.

모든 7-세그먼트의 COM 단자는 330Ω을 통해 +5V로 연결한다. LED의 밝기를 높이려면 저항값이 330Ω보다 작은 220Ω 저항을 사용할 수도 있다. 기판에서 동판으로 연결되지 않은 부분은 선재wire를 이용해 연결한다.

7447(IC1~IC6)의 납땜 순서는 8번 핀은 접지로 연결하고, 16번 핀은 +5V로 연결한다. 또한 3번, 4번, 5번 핀은 +5V로 연결한다. IC2의 6번 핀, IC4의 6번 핀 그리고 IC6의 1번, 2번, 6번 핀은 접지로 연결한다.

7490(IC7, IC9, IC11)의 납땜 순서는 10번 핀은 접지로 연결하고, 5번 핀은 +5V로 연결한다. IC7과 IC9의 2번, 3번, 6번, 7번 핀은 접지로 연결하고, IC11의 6번, 7번 핀은 접지로 연결한다. 그리고 IC11의 2번과 3번 핀은 납땜으로 연결만 하고 나중에 IC13(7410)의 6번 핀이나 IC12(7492)의 6번과 7번이 연결된 부분으로 래핑선을 이용해 연결할 것이다.

7492(IC8, IC10, IC12)의 납땜 순서는 10번 핀은 접지로 연결하고, 5번 핀은 +5V로 연결한다. IC8과 IC10의 6번 핀은 접지로 연결하고, IC12의 6번, 7번 핀은 납땜으로 연결만 하고 나중에 IC13(7410)의 6번 핀이나 IC11(7490)이 2번과 3번이 연결된 부분으로 래핑선을 이용해 연결할 것이다.

74HC04, 7410, 7414(IC15, IC13, IC16)의 납땜 순서는 7번 핀은 접지로 연결하고, 14번 핀은 +5V로 연결한다. 74HC04(IC15)에서 2번과 3번 핀은 납땜으로 연결하고, 4번과 5번 핀을 납땜으로 연결한다. 7410(IC13)에서는 3번, 4번, 5번 핀을 납땜으로 연결한다. 1번과 2번 핀은 연결하고 나중에 이 부분과 13번 핀을 래핑선을 이용해 연결한다. 7414(IC16)에서 2번과 3번 핀은 납땜으로 연결하고, 9번과 10번 핀을 납땜으로 연결한다.

토글 스위치

커패시터(0.01μF)

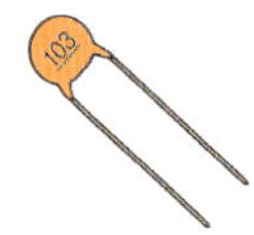

103 : 10×10^3pF = 0.01×10^{-6}F = 0.01μF

저항(330Ω)

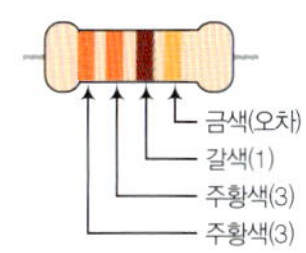

331 → $33 \times 10^1 = 330Ω$

저항(100KΩ)

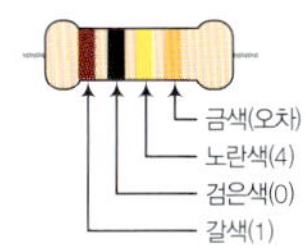

104 → $10 \times 10^4 = 100KΩ$

가변 저항(100KΩ)

PCB 서포트

DC power jack

정전압 어댑터

4020(IC14)의 납땜 순서는 8번 핀은 접지로 연결하고, 16번 핀은 +5V로 연결한다. 또한 11번 핀은 접지로 연결한다.

전원 장치 출력 전압의 극성

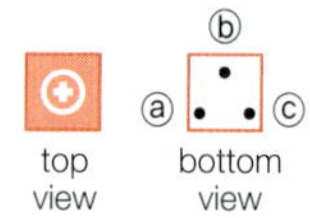

100KΩ 반고정 저항은 3개의 단자가 있는데, ⓐ와 ⓑ를 사용하거나 ⓑ와 ⓒ를 사용해야 한다.

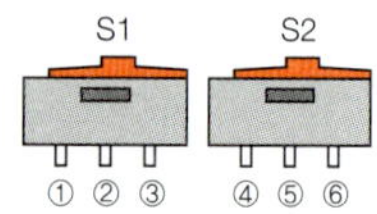

74HC04(IC15)와 저항과 커패시터의 연결은 회로도와 부품 배선도를 참조로 납땜을 한다. 특히 100KΩ 반고정 저항은 시간을 느리게 또는 빠르게 조정하는 부분이기 때문에 이를 조정하여 시계의 속도를 맞춘다.

납땜이 완료되면, 래핑기와 래핑선을 사용해 아직 연결되지 않은 부품과 부품 사이를 연결한다. 이때, [그림 14-17]의 회로도를 꼼꼼하게 확인한다.

시를 조정하는 스위치 S1의 결선은 다음과 같이 한다. S1의 ①은 IC10(7492)의 9번 핀으로 연결한다. ②는 IC16(7414)의 1번 핀으로 연결하고, ③은 IC14(4020)의 14번 핀으로 연결한다.

분을 조정하는 스위치 S2의 결선은 다음과 같이 한다. S2의 ④는 IC8(7492)의 9번 핀으로 연결한다. ⑤는 IC16(7414)의 11번 핀으로 연결하고, ⑥은 IC14(4020)의 14번 핀으로 연결한다.

전원의 공급은 +5V, 500mA 정격의 정전압 어댑터adapter를 사용하였다. 정전압 어댑터는 전원 잭power jack을 통해 +5V와 접지가 공급되며, 토글 스위치toggle switch를 경유하여 전원이 회로에 공급되도록 구성하였다.

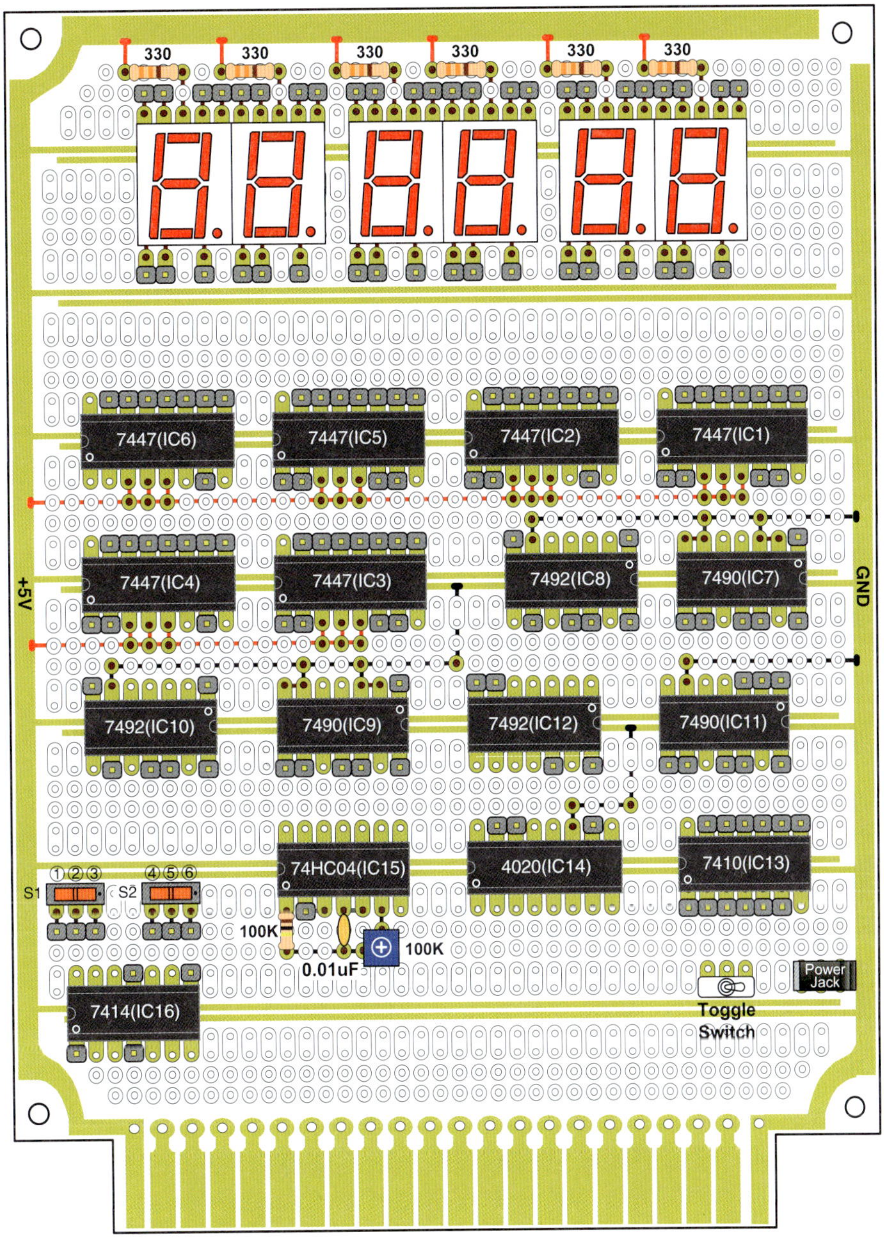

그림 14-19 디지털 시계 부품 배치도

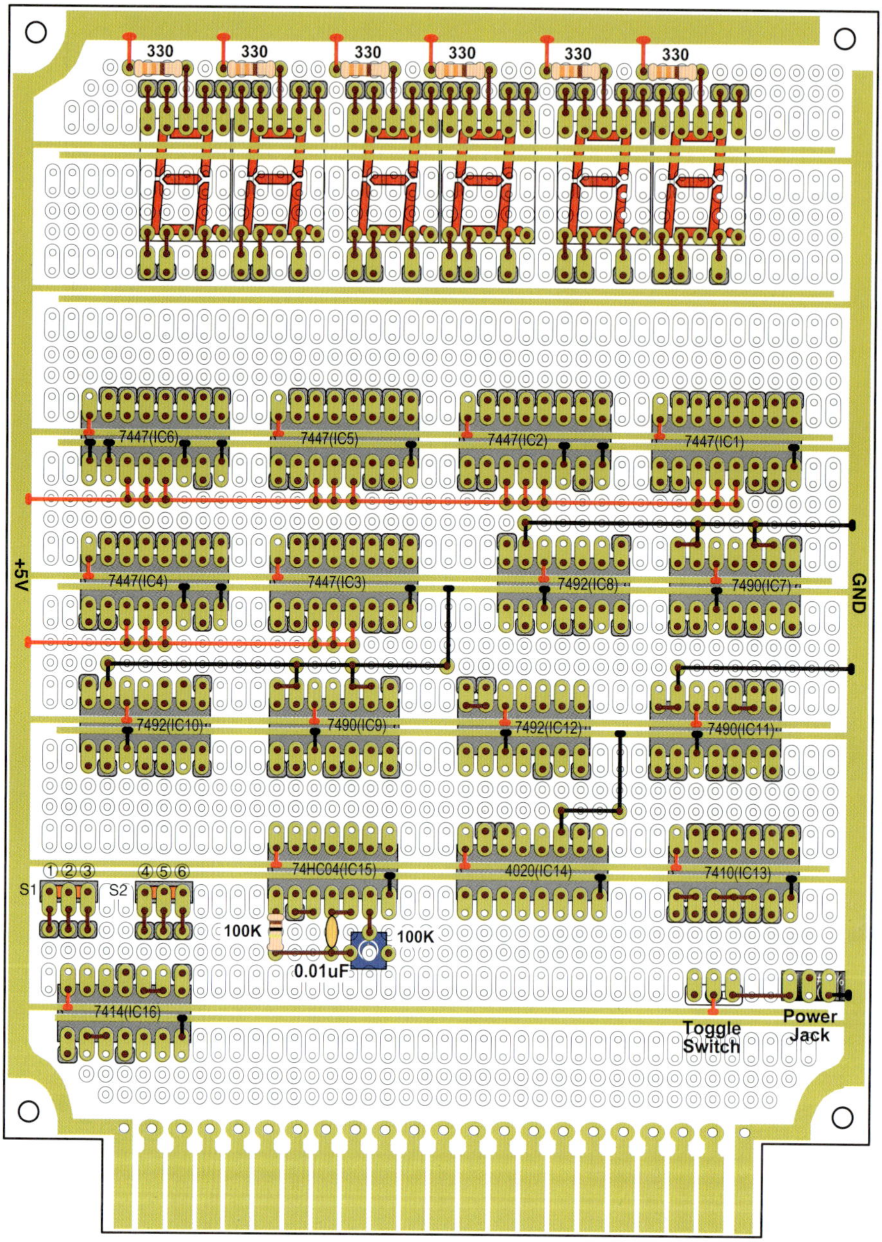

그림 14-20 디지털 시계 부품 배선도

그림 14-21 디지털 시계 완성 사진

찾아보기

기 호

1's complement 60
1의 보수 60
1입력 166
2-out-of-5 87
2's complement 60
2변수 카르노 맵 210
2의 보수 60
2입력 166
2진법 45
2진 비교기 287
2진 상향/하향 카운터 532
2진수 22, 45
2진 카운터 472
3변수 카르노 맵 213
3상태 버퍼 120, 614
3입력 123, 166
3초과 코드 85, 332
4배정도 69
4변수 카르노 맵 217
4비트 병렬 가감산기 회로 781
5변수 카르노 맵 226
5중 2코드 87
5진법 44, 53
5진수 53
6변수 카르노 맵 226
7-segment 302
7-세그먼트 302
7-세그먼트 디코더 304
8진수 47
9의 보수 62
10의 보수 62
10진수 44
10진수–2진수 변환 50
10진수–8진수 변환 52
10진수–16진수 변환 53
12진법 45
16진수 47
20진법 45
24진법 45
54계열 150
60진법 44
74HCT14 413
74LS14 408
74계열 150
74 시리즈 674
84–2–1 코드 87
2421 코드 87
4000B 계열 150
4020 556
5421 코드 87
7400 128
7402 130
7404 118
7407 120
7408 122
7410 129
7411 123
7427 130
7432 125
7446 308
7447 305, 558
7448 558
7474 384
7476 393
7483 282
7485 289
7486 132
7490 547, 555
7491 578
7492 546, 555
7493 546
8421 코드 84
51111 코드 87
74112 390
74121 413
74122 414
74123 414, 415
74125 120
74126 120
74138 297, 328
74139 294
74147 317
74148 313
74150 322
74153 324
74154 300, 329
74158 313
74160 551
74161 551
74162 550
74163 547
74164 581
74165 584
74168 551
74169 551
74178 593
74182 281
74190 552
74191 553
74194 595
74195 587
74221 413
74266 135
74280 335

74283 282

A

absorptive law 168
active-high 296, 306
active-low 296, 306
ADC 34, 596
ADC(analog-to-digital converter) 20
adder 276
address bus 614
al-Khwārizmī 45
AND 게이트 122
aperiodic 440
arithmetic shift 590
Aryabhata 45
Aryabhatiya 45
assembly language 47
associate law 168
astable multivibrator 407
asynchronous counter 506

B

base 116
BCD 가산기 283
BCD 카운터 514
BCD 코드 84, 283
bias 69
Binary Coded Decimal code 84
binary counter 472
binary digit 27
binary down counter 510
binary number 45
binary system 22
binary up/down counter 532
bipolar 25, 613
bi-stable 362
bistable multivibrator 407
bit 22
BJT 613
Boolean algebra 166
bouncing 369
bread board 681
buffer 119
byte 22

C

carry 59, 277
cascade 289
CCD 613
character 23
characteristic equation 372
CLA(carry-lookahead-adder) 280
clear 400, 515
clock generator 440
clock pulse 363
CMOS 33, 140, 149
code converter 276
collector 116
color code 675
combinational logic circuit 30
common anode 308, 558, 799
common cathode 308, 558
commutative law 168
comparator 276, 287
consensus theorem 169
control bus 614
counter 506
CP(clock pulse) 506
CPLD 646
CPLD/FPGA 658
crystal 412

D

DAC 36, 596
DAC(digital-to-analog converter) 21
data bus 614
datasheet 143
decade counter 514
decimal number 44
decoder 276, 292
decoupling 411
De Morgan's theorem 168
demultiplexer 276
DEMUX 319
Diderot 45
digit 22, 99
diode 25
DIP 31
disable 292
distributive law 168
don't care 210, 372, 448
double precision 69
down counter 506
DRAM 613, 624
duality 168
duty cycle 29
D 플립플롭 380

E

E1 방식 596
EBCDIC 코드 101
ECC 92

ECL 33, 140
edge 374
edge trigger 374
EEPROM 613, 621
Electrically EPROM 621
electrically erasable PROM 613
emitter 116
enable 292
encoder 276, 310
encoding 36
EPI 229
EPROM 613, 621
erasable PROM 613, 621
even function 334
even parity 92
excess–3 code 85
excitation table 448, 453
exponent 69
Extended Binary Coded Decimal Interchange Code 101

F

falling edge 27
fan–in 146
fan–out 146
feedback 362
firmware 636
fixed point number 50, 59
flash memory 631
flip–flop 362
floating 148
floating point number 50, 69
FPGA 648
frequency 28
full–adder 276

G

GAL 646, 655
gate 30
gate propagation delay time 141
generate 280
Gi 23
glitch 515, 557
GND 143
gray code 89
gray code counter 788
ground 117
guard band 34

H

half–adder 276
Hamming code 95
HDL 657
hexadecimal number 47
hidden bit 70
high impedance 148, 614
High–Z 580
High 레벨 22
hold time 404
hysteresis 408
Hz 28

I

IC 31, 140
IC 동기식 카운터 547
IC 비동기식 카운터 546
IEC 24
immunity 143
index 229
index hole 674
inverter 118

J

JEDEC 658
JK 플립플롭 386
Johnson counter 544

K

Karnaugh map 210
Ki 23

L

latch 362
leading edge 27, 374
LED 302
Leibniz 45
level 176
level trigger 374
logical product 122
logical shift 589
logical sum 125
Low 레벨 22
LSB 63
LSB(Least Significant Bit) 23, 89
LSI 33, 140

M

magnetic core 45
main memory 608
mantissa 69
MAR 609
mask 137
mask ROM 612, 620
mass storage 608

master flip-flop 377
master-slave 377
maximum clock frequency 404
MBM 613
MBR 609
Mealy machine 443
Mi 23
microprocessor 32, 608
minimal state table 459
modulus 507, 518
monostable multivibrator 407
Moore machine 443
MOS 613
MOSFET 33
MSB 63
MSB(Most Significant Bit) 23, 60
MSI 33, 140
multiplexer 276, 319
multivibrator 407
MUX 319

N

NaN 72
NAND 242
NAND 게이트 128
NAND 게이트 래치 362
NAND 플래시 634
Napier 45
Natural Binary Coded Decimal 101
negative edge 374
negative logic 27, 138
nibble 23
NMOS 33
noise 143
noise margin 143
non-periodic pulse 27
non-retriggerable 416
non-volatile 613
non-weighted code 87
NOR 242
normalization 70
NOR 게이트 130
NOR 게이트 래치 362
NOR 플래시 634
notch point 674
NOT 게이트 118

O

octal number 47
odd function 334
odd parity 92
one-shot 413
OR 게이트 125
oscillator 407
overflow 67, 72

P

PAL 646, 652
parallel-adder 278
parallel-adder/subtractor 279
parallel parity 93
parity bit 92
parity generator/checker 334
PCB 31
PCB(printed circuit board) 20
period 28
periodic 440
periodic pulse 27
PFA(partial full-adder) 280
PI 229
pin 674
pin array 779
PIPO(parallel-in parallel-out) 576
PISO(parallel-in serial-out) 576
PI 차트 235
PLA 646, 650
PLCC 31
PLD 645
PLD 프로그래밍 657
POS 181
positive logic 27, 117, 138
product of sum 176
power dissipation 143, 405
preset 400, 517
priority encoder 312
product term 176, 181
Programmable Logic Device 645
programmable ROM 612, 621
programming 617
PROM 612, 621, 646
propagate 280
propagation delay time 402
pseudo-random number generator 598
pull-down 148
pull-up 148
pulse 27
pulse width 28, 404

Q

QFP 31
QM 알고리즘 229
quantization 35

quantization noise 35
quasi-stable 413
Quine-McCluskey 210

R

radix 45, 50
RAM 612
random 598
Random Access Memory 612
RC 발진 회로 554
Read and Write Memory 612
Read Only Memory 612, 615
redundant state 459
refresh 613
register 574
reset 363
resolution 35
retriggerable 413
right shift register 574
ring counter 540
ripple carry 279
ripple counter 506
rising edge 27
rising time 28
ROM 612, 615
rotate shift 590
RWM 612

S

SAM 612
sample 362
sampling 34, 596
Schmitt trigger 408, 799
Sequential Access Memory 612
sequential logic circuit 30, 440
set 363
set-up time 403
Shannon 34
shift 574
shift register 578
short 149
SI 24
sign 69
sign bit 60
sign extension 60
sign-magnitude 60
silicon 31
single precision 69
sink current 147
SIPO(serial-in parallel-out) 576
SISO(serial-in serial-out) 576
slave flip-flop 377
SMD 31
SOIC 31
SOP(sum of product) 176
source current 147
SPLD 645, 658
SRAM 613, 622
SR 래치 회로 366
SR 플립플롭 371
SSI 33, 140
standard product term 177
state diagram 451
state equation 446
state reduction 459
state transition 440
strobe 561
subtractor 276
sum 277
sum term 176, 181
switching 20
synchronous counter 506
synchronous input 400

T

T1 방식 596
term project 778
Ti 23
timing circuit 788
toggle 387, 395, 507
trailing edge 27, 374
transducer 18
transfer-resistance 140
transistor 25, 140
trigger 374
trigger logic 788
tri-state 120
tri-state buffer 614
TTL 33, 140, 149
T 플립플롭 395

U

ULSI 33, 140
underflow 72
unicode 104
universal gate 242
universal shift register 592
up counter 506
USB 메모리 641

V

vending machine 542
VLSI 33, 140
volatile 613

W

weighted code 87
word 23

X

XNOR 253, 334
XNOR 게이트 135
XOR 89, 253, 334
XOR 게이트 132

Y

Ye-Kim 45

Z

zone 99

ㄱ

가변 저항 676
가산기 276
가수 69
가중치 코드 87
간소화 177, 210
감산기 276
강제 소등 305
게이트 30
결선도 입력 657
결합 법칙 168
고속 가산기 279
고정소수점 수 50, 59
곱의 합 176
곱의 항 176, 181
공급 전류 143
공급 전압 143
공유 236
공통 애노드 799
과전류 149
교통 신호등 제어 788
교환 법칙 168
궤환 362
그레이 코드 89, 330
그레이 코드 카운터 788
기본 법칙 168
기수 45, 50
기함수 334

ㄴ

나머지 50
난수 발생기 598
난수 발생 회로 598
납흡입기 778
네이피어 45
논리 게이트 116
논리곱 122
논리 기호 118
논리 레벨 27
논리 시프트 580
논리식 166
논리 실험 장치 674, 678
논리 컴파일러 658
논리합 125
논리회로 30, 172
니블 23
니퍼 778

ㄷ

다단계 289
다이오드 25
단락 149
단안정 멀티바이브레이터 413
단정도 69
데이터 버스 614
데이터시트 143
돌발 펄스 515, 557
동기식 BCD 카운터 528
동기식 카운터 506, 519
동작 파형 118
동적 RAM 613, 624
듀티 사이클 29
드모르간의 정리 168
디드로 45
디멀티플렉서 276, 328
디스에이블 292
디지털 금고 597
디지털 시계 537, 554, 799
디지털 시스템 19
디지털 신호 18
디지털-아날로그 변환기 21, 36
디지털 회로 30
디지트 22, 99
디커플링 411
디코더 276, 292

ㄹ

라이프니츠 45
래치 362
래핑기 778, 780
래핑선 778
램프 테스트 305
레벨 176
레벨 트리거 374
레지스터 574
롱 노즈 778
리딩 에지 27
리플 카운터 506

찾아보기

리플–캐리 279
링 카운터 87, 540

ㅁ

마스크 137
마스크 ROM 612, 620
마이크로프로세서 32, 608
멀티바이브레이터 407
멀티플렉서 276, 319
메모리 버퍼 레지스터 609
메모리 분류 612
메모리 쓰기 611
메모리 읽기 610
메모리 주소 레지스터 609
모듈러스 507, 518
몫 50
무관항 210, 219
무안정 멀티바이브레이터 792
무어 머신 443
미사용 상태 467
미사용 상태표 481
밀리 머신 443

ㅂ

바운싱 369
바이어스 69
바이퀴너리 코드 87
바이트 22
바이폴라 613
반가산기 277
반감산기 285
반고정 저항 676
반도체 메모리 608
발진기 407
발진 주파수 408
발진 회로 554
배정도 69
버퍼 119
범용 시프트 레지스터 592
베이스 116
병렬 가감산기 279
병렬 가산기 278
병렬 입력–병렬 출력 576, 586
병렬 입력–직렬 출력 576, 583
병렬 카운터 506
병렬 패리티 93
보수 62
보조 기억 장치 608
보호 밴드 34
부논리 27, 138
부동소수점 수 50, 69
부분 전가산기 280
부 에지 374
부호 69
부호비트 60
부호와 절대치 60
부호화 36
부호 확장 60, 65
분배 법칙 168
분주 회로 555
분해능 35
불 대수 166
불 대수 공리 168
불 대수 법칙 187
브레드보드 681
비가중치 코드 87
비교기 276
비동기식 10진 카운터 514
비동기식 modulo–m 카운터 514
비동기식 상향 카운터 507
비동기식 상향/하향 카운터 513
비동기식 카운터 506
비동기식 하향 카운터 510
비동기 입력 400
비주기적 440
비주기 펄스 27
비트 22
비트 스트림 659
비휘발성 613

ㅅ

산술 시프트 590
상승 시간 28
상승 에지 27, 374
상승 임계치 408
상태도 372, 442, 446, 451
상태 방정식 446, 478
상태 전이 440
상태 축소 459
상태표 442, 444
상태 할당 462
상향 카운터 506
샘플 362
샘플링 596
샤논 34
선재 778
선택선 319
선택적 카르노 맵 221
설정 시간 403, 442
소수점 48
소스 전류 147
솔더링 페이스트 779
수정 412
수정 발진기 412
수치해석 52
순서논리회로 30, 440

슈미트 트리거 408, 799
스위칭 20
스트로브 313, 561
스트리퍼 778
시프트 574
실납 779
실리콘 31
싱크 전류 147
쌍대성 168
쌍안정 362
쌍안정 멀티바이브레이터 407
쌍안정 회로 363

ㅇ

아날로그-디지털 변환기 20, 34
아날로그 시스템 19
아날로그 신호 18
아리아바타 45
아리아바티야 45
알콰리즈미 45
애노드 공통 308, 558
양방향 시프드 588
양자화 35
양자화 잡음 35
어셈블리 언어 47
에미터 116
에지 374
에지 트리거 374
여기표 448
여러 개의 출력 함수 236
영숫자 코드 99
예김 45
오른쪽 시프트 레지스터 574
오버플로 67
완성형 105
왼쪽 시프트 레지스터 574
우선순위 인코더 312
우함수 334
워드 23, 608
원샷 413
유니코드 104
유지 시간 404, 442
이산량 18
이중 부정 185, 243
인덱스 229
인두기 778
인두기 스탠드 778
인버터 118
인쇄회로기판 20
인에이블 292, 313
인코더 276, 310

ㅈ

자기 코어 45
자리올림 59
잡음 143
잡음 면역 143
잡음 여유도 141, 143
재충전 613, 626
저항값 675
전가산기 277
전감산기 285
전력 소모 140, 143, 405
전압 레벨 22
전파 지연 시간 140, 141, 402
정규화 70
정논리 27, 117, 138
정수 59
정수 연산 59
정수 표현 60
정적 RAM 613, 622
제어 버스 614
조합논리회로 30, 276
조합형 105
존 99
존슨 카운터 544
종이 테이프 45
종 플립플롭 377
주기 28
주기억 장치 608
주기적 440
주기 펄스 27
주소 버스 614
주종형 플립플롭 378
주파수 28
주파수 분할 399, 536
주파수 카운터 559
주 플립플롭 377
주항 229
준안정상태 413
중복 216
지수 69
직렬 입력-병렬 출력 576, 580
직렬 입력-직렬 출력 576, 577
진리표 118, 167
진법 62
진법 변환 50
진법 변환 개념도 54
진수 상호 변환 54
집적 회로 31, 32
짝수 패리티 92

ㅊ

최대 클록 주파수 404
최대항 176, 181
최상위 비트 23, 60
최소 SOP 177
최소 곱의 항 177

찾아보기

최소 상태표 459
최소항 176
최소항과 최대항의 관계 184
최종 캐리 67
최하위 비트 23, 89
칩 저항 676

ㅋ

카르노 맵 210
카운터 399, 472, 506
캐리 59, 277
캐리 예측 가산기 280
캐릭터 23
캐소드 공통 308, 558
캐시 메모리 626
커패시터 677
커피 자판기 542
컬러 코드 675
컬렉터 116
코드 변환기 276, 330
퀸-맥클러스키 210, 229
클록 발생기 440
클록 펄스 363
클리어 515, 517

ㅌ

타이머 555 410, 416
타이밍 회로 788
텀 프로젝트 778
텍스트-기반 입력 657
토글 395, 507
트랜스듀서 18
트랜지스터 25, 140
트레일링 에지 27
트리거 374
트리거 로직 788
특성 방정식 372, 447, 478
특성표 372

ㅍ

파형 27
패리티 검출기 94
패리티 발생 및 검출 회로 334
패리티 비트 92
패키지 31
팬-아웃 141, 146
팬-인 146
펄스 27
펄스 폭 28, 404
펌웨어 636
표본화 34
표준 BCD 코드 101
표준 곱의 항 177
표준 합의 항 181
풀-다운 저항 148
풀-업 저항 148
프리셋 517
프리셋 카운터 517
플래시 메모리 631
플립플롭 362
핀 31
핀 어레이 779
필수 주항 229

ㅎ

하강 시간 28
하강 에지 27, 374
하강 임계치 408
하드웨어 기술 언어 657
하이 임피던스 120, 580, 614
하향 카운터 506
한글 코드 105
합 277
합의 곱 176, 181
합의의 정리 169
합의 항 176, 181
해밍 코드 95
헤르츠 28
홀수 패리티 92
회전 시프트 590
휘발성 613
흡수 법칙 168
히스테리시스 408